中华中医药学会团体标准

新版中药材 GAP

中药材规范化生产技术规程

第二辑

学术指导：肖培根　张伯礼　程惠珍　黄璐琦　钱忠直　陈士林
　　　　　段金廒　屠鹏飞　肖小河　马双成

主　　编：魏建和　王文全　王秋玲

副 主 编（以姓氏笔画为序）：

丁万隆　王　沫　王志安　王建华　王俊杰　乔　旭
刘　爽　刘　赛　齐耀东　孙晓波　李　世　李先恩
李宜平　李隆云　杨　云　杨生超　杨成民　杨美华
何明军　张　辉　张本刚　张重义　赵润怀　钟光德
徐常青　高微微　郭巧生　郭兰萍　郭宝林　崔秀明
董诚明　曾建国　魏　锋　魏胜利

人民卫生出版社

·北　京·

版权所有，侵权必究！

图书在版编目（CIP）数据

中药材规范化生产技术规程 . 第二辑 / 魏建和，王
文全，王秋玲主编 . -- 北京 ： 人民卫生出版社，2025.
5. -- ISBN 978-7-117-37435-4

Ⅰ. S567-65

中国国家版本馆 CIP 数据核字第 2025HL2409 号

人卫智网	www.ipmph.com	医学教育、学术、考试、健康，购书智慧智能综合服务平台
人卫官网	www.pmph.com	人卫官方资讯发布平台

中药材规范化生产技术规程
第二辑
Zhongyaocai Guifanhua Shengchan Jishu Guicheng
Di-er Ji

主　　编：魏建和　王文全　王秋玲
出版发行：人民卫生出版社（中继线 010-59780011）
地　　址：北京市朝阳区潘家园南里 19 号
邮　　编：100021
E - mail：pmph @ pmph.com
购书热线：010-59787592　010-59787584　010-65264830
印　　刷：三河市宏达印刷有限公司
经　　销：新华书店
开　　本：787×1092　1/16　　印张：65
字　　数：1460 千字
版　　次：2025 年 5 月第 1 版
印　　次：2025 年 5 月第 1 次印刷
标准书号：ISBN 978-7-117-37435-4
定　　价：198.00 元
打击盗版举报电话：010-59787491　E-mail：WQ @ pmph.com
质量问题联系电话：010-59787234　E-mail：zhiliang @ pmph.com
数字融合服务电话：4001118166　　E-mail：zengzhi @ pmph.com

编委

丁 刚	丁万隆	刁景超	于 荣	于 晶	于 澎	于以祥	于春雷	于福来	万 鸣
万学锋	及 华	马 召	马 伟	马 庆	马 凯	马 磊	马小军	马生军	马存德
马常念	马清科	马聪吉	王 飞	王 丹	王 华	王 志	王 坤	王 沫	王 栋
王 盼	王 剑	王 艳	王 晓	王 钰	王 涛	王 浩	王 乾	王 敏	王 蓉
王 颖	王 攀	王 馨	王一平	王小娥	王云强	王长生	王文全	王文杰	王文治
王计瑞	王玉龙	王世强	王布雷	王业洪	王永聪	王加国	王亚生	王帆帆	王先有
王延谦	王华磊	王旭峰	王红燕	王孝勋	王志芬	王志安	王克勤	王秀俊	王其丰
王苗苗	王林泉	王昌利	王忠巧	王忠华	王学奎	王建华	王承萧	王春婷	王玲娜
王秋玲	王修奇	王信宏	王俊杰	王胜升	王彦明	王美玲	王宪昌	王艳芳	王晓宇
王晓玲	王晓柱	王晓琴	王晓燕	王海峰	王继永	王继华	王清华	王淑娟	王喆之
王婷婷	王鹏强	王新村	王慧杰	王德立	王德春	王德勤	韦 莹	韦飞燕	韦玉国
韦坤华	韦树根	牛俊峰	牛铁泉	牛颜冰	毛伟胜	毛艳萍	毛鹏飞	公 剑	文大成
方玉仙	方成武	尹茂财	尹翠云	孔悦平	孔繁忠	邓才富	邓乔华	邓秀专	邓启超
邓贤芬	邓庭伟	甘凤琼	甘炳春	甘祖燕	艾伦强	左智天	石 艳	石 瑶	石亚娜
石宏武	石明辉	龙光强	龙建吕	龙祥云	卢 进	卢小雨	卢飞飞	卢永康	卢兴松
卢丽兰	卢迎春	卢劲伟	卢紫娟	卢瑞克	叶 姿	叶传财	甲 玛	田 亚	田 伟
田 茨	田义新	田洪岭	史 娟	史 静	史广生	史美荣	叩 钊	叩根来	冉 军
冉雪欢	付 杰	付昌奎	付绍兵	付绍智	代丽华	白成科	白隆华	白德涛	仝在利
丛 琨	乐智勇	包 芳	包雪英	冯 凯	冯 家	冯 瑛	冯 斌	冯中宝	冯世鑫
兰 进	兰才武	兰金旭	兰泽伦	宁 康	边建波	邢 冰	刑力元	邢建永	成彦武
毕艳孟	曲 媛	吕竹青	吕国军	吕菲菲	吕惠珍	吕鼎豪	吕婷婷	朱月健	朱玉球
朱玉野	朱吉彬	朱再标	朱光明	朱国强	朱建军	朱昀昊	朱亮亮	朱彦威	朱艳霞
朱校奇	朱培林	乔 旭	乔永刚	乔凯宁	乔海莉	伍秀珠	伏宝香	仲秀林	任 敏
任 燕	任子珏	任江剑	任得强	华 桦	仰铁锤	伊永进	向志鹏	向增旭	危必路
刘 丹	刘 帅	刘 丽	刘 英	刘 杰	刘 明	刘 庚	刘 建	刘 勇	刘 莹
刘 峰	刘 圆	刘 涛	刘 彬	刘 爽	刘 铭	刘 谦	刘 强	刘 赛	刘 薇
刘三波	刘天亮	刘长利	刘双利	刘书合	刘玉德	刘亚令	刘亚男	刘仲秀	刘庆海
刘守金	刘军民	刘红昌	刘红娜	刘红彬	刘丽辉	刘启会	刘灵娣	刘雨莎	刘国彬

致敬已故的任德权、周荣汉、冉懋雄、陈君研究员,感谢你们为本书中标准的制定提供的技术指导,以及对中药材规范化生产领域作出的杰出贡献。

前　言

中药材是中医药发展的物质基础,其规范化生产是中医药临床疗效发挥的重要保障。《中药材生产质量管理规范》简称中药材GAP。我国中药材GAP工作从1998年启动。国家药品监督管理局于2002年发布了试行版中药材GAP,2003年发布《中药材生产质量管理规范认证管理办法(试行)》与《中药材GAP认证检查评定标准(试行)》后启动认证,直至2016年取消认证,先后共认证中药材GAP基地177个,涉及全国26个省(自治区、直辖市)的110家企业,71种中药材。中药材GAP的实施推动了行业对原料药材质量的重视,培养了人才队伍,对探索推进中药材规范化、规模化生产,提升中药材质量发挥了一定作用,提升了我国中药农业的现代化水平。但试行版中药材GAP实施十余年也暴露出了一些问题,如其内容过于笼统,质量风险管控理念没有得到很好的贯彻,部分影响中药材质量的重要环节缺少明确要求;技术规程要求相对模糊,生产组织方式不确定,企业理解掌握、实施操作难度较大,特别是近20年来我国中药材生产和基地建设已有了重大发展。2016年3月,按《国务院关于取消和调整一批行政审批项目等事项的决定》,取消了中药材GAP认证。行业多年期盼能修订试行版中药材GAP,以更好地适应中药材快速发展的实际需要,更好地适应新的监管方式。

未雨绸缪,2015年11月起,原国家食品药品监督管理总局正式启动试行版中药材GAP修订工作,委托中国医学科学院药用植物研究所成立技术专家组。修改稿历经不同层面专家、国务院相关部门、各级药监部门、国家药监内部部门研讨,分别于2017年10月和2018年7月向全社会征求意见后基本定稿。此后重点对发布形式、发布部门、实施方式、配套政策等反复研究,2022年3月1日由国家药监局、农业农村部、国家林草局、国家中医药局联合发布了《中药材生产质量管理规范》(简称新版中药材GAP),确定其实施方式为由各省药监部门采取"延伸检查"的方式。

按新版中药材GAP的要求,中药材GAP基地建设的基本思路可概括为"写我所想,做我所写,记我所做",实施"六统一"和"可追溯"是两大关键措施。其中,"写我所想"的核心内容之一即是企业在基地建设之前,应结合生产实践和科学研究情况,制定出相应的中药材规范化生产技术规程。《中药材规范化生产技术规程》是中药材生产企业建设规范化中药材生产基地时必须遵循的技术文件,也是"六统一"和"可追溯"的主要依据。

但我国迄今没有正式发布过国家或行业通用的中药材规范化生产技术规程标准。之前依据试行版中药材GAP,各企业编制的或文献中发表的中药材生产技术规范差异很大,对基地建设和生产的指导性较差,标准本身却"不标准"。在以往的中药材GAP实施中,大量企业对"技术规程"与"标准操作规程(SOP)"的内涵、外延没有分清,即纲、目不分,有的企业在一个基地建设中,甚至制定了数百项技术规程或操作规程,致使实施中根本无法遵从,严重阻碍了GAP基地的建设。原有的规程体系没有区分所有药材的通用技术规程,每种中药材通用的技术规程、企业自身基地的技术规程,既定位不清晰,又严重限制了实施的针对性。

新版中药材 GAP 将生产技术规程与标准操作规程进行了明确的定义并加以区分。有近三分之一的篇幅是告知企业需要制定哪些技术规程,如何制定技术规程。对同一种药材而言,即使是不同的企业、不同的基地,技术规程也大体是相似的,但有其特点。而标准操作规程则因企业、基地的管理模式不同,差异可能会很大,是企业按照技术规程实施个性化管理的措施。

为了更好地指导企业按照新版中药材 GAP 的要求制定符合其自身特点的《中药材规范化生产技术规程》,笔者在国家药监局、国家中医药局和工信部的支持和指导下,在中华中医药学会标准办的直接指导下,基于新版中药材 GAP,组织全国力量,编制中华中医药学会团体标准《中药材规范化生产技术规程　植物药材》通则,以及 200 种中药材的规范化生产技术规程,已发布的《中药材规范化生产技术规程通则　植物药材》和 164 种中药材的规范化生产技术规程,均收录于《中药材规范化生产技术规程　第一辑》和《中药材规范化生产技术规程　第二辑》。后续将根据标准发布情况,出版后续辑本。书中《中药材规范化生产技术规程通则　植物药材》(简称《通则》)由中国医学科学院药用植物研究所团队负责完成,164 种药材分别由遴选出的、熟悉该药材生产的人员或单位牵头,组成了共计来自 503 个科研、教学、企业等单位的 1 232 人的队伍共同完成。

本书收录的《通则》可供编制具体药材的规范化生产技术规程参考,收录的每种药材规范化生产技术规程可编制供企业或基地的规范化生产技术规程参考。

《通则》主要由规范性引用文件、术语和定义、基本要求、标准的构成、规范化生产技术要求等构成。每种中药材的规范化生产技术规程主要由规范化生产流程、规范化生产技术要求及附录等构成,其中规范化生产流程图是每种中药材规范化生产技术规程的核心。附录收录禁限用农药名单、病虫害草害等防治的参考方法、国家允许使用化学农药的参考使用方法。其中,禁限用农药名单统计了截至 2019 年农业农村部官方发布的《禁限用农药名录》,供企业参考。该名录农业农村部会及时调整,请使用标准的人员留意调整信息。因很多药材在全国多个地区种植,种植技术还可能有较大差异,作为一种药材通用的规范化生产技术规程标准,本书收录的标准可能在技术要求覆盖面、精准度等方面有遗漏或偏颇,请使用者根据药材栽培的环境条件、基地设备实施和生产管理条件等的实际情况调整使用。

本书收录标准的编制和发布、本专著的出版得到了国家药监局、国家中医药局、农业农村部、国家林草局等相关部门项目资助、相关领导的指导和大力支持,得到了中国医学科学院创新工程的资助。特别是得到了中华中医药学会标准办多位老师的细致指导,更是在全国同行的大力帮助、鼎立支持和全力协助下得以完成,在此一并表示衷心的感谢!谨以本专著及标准的出版,纪念和缅怀中国中药材 GAP 的先驱者任德权、周荣汉、冉懋雄等先生,他们探索了中国中药材规范化生产管理的 GAP 之路。也深切纪念在新版中药材 GAP 修订中和我并肩奋斗的同事陈君教授。

主编　魏建和

2023 年 8 月 30 日

目 录

中药材规范化生产技术规程通则　植物药材　T/CACM 1374.1—2021 …………………… 1

沉香规范化生产技术规程　T/CACM 1374.82—2021 ………………………………… 14

灵芝（赤芝）规范化生产技术规程　T/CACM 1374.83—2021 …………………… 26

附子规范化生产技术规程　T/CACM 1374.84—2021 ………………………………… 47

鸡血藤规范化生产技术规程　T/CACM 1374.85—2021 …………………………… 59

毛鸡骨草规范化生产技术规程　T/CACM 1374.86—2021 ……………………… 70

鸡冠花规范化生产技术规程　T/CACM 1374.87—2021 …………………………… 82

青蒿规范化生产技术规程　T/CACM 1374.88—2021 ………………………………… 92

苦地丁规范化生产技术规程　T/CACM 1374.89—2021 ……………………………… 105

苦杏仁规范化生产技术规程　T/CACM 1374.90—2021 ……………………………… 116

板蓝根规范化生产技术规程　T/CACM 1374.91—2021 ……………………………… 131

肾茶规范化生产技术规程　T/CACM 1374.92—2021 ………………………………… 141

罗汉果规范化生产技术规程　T/CACM 1374.93—2021 ……………………………… 151

知母规范化生产技术规程　T/CACM 1374.94—2021 ………………………………… 163

金荞麦规范化生产技术规程　T/CACM 1374.95—2021 ……………………………… 174

金莲花规范化生产技术规程　T/CACM 1374.96—2021 ……………………………… 183

金钱草规范化生产技术规程　T/CACM 1374.97—2021 ……………………………… 194

金铁锁规范化生产技术规程　T/CACM 1374.98—2021 ……………………………… 204

金银花规范化生产技术规程　T/CACM 1374.99—2021 ……………………………… 214

肿节风规范化生产技术规程　T/CACM 1374.100—2021 …………………………… 226

鱼腥草规范化生产技术规程　T/CACM 1374.101—2021 …………………………… 237

泽泻规范化生产技术规程　T/CACM 1374.102—2021 ……………………………… 248

降香规范化生产技术规程　T/CACM 1374.103—2021 ……………………………… 260

细辛（北细辛）规范化生产技术规程　T/CACM 1374.104—2021 …………… 271

细辛（华细辛）规范化生产技术规程　T/CACM 1374.105—2021 …………… 282

荆芥规范化生产技术规程　T/CACM 1374.106—2021 ……………………………… 293

草果规范化生产技术规程　T/CACM 1374.107—2021 ……………………………… 303

茯苓规范化生产技术规程　T/CACM 1374.108—2021 ……………………………… 314

胡椒规范化生产技术规程　T/CACM 1374.109—2021 ……………………………… 333

目 录

栀子规范化生产技术规程　T/CACM 1374.110—2021 ················· 346

厚朴规范化生产技术规程　T/CACM 1374.111—2021 ················· 357

砂仁（阳春砂）规范化生产技术规程　T/CACM 1374.112—2021 ········· 369

钩藤（钩藤）规范化生产技术规程　T/CACM 1374.113—2021 ········· 383

香青兰规范化生产技术规程　T/CACM 1374.114—2021 ················· 395

香橼规范化生产技术规程　T/CACM 1374.115—2021 ················· 404

蓝刺头规范化生产技术规程　T/CACM 1374.116—2021 ················· 417

重楼（云南重楼）规范化生产技术规程　T/CACM 1374.117—2021 ······· 427

独活规范化生产技术规程　T/CACM 1374.118—2021 ················· 438

姜黄规范化生产技术规程　T/CACM 1374.119—2021 ················· 450

前胡规范化生产技术规程　T/CACM 1374.120—2021 ················· 460

穿心莲规范化生产技术规程　T/CACM 1374.121—2021 ················· 472

绞股蓝规范化生产技术规程　T/CACM 1374.122—2021 ················· 482

秦艽规范化生产技术规程　T/CACM 1374.123—2021 ················· 494

莱菔子规范化生产技术规程　T/CACM 1374.124—2021 ················· 504

莪术规范化生产技术规程　T/CACM 1374.125—2021 ················· 515

桔梗规范化生产技术规程　T/CACM 1374.126—2021 ················· 532

核桃仁规范化生产技术规程　T/CACM 1374.127—2021 ················· 543

柴胡规范化生产技术规程　T/CACM 1374.128—2021 ················· 562

党参（川党参）规范化生产技术规程　T/CACM 1374.129—2021 ········· 573

党参（党参）规范化生产技术规程　T/CACM 1374.130—2021 ········· 583

铁皮石斛规范化生产技术规程　T/CACM 1374.131—2021 ················· 594

徐长卿规范化生产技术规程　T/CACM 1374.132—2021 ················· 610

高良姜规范化生产技术规程　T/CACM 1374.133—2021 ················· 619

粉葛规范化生产技术规程　T/CACM 1374.134—2021 ················· 629

益母草规范化生产技术规程　T/CACM 1374.135—2021 ················· 640

益智规范化生产技术规程　T/CACM 1374.136—2021 ················· 651

浙贝母规范化生产技术规程　T/CACM 1374.137—2021 ················· 662

黄芩规范化生产技术规程　T/CACM 1374.138—2021 ················· 675

黄芩仿野生规范化生产技术规程　T/CACM 1374.139—2021 ··········· 684

黄芪规范化生产技术规程　T/CACM 1374.140—2021 ················· 695

黄芪仿野生规范化生产技术规程　T/CACM 1374.141—2021 ··········· 708

黄连（黄连）规范化生产技术规程　T/CACM 1374.142—2021 ········· 721

黄草乌规范化生产技术规程　T/CACM 1374.143—2021 ················· 735

黄柏规范化生产技术规程　T/CACM 1374.144—2021 ················· 745

黄蜀葵花规范化生产技术规程　T/CACM 1374.145—2021 ··········· 758

黄精规范化生产技术规程　T/CACM 1374.146—2021 …………………………… 774

菊花规范化生产技术规程　T/CACM 1374.147—2021 …………………………… 785

野菊花规范化生产技术规程　T/CACM 1374.148—2021 ………………………… 798

猪苓规范化生产技术规程　T/CACM 1374.149—2021 …………………………… 808

续断规范化生产技术规程　T/CACM 1374.150—2021 …………………………… 822

款冬花规范化生产技术规程　T/CACM 1374.151—2021 ………………………… 835

紫苏规范化生产技术规程　T/CACM 1374.152—2021 …………………………… 846

紫菀规范化生产技术规程　T/CACM 1374.153—2021 …………………………… 857

黑种草子规范化生产技术规程　T/CACM 1374.154—2021 ……………………… 867

湖北贝母规范化生产技术规程　T/CACM 1374.155—2021 ……………………… 876

蒲公英规范化生产技术规程　T/CACM 1374.156—2021 ………………………… 886

槐花规范化生产技术规程　T/CACM 1374.157—2021 …………………………… 897

雷公藤规范化生产技术规程　T/CACM 1374.158—2021 ………………………… 911

槟榔规范化生产技术规程　T/CACM 1374.159—2021 …………………………… 922

薏苡仁规范化生产技术规程　T/CACM 1374.161—2021 ………………………… 931

薄荷规范化生产技术规程　T/CACM 1374.162—2021 …………………………… 942

藁本（辽藁本）规范化生产技术规程　T/CACM 1374.163—2021 ……………… 952

覆盆子规范化生产技术规程　T/CACM 1374.164—2021 ………………………… 963

麦冬（浙麦冬）规范化生产技术规程　T/CACM 1374.165—2021 ……………… 976

附录……………………………………………………………………………………… 987

　一、《中药材生产质量管理规范》（国家药品监督管理局　2022 年第 22 号）…… 987

　二、《中药材 GAP 实施技术指导原则》和《中药材 GAP 检查指南》…………… 988

　三、GB 3095　环境空气质量标准 ………………………………………………… 989

　四、GB 15618　土壤环境质量　农用地土壤污染风险管控标准（试行）……… 1000

　五、GB 5084　农田灌溉水质标准 ………………………………………………… 1009

　六、标准起草单位 …………………………………………………………………… 1020

药材名称笔画索引…………………………………………………………………… 1027

ICS 66.020.20
CCS C 05

团 体 标 准

T/CACM 1374.1—2021

中药材规范化生产技术规程通则　植物药材

General rules of code of practice for good agricultural practice of
Chinese materia medica—Medicinal plant

2021-10-15 发布
2021-10-15 实施

中华中医药学会　发布

目　次

前言 ……………………………………………………………………………………………………… 3

引言 ……………………………………………………………………………………………………… 4

1 范围 …………………………………………………………………………………………………… 5

2 规范性引用文件 ……………………………………………………………………………………… 5

3 术语和定义 …………………………………………………………………………………………… 5

4 基本要求 ……………………………………………………………………………………………… 6

5 标准的构成 …………………………………………………………………………………………… 6

6 规范化生产技术要求 ………………………………………………………………………………… 7

  6.1 生产基地选址 …………………………………………………………………………………… 7

  6.2 种子种苗 ………………………………………………………………………………………… 7

  6.3 种植 ……………………………………………………………………………………………… 7

  6.4 采收 ……………………………………………………………………………………………… 8

  6.5 产地初加工 ……………………………………………………………………………………… 8

  6.6 包装、贮藏、运输 ……………………………………………………………………………… 8

附录A（资料性） 规范化生产流程图（示例） …………………………………………………… 9

附录B（规范性） 禁限用农药名单 ……………………………………………………………… 10

附录C（资料性） 病虫害草害等防治的参考方法 ……………………………………………… 11

附录D（资料性） 允许使用的化学农药的参考使用方法 ……………………………………… 12

参考文献 ……………………………………………………………………………………………… 13

前　言

本文件按照 GB/T 1.1—2020《标准化工作导则　第 1 部分：标准化文件的结构和起草规则》的规定起草。

请注意本文件中的某些内容可能涉及专利。本文件的发布机构不承担识别专利的责任。

本文件由中国医学科学院药用植物研究所、华中农业大学、山东农业大学、南京农业大学、福建农林大学、中国食品药品检定研究院、北京中医药大学、四川省医药保化品质量管理协会、重庆市药物种植研究所、中国医学科学院药用植物研究所海南分所提出并起草。

本文件由中华中医药学会归口。

本文件主要起草人：魏建和、王文全、陈君、王沫、王建华、郭巧生、张重义、李先恩、张本刚、魏锋、王秋玲、祁建军、齐耀东、刘赛、钟光德、丁万隆、魏胜利、朱吉彬、胡开治、王苗苗、杨小玉、辛元尧、何明军、徐常青。

本文件起草组顾问：任德权、肖培根、黄璐琦、段金廒、陈士林、程惠珍。

引　言

中药材规范化生产指按照《中药材生产质量管理规范》（中药材GAP）的要求,实施药材生产,保证生产中药材优质安全的过程。规范化生产技术规程是实施中药材规范生产的核心技术要求和行动指南,指为实现中药材生产顺利、有序开展,保证中药材质量,对中药材生产的基地选址,种子种苗或其他繁殖材料,种植、养殖或者野生抚育技术,采收与产地初加工,包装、放行与贮运等进行规定和要求。一般应在建设药材基地,实施中药材规范化生产前,针对具体药材和生产基地情况,结合生产实践经验和科学研究数据,制定针对性的规范化生产技术规程。本文件用于规范和指导具体中药材规范化生产技术规程的编制工作。

中药材规范化生产技术规程通则　植物药材

1　范围

本文件确立了植物类中药材规范化生产技术规程编制的原则和要求,以及中药材规范化生产技术规程和编制说明的一般构成和要求。

本文件适用于植物类中药材的规范化生产,指导植物类药材规范化生产技术规程的编制。

2　规范性引用文件

下列文件中的内容通过文中的规范性引用而构成本文件必不可少的条款。其中,注日期的引用文件,仅该日期对应的版本适用于本文件;不注明日期的引用文件,其最新版本(包括所有的修改单)适用于本文件。

GB 3095　环境空气质量标准

GB 5084　农田灌溉水质标准

GB 5749　生活饮用水卫生标准

GB 15618　土壤环境质量　农用地土壤污染风险管控标准(试行)

GB/T 20001.6　标准编写规则　第6部分:规程标准

3　术语和定义

下列术语和定义适用于本文件。

3.1　规范化生产　good agricultural practice

按照《中药材生产质量管理规范》(简称中药材 GAP)的要求,实施药材生产,保证中药材优质安全的生产过程。

3.2　技术规程　code of practice

为实现中药材生产顺利、有序进行,保证中药材生产质量,对中药材生产的基地选址、种子种苗、种植或野生抚育、采收与产地初加工以及包装、放行与贮运等,所做的技术规定和要求,是实施中药材规范生产的核心技术要求和实施指南。

3.3　标准操作规程　standard operating procedure,SOP

依据技术规程将某一生产操作的步骤和标准,以统一的格式描述出来,用以指导日常的生产工作。也称标准作业程序。

3.4　规范化生产流程　standardized production process,SPP

中药材生产的主要过程,一般包括生产基地选址,种质、种子选择与鉴定,育苗(如果需要),直播或定植,田间管理,采收,产地初加工,包装,放行,贮藏,运输。其中田间管理包括中耕除草、肥水管理、病虫害综合防治等。

3.5 关键控制点 critical control point

规范化生产流程各个主要环节中,对中药材质量和产量有重大影响、需要重点关注和控制的节点。

3.6 技术参数 technical parameter

生产过程中,主要生产技术和评判标准的量化指标。

4 基本要求

4.1 凡本文件未作具体规定的,应符合 GB/T 20001.6 的有关规定。

4.2 应遵守《中药材生产质量管理规范》(中药材 GAP)的有关规定,不能违反其要求。应注意区分技术规程与标准操作规程。

4.3 应对药材生产过程中可能影响药材产量和质量的因素进行分析,抽提出关键点并进行描述,并明确其技术参数。

4.4 一种药材制定一个标准,对于多基源药材,或不同产区药材生产技术差异大,可以单独制定标准。

4.5 标准名称按如下规则命名:

×××(***)### 规范化生产技术规程

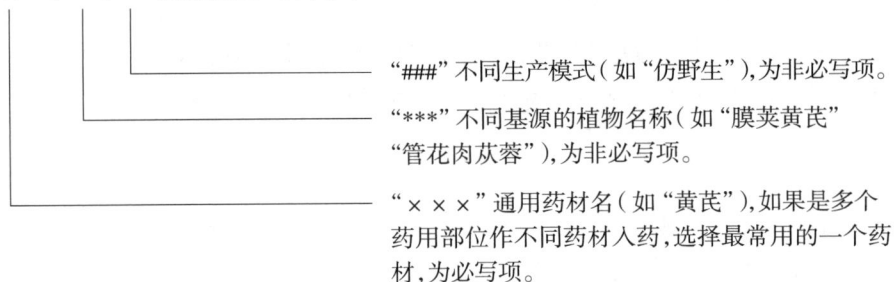

"###"不同生产模式(如"仿野生"),为非必写项。

"***"不同基源的植物名称(如"膜荚黄芪""管花肉苁蓉"),为非必写项。

"×××"通用药材名(如"黄芪"),如果是多个药用部位作不同药材入药,选择最常用的一个药材,为必写项。

5 标准的构成

每种药材的标准由 9 个必备要素及 4 个可选要素构成,要素及要求详见表 1。

表 1 每种中药材规范化生产技术规程的要素及要求

序号	要素	类型	要求
1	封面	必备	按照统一格式要求撰写
2	目次	必备	只列一级和二级标题
3	前言	必备	按统一格式,单位和人员根据每种药材实际情况调整,起草单位至少 3 家以上
4	引言	可选	简要介绍标准起草背景和目的

序号	要素	类型	要求
5	标准名称	必备	按正文 4.5 命名
6	范围	必备	按照统一格式撰写："本文件确立了×××的规范化生产流程,规定了×××(生产各环节)等阶段的技术要求。""本文件适用于×××规范化生产。" 注:其中×××为中药材名称
7	规范性引用文件	必备	罗列出根据每种药材标准中需要引用的标准,在正文中一定要有引用,地方标准原则上不引用
8	术语和定义	可选	根据每种药材罗列,在正文中一定要出现;通用、习用术语无须定义
9	规范化生产流程	必备	由规范化生产流程、关键控制点及技术参数组成,根据每种药材生产特点,参考附录 A 绘制
10	规范化生产技术	必备	根据每种药材生产特点,描述最主要的生产环节及要求;需要覆盖该药材全国主产区的生产特点,不能写成地区性或企业的生产技术要求
11	规范性附录	必备	可根据每种药材生产特点增加;每种药材标准中,"禁限用农药名单"为必备,见附录 B
12	资料性附录	可选	可根据每种药材生产特点增加,如"×××(中药材名称)病虫害草害等防治的参考方法"(参见附录 C)、"×××(中药材名称)允许使用的化学农药的参考使用方法"(参见附录 D)
13	参考文献	可选	根据每种中药材需要罗列

6 规范化生产技术要求

6.1 生产基地选址

应明确产地、地块的选择和确定方式,包含环境保护要求、确定依据、环境检测和监测要求、种植历史等。

按照 GAP 要求,基地的大气质量应符合 GB 3095 的规定、土壤质量应符合 GB 15618 的规定、灌溉水质应符合 GB 5084 的规定、产地初加工用水应符合 GB 5749 的规定,并保证生长期间持续符合标准的要求。

6.2 种子种苗

应明确种质、种子或种苗的要求。包括基源物种、选育品种、种子种苗标准及检测,种子种苗繁育加工及运输保存等的要求。

6.3 种植

应明确如下内容:种植制度要求,如前茬、间套种、轮作等;农田基础设施建设与维护要求,如维护、灌排水、遮阴设施等;土地整理要求,如土地平整、耕作、做畦等;繁殖方法要求,如繁殖方式、种子种苗处理、育苗定植等;田间管理要求,如间苗、中耕除草、灌排水等;病虫害草害等的防治要求,如针对主要病虫害草害等的种类、危害规律等采取的防治方法;肥料、农药使用技术规程等。

6.4 采收

应明确如下内容:采收期要求,如采收年限、采收时间等;采收方法要求,如采收器具、具体采收方法;采收后中药材临时保存方法要求等。

6.5 产地初加工

应明确如下内容:产地初加工方法和技术要求,如拣选、清洗、去除非药用部位、干燥或保鲜,以及其他特殊加工的方法和技术等。

6.6 包装、贮藏、运输

应明确如下内容:包装材料及包装方法要求,如包括采收、加工、贮藏各阶段的包装材料要求及包装方法;标签要求,如标签的样式、标识的内容等;放行制度,如放行检查内容、放行程序、放行人等;贮藏场所及要求,如包括采收后临时存放、加工过程中存放、成品存放等对环境条件的要求;运输及装卸要求,如车辆、工具、覆盖等的要求及操作要求;发运要求等。

附　录　A

（资料性）

规范化生产流程图（示例）

半夏规范化生产流程图示例见图 A.1。

规范化生产流程：　　　　　　　　　　　　　关键控制点及技术参数：

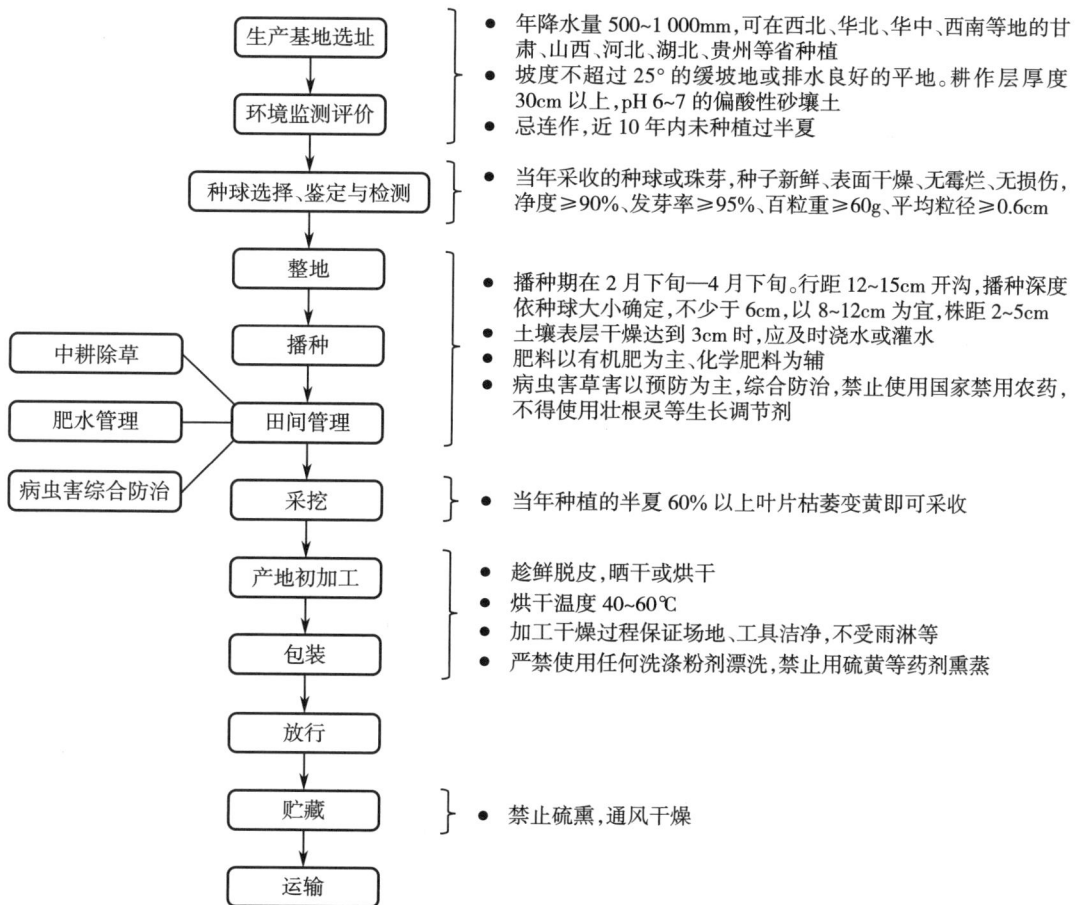

- 年降水量 500~1 000mm，可在西北、华北、华中、西南等地的甘肃、山西、河北、湖北、贵州等省种植
- 坡度不超过 25° 的缓坡地或排水良好的平地。耕作层厚度 30cm 以上，pH 6~7 的偏酸性砂壤土
- 忌连作，近 10 年内未种植过半夏

- 当年采收的种球或珠芽，种子新鲜、表面干燥、无霉烂、无损伤，净度≥90%、发芽率≥95%、百粒重≥60g、平均粒径≥0.6cm

- 播种期在 2 月下旬—4 月下旬。行距 12~15cm 开沟，播种深度依种球大小确定，不少于 6cm，以 8~12cm 为宜，株距 2~5cm
- 土壤表层干燥达到 3cm 时，应及时浇水或灌水
- 肥料以有机肥为主，化学肥料为辅
- 病虫草害害以预防为主，综合防治，禁止使用国家禁用农药，不得使用壮根灵等生长调节剂

- 当年种植的半夏 60% 以上叶片枯萎变黄即可采收

- 趁鲜脱皮，晒干或烘干
- 烘干温度 40~60℃
- 加工干燥过程保证场地、工具洁净，不受雨淋等
- 严禁使用任何洗涤粉剂漂洗，禁止用硫黄等药剂熏蒸

- 禁止硫熏，通风干燥

图 A.1　半夏规范化生产流程图示例

9

附　录　B
（规范性）
禁限用农药名单

B.1　禁止（停止）使用的农药（46种）

六六六、滴滴涕、毒杀芬、二溴氯丙烷、杀虫脒、二溴乙烷、除草醚、艾氏剂、狄氏剂、汞制剂、砷类、铅类、敌枯双、氟乙酰胺、甘氟、毒鼠强、氟乙酸钠、毒鼠硅、甲胺磷、对硫磷、甲基对硫磷、久效磷、磷胺、苯线磷、地虫硫磷、甲基硫环磷、磷化钙、磷化镁、磷化锌、硫线磷、蝇毒磷、治螟磷、特丁硫磷、氯磺隆、胺苯磺隆、甲磺隆、福美胂、福美甲胂、三氯杀螨醇、林丹、硫丹、溴甲烷、氟虫胺、杀扑磷、百草枯、2,4-滴丁酯。

注：氟虫胺自2020年1月1日起禁止使用。百草枯可溶胶剂自2020年9月26日起禁止使用。2,4-滴丁酯自2023年1月29日起禁止使用。溴甲烷可用于"检疫熏蒸处理"。杀扑磷已无制剂登记。

B.2　部分范围禁止使用的农药（20种）

部分范围禁止使用的农药应注意药食同源中药材及来自其他作物的中药材。部分范围禁止使用的农药见表B.1。

表B.1　部分范围禁止使用的农药（20种）

通用名	禁止使用范围
甲拌磷、甲基异柳磷、克百威、水胺硫磷、氧乐果、灭多威、涕灭威、灭线磷	禁止在蔬菜、瓜果、茶叶、菌类、中草药材上使用,禁止用于防治卫生害虫,禁止用于水生植物的病虫害防治
甲拌磷、甲基异柳磷、克百威	禁止在甘蔗作物上使用
内吸磷、硫环磷、氯唑磷	禁止在蔬菜、瓜果、茶叶、中草药材上使用
乙酰甲胺磷、丁硫克百威、乐果	禁止在蔬菜、瓜果、茶叶、菌类和中草药材上使用
毒死蜱、三唑磷	禁止在蔬菜上使用
丁酰肼（比久）	禁止在花生上使用
氰戊菊酯	禁止在茶叶上使用
氟虫腈	禁止在所有农作物上使用（玉米等部分旱田种子包衣除外）
氟苯虫酰胺	禁止在水稻上使用

B.3　有关说明

本附录来自2019年中华人民共和国农业农村部官方发布的《禁限用农药名录》（http://www.zzys.moa.gov.cn/gzdt/201911/t20191129_6332604.htm）。

附 录 C

（资料性）

病虫害草害等防治的参考方法

×××病虫害草害等防治的参考方法（示例）见表 C.1。

表 C.1 ×××病虫害草害等防治的参考方法（示例）

防治对象	防治时期	化学防治方法	农业防治或物理防治方法
根腐病	8—10 月	栽种前使用多菌灵浸种或灌根；或用甲基硫菌灵、苦参碱灌根，按农药标签使用	水旱轮作；有机肥必须充分腐熟；选用无病害感染、无机械损伤、优质正山系和健壮粗大的土苓子，禁用带病苗；发现病株及时拔除，集中销毁，每穴撒入草木灰 100g 或生石灰 200~300g，进行局部消毒
蛴螬	8—10 月	阿维菌素，按农药标签使用	无
鼠害	全年	毒饵诱杀、生物灭鼠等	人工灭鼠、器械灭鼠等。注意保护鼠类天敌猫头鹰、蛇类等，创造其适生条件，发挥天敌的灭鼠作用

附　录　D

（资料性）

允许使用的化学农药的参考使用方法

×××允许使用的化学农药的参考使用方法（示例）见表D.1。

表 D.1　×××允许使用的化学农药的参考使用方法（示例）

类别	通用名	作用对象	使用方法（生长季）	使用量（浓度）	安全隔离期/d
杀菌剂	百菌清	根腐病等	浇根，1~2次	按说明书推荐用量	30
杀虫剂	辛硫磷	地下害虫	浇根，1~2次	按说明书推荐用量	30
注：以上是国家允许使用的农药品种，新农药必须经有关技术部门试验并经过农业农村部批准在×××药材上登记后才能使用					

参考文献

［1］Chinese Pharmacopoeia Commission. Pharmacopoeia of the People's Republic of China：2015 Volume Ⅰ［M］. Beijing：China Medical Science Press，2017.

［2］么历,程慧珍,杨智.中药材规范化种植(养殖)技术指南［M］.北京:中国农业出版社,2006.

［3］国家药典委员会.中华人民共和国药典:2020年版一部［M］.北京:中国医药科技出版社,2020.

ICS 65.020.20
CCS C 05

团 体 标 准

T/CACM 1374.82—2021

沉香规范化生产技术规程

Code of practice for good agricultural practice of
Aquilariae Lignum Resinatum

2021-10-15 发布

2021-10-15 实施

中华中医药学会　发布

目　次

前言 ……………………………………………………………………………………………… 16

引言 ……………………………………………………………………………………………… 17

1　范围 ………………………………………………………………………………………… 18

2　规范性引用文件 …………………………………………………………………………… 18

3　术语和定义 ………………………………………………………………………………… 18

4　沉香规范化生产流程图 …………………………………………………………………… 19

5　沉香规范化生产技术 ……………………………………………………………………… 19

　5.1　生产基地选址 …………………………………………………………………………… 19

　5.2　种质、种子与种苗 ……………………………………………………………………… 20

　5.3　种植 ……………………………………………………………………………………… 21

　5.4　结香 ……………………………………………………………………………………… 21

　5.5　初加工 …………………………………………………………………………………… 22

　5.6　包装、放行、贮运 ……………………………………………………………………… 22

附录 A（规范性）　禁限用农药名单 ………………………………………………………… 23

附录 B（资料性）　沉香常见病虫害药剂防治的参考方法 ………………………………… 24

参考文献 ………………………………………………………………………………………… 25

前　言

　　本文件按照 GB/T 1.1—2020《标准化工作导则　第 1 部分：标准化文件的结构和起草规则》的规则起草。

　　请注意本文件中的某些内容可能涉及专利。本文件的发布机构不承担识别专利的责任。

　　本文件由中国医学科学院药用植物研究所和中国医学科学院药用植物研究所海南分所提出。

　　本文件由中华中医药学会归口。

　　本文件起草单位：中国医学科学院药用植物研究所海南分所、中国医学科学院药用植物研究所、万宁科健南药科技发展有限公司、重庆市药物种植研究所。

　　本文件主要起草人：魏建和、杨云、孟慧、吕菲菲、陈旭玉、王秋玲、陈波、张燕、黄良明、李浩凌、王文全、杨小玉、辛元尧、王苗苗。

引　言

　　沉香为瑞香科沉香属植物白木香 *Aquilaria sinensis*（Lour.）Gilg 的含树脂木材,被历版《中华人民共和国药典》收载。沉香为名贵南药,野生资源已趋于濒危,全世界沉香属 *Aquilaria* spp. 和拟沉香属 *Gyrinops* spp. 均已列入《濒危野生动植物种国际贸易公约》（the Convention on International Trade in Endangered Species of Wild Fauna and Flora,CITES）附录Ⅱ。我国于 20 世纪 70 年代就开始了沉香树的种植,主要种植的树种为白木香［*Aquilaria sinensis*（Lour.）Gilg］。目前我国海南、广东、广西、云南和福建栽培总量超过 5 000 万株,白木香的种植技术已基本成熟,以通体结香技术为代表的结香技术也已规模化应用。

沉香规范化生产技术规程

1 范围

本文件确立了通过白木香生产沉香的规范化生产流程、关键控制点及技术参数、沉香规范化生产各环节的技术规程。

本文件适用于沉香按照《中药材生产质量管理规范》实施规范化生产。

2 规范性引用文件

下列文件中的内容通过文中的规范性引用而构成本文件必不可少的条款。其中，注明日期的引用文件，仅该日期的版本适用于本文件；不注日期的引用文件，其最新版本（包括所有的修改单）适用于本文件。

GB 2772—1999　林木种子检验规程

GB 3095　环境空气质量标准

GB 5084　农田灌溉水质标准

GB 5749　生活饮用水卫生标准

GB/T 6001—1985　育苗技术规程

GB 15618　土壤环境质量　农用地土壤污染风险管控标准（试行）

LYJ 128—1992　林业苗圃工程设计规范

DB46/T 197　白木香种子、种苗

DB46/T 198—2010　白木香栽培技术规程

DB46/T 256—2013　白木香输液法通体结香技术规程

DB46/T 257—2013　白木香通体结香树木剖香技术规程

T/CACM 1374.1—2021　中药材规范化生产技术规程通则　植物药材

3 术语和定义

T/CACM 1374.1—2021 界定的以及下列术语和定义适用于本文件。

3.1 规范化生产　good agricultural practice

按照《中药材生产质量管理规范》（简称中药材 GAP）的要求，实施药材生产，保证中药材优质安全的生产过程。

3.2 技术规程　code of practice

为实现中药材生产顺利、有序进行，保证中药材生产质量，对中药材生产的基地选址、种子种苗、种植或野生抚育、采收与产地初加工以及包装、放行与贮运等，所做的技术规定和要求，是实施中药材规范生产的核心技术要求和实施指南。

3.3 通体结香技术 whole-tree agarwood-inducing technique，agar-WIT

将结香液输入白木香树体,在树根、树干和树枝诱导产生沉香的技术。

4 沉香规范化生产流程图

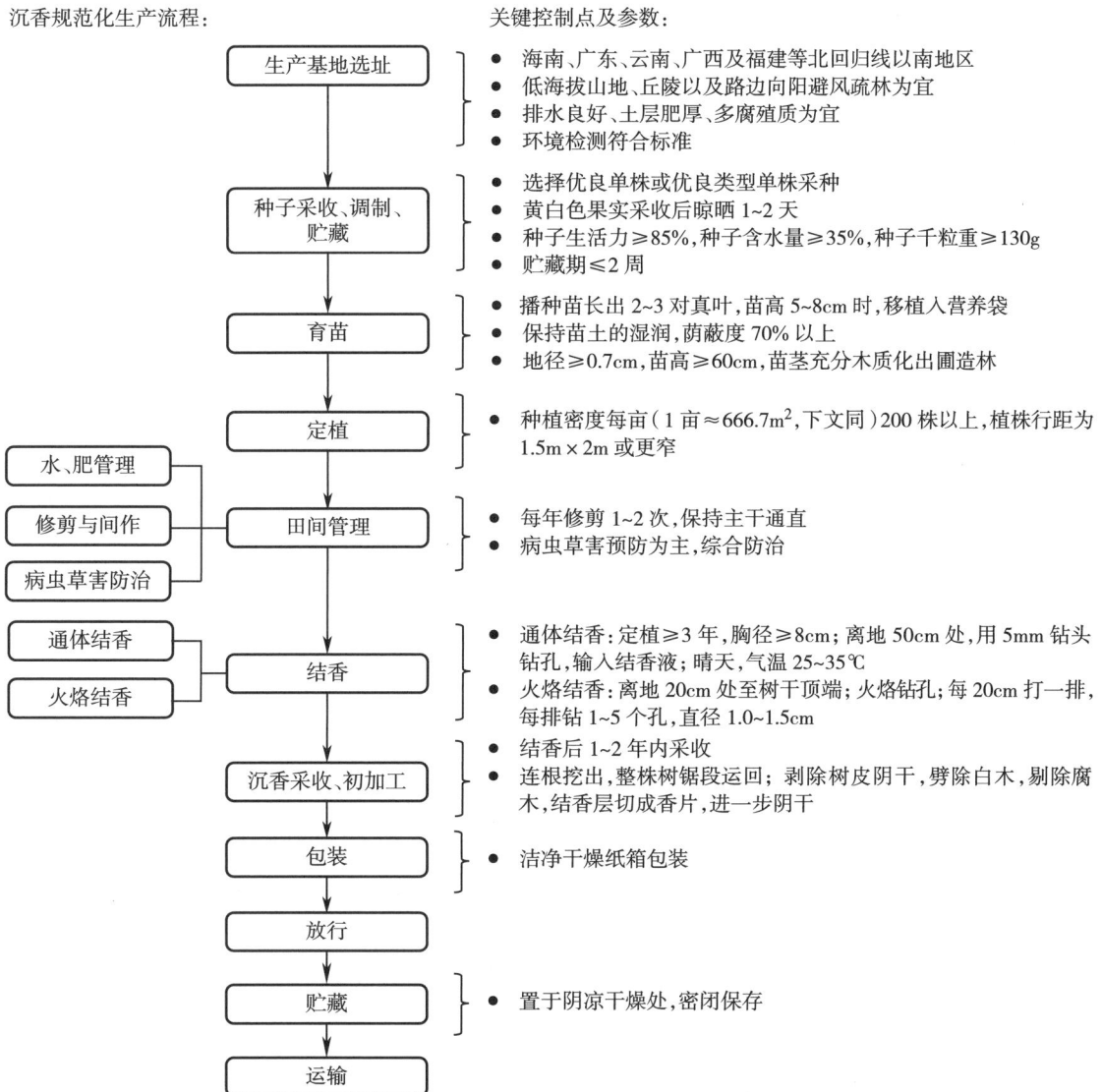

沉香规范化生产流程见图 1。

沉香规范化生产流程: 关键控制点及参数:

生产基地选址
- 海南、广东、云南、广西及福建等北回归线以南地区
- 低海拔山地、丘陵以及路边向阳避风疏林为宜
- 排水良好、土层肥厚、多腐殖质为宜
- 环境检测符合标准

种子采收、调制、贮藏
- 选择优良单株或优良类型单株采种
- 黄白色果实采收后晾晒 1~2 天
- 种子生活力≥85%,种子含水量≥35%,种子千粒重≥130g
- 贮藏期≤2 周

育苗
- 播种苗长出 2~3 对真叶,苗高 5~8cm 时,移植入营养袋
- 保持苗土的湿润,荫蔽度 70% 以上
- 地径≥0.7cm,苗高≥60cm,苗茎充分木质化出圃造林

定植
- 种植密度每亩（1 亩≈666.7m²,下文同）200 株以上,植株行距为 1.5m×2m 或更窄

田间管理（水、肥管理；修剪与间作；病虫草害防治）
- 每年修剪 1~2 次,保持主干通直
- 病虫草害预防为主,综合防治

结香（通体结香；火烙结香）
- 通体结香:定植≥3 年,胸径≥8cm;离地 50cm 处,用 5mm 钻头钻孔,输入结香液;晴天,气温 25~35℃
- 火烙结香:离地 20cm 处至树干顶端;火烙钻孔;每 20cm 打一排,每排钻 1~5 个孔,直径 1.0~1.5cm

沉香采收、初加工
- 结香后 1~2 年内采收
- 连根挖出,整株树锯段运回;剥除树皮阴干,劈除白木,剔除腐木,结香层切成香片,进一步阴干

包装
- 洁净干燥纸箱包装

放行

贮藏
- 置于阴凉干燥处,密闭保存

运输

图 1 沉香规范化生产流程图

5 沉香规范化生产技术

5.1 生产基地选址

5.1.1 产地选择

原产于热带、亚热带常绿混交林中,为弱阳性树种,喜温暖多湿气候,适宜在年平均气温

为 19~25℃,年降水量为 1 600~2 400mm,相对湿度为 80%~88% 的环境中生长。一般应在北回归线以南地区种植,主要种植于我国海南、广东、广西、云南、福建南部等地。

5.1.2 地块选择

适宜种植在低海拔山地、丘陵以及路边向阳处疏林中,可选择排水良好的避风向阳缓坡、丘陵,以土层肥厚、腐殖质多,pH 为 4.5~6.5 的湿润而疏松的砖红壤或山地黄壤为佳,肥力较好的沙地也可种植。环境空气质量要求可参考 GB 3095,土壤质量要求可参考 GB 15618。

育苗地的选择应选地势比较平坦、土层深厚、肥沃和排水良好的砂壤地,靠近水源。农田灌溉水质要求参照 GB 5084,加工用水参照 GB 5749。

5.2 种质、种子与种苗

5.2.1 种质与种子采收

应选择健康、稳定产种子的成年白木香 *Aquilaria sinensis*(Lour.)Gilg 树作为采种母树,8 年以上生长健壮、无病虫害植物较好。果皮颜色由绿转为黄白,果实自然开裂,种子呈棕褐色即可采收。

5.2.2 种子调制与贮藏

新鲜果实采收后不能暴晒干燥,应置于阴凉处铺平,晾晒 1~2 天后至大部分果实自动开裂,剥出种子,不开裂果实丢弃不用。调制出的种子质量可参考 DB46/T 197 中的要求。

白木香种子为顽拗性种子,不耐贮藏,应随采随播。不能马上播种的白木香种子,选用手握成团、手松即散的湿沙与种子以 3:1 的比例搅匀,置于 25℃左右的阴凉处摊开,存放不得超过 2 周。

5.2.3 种子质量

按 GB 2772—1999 筛选合格白木香种子。

应使用当年采收、种子端正、饱满、无病虫害的成熟种子。经检验符合相应标准。种子发芽率≥85%,种子含水量≥35%,种子千粒重≥130g。

5.2.4 种苗繁育技术

种苗育苗基地建设可参考 LY1128 的要求,选择交通便利、地势平坦、靠近水源、排灌方便的平地或缓坡地作为育苗地。搭设荫棚,高度 2.2~2.8m,悬挂遮光度 70% 的遮阳网。播种区还须在离苗床 60cm 处搭设遮光度 50% 的可移动的遮阳网,营养袋育苗区还须在受阳光直射的荫棚四周悬挂遮光度 70% 的遮阳网。保证可及时喷水灌溉及排水。

育苗技术按 GB/T 6001—1985 中有关的育苗技术规程执行。具体育苗措施如下。

播种育苗:在苗畦上按行距 10cm 开沟,按株距 10cm 点播成熟的种子,宜浅播,不宜盖厚土,可将种子轻压土面,播后盖一层薄草,或用薄膜覆盖。

营养袋育苗:当种子出苗具第一片复叶即可移栽于营养袋中育苗,并将营养袋移放到育苗地。营养袋规格为 6cm×9cm 或 10cm×15cm,营养袋下部须打 6~8 个直径为 0.4~0.6cm 的小孔,小孔间距 2~3cm。移苗时应用移植锹或竹签起苗,起苗时注意不伤根尖,随起随栽。二年苗中间须倒苗一次,换入新的营养袋中培养。

苗期管理:种子播种后或出苗后移栽于营养袋中,保持苗土的湿润和一定荫蔽;定期追肥,小苗长出真叶 2~3 片时,可采用 0.2% 复合肥水溶液淋施。

5.3 种植

种植技术可参考 DB46/T 198—2010。

5.3.1 定植

在山地、丘陵地区种植白木香,依地形地势修筑等高梯田,视坡度大小开挖宽面或窄面梯田;平地时可采取全垦或穴垦式进行。定植前 1~2 月挖穴,植穴规格为 50cm × 50cm × 40cm,挖穴的表土和底土分开放置,让植穴充分暴晒。

在开始栽植前先回填表土一半,将有机肥 5~7.5kg、过磷酸钙 50~100g 或生物菌肥 50~100g 等基肥与穴土混匀后,埋入表土待植。在春季或温暖多雨季节种植为宜,选阴天或雨过晴天下午。每亩种植 200 株以上。种植播种苗在起苗时,宜深锄,带土团;种植营养袋苗时应去除营养袋,剪去过长主根和部分叶片。定植后淋足定根水,最后覆松土或覆盖杂草给予保湿。

5.3.2 田间管理

除草。移栽后及时补苗、除草。幼龄期每 1~2 个月除草一次;3~4 年期内每季度除草松土一次;第 5 年后,每年雨季结束前砍除株行间的小灌木并除草松土一次。

施肥:根据土壤肥力和苗木生长情况施肥。移栽 1 年内以施水肥为主,可用 0.2% 复合肥水溶液淋施;移栽第 2~5 年内,可于每季度每株每次穴施有机肥 2~5kg 或生物菌肥 100~150g;当进入结香期,可于每年雨季结束前,穴施有机肥 7.5~10kg 或生物菌肥 0.5~1.0kg 混合高氮三元复合肥 150~200g。

间作与修剪:幼龄期需要一定的荫蔽,如有条件在种植白木香前 2 个月可种植高秆绿肥作物如木豆、山毛豆等。种植白木香后可间种高秆速生农作物如玉米等,作为白木香前期荫蔽物。白木香以主干结香为主,通过修剪可以促进主干生长,适时修剪,剪去下部分枝、病虫枝。

灌溉与排水:在白木香定植缓苗期、幼龄生长期及旱季应及时灌溉。雨季来临前检查排水系统,修补环山排水沟,及时排除积水,做好水土保持工作。

5.3.3 病虫害等防治

白木香常见病害有幼苗枯萎病、炭疽病等;虫害主要有白木香黄野螟、卷叶虫、天牛、金龟子等。

应采用预防为主、综合防治的方法。播种前苗床消毒,合理密植,做好排水工作;冬季清除枯枝败叶、杂草,浅翻土层;发现病株及时拔除;利用人工捕杀、生物防治、诱杀等方法消灭虫害。

采用化学防治时,应当符合国家有关规定;优先选用高效、低毒的农药;尽量避免使用除草剂、杀虫剂和杀菌剂等化学农药;不使用国家禁用和限用农药,名单见附录 A。

如必须使用化学农药时,应在符合国家相关规定的前提下使用,具体防治方法参见附录 B。

5.4 结香

白木香须结香才能生产出沉香。目前生产上主用的结香方法有通体结香技术,以及火烙结香等。一般选择胸径超过 8cm 的树结香。

5.4.1 通体结香

将结香液输入白木香树体后,借助植物的蒸腾作用,诱导树根、树干和树枝产生沉香。可参考 DB46/T 256—2013 操作。

输液后的白木香管理参照 DB46/T 198—2010。

5.4.2 火烙结香

在离地 20cm 以上的树干或粗大枝条,先钻孔,一般钻通树干或树枝。钻孔直径 1.0~1.5cm,根据树木直径大小,每排钻 1~5 个孔,隔 20cm 钻孔一排。再用烧红的铁楔打入火烙。

5.5 初加工

5.5.1 采收

采用通体结香技术的白木香可在输液后 1~2 年内采收取香。采收时将白木香树连根挖出,锯成原木运回干燥场地。运回的原木(包括树干、树枝和树根),除有特殊用途,应趁新鲜剥除树皮。搭架将剥除树皮(或根皮)的原木层层架空码放阴干。

采用火烙结香的白木香一般在操作 1 年内采收取香。将有烙孔的白木香主干收回,阴干,割取钻孔附近形成的棕黑色沉香。

5.5.2 剖香与干燥

剖香技术可参考 DB46/T 257—2013。具体操作如下。

将干燥后的树干、树枝用台锯锯成 30~50cm 的段木。树根根据大小长短及用途确定是否锯成段。

粗剖:首先观察段木的横断面,大致确定黑色结香层外白木层的厚度,然后用砍刀将段木周围的白木劈除,至接近结香层,得到木坯。

细剖:用铲刀将木坯中靠近沉香面的白木铲除,直至可见颜色较深木材,内隐约可见结香层,得到香坯。

精剖:用钩刀小心将香坯中镶嵌的白木丝尽可能钩除,直至露出深色、油状的结香层,得到香块。

香片加工:将经过精剖获得的香块,用砍刀纵向劈开数块,将中间的腐木用铲刀小心剔除,再用钩刀小心勾除色深、较软朽木,直至较硬沉香层,将结香层切成香片。

剖出的香片放置进一步阴干。

5.6 包装、放行、贮运

5.6.1 包装

包装前应对每批药材按照国家标准进行质量检验。符合国家标准的药材,根据药材的用途采用不影响药材质量的纸箱等包装物包装;禁止采用包装过肥料、农药或气味残余的纸箱等包装材料包装。包装外贴或挂标签、合格证,标识牌内容应有药材名、基源、产地、批号、规格、重量、采收日期、企业名称等,并有追溯码。

5.6.2 放行

应制定符合企业实际情况的放行制度,有审核批生产、检验等的相关记录。不合格药材有单独处理制度。

5.6.3 贮运

应贮存于阴凉干燥处,密闭保存。定期检查,防止虫蛀、霉变、腐烂等现象的发生。仓库控制温度在 25℃以下、相对湿度 75% 以下;不同批次等级药材分区存放。

运输应防止发生混淆、污染、异物混入、包装破损、雨雪淋湿等。

附　录　A

（规范性）

禁限用农药名单

A.1 禁止（停止）使用的农药（46 种）

六六六、滴滴涕、毒杀芬、二溴氯丙烷、杀虫脒、二溴乙烷、除草醚、艾氏剂、狄氏剂、汞制剂、砷类、铅类、敌枯双、氟乙酰胺、甘氟、毒鼠强、氟乙酸钠、毒鼠硅、甲胺磷、对硫磷、甲基对硫磷、久效磷、磷胺、苯线磷、地虫硫磷、甲基硫环磷、磷化钙、磷化镁、磷化锌、硫线磷、蝇毒磷、治螟磷、特丁硫磷、氯磺隆、胺苯磺隆、甲磺隆、福美胂、福美甲胂、三氯杀螨醇、林丹、硫丹、溴甲烷、氟虫胺、杀扑磷、百草枯、2,4-滴丁酯。

注：氟虫胺自 2020 年 1 月 1 日起禁止使用。百草枯可溶胶剂自 2020 年 9 月 26 日起禁止使用。2,4-滴丁酯自 2023 年 1 月 29 日起禁止使用。溴甲烷可用于"检疫熏蒸处理"。杀扑磷已无制剂登记。

A.2 在部分范围禁止使用的农药（20 种）

部分范围禁止使用的农药应注意药食同源中药材及来自其他作物的中药材。部分范围禁止使用的农药见表 A.1。

表 A.1 部分范围禁止使用的农药

通用名	禁止使用范围
甲拌磷、甲基异柳磷、克百威、水胺硫磷、氧乐果、灭多威、涕灭威、灭线磷	禁止在蔬菜、瓜果、茶叶、菌类、中草药材上使用,禁止用于防治卫生害虫,禁止用于水生植物的病虫害防治
甲拌磷、甲基异柳磷、克百威	禁止在甘蔗作物上使用
内吸磷、硫环磷、氯唑磷	禁止在蔬菜、瓜果、茶叶、中草药材上使用
乙酰甲胺磷、丁硫克百威、乐果	禁止在蔬菜、瓜果、茶叶、菌类和中草药材上使用
毒死蜱、三唑磷	禁止在蔬菜上使用
丁酰肼（比久）	禁止在花生上使用
氰戊菊酯	禁止在茶叶上使用
氟虫腈	禁止在所有农作物上使用（玉米等部分旱田种子包衣除外）
氟苯虫酰胺	禁止在水稻上使用

A.3 说明

本附录的内容来自 2019 年中华人民共和国农业农村部发布的《禁限用农药名录》（http：//www.zzys.moa.gov.cn/gzdt/201911/t20191129_6332604.htm）。

附 录 B

（资料性）

沉香常见病虫害药剂防治的参考方法

沉香常见病虫害药剂防治的参考方法参见表 B.1。

表 B.1 沉香常见病虫害药剂防治的参考方法

病虫害名称	防治时期	推荐防治方法	安全间隔期 /d
幼苗枯萎病	发病初期	敌磺钠、多菌灵浇淋土壤,按照农药标签使用	≥7
炭疽病	发病初期	炭疽福美、百菌清溶液喷施,按照农药标签使用	≥7
黄野螟	虫害发生时	敌百虫、杀螟腈喷施,按照农药标签使用	
卷叶虫	虫害卷叶前或卵初孵化期	杀虫脒喷施,按照农药标签使用	≥5

参考文献

［1］刘军民.沉香（白木香）药材规范化种植（GAP）研究［D］.广州：广州中医药大学，2005.

［2］晏小霞，王祝年，王建荣.海南白木香规范化栽培技术［J］.安徽农业科学，2010，38（24）：13042-13044.

［3］孟慧，张争，杨云，等.白木香种子质量分级标准研究［J］.种子，2014，33（5）：114-117.

［4］陆艳柳，余玉珠，朱其军，等.土沉香及其育苗技术［J］.林业实用技术，2012（9）：24-25.

［5］黄俊卿，魏建和，张争，等.沉香结香方法的历史记载、现代研究及通体结香技术［J］.中国中药杂志，2013，38（3）：302-306.

［6］周亚奎，乔海莉，战晴晴，等.海南白木香主要病虫害发生与防治［J］.中国现代中药，2017，19（8）：1102-1105.

［7］梅展铭，崔毅.林木栽培种植技术［J］.乡村科技，2016（9）：5-6.

ICS 65.020.20

CCS C 05

团 体 标 准

T/CACM 1374.83—2021

灵芝（赤芝）规范化生产技术规程

Code of practice for good agricultural practice of

Ganoderma（*Ganoderma lucidum*）

2021-10-15 发布

2021-10-15 实施

中华中医药学会　发布

目　次

前言···28
1　范围···29
2　规范性引用文件···29
3　术语和定义···29
4　灵芝(赤芝)规范化生产流程图··30
5　灵芝(赤芝)规范化生产技术··31
　　5.1　基地要求··31
　　5.2　菌种···31
　　5.3　段木栽培··32
　　5.4　代料栽培··34
　　5.5　病虫害防治··36
　　5.6　采收与产地初加工···36
　　5.7　品质··38
　　5.8　包装、放行和贮运···38
附录A(资料性)　灵芝常见杂菌和虫害的防治方法·································40
附录B(规范性)　禁限用农药名单··42
附录C(资料性)　灵芝子实体及灵芝孢子粉的品质特征·····························43
参考文献··46

前　言

本文件按照 GB/T 1.1—2020《标准化工作导则　第 1 部分：标准化文件的结构和起草规则》的规定起草。

请注意本文件中的某些内容可能涉及专利。本文件的发布机构不承担识别专利的责任。

本文件由中国医学科学院药用植物研究所提出。

本文件由中华中医药学会归口。

本文件起草单位：中国医学科学院药用植物研究所、福建仙芝楼生物科技有限公司、浙江省农业技术推广中心、浙江寿仙谷植物药研究院有限公司、江苏安惠生物科技有限公司、国药种业有限公司、霍山县天下泽雨生物科技发展有限公司、福建农林大学、昌昊金煌（贵州）中药有限公司、上海上药华宇药业有限公司、重庆市药物种植研究所。

本文件主要起草人：兰进、李晔、何伯伟、陈向东、王继永、李振皓、邓乔华、吴长辉、杨涛、张薇薇、吴伟杰、谢宝贵、宋嬿、徐靖、戚进宝、魏建和、王文全、王秋玲、杨小玉、辛元尧、王苗苗。

灵芝(赤芝)规范化生产技术规程

1 范围

本标准确立了灵芝(赤芝)规范化生产流程,规定了灵芝(赤芝)的生产基地选择、菌种、段木栽培、代料栽培、病虫害防治、采收与产地初加工、品质、包装、放行和贮运等阶段的操作要求。

本文件适用于灵芝(赤芝)的规范化生产。

2 规范性引用文件

下列文件中的内容通过文中的规范性引用而构成本文件必不可少的条款。其中,注明日期的引用文件,仅该日期的版本适用于本文件;不注日期的引用文件,其最新版本(包括所有的修改单)适用于本文件。

GB/T 191　包装储运图示标志

GB 3095　环境空气质量标准

GB 4806.7　食品安全国家标准　食品接触用塑料材料及制品

GB 5084　农田灌溉水质标准

GB 5749　生活饮用水卫生标准

GB/T 12728　食用菌术语

GB 15618　土壤环境质量　农用地土壤污染风险管控标准(试行)

NY/T 528　食用菌菌种生产技术规程

NY/T 1731　食用菌菌种良好作业规范

NY/T 1742　食用菌菌种通用技术要求

NY/T 1935　食用菌栽培基质质量安全要求

NY 5099　无公害食品　食用菌栽培基质安全技术要求

T/CACM 1374.1—2021　中药材规范化生产技术规程通则　植物药材

《中华人民共和国药典》

3 术语和定义

GB/T 12728、T/CACM 1374.1—2021界定的以及下列术语和定义适用于本文件。

3.1 规范化生产　good agricultural practice

按照《中药材生产质量管理规范》(简称中药材GAP)的要求,实施药材生产,保证中药材优质安全的生产过程。

3.2 技术规程　code of practice

为实现中药材生产顺利、有序进行,保证中药材生产质量,对中药材生产的基地选址、种子种苗、种植或野生抚育、采收与产地初加工,以及包装、放行与贮运等,所做的技术规定和要求,是实施中药材规范生产的核心技术要求和实施指南。

3.3 灵芝 *Ganoderma* sp.

广义的灵芝泛指多孔菌科灵芝属的真菌,包括赤芝、紫芝、松杉灵芝、树舌灵芝等不同种类。药典收录可作为中药材的仅有赤芝和紫芝,生产中以赤芝生产为主。狭义的灵芝通常特指赤芝。

注:若无特别说明,本文件中涉及的灵芝均指代赤芝。

3.4 段木栽培 cut-log cultivation

将原木砍或锯成一定长度木段作为培养基质栽培灵芝的方式。

3.5 代料栽培 substitute cultivation

利用工农业废弃物和下脚料作为培养基质栽培灵芝的方式。

4 灵芝(赤芝)规范化生产流程图

灵芝(赤芝)规范化生产流程见图1。

灵芝(赤芝)规范化生产流程: 关键控制点及技术参数:

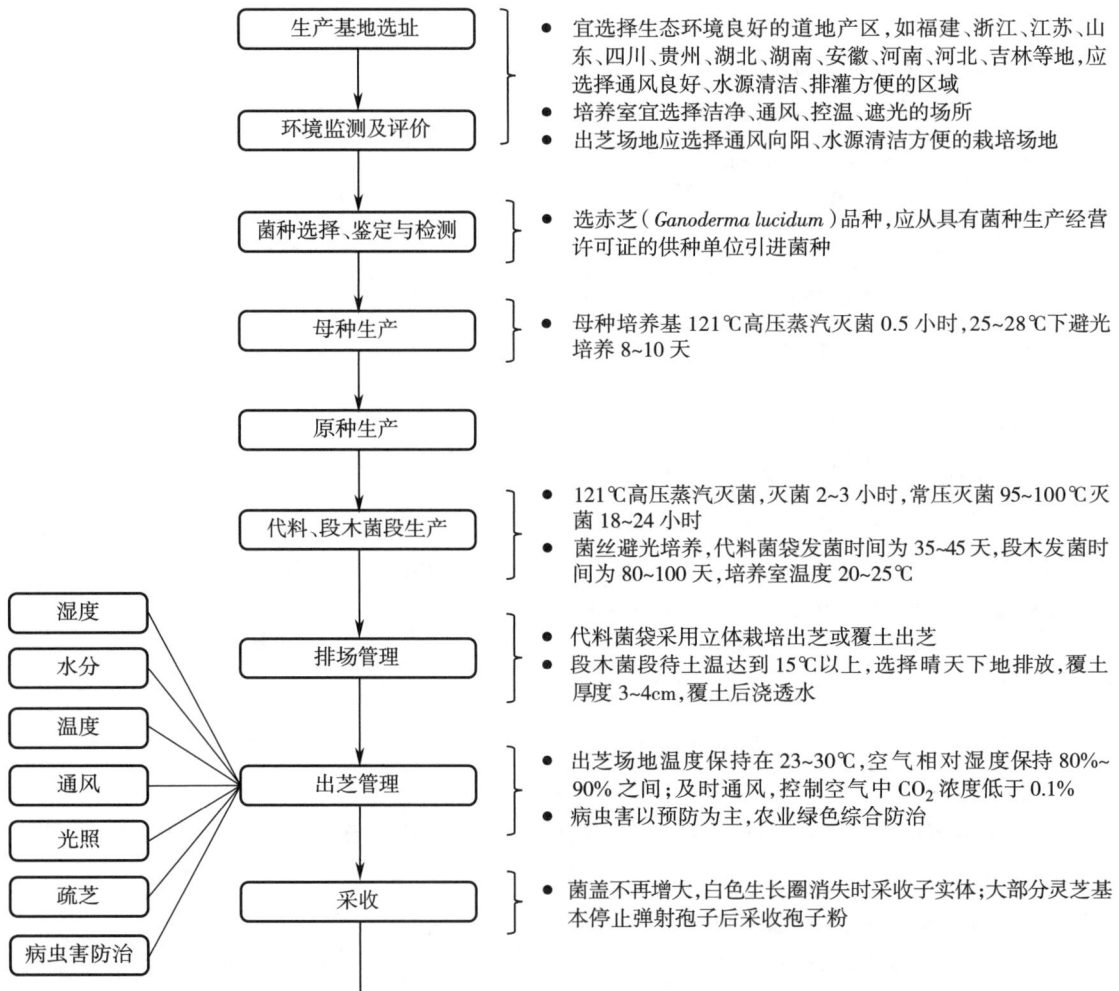

生产基地选址 / 环境监测及评价
- 宜选择生态环境良好的道地产区,如福建、浙江、江苏、山东、四川、贵州、湖北、湖南、安徽、河南、河北、吉林等地,应选择通风良好、水源清洁、排灌方便的区域
- 培养室宜选择洁净、通风、控温、遮光的场所
- 出芝场地应选择通风向阳、水源清洁方便的栽培场地

菌种选择、鉴定与检测
- 选赤芝(*Ganoderma lucidum*)品种,应从具有菌种生产经营许可证的供种单位引进菌种

母种生产
- 母种培养基121℃高压蒸汽灭菌0.5小时,25~28℃下避光培养8~10天

原种生产

代料、段木菌段生产
- 121℃高压蒸汽灭菌,灭菌2~3小时,常压灭菌95~100℃灭菌18~24小时
- 菌丝避光培养,代料菌袋发菌时间为35~45天,段木发菌时间为80~100天,培养室温度20~25℃

排场管理
- 代料菌袋采用立体栽培出芝或覆土出芝
- 段木菌段待土温达到15℃以上,选择晴天下地排放,覆土厚度3~4cm,覆土后浇透水

出芝管理(湿度、水分、温度、通风、光照、疏芝、病虫害防治)
- 出芝场地温度保持在23~30℃,空气相对湿度保持80%~90%之间;及时通风,控制空气中CO_2浓度低于0.1%
- 病虫害以预防为主,农业绿色综合防治

采收
- 菌盖不再增大,白色生长圈消失时采收子实体;大部分灵芝基本停止弹射孢子后采收孢子粉

产地初加工 } • 子实体晒干或烘干,烘干时温度 50~60℃,干燥至含水量 17% 以下,禁止硫熏

包装 } • 包装材料须符合相应的食品包装材料国家卫生标准

放行

贮藏 } • 贮藏中禁止硫黄、磷化铝等有毒有害物质熏蒸

运输

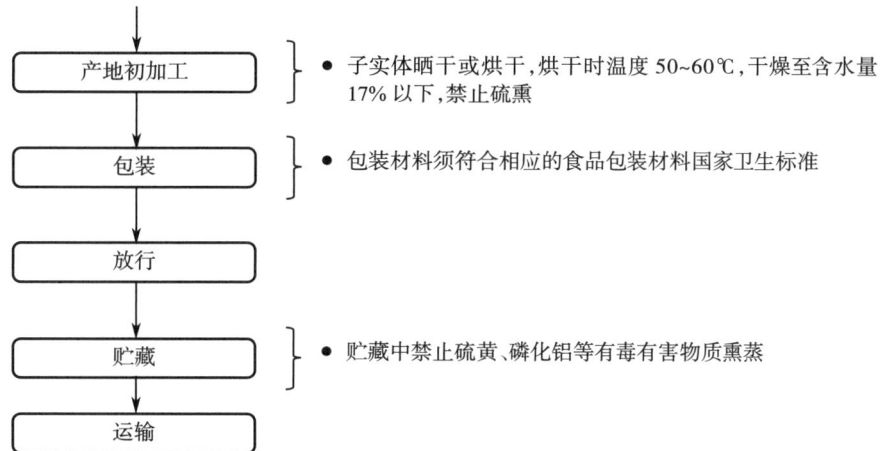

图 1 灵芝(赤芝)规范化生产流程图

5 灵芝(赤芝)规范化生产技术

5.1 基地要求

5.1.1 产地选择

宜选择生态条件良好的道地产区,灵芝主产区位于大别山、武夷山、长白山和鲁西地区。其中,大别山产区主要包括安徽省金寨县、霍山县、岳西县;湖北省罗田县、麻城市;河南省商城县等地。武夷山产区主要包括福建省武夷山市、浦城县;浙江省龙泉市、武义县、云和县、景宁畲族自治县、江山市等地。长白山产区主要包括吉林省靖宇县、抚松县、通化县。鲁西地区主要包括山东省聊城市、菏泽市等地。

5.1.2 生产基地

宜选择通风良好、水源清洁、排灌方便的区域。生产区布局合理,应与原料仓库、成品仓库、生活区严格分开,制段加工室、灭菌室、冷却室、接种室应各自独立、方便操作。

培养室宜选择洁净、通风、控温、遮光的场所。出芝场地应选择通风向阳、水源清洁方便的栽培场地;采用荫棚、钢架大棚,大棚编号,实施灵芝生产信息建设体系建设,生产全过程推行"二维码"追溯管理。培养室和出芝场地使用前应认真清理,严格消毒和杀虫。

5.1.3 环境监测

生产区域环境空气应符合 GB 3095 规定的二级标准,农田灌溉水质应符合 GB 5084 规定的旱作农田灌溉水质标准,土壤环境应符合 GB 15618 规定的二级标准。要求远离禽畜场、垃圾场等污染源。不应在非适宜区种植。

5.1.4 初加工基地

灵芝初加工的厂址、环境卫生和原料采购、加工、包装、贮存及运输等环节的场所、设施、人员等应符合相关规定。

5.2 菌种

5.2.1 菌种质量

使用多孔菌科真菌赤芝 *Ganoderma lucidum*(Leyss. ex Fr.)Karst.,经过品种审定或鉴

定确认。根据用途选用多孢型或少孢型,并适合当地气候条件的高产、优质、抗逆性强的品种。扩繁用菌种应来自具有相应资质的菌种生产单位,其生产场地环境卫生及其他条件应按照 NY/T 1731 的要求,菌种生产参照 NY/T 528 的要求,菌种质量按照 NY/T 1742 规定的要求。

5.2.2 原辅料

原辅料质量安全要求按照 NY 5099 和 NY/T 1935 的要求。

5.2.3 接种

接种室宜用臭氧或紫外线消毒 0.5 小时以上;接菌箱宜用专用气雾消毒剂消毒 0.5 小时以上;超净工作台宜用紫外线灯消毒不少于 0.5 小时。接种用具、接种者双手用 75% 酒精擦洗消毒。

5.2.4 母种的生产

5.2.4.1 可供选择的母种培养基

以下培养基可用于生产母种。

a）去皮马铃薯 200g（切块煮沸 20 分钟取汁）、葡萄糖 20g、KH_2PO_4 3g、$MgSO_4 \cdot 7H_2O$ 1.5g、维生素 B_1 10~20mg、琼脂 15~18g、水 1 000ml, pH 自然。

b）麦麸 100g、葡萄糖 20g、KH_2PO_4 3g、$MgSO_4 \cdot 7H_2O$ 1.5g、维生素 B_1 10~20mg、琼脂 15~18g、水 1 000ml, pH 自然。

5.2.4.2 母种的制作

采用上述配方配制培养基,装入试管,高压 121℃灭菌 30 分钟,摆好斜面,冷却后,在无菌条件下接种灵芝母种。一般钩取黄豆大小菌块放入斜面培养基中央即可。接种后,将试管置 25℃恒温箱或培养室中（23~28℃）避光培养 8~10 天。

5.2.5 原种的生产

5.2.5.1 可供选择的原种培养基

可供选择的原种培养基如下。

a）阔叶树木屑 78%、麸皮 20%、石膏 1%、蔗糖 1%。

b）麦粒 99%、石膏 1%。

c）阔叶树木屑 78%、麸皮 17%、玉米粉 3%、石膏 1%、蔗糖 1%。

d）阔叶树木屑 40%、玉米芯 40%、麸皮 16%、豆饼粉 2%、石膏 1%、蔗糖 1%。

5.2.5.2 原种的制作

按照上述培养基准备各种原辅料,加水搅拌,充分混合,含水量在 65% 左右, pH6.0~7.0。装入菌种瓶（袋）中,稍压平,高压 121℃灭菌 1.5 小时,凉后,接入母种,室温 23~25℃,避光培养 35~40 天。

5.3 段木栽培

5.3.1 栽培时间

一般在 11 月中旬至翌年 1 月下旬制段接种,4—5 月排场,6—7 月出芝,采收子实体的灵芝在 8—9 月采收;采收子实体及孢子粉的灵芝在 7—8 月套筒,9—10 月采收。可根据当地实际情况合理安排栽培时间。

5.3.2 菌段制作

5.3.2.1 树种选择

主要是阔叶树,松、杉、樟、桉等含油脂、芳香刺激性气味及有毒树种不能用。以壳斗科为主,常用的树种有青冈树、栓皮栎、蒙古栎、水曲柳、榛树、橡树、栗树、枫树、桦树、榉树等。应就地取材,结合树种差别、树皮厚薄、材质软硬、树径大小等综合考虑。

5.3.2.2 段木准备

段木准备工作如下。

a)伐木:伐木时间宜在 10 月中旬至次年 1 月下旬的树木休眠期至春季萌芽前为好,砍伐树木应比段木接种时间提早 1 个月。木段直径 6~30cm 均可使用,但以 6~15cm 为宜,直径超过 20cm 的可从中间劈开使用。

b)截段:树木砍伐 15~30 天后,含水量 40% 左右时截成长度 10~25cm 长的段木。

5.3.3 段木菌段的制作

把截好的段木剔去尖角和毛刺,用塑料绳或竹茨捆扎成捆,装入长度 60~80cm、直径 30~35cm、厚度 0.06~0.08mm 的耐高压聚乙烯筒袋或者常压聚乙烯筒袋,筒袋应符合 GB 4806.7 的要求。袋口一端扎紧,装入后可在段木上铺一薄层木屑,扎紧。

高压蒸汽灭菌,121℃维持 2~3 小时,常压蒸汽灭菌,100℃保持 18~24 小时。

5.3.4 接种与培养

接种与培养的要求:

a)接种:待段木袋降温到 30℃以下,在无菌条件下接种。菌种菌龄应在 35~40 天之间。

b)培养:培养室(或棚)要求洁净、通风、控温、遮光。将接种后的段木菌袋移入培养室(或棚)中,在 20~25℃温度下叠层培养 80~100 天,培养期间适时通风。

c)成熟菌袋特征:白色菌丝长满整个段木段,指压菌木略有弹性,菌丝体紧密粘结。

5.3.5 排场管理

5.3.5.1 整畦

栽培场地于晴天翻土深 30cm,去除杂草石块,日光暴晒数日后作畦。畦宽通常 1.2~2m,畦高 15~25cm,畦长不限。畦沟宽 35~50cm。

5.3.5.2 栽培棚搭建

栽培棚有如下两种。

a)外棚(遮阴棚):在选定的栽培场所,搭建单体棚或钢架连栋大棚,单体棚高 2.5~3.0m,棚顶覆盖遮阴网等遮阴材料,棚架四周用遮阴材料围严,构建相对独立的栽培场所。

b)内拱棚:每畦两旁插入毛竹片,形成拱形架,架中间离畦面 50~70cm 高,架上盖塑料薄膜,将整个畦地罩住。

注:日光温室或者塑料大棚经改造也可以使用。

5.3.5.3 排场

排场应注意的问题:

a）下地时节：根据气候，当土温达到15℃以上，选择晴天下地排放。

b）排放方法：棚内通风5~10天后，将菌袋脱掉，根据畦宽每畦横排3~6段菌木，按菌木间距约10cm和行距约20cm排放，在菌段间填满泥土，并覆盖菌木不外露，覆土厚度3~4cm。覆土后浇透水。

5.3.6 催蕾

出芝场地温度保持在25~28℃，尽量减小昼夜温差；空气相对湿度增加至85%~90%；给予一定强度的散射光（300~500lx）；适当加强通风。5~7天后可形成白色原基。

5.3.7 出芝管理

5.3.7.1 疏芝

疏芝原则为去密留疏、去弱留强。同一菌段形成的过多原基用锋利小刀从基部割去，一般每个菌段只保留1~2个原基。

5.3.7.2 水分管理

水分管理包括空气与土壤的湿度管理。

a）空气相对湿度：原基形成至开伞期，空气相对湿度保持在75%~85%；子实体开伞完全，菌盖边缘稍有黄色时，空气相对湿度保持在85%~90%；子实体趋于成熟至孢子散发期，空气相对湿度保持在75%~80%。

b）土壤湿度：在原基形成和幼芝生长期，应适当喷水，但畦内泥土不应过湿，喷水应细缓，防止地表泥土溅到芝体上。

5.3.7.3 通风管理

灵芝原基未出土前，要求空气中CO_2浓度低于0.3%。原基出土后，加强通风换气，要求空气中CO_2浓度在0.03%~0.1%。灵芝子实体完全开伞，增大通风量，空气中CO_2浓度应低于0.05%。

5.3.7.4 温度调节

用遮阳、喷水、掀盖膜等方法控制温度，保持温度在23~30℃之间，灵芝子实体最适生长温度为25~28℃。

5.3.7.5 光照调节

灵芝原基形成期，光照强度为300~500lx；子实体开伞时的光照强度为400~600lx；子实体趋于成熟至散发孢子期的光照强度为500~800lx。

5.3.8 采后管理

灵芝采收后正值夏季高温，及时清理栽培场；地面灌水，增加遮阳度，保湿降温，有条件的可以出第二次，管理同上。秋末、冬季灵芝不生长时，栽培灵芝的畦应保持一定的湿度，可在畦面覆盖一层稻草或麦草，土壤含水量要求扎起14%~16%。在海拔高的地区，可在畦面覆土或者覆盖稻草或麦草防冻害。

5.4 代料栽培

5.4.1 栽培时间

代料栽培灵芝栽培种可于2—4月接种，5—8月出芝，7—9月采收。可根据当地实际情况合理安排栽培时间。

5.4.2 代料培养基

培养基用木屑(阔叶树)、棉籽皮或多种农作物秸秆、皮壳等作为基质。以木屑为主料,添加辅助性培养料。建议配方如下。

a)木屑 79%、麸皮 15%、玉米粉 5%、石膏粉 1%。

b)木屑 75%、麸皮 23%、石膏粉 2%。

c)木屑 78%、米糠或麦麸 20%、蔗糖 1%、石膏粉 1%。

d)棉籽壳 44%、杂木屑 44%、麦麸或米糠 10%、蔗糖 1%、石膏 1%。

e)甘蔗渣 77%、米糠或麸皮 22%、过磷酸钙 1%。

根据当地资源,因地制宜选用配方。要挑选新鲜、未受潮、无霉烂、不变质的原料,在使用之前先晾晒 4~6 天。

5.4.3 代料菌袋的制作

原料与辅料充分混合,保持含水量 65% 左右,pH 6.0~7.0。根据灭菌方式选用符合 GB 4806.7 卫生要求的耐高压聚乙烯筒袋或者常压聚乙烯塑料袋。塑料袋规格为长 36cm、直径 18cm、厚 0.06~0.08mm。使用机械或人工装袋,培养料松紧度适宜。采用高压蒸汽灭菌 121℃,灭菌 2~3 小时;常压灭菌温度 95~100℃,灭菌时间 18~24 小时。

5.4.4 接种与培养

待代料菌袋降温到 30℃ 以下,无菌条件下进行接种。接种后,将菌袋置于 20~25℃ 黑暗条件下培养,适当通风,一般培养 35~45 天。

成熟菌袋特征:菌袋内长满白色菌丝,手指重压菌袋略有弹性,菌丝体紧密粘结。

5.4.5 排场管理

5.4.5.1 场所

常采用塑料大棚进行栽培,采用钢结构或竹木大棚,规格适宜:25m(长)×6m(宽)×3.5m(高),大棚最长不宜超过 50m,棚与棚之间的间距 6m 为佳。大棚使用前最好经过暴晒消毒或专用气雾剂消毒。日光温室经改造也可以使用。

5.4.5.2 排袋方式

立体式出芝:在出芝棚内,作畦,畦宽 30~45cm,畦高 25cm,两畦间距 50cm。将灵芝袋排在畦上,堆高 8~10 层。每层间最好用竹竿或无枝丫的树棍隔开;或在棚内设架层,将菌袋单层排于架层上。

覆土出芝:挖畦,畦宽 90cm,畦深挖 30~35cm 为宜。将长满的菌袋去掉塑料袋,袋与袋之间紧密靠近,菌袋上面覆土 3~5cm,覆土后浇透水。

5.4.6 出芝管理

代料栽培灵芝覆土出芝管理与段木栽培出芝管理相同;立式栽培出芝管理除不用控制土壤湿度外,其他参照灵芝段木栽培出芝管理方法。

5.5 病虫害防治

5.5.1 常见杂菌和害虫种类

常见杂菌和害虫种类如下。

a）主要病害：常见杂菌有青霉、木霉、黄曲霉、镰孢霉、黏菌等。

b）主要虫害：常见害虫有灵芝谷蛾、灵芝膜喙扁蝽、黑翅土白蚁、跳虫等。

具体防治方案见附录 A。

5.5.2 防治原则

病虫害防治坚持以防为主、综合防治的原则。优先采用物理防治、生物防治，合理使用高效低毒低残留化学农药。

生产上可采取以下措施减少病虫害发生概率。

a）选择抗逆性强、适宜当地栽培的灵芝品种。

b）合理安排生产季节，规范生产操作秩序。

c）保持环境清洁，按照本标准规定进行生产，注意观察，及时发现杂菌、虫害迹象，采取措施，把杂菌、虫害控制在初始阶段。

d）对有小部分感染的菌段单独排放。

e）通过轮作有效减少病虫害的发生。

5.5.3 物理防治

利用防虫网、遮阳网隔离培养室和出芝棚，并利用诱虫灯和性诱剂等对害虫进行诱捕。

5.5.4 生物防治

使用生物农药、天敌等防治杂菌及害虫。

5.5.5 化学防治

农药使用要严格按照 GB/T 8321（所有部分）和 NY/T 1276 的规定执行，不同生育期应采用不同的药剂进行防治。严禁使用国家禁止使用的高毒、高残农药，优先使用生物源、矿物源农药。选用几种不同的农药品种进行交替使用，避免长期使用单一农药品种。

禁止或限制使用农药种类应符合附录 B 的要求。

5.6 采收与产地初加工

5.6.1 采收

5.6.1.1 采收期

灵芝生长期为一年，大田栽培的灵芝通常于当年 7—10 月采收，温室栽培的灵芝常年均可采收。

5.6.1.2 子实体采收

采收标准为菌盖不再增大，边缘有增厚层；菌盖表面的色泽同菌柄一致；采收方法为在晴天用果树剪在灵芝留柄 1.5~2cm 处剪下菌盖，然后沿基部剪下菌柄。

5.6.1.3 孢子粉采收

芝盖边缘的白色生长圈基本消失，菌盖下有少量孢子弹射时，采用单个套筒或整畦铺地膜等方式进行收集。在大部分灵芝基本停止弹射孢子后收起孢子粉，放置在干净的容器里。

5.6.2 加工

5.6.2.1 子实体干制

剪除附有朽木或培养基质的下端菌柄,除去泥沙、杂质,晒干或在 50~60℃烘干。禁止硫熏。

直接晒干法:平铺,通风晒干,晾干。

烘干法:可采用烘房或热风循环烘干机等设备,将子实体烘干,控制热源,使烘干温度在 50~60℃,并控制好进出风量,风量要求先大后小。

5.6.2.2 子实体切片加工

用水参照 GB 5749 规定的标准。

加工流程:干燥的灵芝子实体→净选→清洗→润药→切片→干燥→筛选→包装。加工流程各环节说明如下。

a)净选:把灵芝分次适量地倒入净选台上,除去杂质(挑选霉变虫蛀等),要求杂质≤3%。

b)清洗:将灵芝转入洗药机(池)内,调节适当水压,在出口处观察物料清洗后状况,若符合清洗要求(洁净、无泥沙)则转入周转筐中,若不符合要求则重新再洗一次至洁净、无泥沙,或让洗药机反转,重新清洗至洁净、无泥沙。

c)润药:将物料投入润药机内,开启润药机,设置抽真空时间为 4 分钟,设置温度为 60℃,润药时间 20 分钟。或者采用闷润方式,无需润药机。

d)切片:用切药机切制,将灵芝摆放在传送带上进行切制,要求灵芝切制品厚度达到 2~4mm。

e)干燥:干燥温度 50~60℃,每小时翻动一次确保干燥均匀,检测水分≤17%停止干燥,使物料自然放凉。

f)筛选:选用 3mm 筛网筛除碎屑。

g)包装:选用食品级别包装袋,每袋包装完成后,粘贴标签,注明品名、数量、批号、规格等信息。

5.6.2.3 孢子粉干制

在采收当天将孢子摊放在洁净的塑料薄膜上晒干,或用热风循环烘干机、专用烘干机等烘干。烘干温度控制在 40~60℃。

5.6.2.4 破壁灵芝孢子粉加工

工艺流程:原粉→过筛→灭菌→破壁→过筛→干燥→粉碎→混合→包装。

工艺流程各环节说明如下。

a)过筛:选用 280~300 目筛网,筛除孢子粉中杂质和异物。

b)灭菌:用灭菌柜对孢子粉进行灭菌处理,去除大部分微生物。

c)破壁:采用挤压式等对孢子粉进行破壁,破壁率≥95%。

d)过筛:对破壁后的孢子粉进行过筛,选用 20 目筛网。

e)干燥:用真空低温干燥方式对破壁后孢子粉进行干燥,温度 40℃以内,控制物料水分≤9%。

f）粉碎：用粉碎机进行粉碎，使得物料蓬松。

g）混合：用混合机进行混合，确保一批物料均匀。

h）包装：采用包装机，按照商品规格要求进行包装。包装上注明产品名称、批号、生产日期、有效期等信息。

5.7 品质

5.7.1 子实体品质特征

本品性状应符合《中华人民共和国药典》灵芝项下所述要求。

子实体：本品朵形呈伞状，菌盖肾形、半圆形或近圆形，直径 15~30cm，厚 1~3cm。木栓质，质地致密，厚实，不易折断。菌盖面黄褐色至红褐色，表面有漆状光泽，腹面黄白色；完整者有环状和辐射状棱纹，有的被有粉尘样的黄褐色孢子；菌肉淡白色，菌管淡白色、淡褐色至褐色；有柄，菌柄表面红褐色至紫褐色，具光泽。气微香，味苦涩。

按照灵芝菌盖大小、色泽来分级，其感官分级指标见附录 C。

5.7.2 孢子粉品质特征

本品粉末呈黄褐色至褐色，个大饱满，卵形，顶端平截，双层壁，外壁无色，平滑，内壁有小刺，有时内含一油滴。长 8~12μm，宽 5~8μm。气微、味淡，无异味。灵芝孢子粉的品质特征见附录 C。

5.7.3 化学成分特征

应符合《中华人民共和国药典》灵芝项下所述要求，具体理化指标见附录 C。

5.7.4 安全性

安全性指标应符合以下规定：

a）汞（Hg）≤0.2mg/kg。

b）铅（Pb）≤5.0mg/kg。

c）砷（As）≤2.0mg/kg。

d）镉（Cd）≤1.0mg/kg。

e）六六六（BHe）≤0.2mg/kg。

f）滴滴涕（DDT）≤0.1mg/kg。

g）五氯硝基苯≤0.1mg/kg。

h）二氧化硫残留量（SO_2）≤150mg/kg。

i）黄曲霉毒素本品每 1kg 含黄曲霉毒素 B_1 不得过 5μg；黄曲霉毒素 G_1、黄曲霉毒素 G_2、黄曲霉毒素 B_1 和黄曲霉毒素 B_2 的总量不得过 10μg。

注：按《中华人民共和国药典》（2020 年版）四部通则的方法进行测定，以样品干燥品计算含量。

5.8 包装、放行和贮运

5.8.1 包装

本产品包装按照 GB/T 191 的规定执行。包装材料须符合相应的食品包装材料国家卫生标准。禁止使用接触过禁用物质的包装材料或容器。包装材料应易回收、易降解。一般用聚乙烯（polyethylene，PE）袋作为内包装，外包装用纸箱。包装前应对每批药材按照国家标准进行质量检验,清除异物及劣质品。包装外贴或挂标签、合格证,标识牌内容应有药材名、基源、产地、批号、规格、重量、采收日期、企业名称等。包装上应有追溯码,以满足防伪查询、溯源查询、仓储管理、物流配送等环节的管理要求。

5.8.2　放行

应制定符合企业实际情况的放行制度,有审核批生产、检验等的相关记录。不合格药材有单独处理制度。

5.8.3　贮运

应贮存于通风、干燥、避光、地面整洁、无缝隙、易清洁的仓库,定期检查,防止虫蛀、霉变、腐烂等的发生。严禁与有毒、有害、有异味的物品混放。仓库控制温度在 30℃以下、相对湿度 75% 以下;不同批次等级药材分区存放;建有定期检查制度。禁止磷化铝和硫黄熏蒸。也可采用现代气调贮藏方法,包装或库内充氮或二氧化碳。

运输应防止发生混淆、污染、异物混入、包装破损、雨雪淋湿等。

附　录　A

（资料性）

灵芝常见杂菌和虫害的防治方法

灵芝常见杂菌和虫害的防治方法见表 A.1。

表A.1　灵芝常见杂菌和虫害的防治方法

常见杂菌和虫害	危害症状	防治措施
青霉	在培养料表层、菌柄生长点、菌盖下的子实层及菌丝部分都易发生。青霉菌初发生时为白色，成熟后变为绿色，生长快、繁殖力强，可抑制灵芝菌丝生长。青霉菌分生孢子可随气流传播，一遇适宜的温湿度条件，很快发芽生长。青霉菌侵染子实体时，灵芝被害组织出现侵蚀状病斑，受害组织软化，严重时芝体可完全腐烂	（1）培养室使用前打扫，清洁，消毒 （2）加强栽培管理，在芝蕾和芝盖形成阶段，保持出芝场地的湿润，适时通风换气 （3）发生青霉污染的菌段或子实体，可用石灰水擦洗患处，或用石灰浆封杀 （4）灵芝采收后，及时清理栽培场所，将瘦弱的幼芝及残留的芝根清除，减少病菌的基数
木霉	在灵芝菌丝生长阶段，培养基或段木被木霉污染后，表面显现深绿或蓝绿色，抑制灵芝菌丝生长；在灵芝子实体生长阶段感染木霉，灵芝子实体生长停止，变绿发霉；若不及时处理，使灵芝培养失败，减产减收	（1）保持栽培环境的清洁卫生 （2）子实体生长阶段，对芝棚应做好遮光、保湿及通风工作，防止灵芝原基长出后受阳光直接暴晒而灼伤，防止芝田积水，覆土含水量过高，子实体成熟后及时采摘 （3）加强早期防治。如子实体感染绿色木霉，应及时摘除，以防蔓延
链孢霉	在菌丝培养阶段侵染灵芝段木，菌段受镰孢霉污染后，先在段木表面长出疏松的网状菌丝，生长迅速，后产分生孢子堆，呈团状或球状，稍受震动，便散发到空气中到处传播	保持栽培环境的清洁卫生。在菌袋的生产培养过程中不损伤塑料袋；对已在袋子破口形成橘红色块状分生孢子团的，应立即小心移出，深理或烧毁，防止孢子的扩散，其他措施参照木霉的防治措施
黄曲霉	黄曲霉感染菌木，初时略带黄色，随着菌丝蔓延，菌落变为黄绿色，产生大量的分生孢子，再形成二次污染，造成灵芝菌丝生长缓慢或无法生长	（1）保持栽培环境的清洁卫生 （2）培养料彻底灭菌 （3）控制温度，加强通风，创造灵芝菌丝培养良好条件；其他措施参照木霉的防治措施
黏菌	常在灵芝栽培的出芝阶段污染，初期在灵芝覆土层表面出现黏糊的网状菌丝，其菌丝会变形运动，发展迅速，在1~2天内蔓延成片。侵染灵芝的主要有网状黏菌和发网状黏菌，其菌丝分别为黄白色和灰黑色。被黏菌侵染的覆土灵芝地块灵芝不仅停止生长，且芝体受害出现病斑、腐烂，严重影响灵芝的产量和质量	除覆土栽培前对畦床泥土进行有效消毒外，平时要注意加强芝棚的通风、排湿，降低地下水位，防止栽培场长期处于阴湿状态，对发生黏菌危害的地块用生石灰粉等撒布覆盖，抑制其扩散生长，并挖除发病部位泥土和菌段

续表

常见杂菌和虫害	危害症状	防治措施
灵芝膜喙扁蝽	以成虫在土下的灵芝段木周围及底部越冬,也能在灵芝棚内紧贴土面的木片、竹片下越冬,成若虫均刺吸灵芝菌丝和原基的汁液,造成灵芝的产质量明显下降	(1)合理轮作 (2)适时提前排放新段木 (3)诱集越冬成虫,集中消灭
灵芝谷蛾	在灵芝原基形成到芝盖生长期危害灵芝子实体,越冬幼虫一般在5月中下旬化蛹羽化,幼虫从子实体的幼嫩部位蛀食进入,使菌盖出现许多蛀食孔道,并排出成串的颗粒状粪便,气候潮湿时排出物粘结引起灵芝子实体腐烂,成熟幼虫在蛀孔内作茧化蛹,羽化后蛹壳被成虫带出虫道口	(1)大棚两端棚门需开启处加一层防虫网,用物理方法防止成虫飞入产卵 (2)菌蕾生长期、芝盖扩展期,是虫害的发生期,应密切关注,一见有虫粪排出点,用细铁丝钩出幼虫杀灭,或切除虫害芝块,用水泡法集中杀灭 (3)越冬期清理畦面杂物,有虫害灵芝体、芝脚彻底清理销毁
黑翅土白蚁	主要蛀食灵芝段木,在靠近地面的一端挖洞,钻入段木皮层下蛀食做巢,以段木及菌丝体作食料,不仅损坏段木树皮还能蛀食木质内部。蛀出多个不规则的孔洞,孔洞四周附着泥土,被害的灵芝产量受到较大影响,菌段常被蛀食一空,减产减收	(1)选好场地,避开蚁源 (2)挖深沟防蚁:建棚时应在棚的四周挖一条深50cm、宽40cm的环形坑,灌水淹死或驱出白蚁 (3)在场地外围挖长宽深各30cm的小坑,埋入松木、狼衣草,再压上泥土,2周后检查,发现有白蚁,用白蚁专用的药物进行诱杀
跳虫	发生于阴湿、不洁的芝房。在灵芝生长期、贮存期皆可为害,喜欢在潮湿的灵芝菌孔及湿腐的菌丝料中取食孢子、芝肉,造成菌孔表层斑驳或呈海绵状,菌丝消失,幼芝萎缩	做好培养料灭菌及芝房卫生清理工作,有成虫发生时可用诱杀法杀灭

附　录　B

（规范性）

禁限用农药名单

B.1　禁止（停止）使用的农药（46种）

六六六、滴滴涕、毒杀芬、二溴氯丙烷、杀虫脒、二溴乙烷、除草醚、艾氏剂、狄氏剂、汞制剂、砷类、铅类、敌枯双、氟乙酰胺、甘氟、毒鼠强、氟乙酸钠、毒鼠硅、甲胺磷、对硫磷、甲基对硫磷、久效磷、磷胺、苯线磷、地虫硫磷、甲基硫环磷、磷化钙、磷化镁、磷化锌、硫线磷、蝇毒磷、治螟磷、特丁硫磷、氯磺隆、胺苯磺隆、甲磺隆、福美胂、福美甲胂、三氯杀螨醇、林丹、硫丹、溴甲烷、氟虫胺、杀扑磷、百草枯、2,4-滴丁酯。

注：氟虫胺自2020年1月1日起禁止使用。百草枯可溶胶剂自2020年9月26日起禁止使用。2,4-滴丁酯自2023年1月29日起禁止使用。溴甲烷可用于"检疫熏蒸处理"。杀扑磷已无制剂登记。

B.2　部分范围禁止使用的农药（20种）

部分范围禁止使用的农药应注意药食同源中药材及来自其他作物的中药材。部分范围禁止使用的农药见表B.1。

表 B.1　部分范围禁止使用的农药

通用名	禁止使用范围
甲拌磷、甲基异柳磷、克百威、水胺硫磷、氧乐果、灭多威、涕灭威、灭线磷	禁止在蔬菜、瓜果、茶叶、菌类、中草药材上使用,禁止用于防治卫生害虫,禁止用于水生植物的病虫害防治
甲拌磷、甲基异柳磷、克百威	禁止在甘蔗作物上使用
内吸磷、硫环磷、氯唑磷	禁止在蔬菜、瓜果、茶叶、中草药材上使用
乙酰甲胺磷、丁硫克百威、乐果	禁止在蔬菜、瓜果、茶叶、菌类和中草药材上使用
毒死蜱、三唑磷	禁止在蔬菜上使用
丁酰肼（比久）	禁止在花生上使用
氰戊菊酯	禁止在茶叶上使用
氟虫腈	禁止在所有农作物上使用（玉米等部分旱田种子包衣除外）
氟苯虫酰胺	禁止在水稻上使用

B.3　有关说明

本附录来自2019年中华人民共和国农业农村部官方发布的《禁限用农药名录》（http://www.zzys.moa.gov.cn/gzdt/201911/t20191129_6332604.htm）。

附 录 C

（资料性）

灵芝子实体及灵芝孢子粉的品质特征

C.1 品质特征

C.1.1 灵芝子实体

灵芝子实体按感官指标分为一级、二级、三级和等外级。其感官指标见表 C.1,理化指标见表 C.2。

C.1.2 灵芝孢子粉

灵芝孢子粉的感官和理化指标见表 C.3。

表 C.1 灵芝子实体感官分级指标

<table>
<tr><td colspan="2" rowspan="2">项目</td><td colspan="4">等级</td></tr>
<tr><td>一级</td><td>二级</td><td>三级</td><td>等外级</td></tr>
<tr><td colspan="2">朵形</td><td>菌盖表面有环状棱纹,如意形或标准肾形</td><td>菌盖表面有环状棱纹,菌盖完整,单生</td><td>菌盖完整,允许有丛生,叠生混入</td><td>菌盖基本完整</td></tr>
<tr><td colspan="2">色泽</td><td>盖面红褐色至紫红色,表面有光泽,腹面干净无伤痕,黄白色</td><td>盖面棕褐色,干净,腹面黄白色</td><td>盖面棕褐色,干净,腹面浅褐色</td><td>盖面棕褐色,干净,腹面浅褐色</td></tr>
<tr><td colspan="2">质地</td><td colspan="4">木栓质,质地致密</td></tr>
<tr><td rowspan="2">菌盖大小</td><td>段木</td><td>最窄面≥7cm</td><td>最窄面≥5cm</td><td>最窄面≥3cm</td><td rowspan="2">不作要求</td></tr>
<tr><td>代料</td><td>直径15~25cm</td><td>直径≥8cm</td><td>直径≥5cm</td></tr>
<tr><td colspan="2">菌盖中心厚度 /cm</td><td>≥1.2</td><td>≥1.0</td><td>≥0.6</td><td>不作要求</td></tr>
<tr><td colspan="2">菌柄长度 /cm</td><td>≤2.5</td><td colspan="2"></td><td>不作要求</td></tr>
<tr><td colspan="2">虫孔、霉变</td><td colspan="4">无</td></tr>
<tr><td colspan="2">杂质</td><td colspan="4">无</td></tr>
<tr><td colspan="2">气味</td><td colspan="4">气微香,味苦涩</td></tr>
</table>

注:仅限于不采收孢子粉的子实体。

表 C.2 灵芝子实体理化指标

项目	指标
薄层鉴别	应符合 2020 年版《中华人民共和国药典》
水分 /%	≤17.0
灰分 /%	≤3.2
浸出物 /%	≥3.0
灵芝多糖 /%	≥0.9
三萜及甾醇 /%	≥0.5

表 C.3 灵芝孢子粉感官和理化指标

项目	指标
色泽	黄褐色或淡褐色粉末
气味	气微、味淡,无异味
性状	粉末状,无结块,无杂质
泥沙等杂质 /%	≤2
显微鉴别	孢子褐色,呈卵形,长 6~11μm,宽 4~7μm,顶端平截或钝圆形,孢壁双层,外壁透明、平滑,内壁淡褐色或近褐色
水分 /%	≤10.0
灰分 /%	≤3.0

C.2 检验方法

C.2.1 感官指标的测定

C.2.1.1 采用游标卡尺、手摸、眼观、鼻嗅和口尝及显微镜法测定。

C.2.1.2 泥沙等杂质按照《中华人民共和国药典》2020 年版四部通则 2301 杂质检查法(过 60 目筛)测定。

C.2.2 理化指标的测定

C.2.2.1 显微鉴别

按照《中华人民共和国药典》2020 年版四部通则 2001 显微鉴别法测定。

C.2.2.2 薄层鉴别

按照《中华人民共和国药典》2020 年版一部灵芝项下测定。

C.2.2.3 水分

按照《中华人民共和国药典》2020 年版四部通则 0832 水分测定法第二法(烘干法)测定。

C.2.2.4 总灰分

按照《中华人民共和国药典》2020 年版四部通则 2302 灰分测定法测定。

C.2.2.5　浸出物

按照《中华人民共和国药典》2020 年版四部通则 2201 浸出物测定法项下的热浸法测定。

C.2.2.6　灵芝多糖

按照《中华人民共和国药典》2020 年版一部灵芝项下测定。

C.2.2.7　三萜及甾醇

按照《中华人民共和国药典》2020 年版一部灵芝项下测定。

C.3　检验规则

C.3.1　抽样方法

根据《中华人民共和国药典》2020 年版四部通则 0211 药材和饮片取样法执行。

C.3.2　判定规则

C.3.2.1　检验结果中如有不合格项,对不合格项应加倍取样进行复检,若复检结果仍不合格,则判定该批产品不合格。

C.3.2.2　感官指标中以最低一项指标判定等级。

参考文献

［1］么厉,程慧珍,杨智.中药材规范化种植（养殖）技术指南［M］.北京:中国农业出版社,2006.

［2］徐锦堂.中国药用真菌学［M］.北京:北京医科大学、中国协和医科大学联合出版社,1997.

［3］兰进,陈向东.灵芝栽培技术百问百答［M］.北京:中国农业出版社,2009.

［4］福建省质量技术监督局.灵芝栽培技术规范:DB35/T 163.3—2017［S/OL］.［2023-12-28］.https://std.samr.gov.cn/db/search/stdDBDetailed?id=91D99E4DA0062E24E05397BE0A0A3A10.

［5］浙江省质量技术监督局.段木灵芝生产技术规范:DB33/T 985—2015［S/OL］.［2023-12-28］.https://std.samr.gov.cn/db/search/stdDBDetailed?id=91D99E4D4FEF2E24E05397BE0A0A3A10.

［6］河南省质量技术监督局.灵芝代料栽培技术规程:DB41/T 1139—2015［S/OL］.［2023-12-28］.https://std.samr.gov.cn/db/search/stdDBDetailed?id=91D99E4D11DA2E24E05397BE0A0A3A10.

———————————

ICS 65.020.20

CCS C 05

团 体 标 准

T/CACM 1374.84—2021

附子规范化生产技术规程

Code of practice for good agricultural practice of
Aconiti Lateralis Radix Praeparata

2021-10-15 发布

2021-10-15 实施

中华中医药学会　发布

目　次

前言……… 49

引言……… 50

1 范围 ……………………………………………………………………………………………………… 51

2 规范性引用文件 ………………………………………………………………………………………… 51

3 术语和定义 ……………………………………………………………………………………………… 51

4 附子规范化生产流程图 ………………………………………………………………………………… 52

5 附子规范化生产技术 …………………………………………………………………………………… 52

　　5.1 生产基地选址 ……………………………………………………………………………………… 52

　　5.2 种质与种子 ………………………………………………………………………………………… 53

　　5.3 种植 ………………………………………………………………………………………………… 53

　　5.4 采挖和产地初加工 ………………………………………………………………………………… 54

　　5.5 包装、放行、贮运 ………………………………………………………………………………… 54

附录A（规范性） 禁限用农药名单 …………………………………………………………………… 56

附录B（资料性） 附子病虫害及其防治的参考方法 ………………………………………………… 57

参考文献……………………………………………………………………………………………………… 58

前　言

本文件按照 GB/T 1.1—2020《标准化工作导则　第 1 部分：标准化文件的结构和起草规则》的规定起草。

请注意本文件中的某些内容可能涉及专利。本文件的发布机构不承担识别专利的责任。

本文件由中国医学科学院药用植物研究所和西南科技大学提出。

本文件由中华中医药学会归口。

本文件起草单位：西南科技大学、成都大学、陕西师范大学、四川省中医药科学院、四川江油中坝附子科技发展有限公司、中国中药有限公司、好医生药业集团有限公司、四川省内江市农业科学院、中国医学科学院药用植物研究所、重庆市药物种植研究所。

本文件主要起草人：侯大斌、夏燕莉、余马、杨玉霞、崔浪军、尹茂财、刘雨莎、曾燕、焦连魁、刘彬、张洪、陈华、黄晶、李玉婵、刘丹、毛艳萍、魏建和、王文全、王秋玲、杨小玉、辛元尧、王苗苗。

引　言

　　川乌为乌头植株母根加工品,附子为乌头植株子根加工品。本文件同样适用于川乌的生产种植。

附子规范化生产技术规程

1 范围

本文件确立了附子的规范化生产流程,规定了附子生产基地选址、种质、种苗繁育、种植、采收、产地初加工、包装、放行、贮运等阶段的操作要求。

本文件适用于附子的规范化生产。

2 规范性引用文件

下列文件的内容通过文中的规范性引用而构成本文件必不可少的条款。其中,注明日期的引用文件,仅该日期对应的版本适用于本文件;不注明日期的引用文件,其最新版本(包括所有的修改单)适用于本文件。

GB 3095 环境空气质量标准

GB 5084 农田灌溉水质标准

GB 5749 生活饮用水卫生标准

GB 15618 土壤环境质量 农用地土壤污染风险管控标准(试行)

GB/T 23399—2009 地理标志产品 江油附子

T/CACM 1020.54—2019 道地药材 川附子

T/CACM 1374.1—2021 中药材规范化生产技术规程通则 植物药材

3 术语和定义

T/CACM 1374.1—2021 界定的以及下列术语和定义适用于本文件。

3.1 规范化生产 good agricultural practice

按照《中药材生产质量管理规范》(简称中药材 GAP)的要求,实施药材生产,保证中药材优质安全的生产过程。

3.2 技术规程 code of practice

为实现中药材生产顺利、有序进行,保证中药材生产质量,对中药材生产的基地选址、种子种苗、种植或野生抚育、采收与产地初加工以及包装、放行与贮运等,所做的技术规定和要求,是实施中药材规范生产的核心技术要求和实施指南。

3.3 川乌 Aconiti Radix

毛茛科乌头属植物乌头 *Aconitum carmichaelii* Debx. 的母根加工品。

3.4 附子 Aconiti Lateralis Radix

毛茛科乌头属植物乌头 *Aconitum carmichaelii* Debx. 的子根加工品。

3.5 附子种根 reproducible daughter root

在海拔1 000m以上的山区环境无性繁殖的子根,用于药材附子栽培的用种来源。

3.6 修根留绊 removing redundant lateral fleshy roots

在附子栽培生产的苗期,修去植株基部的小子根,留下1~3个大子根。

4 附子规范化生产流程图

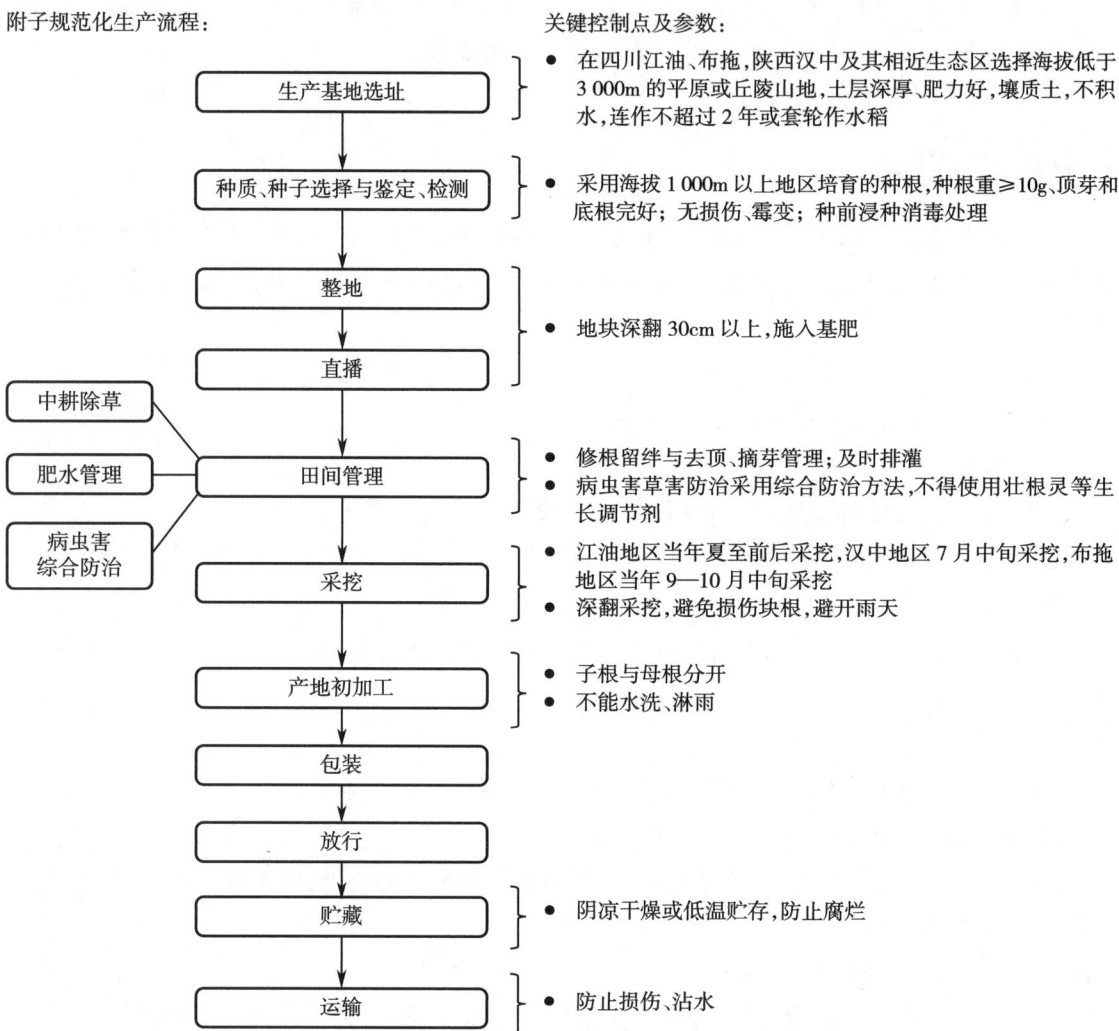

附子规范化生产流程见图1。

附子规范化生产流程: 关键控制点及参数:

```
┌──────────────────┐    •  在四川江油、布拖,陕西汉中及其相近生态区选择海拔低于
│   生产基地选址    │       3 000m的平原或丘陵山地,土层深厚,肥力好,壤质土,不积
└──────────────────┘       水,连作不超过2年或套轮作水稻
         ↓
┌──────────────────┐    •  采用海拔1 000m以上地区培育的种根,种根重≥10g,顶芽和
│种质、种子选择与鉴定、检测│    底根完好;无损伤、霉变;种前浸种消毒处理
└──────────────────┘
         ↓
┌──────────────────┐
│       整地       │    •  地块深翻30cm以上,施入基肥
└──────────────────┘
         ↓
┌──────────────────┐
│       直播       │
└──────────────────┘
         ↓
┌────────┐
│中耕除草│
└────────┘
┌────────┐  ┌──────────────────┐    •  修根留绊与去顶、摘芽管理;及时排灌
│肥水管理│→│    田间管理      │    •  病虫害草害防治采用综合防治方法,不得使用壮根灵等生
└────────┘  └──────────────────┘       长调节剂
┌────────┐
│病虫害  │
│综合防治│
└────────┘
         ↓
┌──────────────────┐    •  江油地区当年夏至前后采挖,汉中地区7月中旬采挖,布拖
│       采挖       │       地区当年9—10月中旬采挖
└──────────────────┘    •  深翻采挖,避免损伤块根,避开雨天
         ↓
┌──────────────────┐    •  子根与母根分开
│    产地初加工    │    •  不能水洗、淋雨
└──────────────────┘
         ↓
┌──────────────────┐
│       包装       │
└──────────────────┘
         ↓
┌──────────────────┐
│       放行       │
└──────────────────┘
         ↓
┌──────────────────┐    •  阴凉干燥或低温贮存,防止腐烂
│       贮藏       │
└──────────────────┘
         ↓
┌──────────────────┐    •  防止损伤、沾水
│       运输       │
└──────────────────┘
```

图1 附子规范化生产流程图

5 附子规范化生产技术

5.1 生产基地选址

5.1.1 产地选择

适宜种植在四川江油、四川布拖、陕西汉中等适宜区及其相近生态区,生态环境特征可

参考 T/CACM 1020.54—2019 川附子标准的要求。种植地适宜海拔 450~3 000m 的地区;育苗地宜在海拔 1 000m 以上的山区。

5.1.2 地块选择

旱地种植忌连作,连作 2 年须换地,轮作 3 年以上田块才能使用。与水稻水旱套轮作可显著克服连作障碍实现连年种植乌头不换地。

种根繁殖地应选择壤土、黏壤土、砂质壤土或粉砂壤土,土壤类型以紫色土、石灰(岩)土、黄棕壤为宜,土壤微酸性至微碱性。土层深厚、腐殖质含量高、疏松,排水良好。

附子栽培地应选择壤土、黏壤土、砂质壤土或粉砂壤土,土壤类型以潮土、紫色土、石灰(岩)土、黄棕壤为宜,土壤微酸性至微碱性。土层深厚、肥沃、疏松,排水良好。

5.1.3 环境监测

环境检测大气应符合 GB 3095《环境空气质量标准》的要求,土壤应符合 GB 15168 农用地土壤标准的要求,灌溉水质应符合 GB 5084《农田灌溉水质标准》的要求,产地初加工用水应符合 GB 5749《生活饮用水卫生标准》的要求,且要保证生长期间持续符合标准。

5.2 种质与种子

5.2.1 种质选择

使用毛茛科乌头属植物乌头 *Aconitum carmichaelii* Debx. 为物种来源,种质须经过鉴定。如使用农家品种或选育品种应加以明确。

5.2.2 种根质量

应使用当年采收的种根,单个重 10g 以上,顶芽和底根完好,无损伤、霉变。经检验符合相应标准。

5.2.3 良种繁育

种苗繁育通常采用无性繁殖,选择高海拔山区繁殖的种根。山区种苗繁育田间管理,除不修根留绊外其余同附子药材生产一致。秋季采挖,先去掉病株,采挖出的子根去掉多余须根,留好底根。选择重量达标且无霉烂、缺芽、伤痕等符合种苗标准的子根作附子生产用种,其余子根继续用于下一年高海拔种根繁育。

分选出的种根要及时晾干表面过多水分,同时防止脱水失水,贮藏于干燥凉爽处。栽种时须使用当年收获的种根。

5.3 种植

5.3.1 栽种

生产用附子种根每年 10 月中旬至 12 月中旬栽种,可与蔬菜、玉米等套种,有条件尽量与水稻套轮作。前作收获后,随即翻耕炕土,深耕 30cm 以上。栽种前施入基肥,宜以腐熟有机肥、油枯、磷肥等为主,严禁使用未腐熟动物粪便。均匀撒入土中,耙细,开沟作畦,厢宽约 80cm、沟宽 20cm、沟深 10cm。双行错窝栽种,行距 25cm,窝距 15cm,窝深 15cm,每窝栽 1 个,芽头向上,理沟覆盖,厢面平整。每亩(667m^2)用种 1 万 ~1.2 万个。种根栽种后,在幼苗出土前,确保厢面细土覆盖、无大土块,清理沟底并将沟底铲平。

5.3.2 田间管理

栽种出苗后及时补苗、除草。每年3月中至下旬、立夏前后结合中耕除草进行两次施肥。以有机肥为主,化学肥料有限度使用,鼓励使用经国家批准的菌肥及中药材专用肥。每次追肥后要进行清沟和整理厢面,使厢面保持瓦背形。及时排灌,天旱时勤浇浅灌,雨涝时及时排水。

有条件的宜修根留绊两次。第一次在清明前后,苗高16~20cm,摘除植株最基部的3~4片脚叶。用铲子将植株附近的土刨开,现出母根及绊,留1~3个较大的绊,其余的绊全部铲掉。一个月后进行第二次,削去新生的小绊和绊上的须根,切忌伤害底根。

及时去顶、摘芽。植株高35~45cm时去掉顶芽,同时摘除顶端以下的全部腋芽,保留10~12片叶。

禁止使用壮根灵、膨大素等生长调节剂增大乌头的根。

5.3.3 病虫害草害防治

附子常见病害有霜霉病、叶斑病、白绢病、软腐病等,虫害主要有叶蝉、蚜虫、银纹夜蛾等,草害主要是繁缕、牵牛、空心莲子草、牛筋草等。

应采用预防为主、综合防治的方法:旱作连作2年须轮作3年以上,与水稻套轮作可缩短轮作年限,甚至可连年种植;有机肥必须充分腐熟,并经质量检测,防止虫卵、草籽、病原菌、重金属、农残等污染;种根栽种前可用抗菌剂浸种;下地后至出苗前可施用封闭剂或除草剂,出苗后须人工除草,慎用除草剂;害虫发生时可用灯光诱杀,或杀虫剂喷杀;病害发生前或初期可施用相应农药防治;发现病株及时拔除,集中销毁,并用石灰消毒病穴;注意雨季排水;每年收获后及时清园。

采用化学防治时,应当符合国家有关规定;优先选用高效、低毒的生物农药;尽量避免使用除草剂、杀虫剂和杀菌剂等化学农药;不使用禁限用农药。

5.4 采挖和产地初加工

乌头为播种后第二年采收。低海拔区6月下旬至7月上旬采收,中海拔区可7月下旬至8月中旬采收,高海拔区9月下旬至10月中旬采收。将乌头整株挖起,切去地上部分茎叶,将块根取下,抖去泥沙,去掉须根。将子根和母根分别摘取并分级、分开存放,子根进一步加工后为附子,母根进一步加工后为川乌。

采挖过程避免损伤、沾水浸水,防止腐烂。产地初加工干燥过程保证场地、工具洁净、干燥,不受雨淋等。

5.5 包装、放行、贮运

5.5.1 包装

包装前应对每批药材按照国家标准进行质量检验。符合国家标准的药材,采用透气好且不影响质量的编织袋等包装,禁止采用包装过肥料、农药等的包装袋包装。包装外贴或挂标签、合格证,标识牌内容应有药材名、基源、产地、批号、规格、重量、采收日期、企业名称等,并有追溯码。

5.5.2 放行

应制定符合企业实际情况的放行制度,有审核批生产、检验等的相关记录。不合格药材有单独处理制度。

5.5.3 贮运

附子贮运技术可参考 T/CACM 1020.54—2019《道地药材 川附子》及 GB/T 23399—2009《地理标志产品 江油附子》的要求。经产地初加工的附子应及时送饮片炮制车间进行进一步炮制加工。存放期在 5 天以内的应贮存于阴凉干燥处,温度控制在 20℃以下、相对湿度 65% 以下;存放期在 5 天以上的应采用低温存贮,温度控制在 10℃以下、相对湿度 65% 以下。

贮存过程中应定期检查,防止虫蛀、霉变、腐烂等的发生。不同批次、等级药材分区存放;建有定期检查制度。

运输应防止发生混淆、污染、异物混入、包装破损、雨雪淋湿等。

附　录　A

（规范性）

禁限用农药名单

A.1　禁止（停止）使用的农药（46 种）

六六六、滴滴涕、毒杀芬、二溴氯丙烷、杀虫脒、二溴乙烷、除草醚、艾氏剂、狄氏剂、汞制剂、砷类、铅类、敌枯双、氟乙酰胺、甘氟、毒鼠强、氟乙酸钠、毒鼠硅、甲胺磷、对硫磷、甲基对硫磷、久效磷、磷胺、苯线磷、地虫硫磷、甲基硫环磷、磷化钙、磷化镁、磷化锌、硫线磷、蝇毒磷、治螟磷、特丁硫磷、氯磺隆、胺苯磺隆、甲磺隆、福美胂、福美甲胂、三氯杀螨醇、林丹、硫丹、溴甲烷、氟虫胺、杀扑磷、百草枯、2,4- 滴丁酯。

注：氟虫胺自 2020 年 1 月 1 日起禁止使用。百草枯可溶胶剂自 2020 年 9 月 26 日起禁止使用。2,4-滴丁酯自 2023 年 1 月 29 日起禁止使用。溴甲烷可用于"检疫熏蒸处理"。杀扑磷已无制剂登记。

A.2　在部分范围禁止使用的农药（20 种）

部分范围禁止使用的农药应注意药食同源中药材及来自其他作物的中药材。部分范围禁止使用的农药见表 A.1。

表 A.1　部分范围禁止使用的农药

通用名	禁止使用范围
甲拌磷、甲基异柳磷、克百威、水胺硫磷、氧乐果、灭多威、涕灭威、灭线磷	禁止在蔬菜、瓜果、茶叶、菌类、中草药材上使用，禁止用于防治卫生害虫，禁止用于水生植物的病虫害防治
甲拌磷、甲基异柳磷、克百威	禁止在甘蔗作物上使用
内吸磷、硫环磷、氯唑磷	禁止在蔬菜、瓜果、茶叶、中草药材上使用
乙酰甲胺磷、丁硫克百威、乐果	禁止在蔬菜、瓜果、茶叶、菌类和中草药材上使用
毒死蜱、三唑磷	禁止在蔬菜上使用
丁酰肼（比久）	禁止在花生上使用
氰戊菊酯	禁止在茶叶上使用
氟虫腈	禁止在所有农作物上使用（玉米等部分旱田种子包衣除外）
氟苯虫酰胺	禁止在水稻上使用

A.3　说明

本附录的内容来自 2019 年中华人民共和国农业农村部发布的《禁限用农药名录》（http://www.zzys.moa.gov.cn/gzdt/201911/t20191129_6332604.htm）。

附　录　B

（资料性）

附子病虫害及其防治的参考方法

附子病虫害及其防治的参考方法见表B.1。

表 B.1　附子病虫害及其防治的参考方法

名称	推荐防治方法	防治时期	安全间隔期 /d
根腐病	百菌清或甲基硫菌灵等按推荐剂量进行灌根,间隔 7~10d 灌一次,连续进行 2~3 次	发生早期	≥14
白绢病	采用水旱轮作、开沟排水等农业措施;选用木霉菌等生防菌处理土壤。也可采用菌核清等喷施茎基部,按推荐剂量间隔 7~10d 喷一次,连续进行 2~3 次	农业措施播种时;药剂处理在发生早期	≥14
斑枯病	甲基硫菌灵可湿性粉剂或多菌灵可湿性粉剂、百菌清可湿性粉剂等按推荐剂量喷施叶部,间隔 7~10d 喷一次,连续进行 2~3 次	发病前预防,发病初期	≥14
白粉病	使用三唑酮可湿性粉剂按推荐剂量喷施叶部,间隔 7~10d 喷一次,连续进行 2~3 次	发病前预防,发病初期	≥14
霜霉病	清理感病叶片,用甲霜·锰锌可湿性粉剂、嘧菌酯乳油等按推荐剂量喷施叶部,间隔 7~10d 喷一次,连续进行 2~3 次,须轮换药剂使用	发病前预防,发病初期	≥14
螨类	选用苦参碱、印楝素、灭幼脲、苏云金杆菌等生物农药,按推荐剂量喷施叶部	3—10 月	≥14
蚜虫	选用苦参碱、印楝素、灭幼脲、苏云金杆菌等生物农药,按推荐剂量进行喷雾防治或 10% 吡虫啉可湿性粉剂按推荐剂量喷施叶部;或黄板诱蚜	药剂 3—10 月,黄板 4—6 月	≥14
地下害虫（金龟幼虫）	选用白僵菌可湿性粉剂按推荐剂量进行地面处理,或使用毒诱饵诱杀、诱虫灯诱杀成虫	幼虫 3—10 月,成虫全年	无

参考文献

[1] 戴维,陈杰,王涛,等.川西北山区乌头栽培技术规程[J].四川农业科技,2017(6):24-25.

[2] 黄晶,任品安,侯大斌,等.四川江油道地中药材附子套作水稻技术规程探析[J].园艺与种苗,2016(7):19-20.

[3] 黄正方,李代永,杨美全,等.乌头生物学特性及栽培技术[J].中草药,1981,12(12):38-40.

[4] 侯大斌,任正隆.川乌(附子)块根质量与摘心留叶数对附子产量的影响[J].中国中药杂志,2006,31(7):594-596.

[5] 侯大斌.附子资源与遗传多样性研究[M].成都:四川大学出版社,2008.

[6] 罗霞.江油附子GAP种植实施评价研究[D].绵阳:西南科技大学,2012.

[7] 舒晓燕,侯大斌,李凤.不同品种附子生物碱和多糖含量的比较[J].中国药房,2010,21(31):2916-2918.

[8] 舒晓燕,侯大斌.不同采收期附子多糖含量的比较研究[J].中成药,2008(10):1512-1514.

[9] 徐敏,张岳峰,侯大斌,等.附子贮藏过程中相关生化指标的变化分析[J].中国中药杂志,2008,33(22):2704-2706.

[10] 蒋荡.主要栽培区附子质量比较研究[D].绵阳:西南科技大学,2013.

[11] 岳聪慧,侯大斌,匡青芬.附子不同栽培区土壤养分对其双酯型生物碱的比较研究[J].湖北农业科学,2014,53(11):2594-2597.

[12] 周海燕,周应群,羊勇,等.附子不同产区生态因子及栽培方式的考察与评价[J].中国现代中药,2010,12(2):14-18.

[13] 周海燕,周应群,汪明德,等.附子不同主产区生长土壤和药材中重金属含量分析[C]//中国自然资源学会天然药物资源专业委员会,中国药材GAP研究促进会,中共贵州省黔东南苗族侗族自治州委员会,等.全国第8届天然药物资源学术研讨会论文集.[出版者不详],2008:5.

[14] 张红非,王艳萍,张让琴,等.无公害附子生产技术规程[J].现代中药研究与实践,2006,20(5):15-17.

[15] YU M, YANG Y X, SHU X Y, et al. Aconitum carmichaelii Debeaux, cultivated as a medicinal plant in western China[J]. Genetic Resources and Crop Evolution, 2016, 63(5):919-924.

ICS 65.020.20
CCS C 05

团 体 标 准

T/CACM 1374.85—2021

鸡血藤规范化生产技术规程

Code of practice for good agricultural practice of Spatholobi Caulis

2021-10-15 发布   2021-10-15 实施

中华中医药学会   发布

目　次

前言 ·· 61

1 范围 ·· 62

2 规范性引用文件 ·· 62

3 术语和定义 ··· 62

4 鸡血藤规范化生产流程图 ·· 62

5 鸡血藤规范化生产技术 ··· 63

 5.1 生产基地选址 ··· 63

 5.2 种质选择 ·· 64

 5.3 种苗扦插繁育 ·· 64

 5.4 种植技术 ·· 65

 5.5 采收 ··· 66

 5.6 产地初加工 ··· 66

 5.7 包装、放行、贮运 ·· 66

附录 A（规范性）　禁限用农药名单 ··· 67

附录 B（资料性）　鸡血藤常见病虫害防治的参考方法 ·· 68

参考文献 ··· 69

前　言

本文件按照 GB/T 1.1—2020《标准化工作导则　第 1 部分：标准化文件的结构和起草规则》的规定起草。

请注意本文件中的某些内容可能涉及专利。本文件的发布机构不承担识别专利的责任。

本文件由中国医学科学院药用植物研究所和广西壮族自治区药用植物园提出。

本文件由中华中医药学会归口。

本文件起草单位：广西壮族自治区药用植物园、广西中医药大学、广西壮族自治区花红药业集团股份公司、广西葛洪堂药业有限公司、中国医学科学院药用植物研究所、重庆市药物种植研究所。

本文件主要起草人：余丽莹、吕惠珍、李莹、缪剑华、张占江、黄雪彦、韦飞燕、黄宝优、柯芳、谢月英、彭玉德、农东新、胡东南、吴庆华、谭小明、卢劲伟、梁艳华、魏建和、王文全、王秋玲、杨小玉、辛元尧、王苗苗。

鸡血藤规范化生产技术规程

1 范围

本文件确立了鸡血藤的规范化生产流程,规定了鸡血藤规范化生产规程术语和定义、生产流程图、生产技术要求。

本文件适用于鸡血藤的规范化生产。

2 规范性引用文件

下列文件的内容通过文中的规范性引用而构成本文件必不可少的条款。其中,注明日期的引用文件,仅该日期对应的版本适用于本文件;不注明日期的引用文件,其最新版本(包括所有的修改单)适用于本文件。

GB 3095 环境空气质量标准

GB 5084 农田灌溉水质标准

GB 15618 土壤环境质量 农用地土壤污染风险管控标准(试行)

T/CACM 1374.1—2021 中药材规范化生产技术规程通则 植物药材

GB/T 8321 《农药合理使用准则》

DB45/T 774—2011 《鸡血藤种苗质量要求》

3 术语和定义

T/CACM 1374.1—2021 界定的以及下列术语和定义适用于本文件。

3.1 规范化生产 good agricultural practice

按照《中药材生产质量管理规范》(简称中药材 GAP)的要求,实施药材生产,保证中药材优质安全的生产过程。

3.2 技术规程 code of practice

为实现中药材生产顺利、有序进行,保证中药材生产质量,对中药材生产的基地选址、种子种苗、种植或野生抚育、采收与产地初加工以及包装、放行与贮运等,所做的技术规定和要求,是实施中药材规范生产的核心技术要求和实施指南。

3.3 鸡血藤 Spatholobi Caulis

豆科植物密花豆 *Spatholobus suberectus* Dunn 的干燥藤茎。

4 鸡血藤规范化生产流程图

鸡血藤规范化生产流程见图 1。

鸡血藤规范化生产流程：

关键控制点及参数：

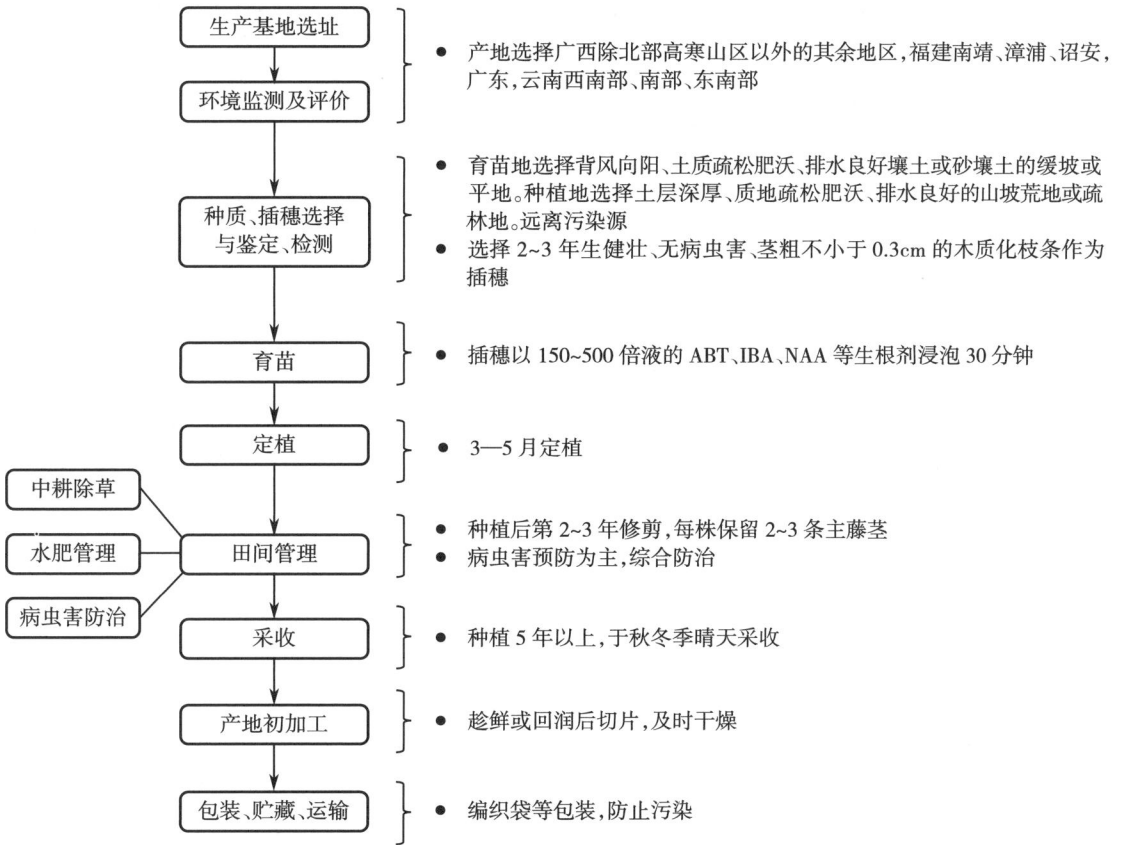

```
┌─────────────┐
│  生产基地选址  │
└─────────────┘
      ↓
┌─────────────┐
│  环境监测及评价 │
└─────────────┘
```
• 产地选择广西除北部高寒山区以外的其余地区，福建南靖、漳浦、诏安，广东，云南西南部、南部、东南部

```
┌─────────────┐
│  种质、插穗选择 │
│  与鉴定、检测  │
└─────────────┘
```
• 育苗地选择背风向阳、土质疏松肥沃、排水良好壤土或砂壤土的缓坡或平地。种植地选择土层深厚、质地疏松肥沃、排水良好的山坡荒地或疏林地。远离污染源
• 选择2~3年生健壮、无病虫害、茎粗不小于0.3cm的木质化枝条作为插穗

```
┌─────────────┐
│     育苗     │
└─────────────┘
```
• 插穗以150~500倍液的ABT、IBA、NAA等生根剂浸泡30分钟

```
┌─────────────┐
│     定植     │
└─────────────┘
```
• 3—5月定植

```
┌──────────┐
│  中耕除草  │
└──────────┘
┌──────────┐      ┌─────────────┐
│  水肥管理  │──────│    田间管理    │
└──────────┘      └─────────────┘
┌──────────┐
│ 病虫害防治 │
└──────────┘
```
• 种植后第2~3年修剪，每株保留2~3条主藤茎
• 病虫害预防为主，综合防治

```
┌─────────────┐
│     采收     │
└─────────────┘
```
• 种植5年以上，于秋冬季晴天采收

```
┌─────────────┐
│   产地初加工   │
└─────────────┘
```
• 趁鲜或回润后切片，及时干燥

```
┌─────────────┐
│ 包装、贮藏、运输 │
└─────────────┘
```
• 编织袋等包装，防止污染

图1　鸡血藤规范化生产流程图

5　鸡血藤规范化生产技术

5.1　生产基地选址

5.1.1　产地选择

适宜种植在广西除高寒山区以外的区域，以及广东，云南的西南部、南部、东南部和福建的南靖、漳浦、诏安等地。育苗地和种植地选择年平均温度18℃以上、极端最高气温低于43℃、极端最低气温高于1℃的适宜区域。

5.1.2　地块选择

育苗地应选择背风向阳、土质疏松肥沃、排水良好的缓坡或平地。土壤以红壤、赤红壤、砖红壤的壤土或砂壤土为宜，pH为5.5~7.0。

种植地应选择土层深厚、土质疏松肥沃、有机质丰富、排水良好的山坡荒地或疏林地，以红壤、赤红壤、砖红壤为宜，pH微酸性至中性。

选择地块应无水质、大气、土壤环境污染，远离城镇、医院、工矿企业、垃圾及废弃物堆积场等污染源。

5.1.3 环境监测

基地大气、土壤和水样品的检测符合 GAP 要求,应符合相应国家标准,并保证生长期间持续符合标准。环境检测参照 GB 3095《环境空气质量标准》、GB 15618《土壤环境质量 农用地土壤污染风险管控标准(试行)》、GB 5084《农田灌溉水质标准》。

5.2 种质选择

使用豆科植物密花豆 *Spatholobus suberectus* Dunn 的枝条,物种须经过鉴定。

5.3 种苗扦插繁育

5.3.1 整地作床

于育苗前一个月清除育苗地杂灌草,深翻 30cm 以上,清除石块、树根、草根等杂物,细耙。按宽 100~120cm、高 20~30cm 起畦作苗床,畦长度随地形而定,畦沟宽 40~50cm。

容器育苗基质宜粉碎过筛(筛孔径为 0.1~0.2cm),容器一般选择径宽 10~15cm、高 15~20cm 的黑色塑料膜袋。

5.3.2 苗床消毒

于扦插前 3~5 天以 0.5% 高锰酸钾溶液浇透苗床消毒,扦插前 1 天以同样方法再次消毒。

5.3.3 扦插时间

于 3—5 月或 9—10 月扦插。

5.3.4 插穗采集

选择 2~3 年生健壮、无病虫害、茎粗不小于 0.3cm 的木质化枝条作为插穗。早晚采集枝条,剪除叶片及叶柄,剪成具 2~3 个节、长 20~25cm 的插穗,上端切口平,在距离芽体 1~2cm 下端反向切斜口。插穗应立即竖插于清水中或浇水保湿,放置时间不宜超过 24 小时。

5.3.5 插穗处理

将插穗放入 50% 多菌灵可湿性粉剂溶液或甲基硫菌灵 1 500~2 000 倍液浸 20~30 分钟,或以高锰酸钾溶液 1 000~3 000 倍液浸泡 3~5 分钟消毒。再将插穗下端 4~5cm 浸入 150~500 倍液的 ABT(1~6 号)或 IBA(吲哚丁酸,1h-indole-3-butanoic acid)、NAA(萘乙酸,1-Naphthyl acetic acid)等生根剂溶液浸泡 30 分钟,稍晾后扦插。

5.3.6 扦插方法

在苗床上按行距 15~20cm、株距 10~15cm 以竹签插孔后放入插穗,扦插深度 8~15cm,压实插穗基部基质;或开浅沟后放入插穗,回土压紧基质。插后浇水保湿,搭遮阳网遮阴,遮阴度 60%~80%。

5.3.7 苗期管理

扦插后适量浇水,少量多次,保持苗床土壤湿润,雨季及时排水。扦插 3 个月后,可适当喷施 0.1%~0.3% 的氮肥或复合肥,及时拔除杂草。苗期加强地老虎和根腐病等病虫害防治。

5.3.8 炼苗、出圃

扦插 3 个月后移除遮阳网。出圃前 30 天应减少施肥和浇水进行炼苗。

一般容器苗扦插 6 个月、裸根苗扦插 1 年后可出圃。种苗苗高不低于 20cm,地径不小于

5mm,根系粗壮,根长 10cm 以上,茎充分木质化,色泽正常,机械损伤少,无病虫害,无失水。种苗质量具体可参考 DB45/T 774—2011《鸡血藤种苗质量要求》的规定执行。

选择雨季或阴雨天起苗。起苗前 2~3 天浇灌苗床,修剪枝茎,留取茎长 20~30cm。起苗后剪除 1/3~1/2 的叶片,裸根苗用黏稠黄泥浆根并扎捆保湿。装运时宜有序叠放,避免过度挤压。长途运输应有防风、防晒、防雨措施。向外调运的种苗要经过检疫并附检疫证书。

5.4 种植技术

5.4.1 整地

于冬季或种植前 1 个月整地,选择性清除杂灌草,可保留部分乔木、灌木作为攀爬支架,全垦、带状开垦或穴垦。平坡、缓坡或较平坦园地的新造林地可机耕全垦整地,深度 30~50cm,按行距 5~6m 开沟深 40cm 的种植沟,或按行株距(5~6m)×(3~4m)挖穴,穴长、宽各 50cm,深 40cm。坡度较大或无机耕条件时进行带状开垦,沿等高线按 5~6m 间隔开垦种植带。穴垦适用于坡度大于 25° 的地块或林中、林缘、沟边、地边等零星地块。

种植时每穴施入 1~2kg 的腐熟有机肥(氮、磷、钾总量≥15%、有机质含量≥20%)或复合肥 0.5kg 作基肥。回穴覆土 5~8cm,与肥料拌匀,再回填一层厚约 5cm 的表土。

5.4.2 种植时间

3 月上旬至 5 月下旬。

5.4.3 种植方法

于雨季或阴雨天种植。每穴栽入壮苗 1 株,使其根部自然舒展,覆土至根茎处压实,穴面覆盖一层表土稍高出地面,浇足定根水。在坡度较大的干旱山地种植时,穴坑回填表土宜整成四周高、坑面凹的围坑状。

5.4.4 查苗补苗

种植后应及时检查移植成活情况,发现死苗缺株及时补苗。

5.4.5 中耕除草

封行前宜于当年 6 月、8 月和 11 月进行松土除草,封行后 3 年内可于冬季或春季春梢萌发前进行,每年 1~2 次。

5.4.6 施肥

结合中耕除草每年施肥 2 次,春夏季各一次,成林后一般不再施肥。在距根部约 50cm 处开挖深 20cm、长 50cm 的弧形沟,均匀撒入肥料,然后覆土。第 1 年每次每株施复合肥 100~150g(氮、磷、钾含量达到 20:10:10),第 2 年、第 3 年每次每株施复合肥 200~300g。

5.4.7 修剪

种植后第 2~3 年进行修剪,每年一次,每株保留 2~3 条主藤茎,剪去过多的枝条及部分弱枝、懒枝。

5.4.8 病虫害防治

常见病害有根腐病,虫害主要有红蜘蛛、天牛、棕麦蛾等。

采用预防为主、综合防治的方法,优先农业、生物和物理机械防治法,科学应用化学防治。采用化学防治时,优先选用高效、低毒的生物农药,尽量避免使用除草剂、杀虫剂和杀菌剂等化学农药,不使用国家禁限用农药,农药使用参照 GB/T 8321《农药合理使用准则》的规定执行。禁限用农药种类参见附录 A,鸡血藤主要病虫害防治的参考方法参见附录 B。

5.5　采收

种植 5 年以后可进行采收。于秋、冬二季晴天采伐,除去枝叶,截断藤茎。

5.6　产地初加工

藤茎趁鲜切成厚 3~8mm 的片,及时摊晒,不定期翻动,干燥后即可包装入库。加工干燥过程保证场地、工具洁净,不受雨淋等。

5.7　包装、放行、贮运

5.7.1　包装

包装前应对每批药材按照国家标准进行质量检验。符合国家标准的药材,采用不影响质量的编织袋等包装。包装外贴或挂标识牌、合格证,标识牌内容应有药材名、基源、产地、批号、规格、重量、采收日期、企业名称等,并有追溯码。

5.7.2　放行

制定符合企业实际的放行制度,有审核批生产、检验等相关记录。不合格药材有单独处理制度。

5.7.3　贮运

药材应贮存于阴凉干燥处,定期检查,防止虫蛀、霉变、腐烂等。仓库宜控制在温度 20℃以下、相对湿度 75% 以下。不同批次等级药材分区存放。禁用磷化铝和二氧化硫熏蒸。可采用现代气调贮藏方法,包装或库内充氮或二氧化碳。

运输应防止发生污染、异物混入、包装破损、雨雪淋湿等。

附　录　A

（规范性）

禁限用农药名单

A.1　禁止（停止）使用的农药（46 种）

六六六、滴滴涕、毒杀芬、二溴氯丙烷、杀虫脒、二溴乙烷、除草醚、艾氏剂、狄氏剂、汞制剂、砷类、铅类、敌枯双、氟乙酰胺、甘氟、毒鼠强、氟乙酸钠、毒鼠硅、甲胺磷、对硫磷、甲基对硫磷、久效磷、磷胺、苯线磷、地虫硫磷、甲基硫环磷、磷化钙、磷化镁、磷化锌、硫线磷、蝇毒磷、治螟磷、特丁硫磷、氯磺隆、胺苯磺隆、甲磺隆、福美胂、福美甲胂、三氯杀螨醇、林丹、硫丹、溴甲烷、氟虫胺、杀扑磷、百草枯、2,4- 滴丁酯。

注：氟虫胺自 2020 年 1 月 1 日起禁止使用。百草枯可溶胶剂自 2020 年 9 月 26 日起禁止使用。2,4-滴丁酯自 2023 年 1 月 29 日起禁止使用。溴甲烷可用于"检疫熏蒸处理"。杀扑磷已无制剂登记。

A.2　在部分范围禁止使用的农药（20 种）

部分范围禁止使用的农药应注意药食同源中药材及来自其他作物的中药材。部分范围禁止使用的农药见表 A.1。

表 A.1　部分范围禁止使用的农药

通用名	禁止使用范围
甲拌磷、甲基异柳磷、克百威、水胺硫磷、氧乐果、灭多威、涕灭威、灭线磷	禁止在蔬菜、瓜果、茶叶、菌类、中草药材上使用，禁止用于防治卫生害虫，禁止用于水生植物的病虫害防治
甲拌磷、甲基异柳磷、克百威	禁止在甘蔗作物上使用
内吸磷、硫环磷、氯唑磷	禁止在蔬菜、瓜果、茶叶、中草药材上使用
乙酰甲胺磷、丁硫克百威、乐果	禁止在蔬菜、瓜果、茶叶、菌类和中草药材上使用
毒死蜱、三唑磷	禁止在蔬菜上使用
丁酰肼（比久）	禁止在花生上使用
氰戊菊酯	禁止在茶叶上使用
氟虫腈	禁止在所有农作物上使用（玉米等部分旱田种子包衣除外）
氟苯虫酰胺	禁止在水稻上使用

A.3　说明

本附录的内容来自 2019 年中华人民共和国农业农村部发布的《禁限用农药名录》（http：//www.zzys.moa.gov.cn/gzdt/201911/t20191129_6332604.htm）。

附 录 B
（资料性）
鸡血藤常见病虫害防治的参考方法

鸡血藤常见病虫害防治的参考方法参见表 B.1。

表 B.1　鸡血藤常见病虫害防治的参考方法

病虫害名称	防治时期	农业防治或物理防治方法	推荐化学防治方法
根腐病	3—8 月	及时清沟排水；使用充分腐熟的有机肥；选用无病害优质种苗；及时拔除病株并集中销毁；穴施草木灰或生石灰	苗期用多菌灵、敌磺钠、噁霉灵喷施，按说明书使用；定植后用多菌灵、甲基硫菌灵、多·硫悬浮剂、苦参碱灌根，按说明书使用
地老虎	3—5 月	频振式杀虫灯诱杀	辛硫磷、敌敌畏、敌百虫、阿维菌素喷施，按说明书使用
棕麦蛾	5—8 月	频振式杀虫灯诱杀；清洁田园，秋末烧毁枯枝落叶或用于沤肥	吡虫啉、阿维菌素、苏云金杆菌、苦参碱喷洒，按说明书使用
天牛	3—8 月	及时剪除虫枝，集中处理；6—8 月于清晨人工捕杀虫卵和成虫；清洁田园，秋末集中烧毁枯枝落叶或用于沤肥	注射器注入印楝素乳油并泥封虫孔；以辛硫磷颗粒剂裹上棉球由虫孔塞入，外用棉花塞住
红蜘蛛	6—11 月	清洁田园，秋末集中烧毁枯枝落叶或用于沤肥	阿维菌素、哒螨灵喷施，按说明书使用

参考文献

［1］国家药典委员会.中华人民共和国药典:2020年版一部［M］.北京:中国医药科技出版社,2020.

［2］么历,程慧珍,杨智.中药材规范化种植(养殖)技术指南［M］.北京:中国农业出版社,2006.

［3］黄璐琦,肖培根,王永炎.中国珍稀濒危药用植物资源调查［M］.上海:上海科学技术出版社,2012:545.

［4］吕惠珍,黄雪彦.鸡血藤生产加工适宜技术［M］.北京:中国医药科技出版社,2018:2-113.

［5］徐鸿华.30种岭南中药材规范化种植(养殖)技术［M］.广州:广东科技出版社,2011:818-857,

［6］黄雪彦,吕惠珍,彭玉德,等.鸡血藤扦插繁殖技术研究［J］.安徽农业科学,2010,38(11):5621-5622.

［7］吕惠珍,黄雪彦,梁定展,等.鸡血藤扦插育苗技术［J］.北方园艺,2010(20):183-184.

［8］吕惠珍,吴庆华,黄宝优,等.鸡血藤规范化生产技术规程［J］.现代中药研究与实践,2012,26(2):8-10.

［9］广西壮族自治区质量技术监督局.鸡血藤扦插繁育技术规程:DB45/T 710—2010［S/OL］.［2024-01-02］.https://std.samr.gov.cn/db/search/stdDBDetailed?id=91D99E4D8CEB2E24E05397BE0A0A3A10.

［10］广西壮族自治区质量技术监督局.鸡血藤规范化生产操作规程:DB45/T 1032—2014［S/OL］.［2024-01-02］.https://std.samr.gov.cn/db/search/stdDBDetailed?id=91D99E4DA3AD2E24E05397BE0A0A3A10.

［11］广西壮族自治区质量技术监督局.鸡血藤种苗质量要求:DB45/T 774—2011［S/OL］.［2024-01-02］.https://std.samr.gov.cn/db/search/stdDBDetailed?id=91D99E4D1ED32E24E05397BE0A0A3A10.

ICS 65.020.20
CCS C 05

团 体 标 准

T/CACM 1374.86—2021

毛鸡骨草规范化生产技术规程

Code of practice for good agricultural practice of Abrus Mollis

2021-10-15 发布   2021-10-15 实施

中华中医药学会   发布

目　次

前言…………………………………………………………………………………………………… 72

引言…………………………………………………………………………………………………… 73

1　范围 ……………………………………………………………………………………………… 74

2　规范性引用文件 ………………………………………………………………………………… 74

3　术语和定义 ……………………………………………………………………………………… 74

4　毛鸡骨草规范化生产流程图 …………………………………………………………………… 74

5　毛鸡骨草规范化生产技术 ……………………………………………………………………… 75

　5.1　生产基地选址 ……………………………………………………………………………… 75

　5.2　种质与种子 ………………………………………………………………………………… 76

　5.3　种植 ………………………………………………………………………………………… 76

　5.4　采收与加工 ………………………………………………………………………………… 77

　5.5　包装、放行、贮运 …………………………………………………………………………… 77

附录A（规范性）　禁限用农药名单 ……………………………………………………………… 79

附录B（资料性）　毛鸡骨草常见病虫害防治的参考方法 ……………………………………… 80

参考文献……………………………………………………………………………………………… 81

前　言

本文件按照 GB/T 1.1—2020《标准化工作导则　第 1 部分：标准化文件的结构和起草规则》的规定起草。

本文件由中国医学科学院药用植物研究所和广西中医药大学提出。

本文件由中华中医药学会归口。

本文件起草单位：广西中医药大学、广西壮族自治区药用植物园、广西玉林制药集团有限责任公司、广西广泽健康产业股份有限公司、中国医学科学院药用植物研究所、重庆市药物种植研究所。

本文件主要起草人：黄荣韶、陈乾平、李华山、董青松、李良波、白隆华、张占江、钟一雄、谭伟东、周旻、利达朝、魏建和、王文全、王秋玲、杨小玉、辛元尧、王苗苗。

引　言

　　鸡骨草为豆科相思子属植物广州相思子 *Abrus cantoniensis* Hance，又名小叶鸡骨草，被《中华人民共和国药典》收载；同属植物毛相思子 *Abrus mollis* Hance，又名毛鸡骨草、大叶鸡骨草，被《广西壮族自治区壮药质量标准》（第一卷，2008 版）收载，在市场上当作鸡骨草药材使用。广西、广东等地有使用鸡骨草的习惯，因野生资源趋于濒危，从 20 世纪 80 年代末开始了鸡骨草的种植。广西壮族自治区是鸡骨草药材的主产区，且以毛鸡骨草为主，且其种植技术已基本成熟。本着科研服务生产的原则制定本规程。

毛鸡骨草规范化生产技术规程

1 范围

本标准确立了毛鸡骨草规范化生产流程,规定了毛鸡骨草生产基地选址、种质、种植、采收、产地初加工、包装、放行、贮运等阶段的操作要求。

本文件适用于毛鸡骨草的规范化生产。

2 规范性引用文件

下列文件对于本标准的应用是必不可少的。凡是注明日期的引用文件,仅所注明日期的版本适用于本标准。凡是不注明日期的引用文件,其最新版本(包括所有的修改版本)适用于本标准。

GB 3095 环境空气质量标准

GB/T 3543 农作物种子检验规程

GB 5084 农田灌溉水质标准

GB 5749 生活饮用水卫生标准

GB 15618—2018 土壤环境质量 农用地土壤污染风险管控标准(试行)

DB45/T 543—2008 毛相思子种子质量要求

DB45/T 544—2008 无公害中药材 鸡骨草:毛相思子生产技术规程

T/CACM 1374.1—2021 中药材规范化生产技术规程通则 植物药材

3 术语和定义

T/CACM 1374.1—2021 界定的以及下列术语和定义适用于本文件。

3.1 规范化生产 good agricultural practice

按照《中药材生产质量管理规范》(简称中药材 GAP)的要求,实施药材生产,保证中药材优质安全的生产过程。

3.2 技术规程 code of practice

为实现中药材生产顺利、有序进行,保证中药材生产质量,对中药材生产的基地选址、种子种苗、种植或野生抚育、采收与产地初加工以及包装、放行与贮运等,所做的技术规定和要求,是实施中药材规范生产的核心技术要求和实施指南。

4 毛鸡骨草规范化生产流程图

毛鸡骨草规范化生产流程见图1。

毛鸡骨草规范化生产流程：　　　　　　　　　　关键控制点及参数：

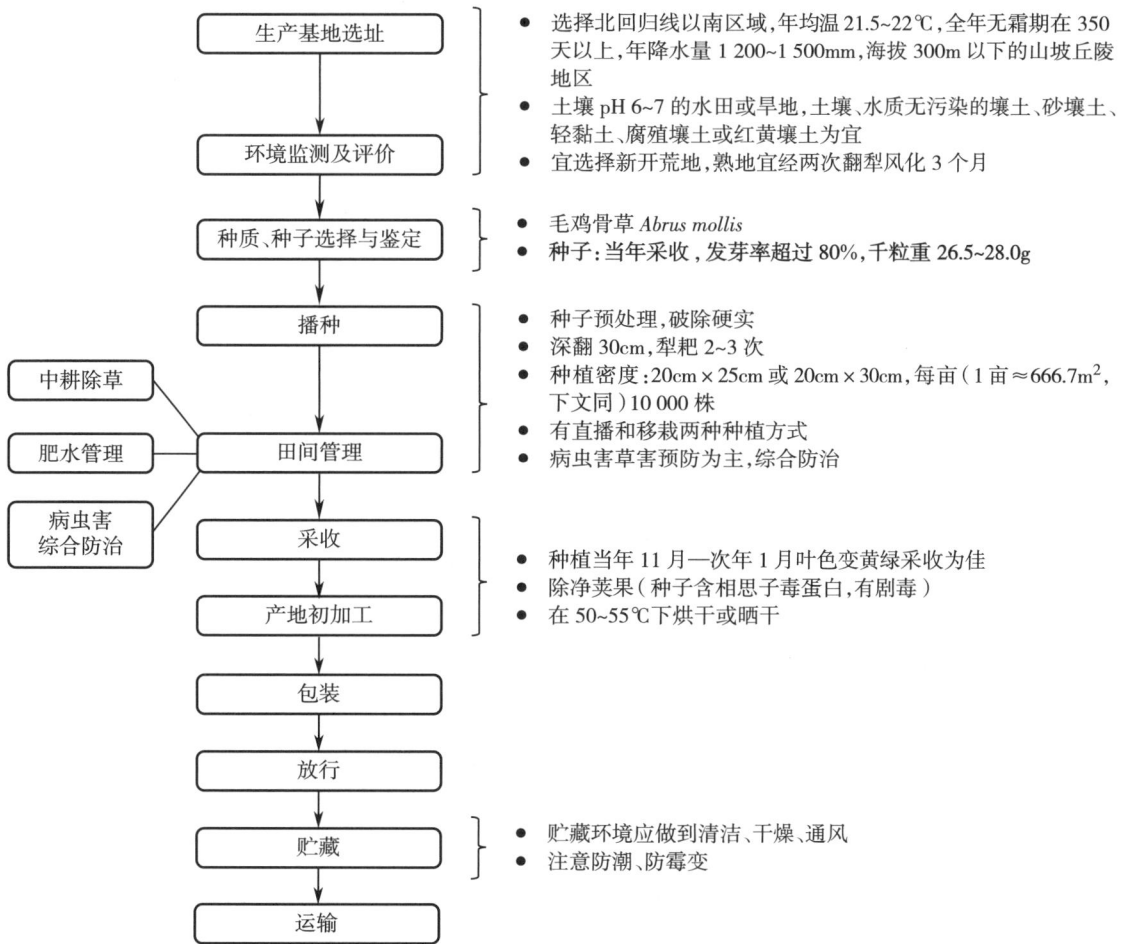

```
        ┌─────────────────┐
        │  生产基地选址    │ ┐
        └─────────────────┘ │
                ↓            │
        ┌─────────────────┐ │
        │  环境监测及评价  │ ┘
        └─────────────────┘
                ↓
        ┌─────────────────┐
        │ 种质、种子选择与鉴定 │
        └─────────────────┘
                ↓
        ┌─────────────────┐
        │     播种        │
        └─────────────────┘
  ┌────────┐     ↓
  │中耕除草│ ┐
  └────────┘ │
  ┌────────┐ │ ┌─────────────────┐
  │肥水管理│─┼─│   田间管理      │
  └────────┘ │ └─────────────────┘
  ┌────────┐ │        ↓
  │病虫害  │ ┘
  │综合防治│
  └────────┘  ┌─────────────────┐
        │     采收        │
        └─────────────────┘
                ↓
        ┌─────────────────┐
        │   产地初加工    │
        └─────────────────┘
                ↓
        ┌─────────────────┐
        │     包装        │
        └─────────────────┘
                ↓
        ┌─────────────────┐
        │     放行        │
        └─────────────────┘
                ↓
        ┌─────────────────┐
        │     贮藏        │
        └─────────────────┘
                ↓
        ┌─────────────────┐
        │     运输        │
        └─────────────────┘
```

- 选择北回归线以南区域，年均温 21.5~22℃，全年无霜期在 350 天以上，年降水量 1 200~1 500mm，海拔 300m 以下的山坡丘陵地区
- 土壤 pH 6~7 的水田或旱地，土壤、水质无污染的壤土、砂壤土、轻黏土、腐殖壤土或红黄壤土为宜
- 宜选择新开荒地，熟地宜经两次翻犁风化 3 个月

- 毛鸡骨草 *Abrus mollis*
- **种子**：当年采收，发芽率超过 80%，千粒重 26.5~28.0g

- 种子预处理，破除硬实
- 深翻 30cm，犁耙 2~3 次
- 种植密度：20cm×25cm 或 20cm×30cm，每亩（1 亩≈666.7m²，下文同）10 000 株
- 有直播和移栽两种种植方式
- 病虫害草害预防为主，综合防治

- 种植当年 11 月—次年 1 月叶色变黄绿采收为佳
- 除净荚果（种子含相思子毒蛋白，有剧毒）
- 在 50~55℃下烘干或晒干

- 贮藏环境应做到清洁、干燥、通风
- 注意防潮、防霉变

图 1　毛鸡骨草规范化生产流程图

5　毛鸡骨草规范化生产技术

5.1　生产基地选址

5.1.1　产地选择

适宜在亚热带高温地区的低矮山丘向阳处或低海拔的坡地、熟地种植，主要在广西南宁、玉林、梧州、钦州以及广东湛江、阳江、肇庆等地种植。种植地选择在年均温 21.5~22℃，7 月平均温度 28.5~29℃，1 月平均温度为 13℃以上，全年无霜期在 350 天以上，年降水量 1 200~1 500mm，海拔 300m 以下的山坡丘陵地区；育苗地选择在同样地区。

5.1.2　地块选择

育苗地应选择向阳、近水源、背风，坡度小于 30° 的荒地，土壤肥沃湿润的砂壤土为宜。

定植地应选在阳光充足、排水良好、坡度 10°~30°、土质疏松深厚、通透性好、肥力中等、pH 6~7 的水田或旱地，土壤、水质无污染的壤土、砂壤土、轻黏土、腐殖壤土或黄泥土为宜。

宜选择新开荒地，熟地宜经两次翻犁风化 3 个月。

5.1.3 环境监测

基地的大气、土壤和水样品的检测应符合 GB 3095、GB 5084、GB 5749 和 GB 15618—2018 的要求,且要保证生长期间持续符合上述标准。

5.2 种质与种子

5.2.1 种质选择

使用豆科植物毛鸡骨草(又名大叶鸡骨草)*Abrus mollis* Hance,物种须经过鉴定。如使用农家品种或选育品种应加以明确。

5.2.2 种子质量

应使用当年秋后采收的果荚枯黄了的成熟种子,种子干燥或已近干燥,坚硬,表面光亮,呈现特有色泽,发芽率超过80%,千粒重26.5~28.0g。经检验符合 GB/T 3543 和 DB45/T 543—2008 的要求。

5.2.3 种子采收与贮藏

在每年11—12月果实成熟时,选择生长发育强壮、无病虫害、丛生茎藤多而长的植株作为采果母株。当果实表面呈现特有的黄或棕黄色或黄褐色,略呈干燥时采收,可分批次采收。采收后,薄摊晒干,晒时勤翻动,脱粒后,装入纸袋或布袋内,贮藏于通风干燥处。

5.3 种植

5.3.1 育苗

播种前应采用机械破皮法对种子进行处理。将种子用碾米机碾3~4次至种子略烫手,然后用50℃始温的水浸泡24小时,期间注意倒去浑水换清水再浸。待吸胀后捞起种子拌湿杉木糠保湿催芽。

待种子充分吸胀或露白后播种,时间以清明前后为宜。

撒播:将种子与细砂混匀后直接撒到已整好的苗床上,一般每亩撒播种子15kg,大约可移植15亩。

点播:按行株距2cm×3cm,每穴放种子2~3粒,覆细土或过筛的火烧土约2~3cm,浇水盖草,保持畦地湿润。有条件的可在畦面上盖一层拱形塑料薄膜,出苗时即揭去。每亩点播用种约15kg。播后5~7天种子开始出芽。

5.3.2 定植

11—12月深翻30cm,犁耙2~3次,清除草根杂物,堆制火烧土作基肥,翌年春进行2次犁耙,使上层松碎,每亩施草木灰或土杂肥或腐熟猪牛粪2 500~3 000kg基肥,整平后作高畦,畦高20~30cm,宽100~120cm,按株行距20cm×25cm或20cm×30cm开穴,或开行沟,深5cm,以待种植。

种植方式有直播和移栽两种。

直播种植:经过处理的种子按设计株行距进行穴播,每穴2~3粒。

移栽定植:苗高10~12cm时移栽到大田种植。选择阴天、阴雨天或晴天下午定植。起苗时,应小心将小苗挖起,尽量带少许根泥,勿伤根部,随起随栽,将幼苗种植在挖好的穴中,扶正,盖土3~4cm,轻轻压实,淋定根水,行间遮阴。

5.3.3 田间管理

5.3.3.1 间苗、补苗

苗高 10cm 左右进行间苗和补苗。选阴雨天补苗,每 17~20cm 保留 1 株,或每穴留壮苗 2 株。一般每亩留苗 10 000 株。

5.3.3.2 中耕除草与追肥

定植后每月中耕除草 1 次。生长前期 4—5 月施氮肥为主,每月每亩施尿素 5kg 或硫酸铵 10kg。生长中期 6—8 月施磷钾肥为主,每月每亩施复合肥 5~8kg。7—8 月追施有机肥,每次每亩用磷肥 30kg 或复合肥 15kg 拌充分腐熟的农家肥 1 200kg。9 月以后主要施用过磷酸钙、猪牛栏粪、火烧土等混合堆沤的复合有机肥。

5.3.3.3 排灌

播种后要保持畦土湿润,如遇久晴无雨,应适当淋水。雨季要加强排水。

5.3.3.4 调节荫蔽度

当苗高 20~30cm 时(4—6 月),可在每隔 3 株的距离插上一根长 2m 以上的竹竿或木杆,引苗攀援。

5.3.4 病虫害草害等防治

主要病害有根腐病、炭疽病、纹枯病等;虫害主要有蚜虫、地老虎、棉铃虫、斜纹夜蛾、蝼蛄和鼠害等。

应采用预防为主、综合防治的方法。

农业防治:排除田间积水,降低田间湿度;发现病株立即拔除,集中烧毁或深埋,原病株穴中撒生石灰粉。

物理防治:在种植地安装频振式杀虫灯,诱杀地老虎等害虫。

化学防治:优先选用高效、低毒的生物源农药;不使用禁限用农药。

主要病虫害防治的参考方法参见附录 B。

5.4 采收与加工

毛鸡骨草以种植当年 11 月—次年 1 月叶色变黄绿色采收为佳。收获时连根挖起,抖去根上的泥土、杂质,除净荚果(种子含相思子毒蛋白,有剧毒),捆成小把,晒至足干。

5.5 包装、放行、贮运

5.5.1 包装

产品包装前应进行药材性状、杂质、水分、有效成分(相思子碱)含量及农药残留、重金属等检测。用洁净、干燥、无污染、符合国家有关卫生要求的编织袋包裹捆压成件,每件 25kg,每件包装物上应标明品名、产地、规格、净重、毛重、包装日期、生产单位、执行标准等。并附上质量合格标志。批量包装还要有批包装记录,记录内容包括品名、规格、产地、批号、重量、包装工号、包装日期等。

5.5.2 放行

应制定符合企业实际情况的放行制度,有审核批生产、检验等的相关记录。不合格药材有单独处理制度。

5.5.3 贮运

产品应于清洁、干燥、通风处或专门仓库室温下贮藏。仓储应具备透风除湿设备及条件,货架与墙壁的距离不得少于 1m,水分超过 15% 的产品不得入库。库房应有专人管理,防潮、防霉变。

运输工具必须清洁、干燥、无异味、无污染。严禁与可能污染其品质的货物如农药、化肥等其他有毒有害物质混装。

附 录 A
（规范性）
禁限用农药名单

A.1 禁止（停止）使用的农药（46种）

六六六、滴滴涕、毒杀芬、二溴氯丙烷、杀虫脒、二溴乙烷、除草醚、艾氏剂、狄氏剂、汞制剂、砷类、铅类、敌枯双、氟乙酰胺、甘氟、毒鼠强、氟乙酸钠、毒鼠硅、甲胺磷、对硫磷、甲基对硫磷、久效磷、磷胺、苯线磷、地虫硫磷、甲基硫环磷、磷化钙、磷化镁、磷化锌、硫线磷、蝇毒磷、治螟磷、特丁硫磷、氯磺隆、胺苯磺隆、甲磺隆、福美胂、福美甲胂、三氯杀螨醇、林丹、硫丹、溴甲烷、氟虫胺、杀扑磷、百草枯、2,4-滴丁酯。

注：氟虫胺自2020年1月1日起禁止使用。百草枯可溶胶剂自2020年9月26日起禁止使用。2,4-滴丁酯自2023年1月29日起禁止使用。溴甲烷可用于"检疫熏蒸处理"。杀扑磷已无制剂登记。

A.2 在部分范围禁止使用的农药（20种）

部分范围禁止使用的农药应注意药食同源中药材及来自其他作物的中药材。部分范围禁止使用的农药见表A.1。

表 A.1 部分范围禁止使用的农药

通用名	禁止使用范围
甲拌磷、甲基异柳磷、克百威、水胺硫磷、氧乐果、灭多威、涕灭威、灭线磷	禁止在蔬菜、瓜果、茶叶、菌类、中草药材上使用,禁止用于防治卫生害虫,禁止用于水生植物的病虫害防治
甲拌磷、甲基异柳磷、克百威	禁止在甘蔗作物上使用
内吸磷、硫环磷、氯唑磷	禁止在蔬菜、瓜果、茶叶、中草药材上使用
乙酰甲胺磷、丁硫克百威、乐果	禁止在蔬菜、瓜果、茶叶、菌类和中草药材上使用
毒死蜱、三唑磷	禁止在蔬菜上使用
丁酰肼（比久）	禁止在花生上使用
氰戊菊酯	禁止在茶叶上使用
氟虫腈	禁止在所有农作物上使用（玉米等部分旱田种子包衣除外）
氟苯虫酰胺	禁止在水稻上使用

A.3 说明

本附录的内容来自2019年中华人民共和国农业农村部发布的《禁限用农药名录》（http://www.zzys.moa.gov.cn/gzdt/201911/t20191129_6332604.htm）。

附 录 B

（资料性）

毛鸡骨草常见病虫害防治的参考方法

毛鸡骨草常见病虫害防治的参考方法参见表 B.1。

表 B.1 毛鸡骨草常见病虫害防治的参考方法

病虫害名称	防治时期	推荐防治方法	安全间隔期 /d
根腐病	5—10 月	多菌灵灌根，按照农药标签使用	≥7
		甲基硫菌灵灌根，按照农药标签使用	≥7
炭疽病	5—10 月	甲基硫菌灵喷雾，按照农药标签使用	≥7
		咪鲜胺喷雾，按照农药标签使用	≥7
		苯醚甲环唑喷雾，按照农药标签使用	≥7
纹枯病	5—10 月	丙环唑喷雾，按照农药标签使用	≥7
		烯唑醇喷雾，按照农药标签使用	≥7
蚜虫	5—10 月	抗蚜威喷雾，按照农药标签使用	≥7
		吡虫啉喷雾，按照农药标签使用	≥7
注：如有新的适合毛鸡骨草生产的高效、低毒、低残留生物农药应优先选用			

参考文献

［1］广西壮族自治区食品药品监督管理局 . 广西壮族自治区壮药质量标准：第一卷［S］. 南宁：广西科学技术出版社，2008.

［2］中国科学院中国植物志编辑委员会 . 中国植物志：第四十卷［M］. 北京：科学出版社，1994.

［3］国家中医药管理局《中华本草》编委会 . 中华本草［M］. 上海：上海科学技术出版社，1998.

［4］广西壮族自治区中医药研究所 . 广西药用植物名录［M］. 南宁：广西人民出版社，1986.

［5］王诗用，钟技 . 毛鸡骨草栽培技术［J］. 中药研究与信息，1999（4）：43-45.

［6］黄荣韶，罗永明，胡彦，等 . 毛鸡骨草总皂甙含量测定及其动态变化研究［J］. 广东农业科学，2006（6）：28-30.

［7］高宾，郭淑珍，唐锴 . 鸡骨草的鉴别及采收加工［J］. 首都医药，2013，20（21）：43.

［8］陈乾平，董青松，白隆华，等 . 毛鸡骨草 GAP 基地土壤肥力综合评价与供肥能力研究［J］. 安徽农业科学，2008（17）：7326-7327.

［9］董青松，谭伟东，钟一雄，等 . 毛鸡骨草种子检验规程研究［J］. 安徽农业科学，2018，46（35）：177-179.

［10］朱艳霞，黄燕芬，林杨 . 氮磷钾配方施肥对鸡骨草产量及化学成分的影响［J］. 南方农业学报，2018，49（8）：1517-1524.

［11］严倩茹，邬伟魁 . 毛鸡骨草的研究进展［J］. 药学研究，2017，36（11）：671-672.

［12］农训学 . 鸡骨草种子繁殖方法［J］. 农村新技术，2013（5）：7-8.

［13］罗文娟 . 鸡骨草高产栽培技术［J］. 农业研究与应用，2011（3）：56-58.

ICS 65.020.20
CCS C 05

团 体 标 准

T/CACM 1374.87—2021

鸡冠花规范化生产技术规程

Code of practice for good agricultural practice of
Celosiae Cristatae Flos

2021-10-15 发布　　　　　　　　　　　　　　　　2021-10-15 实施

中华中医药学会　发布

目　　次

前言···84

1　范围···85

2　规范性引用文件··85

3　术语和定义···85

4　鸡冠花规范化生产流程图··85

5　鸡冠花规范化生产技术···86

　5.1　生产基地选址···86

　5.2　种质与种子···86

　5.3　种植···87

　5.4　采收···88

　5.5　产地初加工···88

　5.6　包装、放行、贮运··88

附录A（规范性）　禁限用农药名单···89

附录B（资料性）　鸡冠花常见病虫害药剂防治的参考方法···90

参考文献···91

前　言

本文件按照 GB/T 1.1—2020《标准化工作导则　第 1 部分：标准化文件的结构和起草规则》的规定起草。

请注意本文件中的某些内容可能涉及专利。本文件的发布机构不承担识别专利的责任。

本文件由中国医学科学院药用植物研究所提出。

本文件由中华中医药学会归口。

本文件起草单位：安国市农业技术推广中心、河北省农林科学院经济作物研究所、河北农业大学、河北省中医药科学院、安国市鸿闰射干农民专业合作社、安国市众瑞白芷农民专业合作社、安国市亨扬中药材有限公司、中国医学科学院药用植物研究所、重庆市药物种植研究所。

本文件主要起草人：李树强、谢晓亮、温春秀、刘灵娣、田伟、欧阳艳飞、杜庆潮、霍玉、冯凯、杨太新、葛淑俊、何运转、叩钊、王春婷、张旭、吕国军、张同胜、魏建和、王文全、王秋玲、杨小玉、辛元尧、王苗苗。

鸡冠花规范化生产技术规程

1 范围

本文件确立了鸡冠花的规范化生产流程,规定了鸡冠花生产基地选址、种质、种苗繁育、种植、采收、产地初加工、包装、放行、贮运等阶段的操作要求。

本文件适用于鸡冠花的规范化生产。

2 规范性引用文件

下列文件的内容通过文中的规范性引用而构成本文件必不可少的条款。其中,注明日期的引用文件,仅该日期对应的版本适用于本文件;不注明日期的引用文件,其最新版本(包括所有的修改单)适用于本文件。

GB 3095　环境空气质量标准

GB/T 3543　农作物种子检验规程

GB 5084　农田灌溉水质标准

GB 15618　土壤环境质量　农用地土壤污染风险管控标准(试行)

T/CACM 1374.1—2021　中药材规范化生产技术规程通则　植物药材

《中华人民共和国药典》

3 术语和定义

T/CACM 1374.1—2021 界定的以及下列术语和定义适用于本文件。

3.1 规范化生产　good agricultural practice

按照《中药材生产质量管理规范》(简称中药材 GAP)的要求,实施药材生产,保证中药材优质安全的生产过程。

3.2 技术规程　code of practice

为实现中药材生产顺利、有序进行,保证中药材生产质量,对中药材生产的基地选址、种子种苗、种植或野生抚育、采收与产地初加工以及包装、放行与贮运等,所做的技术规定和要求,是实施中药材规范生产的核心技术要求和实施指南。

3.3 鸡冠花　Celosiae Cristatae Flos

苋科植物鸡冠花 *Celosia cristata* L. 的干燥花序。

4 鸡冠花规范化生产流程图

鸡冠花规范化生产流程见图1。

鸡冠花规范化生产流程：

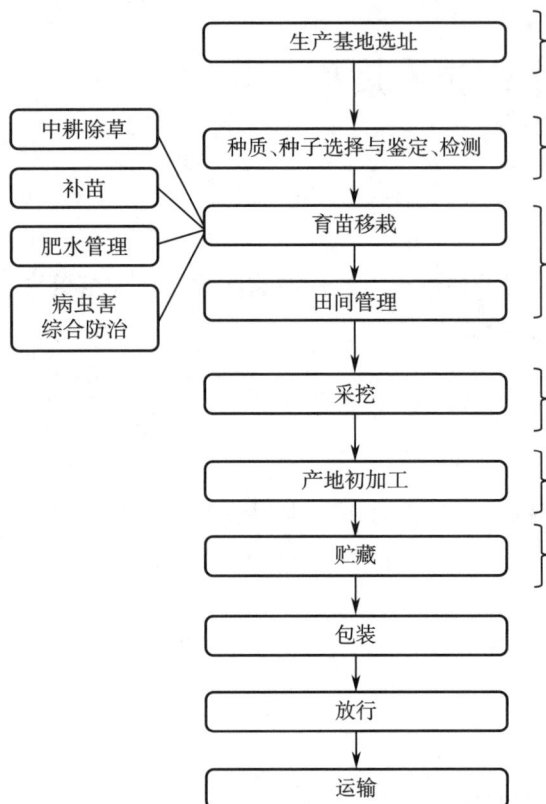

关键控制点及参数：

```
                    ┌─────────────┐
                    │  生产基地选址  │───┐
                    └──────┬──────┘   │
                           ↓          │
                    ┌─────────────┐   │
     ┌────────┐     │种质、种子选择与│───┤
     │ 中耕除草 │     │  鉴定、检测   │   │
     └────┬───┘     └──────┬──────┘   │
     ┌────┴───┐            ↓          │
     │  补苗   │────→┌─────────────┐   │
     └────┬───┘     │  育苗移栽    │───┤
     ┌────┴───┐     └──────┬──────┘   │
     │ 肥水管理 │────→       ↓          │
     └────┬───┘     ┌─────────────┐   │
  ┌───────┴──────┐  │  田间管理    │───┘
  │ 病虫害综合防治  │→ └──────┬──────┘
  └──────────────┘         ↓
                    ┌─────────────┐
                    │  采挖        │───
                    └──────┬──────┘
                           ↓
                    ┌─────────────┐
                    │ 产地初加工    │───
                    └──────┬──────┘
                           ↓
                    ┌─────────────┐
                    │  贮藏        │───
                    └──────┬──────┘
                           ↓
                    ┌─────────────┐
                    │  包装        │
                    └──────┬──────┘
                           ↓
                    ┌─────────────┐
                    │  放行        │
                    └──────┬──────┘
                           ↓
                    ┌─────────────┐
                    │  运输        │
                    └─────────────┘
```

- 生态环境良好，排灌方便，优选肥沃和排水良好的中性砂质壤土
- 主产地在河北、浙江、安徽、山东、四川等地

- 种子净度不低于95%，水分不高于5%，发芽率超过80%

- 播种覆土2~3mm，苗床保持湿润，3~4片真叶时间苗。苗高6~10cm时带土移栽，行距35~40cm，株距30~35cm
- 幼苗期除草松土少浇水，封垄后去除老叶，抽穗后将下部叶腋间的花芽去除。浇水按照"见干见湿"原则，雨季严防积水

- 当年8—10月或白露前后花盛开时采收

- 晒干，勿使夜露，去除杂质，切断

- 贮藏置通风干燥处，存放温度10~20℃最佳。禁止二氧化硫、磷化铝熏蒸

图1 鸡冠花规范化生产流程图

5 鸡冠花规范化生产技术

5.1 生产基地选址

5.1.1 产地选择

全国各地均有种植。主要分布在河北、浙江、安徽、山东、四川等地。

5.1.2 地块选择

生态环境良好，远离工业污染源、生活垃圾场，阳光充足，土壤pH5.6~8.5，灌溉水源方便，水质清洁。鸡冠花喜高温、干燥、阳光充足环境条件，怕冷，忌霜。以肥沃和排水良好的中性砂质壤土为好。

5.1.3 环境监测

基地的大气、土壤和水样品的检测按照GAP要求，应符合相应国家标准，并保证生长期间持续符合标准。环境检测可参考GB 3095《环境空气质量标准》、GB 15618《土壤环境质量 农用地土壤污染风险管控标准（试行）》、GB 5084《农田灌溉水质标准》。

5.2 种质与种子

5.2.1 种质选择

使用苋科植物鸡冠花 *Celosia cristata* L.，物种须经过鉴定。如使用农家品种或选育品种应加以明确。

5.2.2 种子质量

种子净度不低于95%,水分不高于5%,发芽率不低于80%。可参考GB/T 3543《农作物种子检验规程》。

5.2.3 良种繁育

鸡冠花为异花授粉植物,自然杂交率高,留种栽培时应注意隔离。在8—9月丰产期,种子成熟时,剪取花朵较大,颜色鲜亮的花头,干燥脱粒。花与籽分开管理,籽粒过筛去杂,呈肾形、黑色、有光泽的最好,装入纸袋或布袋内,贮藏于干燥凉爽处,作为种子来年种植。

5.3 种植

5.3.1 育苗

鸡冠花可直播或移栽。直播一般在每年4月中旬到5月上旬,气温在15~20℃时为好。播种前,根据土壤肥力进行施肥,可考虑在苗床施用有机肥2 000~3 000kg和氮磷钾三元复合肥100kg作基肥,旋耕,整平,作畦,开沟。行距35~40cm,沟深0.5cm,每亩(1亩≈666.7m^2,下文同)用种量0.5~0.6kg,播种时应在种子中拌入一些细土进行均匀撒播,覆土2~3mm,播种前保持苗床中土壤湿润,播种后可用细眼喷壶稍喷些水,再给苗床遮阴,两周内不要浇水,一般7~10天发芽。待苗长出3~4片真叶时可间苗1次,拔除一些弱苗、过密苗,待苗高6~10cm时即应带根部土移栽定植。定苗行距不变,株距30~35cm为宜。

5.3.2 定植

一般在5月下旬至7月上旬3片真叶完全打开时进行移栽,太迟易出现僵苗。宜在晴天进行,以利于土壤增温,发根缓苗。随整地施足基肥,耕细耙匀,整平作畦。选大小均匀、健康优质种苗进行移栽。行距35~40cm,株距30~35cm,栽好及时浇水。

5.3.3 田间管理

移栽后及时补苗、除草,及时排灌。幼苗期一定要除草松土,尽量少浇水。苗高30cm左右,根据药材生长情况进行追肥,可考虑每亩施追施氮磷钾三元复合肥20~25kg。封垄后打去老叶,开花抽穗时,如果天气干旱,要适当浇水,雨季低洼处严防积水。抽穗后可将下部叶腋间的花芽抹除,以利养分集中于顶部主穗生长。鸡冠花浇水要掌握好"见干见湿"的原则,不宜过湿,忌受涝,适当的干燥高温环境有利于其生长发育。若肥力太强,会促使腋芽萌发,侧枝生长过旺,影响主枝发育,对开花不利。花序出现后追少量磷、钾肥,少施氮肥,以防倒状。

5.3.4 病虫害防治

贯彻"预防为主,综合防治"的植保方针。以农业防治为基础,提倡生物防治和物理防治,科学应用化学防治技术。

农业防治:排除田间积水,降低田间湿度;发现病株立即拔除,集中烧毁或深埋,并用5%石灰水灌病窝消毒。

物理防治:放置黄板诱杀蚜虫,安装频振式杀虫灯,诱杀金龟子和地老虎等害虫。

化学防治:原则上以施用生物源农药为主。主要病虫害防治的参考方法见附录B。

5.4 采收

一般在当年 8—10 月或白露前后花盛开时采收,及时割掉花薹,置于通风处晒干脱粒。

5.5 产地初加工

割下的花薹置于通风处晒干脱粒,勿使夜露。花与籽分开管理,干燥花序入药,至水分含量 13% 以下,除去杂质和残茎,切断。籽要扬净,装袋贮存,防霉变生虫。可参考《中华人民共和国药典》。

5.6 包装、放行、贮运

5.6.1 包装

包装前应对每批药材按照相应标准进行质量检验。符合国家标准的药材,采用不影响质量的麻袋、纸箱等包装,禁止采用包装过肥料、农药等的包装袋包装。包装外贴或挂标签、合格证,标识牌内容应有品种、基源、产地、批号、规格、重量、采收日期、企业名称等,并有追溯码。

5.6.2 放行

制定符合企业实际情况的放行制度,有审核、批准、生产、检验等的相关记录。不合格药材有单独处理制度。

5.6.3 贮运

应贮存于通风干燥处,定期检查,防止虫蛀、霉变、腐烂、泛油等的发生。仓库控制温度在 10~20℃之间、相对湿度 75% 以下;不同批次等级药材分区存放;药材码放要远离墙壁和高出地面 40cm,防止药材因吸潮而变质;建有定期检查制度。禁止磷化铝和二氧化硫熏蒸。也可采用现代气调贮藏方法,包装或库内充氮或二氧化碳。运输应防止发生混淆、污染、异物混入、包装破损、雨雪淋湿等。

附 录 A

（规范性）

禁限用农药名单

A.1 禁止（停止）使用的农药（46种）

六六六、滴滴涕、毒杀芬、二溴氯丙烷、杀虫脒、二溴乙烷、除草醚、艾氏剂、狄氏剂、汞制剂、砷类、铅类、敌枯双、氟乙酰胺、甘氟、毒鼠强、氟乙酸钠、毒鼠硅、甲胺磷、对硫磷、甲基对硫磷、久效磷、磷胺、苯线磷、地虫硫磷、甲基硫环磷、磷化钙、磷化镁、磷化锌、硫线磷、蝇毒磷、治螟磷、特丁硫磷、氯磺隆、胺苯磺隆、甲磺隆、福美胂、福美甲胂、三氯杀螨醇、林丹、硫丹、溴甲烷、氟虫胺、杀扑磷、百草枯、2,4-滴丁酯。

注：氟虫胺自2020年1月1日起禁止使用。百草枯可溶胶剂自2020年9月26日起禁止使用。2,4-滴丁酯自2023年1月29日起禁止使用。溴甲烷可用于"检疫熏蒸处理"。杀扑磷已无制剂登记。

A.2 在部分范围禁止使用的农药（20种）

部分范围禁止使用的农药应注意药食同源中药材及来自其他作物的中药材。部分范围禁止使用的农药见表A.1。

表 A.1 部分范围禁止使用的农药

通用名	禁止使用范围
甲拌磷、甲基异柳磷、克百威、水胺硫磷、氧乐果、灭多威、涕灭威、灭线磷	禁止在蔬菜、瓜果、茶叶、菌类、中草药材上使用，禁止用于防治卫生害虫，禁止用于水生植物的病虫害防治
甲拌磷、甲基异柳磷、克百威	禁止在甘蔗作物上使用
内吸磷、硫环磷、氯唑磷	禁止在蔬菜、瓜果、茶叶、中草药材上使用
乙酰甲胺磷、丁硫克百威、乐果	禁止在蔬菜、瓜果、茶叶、菌类和中草药材上使用
毒死蜱、三唑磷	禁止在蔬菜上使用
丁酰肼（比久）	禁止在花生上使用
氰戊菊酯	禁止在茶叶上使用
氟虫腈	禁止在所有农作物上使用（玉米等部分旱田种子包衣除外）
氟苯虫酰胺	禁止在水稻上使用

A.3 说明

本附录的内容来自2019年中华人民共和国农业农村部发布的《禁限用农药名录》（http://www.zzys.moa.gov.cn/gzdt/201911/t20191129_6332604.htm）。

附　录　B

（资料性）

鸡冠花常见病虫害药剂防治的参考方法

鸡冠花常见病虫害药剂防治的参考方法参见表 B.1。

表 B.1　鸡冠花常见病虫害防治的参考方法

病虫害名称	防治时期	推荐防治方法	安全间隔期 /d
根腐病	6—7 月	多菌灵灌根,按照农药标签使用	≥30
		甲基硫菌灵灌根,按照农药标签使用	≥30
		苦参碱灌根,按照农药标签使用	≥15
		芽孢 / 克枯草芽孢杆菌灌根,按照农药标签使用	≥15
猝倒病	苗期（苗出全后用药）	甲霜·锰锌,或霜霉威,或甲霜·噁霉灵,或烯酰·锰锌喷淋根部,按照农药标签使用	间隔 7~10d 连喷 2 次
霉疫病	6—9 月	嘧菌酯或代森锰锌预防,按照农药标签使用	间隔 7~10d 连喷 2 次
		甲霜·锰锌,或霜脲·锰锌喷雾防治,按照农药标签使用	
叶斑病	6—8 月	苯醚甲环唑或霜霉威盐酸盐喷雾,按照农药标签使用	间隔 7~10d 连喷 2 次
茎腐病	苗期	福美双或活芽孢 / 克枯草芽孢杆菌随水冲施,按照农药标签使用	
斑点病	6—8 月	苯醚甲环唑或多菌灵或吡唑醚菌酯喷雾,按照农药标签使用	间隔 7~10d 连喷 2 次
蚜虫	整个生育期	抗蚜威或吡虫啉喷雾,按照农药标签使用	≥15
菜青虫	6—8 月	高效氯氢菊酯或敌敌畏喷雾,按照农药标签使用	
红蜘蛛	6—8 月	阿维菌素或哒螨灵喷施,按照农药标签使用	≥21

参考文献

［1］刘岩.鸡冠花栽培技术［J］.甘肃林业,2011(5):40.

［2］康传存.鸡冠花在库尔勒市区栽培技术要点分析［J］.现代园艺,2014(2):31.

［3］袁璟,周博.鸡冠花在包头市的栽培技术［J］.安徽农学通报(下半月刊),2011,17(22):82-83.

［4］西热古丽·阿不来提,吐尼萨古力·阿不力孜.鸡冠花栽培管理技术［J］.农村科技,2011(6):53-54.

［5］孙于群,张应麟,龙雅宜,等.花卉及观赏树木栽培手册［M］.北京:中国林业出版社,1985:203-204.

［6］包满珠.花卉学［M］.2版.北京:中国农业出版社,2003:189-190.

［7］王艳芳,邢耀国,于占国.药用鸡冠花栽培管理［J］.特种经济动植物,2018,21(11):37-38.

［8］陈金法.鸡冠花的栽培和利用［J］.特种经济动植物,2011,14(12):28-30

［9］岳宪化,刘书荣,胡夫防,等.鸡冠花栽培管理［J］.中国花卉园艺,2011(12):30-31.

［10］谷杰超.鸡冠花的栽培与病虫害防治［J］.特种经济动植物,2011,14(4):31-33.

ICS 65.020.20
CCS C 05

团 体 标 准

T/CACM 1374.88—2021

青蒿规范化生产技术规程

Code of practice for good agricultural practice of
Artemisiae Annuae Herba

2021-10-15 发布 2021-10-15 实施

中华中医药学会 发布

目　次

前言··· 94

1 范围·· 95

2 规范性引用文件··· 95

3 术语和定义·· 95

4 青蒿规范化生产流程图·· 96

5 青蒿规范化生产技术·· 97

　5.1 生产基地选址·· 97

　5.2 种质与种子·· 97

　5.3 种植·· 98

　5.4 采收·· 101

　5.5 产地初加工··· 101

　5.6 包装、放行、贮运·· 102

附录A（规范性） 禁限用农药名单·· 103

附录B（资料性） 青蒿主要病虫害防治的参考方法··· 104

前　言

　　本文件按照 GB/T 1.1—2020《标准化工作导则　第 1 部分：标准化文件的结构和起草规则》的规定起草。

　　请注意本文件中的某些内容可能涉及专利。本文件的发布机构不承担识别专利的责任。

　　本文件由中国医学科学院药用植物研究所和重庆市中药研究院提出。

　　本文件由中华中医药学会归口。

　　本文件起草单位：重庆市中药研究院、中国医学科学院药用植物研究所、重庆市华阳自然资源开发有限责任公司、重庆市药物种植研究所。

　　本文件主要起草人：李隆云、崔广林、宋旭红、梅鹏颖、魏建和、王文全、王秋玲、冉军、杨平辉、杨小玉、辛元尧、王苗苗。

青蒿规范化生产技术规程

1 范围

本文件确立了青蒿的规范化生产流程,规定了青蒿生产基地选址、种质、种苗繁育、种植、采收、产地初加工、包装、放行、贮运等阶段的操作要求。

本文件适用于青蒿的规范化生产。

2 规范性引用文件

下列文件的内容通过文中的规范性引用而构成本文件必不可少的条款。其中,注明日期的引用文件,仅该日期对应的版本适用于本文件;不注明日期的引用文件,其最新版本(包括所有的修改单)适用于本文件。

GB 3095　环境空气质量标准

GB 5084　农田灌溉水质标准

GB 15618　土壤环境质量　农用地土壤污染风险管控标准(试行)

GB/T 3543　农作物种子检验规程

GB 7414　主要农作物种子包装

GB 7415　主要农作物种子贮藏

GB 20464　农作物种子标签通则

DB50/T 650—2015　青蒿规范化种植技术规程

DB50/T 651—2015　青蒿原种繁育技术规程

DB50/T 652—2015　青蒿良种种子生产技术规程

DB50/T 653—2015　青蒿育苗技术规程

DB50/T 654—2015　青蒿种苗质量分级

DB50/T 655—2015　青蒿种子质量分级

T/CACM 1374.1—2021　中药材规范化生产技术规程通则　植物药材

3 术语和定义

T/CACM 1374.1—2021 界定的以及下列术语和定义适用于本文件。

3.1　规范化生产　good agricultural practice

按照《中药材生产质量管理规范》(简称中药材 GAP)的要求,实施药材生产,保证中药材优质安全的生产过程。

3.2 技术规程 code of practice

为实现中药材生产顺利、有序进行,保证中药材生产质量,对中药材生产的基地选址、种子种苗、种植或野生抚育、采收与产地初加工以及包装、放行与贮运等,所做的技术规定和要求,是实施中药材规范生产的核心技术要求和实施指南。

3.3 蒿叶 sweet wormwood leaves

在青蒿现蕾期前采收的未发生褐变的植株黄绿色叶片,混有少量花蕾和极少量幼嫩茎尖(长度≤1.0cm)的干燥青蒿叶。

3.4 培土 soil ridging

在青蒿分枝期将植株周围的土壤堆放到植株基部周围的过程。

4 青蒿规范化生产流程图

青蒿规范化生产流程见图1。

青蒿规范化生产流程:　　　　　　　　　　关键控制点及参数:

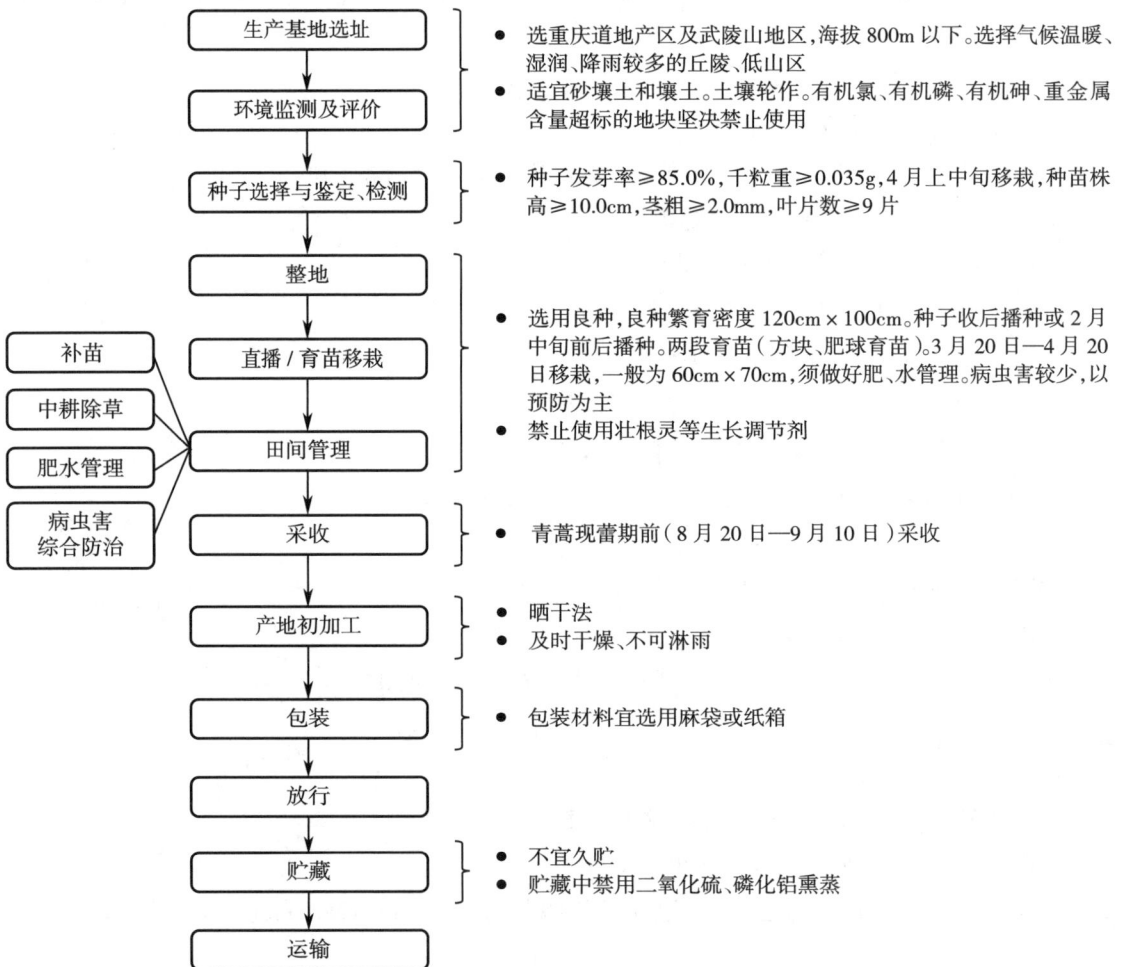

图1中各框内容:生产基地选址 → 环境监测及评价 → 种子选择与鉴定、检测 → 整地 → 直播/育苗移栽 → 田间管理(补苗、中耕除草、肥水管理、病虫害综合防治) → 采收 → 产地初加工 → 包装 → 放行 → 贮藏 → 运输

关键控制点及参数:
- 选重庆道地产区及武陵山地区,海拔800m以下。选择气候温暖、湿润、降雨较多的丘陵、低山区
- 适宜砂壤土和壤土。土壤轮作。有机氯、有机磷、有机砷、重金属含量超标的地块坚决禁止使用
- 种子发芽率≥85.0%,千粒重≥0.035g,4月上中旬移栽,种苗株高≥10.0cm,茎粗≥2.0mm,叶片数≥9片
- 选用良种,良种繁育密度120cm×100cm。种子收后播种或2月中旬前后播种。两段育苗(方块、肥球育苗)。3月20日—4月20日移栽,一般为60cm×70cm,须做好肥、水管理。病虫害较少,以预防为主
- 禁止使用壮根灵等生长调节剂
- 青蒿现蕾期前(8月20日—9月10日)采收
- 晒干法
- 及时干燥、不可淋雨
- 包装材料宜选用麻袋或纸箱
- 不宜久贮
- 贮藏中禁用二氧化硫、磷化铝熏蒸

图1 青蒿规范化生产流程图

5 青蒿规范化生产技术

5.1 生产基地选址

5.1.1 产地选择

青蒿南北均可种植,以武陵山地区、海拔 800m 以下为最佳种植区域。重庆为全国最早种植和最适宜区域。选择无污染源或污染物含量在允许范围之内的农业生产区域,年平均日照时数 1 000~1 300 小时,年平均气温 13~18℃,≥10℃积温 4 000~6 000℃。年降雨量 1 000~1 400mm,青蒿生长季节的 2—8 月降雨水量 600~1 000mm。

5.1.2 地块选择

应选避风向阳、土壤肥沃、土质疏松、排水良好、有机质含量在 1% 以上、耕作土层深 30cm 以上的砂壤土和壤土。2~3 年轮作一次。忌水涝,土壤黏重、排水不良的地块及低洼地不宜种植。

5.1.3 环境监测

生产基地的空气质量应符合 GB 3095 规定的环境空气质量标准,灌溉水质量应符合 GB 5084 规定的农田灌溉水质标准,土壤质量应符合 GB 15618 的规定。

5.2 种质与种子

5.2.1 种质选择

使用菊科蒿属植物黄花蒿 *Artemisia annua* L.,物种须经过鉴定。如使用农家品种或选育品种应加以明确。

5.2.2 种子质量

应使用当年采收、成熟的种子,种子净度≥90.0%,发芽率≥85.0%,千粒重≥0.035g,含水量≤12.0%。种子检验、包装、贮藏应符合 GB/T 3543《农作物种子检验规程》、GB 7414《主要农作物种子包装》、GB 7415《主要农作物种子贮藏》和 GB 20464《农作物种子标签通则》的规定。

青蒿种子秋播育苗,第二年 4 月上中旬移栽,选择无病害、粗壮种苗,株高≥10.0cm,茎粗≥2.0mm,叶片数≥9 片。

5.2.3 良种繁育

良种种子的繁育应符合 DB50/T 651—2015《青蒿原种繁育技术规程》和 DB50/T 652—2015《青蒿良种种子生产技术规程》。

5.2.3.1 育苗

采用原种播种,2 月上中旬前播种为宜。育苗按照 DB50/T 653—2015 的规定执行。

5.2.3.2 地块

宜选较平缓、肥力均匀、土层深厚、土质肥沃、灌排方便的壤土或砂质壤土。土壤肥力符合 DB50/T 650—2015《青蒿规范化种植技术规程》规定。

5.2.3.3 整地

秋季播种应及时灭茬,深翻 30cm,平整土地。整地时根据肥力施足基肥。顺地势做成宽 40~200cm、高 20cm 的厢,厢面略呈龟背形,厢长按地形而定,厢沟宽 20~30cm,厢高 10~20cm。

5.2.3.4 移栽

3 月 20 日—4 月 20 日,选壮苗在阴天或晴天傍晚移栽。亩(1 亩≈666.7m², 下文同)栽植 500 株左右,行窝距 120cm×100cm。常规种:移栽植株随机栽植。杂交种:父本、母本植株按行交替排列栽植。

5.2.3.5 施肥

选用有机肥为主,适量使用无机肥。整地或移栽前施用。亩施有机肥 1 500~2 000kg。基肥要深施、窝施,均匀施于穴底,与泥土混匀后覆细土 35~5cm。

第一次追肥:移栽后约 20 天可施肥一次。亩施腐熟清淡人畜粪水 1 000~1 500kg 和淋施总养分大于 45% 的复合肥 10~15kg。

第二次追肥:亩淋施总养分大于 45% 的复合肥 20kg 和硫酸钾 15~20kg。

第三次追肥:亩淋施总养分大于 45% 的混合复合肥 20~25kg 和硫酸钾 15~20kg。

叶面施肥:在青蒿开花授粉后,或采收前 30 天,喷施 0.1%~0.3% 的磷酸二氢钾溶液,用喷雾器多次喷施叶面上。

5.2.3.6 中耕除草、培土、病虫害等田间管理

按照 DB50/T 650—2015 中 6.5 项下规定进行。

5.2.3.7 去杂保纯

在青蒿苗分枝期、现蕾初期按照青蒿品种特征要求,根据株型、叶型、叶色、茎色、生育期等进行杂株清除,把杂株砍掉。自然授粉或开花期人工辅助授粉。

5.2.3.8 种子收获

11 月下旬至 12 月上旬,瘦果成熟呈黄棕色或金黄色、种子为灰白色时采摘果序,此时为青蒿种子收获的最佳时期。种子专场及时晒干脱粒。

5.2.3.9 种子加工

经晒干、脱粒后的种子,先用 40 目网筛过筛初选,再过 60 目网筛精选,然后风选、风干。水分控制在 12% 以内。

5.3 种植

5.3.1 育苗

5.3.1.1 选地

选择避风向阳、土层深厚(30cm 以上)、土壤肥沃、土质疏松、能排能灌、较平整的缓坡砂壤土。土壤应达到 GB 15618 二级以上。

5.3.1.2 整地

播种前 15 天,亩施腐熟的有机肥 750~1 000kg、过磷酸钙 50kg,然后深耕细耙,使肥料均匀混入 20cm 深的土层中。

5.3.1.3 苗床制作

除净土中的杂草和草根,顺雨水走向的坡向作厢,厢宽 1.2m,沟深 20cm,沟宽 20~30cm,

厢面瓦背状,防止厢面积水。根据地形开横沟,开厢后将厢内的土壤整细,厢面赶平,以不出现凹坑为宜。育苗地四周挖 20~30cm 深沟排水。

5.3.1.4 播种期

播种时间分秋播和春播。秋播在种子采收当年的 11 月下旬至 12 月上旬;春播在次年 2 月中下旬。尽量使播种后的 10~15 天有 10~20℃的地温,育苗时间宜早不宜迟。种子符合 DB50/T 655—2015《青蒿种子质量分级》的规定。

5.3.1.5 播种量

种子用量为 30g。用布包好,在 30~40℃的温水中浸泡 12~24 小时或用 50% 多菌灵 500 倍稀释液浸种 30 分钟。

5.3.1.6 播种

用清粪水将苗床浇透,取蒿种加稍湿润的能分散的细土或细砂,搅拌混合充分后,少量分批、均匀地撒播于苗床厢面上。然后在厢面用清水喷雾,使种子与土粒接触紧密。

5.3.1.7 盖膜

在厢面平铺一层地膜。将竹子破成宽 2~3cm、长 180~220cm 的竹片,将两端插于苗床两侧土中(深 10cm),搭成自然弯曲的约 30cm 高的弓形棚,从苗床厢的一端每间隔 40~50cm 插 1 片,依次插至厢面另一端,弓棚做好后盖上优质透光农用薄膜(0.15~0.2mm 厚为最佳),并将农膜四周用泥土压实、压牢。

5.3.1.8 苗期管理

水分管理:播种 4~5 天后检查一次,每间隔 2 天检查一次,发现苗床表土发白,用喷雾器喷水保持土壤湿润。

炼苗:幼苗长出 3 片真叶时揭开薄膜两头开始炼苗。每天早上 8:00—9:00 开始,下午 5:00 封棚。炼苗 5~7 天幼苗长出 5 片真叶时揭开所有薄膜。

间苗、除草:揭膜 3~5 天后开始人工间苗除草。亩留苗 90 000 株。

5.3.1.9 施肥

除草后,亩施腐熟人畜粪水 2 000kg,为了促进青蒿苗健壮生长,可加入尿素或复合肥 8kg。施肥 2 次,两次间隔 15 天。假植前 3~5 天施腐熟清淡人畜粪水 2 000kg,可加复合肥 15kg。采用浇施,严禁泼施(即不从苗的顶部施用)。

5.3.1.10 假植

假植时间:3 月 20 日—4 月 5 日。选用有 7~10 片叶的壮苗假植。

a)方格土假植

制作方格:用充分腐熟厩肥与耕地过筛表土按体积比 4∶6(厩肥 50kg、泥土 150kg)加水混匀、湿润,做成厚 5cm、宽 100cm、长 10m 的厢,提浆后在厢面上以(10~15cm)×(10~15cm)划格。

选苗与定植:选用有 7~10 片真叶的壮苗,并用生根剂或多菌灵浸根。把苗定植于土格的中间,1 格 1 株,植后覆上拱膜。

苗期管理:栽植后,3 天浇一次水,7 天施腐熟清人畜粪水 2 000kg。栽植 7~10 天开始炼苗,栽植 2~3 周后移栽大田。

施送嫁肥:方格苗在移栽到大田前 7 天左右,施淡猪粪水 1 500~2 000kg。加尿素 3~5kg 或复合肥 0~20kg,与淡猪粪水混合均匀后施用。

b)肥球假植

制作肥球:按细泥土:腐殖土:堆肥:过磷酸钙或复合肥为 70:20:10:2(重量比)比例加水混合均匀,湿度以用手捏成团后置于地上散开即可。捏成直径约 5cm 的肥球,然后将肥球整齐排放在厢面上,一般厢宽 1m,长度不超过 10m。肥球与肥球间间隔 3cm,再用细土填满肥球之间的空隙。

选苗与定植:选用 7~10 片真叶无病健壮苗,并用生根剂或多菌灵浸根。把苗植于肥球上,1 个肥球植 1 株,植后覆上拱膜。

苗期管理:栽植后,3 天浇一次水,7 天施腐熟清人畜粪水 2 000kg。栽植 7~10 天开始炼苗,栽植 2~3 周后移栽大田。

施送嫁肥:方格苗在移栽到大田前 7 天右,亩施腐熟淡猪粪水 1 500~2 000kg、尿素 3~5kg 或复合肥 10~20kg,与淡猪粪水混合均匀后施用。

c)施肥

青蒿假植苗生长过程中最佳施肥量为亩施尿素 8kg、过磷酸钙 60kg、硫酸钾 2kg。假植后 10 天施第 1 次肥,25 天施第 2 次肥。第 1 次施 40%,第 2 次施 60%。肥料用清粪水稀释后施入。

5.3.2 定植

5.3.2.1 选地

应选避风向阳、土壤肥沃、土质疏松、耕作土层深 30cm 以上的砂壤土和壤土。2~3 年轮作一次。土壤黏重、排水不良的地块及低洼地不宜种植。

5.3.2.2 整地

移栽 15 天前,将土壤翻深 30cm 以上,清除杂物,耙细整平。整地时,施有机肥撒在土壤表面,均匀翻入土中。然后开沟作厢,顺地势做成宽 40~200cm、高 20cm 的厢,厢面略呈龟背形,厢长按地形而定,厢沟宽 20~30cm,以利于排水。

5.3.2.3 移栽

3 月 20 日—4 月 20 日,选择苗高 15~20cm 的壮苗(种苗符合 DB50/T 654—2015《青蒿种苗质量分级》),在阴天或晴天傍晚移栽。移栽时用小铁铲沿肥球底部或沿育苗方格的底部铲起带方格土或肥球土的青蒿幼苗植株,将植株与苗床土一并取出,放入竹篓中,运至青蒿栽植地。移栽密度以肥土少栽、瘦土多栽为原则,亩密度 1 000~1 500 株。不同土壤肥力的株行距:平整的肥土地净种行窝距 90cm×70cm,平整的瘦土地净种行窝距 70cm×50cm;坡地肥土净种行窝距 60cm×70cm,坡地瘦土净种行窝距 40cm×50cm。套作窝距为 70~80cm,与矮秆作物套作。

移栽方法:厢面上按株行距挖穴,穴口直径 20~25cm,深 20cm,形同碗状。将根系舒展的带土青蒿苗放入穴中,用泥土将青蒿幼苗四周稍压紧、扶正,每穴栽 1 株。栽好后亩施腐熟淡粪水 300~500kg,浇在青蒿苗周围。

5.3.3 田间管理

移栽后及时补苗、除草。平地或低洼地要及时排灌,四周开好排水沟,田块较大的平地应开腰沟,排水沟深度在 40cm 以上。遇干旱,青蒿叶片出现轻度萎蔫时,及时灌溉一次。干旱严重时,早晚各浇水一次。青蒿生长期间人工除草 3 次。移栽后 15~25 天浅耕除草;1 月后(6 月上旬)进行第二次中耕除草;第三次在青蒿分枝盛期(6 月下旬),将除草和培土结合进行,培土高 20~25cm。封行后停止中耕除草。

基肥:整地时撒施或移栽前深施、窝施,均匀施于穴底,与泥土混匀后覆细土 3~5cm。亩施有机肥 1 500~2 000kg 或氮、磷、钾复合肥 20~30kg。

追肥:追肥结合中耕除草进行,于株旁开浅沟或挖穴施入。每次追肥复合肥后,要浇足水。①第一次追肥:移栽后约 20 天施肥一次。亩施腐熟清人畜粪水 150~200kg 和淋施总养分大于 45% 的复合肥 10~20kg。②第二次追肥:5 月中下旬,亩淋施总养分大于 45% 的复合肥 30~40kg。③第三次追肥:6 月中下旬,淋施总养分大于 45% 的复合肥 20~30kg。④叶面追肥:在青蒿生长后期或采收前 20~30 天,用喷雾器喷多次根外喷施叶面上。常用的叶面肥施用浓度:磷酸二氢钾为 0.1%~0.3%、过磷酸钙为 1.0%~3.0%、尿素为 0.5%~1.0%。

以有机肥为主,化学肥料有限度使用,鼓励使用经国家批准的菌肥及中药材专用肥。禁止使用壮根灵、膨大素等生长调节剂。

5.3.4 病虫害防治

青蒿病害主要有根腐病、白粉病等,虫害主要有蚜虫、菊瘿蚊、蛴螬、小地老虎等。

遵循"预防为主,综合防治"的方法:采取轮作措施,宜与禾本科等作物轮作 2~3 年,不能与白菜、白术、白芍等作物轮作;有机肥必须充分腐熟;选用无病害感染、无机械损伤、粗壮的种苗;加强田间管理,合理施肥,清除田间杂草,在病害发生初期及时清除病株和病叶,并带出田外集中销毁;及时拔除病株,每穴撒入草木灰 100g 或生石灰 200~300g,进行局部消毒;收获后清洁田园。使用频振式杀虫灯,每 1hm² 使用 1~2 盏,诱杀金龟子成虫。整地时发现蛴螬,进行灭杀。

根据青蒿病虫害发生特点,采用化学防治时,应当符合国家有关规定。严格执行中药材规范化生产可限制使用的化学农药种类规定,或选用经过农业技术部门试验后推荐的高效、低毒、低残留农药,控制农药安全间隔期、施药量和施药次数,注意不同作用机制的农药交替使用和合理混用,避免产生抗药性。不应使用除草剂及高毒、高残留等禁限用农药(附录 A)。青蒿病虫害的防治方法参照附录 B。

5.4 采收

在移栽当年的青蒿现蕾期前(8 月 20 日—9 月 10 日)选晴天 11:00~16:00 收割为宜。从青蒿基部砍下整株即可。

5.5 产地初加工

把砍下的植株就地或搬至晒场干燥。青蒿植株(或枝条)置于水泥地上或竹席上,阳光下晾晒,每 3 小时左右,翻晒一次。

在青蒿晒至半干（手捻即碎）时，用木棍或连盖拍下植株干燥叶，植株上留下部分叶继续晾晒，在阳光下暴晒至叶片手捏成粉（全干后），再用木棍或连盖拍下全部叶片，除去粗枝条，用孔径 0.5cm 筛子筛去枝秆和杂质后即为商品蒿叶。

5.6 包装、放行、贮运

5.6.1 包装

包装前应对每批药材按照国家标准进行质量检验。符合国家标准的药材，采用不影响质量的编织袋等包装，禁止使用包装过肥料、农药等的包装袋包装。包装外贴或挂标签、合格证，标识牌内容应有药材名、基源、产地、批号、规格、重量、采收日期、企业名称等，并有追溯码。

5.6.2 放行

应制定符合企业实际情况的放行制度，有审核批生产、检验等的相关记录。不合格药材有单独处理制度。

5.6.3 贮运

应贮存于阴凉干燥处，定期检查，防止虫蛀、霉变、腐烂、泛油等的发生。仓库控制温度在 20℃以下、相对湿度 75% 以下；不同批次等级药材分区存放；建有定期检查制度。禁止磷化铝和二氧化硫熏蒸。也可采用现代气调贮藏方法，包装或库内充氮或二氧化碳。

运输应防止发生混淆、污染、异物混入、包装破损、雨雪淋湿等。

附　录　A
（规范性）
禁限用农药名单

A.1　禁止（停止）使用的农药（46 种）

六六六、滴滴涕、毒杀芬、二溴氯丙烷、杀虫脒、二溴乙烷、除草醚、艾氏剂、狄氏剂、汞制剂、砷类、铅类、敌枯双、氟乙酰胺、甘氟、毒鼠强、氟乙酸钠、毒鼠硅、甲胺磷、对硫磷、甲基对硫磷、久效磷、磷胺、苯线磷、地虫硫磷、甲基硫环磷、磷化钙、磷化镁、磷化锌、硫线磷、蝇毒磷、治螟磷、特丁硫磷、氯磺隆、胺苯磺隆、甲磺隆、福美胂、福美甲胂、三氯杀螨醇、林丹、硫丹、溴甲烷、氟虫胺、杀扑磷、百草枯、2,4- 滴丁酯。

注：氟虫胺自 2020 年 1 月 1 日起禁止使用。百草枯可溶胶剂自 2020 年 9 月 26 日起禁止使用。2,4-滴丁酯自 2023 年 1 月 29 日起禁止使用。溴甲烷可用于"检疫熏蒸处理"。杀扑磷已无制剂登记。

A.2　在部分范围禁止使用的农药（20 种）

部分范围禁止使用的农药应注意药食同源中药材及来自其他作物的中药材。部分范围禁止使用的农药见表 A.1。

表 A.1　部分范围禁止使用的农药

通用名	禁止使用范围
甲拌磷、甲基异柳磷、克百威、水胺硫磷、氧乐果、灭多威、涕灭威、灭线磷	禁止在蔬菜、瓜果、茶叶、菌类、中草药材上使用,禁止用于防治卫生害虫,禁止用于水生植物的病虫害防治
甲拌磷、甲基异柳磷、克百威	禁止在甘蔗作物上使用
内吸磷、硫环磷、氯唑磷	禁止在蔬菜、瓜果、茶叶、中草药材上使用
乙酰甲胺磷、丁硫克百威、乐果	禁止在蔬菜、瓜果、茶叶、菌类和中草药材上使用
毒死蜱、三唑磷	禁止在蔬菜上使用
丁酰肼（比久）	禁止在花生上使用
氰戊菊酯	禁止在茶叶上使用
氟虫腈	禁止在所有农作物上使用（玉米等部分旱田种子包衣除外）
氟苯虫酰胺	禁止在水稻上使用

A.3　说明

本附录的内容来自 2019 年中华人民共和国农业农村部发布的《禁限用农药名录》（http://www.zzys.moa.gov.cn/gzdt/201911/t20191129_6332604.htm）。

附 录 B

（资料性）

青蒿主要病虫害防治的参考方法

青蒿主要病虫害防治的参考方法参见表 B.1。

表 B.1 青蒿主要病虫害防治的参考方法

序号	防治对象	推荐药剂及使用时期、方法	其他防治方法
1	蚜虫	用啶虫脒可湿性粉剂,或敌百虫晶体,或吡虫啉水分散粒剂,4月上旬—5月下旬,叶片有虫率5%以上喷雾。按照农药标签使用	春季除草,将枯枝、烂叶集中烧毁或埋掉;田间施放和保护草蛉、七星瓢虫等天敌;苗期采用黄板诱蚜
2	菊瘿蚊	用吡虫啉水分散粒剂,6—8月,叶片虫瘿率5%以上喷雾。按照农药标签使用	清除田间菊科杂草;生长季节发现虫瘿及时摘除,集中销毁
3	蛴螬	用辛硫磷颗粒剂,或二嗪磷颗粒剂防治。4—5月,8月下旬—9月上旬中耕投入土壤中。按照农药标签使用	移栽前中耕土壤,利用成虫的假死习性捕杀成虫;避免施用未腐熟的厩肥;利用黑光灯大量诱杀成虫
4	小地老虎	用敌百虫晶体或二嗪磷颗粒剂,在4月下旬—6月上旬,发生虫害田块灌根。按照农药标签使用	采用糖、醋、酒诱杀成虫;采用泡桐叶或莴苣叶诱捕幼虫;摘取新鲜多汁的苦瓜叶,加少量水捣烂后滤出汁液,加等量石灰水,调匀后浇灌幼苗根部
5	根腐病	用多菌灵可湿性粉剂或甲基硫菌灵可湿性粉剂,在有根腐病发生病史的园区,4月上旬—5月上旬喷雾或灌根。按照农药标签使用	及时排水,降低土壤湿度;发病初期销毁病株
6	黄萎病	用多菌灵可湿性粉剂,或甲基硫菌灵可湿性粉剂,或噁霉灵可湿性粉剂,在有发生病史的园区,3—4月喷雾。按照农药标签使用	移栽期深翻土壤,做好土壤消毒;适量施用氮肥,增施磷钾肥
7	白粉病	用代森锰锌可湿性粉剂,或戊唑醇水分散粒剂,或三唑酮可湿性粉剂,4月中旬—5月中旬、8—9月,发病枝率20%时喷雾。按照农药标签使用	合理密植,注意通风透光;适量施用氮肥,增施磷钾肥和有机肥;选用抗性品种
8	茎腐病	用噁霉灵可湿性粉剂或氟硅唑乳油,每隔7d施药1次,连续3次。按照农药标签使用	选择其他作物3年以上轮作,防治病原菌的积累;栽培前采用石灰或杀菌剂进行土壤消毒;增施磷钾肥,避免氮肥施用过多

ICS 65.020.20
CCS C 05

团 体 标 准

T/CACM 1374.89—2021

苦地丁规范化生产技术规程

Code of practice for good agricultural practice of
Corydalis Bungeanae Herba

2021-10-15 发布

2021-10-15 实施

中华中医药学会　发布

目　次

前言···107
1 范围··108
2 规范性引用文件···108
3 术语和定义··108
4 苦地丁规范化生产流程图··108
5 苦地丁规范化生产技术···109
　5.1 生产基地选址···109
　5.2 种质与种子···110
　5.3 种子繁育···110
　5.4 种植··110
　5.5 采收··111
　5.6 产地初加工···111
　5.7 包装、放行、贮运···112
附录A（规范性） 禁限用农药名单··113
附录B（资料性） 苦地丁常见虫害及其防治的参考方法 ·····································114
参考文献···115

前　言

本文件按照 GB/T 1.1—2020《标准化工作导则　第 1 部分:标准化文件的结构和起草规则》的规定起草。

请注意本文件中的某些内容可能涉及专利。本文件的发布机构不承担识别专利的责任。

本文件由中国医学科学院药用植物研究所和北京同仁堂河北中药材科技开发有限公司提出。

本文件由中华中医药学会归口。

本文件起草单位:北京同仁堂河北中药材科技开发有限公司、北京同仁堂科技发展股份有限公司、北京同仁堂天然药物(唐山)有限公司、河北省农林科学院经济作物研究所、中国医学科学院药用植物研究所、重庆市药物种植研究所。

本文件主要起草人:曹庆伟、刘庆海、张海仙、孙洪伟、王一平、李健、史静、罗小伟、轩凤国、李青苗、寇志稳、刘爽、张金玲、胡炳义、林余霖、李葆莉、刘灵娣、温春秀、魏建和、王文全、王秋玲、杨小玉、辛元尧、王苗苗。

苦地丁规范化生产技术规程

1 范围

本文件确立了苦地丁规范化生产流程,规定了苦地丁生产基地选址、种质、种苗繁育、种植、采收、产地初加工、包装、放行、贮运等阶段的操作要求。

本文件适用于苦地丁的规范化生产。

2 规范性引用文件

下列文件中的内容通过文中的规范性引用而构成本文件必不可少的条款。其中,注明日期的引用文件,仅该日期对应的版本适用于本文件;不注日期的引用文件,其最新版本(包括所有的修改单)适用于本文件。

GB 3095 环境空气质量标准

GB/T 3543 农作物种子检验规程

GB 5084 农田灌溉水质标准

GB 5749 生活饮用水卫生标准

GB 15618 土壤环境质量 农用地土壤污染风险管控标准(试行)

T/CACM 1374.1—2021 中药材规范化生产技术规程通则 植物药材

3 术语和定义

T/CACM 1374.1—2021 界定的以及下列术语和定义适用于本文件。

3.1 规范化生产 good agricultural practice

按照《中药材生产质量管理规范》(简称中药材 GAP)的要求,实施药材生产,保证中药材优质安全的生产过程。

3.2 技术规程 code of practice

为实现中药材生产顺利、有序进行,保证中药材生产质量,对中药材生产的基地选址、种子种苗、种植或野生抚育、采收与产地初加工以及包装、放行与贮运等,所做的技术规定和要求,是实施中药材规范生产的核心技术要求和实施指南。

3.3 苦地丁 Corydalis Bungeanae Herba

罂粟科植物地丁草 *Corydalis bungeana* Turcz. 的干燥全草。

4 苦地丁规范化生产流程图

苦地丁规范化生产流程见图 1。

苦地丁规范化生产流程：   关键控制点及参数：

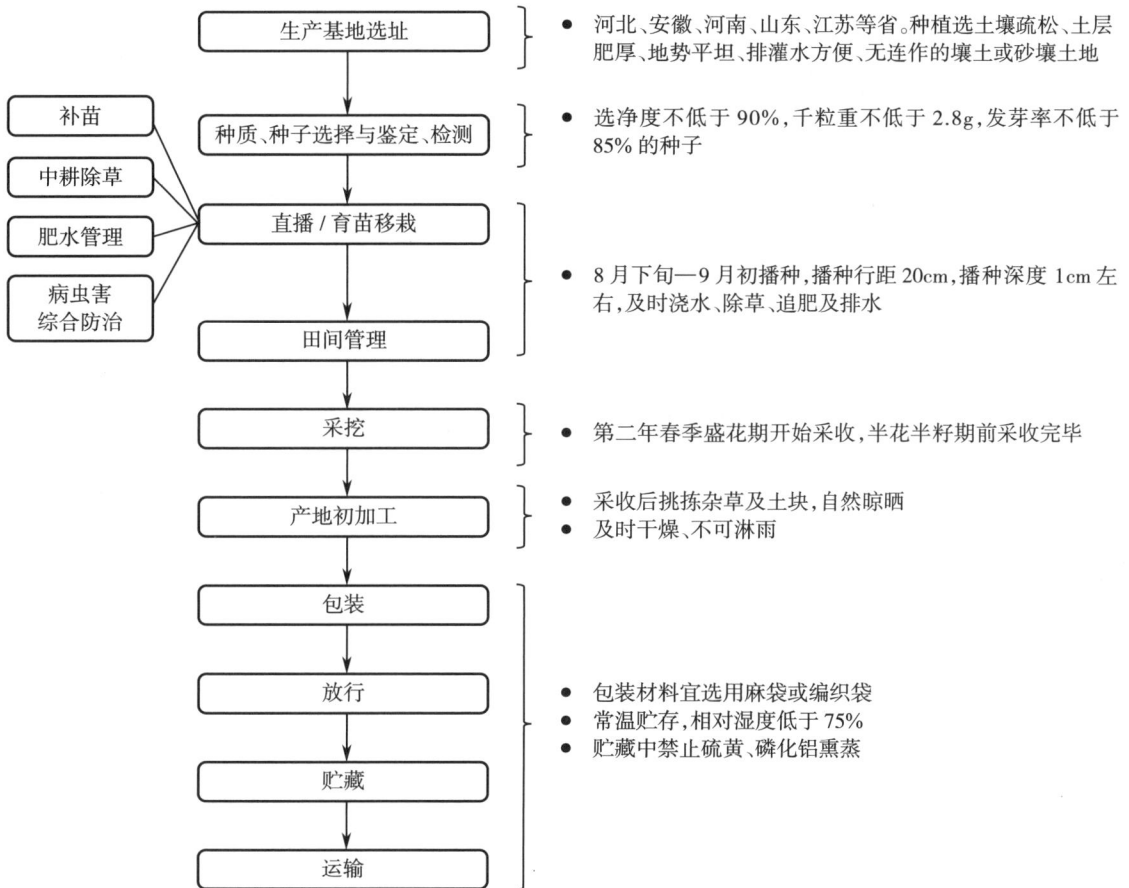

```
            ┌─────────────────┐
            │  生产基地选址    │ ┐  ● 河北、安徽、河南、山东、江苏等省。种植选土壤疏松、土层
            └─────────────────┘ ┘     肥厚、地势平坦、排灌水方便、无连作的壤土或砂壤土地
                     │
                     ▼
            ┌─────────────────────┐
 ┌──────┐   │ 种质、种子选择与鉴定、检测│ ┐ ● 选净度不低于90%，千粒重不低于2.8g，发芽率不低于
 │ 补苗 │   └─────────────────────┘ ┘    85%的种子
 └──────┘            │
 ┌──────┐            ▼
 │中耕除草│  ┌─────────────────┐
 └──────┘   │  直播/育苗移栽   │ ┐
 ┌──────┐   └─────────────────┘ │
 │肥水管理│           │          │ ● 8月下旬—9月初播种，播种行距20cm，播种深度1cm左
 └──────┘            ▼          │   右，及时浇水、除草、追肥及排水
 ┌──────┐   ┌─────────────────┐ │
 │病虫害 │   │   田间管理      │ ┘
 │综合防治│  └─────────────────┘
 └──────┘            │
                     ▼
            ┌─────────────────┐
            │    采挖         │ ┐ ● 第二年春季盛花期开始采收，半花半籽期前采收完毕
            └─────────────────┘ ┘
                     │
                     ▼
            ┌─────────────────┐
            │   产地初加工    │ ┐ ● 采收后挑拣杂草及土块，自然晾晒
            └─────────────────┘ ┘ ● 及时干燥、不可淋雨
                     │
                     ▼
            ┌─────────────────┐
            │    包装         │ ┐
            └─────────────────┘ │
                     │          │
                     ▼          │
            ┌─────────────────┐ │
            │    放行         │ │ ● 包装材料宜选用麻袋或编织袋
            └─────────────────┘ │ ● 常温贮存，相对湿度低于75%
                     │          │ ● 贮藏中禁止硫黄、磷化铝熏蒸
                     ▼          │
            ┌─────────────────┐ │
            │    贮藏         │ │
            └─────────────────┘ │
                     │          │
                     ▼          │
            ┌─────────────────┐ │
            │    运输         │ ┘
            └─────────────────┘
```

图1 苦地丁规范化生产流程图

5 苦地丁规范化生产技术

5.1 生产基地选址

5.1.1 产地选择

苦地丁适应性较强,对自然环境和土壤要求不严,适宜种植在黏土、壤土、砂质壤土地,气候温暖、稍凉爽的地区。不适宜种植在寒冷,无水浇条件,低洼易积水地区。全国大部分地区有产,主产地为河北、安徽、河南、山东、江苏等省。

种植地宜选择生态环境良好,远离污染源,并具有可持续生产能力的生产区域。

5.1.2 环境监测及选地整地

生产基地的空气质量应符合GB 3095规定的环境空气质量标准,灌溉水质量应符合GB 5084规定的农田灌溉水质标准,土壤质量应符合GB 15618的规定。选择砂质壤土,整平耙细,施入适量有机肥及化肥。

5.2 种质与种子

5.2.1 种质选择

使用罂粟科（Papaveraceae）植物布氏紫堇 *Corydalis bungeana* Turcz. 为物种来源，其物种须经过鉴定。如使用农家品种或选育品种应加以明确。

5.2.2 种子质量

应使用当年采收的成熟种子，选择子粒饱满，净度不低于 90%，千粒重不低于 2.8g，发芽率不低于 85%，含水量不超过 10% 的种子。按照 GB/T 3543《农作物种子检验规程》要求进行检验。

5.3 种子繁育

5.3.1 选种

选当年生长健壮无病虫害的植株作留种母株，如发现患病植株要随时拔掉。

5.3.2 整地

在选好的苦地丁子繁育田上，每亩（1 亩≈666.7m^2，下文同）施入已经发酵好的有机肥 1 800~2 000kg，用旋耕犁深翻混合均匀，耕地深达 20~25cm。

5.3.3 播种

选择完全符合种子质量要求的苦地丁种子，8 月中下旬人工或机械化播种，播种量为 1kg/ 亩，开宽 10cm、深 1cm 的沟，覆土深度 1cm，行距 20~25cm。

5.3.4 田间管理

播种后出苗前保持土壤湿润，立冬后浇灌冻水，次年春季结合浇返青水每亩施入尿素 20~30kg，采收前人工拔除田间杂草。

5.3.5 病虫害管理

贯彻"预防为主，综合防治"的植保方针。以农业防治为基础，提倡生物防治和物理防治，科学应用化学防治技术。

农业防治：排除田间积水，降低田间湿度；发现病株立即拔除，集中烧毁或深埋，并用 5% 石灰水灌病穴杀菌。

化学防治：原则上以施用生物源农药为主。主要病虫害防治的参考方法见附录 B 表 B.1。

5.3.6 采收与贮运

次年苦地丁返青后，在田间选择植株生长旺盛，无病虫害的地块，开花前去除杂株。待种子变成黑色，充分成熟时，用收割机采收全草，晒干，晾晒过程中人工或机械脱粒，采用风选、机选、色选等方法去杂去劣，晒干装编织袋或麻袋，置于通风干燥处或常温库保存，产完种子后的苦地丁植株不可以作为药材使用。

5.4 种植

5.4.1 有机肥的准备、整地

应选择水质、大气、土壤环境无污染的平整地块，田块集中成片，交通运输方便，远离城镇、医院、工矿企业、垃圾及废弃物堆积场等污染源。距离公路 80m 以外。

有机肥选择当地易于解决的猪、牛、羊、鸡等畜禽的粪便，必须经过充分腐熟。禁用城市生活垃圾、工业垃圾、医院垃圾及粪便。

用旋耕拖拉机整地,整地前施入已发酵好的有机肥 1 500~2 000kg/ 亩,用旋耕犁深翻混合均匀,深度应达到 25cm 以上,整平耙细。

5.4.2 播种时间

8 月中下旬—9 月上旬期间播种。

5.4.3 播种量

播种量为每亩 1.5~2kg。

5.4.4 播种方法

人工播种:播种前,在播种地块内每亩施入 40kg 三元素（N-P-K）硫酸钾型复合肥做底肥,采用宽沟条播,行距 15cm,沟宽 10cm,沟深 1~2cm,人工将种子均匀撒入沟内,覆土 1cm踩实,播种后及时浇水,苗期保持土壤湿润。

机械化播种:用播种机按畦宽 120cm,行距 15cm,播种幅宽 10cm,播种深度 1cm 进行播种,每亩施入三元素（N-P-K）硫酸钾型复合肥 40kg,每畦播种 4~6 行。播种后镇压并及时浇水,苗期保持湿润。

5.4.5 田间管理

苗期应加强人工除草,天旱时,适当浇水;雨后及时排水;于 11 月中旬入冬前浇一次冻水;冬季作好清园工作,将枯枝落叶及时清理干净;翌年春季返青时,根据苦地丁的长势,结合浇返青水每亩可追施尿素 20kg;采收前要将田间杂草拔除干净。

生产中禁止使用各种生长调节剂。

5.4.6 病虫害草害防治

苦地丁生长过程中基本没有病害及虫害发生,只是个别地块苦地丁在春季返青时出现菜蝽若虫啃食苦地丁植株的现象,为预防苦地丁病害及虫害的发生,特制定以下病虫害防治措施。

应采用预防为主、综合防治的方法,尽量与禾本科作物轮作,避免重茬;有机肥必须充分腐熟,禁止使用未腐熟的有机肥;当年秋季避免水分过大,翌年返青后避免过度干旱;冬季注意清园,将枯枝落叶、杂草等及时清理干净;苦地丁在生长过程中,偶尔有个别植株枯萎现象,及时拔除枯萎植株带出田外,病穴处撒生石灰 200~300g,进行局部杀菌。

采用化学防治时,应当符合国家有关规定;优先选用高效、低毒的生物农药;尽量避免使用除草剂、杀虫剂和杀菌剂等化学农药;不使用禁限用农药。具体病虫害参见附录 B.1。

5.5 采收

苦地丁在播种后第二年盛花期开始采收,半花半籽期前采收完毕。

选择晴天上午露水干后,人工用铁锹或用收割机由畦的一端开始收割全草,抖净泥土、捡出杂草及病株枯叶等杂质。装入干燥清洁的运输工具运回晾晒场地摊开晾晒,不能在田间过夜。

5.6 产地初加工

苦地丁产地初加工采用晒干法。

晒干法：晒前,晾晒场地必须经过认真清洁。晾晒场地禁止堆放有毒、有害等污染物。苦地丁运回晾晒场地后,必须及时摊开晾晒。傍晚或遇下雨应及时将药材收起并苫好防止露水打湿或雨淋。晾晒至半干时,结合翻晒再次抖净泥土,清除杂草及枯叶等杂质,直至晒干。晾晒过程中掉落的苦地丁籽及碎叶,应集中筛净土沫,捡净杂质,与晒干的苦地丁一起保存。

加工干燥过程保证场地、工具洁净,严禁雨淋等。

5.7 包装、放行、贮运

5.7.1 包装

苦地丁晒干后,选用清洁无污染的麻袋或塑料编织袋包装,液压打包机压块50kg标准包装,防潮。包装应有包装记录品名、批号、规格、重量、产地采收日期,并附有质量合格标志。

5.7.2 放行

应制定符合企业实际情况的放行制度,有审核批生产、检验等的相关记录。不合格药材有单独处理制度。

5.7.3 贮运

应贮存于阴凉干燥处,定期检查,防止虫蛀、霉变、腐烂、泛油等的发生。常温库贮存、相对湿度75%以下;不同批次等级药材分区存放;建有定期检查制度。禁用磷化铝。

运输应防止发生混淆、污染、异物混入、包装破损、雨雪淋湿等。

附　录　A
（规范性）
禁限用农药名单

A.1　禁止（停止）使用的农药（46 种）

六六六、滴滴涕、毒杀芬、二溴氯丙烷、杀虫脒、二溴乙烷、除草醚、艾氏剂、狄氏剂、汞制剂、砷类、铅类、敌枯双、氟乙酰胺、甘氟、毒鼠强、氟乙酸钠、毒鼠硅、甲胺磷、对硫磷、甲基对硫磷、久效磷、磷胺、苯线磷、地虫硫磷、甲基硫环磷、磷化钙、磷化镁、磷化锌、硫线磷、蝇毒磷、治螟磷、特丁硫磷、氯磺隆、胺苯磺隆、甲磺隆、福美胂、福美甲胂、三氯杀螨醇、林丹、硫丹、溴甲烷、氟虫胺、杀扑磷、百草枯、2,4-滴丁酯。

注：氟虫胺自 2020 年 1 月 1 日起禁止使用。百草枯可溶胶剂自 2020 年 9 月 26 日起禁止使用。2,4-滴丁酯自 2023 年 1 月 29 日起禁止使用。溴甲烷可用于"检疫熏蒸处理"。杀扑磷已无制剂登记。

A.2　在部分范围禁止使用的农药（20 种）

部分范围禁止使用的农药应注意药食同源中药材及来自其他作物的中药材。部分范围禁止使用的农药见表 A.1。

表 A.1　部分范围禁止使用的农药

通用名	禁止使用范围
甲拌磷、甲基异柳磷、克百威、水胺硫磷、氧乐果、灭多威、涕灭威、灭线磷	禁止在蔬菜、瓜果、茶叶、菌类、中草药材上使用,禁止用于防治卫生害虫,禁止用于水生植物的病虫害防治
甲拌磷、甲基异柳磷、克百威	禁止在甘蔗作物上使用
内吸磷、硫环磷、氯唑磷	禁止在蔬菜、瓜果、茶叶、中草药材上使用
乙酰甲胺磷、丁硫克百威、乐果	禁止在蔬菜、瓜果、茶叶、菌类和中草药材上使用
毒死蜱、三唑磷	禁止在蔬菜上使用
丁酰肼（比久）	禁止在花生上使用
氰戊菊酯	禁止在茶叶上使用
氟虫腈	禁止在所有农作物上使用（玉米等部分旱田种子包衣除外）
氟苯虫酰胺	禁止在水稻上使用

A.3　说明

本附录的内容来自 2019 年中华人民共和国农业农村部发布的《禁限用农药名录》（http://www.zzys.moa.gov.cn/gzdt/201911/t20191129_6332604.htm）。

附　录　B

（资料性）

苦地丁常见虫害及其防治的参考方法

苦地丁常见病虫害防治的参考方法参见表 B.1。

表 B.1　苦地丁常见病虫害防治的参考方法

类别	通用名	防治对象	使用方法 （生长季）	使用量	安全间隔期 /d
杀虫剂	甲维盐	菜螟若虫	喷施	按说明书推荐用量	14
杀虫剂	阿维菌素	菜螟若虫	喷施	按说明书推荐用量	14
杀虫剂	苦参碱	菜螟若虫	喷施	按说明书推荐用量	7

参考文献

［1］国家药典委员会.中华人民共和国药典：2020年版一部［M］.北京：中国医药科技出版社，2020.

［2］曹庆伟，王一平.苦地丁高产栽培技术［J］.现代农村科技，2018（9）：15.

［3］李松，肖玲，唐锴.苦地丁与混用品紫花地丁的鉴别［J］.首都食品与医药，2016，23（3）：65.

［4］冯延文.苦地丁与果树间作栽培技术研究［J］.齐鲁药事，1992（3）：45.

［5］吕惠子，崔兴日，王广录.苦地丁的化学成分与药理［J］.中国野生植物资源，2002（4）：54-55.

［6］于人江，谢根法，李凤琴，等.苦地丁生物碱对小鼠致畸性的研究［J］.癌变·畸变·突变，1997，9（3）：159-162.

［7］刘延红，张国琴.酸性染料比色法测定苦地丁中总生物碱的含量［J］.西北药学杂志，1996（6）：246-247.

［8］贺翠翠.中药苦地丁、牵牛子的荧光分析方法研究［D］.石家庄：河北师范大学，2013.

ICS 65.020.20
CCS C 05

团 体 标 准

T/CACM 1374.90—2021

苦杏仁规范化生产技术规程

Code of practice for good agricultural practice of
Armeniacae Semen Amarum

2021-10-15 发布   2021-10-15 实施

中华中医药学会   发布

目　次

前言 ·· 118

1 范围 ·· 119

2 规范性引用文件 ·· 119

3 术语和定义 ··· 119

4 苦杏仁规范化生产流程图 ··· 120

5 苦杏仁规范化生产技术 ··· 120

　5.1 生产基地选址 ··· 120

　5.2 种质 ··· 121

　5.3 苗木繁育 ·· 121

　5.4 种植 ··· 121

　5.5 整形修剪 ·· 122

　5.6 土肥水管理 ·· 123

　5.7 花果管理 ·· 124

　5.8 病虫害防治 ·· 124

　5.9 杏果采收和处理 ··· 124

　5.10 包装、放行与贮运 ·· 125

附录 A（资料性） 苦杏仁产区划分 ·· 126

附录 B（规范性） 禁限用农药名单 ·· 127

附录 C（资料性） 主要病虫害防治的参考方法 ·· 128

附录 D（资料性） 苦杏仁品质等级及要求 ·· 129

参考文献 ·· 130

前　言

本文件按照 GB/T 1.1—2020《标准化工作导则　第 1 部分：标准化文件的结构和起草规则》的规定起草。

请注意本文件中的某些内容可能涉及专利。本文件的发布机构不承担识别专利的责任。

本文件由中国医学科学院药用植物研究所和山西农业大学提出。

本文件由中华中医药学会归口。

本文件起草单位：山西农业大学、阳泉市林业科学研究所、山西省农业科学院果树研究所、山西省农业科学院园艺研究所、中国医学科学院药用植物研究所、重庆市药物种植研究所。

本文件主要起草人：温鹏飞、张海军、赵彦华、续海红、杨凯、张鹏飞、杨俊强、刘亚令、牛铁泉、梁长梅、郭建勇、魏建和、王文全、王秋玲、杨小玉、辛元尧、王苗苗。

苦杏仁规范化生产技术规程

1 范围

本文件确立了苦杏仁的规范化生产流程,规定了苦杏仁生产基地选址、种质、苗木繁育、种植、采收与产地初加工、包装、放行与贮运等阶段的操作要求。

本文件适用于苦杏仁的规范化生产。

2 规范性引用文件

下列文件对于本文件的应用是必不可少的。凡是注明日期的引用文件,仅所注明日期的版本适用于本文件。凡是不注明日期的引用文件,其最新版本(包括所有的修改版本)适用于本文件。

GB 3095 环境空气质量标准

GB 5084 农田灌溉水质标准

GB 5749 生活饮用水卫生标准

GB 7718 食品安全国家标准 预包装食品标签通则

GB 15618 土壤环境质量 农用地土壤污染风险管控标准(试行)

GB/T 20452 仁用杏杏仁质量等级

LY/T 1558 仁用杏优质丰产栽培技术规程

NY/T 393 绿色食品 农药使用准则

NY/T 394 绿色食品 肥料使用准则

NY/T 1276 农药安全使用规范 总则

NY/T 5010 无公害农产品 种植业产地环境条件

T/CACM 1374.1—2021 中药材规范化生产技术规程通则 植物药材

3 术语和定义

T/CACM 1374.1—2021 界定的以及下列术语和定义适用于本文件。

3.1 规范化生产 good agricultural practice

按照《中药材生产质量管理规范》(简称中药材 GAP)的要求,实施药材生产,保证中药材优质安全的生产过程。

3.2 技术规程 code of practice

为实现中药材生产顺利、有序进行,保证中药材生产质量,对中药材生产的基地选址、种子种苗、种植或野生抚育、采收与产地初加工以及包装、放行与贮运等,所做的技术规定和要求,是实施中药材规范生产的核心技术要求和实施指南。

3.3 苦杏仁 Armeniacae Semen Amarum

蔷薇科植物山杏 *Prunus armeniaca* L. var. ansu Maxim.、西伯利亚杏 *Prunus sibirica* L.、东北杏 *Prunus mandshurica*(Maxim.)Koehne 或杏 *Prunus armeniaca* L. 的干燥成熟种仁。

4 苦杏仁规范化生产流程图

苦杏仁规范化生产流程见图 1。

苦杏仁规范化生产流程:　　　　　　　　　关键控制点及参数:

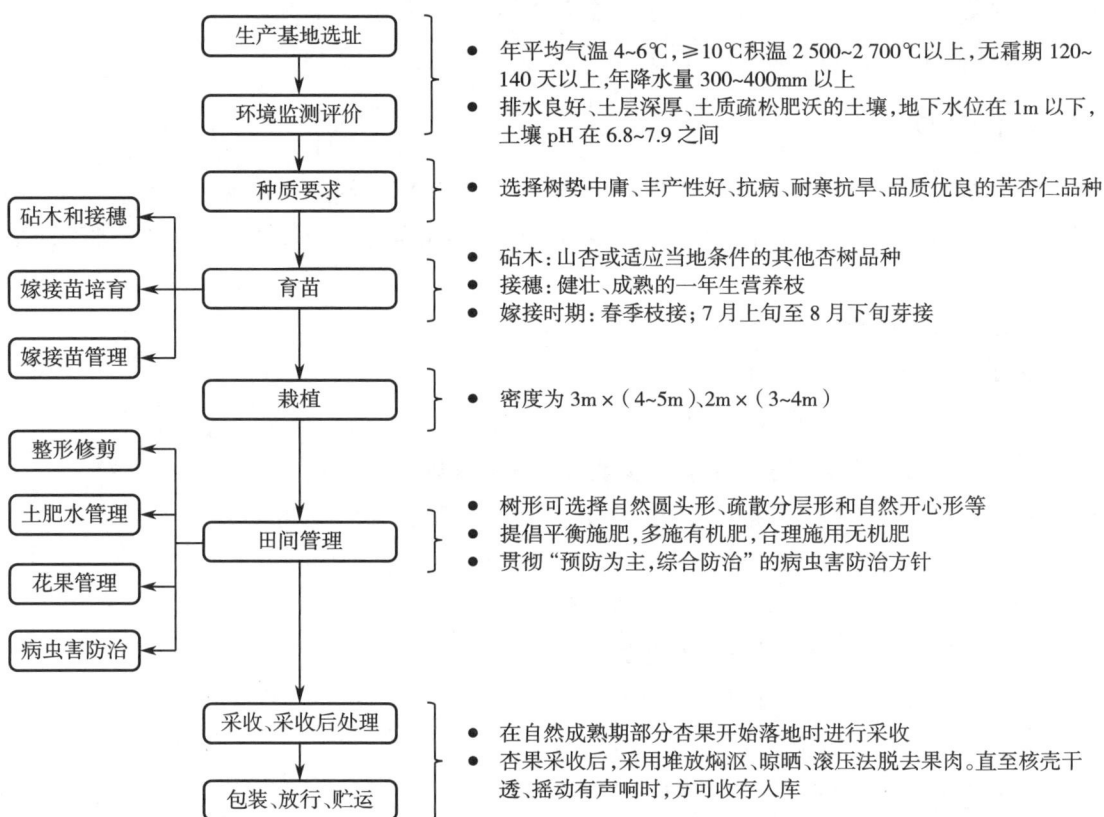

- 年平均气温 4~6℃,≥10℃积温 2 500~2 700℃以上,无霜期 120~140 天以上,年降水量 300~400mm 以上
- 排水良好、土层深厚、土质疏松肥沃的土壤,地下水位在 1m 以下,土壤 pH 在 6.8~7.9 之间
- 选择树势中庸、丰产性好、抗病、耐寒抗旱、品质优良的苦杏仁品种
- 砧木:山杏或适应当地条件的其他杏树品种
- 接穗:健壮、成熟的一年生营养枝
- 嫁接时期:春季枝接;7 月上旬至 8 月下旬芽接
- 密度为 3m×(4~5m)、2m×(3~4m)
- 树形可选择自然圆头形、疏散分层形和自然开心形等
- 提倡平衡施肥,多施有机肥,合理施用无机肥
- 贯彻"预防为主,综合防治"的病虫害防治方针
- 在自然成熟期部分杏果开始落地时进行采收
- 杏果采收后,采用堆放焖沤、晾晒、滚压法脱去果肉。直至核壳干透、摇动有声响时,方可收存入库

图 1 苦杏仁规范化生产流程图

5 苦杏仁规范化生产技术

5.1 生产基地选址

5.1.1 产地选择

产地条件应符合 LY/T 1558 要求。苦杏仁主产区有山西、内蒙古、辽宁、河北和甘肃等地,其中内蒙古中西部地区是苦杏仁的道地产区(参考附录 A)。

5.1.2 地块选择

选择排水良好、土层深厚、土质疏松肥沃的土壤,地下水位在 1m 以下,土壤 pH 在 6.8~7.9 之间,有机质含量在 1% 以上,避免重茬。在丘陵地、沙荒地或黏重土壤上建园,应进行土壤改良。山区、丘陵地建园时,宜选南坡,并修筑梯田。避免在谷地或山坡底部等冷空气容易集结的地方建园,避开污染源。

5.1.3 环境监测

基地的大气、土壤和水样品的检测按照 GAP 要求,应符合相应国家标准,并保证生长期间持续符合标准。环境监测按照 NY/T 5010、GB 3095、GB 5084、GB 15618 的规定执行。

5.2 种质

5.2.1 种质选择

使用蔷薇科植物山杏 *Prunus armeniaca* L. var. *ansu* Maxim.、西伯利亚杏 *Prunus sibirica* L.、东北杏 *Prunus mandshurica*(Maxim.)Koehne 或杏 *Prunus armeniaca* L.。

5.2.2 种苗质量

选择生长健壮、充分木质化、色泽正常、无机械损伤、无病虫害的优质苗木。

5.3 苗木繁育

5.3.1 砧木选择

选择山杏或适应当地风土条件的其他杏树品种作为砧木。

5.3.2 接穗采集

在品种纯正、健壮、无病虫害的植株上,选择充分成熟的一年生营养枝作为枝接接穗;选择健壮、充实的当年生新梢作为芽接接穗,芽接接穗应随取随用。

5.3.3 嫁接时间及方法

枝接主要在春季 3 月下旬至 4 月上旬进行,可用切接或劈接。芽接的时间在 7 月上旬至 8 月下旬,多用 "T" 字形芽接或嵌芽接。

5.3.4 嫁接苗的管理

当枝接接穗新梢长至 30~50cm 时,解绑、去除萌蘖,及时进行施肥、浇水、中耕、除草和病虫害防治。冬季严寒地区在封冻前须对芽接苗进行培土防寒,培土高度以超过接芽 10cm 左右为宜;翌年春土壤解冻后及时扒土露出根颈。越冬后,已经成活的半成品苗应在萌芽前将接芽以上的砧木部分剪去以集中养分。剪砧后,及时除去萌蘖。在风大地区应注意防风或立支柱绑缚固定。

5.4 种植

5.4.1 园地规划

园区规划主要包括种植区划分、主栽品种及授粉树配置、道路及排灌系统设置、工作房及附属设施建设等。平地及 6° 以下的缓坡地,栽植行为南北向。山地、丘陵地可采用等高栽植。

5.4.2 授粉树配置

主栽品种与授粉树可按 4∶1~8∶1 配置,以点状或行状均匀分布,可同时配置 2~3 个授粉品种。

5.4.3 定植

5.4.3.1 定植前准备

按规划的定植密度,定点、挖栽植沟。沟深、宽均为 0.8~1.0m。按每株 100~200kg 的量施入有机肥,和表土混匀后回填,充足灌水。

5.4.3.2 定植时间

秋季落叶前后至次年春季萌芽前均可定植。春季定植在 3 月上旬,秋季定植在 10 月中下旬至 11 月上中旬。

5.4.3.3 定植密度

定植密度应根据品种特性,砧木类型,杏园的地势、土壤、气候等状况确定。一般定植密度为:平原地区 3m×(4~5m),丘陵地区 2m×(3~4m)。

5.4.3.4 定植方法

定植前,对苗木根系进行修整、消毒、浸泡。栽苗时,须将根系舒展开,扶正,嫁接口朝迎风方向,边填土边轻轻向上提苗、踏实,使根颈部高于地面 3~5cm,浇足定根水,并覆膜。

5.4.4 栽后管理

5.4.4.1 定干套膜

定干高度 80cm 左右,剪口下留 5~6 个饱满芽。定干后立即套上宽 5cm、长 30~40cm 的塑料膜筒,防止金龟子及大灰象甲为害。待生长受限时去除膜筒。

5.4.4.2 田间管理

栽后须及时追肥、灌水、中耕、除草和防治病虫害。追肥量,幼树年施入氮肥(尿素)0.2~0.3kg、磷肥(过磷酸钙)0.2~3.5kg、钾肥(草木灰)0.1~3kg。生长前期以氮肥为主,后期以磷、钾肥为主,且随树龄增长,施肥量酌情递增。追肥后及时灌水。生长季根据病虫害发生情况,及时防治。冬季寒冷、早春多风地区还须灌封冻水,并对幼树进行涂白、培土或埋土。

5.5 整形修剪

5.5.1 自然圆头形

干高 60~70cm,无中心干,整形带内有 4~5 个主枝,均匀错落有致地分布在主干上,每个主枝上有 2~3 个侧枝,树高 3.5~4.5m。

5.5.2 疏散分层形

干高 60~70cm,有中心干。第一层 3~4 个主枝,第二层 2~3 个主枝,第三层 1~2 个主枝。第一、二层主枝层间距 60~80cm,第二、三层主枝层间距 40~60cm。主枝上着生侧枝,侧枝上着生结果枝组。树高 3.5m 左右。

5.5.3 自然开心形

干高 30~50cm,主干上着生 3 个均匀错开的主枝,主枝基角 45°~60°,主枝上着生侧枝,其上配置结果枝组,没有中心干。

5.5.4 不同树龄时期修剪

5.5.4.1 幼树修剪

幼树修剪的主要任务是培养牢固的树体骨架,扩大树冠。修剪原则是宜轻不宜重,少疏枝、多拉枝。利用辅养枝使其早结果,稳定树势。

5.5.4.2 初果期树修剪

继续培养树形,扩大树冠、增加结果部位,促使其尽早进入盛果期。骨干枝延长枝应选择饱满芽处剪截,一般不疏枝,但对直立强旺、扰乱树形的枝条应疏除,其余各类枝宜多缓放。

5.5.4.3 盛果期树修剪

应掌握"适当重剪,强枝少剪,弱枝多剪,不过密不疏枝"的原则,采用疏、缩、放结合,保持树势。

5.5.4.4 衰老期树的修剪

更新复壮骨干枝和各类枝组,恢复和维持树势,推迟骨干枝的衰老和死亡。对于难以更新复壮的老树,建议砍伐清园,另辟新园。

5.6 土肥水管理

5.6.1 土壤管理

5.6.1.1 深翻改土

每年9—10月结合秋施基肥深翻扩穴。在定植穴或沟外挖环状沟或平行沟,沟深50cm,宽30~50cm。土壤黏重、土层浅薄的杏园可适当加深,在栽植后3~4年内,全园深翻一遍。

5.6.1.2 中耕除草

未间作杏园,在降雨或灌水后须及时中耕松土,去除杂草,深度5~10cm,全年进行2~3次,中耕时可结合压青进行。中耕除草在幼龄园树盘内不能过深,次数可适度增加。

5.6.1.3 覆盖

一般在春夏季对地面进行覆盖,多采用树盘覆草,厚度为15~20cm。覆盖材料还可选用稻草、秸秆、绿肥作物和地膜等。

5.6.1.4 间作或生草

提倡幼龄杏园间作或实行生草免耕制。间作物要求为与杏树无共同病虫害且根系浅的矮秆类植物,通常以豆类作物(花生、大豆)、蔬菜(叶菜、根菜)、绿肥(白三叶草、紫花苜蓿、苕子、黑麦草)及药用植物等为宜,忌高秆、藤蔓类作物。

5.6.2 施肥

5.6.2.1 施肥原则

平衡施肥,多施有机肥,合理施用无机肥;重施秋肥,增施磷钾肥,适时根外追肥。幼龄树以氮肥为主,适量施用磷钾肥,勤施、薄施无机肥;初果期树要控氮、增磷、补钾;盛果期氮磷钾配方施肥。肥料选择应符合NY/T 394的要求。

5.6.2.2 基肥

秋施基肥多在9月下旬到10月中旬进行,以腐熟有机肥为主,配合施用磷、钾肥,生产中多采用三元复合肥。一般株施有机肥20~50kg,三元复合肥0.5~1kg。幼树结合深翻扩穴施肥,大树采用放射沟施或条状沟施。

5.6.2.3 追肥

结果期树在萌芽前或硬核期进行一次追肥。追肥以氮肥为主,适量配合磷钾肥。每株可施入腐熟有机肥3kg左右,也可用果树专用肥或氮磷钾三元复合肥0.5~1.5kg/株。

5.6.3 灌水和排涝

5.6.3.1 灌水时期及方法

花芽萌动期、果实硬核期、果实采收后和土壤封冻前分别灌 1 次水。一般采用畦灌或沟灌。有条件的地区,可采用滴灌、渗灌、喷灌等节水灌溉方法。缺乏水源的地区,可采用穴贮肥水等技术。

5.6.3.2 排涝

雨季须及时排水。

5.7 花果管理

5.7.1 提高坐果率

5.7.1.1 花期放蜂

开花前 2~3 天,每公顷杏园至少放两箱蜜蜂,也可利用角额壁蜂等进行授粉。

5.7.1.2 人工授粉

可采用人工点授、喷粉和液体授粉等方法。

5.7.1.3 疏花疏果

落花后 15~20 天疏果,疏除病虫果、弱小果、受精不良果、伤残果和畸形果等。

5.7.2 防霜冻

对于霜冻频繁的地区,一般选用抗霜品种,也可通过春季灌水、树干涂白和利用腋花芽结果等方法延迟开花。花期应关注天气预报,晚霜来临前可采用加热法、吹风法等技术预防霜冻。

5.8 病虫害防治

坚持"防重于治,预防为主,综合防治,优先选择生物农药"的原则,严格检疫外购苗木。病虫害防治以物理及生物防治为基础,采用化学防治的药剂时应符合 NY/T 1276 和 NY/T 393 的规定。不使用禁限用农药,禁限用农药参考附录 B 进行。病虫害防治方法参考附录 C 进行。

5.9 杏果采收和处理

5.9.1 杏果采收

在自然成熟期部分杏果开始落地时进行采收,分期、分批、分品种采收。苦杏仁采收年限为一年一收。

5.9.2 扒核与晾晒

杏果采收后要及时扒核。一般采用堆放焖沤(经常翻动,防止发霉)、晾晒、滚压、漂洗等方法去除果肉。然后,将脱去果肉的杏核摊放在阳光充足、清洁干净的场地进行晾晒,须经常翻动,直至干透。待摇动有声响时,方可收存入库。漂洗用水应符合 GB 5749 的规定。

5.9.3 砸核

采用人工或机械砸核。

5.9.4 分级

苦杏仁的分级按照 GB/T 20452 执行,见附录 D。

5.10 包装、放行与贮运

5.10.1 包装

包装前应对每批苦杏仁进行质量检验,使其符合国家药材标准的要求。选择经济、牢固、美观、适销和无污染的包装容器。包装应标注药材名、产地、批号、规格、重量、采收日期、企业名称等,并有追溯码。包装应符合 GB 7718 的要求。

5.10.2 放行

应制定符合企业实际情况的放行制度,有审核、批准、生产、检验等的相关记录。不合格药材有单独处理制度。

5.10.3 贮运

贮藏前要进行严格检查,对水分和杂质等超标的杏仁,必须经晾晒和挑选,符合质量要求方可入库。库房要求干燥、通风、阴凉。严禁与花椒、大葱、汽油、酒等带有异味及有毒物质等物品放在一起。贮藏期间要经常进行检查和开窗通风,保持清洁卫生,注意防虫、防鼠。

附　录　A
（资料性）
苦杏仁产区划分

苦杏仁产区划分见表 A.1。

表 A.1　苦杏仁产区划分

产区	范围	生态条件
华北产区	山西省、河北省、河南省、陕西省、北京市、山东省、天津市及内蒙古中部地区	暖温带气候。年平均气温 8~16℃，极端最低气温 –32.8℃，极端最高气温 42.7℃，≥10℃积温 3 000~4 000℃，全年无霜期 150~220d。年降水量 500~800mm，年日照 2 400~2 800h。土壤多为棕壤土、褐土、生草沙土
东北产区	黑龙江省哈尔滨以南地区、内蒙古的东部、吉林省和辽宁省	温带气候。年平均气温 4~10℃，极端最低气温 –38.1℃，极端最高气温 38.3℃，≥10℃积温 2 700~3 000℃，全年无霜期 120~160d。年降水量 240~700mm，年日照 2 400~3 200h，土壤多为棕色森林土、褐土和栗钙土
西北产区	新疆、宁夏、甘肃、内蒙古西部、青海东南部、陕西秦岭以北地区	温带和暖温带气候，年平均气温 6~14℃，极端最低气温 –41.5℃，极端最高气温 47.6℃，≥10℃积温 3 000~3 500℃，全年无霜期 130~160d。年降水量 200~400mm，年日照 2 000~3 400h，土壤多为棕色森林土、褐土和栗钙土

附 录 B

（规范性）

禁限用农药名单

B.1 禁止（停止）使用的农药（46种）

六六六、滴滴涕、毒杀芬、二溴氯丙烷、杀虫脒、二溴乙烷、除草醚、艾氏剂、狄氏剂、汞制剂、砷类、铅类、敌枯双、氟乙酰胺、甘氟、毒鼠强、氟乙酸钠、毒鼠硅、甲胺磷、对硫磷、甲基对硫磷、久效磷、磷胺、苯线磷、地虫硫磷、甲基硫环磷、磷化钙、磷化镁、磷化锌、硫线磷、蝇毒磷、治螟磷、特丁硫磷、氯磺隆、胺苯磺隆、甲磺隆、福美胂、福美甲胂、三氯杀螨醇、林丹、硫丹、溴甲烷、氟虫胺、杀扑磷、百草枯、2,4-滴丁酯。

注：氟虫胺自2020年1月1日起禁止使用。百草枯可溶胶剂自2020年9月26日起禁止使用。2,4-滴丁酯自2023年1月29日起禁止使用。溴甲烷可用于"检疫熏蒸处理"。杀扑磷已无制剂登记。

B.2 在部分范围禁止使用的农药（20种）

部分范围禁止使用的农药应注意药食同源中药材及来自其他作物的中药材。部分范围禁止使用的农药见表B.1。

表 B.1 部分范围禁止使用的农药

通用名	禁止使用范围
甲拌磷、甲基异柳磷、克百威、水胺硫磷、氧乐果、灭多威、涕灭威、灭线磷	禁止在蔬菜、瓜果、茶叶、菌类、中草药材上使用,禁止用于防治卫生害虫,禁止用于水生植物的病虫害防治
甲拌磷、甲基异柳磷、克百威	禁止在甘蔗作物上使用
内吸磷、硫环磷、氯唑磷	禁止在蔬菜、瓜果、茶叶、中草药材上使用
乙酰甲胺磷、丁硫克百威、乐果	禁止在蔬菜、瓜果、茶叶、菌类和中草药材上使用
毒死蜱、三唑磷	禁止在蔬菜上使用
丁酰肼（比久）	禁止在花生上使用
氰戊菊酯	禁止在茶叶上使用
氟虫腈	禁止在所有农作物上使用（玉米等部分旱田种子包衣除外）
氟苯虫酰胺	禁止在水稻上使用

B.3 说明

本附录的内容来自2019年中华人民共和国农业农村部发布的《禁限用农药名录》（http://www.zzys.moa.gov.cn/gzdt/201911/t20191129_6332604.htm）。

附 录 C

（资料性）

主要病虫害防治的参考方法

杏树主要病虫害防治的参考方法见表 C.1。

表 C.1　杏树主要病虫害防治的参考方法

病虫害	发生时间	病虫害症状	防治方法
杏疗病	春季、雨季	新梢生长缓慢、叶片呈簇生状，病叶由暗红色变为黄绿色，直到黑色干枯	早春萌芽前喷施 5°Bé 的石硫合剂或多菌灵；将病枝及时剪除并深埋或烧毁
桑白蚧	春、夏、秋季	雌成虫和若虫群集固定在 2~3 年生枝条上吸食树液，严重影响枝干生长发育，削弱树势，甚至导致枝条或整株枯死	用钢丝刷刷掉枝干上的害虫体；去除被害严重的枝条；发芽前和若虫出蛰期分别喷洒 5°Bé 和 0.3°Bé 的石硫合剂
杏球坚蚧壳虫	春季（4—5 月）	春季幼龄若虫群集在枝条上刺吸汁液，夏秋季节成虫分散到枝条、叶背上为害	春季发芽前喷洒 5% 的柴油乳剂或 5°Bé 的石硫合剂；利用黑缘红瓢虫捕杀杏球坚蚧壳虫
	夏季至秋末	乙酰甲胺磷、丁硫克百威、乐果	禁止在蔬菜、瓜果、茶叶、菌类和中草药材上使用
杏仁蜂	4 月中旬至 5 月	幼虫危害杏果，蛀食种仁，被害果实脱落或干缩在地上	及时拾捡地下落果和摘除树上僵果，并集中烧毁或深埋；秋季深翻树盘，将虫果掩埋土中
天幕毛虫	5 月中旬至夏秋季	幼虫危害嫩芽、杏叶，甚至将叶片全部吃光	剪除卵块，集中烧毁或深埋；摘除虫网并收集捕杀幼虫；于越冬幼虫出壳时，喷 BT 乳剂进行防治

附　录　D
（资料性）
苦杏仁品质等级及要求

苦杏仁品质等级及要求见表 D.1。

表 D.1　苦杏仁品质等级及要求

项目	一级	二级	三级
种仁色泽	棕黄色	棕黄色	棕黄色
味道	苦	苦	苦
破碎率 /%	<3.0	<3.0	<3.0
不饱满率 /%	<2.0	2.0~3.0	≤5.0
虫蛀率 /%	0	<0.5	<0.5
发霉率 /%	0	<0.5	<0.5
杂质率 /%	<0.5	0.5~1.0	<1.5
含水量 /%	<7.0	<7.0	<7.0
黄曲霉毒素 B_1/（μg·kg^{-1}）	<5	≤10	≤10

参考文献

［1］杜琳辉，张鹤云，赵素琴，等．无公害杏生产技术研究［J］.新疆农业科技，2004（3）：28.

［2］牛庆霖，张大庆，苑克俊，等．山东省杏种质资源现状分析及开发利用建议［J］.落叶果树，2017，49（5）：23-27.

［3］韩凯，纪薇，杨忠义．山西省仁用杏规范化栽培技术［J］.山西林业，2018（3）：30-31.

［4］罗振兴，罗新凯，贾志民，等．吉林省西部干寒风沙区甜仁用杏栽培技术［J］.北方园艺，2017（6）：208-210.

［5］中华人民共和国农业部．植物检疫条例实施细则（农业部分）［J］.湖北植保，2010（3）：5-8.

［6］国家药典委员会．中华人民共和国药典：2020 年版一部［M］.北京：中国医药科技出版社，2020.

ICS 65.020.20

CCS C 05

团 体 标 准

T/CACM 1374.91—2021

板蓝根规范化生产技术规程

Code of practice for good agricultural
practice of Isatidis Radix

2021-10-15 发布

2021-10-15 实施

中华中医药学会　发布

目　　次

前言 ··· 133

1　范围 ··· 134

2　规范性引用文件 ·· 134

3　术语和定义 ·· 134

4　板蓝根规范化生产流程图 ·· 134

5　板蓝根规范化生产技术 ··· 135

　　5.1　生产基地选址 ··· 135

　　5.2　种质与种子 ·· 136

　　5.3　种植 ··· 136

　　5.4　采收及产地初加工 ··· 136

　　5.5　包装、放行、贮运 ··· 137

附录A（规范性）　禁限用农药名单 ·· 138

附录B（资料性）　板蓝根常见病虫害防治的参考方法 ······························· 139

参考文献 ·· 140

前　言

本文件按照 GB/T 1.1—2020《标准化工作导则　第 1 部分：标准化文件的结构和起草规则》的规定起草。

请注意本文件中的某些内容可能涉及专利。本文件的发布机构不承担识别专利的责任。

本文件由中国医学科学院药用植物研究所和山东省农业科学院经济作物研究所提出。

本文件由中华中医药学会归口。

本文件起草单位：山东省农业科学院经济作物研究所、宁夏大学农学院、北京同仁堂河北中药材科技开发有限公司、扬子江药业集团江苏龙凤堂中药有限公司、昌昊金煌（贵州）中药有限公司、中国医学科学院药用植物研究所、重庆市药物种植研究所。

本文件主要起草人：单成钢、史娟、韩金龙、曹庆伟、肖生伟、邓乔华、魏建和、王文全、王秋玲、杨小玉、辛元尧、王苗苗。

板蓝根规范化生产技术规程

1 范围

本文件确定了板蓝根的规范化生产规程,规定了板蓝根基地选址、种质、良种繁育、种植、采收、产地初加工、包装、放行、贮运等阶段的操作要求。

本文件适用于板蓝根的规范化生产。

2 规范性引用文件

下列文件对于本标准的应用是必不可少的。凡是注明日期的引用文件,仅所注明日期的版本适用于本标准。凡是不注明日期的引用文件,其最新版本(包括所有的修改版本)适用于本标准。

GB 3095 环境空气质量标准

GB 5084 农田灌溉水质标准

GB 5749 生活饮用水卫生标准

GB 15618 土壤环境质量 农用地土壤污染风险管控标准(试行)

T/CACM 1374.1—2021 中药材规范化生产技术规程通则 植物药材

3 术语和定义

T/CACM 1374.1—2021 界定的以及下列术语和定义适用于本文件。

3.1 规范化生产 good agricultural practice

按照《中药材生产质量管理规范》(简称中药材 GAP)的要求,实施药材生产,保证中药材优质安全的生产过程。

3.2 技术规程 code of practice

为实现中药材生产顺利、有序进行,保证中药材生产质量,对中药材生产的基地选址、种子种苗、种植或野生抚育、采收与产地初加工以及包装、放行与贮运等,所做的技术规定和要求,是实施中药材规范生产的核心技术要求和实施指南。

3.3 板蓝根 Isatidis Radix

本品为十字花科植物菘蓝(*Isatis indigotica* Fortune)的干燥根。

4 板蓝根规范化生产流程图

板蓝根规范化生产流程见图 1。

板蓝根规范化生产流程：

关键控制点及参数：

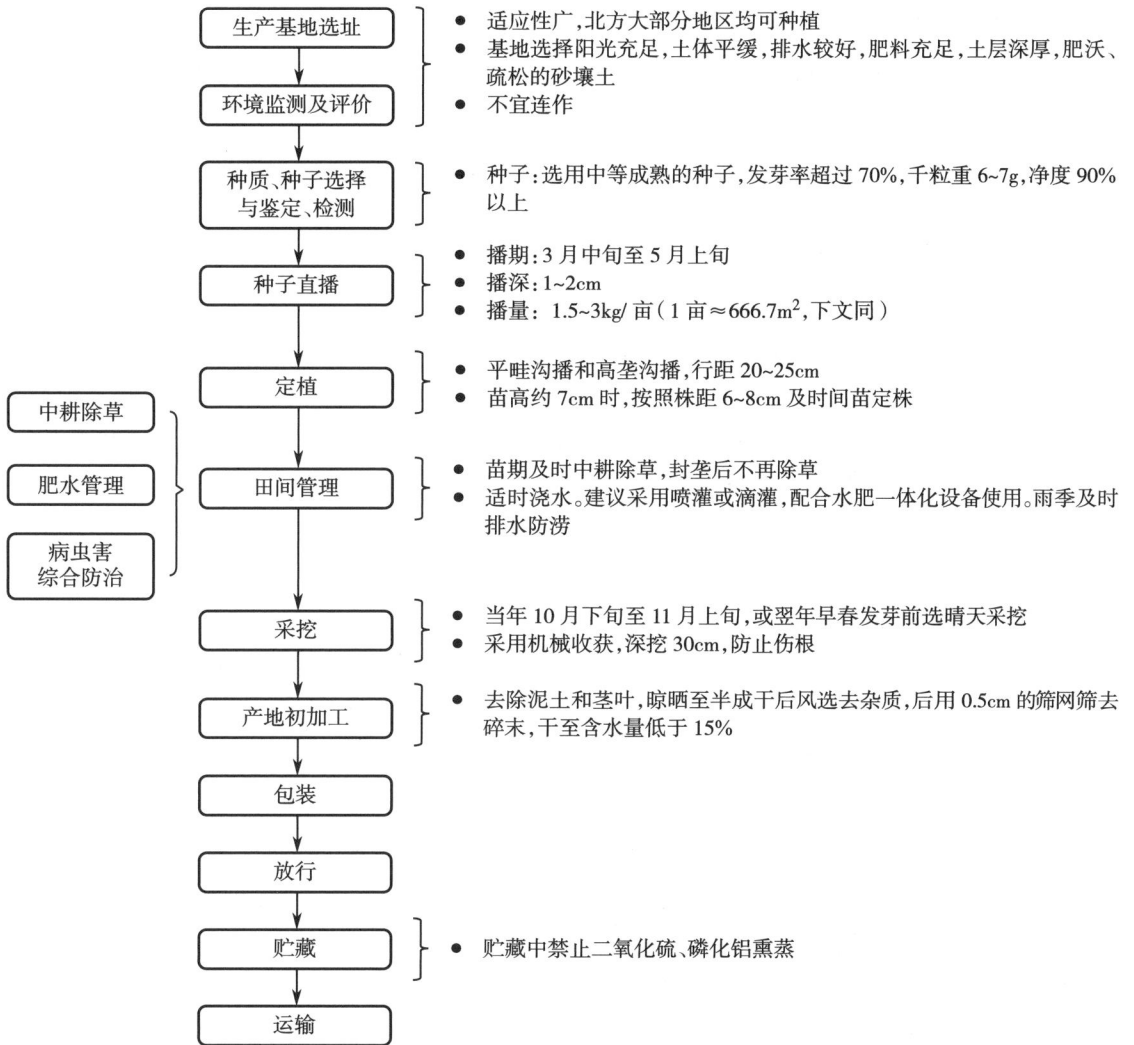

```
┌─────────────┐
│  生产基地选址  │  ── • 适应性广，北方大部分地区均可种植
└─────────────┘     • 基地选择阳光充足，土体平缓，排水较好，肥料充足，土层深厚，肥沃、
      ↓                疏松的砂壤土
┌─────────────┐     • 不宜连作
│  环境监测及评价 │
└─────────────┘
      ↓
┌─────────────┐
│ 种质、种子选择  │  ── • 种子：选用中等成熟的种子，发芽率超过 70%，千粒重 6~7g，净度 90%
│  与鉴定、检测   │        以上
└─────────────┘
      ↓
┌─────────────┐     • 播期：3 月中旬至 5 月上旬
│   种子直播    │  ── • 播深：1~2cm
└─────────────┘     • 播量：1.5~3kg/ 亩（1 亩 ≈666.7m²，下文同）
      ↓
┌─────────────┐     • 平畦沟播和高垄沟播，行距 20~25cm
│    定植     │  ── • 苗高约 7cm 时，按照株距 6~8cm 及时间苗定株
└─────────────┘
      ↓
┌─────────────┐     • 苗期及时中耕除草，封垄后不再除草
│    田间管理   │  ── • 适时浇水。建议采用喷灌或滴灌，配合水肥一体化设备使用。雨季及时
└─────────────┘        排水防涝
      ↓
┌─────────────┐     • 当年 10 月下旬至 11 月上旬，或翌年早春发芽前选晴天采挖
│    采挖     │  ── • 采用机械收获，深挖 30cm，防止伤根
└─────────────┘
      ↓
┌─────────────┐     • 去除泥土和茎叶，晾晒至半成干后风选去杂质，后用 0.5cm 的筛网筛去
│   产地初加工   │  ── 碎末，干至含水量低于 15%
└─────────────┘
      ↓
┌─────────────┐
│    包装     │
└─────────────┘
      ↓
┌─────────────┐
│    放行     │
└─────────────┘
      ↓
┌─────────────┐
│    贮藏     │  ── • 贮藏中禁止二氧化硫、磷化铝熏蒸
└─────────────┘
      ↓
┌─────────────┐
│    运输     │
└─────────────┘
```

中耕除草、肥水管理、病虫害综合防治（对应田间管理）

图 1 板蓝根规范化生产流程图

5 板蓝根规范化生产技术

5.1 生产基地选址

5.1.1 产地选择

板蓝根适应性较广，全国北方大部分地区均可种植，主产于甘肃、黑龙江、内蒙古、新疆、安徽、河北、江苏、陕西、山西、山东、河南等地。

5.1.2 地块选择

不宜连作，选择地势平坦，排水良好，土层深厚，肥沃、疏松的砂质壤土种植。宜与禾本科、豆科等作物轮作，前茬作物为十字花科或黄瓜、番茄等易感染霜霉病的蔬菜的地块不宜种植。

5.1.3 环境监测

基地的大气、土壤和水样品的检测按照 GAP 要求,且应符合相应国家标准,且要保证生长期间持续符合标准。环境监测参照 GB 3095《环境空气质量标准》、GB 15618《土壤环境质量 农用地土壤污染风险管控标准(试行)》、GB 5084《农田灌溉水质标准》,产地初加工用水应符合 GB 5749《生活饮用水卫生标准》。

5.2 种质与种子

5.2.1 种质选择

使用菘蓝(*Isatis indigotica* Fort.)植物的种子。如使用农家品种或选育品种应加以明确。

5.2.2 种子质量

选择籽粒饱满的新种子,发芽率超过 70%,净度 95% 以上。

5.2.3 良种繁育

繁种的板蓝根一般于当年 8 月中下旬播种,株距 15~20cm,行距 30cm 左右,翌年 6 月待角果表面成褐色时采收,晒干脱粒,去杂,置干燥阴凉处保存。一熟制地区亦可早春播,当年即可采收种子,其他同秋播。

5.3 种植

5.3.1 播种前的准备

结合整地,可考虑每亩施入充分腐熟的农家肥 1 000kg、硫酸钾型三元复合肥(N∶P∶K=15∶15∶15)50kg 作基肥,深翻 35cm,整平耙细,四周挖排水沟,以防积水。

5.3.2 播种时间及播种方式

北方二熟制地区以春播为主,3 月中旬至 5 月上旬,一熟制地区不宜播种过早,以免开花结实;南方地区以夏播为主,播种方式分为平畦沟播和高垄沟播,根据不同的地理条件选择不同的播种方式,行距 20~25cm。露地播种,播种量每亩 3kg 左右;覆盖地膜,可以适当减少播量,播种量每亩 1.5~2kg。

5.3.3 田间管理

苗高约 7cm 时,按照株距 6~8cm 及时间苗定株;苗期及时中耕除草,封垄后不再除草。

适时浇水。建议采用喷灌或滴灌,配合水肥一体化设备使用。雨季及时排水防涝。

5.3.4 病虫害草害防治

板蓝根常见病害有霜霉病、菌核病、根腐病等;虫害有蚜虫、菜粉蝶、小菜蛾、黑点银纹夜蛾、种蝇等。

病虫害草害应采用预防为主、综合防治的方法。

采用化学防治时,应当符合国家有关规定;优先选用高效、低毒的生物农药;尽量避免使用除草剂、杀虫剂和杀菌剂等化学农药;不使用禁限用农药。主要病虫害防治参考方法见附录 B。

5.4 采收及产地初加工

5.4.1 采收

当年 10 月下旬至 11 月上旬,或翌年早春发芽前选晴天采挖,采用机械收获,深挖 30cm,防止伤根。

5.4.2 初加工

去除泥土和茎叶,晾晒至半干后进行风选去杂,后用0.5cm的筛网筛去碎末;或者进行烘干,烘干温度控制在55℃,去除虫蛀、霉变板蓝根及杂质。

5.5 包装、放行、贮运

5.5.1 包装

包装前应对每批药材按照国家标准进行质量检验。符合国家标准的药材,采用不影响质量的编织袋等包装,禁止采用包装过肥料、农药等的包装袋包装。包装外贴或挂标签、合格证,标识牌内容应有药材名、基源、产地、批号、规格、重量、采收日期、企业名称等,并有追溯码。

5.5.2 放行

应制定符合企业实际情况的放行制度,有审核批生产、检验等的相关记录。不合格药材有单独处理制度。

5.5.3 贮运

应贮存于阴凉干燥处,定期检查,防止虫蛀、霉变、腐烂、泛油等的发生。常温库保存,相对湿度控制在75%以下;不同批次等级药材分区存放;建有定期检查制度。禁止磷化铝和二氧化硫熏蒸。也可采用现代气调贮藏方法,包装或库内充氮或二氧化碳。

运输应防止发生混淆、污染、异物混入、包装破损、雨雪淋湿等。

附 录 A
（规范性）
禁限用农药名单

A.1 禁止（停止）使用的农药（46 种）

六六六、滴滴涕、毒杀芬、二溴氯丙烷、杀虫脒、二溴乙烷、除草醚、艾氏剂、狄氏剂、汞制剂、砷类、铅类、敌枯双、氟乙酰胺、甘氟、毒鼠强、氟乙酸钠、毒鼠硅、甲胺磷、对硫磷、甲基对硫磷、久效磷、磷胺、苯线磷、地虫硫磷、甲基硫环磷、磷化钙、磷化镁、磷化锌、硫线磷、蝇毒磷、治螟磷、特丁硫磷、氯磺隆、胺苯磺隆、甲磺隆、福美胂、福美甲胂、三氯杀螨醇、林丹、硫丹、溴甲烷、氟虫胺、杀扑磷、百草枯、2,4- 滴丁酯。

注：氟虫胺自 2020 年 1 月 1 日起禁止使用。百草枯可溶胶剂自 2020 年 9 月 26 日起禁止使用。2,4-滴丁酯自 2023 年 1 月 29 日起禁止使用。溴甲烷可用于"检疫熏蒸处理"。杀扑磷已无制剂登记。

A.2 在部分范围禁止使用的农药（20 种）

部分范围禁止使用的农药应注意药食同源中药材及来自其他作物的中药材。部分范围禁止使用的农药见表 A.1。

表 A.1 部分范围禁止使用的农药

通用名	禁止使用范围
甲拌磷、甲基异柳磷、克百威、水胺硫磷、氧乐果、灭多威、涕灭威、灭线磷	禁止在蔬菜、瓜果、茶叶、菌类、中草药材上使用,禁止用于防治卫生害虫,禁止用于水生植物的病虫害防治
甲拌磷、甲基异柳磷、克百威	禁止在甘蔗作物上使用
内吸磷、硫环磷、氯唑磷	禁止在蔬菜、瓜果、茶叶、中草药材上使用
乙酰甲胺磷、丁硫克百威、乐果	禁止在蔬菜、瓜果、茶叶、菌类和中草药材上使用
毒死蜱、三唑磷	禁止在蔬菜上使用
丁酰肼（比久）	禁止在花生上使用
氰戊菊酯	禁止在茶叶上使用
氟虫腈	禁止在所有农作物上使用（玉米等部分旱田种子包衣除外）
氟苯虫酰胺	禁止在水稻上使用

A.3 说明

本附录的内容来自 2019 年中华人民共和国农业农村部发布的《禁限用农药名录》（http://www.zzys.moa.gov.cn/gzdt/201911t20191129_6332604.htm）。

附　录　B

（资料性）

板蓝根常见病虫害防治的参考方法

板蓝根常见病虫害药剂防治的参考方法参见表 B.1。

表 B.1　板蓝根常见病虫害防治的参考方法

病虫害名称	防治时期	推荐防治方法	安全间隔期 /d
霜霉病	发病初期	代森锌喷施,按农药标签使用	≥20
		精甲霜·锰锌喷施,按农药标签使用	≥10
菌核病	发病初期	多菌灵灌根,按农药标签使用	≥20
		甲基硫菌灵灌根,按农药标签使用	≥30
根腐病	发病初期	多菌灵灌根,按农药标签使用	≥20
		甲基硫菌灵灌根,按农药标签使用	≥30
		多硫悬浮剂灌根,按农药标签使用	≥20
		苦参碱灌根,按农药标签使用	≥7
蚜虫	无翅蚜发生初期	田间黄板诱杀	≥0
		苦参碱喷雾,按农药标签使用	≥7
		吡虫啉喷雾,按农药标签使用	≥20
		高效顺反氯氰菊酯喷雾,按农药标签使用	≥15
菜粉蝶、小菜蛾、黑点银纹夜蛾	卵孵化盛期	灭幼脲喷雾,按农药标签使用	≥15
		印楝素喷雾,按农药标签使用	≥5
		多杀霉素喷雾,按农药标签使用	≥7
种蝇	根蛆,成虫发生期,大量发生期	辛硫磷颗粒根施,按农药标签使用	≥5
		糖醋液 + 辛硫磷诱杀,按农药标签使用	≥5
		高效氯氰菊酯喷施,按农药标签使用	≥10
		阿维·高氯喷施,按农药标签使用	≥7

参考文献

[1] 国家药典委员会.中华人民共和国药典:2020年版一部[M].北京:中国医药科技出版社,2020.

[2] 么历,程慧珍,杨智.中药材规范化种植(养殖)技术指南[M].北京:中国农业出版社,2006.

[3] 王灵丽,李鑫梅.板蓝根优质高产栽培技术操作规程[J].农业技术与装备,2019(6):87-88.

[4] 李城德.半干旱区板蓝根栽培技术规程[J].甘肃农业科技,2017(4):57-59.

[5] 邵泽军,姜晓萍.东北地区板蓝根高产栽培技术规程[J].特种经济动植物,2017,20(1):38-39.

[6] 张丹雁,陈晓庆,林秀旎,等.南板蓝根规范化生产标准操作规程(SOP)[J].现代中药研究与实践,2011,25(6):19-22.

[7] 王志芬,陈庆亮,靳维荣,等.板蓝根无公害生产技术规程[J].山东农业科学,2011(5):105-106.

[8] 刘琼伟.菘蓝质量标准研究[D].兰州:甘肃农业大学,2018.

[9] 陈洪刚,赵文龙,杜永虎,等.菘蓝种子质量分级标准的初步研究[J].种子,2018,37(3):126-128.

[10] 姚攀.大庆地区不同播期对板蓝根生长发育及产量的影响[D].大庆:黑龙江八一农垦大学,2018.

[11] 杨薇靖,王兴政,陈向东.不同栽培密度对板蓝根结籽期产量的影响[J].农业科技通讯,2017(9):141-142.

[12] 曹艺雯,屈仁军,王磊,等.减量施氮对菘蓝生长及药材质量的影响[J].植物营养与肥料学报,2019,25(3):765-772.

[13] 谭铭铭,黄勇,徐小飞,等.干燥方法对板蓝根药材中表告依春和尿苷含量的影响[J].中药材,2014,37(4):578-580.

ICS 65.020.20
CCS C 05

团 体 标 准

T/CACM 1374.92—2021

肾茶规范化生产技术规程

Code of practice for good agricultural practice of
Spicate Clerodendranthus Herba

2021-10-15 发布

2021-10-15 实施

中华中医药学会 发布

目　　次

前言…… 143

1 范围 ……………………………………………………………………………………………………… 144

2 规范性引用文件 ………………………………………………………………………………………… 144

3 术语和定义 ……………………………………………………………………………………………… 144

4 肾茶规范化生产流程图 ………………………………………………………………………………… 145

5 肾茶规范化生产技术 …………………………………………………………………………………… 145

　5.1 生产基地选址 ……………………………………………………………………………………… 145

　5.2 种质与种苗 ………………………………………………………………………………………… 146

　5.3 种植 ………………………………………………………………………………………………… 146

　5.4 采收 ………………………………………………………………………………………………… 147

　5.5 产地初加工 ………………………………………………………………………………………… 147

　5.6 包装、放行、贮运 ………………………………………………………………………………… 147

附录 A（资料性） 肾茶扦插苗质量分级 ……………………………………………………………… 148

附录 B（规范性） 禁限用农药名单 …………………………………………………………………… 149

参考文献…………………………………………………………………………………………………… 150

前　言

本文件按照 GB/T 1.1—2020《标准化工作导则　第 1 部分：标准化文件的结构和起草规则》的规定起草。

本文件由中国医学科学院药用植物研究所和中国医学科学院药用植物研究所云南分所提出。

本文件由中华中医药学会归口。

本文件起草单位：中国医学科学院药用植物研究所云南分所、中国医学科学院药用植物研究所、云南省德宏热带农业科学研究所、西双版纳版纳药业有限责任公司、西双版纳医药有限责任公司、中国热带作物学会南药专业委员会、重庆市药物种植研究所。

本文件主要起草人：唐德英、张丽霞、魏建和、李学兰、王艳芳、牟燕、李光、俞静、尹翠云、李泽生、王剑、曾志云、张忠廉、李宜航、李海涛、王文全、王秋玲、杨小玉、辛元尧、王苗苗。

肾茶规范化生产技术规程

1 范围

本文件确立了肾茶的规范化生产流程,规定了肾茶生产基地选址、种质、种苗繁育、种植、采收、产地初加工、包装、放行、贮运等阶段的操作要求。

本文件适用于肾茶的规范化生产。

2 规范性引用文件

下列文件的内容通过文中的规范性引用而构成本文件必不可少的条款。其中,注明日期的引用文件,仅该日期对应的版本适用于本文件;不注明日期的引用文件,其最新版本(包括所有的修改单)适用于本文件。

GB 3095   环境空气质量标准

GB 5084   农田灌溉水质标准

GB 5749   生活饮用水卫生标准

GB 15618   土壤环境质量   农用地土壤污染风险管控标准(试行)

GH/T 1070   茶叶包装通则

T/CACM 1374.1—2021   中药材规范化生产技术规程通则   植物药材

3 术语和定义

T/CACM 1374.1—2021 界定的以及下列术语和定义适用于本文件。

3.1 规范化生产 good agricultural practice

按照《中药材生产质量管理规范》(简称中药材 GAP)的要求,实施药材生产,保证中药材优质安全的生产过程。

3.2 技术规程 code of practice

为实现中药材生产顺利、有序进行,保证中药材生产质量,对中药材生产的基地选址、种子种苗、种植或野生抚育、采收与产地初加工以及包装、放行与贮运等,所做的技术规定和要求,是实施中药材规范生产的核心技术要求和实施指南。

3.3 肾茶 Spicate Clerodendranthus Herba

唇形科植物肾茶 *Clerodendranthus spicatus*(Thunb.)C. Y. Wu 的干燥地上部分。

3.4 地径 caliper

指从插条上萌发主干基部的直径。

3.5　苗高　seedling height

指从插条上萌发主干地径至顶芽基部的苗干长度。

4　肾茶规范化生产流程图

肾茶规范化生产流程见图 1。

肾茶规范化生产流程：

关键控制点及参数：

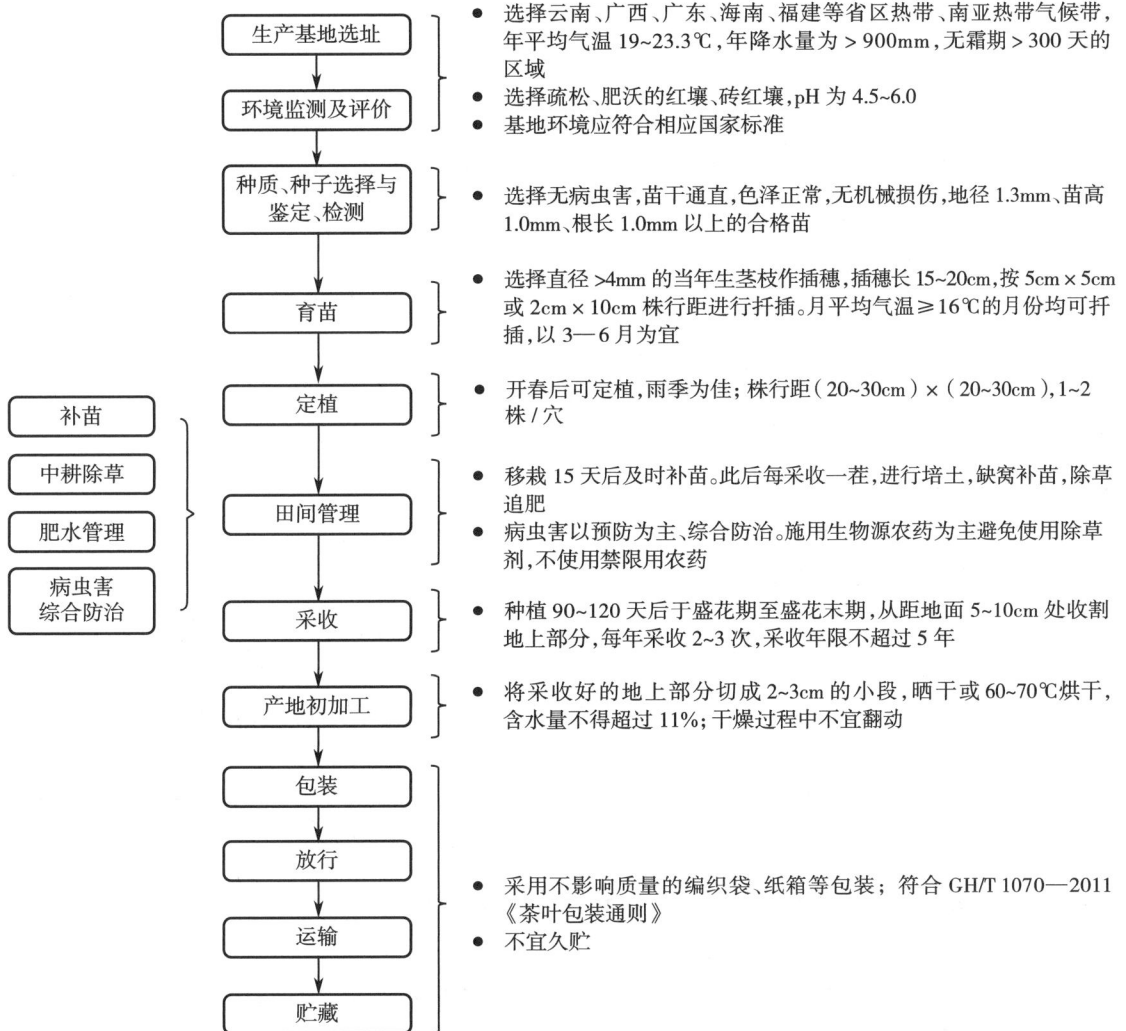

```
┌─────────────────┐
│  生产基地选址  │
└─────────────────┘
         │
┌─────────────────┐
│  环境监测及评价  │
└─────────────────┘
         │
┌─────────────────┐
│ 种质、种子选择与 │
│   鉴定、检测    │
└─────────────────┘
         │
┌─────────────────┐
│      育苗       │
└─────────────────┘
         │
┌─────────────────┐
│      定植       │
└─────────────────┘
         │
┌─────────────────┐
│    田间管理    │
└─────────────────┘
         │
┌─────────────────┐
│      采收       │
└─────────────────┘
         │
┌─────────────────┐
│   产地初加工   │
└─────────────────┘
         │
┌─────────────────┐
│      包装       │
└─────────────────┘
         │
┌─────────────────┐
│      放行       │
└─────────────────┘
         │
┌─────────────────┐
│      运输       │
└─────────────────┘
         │
┌─────────────────┐
│      贮藏       │
└─────────────────┘
```

补苗
中耕除草
肥水管理
病虫害综合防治

- 选择云南、广西、广东、海南、福建等省区热带、南亚热带气候带，年平均气温 19~23.3℃，年降水量为 > 900mm，无霜期 > 300 天的区域
- 选择疏松、肥沃的红壤、砖红壤，pH 为 4.5~6.0
- 基地环境应符合相应国家标准

- 选择无病虫害，苗干通直，色泽正常，无机械损伤，地径 1.3mm、苗高 1.0mm、根长 1.0mm 以上的合格苗

- 选择直径 >4mm 的当年生茎枝作插穗，插穗长 15~20cm，按 5cm×5cm 或 2cm×10cm 株行距进行扦插。月平均气温 ≥16℃ 的月份均可扦插，以 3—6 月为宜

- 开春后可定植，雨季为佳；株行距（20~30cm）×（20~30cm），1~2 株 / 穴

- 移栽 15 天后及时补苗。此后每采收一茬，进行培土，缺窝补苗，除草追肥
- 病虫害以预防为主、综合防治。施用生物源农药为主避免使用除草剂，不使用禁用农药

- 种植 90~120 天后至盛花期至盛花末期，从距地面 5~10cm 处收割地上部分，每年采收 2~3 次，采收年限不超过 5 年

- 将采收好的地上部分切成 2~3cm 的小段，晒干或 60~70℃ 烘干，含水量不得超过 11%；干燥过程中不宜翻动

- 采用不影响质量的编织袋、纸箱等包装；符合 GH/T 1070—2011《茶叶包装通则》
- 不宜久贮

图 1　肾茶规范化生产流程图

5　肾茶规范化生产技术

5.1　生产基地选址

5.1.1　产地选择

选择云南、广西、广东、海南、福建等省区热带、南亚热带气候带，年平均气温 19~23.3℃，

最热月平均气温 23~27.4℃,最冷月平均气温 14.2~19.8℃,年降水量为 900mm 以上,无霜期 300 天以上的区域种植。

5.1.2 地块选择

选择交通便利,阳光充足,有排灌条件的地块,土壤选择疏松、肥沃的红壤、砖红壤,pH 4.5~6.0。

5.1.3 环境监测

基地的大气、土壤和水样品的检测按照 GAP 要求,应符合相应标准,并保证生长期间持续符合标准。环境监测参照 GB 3095、GB 15618、GB 5084 规定的标准。

5.2 种质与种苗

5.2.1 种质选择

使用唇形科植物肾茶 Clerodendranthus spicatus (Thunb.) C. Y. Wu,须经过鉴定。如使用农家品种或选育品种应加以明确。

5.2.2 扦插苗质量

选择无病虫害,苗干通直,色泽正常,无机械损伤的合格苗,质量等级应符合附录 A。

5.2.3 良种繁育

选择健壮、无病虫害的植株进行留条,用于扦插育苗。田间管理同药材生产。

5.3 种植

5.3.1 扦插育苗

育苗床准备:扦插前 1 个月,将地深翻耕 30cm,清除杂草、石块,打碎土块,平整。用石硫合剂或多菌灵、百菌清喷洒地面消毒。每亩(1 亩≈666.7m²,下文同)施农家肥 500kg 作底肥。做宽 1.0~1.5m、高 10~20cm 的苗床,长依地形而定,苗床间留 30cm 过道。扦插前 1 天将苗床松土、浇水。

插条选择:剪取节间适中、芽眼饱满且直径在 4mm 以上的茎枝作插穗,每段保留 2~3 节,15~20cm 长,斜口剪切。

扦插时间:插穗宜随剪随插,当天未扦插完的插穗,用湿沙半掩埋或用湿毛巾、湿报纸包裹贮藏于阴凉处。月平均气温≥16℃的月份均可扦插,以 3—6 月为宜。

扦插密度:按 5cm×5cm 或 2cm×10cm 株行距进行扦插,至少 1 个节埋入基质。插后压实,浇透水。

苗期管理:适时浇水,保持苗床湿润。及时清除苗圃地杂草。及时清除病虫株,集中园外烧毁。避免使用除草剂。

出圃:扦插 1 个月以后,选择无病虫害,生长健壮的合格苗及时出圃。起苗前应当适当浇水。起苗要有一定深度,尽量减少机械损伤。以 50 株或 100 株一捆包装,根据运输距离采取相应的包装将苗木包裹好,做到保持根部湿润,包装明显处附以标签。

5.3.2 定植

定植前清除杂草,深耕土壤,打碎土块,每亩施有机肥 500~600kg 作底肥。平整作畦,畦宽 1~1.5m,平地畦高不低于 50cm,坡地畦高 15~20cm,长依地形而定,畦间留 40cm 过道。

在灌溉条件好的地块,开春后可定植,以雨季定植最佳。按株行距(20~30cm)×(20~30cm)定植,将扦插苗放入穴内,每穴 1~2 株,使根系舒展,覆土,压实扦插苗基茎处,浇透水。

5.3.3 田间管理

移栽 15 天后及时补苗,除草,浇水,雨季注意排灌。此后,每采收一茬,结合培土进行追肥,并对缺窝进行补苗,雨季可采用插穗直接补种。种植 3~5 年后全部重新种植。

5.3.4 病虫害防治

肾茶极少出现病害。虫害主要有线虫、泡壳背网蜷、蝼蛄、蚜虫、红蜘蛛、小菜蛾等。

遵循"预防为主,综合防治"原则,以农业防治为主。保持园地无杂草、通风、光照充足,旱季及时浇水,保持土壤湿润;有机肥必须充分腐熟;选用无病虫害感染的优质种苗;发现病虫害株及时拔除,集中园外销毁。必要时辅以化学防治,不使用禁限用农药。禁止或限制使用农药种类见附录 B。

5.4 采收

种植 90~120 天后,于盛花期至盛花末期,晴天早晨或傍晚,从距地面 5~10cm 处收割地上部分,每年采收 2~3 次,采收年限不超过 5 年。

5.5 产地初加工

将收割的鲜条及时运至阴凉处,拣除杂草,去除老茎,清洗泥土和灰尘。晾干水分,切成 2~3cm 的小段,晒干或 60~70℃烘干,含水量≤11%。在干燥过程中不宜翻动,以保持肾茶原色。

加工干燥过程保证场地、工具洁净,不受雨淋等。清洗用水参照 GB 5749 的标准。

5.6 包装、放行、贮运

5.6.1 包装

包装前应对每批药材按照相关标准进行质量检验。符合标准的药材,采用不影响质量的编织袋、纸箱等包装,符合 GH/T 1070—2011 规定的要求。包装外贴或挂标签、合格证,标识牌内容应有药材名、基源、产地、批号、规格、重量、采收日期、企业名称等,并有追溯码。

5.6.2 放行

应制定符合企业实际情况的放行制度,有审核、批准、生产、检验等的相关记录。不合格药材有单独处理制度。

5.6.3 贮运

应贮存于阴凉干燥处,定期检查,防止虫蛀、霉变、腐烂、泛油等的发生。仓库控制温度在 20℃以下、相对湿度 75% 以下;不同批次等级药材分区存放;建有定期检查制度。禁止磷化铝和二氧化硫熏蒸。也可采用现代气调贮藏方法,包装或库内充氮或二氧化碳。

运输应防止发生混淆、污染、异物混入、包装破损、雨雪淋湿等。

附 录 A

（资料性）

肾茶扦插苗质量分级

肾茶扦插苗质量分级标准见表 A.1。

表 A.1 肾茶扦插苗质量分级

扦插苗	苗木等级					
	Ⅰ级苗			扦插苗		
	苗高 /cm	地径 /mm	根长 /cm	苗高 /cm	地径 /mm	根长 /cm
	>4.0	>2.10	>6.0	1.0~4.0	1.30~2.10	1.0~6.0

附　录　B

（规范性）

禁限用农药名单

B.1 禁止（停止）使用的农药（46 种）

六六六、滴滴涕、毒杀芬、二溴氯丙烷、杀虫脒、二溴乙烷、除草醚、艾氏剂、狄氏剂、汞制剂、砷类、铅类、敌枯双、氟乙酰胺、甘氟、毒鼠强、氟乙酸钠、毒鼠硅、甲胺磷、对硫磷、甲基对硫磷、久效磷、磷胺、苯线磷、地虫硫磷、甲基硫环磷、磷化钙、磷化镁、磷化锌、硫线磷、蝇毒磷、治螟磷、特丁硫磷、氯磺隆、胺苯磺隆、甲磺隆、福美胂、福美甲胂、三氯杀螨醇、林丹、硫丹、溴甲烷、氟虫胺、杀扑磷、百草枯、2,4- 滴丁酯。

注：氟虫胺自 2020 年 1 月 1 日起禁止使用。百草枯可溶胶剂自 2020 年 9 月 26 日起禁止使用。2,4-滴丁酯自 2023 年 1 月 29 日起禁止使用。溴甲烷可用于"检疫熏蒸处理"。杀扑磷已无制剂登记。

B.2 在部分范围禁止使用的农药（20 种）

部分范围禁止使用的农药应注意药食同源中药材及来自其他作物的中药材。部分范围禁止使用的农药见表 B.1。

表 B.1　部分范围禁止使用的农药

通用名	禁止使用范围
甲拌磷、甲基异柳磷、克百威、水胺硫磷、氧乐果、灭多威、涕灭威、灭线磷	禁止在蔬菜、瓜果、茶叶、菌类、中草药材上使用,禁止用于防治卫生害虫,禁止用于水生植物的病虫害防治
甲拌磷、甲基异柳磷、克百威	禁止在甘蔗作物上使用
内吸磷、硫环磷、氯唑磷	禁止在蔬菜、瓜果、茶叶、中草药材上使用
乙酰甲胺磷、丁硫克百威、乐果	禁止在蔬菜、瓜果、茶叶、菌类和中草药材上使用
毒死蜱、三唑磷	禁止在蔬菜上使用
丁酰肼（比久）	禁止在花生上使用
氰戊菊酯	禁止在茶叶上使用
氟虫腈	禁止在所有农作物上使用（玉米等部分旱田种子包衣除外）
氟苯虫酰胺	禁止在水稻上使用

B.3 说明

本附录的内容来自 2019 年中华人民共和国农业农村部发布的《禁限用农药名录》（http：//www.zzys.moa.gov.cn/gzdt/201911/t20191129_6332604.htm）。

参考文献

[1] 么历,程慧珍,杨智.中药材规范化种植(养殖)技术指南[M].北京:中国农业出版社,2006.

[2] 张丽霞,彭朝忠,宋美芳,等.傣药肾茶扦插繁殖研究[J].中药材,2011,34(1):18-20.

[3] 唐玲,王艳芳,李荣英,等.插穗规格与遮荫度对肾茶扦插苗质量的影响[J].中药材,2017,40(2):281-283.

[4] 张平.攀西地区优质肾茶的开发[J].中国热带农业,2006(1):32-33.

[5] 罗关兴,娄尚椿.珍贵药用保健植物:肾茶[J].广西热带农业,2004(6):31-32.

[6] 王江民.肾茶栽培技术[J].农村实用技术,2005(3):17.

[7] 罗关兴,张平,铁万祝,等.四川攀西地区无公害肾茶生产技术规程[J].热带农业科学,2005(1):35-37.

[8] 康龙泉,连张飞,黄珺梅,等.不同遮光处理对猫须草生长及光合特性的影响[J].亚热带植物科学,2009,38(4):31-33.

[9] 铁万祝.光照和生育期对肾茶熊果酸含量的影响[J].亚热带农业研究,2007(2):94-95.

[10] 卫大蓉.猫须草开发利用前景和在攀西地区的栽培技术[J].中国园艺文摘,2010,26(6):175-176.

[11] 严珍,岳建军,唐德英,等.肾茶新害虫泡壳背网蝽的形态特征与为害[J].农业科技通讯,2018(1):180-182.

[12] 于旭东,裴佐蒂,吴繁花,等.海南肾茶病原根结线虫的鉴定及对其寄主生长的影响[J].中国农学通报,2009,25(10):197-201.

[13] 张平,铁万祝,兰世宽,等.肾茶种苗扦插试验(简报)[J].亚热带植物科学,2005(1):66-72.

[14] 刘志民,刘志红,徐同印.猫须草的栽培技术[J].时珍国医国药,2003(8):497.

ICS 65.020.20
CCS C 05

团 体 标 准

T/CACM 1374.93—2021

罗汉果规范化生产技术规程

Code of practice for good agricultural practice of Siraitiae Fructus

2021-10-15 发布

2021-10-15 实施

中华中医药学会 发布

目　　次

前言 ··· 153
1 范围 ·· 154
2 规范性引用文件 ·· 154
3 术语和定义 ·· 154
4 罗汉果规范化生产流程图 ·· 155
5 罗汉果规范化生产技术 ··· 156
　　5.1 生产基地选址 ··· 156
　　5.2 种质特性 ·· 156
　　5.3 种植 ··· 156
　　5.4 采收 ··· 157
　　5.5 加工 ··· 157
　　5.6 质量与等级 ·· 158
　　5.7 包装、放行和贮运 ··· 158
附录 A（资料性） 罗汉果常见病虫害防治的参考方法 ··· 159
附录 B（规范性） 禁限用农药名单 ··· 160
附录 C（资料性） 罗汉果等级规格 ··· 161
参考文献 ·· 162

前　　言

本文件按照 GB/T 1.1—2020《标准化工作导则　第 1 部分：标准化文件的结构和起草规则》的规定起草。

请注意本文件中的某些内容可能涉及专利。本文件的发布机构不承担识别专利的责任。

本文件由中国医学科学院药用植物研究所提出。

本文件由中华中医药学会归口。

本文件起草单位：中国医学科学院药用植物研究所、广西壮族自治区中国科学院广西植物研究所、广西壮族自治区药用植物园、广西作物遗传改良生物技术重点开放实验室、桂林吉福思罗汉果生物技术股份有限公司、重庆市药物种植研究所。

本文件主要起草人：马小军、罗祖良、蒋水元、白隆华、莫长明、蓝福生、覃坤坚、廖晶晶、石宏武、崔晟榕、谢蕾、魏建和、王文全、王秋玲、杨小玉、辛元尧、王苗苗。

罗汉果规范化生产技术规程

1 范围

本文件确立了罗汉果的规范化生产流程,规定了罗汉果生产基地选址、种质特性、种植、采收、质量与等级、加工、包装、放行和贮运等阶段的操作要求。

本文件适用于罗汉果的规范化生产。

2 规范性引用文件

下列文件中的内容通过文中的规范性引用而构成本文件必不可少的条款。其中,注明日期的引用文件,仅该日期对应的版本适用于本文件;不注明日期的引用文件,其最新版本(包括所有的修改单)适用于本文件。

《定量包装商品计量监督管理办法》

GB 3095 环境空气质量标准

GB 5084 农田灌溉水质标准

GB 5749 生活饮用水卫生标准

GB 15618 土壤环境质量 农用地土壤污染风险管控标准(试行)

GB/T 20357—2006 地理标志产品 永福罗汉果

GB/T 35476—2017 罗汉果质量等级

DB45/T 539—2008 罗汉果组培苗生产技术规程

T/CACM 1374.1—2021 中药材规范化生产技术规程通则 植物药材

3 术语和定义

T/CACM 1374.1—2021 界定的以及下列术语和定义适用于本文件。

3.1 规范化生产 good agricultural practice

按照《中药材生产质量管理规范》(简称中药材 GAP)的要求,实施药材生产,保证中药材优质安全的生产过程。

3.2 技术规程 code of practice

为实现中药材生产顺利、有序进行,保证中药材生产质量,对中药材生产的基地选址、种子种苗、种植或野生抚育、采收与产地初加工以及包装、放行与贮运等,所做的技术规定和要求,是实施中药材规范生产的核心技术要求和实施指南。

3.3 罗汉果 Siraitiae Fructus

葫芦科植物罗汉果 *Siraitia grosuenorii* (Swingle) C. Jeffrey ex A. M. Lu et Z. Y. Zhang 的果实。

3.4 外植体 explant

由活植物体上切取下来以进行培养的组织或器官。

3.5 后熟 postripeness

摘回的鲜果,摊放在阴凉通风处 3~5 天,使其完成后熟的过程。

3.6 响果 noising fruit by rocking

当果实被摇动时,因果瓤与果壳分离而发出敲击声的果实。

3.7 爆果 bursting fruit

烘烤温度掌握不均匀,时高时低,水分膨胀,果实爆裂。

3.8 焦果 burnt fruit

烘烤温度过高,烤焦的果实。

3.9 长形果 long-shape fruit

纵径与横径的比值(果形指数)大于或等于1.2的果实。

4 罗汉果规范化生产流程图

罗汉果规范化生产流程见图1。

罗汉果规范化生产流程:

关键控制点及技术参数:

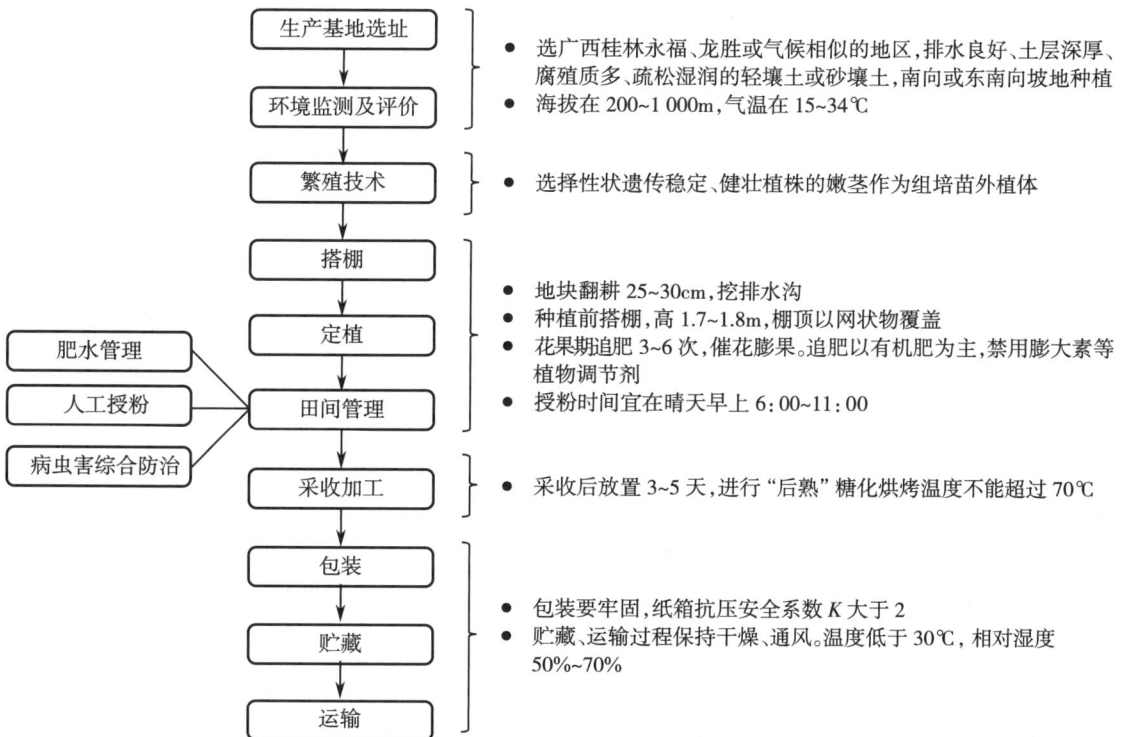

图 1 罗汉果规范化生产流程图

5　罗汉果规范化生产技术

5.1　生产基地选址

5.1.1　产地选择

适宜在广西北部昼夜温差大的山区、丘陵地带,主要在桂林市临桂区、永福县、龙胜各族自治县或气候相似的地区种植。

5.1.2　地块选择

选择海拔在 200~1 000m 的向阳坡地,最好是新开垦的生荒地。不能连作,选择前茬作物为禾本科水稻、玉米等非感染病寄主植物的地块种植,轮作年限 2 年以上。

定植地应选排水良好、土质深厚、腐殖质多、疏松湿润的黑黄沙质土南向或东南向山坡地块,以新垦竹林地或杂木林地为好。

5.1.3　环境监测

基地的大气、土壤和水样品的质量检测按照 GAP 要求,且要保证生长期间持续符合标准。环境监测应符合 GB 3095、GB 15618、GB 5084、GB/T 20357—2006 的规定。

5.2　种质特性

5.2.1　种质来源

葫芦科植物罗汉果 Siraitia grosuenorii(Swingle)C. Jeffrey ex A. M. Lu et Z. Y. Zhang。主要栽培品种为青皮果类型的农家品种或选育品种。

5.2.2　组培苗繁殖

繁殖方法按照 DB45/T 539—2008 进行。

5.3　种植

5.3.1　整地

在秋冬季节对种植地进行除草、翻耕,深度 25~30cm,撒石灰暴晒越冬;翌年的 2—3 月,对种植地再次翻耕松土,按照畦面 1.3~1.5m,畦高 15~20cm,畦沟 30cm 整地,挖排水沟。

5.3.2　搭棚

种植前搭棚,棚高 1.7~1.8m,支柱可用水泥柱、杉木等坚硬的木材,支柱长约 2.5m,埋入地下约 0.5m,地面高约 2m,各支柱之间距离约 2m,每排桩子两端都设斜拉桩,棚顶用塑料网或自制网状物覆盖。

5.3.3　定植

每亩(1 亩 ≈ 666.7m², 下文同)开穴 120~150 个,穴长、宽各 50cm,深 40cm,株距 1~2m 为宜。每穴施腐熟猪粪等农家肥 5~10kg、磷肥 0.25kg。施基肥 3~4 天后种植,一般在 3 月下旬至 4 月中旬(清明节前后),当温度稳定在 15℃以上后种植。选择优良品种无病、抗病、长势好、均一的幼苗,苗高 5~15cm。雌雄比按 100∶3~100∶5 种植。

5.3.4　水肥管理

苗期每株用腐熟稀粪水 1~1.5kg,浅沟追肥 3 次,第一次移植 5~10 天后苗木恢复旺长时施,第二次在主蔓长至 40~50cm 时施,第三次在主蔓上棚时施,每株加施以氮为主的复合肥

0.1~0.15kg。遇到干旱天气 3~4 天浇一次水。

在现蕾期,每株施腐熟稀粪水 2~3kg,加施以钾为主的复合肥 0.15~0.2kg。8—9 月大批果实迅速发育时期,为促进果实膨大,减少小果,增加花数,提高产量,施 1~2 次壮果肥,每株施腐熟稀粪水 1~1.5kg,加施以钾为主的复合肥 0.15~0.2kg。

追肥以有机肥为主,化学肥料有限度使用,鼓励使用经国家批准的菌肥及中药材专用肥。禁止使用膨大素等生长调节剂。

5.3.5 引蔓上棚、整形

每株只留一条主蔓,在苗长至 30cm 高时在植株旁边插一根竹子或树枝并用绳子将藤蔓绑上,引蔓上棚,棚底侧蔓全部清除。上棚时或上棚后留 3~5 节摘心,促进抽生 2~3 条一级蔓。一级蔓长至 30~50cm 摘心,促进抽生 8~12 条二级蔓,如二级蔓未见现蕾则通过疏剪短截促发 8~12 条三级蔓,形成单主蔓多侧蔓自然扇形或同向平行结构。

5.3.6 人工授粉

晴天早上 6:00~11:00,采摘发育良好微开的雄花,放于阴凉处备用。在雌花开放时,左手拿雄花,将花冠翻转,露出雄蕊,右手拿一根竹片,将雄蕊上花粉刮下少许,轻轻地抹在雌花柱头上;也可用雄蕊花药直接对准雌蕊柱头轻轻触碰完成授粉。

5.3.7 病虫害草害等的防治

罗汉果常见病害有花叶病毒病、根结线虫病、芽枯病等,虫害主要有罗汉果实蝇、愈斑天牛、红蜘蛛、小灰象甲、椿象等。

应采用预防为主、综合防治的方法:苗期上棚前定期清除果园内杂草,保持果园通风透气,无积水,提高植株的抗病性,减少病虫害的发生率。有机肥必须充分腐熟;选用无病害感染的优质种苗,禁用带病苗;及时清理落果、裂果、虫果、病果、病株。罗汉果常见病虫害防治见附录 A。

采用化学防治时,应当符合国家有关规定;优先选用高效、低毒的生物农药;尽量避免使用除草剂、杀虫剂和杀菌剂等化学农药;不使用禁限用农药。禁限用农药应符合附录 B 的规定。

5.4 采收

授粉后 75~95 天,果柄变为黄褐色,果皮呈鲜黄色时采摘。采回的鲜果摊放在阴凉通风处放置 3~5 天,使其完成“后熟”糖化。

5.5 加工

加工方法包括传统的烘烤、低温微波干燥和冷冻干燥法,如下所示:

a)烘烤法:将经过后熟的果实装入烘箱内烘烤,烘烤前两天温度控制在 45~55℃,当果实均匀变色后将温度升至 55~70℃,持续 2~3 天,降温 55~60℃直至烘干。烘烤过程中每天翻动,使其受热均匀,全程温度不能超过 70℃,防止“焦果”“爆果”“响果”。干果壳富有弹性,相碰有清脆音。

b)低温微波干燥法:将经过后熟的果实清洗,清洗用水按照 GB 5749 的规定,在罗汉果顶部果蒂处以及相对应的底部果脐处各打一个小孔,将打孔后的罗汉果置微波真空干燥仪中以 40~55℃脱水至干燥。

c）冷冻干燥法：将经过后熟的果实清洗置于冷冻干燥设备中，降温至 –40℃~–60℃，降温过程控制在 1~3 小时，然后以 1.2~7.5℃/h 的升温速率升温至 –25℃~–15℃，再以 3.5~10℃/h 的升温速率升温至 20℃~25℃，保温 4~8 小时脱水至干燥。

5.6 质量与等级

根据果实大小、外观形态和理化指标划分罗汉果质量等级，等级的划分按照 GB/T 35476—2017 的规定进行。罗汉果等级规格见附录 C。

5.7 包装、放行和贮运

5.7.1 包装

产品用纸盒、纸箱等包装，亦可根据用户需要采用其他包装。净含量应符合《定量包装商品计量监督管理办法》。所有包装材料必须符合卫生要求和国家相关标准。包装要牢固，抗压安全系数大于 2。

包装前应再次抽查，清除劣质品和杂质，包装袋上应有包装记录，内容包括品名、批号、规格、重量、产地、采收日期、注意事项等，并附有质量合格标志。

5.7.2 放行

应制定符合企业实际情况的放行制度，有审核批生产、检验等的相关记录。不合格药材有单独处理制度。

5.7.3 贮运

产品应在阴凉、干燥、通风的仓库中密闭遮光贮存，以温度 30℃以下，相对湿度 50%~70% 为宜。存放时应离墙离地 20cm，不得与有毒、有害、有异味或潮湿、易污染等物品一起存放。

运输包装应符合运输及堆垛所需的强度要求，小心装卸，堆垛牢靠，严禁重压。运输应防止发生混淆、污染、异物混入、包装破损、雨雪淋湿等。运输工具必须清洁、干燥、无异味、无污染，具有较好的通气性，以保持干燥，并有防晒、防潮等措施。

附　录　A

（资料性）

罗汉果常见病虫害防治的参考方法

罗汉果常见病虫害防治的参考方法见表 A.1。

表 A.1　罗汉果常见病虫害防治的参考方法

病虫害名称	防治时期	推荐防治方法
花叶病毒病	4—7 月	选用脱毒组培苗作种苗,在生长期积极防治蚜虫危害,发病初期,用病毒必克(安全间隔期≥7d)或 5% 菌毒清(安全间隔期≥7d),连喷 3~4 次,按照农药标签使用
根结线虫病	3—7 月	种植前对土壤、施用的农家肥进行消毒,发病果园用氯唑磷拌土施于根系附近,每亩用量为 1kg(安全间隔期≥ 28d)
芽枯病	3—5 月	定植时每穴深施硼砂 15g+ 石灰 15g,苗期喷施硼砂石灰混合液(比例为硼砂 15g+ 石灰 15g+ 水 5kg)
罗汉果实蝇	6—9 月	花期开始后,在果园内悬挂诱捕器引诱果实蝇,引诱器中盛有混合引诱剂(其成分为敌百虫,安全间隔期≥7d,按照农药标签使用,加红糖 3.0%、白酒 5.0%、陈醋 1.0%)诱杀成虫
愈斑天牛	5—6 月	幼虫危害茎蔓选用菊酯类农药,按照农药标签使用,于傍晚喷茎和地表,发现成虫,人工捕捉
红蜘蛛	3—6 月	哒螨灵喷施(安全间隔期≥21d),按照农药标签使用

附　录　B

（规范性）

禁限用农药名单

B.1　禁止（停止）使用的农药（46种）

六六六、滴滴涕、毒杀芬、二溴氯丙烷、杀虫脒、二溴乙烷、除草醚、艾氏剂、狄氏剂、汞制剂、砷类、铅类、敌枯双、氟乙酰胺、甘氟、毒鼠强、氟乙酸钠、毒鼠硅、甲胺磷、对硫磷、甲基对硫磷、久效磷、磷胺、苯线磷、地虫硫磷、甲基硫环磷、磷化钙、磷化镁、磷化锌、硫线磷、蝇毒磷、治螟磷、特丁硫磷、氯磺隆、胺苯磺隆、甲磺隆、福美胂、福美甲胂、三氯杀螨醇、林丹、硫丹、溴甲烷、氟虫胺、杀扑磷、百草枯、2,4-滴丁酯。

注：氟虫胺自2020年1月1日起禁止使用。百草枯可溶胶剂自2020年9月26日起禁止使用。2,4-滴丁酯自2023年1月29日起禁止使用。溴甲烷可用于"检疫熏蒸处理"。杀扑磷已无制剂登记。

B.2　部分范围禁止使用的农药（20种）

部分范围禁止使用的农药要注意药食同源中药材及来自其他作物的中药材。在部分范围禁止使用的农药见表B.1。

表 B.1　在部分范围禁止使用的农药

通用名	禁止使用范围
甲拌磷、甲基异柳磷、克百威、水胺硫磷、氧乐果、灭多威、涕灭威、灭线磷	禁止在蔬菜、瓜果、茶叶、菌类、中草药材上使用,禁止用于防治卫生害虫,禁止用于水生植物的病虫害防治
甲拌磷、甲基异柳磷、克百威	禁止在甘蔗作物上使用
内吸磷、硫环磷、氯唑磷	禁止在蔬菜、瓜果、茶叶、中草药材上使用
乙酰甲胺磷、丁硫克百威、乐果	禁止在蔬菜、瓜果、茶叶、菌类和中草药材上使用
毒死蜱、三唑磷	禁止在蔬菜上使用
丁酰肼（比久）	禁止在花生上使用
氰戊菊酯	禁止在茶叶上使用
氟虫腈	禁止在所有农作物上使用（玉米等部分旱田种子包衣除外）
氟苯虫酰胺	禁止在水稻上使用

B.3　有关说明

本附录来自2019年中华人民共和国农业农村部官方发布的《禁限用农药名录》（http://www.zzys.moa.gov.cn/gzdt/201911/t20191129_6332604.htm）。

附　录　C

（资料性）

罗汉果等级规格

罗汉果等级规格见表 C.1。

表 C.1　罗汉果等级规格

等级	果形横径		罗汉果苷 V / $[g \cdot (100g)^{-1}]$	水浸出物 / $[g \cdot (100g)^{-1}]$	水分 / $[g \cdot (100g)^{-1}]$
	圆形果 /cm	长形果 /cm			
特级（特果）	≥6.36	≥5.74	≥1.40	≥30%	≤15%
一级（大果）	≥5.74	≥5.26	≥1.10		
二级（中果）	≥5.26	≥4.78	≥0.80		
三级（小果）	≥4.78	≥4.46	≥0.50		

参考文献

［1］广西壮族自治区质量技术监督局.绿色食品　罗汉果生产技术规程:DB45/T 407—2007［S/OL］.［2024-01-04］.https://std.samr.gov.cn/db/search/stdDBDetailed?id=91D99E4D8AF32E24E05397BE0A0A3A10.

［2］广西壮族自治区质量技术监督局.罗汉果组培苗生产技术规程:DB45/T 539—2008［S/OL］.［2024-01-04］.https://std.samr.gov.cn/db/search/stdDBDetailed?id=91D99E4D3B362E24E05397BE0A0A3A10.

［3］国家药典委员会.中华人民共和国药典:2020年版一部［M］.北京:中国医药科技出版社,2020.

［4］么历,程慧珍,杨智.中药材规范化种植(养殖)技术指南［M］.北京:中国农业出版社,2006.

［5］赵洋.罗汉果生产操作规程研究［J］.现代中药研究与实践,2006(3):15-17.

［6］范承彪.罗汉果标准化种植技术［J］.广西园艺,2008(1):52-53.

［7］蒋校生.罗汉果高产栽培技术［J］.农村新技术,2004(7):8.

［8］白隆华.罗汉果规范化高产栽培技术［J］.广西医学,2006(6):943-944.

［9］潘丽梅,马小军,莫长明,等.不同培养条件对罗汉果组培苗玻璃化的影响［J］.中国种业,2011(2):43-45.

［10］蒋水元,邓业成,李锋,等.罗汉果组培苗营养动态与施肥技术研究［J］.广西科学,2010,17(4):382-386.

［11］张雨平.罗汉果主要病虫种类及其防治［J］.现代园艺,2006(7):27-28.

［12］唐基友.罗汉果栽培病虫害防治研究(英文)［J］.Agricultural Science & Technology,2013,14(3):393-396.

［13］吴金寿,曾黎辉,黄春梅,等.罗汉果生产技术研究的思路与发展对策［J］.福建果树,2005(1):42-43.

［14］林华,滕建文,杨洪元,等.鲜罗汉果加工技术研究进展［J］.技术与市场,2012,19(7):239-240.

［15］刘金磊,李典鹏,黄永林.桂北地区不同品种、不同产地鲜罗汉果中总甙、甙Ｖ含量测定［J］.广西植物,2007(2):281-284.

ICS 65.020.20

CCS C 05

团 体 标 准

T/CACM 1374.94—2021

知母规范化生产技术规程

Code of practice for good agricultural practice of
Anemarrhenae Rhizoma

2021-10-15 发布

2021-10-15 实施

中华中医药学会 发布

目　次

前言·· 165

1　范围 ··· 166

2　规范性引用文件 ·· 166

3　术语和定义 ·· 166

4　知母规范化生产流程图 ·· 167

5　知母规范化生产技术 ·· 167

　　5.1　生产基地选址 ·· 167

　　5.2　种质与种子 ··· 168

　　5.3　种植 ·· 168

　　5.4　采挖 ·· 169

　　5.5　产地初加工 ··· 169

　　5.6　包装、放行、贮运 ··· 169

附录 A（规范性）　禁限用农药名单 ··· 171

附录 B（资料性）　知母常见病虫害防治的参考方法 ··· 172

参考文献··· 173

前　言

本文件按照 GB/T 1.1—2020《标准化工作导则　第1部分：标准化文件的结构和起草规则》的规定起草。

请注意本文件中的某些内容可能涉及专利。本文件的发布机构不承担识别专利的责任。

本文件由中国医学科学院药用植物研究所和河北省农林科学院经济作物研究所提出。

本文件由中华中医药学会归口。

本文件起草单位：河北省农林科学院经济作物研究所、河北省农林科学院棉花研究所、河北农业大学、安国市农业农村局、蔚县农业农村局、中国医学科学院药用植物研究所、重庆市药物种植研究所。

本文件主要起草人：谢晓亮、刘灵娣、温春秀、田伟、欧阳艳飞、仝在利、叩钊、李树强、杨太新、刘晓清、葛淑俊、刘铭、姜涛、贾东升、迟吉娜、边建波、及华、邢力元、齐琳琳、卢瑞克、温赛群、王浩、靳爱红、赵建所、魏建和、王文全、王秋玲、杨小玉、辛元尧、王苗苗。

知母规范化生产技术规程

1 范围

本文件确立了知母的规范化生产流程、关键控制点及技术参数、知母规范化生产各环节的技术规程。

本文件适用于知母的规范化生产。

2 规范性引用文件

下列文件的内容通过文中的规范性引用而构成本文件必不可少的条款。其中,注明日期的引用文件,仅该日期对应的版本适用于本文件;不注明日期的引用文件,其最新版本(包括所有的修改单)适用于本文件。

GB 3095　环境空气质量标准

GB/T 3543　农作物种子检验规程

GB 5084　农田灌溉水质标准

GB 15618　土壤环境质量　农用地土壤污染风险管控标准(试行)

T/CACM 1374.1—2021　中药材规范化生产技术规程通则　植物药材

DB13/T 1083.3—2009　《中药材种子质量标准》

《中华人民共和国药典》

3 术语和定义

T/CACM 1374.1—2021 界定的以及下列术语和定义适用于本文件。

3.1　规范化生产　good agricultural practice

按照《中药材生产质量管理规范》(简称中药材 GAP)的要求,实施药材生产,保证中药材优质安全的生产过程。

3.2　技术规程　code of practice

为实现中药材生产顺利、有序进行,保证中药材生产质量,对中药材生产的基地选址、种子种苗、种植或野生抚育、采收与产地初加工以及包装、放行与贮运等,所做的技术规定和要求,是实施中药材规范生产的核心技术要求和实施指南。

3.3　知母　Anemarrhenae Rhizoma

百合科植物知母 *Anemarrhena asphodeloides* Bge. 的干燥根茎。

3.4　毛知母　maozhimu

采收后的知母,在晾晒或烘干过程中采用撞皮机,撞掉须根,即为"毛知母"。

3.5 知母肉　zhimurou

采收后的知母,趁鲜除去外皮,晒干或烘干,即为"知母肉"。

4 知母规范化生产流程图

知母规范化生产流程见图1。

知母规范化生产流程：

关键控制点及参数：

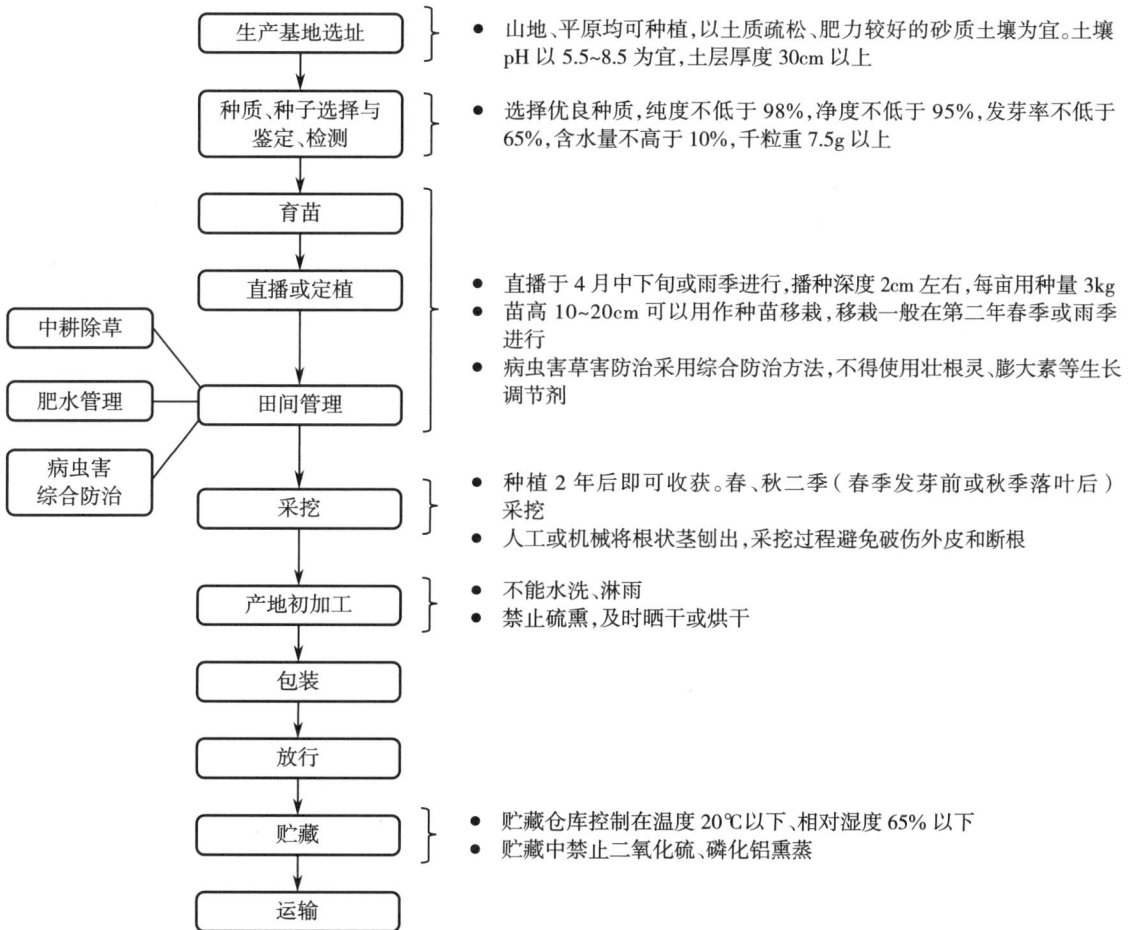

- 山地、平原均可种植,以土质疏松、肥力较好的砂质土壤为宜。土壤 pH 以 5.5~8.5 为宜,土层厚度 30cm 以上

- 选择优良种质,纯度不低于 98%,净度不低于 95%,发芽率不低于 65%,含水量不高于 10%,千粒重 7.5g 以上

- 直播于 4 月中下旬或雨季进行,播种深度 2cm 左右,每亩用种量 3kg
- 苗高 10~20cm 可以用作种苗移栽,移栽一般在第二年春季或雨季进行
- 病虫害草害防治采用综合防治方法,不得使用壮根灵、膨大素等生长调节剂

- 种植 2 年后即可收获。春、秋二季（春季发芽前或秋季落叶后）采挖
- 人工或机械将根状茎刨出,采挖过程避免破伤外皮和断根

- 不能水洗、淋雨
- 禁止硫熏,及时晒干或烘干

- 贮藏仓库控制在温度 20℃以下、相对湿度 65% 以下
- 贮藏中禁止二氧化硫、磷化铝熏蒸

图 1　知母规范化生产流程图

5 知母规范化生产技术

5.1 生产基地选址

5.1.1 产地选择

知母具有较强的抗旱和抗寒能力,对自然环境和土壤要求不严,山地、平原均可种植。主要在河北、北京、天津、山西、山东（山东半岛）、河南、陕西（北部）、甘肃（东部）、宁夏、内蒙古、辽宁（西南部）、吉林（西部）和黑龙江（南部）。

5.1.2 选地与整地

选择不受污染源影响或污染物含量限制在允许范围之内,生态环境良好的农业生产区域。以土质疏松、肥力较好的砂质土壤为宜。土壤 pH 以 5.5~8.5 为宜,土层厚度要在 30cm 以上,田间通风和排水条件良好,阳光充足,种植前每亩(1 亩≈666.7m²,下文同)施充分腐熟的有机肥 1 500~2 000kg,配施磷酸二铵 50kg 或氮磷钾三元复合肥 50kg,深耕 20~30cm,耙细整平。

5.1.3 环境监测

基地的大气、土壤和水样品的检测按照 GAP 要求,且应符合相应国家标准,并保证生长期间持续符合标准。空气质量符合 GB 3095《环境空气质量标准》二级标准,灌溉水质量符合 GB 5084《农田灌溉水质标准》标准,土壤质量符合 GB 15618《土壤环境质量 农用地土壤污染风险管控标准(试行)》二级标准。

5.2 种质与种子

5.2.1 种质选择

使用百合科植物知母 *Anemarrhena asphodeloides* Bge.,符合《中华人民共和国药典》要求,须经过鉴定。如使用农家品种或选育品种应加以明确。

5.2.2 种子质量

应使用成熟、籽粒饱满的种子,参照 GB/T 3543《农作物种子检验规程》。纯度不低于98%,净度不低于 95%,发芽率不低于 65%,含水量不高于 10%,千粒重 7.5g 以上,可参考DB13/T 1083.3—2009《中药材种子质量标准 第 3 部分:知母》。

5.2.3 良种繁育

选择植株生长旺盛,无病虫害,穗多而密的田块作留种田,田间管理同药材生产。8—9月,当种子充分成熟、籽粒饱满、呈深褐色时,收割果穗,晾干,脱粒,采用风选、机选等方法去杂去劣,留纯留优,种子置于通风干燥处或低温库保存。

5.3 种植

5.3.1 直播

4 月中下旬,按行距 25cm 开浅沟将种子均匀撒入沟内,覆土 1~2cm,稍加镇压或机械播种,播种深度 2cm 左右;没水浇条件的地块,可以雨季播种,土地旋耕好后,等进入雨季进行机械播种,每亩用种量 3kg。

5.3.2 育苗移栽

5.3.2.1 育苗

播种时按行距 10cm 开沟播入,覆土 1~2cm,稍加镇压。播种量 8~10kg/ 亩。当苗高10~20cm 可以用作种苗移栽。

5.3.2.2 移栽

大田移栽一般在第二年春季或雨季进行。移栽时知母种苗的地上叶子保留 10cm 左右,多余部分剪掉。按行距 20cm 开沟,沟深 4~5cm,然后将种苗按照 5~7cm 的株距栽入沟内,覆土压紧,移栽后及时灌水。

5.3.3 田间管理

及时进行中耕除草,结合灌水每亩追施氮磷钾三元复合肥 20~30kg,或水溶肥 20~30kg。知母施肥以有机肥为主,化学肥料有限度使用,鼓励使用经国家批准的菌肥及中药材专用肥。雨季,积水地块注意及时排水。5—6月,除留种田外,开花前及时剪去花薹。有灌溉条件的地块,封冻前浇一次越冬水。

禁止使用壮根灵、膨大素等生长调节剂。

5.3.4 病虫害草害等防治

知母常见病害有白粉病、茎枯病、立枯病等,虫害主要有银纹夜蛾、蝼蛄(华北蝼蛄)等。

应采用预防为主、综合防治的方法:通过选用抗性品种、培育壮苗、加强栽培管理、科学施肥等栽培措施,综合采用农业防治、物理防治、生物防治,配合科学合理地使用化学防治,将有害生物危害控制在允许范围以内。

农业防治:实施与禾本科作物轮作;苗期加强中耕;合理密植,增施磷、钾肥,增强抗病力;发现病株及时拔除,集中销毁,每年秋冬季及时清园。

生物防治:保护天敌,进行自然控制;银纹夜蛾等虫害可以用苦参碱乳剂或除虫菊素喷雾防治,按照农药标签使用。

化学防治:采用化学防治时,应当符合国家有关规定,优先选用高效、低毒的生物农药;尽量避免使用除草剂、杀虫剂和杀菌剂等化学农药;不使用禁限用农药。

5.4 采挖

知母种植两年后即可收获。春、秋二季采挖,春季于解冻后,发芽前,秋季于地上茎叶枯黄后至上冻前。割除地上秸秆或地上秸秆粉碎还田,人工或机械将根状茎刨出,除去泥土,去除残茎,挑除病根,采挖过程避免破伤外皮和断根。

5.5 产地初加工

知母产地初加工分为毛知母和知母肉两种加工方法。

将根状茎刨出后去掉芦头,除去泥土,晒干或烘干,在晾晒或烘干过程中采用撞皮机,撞掉须根,即为"毛知母",或趁鲜除去外皮,晒干或烘干,即为"知母肉"。

加工干燥过程保证场地、工具洁净,不受雨淋等。

5.6 包装、放行、贮运

5.6.1 包装

包装前应对每批药材按照国家标准进行质量检验。符合国家标准的药材,采用不影响质量的编织袋等包装,禁止采用包装过肥料、农药等的包装袋包装。包装外贴或挂标签、合格证,标识牌内容应有药材名、基源、产地、批号、规格、重量、采收日期、企业名称等,并有追溯码。

5.6.2 放行

应制定符合企业实际情况的放行制度,有审核批生产、检验等的相关记录。不合格药材有单独处理制度。

5.6.3 贮运

应贮存于阴凉干燥处,定期检查,防止虫蛀、霉变、腐烂、泛油等的发生。仓库控制温度在 20℃ 以下、相对湿度 65% 以下;不同批次等级药材分区存放;建有定期检查制度。禁止磷化铝和二氧化硫熏蒸。也可采用现代气调贮藏方法,包装或库内充氮或二氧化碳。

运输应防止发生混淆、污染、异物混入、包装破损、雨雪淋湿等。

附　录　A
（规范性）
禁限用农药名单

A.1　禁止（停止）使用的农药（46 种）

六六六、滴滴涕、毒杀芬、二溴氯丙烷、杀虫脒、二溴乙烷、除草醚、艾氏剂、狄氏剂、汞制剂、砷类、铅类、敌枯双、氟乙酰胺、甘氟、毒鼠强、氟乙酸钠、毒鼠硅、甲胺磷、对硫磷、甲基对硫磷、久效磷、磷胺、苯线磷、地虫硫磷、甲基硫环磷、磷化钙、磷化镁、磷化锌、硫线磷、蝇毒磷、治螟磷、特丁硫磷、氯磺隆、胺苯磺隆、甲磺隆、福美胂、福美甲胂、三氯杀螨醇、林丹、硫丹、溴甲烷、氟虫胺、杀扑磷、百草枯、2,4- 滴丁酯。

注：氟虫胺自 2020 年 1 月 1 日起禁止使用。百草枯可溶胶剂自 2020 年 9 月 26 日起禁止使用。2,4- 滴丁酯自 2023 年 1 月 29 日起禁止使用。溴甲烷可用于"检疫熏蒸处理"。杀扑磷已无制剂登记。

A.2　在部分范围禁止使用的农药（20 种）

部分范围禁止使用的农药应注意药食同源中药材及来自其他作物的中药材。部分范围禁止使用的农药见表 A.1。

表 A.1　部分范围禁止使用的农药

通用名	禁止使用范围
甲拌磷、甲基异柳磷、克百威、水胺硫磷、氧乐果、灭多威、涕灭威、灭线磷	禁止在蔬菜、瓜果、茶叶、菌类、中草药材上使用,禁止用于防治卫生害虫,禁止用于水生植物的病虫害防治
甲拌磷、甲基异柳磷、克百威	禁止在甘蔗作物上使用
内吸磷、硫环磷、氯唑磷	禁止在蔬菜、瓜果、茶叶、中草药材上使用
乙酰甲胺磷、丁硫克百威、乐果	禁止在蔬菜、瓜果、茶叶、菌类和中草药材上使用
毒死蜱、三唑磷	禁止在蔬菜上使用
丁酰肼（比久）	禁止在花生上使用
氰戊菊酯	禁止在茶叶上使用
氟虫腈	禁止在所有农作物上使用（玉米等部分旱田种子包衣除外）
氟苯虫酰胺	禁止在水稻上使用

A.3　说明

本附录的内容来自 2019 年中华人民共和国农业农村部发布的《禁限用农药名录》（http://www.zzys.moa.gov.cn/gzdt/201911/t20191129_6332604.htm）。

附 录 B

（资料性）

知母常见病虫害防治的参考方法

知母常见病虫害防治的参考方法见表 B.1。

表 B.1 知母常见病虫害防治的参考方法

病虫害名称	防治时期	推荐防治方法	安全间隔期 /d
白粉病	5—8 月	嘧啶核苷类抗菌素水剂喷施，按照农药标签使用	≥7
		多抗霉素可湿性粉剂喷施，按照农药标签使用	≥15
		百菌清可湿性粉剂喷施，按照农药标签使用	≥14
立枯病	7—9 月	立枯灵水悬浮剂喷施，按照农药标签使用	≥20
		多菌灵可湿性粉剂喷施，按照农药标签使用	≥20
		甲基硫菌灵喷施，按照农药标签使用	≥20
		苦参碱喷施，按照农药标签使用	≥7
蛴螬	8—10 月	晶体敌百虫灌根，按照农药标签使用	≥7
		阿维菌素乳油灌根，按照农药标签使用	≥14
蚜虫	8—10 月	吡虫啉可湿性粉剂喷施，按照农药标签使用	≥20
		啶虫脒乳油喷施，按照农药标签使用	≥20
		苦参碱乳剂喷施，按照农药标签使用	≥7

参考文献

［1］么历,程慧珍,杨智.中药材规范化种植(养殖)技术指南[M].北京:中国农业出版社,2006.

［2］丁万隆.药用植物病虫害防治彩色图谱[M].北京:中国农业出版社,2002.

［3］江苏新医学院.中药大辞典[M].上海:上海科学技术出版社,1977.

［4］杨丽蓉.知母的化学成分及药理作用研究进展[J].国外医学(中医中药分册),2002(4):207-210.

［5］边际,徐绥绪.知母化学及药理研究进展[J].沈阳药学院学报,1993(2):141-146.

［6］陈万生,乔传卓.知母抗炎作用初探[J].药学情报通讯,1993(3):14-15.

［7］陈锐群,余竹元,张夏英,等.知母皂苷元是 Na^+、K^+-ATP 酶的抑制剂[J].生理科学,1982(10):16.

［8］边际,徐绥绪,黄松,等.知母化学成分的研究[J].沈阳药科大学学报,1996(1):34-40.

［9］孙有略,王强.薄层扫描法测定知母中知母皂甙 A_{III} 的含量[J].中国药科大学学报,1990(6):369–370.

［10］沈岚,朱沪平,宋崎,等.RP-HPLC-ELSD 法测定知母药材及含知母制剂中菝葜皂苷元的含量[J].中草药,2001(10):28-30.

ICS 65.020.20
CCS C 05

团 体 标 准

T/CACM 1374.95—2021

金荞麦规范化生产技术规程

Code of practice for good agricultural practice of
Fagopyri Dibotryis Rhizoma

2021-10-15 发布

2021-10-15 实施

中华中医药学会　发布

目　次

前言··· 176

1 范围 ·· 177

2 规范性引用文件 ·· 177

3 术语和定义 ·· 177

4 金荞麦规范化生产流程图 ··· 178

5 金荞麦规范化生产技术 ·· 178

　5.1 生产基地选址 ··· 178

　5.2 种质与种子 ·· 179

　5.3 种植技术 ··· 179

　5.4 采挖 ·· 179

　5.5 产地初加工 ·· 179

　5.6 包装、放行和贮运 ·· 180

附录 A（规范性） 禁限用农药名单 ··· 181

参考文献·· 182

前　　言

本文件按照 GB/T 1.1—2020《标准化工作导则　第 1 部分：标准化文件的结构和起草规则》的规定起草。

请注意本文件中的某些内容可能涉及专利。本文件的发布机构不承担识别专利的责任。

本文件由中国医学科学院药用植物研究所和重庆市农业科学院提出。

本文件由中华中医药学会归口。

本文件起草单位：重庆市农业科学院、重庆市中药研究院、重庆太极中药材种植开发有限公司、重庆市石柱土家族自治县武陵山研究院、重庆太极实业（集团）股份有限公司、昌昊金煌（贵州）中药有限公司、中国医学科学院药用植物研究所、重庆市药物种植研究所。

本文件主要起草人：柯剑鸿、李隆云、邹建、杜伦静、王长生、卢进、江艳华、李燕、王钰、李进瞳、何山、焦大春、赵锋、周见、谭均、杨波华、靳云西、孙燕玲、唐鑫、傅童成、林晖才、彭艳、魏建和、王文全、王秋玲、杨小玉、辛元尧、王苗苗。

金荞麦规范化生产技术规程

1 范围

本文件确立了金荞麦的规范化生产流程,规定了金荞麦生产基地选址,环境监测与评价,种质,种苗选择与鉴定、检测,育苗移栽,田间管理,采收与初加工,包装,贮藏和运输等阶段的技术要求。

本文件适用于金荞麦的规范化生产。

2 规范性引用文件

下列文件的内容通过文中的规范性引用而构成本文件必不可少的条款。其中,注明日期的引用文件,仅该日期对应的版本适用于本文件。不注明日期的引用文件,其最新版本(包括所有的修改单)适用于本文件。

GB 3905 环境空气质量标准

GB 5084 农田灌溉水质标准

GB 5479 生活饮用水卫生标准

GB 15168 土壤环境质量 农用地土壤污染风险管控标准(试行)

T/CACM 1374.1—2021 中药材规范化生产技术规程通则 植物药材

3 术语和定义

T/CACM 1374.1—2021 界定的以及下列术语和定义适用于本文件。

3.1 规范化生产 good agricultural practice

按照《中药材生产质量管理规范》(简称中药材 GAP)的要求,实施药材生产,保证中药材优质安全的生产过程。

3.2 技术规程 code of practice

为实现中药材生产顺利、有序进行,保证中药材生产质量,对中药材生产的基地选址、种子种苗、种植或野生抚育、采收与产地初加工以及包装、放行与贮运等,所做的技术规定和要求,是实施中药材规范生产的核心技术要求和实施指南。

3.3 金荞麦 Fagopyri Dibotryis Rhizoma

蓼科植物金荞麦 *Fagopyrum dibotrys*(D. Don)Hara 的干燥根茎。

3.4 金荞麦种根 the root of Fagopyri Dibotryis Rhizoma

金荞麦种植一般采用新鲜根茎的幼嫩部分或带有芽孢的根茎作为种源。

4 金荞麦规范化生产流程图

金荞麦规范化生产流程见图1。

金荞麦规范化生产流程：   关键控制点及参数：

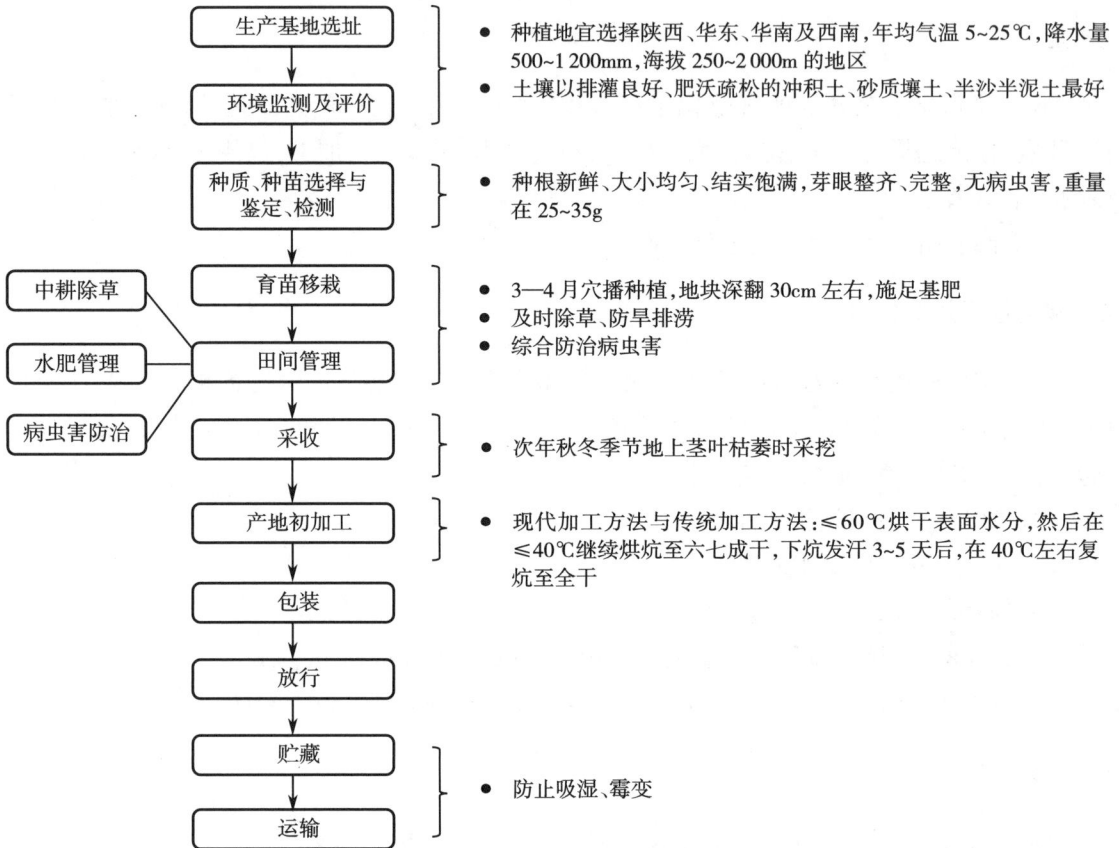

图1 金荞麦规范化生产流程图

5 金荞麦规范化生产技术

5.1 生产基地选址

5.1.1 产地选择

金荞麦适宜在陕西、华东、华中、华南及西南，气候温暖、光照充足，年均气温5~24℃，降水量500~1 200mm，海拔250~2 000m地区种植。

5.1.2 地块选择

金荞麦对土壤的适应性较强，各种类型的土壤都能生长，尤以排水良好、肥沃疏松的冲积土或砂质壤土、半沙半泥的熟化土最适宜种植。

5.1.3 环境监测

生产基地的空气质量应符合GB 3905规定的环境空气质量标准、灌溉水质量应符合

GB 5084 规定的农田灌溉水质标准,土壤质量应符合 GB 15168 的规定。

5.2　种质与种子

5.2.1　种质选择

使用蓼科植物金荞麦 *Fagopyrum dibotrys*（D. Don）Hara,物种须经过鉴定。如使用农家品种或选育品种应加以明确。

5.2.2　种苗质量

金荞麦种植一般采用金荞麦种根作种源,选择种根新鲜、大小均匀、结实饱满,芽眼整齐、完整,无病虫害,重量在 25~35g 左右的幼嫩种根作为种源。

5.2.3　良种繁育

金荞麦良种繁育,在冬季将根茎挖出贮藏或春季挖出,一般切成 25~35g 的种根,选取幼嫩部分作种,苗期每亩（1 亩≈666.7m²,下文同）施入（氮：磷：钾 =15：15：15）复合肥 80~100kg,花蕾期进行打顶处理,促进根茎分蘖生长。

5.3　种植技术

5.3.1　整地

深翻 30cm 左右,结合耕地,每亩施腐熟农家肥 1 000~1 500kg、过磷酸钙肥 100kg 和碳酸氢铵肥 50kg 作为基肥,耙细、整平,做成 1.2~1.5m 宽的平畦。

5.3.2　种植

金荞麦栽种时间为 3—4 月,海拔在 1 000m 以上可在 4 月底栽种。进行穴播种植,按行距 50cm、株距 25cm~30cm 打穴,穴深 10~15cm,每穴 1~2 个种根,覆土压实;每亩使用种根量 100~200kg。

5.3.3　田间管理

出苗或存活后,适时间苗、补苗、除草,及时打顶和排灌。中耕除草 2~3 次,在苗高 20cm 时,每亩施入复合肥 60~80kg,以有机肥、磷钾肥为主。7 月上旬,开花植株,及时割去顶端花序。

禁止使用壮根灵、膨大素等生长调节剂。

5.3.4　病虫害防治

金荞麦常见病害有病毒病,虫害有桃蚜和黄蚁等。

应采用预防为主、综合防治的方法:实行轮作;选用无病害感染、无机械损伤、休眠芽多的优质种苗,禁用带病苗;及时清沟排水;发现病株及时拔除,集中销毁,对发生病虫害土壤用生石灰进行局部深度消毒。

优先选用物理方法防治。采用化学防治时,应当符合国家有关规定;选用高效、低毒的生物农药;避免使用杀虫剂和杀菌剂等化学农药;不使用禁限用农药。

5.4　采挖

金荞麦种植 1 年以上或 2 年方能采收,一般秋冬季节地上茎叶枯萎时采挖,采挖时割去茎叶,将根刨出,去净泥土,干燥加工入药。

5.5　产地初加工

将金荞麦根茎淘洗干净,切制成直径 5~6cm 的均匀小块,烘炕。铺成 10~20cm 厚度,不超过60℃烘干表面水分,然后在不超过40℃继续烘炕,六七成干时下炕发汗3~5天,发汗完成后,在40℃左右复炕至完全干。将干燥的金荞麦根茎装入清洁无污染的槽笼进行脱毛。金荞麦装入槽笼后,将盖子盖好,将槽笼抬起来回冲撞,使金荞麦在槽笼中相互摩擦,去掉须根及所附泥土与残余叶柄。用大孔筛子(即炭筛)将石子、土粒、灰渣及异物筛出,即得成品金荞麦。待温度降至常温,装袋。

金荞麦以个大、质坚硬者为佳。商品一般为统货。

5.6 包装、放行和贮运

5.6.1 包装

包装前应对每批药材按照国家标准进行质量检验。符合国家标准的药材,采用不影响质量的编织袋等包装,禁止采用包装过肥料、农药等的包装袋包装。包装外贴或挂标签、合格证,标识牌内容应有药材名、基源、产地、批号、规格、重量、采收日期、企业名称等,并有追溯码。

5.6.2 放行

应制定符合企业实际情况的放行制度,有审核批生产、检验等的相关记录。不合格药材有单独处理制度。

5.6.3 贮运

应贮存于阴凉干燥处,定期检查,防止虫蛀、霉变、腐烂等的发生。仓库控制温度在20℃以下、相对湿度75%以下;不同批次等级药材分区存放;建有定期检查制度。可采用现代气调贮藏方法,包装或库内充氮或二氧化碳。

运输应防止发生混淆、污染、异物混入、包装破损、雨雪淋湿等。

附 录 A

（规范性）

禁限用农药名单

A.1 禁止（停止）使用的农药（46 种）

六六六、滴滴涕、毒杀芬、二溴氯丙烷、杀虫脒、二溴乙烷、除草醚、艾氏剂、狄氏剂、汞制剂、砷类、铅类、敌枯双、氟乙酰胺、甘氟、毒鼠强、氟乙酸钠、毒鼠硅、甲胺磷、对硫磷、甲基对硫磷、久效磷、磷胺、苯线磷、地虫硫磷、甲基硫环磷、磷化钙、磷化镁、磷化锌、硫线磷、蝇毒磷、治螟磷、特丁硫磷、氯磺隆、胺苯磺隆、甲磺隆、福美胂、福美甲胂、三氯杀螨醇、林丹、硫丹、溴甲烷、氟虫胺、杀扑磷、百草枯、2,4-滴丁酯。

注：氟虫胺自 2020 年 1 月 1 日起禁止使用。百草枯可溶胶剂自 2020 年 9 月 26 日起禁止使用。2,4-滴丁酯自 2023 年 1 月 29 日起禁止使用。溴甲烷可用于"检疫熏蒸处理"。杀扑磷已无制剂登记。

A.2 在部分范围禁止使用的农药（20 种）

部分范围禁止使用的农药应注意药食同源中药材及来自其他作物的中药材。部分范围禁止使用的农药见表 A.1。

表 A.1 部分范围禁止使用的农药

通用名	禁止使用范围
甲拌磷、甲基异柳磷、克百威、水胺硫磷、氧乐果、灭多威、涕灭威、灭线磷	禁止在蔬菜、瓜果、茶叶、菌类、中草药材上使用,禁止用于防治卫生害虫,禁止用于水生植物的病虫害防治
甲拌磷、甲基异柳磷、克百威	禁止在甘蔗作物上使用
内吸磷、硫环磷、氯唑磷	禁止在蔬菜、瓜果、茶叶、中草药材上使用
乙酰甲胺磷、丁硫克百威、乐果	禁止在蔬菜、瓜果、茶叶、菌类和中草药材上使用
毒死蜱、三唑磷	禁止在蔬菜上使用
丁酰肼（比久）	禁止在花生上使用
氰戊菊酯	禁止在茶叶上使用
氟虫腈	禁止在所有农作物上使用（玉米等部分旱田种子包衣除外）
氟苯虫酰胺	禁止在水稻上使用

A.3 说明

本附录的内容来自 2019 年中华人民共和国农业农村部发布的《禁限用农药名录》（http://www.zzys.moa.gov.cn/gzdt/201911/t20191129_6332604.htm）。

参考文献

［1］国家药典委员会.中华人民共和国药典:2020年版一部［M］.北京:中国医药科技出版社,2020.

［2］郭巧生.药用植物栽培学［M］.北京:高等教育出版社,2009.

［3］向清华,邓蓉,张定红,等.贵州金荞麦营养成分、生长性能及繁殖技术研究［J］.种子,2012,31（7）:93-94.

［4］梁成刚,喻武鹃,汪燕,等.无公害药用金荞麦种植技术探讨［J］.中国现代中药,2018,20（12）:1526-1532.

［5］向清华,陈莹,陈燕萍,等.黔金荞麦1号种子生产技术规程［J］.种子,2014,33（3）:108-110.

［6］王孝华,赵明勇,张俊,等.金荞麦不同种植密度试验［J］.湖北农业科学,2014,53（4）:765-767.

ICS 65.020.20
CCS C 05

团 体 标 准

T/CACM 1374.96—2021

金莲花规范化生产技术规程

Code of practice for good agricultural practice of Trollius Flos

2021-10-15 发布

2021-10-15 实施

中华中医药学会   发布

目　　次

前言 …… 185

1 范围 ……… 186

2 规范性引用文件 …………………………………………………………………………………………… 186

3 术语和定义 ………………………………………………………………………………………………… 186

4 金莲花规范化生产流程图 ………………………………………………………………………………… 187

5 金莲花规范化生产技术 …………………………………………………………………………………… 187

　　5.1 生产基地选址 ……………………………………………………………………………………… 187

　　5.2 种质与种子 ………………………………………………………………………………………… 188

　　5.3 种子繁育 …………………………………………………………………………………………… 188

　　5.4 种植 ………………………………………………………………………………………………… 188

　　5.5 采收与初加工 ……………………………………………………………………………………… 190

　　5.6 包装、贮藏和运输 ………………………………………………………………………………… 190

附录 A(资料性) 金莲花常见病虫害药剂防治的参考方法 …………………………………………… 191

附录 B(规范性) 禁限用农药名单 …………………………………………………………………………… 192

参考文献 ……………………………………………………………………………………………………… 193

前　言

本文件按照GB/T 1.1—2020《标准化工作导则　第1部分：标准化文件的结构和起草规则》的规定起草。

请注意本文件中的某些内容可能涉及专利。本文件的发布机构不承担识别专利的责任。

本文件由中国医学科学院药用植物研究所提出。

本文件由中华中医药学会归口。

本文件起草单位：中国医学科学院药用植物研究所、承德沃润农业开发有限公司、河北金路农业科技有限公司、张家口崇礼区扶农农业开发有限公司、张家口崇礼区摩天岭农业开发有限公司、重庆市药物种植研究所。

本文件主要起草人：丁万隆、李勇、王蓉、王亚生、雷学锋、杨伟祥、张宗辉、王晓燕、魏建和、王文全、王秋玲、杨小玉、辛元尧、王苗苗。

本文件起草组顾问：王文君、陈震。

金莲花规范化生产技术规程

1 范围

本文件确立了金莲花的规范化生产流程,规定了金莲花生产基地选址、种质与种子、种子苗繁育、种植、采收与初加工、包装、贮藏和运输等阶段的技术要求。

本文件适用于金莲花的规范化生产。

2 规范性引用文件

下列文件的内容通过文中的规范性引用而构成本文件必不可少的条款。其中,注明日期的引用文件,仅该日期对应的版本适用于本文件;不注明日期的引用文件,其最新版本(包括所有的修改单)适用于本文件。

GB 3095 环境空气质量标准

GB/T 3543 农作物种子检验规程

GB 5084 农田灌溉水质标准

GB 5749 生活饮用水卫生标准

GB 15618 土壤环境质量 农用地土壤污染风险管控标准(试行)

T/CACM 1374.1—2021 中药材规范化生产技术规程通则 植物药材

3 术语和定义

T/CACM 1374.1—2021界定的以及下列术语和定义适用于本文件。

3.1 规范化生产 good agricultural practice

按照《中药材生产质量管理规范》(简称中药材GAP)的要求,实施药材生产,保证中药材优质安全的生产过程。

3.2 技术规程 code of practice

为实现中药材生产顺利、有序进行,保证中药材生产质量,对中药材生产的基地选址、种子种苗、种植或野生抚育、采收与产地初加工以及包装、放行与贮运等,所做的技术规定和要求,是实施中药材规范生产的核心技术要求和实施指南。

3.3 金莲花 Trollius Flos

毛茛科植物金莲花 *Trollius chinensis* Bge. 的干燥花。

3.4 露白种子 the break-shell seed

种子胚芽长出,即芽尖突破出种皮。

4 金莲花规范化生产流程图

金莲花规范化生产流程见图 1。

金莲花规范化生产流程：

关键控制点及参数：

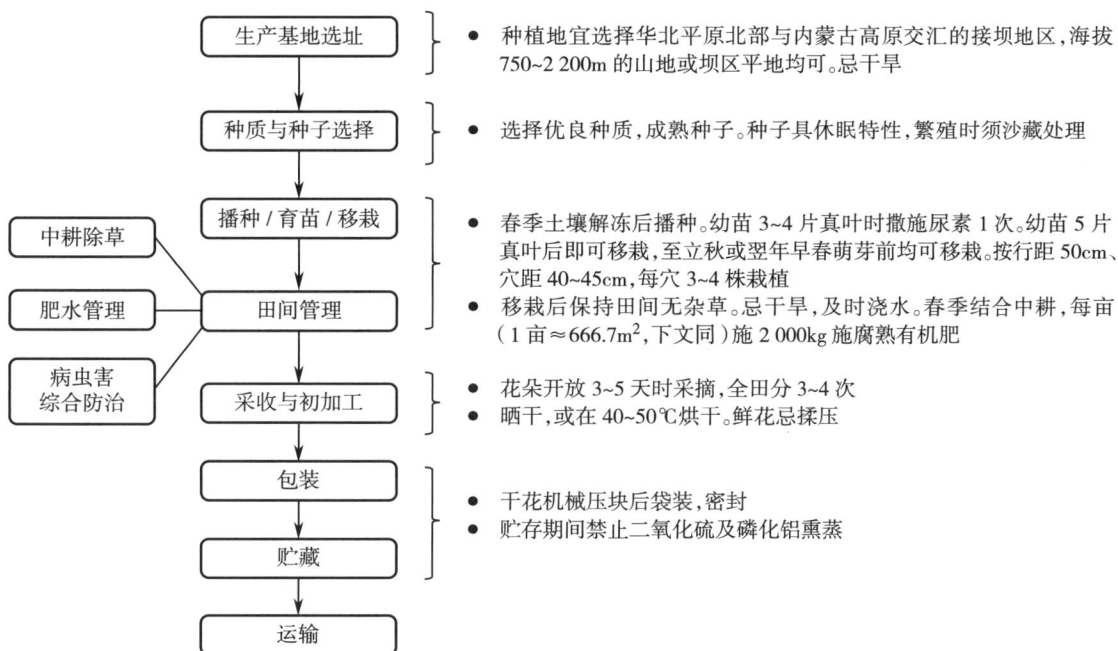

- 种植地宜选择华北平原北部与内蒙古高原交汇的接坝地区，海拔 750~2 200m 的山地或坝区平地均可。忌干旱

- 选择优良种质，成熟种子。种子具休眠特性，繁殖时须沙藏处理

- 春季土壤解冻后播种。幼苗 3~4 片真叶时撒施尿素 1 次。幼苗 5 片真叶后即可移栽，至立秋或翌年早春萌芽前均可移栽。按行距 50cm、穴距 40~45cm，每穴 3~4 株栽植
- 移栽后保持田间无杂草。忌干旱，及时浇水。春季结合中耕，每亩（1 亩≈666.7m^2，下文同）施 2 000kg 施腐熟有机肥

- 花朵开放 3~5 天时采摘，全田分 3~4 次
- 晒干，或在 40~50℃烘干。鲜花忌揉压

- 干花机械压块后袋装，密封
- 贮存期间禁止二氧化硫及磷化铝熏蒸

图 1 金莲花规范化生产流程图

5 金莲花规范化生产技术

5.1 生产基地选址

5.1.1 产地选择

适宜种植在北纬 41°35′~42°40′，东经 116°36′~118°14′ 的区域，即河北北部、内蒙古南部的华北平原与内蒙古高原接坝地区，主要在围场满族蒙古族自治县、沽源县及其周边地区。大兴安岭南缘及六盘山等地也有适宜种植区。

种植地宜选择生态环境良好，远离污染源，并具有可持续生产能力的生产区域，海拔 750~2 200m 的山地或坝区的草原。

5.1.2 选地整地

选择砂质壤土，整平耙细，施入适量有机肥及化肥。

5.1.3 环境监测

生产基地的空气质量应符合 GB 3095 规定的环境空气质量标准，灌溉水质量应符合 GB 5084 规定的农田灌溉水质标准，土壤质量应符合 GB 15618 的规定。

5.2 种质与种子

5.2.1 种质选择

使用毛茛科植物金莲花 Trollius chinensis Bge. 为物种来源,其物种须经过鉴定。如使用农家品种或选育品种应加以明确。

5.2.2 种子质量

应使用当年采收的成熟种子,0~4℃低温沙藏 2~3 个月。依据种子发芽率、千粒重、含水量、净度等指标进行分级,按照 GB/T 3543 规定的农作物种子检验规程的要求,金莲花种子质量等级见表 1。

表 1 金莲花种子质量分级标准

指标	等级		
	一级	二级	三级
发芽率 /%	92.5	87.6	83.5
千粒重 /g	1.20	0.97	0.77
含水量 /%	8.50	15.87	19.21
净度 /%	98.1	95.4	92.3

5.3 种子繁育

5.3.1 选种

选 3~4 年生生长健壮无病虫的植株作留种母株,如发现患病植株要随时拔掉。

5.3.2 种子采收与处理

5.3.2.1 种子采收

8 月上旬开始果实由绿转黑褐色,种子呈黑色时即可采收。因种子陆续成熟,应分期分批采收。

5.3.2.2 种子处理

新采收的种子处于休眠状态,必须经过 −5~5℃低温沙藏处理 2~3 个月。

5.4 种植

5.4.1 播种日期

于春季土壤解冻后,即惊蛰至春分间播种。

5.4.2 播种方法

做 1.2~1.5m 宽的畦,将露白种子与 10 倍体积的细沙拌匀后撒播,播后盖 3~5mm 厚的薄土,上面再盖一层 2~3cm 厚的草并经常浇水保湿,或加农膜拱棚。播种量每亩为约 2.5kg。

5.4.3 苗床管理

幼苗出齐后要保持畦面干净无杂草,并保持土壤湿润。幼苗长出 3~4 片真叶时,可每亩撒施尿素 3~5kg,并浇水 1 次,20 天后可再追施 1 次。

5.4.4 移栽

幼苗于当年 8 月中旬前后或翌年早春萌芽前移栽,按行距 50cm,穴距 40~45cm 定植于大田,每穴 3~4 株。

5.4.5 田间管理

5.4.5.1 中耕除草

幼苗生长前期应常除草松土,保持畦内无杂草。夏季植株基本封垄后不再松土。

5.4.5.2 灌水排水

生长季节视情况及时浇水。灌溉用水应符合 GB 5084 的规定。雨季应及时排水。

5.4.5.3 追肥

植株生长三年后,于春季在畦内撒施腐熟的有机肥,每亩施 2 000kg 左右。

5.4.6 病虫害防治

5.4.6.1 概述

贯彻"预防为主,综合防治"的植保方针,通过加强栽培管理、科学施肥等栽培措施,综合采用农业防治、物理防治、生物防治,配合科学合理地使用化学防治,将有害生物危害控制在允许范围以内。使用化学农药应严格按照产品说明书,收获前 30 天停止使用。常见病虫害药剂防治参考方法见附录 A。禁限用农药名单应符合附录 B 的规定。

5.4.6.2 立枯病

严格控制育苗地或营养钵土卫生,应充分消毒。大田育苗时间易稍晚以免土壤温度偏低,温室集中育苗应避免土温过低,并及时移栽。

5.4.6.3 白粉病

三年生以上植株花期过后,喷施硫悬浮剂及粉锈宁各 1 次,叶面肥 1~2 次,并加强生长后期田间管理。

5.4.6.4 植原体病

植原体病害由金莲花绿变植原体引起。选择种植地时避免附近有植原体病害严重的其他作物,及时清除田间病株,并防治蚜虫、斑须蝽等刺吸式口器的介体昆虫。

5.4.6.5 蛴螬

危害金莲花根部的蛴螬主要是华北大黑鳃金龟的幼虫,可用敌敌畏乳油拌细土,均匀撒施田间或开沟将药施入沟内封沟后浇水,或用辛硫磷乳油灌根。

5.4.6.6 华北蝼蛄

用敌百虫晶体或辛硫磷乳油加水后喷到炒过的棉仁饼或麦麸上,傍晚撒于蝼蛄活动场所诱杀。

5.4.6.7 夜蛾类

主要有斜纹夜蛾、银纹夜蛾、棉铃虫、甘蓝夜蛾等,幼虫危害叶片、花蕾及花瓣。幼虫发生期,进行人工捕捉。卵孵化盛期用活芽孢 Bt 可湿性粉剂喷雾防治。低龄幼虫期用甲氨基阿维菌素苯甲酸盐或阿维菌素喷雾。

5.4.6.8 斑须蝽

成虫、若虫刺吸嫩叶和花蕾,严重时使叶片发黄和皱缩,影响种子产量。用生物农药或植物源农药苦参碱,或用吡虫啉喷雾防治。

5.4.6.9 蚜虫

开花初期用黄色板诱杀,或用 60cm×40cm 长方形黄色纸板或木板等涂上无色油漆,再涂上机油,每亩挂 30~40 块。蚜虫发生初期喷施苦参碱、吡虫啉、啶虫脒等,交替使用。

5.5 采收与初加工

5.5.1 采收

生长 2 年后开始开花结籽,3 年后大量开花。当花朵开放 2~3 天时采收。及时将盛开的花朵采下,宜分批采摘。

5.5.2 初加工

采收后的花可晒干或在 40~50℃烘干。干燥后的花每 25kg 或 50kg 装袋。

5.6 包装、贮藏和运输

5.6.1 包装

金莲花晒干后,选用专业包装和机械压块装袋,每袋 25kg。压块 50kg 标准包装,密封,防潮。包装应记录品名、批号、规格、重量、产地采收日期,并附有质量合格标志。

5.6.2 贮藏

金莲花主要含生物碱和黄酮,易氧化、易受潮,所以贮藏期间要注意通风,并适时翻垛、晾垛。

5.6.3 运输

金莲花批量运输时不能与其他有毒、有害物质混装,运输工具必须清洁、干燥无异味,具有较好的通风性,保持干燥,并设有防雨、防晒及防潮措施。

附 录 A

（资料性）

金莲花常见病虫害药剂防治的参考方法

金莲花常见病虫害药剂防治的参考方法参见表 A.1。

表 A.1　金莲花常见病虫害药剂防治的参考方法

病虫害名称	病原或害虫种类	发生条件与传播途径	防治方法
立枯病	立枯丝核菌 *Rhizoctonia solani*	育苗地或营养钵土带菌，低温持续时间长易发生	大田育苗时间易稍晚以免土壤温度偏低，温室集中育苗应避免土温过低，并及时移栽
白粉病	白粉菌目白粉菌科真菌	老龄植株花期过后，如果田间管理不善则容易发生	摘花后喷施硫悬浮剂及粉锈宁各 1 次，并加强生长后期田间管理
花枯病	病原不详	土壤及空气干燥、温度高、干热风气象条件易发生	花蕾及开花初期遇高温干旱要及时喷水降温与保持田间湿度
植原体病	金莲花绿变植原体	通过有植原体病害的其他作物传播，媒介昆虫有蚜虫、斑须蝽等	及时清除田间病株。防治蚜虫、斑须蝽等刺吸式口器的介体昆虫
华北大黑鳃金龟	鞘翅目金龟甲科 *Holotrichia oblita*	成虫迁移扩散，幼虫在土壤中危害；有机质多及施用未充分腐熟的有机肥，则虫口密度大	用敌百虫晶体或辛硫磷加水，喷到炒过的麦麸上，于傍晚撒于蝼蛄活动场所诱杀
华北蝼蛄	直翅目蝼蛄科 *Gryllotalpa unispina*	成虫若虫迁移扩散；温暖湿润，多腐殖质、低洼盐碱地，施未腐熟粪肥的地块危害重	用敌敌畏混细土，均匀撒施田间后浇水，或用辛硫磷灌根，按照农药标签使用
斜纹夜蛾	鳞翅目夜蛾科 *Prodenia litura*	幼虫取食叶片、花蕾，可将叶片吃光仅留叶脉；以蛹在寄主植物根际越冬	卵孵化盛期用活芽孢 Bt 喷雾，低龄幼虫期用甲氨基阿维菌素苯甲酸盐或阿维菌素喷雾
银纹夜蛾	鳞翅目夜蛾科 *Argyrogramma agnata*	成虫迁移扩散；适生温度 22~30℃	同上
斑须蝽	半翅目蝽科 *Dolycoris baccarum*	以成虫、若虫刺吸叶和花蕾，严重时使叶片发黄和皱缩	用苦参碱或吡虫啉喷雾，按照农药标签使用
蚜虫	同翅目蚜科 *Aphis* sp.	成虫迁移扩散，干旱、高温下发生严重	用吡虫啉或阿维菌素喷雾，按照农药标签使用

附 录 B

（规范性）

禁限用农药名单

B.1 禁止（停止）使用的农药（46 种）

六六六、滴滴涕、毒杀芬、二溴氯丙烷、杀虫脒、二溴乙烷、除草醚、艾氏剂、狄氏剂、汞制剂、砷类、铅类、敌枯双、氟乙酰胺、甘氟、毒鼠强、氟乙酸钠、毒鼠硅、甲胺磷、对硫磷、甲基对硫磷、久效磷、磷胺、苯线磷、地虫硫磷、甲基硫环磷、磷化钙、磷化镁、磷化锌、硫线磷、蝇毒磷、治螟磷、特丁硫磷、氯磺隆、胺苯磺隆、甲磺隆、福美胂、福美甲胂、三氯杀螨醇、林丹、硫丹、溴甲烷、氟虫胺、杀扑磷、百草枯、2,4-滴丁酯。

注：氟虫胺自 2020 年 1 月 1 日起禁止使用。百草枯可溶胶剂自 2020 年 9 月 26 日起禁止使用。2,4-滴丁酯自 2023 年 1 月 29 日起禁止使用。溴甲烷可用于"检疫熏蒸处理"。杀扑磷已无制剂登记。

B.2 部分范围禁止使用的农药（20 种）

部分范围禁止使用的农药应注意药食同源中药材及来自其他作物的中药材。部分范围禁止使用的农药见表 B.1。

表 B.1 部分范围禁止使用的农药

通用名	禁止使用范围
甲拌磷、甲基异柳磷、克百威、水胺硫磷、氧乐果、灭多威、涕灭威、灭线磷	禁止在蔬菜、瓜果、茶叶、菌类、中草药材上使用,禁止用于防治卫生害虫,禁止用于水生植物的病虫害防治
甲拌磷、甲基异柳磷、克百威	禁止在甘蔗作物上使用
内吸磷、硫环磷、氯唑磷	禁止在蔬菜、瓜果、茶叶、中草药材上使用
乙酰甲胺磷、丁硫克百威、乐果	禁止在蔬菜、瓜果、茶叶、菌类和中草药材上使用
毒死蜱、三唑磷	禁止在蔬菜上使用
丁酰肼（比久）	禁止在花生上使用
氰戊菊酯	禁止在茶叶上使用
氟虫腈	禁止在所有农作物上使用（玉米等部分旱田种子包衣除外）
氟苯虫酰胺	禁止在水稻上使用

B.3 有关说明

本附录来自 2019 年中华人民共和国农业农村部官方发布的《禁限用农药名录》（http://www.zzys.moa.gov.cn/gzdt/201911/t20191129_6332604.htm）。

参考文献

［1］丁万隆,陈君,张丽萍,等.贮藏方法对打破金莲花种子休眠的影响[J].中国中药杂志,2000(5):10-13.

［2］徐国钧,何宏贤,徐珞珊,等.中国药材学:下册[M].北京:中国医药科技出版社,1996:950-951.

［3］么历,程慧珍,杨智.中药材规范化种植(养殖)技术指南[M].北京:中国农业出版社,2006.

［4］严力群,丁万隆,朱殿龙,等.金莲花种子寿命的初步研究[J].中国中药杂志,2007(20):2185-2187.

［5］赵东岳,李勇,丁万隆,等.金莲花种子品质检验及质量标准研究[J].中国中药杂志,2011,36(24):3421-3424.

ICS 65.020.20
CCS C 05

团 体 标 准

T/CACM 1374.97—2021

金钱草规范化生产技术规程

Code of practice for good agricultural practice of
Lysimachiae Herba

2021–10–15 发布 2021–10–15 实施

中华中医药学会 发布

目　次

前言 ·· 196

1　范围 ··· 197

2　规范性引用文件 ·· 197

3　术语和定义 ·· 197

4　金钱草规范化生产流程图 ··· 198

5　金钱草规范化生产技术 ·· 198

　　5.1　生产基地选址 ·· 198

　　5.2　种质与种子 ··· 199

　　5.3　金钱草种植 ··· 199

　　5.4　采收 ··· 200

　　5.5　产地初加工 ··· 200

　　5.6　包装贮运 ··· 200

附录 A（规范性）　禁限用农药名单 ·· 201

附录 B（资料性）　金钱草常见病虫害药剂防治的参考方法 ···························· 202

参考文献 ·· 203

前　　言

本文件按照 GB/T 1.1—2020《标准化工作导则　第 1 部分：标准化文件的结构和起草规则》的规定起草。

请注意本文件中的某些内容可能涉及专利。本文件的发布机构不承担识别专利的责任。

本文件由中国医学科学院药用植物研究所和重庆市药物种植研究所提出。

本文件由中华中医药学会归口。

本文件起草单位：重庆市药物种植研究所、重庆医科大学、重庆科瑞东和制药有限责任公司、重庆市康泽科技开发有限责任公司、中国医学科学院药用植物研究所。

本文件主要起草人：胡开治、唐祥友、杨小玉、刘春雷、刘燕琴、曹敏、张军、曹纬国、肖忠、郭仁鱼、魏建和、王文全、王秋玲、辛元尧、王苗苗。

金钱草规范化生产技术规程

1 范围

本标准确立了金钱草规范化生产流程,规定了金钱草的生产基地选址、种质、种苗繁育、种植、采收、产地初加工、包装、贮运等阶段的操作要求。

本文件适用于金钱草的规范化生产。

2 规范性引用文件

下列文件中的内容通过文中的规范性引用而构成本文件必不可少的条款。其中,注明日期的引用文件,仅该日期的版本适用于本标准。不注日期的引用文件,其最新版本(包括所有的修改单)适用于本标准。

GB 3095 环境空气质量标准

GB 5084 农田灌溉水质标准

GB 5749 生活饮用水卫生标准

GB 15618 土壤环境质量 农用地土壤污染风险管控标准(试行)

NY/T 496 肥料合理使用准则 通则

T/CACM 1374.1—2021 中药材规范化生产技术规程通则 植物药材

3 术语和定义

T/CACM 1374.1—2021 界定的以及下列术语和定义适用于本文件。

3.1 规范化生产 good agricultural practice

按照《中药材生产质量管理规范》(简称中药材 GAP)的要求,实施药材生产,保证中药材优质安全的生产过程。

3.2 技术规程 code of practice

为实现中药材生产顺利、有序进行,保证中药材生产质量,对中药材生产的基地选址、种子种苗、种植或野生抚育、采收与产地初加工以及包装、放行与贮运等,所做的技术规定和要求,是实施中药材规范生产的核心技术要求和实施指南。

3.3 金钱草 Lysimachiae Herba

报春花科植物过路黄 *Lysimachia christinae* Hance 的干燥全草。

3.4 优良种质资源 elite germplasm resources

主要经济性状表现好且具有重要价值的种质资源。

4　金钱草规范化生产流程图

金钱草规范化生产流程见图1。

金钱草规范化生产流程：

关键控制点及技术参数：

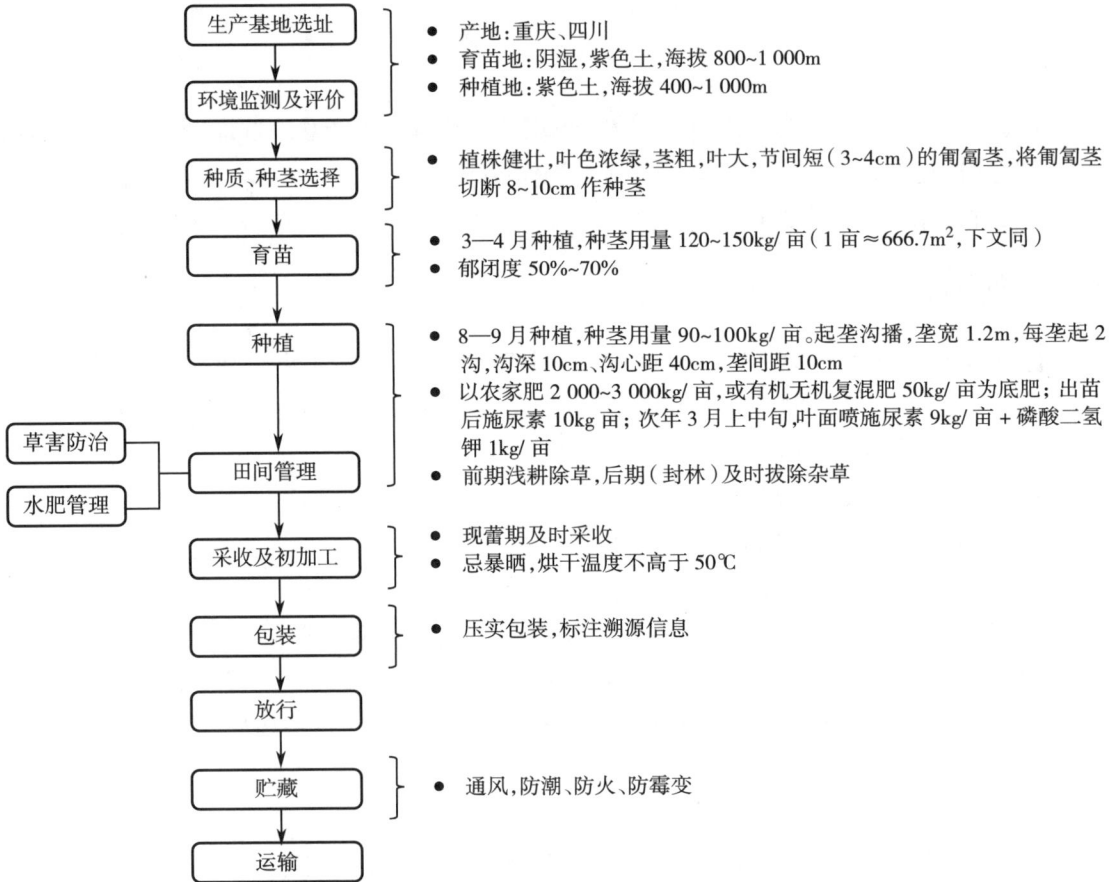

- 产地：重庆、四川
- 育苗地：阴湿，紫色土，海拔800~1 000m
- 种植地：紫色土，海拔400~1 000m

生产基地选址 → 环境监测及评价

种质、种茎选择
- 植株健壮，叶色浓绿，茎粗，叶大，节间短（3~4cm）的匍匐茎，将匍匐茎切断8~10cm作种茎

育苗
- 3—4月种植，种茎用量120~150kg/亩（1亩≈666.7m²，下文同）
- 郁闭度50%~70%

种植
- 8—9月种植，种茎用量90~100kg/亩。起垄沟播，垄宽1.2m，每垄起2沟，沟深10cm，沟心距40cm，垄间距10cm

田间管理（草害防治、水肥管理）
- 以农家肥2 000~3 000kg/亩，或有机无机复混肥50kg/亩为底肥；出苗后施尿素10kg亩；次年3月上中旬，叶面喷施尿素9kg/亩＋磷酸二氢钾1kg/亩
- 前期浅耕除草，后期（封林）及时拔除杂草

采收及初加工
- 现蕾期及时采收
- 忌暴晒，烘干温度不高于50℃

包装
- 压实包装，标注溯源信息

放行

贮藏
- 通风，防潮、防火、防霉变

运输

图1　金钱草规范化生产流程图

5　金钱草规范化生产技术

5.1　生产基地选址

5.1.1　产地选择

适宜在河谷、坡底平缓地带，紫色土，海拔400~1 000m，温暖、阴湿地区种植，即重庆市、四川省、贵州省等低海拔丘陵地区。种苗基地宜选择海拔800~1 000m、排灌便利的阴湿地区。

5.1.2　种植地块选择

种植地块选择稻田变旱地的2~3年后阴湿地块，土壤深厚、疏松、肥沃、保水力强，土壤微酸性至中性，以紫色土为优，宜与玉米、薏苡、高粱等套作，不宜与辣椒、茄科植物间轮作。种苗地宜选择郁闭度50%~70%的稀疏林下、作物（玉米、桑树等）行间，地块地势高，排灌便利,其他与常规生产种植地块类似。

5.1.3 环境监测

基地的大气、土壤和水样品的检测按照 GAP 要求,应符合相应国家标准,并保证生长期间持续符合标准。环境监测可参考 GB 3095、GB 15618 和 GB 5084 的规定,产地初加工用水应符合 GB 5749 规定。

5.2 种质与种子

5.2.1 种质选择

使用报春花科珍珠菜属植物过路黄 *Lysimachia christinae* Hance,物种须经鉴定,如使用农家品种或选育品种应加以明确。

5.2.2 种苗质量

种苗应选用经驯化,原种质量符合 2020 年版《中华人民共和国药典》标准(山柰酚和槲皮素总含量高于 0.1%),植株健壮,叶色浓绿,茎粗,叶大,节间短(3~4cm)的匍匐茎。

5.3 金钱草种植

5.3.1 育苗

a)整地:深翻土地 30cm(或旋耕后再用锄头辅助翻耕);地块按不大于 8m×8m 整理好纵横排水沟(或干旱期保湿的灌溉沟),沟深 30~40cm、宽 40cm;撒施农家肥(堆肥、厩肥、绿肥)2 000~3 000kg/ 亩,或用有机无机复混肥 50kg/ 亩为基肥,浅翻、碎土;较大空旷地块按1.2m 开厢,厢沟深 10cm、宽 30cm,以便农事操作,间作地不开厢,充分利用行间空地即可。

b)栽种时间:3—4 月,雨后 2~3 天,金钱草旺盛生长期。

c)栽种量:120~150kg/ 亩,密植。

d)栽种方法:沟播为主。沟心距 40cm(浅沟 10cm),理沟后填回细土 2~3cm;匍匐茎切段 8~10cm(2~3 节)作种茎,撒播,覆细土与地平;如土壤干燥,须将种茎清水浸泡 10 分钟,种后浇水。

e)田间管理:出苗后,前期浅耕除草,后期人工拔草;覆土 1/3 时,结合中耕除草,雨后撒施尿素 15kg/ 亩 1 次;遇连续干旱(15 天),傍晚浇透水 1 次,或利用排水沟沟灌;发现蚜虫危害,喷施低毒农药 1 次防控。

5.3.2 种植

a)整地:翻地、基肥、开厢等方法同育苗技术规程。

b)种植时间:8—9 月,雨后 2~3 天,以 8 月下旬—9 月上旬为佳。

c)种茎:种苗基地统一供种,忌随意采集野生种源。以随采随种为佳,如规模种植,种茎摊放阴湿处最多不超过 5 天,切忌堆放,避免种茎发酵腐烂。

d)用种量:90~100kg/ 亩。

e)栽种方法:同育苗技术。

f)田间管理:如播种后,遇连续高温、干旱(15 天)天气,须浇透水 1 次,或利用排水沟沟灌。追肥 2 次,第 1 次于出苗后,匍匐茎覆土 1/3 时(10 月中下旬),结合中耕除草,撒施尿素 1 次,用量 10kg/ 亩,轻撒,切忌肥料与叶片接触;第 2 次追肥,于次年快速生长期(3 月上中旬),叶面施肥 1 次,每亩用尿素 9kg、磷酸二氢钾 1kg,肥料施用可参考 NY/T 496《肥料合理使用准则 通则》。前期浅耕除草,后期人工拔草。

5.3.3 病虫害防治

金钱草病虫害较少,偶有蚜虫、红蜘蛛等危害。防治措施应按照预防为主、综合防治的策略,采用化学农药防治时,选用高效、低毒的生物农药。禁止或限制使用农药种类参见附录 A。主要病虫害防治的参考方法见附录 B。

5.4 采收

金钱草种植后,次年 4—5 月,现蕾期及时采收。晴天采收,用镰刀割取匍匐茎,去除杂物(如树叶、杂草、泥沙等)。

5.5 产地初加工

金钱草产地初加工包括阴干法、烘干法。

阴干法:适宜零星种植。收获后,直接晾晒于屋前屋后,避雨,忌暴晒。金钱草采收后,直接进行晾晒。

烘干法:适宜规模化种植。建烘干房,烘干温度不超过 50℃。干燥过程应保证场地、工具洁净,严禁烟火。

5.6 包装贮运

干燥后的金钱草,使用专用仪器打捆包装,50kg/捆,包装前应对每批药材按照相应标准进行质量检验。贴标识牌,注明品种、产地、种植时间、采收日期、批号、规格等追溯信息。

堆放于阴凉干燥处,以 2~2.5m 高为宜,垛顶距天花板不少于 80cm,垛边距墙壁 30cm。并留有空隙和走道,垛底可垫木桩通风防潮。仓库控制温度在 20℃、相对湿度 70% 以下。定期检查,防止霉变、腐烂、虫蛀,严禁烟火。运输时防止包装破损、雨雪淋湿。

附　录　A

（规范性）

禁限用农药名单

A.1　禁止（停止）使用的农药（46 种）

六六六、滴滴涕、毒杀芬、二溴氯丙烷、杀虫脒、二溴乙烷、除草醚、艾氏剂、狄氏剂、汞制剂、砷类、铅类、敌枯双、氟乙酰胺、甘氟、毒鼠强、氟乙酸钠、毒鼠硅、甲胺磷、对硫磷、甲基对硫磷、久效磷、磷胺、苯线磷、地虫硫磷、甲基硫环磷、磷化钙、磷化镁、磷化锌、硫线磷、蝇毒磷、治螟磷、特丁硫磷、氯磺隆、胺苯磺隆、甲磺隆、福美胂、福美甲胂、三氯杀螨醇、林丹、硫丹、溴甲烷、氟虫胺、杀扑磷、百草枯、2,4- 滴丁酯。

注：氟虫胺自 2020 年 1 月 1 日起禁止使用。百草枯可溶胶剂自 2020 年 9 月 26 日起禁止使用。2,4- 滴丁酯自 2023 年 1 月 29 日起禁止使用。溴甲烷可用于"检疫熏蒸处理"。杀扑磷已无制剂登记。

A.2　在部分范围禁止使用的农药（20 种）

部分范围禁止使用的农药应注意药食同源中药材及来自其他作物的中药材。部分范围禁止使用的农药见表 A.1。

表 A.1　部分范围禁止使用的农药

通用名	禁止使用范围
甲拌磷、甲基异柳磷、克百威、水胺硫磷、氧乐果、灭多威、涕灭威、灭线磷	禁止在蔬菜、瓜果、茶叶、菌类、中草药材上使用,禁止用于防治卫生害虫,禁止用于水生植物的病虫害防治
甲拌磷、甲基异柳磷、克百威	禁止在甘蔗作物上使用
内吸磷、硫环磷、氯唑磷	禁止在蔬菜、瓜果、茶叶、中草药材上使用
乙酰甲胺磷、丁硫克百威、乐果	禁止在蔬菜、瓜果、茶叶、菌类和中草药材上使用
毒死蜱、三唑磷	禁止在蔬菜上使用
丁酰肼（比久）	禁止在花生上使用
氰戊菊酯	禁止在茶叶上使用
氟虫腈	禁止在所有农作物上使用（玉米等部分旱田种子包衣除外）
氟苯虫酰胺	禁止在水稻上使用

A.3　说明

本附录的内容来自 2019 年中华人民共和国农业农村部发布的《禁限用农药名录》（http://www.zzys.moa.gov.cn/gzdt/201911/t20191129_6332604.htm）。

附 录 B

（资料性）

金钱草常见病虫害药剂防治的参考方法

金钱草常见病虫害药剂防治的参考方法参见表 B.1。

表 B.1 金钱草常见病虫害药剂防治的参考方法

病虫害名称	防治时期	推荐防治方法	安全间隔期 /d
蓟马	3—5 月	乙基多杀菌素悬浮剂喷施,按照农药标签使用	≥21
	9—10 月		
蚜虫	4—5 月	阿维菌素乳油或苦参碱水剂喷施,按照农药标签使用	≥21
	9—10 月		≥7
红蜘蛛	4—5 月	阿维菌素乳油喷施,按照农药标签使用	≥21
	9—10 月		

参考文献

［1］国家药典委员会.中华人民共和国药典：2020 年版一部［M］.北京：中国医药科技出版社，2020.

［2］任凤鸣，胡开治，刘燕琴，等.传统中药金钱草 ISSR-PCR 反应体系的正交优化研究［J］.中国中药杂志，2014，39（12）：2233-2238.

［3］任凤鸣，金江群，焦雁翔，等.中药金钱草种质资源的 ISSR 遗传多样性研究［J］.中国药学杂志，2015，50（15）：1277-1281.

［4］刘燕琴，刘杰，杨永东，等.种植模式对金钱草指标成分含量的影响［J］.中国农学通报，2015，31（10）：158-162.

［5］彭锐，陆林，孙年喜，等.金钱草性状空间变异规律分析［J］.世界科学技术（中医药现代化），2012，14（6）：2187-2191.

［6］莫让瑜，孙年喜，彭锐.施肥水平对金钱草产量和质量的影响［J］.天然产物研究与开发，2018，30（3）：434-437.

［7］曹林，解爱莉.不同产地金钱草的含量研究［J］.黑龙江医药，2009，22（5）：593-595.

［8］蒋书国，陈爱萍.金钱草的原植物考察［J］.中草药，2004（7）：113-114.

［9］廖人燕，彭怀晴，黄科文.不同浓度 IBA 及浸泡时间对金钱草水插生根的影响［J］.中国现代中药，2018，20（1）：63-65.

［10］张清，熊久林，张捷，等.金钱草的栽培研究［J］.时珍国医国药，2001（12）：1147.

ICS 65.020.20
CCS C 05

团 体 标 准

T/CACM 1374.98—2021

金铁锁规范化生产技术规程

Code of practice for good agricultural practice of
Psammosilenes Radix

2021-10-15 发布　　　　　　　　　　　　　　　2021-10-15 实施

中华中医药学会　发布

目　次

前言……………………………………………………………………………………………… 206

1　范围 …………………………………………………………………………………………… 207

2　规范性引用文件 ……………………………………………………………………………… 207

3　术语和定义 …………………………………………………………………………………… 207

4　金铁锁规范化生产流程图 …………………………………………………………………… 208

5　金铁锁规范化生产技术 ……………………………………………………………………… 208

　　5.1　生产基地选址 ………………………………………………………………………… 208

　　5.2　种质与种子 …………………………………………………………………………… 209

　　5.3　种植 …………………………………………………………………………………… 209

　　5.4　采挖 …………………………………………………………………………………… 210

　　5.5　产地初加工 …………………………………………………………………………… 210

　　5.6　包装、放行、贮运 …………………………………………………………………… 210

附录 A（规范性）　禁限用农药名单 ………………………………………………………… 211

附录 B（资料性）　金铁锁常见病虫害防治的参考方法 …………………………………… 212

参考文献………………………………………………………………………………………… 213

前　言

本文件按照 GB/T 1.1—2020《标准化工作导则　第 1 部分：标准化文件的结构和起草规则》的规定起草。

请注意本文件中的某些内容可能涉及专利。本文件的发布机构不承担识别专利的责任。

本文件由中国医学科学院药用植物研究所提出。

本文件由中华中医药学会归口。

本文件起草单位：贵州大学、中国医学科学院药用植物研究所、毕节市农业科学研究所、威宁天露生物科技开发有限公司、丽江天露生物科技开发有限公司、四川省甘孜州德荣县臧巴拉农资有限公司、重庆市药物种植研究所。

本文件主要起草人：王华磊、刘红昌、罗春丽、李金玲、罗夫来、黄明进、陈松树、李龙进、李丹丹、唐映军、吴涛、汪策、甲玛、魏建和、王文全、王秋玲、杨小玉、辛元尧、王苗苗。

金铁锁规范化生产技术规程

1 范围

本文件确立了金铁锁的规范化生产流程,规定了金铁锁生产基地选址、种质要求、种苗繁育、种植、采收、产地初加工、包装、放行、贮运等阶段的操作要求。

本文件适用于金铁锁的规范化生产。

2 规范性引用文件

下列文件的内容通过文中的规范性引用而构成本文件必不可少的条款。其中,注明日期的引用文件,仅该日期对应的版本适用于本文件;不注明日期的引用文件,其最新版本(包括所有的修改单)适用于本文件。

GB 3095 环境空气质量标准

GB/T 3543 农作物种子检验规程

GB 5084 农田灌溉水质标准

GB 5749 生活饮用水卫生标准

GB 15618 土壤环境质量 农用地土壤污染风险管控标准(试行)

T/CACM 1374.1—2021 中药材规范化生产技术规程通则 植物药材

2020 年版《中华人民共和国药典》

3 术语和定义

T/CACM 1374.1—2021 界定的以及下列术语和定义适用于本文件。

3.1 规范化生产 good agricultural practice

按照《中药材生产质量管理规范》(简称中药材 GAP)的要求,实施药材生产,保证中药材优质安全的生产过程。

3.2 技术规程 code of practice

为实现中药材生产顺利、有序进行,保证中药材生产质量,对中药材生产的基地选址、种子种苗、种植或野生抚育、采收与产地初加工以及包装、放行与贮运等,所做的技术规定和要求,是实施中药材规范生产的核心技术要求和实施指南。

3.3 金铁锁 Psammosilenes Radix

2020 年版《中华人民共和国药典》规定指石竹科植物金铁锁 *Psammosilene tunicoides* W. C. Wu et C. Y. Wu 的干燥根。

4 金铁锁规范化生产流程图

金铁锁规范化生产流程见图 1。

金铁锁规范化生产流程：

关键控制点及技术参数：

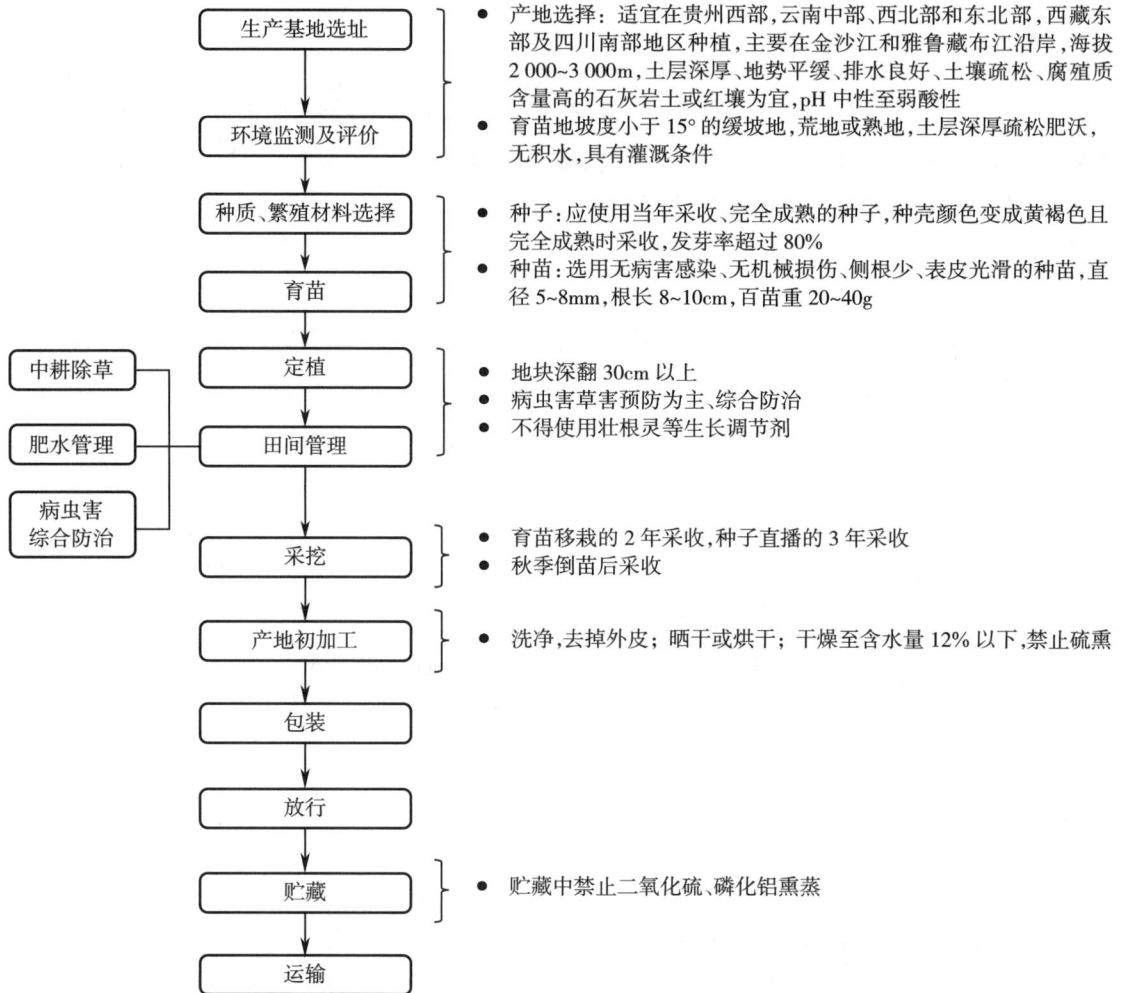

- 产地选择：适宜在贵州西部,云南中部、西北部和东北部,西藏东部及四川南部地区种植,主要在金沙江和雅鲁藏布江沿岸,海拔2 000~3 000m,土层深厚、地势平缓、排水良好、土壤疏松、腐殖质含量高的石灰岩土或红壤为宜,pH 中性至弱酸性
- 育苗地坡度小于 15° 的缓坡地,荒地或熟地,土层深厚疏松肥沃,无积水,具有灌溉条件
- 种子：应使用当年采收、完全成熟的种子,种壳颜色变成黄褐色且完全成熟时采收,发芽率超过80%
- 种苗：选用无病害感染、无机械损伤、侧根少、表皮光滑的种苗,直径 5~8mm,根长 8~10cm,百苗重 20~40g
- 地块深翻 30cm 以上
- 病虫害草害预防为主、综合防治
- 不得使用壮根灵等生长调节剂
- 育苗移栽的 2 年采收,种子直播的 3 年采收
- 秋季倒苗后采收
- 洗净,去掉外皮;晒干或烘干;干燥至含水量 12% 以下,禁止硫熏
- 贮藏中禁止二氧化硫、磷化铝熏蒸

图 1 金铁锁规范化生产流程图

5 金铁锁规范化生产技术

5.1 生产基地选址

5.1.1 产地选择

适宜在贵州西部,云南中部、西北部和东北部,西藏东部及四川南部地区,主要在金沙江和雅鲁藏布江沿岸,海拔 2 000~3 800m 的区域种植。种植地选择在海拔 2 000~3 000m,年均温在 10~15℃,日照时间 1 800~2 900 小时,土壤为石灰岩土或红壤的地区,以及其他具有相应条件的适宜地区;育苗地选择在同样地区。

5.1.2 地块选择

育苗地应选择坡度小于 15° 的缓坡地，荒地或熟地，土壤以石灰岩土或红壤为宜，土层深厚疏松肥沃，无积水。

良种繁育田和定植地应选土层深厚、地势平缓、排水良好、土壤疏松、腐殖质含量高，土壤、水质无污染的石灰岩土或红壤为宜，pH 中性至弱酸性。

5.1.3 环境监测

基地的大气、土壤和水样品的检测按照 GAP 要求，且生产基地的空气质量应符合 GB 3095 规定的环境空气质量标准，灌溉水质量应符合 GB 5084 规定的农田灌溉水质标准，土壤质量应符合 GB 15618 的规定。

5.2 种质与种子

5.2.1 种质选择

使用石竹科植物金铁锁 *Psammosilene tunicoides* W. C. WU et C. Y. Wu，物种须经过鉴定。如使用农家品种或选育品种应加以明确。

5.2.2 种子质量

应使用当年采收、完全成熟的种子，发芽率超过 80%，千粒重 1.8~2.3g。按照 GB/T 3543 规定的农作物种子检验规程的要求，经检验符合相应标准。

5.2.3 良种繁育

种子直播的金铁锁植株当年不能留种，须选择生长健壮、无病虫害的二年生及以上植株用于繁种。其他田间管理同药材生产。

种壳颜色变成黄褐色时，晴朗天气及时采收，分期分批进行。采收时用剪刀轻缓地剪下成熟种子的小枝，放入洁净的透气袋中。

5.3 种植

5.3.1 育苗

金铁锁可育苗移栽种植，也能直播。育苗时，深翻土地 30cm 以上，随整地施入基肥，开厢（作高畦），厢面宽 1~1.2m，厢面高 15~25cm，厢沟宽 30cm。当地温稳定在 10℃ 以上时进行播种。播种量 1~2kg/ 亩（1 亩 ≈ 666.7m²，下文同）。播种前可采用包衣处理，播种时在厢面开深 2~3cm 的浅沟，沟距 10~15cm，播种时将种子均匀撒在浅沟中，种子间距 1~3cm，盖土至平，上盖 2~3cm 松针或稻草等。

出苗后根据土壤保湿和出苗情况逐渐去除覆盖物，及时除草。去弱苗留强苗，株距以不小于 2cm 为宜。育苗周期为一年。随栽随起苗。

5.3.2 定植

土地深耕 30cm 以上，随整地施入基肥，以有机肥为主，化学肥料为辅。农家肥应充分腐熟。选用无病害感染、无机械损伤、侧根少、表皮光滑、直径 5~8mm，根长 8~10cm，百苗重 20~40g 的优质种苗，在育苗当年秋季 10—11 月或春季 2—3 月移栽。移栽时在整好的厢面上按 20cm 距离开深 15cm 的横沟，沟内浇水至湿透，然后将种根按株距 15cm，芽头朝上摆放在沟内，覆土至刚盖住种根芽头为宜。

5.3.3 田间管理

移栽后及时补苗、除草,及时排灌。每年结合中耕除草施肥1~2次,在苗期、茎叶生长盛期、根部迅速增重期追肥。以有机肥为主,化学肥料有限度使用,鼓励使用经国家批准的菌肥及中药材专用肥。

禁止使用壮根灵、膨大素等生长调节剂用于增大金铁锁根。

5.3.4 病虫害草害等防治

金铁锁常见病害有叶斑病、根腐病等,虫害主要有地老虎、蛴螬等。

应采用预防为主、综合防治的方法:有机肥必须充分腐熟;选用无病害感染、无机械损伤、侧根少、表皮光滑的优质种苗,禁用带病苗;及时清沟排水;发现病株及时拔除,集中销毁,每穴撒入草木灰100g或生石灰200~300g,进行局部消毒;每年秋冬季及时清园。

采用化学防治时,应当符合国家有关规定;优先选用高效、低毒的生物农药;尽量避免使用除草剂、杀虫剂和杀菌剂等化学农药;不使用禁限用农药。

5.4 采挖

育苗移栽的两年采收,种子直播的三年采收,在秋季倒苗后采收,采收时用三齿锄沿厢面一端挖起金铁锁根,去掉残留的地上部分,抖净泥土,装入竹筐或背篓中。采挖过程避免断根。

5.5 产地初加工

采收的金铁锁根洗净,去掉外皮,可晒干或烘干,干燥至含水量12%以下。禁止硫熏。

烘干法:可采用各种烘干设施,烘干温度不应超过50℃。

加工干燥过程保证场地、工具洁净,不受雨淋等。

5.6 包装、放行、贮运

5.6.1 包装

包装前应对每批药材按照国家标准进行质量检验。符合国家标准的药材,采用不影响质量的编织袋等包装,禁止采用包装过肥料、农药等的包装袋包装。包装外贴或挂标签、合格证,标识牌内容应有药材名、基源、产地、批号、规格、重量、采收日期、企业名称等,并有追溯码。

5.6.2 放行

应制定符合企业实际情况的放行制度,有审核批生产、检验等的相关记录。不合格药材有单独处理制度。

5.6.3 贮运

应贮存于阴凉干燥处,定期检查,防止虫蛀、霉变、腐烂、泛油等的发生。仓库控制温度在20℃以下、相对湿度75%以下;不同批次等级药材分区存放;药材应存放在货架上,与地面距离15cm、与墙壁距离50cm,堆放层数为8层以内。建有定期检查制度。禁止磷化铝和二氧化硫熏蒸。也可采用现代气调贮藏方法,包装或库内充氮或二氧化碳。

运输应防止发生混淆、污染、异物混入、包装破损、雨雪淋湿等。

附 录 A

（规范性）

禁限用农药名单

A.1 禁止（停止）使用的农药（46种）

六六六、滴滴涕、毒杀芬、二溴氯丙烷、杀虫脒、二溴乙烷、除草醚、艾氏剂、狄氏剂、汞制剂、砷类、铅类、敌枯双、氟乙酰胺、甘氟、毒鼠强、氟乙酸钠、毒鼠硅、甲胺磷、对硫磷、甲基对硫磷、久效磷、磷胺、苯线磷、地虫硫磷、甲基硫环磷、磷化钙、磷化镁、磷化锌、硫线磷、蝇毒磷、治螟磷、特丁硫磷、氯磺隆、胺苯磺隆、甲磺隆、福美胂、福美甲胂、三氯杀螨醇、林丹、硫丹、溴甲烷、氟虫胺、杀扑磷、百草枯、2,4-滴丁酯。

注：氟虫胺自2020年1月1日起禁止使用。百草枯可溶胶剂自2020年9月26日起禁止使用。2,4-滴丁酯自2023年1月29日起禁止使用。溴甲烷可用于"检疫熏蒸处理"。杀扑磷已无制剂登记。

A.2 在部分范围禁止使用的农药（20种）

部分范围禁止使用的农药应注意药食同源中药材及来自其他作物的中药材。部分范围禁止使用的农药见表A.1。

表A.1 部分范围禁止使用的农药

通用名	禁止使用范围
甲拌磷、甲基异柳磷、克百威、水胺硫磷、氧乐果、灭多威、涕灭威、灭线磷	禁止在蔬菜、瓜果、茶叶、菌类、中草药材上使用,禁止用于防治卫生害虫,禁止用于水生植物的病虫害防治
甲拌磷、甲基异柳磷、克百威	禁止在甘蔗作物上使用
内吸磷、硫环磷、氯唑磷	禁止在蔬菜、瓜果、茶叶、中草药材上使用
乙酰甲胺磷、丁硫克百威、乐果	禁止在蔬菜、瓜果、茶叶、菌类和中草药材上使用
毒死蜱、三唑磷	禁止在蔬菜上使用
丁酰肼（比久）	禁止在花生上使用
氰戊菊酯	禁止在茶叶上使用
氟虫腈	禁止在所有农作物上使用（玉米等部分旱田种子包衣除外）
氟苯虫酰胺	禁止在水稻上使用

A.3 说明

本附录的内容来自2019年中华人民共和国农业农村部发布的《禁限用农药名录》（http://www.zzys.moa.gov.cn/gzdt/201911/t20191129_6332604.htm）。

附　录　B

（资料性）

金铁锁常见病虫害防治的参考方法

金铁锁常见病虫害药剂防治的参考方法参见表 B.1。

表 B.1　金铁锁常见病虫害药剂防治的参考方法

病虫害名称	防治时期	推荐防治方法	安全间隔期 /d
根腐病	4—10 月	多菌灵灌根,按照农药标签使用	≥20
		甲基硫菌灵灌根,按照农药标签使用	≥30
		苦参碱灌根,按照农药标签使用	≥7
叶斑病	4—10 月	嘧啶核苷类抗菌素喷施,按照农药标签使用	≥7
		多抗霉素喷施,按照农药标签使用	≥15
		百菌清喷施,按照农药标签使用	≥14
立枯病	4—10 月	木霉菌喷施,按照农药标签使用	≥7
		小檗碱,按照农药标签使用	≥7
		嘧菌酯,按照农药标签使用	≥14
		氰霜唑,按照农药标签使用	≥14
蛴螬	8—10 月	敌百虫灌根,按照农药标签使用	≥7
		阿维菌素灌根,按照农药标签使用	≥14

参考文献

［1］王华磊,朱力,程均军,等.贮藏温度和时间对金铁锁种子萌发的影响［J］.种子,2017,36（4）:21-23.

［2］吕小梨,王华磊,赵致,等.金铁锁总皂苷提取工艺研究［J］.中国农学通报,2011,27（5）:470-474.

［3］王华磊,吕小梨,赵致,等.不同种苗质量对金铁锁田间出苗和幼苗生长的影响［J］.种子,2010,29（11）:85-86.

［4］吕小梨,王华磊,赵致.金铁锁种子发芽试验研究［J］.种子,2010,29（6）:84-86.

［5］刘春丽,刘智敏,沈丽萍.金铁锁植物的地理分布和区域分布特征［J］.生物技术世界,2015（4）:45.

［6］廖彩丽,刘春生,张园园,等.基于中药系统鉴别法的金铁锁及其混淆品的精确鉴别［J］.中国中药杂志,2013,38（8）:1134-1137.

［7］杨丽云,陈翠,汤王外,等.不同种植密度及施肥水平对金铁锁产量的影响［J］.江西农业学报,2011,23（2）:68-69.

［8］杨斌,李林玉,杨丽英,等.金铁锁种子质量标准研究［J］.种子,2009,28（11）:115-117.

［9］赵庭周,马青,樊启龙.重要濒危药材金铁锁种子萌发特性及驯化栽培技术研究［J］.种子,2009,28（11）:83-85.

ICS 65.020.20
CCS C 05

团 体 标 准

T/CACM 1374.99—2021

金银花规范化生产技术规程

Code of practice for good agricultural practice of
Lonicerae Japonicae Flos

2021-10-15 发布 2021-10-15 实施

中华中医药学会 发布

目　次

前言·· 216

1　范围 ·· 217

2　规范性引用文件 ··· 217

3　术语和定义 ··· 217

4　金银花规范化生产流程图 ··· 218

5　金银花规范化生产技术 ·· 218

　　5.1　生产基地选址 ··· 218

　　5.2　种质 ·· 219

　　5.3　种苗繁育 ·· 219

　　5.4　种植 ·· 220

　　5.5　采收 ·· 221

　　5.6　干燥加工 ·· 221

　　5.7　包装、放行、贮运 ·· 222

附录A（规范性）　禁限用农药名单 ··· 223

附录B（资料性）　金银花国家允许使用化学农药的参考使用方法 ·· 224

参考文献·· 225

前　言

本文件按照 GB/T 1.1—2020《标准化工作导则　第 1 部分：标准化文件的结构和起草规则》的规定起草。

请注意本文件中的某些内容可能涉及专利。本文件的发布机构不承担识别专利的责任。

本文件由中国医学科学院药用植物研究所和山东中医药大学提出。

本文件由中华中医药学会归口。

本文件起草单位：山东中医药大学、山东中平药业有限公司、山东农业大学、山东省农业科学院药用植物研究中心、上海市药材有限公司、河南师范大学、河北省农林科学院药用植物研究中心、中国医学科学院药用植物研究所、重庆市药物种植研究所。

本文件主要起草人：张永清、张芳、蒲高斌、刘谦、李佳、张龙霈、王玲娜、杨然、杨寒冰、王建华、王志芬、朱光明、李建军、谢晓亮、徐常青、魏建和、王文全、王秋玲、杨小玉、辛元尧、王苗苗。

金银花规范化生产技术规程

1 范围

本文件确立了金银花的规范化生产流程,规定了金银花生产基地选址、种质、种苗繁育、种植、采收、产地初加工、包装、放行、贮运等阶段的操作要求。

本文件适用于金银花的规范化生产。

2 规范性引用文件

下列文件的内容通过文中的规范性引用而构成本文件必不可少的条款。其中,注明日期的引用文件,仅该日期对应的版本适用于本文件;不注明日期的引用文件,其最新版本(包括所有的修改单)适用于本文件。

GB 3095　环境空气质量标准

GB 5084　农田灌溉水质标准

GB 15618　土壤环境质量　农用地土壤污染风险管控标准(试行)

T/CACM 1374.1—2021　中药材规范化生产技术规程通则　植物药材

DB37/T 2664—2015　中药材病虫害综合防治技术规程　金银花

3 术语和定义

T/CACM 1374.1—2021 界定的以及下列术语和定义适用于本文件。

3.1 规范化生产　good agricultural practice

按照《中药材生产质量管理规范》(简称中药材 GAP)的要求,实施药材生产,保证中药材优质安全的生产过程。

3.2 技术规程　code of practice

为实现中药材生产顺利、有序进行,保证中药材生产质量,对中药材生产的基地选址、种子种苗、种植或野生抚育、采收与产地初加工以及包装、放行与贮运等,所做的技术规定和要求,是实施中药材规范生产的核心技术要求和实施指南。

3.3 金银花　Lonicerae Japonicae Flos

忍冬科植物忍冬 *Lonicera japonica* Thunb. 的干燥花蕾或带初开的花。

3.4 插枝　cuttings

为扦插繁殖从健壮植株上剪取枝条并短截成一定长度的枝段。

3.5 扦插　cuttage

将插枝插入土壤,使之长成新植株的过程。

3.6 花茬 flowering season

因枝条抽生的阶段性而导致植株花蕾发育与开放集中出现的现象。在金银花生产中，根据花茬出现的早晚分为一茬花、二茬花、三茬花、四茬花等。

3.7 花的发育期 flower development period

花的发育时期,根据发育进程分为幼蕾期、三青期、二白期、大白期、银花期、金花期、凋花期。

4 金银花规范化生产流程图

金银花规范化生产流程见图1。

金银花规范化生产流程:

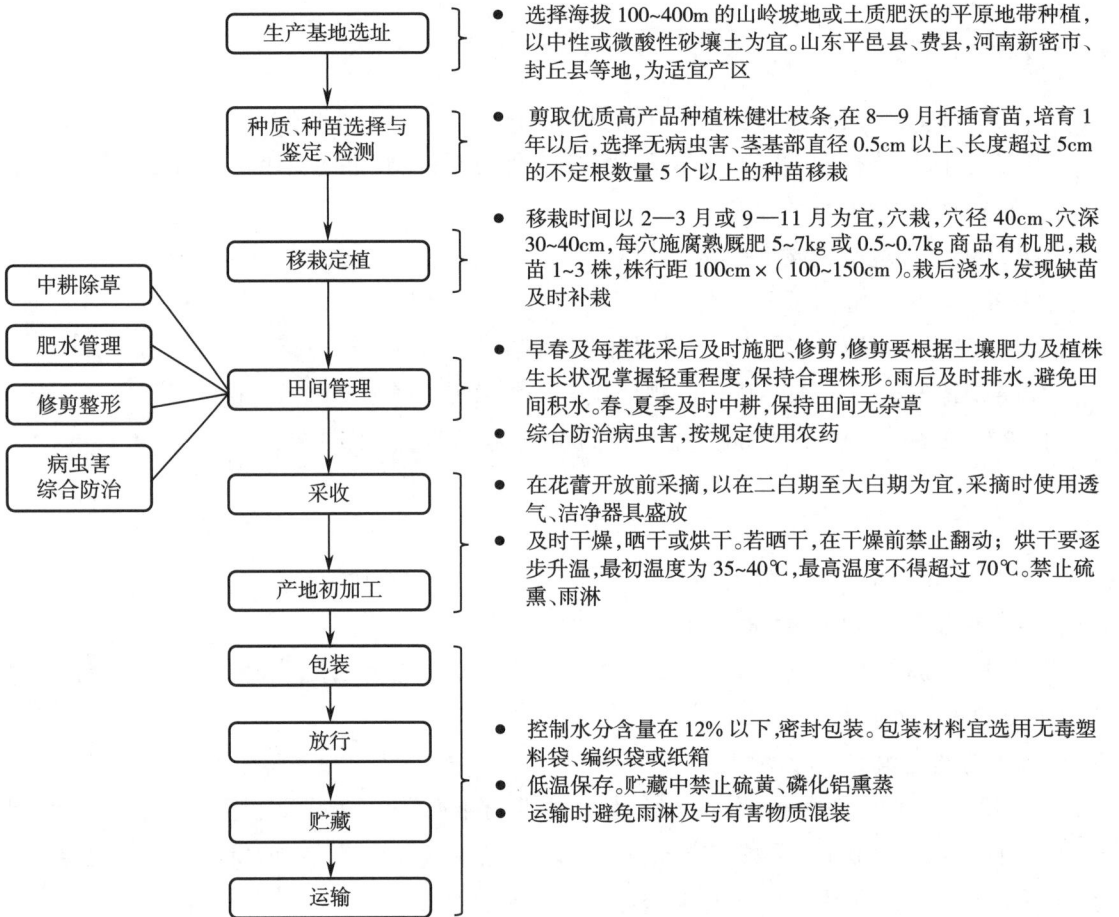

关键控制点及参数:

- 选择海拔100~400m的山岭坡地或土质肥沃的平原地带种植,以中性或微酸性砂壤土为宜。山东平邑县、费县,河南新密市、封丘县等地,为适宜产区

- 剪取优质高产品种植株健壮枝条,在8—9月扦插育苗,培育1年以后,选择无病虫害、茎基部直径0.5cm以上、长度超过5cm的不定根数量5个以上的种苗移栽

- 移栽时间以2—3月或9—11月为宜,穴栽,穴径40cm、穴深30~40cm,每穴施腐熟厩肥5~7kg或0.5~0.7kg商品有机肥,栽苗1~3株,株行距100cm×(100~150cm)。栽后浇水,发现缺苗及时补栽

- 早春及每茬花采后及时施肥、修剪,修剪要根据土壤肥力及植株生长状况掌握轻重程度,保持合理株形。雨后及时排水,避免田间积水。春、夏季及时中耕,保持田间无杂草
- 综合防治病虫害,按规定使用农药

- 在花蕾开放前采摘,以在二白期至大白期为宜,采摘时使用透气、洁净器具盛放
- 及时干燥,晒干或烘干。若晒干,在干燥前禁止翻动;烘干要逐步升温,最初温度为35~40℃,最高温度不得超过70℃。禁止硫熏、雨淋

- 控制水分含量在12%以下,密封包装。包装材料宜选用无毒塑料袋、编织袋或纸箱
- 低温保存。贮藏中禁止硫黄、磷化铝熏蒸
- 运输时避免雨淋及与有害物质混装

图1 金银花规范化生产流程图

5 金银花规范化生产技术

5.1 生产基地选址

5.1.1 产地选择

忍冬环境适应能力强,耐干旱、耐寒、耐瘠薄,可种植区域范围广,全国大部分地区均

可种植。但性喜温暖湿润、日照充足的温带大陆性气候和亚热带海洋性气候,生长适温20~30℃。尤宜种植于海拔 100~400m、年均光照时数 1 300~1 800 小时、年均降水量 500mm 左右的区域,土壤以疏松肥沃、排水良好、中性或微酸性的砂壤土为好。主产于山东、河南、河北等地,以山东平邑、河南新密等为道地产区。

5.1.2 地块选择

育苗地:宜选背风向阳、光照良好的缓坡地或平地,以土层深厚、疏松肥沃、中性或微酸性、排灌方便的砂壤土地块为好,不宜重茬。

栽植地:山坡丘陵地带及平原农田均可栽植,勿选光照不足、土壤黏重、排水不良地块。土壤肥沃、水分适宜、阳光充足则植株结花多、产量高。

5.1.3 环境监测

基地要远离城镇、医院、工矿企业、垃圾及废弃物堆积场等污染源。距离主干公路 80m 以外。大气、土壤和水质检测按照中药材 GAP 要求进行,应符合相应国家标准,并保证植株生长发育期间持续符合标准。

环境监测参照 GB 3095《环境空气质量标准》、GB 5084《农田灌溉水质标准》、GB 15618《土壤环境质量 农用地土壤污染风险管控标准(试行)》。

5.2 种质

物种须为忍冬科植物忍冬 *Lonicera japonica* Thunb.,并经过鉴定。如使用农家品种或审定品种应明确。

5.3 种苗繁育

5.3.1 苗床准备

选择地势平坦、排水良好、土层深厚、土质疏松肥沃的壤土或沙质壤土地块,入冬前每亩(1 亩 ≈ 666.7m²,下文同)施用充分腐熟农家肥 3 000kg 或商品有机肥 200kg 作基肥,深耕30~40cm,整细耙平,调成宽 1.5m 的平畦,畦长根据地形而定。

5.3.2 插枝剪取

在生长健壮、无病虫侵染、丰产期植株上,选取当年生枝条,短截成长 30~40cm、不少于3 节的枝段。下部剪口靠近枝节下部、剪口呈斜面。

5.3.3 插枝保存

插枝应随剪随插,若不能及时扦插,要放置在阴凉处,防止失水。

5.3.4 扦插

3 月下旬—4 月上旬或 8 月下旬—9 月下旬为扦插适期,宜在雨后或阴天进行。在整好的畦面上,按行距 30cm、深 15cm 开沟,将插枝放入沟内,保持株距 5cm 左右,覆土、压实,露出地面部分约占插枝长度的 2/3,浇透水 1 次。

5.3.5 水分管理

扦插后适时浇水,保持苗田土壤湿润,尤其是在插枝生根期间。雨后及时排水,避免田间积水。

5.3.6 施肥

扦插前若施足基肥,育苗当年不须追肥。第二、三年若肥力不足,幼苗生长不良,每亩可追施氮磷钾复合肥 50kg。

5.3.7 中耕除草

雨后及灌溉后及时中耕,保持田间无杂草。一般每年中耕除草 3 次。

5.3.8 修枝

插枝成活后,及时抹除插枝下部萌生出的幼芽,使之形成明显主干。插枝上部萌生出的枝条要进行短截,保留 15~20cm 长,使其形成合理株型。

5.3.9 种苗出圃

3 月下旬—4 月上旬扦插,可 9—10 月出圃;8 月下旬—9 月下旬扦插,可翌春出圃。亦可培育两、三年后出圃。

出圃前要修剪枝条,保持适当长度,同时调节土壤墒情。待土壤墒情适宜时,从畦端顺行刨出种苗。保持根系完整,避免机械伤害。

5.3.10 种苗包装与运输

种苗出圃后立即分级,按 50~100 株打捆。长途运输时注意保持水分,以免风干。

5.4 种植

5.4.1 种苗质量

种苗经扦插繁殖,要求种质纯正、生长健壮、无病虫害,主茎长 20~30cm 以上、茎基部直径 0.5cm 以上、长度超过 5cm 的不定根数量 5 个以上。

5.4.2 移栽

移栽时间以 2—3 月或 9—11 月为宜。

穴栽。栽植前按株行距(100~150cm)×(100~150cm)挖穴,穴径 40cm、深 30~40cm。挖松底土,每穴施充分腐熟厩肥 5~7kg 或商品有机肥 0.5~0.7kg,与底土混匀后栽种。每穴栽苗 1~3 株。栽后及时浇水,发现缺苗及时补栽。

5.4.3 中耕除草

移栽成活后 15 天左右进行第一次中耕,应浅锄。以后每次浇水或雨后进行 1 次中耕,保持田间无杂草。每年中耕除草 4~5 次。

5.4.4 水分管理

天气严重干旱时,宜在早晨或傍晚浇水,常结合追肥进行。雨季及时排水,避免田间积水。

5.4.5 追肥

5.4.5.1 休眠期追肥

在秋季至冬灌前穴施或开沟施入,以腐熟有机肥为主。三至五年生植株每株施腐熟有机肥 5~7kg 或复合化肥 50~100kg;五年生以上植株每株施腐熟有机肥 8~10kg 或复合化肥 100~150kg。

5.4.5.2 生长期追肥

春季植株萌芽后及每茬花采摘后分别追肥 1 次,前期以氮、磷肥为主,后期以磷、钾肥为主,每株每次施复合化肥 100~150kg。每次追肥后,均应及时浇水。

5.4.6 整形修剪

5.4.6.1 休眠期修剪

幼龄植株(一至三年生):一年生植株每株预留 1 个主干枝条,在株旁立高 100~150cm 的木棍,将预留主干枝条绑定在木棍上。待主干枝条长 30~40cm 时,剪去顶梢,抹除萌芽。二至三年生植株春季萌芽后,在主干离地面 10~20cm 处选留 3 个健壮枝作为一级骨干枝培养,留 3~5 节短截,其余枝条全部剪除。每个一级骨干枝上培育 6~7 个二级骨干枝,留 3~5 节短截,二级骨干枝上培育 12~15 个三级骨干枝。

成龄植株(四至七年生):剪除交叉枝、下垂枝、枯枝、病虫枝,重剪弱枝、密枝,轻剪二年生枝、强壮枝,使枝条分布均匀,通风透光。每个二级骨干枝留开花枝 2~3 个,每个三级骨干枝留开花枝 4~5 个。

老龄植株(八年生以上):以更新复壮为主,枯枝全剪,病枝重剪,弱枝轻剪,壮枝不剪,疏除弱枝、病虫枝和枯死枝。

5.4.6.2 生长期修剪

在每茬花蕾采收后进行,去除弱枝、病枝、细枝、缠绕枝和交叉枝等,促进新枝萌发和花芽分化。末茬花蕾采收后不再修剪。

5.4.6.3 修剪后处理

剪下的枝条应及时清运,病虫枝叶应集中无害化处理;生长期修剪后应及时追施肥水,以促进新枝抽生和花芽分化。

5.4.7 病虫害防治

常见病害主要有白粉病、褐斑病等,虫害主要有蚜虫、尺蠖、天牛、木蠹蛾等。

采取"预防为主,综合防治"原则防治,方法参见 DB37/T 2664—2015。

5.5 采收

5.5.1 采收标准

花蕾充分发育、含苞待放(大白期)或外部颜色大部分变白(二白期),干燥后外观性状、活性成分含量符合《中华人民共和国药典》规定。

5.5.2 采收方法

晴天上午采收。鲜花盛装器具必须清洁、无污染、透气,切勿带入枝叶、杂质等,保持花蕾纯净。避免损伤植株茎叶。

5.5.3 鲜花包装运输

采收后的鲜花应尽快运至干燥场所,在装卸、运输过程中,注意轻搬轻放,切勿挤压、搓揉,以免发热变色。

5.6 干燥加工

5.6.1 场地要求

干燥场地应干净、整洁、无杂物。

5.6.2 晒干

将鲜花薄摊在特制的晒花筐或洁净的水泥场地上晾晒,厚度 1~2cm。在阳光强烈、温度较高时不能在水泥地上暴晒,以免导致黑头或黑条。在充分干燥前避免翻动。晒至用手一撮即碎或一折即断时,即可装入编织袋,放置一两天后再晒 1 次,即可收藏。

5.6.3 烘干

烘干箱或烘房干燥。将净选后的鲜花摊放在烘干筐中,厚度不超过 5cm,再将烘干筐摆放在烘干架上,置于烘干箱或烘干房中干燥。起始温度 35℃,保持 2 小时,升温至 40℃左右,保持 5~10 小时,之后升温到 45~50℃,维持 5~10 小时,最后将温度提升至 55~60℃,使花干燥。当含水量低于 10% 后取出,放置至室温。一两天后,再稍加晾晒即可。

5.7 包装、放行、贮运

5.7.1 包装

每批药材均按照相应标准进行质量检验,对符合国家标准的药材进行密封包装。包装外贴或挂标签、合格证,标识牌内容应有品种、基源、产地、批号、规格、重量、采收日期、企业名称等,并有追溯码。

5.7.2 放行

应制定符合企业实际情况的放行制度,有审核、批准、生产、检验等相关记录。不合格药材有单独处理制度。

5.7.3 贮运

应贮存于阴凉干燥处,定期检查,防止虫蛀、霉变。

运输过程中应防止发生污染、异物混入、包装破损及雨雪淋湿等。

附 录 A

（规范性）

禁限用农药名单

A.1 禁止（停止）使用的农药（46 种）

六六六、滴滴涕、毒杀芬、二溴氯丙烷、杀虫脒、二溴乙烷、除草醚、艾氏剂、狄氏剂、汞制剂、砷类、铅类、敌枯双、氟乙酰胺、甘氟、毒鼠强、氟乙酸钠、毒鼠硅、甲胺磷、对硫磷、甲基对硫磷、久效磷、磷胺、苯线磷、地虫硫磷、甲基硫环磷、磷化钙、磷化镁、磷化锌、硫线磷、蝇毒磷、治螟磷、特丁硫磷、氯磺隆、胺苯磺隆、甲磺隆、福美胂、福美甲胂、三氯杀螨醇、林丹、硫丹、溴甲烷、氟虫胺、杀扑磷、百草枯、2,4-滴丁酯。

注：氟虫胺自 2020 年 1 月 1 日起禁止使用。百草枯可溶胶剂自 2020 年 9 月 26 日起禁止使用。2,4-滴丁酯自 2023 年 1 月 29 日起禁止使用。溴甲烷可用于"检疫熏蒸处理"。杀扑磷已无制剂登记。

A.2 在部分范围禁止使用的农药（20 种）

部分范围禁止使用的农药应注意药食同源中药材及来自其他作物的中药材。部分范围禁止使用的农药见表 A.1。

表 A.1 部分范围禁止使用的农药

通用名	禁止使用范围
甲拌磷、甲基异柳磷、克百威、水胺硫磷、氧乐果、灭多威、涕灭威、灭线磷	禁止在蔬菜、瓜果、茶叶、菌类、中草药材上使用,禁止用于防治卫生害虫,禁止用于水生植物的病虫害防治
甲拌磷、甲基异柳磷、克百威	禁止在甘蔗作物上使用
内吸磷、硫环磷、氯唑磷	禁止在蔬菜、瓜果、茶叶、中草药材上使用
乙酰甲胺磷、丁硫克百威、乐果	禁止在蔬菜、瓜果、茶叶、菌类和中草药材上使用
毒死蜱、三唑磷	禁止在蔬菜上使用
丁酰肼（比久）	禁止在花生上使用
氰戊菊酯	禁止在茶叶上使用
氟虫腈	禁止在所有农作物上使用（玉米等部分旱田种子包衣除外）
氟苯虫酰胺	禁止在水稻上使用

A.3 说明

本附录的内容来自 2019 年中华人民共和国农业农村部发布的《禁限用农药名录》（http://www.zzys.moa.gov.cn/gzdt/201911/t20191129_6332604.htm）。

附 录 B
（资料性）
金银花国家允许使用化学农药的参考使用方法

金银花国家允许使用化学农药的参考使用方法见表 B.1。

表 B.1　金银花国家允许使用化学农药的参考使用方法

类别	通用名	作用对象	使用方法（生长季）	使用量（浓度）	安全隔离期 /d
杀虫剂	啶虫脒	蚜虫	喷雾	按说明书推荐用量	5
杀虫剂	苦参碱	蚜虫	喷雾	按说明书推荐用量	14
杀虫剂	联苯菊酯	蚜虫	喷雾	按说明书推荐用量	5
杀虫剂	茚虫威	棉铃虫	喷雾	按说明书推荐用量	5
杀虫剂	甲氨基阿维菌素苯甲酸盐	尺蠖、棉铃虫	喷雾	按说明书推荐用量	3
杀虫剂	苏云金杆菌	尺蠖	喷雾	按说明书推荐用量	—
注：以上是国家目前允许使用的农药品种，新农药必须经有关技术部门试验并经过农业农村部批准在金银花药材上登记后才能使用					

参考文献

［1］国家药典委员会.中华人民共和国药典:2020年版一部［M］.北京:中国医药科技出版社,2020.

［2］国家药品监督管理局,农业农村部,国家林业和草原局,等.国家药监局 农业农村部 国家林草局 国家中医药局关于发布《中药材生产质量管理规范》的公告（2022年第22号）［S/OL］.［2024-01-08］. https://www.nmpa.gov.cn/xxgk/fgwj/xzhgfxwj/20220317110344133.html.

［3］么历,程慧珍,杨智.中药材规范化种植（养殖）技术指南［M］.北京:中国农业出版社,2006.

［4］张永清,刘合刚.药用植物栽培学［M］.北京:中国中医药出版社,2013.

［5］马云,王尧尧,王蕾,等.修剪时间对"华金6号"金银花新品种药材产量与质量的影响［J］.山东中医药大学学报,2019,43（2）:193-198.

［6］王玲娜,苏征,刘星劼,等.金银花活性成分与生态因子相关性研究［J］.中国实验方剂学杂志,2016,22（17）:27-31.

［7］王玲娜,孙希芳,张芳,等.不同发育时期金银花颜色与活性成分的相关性分析［J］.中草药,2017,48（15）:3182-3188.

［8］黄璐琦,陈敏,李先恩.中药材种子种苗标准研究［M］.北京:中国医药科技出版社,2019.

_____

ICS 65.020.20
CCS C 05

团 体 标 准

T/CACM 1374.100—2021

肿节风规范化生产技术规程

Code of practice for good agricultural
practice of Sarcandrae Herba

2021-10-15 发布

2021-10-15 实施

中华中医药学会　发布

目　次

前言……………………………………………………………………………………… 228

1　范围 ………………………………………………………………………………… 229

2　规范性引用文件 …………………………………………………………………… 229

3　术语和定义 ………………………………………………………………………… 229

4　肿节风规范化生产流程图 ………………………………………………………… 229

5　肿节风规范化生产技术 …………………………………………………………… 230

　　5.1　生产基地选址 ……………………………………………………………… 230

　　5.2　种质与种子 ………………………………………………………………… 231

　　5.3　种植 ………………………………………………………………………… 231

　　5.4　采挖 ………………………………………………………………………… 232

　　5.5　产地初加工 ………………………………………………………………… 232

　　5.6　包装、放行、贮运 ………………………………………………………… 232

附录 A（资料性）　肿节风常见病虫害药剂防治的参考方法 ………………………… 234

附录 B（规范性）　禁限用农药名单 ………………………………………………… 235

参考文献………………………………………………………………………………… 236

前　　言

本文件按照 GB/T 1.1—2020《标准化工作导则　第 1 部分:标准化文件的结构和起草规则》给出的规则起草。

请注意本文件中的某些内容可能涉及专利。本文件的发布机构不承担识别专利的责任。

本文件由中国医学科学院药用植物研究所和江西中医药大学提出。

本文件由中华中医药学会归口。

本文件起草单位:江西中医药大学、华润江中制药集团有限责任公司、广州市白云山敬修堂药业股份有限公司、江西省阳明山天然植物制品有限公司、中国医学科学院药用植物研究所、重庆市药物种植研究所。

本文件主要起草人:刘勇、徐艳琴、刘莉兰、曾广文、魏建和、王文全、王秋玲、杨小玉、辛元尧、王苗苗。

肿节风规范化生产技术规程

1 范围

本文件确立了肿节风规范化生产流程,规定了肿节风生产基地选址、种质、种苗繁育、种植、采收、产地初加工、包装、放行、贮运等阶段的操作要求。

本文件适用于肿节风的规范化生产。

2 规范性引用文件

下列文件中的内容通过文中的规范性引用而构成本文件必不可少的条款。注明日期的引用文件,仅该日期对应的版本适用于本文件;不注明日期的引用文件,其最新版本(包括所有的修改单)适用于本文件。

GB 3095 环境空气质量标准

GB/T 3543 农作物种子检验规程

GB 5084 农田灌溉水质标准

GB 5749 生活饮用水卫生标准

GB 15618 土壤环境质量 农用地土壤污染风险管控标准(试行)

T/CACM 1374.1—2021 中药材规范化生产技术规程通则 植物药材

《中华人民共和国药典》

3 术语和定义

T/CACM 1374.1—2021 界定的以及下列术语和定义适用于本文件。

3.1 规范化生产 good agricultural practice

按照《中药材生产质量管理规范》(简称中药材 GAP)的要求,实施药材生产,保证中药材优质安全的生产过程。

3.2 技术规程 code of practice

为实现中药材生产顺利、有序进行,保证中药材生产质量,对中药材生产的基地选址、种子种苗、种植或野生抚育、采收与产地初加工以及包装、放行与贮运等,所做的技术规定和要求,是实施中药材规范生产的核心技术要求和实施指南。

4 肿节风规范化生产流程图

肿节风规范化生产流程见图 1。

肿节风规范化生产流程：　　　　　　关键控制点及技术参数：

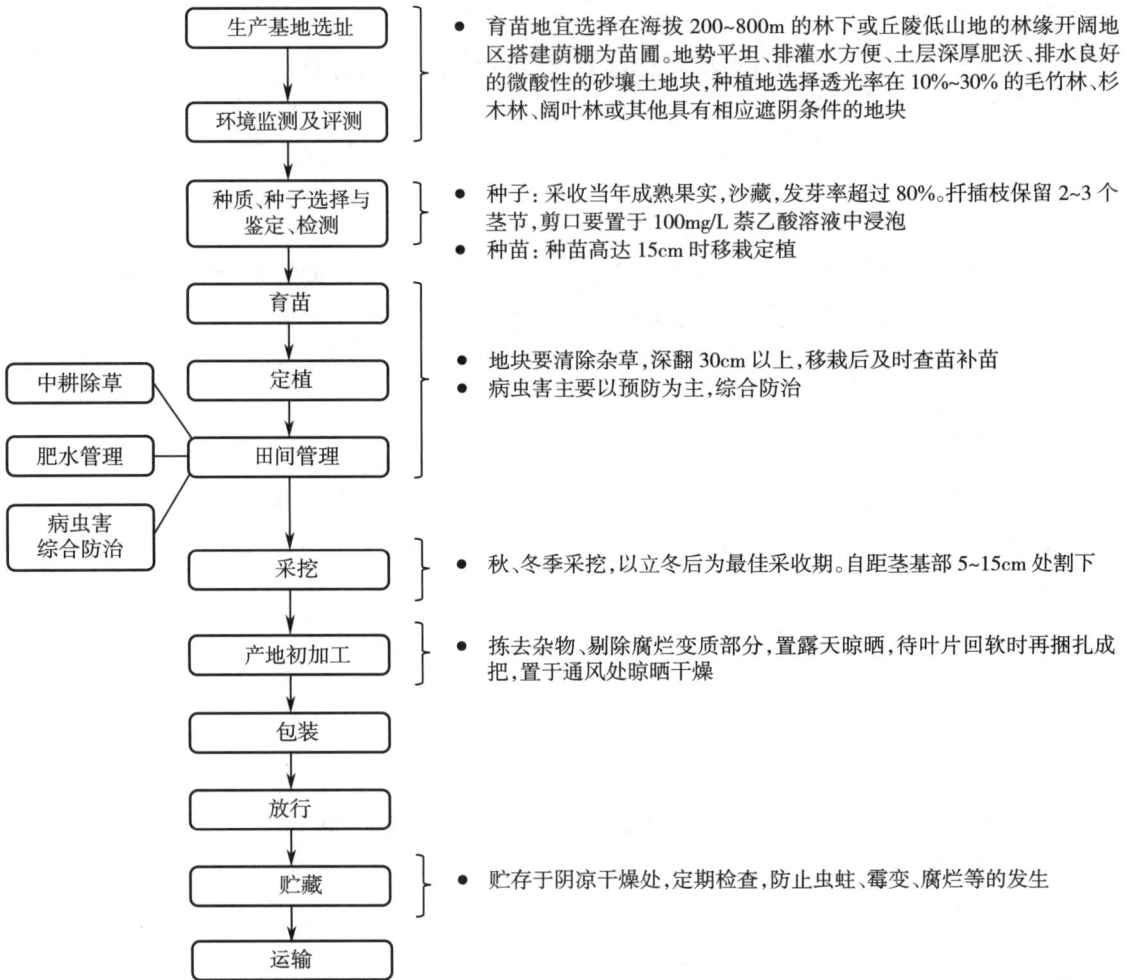

```
┌─────────────────┐
│   生产基地选址    │  • 育苗地宜选择在海拔200~800m的林下或丘陵低山地的林缘开阔地
└────────┬────────┘     区搭建荫棚为苗圃。地势平坦、排灌水方便、土层深厚肥沃、排水良好
         ↓                的微酸性的砂壤土地块，种植地选择透光率在10%~30%的毛竹林、杉
┌─────────────────┐       木林、阔叶林或其他具有相应遮阴条件的地块
│   环境监测及评测   │
└────────┬────────┘
         ↓
┌─────────────────┐
│  种质、种子选择与   │  • 种子：采收当年成熟果实，沙藏，发芽率超过80%。扦插枝保留2~3个
│   鉴定、检测       │     茎节，剪口要置于100mg/L萘乙酸溶液中浸泡
└────────┬────────┘  • 种苗：种苗高达15cm时移栽定植
         ↓
┌─────────────────┐
│      育苗        │
└────────┬────────┘
         ↓
┌─────────────────┐
│      定植        │  • 地块要清除杂草，深翻30cm以上，移栽后及时查苗补苗
└────────┬────────┘  • 病虫害主要以预防为主，综合防治
┌─────────┐ ↓
│ 中耕除草 │→┌─────────────────┐
└─────────┘ │    田间管理      │
┌─────────┐ └────────┬────────┘
│ 肥水管理 │→         │
└─────────┘          ↓
┌─────────┐ ┌─────────────────┐
│ 病虫害   │→│      采挖        │  • 秋、冬季采挖，以立冬后为最佳采收期。自距茎基部5~15cm处割下
│ 综合防治 │ └────────┬────────┘
└─────────┘          ↓
┌─────────────────┐
│   产地初加工      │  • 拣去杂物、剔除腐烂变质部分，置露天晾晒，待叶片回软时再捆扎成
└────────┬────────┘     把，置于通风处晾晒干燥
         ↓
┌─────────────────┐
│      包装        │
└────────┬────────┘
         ↓
┌─────────────────┐
│      放行        │
└────────┬────────┘
         ↓
┌─────────────────┐
│      贮藏        │  • 贮存于阴凉干燥处，定期检查，防止虫蛀、霉变、腐烂等的发生
└────────┬────────┘
         ↓
┌─────────────────┐
│      运输        │
└─────────────────┘
```

图1　肿节风规范化生产流程图

5　肿节风规范化生产技术

5.1　生产基地选址

5.1.1　产地选择

适宜在西起四川雅安、东到浙江宁波、北纬30°以南地区的丘陵、低山地种植。种植地宜选择在海拔200~1 000m的丘陵山地的林下；育苗地选择在同等条件地区，但以毛竹林或阔叶林下为好，也可选择在林缘的开阔地区搭建荫棚为苗圃。

5.1.2　地块选择

种植地宜选择透光率在10%~30%的毛竹林、杉木林、阔叶林或其他具有相应遮阴条件的地块。

育苗地以毛竹林或阔叶林下的坡地为好，也可选择在林缘的开阔地区搭建荫棚为苗圃。土壤以砂质壤土为宜，土层疏松深厚、腐殖质含量高、排水良好、无积水。

5.1.3 环境监测

基地的大气、土壤和水样品的检测按照 GAP 要求,应符合相应国家标准,并保证生长期间持续符合标准。空气质量应符合 GB 3095 的规定,灌溉用水应符合 GB 5084 的规定,土壤质量应符合 GB 15618 的规定。

5.2 种质与种子

5.2.1 种质选择

使用金粟兰科植物草珊瑚 *Sarcandra glabra*(Thunb.)Nakai 为物种来源,其物种须经过鉴定。如使用野生品种或选育品种应加以明确。

5.2.2 种子质量

应使用当年采收,完全成熟的种子。依据种子发芽率、净度、千粒重、含水量等指标进行分级,按照 GB/T 3543 规定的农作物种子检验规程的要求,肿节风种子质量等级见表 1。

表 1 肿节风种子质量分级标准

指标	等级		
	一级	二级	三级
发芽率 /%	92.7	89.7	85.5
千粒重 /g	15.11	15.00	14.94
水 /%	9.94	10.33	10.55
净度 /%	99.2	96.3	92.1

5.2.3 良种繁育

肿节风采用种子育苗或扦插育苗。

种子育苗:每年 11—12 月采收饱满、无病虫害的成熟果实作为种子,苗圃宜选择土层深厚的砂质壤土,常绿阔叶林或毛竹林下为好,若选开阔田地育苗,则应搭建荫棚。苗床以畦面宽 1m、高 30cm 为宜。

扦插育苗:母株选择产量和内在质量高而稳定、抗逆性强的枝条。12 月至翌年 4 月剪切枝条从近根部第二茎节开始,自下往上剪切带有 2 个茎节的扦插枝条,将剪切好的插条捆成小把,下端剪口置于生根粉液中浸泡。

5.3 种植

5.3.1 育苗

肿节风采用种子育苗或扦插育苗。

种子育苗:每年 11—12 月采收粒大、饱满、无病虫害的成熟果实为繁殖材料,种子置细沙中贮藏待其后熟,1—3 月播种,也可不经贮藏直接播种;将草珊瑚种子均匀撒播于苗床上,再覆盖砂质黄土遮盖,当草珊瑚幼苗生长至具有 4 片真叶时,可进行疏苗;当幼苗具有 6 片真叶时便可移植,也可培育成具有 10~12 片真叶、高度 25~40cm 的大规格苗后出圃。苗圃宜选择土层深厚的砂质壤土,常绿阔叶林或毛竹林下为好,若选开阔田地育苗,则应搭建荫棚。

苗床以畦面宽 1m、高 30cm 为宜。

扦插育苗：2—4 月选择健壮高大植株的 2 年生枝条。剪切枝条从近根部第二茎节开始，自下往上剪切带有 2~3 个茎节、长 10~15cm 插穗，捆成小把，下端剪口置于 100mg/L 萘乙酸溶液中浸泡 2 小时，然后按 5cm×5cm 株行距插入苗床，上留 1 节，浇透水。苗床保持荫蔽湿润。

5.3.2 定植

草珊瑚根系较浅，喜湿润凉爽气候，耐阴，忌强光照射。种植时宜选择常绿阔叶林或毛竹林或针叶林下，透光率 10%~30% 为宜。种植地块选定后先将林下低矮灌木及杂草清除，沿等高线 1m×0.8m 的规格挖穴，每穴施有机肥 3~5kg、过磷酸钙 0.1kg。1—4 月选取优质种苗在阴天或雨后进行种植，密度为 13 000~15 000 株 /hm²。

5.3.3 田间管理

移栽定植后要及时查苗补苗，确保苗齐、苗壮，并及时除草和灌溉，保持土壤湿润。雨季节及时排水，以免引起烂根。生长期要结合中耕除草，在春、秋季各施肥 1 次，以复合肥料为好，也可施农家肥。每亩（1 亩≈666.7m²，下文同）用复合肥 15~20kg 撒于畦面，农家肥 200~250kg 施于植株根际，用泥土覆盖肥料，鼓励使用经国家批准的菌肥及中药材专用肥。

5.3.4 病虫害草害防治

肿节风开展人工种植的时间不长，抗病虫能力较强。主要病害有炭疽病、白绢病、根腐病、软腐病，可用甲基硫菌灵、多菌灵、波尔多液等进行防治。目前主要以预防为主、综合防治的原则。如结合整地作畦，每亩撒石灰粉 150~200kg 对土壤进行消毒；加强田间管理，及时除草、清除病株等措施。常见病虫害防治参考方法见附录 A。

采用化学防治时，应当符合国家有关规定；优先选用高效、低毒的生物农药；尽量避免使用除草剂、杀虫剂和杀菌剂等化学农药。禁限用农药名单应符合附录 B 的规定。

5.4 采挖

秋、冬季均可采收，但以立冬后采收为最佳。选择晴天采割种植 2 年及以上的草珊瑚植株，采收时要割大留小，尤其要注意保护当年萌发的幼嫩枝条，主要采收较老、较长及成熟的茎枝，在距茎基部 5~15cm 处割下，以便再萌发新枝。

5.5 产地初加工

肿节风收割后，先拣去杂质、剔除腐烂变质部分，洗净后，直接用于提取浸膏；也可将洗净后的鲜药材置于露天晾晒，待叶片回软时再捆扎成把，或切段，再置于通风处晾晒干燥，晾晒过程中要注意上下翻动，使干燥程度一致。加工干燥过程要保证场地、工具洁净，不受雨淋等。

5.6 包装、放行、贮运
5.6.1 包装

包装前对每批药材按照国家标准进行质量检验。符合国家标准的药材，采用不影响质量的编织袋等包装，禁止采用包装过肥料、农药等的包装袋包装。包装外贴或挂标签、合格证,标识牌内容应有药材名、基源、产地、批号、规格、重量、采收日期、企业名称等,并有追溯码。

5.6.2 放行

应制定符合企业实际情况的放行制度,有审核批生产、检验等的相关记录。不合格药材有单独处理制度。

5.6.3 贮运

应贮存于阴凉干燥处,定期检查,防止虫蛀、霉变、腐烂等的发生。仓库控制温度在 20℃以上、相对湿度 55% 以下;不同批次等级药材分区存放;建有定期检查制度。

运输应防止发生混淆、污染、异物混入、包装破损、雨雪淋湿等。

附　录　A

（资料性）

肿节风常见病虫害药剂防治的参考方法

肿节风常见病虫害药剂防治的参考方法参见表 A.1。

表 A.1　肿节风常见病虫害药剂防治的参考方法

病虫害名称	病原或害虫种类	发生条件与传播途径	防治方法
炭疽病	黑线炭疽菌 Colletotrichum dematium	林下套种时，温度升高及降水易发生	用甲基硫菌灵或多菌灵喷雾
白绢病	罗耳阿太菌 Athelia rolfsii	幼苗期	用 27% 噻呋·戊唑醇或硫黄粉喷施

附　录　B
（规范性）
禁限用农药名单

B.1　禁止（停止）使用的农药（46 种）

六六六、滴滴涕、毒杀芬、二溴氯丙烷、杀虫脒、二溴乙烷、除草醚、艾氏剂、狄氏剂、汞制剂、砷类、铅类、敌枯双、氟乙酰胺、甘氟、毒鼠强、氟乙酸钠、毒鼠硅、甲胺磷、对硫磷、甲基对硫磷、久效磷、磷胺、苯线磷、地虫硫磷、甲基硫环磷、磷化钙、磷化镁、磷化锌、硫线磷、蝇毒磷、治螟磷、特丁硫磷、氯磺隆、胺苯磺隆、甲磺隆、福美胂、福美甲胂、三氯杀螨醇、林丹、硫丹、溴甲烷、氟虫胺、杀扑磷、百草枯、2,4-滴丁酯。

注：氟虫胺自 2020 年 1 月 1 日起禁止使用。百草枯可溶胶剂自 2020 年 9 月 26 日起禁止使用。2,4-滴丁酯自 2023 年 1 月 29 日起禁止使用。溴甲烷可用于"检疫熏蒸处理"。杀扑磷已无制剂登记。

B.2　在部分范围禁止使用的农药（20 种）

部分范围禁止使用的农药应注意药食同源中药材及来自其他作物的中药材。部分范围禁止使用的农药见表 B.1。

表 B.1　部分范围禁止使用的农药

通用名	禁止使用范围
甲拌磷、甲基异柳磷、克百威、水胺硫磷、氧乐果、灭多威、涕灭威、灭线磷	禁止在蔬菜、瓜果、茶叶、菌类、中草药材上使用,禁止用于防治卫生害虫,禁止用于水生植物的病虫害防治
甲拌磷、甲基异柳磷、克百威	禁止在甘蔗作物上使用
内吸磷、硫环磷、氯唑磷	禁止在蔬菜、瓜果、茶叶、中草药材上使用
乙酰甲胺磷、丁硫克百威、乐果	禁止在蔬菜、瓜果、茶叶、菌类和中草药材上使用
毒死蜱、三唑磷	禁止在蔬菜上使用
丁酰肼（比久）	禁止在花生上使用
氰戊菊酯	禁止在茶叶上使用
氟虫腈	禁止在所有农作物上使用（玉米等部分旱田种子包衣除外）
氟苯虫酰胺	禁止在水稻上使用

B.3　说明

本附录的内容来自 2019 年中华人民共和国农业农村部发布的《禁限用农药名录》（http://www.zzys.moa.gov.cn/gzdt/201911/t20191129_6332604.htm）。

参考文献

[1] 么历,程慧珍,杨智.中药材规范化种植(养殖)技术指南[M].北京:中国农业出版社,2006.

[2] 刘莉兰,郑少鑫,毕灿华,等.九节茶规范化生产标准操作规程(试行)[J].中药研究与信息,2004(12):20-23.

[3] 杨红梅,曾庆钱,钱磊.林下套种草珊瑚的栽培技术[J].湖南林业科技,2010,37(3):51-52.

[4] 张超德.林下套种草珊瑚的栽培技术[J].现代园艺,2017(4):27.

[5] 覃文学.林下套种草珊瑚栽培技术[J].现代农业科技,2019(9):64-65.

[6] 王生华.播种密度及遮荫度对草珊瑚幼苗生长的影响[J].福建林业科技,2013,40(1):106-109.

[7] 曹琳秀.草珊瑚不同播种育苗方式效果研究[J].江西林业科技,2010(6):19-21.

[8] 涂振伟.草珊瑚不同基质营养袋播种育苗试验[J].中国林副特产,2018(4):37-38.

[9] 黄意成,郑海,曾庆钱,等.草珊瑚扦插技术研究[J].亚热带植物科学,2018,41(1):84-87.

[10] 杨城,王冉,王玥,等.光照强度对草珊瑚光合特性的影响[J].林业与环境科学,2019,35(4):85-89.

[11] 温远莲.金秀县草珊瑚栽培技术研究[J].绿色科技,2018(3):86-87.

[12] 卢秀贞.杉木林下套种草珊瑚试验研究[J].中国林副特产,2018(3):26-27.

[13] 姚绍嫦,蓝祖栽,唐美琼,等.广西肿节风药材有效成分含量与土壤因子关系研究[J].广东农业科技,2013,40(21):76-79.

[14] 梁加荣,黄彩眉,雷利堂,等.八角林下肿节风药材种植基地环境质量评价[J].绿色科技,2019(6):110-112.

[15] 赖春仙.不同郁闭度阔叶林下种植草珊瑚的经济效益分析[J].河南农业,2018(14):13-14.

[16] 李伟,郭青,张寿文,等.草珊瑚GAP基地生态环境质量评价[J].现代中药研究与实践,2005(4):13-14.

[17] 朱淑颖,杨帆,姜叶琴,等.草珊瑚的无菌播种和丛生芽诱导研究[J].种子,2016,35(8):32-36.

ICS 65.020.20
CCS C 05

团 体 标 准

T/CACM 1374.101—2021

鱼腥草规范化生产技术规程

Code of practice for good agricultural practice of
Houttuyniae Herba

2021-10-15 发布

2021-10-15 实施

中华中医药学会 发布

目　次

前言 ·· 239

1 范围 ·· 240

2 规范性引用文件 ··· 240

3 术语和定义 ··· 240

4 鱼腥草规范化生产流程图 ··· 240

5 鱼腥草规范化生产技术 ··· 241

　5.1 生产基地选址 ·· 241

　5.2 种质与种苗 ·· 242

　5.3 良种繁育 ··· 242

　5.4 种植 ·· 242

　5.5 采挖 ·· 243

　5.6 产地初加工 ·· 244

　5.7 包装、放行、贮运 ·· 244

附录 A（规范性） 禁限用农药名单 ··· 245

附录 B（资料性） 鱼腥草常见病虫害药剂防治的参考方法 ·· 246

参考文献 ·· 247

前　言

本文件按照 GB/T 1.1—2020《标准化工作导则　第 1 部分：标准化文件的结构和起草规则》的规定起草。

请注意本文件中的某些内容可能涉及专利。本文件的发布机构不承担识别专利的责任。

本文件由中国医学科学院药用植物研究所和四川农业大学提出。

本文件由中华中医药学会归口。

本文件起草单位：四川农业大学、成都中医药大学、中国医学科学院药用植物研究所、重庆市药物种植研究所。

本文件主要起草人：吴卫、李敏、侯凯、张慧慧、张思荻、蔡晓洋、陈靳松、张绍山、赖月月、李红彦、魏建和、王文全、王秋玲、杨小玉、辛元尧、王苗苗。

鱼腥草规范化生产技术规程

1 范围

本文件确立了鱼腥草的规范化生产流程,规定了鱼腥草生产基地选址、种质、种苗繁育、种植、采收、产地初加工、包装、放行、贮运等阶段的操作要求。

本文件适用于鱼腥草的规范化生产。

2 规范性引用文件

下列文件的内容通过文中的规范性引用而构成本文件必不可少的条款。其中,注明日期的引用文件,仅该日期对应的版本适用于本文件;不注明日期的引用文件,其最新版本(包括所有的修改单)适用于本文件。

GB 3095 环境空气质量标准

GB 5084 农田灌溉水质标准

GB 5749 生活饮用水卫生标准

GB 15063 复混肥料(复合肥料)

GB 15618 土壤环境质量 农用地土壤污染风险管控标准(试行)

T/CACM 1374.1—2021 中药材规范化生产技术规程通则 植物药材

3 术语和定义

T/CACM 1374.1—2021界定的以及下列术语和定义适用于本文件。

3.1 规范化生产 good agricultural practice

按照《中药材生产质量管理规范》(简称中药材 GAP)的要求,实施药材生产,保证中药材优质安全的生产过程。

3.2 技术规程 code of practice

为实现中药材生产顺利、有序进行,保证中药材生产质量,对中药材生产的基地选址、种子种苗、种植或野生抚育、采收与产地初加工以及包装、放行与贮运等,所做的技术规定和要求,是实施中药材规范生产的核心技术要求和实施指南。

3.3 鱼腥草 Houttuyniae Herba

三白草科植物蕺菜 *Houttuynia cordata* Thunb. 的新鲜全草或干燥地上部分。

4 鱼腥草规范化生产流程图

鱼腥草规范化生产流程见图 1。

鱼腥草规范化生产流程：

关键控制点及参数：

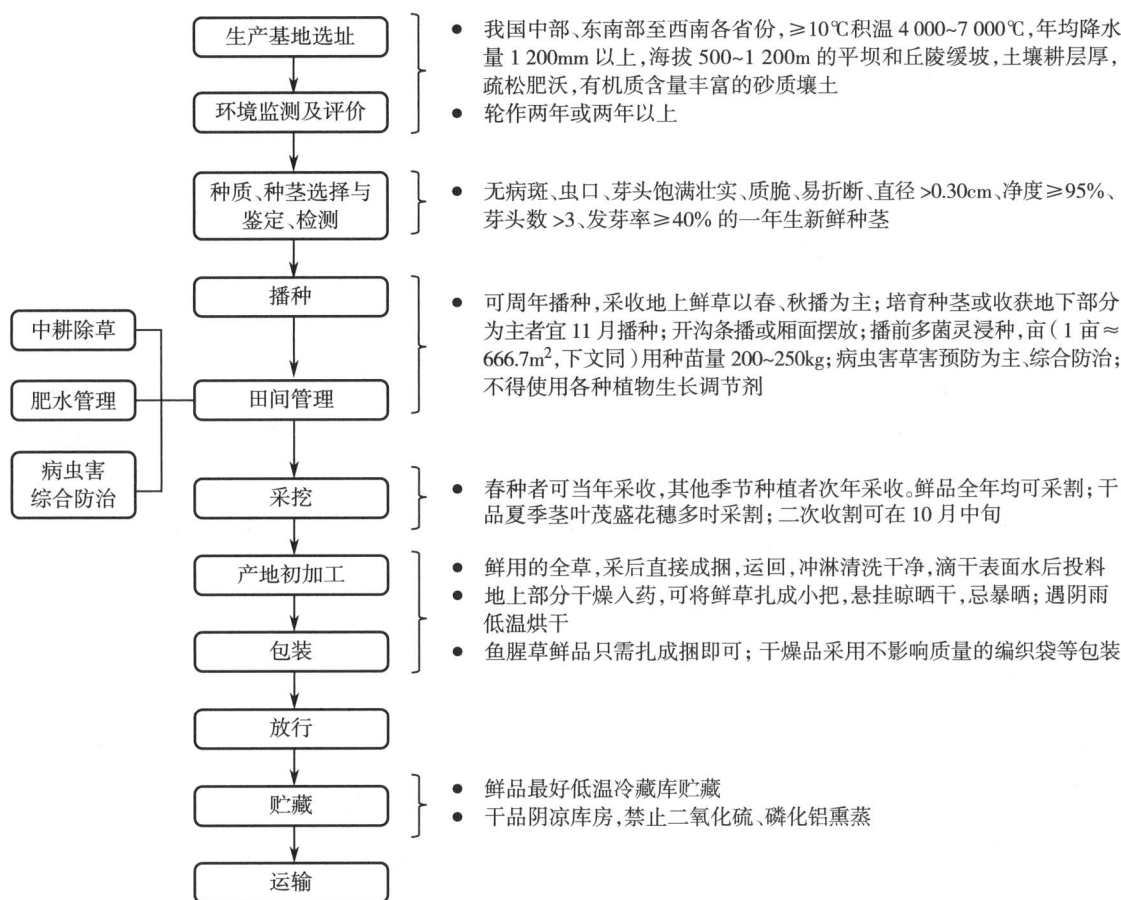

```
        ┌──────────────┐
        │  生产基地选址  │
        └──────────────┘
               │
        ┌──────────────┐
        │ 环境监测及评价 │
        └──────────────┘
               │
        ┌──────────────┐
        │ 种质、种茎选择与 │
        │  鉴定、检测   │
        └──────────────┘
               │
        ┌──────────────┐
        │    播种      │
        └──────────────┘
               │
┌────────┐    ┌──────────────┐
│ 中耕除草 │────│             │
└────────┘    │             │
┌────────┐    │   田间管理   │
│ 肥水管理 │────│             │
└────────┘    │             │
┌────────┐    └──────────────┘
│ 病虫害  │────       │
│ 综合防治 │    ┌──────────────┐
└────────┘    │    采挖      │
              └──────────────┘
                     │
              ┌──────────────┐
              │  产地初加工   │
              └──────────────┘
                     │
              ┌──────────────┐
              │    包装      │
              └──────────────┘
                     │
              ┌──────────────┐
              │    放行      │
              └──────────────┘
                     │
              ┌──────────────┐
              │    贮藏      │
              └──────────────┘
                     │
              ┌──────────────┐
              │    运输      │
              └──────────────┘
```

- 我国中部、东南部至西南各省份，≥10℃积温 4 000~7 000℃，年均降水量 1 200mm 以上，海拔 500~1 200m 的平坝和丘陵缓坡，土壤耕层厚，疏松肥沃，有机质含量丰富的砂质壤土
- 轮作两年或两年以上

- 无病斑、虫口、芽头饱满壮实、质脆、易折断、直径 >0.30cm、净度≥95%、芽头数 >3、发芽率≥40% 的一年生新鲜种茎

- 可周年播种，采收地上鲜草以春、秋播为主；培育种茎或收获地下部分为主者宜 11 月播种；开沟条播或厢面摆放；播前多菌灵浸种，亩（1 亩≈666.7m²，下文同）用种苗量 200~250kg；病虫草害害预防为主、综合防治；不得使用各种植物生长调节剂

- 春种者可当年采收，其他季节种植者次年采收。鲜品全年均可采割；干品夏季茎叶茂盛花穗多时采割；二次收割可在 10 月中旬

- 鲜用的全草，采后直接成捆，运回，冲淋清洗干净，滴干表面水后投料
- 地上部分干燥入药，可将鲜草扎成小把，悬挂晾晒干，忌暴晒；遇阴雨低温烘干
- 鱼腥草鲜品只需扎成捆即可；干燥品采用不影响质量的编织袋等包装

- 鲜品最好低温冷藏库贮藏
- 干品阴凉库房，禁止二氧化硫、磷化铝熏蒸

图 1　鱼腥草规范化生产流程图

5　鱼腥草规范化生产技术

5.1　生产基地选址

5.1.1　产地选择

适宜在我国中部、东南部至西南各省份种植，主要在湖南、湖北、安徽、浙江、江西、福建、广东、广西、四川、贵州、云南等地。种植地选择在年均日照时数 1 000~1 600 小时，年均气温 12~20℃，≥10℃积温 4 000~7 000℃，年均降水量 1 200mm 以上，海拔 500~12 00m 的地区。

5.1.2　地块选择

轮作两年或两年以上。

选排水良好的平坝和丘陵缓坡地带。以土壤耕层厚度大于 30cm，疏松肥沃，有机质含量丰富的酸性或微酸性砂质壤土，pH 5.0~6.5 为宜。前茬作物以禾本科作物为佳。

5.1.3　环境监测

基地的大气、土壤和水样品的检测按照 GAP 要求，且应符合相应国家标准，并保证生长期间持续符合标准。空气质量应符合 GB 3095 规定的环境空气质量标准，灌溉水质量应符合 GB 5084 规定的农田灌溉水质标准,土壤质量应符合 GB 15618 的规定。

5.2 种质与种苗

5.2.1 种质选择

使用三白草科植物蕺菜 *Houttuynia cordata* Thunb.,须经过鉴定。如使用农家品种或选育品种应加以明确。

5.2.2 种茎质量

选用无病斑、虫口、破损、芽头饱满壮实、直径大于 0.30cm 的质脆、易折断的一年生新鲜种茎作种,其净度≥95%,芽头数 >3,发芽率≥40%。

5.3 良种繁育

选择未种植过鱼腥草,或与禾本科植物轮作两年以上,无检疫对象的田块作为种茎生产田。土壤以疏松肥沃、排水良好、富含有机质的酸性或微酸性砂壤土为宜。播期以 10 月下旬至 11 月上旬为佳,每亩种茎用量 300kg 左右。田间管理同药材生产。开花时摘除花蕾;生育期间经常到田间观察,去杂、去劣;生长后期适当增施磷钾肥。播种时随挖随种,不能及时栽种者用湿砂保存,贮藏时间不超过 7 天。

5.4 种植

5.4.1 整地

前作收获后进行整地,深翻 30cm 左右,使土壤疏松、细碎、平整。结合深翻,施入基肥,可考虑每亩施用腐熟有机肥 2 000kg 左右、硫酸钾型三元复合肥(N:P$_2$O$_5$:K$_2$O=10:5:25)40kg,忌用牛粪,使用的复合肥料应复合 GB 15063 的要求。耙碎土块,整平地面,捡净杂物。条播,厢宽 140cm,沟宽 25~30cm,沟深 25cm;厢面直接摆放法播种,先不开厢,待播种时边播边开厢。

5.4.2 种茎准备

选用无病斑、虫口、破损、芽头饱满壮实、直径大于 0.30cm 的质脆、易折断的一年生新鲜地下根茎作种。播种时随采随种为佳,勿折断。若种茎数量不够,可从节间处剪成 15cm 左右的小段作种茎,每小段保留 3 个以上茎节,稍晾干。播前用多菌灵浸泡种茎,按照农药标签使用,一般浸泡 30 分钟,捞出,滴干水气后备用。每亩用种量 200~250kg;若剪成 15cm 左右的小段作种茎,每亩用种量 120~150kg。

5.4.3 播期

鱼腥草可周年播种。采收地上部分鲜草为主者,秋播以 9—10 月播种为佳,春播以 3—4 月播种为佳;以培育种茎或收获地下部分为主者,11 月播种为宜。

5.4.4 栽种方法

可采用开沟条播或厢面摆放。开沟条播是在已开好的厢面上开浅沟,沟深 5~8cm,在沟中摆放鱼腥草种茎,每沟平行摆两行,连续摆放;沟距 20cm,用开第二沟的土覆盖前一沟,如此类推。厢面摆放则是将田块整细、整平后,按厢宽 140cm、沟宽 30cm 划线,刨取厢面表土于厢边一侧沟上,在厢面上均匀摆放种茎,将刨开的表土全部均匀地重新回填覆盖于种茎上;然后开沟,将沟中土也均匀覆盖于种茎上,按同样操作播完为止。播完后,视天气情况可适当浇水,最后用稻草或玉米秸秆薄盖厢面,稻草铺放 3~5cm 厚,玉米秸秆铺放一层。

5.4.5 补苗、除草和松土

栽种后及时补苗,除草,同时除去病株、弱株。春季结合除草,在株行间浅松表土。

5.4.6 排灌

整个生长期要保持土壤湿润。播种后如土面发白,应立即补浇水。鱼腥草出苗后,如遇干旱,可采用浇灌或沟灌等方式灌溉,有条件的地方可采用喷灌,切忌漫灌。灌溉用水应符合 GB 5749 的规定。

5.4.7 追肥

根据鱼腥草的生长、土壤肥力等进行追肥。一般封行前施 3 次肥,封行后叶面追施 2~3 次磷酸二氢钾,可考虑齐苗时(3 月下旬—4 月上旬),每亩施用硫酸钾型三元复合肥(N：P_2O_5：K_2O=10：5：25)10kg;苗高 10cm 左右时,每亩施用硫酸钾型三元复合肥(N：P_2O_5：K_2O=10：5：25)20kg;封行前再施用硫酸钾型三元复合肥(N：P_2O_5：K_2O=10：5：25)30kg。封行后,每亩叶面喷施 0.1%~0.2% 的磷酸二氢钾,每隔 7 天一次,连续 2~3 次,每次喷 50kg 左右。

如收获两次,第一次收获一周后,在厢面撒一层腐熟的厩肥。并根据鱼腥草的生长、土壤肥力等进行追肥,可考虑齐苗后每亩追施硫酸钾型三元复合肥(N：P_2O_5：K_2O=10：5：25)10kg,封行前每亩再追施硫酸钾型三元复合肥(N：P_2O_5：K_2O=10：5：25)20kg。使用的复合肥料应符合 GB 15063《复混肥料(复合肥料)》要求。

禁止使用各种植物生长调节剂用于增加鱼腥草产量。

5.4.8 间套作

春季可在每厢的一侧种植一行玉米,窝距 30~40cm,每窝 1~2 株。

5.4.9 病虫害草害防治

鱼腥草常见病害有白绢病、轮斑病等,虫害主要有地老虎、红蜘蛛等。具体防治方法参见附录 B。

应采用预防为主、综合防治的方法:引进、培育抗病品种;选用无病虫害健壮种苗;注意轮作,前茬作物以禾本科植物为好;清除田间枯枝落叶及杂草,集中堆置沤肥;加强肥水管理,及时清沟排水;发现病株应及时拔除,集中销毁;收获后及时清洁田园。每亩可安放一支 20W 黑光灯对地老虎成虫进行诱杀。

采用化学防治时,应当符合国家有关规定;优先选用高效、低毒的生物农药;尽量避免使用除草剂、杀虫剂和杀菌剂等化学农药;不使用禁限用农药。

5.5 采挖

春播者当年即可采收,其他季节播种者一般次年采收。鲜品全年均可采割;干品夏季茎叶茂盛花穗多时采割;二次收割者可在 10 月中旬采收。选晴天采收,不宜在土壤潮湿、有露水、下雨、大风或空气湿度特别高的情况下采收。地上部分在齐地面处割取或用手直接拔取;地下部分用锄头等挖取。地上部分除去枯死腐烂植株和杂草;地下部分抖去泥土,挑除病根、杂质。

5.6 产地初加工

鱼腥草鲜用的全草采后直接成捆,运回,冲淋清洗干净,滴干表面水后直接用于制药生产,清洗用水符合 GB 5749 的规定。

如要以干燥地上部分作为药材,可将鲜草扎成小把,悬挂晾晒干,忌暴晒。如遇雨天,可在 35~40℃烘房中烘干,烘至含水量13% 以下,干燥场地应清洁通风。

加工干燥过程保证场地、工具洁净,不受雨淋等。

5.7 包装、放行、贮运

5.7.1 包装

鱼腥草鲜品无须严格的包装,只需扎成捆即可。干燥品包装前应对每批药材按照国家标准进行质量检验。符合国家标准的药材,采用不影响质量的编织袋等包装,禁止采用包装过肥料、农药等的包装袋包装。包装外贴或挂标签、合格证,标识牌内容应有药材名、基源、产地、批号、规格、重量、采收日期、企业名称等,并有追溯码。

5.7.2 放行

应制定符合企业实际情况的放行制度,有审核批生产、检验等的相关记录。不合格药材有单独处理制度。

5.7.3 贮运

新鲜鱼腥草置阴凉潮湿处,最好采用低温冷藏库贮藏,按先入库先加工的原则进行投料。干燥鱼腥草应贮存于阴凉库房,定期检查,防止虫蛀、霉变、腐烂、泛油等的发生。仓库控制温度在 20℃以下、相对湿度60%~75%;不同批次等级药材分区存放;建有定期检查制度。禁止磷化铝和二氧化硫熏蒸。也可采用现代气调贮藏方法,包装或库内充氮或二氧化碳。

运输应防止发生混淆、污染、异物混入、包装破损、雨雪淋湿等。新鲜鱼腥草采用清洁的冷藏车运输为佳。

附 录 A

（规范性）

禁限用农药名单

A.1 禁止（停止）使用的农药（46 种）

六六六、滴滴涕、毒杀芬、二溴氯丙烷、杀虫脒、二溴乙烷、除草醚、艾氏剂、狄氏剂、汞制剂、砷类、铅类、敌枯双、氟乙酰胺、甘氟、毒鼠强、氟乙酸钠、毒鼠硅、甲胺磷、对硫磷、甲基对硫磷、久效磷、磷胺、苯线磷、地虫硫磷、甲基硫环磷、磷化钙、磷化镁、磷化锌、硫线磷、蝇毒磷、治螟磷、特丁硫磷、氯磺隆、胺苯磺隆、甲磺隆、福美胂、福美甲胂、三氯杀螨醇、林丹、硫丹、溴甲烷、氟虫胺、杀扑磷、百草枯、2,4- 滴丁酯。

注：氟虫胺自 2020 年 1 月 1 日起禁止使用。百草枯可溶胶剂自 2020 年 9 月 26 日起禁止使用。2,4- 滴丁酯自 2023 年 1 月 29 日起禁止使用。溴甲烷可用于"检疫熏蒸处理"。杀扑磷已无制剂登记。

A.2 在部分范围禁止使用的农药（20 种）

部分范围禁止使用的农药应注意药食同源中药材及来自其他作物的中药材。部分范围禁止使用的农药见表 A.1。

表 A.1 部分范围禁止使用的农药

通用名	禁止使用范围
甲拌磷、甲基异柳磷、克百威、水胺硫磷、氧乐果、灭多威、涕灭威、灭线磷	禁止在蔬菜、瓜果、茶叶、菌类、中草药材上使用，禁止用于防治卫生害虫，禁止用于水生植物的病虫害防治
甲拌磷、甲基异柳磷、克百威	禁止在甘蔗作物上使用
内吸磷、硫环磷、氯唑磷	禁止在蔬菜、瓜果、茶叶、中草药材上使用
乙酰甲胺磷、丁硫克百威、乐果	禁止在蔬菜、瓜果、茶叶、菌类和中草药材上使用
毒死蜱、三唑磷	禁止在蔬菜上使用
丁酰肼（比久）	禁止在花生上使用
氰戊菊酯	禁止在茶叶上使用
氟虫腈	禁止在所有农作物上使用（玉米等部分旱田种子包衣除外）
氟苯虫酰胺	禁止在水稻上使用

A.3 说明

本附录的内容来自 2019 年中华人民共和国农业农村部发布的《禁限用农药名录》（http://www.zzys.moa.gov.cn/gzdt/201911/t20191129_6332604.htm）。

附　录　B

（资料性）

鱼腥草常见病虫害药剂防治的参考方法

鱼腥草常见病虫害药剂防治的参考方法参见表 B.1。

表 B.1　鱼腥草常见病虫害药剂防治的参考方法

名称	危害症状	推荐农药与方法	安全间隔期 /d
白绢病	受害植株地上部分黄化萎蔫,近地面根茎基部皮层变褐腐烂,并伴有白色绢状菌丝和油菜籽大小棕褐色菌核	拔除病株,并用石灰粉消毒病穴;采用多菌灵,或甲基硫菌灵,或哈茨木霉制剂在病害初期灌根,按照农药标签使用	≥15
轮斑病	受害叶片产生圆形或半圆形病斑,褐色至黄褐色或深褐色,有多数同心轮纹,病斑上生淡色霉层,严重时整个叶面布满病斑枯死	喷洒多菌灵,或甲基硫菌灵溶液,按照农药标签使用	≥15
小地老虎	以幼虫为害药用植物的幼苗。低龄阶段咬食嫩叶,呈凹斑、孔洞和缺刻;3 龄以后潜入土表,咬断根、地下茎或近地面的嫩茎,危害严重时造成缺苗断垄	采用幼嫩杂草 + 敌百虫混合,傍晚撒于地面诱杀;或用辛硫磷灌根;均按照农药标签使用	≥15
红蜘蛛	以成虫、若虫或幼螨等虫态吸食鱼腥草叶片汁液。使叶片出现许多粉绿色到灰白色的斑点,失去光泽;严重时布满叶背面,叶面呈赤色斑块,逐渐发黄变赤,植株早衰	喷洒杀螨剂,按照农药标签使用	≥15

参考文献

［1］国家药典委员会. 中华人民共和国药典:2020 年版 一部［M］. 北京:中国医药科技出版社,2020.

［2］刘雷,吴卫,郑有良,等. 峨眉山不同山峪和海拔高度鱼腥草(*Houttuynia cordata* Thunb.)居群挥发油成分的变化［J］. 生态学报,2007(6):2239-2250.

［3］吴卫,郑有良,杨瑞武,等. 鱼腥草氮、磷、钾营养吸收和累积特性初探［J］. 中国中药杂志,2001(10):28-30.

［4］吴卫,郑有良,杨瑞武,等. 不同播期和用种量对鱼腥草新品系产量质量的影响［J］. 中草药,2003(9):94-96.

［5］陈远学,吴卫,陈光辉,等. 雅安严桥鱼腥草种植基地的土宜与肥宜研究［J］. 四川农业大学学报,2002(3):235-238.

［6］陈远学,吴卫,刘世全,等. 有机肥对鱼腥草产量品质及养分吸收的影响［J］. 四川农业大学学报,2001(3):245-248.

［7］唐莉,徐攀辉,吴卫,等. 鱼腥草生产标准操作规程(草案)［J］. 现代中药研究与实践,2003(3):29-32.

［8］王巧,李颖,李晓琳,等. 鱼腥草种苗质量标准研究［J］. 现代中药研究与实践,2017,31(6):52-55.

［9］孙佩,叶霄,童文,等. 鱼腥草种茎分级标准研究［J］. 种子,2018,37(8):125-130.

［10］伍贤进,蒋向辉,张俭,等. 鱼腥草适宜播种时间的研究［J］. 怀化学院学报(自然科学),2006(5):29-31.

［11］高静. 湖南宁远县 GAP 种植鱼腥草的质量标准与几项关键技术研究［D］. 长沙:湖南中医药大学,2006.

［12］林瑞余,林豪森,柯玉琴,等. 不同施肥方式对鱼腥草生长发育及产量的影响［J］. 中国农学通报,2006(12):364-368

［13］叶霄,孙佩,童文,等. 不同类型种茎对鱼腥草生长及产量的影响［J］. 农学学报,2019,9(8):26-31.

［14］杨仁德,赵欢,陈旭,等. 不同肥料配施对贵州鱼腥草产质量及土壤肥力的影响［J］. 贵州农业科学,2018,46(2):117-119.

［15］陈胜璜,汤艳红,周日宝,等. 不同采收期鱼腥草中挥发油的提取及成分测定［J］. 中成药,2005(11):1333-1335.

ICS 65.020.20
CCS C 05

团 体 标 准

T/CACM 1374.102—2021

泽泻规范化生产技术规程

Code of practice for good agricultural practice of
Alismatis Rhizoma

2021-10-15 发布   2021-10-15 实施

中华中医药学会   发布

目　　次

前言 251ffffffffffffffffffffffffffffffffffffffffffffffffffffffffffffffffffffff 250
1　范围 251ffffffffffffffffffffffffffffffffffffffffffffffffffffffffffffffff 251
2　规范性引用文件 ffffffffffffffffffffffffffffffffffffffffffffffffffffff 251
3　术语和定义 ffffffffffffffffffffffffffffffffffffffffffffffffffffffffff 251
4　泽泻规范化生产流程图 ffffffffffffffffffffffffffffffffffffffffffff 252
5　泽泻规范化生产技术 ffffffffffffffffffffffffffffffffffffffffffffff 252
　5.1　生产基地选址 ffffffffffffffffffffffffffffffffffffffffffffffff 252
　5.2　种质与种子 ffffffffffffffffffffffffffffffffffffffffffffffffff 253
　5.3　育苗 ffffffffffffffffffffffffffffffffffffffffffffffffffffffffff 253
　5.4　移栽 ffffffffffffffffffffffffffffffffffffffffffffffffffffffffff 254
　5.5　采挖 ffffffffffffffffffffffffffffffffffffffffffffffffffffffffff 255
　5.6　产地初加工 ffffffffffffffffffffffffffffffffffffffffffffffffff 255
　5.7　包装、放行、贮运 ffffffffffffffffffffffffffffffffffffffffff 255
附录A（规范性）　禁限用农药名单 ffffffffffffffffffffffffffff 257
附录B（资料性）　泽泻常见病虫害防治的参考方法 ffffffff 258
参考文献 ffffffffffffffffffffffffffffffffffffffffffffffffffffffffffffffff 259

前　言

本文件按照 GB/T 1.1—2020《标准化工作导则　第 1 部分：标准化文件的结构和起草规则》的规定起草。

请注意本文件中的某些内容可能涉及专利。本文件的发布机构不承担识别专利的责任。

本文件由中国医学科学院药用植物研究所和福建省农业科学院农业生物资源研究所提出。

本文件由中华中医药学会归口。

本文件起草单位：福建省农业科学院农业生物资源研究所、四川农业大学、福建中医药大学、江西省林业科学院森林药材与食品研究所、福建老源兴医药科技有限公司、成都中医药大学、广西中医药研究院、福建省建瓯市吉阳镇农业技术推广站、福建润身药业有限公司、福建承天药业有限公司、江西汇仁药业股份有限公司、江西普正制药股份有限公司、四川省食品药品学校、中国医学科学院药用植物研究所、重庆市药物种植研究所。

本文件主要起草人：陈菁瑛、陈兴福、吴水生、朱培林、刘保财、张武君、李敏、李力、赵云青、黄颖桢、陆凤南、张邵杰、谢瑞华、刘强、吴永忠、吕竹青、李丽霞、余弦、魏建和、王文全、王秋玲、杨小玉、辛元尧、王苗苗。

泽泻规范化生产技术规程

1 范围

本文件确立了泽泻的规范化生产流程,规定了泽泻生产基地选址、种质、种苗繁育、种植、采收、产地初加工、包装、放行、贮运等阶段的操作要求。

本文件适用于泽泻的规范化生产。

2 规范性引用文件

下列文件的内容通过文中的规范性引用而构成本文件必不可少的条款。其中,注明日期的引用文件,仅该日期对应的版本适用于本文件;不注明日期的引用文件,其最新版本(包括所有的修改单)适用于本文件。

GBT 191—2016　包装储运图示标志

GB 3095　环境空气质量标准

GB/T 3543　农作物种子检验规程

GB 5084　农田灌溉水质标准

GB 5749　生活饮用水卫生标准

GB 15618　土壤环境质量　农用地土壤污染风险管控标准(试行)

WM/T 2—2004　药用植物及制剂外经贸绿色行业标准

T/CACM 1374.1—2021　中药材规范化生产技术规程通则　植物药材

3 术语和定义

T/CACM 1374.1—2021 界定的以及下列术语和定义适用于本文件。

3.1　规范化生产　good agricultural practice

按照《中药材生产质量管理规范》(简称中药材 GAP)的要求,实施药材生产,保证中药材优质安全的生产过程。

3.2　技术规程　code of practice

为实现中药材生产顺利、有序进行,保证中药材生产质量,对中药材生产的基地选址、种子种苗、种植或野生抚育、采收与产地初加工以及包装、放行与贮运等,所做的技术规定和要求,是实施中药材规范生产的核心技术要求和实施指南。

3.3　泽泻　Alismatis Rhizoma

泽泻科植物东方泽泻 *Alisma orientale*(Sam.)Juzep. 或泽泻 *Alisma plantago-aquatica* Linn. 的干燥块茎。

4 泽泻规范化生产流程图

泽泻规范化生产流程见图 1。

泽泻规范化生产流程：

关键控制点及参数：

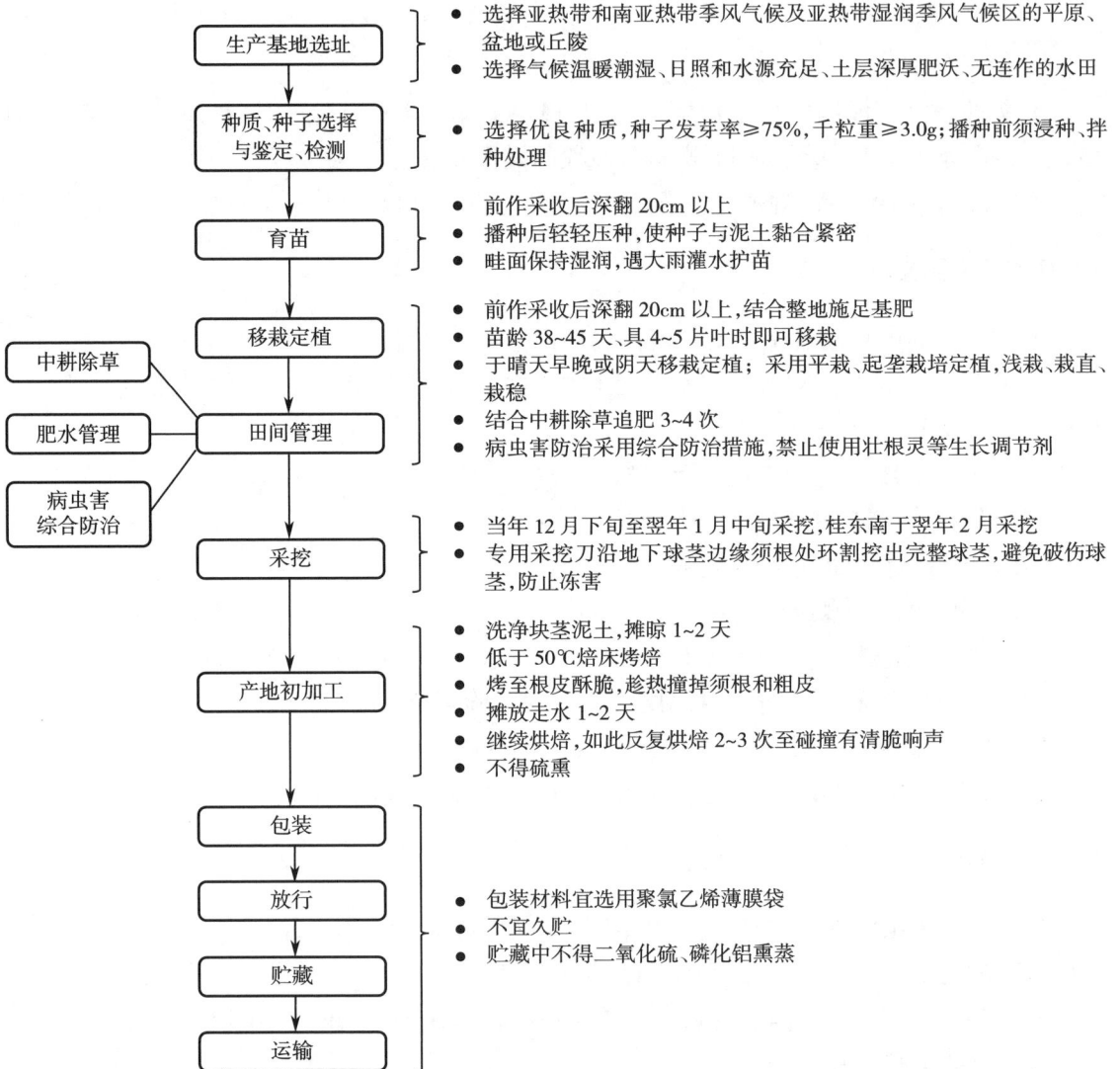

- 生产基地选址
  - 选择亚热带和南亚热带季风气候及亚热带湿润季风气候区的平原、盆地或丘陵
  - 选择气候温暖潮湿、日照和水源充足、土层深厚肥沃、无连作的水田

- 种质、种子选择与鉴定、检测
  - 选择优良种质，种子发芽率≥75%，千粒重≥3.0g；播种前须浸种、拌种处理

- 育苗
  - 前作采收后深翻 20cm 以上
  - 播种后轻轻压种，使种子与泥土黏合紧密
  - 畦面保持湿润，遇大雨灌水护苗

- 移栽定植
  - 前作采收后深翻 20cm 以上，结合整地施足基肥
  - 苗龄 38~45 天、具 4~5 片叶时即可移栽
  - 于晴天早晚或阴天移栽定植；采用平栽、起垄栽培定植，浅栽、栽直、栽稳

- 中耕除草
- 肥水管理
- 病虫害综合防治
- 田间管理
  - 结合中耕除草追肥 3~4 次
  - 病虫害防治采用综合防治措施，禁止使用壮根灵等生长调节剂

- 采挖
  - 当年 12 月下旬至翌年 1 月中旬采挖，桂东南于翌年 2 月采挖
  - 专用采挖刀沿地下球茎边缘须根处环割挖出完整球茎，避免破伤球茎，防止冻害

- 产地初加工
  - 洗净块茎泥土，摊晾 1~2 天
  - 低于 50℃焙床烤焙
  - 烤至根皮酥脆，趁热撞掉须根和粗皮
  - 摊放走水 1~2 天
  - 继续烘焙，如此反复烘焙 2~3 次至碰撞有清脆响声
  - 不得硫熏

- 包装
- 放行
  - 包装材料宜选用聚氯乙烯薄膜袋
  - 不宜久贮
  - 贮藏中不得二氧化硫、磷化铝熏蒸
- 贮藏
- 运输

图 1 泽泻规范化生产流程图

5 泽泻规范化生产技术

5.1 生产基地选址

5.1.1 产地选择

适宜种植在气候温和湿润、雨量充沛、四季分明的亚热带和南亚热带季风气候及亚热带湿润季风气候区。年平均气温 14~20℃，年降水量 800~1 800mm，海拔 50~500m。种植区

主要分布在福建建瓯、建阳、顺昌、邵武、龙海,四川夹江、东坡、彭山、五通桥,江西广昌及广西贵港等地及其他具有类似气候的地区。选择日照和水源充足、土层深厚、土质肥沃的水稻田。

5.1.2　地块选择

忌连作,选择轮作 1 年及以上的水稻田。

育苗田应选择土壤肥沃、排灌方便、前茬未种泽泻的浅水田,不宜选用冷烂田及保水保肥力差的砂土田等。

良种繁育田和定植田宜选用排灌方便、背风向阳、土壤肥沃、保水保肥性强、富含腐殖质的黏土田块。前作以早熟的早稻或莲藕为佳,忌连作。

5.1.3　环境要求

生产基地的空气质量应符合 GB 3095 规定的环境空气质量标准,灌溉水质量应符合 GB 5084 规定的农田灌溉水质标准,土壤质量应符合 GB 15618 的规定。

5.2　种质与种子

5.2.1　种质选择

使用泽泻科植物东方泽泻 *Alisma orientale*(Sam.)Juzep. 或泽泻 *Alisma plantago-aquatica* Linn.,物种须经过鉴定。如使用农家品种或选育品种应加以明确。

5.2.2　种子质量

应使用当年采收的成熟种子或贮存时间不超过半年的成熟种子,按照 GB/T 3543 规定的农作物种子检验规程的要求,发芽率 >70%、千粒重 >0.3g,并符合相应标准的其他规定。

5.2.3　良种繁育

12 月下旬至翌年 1 月上旬泽泻药材采挖前,在大田选择生长健壮、无病虫为害、块茎肥大的泽泻单株,摘除其地上部叶片,移栽于留种田用于繁种。气温低的区域覆盖地膜防冻保温,第二年植株开花时留种。田间管理同药材生产。次年春季留种植株抽薹初期,摘除弱小花薹,留下健壮薹开花、结籽。

花薹颜色由绿转褐、果序中部种子呈现黄褐色时分期分批采收花序。将中上部果序枝干割下扎成小把,晾挂于通风干燥或阴凉处自然干燥。搓揉捡去花枝等杂质,置于竹匾上继续阴干。收藏前筛去果梗、果皮等杂质,装入纸袋或布袋内,贮藏于干燥凉爽处。

5.3　育苗

5.3.1　整地

泽泻采取育苗移栽种植,不宜直播。育苗前犁田翻地 20cm 以上,随整地施入基肥,每亩(1 亩≈666.7m²,下文同)施入腐熟厩肥或堆肥 1 500~2 000kg 及钙镁磷肥 100kg。平整田面后开沟作畦,畦宽 1.0~1.3m,畦高 15~20cm,畦沟宽 25~30cm;畦面耙至田如平镜,泥烂如绒为好。

5.3.2　播种时间

闽北、赣东南等地于 7 月下旬至 8 月初播种;闽中南 7 月上中旬播种;四川地区 6 月中旬至下旬播种;桂东南等地于 8 月下旬至 9 月上旬播种。

5.3.3 播种量

播种量为每亩苗床 600~800g。

5.3.4 播种方法

播种前可在流动清水中浸种催芽24小时左右,捞出沥干水分后用质量分数为25%的多菌灵可湿性粉剂1 000倍液浸种10~15分钟,取出晾干。再将种子与100倍草木灰充分拌匀,均匀散播在苗床上,用细软扫帚或塑料薄膜从畦面轻轻拖过进行压种,使种子与泥土黏合紧密。

5.3.5 水分管理

播种后待畦面表层收水紧皮后及时覆水,一般以水面高出畦面2~3cm为度。播种后要搭设矮棚遮阴,棚高约80cm,加盖遮阳网,棚内透光率以55%~65%为宜,傍晚卷起四周遮阳网通风,移栽前10~15天拆除遮阴棚;四川地区多不搭设遮阴棚。

播种后3天内畦面保持2~3cm深的浅水,3天后排干水,畦沟保持5~8cm深的水层;畦面露白时于晚上覆水2~3cm深水,早上排干晒苗。遇大雨,应及时灌水护苗。

5.3.6 施肥

苗高2~3cm时,人工拔除杂草,同时结合间苗和施肥;去弱留强苗,株距以不小于3cm为宜;每亩施尿素10kg左右或氮∶磷∶钾=15∶10∶10的复合肥15~20kg。苗龄38~45天、具4~5片叶时即可起苗移栽。

5.3.7 起苗

选择晴天早晚或阴天起苗,起苗时应连根拔起,不要损伤幼苗根系和茎叶,随起随栽。移栽异地,起苗应带土,以箱装或筐装,不得挤压,时间不宜超过3天。

5.4 移栽

5.4.1 整地

前作采收后,清洁田园、深耕20cm以上,随整地每亩施入腐熟有机肥1 000~1 500kg作基肥,可根据土壤肥力情况配施少量化肥。

5.4.2 种苗选择

选用苗身粗壮,苗高8~18cm,无病斑,无虫蛀,心芽完整,展开真叶保持有5片以上的优质种苗。

5.4.3 移栽时间

闽北、赣东南等地于8月中下旬至9月上中旬移栽;四川地区于8月中旬至9月上旬移栽;桂东南等地于9月下旬至10月上中旬移栽。

5.4.4 移栽方法

可平栽和起垄栽培。平栽株距33~35cm,行距33~35cm,每5~8行留1条宽约40cm的作业沟。垄栽宜起垄30cm高,畦沟宽65cm,株行距28~33cm。栽插深度以3~4cm为宜,栽植时要做到浅栽、栽直、栽稳。

5.4.5 田间管理

5.4.5.1 查苗补苗

移栽返青后及时查苗补苗、除草,及时排灌。

5.4.5.2 中耕追肥

中耕除草 3~4 次并结合追肥,在植株生长盛期、块茎部迅速增重期追肥。以有机肥为主,有限度使用化学肥料,鼓励使用经国家批准的菌肥及中药材专用肥。

5.4.5.3 摘除花薹

结合中耕施肥及时摘除花薹,应从基部折断不留残基。在第二次耘田除草后,泽泻可能逐渐长出侧芽,应及时抹除。

5.4.5.4 灌水排水

福建省内平栽田移栽后至 10 月上旬,畦面保持干湿交替,晚上覆水 3~4cm,白天排干;10 月中旬至 11 月初,平栽、垄栽均保持畦面水深 5~8cm。四川地区 10 月份畦面保持 3~4cm 的浅水。垄栽田保持畦面无水,畦沟水深 8~10cm。11 月中旬后均要求逐渐排水至畦面现泥,12 月初排干。

禁止使用壮根灵、膨大素等生长调节剂用于增大泽泻块茎。

5.4.6 病虫害防治

常见病害有白斑病,虫害主要有银纹夜蛾、缢管蚜等。

贯彻“预防为主、综合防治”的植保方针,坚持轮作 1 年以上;加强栽培管理、科学施肥等栽培措施,综合采用农业防治、物理防治、生物防治,配合科学合理地使用化学防治,将有害生物危害控制在允许范围以内。使用化学农药应严格按照产品说明书,收获前 30 天停止使用。具体病虫害种类参见附录 B 表 B.2。

用化学防治时,应当符合国家有关规定。优先选用高效、低毒的生物农药;尽量避免使用除草剂、杀虫剂和杀菌剂等化学农药;不使用禁限用农药。农药使用参照国家相关规定。

5.5 采挖

移栽后 120~160 天采收,即当年 12 月下旬至翌年 1 月中旬,桂东南于翌年 2 月采收。大部分泽泻植株叶片变黄枯萎时,用手剥去枯茎萎叶,再用专用采挖刀沿地下球茎边缘须根处环割完整挖出球茎,割去多余叶片,顶部留下中间 2~3 片小叶,置簸箩容器中。采挖过程避免破伤球茎,注意防止冻害。

5.6 产地初加工

产地初加工包括摊晾、烘焙、走水、烘焙、撞根等程序。不得硫熏。

采挖的泽泻块茎洗净泥土,清洗用水应符合 GB 5749 的规定;洗净后的泽泻块茎晾晒 1~2 天后,置于焙床烤焙。焙床温度低于 50℃,每隔 24 小时翻动一次,烤至根皮酥脆,趁热放至撞笼撞掉须根和粗皮,摊放走水 1~2 天后,继续上炕烘焙,如此反复烘焙 2~3 次至碰撞有清脆响声,筛去须根等杂质。

加工干燥过程保证场地、工具洁净等。

5.7 包装、放行、贮运

5.7.1 包装

包装前应对每批药材按照国家标准进行质量检验。包装材料应符合 WM/T 2—2004 的规定,禁止使用接触过禁用物质的包装材料或容器。包装外贴或挂标签、合格证,标识牌内容应有药材名、基源、产地、批号、规格、重量、采收日期、企业名称等,并有追溯码。包装贮运图示标志可参考 GB/T 191—2016 规定。

5.7.2 放行

应制定符合企业实际情况的放行制度,有审核批生产、检验等的相关记录。不合格药材有单独处理制度。

5.7.3 贮运

应贮存于阴凉干燥处,定期检查,防止虫蛀、霉变、腐烂、泛油等的发生。仓库控制温度在 20℃以下、相对湿度 75% 以下;不同批次等级药材分区存放;建有定期检查制度。禁止用磷化铝和二氧化硫熏蒸。也可采用现代气调贮藏方法,包装或库内充氮或二氧化碳。泽泻药材不宜久贮。

运输应防止发生混淆、污染、异物混入、包装破损、雨雪淋湿等。

附　录　A

（规范性）

禁限用农药名单

A.1　禁止（停止）使用的农药（46 种）

六六六、滴滴涕、毒杀芬、二溴氯丙烷、杀虫脒、二溴乙烷、除草醚、艾氏剂、狄氏剂、汞制剂、砷类、铅类、敌枯双、氟乙酰胺、甘氟、毒鼠强、氟乙酸钠、毒鼠硅、甲胺磷、对硫磷、甲基对硫磷、久效磷、磷胺、苯线磷、地虫硫磷、甲基硫环磷、磷化钙、磷化镁、磷化锌、硫线磷、蝇毒磷、治螟磷、特丁硫磷、氯磺隆、胺苯磺隆、甲磺隆、福美胂、福美甲胂、三氯杀螨醇、林丹、硫丹、溴甲烷、氟虫胺、杀扑磷、百草枯、2,4-滴丁酯。

注：氟虫胺自 2020 年 1 月 1 日起禁止使用。百草枯可溶胶剂自 2020 年 9 月 26 日起禁止使用。2,4-滴丁酯自 2023 年 1 月 29 日起禁止使用。溴甲烷可用于"检疫熏蒸处理"。杀扑磷已无制剂登记。

A.2　在部分范围禁止使用的农药（20 种）

部分范围禁止使用的农药应注意药食同源中药材及来自其他作物的中药材。部分范围禁止使用的农药见表 A.1。

表 A.1　部分范围禁止使用的农药

通用名	禁止使用范围
甲拌磷、甲基异柳磷、克百威、水胺硫磷、氧乐果、灭多威、涕灭威、灭线磷	禁止在蔬菜、瓜果、茶叶、菌类、中草药材上使用,禁止用于防治卫生害虫,禁止用于水生植物的病虫害防治
甲拌磷、甲基异柳磷、克百威	禁止在甘蔗作物上使用
内吸磷、硫环磷、氯唑磷	禁止在蔬菜、瓜果、茶叶、中草药材上使用
乙酰甲胺磷、丁硫克百威、乐果	禁止在蔬菜、瓜果、茶叶、菌类和中草药材上使用
毒死蜱、三唑磷	禁止在蔬菜上使用
丁酰肼（比久）	禁止在花生上使用
氰戊菊酯	禁止在茶叶上使用
氟虫腈	禁止在所有农作物上使用（玉米等部分旱田种子包衣除外）
氟苯虫酰胺	禁止在水稻上使用

A.3　说明

本附录的内容来自 2019 年中华人民共和国农业农村部发布的《禁限用农药名录》（http://www.zzys.moa.gov.cn/gzdt/201911/t20191129_6332604.htm）。

附　录　B

（资料性）

泽泻常见病虫害防治的参考方法

表 B.1　泽泻常见病虫害防治的参考方法

病虫害名称	防治时期	化学防治方法	农业防治或物理防治方法
白斑病	7—10 月	代森锰锌,按农药标签使用;多抗霉素,按农药标签使用	轮作 1 年以上;每亩施用生石灰 50~75kg,翻耕土壤;有机肥必须充分腐熟;选用无病害感染、无机械损伤、植株健壮的优质种苗,不得使用带病苗;及时清沟排水;发现病株及时拔除,集中销毁。采收后及时清园,集中销毁病残叶
缢管蚜	8—10 月	苦参碱,按农药标签使用	
银纹夜蛾	9—10 月	敌百虫,按农药标签使用	冬季清洁田间,铲除杂草,消灭越冬蛹,降低翌年虫口基数;3 龄前多进行人工捕杀;成虫期设置黑光灯诱杀,也可用甘薯、豆饼等发酵液加少量敌百虫诱杀

参考文献

［1］国家药典委员会 . 中华人民共和国药典：2020 年版 一部［M］. 北京：中国医药科技出版社，2020.

［2］陈菁瑛，陈熹，刘波，等 . 建泽泻种子贮藏特性研究初报［J］. 现代中药研究与实践，2005（6）：20-22.

［3］陈菁瑛，刘波，郑伟文，等 . 泽泻种子发芽特性研究［J］. 现代中药研究与实践，2005（5）：17-19.

［4］陈菁瑛，张丽梅，陈义挺，等 . 不同来源泽泻种子质量比较［J］. 中药材，2004（11）：799-801.

［5］陈菁瑛，陈熹，张丽梅，等 . 育苗条件与建泽泻白斑病发生的关系［J］. 现代中药研究与实践，2004（3）：20-21.

［6］陈菁瑛，葛培盛，吕竹清，等 . 闽产泽泻育苗技术标准操作规程（草案）［J］. 现代中药研究与实践，2008（1）：9-11.

［7］张秋芳，史怀，朱炳耀，等 . 垄畦栽培对地道药材建泽泻产量与品质的影响［J］. 中国农学通报，2005（11）：143-144.

［8］李瑶，陈兴福，彭世明，等 . 二次正交旋转优化泽泻施肥［J］. 中药材，2015，38（4）：664-668.

［9］窦明明，石峰，马留辉，等 . 微肥配施对泽泻产量的影响［J］. 中药材，2017，40（1）：7-11.

［10］窦明明，雷飞益，石峰，等 . 配方施肥对川泽泻主要药效成分含量的影响［J］. 核农学报，2018，32（12）：2462-2470.

［11］刘红昌，杨文钰，陈兴福 . 不同育苗期、移栽期和采收期川泽泻质量变化研究［J］. 中草药，2007（5）：754-758.

［12］常乙玲，李兰，吴启南 . 泽泻贮藏养护技术及有效成分含量变化研究［J］. 现代中药研究与实践，2010，24（4）：70-72.

［13］蒙全 . 贵港市稻 - 稻 - 泽泻一年三熟免耕高产栽培技术［J］. 现代农业科技，2011（21）：145-146.

［14］福建省质量技术监督局 . 泽泻生产技术规程：DB35/T 1775—2018［S/OL］. ［2024-01-09］. https：//std.samr.gov.cn/db/search/stdDBDetailed？id=91D99E4D95A72E24E05397BE0A0A3A10.

［15］江西省质量技术监督局 . 广昌泽泻生产技术规程：DB36/T 546—2008［S/OL］. ［2024-01-09］. https：//std.samr.gov.cn/db/search/stdDBDetailed？id=91D99E4D94572E24E05397BE0A0A3A10.

［16］广西壮族自治区质量技术监督局 . 中药材　泽泻生产技术规程：DB45/T 496—2008［S/OL］. ［2024-01-09］. https：//std.samr.gov.cn/db/search/stdDBDetailed？id=91D99E4D2B302E24E05397BE0A0A3A10.

［17］四川省市场监督管理局 . 川产道地药材生产技术规程　泽泻：DB51/T 1065—2010［S/OL］. ［2024-01-09］. https：//std.samr.gov.cn/db/search/stdDBDetailed？id=BC354D2B92670E39E05397BE0A0A580F.

―――――――――――――

ICS 65.020.20
CCS C 05

团 体 标 准

T/CACM 1374.103—2021

降香规范化生产技术规程

Code of practice for good agricultural practice of
Dalbergiae Odoriferae Lignum

2021-10-15 发布

2021-10-15 实施

中华中医药学会 发布

目　次

前言 ……………………………………………………………………………………………… 262

1　范围 ……………………………………………………………………………………………… 263

2　规范性引用文件 ………………………………………………………………………………… 263

3　术语和定义 ……………………………………………………………………………………… 263

4　降香规范化生产流程图 ………………………………………………………………………… 264

5　降香规范化生产技术 …………………………………………………………………………… 265

　　5.1　生产基地选址 …………………………………………………………………………… 265

　　5.2　种质与种子 ……………………………………………………………………………… 265

　　5.3　种植 ……………………………………………………………………………………… 265

　　5.4　降香心材诱导和采收 …………………………………………………………………… 266

　　5.5　产地初加工 ……………………………………………………………………………… 266

　　5.6　包装、放行和贮运 ……………………………………………………………………… 267

附录A（资料性）　降香檀常见病虫害的防治方法 …………………………………………… 268

附录B（规范性）　禁限用农药名单 …………………………………………………………… 269

参考文献 …………………………………………………………………………………………… 270

前　言

　　本文件按照 GB/T 1.1—2020《标准化工作导则　第 1 部分：标准化文件的结构和起草规则》的规定起草。

　　请注意本文件中的某些内容可能涉及专利。本文件的发布机构不承担识别专利的责任。

　　本文件由中国医学科学院药用植物研究所和中国医学科学院药用植物研究所海南分所提出。

　　本文件由中华中医药学会归口。

　　本文件起草单位：中国医学科学院药用植物研究所海南分所、中国医学科学院药用植物研究所、万宁科健南药科技发展有限公司、天津天士力现代中药资源有限公司、重庆市药物种植研究所。

　　本文件主要起草人：魏建和、孟慧、杨云、张学敏、徐波、张兰兰、高志晖、徐艳红、王秋玲、陈波、张燕、常广路、黄良明、李浩陵、王文全、杨小玉、辛元尧、王苗苗。

降香规范化生产技术规程

1 范围

本标准确立了降香的规范化生产流程,规定了降香生产基地选址、种质与种子、种植、降香心材诱导和采收、产地初加工、包装、放行和贮运等阶段的技术要求。

本文件适用于降香的规范化生产。

2 规范性引用文件

下列文件中的内容通过文中的规范性引用而构成本文件必不可少的条款。其中,注明日期的引用文件,仅该日期对应的版本适用于本文件;不注明日期的引用文件,其最新版本(包括所有的修改单)适用于本文件。

GB 3095 环境空气质量标准

GB/T 3543 农作物种子检验规程

GB 5084 农田灌溉水质标准

GB 5749 生活饮用水卫生标准

GB 6001 育苗技术规程

GB/T 14071 林木良种审定规范

GB 15168—2018 土壤环境质量 农用地土壤污染风险管控标准(试行)

DB46/T 199 降香檀种子、种苗

LY/T 1000 容器育苗技术

LY/T 2120 降香黄檀培育技术规程

NY/T 496 肥料合理使用准则 通则

T/CACM 1327 降香檀心材整体诱导技术操作规程

T/CACM 1374.1—2021 中药材规范化生产技术规程通则 植物药材

《中华人民共和国药典》(2020 年版一部)

3 术语和定义

T/CACM 1374.1—2021 界定的以及下列术语和定义适用于本文件。

3.1 规范化生产 good agricultural practice

按照《中药材生产质量管理规范》(简称中药材 GAP)的要求,实施药材生产,保证中药材优质安全的生产过程。

3.2 技术规程 code of practice

为实现中药材生产顺利、有序进行,保证中药材生产质量,对中药材生产的基地选址、种子种苗、种植或野生抚育、采收与产地初加工以及包装、放行与贮运等,所做的技术规定和要求,是实施中药材规范生产的核心技术要求和实施指南。

4 降香规范化生产流程图

降香规范化生产流程见图1。

降香规范化生产流程:　　　关键控制点及技术参数:

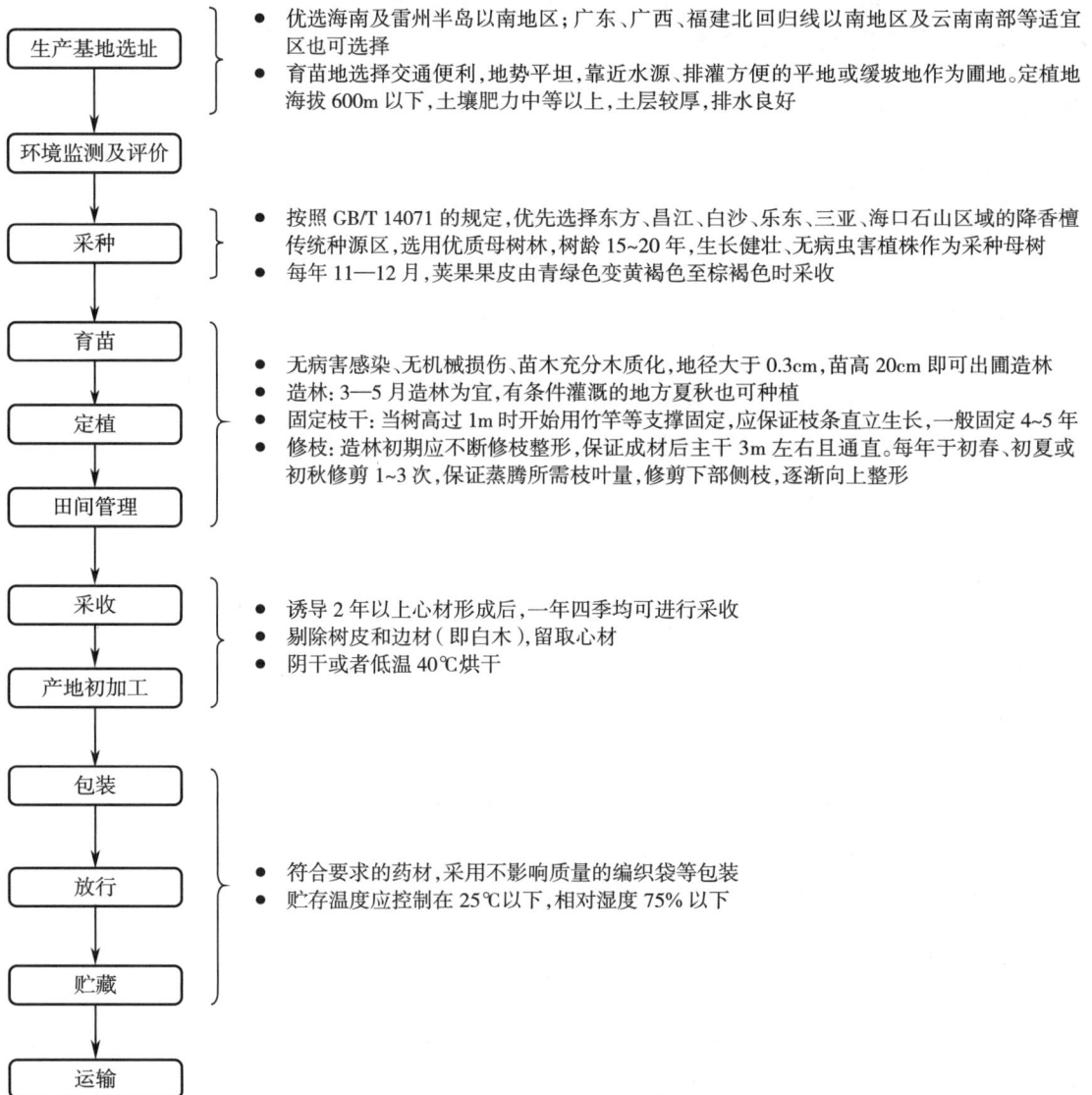

```
┌──────────────┐
│  生产基地选址  │───┐
└──────────────┘   │  ● 优选海南及雷州半岛以南地区;广东、广西、福建北回归线以南地区及云南南部等适宜
       │           │    区也可选择
       ▼           │  ● 育苗地选择交通便利,地势平坦,靠近水源、排灌方便的平地或缓坡地作为圃地。定植地
┌──────────────┐   │    海拔600m以下,土壤肥力中等以上,土层较厚,排水良好
│  环境监测及评价 │
└──────────────┘
       │
       ▼
┌──────────────┐───┐
│     采种      │   │  ● 按照GB/T 14071的规定,优先选择东方、昌江、白沙、乐东、三亚、海口石山区域的降香檀
└──────────────┘   │    传统种源区,选用优质母树林,树龄15~20年,生长健壮、无病虫害植株作为采种母树
       │           │  ● 每年11—12月,荚果果皮由青绿色变黄褐色至棕褐色时采收
       ▼
┌──────────────┐───┐
│     育苗      │   │  ● 无病害感染、无机械损伤、苗木充分木质化,地径大于0.3cm,苗高20cm即可出圃造林
└──────────────┘   │  ● 造林:3—5月造林为宜,有条件灌溉的地方夏秋也可种植
       │           │  ● 固定枝干:当树高过1m时开始用竹竿等支撑固定,应保证枝条直立生长,一般固定4~5年
       ▼           │  ● 修枝:造林初期应不断修枝整形,保证成材后主干3m左右且通直。每年于初春、初夏或
┌──────────────┐   │    初秋修剪1~3次,保证蒸腾所需枝叶量,修剪下部侧枝,逐渐向上整形
│     定植      │
└──────────────┘
       │
       ▼
┌──────────────┐
│   田间管理    │
└──────────────┘
       │
       ▼
┌──────────────┐───┐
│     采收      │   │  ● 诱导2年以上心材形成后,一年四季均可进行采收
└──────────────┘   │  ● 剔除树皮和边材(即白木),留取心材
       │           │  ● 阴干或者低温40℃烘干
       ▼
┌──────────────┐
│   产地初加工   │
└──────────────┘
       │
       ▼
┌──────────────┐
│     包装      │
└──────────────┘
       │
       ▼
┌──────────────┐───┐
│     放行      │   │  ● 符合要求的药材,采用不影响质量的编织袋等包装
└──────────────┘   │  ● 贮存温度应控制在25℃以下,相对湿度75%以下
       │
       ▼
┌──────────────┐
│     贮藏      │
└──────────────┘
       │
       ▼
┌──────────────┐
│     运输      │
└──────────────┘
```

图1 降香规范化生产流程图

5 降香规范化生产技术

5.1 生产基地选址

5.1.1 产地选择

在海拔 600m 以下的低丘陵或平原区域,平均气温 20℃以上,极端低温 –3℃;年平均降水量 1 200cm 以上。主要选择海南及雷州半岛以南地区,广东、广西、福建及云南等地北回归线以南地区也可选择。

5.1.2 地块选择

育苗和良种繁育地应选择地势平坦,靠近水源、排灌方便的平地或缓坡地作为圃地。

定植地应选择排水良好的荒山荒地或采伐地的阳坡、半阳坡造林为宜。

5.1.3 环境监测

按照 GAP 要求,基地的大气质量应符合 GB 3095 的规定、土壤质量应符合 GB 15618—2018 的规定、灌溉用水应符合 GB 5084 的规定、生活饮用水应符合 GB 5749 的规定,并保证生长期间持续符合标准的要求。

5.2 种质与种子

5.2.1 种质选择

豆科黄檀属植物降香檀(*Dalbergia odorifera* T. Chen)。

5.2.2 种子质量

应符合 GB/T 3543 和 DB46/T 199 的规定。

5.2.3 采种

应按照 GB/T 14071 的规定,优先选择东方、昌江、白沙、乐东、三亚、海口石山区域的降香檀传统种源区,选用优质母树林,树龄 15~20 年,生长健壮、无病虫害植株作为采种母树。每年 11—12 月,荚果果皮由青绿色变黄褐色至棕褐色时采收。

5.3 种植

5.3.1 育苗

降香育苗分实生苗育苗和扦插育苗。

实生苗育苗:春天播种,播种前种子用 0.2%~0.5% 高锰酸钾溶液消毒 15~30 分钟,消毒后用清水清洗 2 次。采用撒播或点播的方式播种。播种前消毒苗床,具体处理方法按照 LY/T 1000 的规定执行。将种子播到消毒好的苗床上,播种密度以 150 粒 /m² 为宜。播种后,雾状淋水,晴天早、晚淋水各 1 次。待苗高 5~7cm 时,可分床移栽于育苗袋内。移栽后适当薄施氮肥。袋苗生长半年后,应按照 LY/T 2120 进行苗木质量分级,选择地径≥0.4cm,苗高≥30cm,苗茎充分木质化,无病虫害的苗出圃造林。

扦插育苗:选用 1~1.5 年生苗木主干木质化部分或粗为 0.5~1.0cm 的侧枝,切成约 15cm 的插条进行扦插,萌条高约 20cm 高时即可拆除荫棚,适当追肥;宜采用红壤土、河沙和椰渣混合作为扦插基质;插条苗培育 8 个月以上可出圃造林。

5.3.2 定植

以穴状或带状整地为宜。定植前 1 个月挖穴,植穴规格为 50cm×50cm×40cm。同时配合投放基底肥,结合回填土混合均匀后回穴,等待苗栽植其上。种植一般在雨季初、中期,5—8 月的阴雨天为宜。种植以密植为宜,每亩（1 亩 ≈ 666.7m²,下文同）种植 200 株以上。种植 1 个月后,及时补种缺株。

5.3.3 田间管理

5.3.3.1 苗期管理

移栽后 15 天内,每天喷水 2~3 次。1 个月后抽梢生长,按大田育苗的要求适时适量浇水即可。圃地发现有积水立即排除,做到内水不积,外水不淹。除草按照"除早、除小、除了"的原则。施肥遵循"勤施、薄施、少量多次"的原则,坚持以有机肥为主,化学肥为辅和施足基肥,适当追肥。肥料使用应符合 NY/T 496 的规定。

5.3.3.2 抚育管理

造林初期应加强砍杂、除蔓、松土扩穴、施肥等田间管理工作。造林前期为促进幼树生长发育,前 4 年每年定时结合锄草、松土、扩穴等管理工作 2~3 次,每株施农家肥 2~3kg 或复合肥 200g 2 次,第 5~6 年每年抚育 1 次。注意分枝修剪,有助于幼林的生长和根系的发展。造林后 1~3 年用木棍、竹竿扶直定干,培育主干。

5.3.4 病虫害防治

降香常见病害有黑痣病、炭疽病、细菌性穿孔病等,虫害主要有伪尺蠖、金花虫、瘤胸天牛等。

根据病虫害发生规律,采用预防为主、综合防治的方法,以农业防治为主,辅以生物、物理、机械防治,尽量减少化学农药防治次数,优先使用生物农药。苗圃及造林地防治病虫害常用药剂应按照 GB 6001 的附录 E 进行防治。降香檀常见病虫害防治的参考方法见附录 A。

采用化学防治时,应符合国家有关规定;优先选用高效、低毒的生物农药;尽量避免使用除草剂、杀虫剂和杀菌剂等化学农药;不应使用禁限用农药,禁限用农药名单应符合附录 B 的规定。

5.4 降香心材诱导和采收

自然情况下降香心材 8~10 年开始缓慢自然形成,采用断根、干旱等胁迫可促进心材形成。生产上可以采用树体输液诱导心材整体形成用作药材,即将降香心材诱导液利用植物蒸腾作用输送到树干、树根等部位,达到整体诱导心材形成的目的,具体技术操作按照 T/CACM 1327 的规定执行。诱导后心材自然形成,一般 2 年后可收获,3 年以上为佳。心材诱导后至采收前树木按照常规种植进行管理。

5.5 产地初加工

降香心材形成后,一年四季均可进行采收。锯断树干,去除枝叶,运至加工产地。应按照《中华人民共和国药典》（2020 年版一部）降香药材要求,趁鲜剔除树皮和边材（即白木）,留取心材,阴干。加工干燥过程应保证场地和工具洁净、心材不受雨淋等。

5.6 包装、放行和贮运

5.6.1 包装

包装前应对每批药材按照国家标准进行质量检验。符合要求的药材,采用不影响质量的编织袋等包装,禁止采用包装过肥料、农药等的包装袋包装。包装外贴或挂标签、合格证,标识牌内容应有药材名、基源、产地、批号、规格、重量、采收日期和企业名称等,并有追溯码。

5.6.2 放行

应制定符合企业实际情况的放行制度,有审核批生产、检验等的相关记录。不合格的药材应制定单独处理制度。

5.6.3 贮运

应贮存于阴凉干燥处,定期检查,防止虫蛀的发生。仓库温度应控制在 25℃以下,相对湿度 75% 以下;不同批次等级药材分区存放;建有定期检查制度。

运输应防止发生混淆、污染、异物混入、包装破损和雨雪淋湿等。

附　录　A
（资料性）
降香檀常见病虫害的防治方法

降香檀常见病虫害的防治方法见表 A.1。

表 A.1　降香檀常见病虫害的防治方法

病虫害名称	防治时期	防治措施	安全间隔 /d
猝倒病	3—4 月	播种前高锰酸钾溶液或福尔马林药液喷施,按照农药标签使用	≥7
		幼苗发病期间敌克松喷施,按照农药标签使用	≥7
黑痣病	6—7 月	发病前波尔多液或多菌灵喷施,按照农药标签使用	≥15
		发病初期百菌清喷施,按照农药标签使用	≥7
炭疽病	7—9 月	抽梢前波尔多液喷施预防,按照农药标签使用	≥15
		发病初期炭疽福美或多菌灵喷施,按照农药标签使用	≥7
细菌性穿孔病	3—9 月	抽梢前波尔多液喷施预防,按照农药标签使用	≥15
		发病初期可用细菌灵喷施,按照农药标签使用	≥7
瘤胸天牛	2—4 月	人工捕杀或敌百虫、辛硫磷、敌克松喷施,按照农药标签使用	≥7
蟋蟀	9—10 月	人工捕杀或敌百虫喷施,按照农药标签使用	≥7
伪尺蠖	4—5 月	敌百虫或亚胺硫磷喷施,按照农药标签使用	≥7
金花虫	3—4 月	氯氰菊酯喷施,按照农药标签使用	≥7

附 录 B

（规范性）

禁限用农药名单

B.1 禁止（停止）使用的农药（46 种）

六六六、滴滴涕、毒杀芬、二溴氯丙烷、杀虫脒、二溴乙烷、除草醚、艾氏剂、狄氏剂、汞制剂、砷类、铅类、敌枯双、氟乙酰胺、甘氟、毒鼠强、氟乙酸钠、毒鼠硅、甲胺磷、对硫磷、甲基对硫磷、久效磷、磷胺、苯线磷、地虫硫磷、甲基硫环磷、磷化钙、磷化镁、磷化锌、硫线磷、蝇毒磷、治螟磷、特丁硫磷、氯磺隆、胺苯磺隆、甲磺隆、福美胂、福美甲胂、三氯杀螨醇、林丹、硫丹、溴甲烷、氟虫胺、杀扑磷、百草枯、2,4-滴丁酯。

注：氟虫胺自 2020 年 1 月 1 日起禁止使用。百草枯可溶胶剂自 2020 年 9 月 26 日起禁止使用。2,4-滴丁酯自 2023 年 1 月 29 日起禁止使用。溴甲烷可用于"检疫熏蒸处理"。杀扑磷已无制剂登记。

B.2 在部分范围禁止使用的农药（20 种）

部分范围禁止使用的农药应注意药食同源中药材及来自其他作物的中药材。部分范围禁止使用的农药见表 B.1。

表 B.1 部分范围禁止使用的农药

通用名	禁止使用范围
甲拌磷、甲基异柳磷、克百威、水胺硫磷、氧乐果、灭多威、涕灭威、灭线磷	禁止在蔬菜、瓜果、茶叶、菌类、中草药材上使用，禁止用于防治卫生害虫，禁止用于水生植物的病虫害防治
甲拌磷、甲基异柳磷、克百威	禁止在甘蔗作物上使用
内吸磷、硫环磷、氯唑磷	禁止在蔬菜、瓜果、茶叶、中草药材上使用
乙酰甲胺磷、丁硫克百威、乐果	禁止在蔬菜、瓜果、茶叶、菌类和中草药材上使用
毒死蜱、三唑磷	禁止在蔬菜上使用
丁酰肼（比久）	禁止在花生上使用
氰戊菊酯	禁止在茶叶上使用
氟虫腈	禁止在所有农作物上使用（玉米等部分旱田种子包衣除外）
氟苯虫酰胺	禁止在水稻上使用

B.3 说明

本附录的内容来自 2019 年中华人民共和国农业农村部发布的《禁限用农药名录》（http://www.zzys.moa.gov.cn/gzdt/201911/t20191129_6332604.htm）。

参考文献

[1] 陈焕镛.海南植物志:第二卷[M].北京:科学出版社,1965:289-290.

[2] 黄泉生.降香黄檀引种试验初报[J].热带林业,2006(3):36.

[3] 郭文福,贾宏炎.降香黄檀在广西南亚热带地区的引种[J].福建林业科技,2006(4):152-155.

[4] 许洋,许传森.主要造林树种网袋容器育苗轻基质技术[J].林业实用技术,2006(10):37-40.

[5] 张淑芬,曾祥全,盛小彬.花梨萌芽条扦插育苗技术研究[J].热带林业,2007(1):18-20.

[6] 倪臻,王凌晖,吴国欣,等.降香黄檀引种栽培技术研究概述[J].福建林业科技,2008(2):265-268.

[7] 叶水西.降香黄檀扦插育苗技术初步研究[J].安徽农学通报,2008(9):128-129.

[8] 林丽玉.福建省仙游县降香黄檀造林现状与展望[J].科技信息(科学教研),2008(8):324.

[9] 黄国清,陈瑞华.降香黄檀播种育苗技术研究[J].林业勘察设计,2008(2):162-164.

[10] 桑利伟,刘爱勤,孙世伟,等.海南降香黄檀炭疽病病原鉴定及防治[J].热带农业科学,2009,29(8):23-25.

[11] 伍慧雄,庄雪影,温秀军,等.降香黄檀病虫害调查[J].广东林业科技,2009,25(6):86-88.

[12] 陈海军,官莉莉,赖建明,等.降香黄檀轻基质网袋容器育苗技术[J].湖南林业科技,2010,37(2):59-61.

[13] 吴银兴.降香黄檀生物学特性及栽培技术[J].安徽农学通报(上半月刊),2011,17(17):135-136.

ICS 65.020.20
CCS C 05

团体标准

T/CACM 1374.104—2021

细辛（北细辛）规范化生产技术规程

Code of practice for good agricultural practice of
Asari Radix Et Rhizoma（*Asarum heterotropoides* var. *mandshuricum*）

2021-10-15 发布　　　　　　　　　　　　　　　　2021-10-15 实施

中华中医药学会　　发布

目　次

前言 274
1 范围 274
2 规范性引用文件 274
3 术语和定义 274
4 细辛（北细辛）规范化生产流程图 275
5 细辛（北细辛）规范化生产技术 275
5.1 生产基地选址 275
5.2 种质与种子 276
5.3 整地与作床 276
5.4 播种与移栽 276
5.5 田间管理 277
5.6 收获 277
附录 A（规范性） 禁限用农药名单 279
附录 B（资料性） 细辛（北细辛）常见病虫害症状及其防治的参考方法 280
参考文献 281

前　言

本文件按照 GB/T 1.1—2020《标准化工作导则　第 1 部分:标准化文件的结构和起草规则》的规定起草。

请注意本文件中的某些内容可能涉及专利。本文件的发布机构不承担识别专利的责任。

本文件由中国医学科学院药用植物研究所和辽宁省经济作物研究所提出。

本文件由中华中医药学会归口。

本文件起草单位:辽宁省经济作物研究所、辽宁光太药业有限公司、清原满族自治县农盛中药材种植专业合作社、中国医学科学院药用植物研究所、重庆市药物种植研究所。

本文件主要起草人:孙文松、于春雷、高嵩、沈宝宇、张天静、刘丹、汪歧禹、李瑞春、曾浩、赛丹、林森、季忠英、魏建和、王文全、王秋玲、杨小玉、辛元尧、王苗苗。

细辛（北细辛）规范化生产技术规程

1 范围

本文件确立了北细辛规范化生产流程，规定了细辛（北细辛）生产基地选址、种质、种苗繁育、田间管理、采收、产地初加工、包装、放行、储运等阶段的操作要求。本文件适用于细辛（北细辛）的规范化生产。

2 规范性引用文件

下列文件中的内容通过文中的规范性引用而构成本文件必不可少的条款。其中，注明日期的引用文件，仅该日期的版本适用于本文件；不注日期的引用文件，其最新版本（包括所用的修改单）适用于本文件。

GB 3095　环境空气质量标准

GB 5084　农田灌溉水质标准

GB 5749　生活饮用水卫生标准

GB 15618　土壤环境质量　农用地土壤污染风险管控标准（试行）

NY/T 496—2010　肥料合理使用准则 通则

T/CACM 1374.1—2021　中药材规范化生产技术规程通则　植物药材

《中华人民共和国药典》

NY/T 658　绿色食品　包装通用准则

3 术语和定义

T/CACM 1374.1—2021界定的以及下列术语和定义适用于本文件。

3.1 规范化生产　good agricultural practices

按照《中药材生产质量管理规范》（简称中药材GAP）的要求，实施药材生产，保证中药材优质安全的生产过程。

3.2 技术规程　code of practice

为实现中药材生产顺利、有序进行，保证中药材生产质量，对中药材生产的基地选址、种子种苗、种植或野生抚育、采收与产地初加工以及包装、放行与贮运等，所做的技术规定和要求，是实施中药材规范生产的核心技术要求和实施指南。

3.3 细辛　Asari Radix Et Rhizoma

马兜铃科植物北细辛 *Asarum heterotropoides* Fr. Schmidt var. *mandshuricum*（Maxim.）Kitag.、汉城细辛 *Asarum sieboldii* Miq. var. *seoulense* Nakai 或华细辛 *Asarum sieboldii* Miq. 的干燥根和

根茎。

4 细辛（北细辛）规范化生产流程图

细辛（北细辛）规范化生产流程见图 1。

细辛（北细辛）规范化生产流程：　　关键控制点及参数：

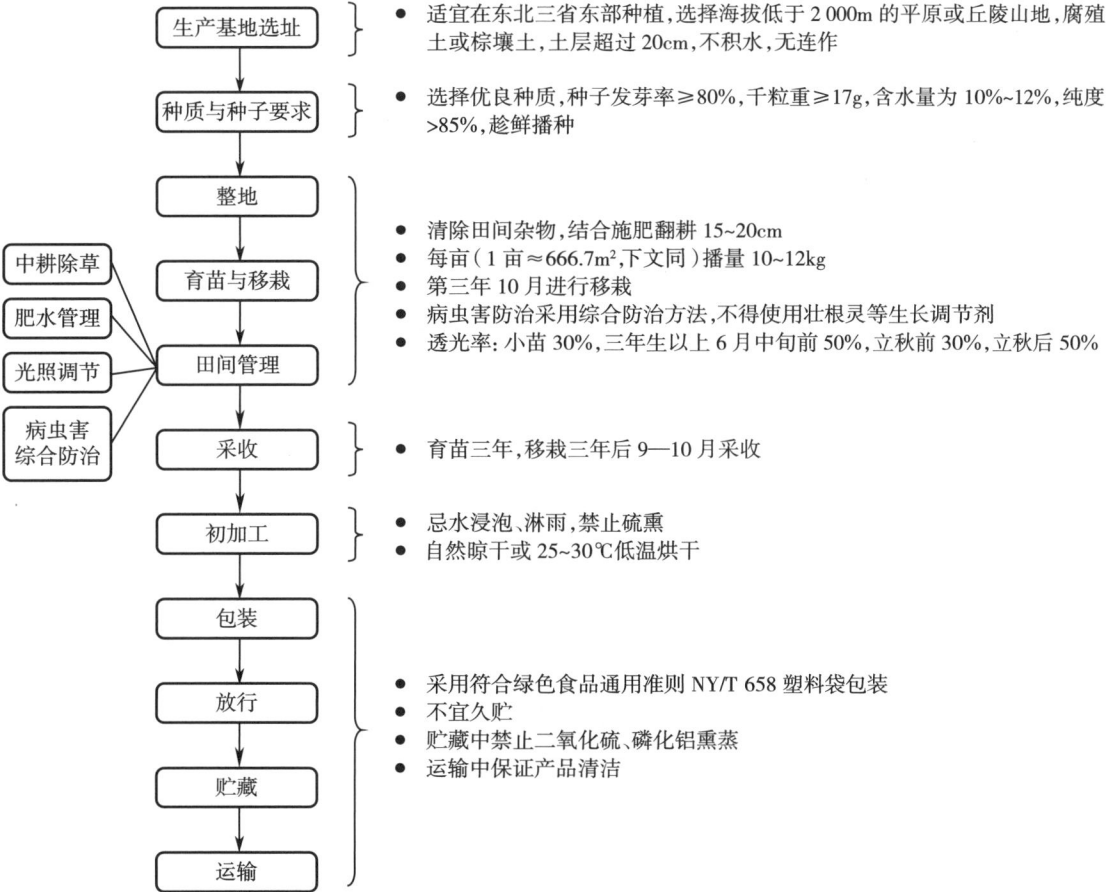

```
        ┌─────────────┐         ● 适宜在东北三省东部种植,选择海拔低于 2 000m 的平原或丘陵山地,腐殖
        │ 生产基地选址 │ }          土或棕壤土,土层超过 20cm,不积水,无连作
        └─────────────┘
              ↓
        ┌─────────────┐         ● 选择优良种质,种子发芽率≥80%,千粒重≥17g,含水量为 10%~12%,纯度
        │ 种质与种子要求 │ }         >85%,趁鲜播种
        └─────────────┘
              ↓
        ┌─────────────┐
        │    整地      │ ┐
        └─────────────┘ │        ● 清除田间杂物,结合施肥翻耕 15~20cm
              ↓         │        ● 每亩(1 亩≈666.7m²,下文同)播量 10~12kg
  ┌──────┐ ┌─────────────┐        ● 第三年 10 月进行移栽
  │中耕除草│─│ 育苗与移栽  │ │        ● 病虫害防治采用综合防治方法,不得使用壮根灵等生长调节剂
  └──────┘ └─────────────┘ │        ● 透光率:小苗 30%,三年生以上 6 月中旬前 50%,立秋前 30%,立秋后 50%
  ┌──────┐       ↓         │
  │肥水管理│─┐┌─────────────┐│
  └──────┘ └│   田间管理   │┘
  ┌──────┐ ┌│             │
  │光照调节│─┘└─────────────┘
  └──────┘       ↓
  ┌──────┐ ┌─────────────┐
  │病虫害 │─│    采收      │ }       ● 育苗三年,移栽三年后 9—10 月采收
  │综合防治│ └─────────────┘
  └──────┘       ↓
        ┌─────────────┐         ● 忌水浸泡、淋雨,禁止硫熏
        │    初加工    │ }        ● 自然晾干或 25~30℃低温烘干
        └─────────────┘
              ↓
        ┌─────────────┐
        │    包装      │ ┐
        └─────────────┘ │
              ↓         │        ● 采用符合绿色食品通用准则 NY/T 658 塑料袋包装
        ┌─────────────┐ │        ● 不宜久贮
        │    放行      │ │        ● 贮藏中禁止二氧化硫、磷化铝熏蒸
        └─────────────┘ │        ● 运输中保证产品清洁
              ↓         │
        ┌─────────────┐ │
        │    贮藏      │ │
        └─────────────┘ │
              ↓         │
        ┌─────────────┐ │
        │    运输      │ ┘
        └─────────────┘
```

图 1　细辛（北细辛）规范化生产流程图

5 细辛（北细辛）规范化生产技术

5.1 生产基地选址

5.1.1 产地选择

适宜在东北三省东部地区种植。北细辛主产于辽宁省的抚顺、本溪、丹东；吉林省的抚松、临江、通化；黑龙江的五常、尚志、阿城等地。北细辛生产基地可选址于辽宁省新宾满族自治县、本溪满族自治县，黑龙江省五常市、阿城区，吉林省抚松县、通化市等海拔低于2 000m 平原或丘陵山地。

5.1.2 地块选择

应距公路主干道或铁路 500m 以外。远离居民区、重工业区和医院，周围无金属或非金属矿山,无其他外源污染。运输方便,邻近水源、易排易灌,便于机械化、集约化和规范化生产。土质肥沃,腐殖质层深厚,地势平坦,排水性能好的森林腐殖土和山地棕壤土,土层厚度大于 20cm,坡度小于 15°,pH 6.0~7.0。

5.1.3 种植环境

生产区域环境空气应符合 GB 3095 中的二级标准,农田灌溉水应符合 GB 5084—2005 中的二级标准,土壤环境应符合 GB 15618—1995 中的二级标准,清洗用水应符合 GB 5749《生活饮用水卫生标准》。

5.2 种质与种子

5.2.1 栽培种质

使用马兜铃科植物北细辛 *Asarum heterotropoides* Fr. Schmidt var. *mandshuricum*（Maxim.）Kitag.,须经过鉴定。如使用农家品种或选育品种应明确。

5.2.2 种子质量

种子千粒重≥17g,含水量为 10%~12%,纯度 >85%,发芽率≥80%。

5.2.3 种子选用

在健壮植株上采收种子,选择籽粒饱满、无病害种子留种,于阴暗处摊放 1~2 天,搓去果皮,用清水漂洗去果肉和瘪粒。

5.2.4 浸种

播种前可用 100mg/L 的 NAA 浸泡 24 小时。

5.3 整地与作床

播种前一年秋季或早春整地,清除杂物。每亩施腐熟厩肥 1 500~2 000kg 和 40kg 过磷酸钙,翻耕深度 15~20cm。栽培床宽 1.2m,高 15~20cm,床间距 30~50cm,耙细整平。

5.4 播种与移栽

采用播种育苗移栽方式。

5.4.1 播种

选好的种子趁鲜播种,不能晾晒,否则影响发芽率。

5.4.1.1 播种时间

当年 6—7 月进行,播种当年不出苗,只长胚根。

5.4.1.2 播种方式

播种方法应采用撒播。床面土撒出 3cm 深,成槽并刮平压实,种子拌 2~3 倍细腐殖质土均匀撒播,将土回填镇压,上覆 3cm 厚松针或稻草。每亩播量 10~12kg。

5.4.2 移栽

5.4.2.1 移栽时间

第三年 10 月进行移栽。

5.4.2.2 移栽方法

将三年生北细辛苗挖出,剔除病弱苗,分大、中、小三类分别栽种。栽种前进行消毒处理减少病害发生。行距 15~20cm,株距 5~10cm,深 10cm 横沟栽植,覆土 3~5cm。

5.5　田间管理

5.5.1　越冬

播种当年只生根,不出苗。冬季结冻前,床面覆一层薄土。翌春,解冻未出苗前,撤出部分覆盖物,促进出苗。从第二年直至收获,每年进入冬季培土。

5.5.2　灌水

出苗前,保持床面土壤含水量在 30%~40%。苗出齐并长出真叶后,保持根系层湿润。雨季做好防涝排水工作,防止烂根。

5.5.3　调光

出苗后用树枝或竹片搭高 1m "∩" 形遮阴棚,用铁线连接,覆盖遮阳网。透光率:小苗 30%,三年生以上 6 月中旬前透光 50%,以后至立秋增加遮阴物使透光率达 30%,立秋后恢复透光 50%。

5.5.4　除草

移栽地块,每年进行 3~4 次人工除草松土,行间松土深度 3cm 左右,根际松土深度 2cm 左右。结合除草、松土,进行培土。

5.5.5　追肥

根据药材的生长、土壤肥力等进行施肥,可考虑从生长的第三年开始,每年 5 月中旬每亩追施多酶粉 15kg,同时喷施辉丰聚合 5kg。初冬结合防寒越冬,每亩施厩肥 1 500~2 000kg。施肥原则可参考 NY/T 496—2010《肥料合理使用准则　通则》。

5.5.6　病虫害防治

北细辛常见病害有立枯病、菌核病、疫病等,常见害虫有细辛凤蝶、蝼蛄等。

贯彻 "预防为主、综合防治" 的植保方针,从药田生态系统出发,调整小气候防止空气湿度过大;加强田间管理,选择排水良好的地块种植,合理调光,雨季及时排水防涝;发病初期,应及时拔除病株,集中烧毁拔除病株,挖出病土,每穴撒生石灰 30~60g 消毒,再回填新土;优先选用高效、低毒的生物农药;尽量避免使用除草剂、杀虫剂和杀菌剂等化学农药;不使用禁限用农药。

5.6　收获

5.6.1　采收

3 年生苗,移栽生长 3 年后收获。9 月中旬使用药材收获机进行采收。

5.6.2　处理

采收后,用药材清洗机清除残存在根茎上的泥土,人工去除杂质,自然晾干或 25~30℃低温烘干。未及时加工药材放置阴凉处进行防雨处理。

5.6.3　包装

包装前应对每批药材按照相应标准进行质量检验。符合国家标准的药材,用塑料袋进行包装,包装材料可参考绿色食品包装通用准则 NY/T 658。包装外贴或挂标签、合格证,标识牌内容应有品种、基源、产地、批号、规格、重量、采收日期、企业名称等,并有追溯码。

5.6.4 放行

应制定符合企业实际情况的放行制度,有审核、批准、生产、检验等的相关记录,放行人签字方可放行。不合格药材有单独处理制度。

5.6.5 运输

运输工具应清洁、干燥、有防雨设施,严禁与有毒、有害、有腐蚀性、有异味的物品混运。

5.6.6 贮藏

在避光、常温、干燥、通风、无虫害、鼠害和有防雨设施的地方贮藏,严禁与有毒、有害、有腐蚀性、易发潮、有异味的物品混贮。

附 录 A
（规范性）
禁限用农药名单

A.1 禁止（停止）使用的农药（46种）

六六六、滴滴涕、毒杀芬、二溴氯丙烷、杀虫脒、二溴乙烷、除草醚、艾氏剂、狄氏剂、汞制剂、砷类、铅类、敌枯双、氟乙酰胺、甘氟、毒鼠强、氟乙酸钠、毒鼠硅、甲胺磷、对硫磷、甲基对硫磷、久效磷、磷胺、苯线磷、地虫硫磷、甲基硫环磷、磷化钙、磷化镁、磷化锌、硫线磷、蝇毒磷、治螟磷、特丁硫磷、氯磺隆、胺苯磺隆、甲磺隆、福美胂、福美甲胂、三氯杀螨醇、林丹、硫丹、溴甲烷、氟虫胺、杀扑磷、百草枯、2,4-滴丁酯。

注：氟虫胺自2020年1月1日起禁止使用。百草枯可溶胶剂自2020年9月26日起禁止使用。2,4-滴丁酯自2023年1月29日起禁止使用。溴甲烷可用于"检疫熏蒸处理"。杀扑磷已无制剂登记。

A.2 在部分范围禁止使用的农药（20种）

部分范围禁止使用的农药应注意药食同源中药材及来自其他作物的中药材。部分范围禁止使用的农药见表A.1。

表A.1 部分范围禁止使用的农药

通用名	禁止使用范围
甲拌磷、甲基异柳磷、克百威、水胺硫磷、氧乐果、灭多威、涕灭威、灭线磷	禁止在蔬菜、瓜果、茶叶、菌类、中草药材上使用，禁止用于防治卫生害虫，禁止用于水生植物的病虫害防治
甲拌磷、甲基异柳磷、克百威	禁止在甘蔗作物上使用
内吸磷、硫环磷、氯唑磷	禁止在蔬菜、瓜果、茶叶、中草药材上使用
乙酰甲胺磷、丁硫克百威、乐果	禁止在蔬菜、瓜果、茶叶、菌类和中草药材上使用
毒死蜱、三唑磷	禁止在蔬菜上使用
丁酰肼（比久）	禁止在花生上使用
氰戊菊酯	禁止在茶叶上使用
氟虫腈	禁止在所有农作物上使用（玉米等部分旱田种子包衣除外）
氟苯虫酰胺	禁止在水稻上使用

A.3 说明

本附录的内容来自2019年中华人民共和国农业农村部发布的《禁限用农药名录》（http://www.zzys.moa.gov.cn/gzdt/201911/t20191129_6332604.htm）。

附 录 B

（资料性）

细辛（北细辛）常见病虫害症状及其防治的参考方法

细辛（北细辛）常见病虫害症状及其防治的参考方法参见表 B.1。

表 B.1 细辛（北细辛）常见病虫害药剂及其防治的参考方法

病虫害名称	症状	防治方法
立枯病	主要危害茎基部，病原菌侵入幼茎，随着茎干不断扩展，茎基部染病后出现黄褐色的病斑，最后导致茎基部腐烂，植株因为运输组织隔断，逐渐萎蔫枯死	播前除进行种子消毒外，出苗后用65%代森锰锌或50%甲基硫菌灵交替喷雾1~2次，按照农药标签使用；幼苗发病初期，用15%立枯灵乳剂灌根，按照农药标签使用
菌核病	主要危害根部，进而危害茎、叶和花果。先从地下部开始发病，逐渐浸染至地上部分。发病初期，地上植株无明显变化，叶片由绿色逐渐变为淡黄绿色，后期出现萎蔫。此时，地下根系内部组织已腐烂溃解，只存在外表皮。表皮内外附着大量黑色菌核	5%的石灰乳等消毒处理，或用50%多菌灵加50%代森锌喷雾或灌根，按照农药标签使用。病害严重的，可在秋季枯萎或春季萌发前用1%的硫酸铜进行田间消毒
疫病	主要危害叶片和叶柄，发病时叶片出现水浸状的暗绿色圆形病斑，当湿度较大时，病斑出现大量的白色霉状物，在高温高湿环境下，此病会以极快的速度蔓延，最后导致叶柄软化折倒，叶片腐烂死亡	合理轮作，种植时加强通风和排水措施，发病后，及时摘除病叶，如果出现局部染病，可以喷洒代森铵或75%百菌清防治，按照农药标签使用
细辛凤蝶	危害茎、叶。5~9月均可咬食细辛茎叶，使叶片残缺不全，或整个叶片被食掉，或将叶柄咬断，造成叶片枯死	2.5%敌百虫粉撒施床面，或晶体敌百虫喷雾，按照农药标签使用。幼虫发生初期集中为害，可人工捕捉幼虫和摘除卵块。清除田边杂草以及枯枝落叶，消灭越冬蛹块
蝼蛄	危害子叶、嫩叶，造成叶片孔洞或缺刻。危害嫩茎，使植株枯死，造成缺苗断垄，甚至毁苗重播，直接影响生产	提前1年整地，减少虫卵。10kg炒香麦麸拌入敌百虫，按照农药标签使用，加水适量，傍晚撒入田间或畦面上诱杀，或在畦帮开沟，撒入毒饵覆土。或松土时将毒土（25%敌百虫粉剂加细土20kg，按照农药标签使用）撒入细辛床土中。在成虫发生时期，设置黑光灯、马灯或电灯，灯下放置内装适量水和煤油的容器诱杀成虫

参考文献

［1］国家药典委员会.中华人民共和国药典：2020年版一部［M］.北京：中国医药科技出版社，2020.

［2］么历，程慧珍，杨智.中药材规范化种植（养殖）技术指南［M］.北京：中国农业出版社，2006.

［3］肖秀屏，苏玉彤，王秀，等.细辛的病虫害防治［J］.特种经济动植物，2015，18（8）：52-53.

［4］许讫.辽细辛人工栽培技术［J］.现代农业，2012（3）：23.

［5］郑毅，牛颖英.中药材辽细辛人工栽培技术［J］.河北农业科技，2007（5）：5.

［6］王学勇.辽细辛仿野生栽培技术［J］.吉林林业科技，2016，45（5）：59.

［7］付海滨，邢颖新，于洋，等.辽细辛出口基地GAP栽培技术操作规程［J］.现代中药研究与实践，2015，29（1）：5-8.

ICS 65.020.20
CCS C 05

团 体 标 准

T/CACM 1374.105—2021

细辛（华细辛）规范化生产技术规程

Code of practice for good agricultural practice of
Asari Radix Et Rhizoma（*Asarum sieboldii*）

2021-10-15 发布

2021-10-15 实施

中华中医药学会 发布

目　　次

前言 ·· 284

1　范围 ·· 285

2　规范性引用文件 ·· 285

3　术语和定义 ··· 285

4　细辛(华细辛)规范化生产流程图 ··· 285

5　细辛(华细辛)规范化生产技术 ·· 286

　　5.1　生产基地选址 ··· 286

　　5.2　种质与种子 ··· 287

　　5.3　种植 ··· 287

　　5.4　采挖 ··· 288

　　5.5　产地初加工 ··· 288

　　5.6　包装、放行、贮运 ··· 288

附录A(资料性)　细辛(华细辛)常见病虫害防治的参考方法 ·· 290

附录B(规范性)　禁限用农药名单 ·· 291

参考文献 ··· 292

前　言

本文件按照 GB/T 1.1—2020《标准化工作导则　第 1 部分：标准化文件的结构和起草规则》的规定起草。

请注意本文件中的某些内容可能涉及专利。本文件的发布机构不承担识别专利的责任。

本文件由中国医学科学院药用植物研究所和陕西师范大学提出。

本文件由中华中医药学会归口。

本文件起草单位：陕西师范大学、宁强县科学技术局、陕西汉医圣草堂药业有限公司、城固县群利中药材专业合作社、中国医学科学院药用植物研究所、重庆市药物种植研究所。

本文件主要起草人：崔浪军、段国权、安斯扬、张国彦、魏建和、王文全、王秋玲、杨小玉、辛元尧、王苗苗。

细辛(华细辛)规范化生产技术规程

1 范围

本文件确立了细辛(华细辛)的规范化生产流程,规定了细辛(华细辛)生产基地选址、种质、种苗繁育、种植、采收、产地初加工、包装、放行、贮运等阶段的操作要求。

本文件适用于细辛(华细辛)的规范化生产。

2 规范性引用文件

下列文件的内容通过文中的规范性引用而构成本文件必不可少的条款。其中,注明日期的引用文件,仅该日期对应的版本适用于本文件;不注明日期的引用文件,其最新版本(包括所有的修改单)适用于本文件。

GB 3095   环境空气质量标准

GB/T 3543   农作物种子检验规程

GB 5084   农田灌溉水质标准

GB 5749   生活饮用水卫生标准

GB 15618   土壤环境质量   农用地土壤污染风险管控标准(试行)

T/CACM 1374.1—2021   中药材规范化生产技术规程通则   植物药材

3 术语和定义

T/CACM 1374.1—2021 界定的以及下列术语和定义适用于本文件。

3.1 规范化生产   good agricultural practice

按照《中药材生产质量管理规范》(简称中药材 GAP)的要求,实施药材生产,保证中药材优质安全的生产过程。

3.2 技术规程   code of practice

为实现中药材生产顺利、有序进行,保证中药材生产质量,对中药材生产的基地选址、种子种苗、种植或野生抚育、采收与产地初加工以及包装、放行与贮运等,所做的技术规定和要求,是实施中药材规范生产的核心技术要求和实施指南。

3.3 细辛(华细辛)   Asari Radix Et Rhizoma

马兜铃科植物华细辛 *Asarum sieboldii* Miq. 的干燥根和根茎。

4 细辛(华细辛)规范化生产流程图

细辛(华细辛)规范化生产流程见图 1。

细辛（华细辛）规范化生产流程：　　　关键控制点及参数：

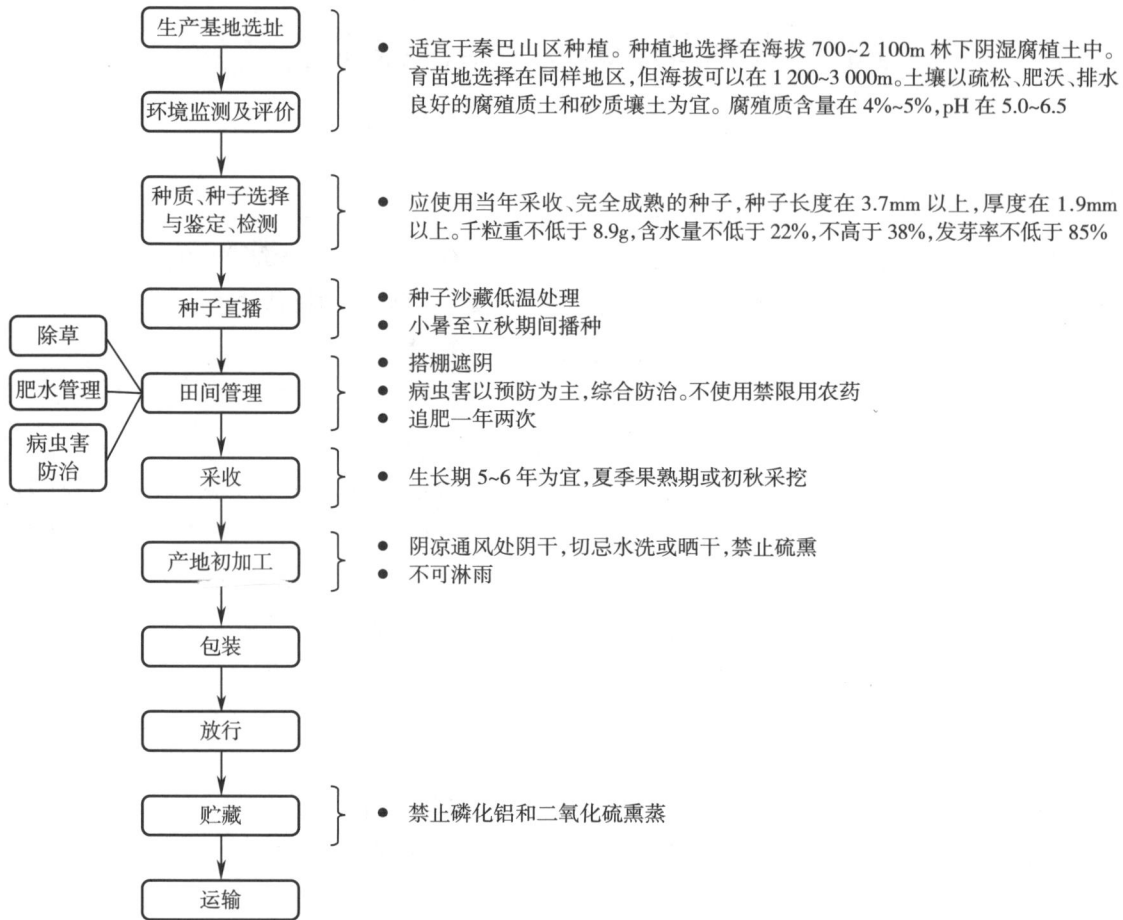

```
        ┌──────────────┐
        │ 生产基地选址  │ ┐
        └──────────────┘ │
              ↓          ├── ● 适宜于秦巴山区种植。种植地选择在海拔 700~2 100m 林下阴湿腐
        ┌──────────────┐ │      植土中。育苗地选择在同样地区,但海拔可以在 1 200~3 000m。土壤以疏松、肥沃、排水
        │ 环境监测及评价 │ ┘      良好的腐殖质土和砂质壤土为宜。腐殖质含量在 4%~5%,pH 在 5.0~6.5
        └──────────────┘
              ↓
        ┌──────────────┐
        │ 种质、种子选择 │ ┐ ● 应使用当年采收、完全成熟的种子,种子长度在 3.7mm 以上,厚度在 1.9mm
        │ 与鉴定、检测   │ ┘    以上。千粒重不低于 8.9g,含水量不低于 22%,不高于 38%,发芽率不低于 85%
        └──────────────┘
              ↓
        ┌──────────────┐
        │   种子直播    │ ┐ ● 种子沙藏低温处理
        └──────────────┘ ┘ ● 小暑至立秋期间播种
              ↓
┌──────┐
│ 除草 │
└──────┘
┌──────┐  ┌──────────────┐   ● 搭棚遮阴
│肥水管理│→│   田间管理    │ ● 病虫害以预防为主,综合防治。不使用禁限用农药
└──────┘  └──────────────┘   ● 追肥一年两次
┌──────┐       ↓
│病虫害│   ┌──────────────┐
│ 防治 │   │    采收      │ ● 生长期 5~6 年为宜,夏季果熟期或初秋采挖
└──────┘   └──────────────┘
              ↓
        ┌──────────────┐   ● 阴凉通风处阴干,切忌水洗或晒干,禁止硫熏
        │  产地初加工   │ ● 不可淋雨
        └──────────────┘
              ↓
        ┌──────────────┐
        │    包装      │
        └──────────────┘
              ↓
        ┌──────────────┐
        │    放行      │
        └──────────────┘
              ↓
        ┌──────────────┐
        │    贮藏      │ ● 禁止磷化铝和二氧化硫熏蒸
        └──────────────┘
              ↓
        ┌──────────────┐
        │    运输      │
        └──────────────┘
```

图 1　细辛（华细辛）规范化生产流程图

5　细辛（华细辛）规范化生产技术

5.1　生产基地选址

5.1.1　产地选择

适宜于秦巴山区种植。种植地选择在海拔 700~2 100m 林下阴湿腐殖土中。如要育苗,地块选择在同样地区,但海拔可以在 1 200~3 000m。

5.1.2　生产基地

不能连作,轮作 2 年以上土地才能使用。

育苗与种植地应选择熟地,以东南、东北坡向为好,宜选择南北或西南坡向为好。根据不同的海拔高度选择不同的坡向。具体坡向应根据当地山势、地势灵活选择。土壤以疏松、肥沃、排水良好的腐殖质土和砂质壤土为宜,黏土、砂土、低洼积水和山岗地不宜种植。用地应选择利于排水,腐殖质含量在 4%~5%,pH 在 5.0~6.5 的地块。

选择砂质壤土,整平耙细,施入适量有机肥及化肥。

5.1.3 环境监测

生产基地的空气质量应符合 GB 3095 规定的环境空气质量标准,灌溉水质量应符合 GB 5084 规定的农田灌溉水质标准,土壤质量应符合 GB 15618 的规定。

5.2 种质与种子

5.2.1 种质选择

使用马兜铃科细辛属华细辛(*Asarum sieboldii* Miq.)为物种来源,其物种须经过鉴定。如使用农家品种或选育品种应加以明确。

5.2.2 种子质量

种子质量检验须符合 GB/T 3543《农作物种子检验规程》相应标准。应使用当年采收、完全成熟的种子,颜色纯正,褐色、饱满。种子长度在 3.7mm 以上,厚度在 1.9mm 以上。千粒重不低于 8.9g。含水率不低于 22%,不高于 38%。发芽率不低于 85%。

5.2.3 良种繁育

果实由紫红色变为粉白色,手捏果肉软,呈粉沙状时即成熟,随熟随采,种子呈黄褐色,无乳浆时采摘为宜。果实成熟后期采收,不应过早采收,时间在小满前后 4~5 天采收。采收后的成熟果实应放置在室内或室外的地面上,放置一周后待果实胚胎腐烂后,清洗干净,控干水分。可采用湿沙拌种埋藏贮存,控干的细辛(华细辛)种子应与细河沙按 1∶2 的比例均匀混合,湿度控制在 45%~65% 之间,放置在通风的室内阴暗处保存。

5.3 种植

5.3.1 种子直播

整地 选地后,深翻 20~25cm,清除的树根、杂草焚烧后翻入土中,把细整平作畦。一般畦宽 120cm,畦沟宽 30cm,沟深 15~20cm,畦间挖截流沟,以防水土流失。施足基肥,翻耕后作畦即可。

播种 随着海拔高度的不同,各地应根据土壤的有利时机进行播种,一般在小暑至立秋期间。种子株行距均为 8cm 左右,播种深度为 2.5~3cm。播种后畦面上覆盖一层枯枝落叶。播种量以每亩(1 亩≈ 666.7m² ,下文同)1.5kg 为宜。

5.3.2 田间管理

5.3.2.1 搭棚

搭棚规格 一般棚高 150cm 左右。

遮阴网规格 育苗用遮阴网透光率以 14%~18% 为宜。

架棚时间 在作畦前埋好立柱,根据出苗情况遮阴。冬季积雪来临之前应及时收回遮阴网,以免积雪将棚架压垮,造成不必要的损失,开春后再盖。

遮阴材料 常用的遮阴材料除遮阴网外,还可以用板条、竹条、秸秆及各种蒿草、树枝等。

调光 根据光照情况调节,一般要求透光率可达 30%~40%。

5.3.2.2 追肥

追肥时间 追肥一年两次,应结合第一次松土在展叶初期进行第一次,第二次在立秋后。追肥量根据地块实际情况计算,地上部分枯萎后上盖头粪,既追施了肥料又有利于植株防寒越冬。

追肥方式与肥料种类 追肥采用根侧追肥。以有机肥为主,化学肥料有限度使用,鼓励使用经国家批准的菌肥及中药材专用肥。

5.3.2.3 灌排水

灌水 根据土壤墒情结合追肥进行灌水,生长季节如遇雨水少,较干旱,应及时灌水。每平方米灌水 15~20kg 为宜,有条件的地方可采用喷灌或滴灌。

排涝 作业道和排水沟要经常清理,防止堵塞。早春化冻前,将畦面和作业道的积雪清理出去。化冻后引出冻水,防止雪水渗入。严防积水浸泡。畦内水分过大时,要勤松土,并撤去畦头和畦帮的土,促进水分散失。

5.3.2.4 除草松土

锄草应在生育期内随时进行,每年进行 3~4 次。松土第一次可在展叶期进行,以后每隔15 天左右进行一次,土壤湿度过大时在浇水后应增加松土次数。第一次松土深度以达到根为宜,应与根体保持适当距离,以免损伤根体,以后要适当浅些。

5.3.3 病虫害等防治

细辛(华细辛)常见的病害有叶枯病、菌核病,常见的虫害有地老虎等。

细辛(华细辛)的病虫害应采用预防为主、综合治理的方法,合理运用农业的、生物的、物理的方法及其他有效生态手段,切断病菌和虫卵滋生条件,把病虫害控制在发生前,保护产地环境质量,降低农药对药材的污染。

具体防治方案见附录 A。

采用化学防治时,应当符合国家有关规定,首先选用高效、低毒的生物农药;尽量避免使用除草剂、杀虫剂和杀菌剂等化学农药;不使用禁限用农药。

禁止或限制使用农药种类应符合附录 B 的要求。

5.4 采挖

细辛(华细辛)采收期宜于夏季果熟期或初秋采挖,生长期为 5~6 年产量较高,宜于采收。采挖时应一次将华细辛根体挖出,防止挖断根体。

5.5 产地初加工

细辛(华细辛)采挖后,去净泥土,阴凉通风处阴干。切忌水洗或晒干,水洗则叶片发黑,根发白,日晒则叶片发黄,均会降低气味,影响质量。

5.6 包装、放行、贮运

5.6.1 包装

包装前应对每批药材按照国家标准进行质量检验。符合国家标准的药材,采用不影响质量的编织袋等包装,禁止采用包装过肥料、农药等的包装袋包装。包装外贴或挂标签、合格证,标识牌内容应有药材名、基源、产地、批号、规格、重量、采收日期、企业名称等,并有追溯码。

5.6.2 放行

应制定符合企业实际情况的放行制度,有审核批生产、检验等的相关记录。不合格药材

有单独处理制度。

5.6.3　贮运

应贮存于阴凉干燥处,定期检查,防止虫蛀、霉变、腐烂、泛油等的发生。仓库控制温度在 20℃以下、相对湿度 75% 以下;不同批次等级药材分区存放;建有定期检查制度。禁止磷化铝和二氧化硫熏蒸。也可采用现代气调贮藏方法,包装或库内充氮或二氧化碳。

运输应防止发生混淆、污染、异物混入、包装破损、雨雪淋湿等。

附 录 A

（资料性）

细辛（华细辛）常见病虫害防治的参考方法

细辛（华细辛）常见病虫害防治的参考方法见表 A.1。

表 A.1 细辛（华细辛）常见病虫害防治的参考方法

病虫害名称	防治时期	推荐防治方法	安全间隔期 /d
叶枯病	4—8 月	代森锰锌、腐霉利、异菌脲喷洒，按照农药标签使用，连续喷 3~5 次	≥7
锈病	5—8 月	粉锈宁、腈菌·锰锌、敌锈钠，按照农药标签使用，连续喷 2~3 次	≥7
菌核病	4—6 月	腐霉利、多菌灵加代森铵混合溶液浇灌，按照农药标签使用	≥10
		代森锌或菌核利浇灌，按照农药标签使用	≥10
地老虎		用敌百虫撒施，按照农药标签使用	≥7
		用麦麸、豆饼等 5kg，炒香后加 90% 晶体敌百虫 0.5kg、加水 5kg，制成毒饵，2kg/ 亩施入田间，进行诱杀；若在大量发生时，用敌百虫，或辛硫磷乳油灌根，按照农药标签使用	≥7
注：如有新的适合无公害华细辛生产的高效、低毒、低残留生物农药应优先选用			

附　录　B

（规范性）

禁限用农药名单

B.1　禁止（停止）使用的农药（46 种）

六六六、滴滴涕、毒杀芬、二溴氯丙烷、杀虫脒、二溴乙烷、除草醚、艾氏剂、狄氏剂、汞制剂、砷类、铅类、敌枯双、氟乙酰胺、甘氟、毒鼠强、氟乙酸钠、毒鼠硅、甲胺磷、对硫磷、甲基对硫磷、久效磷、磷胺、苯线磷、地虫硫磷、甲基硫环磷、磷化钙、磷化镁、磷化锌、硫线磷、蝇毒磷、治螟磷、特丁硫磷、氯磺隆、胺苯磺隆、甲磺隆、福美胂、福美甲胂、三氯杀螨醇、林丹、硫丹、溴甲烷、氟虫胺、杀扑磷、百草枯、2, 4- 滴丁酯。

注：氟虫胺自 2020 年 1 月 1 日起禁止使用。百草枯可溶胶剂自 2020 年 9 月 26 日起禁止使用。2, 4- 滴丁酯自 2023 年 1 月 29 日起禁止使用。溴甲烷可用于"检疫熏蒸处理"。杀扑磷已无制剂登记。

B.2　在部分范围禁止使用的农药（20 种）

部分范围禁止使用的农药应注意药食同源中药材及来自其他作物的中药材。部分范围禁止使用的农药见表 B.1。

表 B.1　部分范围禁止使用的农药

通用名	禁止使用范围
甲拌磷、甲基异柳磷、克百威、水胺硫磷、氧乐果、灭多威、涕灭威、灭线磷	禁止在蔬菜、瓜果、茶叶、菌类、中草药材上使用，禁止用于防治卫生害虫，禁止用于水生植物的病虫害防治
甲拌磷、甲基异柳磷、克百威	禁止在甘蔗作物上使用
内吸磷、硫环磷、氯唑磷	禁止在蔬菜、瓜果、茶叶、中草药材上使用
乙酰甲胺磷、丁硫克百威、乐果	禁止在蔬菜、瓜果、茶叶、菌类和中草药材上使用
毒死蜱、三唑磷	禁止在蔬菜上使用
丁酰肼（比久）	禁止在花生上使用
氰戊菊酯	禁止在茶叶上使用
氟虫腈	禁止在所有农作物上使用（玉米等部分旱田种子包衣除外）
氟苯虫酰胺	禁止在水稻上使用

B.3　说明

本附录的内容来自 2019 年中华人民共和国农业农村部发布的《禁限用农药名录》（http://www.zzys.moa.gov.cn/gzdt/201911/t20191129_6332604.htm）。

参考文献

［1］李隆云,秦松云.华细辛栽培技术研究［J］.中国中药杂志,1994(5):272-274.

［2］景鹏飞,武坤毅,龚晔,等.药用植物细辛在中国的潜在适生区分布［J］.植物分类与资源学报,2015,37(3):349-356.

［3］李新江,胡延生.不同遮荫处理对华细辛中细辛脂素含量的影响［J］.北方园艺,2014(4):139-141.

［4］古一帆,刘忠,何明,等.华细辛中药有效成分与土壤理化性质的相关性研究［J］.上海交通大学学报(农业科学版),2010,28(4):361-366.

ICS 65.020.20
CCS C 05

团 体 标 准

T/CACM 1374.106—2021

荆芥规范化生产技术规程

Code of practice for good agricultural practice of
Schizonepetae Herba

2021-10-15 发布

2021-10-15 实施

中华中医药学会   发布

目　次

前言 ·· 295
1　范围 ··· 296
2　规范性引用文件 ·· 296
3　术语和定义 ·· 296
4　荆芥规范化生产流程图 ·· 297
5　荆芥规范化生产技术 ··· 297
　　5.1　生产基地选址 ··· 297
　　5.2　种质与种子 ·· 298
　　5.3　种植 ·· 298
　　5.4　采收 ·· 299
　　5.5　产地初加工 ·· 299
　　5.6　包装、放行、贮运 ··· 299
附录 A（规范性）　禁限用农药名单 ··· 300
附录 B（资料性）　荆芥常见病虫害防治的参考方法 ··· 301
参考文献 ·· 302

前　言

本文件按照 GB/T 1.1—2020《标准化工作导则　第 1 部分：标准化文件的结构和起草规则》的规定起草。

请注意本文件中的某些内容可能涉及专利。本文件的发布机构不承担识别专利的责任。

本文件由中国医学科学院药用植物研究所和河北省农林科学院经济作物研究所提出。

本文件由中华中医药学会归口。

本文件起草单位：河北省农林科学院经济作物研究所、北京同仁堂河北中药材科技开发有限公司、福建省农业科学院植物保护研究所、河北北方学院、南京农业大学、河北农业大学、河北大学、安国市农业农村局、中国医学科学院药用植物研究所、重庆市药物种植研究所。

本文件主要起草人：刘灵娣、温春秀、田伟、姜涛、卢瑞克、贾东升、刘红彬、向增旭、曹庆伟、赵建伟、刘铭、谢晓亮、杨太新、葛淑俊、刘建凤、刘晓清、叩根来、李树强、魏建和、王文全、王秋玲、杨小玉、辛元尧、王苗苗。

荆芥规范化生产技术规程

1 范围

本文件确立了荆芥规范化生产流程,规定了荆芥生产基地选址、种质、种苗繁育、种植、采收、产地初加工、包装、放行、贮运等阶段的操作要求。

本文件适用于荆芥的规范化生产。

2 规范性引用文件

下列文件中的内容通过文中的规范性引用而构成本文件必不可少的条款。其中,注明日期的引用文件,仅该日期对应的版本适用于本文件;不注日期的引用文件,其最新版本(包括所有的修改单)适用于本文件。

GB 3905 环境空气质量标准

GB 5084 农田灌溉水质标准

GB 15618 土壤环境质量 农用地土壤污染风险管控标准(试行)

T/CACM 1374.1—2021 中药材规范化生产技术规程通则 植物药材

《中华人民共和国药典》

3 术语和定义

T/CACM 1374.1—2021 界定的以及下列术语和定义适用于本文件。

3.1 规范化生产 good agricultural practice

按照《中药材生产质量管理规范》(简称中药材 GAP)的要求,实施药材生产,保证中药材优质安全的生产过程。

3.2 技术规程 code of practice

为实现中药材生产顺利、有序进行,保证中药材生产质量,对中药材生产的基地选址、种子种苗、种植或野生抚育、采收与产地初加工以及包装、放行与贮运等,所做的技术规定和要求,是实施中药材规范生产的核心技术要求和实施指南。

3.3 荆芥 Schizonepetae Herba

唇形科植物荆芥 *Schizonepeta tenuifolia* Briq. 的干燥地上部分。

3.4 荆芥穗 Schizonepetae Spica

唇形科植物荆芥 *Schizonepeta tenuifolia* Briq. 的干燥花穗。

4 荆芥规范化生产流程图

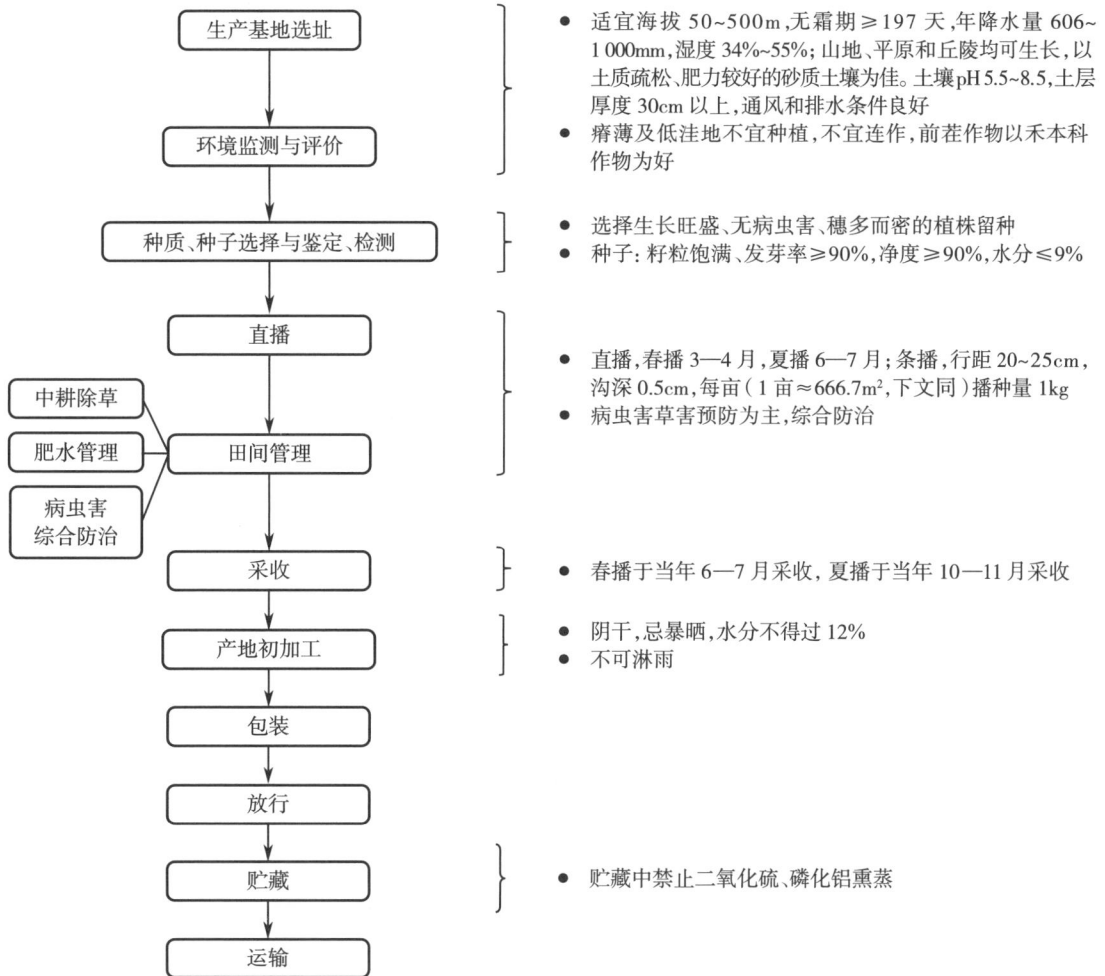

荆芥规范化生产流程见图1。

荆芥规范化生产流程：

关键控制点及参数：

```
┌─────────────────────┐
│    生产基地选址      │
└─────────────────────┘
          ↓
┌─────────────────────┐
│    环境监测与评价    │
└─────────────────────┘
```

- 适宜海拔 50~500m，无霜期 ≥197 天，年降水量 606~1 000mm，湿度 34%~55%；山地、平原和丘陵均可生长，以土质疏松、肥力较好的砂质土壤为佳。土壤 pH 5.5~8.5，土层厚度 30cm 以上，通风和排水条件良好
- 瘠薄及低洼地不宜种植，不宜连作，前茬作物以禾本科作物为好

```
┌─────────────────────┐
│ 种质、种子选择与鉴定、检测 │
└─────────────────────┘
          ↓
┌─────────────────────┐
│       直播          │
└─────────────────────┘
```

- 选择生长旺盛、无病虫害、穗多而密的植株留种
- 种子：籽粒饱满、发芽率≥90%，净度≥90%，水分≤9%

```
┌──────────┐
│ 中耕除草 │
└──────────┘
┌──────────┐    ┌─────────────────────┐
│ 肥水管理 │────│      田间管理        │
└──────────┘    └─────────────────────┘
┌──────────┐
│ 病虫害   │
│ 综合防治 │
└──────────┘
          ↓
┌─────────────────────┐
│       采收          │
└─────────────────────┘
```

- 直播，春播 3—4 月，夏播 6—7 月；条播，行距 20~25cm，沟深 0.5cm，每亩（1 亩≈666.7m²，下文同）播种量 1kg
- 病虫害草害预防为主，综合防治

- 春播于当年 6—7 月采收，夏播于当年 10—11 月采收

```
┌─────────────────────┐
│    产地初加工        │
└─────────────────────┘
          ↓
┌─────────────────────┐
│       包装          │
└─────────────────────┘
          ↓
┌─────────────────────┐
│       放行          │
└─────────────────────┘
          ↓
┌─────────────────────┐
│       贮藏          │
└─────────────────────┘
          ↓
┌─────────────────────┐
│       运输          │
└─────────────────────┘
```

- 阴干，忌暴晒，水分不得过 12%
- 不可淋雨

- 贮藏中禁止二氧化硫、磷化铝熏蒸

图 1 荆芥规范化生产流程图

5 荆芥规范化生产技术

5.1 生产基地选址

5.1.1 产地选择

荆芥适应性较强，对自然环境和土壤要求不严，全国大部分地区均可生产。主产河北、江苏、安徽、河南、江西、湖北、浙江、湖南、福建、广西、四川等地，喜阳光，山地、平原和丘陵均可种植。

5.1.2 地块选择

选择土质疏松、肥力较好的砂质土壤，土壤 pH 以 5.5~8.5 为宜，土层厚度要在 30cm 以上,田间通风和排水条件良好,阳光充足,忌旱怕涝;瘠薄及低洼地不宜种植,不宜连作,前茬作物以禾本科作物为好。

5.1.3 环境监测

基地的大气、土壤和水样品的检测按照 GAP 要求,且应符合相应国家标准,且要保证生长期间持续符合相关标准。生产基地的空气质量应符合 GB 3095 规定的环境空气质量标准,灌溉水质量应符合 GB 5084 规定的农田灌溉水质标准,土壤质量应符合 GB 15618 规定的二级标准。

5.2 种质与种子

5.2.1 种质选择

使用唇形科植物荆芥 Schizonepeta tenuifolia Briq.,须经过鉴定。如使用农家品种或选育品种应加以明确。

5.2.2 种子质量

应选择籽粒饱满,发芽率不低于90%,纯度不低于95%,净度不低于90%,水分不高于9%的种子。种子质量按照 DB13/T 1320.4—2010 规定的要求。

5.2.3 良种繁育

在田间选择植株生长旺盛、无病虫害、穗多而密的单株或田块作留种田,田间管理同药材生产。9月下旬—10月上旬,当种子充分成熟、籽粒饱满、呈深褐色时,收割果穗,晾干,人工或机械脱粒,采用风选、机选等方法去杂去劣,留纯留优,种子置于通风干燥处或低温库保存。

5.3 种植

5.3.1 直播种植

整地:结合整地每亩(1亩≈666.7m²,下文同)施腐熟的有机肥 1 500~2 000kg、三元复合肥 30kg,耕深 20~30cm,耙细整平。

春播一般在 3—4 月,夏播一般在 6—7 月,采用机械或人工播种,按 20~25cm 行距开沟,沟深 0.5cm,将种子均匀播入沟内,覆土盖平,覆土以不见种子为度,稍镇压。如遇干旱天气,播前应浇水,保持土壤湿润以利出苗,每亩播种量 1kg 左右。

5.3.2 田间管理

及时进行中耕除草,保持田间无杂草;结合中耕除草每亩追施氮肥 10~20kg;花期可喷施磷酸二氢钾,苗期和花期各灌水 1 次,如遇干旱及时灌水,追肥后及时浇水,雨季注意排水。

生产中禁止使用各种生长调节剂。

5.3.3 病虫害草害等防治

荆芥常见病害有白粉病、茎枯病、立枯病等,常见虫害主要有银纹夜蛾、蝼蛄(华北蝼蛄)等。

应采用预防为主、综合防治的方法,通过选用抗性品种、培育壮苗、加强栽培管理、科学施肥等栽培措施,综合采用农业防治、生物防治,配合科学合理地使用化学防治,将有害生物危害控制在允许范围以内。

农业防治：使用无病虫害的种子，严禁连作，实施与禾本科作物轮作；苗期加强中耕，雨后及时排水；合理密植，增施磷、钾肥，增强抗病力；发现病株及时拔除，集中销毁，在病窝中撒入草木灰或生石灰消毒；每年秋冬季及时清园。

生物防治：采用生物制剂进行防治。

化学防治：采用化学防治时，应当符合国家有关规定；优先选用高效、低毒的生物农药；尽量避免使用除草剂、杀虫剂和杀菌剂等化学农药；不使用禁限用农药。

5.4 采收

5.4.1 采收期

春播于当年6—7月采收，夏播于当年10—11月采收。

5.4.2 采收方法

选择晴好天气，采用中药材收获机收割地上部分为"全荆芥"；剪下的果穗为"荆芥穗"，剩下的秆为"荆芥梗"，去除杂质，放于阴凉避风处阴干。

5.5 产地初加工

收获的荆芥忌暴晒，置于阴凉通风干燥处晾干为"全荆芥"，水分不得过12%；割下果穗晾干为"荆芥穗"，水分不得过12%。全荆芥在未完全干燥前，药材要扎缚成捆，方便运输。

加工干燥过程保证场地、工具洁净，不受雨淋等。

5.6 包装、放行、贮运

5.6.1 包装

包装前应对每批药材按照国家标准进行质量检验。符合国家标准的药材，采用不影响质量的编织袋等包装，禁止采用包装过肥料、农药等的包装袋包装。包装外贴或挂标签、合格证，标识牌内容应有药材名、基源、产地、批号、规格、重量、采收日期、企业名称等，并有追溯码。

5.6.2 放行

应制定符合企业实际情况的放行制度，有审核批生产、检验等的相关记录。不合格药材有单独处理制度。

5.6.3 贮运

应贮存于阴凉干燥处，定期检查，防止虫蛀、霉变、腐烂、泛油等的发生。仓库控制温度在20℃以下、相对湿度70%以下；不同批次等级药材分区存放；建有定期检查制度。禁止磷化铝和二氧化硫熏蒸。也可采用现代气调贮藏方法，包装或库内充氮或二氧化碳。

运输应防止发生混淆、污染、异物混入、包装破损、雨雪淋湿等。

附　录　A

（规范性）

禁限用农药名单

A.1　禁止（停止）使用的农药（46种）

六六六、滴滴涕、毒杀芬、二溴氯丙烷、杀虫脒、二溴乙烷、除草醚、艾氏剂、狄氏剂、汞制剂、砷类、铅类、敌枯双、氟乙酰胺、甘氟、毒鼠强、氟乙酸钠、毒鼠硅、甲胺磷、对硫磷、甲基对硫磷、久效磷、磷胺、苯线磷、地虫硫磷、甲基硫环磷、磷化钙、磷化镁、磷化锌、硫线磷、蝇毒磷、治螟磷、特丁硫磷、氯磺隆、胺苯磺隆、甲磺隆、福美胂、福美甲胂、三氯杀螨醇、林丹、硫丹、溴甲烷、氟虫胺、杀扑磷、百草枯、2,4-滴丁酯。

注：氟虫胺自2020年1月1日起禁止使用。百草枯可溶胶剂自2020年9月26日起禁止使用。2,4-滴丁酯自2023年1月29日起禁止使用。溴甲烷可用于"检疫熏蒸处理"。杀扑磷已无制剂登记。

A.2　在部分范围禁止使用的农药（20种）

部分范围禁止使用的农药应注意药食同源中药材及来自其他作物的中药材。部分范围禁止使用的农药见表A.1。

表A.1　部分范围禁止使用的农药

通用名	禁止使用范围
甲拌磷、甲基异柳磷、克百威、水胺硫磷、氧乐果、灭多威、涕灭威、灭线磷	禁止在蔬菜、瓜果、茶叶、菌类、中草药材上使用,禁止用于防治卫生害虫,禁止用于水生植物的病虫害防治
甲拌磷、甲基异柳磷、克百威	禁止在甘蔗作物上使用
内吸磷、硫环磷、氯唑磷	禁止在蔬菜、瓜果、茶叶、中草药材上使用
乙酰甲胺磷、丁硫克百威、乐果	禁止在蔬菜、瓜果、茶叶、菌类和中草药材上使用
毒死蜱、三唑磷	禁止在蔬菜上使用
丁酰肼（比久）	禁止在花生上使用
氰戊菊酯	禁止在茶叶上使用
氟虫腈	禁止在所有农作物上使用（玉米等部分旱田种子包衣除外）
氟苯虫酰胺	禁止在水稻上使用

A.3　说明

本附录的内容来自2019年中华人民共和国农业农村部发布的《禁限用农药名录》（http://www.zzys.moa.gov.cn/gzdt/201911/t20191129_6332604.htm）。

附 录 B

（资料性）

荆芥常见病虫害防治的参考方法

荆芥常见病虫害防治的参考方法见表 B.1。

表 B.1　荆芥常见病虫害防治的参考方法

病虫害名称	病原、害虫种类或类别	防治措施
白粉病	真菌：子囊菌亚门，小二孢白粉菌 *Erysiphe biocellata*	用嘧啶核苷类抗菌素或武夷菌素喷雾，按照农药标签使用
茎枯病	真菌：木贼镰刀菌 *Fusarium equiseti*	发病初期，用噁霉灵或多菌灵喷雾防治，按照农药标签使用
立枯病	真菌：半知菌类，立枯丝核菌 *Rhizoctonia solani*	田间刚发生病株时，用噁霉灵或多菌灵喷雾防治，按照农药标签使用
银纹夜蛾	鳞翅目，夜蛾科 *Argyrogramma agnata*	幼虫低龄期用 Bt 可湿性粉剂，或卵孵化盛期用苦参碱喷雾防治，按照农药标签使用
蝼蛄（华北蝼蛄）	直翅目，蝼蛄科 *Gryllotalpa unispina*	用敌百虫晶体或辛硫磷乳油，喷到炒过的麦麸上，傍晚撒于蝼蛄活动场所进行毒饵诱杀，按照农药标签使用

参考文献

[1] 国家药典委员会.中华人民共和国药典:2020年版一部[M].北京:中国医药科技出版社,2020.

[2] 保定市质量技术监督局.荆芥无公害生产技术规程:DB1306/T 78—2005[S/OL].[2025-03-19].https://max.book118.com/html/2022/0919/5334223242004341.shtm?from=search&index=1.

[3] 陈瑛.实用中药种子技术手册[M].北京:人民卫生出版社,1999.

[4] 赵立子.荆芥、柴胡种质鉴定技术研究[D].北京:北京协和医学院,2015.

[5] 魏志华,王新民.裂叶荆芥GAP栽培技术规程[J].安徽农学通报,2008(9):156-157.

[6] 丁军章,李春艳.药用植物荆芥规范化生产栽培技术[J].现代农业,2013(8):7-8.

[7] 河北省质量技术监督局.无公害荆芥田间生产技术规程:DB13/T 976—2008[S/OL].[2024-01-10].https://std.samr.gov.cn/db/search/stdDBDetailed?id=91D99E4D68102E24E05397BE0A0A3A10.

[8] 河北省质量技术监督局.祁荆芥种子生产技术规程:DB13/T 2416—2016[S/OL].[2024-01-10].https://std.samr.gov.cn/db/search/stdDBDetailed?id=91D99E4D85462E24E05397BE0A0A3A10.

[9] 河北省质量技术监督局.中药材种子质量标准 第4部分 荆芥:DB13/T 1320.4—2010[S/OL].[2024-01-10].https://std.samr.gov.cn/db/search/stdDBDetailed?id=91D99E4D4CE32E24E05397BE0A0A3A10.

[10] 狄文伟.荆芥菜高产栽培技术[J].上海蔬菜,2017(4):35-36.

[11] 徐绍峰.荆芥高产栽培技术[J].中国果菜,2012(5):20-21.

[12] 李桂兰,毕胜.荆芥的高产栽培技术[J].中国中药杂志,2011(4):62-63.

ICS 65.020.20
CCS C 05

团 体 标 准

T/CACM 1374.107—2021

草果规范化生产技术规程

Code of practice for good agricultural practice of
Tsaoko Fructus

2021-10-15 发布

2021-10-15 实施

中华中医药学会　发布

目　次

前言···305
1　范围··306
2　规范性引用文件···306
3　术语和定义··306
4　草果规范化生产流程图···306
5　草果规范化生产技术··307
　5.1　生产基地选址···307
　5.2　种质与种子··308
　5.3　种苗繁育···308
　5.4　种植···308
　5.5　采收与初加工···310
　5.6　包装、放行、贮运···310
附录A（规范性）　禁限用农药名单···311
附录B（资料性）　草果常见病虫害防治的参考方法··312
参考文献··313

前　　言

本文件按照 GB/T 1.1—2020《标准化工作导则　第 1 部分：标准化文件的结构和起草规则》的规定起草。

请注意本文件中的某些内容可能涉及专利。本文件的发布机构不承担识别专利的责任。

本文件由中国医学科学院药用植物研究所和中国医学科学院药用植物研究所云南分所提出。

本文件由中华中医药学会归口。

本标准起草单位：中国医学科学院药用植物研究所云南分所、中国医学科学院药用植物研究所、云南农业大学、西双版纳金棕生物科技有限公司、马关县草果研究所、重庆市药物种植研究所。

本标准主要起草人：张丽霞、俞静、魏建和、杨生超、唐德英、牟燕、梁艳丽、宋美芳、管志斌、王艳芳、彭建明、王延谦、尹翠云、王文全、王秋玲、杨小玉、辛元尧、王苗苗。

草果规范化生产技术规程

1 范围

本文件确立了草果规范化生产流程,规定了草果生产基地选址、种质与种子、种苗繁育、种植、采收与初加工、包装、放行、贮运等阶段的操作要求。

本文件适用于草果的规范化生产。

2 规范性引用文件

下列文件对于本标准的应用是必不可少的。凡是注明日期的引用文件,仅所注明日期的版本适用于本标准。凡是不注明日期的引用文件,其最新版本(包括所有的修改版本)适用于本标准。

GB 3095 环境空气质量标准

GB 5084 农田灌溉水质标准

GB 15618 土壤环境质量 农用地土壤污染风险管控标准(试行)

T/CACM 1374.1—2021 中药材规范化生产技术规程通则 植物药材

3 术语和定义

T/CACM 1374.1—2021 界定的以及下列术语和定义适用于本文件。

3.1 规范化生产 good agricultural practice

按照《中药材生产质量管理规范》(简称中药材 GAP)的要求,实施药材生产,保证中药材优质安全的生产过程。

3.2 技术规程 code of practice

为实现中药材生产顺利、有序进行,保证中药材生产质量,对中药材生产的基地选址、种子种苗、种植或野生抚育、采收与产地初加工以及包装、放行与贮运等,所做的技术规定和要求,是实施中药材规范生产的核心技术要求和实施指南。

3.3 草果 Tsaoko Fructus

姜科植物草果 *Amomum tsao-ko* Crevost et Lemaire 的干燥成熟果实。

4 草果规范化生产流程图

草果规范化生产流程见图 1。

草果规范化生产流程：

关键控制点及参数：

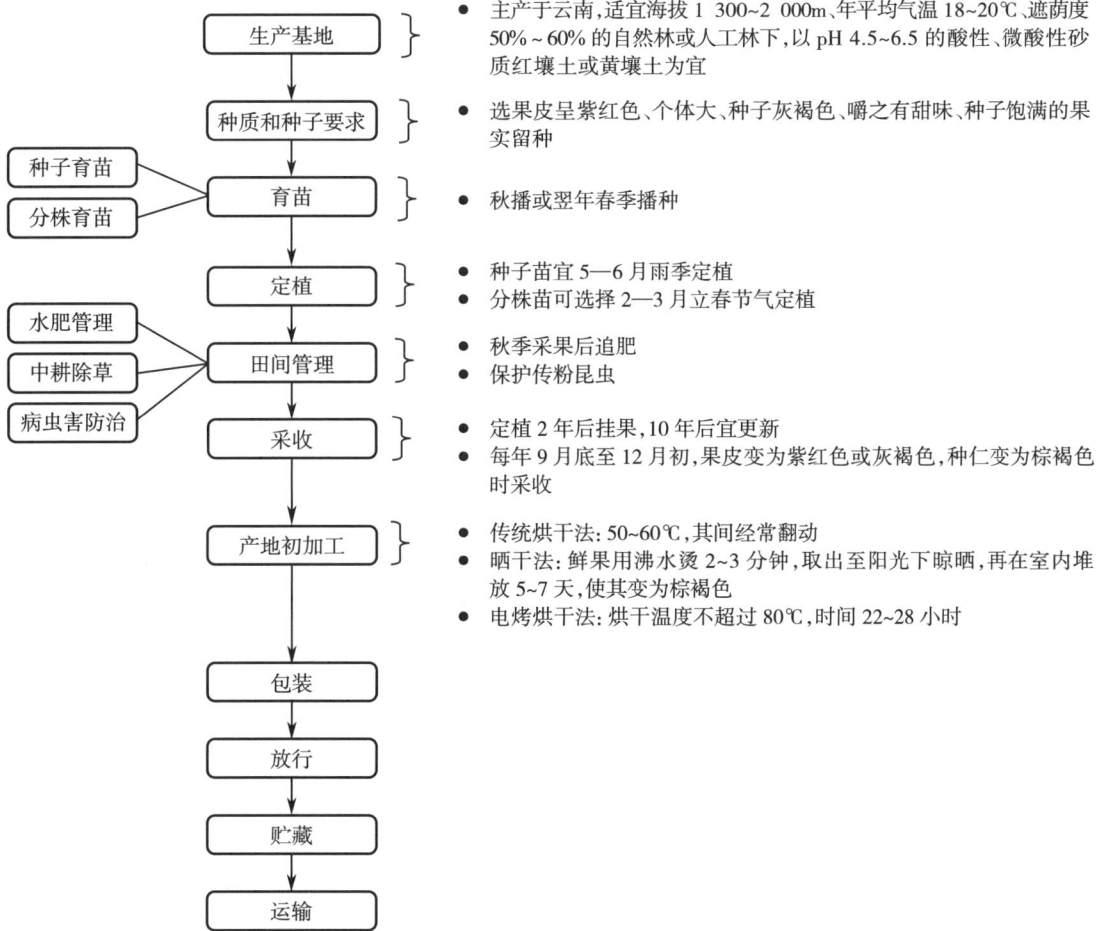

```
┌──────────────┐
│   生产基地    │ ┐
└──────────────┘ }
       │
┌──────────────┐
│ 种质和种子要求 │ ┐
└──────────────┘ }
       │
┌────────┐   ┌──────────────┐
│ 种子育苗 │──→│     育苗      │ ┐
├────────┤   └──────────────┘ }
│ 分株育苗 │──→
└────────┘      │
┌──────────────┐
│     定植      │ ┐
└──────────────┘ }
       │
┌────────┐   ┌──────────────┐
│ 水肥管理 │──→│   田间管理    │ ┐
├────────┤   └──────────────┘ }
│ 中耕除草 │──→
├────────┤      │
│ 病虫害防治 │─→
└────────┘   ┌──────────────┐
│     采收      │ ┐
└──────────────┘ }
       │
┌──────────────┐
│   产地初加工   │ ┐
└──────────────┘ }
       │
┌──────────────┐
│     包装      │
└──────────────┘
       │
┌──────────────┐
│     放行      │
└──────────────┘
       │
┌──────────────┐
│     贮藏      │
└──────────────┘
       │
┌──────────────┐
│     运输      │
└──────────────┘
```

- 主产于云南,适宜海拔 1 300~2 000m、年平均气温 18~20℃、遮荫度 50%~60% 的自然林或人工林下,以 pH 4.5~6.5 的酸性、微酸性砂质红壤土或黄壤土为宜

- 选果皮呈紫红色、个体大、种子灰褐色、嚼之有甜味、种子饱满的果实留种

- 秋播或翌年春季播种

- 种子苗宜 5—6 月雨季定植
- 分株苗可选择 2—3 月立春节气定植

- 秋季采果后追肥
- 保护传粉昆虫

- 定植 2 年后挂果,10 年后宜更新
- 每年 9 月底至 12 月初,果皮变为紫红色或灰褐色,种仁变为棕褐色时采收

- 传统烘干法: 50~60℃,其间经常翻动
- 晒干法: 鲜果用沸水烫 2~3 分钟,取出至阳光下晾晒,再在室内堆放 5~7 天,使其变为棕褐色
- 电烤烘干法: 烘干温度不超过 80℃,时间 22~28 小时

图 1　草果规范化生产流程图

5　草果规范化生产技术

5.1　生产基地选址

5.1.1　产地选择

主产于云南东南部、南部、西南部和怒江流域地区,及广西部分山区,适宜在海拔 1 300~2 000m、年平均气温 18~20℃、温暖阴凉、冬季雾多湿度大的山区种植。

5.1.2　地块选择

育苗地选择在交通便利、地势平缓、排灌方便、土壤疏松的砂壤土或壤土地块,忌选使用中的苗圃地或菜地。

定植地选择在自然林或人工林条件下,土壤以腐殖质丰富、pH 4.5~6.5 的酸性、微酸性砂质红壤土或黄壤土为宜。种植地遮荫度以 50%~60% 为宜,幼龄期荫蔽度以 60%~70% 为好。

5.1.3　环境监测

基地的大气、土壤和水样品的检测按照 GAP 要求,基地空气质量符合 GB 3095 二级标准的规定,灌溉用水质量符合 GB 5084 的规定,土壤环境质量符合 GB 15618 二级标准的规定。

5.2 种质与种子

5.2.1 种质选择

使用姜科植物草果 *Amomum tsao-ko* Crevost et Lemaire,物种须经过鉴定。如使用农家品种或选育品种应加以明确。

5.2.2 种子质量

选择果皮呈紫红色、个体大、种子灰褐色、嚼之有甜味、种子饱满的果实。千粒重≥64g,发芽率≥47%。

5.3 种苗繁育

5.3.1 种子育苗

5.3.1.1 选种

使用 5~7 年株龄,籽粒饱满、无病虫害、生长旺盛、结实多的母树留种。

5.3.1.2 种子采收与处理

每年 9 月底至 12 月初,当果皮变为紫红色或灰褐色,种仁变为棕褐色时采收成熟果实。将鲜果在早上 10 点前或下午 4 点以后的阳光下晾晒 2~3 天,每天晒 3~4 小时。剥去外果皮,取出种子团,洗净果肉取出种子,放清水中浸种 10~12 小时,拌粗砂并置于竹箕中搓擦,擦去种子表面的胶质层,置于潮砂中层积 30 天后播种,或用潮砂贮藏至翌年春季播种。

5.3.1.3 育苗床准备

播种前 2~3 个月整地,生荒地进行全垦,翻土深 25~30cm,翻耕打碎土块,施足底肥;熟地育苗则在初春翻地一次,播种前进行一次犁耙。每亩(1 亩≈666.7m²,下文同)可施草木灰 200~300kg,或沤熟的有机肥料 1 000~1 500kg。在圃地周围挖排水沟。做高 30cm、宽 120cm 的苗床,播种前可用多菌灵等杀菌剂对土壤进行消毒。

5.3.1.4 播种时间

秋播或翌年春季播种。

5.3.1.5 播种方法

在苗床上按株距 6cm、行距 20cm、深 1.5cm 开沟,条播种子。

5.3.1.6 苗床管理

覆土盖草,浇水保湿。出苗后揭去盖草,清除杂草,间出过密弱苗。当苗高 30~50cm 时可出圃定植。

5.3.2 分株育苗

直接取自生长大田,选取健壮高产母株上新生植株作为种苗,去除下部叶片,只留顶部 2~3 片。

5.4 种植

5.4.1 定植

5.4.1.1 定植时间

宜选 5—8 月雨水季节定植,大苗或分株苗也可在 2—3 月立春节气进行定植。

5.4.1.2 定植方法

1）种子苗：在立地条件较好的地块适当稀植，按株行距 2m×2m 或 2m×2.5m，每亩种植 134~166 株；在土质较瘦薄、立地条件较差的地块按株行距 1.5m×1.5m 或 1.2m×1.5m，每亩种植 300~370 株。植穴规格 50cm×50cm×30cm，每穴施入腐熟的农家肥 8~10kg、过磷酸钙 0.5~1.0kg，放入植穴内与底土充分混匀。定植时，将种苗的匍匐茎平放，使新生匍匐茎顶端露出土面，松土覆盖，不可压实，穴面应低于地面。每穴栽苗 1~2 株，浇足定根水，加盖枯枝落叶或稻草。

2）分株苗：株行距一般为（2~3m）×（2~3m），植穴规格 70cm×60cm×30cm，将母株带芽根茎挖出，分株进行栽植。每穴栽苗 1~2 株，移栽时将茎和须根埋入土中，距地表 8~10cm，用土压紧，细土覆盖。

5.4.2 田间管理

5.4.2.1 补苗

种苗定植 1 个月后，根据种苗成活情况进行补苗。

5.4.2.2 除草培土

夏、冬两季各进行 1 次中耕除草，将杂草铺在植株周围，让其腐烂，增加肥力。结合除草进行培土。禁止使用化学除草剂。

5.4.2.3 施肥

采收果实后采用环状施肥法进行追肥，以有机肥为主、化学肥料为辅使用，鼓励使用经国家批准的菌肥及中药材专用肥。次年 3 月开花前，每亩可用硼砂 100g 兑水 50kg 进行叶面追肥。

5.4.2.4 灌溉与排水

干旱季节要引水灌溉，雨季应开沟排涝。

5.4.2.5 调整荫蔽度

生长期荫蔽度控制在 50%~60%，土壤保水性差的种植地荫蔽度控制在 70% 左右。

5.4.2.6 保护传粉昆虫

保护产地周边彩带蜂、排蜂、小酸蜂、熊蜂等传粉昆虫；禁止毁巢取蜜；花期禁止使用化学杀虫剂。可在种植地周边栽种一些蜜源植物吸引传粉昆虫。

5.4.2.7 清园

每年秋季收果后，将老、弱、病、枯苗全部割除，移到草果地外，清除地面过厚的落叶。

5.4.3 病虫害防治

5.4.3.1 常见病虫害种类

草果常见病害有立枯病、叶斑病、花腐果腐病等，虫害主要有斑蛾、钻心虫等。

具体防治方法参见附录 B。

5.4.3.2 防治措施

遵循"预防为主、综合防治"原则，以农业防治为主。

1）农业防治：播种前进行土壤消毒；种植区选择好的水源；沟边种植草果要加大株行距；

选用无病害感染、无机械损伤、侧根少的优质种苗,禁用带病苗;及时清沟排水;发现病株及时拔除,集中销毁,并用石灰粉进行局部消毒;及时清除幼虫、茧、蛹等,每年秋、冬季及时清园。

2)化学防治:必要时可辅以化学防治,不使用禁限用农药。禁止或限制使用农药种类参见附录A。

5.4.4 老园更新

定植10年后,植株衰老,产量降低,宜进行更新种植。

5.5 采收与初加工

5.5.1 采收

草果一般定植2年后可挂果,每年9月底至12月初当果皮由鲜红色转为紫红色或灰褐色,种仁表面由白色变为棕褐色,即可采收,采收时,剪取完整果穗,禁止拉扯果实。

5.5.2 初加工

草果产地初加工可采用传统烘干法、晒干法或电烤烘干法。

1)传统烘干法:就近搭烤架、挖地沟,土窑烘烤,烘前将果实从果穗剪下,剪时要稍带点果柄。烘烤温度保持在50~60℃之间,其间经常翻动,使其受热均匀,直至烘干为止。

2)晒干法:鲜果用沸水烫2~3分钟,取出至阳光下晾晒,再在室内堆放5~7天,使其颜色变为棕褐色。

3)电烤烘干法:采用烘干设备对草果进行烘干,通常烘烤温度不超过80℃,烘烤时间22~28小时。

5.6 包装、放行、贮运

5.6.1 包装

包装材料应符合相关国家标准的要求。分为大包装和小包装,大包装为编织袋包装,规格分为25kg和50kg,小包装为塑料内袋密封,200g、500g或1 000g盒装。

包装前应对每批药材按照相关标准进行质量检验。符合相关标准的药材,采用不影响质量的编织袋等包装,禁止采用包装过肥料、农药等的包装袋包装。包装外贴或挂标签、合格证,标识牌内容应有药材名、基源、产地、批号、规格、重量、采收日期、企业名称等,并有追溯码。

5.6.2 放行

应制定符合企业实际情况的放行制度,有审核批生产、检验等的相关记录。不合格药材有单独处理制度。

5.6.3 贮运

应贮存于清洁、阴凉、干燥处,定期检查,防止虫蛀、霉变、腐烂等的发生。仓库周围无污染且控制温度在20℃以下、相对湿度75%以下;不同批次等级药材分区存放;建有定期检查制度。

运输工具应清洁、干燥、无异味、无污染;运输时应防潮、防雨雪、防暴晒,防止发生混淆、污染、异物混入、包装破损等。

附 录 A

（规范性）

禁限用农药名单

A.1 禁止（停止）使用的农药（46 种）

六六六、滴滴涕、毒杀芬、二溴氯丙烷、杀虫脒、二溴乙烷、除草醚、艾氏剂、狄氏剂、汞制剂、砷类、铅类、敌枯双、氟乙酰胺、甘氟、毒鼠强、氟乙酸钠、毒鼠硅、甲胺磷、对硫磷、甲基对硫磷、久效磷、磷胺、苯线磷、地虫硫磷、甲基硫环磷、磷化钙、磷化镁、磷化锌、硫线磷、蝇毒磷、治螟磷、特丁硫磷、氯磺隆、胺苯磺隆、甲磺隆、福美胂、福美甲胂、三氯杀螨醇、林丹、硫丹、溴甲烷、氟虫胺、杀扑磷、百草枯、2,4- 滴丁酯。

注：氟虫胺自 2020 年 1 月 1 日起禁止使用。百草枯可溶胶剂自 2020 年 9 月 26 日起禁止使用。2,4- 滴丁酯自 2023 年 1 月 29 日起禁止使用。溴甲烷可用于"检疫熏蒸处理"。杀扑磷已无制剂登记。

A.2 在部分范围禁止使用的农药（20 种）

部分范围禁止使用的农药应注意药食同源中药材及来自其他作物的中药材。部分范围禁止使用的农药见表 A.1。

表 A.1 部分范围禁止使用的农药

通用名	禁止使用范围
甲拌磷、甲基异柳磷、克百威、水胺硫磷、氧乐果、灭多威、涕灭威、灭线磷	禁止在蔬菜、瓜果、茶叶、菌类、中草药材上使用，禁止用于防治卫生害虫，禁止用于水生植物的病虫害防治
甲拌磷、甲基异柳磷、克百威	禁止在甘蔗作物上使用
内吸磷、硫环磷、氯唑磷	禁止在蔬菜、瓜果、茶叶、中草药材上使用
乙酰甲胺磷、丁硫克百威、乐果	禁止在蔬菜、瓜果、茶叶、菌类和中草药材上使用
毒死蜱、三唑磷	禁止在蔬菜上使用
丁酰肼（比久）	禁止在花生上使用
氰戊菊酯	禁止在茶叶上使用
氟虫腈	禁止在所有农作物上使用（玉米等部分旱田种子包衣除外）
氟苯虫酰胺	禁止在水稻上使用

A.3 说明

本附录的内容来自 2019 年中华人民共和国农业农村部发布的《禁限用农药名录》（http://www.zzys.moa.gov.cn/gzdt/201911/t20191129_6332604.htm）。

附　录　B
（资料性）
草果常见病虫害防治的参考方法

草果常见病虫害防治的参考方法参见表 B.1。

表 B.1　草果常见病虫害防治的参考方法

病虫害名称	药剂防治方法
花腐果腐病	开花初期,喷施多·福或波尔多液,按照农药标签使用,喷 2~3 次
叶斑病	发病初期,喷施百菌清或甲基硫菌灵,按照农药标签使用,喷施 2~3 次
立枯病	幼苗出土后,喷施波尔多液预防,按照农药标签使用,喷施 2~3 次
	发病初期,拔除病株,并在周围喷施菲醌细土混合物或多菌灵,按照农药标签使用,喷施 2~3 次;或撒石灰粉消毒
斑蛾	及时清除幼虫、茧、蛹等。在斑蛾幼虫在叶片的活动期且草果花苞还没打开时,喷施杀螟松乳油,按农药标签使用
钻心虫	喷施杀螟松乳油,按农药标签使用

参考文献

［1］谷风林,张林辉,房一明,等.云南不同地区草果物理性状、精油含量及组成分析［J］.热带作物学报,2018,39(7):1440-1446.

［2］杨志清,胡一凡,侬佩瑶,等.云南草果种植区域调查及生态适宜性气候因素分析［J］.中国农业资源与区划,2017,38(12):178-186.

［3］唐德英,马洁,里二,等.我国草果栽培技术研究概况［J］.亚太传统医药,2009,5(7):157-162.

［4］戴开结,唐丽,张光明.改造草果半野生种植模式的理论基础［J］.经济林研究,2004(4):31-34.

［5］马孟莉,王田涛,雷恩,等.金平县草果果质量与土壤速效养分的相关性初探［J］.天津农业科学,2008,24(11):75-77.

［6］张永弼.龙陵县草果丰产栽培试验［J］.林业调查规划,2011,36(2):113-116.

［7］王正昆,杨延康.草果栽培技术［J］.云南农业科技,2006(1):35-36.

［8］宋美芳,唐德英,李宜航,等.草果种子萌发特性研究［J］.中国农学通报,2019,35(5):70-74.

［9］雷恩,王根润,刘艳红,等.不同移栽密度对草果种苗质量的影响［J］.种子,2012,31(6):83-84.

［10］雷恩,刘艳红,田学军,等.覆盖物对草果种苗质量及土壤温度的影响［J］.种子,2011,30(7):97-98.

［11］肖良俊,陈海云,宁德鲁,等.云南草果栽培存在问题及丰产栽培技术研究［J］.安徽农学通报(上半月刊),2012,18(17):92-93.

［12］崔晓龙,魏蓉城,黄瑞复.草果人工种群结构研究［J］.西南农业学报,1995(4):114-118.

［13］鲁海菊,张云霞,刘卫,等.草果叶斑病防治初步研究［J］.菌物研究,2007(3):169-170.

［14］郑昆,杨俊敏,肖正昆.草果无公害烘干设备及工艺的效益分析［J］.农产品加工(学刊),2006(3):78-79.

［15］云南省质量技术监督局.草果播种育苗技术规程:DB53/T 682—2015［S/OL］.［2024-01-11］.https://std.samr.gov.cn/db/search/stdDBDetailed?id=91D99E4D7DD32E24E05397BE0A0A3A10.

［16］泸水县农业生产资料有限责任公司.草果:Q/LNZ 0001 S—2012［S/OL］.［2025-03-19］.https://doc.mbalib.com/view/546668af60cb906ba8fd88cdbb8bfa2b.html.

ICS 65.020.20
CCS C 05

团 体 标 准

T/CACM 1374.108—2021

茯苓规范化生产技术规程

Code of practice for good agricultural practice of Poria

2021-10-15 发布

2021-10-15 实施

中华中医药学会　发布

目 次

前言……………………………………………………………………………………… 316

1 范围 ………………………………………………………………………………… 317

2 规范性引用文件 …………………………………………………………………… 317

3 术语和定义 ………………………………………………………………………… 317

4 茯苓规范化生产流程图 …………………………………………………………… 319

5 茯苓规范化生产技术 ……………………………………………………………… 320

    5.1 生产基地选址 ………………………………………………………………… 320

    5.2 种质与菌种 …………………………………………………………………… 320

    5.3 菌种生产 ……………………………………………………………………… 320

    5.4 种植 …………………………………………………………………………… 321

    5.5 采收与初加工 ………………………………………………………………… 322

    5.6 包装、放行、贮运 …………………………………………………………… 323

附录A(规范性) 禁限用农药名单 ……………………………………………… 324

附录B(资料性) 茯苓菌种生产规程 …………………………………………… 325

附录C(资料性) 茯苓主要虫害形态特征、危害特点及主要病虫药剂防治的

    参考方法 ……………………………………………………………… 330

参考文献……………………………………………………………………………… 332

前　　言

本文件按照 GB/T 1.1—2020《标准化工作导则　第 1 部分：标准化文件的结构和起草规则》的规则起草。

请注意本文件中的某些内容可能涉及专利。本文件的发布机构不承担识别专利的责任。

本文件附录 A 是规范性附录，附录 B、附录 C 是资料性附录。

本文件由中国医学科学院药用植物研究所和湖北省中医药研究院提出。

本文件由中华中医药学会归口。

本文件起草单位：湖北省中医药研究院、靖州苗族侗族自治县茯苓专业协会、九州通集团九信（武汉）中药研究院有限公司、福建省农科院药用植物研究中心、安徽省农业科学研究院园艺研究所、上海市药材有限公司、湖北辰美中药有限公司、安徽天赋生物科技有限公司、中国医学科学院药用植物研究所、重庆市药物种植研究所。

本文件主要起草人：王克勤、黄鹤、王先有、吴卫刚、陈体强、李卫文、朱光明、彭鹏、苏玮、舒少华、付杰、万鸣、汪琦、李琦、王文治、魏建和、王文全、王秋玲、杨小玉、辛元尧、王苗苗。

茯苓规范化生产技术规程

1 范围

本文件确立了茯苓规范化生产流程,规定了茯苓生产基地选址、种质与菌种、种菌繁育、种植、采收、产地初加工、包装、放行、贮运等阶段的操作要求。

本文件适用于茯苓的规范化生产。

2 规范性引用文件

下列文件的内容通过文中的规范性引用而构成本文件必不可少的条款。其中,注明日期的引用文件,仅所注明日期的版本适用于本标准。不注明日期的引用文件,其最新版本(包括所有的修改版本)适用于本文件。

GB 3095　环境空气质量标准

GB 5084　农田灌溉水质标准

GB 5749　生活饮用水卫生标准

GB 15618　土壤环境质量　农用地土壤污染风险管控标准(试行)

DB35/T 1595—2016　松蔸栽培茯苓技术规范

DB42/T 570—2009　中药材　茯苓菌种生产技术规程

DB42/T 1006—2014　中药材　茯苓生产技术规程

DB43/T 842—2013　靖州茯苓菌种

T/CACM 1374.1—2021　中药材规范化生产技术规程通则　植物药材

3 术语和定义

T/CACM 1374.1—2021 界定的以及下列术语和定义适用于本文件。

3.1 规范化生产　good agricultural practice

按照《中药材生产质量管理规范》(简称中药材 GAP)的要求,实施药材生产,保证中药材优质安全的生产过程。

3.2 技术规程　code of practice

为实现中药材生产顺利、有序进行,保证中药材生产质量,对中药材生产的基地选址、种子种苗、种植或野生抚育、采收与产地初加工以及包装、放行与贮运等,所做的技术规定和要求,是实施中药材规范生产的核心技术要求和实施指南。

3.3 茯苓　Poria

多孔菌科真菌茯苓 *Poria cocos*(Schw.)Wolf 的干燥菌核。

3.4　菌种　pure culture

经人工培养并可供进一步繁殖或栽培使用的茯苓菌丝体及其生长基质组成的繁殖材料,包括母种、原种、栽培种,其中母种是用微生物组织分离方法,从茯苓菌核内分离培养得到的茯苓纯菌丝菌种,亦称试管种、一级种;原种是由茯苓母种经小规模扩大培养,供制作栽培种的茯苓纯菌丝菌种,亦称二级种;栽培种是由茯苓原种经扩大培养而得,直接用于茯苓栽培的纯菌丝菌种,亦称生产种、三级种。

3.5　种苓　mother sclerotium

经精心培育、选择,用于分离茯苓母种的优质鲜茯苓菌核。采自茯苓主产区的丰产、无病虫害的栽培场,从优良品系中提前培育,认真挑选出的个体较大、近球形、外皮较薄、颜色黄棕色或淡棕色、有明显的白色或淡棕色裂纹、重量 2.5kg 以上、生长旺盛、切或掰开后内部苓肉色白、茯苓气味浓郁、可见乳白色浆汁渗出、外皮完整、无虫咬损伤、无腐烂异样的优质鲜菌核。

3.6　菌龄　cell ages

菌种菌丝体的生长时间,即菌种自接种至使用之间的间隔时间。

3.7　剔枝留梢　cut off branch and keep tip

茯苓段木栽培生产中处理培养料的一种方法。选择晴天将选好的松树砍倒后立即剔去较大的树枝,保留树顶部分小枝及树叶。

3.8　削皮留筋　peel left ribs

茯苓段木栽培生产中处理培养料的一种方法。将剔枝留梢后的松树,由梢向蔸每间隔 3cm 左右纵向削去宽约 3cm、厚约 0.5cm 的树皮,露出木质部,使树干呈不规则的多面柱形。

3.9　苓场　Poria field

用于茯苓栽培的场地。

3.10　斗引法　bucket inoculation method

茯苓生产栽培中,培养料接种茯苓菌的方法之一,即将菌种袋顶端打开或侧面划破后,将菌种暴露的部位紧紧靠放在培养料或树蔸顶端使之接种的方法。

3.11　贴引法　close inoculation method

茯苓生产栽培中,培养料接种茯苓菌的方法之一,即将菌种袋顶端打开或侧面划破后,将菌种暴露的部位紧紧贴放在培养料或树蔸顶端侧面使之接种的方法。

3.12　垫引法　the pad inoculation method

茯苓生产栽培中,培养料接种茯苓菌的方法之一。即将菌种袋顶端打开或侧面划破后,将菌种暴露的部位紧紧垫放在培养料或树蔸侧根下面使之接种的方法。

3.13　诱引栽培　induced cultivation

茯苓菌核定点培育的一种创新技术,方法是在茯苓栽培生产的过程中,当茯苓菌丝体生长发育到临近聚集、纽结阶段,选用与原接种茯苓菌种同一品系的新鲜、具有生活力的幼嫩小茯苓菌核块,补充植入到培养料上,以其为"基核"诱导周围菌丝体到此进行定位聚集、纽结,进而形成个体较大的菌核的人工诱导方法。使用的"诱引"应为外皮淡棕色、完整、皮薄且裂纹明显、苓肉白色多浆、茯苓气味浓郁的幼嫩小茯苓菌核块。

3.14 上引 mycelium growth onto the pine wood

培养料接菌后,菌种内的茯苓菌丝体向外蔓延生长至培养料上的现象。

3.15 綑窖 bundle of pit

培养料接菌后,茯苓菌丝沿着段木留筋处生长到段木下端,并封兜返回生长,出现的茯苓菌丝生长网状连接现象。

3.16 潮苓 fresh sclerotium of *P. cocos*

采收后用于加工茯苓商品的鲜茯苓菌核。

3.17 发汗 sweating

传统茯苓产地(初)加工方法,即将采收的潮苓堆码在封闭处,促使其体内水分均匀缓慢逸出,以利于商品茯苓的后期加工,此过程即为"发汗"。

4 茯苓规范化生产流程图

茯苓规范化生产流程见图1。

茯苓规范化生产流程:

关键控制点及参数:

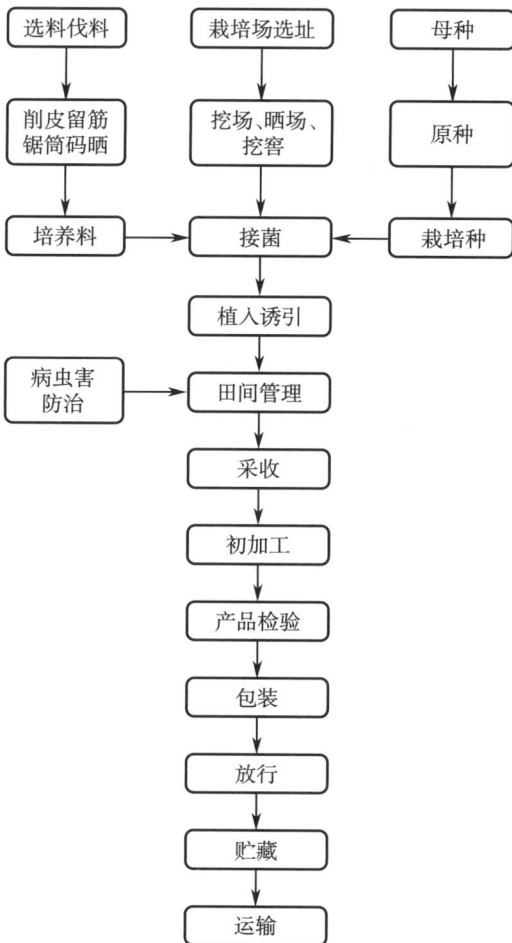

图 1 茯苓规范化生产流程图

5 茯苓规范化生产技术

5.1 生产基地选址

5.1.1 产地选择

茯苓药材种植适宜区域为我国东部、中部、南部的丘陵、中低山区。近年主产区为湖北英山、罗田、麻城,安徽岳西、霍山、金寨,云南楚雄、普洱、丽江、保山、大理、临沧等,贵州黔东南、铜仁、毕节、遵义,湖南怀化南部的靖州,福建闽北邵武、闽西武平等地。

5.1.2 地块选择

茯苓栽培多选用松林林间或林缘闲散地块,以生荒地、向阳老林场空地为好,地块在种植茯苓前需荒芜三年,忌连作。栽培场地多选用中性或微酸性的砂质壤土、土层深厚、有机质含量少的平地或 <25° 的缓坡地;松蔸栽培一般选用生长有松树蔸的向阳背风的山地,坡度在 10°~30° 为好。

5.1.3 环境监测

生产基地的大气、土壤和水样品的检测按照 GAP 要求,必须符合相应国家标准,并保证生长期间持续符合标准。生产基地的空气质量应符合 GB 3095 规定的环境空气质量标准,灌溉水质量应符合 GB 5084 规定的农田灌溉水质标准,土壤质量应符合 GB 15618 的规定。

5.2 种质与菌种

5.2.1 种质选择

使用的种质为多孔菌科真菌茯苓 *Poria cocos*（Schw.）Wolf。

5.2.2 栽培菌种质量

选用的栽培菌种为种源明确,经由当地主管部门审批,具有茯苓菌种生产资质的固定菌种厂生产的优良茯苓栽培菌种。

用于药材生产的茯苓栽培菌种菌龄为 30~60 天;菌丝洁白致密,生长均匀,布满菌袋,束状菌丝体较多;有的菌丝体尖端可见晶莹露滴状分泌物,茯苓特异香气浓郁;菌袋完整无破损,菌丝无发黄、发黑,无软化,无子实体出现,无杂菌污染。

5.3 菌种生产

可参考 2015 年 4 月 29 日中华人民共和国农业部修订的《食用菌菌种管理办法》及 DB42/T 570—2009、DB43/T 842—2013。

5.3.1 茯苓菌种厂的选址与修建

茯苓菌种厂应选建在产区,远离交通干道,通水、通电、通路,无粉尘污染,大气、水质等环境质量必须符合国家相关标准,厂房周围应有绿化树木或草皮,生产区周围无猪圈、牛栏、厕所等污染源。根据《中华人民共和国种子法》和《食用菌菌种管理办法》的有关规定,茯苓菌种厂必须具有相应资质,取得菌种生产经营许可证,配备相应技术人员及设施设备。

5.3.2 母种分离与培育、原种制备及栽培菌种生产

按照附录 B 茯苓菌种生产规程进行。

5.4 种植

5.4.1 选地整地

用于茯苓栽培的场地应远离城镇、医院、工矿企业、垃圾及废弃物堆积场等污染源,远离公路,水质、大气、土壤等环境无污染,方向朝南或东南、西南的平地或坡地。选定的栽培场地于冬季春节前翻挖,拣净场内杂草、树根、石块等杂物,备用。

5.4.2 培养料的选择与处理

选用树龄15年左右的松属植物,如马尾松、油松、云南松等。

冬季或春初将砍伐的松树或挖出的树蔸,进行剔枝留梢、削皮留筋、锯筒码晒等处理。树干锯成长45cm左右的段木,要求色淡黄,材质新鲜,料干体轻,周身多见细小晒裂纹,手击发出"咚咚"脆响声,无霉斑、无虫蛀痕。松树蔸(砍伐后3个月至1年的最好)凡无腐烂、少松脂、树皮尚未脱落的,直径12cm以上均可作培养料,直径20cm以上的最佳。

5.4.3 栽培菌种的选择与质量标准

各产区多选用中国科学院微生物研究所研制保藏的"茯苓5.78菌种"及适宜当地生产的优良菌株作为主要的栽培菌种,如大别山产区为"5.78"及湖北省中医药研究院研制保藏的"茯苓Z₁";云贵川湘产区为"5.78"及湖南靖州茯苓协会研制保藏的茯苓"湘靖28"。各地应淘汰并不再使用自行分离、培育的质量不稳定的各种菌种。菌种质量可参考DB42/T 570—2009、DB43/T 842—2013。

5.4.4 栽种时间

我国中部产区4月下旬至5月中旬,即阴历"谷雨"至"小满"。高海拔地区(海拔800m及以上)适当推迟1~2周。西南低纬度地区2—4月。

5.4.5 栽种方法

茯苓栽种主要为松树段木坑穴栽培,简称为段木栽培;及树松蔸原地栽培,简称为松蔸栽培。可参考DB42/T 1006—2014、DB35/T 1595—2016。

段木栽培 在栽培场顺坡挖长约70cm、宽约50cm、深约30cm的栽培窖,将段木摆放在窖底,使"削皮"部位靠紧,周围用砂土填紧,使用斗引法或贴引法、垫引法,进行接菌栽种,接种后立即用砂土填实、封窖。以窖间距15~20cm继续进行挖窖、接菌栽种,栽种后随即修建排水沟,形成厢场。大别山区每6~7kg松树段木接种栽培菌种1袋(400g)。

松蔸栽培 利用当年砍伐的成龄松树树蔸,其中应对直径20cm以上的树蔸提前刨开土层亮出主根,砍断侧根,进行削皮留筋处理。栽种前削去树蔸地面上部的粗皮,刨开蔸周土层,选取较粗侧根并削去部分根皮,采用贴引法或垫引法,进行侧根间夹种、侧根下垫种或树蔸顶端贴种等接菌栽种。接种后立即覆土,或用其他遮盖物封窖,并清除杂草、碎石、腐殖层等杂物。一般直径20cm的树蔸接种栽培菌种2~3袋;粗大的树蔸可相应增加。

5.4.6 田间管理

菌丝生长动态监控及检查补救 接菌栽种后分别于7天、20~30天及70天左右,随机取样检查茯苓菌丝是否"上引""緔窖"及有无新生菌核形成,进而监控其生长发育情况,对出现的异常现象,及时分析原因,采取措施予以补救。

植入诱引 接菌栽种后20天左右,扒开窖面土壤,每窖植入50~100g诱引块,覆土,封窖,进行菌核定点培育的诱引栽培。

清沟排渍 随时清挖排水沟,保持沟道通畅,降雨季节应注意清沟排渍,防止苓场砂土流失或积水。

覆土掩裂 及时用土覆盖露出地面的段木、菌核生长发育过程中在窖面上出现的龟裂纹和暴露出地面的菌核。

围栏护场 栽培场周修建围栏,防止人畜践踏。

5.4.7 病虫害防治

茯苓病害少见,主要有培养料霉菌感染及菌核软腐病;虫害主要有白蚁及茯苓喙扁蝽。

采用预防为主、综合防治的方法:选用无病害感染的优质栽培菌种;栽培场严禁使用白蚁喜潜栖的"北向场"及"返场",接菌前进行翻挖,暴晒,清除场内杂草及树根等杂物;培养料应干燥、新鲜,严禁使用陈旧或有杂菌感染、害虫滋生的段木、树蔸;选择晴天进行接菌栽种和采收;栽种时培养料要埋得适度,不能过深,排水沟要低于栽培窖底,并经常清沟排渍;接菌后检查,若发现培养料有轻度污染,可扒开窖面土层,进行短期翻晾,并铲除污染部位;污染严重的应更换新料;寻找、挖除茯苓场内及场周的白蚁巢及茯苓虱虫群,或采用诱杀方法聚集、诱杀白蚁;菌核成熟后要全部起挖采收干净,并将栽培后的培养料全部搬离栽培场。

采用化学防治时,应当符合国家有关规定;优先选用高效、低毒的生物农药;避免使用杀虫剂和杀菌剂等化学农药;不使用禁限用农药,农药使用见附录A、附录C。

5.5 采收与初加工

5.5.1 采收

5.5.1.1 采收时间

常在接菌半年后茯苓菌核成熟时进行,我国中部产区多在10月中旬至12月初(阴历霜降至大雪),高海拔的产区可相应后延1~2周,选择晴天或阴天,忌雨天。

5.5.1.2 茯苓成熟标志

培养料由淡黄色变为黄褐色,材质呈腐朽状;菌核外皮颜色变深,由淡棕色变为褐色;菌核表面无新的白色裂纹,且裂纹趋于愈合。

5.5.1.3 采收方法

首先挖开窖面砂土,掀起段木,取出生长在段木周围、段木上或树蔸侧根间的菌核,放入提前准备用于周转的箩筐(或袋)内,置遮阳阴凉处暂放,集并后运回加工。

5.5.2 初加工

5.5.2.1 发汗回润法加工

将采收、集并的鲜菌核(潮苓)按个体大小进行分类,刷除外皮粘留的泥沙、杂物;堆码放置在发汗池内,用干净稻草或草帘严密覆盖后进行"发汗",期间每隔3~4天缓慢翻动1次,待潮苓表面略呈皱缩干燥时进行"剥皮",使其露出内部的苓肉;剥下的"茯苓皮"要求尽量大、薄、匀,附着的苓肉少;剥皮后的"潮苓"即可使用机械或手工进行"切制"加工;切制成的茯苓块、片、骰(丁)等产品,立即单层平铺于晒具内置晒场日晒,夜间收回,置室内阴凉处回潮,经数日日晒,当表面出现微细裂纹时收回室内回润,待表面裂纹合拢后再复晒干燥,即为成品。使用烘干设备时,烘干温度控制在 60~65℃。

5.5.2.2 蒸制加工

将采收、集并的潮苓分别用水冲洗干净,按个体大小进行分类,刷除外皮粘留的泥沙、杂物;置于使用钢板或竹、木、砖、水泥等材料修建的方形蒸制箱或圆形蒸制甑内;另备蒸气锅送蒸汽,待蒸制箱(甑)内蒸汽达到100℃后再继续保持蒸制 6 小时,将蒸透的茯苓取出,冷却后趁湿剥皮,切制,日晒,干燥。加工用水应符合 GB 5749 的规定。

5.5.2.3 冷冻刨制法加工

将采收、集并的潮苓刷除表面粘留的泥沙、异物;剥除外皮,再削去皮内棕色部分,使之呈现纯白色茯苓肉,装入包装袋(或箱)内,或将其切制成长方形条块,再装入包装袋(或箱)内,然后置专用冷库中,于温度 -2~-12℃条件下进行冷冻处理、贮存;冷冻贮存 3 天后即可陆续取出,置常温室内略解冻,即可使用"茯苓刨片机"或由专业加工人员进行徒手辅助,加工制成刨片,或形似卷筒状的茯苓卷;加工制成的茯苓刨片,应立即平摊摆放在簸箕等晒具内,置晒场上进行日晒,干燥;加工制成的茯苓卷,应先放置在自然温度下进行阴干,待干燥达到50% 后,再进行日晒或烘烤干燥。

5.6 包装、放行、贮运

5.6.1 包装

包装前应对每批茯苓进行质量检验。符合国家标准的茯苓,采用不影响质量的编织袋、纸箱等包装,禁止采用包装过肥料、农药、饲料等的包装袋包装。包装外贴或挂标签、合格证,标识牌内容应有品种、基源、产地、批号、规格、重量、采收日期、企业名称等,并有追溯码。

5.6.2 放行

应制定符合企业实际情况的放行制度,有审核、批准、生产、检验等的相关记录。不合格药材有单独处理制度。

5.6.3 贮运

茯苓药材商品应贮存于阴凉干燥处,定期检查,防止虫蛀、霉变等的发生。仓库控制温度在 20℃以下、相对湿度 75% 以下;不同批次等级药材分区存放;建有定期检查制度。可采用现代气调贮藏方法,包装或库内充氮或二氧化碳,进行养护,禁用磷化铝、硫黄熏蒸。

运输应防止发生混淆、污染、异物混入、包装破损、雨雪淋湿等。

附　录　A

（规范性）

禁限用农药名单

A.1　禁止（停止）使用的农药（46 种）

　　六六六、滴滴涕、毒杀芬、二溴氯丙烷、杀虫脒、二溴乙烷、除草醚、艾氏剂、狄氏剂、汞制剂、砷类、铅类、敌枯双、氟乙酰胺、甘氟、毒鼠强、氟乙酸钠、毒鼠硅、甲胺磷、对硫磷、甲基对硫磷、久效磷、磷胺、苯线磷、地虫硫磷、甲基硫环磷、磷化钙、磷化镁、磷化锌、硫线磷、蝇毒磷、治螟磷、特丁硫磷、氯磺隆、胺苯磺隆、甲磺隆、福美胂、福美甲胂、三氯杀螨醇、林丹、硫丹、溴甲烷、氟虫胺、杀扑磷、百草枯、2,4-滴丁酯。

　　注：氟虫胺自 2020 年 1 月 1 日起禁止使用。百草枯可溶胶剂自 2020 年 9 月 26 日起禁止使用。2,4-滴丁酯自 2023 年 1 月 29 日起禁止使用。溴甲烷可用于"检疫熏蒸处理"。杀扑磷已无制剂登记。

A.2　在部分范围禁止使用的农药（20 种）

　　部分范围禁止使用的农药应注意药食同源中药材及来自其他作物的中药材。部分范围禁止使用的农药见表 A.1。

表 A.1　部分范围禁止使用的农药

通用名	禁止使用范围
甲拌磷、甲基异柳磷、克百威、水胺硫磷、氧乐果、灭多威、涕灭威、灭线磷	禁止在蔬菜、瓜果、茶叶、菌类、中草药材上使用,禁止用于防治卫生害虫,禁止用于水生植物的病虫害防治
甲拌磷、甲基异柳磷、克百威	禁止在甘蔗作物上使用
内吸磷、硫环磷、氯唑磷	禁止在蔬菜、瓜果、茶叶、中草药材上使用
乙酰甲胺磷、丁硫克百威、乐果	禁止在蔬菜、瓜果、茶叶、菌类和中草药材上使用
毒死蜱、三唑磷	禁止在蔬菜上使用
丁酰肼（比久）	禁止在花生上使用
氰戊菊酯	禁止在茶叶上使用
氟虫腈	禁止在所有农作物上使用（玉米等部分旱田种子包衣除外）
氟苯虫酰胺	禁止在水稻上使用

A.3　说明

　　本附录的内容来自 2019 年中华人民共和国农业农村部发布的《禁限用农药名录》（http://www.zzys.moa.gov.cn/gzdt/201911/t20191129_6332604.htm）。

附　录　B

（资料性）

茯苓菌种生产规程

1　母种生产

1.1　种苓的选择

1）在传统产区,经提前精心培育而成的优质鲜茯苓菌核。

2）个体较大,近球形,外皮较薄,色黄棕或淡棕,有明显的白色或淡棕色裂纹,重量>2.5kg。

3）生长旺盛,切开或掰开后,内部苓肉色白,茯苓气味浓郁,有乳白色汁液或淡青色浆汁渗出。

4）外皮完整,无虫咬损伤,无腐烂异味。

5）种苓选定后要及时进行分离使用,若需短暂贮存或运往他地使用,必须埋于湿沙中贮存,以防干燥。

1.2　培养基

1.2.1　配方　马铃薯（去皮）200g、葡萄糖20g、琼脂20g、水1 000ml。

1.2.2　配制　将马铃薯去皮,洗净,切片,加水1 000ml,煮沸30分钟,过滤,滤液中加入琼脂,煮至全部溶化,再加入葡萄糖,搅拌溶化,补足水分至1 000ml,分装于试管中,塞上棉塞。

1.2.3　灭菌　将配制的母种培养基置高压灭菌锅内,用0.103 0MPa压力（温度121℃）灭菌30分钟,趁热摆放斜面,冷却后备用。

1.3　组织分离

1.3.1　分离前准备　按无菌操作法对无菌室或无菌箱内的空气、环境、操作台面、用具及移入的培养基试管等进行表面消毒灭菌,操作人员按无菌操作着装、手部消毒。

1.3.2　种苓表面消毒　将选好的种苓用清水冲至无泥沙,待表面稍干后,移入无菌室净化工作台上。用0.2%氯化汞或70%酒精冲洗,进行表面消毒,再用无菌水冲洗数遍,除去表面药液。打开紫外线灯照射5~10分钟。

1.3.3　种苓切剖　待种苓表面稍干,用灭菌刀从种苓的中央切一个浅口,掰开。

1.4　接种

1）在近茯苓皮内侧2~3cm处,用经灭菌的解剖刀或接菌铲挑取长宽各0.5~0.7cm,厚0.1cm左右白色小块苓肉,接入试管斜面培养基上。

2）贴标签:将分离、接种后的试管,贴上标签,其内容应当符合2015年4月29日中华人民共和国农业部修订的《食用菌菌种管理办法》有关规定。

1.5 培养与剔杂

1）将试管置于22~25℃恒温培养箱中培养5~7天。

2）培养2天,可见接种块周围长出白色绒毛状的茯苓菌丝。随着培养时间的延长,可见茯苓菌丝在培养基上不断延伸。

3）培养过程中经常观察菌丝生长情况,凡菌丝长速慢、稀疏、不匀、发黑、污染者,须及时剔出。

4）组织分离的母种转管次数应控制在1~2次。

2 原种生产

2.1 培养基

2.1.1 配方 小麦粒90%、松木屑10%、营养液[1%蔗糖、0.5%NH_4NO_3或(NH_4)$_2SO_4$]。

2.1.2 配制 将麦粒精选,除去瘪粒、杂质,洗净,置40℃左右的营养液中浸泡10小时,取出,沥干,与一半的松木屑混匀,装于500ml原种瓶(袋)中,边装边振摇,并稍压实,装至瓶(袋)肩处。将另一半松木屑用营养液润湿,覆盖于培养基表面,厚约0.5cm。揩净瓶(袋)内、外壁黏附物,塞棉塞,扎口。

2.1.3 灭菌 将配制的原种培养基用0.137 3MPa压力(温度126℃)灭菌2小时,或用流通蒸汽(100℃)灭菌8~10小时,冷却后备用。

2.2 接种

在无菌室内,用无菌操作法,挑取长、宽各1.5cm左右的优质母种块(连同培养基),移于原种培养基上端中央,随即盖塞或扎口。

2.3 贴标签

在接种后的原种瓶(袋)上贴上标签,其内容应当符合2015年4月29日中华人民共和国农业部修订的《食用菌菌种管理办法》有关规定。

2.4 培养与剔杂

1）将接种后的原种瓶(袋)置于25~30℃培养室中培养。

2）当茯苓菌丝生长至瓶(袋)内2/3处时,移入10~25℃的常温培养室内继续培养。

3）接种后的母种块,在原种培养基内培养1~2天,可见茯苓菌丝恢复生长,并逐渐由母种块向外延伸。

4）培养过程中须经常检查菌丝生长情况,凡表现异常,特别是长速慢、菌丝稀疏、不匀、发黑、污染者须及时剔出,深埋。

2.5 清场

每一批次的原种生产完成后,均应进行清场,包括清除生产中的废弃物、做好环境清洁、将物品定位放置,并做好清场记录。

3 栽培种生产

3.1 培养基

3.1.1 配方

配方1：松木屑78%、米糠（或麦麸）20%、蔗糖1%、熟石膏1%、水料比1∶1.0~1∶1.2。松木屑要求新鲜、干燥，无霉变，使用前应经日晒或室内堆放干燥处理。

配方2：粗玉米粉30%、麦片20%、松木屑48%、蔗糖1%、熟石膏1%，水含量60%~65%。

3.1.2 配制

首先将蔗糖溶于水，将米糠（或麦麸）与熟石膏混匀，再加入松木屑，拌匀，然后加入蔗糖水翻拌均匀，使培养基含水量为65%~70%（即紧握培养基料使指尖稍见渗水为度）。放置30分钟，待水分均匀渗入料中进行装袋；将菌种袋（Φ12cm，高25cm，厚4丝）撑开，装料，每袋400g左右，压实，擦净袋口内外壁黏附物，扎口。

3.1.3 灭菌

将上述料袋用0.14MPa压力（温度126℃）灭菌2小时，或用流通蒸汽（100℃）灭菌8~10小时，冷却后备用。

3.2 接种

1）在无菌室内，用无菌操作法，将原种瓶（袋）打开，除去原种表面的菌膜及表面培养物。

2）用接种枪或接种匙取5g左右略加捣碎的原种块，移于栽培种培养基上，封口。

3.3 贴标签

在接种后的菌袋上贴上（印有）标签，其内容应符合2015年4月29日中华人民共和国农业部修订的《食用菌菌种管理办法》有关规定。

3.4 培养与剔杂

1）高温培养：将接种后的菌种袋连同周转箱一起置于高温培养室内，在25~30℃温度下培养。

2）常温培养：待菌丝生长延伸至培养料2~3cm处，移入10~25℃的常温培养室内继续培养20~30天，茯苓菌丝可长满菌袋。

3）培养过程中，经常检查培养室温、湿度变化及菌丝生长情况，发现菌丝长速明显缓慢，菌丝稀疏、不均、地图斑、发黑、杂菌污染，及时剔出，深埋。

4）菌丝满料后，逐一检查菌种质量，合格品装入专用包装袋内，按批号归类就地贮存。

3.5 清场

每一批次栽培种生产完成后，均应进行清场，包括清除生产中的废弃物、做好环境的清洁、将物品归位，并做好清场记录。

4 茯苓菌种质量标准与检验

4.1 母种质量标准与检验

4.1.1 母种质量标准

①菌龄<30天；②菌丝色白、均匀、致密、粗壮，茯苓特异香气浓郁；③菌丝体表面可见晶莹的露滴状分泌物；④菌种试管完整无损，棉塞严密，无杂菌污染。

4.1.2 母种检验

1）按照茯苓母种质量标准，在自然光下采取目测方法，每隔2天于培养过程中观察各试管菌种生长速度、菌丝形态。

2）凡表现异常，特别是长速慢、菌丝稀疏、不匀、发黑、污染者应及时淘汰剔出。

3）菌丝长满斜面后，按上述质量标准逐支检查，合格者置冰箱4℃保存。

4）标签内容应符合2015年4月29日中华人民共和国农业部修订的《食用菌菌种管理办法》有关规定。

4.2 原种质量标准与检验

4.2.1 原种质量标准

①菌龄20~45天；②菌丝生长旺盛，洁白、均匀、致密，爬壁现象明显，有菌丝束尤佳；③菌丝体尖端可见乳白色露滴状分泌物，茯苓特异香气浓郁；④菌种瓶完整无损，无杂菌污染。

4.2.2 原种检验

1）按照茯苓原种质量标准，在自然光下采取目测方法，于培养过程中经常观察各菌种瓶内菌丝生长情况。

2）凡发现菌丝长速明显缓慢，菌丝稀疏、不均、地图斑、发黑、污染者，应及时剔出。

3）菌丝在瓶内长满后，按上述质量标准逐瓶检查，合格者方可转入下一道工序，作为茯苓栽培种生产的种源。

4）标签内容应符合2015年4月29日中华人民共和国农业部修订的《食用菌菌种管理办法》有关规定。

4.3 栽培种质量标准与检验

4.3.1 栽培种质量标准

①菌龄30~60天；②菌丝洁白致密，生长均匀，布满菌袋内；③菌丝体尖端可见晶莹露滴状分泌物，茯苓特异香气浓郁；④菌袋完整无破损，菌丝充满菌种袋（满料），手握菌种袋感觉坚实，无松散，无软化。菌丝无发黄、发黑，地图斑，无软化，无子实体出现，无杂菌污染。

4.3.2 栽培种检验

1）按照茯苓栽培种质量标准，在自然光下采取目测法，于菌种培养过程中经常观察各菌种袋内菌丝生长情况。

2）发现菌丝体发黄、发黑、不均、地图斑、污染者，应及时剔出。

3）逐一检查各菌种袋，应符合上述质量标准，且菌丝长满菌种袋（满料），菌丝无倒伏现象。手握菌种袋感觉坚实，无松散，无软化。

4）标签内容应符合 2015 年 4 月 29 日中华人民共和国农业部修订的《食用菌菌种管理办法》有关规定。

5 菌种的贮存

5.1 母种贮存

1）母种检验合格后,应置于 4℃冰箱保存条件下进行贮存。

2）母种贮存保质期的菌龄 <30 天。

5.2 原种贮存

1）原种检验合格后,应及时使用,或置于 10~25℃的常温培养室内贮存。

2）贮存期间应按时进行抽样检查,及时剔出不合格品,并认真做好菌种贮存及抽样检查记录。

3）原种贮存保质期的菌龄 <45 天。

5.3 栽培种贮存

1）栽培菌种检验合格后,应及时使用,或置于 10~25℃的常温培养室内贮存。

2）贮存时,应将菌种按一定数量装入专用包装袋中,单层置于货架或垫板上,码放整齐,不得叠放,以免使菌种局部温度过高,导致衰亡。

3）贮存期间应按时进行抽样检查,及时剔出不合格品,并认真做好菌种贮存及抽样检查记录。

4）栽培菌种贮存保质期的菌龄 <60 天。

附　录　C

（资料性）

茯苓主要虫害形态特征、危害特点及主要病虫药剂防治的参考方法

C.1　茯苓喙扁蝽

C.1.1　形态特征

1）成虫：身体扁平，长椭圆形，体长 9.5~10.5mm，前胸背板宽 3.3~3.4mm，腹部阔处宽 4.0mm，身体除触角末节端半部、胸足跗节为黄褐色外，其余均为暗棕色。体被粗颗粒和稀疏短毛。头部长度与宽度约相等，且头部向前伸达触角第 1 节的 3/4 处。触角基节粗齿状，眼后有刺状齿，伸达复眼的外缘。前胸背板长度约为宽度的一半，后缘中央明显凹入。前翅伸达第 7 腹节背板中央，革片上散生粗颗粒，端缘稍弯曲。膜片棕色，翅脉棕黑色。腹部第 6 节侧接缘后角稍扩展，第 7 节后角宽圆。腹节气门位于腹面，从背面看不见。雌雄成虫易于区别，雄成虫生殖节心形，背面中央纵脊伸达端节的 1/3 处。雌成虫个体稍大，腹部末端呈三叉丘突状。

2）若虫：成长若虫体长 8~10mm，长椭圆形，头部向前伸达触角第 1 节末端。喙伸达前胸腹板中央。身体、足、触角均为黄褐色。胸、腹部均被浅褐色的小颗粒。触角 4 节，复眼大，红色。腹部背面有大小不同浅褐色网状斑纹（每个斑纹四周为网状，中间淡黄色）60 个。排列成 6 纵列，每纵列斑纹数依次为 12、11、7、7、11、12，中间两列斑纹较大；腹部背面两侧各有一纵列近长方形淡褐色斑纹，每一纵列 6 个；第 4 腹节背板中央有一个较大的棕褐色脐状突起。腹部腹面有大小不同浅褐色网状斑纹 42 个，排列为 6 纵行，每纵列斑纹数依次为 11、10、5、5、10、11，中间两列斑纹较大；腹部腹面两侧也各有一纵列近长方形淡褐色斑纹，每一纵列 6 个。

3）卵：长形，较小，似米粒状，前端略大于后端，初产时乳白色，半透明，有光泽。

C.1.2　危害特点

茯苓喙扁蝽的发生期与茯苓的生长期相吻合，5—10 月均可为害。该虫主要以成虫和若虫为害茯苓段木上的茯苓菌丝层及菌核，刺吸其内汁液，受害部位出现变色斑块。受害后的茯苓段木，出苓量减少，茯苓个体变小，畸形苓比例增加；为害严重时，不能出苓，出现空窖，茯苓产量和品质严重受损。

C.2　白蚁

C.2.1　形态特征

主要危害种类为台湾乳白蚁、黑翅土白蚁和黄翅大白蚁。

1）工蚁：体长 5~6mm，体宽 1.2~1.5mm。头黄色，胸腹灰白色。头后侧缘，圆弧形。自位于头顶中央，呈小圆形的凹陷。触角 17 节，第 2 节长于第 3 节。巢内的一切工作如筑巢、

修路、抚育白蚁、寻食等都由工蚁承担。

2）卵：乳白色，椭圆形。长径 0.8mm，一边较平直；短径 0.6mm。

C.2.2 危害特点与防治参考方法

此虫营土居生活，是一种土栖性害虫。白蚁最先取食种植茯苓用的菌袋，后逐渐向周围扩展为害筒料，从木筒的两个切面沿表皮蛀食，最后蛀空木心。白蚁敷设的泥表会限制菌丝生长，爬过之处使菌丝萎蔫死亡，蛀食木料与茯苓争夺养料，严重影响茯苓生长。到后期，一旦松木被吃空，会转而直接为害茯苓菌核，造成减产甚至绝收。白蚁最适活动时期为 4—6 月和 8—9 月。连作地和靠近死松树兜地块白蚁发生严重。

茯苓常见病虫害主要防治参考药剂见表 C.1。

表 C.1　茯苓常见病虫害主要防治参考药剂

病虫害名称	发生时期	药剂
腐烂病	4—7 月	农用链霉素、有机铜杀菌剂
白蚁	3—10 月	毒死蜱、吡虫啉、氟铃脲、高效氯氰菊酯
茯苓喙扁蝽	4—9 月	毒死蜱、氟铃脲、高效氯氰菊酯

可限制性使用的农药种类及参考方法见表 C.2。

表 C.2　可限制性使用的农药种类及参考方法

农药名称	毒性	安全间隔期 /d	稀释倍数	施药方法	防治对象
72% 农用链霉素（SP）	低毒	20	2 000~5 000	喷雾	腐烂病
80% 波尔多液（WP）	低毒	20	800~1 000	喷雾	腐烂病
40.7% 毒死蜱（EC）	中毒	30	1 000~1 500	喷雾	台湾乳白蚁、黑翅土白蚁、黄翅大白蚁、茯苓喙扁蝽
4.5% 高效氯氰菊酯（EC）	低毒	10	1 000~1 500	喷雾	台湾乳白蚁、黑翅土白蚁、黄翅大白蚁、茯苓喙扁蝽
5% 氟铃脲（EC）	低毒	7	1 000~1 500	喷雾	台湾乳白蚁、黑翅土白蚁、黄翅大白蚁、茯苓喙扁蝽
10% 吡虫啉（WP）	低毒	10	800~1 000	喷雾	台湾乳白蚁、黑翅土白蚁、黄翅大白蚁

参考文献

［1］国家药典委员会.中华人民共和国药典:2020年版一部［M］.北京:中国医药科技出版社,2020.

［2］王克勤,黄鹤.中国茯苓 茯苓资源与规范化种植基地建设［M］.武汉:湖北科学技术出版社,2018.

［3］罗信昌,陈士瑜.中国菇业大典［M］.北京:清华大学出版社,2010.

［4］么历,程慧珍,杨智.中药材规范化种植(养殖)技术指南［M］.北京:中国农业出版社,2006.

［5］徐锦堂.中国药用真菌学［M］.北京:北京医科大学、中国协和医科大学联合出版社,1997.

［6］杨新美.中国食用菌栽培学［M］.北京:农业出版社,1988.

［7］李益健,王克勤.茯苓栽培［M］.北京:农业出版社,1982.

［8］付杰,王克勤,苏玮,等.茯苓菌种质量标准及检验规程［J］.时珍国医国药,2009,20(3):533-534.

［9］李苓,王克勤,白建,等.茯苓诱引栽培技术研究［J］.中国现代中药,2008,10(12):16-17.

［10］王克勤,黄鹤,付杰,等.湖北茯苓规范化种植技术要点［J］.中药材,2013,36(3):346-349.

［11］王克勤,黄鹤,付杰,等.湖北茯苓产地加工技术要点［J］.中药材,2014,37(3):402-404.

［12］陈立国,杨长举,王克勤,等.茯苓喙扁蝽的田间防治试验［J］.华中农业大学学报.2002(3):221-223.

［13］王克勤,汪勇兵.茯苓药材包装现状及规范化管理［J］.中药研究与信息,2002(5):33-34.

［14］中华人民共和国农业部.中华人民共和国农业部令 2015年第1号［R/OL］.(2015-04-29)［2024-01-12］.https://www.moa.gov.cn/govpublic/CYZCFGS/201505/t20150505_4579589.htm.

ICS 65.020.20
CCS C 05

团 体 标 准

T/CACM 1374.109—2021

胡椒规范化生产技术规程

Code of practice for good agricultural practice of
Piperis Fructus

2021-10-15 发布

2021-10-15 实施

中华中医药学会   发布

目　次

前言·· 335

1　范围 ·· 336

2　规范性引用文件 ··· 336

3　术语和定义 ··· 336

4　胡椒规范化生产流程图 ··· 337

5　胡椒规范化生产技术 ··· 337

　5.1　生产基地选址 ·· 337

　5.2　垦地 ··· 338

　5.3　定植 ··· 338

　5.4　幼龄植株管理 ··· 339

　5.5　结果胡椒园的管理 ··· 340

　5.6　主要病虫害防治 ·· 340

　5.7　采收 ··· 341

　5.8　产地初加工 ·· 341

　5.9　包装、放行和贮运 ··· 341

附录 A（资料性）　胡椒常见病虫害防治的参考方法 ······························· 342

附录 B（规范性）　禁限用农药名单 ·· 343

附录 C（资料性）　国家允许使用的化学农药参考使用方法 ······················ 344

参考文献··· 345

前　　言

本文件按照 GB/T 1.1—2020《标准化工作导则　第 1 部分：标准化文件的结构和起草规则》的规定起草。

请注意本文件中的某些内容可能涉及专利。本文件的发布机构不承担识别专利的责任。

本文件由中国医学科学院药用植物研究所和中国医学科学院药用植物研究所海南分所提出。

本文件由中华中医药学会归口。

本文件起草单位：中国医学科学院药用植物研究所海南分所、万宁科健南药科技发展有限公司、中国医学科学院药用植物研究所、重庆市药物种植研究所。

本文件主要起草人：杨新全、曾琳、何明军、杨云、黄良明、谭红琼、魏建和、王文全、王秋玲、杨小玉、辛元尧、王苗苗。

胡椒规范化生产技术规程

1　范围

本文件确立了胡椒的规范化生产流程,规定了胡椒生产基地选址、垦地、定植、幼龄植株管理、结果胡椒园的管理、主要病虫害防治、采收、产地初加工、包装、放行和贮运等阶段的技术要求。

本文件适用于胡椒的规范化生产。

2　规范性引用文件

下列文件中的内容通过文中的规范性引用而构成本文件必不可少的条款。其中,注明日期的引用文件,仅该日期对应的版本适用于本文件;不注明日期的引用文件,其最新版本(包括所有的修改单)适用于本文件。

GB 3095　环境空气质量标准

GB 5084　农田灌溉水质标准

GB 5749　生活饮用水卫生标准

GB 15618—2018　土壤环境质量　农用地土壤污染风险管控标准(试行)

NY/T 360　胡椒　插条苗

NY/T 394　绿色食品　肥料使用准则

NY/T 969　胡椒栽培技术规程

NY/T 2808　胡椒初加工技术规程

T/CACM 1374.1—2021　中药材规范化生产技术规程通则　植物药材

3　术语和定义

T/CACM 1374.1—2021界定的以及下列术语和定义适用于本文件。

3.1　规范化生产　good agricultural practice

按照《中药材生产质量管理规范》(简称中药材GAP)的要求,实施药材生产,保证中药材优质安全的生产过程。

3.2　技术规程　code of practice

为实现中药材生产顺利、有序进行,保证中药材生产质量,对中药材生产的基地选址、种子种苗、种植或野生抚育、采收与产地初加工以及包装、放行与贮运等,所做的技术规定和要求,是实施中药材规范生产的核心技术要求和实施指南。

3.3 支柱　pillar

生产上供胡椒藤蔓攀援的支撑物。

4　胡椒规范化生产流程图

胡椒的规范化生产流程见图1。

胡椒规范化生产流程：　　　　　　　　　　　　　关键控制点及技术参数：

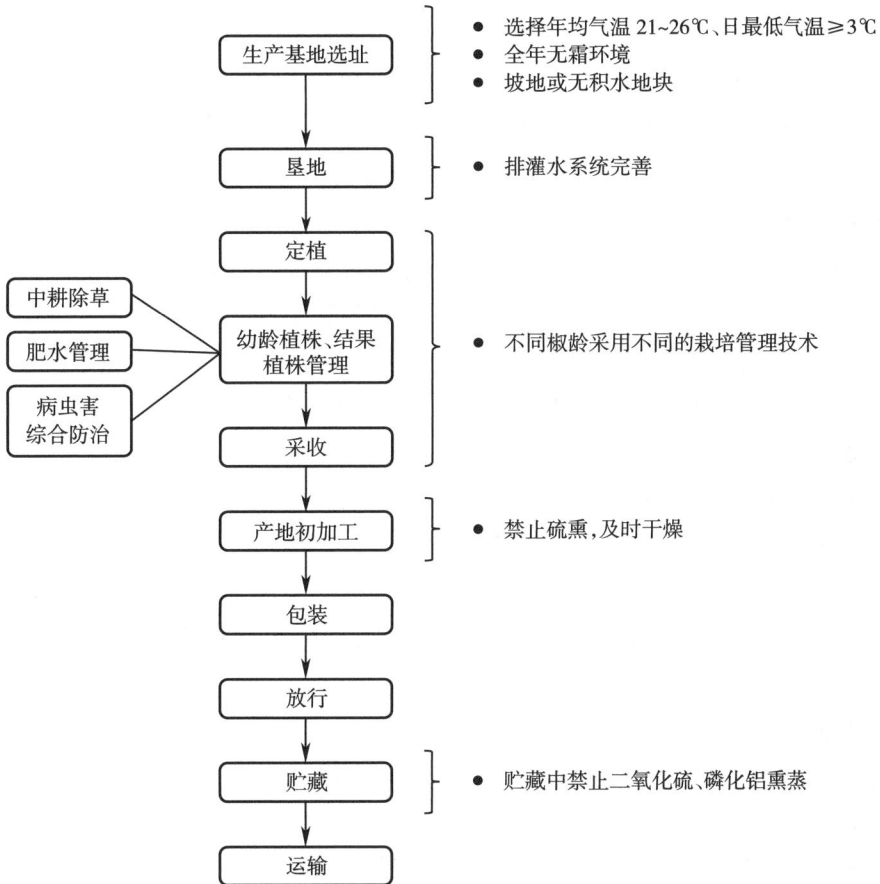

图1　胡椒规范化生产流程图

5　胡椒规范化生产技术

5.1　生产基地选址

5.1.1　产地选择

适宜在年均气温21~26℃、日最低气温≥3℃且全年无霜的海南、福建、广东、广西地区。

5.1.2　地块选择

选择靠近水源、交通便利的缓坡地或平地，排水良好、土层深厚、土质肥沃、pH 5.0~7.0，富含有机质的砂壤土、红壤土或砖红壤土作为胡椒种植地。

5.1.3 环境监测

按照 GAP 要求,基地的大气质量应符合 GB 3095 的规定、土壤质量应符合 GB 15618—2018 的规定、灌溉用水应符合 GB 5084 的规定、生活用水应符合 GB 5749 的规定,并保证生长期间持续符合标准的要求。

5.1.4 防护林

台风、寒害多发区的胡椒园四周应设防护林,林带距胡椒边行植株 4.5m 以上,主林带位于高处,与主风向垂直。

5.1.5 排水系统

每个胡椒园内排水系统由环园大沟、园内纵沟和垄沟或梯田内小沟互相连通组成。沟的大小根据选择地块的实际情况进行施工,以能解决排水为宜。

5.2 垦地

5.2.1 修建梯田及起垄

根据地形进行起垄,5° 以下的缓坡宜修大梯田,面宽 5~6m,双行起垄种植,垄高 20~30cm,垄面呈龟背形,以后逐年加高到 30~40cm,垄间宽 30~40cm;5°~10° 的坡宜修小梯田,面宽 2.3~3m,向内稍倾斜,根据情况内侧开排水沟,单行种植;10° 以上的坡宜修建环山行,面宽 1.8~2.2m,向内稍倾斜,根据情况内侧开排水沟,单行种植。

5.2.2 施基肥

定植前 2 个月内挖穴,穴规格为 80cm × 80cm × 80cm。

5.2.3 竖支柱

定植前 2 个月内,在植穴外侧约 10cm 处竖立支柱,支柱一般以水泥或石支柱的方形为宜,支柱规格 12cm × 12cm 为宜,支柱高度一般根据土壤情况、地上部分植株情况而定。

5.3 定植

5.3.1 种苗规格

应按照 NY/T 360 的规定执行。

5.3.2 定植时间

每年春季或秋季定植,定植应在晴天下午或阴天进行。

5.3.3 定植规格

根据坡度不同,株行距以（1.8~2m）×（2~3m）为宜。

5.3.4 定植方法

定植方向应与梯田（垄）走向一致,胡椒头不宜朝西;定植时先在原土堆上距支柱约 20cm 处挖一个小穴,宽 40cm 左右,深度依种苗长度而定,小穴面一边倾斜 45°,并稍压实;采用双苗定植时,两条种苗对着支柱呈"八"字形放置。每条种苗露出地面的蔓端距离 10cm 左右,顶下第二节稍露于地面,根系紧贴斜面,分布均匀自然伸展。随后先由下而上压细碎表土,最后回土填满穴面,小心压实,淋足定根水,插上荫蔽物,荫蔽度达 90% 以上。

注:胡椒头指由定植时的主蔓膨大发育而成的部分。

5.4 幼龄植株管理

5.4.1 定植后淋水

定植后连续淋水 3 天之后,每隔 1~2 天淋水 1 次,保持土壤湿润,成活后逐渐减少淋水次数。

5.4.2 查苗补苗

定植后 20 天进行查苗补苗,应保证全苗生长。

5.4.3 施肥

胡椒种植过程中施肥应符合 NY/T 394 的规定。胡椒种植成活后(20~30 天)开始加强施肥管理。施肥采用勤施、薄施的原则,根据苗龄不同略有不同。

a)1 龄胡椒:每次每株施肥 2~3kg(水肥成分:水 5 000kg+ 有机肥 500kg+ 过磷酸钙 50kg+ 绿叶 500kg),在距树冠叶缘 20cm 处开深 5~10cm、长 50cm、宽 20cm 的沟沟施,每月 2 次。

b)2 龄胡椒:每次每株施肥 4~5kg(水肥成分:水 5 000kg+ 有机肥 500~750kg+ 过磷酸钙 50~100kg+ 绿叶 500~1 000kg),在距树冠叶缘 10cm 处开深 10~15cm、长 60cm、宽 20cm 的沟沟施,加施复合肥 100~150g,每月 1~2 次。

c)3 龄胡椒:每株每次施肥 8~10kg(水肥成分:水 5 000kg+ 有机肥 750~1 000kg+ 过磷酸钙 100kg+ 绿叶 1 000kg),在距树冠叶缘 10cm 处开深 10~15cm、长 60cm、宽 20cm 的沟沟施,加施复合肥 150~200g,每月 1 次。

5.4.4 除草、松土与覆盖

胡椒园应经常除草、松土,保持园内清洁与土壤疏松。在旱季用稻草盖土,在每年的 4—11 月用遮阳网盖顶,11 月后撤离,次年 4 月初再盖上。胡椒封顶后不再盖顶。

注:人工选留的主蔓生长超过支柱顶端 60cm 后,将其向支柱顶部靠拢,保留支柱顶端约 30cm,剪除剩余部分。

5.4.5 绑蔓

幼龄胡椒一般在新蔓抽出 3~4 个节时开始绑蔓,以后每隔 10~15 天绑 1 次。用柔软的塑料绳或麻绳,由下而上在蔓节下方 1cm 处,将主蔓均匀按在支柱上(不要交叉,木栓化与未木栓化的主蔓要分开)绑住。木栓化的主蔓应绑紧些,未木栓化的主蔓应绑松些,待木栓化后再绑紧。

5.4.6 摘花

应及时摘除抽生的花穗。

5.4.7 深翻改土

胡椒种植半年后,在每年的春、冬两季进行深翻改土。具体做法是:在胡椒穴的四周边挖下深 60cm、宽 60cm、长 70~80cm 的施肥穴,然后用沤制完全腐熟细碎的优质农家肥 15~25kg、过磷酸钙 0.5kg(施肥前 1 个月左右打细过筛与有机肥混匀)及表土混匀后施下压实。

5.4.8 修剪整形

应按照 NY/T 969 的规定执行。

5.5 结果胡椒园的管理

5.5.1 施肥

结果胡椒施肥应把握好施肥时间、施肥量及有机肥与无机肥的合理配比，尽可能满足胡椒不同时期对不同养分的需要。否则，就会出现大小年现象。

a）在 6 月中旬至下旬的雨前或雨后土壤湿度不大时，应及时施肥。每株施充分腐熟细碎的优质有机肥 15~25kg、过磷酸钙 0.5~1.0kg。

b）在七月底采果结束或刚结束时施胡椒专用复合肥 0.5~1.0kg。施法是在离树冠 10~20cm 处挖深 30~40cm、长 60~80cm、宽 20~25cm 的沟，把肥料与表土混匀回沟压实。

c）复合施肥法是在树冠 10~15cm 处挖沟宽 15~20cm、深 10~15cm 的半环沟，均匀施下复土，分以下 2 次施肥：

1）第 1 次在 8 月中下旬，每株施沤水肥 8~10kg、胡椒专用复合肥 0.3~0.5kg。

2）第 2 次在 9 月中下旬，每株施有机肥 8~10kg、胡椒专用复合肥 0.2~0.3kg。

d）使用高镁施液肥喷叶背，在 8 月中旬至下旬用 400 倍的高镁施溶液做根外追肥，10 天左右 1 次，连续 2 次。如果天气干旱，在喷后第 2 天下午 4：00 后喷清水 1 次，效果更佳。

e）在 11 月，果实发育加快，需要有充足的养分，应施氮与钾肥。每株施沤水肥 8~10kg、氯化钾 100g 或草本灰 1.5~2.0kg 或火烧土 10~15kg。

f）在次年的 2 月底至 4 月，这段时间是果实充实饱满阶段，应以钾肥为主。每株施草木灰 2~2.5kg 或胡椒专用复合肥 0.3~0.5kg。结果多而长势差者，每株施沤水肥 8~10kg。

g）清明节过后，如果胡椒尚未转青，还应施 1 次沤水肥，适当加些尿素。

5.5.2 排灌水

在雨季到来前，认真检修椒园的排水系统，把环园沟、纵沟与垄间小沟全部贯通，填平凹地；大雨过后，应逐园检查排水系统以及时排除积水。旱季土壤干燥，应及时灌水。灌水应在 11：00 以前、傍晚以后土温不高时灌水，避免造成植株凋萎和落叶。

5.5.3 松土和培土

除结合施攻花肥时进行全园松土外，还应在雨季结束后进行 1 次松土。深度 10~15cm，树冠下浅些，株行间深些，松土时应把土块打碎以避免伤害粗根及地下蔓。在每年或隔年的冬春季节培土 1 次，每次每株培高地翻松暴晒的地表土 2~3 担。培土前先扫净树冠下的枯枝落叶，并浅松土，然后把土均匀培在椒头周围。

5.6 主要病虫害防治

胡椒常见病害有瘟病、细菌性叶斑病、黄萎病、花叶病等，虫害主要有根线虫、蚜虫、蚧壳虫等。应采用预防为主、综合防治的方法：有机肥应充分腐熟；选用无病害感染、无机械损伤、侧根少、表皮光滑的优质种苗，不应使用带病苗；应及时清沟排水；发现病株及时拔除，集中销毁，每穴撒入草木灰 100g 或生石灰 200~300g，进行局部消毒；每年秋冬季及时清园。

常见病虫害防治方法见附录 A。

采用化学防治时,应符合国家有关规定;优先选用高效、低毒的生物农药;尽量避免使用除草剂、杀虫剂和杀菌剂等化学农药;不应使用禁限用农药,禁限用农药名单应符合附录B的规定。

国家允许在胡椒中使用的化学农药参考使用方法见附录C。

5.7 采收

次年5—7月,每穗果实全都转黄,其中有3~5粒红果时,即可采摘整穗果实。

5.8 产地初加工

胡椒产地初加工成品有白胡椒和黑胡椒,加工技术规程应按照NY/T 2808的规定执行。

5.9 包装、放行和贮运

5.9.1 包装

包装前应对每批药材按照国家标准进行质量检验。符合要求的药材,采用不影响质量的编织袋等包装,禁止采用包装过肥料、农药等的包装袋包装。包装外贴或挂标签和合格证,标识牌内容应有药材名、基源、产地、批号、规格、重量、采收日期和企业名称等,并有追溯码。

5.9.2 放行

应制定符合企业实际情况的放行制度,有审核批生产和检验等的相关记录。不合格的药材应制定单独处理制度。

5.9.3 贮运

应贮存于阴凉干燥处,定期检查,防止虫蛀、霉变、腐烂、泛油等的发生。仓库温度控制在20℃以下,相对湿度75%以下;不同批次等级药材分区存放;建有定期检查制度。禁止磷化铝和二氧化硫熏蒸。可采用现代气调贮藏方法,包装或库内充氮或二氧化碳。

附 录 A

（资料性）

胡椒常见病虫害防治的参考方法

胡椒常见病虫害防治的参考方法见表 A.1。

表 A.1 胡椒常见病虫害防治的参考方法

病虫害名称	防治时期	推荐防治方法	安全间隔 /d
瘟病	8—11 月	疫霜灵液喷施,按照农药标签使用	≥7
		甲霜灵喷施,按照农药标签使用	≥7
细菌性叶斑病		疫霜灵喷施,按照农药标签使用	≥7
		波尔多喷施,按照农药标签使用	≥7
花叶病		乐果喷施,按照农药标签使用	≥7
炭疽病		疫霜灵喷施,按照农药标签使用	≥7
		甲基硫菌灵喷施,按照农药标签使用	
蚜虫		吡虫啉可湿性粉剂喷施,按照农药标签使用	≥7
		氧乐果乳油喷施,按照农药标签使用	≥10
蚧壳虫	4—6 月	乐果喷施,按照农药标签使用	≥7

附　录　B

（规范性）

禁限用农药名单

B.1　禁止（停止）使用的农药（46 种）

六六六、滴滴涕、毒杀芬、二溴氯丙烷、杀虫脒、二溴乙烷、除草醚、艾氏剂、狄氏剂、汞制剂、砷类、铅类、敌枯双、氟乙酰胺、甘氟、毒鼠强、氟乙酸钠、毒鼠硅、甲胺磷、对硫磷、甲基对硫磷、久效磷、磷胺、苯线磷、地虫硫磷、甲基硫环磷、磷化钙、磷化镁、磷化锌、硫线磷、蝇毒磷、治螟磷、特丁硫磷、氯磺隆、胺苯磺隆、甲磺隆、福美胂、福美甲胂、三氯杀螨醇、林丹、硫丹、溴甲烷、氟虫胺、杀扑磷、百草枯、2,4-滴丁酯。

注：氟虫胺自 2020 年 1 月 1 日起禁止使用。百草枯可溶胶剂自 2020 年 9 月 26 日起禁止使用。2,4-滴丁酯自 2023 年 1 月 29 日起禁止使用。溴甲烷可用于"检疫熏蒸处理"。杀扑磷已无制剂登记。

B.2　在部分范围禁止使用的农药（20 种）

部分范围禁止使用的农药应注意药食同源中药材及来自其他作物的中药材。部分范围禁止使用的农药见表 B.1。

表 B.1　部分范围禁止使用的农药

通用名	禁止使用范围
甲拌磷、甲基异柳磷、克百威、水胺硫磷、氧乐果、灭多威、涕灭威、灭线磷	禁止在蔬菜、瓜果、茶叶、菌类、中草药材上使用，禁止用于防治卫生害虫，禁止用于水生植物的病虫害防治
甲拌磷、甲基异柳磷、克百威	禁止在甘蔗作物上使用
内吸磷、硫环磷、氯唑磷	禁止在蔬菜、瓜果、茶叶、中草药材上使用
乙酰甲胺磷、丁硫克百威、乐果	禁止在蔬菜、瓜果、茶叶、菌类和中草药材上使用
毒死蜱、三唑磷	禁止在蔬菜上使用
丁酰肼（比久）	禁止在花生上使用
氰戊菊酯	禁止在茶叶上使用
氟虫腈	禁止在所有农作物上使用（玉米等部分旱田种子包衣除外）
氟苯虫酰胺	禁止在水稻上使用

B.3　说明

本附录的内容来自 2019 年中华人民共和国农业农村部发布的《禁限用农药名录》（http://www.zzys.moa.gov.cn/gzdt/201911/t20191129_6332604.htm）。

附　录　C
（资料性）
国家允许使用的化学农药参考使用方法

国家允许在胡椒中使用的化学农药参考使用方法见表 C.1。

表 C.1　国家允许使用的化学农药参考使用方法

类别	通用名	作用对象	使用方法（生长季）	使用量（浓度）	安全隔离期 /d
杀菌剂	三乙膦酸铝	根腐病等	灌根	按说明书推荐用量	—
杀线虫剂	寡糖·噻唑膦	地下害虫	灌根	按说明书推荐用量	—
杀菌剂	阿维菌素	根结线虫	沟施或穴施	按说明书推荐用量	14
杀菌剂	低聚糖素	杀菌剂	喷雾	按说明书推荐用量	15
注：表中是国家目前允许使用的农药品种,新农药应经有关技术部门试验并经过农业农村部批准在胡椒药材上登记后才能使用					

参考文献

［1］么历,程慧珍,杨智.中药材规范化种植（养殖）技术指南［M］.北京:中国农业出版社,2006.

［2］李明.我国胡椒初加工的现状与分析［J］.广西热带农业,2004（1）:37-39.

［3］郑维全,邬华松,谭乐和,等.影响胡椒连作主要因素与防控措施［J］.热带农业科学,2010,30（10）:13-17.

［4］钱军,张敏,黄丹慜,等.间种胡椒对槟榔主要害虫及天敌数量的影响［J］.亚热带农业研究,2016,12（3）:156-159.

［5］祖超,李志刚,王灿,等.胡椒与槟榔间作对群体养分吸收利用的影响［J］.热带作物学报,2017,38（11）:2014-2020.

［6］郑维全,杨建峰,郝朝运,等.胡椒连作常见问题及其栽培技术［J］.热带生物学报,2012,3（3）:247-251.

［7］萧自位,张洪波,田素梅,等.云南德宏地区两种胡椒栽培模式寒害研究［J］.热带农业科技,2017,40（2）:15-17.

［8］王辉,王灿,杨建峰,等.海南主要热带经济林复合栽培发展现状与构建［J］.中国热带农业,2016（6）:8-14.

［9］鱼欢,邬华松,闫林,等.胡椒栽培模式研究综述［J］.热带农业科学,2010,30（3）:56-61.

［10］刘进平.胡椒生产中的支柱选用与间作栽培［J］.广西热带农业,2004（1）:47-49.

———————————————

ICS 65.020.20
CCS C 05

团 体 标 准

T/CACM 1374.110—2021

栀子规范化生产技术规程

Code of practice for good agricultural practice of
Gardeniae Fructus

2021-10-15 发布

2021-10-15 实施

中华中医药学会　发布

目　次

前言 ··· 348
1　范围 ··· 349
2　规范性引用文件 ·· 349
3　术语和定义 ·· 349
4　栀子规范化生产流程图 ·· 350
5　栀子规范化生产技术 ·· 351
　5.1　生产基地选址 ··· 351
　5.2　种质与种子 ··· 351
　5.3　种植 ··· 351
　5.4　采收 ··· 353
　5.5　产地初加工 ··· 353
　5.6　包装、放行、贮运 ·· 353
附录 A（资料性）　栀子常见病虫害防治的参考方法 ······························· 354
附录 B（规范性）　禁限用农药名单 ··· 355
参考文献 ·· 356

前　言

本文件按照 GB/T 1.1—2020《标准化工作导则　第 1 部分：标准化文件的结构和起草规则》的规定起草。

请注意本文件中的某些内容可能涉及专利。本文件的发布机构不承担识别专利的责任。

本文件由中国医学科学院药用植物研究所和江西中医药大学提出。

本文件由中华中医药学会归口。

本文件起草单位：江西中医药大学、中国医学科学院药用植物研究所、江西普正制药股份有限公司、江西省顺昌中药种植基地、江西省林业科学院、福建省福鼎市栀子产业领导小组、福鼎市农业农村局、重庆市中药研究院、上海市药材有限公司、扬子江药业集团有限公司、重庆市药物种植研究所。

本文件主要起草人：罗光明、胡生福、罗扬婧、周庆光、朱玉野、董丽华、徐艳琴、葛菲、张俊逸、朱培林、吴永忠、李火杰、胡开治、朱光明、孔悦平、李隆云、叶传财、肖伟生、魏建和、王文全、王秋玲、杨小玉、辛元尧、王苗苗。

栀子规范化生产技术规程

1 范围

本文件规定了栀子规范化生产流程,规定了栀子生产基地选址、种质、种苗繁育、种植、采收、产地初加工、包装、放行、贮运等阶段的操作要求。

本文件适用于栀子的规范化生产。

2 规范性引用文件

下列文件中的内容通过文中的规范性引用而构成本文件必不可少的条款。其中,注明日期的引用文件,仅该日期对应的版本适用于本文件;不注日期的引用文件,其最新版本(包括所有的修改单)适用于本文件。

GB 3095 环境空气质量标准

GB 5084 农田灌溉水质标准

GB 5749 生活饮用水卫生标准

GB 15618 土壤环境质量 农用地土壤污染风险管控标准(试行)

T/CACM 1374.1—2021 中药材规范化生产技术规程通则 植物药材

2020 年版《中华人民共和国药典》

3 术语和定义

T/CACM 1374.1—2021 界定的以及下列术语和定义适用于本文件。

3.1 规范化生产 good agricultural practice

按照《中药材生产质量管理规范》(简称中药材 GAP)的要求,实施药材生产,保证中药材优质安全的生产过程。

3.2 技术规程 code of practice

为实现中药材生产顺利、有序进行,保证中药材生产质量,对中药材生产的基地选址、种子种苗、种植或野生抚育、采收与产地初加工以及包装、放行与贮运等,所做的技术规定和要求,是实施中药材规范生产的核心技术要求和实施指南。

3.3 栀子 Gardeniae Fructus

茜草科植物栀子 *Gardenia jasminoides* Ellis 的干燥成熟果实。

3.4 地径 ground diameter

苗干靠近地表面处的直径。

349

3.5 鱼鳞坑 fish scale pit

一种水土保持造林整地方法,在较陡的梁峁坡面和支离破碎的沟坡上沿等高线自上而下的挖半月形坑,呈品字形排列,形如鱼鳞。

3.6 抢青 earlier period harvest

早于正常采收期的尚未成熟的果实。

3.7 发汗 sweating

指在干燥加工过程中为了促使药材变软、变色,增加气味或减小刺激性,有利于干燥,将药材堆置,使其发热,使其内部水分向外挥散的方法。

4 栀子规范化生产流程图

栀子规范化生产流程见图 1。

栀子规范化生产流程:　　　　　　　　　　关键控制点及参数:

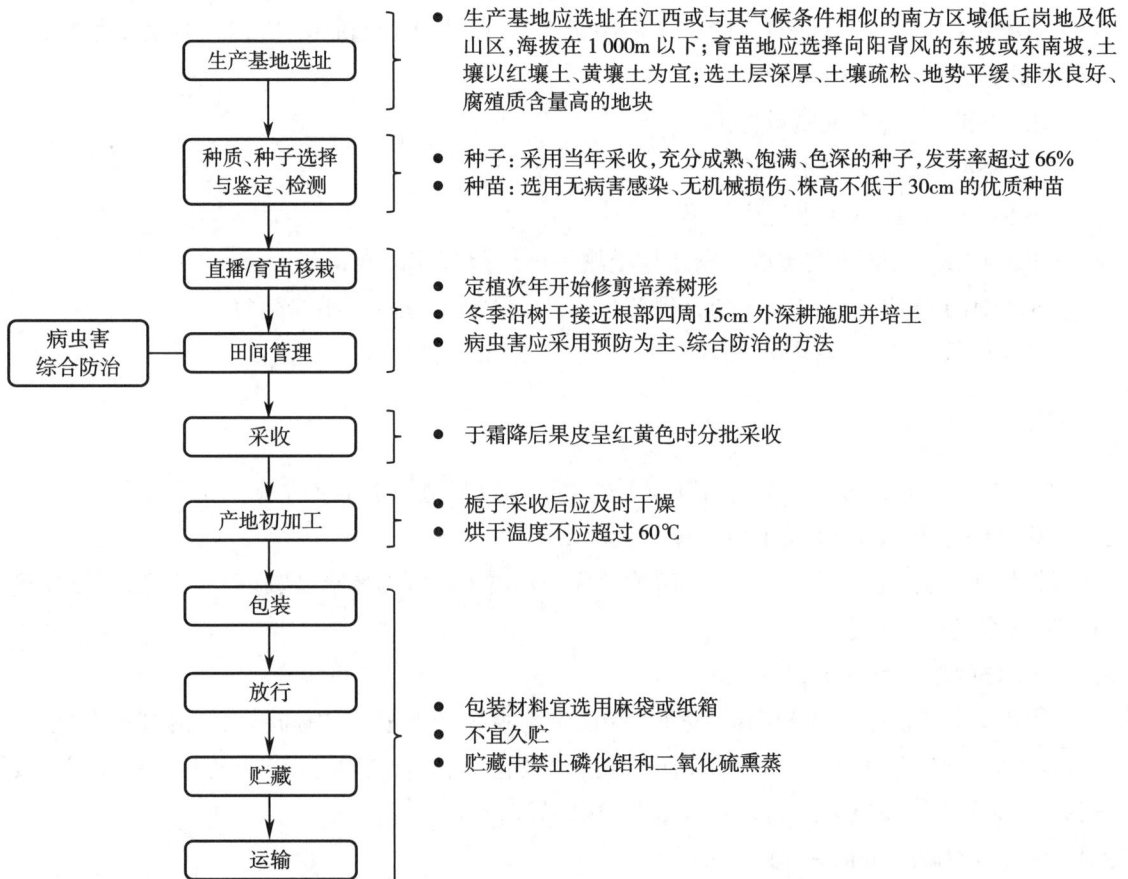

生产基地选址
- 生产基地应选址在江西或与其气候条件相似的南方区域低丘岗地及低山区,海拔在 1 000m 以下;育苗地应选择向阳背风的东坡或东南坡,土壤以红壤土、黄壤土为宜;选土层深厚、土壤疏松、地势平缓、排水良好、腐殖质含量高的地块

种质、种子选择与鉴定、检测
- 种子:采用当年采收,充分成熟、饱满、色深的种子,发芽率超过 66%
- 种苗:选用无病害感染、无机械损伤、株高不低于 30cm 的优质种苗

直播/育苗移栽

田间管理

病虫害综合防治
- 定植次年开始修剪培养树形
- 冬季沿树干接近根部四周 15cm 外深耕施肥并培土
- 病虫害应采用预防为主、综合防治的方法

采收
- 于霜降后果皮呈红黄色时分批采收

产地初加工
- 栀子采收后应及时干燥
- 烘干温度不应超过 60℃

包装

放行

贮藏
- 包装材料宜选用麻袋或纸箱
- 不宜久贮
- 贮藏中禁止磷化铝和二氧化硫熏蒸

运输

图 1 栀子规范化生产流程图

5 栀子规范化生产技术

5.1 生产基地选址

5.1.1 产地选择

适宜种植在江西或与其气候条件相似的南方区域低丘岗地及低山区,育苗地和种植地应在海拔 1 000m 以下;全国其他类似自然条件地区也适合栀子基地建设。

5.1.2 地块选择

良种繁育田和定植地应选择向阳背风的东坡或东南坡,坡度小于 30° 的荒地或熟地,土壤以红壤土、黄壤土为宜。应选阳光充足、温暖湿润,土层深厚、土壤疏松、腐殖质含量高,地势平缓、排水良好的地块,pH 微酸性至中性。

5.1.3 环境监测

生产基地的空气质量应符合 GB 3095 规定的环境空气质量标准,灌溉水质量应符合 GB 5084 规定的农田灌溉水质标准,土壤质量应符合 GB 15618 的规定。

5.2 种质与种子

5.2.1 种质选择

使用茜草科植物栀子 *Gardenia jasminoides* Ellis,物种须经过基源鉴定。如使用农家品种或选育品种应明确。

5.2.2 种子质量

采用当年采收,充分成熟、饱满、色深的健康种子,发芽率≥66%,千粒重 2.9~4.3g。

5.2.3 良种繁育

须选择 4~10 年生,树势生长健壮、树冠呈伞状、主枝开阔、叶色浓绿、枝条节短粗壮、果实肉厚饱满、色泽金黄或黄红、抗逆性强、无病虫害的优良母株作留种树或采穗树。

9—10 月,果实陆续成熟,摘除母树上瘦小果、虫伤病果。待充分成熟时(10 月下旬—11 月上旬),采集肉厚饱满、色泽金黄或黄红的果实,连同果壳一同晾干即可留作种。将其装入纸袋或布袋内,贮藏于干燥凉爽处。

春季或秋季扦插时,采集母树上健壮的 1~2 年生木质化或半木质化枝条作采穗条。

5.3 种植

5.3.1 育苗

栀子生产一般选用育苗移栽,采用种子育苗或扦插育苗。

5.3.1.1 种子育苗

育苗时,育苗地深翻 30cm 以上,施足基肥,整平耙细,开沟作畦。畦宽 1~1.2m,畦高 20~25cm。整地后进行土壤消毒,在播种前 10~15 天,选用硫酸亚铁、生石灰等土壤消毒剂进行土壤消毒。

2 月下旬—3 月上中旬播种。播种量 30~45kg/hm²。播种前去果壳取出种子并浸入 30~40℃温水中处理 0.5~1 天,揉搓洗去果皮与果胶等杂物,捞去浮在水面的瘪籽,捞出沉底的饱满种子,稍晾干后拌细沙以备播种。晾干,忌暴晒或烘干。在整好的苗床上按行距

20~25cm,开深约 3cm 的浅沟,将种子均匀撒入沟内,覆细土 1~2cm 至不见种子为宜,均匀覆盖稻草、秸秆等。

出苗后根据土壤保湿和出苗情况逐渐移除覆盖物,及时除草。去弱苗留强苗,株距以不小于 10cm 为宜。苗期注意浇水和追肥 3~4 次,可施充分腐熟有机肥,叶面喷施磷酸二氢钾等,以氮肥为主,磷、钾肥为辅追肥。培育至第二年 2—3 月可出圃定植。

5.3.1.2 扦插育苗

扦插育苗春秋两季均可。选 1~2 年生木质化或半木质化枝条,截成 15~20cm 长上端平下端斜的小段作插条,插条上端留叶 3 片。按株行距 10cm×15cm 插于苗床中,插条入土深 2/3。插后浇透水,保持苗床湿润。小拱棚塑料薄膜、太阳膜覆盖。苗高 10cm 后逐渐揭去塑料膜等覆盖物,其他管理同种子育苗,第二年后可行定植。

5.3.2 定植

定植地土地深耕 30cm 以上,施入基肥,以有机肥为主,化学肥料为辅。农家肥应充分腐熟。同时进行土壤消毒处理。对于坡度较大的山地,采用鱼鳞坑。

定植时间以春季 2—3 月或秋季 11—12 月进行为好。

在育苗 1 年后,苗高达 30cm 以上即可移栽定植。选用无病害感染、无机械损伤、株高不低于 30cm,地径不低于 4mm 的优质种苗。移栽前苗木用钙镁磷肥拌黄泥浆沾根。株行距一般按株距 1.0~1.5m,行距 1.5~3m 开穴,宜宽行窄株、宽窄行配置方式。种植密度为 3 000~4 500 株/hm²。移栽前先开穴,穴径 40cm,深 30cm,每穴施入有机肥,且与土拌匀。每穴栽植 1 株。将苗木扶正栽入穴内,当填土至一半时,轻提幼苗,使根系舒展,然后填土至满穴,踏实,浇足定根水,表面再覆盖松土。

5.3.3 田间管理

移栽后及时补苗、除草、排灌。结合中耕除草,分别在发枝期、花期、果期及时追肥。追肥以有机肥为主,无机肥为辅,鼓励使用经国家批准的菌肥及中药材专用肥。禁止使用膨大素等生长调节剂。定植后以套种豆类为佳。

定植次年开始修剪培育树形,培养 1 个主干和 3 个主枝,各主枝培养 3~4 个副主枝。及时对主干、主枝抹芽除蘖,剪除下部萌蘖,每年冬季剪去病枝、徒长枝、交叉枝和过密枝,形成枝条分布均匀、向四周舒展的圆头形树冠。

定植后 2 年内须摘除花芽,第 3 年后可适当留果。根据立地条件和树形大小,进行疏花疏果等。栀子在秋季仍有开花,宜摘除花蕾。

每年冬季沿树干接近根部的部分四周 15cm 外,深耕施肥并培土,以保护栀子越冬及恢复树势。

5.3.4 病虫害草害等防治

栀子常见病害有褐斑病、炭疽病等,虫害主要有咖啡透翅天蛾、龟蜡介壳虫、栀子卷叶螟、桃蛀螟等。

应采用预防为主、综合防治的方法:有机肥必须充分腐熟;选用无病害感染、无机械损伤、表皮光滑、抗逆性好的优质种苗,禁用带病苗;移栽前做好土壤消毒工作;加强田间管理,及时清沟排水,避免田间积水;发现病株及时拔除,集中销毁,并用生石灰等处理病区;每年秋冬季及时清园,清除(或摘除)病落叶和病叶,铲除园中杂草,集中烧毁,以减少侵染源。

采用化学防治时,应当符合国家有关规定;优先选用高效、低毒的生物农药;尽量避免除草剂、杀虫剂和杀菌剂等化学农药的使用;不使用禁限用农药。

禁止或限制使用农药种类参见附录 B。

5.4 采收

栀子有性繁殖 3~4 年,无性繁殖 2~3 年结果。于 10 月中下旬—11 月上旬(霜降后)果实相继成熟,在果皮呈红黄色时分批采收,一般要求至少分 2 批采收。应于晴天露水干后或午后采摘,采摘后应除去果柄等杂物。

禁止抢青。

5.5 产地初加工

栀子采收后应及时干燥,避免黑果。

产地初加工包括直接晒干法、烘干法及传统干燥方法加工。

a)直接晒干法:晾晒时应及时轻翻,以免伤果皮及防止外干内湿。

b)烘干法:可采用各种设施,烘干温度不应超过 60℃,烘晒至果内坚硬干燥即可。

c)传统干燥法:用蒸汽蒸约 3 分钟,然后置于篾垫或干净晒场上,太阳下暴晒至七成干,堆积 3 天左右,使其发汗,再晒至全干。

产地初加工用水应符合 GB 5749 规定的标准,加工干燥过程保证场地、工具洁净,不受雨淋等。

5.6 包装、放行、贮运

5.6.1 包装

包装前应对每批药材按照国家标准进行质量检验。符合国家标准的药材,采用不影响质量的编织袋等包装,禁止采用包装过肥料、农药等的包装袋包装。为保持色泽,可将干燥果实放在密封的聚乙烯塑料袋中贮藏,此法在正常情况下,自冬季至春季可安全贮藏 3~4 个月。包装外贴或挂标签、合格证,标识牌内容应有品种、基源、产地、批号、规格、重量、采收日期、企业名称等,并有追溯码。

5.6.2 放行

应制定符合企业实际情况的放行制度,有审核批生产、检验等的相关记录。不合格药材有单独处理制度。

5.6.3 贮运

应贮存于阴凉干燥处,定期检查,防止虫蛀、霉变、腐烂、泛油等的发生。仓库控制温度在 20℃ 以下、相对湿度 75% 以下;不同批次等级药材分区存放;建有定期检查制度。禁止磷化铝和二氧化硫熏蒸。也可采用现代气调贮藏方法,包装或库内充氮或二氧化碳。

运输应防止发生混淆、污染、异物混入、包装破损、雨雪淋湿等。

附 录 A

（资料性）

栀子常见病虫害防治的参考方法

栀子常见病虫害防治的参考方法见表 A.1。

表 A.1 栀子常见病虫害防治的参考方法

常见病虫害名称	危害症状	防治措施
炭疽病	栀子叶片呈褐色病斑坏死,果实裂开	①加强施肥和抚育等栽培管理,促进树势旺盛,增强抗病力。 ②5—8月,经常喷波尔多液保护和预防。 ③发病时,用福·福锌、甲基硫菌灵等高效低毒杀菌剂防治
褐斑病	侵染叶和果,发病严重的栀子植株叶片失绿,变黄或褐色,导致叶片脱落,引起早期落果,严重影响产量	5月下旬和8月上旬发病前,可分别喷施50%甲基硫菌灵1 000倍液或1:100的波尔多液,每隔15天喷1次,连续2~3次
咖啡透翅天蛾	3龄前幼虫取食嫩叶,使成麻点和孔洞,4龄后食量增大,暴食叶片,数量多时常将叶片食尽	①冬季垦复,破坏咖啡透翅天蛾的蛹室,使蛹冻死。 ②幼虫幼龄阶段,及时采用白僵菌、绿僵菌喷药防治,成虫期,可采用黑光灯诱蛾。 ③在大发生时,可使用80%敌敌畏1 000~1 500倍液喷雾
龟蜡介壳虫	以若虫、雌虫为害枝梢和叶片	①若虫期喷25%敌敌畏250~300倍液或40%乐果加50%马拉松1:1的1 000倍液喷雾。 ②若虫期和雌虫期均可喷施1:10松脂合剂防治
栀子卷叶螟	以幼虫危害春、夏、秋梢。如遇虫口密度高峰期,危害后使翌年花芽萌发减少,产量显著下降	喷施90%敌百虫1 000倍液或用每克含孢子100亿的杀虫菌1:100倍液喷雾
桃蛀螟	幼虫有钻果蛀食习性。老熟幼虫在被害果内化蛹或由果内钻出,在果柄附近化蛹。被害果孔口附有大量虫粪,易脱并能招致其他病菌为害,可造成栀子腐烂	①在树干周围和枝、果上可喷撒2亿/g白僵菌粉。 ②应用苏云金杆菌乳剂100倍液加3%苦楝油喷雾。 ③大发生时可应用40%乐果乳油或50%杀螟松乳油800~1 000倍液

附 录 B

（规范性）

禁限用农药名单

B.1 禁止（停止）使用的农药（46 种）

六六六、滴滴涕、毒杀芬、二溴氯丙烷、杀虫脒、二溴乙烷、除草醚、艾氏剂、狄氏剂、汞制剂、砷类、铅类、敌枯双、氟乙酰胺、甘氟、毒鼠强、氟乙酸钠、毒鼠硅、甲胺磷、对硫磷、甲基对硫磷、久效磷、磷胺、苯线磷、地虫硫磷、甲基硫环磷、磷化钙、磷化镁、磷化锌、硫线磷、蝇毒磷、治螟磷、特丁硫磷、氯磺隆、胺苯磺隆、甲磺隆、福美胂、福美甲胂、三氯杀螨醇、林丹、硫丹、溴甲烷、氟虫胺、杀扑磷、百草枯、2,4- 滴丁酯。

注：氟虫胺自 2020 年 1 月 1 日起禁止使用。百草枯可溶胶剂自 2020 年 9 月 26 日起禁止使用。2,4-滴丁酯自 2023 年 1 月 29 日起禁止使用。溴甲烷可用于"检疫熏蒸处理"。杀扑磷已无制剂登记。

B.2 在部分范围禁止使用的农药（20 种）

部分范围禁止使用的农药应注意药食同源中药材及来自其他作物的中药材。部分范围禁止使用的农药见表 B.1。

表 B.1 部分范围禁止使用的农药

通用名	禁止使用范围
甲拌磷、甲基异柳磷、克百威、水胺硫磷、氧乐果、灭多威、涕灭威、灭线磷	禁止在蔬菜、瓜果、茶叶、菌类、中草药材上使用,禁止用于防治卫生害虫,禁止用于水生植物的病虫害防治
甲拌磷、甲基异柳磷、克百威	禁止在甘蔗作物上使用
内吸磷、硫环磷、氯唑磷	禁止在蔬菜、瓜果、茶叶、中草药材上使用
乙酰甲胺磷、丁硫克百威、乐果	禁止在蔬菜、瓜果、茶叶、菌类和中草药材上使用
毒死蜱、三唑磷	禁止在蔬菜上使用
丁酰肼（比久）	禁止在花生上使用
氰戊菊酯	禁止在茶叶上使用
氟虫腈	禁止在所有农作物上使用（玉米等部分旱田种子包衣除外）
氟苯虫酰胺	禁止在水稻上使用

B.3 说明

本附录的内容来自 2019 年中华人民共和国农业农村部发布的《禁限用农药名录》（http://www.zzys.moa.gov.cn/gzdt/201911/t20191129_6332604.htm）。

参考文献

［1］国家药典委员会. 中华人民共和国药典：2020 年版一部［M］. 北京：中国医药科技出版社，2020.

［2］董艳凯，朱玉野，胡燕珍，等. 栀子褐斑病病原菌鉴定及寄主范围测定［J］. 中国实验方剂学杂志，2016，22（23）：35-39.

［3］田瑞华，彭平，刘希，等. 栀子药材的质量表征与产地的关联性研究［J］. 世界科学技术（中医药现代化），2019，21（5）：882-891.

［4］张俊逸，罗光明，柴华文，等. 栀子煤污病病原菌鉴定及抑菌药剂筛选［J］. 中药材，2019，42（5）：1018-1022.

［5］杨芳，孙桂琴，薛芳，等. 黄栀子绿灰蝶绿色防控技术研究与综合运用［J］. 植物保护，2019，45（2）：238-242.

［6］蒋汉良，倪勤学，高前欣，等. 3 种天然抗氧化剂对栀子果油氧化稳定性的影响［J］. 中国油脂，2018，43（1）：31-33.

［7］罗光明，董艳凯，龚雨虹，等. 栀子炭疽病病原菌鉴定及抑菌药剂筛选［J］. 中国实验方剂学杂志，2016，22（19）：32-36.

［8］刘志雄，王旺来. 栀子花期低温冷害风险区划研究：以湖北蕲春为例［J］. 中国农业资源与区划，2017，38（12）：146-150.

［9］潘媛，王钰，张应，等. 栀子种子性状变异及其与地理：气候因子的相关性研究［J］. 中药材，2017，40（9）：2030-2035.

［10］邓绍勇，朱培林，温强，等. 基于 EST-SSR 引物的不同产区栽培栀子遗传多样性研究［J］. 中药材，2017，40（10）：2275-2279.

［11］朱继孝，罗光明，陈岩，等. 栀子质量的化学模式识别研究［J］. 时珍国医国药，2011，22（11）：2628-2630.

［12］周早弘. 栀子规范化种植技术［J］. 广东农业科学，2006（4）：88-89.

［13］刘华宾，刘宝坤. 栀子规范化种植及主要病虫害防治技术［J］. 南方农业，2014，8（6）：12-13.

［14］么历，程慧珍，杨智. 中药材规范化种植（养殖）技术指南［M］. 北京：中国农业出版社，2006.

［15］陈海平. 栀子生物学特性及无公害栽培研究［J］. 农业与技术，2016，6（20）：78-80.

［16］潘媛，李隆云，王钰，等. 我国主要栀子栽培资源分布与综合利用调查［J］. 天然产物研究与开发，2019，31（10）：1823-1830.

_____

ICS 65.020.20
CCS C 05

团 体 标 准

T/CACM 1374.111—2021

厚朴规范化生产技术规程

Code of practice for good agricultural practice of
Magnoliae Officinalis Cortex

2021-10-15 发布

2021-10-15 实施

中华中医药学会 发布

目　次

前言··· 359

引言··· 360

1　范围 ··· 361

2　规范性引用文件 ·· 361

3　术语和定义 ·· 361

4　厚朴规范化生产流程图 ·· 362

5　厚朴规范化生产技术 ·· 362

    5.1　生产基地选址 ··· 362

    5.2　种质与种子 ··· 363

    5.3　良种繁育 ·· 363

    5.4　种植 ·· 364

    5.5　采收 ·· 365

    5.6　产地初加工 ··· 365

    5.7　包装、放行、贮运 ··· 365

附录A（规范性）　禁限用农药名单 ·· 366

附录B（资料性）　厚朴常见病虫害防治的参考方法 ·· 367

参考文献··· 368

前　言

本文件按照 GB/T 1.1—2020《标准化工作导则　第 1 部分：标准化文件的结构和起草规则》的规定起草。

请注意本文件中的某些内容可能涉及专利。本文件的发布机构不承担识别专利的责任。

本文件由中国医学科学院药用植物研究所和湖北省农业科学院中药材研究所提出。

本文件由中华中医药学会归口。

本文件起草单位：湖北省农业科学院中药材研究所、绵阳市农业科学研究院、恩施济源药业科技开发有限公司、恩施九信中药有限公司、中国医学科学院药用植物研究所、重庆市药物种植研究所。

本文件主要起草人：郭杰、林先明、王涛、刘翠君、游景茂、郭晓亮、段媛媛、胡青青、穆森、唐涛、王帆帆、张宇、林莹、魏建和、王文全、王秋玲、杨小玉、辛元尧、王苗苗。

引　言

本文件要求的对象为木兰科植物厚朴 *Magnolia officinalis* Rehd. et Wils.，典型特征为叶先端具短急尖或圆钝，主要种植区域为湖北西部、重庆、四川北部和中东部、湖南西部、陕西南部、贵州北部等地。区别于木兰科植物凹叶厚朴 *Magnolia officinalis* Rehd. et Wils. var. *biloba* Rehd. et Wils.，典型特征为叶先端凹缺，成 2 片钝圆的浅裂片。

厚朴规范化生产技术规程

1 范围

本文件确立了厚朴的规范化生产流程,规定了厚朴生产基地选址、种质与种子、种苗繁育、种植、采收、产地初加工、包装、放行、贮运等阶段的操作要求。

本文件适用于厚朴的规范化生产。

2 规范性引用文件

下列文件中的内容通过文中的规范性引用而构成本文件必不可少的条款。其中,注明日期的引用文件,仅该日期对应的版本适用于本文件;不注明日期的引用文件,其最新版本(包括所有的修改单)适用于本文件。

GB 3095　环境空气质量标准

GB/T 3543　农作物种子检验规程

GB 5084　农田灌溉水质标准

GB 5749　生活饮用水卫生标准

GB 15618　土壤环境质量　农用地土壤污染风险管控标准(试行)

T/CACM 1374.1—2021　中药材规范化生产技术规程通则　植物药材

3 术语和定义

T/CACM 1374.1—2021 界定的以及下列术语和定义适用于本文件。

3.1　规范化生产　good agricultural practice

按照《中药材生产质量管理规范》(简称中药材 GAP)的要求,实施药材生产,保证中药材优质安全的生产过程。

3.2　技术规程　code of practice

为实现中药材生产顺利、有序进行,保证中药材生产质量,对中药材生产的基地选址、种子种苗、种植或野生抚育、采收与产地初加工以及包装、放行与贮运等,所做的技术规定和要求,是实施中药材规范生产的核心技术要求和实施指南。

3.3　厚朴　Magnoliae Officinalis Cortex

木兰科植物厚朴 *Magnolia officinalis* Rehd. et Wils. 或凹叶厚朴 *Magnolia officinalis* Rehd. et Wils. var. *biloba* Rehd. et Wils. 的干燥干皮、根皮及枝皮。

3.4　发汗　sweating

在加工过程中微煮、蒸后,堆置起来发热,使其内部水分往外溢,变软,变色,增加香味的过程。

4 厚朴规范化生产流程图

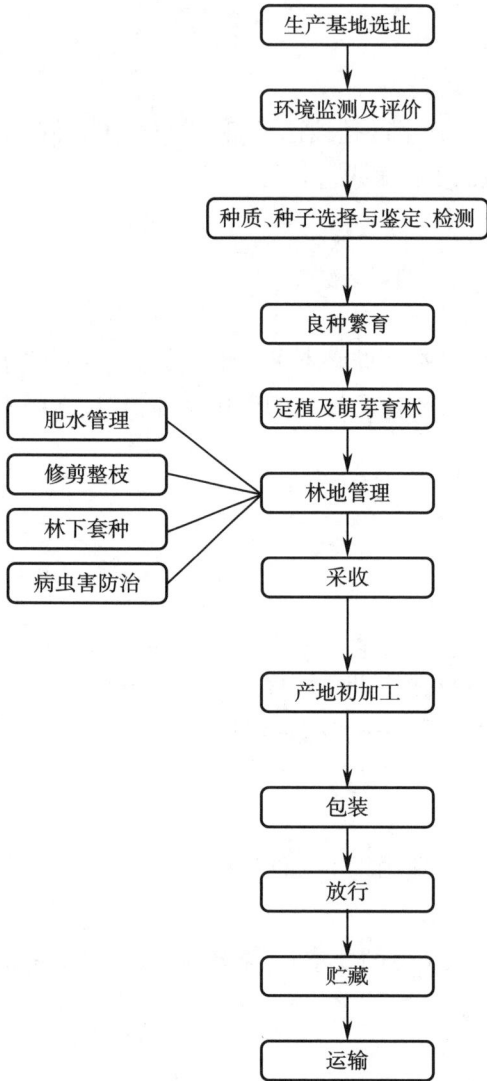

厚朴规范化生产流程见图1。

厚朴规范化生产流程：

关键控制点及技术参数：

| 生产基地选址 |

| 环境监测及评价 |

- 湖北西部、重庆、四川北部和中东部、湖南西部、陕西南部、贵州北部等地海拔800~2 000m的山区；育苗地选择坡度小于20°，土层深厚、土质疏松、排灌方便、土壤肥力好、光照充足、交通便利的农田；林地应选向阳坡或半阴坡，土壤pH 5.5~7.0、土层深50cm以上、排水性好、肥沃的壤土或砂壤土

| 种质、种子选择与鉴定、检测 |

- 种子应使用当年采收，饱满，有光泽，横断面胚乳白色，千粒重≥140g，净度≥95%，水分≥30%，发芽率≥70%。种苗应使用2~3年苗，根系、树皮及顶芽无损伤

| 良种繁育 |

| 定植及萌芽育林 |

- 穴植，保证根系舒展，修剪伤根和过长的根
- 移栽3年后，每年去除主干1.3m以下的分枝及茎基萌芽
- 病虫害防治以预防为主，综合防治

| 肥水管理 |
| 修剪整枝 |
| 林下套种 |
| 病虫害防治 |

| 林地管理 |

| 采收 |

- 定植12年以上的5月下旬至6月下旬可采伐，剥皮

| 产地初加工 |

- 初加工经过去杂、蒸软、卷筒、发汗、干燥等步骤
- 发汗时间24小时以上
- 干燥温度不超过50℃
- 及时干燥，不可淋雨

| 包装 |

| 放行 |

| 贮藏 |

- 贮藏过程中禁止使用二氧化硫、磷化铝熏蒸

| 运输 |

图1 厚朴规范化生产流程图

5 厚朴规范化生产技术

5.1 生产基地选址

5.1.1 产地选择

主产区为湖北西部、重庆、四川北部和中东部、湖南西部、陕西南部、贵州北部等地海拔800~2 000m的山区，道地产区为湖北西部、重庆、四川北部和中东部。种植地选择在海拔800~2 000m的山区。

5.1.2 地块选择

育苗地应选择坡度小于 20°，土层深厚、土质疏松、水源充足、排灌方便、土壤肥力好、光照充足、交通便利的农田。

林地应选向阳坡或半阴坡，土壤 pH 5.5~7.0，土层深 50cm 以上、排水性好、肥沃的壤土或砂壤土。

5.1.3 环境监测

基地的大气、土壤和水样品的检测按照 GAP 要求，应符合相应国家标准，并保证生长期间持续符合标准。环境监测参照 GB 3095、GB 15618、GB 5084。

5.2 种质与种子

5.2.1 种质选择

使用木兰科植物厚朴 *Magnolia officinalis* Rehd. et Wils.，物种须经过鉴定。使用农家品种或选育品种应加以明确。

5.2.2 种子质量

应使用当年采收，饱满，有光泽，横断面胚乳白色，千粒重≥140g，净度≥95%，纯度≥98%，水分≥30%，发芽率≥70% 的种子。经检验符合相应标准。种子检测参照 GB/T 3543。

5.3 良种繁育

5.3.1 母本园管理

应在人工厚朴林中保留叶片先端具短急尖或小凸尖的植株，其余间伐，成为优质种子母树林。母树林周边 1 000m 范围内不具有小凸尖叶形特征的厚朴树，如有应砍伐或在开花前进行摘花处理。

5.3.2 采种

采种时间在 9 月中旬—10 月中旬，当果鳞部分露出红色种子时，即可采收。采种时整个果序一起采收。采收后，果实晒 1~2 天或在通风条件下放置 5~7 天即可脱粒。种子脱粒后要及时用水搓洗掉外层红色种皮，晾干。

5.3.3 种子贮藏

厚朴种子采用湿河沙混合贮藏。用于贮藏的河沙要含泥质少，不含有机质，粒径组成为：>1.5mm，<3mm 占 25%；≥1.0mm，≤1.5mm 占 25%；1.0mm 以下占 50%。贮藏地点应阴凉、清洁、通风良好；沙的湿度以"手捏成团而不出水，触之能散"为宜。沙与种子的体积比为 2∶1，将沙与种子充分拌匀堆藏，厚度不超过 50cm，表层加盖 3~5cm 厚的湿河沙。贮藏中应注意观察，保持湿度（湿润状态）和通风，及时补充水分。贮藏温度 −5~15℃，生产用种贮藏时间不超过 180 天。

5.3.4 育苗整地

厚朴须育苗移栽，不能直播。育苗前一年 11 月深耕一次，次年 3 月再深耕一次后耙细整平，将 1 500kg/ 亩（1 亩 ≈ 666.7m²，下文同）腐熟厩肥与 25kg/ 亩复合肥（N∶P₂O₅∶K₂O= 15∶15∶15）混匀后均匀撒施于土壤表面，然后开沟作畦，畦宽 1.2m，畦长随地势而定，畦沟宽 30cm、深 15cm。

5.3.5 播种

3月上中旬播种。播种前用竹筛筛出种子,再用水淘去河沙,去掉上层飘浮的种子及杂物,晾干种皮外的水分,在5%生石灰水中浸泡12小时;然后沥出种子,用清水洗净种皮外的石灰水,再晾干种皮外的水分即可。然后在畦面开播种沟,沟宽10cm,沟深5cm,沟距30cm,沟底平整。将种子撒播于沟内,盖细土3~5cm,清沟后,整平畦面,盖薄层草保湿。用种量10~12.5kg/亩。

5.3.6 田间管理

种子萌发后及时去掉盖草,出苗后及时进行除草、间苗,苗高5~7cm时按株距5~6cm定苗。苗期追肥二次。5月中旬一次,施肥量为尿素5kg/亩;6月中、下旬一次,施肥量为尿素10kg/亩、复合肥(N:P$_2$O$_5$:K$_2$O=15:15:15)15kg/亩,混匀后沟施于厚朴行间。干旱时浇水保苗,连阴雨时清沟排渍。

5.3.7 出圃

育苗当年或第二年11月至第三年4月上旬,以厚朴叶脱落后和未萌发前的休眠期为起挖时期。起挖时避免损伤侧根、树皮及顶芽。将苗木按50株或100株扎成一小梱。苗木起挖后应放在遮阴避风处,防止日晒、雨淋,贮存日期不超过7天。

5.4 种植

5.4.1 定植

11月至翌年4月上旬,采用穴植,规格为60cm×60cm×50cm。挖穴后应施底肥,以有机肥或牛栏粪等厩肥为主,化学肥料为辅,使用厩肥应充分腐熟。栽植时应保证根系舒展,修剪伤根和过长的根。株行距为3m×3m或2m×3m。提倡与杉树、松树等多树种混交造林。

5.4.2 萌芽育林

厚朴采伐后,用青草或泥土覆盖根篼催发萌蘖苗;第二年去除弱苗,每篼留1~2株健壮苗。以后每年在田间管理时,发现基部萌芽,及时去掉。

5.4.3 林地管理

郁闭前每年进行2次幼林抚育。第一次为5月前后,第二次为8—9月,松土除草应选晴天,做到里浅外深,不伤害苗木根系,深度为10~15cm。同时可留50cm保护行,后续套种马铃薯、玉米、玄参、湖北贝母等喜光经济作物或萝卜、白菜、芦笋等高山蔬菜。同时每年5月与套种作物同时沟施氮肥或复合肥一次,用量25kg/亩。

郁闭后,每隔2~3年于夏季中耕1次,将杂草堆积腐熟后翻入土中作肥料,并于冬季培土时再施腐熟堆肥或厩肥1次,用量为1 500kg/亩。同时可留50cm保护行后,套种重楼、竹节参、黄连等喜阴经济作物。

移栽3年后,每年去除主干1.3m以下的分枝及茎基萌芽。

5.4.4 病虫害防治

预防为主,综合防治。应以农业防治为前提,优先采用生物防治和物理防治。合理修剪,及时清除病虫危害的枯枝、落叶,减少病虫源;加强抚育管理,以促林分生长和提早郁闭;

林下套种经济植物,增加生物多样性;冬季清园。农药使用按农业农村部最新农药施用相关标准执行,对所使用的农药应进行记录。

采用化学防治时,应当符合国家有关规定;优先选用高效、低毒的生物农药;尽量避免使用除草剂、杀虫剂和杀菌剂等化学农药;不使用禁限用农药。

主要病虫害及防治方法详见附录 B。

5.5 采收

定植 12 年以上可采伐。5 月下旬至 6 月下旬,先在树干基部离地面 5~10cm 环切树皮一圈,深至木质部,再在上部 40cm 或 50cm 处复切一环,在两环之间用利刀顺树干垂直切一刀,用小刀挑开皮口,用竹片刀将皮剥下,再将树砍倒。然后按 43cm 或 50cm 长度将主杆皮剥完,接着剥枝皮,再挖出树干接近根部的部分,剥根皮。伐木后也可保留树干接近根部的部分,培育基部萌蘖苗。

5.6 产地初加工

干朴加工。依厚朴皮每筒重量分成一、二、三、四等,先刮去杂质,再按等级分别在甑子上蒸软,一般根据等级蒸 15~20 分钟,趁热卷筒、扎线、发汗 24 小时,然后晒干或烘干(烘干过程中应将温度控制在 45~50℃),切齐(长度 40cm)。用水参照 GB 5749。

枝朴加工。厚朴采伐后,将树枝剔下,再使用木锤将木芯锤出,枝皮晒干或烘干,烘干温度 45~50℃。

根朴。厚朴采伐后,将树干接近根部的部分挖出,剥根皮,清洗去杂,再发汗、晒干或烘干,烘干温度 45~50℃。

厚朴花。每年 4 月将未开放的厚朴花蕾摘下,及时进行烘干,温度不超过 45℃。

5.7 包装、放行、贮运

5.7.1 包装

包装前应对每批药材按照国家标准进行质量检验。符合国家标准的药材,采用不影响质量的瓦楞纸箱、编织袋等包装,禁止采用包装过肥料、农药等的包装袋包装。包装外贴或挂标签、合格证,标识牌内容应有药材名、基源、产地、批号、规格、重量、采收日期、企业名称等,并有追溯码。

5.7.2 放行

应制定符合企业实际情况的放行制度,有审核批生产、检验等的相关记录。不合格药材有单独处理制度。

5.7.3 贮运

应贮存于阴凉干燥处,定期检查,防止虫蛀、霉变、腐烂、泛油等发生。仓库控制温度在25℃以下、相对湿度 75% 以下;不同批次、等级药材分区存放;建有定期检查制度。禁止磷化铝和二氧化硫熏蒸。也可采用现代气调贮藏方法,包装或库内充氮或二氧化碳。

运输应防止发生混淆、污染、异物混入、包装破损、雨雪淋湿等。

附 录 A

（规范性）

禁限用农药名单

A.1 禁止（停止）使用的农药（46 种）

六六六、滴滴涕、毒杀芬、二溴氯丙烷、杀虫脒、二溴乙烷、除草醚、艾氏剂、狄氏剂、汞制剂、砷类、铅类、敌枯双、氟乙酰胺、甘氟、毒鼠强、氟乙酸钠、毒鼠硅、甲胺磷、对硫磷、甲基对硫磷、久效磷、磷胺、苯线磷、地虫硫磷、甲基硫环磷、磷化钙、磷化镁、磷化锌、硫线磷、蝇毒磷、治螟磷、特丁硫磷、氯磺隆、胺苯磺隆、甲磺隆、福美胂、福美甲胂、三氯杀螨醇、林丹、硫丹、溴甲烷、氟虫胺、杀扑磷、百草枯、2,4-滴丁酯。

注：氟虫胺自 2020 年 1 月 1 日起禁止使用。百草枯可溶胶剂自 2020 年 9 月 26 日起禁止使用。2,4-滴丁酯自 2023 年 1 月 29 日起禁止使用。溴甲烷可用于"检疫熏蒸处理"。杀扑磷已无制剂登记。

A.2 在部分范围禁止使用的农药（20 种）

部分范围禁止使用的农药应注意药食同源中药材及来自其他作物的中药材。部分范围禁止使用的农药见表 A.1。

表 A.1 部分范围禁止使用的农药

通用名	禁止使用范围
甲拌磷、甲基异柳磷、克百威、水胺硫磷、氧乐果、灭多威、涕灭威、灭线磷	禁止在蔬菜、瓜果、茶叶、菌类、中草药材上使用，禁止用于防治卫生害虫，禁止用于水生植物的病虫害防治
甲拌磷、甲基异柳磷、克百威	禁止在甘蔗作物上使用
内吸磷、硫环磷、氯唑磷	禁止在蔬菜、瓜果、茶叶、中草药材上使用
乙酰甲胺磷、丁硫克百威、乐果	禁止在蔬菜、瓜果、茶叶、菌类和中草药材上使用
毒死蜱、三唑磷	禁止在蔬菜上使用
丁酰肼（比久）	禁止在花生上使用
氰戊菊酯	禁止在茶叶上使用
氟虫腈	禁止在所有农作物上使用（玉米等部分旱田种子包衣除外）
氟苯虫酰胺	禁止在水稻上使用

A.3 说明

本附录的内容来自 2019 年中华人民共和国农业农村部发布的《禁限用农药名录》（http://www.zzys.moa.gov.cn/gzdt/201911/t20191129_6332604.htm）。

附 录 B

（资料性）

厚朴常见病虫害防治的参考方法

厚朴常见病虫害的防治方法见表 B.1。

表 B.1 厚朴常见病虫害防治的参考方法

病虫害名称	防治时期	推荐防治方法	安全间隔期 /d
根腐病	6—8 月	异菌脲、多菌灵、甲霜·噁霉灵灌根，按照农药标签使用	≥20
煤污病	11—12 月	石硫合剂涂刷树干，按照农药标签使用	≥15
厚朴枝角叶蜂	7—8 月	阿维菌素、甲氨基阿维菌素苯甲酸盐喷雾，按照农药标签使用	≥10
藤壶蚧	5—7 月	氟啶虫胺腈、噻嗪酮或烯啶·吡蚜酮喷雾，按照农药标签使用	≥10
注：如有新的适合厚朴生产的高效、低毒、低残留生物农药应优先选用			

参考文献

［1］国家药典委员会.中华人民共和国药典：2020年版一部［M］.北京：中国医药科技出版社，2020.

［2］湖北省质量技术监督局.地理标志产品 恩施紫油厚朴：DB42/T 284—2011［S/OL］.［2024-01-15］. https：//std.samr.gov.cn/db/search/stdDBDetailed?id=91D99E4D10742E24E05397BE0A0A3A10.

［3］湖北省质量技术监督局.厚朴种子生产技术规程：DB42/T 432—2007［S/OL］.［2024-01-15］. https：//std.samr.gov.cn/db/search/stdDBDetailed?id=91D99E4D3A7D2E24E05397BE0A0A3A10.

［4］湖北省质量技术监督局.厚朴苗木生产技术规程：DB42/T 433—2007［S/OL］.［2024-01-15］. https：//std.samr.gov.cn/db/search/stdDBDetailed?id=91D99E4D8A3F2E24E05397BE0A0A3A10.

［5］湖北省质量技术监督局.恩施紫油厚朴生产技术规程：DB42/T 497—2008［S/OL］.［2024-01-15］. https：//std.samr.gov.cn/db/search/stdDBDetailed?id=91D99E4D104E2E24E05397BE0A0A3A10.

［6］湖北省质量技术监督局.厚朴丰产林栽培技术规程：DB42/T 589—2009［S/OL］.［2024-01-15］. https：//std.samr.gov.cn/db/search/stdDBDetailed?id=91D99E4D65802E24E05397BE0A0A3A10.

ICS 65.020.20
CCS C 05

团 体 标 准

T/CACM 1374.112—2021

砂仁（阳春砂）规范化生产技术规程

Code of practice for good agricultural practice of Amomi Fructus
（*Amomum villosum*）

2021-10-15 发布

2021-10-15 实施

中华中医药学会 发布

目　次

前言 …………………………………………………………………………………………………… 371

引言 …………………………………………………………………………………………………… 372

1　范围 ……………………………………………………………………………………………… 373

2　规范性引用文件 ………………………………………………………………………………… 373

3　术语和定义 ……………………………………………………………………………………… 373

4　砂仁（阳春砂）规范化生产流程图 …………………………………………………………… 374

5　砂仁（阳春砂）规范化生产技术 ……………………………………………………………… 375

　　5.1　生产基地选址 …………………………………………………………………………… 375

　　5.2　种质与种子 ……………………………………………………………………………… 375

　　5.3　种苗繁育 ………………………………………………………………………………… 375

　　5.4　种植 ……………………………………………………………………………………… 376

　　5.5　采收与初加工 …………………………………………………………………………… 378

　　5.6　包装、放行、贮运 ………………………………………………………………………… 378

附录 A（规范性）　禁限用农药名单 …………………………………………………………… 380

附录 B（资料性）　砂仁（阳春砂）常见病虫害防治的参考方法 …………………………… 381

参考文献 …………………………………………………………………………………………… 382

前　　言

本文件按照 GB/T 1.1—2020《标准化工作导则　第 1 部分:标准化文件的结构和起草规则》的规定起草。

请注意本文件中的某些内容可能涉及专利。本文件的发布机构不承担识别专利的责任。

本文件由中国医学科学院药用植物研究所和中国医学科学院药用植物研究所云南分所提出。

本文件由中华中医药学会归口。

本文件起草单位:中国医学科学院药用植物研究所云南分所、中国医学科学院药用植物研究所、广州中医药大学、中山大学、云南农业大学、云南中医药大学、西双版纳金棕生物科技有限公司、西双版纳神农生物科技有限公司、西双版纳医药有限责任公司、勐腊仁林生物科技有限公司、德庆县德鑫农业发展有限公司、重庆市药物种植研究所。

本文件主要起草人:张丽霞、魏建和、王艳芳、唐德英、彭建明、管志斌、李戈、王延谦、李学兰、何国振、杨得坡、马小军、祁建军、杨生超、梁艳丽、赵荣华、李维蛟、杨顺航、严珍、杨春勇、李海涛、张忠廉、李荣英、李光、牟燕、曾志云、周亚鹏、黎润南、王文全、王秋玲、杨小玉、辛元尧、王苗苗。

引　言

《中华人民共和国药典》（2020 年版）收载砂仁来源于姜科植物阳春砂 *Amomum villosum* Lour.、绿 壳 砂 *Amomum villosum* Lour. var. *xanthioides* T. L. Wu et Senjen 或 海 南 砂 *Amomum longiligulare* T. L. Wu 的干燥成熟果实，其中以阳春砂品质最佳，为国产砂仁药材的主流品种。

本规程编写品种为阳春砂，习称春砂仁、砂仁、阳春砂仁。

砂仁（阳春砂）规范化生产技术规程

1 范围

本文件确立了砂仁（阳春砂）规范化生产流程，规定了砂仁（阳春砂）生产基地选址、种质与种子、种苗繁育、种植、采收与初加工、包装、放行、贮运等阶段的操作要求。

本文件适用于砂仁（阳春砂）的规范化生产。

2 规范性引用文件

下列文件中的内容通过文中的规范性引用而构成本文件必不可少的条款。其中，注明日期的引用文件，仅该日期对应的版本适用于本文件；不注明日期的引用文件，其最新版本（包括所有的修改单）适用于本文件。

GB 3095　环境空气质量标准

GB 5084　农田灌溉水质标准

GB 5749　生活饮用水卫生标准

GB 15618　土壤环境质量　农用地土壤污染风险管控标准（试行）

NY/T 393　绿色食品　农药使用准则

NY/T 394　绿色食品　肥料使用准则

T/CACM 1374.1—2021　中药材规范化生产技术规程通则　植物药材

3 术语和定义

T/CACM 1374.1—2021 界定的以及下列术语和定义适用于本文件。

3.1 规范化生产　good agricultural practice

按照《中药材生产质量管理规范》（简称中药材 GAP）的要求，实施药材生产，保证中药材优质安全的生产过程。

3.2 技术规程　code of practice

为实现中药材生产顺利、有序进行，保证中药材生产质量，对中药材生产的基地选址、种子种苗、种植或野生抚育、采收与产地初加工以及包装、放行与贮运等，所做的技术规定和要求，是实施中药材规范生产的核心技术要求和实施指南。

3.3 丛芽数　clumpy buds

从阳春砂种子苗茎基部萌发而成的幼芽总数。

3.4 直立茎　erect stem

阳春砂直立于地面的茎秆。

3.5 匍匐茎 creeping stem

阳春砂匍匐于地面的根状茎。

3.6 种子团 seed pellets expelled

阳春砂果实去掉果皮后的剩余部分,成团块状结构。

4 砂仁(阳春砂)规范化生产流程图

砂仁(阳春砂)规范化生产流程见图1。

砂仁(阳春砂)规范化生产流程:　　　　关键控制点及技术参数:

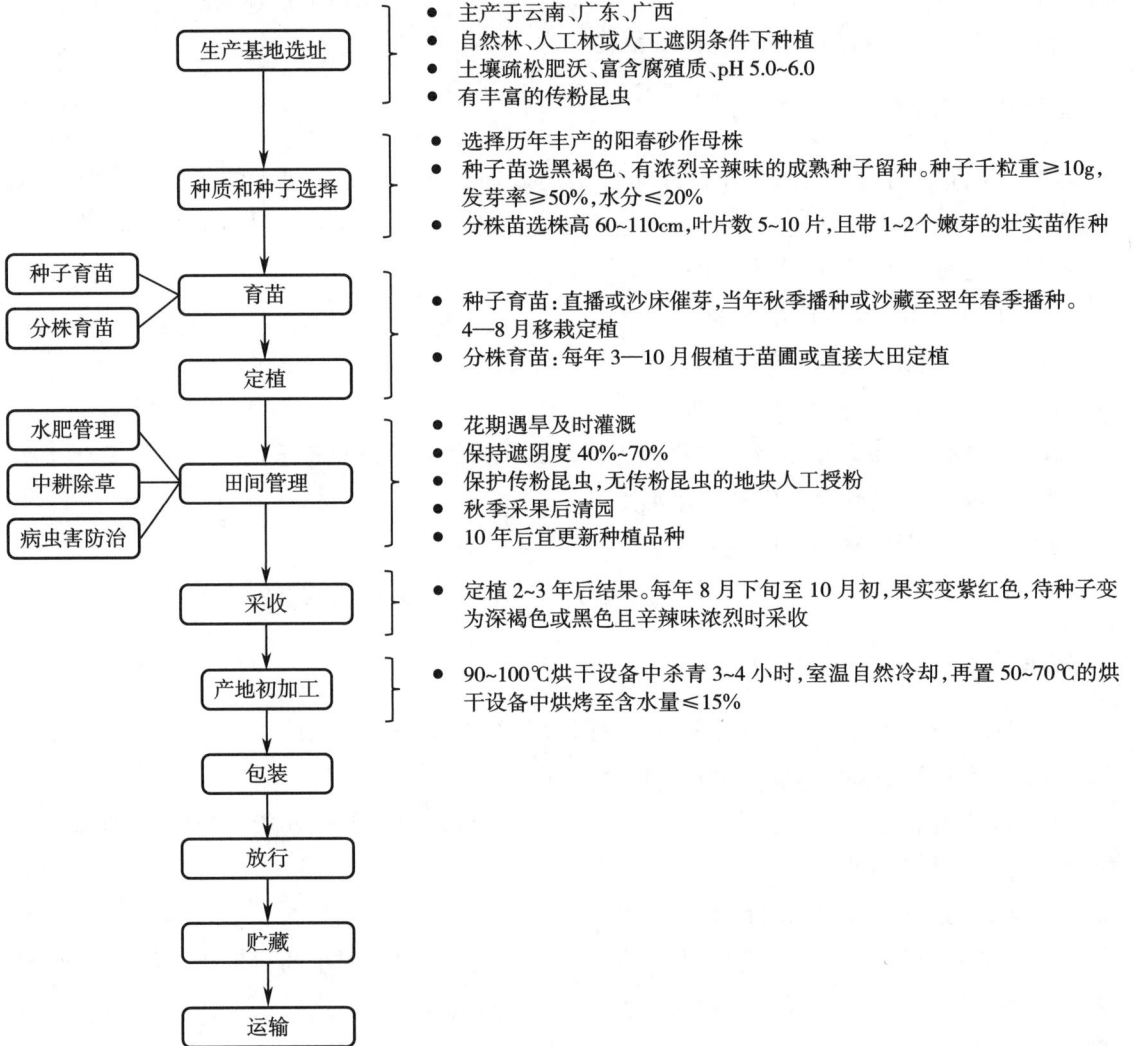

```
┌──────────────┐      • 主产于云南、广东、广西
│  生产基地选址  │      • 自然林、人工林或人工遮阴条件下种植
└──────────────┘      • 土壤疏松肥沃、富含腐殖质、pH 5.0~6.0
                       • 有丰富的传粉昆虫
        ↓
┌──────────────┐      • 选择历年丰产的阳春砂作母株
│ 种质和种子选择 │      • 种子苗选黑褐色、有浓烈辛辣味的成熟种子留种。种子千粒重≥10g,
└──────────────┘        发芽率≥50%,水分≤20%
                       • 分株苗选株高60~110cm,叶片数5~10片,且带1~2个嫩芽的壮实苗作种
┌────────┐
│种子育苗 │→ ┌──────────┐
└────────┘   │   育苗   │   • 种子育苗:直播或沙床催芽,当年秋季播种或沙藏至翌年春季播种。
┌────────┐   └──────────┘     4—8月移栽定植
│分株育苗 │→        ↓         • 分株育苗:每年3—10月假植于苗圃或直接大田定植
└────────┘   ┌──────────┐
             │   定植   │
             └──────────┘
┌────────┐          ↓
│水肥管理 │→ ┌──────────┐   • 花期遇旱及时灌溉
└────────┘   │          │   • 保持遮阴度40%~70%
┌────────┐   │ 田间管理 │   • 保护传粉昆虫,无传粉昆虫的地块人工授粉
│中耕除草 │→ │          │   • 秋季采果后清园
└────────┘   └──────────┘   • 10年后宜更新种植品种
┌────────┐          ↓
│病虫害防治│→
└────────┘
             ┌──────────┐   • 定植2~3年后结果。每年8月下旬至10月初,果实变紫红色,待种子变
             │   采收   │     为深褐色或黑色且辛辣味浓烈时采收
             └──────────┘
                    ↓
             ┌──────────┐   • 90~100℃烘干设备中杀青3~4小时,室温自然冷却,再置50~70℃的烘
             │产地初加工 │     干设备中烘烤至含水量≤15%
             └──────────┘
                    ↓
             ┌──────────┐
             │   包装   │
             └──────────┘
                    ↓
             ┌──────────┐
             │   放行   │
             └──────────┘
                    ↓
             ┌──────────┐
             │   贮藏   │
             └──────────┘
                    ↓
             ┌──────────┐
             │   运输   │
             └──────────┘
```

图1 砂仁(阳春砂)规范化生产流程图

5 砂仁(阳春砂)规范化生产技术

5.1 生产基地选址

5.1.1 产地选择

适宜在北回归线附近及以南的热带、南亚热带气候区域种植,主要产地有云南省勐腊县、景洪市、马关县、金平苗族瑶族傣族自治县、屏边苗族自治县、绿春县、河口瑶族自治县、麻栗坡县、江城哈尼族彝族自治县、澜沧拉祜族自治县、西盟佤族自治县、孟连傣族拉祜族佤族自治县、耿马傣族佤族自治县、沧源佤族自治县;广东省阳春市、新兴县、高州市、信宜市、仁化县、乐昌市、怀集县、郁南县、罗定市;广西壮族自治区隆安县、宁明县、防城港市、百色市、钦州市、南宁市、崇左市、梧州市;福建省漳州市长泰区等。云南产区海拔一般在600~1 200m区域内,广东、广西、福建海拔一般在600m以下。

5.1.2 地块选择

育苗地选择在交通便利、地势平缓、排灌方便、土壤疏松的砂壤土或壤土地块。

定植地选择在自然林、人工林或人工遮阴条件下。土壤以疏松肥沃、富含腐殖质,无污染的砖红壤、红壤为宜,pH 5.0~6.0。

5.1.3 环境监测

基地的大气、土壤和水样品的检测按照GAP要求,基地空气质量应符合GB 3095二级标准规定,灌溉用水质量应符合GB 5084的规定,土壤环境质量应符合GB 15618二级标准的规定。

5.2 种质与种子

5.2.1 种质选择

使用姜科植物阳春砂 *Amomum villosum* Lour.,物种须经过鉴定。如使用农家品种或选育品种应加以明确。

5.2.2 种子质量

使用当年或前一年秋季采收,籽粒饱满、黑褐色、有浓烈辛辣味的成熟种子,千粒重≥10g,发芽率≥50%,水分≤20%。

5.3 种苗繁育

5.3.1 种子育苗

5.3.1.1 种子采收与处理

于8月下旬至10月初,选择高产、健壮、无病虫害的母株,果实紫红色,手轻捏果实,果皮易裂时采收。果实采收后置于柔和的阳光下晒2~3小时,连晒2天后,再置于阴凉通风处放3~4天,去皮。选择籽粒饱满、暗褐色、并有浓烈辛辣味的种子团,加适量河沙和清水揉搓,再用清水漂去果肉、种衣,阴干备用。

5.3.1.2 育苗床准备

清除地面杂草,翻耕晒土,碎土平整,用石硫合剂喷洒地面消毒。随整地施入基肥,每亩(1亩≈666.7m²,下文同)施腐熟农家肥或商品有机肥1 500~2 000kg。开沟作畦,畦宽1~1.2m,畦高25~30cm,步道宽30~40cm。搭建遮光率为70%的遮阴棚,设置排灌溉系统。

5.3.1.3 播种时间

秋季播种宜在当年 9 月底前完成,或湿沙贮藏至翌年春季 3 月播种。

5.3.1.4 育苗

直播育苗或沙床催芽育苗,播前宜用 3∶1 种子混粗沙进行摩擦处理,或用 100mg/L 赤霉素浸种 30 小时。

1)直播育苗:直接将种子播于育苗床,撒播或条播,覆土 1~2cm,每亩播种量 1.5~2kg。

2)沙床催芽育苗:做沙床高 25~30cm、宽 1~1.2m 的畦,沙层厚 8~12cm,床底混少量腐熟细碎农家肥或有机肥;将种子撒播或条播于沙床上,覆沙 1~2cm,每平方米播 36g 种子,播种后搭高 30~40cm 的塑料拱棚,温度过高时揭膜。当苗具 5~6 片真叶时,从沙床上取苗,按行株距 20cm × 10cm 移栽于育苗床。

5.3.1.5 苗期管理

育苗期间,适时浇水,保持土壤湿润,及时除草。

5.3.1.6 出圃

种子苗株高≥40cm,丛芽数≥3 个时可出圃。

5.3.2 分株育苗

5.3.2.1 母株选择

直接取自生产大田,选择历年高产、生长健壮、分生能力强、无病虫害的植株作母株。

5.3.2.2 分株取苗

取直立茎高 60~110cm,具 5~10 片叶的壮实分株苗直接作种苗,每株苗保留至少 30cm 长的老匍匐茎,且匍匐茎上带 1~2 个嫩芽。

5.3.2.3 分株苗扩繁

每年 3—10 月,选取分株苗按照 1m × 1m 行间距假植于苗圃地进行扩繁。

5.4 种植

5.4.1 整地

土地深耕 30cm 以上,分畦种植,畦宽 3~5m,畦间留 30~50cm 宽作业道。随整地施入基肥,每亩施腐熟农家肥或商品有机肥 1 500~2 000kg。设置排灌溉系统。

5.4.2 定植

5.4.2.1 定植时间

4—8 月均可移栽定植。在有灌溉条件下,越早定植越好;无灌溉条件下,宜 5—6 月阴雨天定植。

5.4.2.2 定植密度

按株行距(1.5~2m)×(1.5~2m)栽植,每亩用种苗 150~300 株。

5.4.2.3 定植方法

1)种子苗按 30cm × 20cm × 10cm 挖穴,挖后回填表土 3~5cm,每穴栽苗 1 丛,覆土压实以不露须根为准。

2)分株苗依据所带匍匐茎的长度挖浅沟,将分株苗老匍匐茎水平放置,用土覆盖,压实,将直立茎基部膨大处露出土面,新生匍匐茎嫩芽用松土覆盖,芽尖露出土面。

5.4.3 田间管理

5.4.3.1 补苗

种苗定植 1 个月后,根据种苗成活情况进行补苗。

5.4.3.2 除草

封行前,采用人工除草,一般每月除草 1 次,禁止使用化学除草剂。

5.4.3.3 施肥

种苗定植 1~2 个月成活并开始萌发新苗后追肥。进入生殖生长期,每年在采果后（9—10 月）、花苞欲放时（4—5 月）、坐果初期（5 月下旬—6 月上旬）追肥。以施有机肥为主,化学肥料为辅,鼓励使用经国家批准的菌肥及中药材专用肥,肥料种类应符合 NY/T 394 要求。

5.4.3.4 调整荫蔽度

生长期保持荫蔽度在 40%~70%。

5.4.3.5 保护传粉昆虫

保护产地周边大蜜蜂、中蜂等传粉昆虫;禁止毁巢取蜜;花期禁止使用化学杀虫剂。

5.4.3.6 人工授粉

在缺少传粉昆虫的种植地,花期需进行人工辅助授粉。于花期每天 7:00—16:00 进行人工授粉,用一手夹住花冠下部,另一手挑起雄蕊,将花粉抹在柱头上。

5.4.3.7 灌溉与排水

花期如遇旱及时灌溉,保持土壤湿润,空气湿度宜保持在 90% 以上,土壤含水量 24%~26%;雨季注意排除积水。

5.4.3.8 清园

每年秋季收果后,将老、弱、病、枯苗全部割除,并移到阳春砂地外,每平方米保留 30~40 株,清除地面过厚的落叶。

5.4.4 病虫鼠害防治

5.4.4.1 常见病虫鼠害种类

主要病害有苗疫病、叶枯病、炭疽病、纹枯病、果腐病等;主要虫害花期有斜纹夜蛾,果期有皱腹潜甲、素雅灰蝶大陆亚种等;另外还有老鼠危害。

具体防治方案参见附录 B。

5.4.4.2 防治原则

坚持"预防为主、综合防治"的原则,以农业防治、物理防治和生物防治为主,必要时辅以化学防治,农药使用应符合 NY/T 393 的规定。

5.4.4.3 防治措施

（1）农业防治

1）推广抗病品种。

2）合理轮作。

3）选择排灌方便、土质疏松、通风良好、遮阴度适宜的地块作育苗地;3—8 月高温高湿季节,注意调整育苗地遮阴度,做好通风、排水。增施火烧土、草木灰,预防苗疫病发生。

4)6—8 月,种植基地注意排除积水,改善通风透光条件,预防果腐病。发病初期及时摘除病果,并在发病区及其周围撒施体积比为 1:3 的石灰和草木灰混合物。

5)秋季采收果实后,及时割除老、弱、病、枯苗,控制植株密度,改善通风条件;适量追肥,所用肥料需符合 NY/T 394 规定。

6)病害发生严重的地块,及时挖除病株及其根茎,烧毁或深埋,必要时全部挖除,深翻晒土,使用石硫合剂消毒土壤后重新种植。

(2)物理防治:结果期,在阳春砂地里设置鼠夹、鼠笼,人工捕杀老鼠。

(3)生物防治

1)保护与利用自然天敌资源,如寄生性天敌姬蜂对素雅灰蝶大陆亚种幼虫,侧沟茧蜂对斜纹夜蛾幼虫,捕食性天敌通草蛉、螳螂和蚂蚁等对斜纹夜蛾和素雅灰蝶大陆亚种低龄幼虫或卵均有一定控制作用。

2)斜纹夜蛾、素雅灰蝶大陆亚种和皱腹潜甲可于秋季清园后及花末期辅以生物农药进行预防。

3)苗疫病、果腐病等病害可于发病初期辅以生物农药进行预防和防治。

(4)化学防治:农药使用应符合 NY/T 393 的规定。严格按照农药安全使用间隔期用药。禁止或限制使用农药种类参见附录 A。

5.4.5 老园更新

阳春砂定植 10 年后,植株衰老,产量降低,宜进行更新种植。

5.5 采收与初加工

5.5.1 采收

种子苗一般于定植第 3~4 年,分株苗定植第 2~3 年进入挂果期。每年于 8 月下旬至 10 月中旬,果实变为紫红色,种子变为深褐色或黑色且辛辣味浓烈时采收。采收时,剪取完整果穗。

5.5.2 初加工

产地初加工包括分拣、杀青、冷却回潮、干燥、再分拣五个步骤。

分拣:将采收的鲜果集中在干净的场地,剪去烂果,除去杂草、砂土等杂质,清洗干净,于通风阴凉处摊开晾放,避免堆捂。

杀青:将鲜果放入烘烤设备内,摊成约 10cm 厚度。温度设置为 90~100℃,杀青 3~4 小时。待果实变软变色,且手捏有水分溢出时,从烘烤设备内取出果实。

冷却回潮:将从烘烤设备内取出的果实,自然冷却至常温。

干燥:将自然冷却的果实,再在 50~70℃ 的烘烤设备内烘干,含水量不超过 15%。

再分拣:将干燥好的砂仁果穗分剪成单果,除去果穗顶部未成熟的嫩果和干燥过程中炸裂的果实。

5.6 包装、放行、贮运

5.6.1 包装

包装前应对每批药材按照相应标准进行质量检验。符合相应标准的药材,用饮片包装袋包装,包装袋应密封、避光、符合食品包装材料要求,包装外贴或挂标签、合格证,标识牌内容应有药材名、基源、产地、批号、规格、重量、采收日期、企业名称等。

5.6.2 放行

应制定符合企业实际情况的放行制度,有审核批生产、检验等的相关记录。不合格药材有单独处理制度。

5.6.3 贮运

应贮存于阴凉干燥处,定期检查,防止虫蛀、霉变、腐烂、泛油等的发生。仓库控制温度在 20℃以下、相对湿度 75% 以下;不同批次等级药材分区存放;建有定期检查制度。也可采用现代气调贮藏方法,包装或库内充氮或二氧化碳。

运输应防止发生混淆、污染、异物混入、包装破损、雨水淋湿等。

附　录　A

（规范性）

禁限用农药名单

A.1　禁止（停止）使用的农药（46 种）

六六六、滴滴涕、毒杀芬、二溴氯丙烷、杀虫脒、二溴乙烷、除草醚、艾氏剂、狄氏剂、汞制剂、砷类、铅类、敌枯双、氟乙酰胺、甘氟、毒鼠强、氟乙酸钠、毒鼠硅、甲胺磷、对硫磷、甲基对硫磷、久效磷、磷胺、苯线磷、地虫硫磷、甲基硫环磷、磷化钙、磷化镁、磷化锌、硫线磷、蝇毒磷、治螟磷、特丁硫磷、氯磺隆、胺苯磺隆、甲磺隆、福美肿、福美甲肿、三氯杀螨醇、林丹、硫丹、溴甲烷、氟虫胺、杀扑磷、百草枯、2, 4- 滴丁酯。

注：氟虫胺自 2020 年 1 月 1 日起禁止使用。百草枯可溶胶剂自 2020 年 9 月 26 日起禁止使用。2, 4-滴丁酯自 2023 年 1 月 29 日起禁止使用。溴甲烷可用于"检疫熏蒸处理"。杀扑磷已无制剂登记。

A.2　在部分范围禁止使用的农药（20 种）

部分范围禁止使用的农药应注意药食同源中药材及来自其他作物的中药材。部分范围禁止使用的农药见表 A.1。

表 A.1　部分范围禁止使用的农药

通用名	禁止使用范围
甲拌磷、甲基异柳磷、克百威、水胺硫磷、氧乐果、灭多威、涕灭威、灭线磷	禁止在蔬菜、瓜果、茶叶、菌类、中草药材上使用,禁止用于防治卫生害虫,禁止用于水生植物的病虫害防治
甲拌磷、甲基异柳磷、克百威	禁止在甘蔗作物上使用
内吸磷、硫环磷、氯唑磷	禁止在蔬菜、瓜果、茶叶、中草药材上使用
乙酰甲胺磷、丁硫克百威、乐果	禁止在蔬菜、瓜果、茶叶、菌类和中草药材上使用
毒死蜱、三唑磷	禁止在蔬菜上使用
丁酰肼（比久）	禁止在花生上使用
氰戊菊酯	禁止在茶叶上使用
氟虫腈	禁止在所有农作物上使用（玉米等部分旱田种子包衣除外）
氟苯虫酰胺	禁止在水稻上使用

A.3　说明

本附录的内容来自 2019 年中华人民共和国农业农村部发布的《禁限用农药名录》（http://www.zzys.moa.gov.cn/gzdt/201911/t20191129_6332604.htm）。

附 录 B

（资料性）

砂仁（阳春砂）常见病虫害防治的参考方法

砂仁（阳春砂）常见病虫害防治的参考方法见表 B.1。

表 B.1　砂仁（阳春砂）常见病虫害防治的参考方法

病虫害名称	参考用药
苗疫病	出苗 15 天后，每隔 7 天可喷施或交替喷施多菌灵、甲基硫菌灵或代森锰锌，连续喷 3 次预防，按照农药标签使用
	发病初期，采用春雷霉素和戊唑醇按 1∶1 混配后喷施，每隔 7 天喷施 1 次，连续喷 3 次，按照农药标签使用
叶枯病、炭疽病、纹枯病	发病初期，每隔 10 天喷施波尔多液或甲基硫菌灵，连续喷 3 次，按照农药标签使用
果腐病	5—8 月发病期，采用春雷霉素、丙环唑和甲基硫菌灵按 1∶1∶1 混配后喷施，每隔 7 天喷施 1 次，连续喷 3 次，按照农药标签使用
皱腹潜甲、灰蝶、斜纹夜蛾	11 月秋季清园后及 5 月花末期，每隔 7~10 天喷施苏云金杆菌、阿维菌素或甲氨基阿维菌素苯甲酸盐等生物农药，连续喷 3 次，按照农药标签规范使用，可预防虫害发生

参考文献

[1] 陈建设,李海涛,唐德英,等.云南阳春砂产业现状及发展对策[J].中国现代中药,2015,17(7):690-693.

[2] GUO Y H, YUAN C, TANG L, et al. Responses of clonal growth and photosynthesis in *Amomum villosum* to different light environment[J]. Photosynthetica: International Journal for Photosynthesis Research, 2016, 54 (3):396-404.

[3] 中国医学科学院药用植物资源开发研究所.中国药用植物栽培学[M].北京:农业出版社,1991.

[4] 张丽霞,李学兰,唐德英,等.阳春砂仁种子质量检验方法的研究[J].中国中药杂志,2011,36(22),3086-3090.

[5] 张丹雁,徐志东,欧阳霄妮,等.不同播种期阳春砂种子的发芽实验研究[J].广州中医药大学学报,2009,26(4):391-393.

[6] 马治安,王东.阳春砂仁高产水肥试验[J].云南热作科技,1987(3):38-41.

[7] 韩德聪.春砂仁(*Amomum villosum* Lour.)的保果试验[J].中山大学学报(自然科学版),1979(1):138-143.

[8] 马治安,张仁礼,李学兰,等.阳春砂仁微量元素肥效试验[J].云南中医学院学报,1994(1):13-16.

[9] 刘军民,张丹雁,潘超美,等.生物肥料对阳春砂产量及质量的影响[J].广州中医药大学学报,2005(1):4-6.

[10] 么厉,程惠珍,杨智.中药材规范化种植(养殖)技术指南[M].北京:中国农业出版社,2006.

[11] 彭建明,李荣英,李戈,等.阳春砂仁授粉特性与传粉昆虫的研究[J].云南中医学院学报,2012,35(4):51-55.

[12] 刘军民,张丹雁,徐鸿华,等.阳春砂规范化生产标准操作规程(试行稿)[J].现代中药研究与实践药,2013(3):25-28.

[13] 张丹雁,刘军民,徐鸿华.阳春砂的病虫害调查与防治[J].现代中药研究与实践,2005(4):15-17.

[14] 李学兰,李荣英,杨春勇.西双版纳阳春砂仁叶枯病的调查及影响因素分析[J].中国农学通报,2007(3):424-427.

[15] 李荣英,彭建明,高微微.阳春砂仁植株新株萌发与叶枯病发生的关系[J].中国中药杂志,2009,34(12):1588-1590.

[16] 国家药典委员会.中华人民共和国药典:一部[M].2020年版.北京:中国医药科技出版社,2020.

ICS 65.020.20
CCS C 05

团 体 标 准

T/CACM 1374.113—2021

钩藤（钩藤）规范化生产技术规程

Code of practice for good agricultural practice of Uncariae
Ramulus Cum Uncis（*Uncaria rhynchophylla*）

2021-10-15 发布

2021-10-15 实施

中华中医药学会　发布

目　次

前言 ·· 385

1　范围 ·· 386

2　规范性引用文件 ·· 386

3　术语和定义 ·· 386

4　钩藤规范化生产流程图 ··· 387

5　钩藤规范化生产技术 ·· 387

　5.1　生产基地选址 ·· 387

　5.2　种质与种子 ··· 388

　5.3　种苗繁育 ·· 388

　5.4　种植 ·· 389

　5.5　采收 ·· 390

　5.6　产地初加工 ··· 390

　5.7　包装、放行、贮运 ··· 390

附录A（规范性）　禁限用农药名单 ·· 392

附录B（资料性）　钩藤常见病虫害防治的参考方法 ·· 393

参考文献 ··· 394

前　言

本文件按照 GB/T 1.1—2020《标准化工作导则　第 1 部分：标准化文件的结构和起草规则》的规定起草。

请注意本文件中的某些内容可能涉及专利。本文件的发布机构不承担识别专利的责任。

本文件由中华中医药学会归口。

本文件起草单位：昌昊金煌（贵州）中药有限公司、贵州大学、广西壮族自治区药用植物园、贵州中医药大学、贵州省植物保护研究所、黔草堂金煌（贵州）中药材种植有限公司、中国医学科学院药用植物研究所、重庆市药物种植研究所。

本文件主要起草人：兰才武、贺定翔、李金玲、杨光明、张占江、魏升华、焦洪海、韦树根、白隆华、黄浩、邓乔华、陈小均、江艳华、甘祖燕、魏建和、王文全、王秋玲、杨小玉、辛元尧、王苗苗。

钩藤（钩藤）规范化生产技术规程

1 范围

本文件确立了钩藤的规范化生产流程,规定了钩藤生产基地选址、种质与种子、种苗繁育、种植、采收、产地初加工、包装、放行、贮运等阶段的操作要求。

本文件适用于钩藤的规范化生产。

2 规范性引用文件

下列文件中的内容通过文中的规范性引用而构成本文件必不可少的条款。其中,注明日期的引用文件,仅该日期对应的版本适用于本文件;不注明日期的引用文件,其最新版本（包括所有的修改单）适用于本文件。

GB 3095 环境空气质量标准

GB/T 3543 农作物种子检验规程

GB 5084 农田灌溉水质标准

GB 15618 土壤环境质量 农用地土壤污染风险管控标准（试行）

T/CACM 1374.1—2021 中药材规范化生产技术规程通则 植物药材

3 术语和定义

T/CACM 1374.1—2021界定的以及下列术语和定义适用于本文件。

3.1 规范化生产 good agricultural practice

按照《中药材生产质量管理规范》（简称中药材GAP）的要求,实施药材生产,保证中药材优质安全的生产过程。

3.2 技术规程 code of practice

为实现中药材生产顺利、有序进行,保证中药材生产质量,对中药材生产的基地选址、种子种苗、种植或野生抚育、采收与产地初加工以及包装、放行与贮运等,所做的技术规定和要求,是实施中药材规范生产的核心技术要求和实施指南。

3.3 钩藤 Uncariae Ramulus Cum Uncis

茜草科植物钩藤 *Uncaria rhynchophylla*（Miq.）Miq. ex Havil.、大叶钩藤 *Uncaria macrophylla* Wall.、毛钩藤 *Uncaria hirsuta* Havil.、华钩藤 *Uncaria sinensis*（Oliv.）Havil. 或无柄果钩藤 *Uncaria sessilifructus* Roxb. 的干燥带钩茎枝。

3.4 摘心 pinching

在生长期内,摘除枝条顶端幼嫩部分。

3.5 短截 cutting short

剪去一年生枝条的一部分。

4 钩藤规范化生产流程图

钩藤规范化生产流程见图 1。

钩藤规范化生产流程：

```
生产基地选址
    ↓
环境监测与评价
    ↓
种质、种苗选择与
鉴定、检测
    ↓
育苗
    ↓
定植
    ↓
田间管理
    ↓
采收
    ↓
产地初加工
    ↓
包装
    ↓
放行
    ↓
贮藏
    ↓
运输
```

左侧分支：
- 补苗
- 中耕除草
- 肥水管理
- 修枝整形
- 病虫害综合防治

关键控制点及参数：

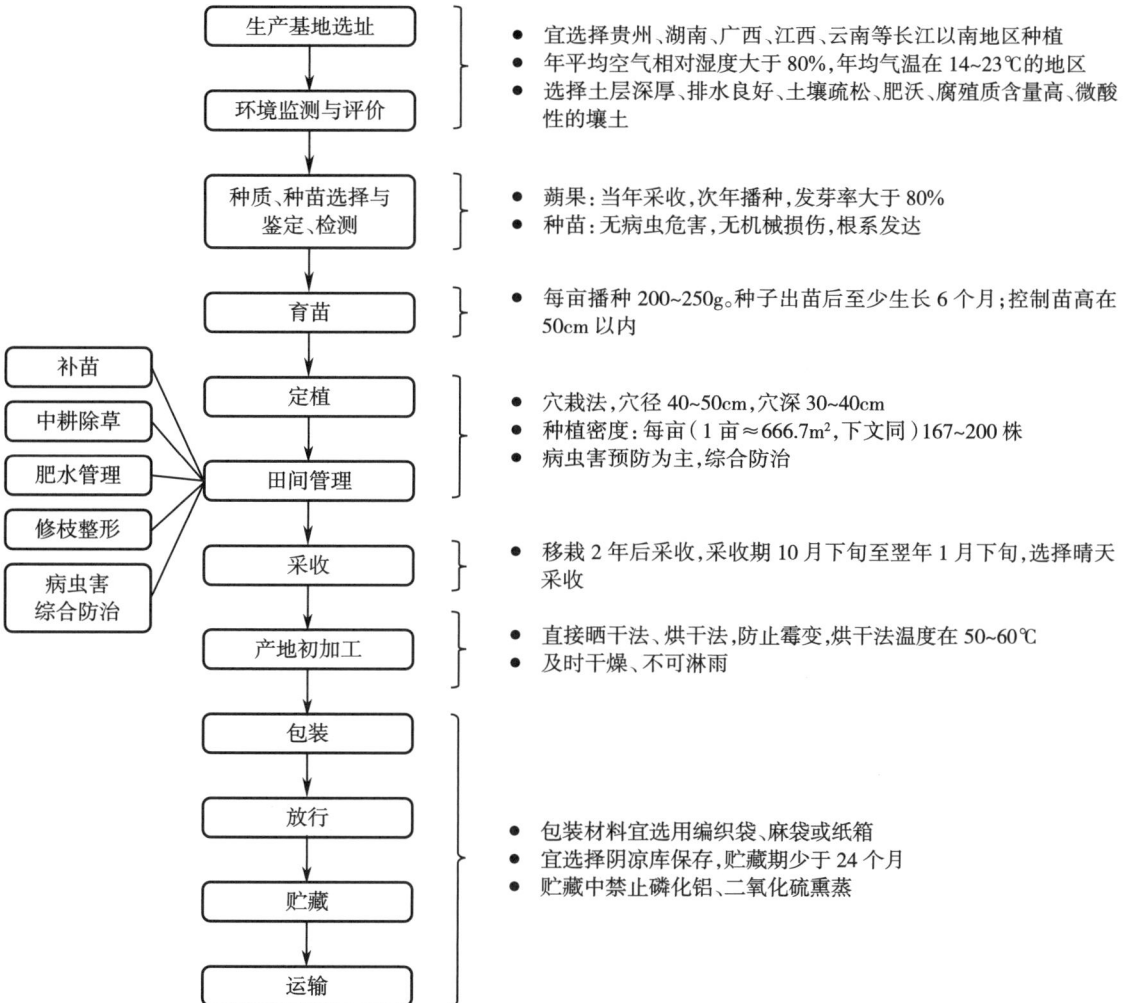

- 宜选择贵州、湖南、广西、江西、云南等长江以南地区种植
- 年平均空气相对湿度大于 80%，年均气温在 14~23℃ 的地区
- 选择土层深厚、排水良好、土壤疏松、肥沃、腐殖质含量高、微酸性的壤土

- 蒴果：当年采收，次年播种，发芽率大于 80%
- 种苗：无病虫危害，无机械损伤，根系发达

- 每亩播种 200~250g。种子出苗后至少生长 6 个月；控制苗高在 50cm 以内

- 穴栽法，穴径 40~50cm，穴深 30~40cm
- 种植密度：每亩（1 亩≈666.7m²，下文同）167~200 株
- 病虫害预防为主，综合防治

- 移栽 2 年后采收，采收期 10 月下旬至翌年 1 月下旬，选择晴天采收

- 直接晒干法、烘干法，防止霉变，烘干法温度在 50~60℃
- 及时干燥、不可淋雨

- 包装材料宜选用编织袋、麻袋或纸箱
- 宜选择阴凉库保存，贮藏期少于 24 个月
- 贮藏中禁止磷化铝、二氧化硫熏蒸

图 1 钩藤规范化生产流程图

5 钩藤规范化生产技术

5.1 生产基地选址

5.1.1 产地选择

适宜在贵州、广西、云南、广东、福建、湖南、湖北及江西等地种植，种植基地宜选冬暖夏凉、降水量充沛、年平均空气相对湿度大于 80%、年均气温在 14~23℃ 的地区。

5.1.2 地块选择

林地选择:稀疏的混交林或阔叶林,以阔叶林最佳,光照度在 2 600~4 000lx。

非林地选择:荒山、荒坡、荒土、林边空地及其他空地、耕地。耕地种植钩藤后的前 2 年可与其他作物间套作。

育苗地选择:海拔稍低、温度条件好、偏酸性或微酸性壤土进行育苗,阴凉湿润、腐殖质含量较高的区域,必须有天然或人工设置的遮阴条件。

良种繁育田和定植地:选择土层深厚、排水良好、土壤疏松、肥沃、腐殖质含量高、阴凉潮湿的,而且偏酸性或微酸性的壤土进行种植。土壤、水质应无污染,pH 弱酸性至中性。

5.1.3 环境监测

基地的大气、土壤和水样品的检测按照 GAP 要求,且应符合相应国家标准,且要保证生长期间持续符合标准。生产基地的空气检测参照 GB 3095、土壤检测参照 GB 15618、灌溉水检测参照 GB 5084。

5.2 种质与种子

5.2.1 种质选择

使用茜草科植物钩藤 *Uncaria rhynchophylla*（Miq.）Miq. ex Havil.,须经过鉴定。如使用农家品种或选育品种应加以明确。

5.2.2 种子质量

应使用当年采收的新种,种子千粒重 0.030~0.038g,发芽率不小于 80%。按照 GB/T 3543《农作物种子检验规程》进行检验,符合相应标准。

5.3 种苗繁育

5.3.1 选地、整地

选择地势平坦、排灌方便、肥沃、疏松、无污染的地块或大棚。深翻土地 30cm 以上,随整地施入基肥,开沟作厢,厢宽 1~1.2m,厢间开沟,沟深 10~15cm,沟宽 20~30cm,土地四周挖好排水沟,沟深 20~25cm。

5.3.2 种子处理

将钩藤蒴果晾干后粉碎,粉碎物过 50 目筛,贮藏备用。

5.3.3 播种

3—4 月播种,播种前可将种子与草木灰、细沙等拌匀,然后均匀撒播在整好的苗床上,浇透水,盖小拱棚膜、搭设遮阳网,每亩播种 200~250g。

5.3.4 苗期管理

5.3.4.1 出苗前管理

保持膜内温度 15~27℃,湿度在 80%~90%,人工除草 1~2 次。

5.3.4.2 出苗后管理

出苗后注意通风,高温时应揭小拱棚膜,大棚育苗应启动通风设施保持棚内空气流动,降低棚内温度,夜晚重新覆膜,保持小拱棚膜内温度,出苗后 30~40 天撤除拱棚膜及遮阳网。

5.3.4.3　间苗、移栽

当苗高 3~5cm 时,采用"起大苗,留小苗"的方式间苗,控制苗床每平方米 100~150 株。间出的苗按株距 8~10cm、行距 10~15cm 移栽到与播种苗床相同规格的厢面上。浇足定根水后搭设遮阳网。

5.3.4.4　控制苗高

苗期控制苗高小于 50cm。

5.3.5　病虫害防治

钩藤苗期主要病虫害种类及防治方法详见附录 B 表 B.1。

5.3.6　越冬管理

越冬期间若有凝冻须搭设塑料拱棚。

5.3.7　起苗与贮运

根据生产需要采用合格苗栽植。选阴天取苗,取苗前苗床须适当控水,如遇苗床干燥,须先行浇水,确保取苗时根部完整。

取苗后将种苗按 50 株或 100 株打成捆,放入干净透气的容器中装好,放进低温、阴凉库暂存,暂存时间若超过 3 日需要进行假植。

运输工具应干燥、无污染,不应与可能造成污染的货物混装。

5.4　种植

5.4.1　选地整地

应选择无污染的地域,田块集中成片,交通运输方便,远离城镇、医院、工矿企业、垃圾及废弃物堆积场等污染源。距离公路 80m 以外,土层厚度大于 60cm,土质肥沃、疏松,pH 5~7,大气、土壤、水质环境符合 GB 3095、GB 15618、GB 5084 要求。

于头年秋冬季或种植前 30 天整地均可,荒山、荒坡、荒土、林边空地等新建钩藤种植地,应割除地块上的杂草、灌丛;疏林地、残次林地、果园边缘地和人工造林后的幼林地,可根据林木分布情况,采取带状清理或块状清理的方式割除杂草、灌丛。

在种植前 10~20 天人工或机械挖穴,行距 2~3m,株距 1.5~2m,穴径 40~50cm,穴深 30~40cm。

5.4.2　种苗的选择

选用无病虫危害、无机械损伤、侧根多、茎部分木质化的优质种苗。

5.4.3　栽种时间

3—5 月或 9—11 月。

5.4.4　栽种密度

每亩种植 167~200 株。

5.4.5　栽种方法

穴栽法,每穴 1 株,根据根幅大小挖坑,把苗直立放入坑中,扶正苗木,理伸根系,盖上细土,当填土至穴深 1/2 时,将苗木往上提一下后继续填土至根颈部后,用脚踩紧、踏实,浇水定根。为减轻苗期草害,栽培后可以铺黑膜或防草布。

5.4.6 补苗

移栽定植 15 天后进行田间巡查,发现死苗、缺苗时补植同龄种苗,补苗时间选择阴天或雨后进行,补苗后要浇水定根。

5.4.7 除草

视田间杂草危害情况人工除草 3~6 次,去除的杂草可以填埋植株根部。

5.4.8 施肥

基肥:每穴分层施入基肥,以有机肥为主,化学肥料为辅。农家肥应充分腐熟。

追肥:定植当年返青成活后,追肥一次。每年结合除草追肥 1~2 次,在苗期、茎叶生长盛期、茎节伸长期追肥。以有机肥为主,化学肥料有限使用,鼓励使用经国家批准的菌肥及中药材专用肥。

5.4.9 修枝整形

移栽后每年须进行修枝整形,移栽当年控制在 50cm 左右,促进分枝形成;移栽后第二年选择 3~4 个生长良好的分枝做茎枝培养,其余的疏除,结合采收,将植株茎枝截成 50cm 左右的短截;移栽三年后当茎枝长到 2m 左右,及时摘心打顶,结合采收,留 4~8 个茎枝,并对茎枝留 50cm 左右短截,保持植株呈丛状。除采种地,植株出现花序须及时摘除。

5.4.10 病虫害草害防治

钩藤苗期病害主要有猝倒病、灰霉病;大田期病害主要有根腐病、立枯病等,虫害主要有蚜虫、红蜘蛛。

应采用预防为主、综合防治的方法。使用充分腐熟的农家肥,选用抗性强的优良种苗。发现病株及时拔除,集中销毁,用生石灰等进行局部消毒;可挂设黄板、释放蚜茧蜂等防治蚜虫;每年秋冬季及时清洁田园。

采用化学防治时,应当符合国家相关规定;优先选用高效、低毒生物农药;尽量避免使用除草剂、杀虫剂和杀菌剂等化学农药;不使用禁限用农药,主要病虫害种类及防治方法可参照附录 B 表 B.1。

5.5 采收

定植 2 年后可采收,采收期为 10 月下旬至翌年 1 月下旬。人工用枝剪剪下或镰刀割下带钩的枝条,去除叶片、病枝,扎成把,运回加工。

5.6 产地初加工

初加工方法包括直接晒干法、烘干法。加工干燥过程保证场地、工具洁净,不受雨淋等。

直接晒干法:将鲜枝条切段后,在晴天自然条件下晒干。

烘干法:可采用各种设施,将切段的枝条在 50~60℃条件下烘干。

5.7 包装、放行、贮运

5.7.1 包装

包装前应对每批药材按照国家标准进行质量检验。符合国家标准的药材,采用不影响质量的编织袋等包装,禁止采用包装过肥料、农药等的包装袋包装。包装外贴或挂标签、合格证,标识牌内容应有药材名、基源、产地、批号、规格、重量、采收日期、企业名称等,并有追溯码。

5.7.2　放行

应制定符合企业实际情况的放行制度,有审核批生产、检验等的相关记录。不合格药材不予放行,并有单独处理制度。

5.7.3　贮运

应贮存于阴凉干燥处,定期检查,防止虫蛀、霉变等发生。仓库控制温度在 20℃以下、相对湿度 75% 以下;不同批次、等级药材分区存放;建有定期检查制度。禁止磷化铝和二氧化硫熏蒸。也可采用现代气调贮藏方法,包装或库内充氮或二氧化碳。

运输应防止发生混淆、污染、异物混入、包装破损、雨雪淋湿等。

附 录 A

（规范性）

禁限用农药名单

A.1 禁止（停止）使用的农药（46种）

六六六、滴滴涕、毒杀芬、二溴氯丙烷、杀虫脒、二溴乙烷、除草醚、艾氏剂、狄氏剂、汞制剂、砷类、铅类、敌枯双、氟乙酰胺、甘氟、毒鼠强、氟乙酸钠、毒鼠硅、甲胺磷、对硫磷、甲基对硫磷、久效磷、磷胺、苯线磷、地虫硫磷、甲基硫环磷、磷化钙、磷化镁、磷化锌、硫线磷、蝇毒磷、治螟磷、特丁硫磷、氯磺隆、胺苯磺隆、甲磺隆、福美胂、福美甲胂、三氯杀螨醇、林丹、硫丹、溴甲烷、氟虫胺、杀扑磷、百草枯、2,4-滴丁酯。

注：氟虫胺自2020年1月1日起禁止使用。百草枯可溶胶剂自2020年9月26日起禁止使用。2,4-滴丁酯自2023年1月29日起禁止使用。溴甲烷可用于"检疫熏蒸处理"。杀扑磷已无制剂登记。

A.2 在部分范围禁止使用的农药（20种）

部分范围禁止使用的农药应注意药食同源中药材及来自其他作物的中药材。部分范围禁止使用的农药见表A.1。

表 A.1 部分范围禁止使用的农药

通用名	禁止使用范围
甲拌磷、甲基异柳磷、克百威、水胺硫磷、氧乐果、灭多威、涕灭威、灭线磷	禁止在蔬菜、瓜果、茶叶、菌类、中草药材上使用，禁止用于防治卫生害虫，禁止用于水生植物的病虫害防治
甲拌磷、甲基异柳磷、克百威	禁止在甘蔗作物上使用
内吸磷、硫环磷、氯唑磷	禁止在蔬菜、瓜果、茶叶、中草药材上使用
乙酰甲胺磷、丁硫克百威、乐果	禁止在蔬菜、瓜果、茶叶、菌类和中草药材上使用
毒死蜱、三唑磷	禁止在蔬菜上使用
丁酰肼（比久）	禁止在花生上使用
氰戊菊酯	禁止在茶叶上使用
氟虫腈	禁止在所有农作物上使用（玉米等部分旱田种子包衣除外）
氟苯虫酰胺	禁止在水稻上使用

A.3 说明

本附录的内容来自2019年中华人民共和国农业农村部发布的《禁限用农药名录》（http://www.zzys.moa.gov.cn/gzdt/201911/t20191129_6332604.htm）。

附　录　B

（资料性）

钩藤常见病虫害防治的参考方法

钩藤常见病虫害的防治方法见表 B.1。

表 B.1　钩藤常见病虫害的防治方法

病虫害名称	病原	防控措施	推荐药剂	施药方法
猝倒病	丝核菌属（*Rhizoctonia* sp.）	1. 暴晒育苗基质,杀死病原。 2. 对基质或土壤进行药剂处理杀菌。 3. 基质中添加生防菌或生物菌 4. 提高育苗大棚通透性,适时排湿,控制湿度在 30%~50%,立秋后（8—9 月）加强排湿。 5. 适期施药,合理选择药剂	哈茨木霉菌 枯草芽孢杆菌 井冈霉素 A 苯醚甲环唑 戊唑醇 申嗪霉素	喷雾,按照农药标签使用
猝倒病	疫霉属（*Phytophthora* sp.）	同上	哈茨木霉菌 枯草芽孢杆菌 申嗪霉素 小檗碱 霜脲·锰锌	喷雾,按照农药标签使用
猝倒病	腐霉属（*Pythium* sp.）	同上	哈茨木霉菌 枯草芽孢杆菌 精甲·嘧菌酯 噁霉灵	喷雾,按照农药标签使用
根腐病	镰刀菌属（*Fusarium* sp.）	1. 田间排水通畅,避免积水烂根。 2. 移栽时带药移栽（药液浸根或蘸根）。 3. 适期施药,合理选择药剂	哈茨木霉菌 枯草芽孢杆菌 申嗪霉素 井冈霉素 A	灌根、喷淋或喷雾,按照农药标签使用
灰霉病	灰葡萄孢菌属（*Botrytis* sp.）	1. 加强育苗大棚通透性,适时排湿,控制湿度在 30%~50%。 2. 适期施药,合理选择药剂	小檗碱 哈茨木霉菌 枯草芽孢杆菌 嘧霉胺	喷雾或烟雾,喷雾,按照农药标签使用
立枯病	丝核菌属（*Rhizoctonia* sp.）	1. 田间排水通畅,避免田间过湿。 2. 适期施药,合理选择药剂	哈茨木霉菌 枯草芽孢杆菌 申嗪霉素 井冈霉素 A	喷雾、灌根、喷淋,按照农药标签使用
蚜虫		1. 挂黄板诱杀。 2. 释放蚜茧蜂。 3. 适期施药,合理选择药剂	苦参碱 乙基多杀菌素 吡虫啉 吡蚜酮	喷雾,按照农药标签使用

参考文献

［1］国家药典委员会.中华人民共和国药典:2020年版一部［M］.北京:中国医药科技出版社,2020.

［2］么历,程慧珍,杨智.中药材规范化种植(养殖)技术指南［M］.北京:中国农业出版社,2006.

［3］中国科学院中国植物志编辑委员会.中国植物志:第七十一卷.第一分册［M］.北京:科学出版社,1999.

［4］周荣汉.中药资源学［M］.北京:中国医药科技出版社,1993.

［5］刘涛,刘作易,贺定翔,等.野生中药材资源钩藤种子发芽研究［J］.安徽农业科学,2008,36(33):14436-14437.

［6］刘玉德,王桃银,李世玉,等.钩藤的规范化栽培研究［J］.中国现代中药,2012,14(7):31-34.

［7］王克英,郭思好,祝晶,等.黔产钩藤HPLC指纹图谱的研究［J］.中国医药指南,2012,10(35):69-70.

［8］王克英,郭思好,祝晶,等.黔产钩藤药材不同采收期及不同加工方法有效成分含量对比研究［J］.中国民族民间医药,2012,21(13):27-28.

［9］兰才武,郑建立,杨光明,等.钩藤底肥施用水平的研究［C］//中国自然资源学会天然药物资源专业委员会,中国药材GAP研究促进会(香港),广东省科学技术厅,广东省农业厅,等.全国第9届天然药物资源学术研讨会论文集.［出版者不详］,2012:3.

［10］屠伦建,兰才武,贺定翔,等.黔产道地药材钩藤重金属、农药残留检测［C］//中国药学会中药和天然药专业委员会.中药与天然药高峰论坛暨第十二届全国中药和天然药物学术研讨会论文集.［出版者不详］,2012:3.

［11］杨仟,罗鸣,李娟,等.剑河钩藤种子育苗不同处理比较研究［J］.安徽农业科学,2013,41(4):1492.

［12］李金玲,赵致,龙安林,等.贵州不同来源钩藤药材品质分析与评价［J］.贵州农业科学,2013,41(3):40-42.

［13］李金玲,赵致,龙安林,等.贵州野生钩藤生长环境调查研究［J］.中国野生植物资源,2013,32(4):58-60.

［14］李金玲,赵致,龙安林,等.贵州不同来源地钩藤药材中8种矿质元素含量分析［J］.中国野生植物资源,2015,34(1):22-25.

［15］黄浩,白隆华,韦树根,等.钩藤育苗和高产栽培技术优化［J］.热带农业科学,2017,37(1):26-29.

ICS 65.020.20
CCS C 05

团 体 标 准

T/CACM 1374.114—2021

香青兰规范化生产技术规程

Code of practice for good agricultural practice of
Dracocephalum Herba

2021-10-15 发布

2021-10-15 实施

中华中医药学会　发布

目　次

前言·· 397

1 范围·· 398

2 规范性引用文件·· 398

3 术语和定义·· 398

4 香青兰规范化生产流程图·· 398

5 香青兰规范化生产技术··· 399

   5.1 生产基地选址··· 399

   5.2 种质与种子·· 399

   5.3 种植·· 400

   5.4 采收·· 400

   5.5 产地初加工·· 400

   5.6 包装、放行、贮运··· 400

附录A（规范性）　禁限用农药名单·· 401

附录B（资料性）　香青兰常见病虫害防治的参考方法······························· 402

参考文献·· 403

前　言

本文件按照 GB/T 1.1—2020《标准化工作导则　第 1 部分：标准化文件的结构和起草规则》的规定起草。

请注意本文件中的某些内容可能涉及专利。本文件的发布机构不承担识别专利的责任。

本文件由中国医学科学院药用植物研究所和内蒙古农业大学提出。

本文件由中华中医药学会归口。

本文件起草单位：内蒙古农业大学、内蒙古天际绿洲特色生物资源研发中心、内蒙古本土香农产品供应链管理有限公司、中国医学科学院药用植物研究所、重庆市药物种植研究所。

本文件主要起草人：盛晋华、张雄杰、周福平、魏建和、王文全、李正男、王秋玲、李孝基、刘杰、杨小玉、辛元尧、王苗苗。

香青兰规范化生产技术规程

1 范围

本文件确立了香青兰的规范化生产流程,规定了香青兰生产基地选址、种质与种子、种植、采收、产地初加工、包装、放行、贮运等阶段的操作要求。

本文件适用于香青兰的规范化生产。

2 规范性引用文件

下列文件中的内容通过文中的规范性引用而构成本文件必不可少的条款。其中,注明日期的引用文件,仅该日期对应的版本适用于本文件;不注明日期的引用文件,其最新版本(包括所有的修改单)适用于本文件。

GB 3095　环境空气质量标准

GB 5084　农田灌溉水质标准

GB 5749　生活饮用水卫生标准

GB/T 8321.10—2018　农药合理使用准则(十)

GB 15618　土壤环境质量　农用地土壤污染风险管控标准(试行)

T/CACM 1374.1—2021　中药材规范化生产技术规程通则　植物药材

3 术语和定义

T/CACM 1374.1—2021界定的以及下列术语和定义适用于本文件。

3.1 规范化生产 good agricultural practice

按照《中药材生产质量管理规范》(简称中药材GAP)的要求,实施药材生产,保证中药材优质安全的生产过程。

3.2 技术规程 code of practice

为实现中药材生产顺利、有序进行,保证中药材生产质量,对中药材生产的基地选址、种子种苗、种植或野生抚育、采收与产地初加工以及包装、放行与贮运等,所做的技术规定和要求,是实施中药材规范生产的核心技术要求和实施指南。

4 香青兰规范化生产流程图

香青兰规范化生产流程见图1。

香青兰规范化生产流程：

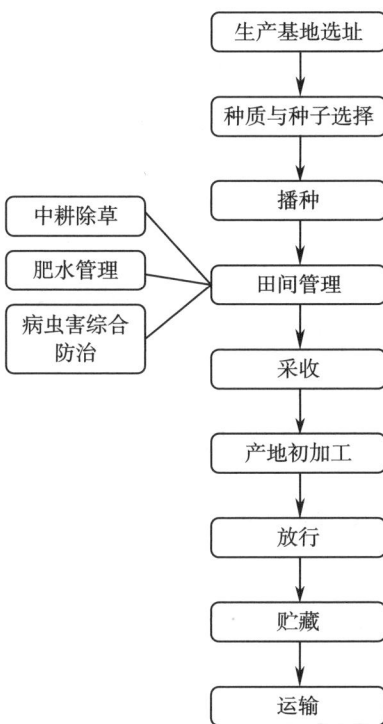

关键控制点及参数：

```
生产基地选址
```
- 内蒙古、新疆、山西、河北、河南、黑龙江、吉林、辽宁等地
- 选择土层深厚，地势较平坦，保肥性能好，肥力中等及以上的地块

```
种质与种子选择
```
- 选用进行了低温层积处理，完成了春化作用的种子

```
播种
```

```
中耕除草
肥水管理
病虫害综合
防治
```
→
```
田间管理
```
- 当幼苗长到 6~7cm 时，进行第一次中耕除草，分枝期进行第二次中耕除草，封垄前进行第三次中耕除草
- 病虫害草害防治应采用预防为主、综合治理的方法

```
采收
```
- 当年 7 月，于盛花期植株生长旺盛时收割，全草产量和挥发油含量高

```
产地初加工
```
- 不能水洗、淋雨。通风处，阴干

```
放行
```

```
贮藏
```
- 应贮存于阴凉干燥处，定期检查，防止虫蛀、霉变、腐烂等的发生，仓库控制温度在 20℃以下，相对湿度 75% 以下

```
运输
```

图 1　香青兰规范化生产流程图

5　香青兰规范化生产技术

5.1　生产基地选址

5.1.1　产地选择

香青兰主产于内蒙古、山西、河北、河南、黑龙江、吉林、辽宁、陕西、甘肃及青海等地。道地产区有内蒙古、甘肃。现全国各地均有引种栽培。

5.1.2　地块选择

选择土层深厚，地势较平坦，保肥性能好，灌溉方便，肥力中等及以上的地块。

5.1.3　环境监测

基地的大气、土壤和水样品的检测可参考 GAP 要求。环境检测大气应符合 GB 3095 规定的要求，土壤应符合 GB 15618 规定的要求，灌溉水质应符合 GB 5084 规定的要求，产地初加工用水应符合 GB 5749 规定的要求。且要保证生长期间持续符合标准。

5.2　种质与种子

5.2.1　种质选择

使用唇形科植物香青兰 *Dracocephalum moldavica* L.，物种须经过鉴定。如使用农家品种或选育品种应加以明确。

5.2.2　种子质量

应使用上年采收，经过春化处理的种子。发芽率≥85%，千粒重≥1.75g，净度≥90%，含水量≤12%。经检验符合相应标准。

5.3 种植

5.3.1 栽培

秋收后及时灭茬,深耕 20~30cm,每亩施腐熟的有机肥 2 000~3 000kg。11月下旬土壤封冻时进行冬灌,每亩灌水量 80~100m³。第二年春播前每亩施复合肥 30~50kg,旋耕平地,灌水。4月下旬到5月上旬播种,开沟条播,播深 1.5~2cm,行距 40cm,每亩用种量 1.5~2kg。

5.3.2 田间管理

当幼苗长到 6~7cm 时,进行第一次中耕除草,分枝期进行第二次中耕除草,封垄前进行第三次中耕除草。雨后田间如有积水,应及时排水。

5.3.3 病虫害草害等防治

贯彻"预防为主、综合防治"的植保方针。以农业防治为基础,提倡生物防治和物理防治,科学应用化学防治技术的原则。

农业防治:排除田间积水,降低田间湿度;发现病株立即拔除,集中烧毁或深埋,并用 5%石灰水灌病窝消毒。

物理防治:在香青兰地安装频振式杀虫灯,诱杀红蜘蛛等害虫。

化学防治:原则上以施用生物源农药为主。农药使用应符合 GB/T 8321.10—2018 规定的要求。主要病虫害防治参考方法见附录 B。

5.4 采收

当年7月,于盛花期植株生长旺盛时收割,全草产量和挥发油含量高。

5.5 产地初加工

将割下的香青兰全株阴干或晒干,切段备用。

5.6 包装、放行、贮运

5.6.1 包装

包装前应对每批药材按照国家标准进行质量检验。符合国家标准的药材,采用不影响质量的编织袋等包装,禁止采用包装过肥料、农药等的包装袋包装。包装外贴或挂标签、合格证,标识牌内容应有药材名、基源、产地、批号、规格、重量、采收日期、企业名称等,并有追溯码。

5.6.2 放行

应制定符合企业实际情况的放行制度,有审核批生产、检验等的相关记录。不合格药材有单独处理制度。

5.6.3 贮运

应贮存于阴凉干燥处,定期检查,防止虫蛀、霉变、腐烂等发生。仓库控制温度在 20℃以下、相对湿度 75% 以下;不同批次等级药材分区存放;建有定期检查制度。也可采用现代气调贮藏方法,包装或库内充氮或二氧化碳。

运输应防止发生混淆、污染、异物混入、包装破损、雨雪淋湿等。

附 录 A
（规范性）
禁限用农药名单

A.1 禁止（停止）使用的农药（46种）

六六六、滴滴涕、毒杀芬、二溴氯丙烷、杀虫脒、二溴乙烷、除草醚、艾氏剂、狄氏剂、汞制剂、砷类、铅类、敌枯双、氟乙酰胺、甘氟、毒鼠强、氟乙酸钠、毒鼠硅、甲胺磷、对硫磷、甲基对硫磷、久效磷、磷胺、苯线磷、地虫硫磷、甲基硫环磷、磷化钙、磷化镁、磷化锌、硫线磷、蝇毒磷、治螟磷、特丁硫磷、氯磺隆、胺苯磺隆、甲磺隆、福美胂、福美甲胂、三氯杀螨醇、林丹、硫丹、溴甲烷、氟虫胺、杀扑磷、百草枯、2,4-滴丁酯。

注：氟虫胺自2020年1月1日起禁止使用。百草枯可溶胶剂自2020年9月26日起禁止使用。2,4-滴丁酯自2023年1月29日起禁止使用。溴甲烷可用于"检疫熏蒸处理"。杀扑磷已无制剂登记。

A.2 在部分范围禁止使用的农药（20种）

部分范围禁止使用的农药应注意药食同源中药材及来自其他作物的中药材。部分范围禁止使用的农药见表A.1。

表 A.1 部分范围禁止使用的农药

通用名	禁止使用范围
甲拌磷、甲基异柳磷、克百威、水胺硫磷、氧乐果、灭多威、涕灭威、灭线磷	禁止在蔬菜、瓜果、茶叶、菌类、中草药材上使用,禁止用于防治卫生害虫,禁止用于水生植物的病虫害防治
甲拌磷、甲基异柳磷、克百威	禁止在甘蔗作物上使用
内吸磷、硫环磷、氯唑磷	禁止在蔬菜、瓜果、茶叶、中草药材上使用
乙酰甲胺磷、丁硫克百威、乐果	禁止在蔬菜、瓜果、茶叶、菌类和中草药材上使用
毒死蜱、三唑磷	禁止在蔬菜上使用
丁酰肼（比久）	禁止在花生上使用
氰戊菊酯	禁止在茶叶上使用
氟虫腈	禁止在所有农作物上使用（玉米等部分旱田种子包衣除外）
氟苯虫酰胺	禁止在水稻上使用

A.3 说明

本附录的内容来自2019年中华人民共和国农业农村部发布的《禁限用农药名录》（http://www.zzys.moa.gov.cn/gzdt/201911/t20191129_6332604.htm）。

附 录 B

（资料性）

香青兰常见病虫害防治的参考方法

香青兰常见病虫害防治的参考方法见表 B.1。

表 B.1　香青兰常见病虫害防治的参考方法

病虫害名称	防治时期	推荐防治方法	安全间隔期 /d
根腐病	8—10 月	多菌灵灌根,按照农用标签使用	≥20
		甲基硫菌灵灌根,按照农用标签使用	≥30
		多·硫悬浮剂灌根,按照农用标签使用	≥20
		苦参碱灌根,按照农用标签使用	≥7
白粉病	5—8 月	嘧啶核苷类抗菌素水剂喷施,按照农用标签使用	≥7
		多抗霉素喷施,按照农用标签使用	≥15
		百菌清喷施,按照农用标签使用	≥14
红蜘蛛	6—8 月	阿维菌素喷施,按照农用标签使用	≥21
		哒螨灵喷施,按照农用标签使用	≥21

参考文献

[1] 赵亚兰,代立兰,王崙德,等.不同基肥及其施肥量对香青兰产量和质量的影响[J].中药材,2018,41 (12):2741-2747.

[2] 何陈林,孟和毕力格,王秀兰,等.蒙药材香青兰的研究概况[J].中国民族医药杂志,2018,24(10): 35-38.

[3] 李杰.民族药用植物香青兰近年研究概况[J].中国民族医药杂志,2015,21(4):55-62.

[4] 盛晋华,卢鹏飞,张雄杰,等.野生与栽培香青兰中主要挥发油成分的差异[J].中国民族医药杂志, 2014,20(7):47-49.

[5] 吴明如,王丹,赵剑.香青兰的化学成分及广泛应用的药理学基础[J].现代中药研究与实践,2014,28 (3):79-82.

[6] 卢鹏飞.野生与栽培香青兰的化学成分及抗氧化活性研究[D].呼和浩特:内蒙古农业大学,2014.

[7] 盛晋华,卢鹏飞,张雄杰,等.蒙药植物香青兰多糖含量及对栽培调控的响应[J].中国民族医药杂志, 2014,20(4):30-31.

[8] 骆红飞,申屠乐.香青兰挥发油抗菌、抗流感病毒作用的实验研究[J].中国中医药科技,2013,20(3): 264-265.

[9] 兰伟,徐培培,许树成.香青兰的离体保存研究[J].热带作物学报,2013,34(4):675–680.

[10] 王昕,邱永辉,靳剑.香青兰药理作用的研究进展[J].内蒙古中医药,2012,31(18):36-37.

[11] 额登塔娜,盛晋华,张雄杰,等.不同播种期、密度和施肥量对香青兰生长及产量的影响[C]//中国 药学会,中国中药协会,和田地委,等.第六届肉苁蓉暨沙生药用植物学术研讨会论文集.[出版者不 详],2011:7.

[12] 王亚俊.青兰属植物香青兰化学成分及活性研究[D].济南:山东大学,2010.

[13] 徐飞鹏.内蒙古西部地区原生草本植物观赏性及景观评价[D].咸阳:西北农林科技大学,2009.

[14] 边丽梅,张雄杰,盛晋华.施氮量对香青兰生长、产量及挥发油含量的影响[J].内蒙古农业大学学报 (自然科学版),2009,30(1):45-47.

[15] 盛晋华,张雄杰,边丽梅,等.香青兰种子萌发生理特性的研究[J].种子,2009,28(6):9-11.

ICS 65.020.20
CCS C 05

团 体 标 准

T/CACM 1374.115—2021

香橼规范化生产技术规程

Code of practice for good agricultural practice of Citri Fructus

2021-10-15 发布

2021-10-15 实施

中华中医药学会 发布

目　次

前言 ··· 406

1　范围 ··· 407

2　规范性引用文件 ··· 407

3　术语和定义 ··· 407

4　香橼规范化生产流程图 ··· 408

5　香橼规范化生产技术 ··· 409

　　5.1　生产基地选址 ··· 409

　　5.2　种质与种子 ··· 409

　　5.3　种苗繁育 ··· 410

　　5.4　种植 ··· 411

　　5.5　采收 ··· 413

　　5.6　产地初加工 ··· 413

　　5.7　包装、放行、贮运 ··· 413

附录A（规范性）　禁限用农药名单 ··· 414

附录B（资料性）　香橼常见病虫害防治的参考方法 ··································· 415

参考文献 ··· 416

前　言

本文件按照 GB/T 1.1—2020《标准化工作导则　第 1 部分：标准化文件的结构和起草规则》的规定起草。

请注意本文件中的某些内容可能涉及专利。本文件的发布机构不承担识别专利的责任。

本文件由中国医学科学院药用植物研究所和扬子江药业集团江苏龙凤堂中药有限公司提出。

本文件由中华中医药学会归口。

本文件起草单位：扬子江药业集团江苏龙凤堂中药有限公司、江苏龙凤阁道地药材有限公司、江苏省中药资源产业化过程协同创新中心、靖江市林业科技推广中心、靖江市华丰中药材种植专业合作社、城固县汉江元胡中药材种植专业合作社、城固县兴源中药材种植专业合作社、中国医学科学院药用植物研究所、重庆市药物种植研究所。

本文件主要起草人：李虹、肖生伟、严辉、卢小雨、周祥锋、仲秀林、李晓菲、卢飞飞、刘佳陇、王胜升、陈建辉、戴金华、苏国全、吴彦成、魏建和、王文全、王秋玲、杨小玉、辛元尧、王苗苗。

香橼规范化生产技术规程

1 范围

本文件确立了香橼的规范化生产流程,规定了香橼生产基地选址、种质与种子、种苗繁育、种植、采收、产地初加工、包装、放行、贮运等阶段的操作要求。

本文件适用于香橼的规范化生产。

2 规范性引用文件

下列文件中的内容通过文中的规范性引用而构成本文件必不可少的条款。其中,注明日期的引用文件,仅该日期对应的版本适用于本文件。不注明日期的引用文件,其最新版本(包括所有的修改)适用于本文件。

GB 3095 环境空气质量标准

GB/T 3543 农作物种子检验规程

GB 5084 农田灌溉水质标准

GB 5749 生活饮用水卫生标准

GB 15618 土壤环境质量 农用地土壤污染风险管控标准(试行)

T/CACM 1374.1—2021 中药材规范化生产技术规程通则 植物药材

3 术语和定义

T/CACM 1374.1—2021 界定的以及下列术语和定义适用于本文件。

3.1 规范化生产 good agricultural practice

按照《中药材生产质量管理规范》(简称中药材 GAP)的要求,实施药材生产,保证中药材优质安全的生产过程。

3.2 技术规程 code of practice

为实现中药材生产顺利、有序进行,保证中药材生产质量,对中药材生产的基地选址、种子种苗、种植或野生抚育、采收与产地初加工以及包装、放行与贮运等,所做的技术规定和要求,是实施中药材规范生产的核心技术要求和实施指南。

3.3 规范化生产流程 standardized production process

指中药材生产的主要过程,一般包括生产基地选址,种质、种子选择与鉴定,育苗(如果需要),直播或定植,田间管理,采收,产地初加工,包装,放行,贮藏,运输。其中田间管理包括中耕除草、肥水管理、病虫害综合防治等。

3.4 关键控制点 critical control point

指规范化生产流程各个主要环节中，对中药材质量和产量有重大影响需要重点关注和控制的节点。

3.5 技术参数 specification

指生产过程中，主要生产技术和评判标准的量化指标。

3.6 香橼 Citri Fructus

芸香科（Rutaceae）柑橘属（*Citrus* L.）的枸橼（*Citrus medica* L.）或香圆（*Citrus wilsonii* Tanaka）的干燥成熟果实。

3.7 种子 seeds

香橼植株经授粉受精形成的种子。

4 香橼规范化生产流程图

香橼规范化生产流程见图 1。

香橼规范化生产流程：　　　　　　　　　　关键控制点及参数：

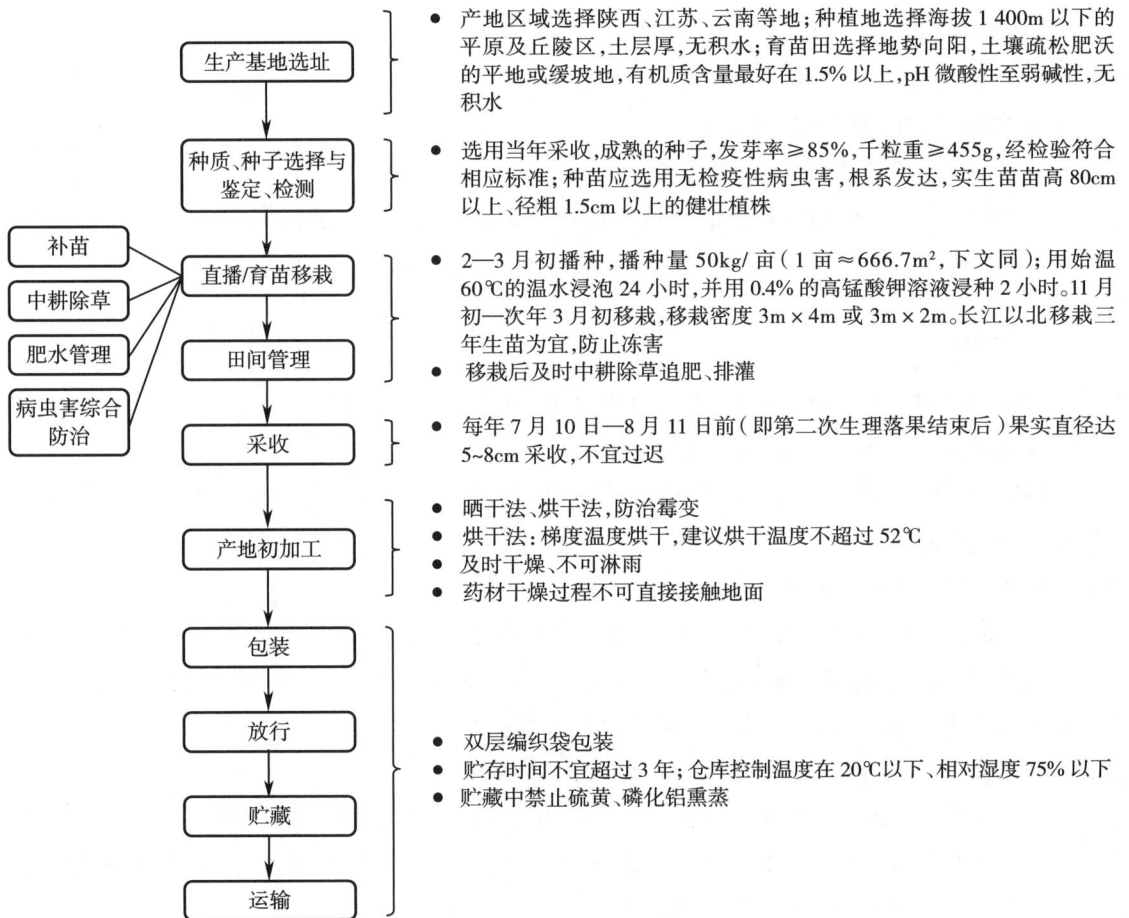

- 产地区域选择陕西、江苏、云南等地；种植地选择海拔 1 400m 以下的平原及丘陵区，土层厚，无积水；育苗田选择地势向阳，土壤疏松肥沃的平地或缓坡地，有机质含量最好在 1.5% 以上，pH 微酸性至弱碱性，无积水

- 选用当年采收，成熟的种子，发芽率≥85%，千粒重≥455g，经检验符合相应标准；种苗应选用无检疫性病虫害，根系发达，实生苗苗高 80cm 以上、径粗 1.5cm 以上的健壮植株

- 2—3 月初播种，播种量 50kg/ 亩（1 亩 ≈666.7m²，下文同）；用始温 60℃的温水浸泡 24 小时，并用 0.4% 的高锰酸钾溶液浸种 2 小时。11 月初—次年 3 月初移栽，移栽密度 3m×4m 或 3m×2m。长江以北移栽三年生苗为宜，防止冻害
- 移栽后及时中耕除草追肥、排灌

- 每年 7 月 10 日—8 月 11 日前（即第二次生理落果结束后）果实直径达 5~8cm 采收，不宜过迟

- 晒干法、烘干法，防治霉变
- 烘干法：梯度温度烘干，建议烘干温度不超过 52℃
- 及时干燥、不可淋雨
- 药材干燥过程不可直接接触地面

- 双层编织袋包装
- 贮存时间不宜超过 3 年；仓库控制温度在 20℃以下、相对湿度 75% 以下
- 贮藏中禁止硫黄、磷化铝熏蒸

图 1 香橼规范化生产流程图

5 香橼规范化生产技术

5.1 生产基地选址

5.1.1 产地选择

适宜在陕西南部汉中盆地中心地区城固县、西乡县、洋县和陕西东南部安康地区旬阳市、石泉县、汉阴县的海拔 1 400m 以下的山地丘陵上种植,以及江苏中部的泰州市境内低海拔地区种植,云南省西部海拔 1 700m 以下的高温高湿环境地区亦有分布。

5.1.2 地块选择

定植地块应选择水质、大气、土壤环境无污染的地块,交通便利,远离城镇、医院、工矿企业、垃圾及废弃物堆积场等污染源。远离城市主干道。

种苗繁育地选择地势向阳,排灌方便,土壤疏松肥沃的平地或缓坡地,有机质含量最好在 1.5% 以上,pH 微酸性至弱碱性,土层深厚,活土层在 1m 以上,地下水位在 1m 以下,有良好的排水和灌溉系统。若进行间作,间作物应为与香橼无共生性有害病虫的浅根、矮秆植物,以豆科植物、禾本科牧草为宜。

5.1.3 环境监测

基地的大气、土壤和水样品的检测按照 GAP 要求,应符合相应国家标准,并保证生长期间持续符合标准。环境监测参照 GB 3095《环境空气质量标准》、GB 15618《土壤环境质量农用地土壤污染风险管控标准(试行)》、GB 5084《农田灌溉水质标准》。

5.2 种质与种子

5.2.1 种质选择

使用芸香科(Rutaceae)柑橘属(*Citrus* L.)的枸橼(*Citrus medica* L.)或香圆(*Citrus wilsonii* Tanaka),物种须经过鉴定,如使用农家品种或选育品种应加以明确。

5.2.2 种子质量

选用当年采收,成熟的种子,发芽率≥85%,千粒重≥455g。经检验符合相应标准。

5.2.3 种子繁育

选取树龄 10 年及以上,生长健壮、无病虫害的优质雌株用于采种。

采种时间为 11 月中旬—12 月上旬。

从品种纯正,树势健壮,无检疫性病害的树上采收,选摘发育成熟的果实,取出种子,在清水中冲洗,去除果渣、果胶后,摊放在阴凉通风处,经常翻动至种皮发白即可收集贮藏或播种,香橼种子不可过度干燥,不可暴晒,否则会影响发芽能力。

种子贮藏主要是沙藏法。一般用 3~4 倍体积的清洁湿润的河沙(含水量 5%~10%,以手捏能成团,手撒能自然散成几块为宜),与干净种子混合均匀,装入木箱或竹筐等容器中或堆放在室内能透水的清洁地面,也可采用分层保湿,即先在箱底垫 10cm 左右的河沙,然后撒一层种子(厚度 1.5cm),盖一层河沙(厚度 3cm),层积贮藏,高度不宜超过 50cm,顶上再盖一层 10cm 左右的河沙,用塑料膜封盖,以保湿和防鼠害。每半月检查一次,调整湿度,拣出霉烂种子。

5.2.4 种苗质量

种苗应选用无检疫性病虫害,根系发达,实生苗苗高 80cm 以上,径粗 1.5cm 以上的健壮植株。

5.3 种苗繁育

5.3.1 整地

于播种前 1~2 周深翻、施肥、碎土,依地块走向和排水条件作畦,畦面宽 1m,畦间开宽度 20cm、深度 30cm 的排水沟,便于排水与作业。

5.3.2 种子处理

播种前,将沙贮种子筛去河沙,剔除霉变种子,用始温 60℃的温水浸泡 24 小时,并用 0.4% 的高锰酸钾溶液浸种 2 小时,再用清水洗净,用于播种。

5.3.3 播种

产区根据当地气候情况,开展播种育苗,播种时间可为秋播或春播。秋播宜早,便于苗木早发芽,防止低温对幼苗的冻害,冬季可搭薄膜拱棚防寒。

春播于 2 月至 3 月初进行,如果使用温室、塑料大棚育苗,播种时间可提前。

播种方法可采用条播和撒播,推荐以条播为宜。条播相对节约种子,发芽整齐,有利于中耕锄草,但较为费工。撒播占地面积少,播种量大,出苗不整齐。播种量推荐 50kg/ 亩,播后覆盖厚度 1~1.5cm 的细土,并加盖一层秸秆或遮阳网,便于保水和减缓大雨冲刷畦面。

5.3.4 间苗

幼苗开始出土至大量出土期间,分 2~3 次揭去畦面覆盖物(遮阳网于幼苗出土过半即可揭去)。如覆盖薄膜用竹拱高,待齐苗,气温较高之后再去薄膜。

去弱留强苗,除去劣苗、黄化苗。种植过密地方,进行间苗,保证株距 5cm 左右为宜。

5.3.5 施肥

根据当地香橼的生长、土壤肥力等施肥,可参考使用腐熟农家肥 1 500~2 500kg/ 亩或复合肥(N:P:K=15:15:15)40~50kg/ 亩作为基肥,随整地施入。

幼苗生长过程中,每年追肥 3~4 次。结合中耕除草,待苗齐后第一次施入,每亩可施稀释 4~5 倍的腐熟农家肥(猪牛鸡粪),间隔 10~15 天追施一次,随幼苗长大,可适当逐步提高浓度;同时配合叶面喷施尿素,每亩追施 2.5~3kg(按肥:清水 =1:2 比例施用),不提倡干施,防止烧苗。

5.3.6 中耕除草

出苗整齐后,去除覆盖物,及时中耕除草,保持土壤疏松,避免杂草荫蔽幼苗,杂草集中运出育苗繁育田。

5.3.7 水分管理

保持育苗地块四周排水良好,防止苗圃积水。视苗圃土壤湿润情况,及时灌水,推荐每月灌水 1~2 次。

5.3.8 病虫害防治

贯彻"预防为主、综合防治"的植保方针。以农业防治为基础,提倡生物防治和物理防治,科学应用化学防治技术的原则。

农业防治:排除田间积水,降低田间湿度;发现病株立即拔除,集中烧毁或深埋,并用 5%生石灰水灌病窝消毒。

物理防治:在育苗田块周边悬挂太阳能捕虫灯,诱杀凤蝶、潜叶蛾等;零星发生,数量不多时人工捕捉。

化学防治:原则上以施用生物源农药为主。主要病虫害防治参考方法见附录 B。

5.3.9 采收与贮运

幼苗起苗根据播种育苗时间确定。秋播幼苗于次年 11 月起苗,春播幼苗于当年 11 月或次年 2 月—3 月初之前起苗用于移栽。采用按行取苗方式,起苗时要少伤根,尽量保留侧根和须根,减少茎干的机械损伤,同时,对苗木按照要求进行分级,淘汰纤弱苗或扭曲苗。50 株捆成束供移栽,宜现挖现栽。不能及时移栽的苗木,应选取背风阴凉的地方,挖假植沟贮藏,覆土至苗木长度的一半以上,并覆盖秸秆或薄膜保湿,并及时检查土壤干湿情况。

运输工具应干燥、无污染,不应与可能造成污染的货物混装。

5.4 种植

5.4.1 选地整地

应选择水质、大气、土壤环境无污染的地块用于移栽,运输通道便利,远离城镇、医院、工矿企业、垃圾及废弃物堆积场等污染源。距离公路 80m 以外。

在宜栽地块开挖定植穴,铲除定植穴 1m 范围内的杂草,定植穴长度为 50cm,宽度为 50cm,深度为 40cm。

5.4.2 种苗的选择

选取 1 年生无检疫性病虫害,根系发达的实生苗,苗高 80cm 以上,径粗 1.5cm 以上,对主根进行短截,截除长短根据主根的长短来确定,一般保留根茎以下 20~25cm。

5.4.3 移栽时间

11 月初—次年 3 月初开始移栽,但是要注意避开霜冻。

5.4.4 移栽密度

采用永久行移栽,为避免株间荫蔽,株行距应为 3m×4m,亩植 56 株;早期也可采取 3m×2m 株行距,亩植 112 株。封行后间挖一行,留下永久株,对于产量提升和减少用工管护成本较为有利。

5.4.5 移栽方法

移栽时,将基肥与穴壤土充分混合均匀,并回填到穴内。适度修剪苗木伤根和枝叶后放入穴中央,舒展根系,扶正,边填土边轻轻向上提苗、踩实,使根系与土壤密接。填土后在树苗周围做直径 1m 左右的树盘,浇足定根水。

5.4.6 中耕除草

移栽后前 3 年,每年中耕除草两次,避免杂草荫蔽树苗,第一次除草于 4—5 月进行;第二次除草为 9—10 月杂草落种前进行,减缓来年杂草危害。

除草时避免碰伤树干,影响苗木生长,禁止使用剧毒、高毒、高残留除草剂。

杂草及时运出种植区域。

5.4.7 水分管理

根据移栽田地势情况,做好园区排水,尤其多雨季节。

视土壤墒情进行灌水,香橼树在春梢萌动及开花期(4—5月)和果实膨大期(6月中下旬)对水分敏感,应重点关注,此期若发生干旱需要适当灌溉。

5.4.8 施肥

根据当地香橼的生长、土壤肥力等施肥,幼年树以加速形成树冠为目的,可参考采用薄施勤施的原则,每年追施6~8次,在每次新梢萌发前至老熟期间,各追施2~3次,以速效性氮肥为主,沼气液和腐熟液体农家肥可以通过管道施用,每次每亩500kg左右,秋施基肥和改良土壤相结合,要求沟宽0.5m,深0.4~0.8m,每亩施腐熟猪牛鸡粪2 000kg、饼肥150kg、钙镁磷肥30~40kg。

挂果树以促花壮果为目的,每年追肥3次,采用穴施或沟施方式。

第一次,花前肥(3月中旬),每株施入充分腐熟农家肥5kg、复合肥(N∶P∶K=15∶15∶15)0.2kg;第二次,于5月中旬,增施磷钾肥为主,每株施入复合肥(N∶P∶K=15∶15∶15)0.2kg,同时叶面喷施0.2%的磷酸二氢钾液1次;第三次,越冬肥(10月下旬—11月中旬),每株施入充分腐熟的农家肥5kg和复合肥(N∶P∶K=15∶15∶15)0.2kg。在树冠滴水线处开穴或开沟,与土壤混合均匀后回填。

鼓励使用经国家批准的菌肥及中药材专用肥。

5.4.9 整枝

整枝修剪每年2次,因树修剪。

冬季修剪于果实正常成熟后至次年春芽萌发前进行,多留老叶过冬,霜冻前剪除未老熟枝条及过密枝、病枯枝。

夏季修剪于春梢萌发至秋梢停止生长期进行,宜轻剪,实现通风透光、立体结果、省力增效的目的。树形、纺锤形至圆头形均可,干高1.5m以上,主枝在主干上的分布错落有致,无重叠枝、过密枝。

结果期树体修剪主要回缩结果枝组、落花落枝组和衰退枝组。剪除枯枝、病虫枝,疏剪拥挤的骨干枝条,便于引入光线。

当年抽生的秋梢营养枝,通过短截促进枝条成熟,增强抗冻性,防止低温冻害。

5.4.10 花果管理

主要为保花保果和疏花疏果管理。

保花保果主要于花前和幼果期(4月中下旬),通过加强树体管理,增强树势和喷施0.3%的磷酸二氢钾肥液加0.1%的B元素营养液进行管理。

于第一次生理落果后(5月上中旬),采用人工疏果,疏除小果、病虫果、畸形果和密弱果。

5.4.11 病虫害防治

香橼主要病害有黄龙病(生理学)、疮痂病、炭疽病、流胶病等,虫害主要为红蜘蛛、叶甲、潜叶蛾、柑橘凤蝶、蚜虫等。

应采用预防为主、综合防治的方法：实施清园、修剪、翻土、排水等管理措施,增强园内的通透性,减少病源虫源,同时加强栽培管理,增强树势,增加树体的抗性,提高产品质量。园区内安装杀虫灯、投放诱杀剂等。

采用化学防治时,应当符合国家有关规定;优先选用高效、低毒的生物农药;尽量避免使用除草剂、杀虫剂和杀菌剂等化学农药;不使用禁限用农药。

5.5　采收

香橼的采收时间为每年7月上旬—8月上旬前(即第二次生理落果结束后),采收果实规格为果实直径5~8cm,不宜过迟,否则瓤大皮薄,且有效成分含量降低,加工的成品质量较差。且采摘宜选晴天,雨天、大风天不采。采收前一周不宜灌水。

用自制挂钩将香橼从树上摘下,放入塑料桶中,轻拿轻放,随后转移至编织袋中。严格控制采收时间段,务必在采收时间内完成采摘。为防止遗漏,采摘可采取先外后内、由下到上的顺序进行,果实采后不可长时间露天堆放,应及时处理,可放置于冷藏库中暂存。

5.6　产地初加工

产地初加工方法包括直接晒干法、烘干法。

直接晒干法:摊开晾晒,晾晒时一定要平铺,药材不可直接接触地面。

烘干法:先初步挑选出虫蛀、霉变香橼及杂质,烘干完毕后,再次挑选出虫蛀、霉变香橼和杂质。采收的鲜果,将其对半横切,平铺于托盘上,推入烘房中,梯度温度烘干。控制温度45℃烘23小时、48~50℃烘12小时、52℃烘4小时。接着放到干净的彩条布上晾晒2~3天,其间不断翻动,频次控制在4小时一次,直至完全干燥为止。

注意:装香橼的周转箱应保持洁净干燥,且放置在垫板上。烘干过程中,注意控制烘干温度和时间,并不断翻动,使得香橼受热均匀,烘干程度一致

加工干燥过程保证场地、工具洁净,不受雨淋等。

5.7　包装、放行、贮运

5.7.1　包装

包装前应对每批药材按照相应标准进行质量检验。符合国家标准的药材,采用不影响质量的编织袋(经检验合格)等包装,禁止采用包装过肥料、农药等的包装袋包装。包装外贴或挂标签、合格证,标识牌内容应有品种、基源、产地、批号、规格、重量、采收日期、企业名称等,并有追溯码。

5.7.2　放行

应制定符合企业实际情况的放行制度,有审核、批准、生产、检验等的相关记录。不合格药材有单独处理制度。

5.7.3　贮运

贮存于阴凉干燥处,定期检查,防止虫蛀、霉变、腐烂等的发生。仓库控制温度在20℃以下、相对湿度75%以下;不同批次等级药材分区存放;建有定期检查制度。使用的熏蒸剂不能带来质量和安全风险,不得使用国家禁用的高毒性熏蒸剂,不使用硫黄熏蒸。

运输应防止发生混淆、污染、异物混入、包装破损、雨雪淋湿等。

附 录 A

（规范性）

禁限用农药名单

A.1 禁止（停止）使用的农药（46 种）

六六六、滴滴涕、毒杀芬、二溴氯丙烷、杀虫脒、二溴乙烷、除草醚、艾氏剂、狄氏剂、汞制剂、砷类、铅类、敌枯双、氟乙酰胺、甘氟、毒鼠强、氟乙酸钠、毒鼠硅、甲胺磷、对硫磷、甲基对硫磷、久效磷、磷胺、苯线磷、地虫硫磷、甲基硫环磷、磷化钙、磷化镁、磷化锌、硫线磷、蝇毒磷、治螟磷、特丁硫磷、氯磺隆、胺苯磺隆、甲磺隆、福美胂、福美甲胂、三氯杀螨醇、林丹、硫丹、溴甲烷、氟虫胺、杀扑磷、百草枯、2,4-滴丁酯。

注：氟虫胺自 2020 年 1 月 1 日起禁止使用。百草枯可溶胶剂自 2020 年 9 月 26 日起禁止使用。2,4-滴丁酯自 2023 年 1 月 29 日起禁止使用。溴甲烷可用于"检疫熏蒸处理"。杀扑磷已无制剂登记。

A.2 在部分范围禁止使用的农药（20 种）

部分范围禁止使用的农药应注意药食同源中药材及来自其他作物的中药材。部分范围禁止使用的农药见表 A.1。

表 A.1 部分范围禁止使用的农药

通用名	禁止使用范围
甲拌磷、甲基异柳磷、克百威、水胺硫磷、氧乐果、灭多威、涕灭威、灭线磷	禁止在蔬菜、瓜果、茶叶、菌类、中草药材上使用,禁止用于防治卫生害虫,禁止用于水生植物的病虫害防治
甲拌磷、甲基异柳磷、克百威	禁止在甘蔗作物上使用
内吸磷、硫环磷、氯唑磷	禁止在蔬菜、瓜果、茶叶、中草药材上使用
乙酰甲胺磷、丁硫克百威、乐果	禁止在蔬菜、瓜果、茶叶、菌类和中草药材上使用
毒死蜱、三唑磷	禁止在蔬菜上使用
丁酰肼（比久）	禁止在花生上使用
氰戊菊酯	禁止在茶叶上使用
氟虫腈	禁止在所有农作物上使用（玉米等部分旱田种子包衣除外）
氟苯虫酰胺	禁止在水稻上使用

A.3 说明

本附录的内容来自 2019 年中华人民共和国农业农村部发布的《禁限用农药名录》（http://www.zzys.moa.gov.cn/gzdt/201911/t20191129_6332604.htm）。

附　录　B

（资料性）

香橼常见病虫害防治的参考方法

香橼常见病虫害防治的参考方法见表 B.1。

表 B.1　香橼常见病虫害防治的参考方法

病虫害名称	防治时期	推荐防治方法	安全间隔期 /d
溃疡病、疮痂病	6—8 月	农用链霉素可湿性粉剂喷施,按照农药标签使用	≥10
炭疽病	7—8 月	百菌清喷施,按照农药标签使用	≥7
		多菌灵喷施,按照农药标签使用	≥30
红蜘蛛	4—5 月	噻螨酮乳油喷施,按照农药标签使用	≥30
大、小缘叶甲	6 月	抑食肼可湿性粉剂喷施,按照农药标签使用	≥10
潜叶蛾	8—9 月	吡虫啉乳油喷施,按照农药标签使用	≥8

参考文献

[1] 国家药典委员会.中华人民共和国药典:2020年版一部[M].北京:中国医药科技出版社,2020.

[2] 张世宇,张木海,杨恩情,等.香橼栽培技术[J].云南农业科技,2018(2):29-31.

[3] 史锋厚,庄珍,罗帅,等.香圆种子萌发特征及催芽技术[J].植物科学学报,2017,35(2):299-304.

[4] 庄珍,史锋厚,丁彦芬,等.香圆种子脱水耐性研究[J].江苏农业科学,2015,43(9):229-231.

[5] 刘春泉,李大婧,牛丽影,等.香橼开发利用研究进展[J].江苏农业科学,2014,42(7):1-5.

[6] 刘艳,石志国.香橼综合开发利用可行性分析[J].北京农业,2013(12):244.

[7] 周祥锋,陈朝,石志国.苏中地区香橼林业产业发展的几点建议[J].现代园艺,2012(14):27.

[8] 姜慧,徐迎春,李永荣,等.香橼优良单株半同胞家系子代抗寒性研究[J].江苏林业科技,2012,39(1):1-5.

[9] 杨辉.陕西地产香圆枳实枳壳品质分析评价[D].汉中:陕西理工学院,2010.

[10] 周祥锋,陈朝.枸橼贮存和播种[J].中国林业,2006(7):35.

[11] 柳代善.香圆丰产栽培管理技术要点[J].现代种业,2005(2):43.

[12] 么历,程慧珍,杨智.中药材规范化种植(养殖)技术指南[M].北京:中国农业出版社,2006.

ICS 65.020.20
CCS C 05

团 体 标 准

T/CACM 1374.116—2021

蓝刺头规范化生产技术规程

Code of practice for good agricultural practice of
Echinopsis Flos

2021-10-15 发布

2021-10-15 实施

中华中医药学会　发布

目　　次

前言 …… 419

1 范围 ……… 420

2 规范性引用文件 ……………………………………………………………………………………………… 420

3 术语和定义 …………………………………………………………………………………………………… 420

4 蓝刺头规范化生产流程图 …………………………………………………………………………………… 420

5 蓝刺头规范化生产技术 ……………………………………………………………………………………… 421

　　5.1 生产基地选址 …………………………………………………………………………………………… 421

　　5.2 种质与种子 ……………………………………………………………………………………………… 421

　　5.3 种植 ……………………………………………………………………………………………………… 422

　　5.4 采收 ……………………………………………………………………………………………………… 422

　　5.5 产地初加工 ……………………………………………………………………………………………… 422

　　5.6 包装、放行、贮运 ……………………………………………………………………………………… 422

附录A（规范性） 禁限用农药名单 …………………………………………………………………………… 424

附录B（资料性） 蓝刺头常见病虫害防治的参考方法 …………………………………………………… 425

参考文献 …… 426

前　言

本文件按照 GB/T 1.1—2020《标准化工作导则　第 1 部分:标准化文件的结构和起草规则》的规定起草。

请注意本文件中的某些内容可能涉及专利。本文件的发布机构不承担识别专利的责任。

本文件由中国医学科学院药用植物研究所和内蒙古农业大学提出。

本文件由中华中医药学会归口。

本文件起草单位:内蒙古农业大学、内蒙古本土香农产品供应链管理有限公司、内蒙古天际绿洲特色生物资源研发中心、中国医学科学院药用植物研究所、重庆市药物种植研究所。

本文件主要起草人:盛晋华、张雄杰、周福平、刘杰、雷雪峰、魏建和、王文全、王秋玲、杨小玉、辛元尧、王苗苗。

蓝刺头规范化生产技术规程

1 范围

本文件确立了蓝刺头的规范化生产流程,规定了蓝刺头生产基地选址、种质与种子、种植、采收、产地初加工、包装、放行、贮运等阶段的操作要求。

本文件适用于蓝刺头的规范化生产。

2 规范性引用文件

下列文件中的内容通过文中的规范性引用而构成本文件必不可少的条款。其中,注明日期的引用文件,仅该日期对应的版本适用于本文件;不注明日期的引用文件,其最新版本(包括所有的修改单)适用于本文件。

GB 3095 环境空气质量标准

GB 5084 农田灌溉水质标准

GB 5749 生活饮用水卫生标准

GB/T 8321.10—2018 农药合理使用准则(十)

GB 15618 土壤环境质量 农用地土壤污染风险管控标准(试行)

T/CACM 1374.1—2021 中药材规范化生产技术规程通则 植物药材

3 术语和定义

T/CACM 1374.1—2021界定的以及下列术语和定义适用于本文件。

3.1 规范化生产 good agricultural practice

按照《中药材生产质量管理规范》(简称中药材 GAP)的要求,实施药材生产,保证中药材优质安全的生产过程。

3.2 技术规程 code of practice

为实现中药材生产顺利、有序进行,保证中药材生产质量,对中药材生产的基地选址、种子种苗、种植或野生抚育、采收与产地初加工以及包装、放行与贮运等,所做的技术规定和要求,是实施中药材规范生产的核心技术要求和实施指南。

4 蓝刺头规范化生产流程图

蓝刺头的规范化生产流程见图1。

蓝刺头规范化生产流程：

关键控制点及参数：

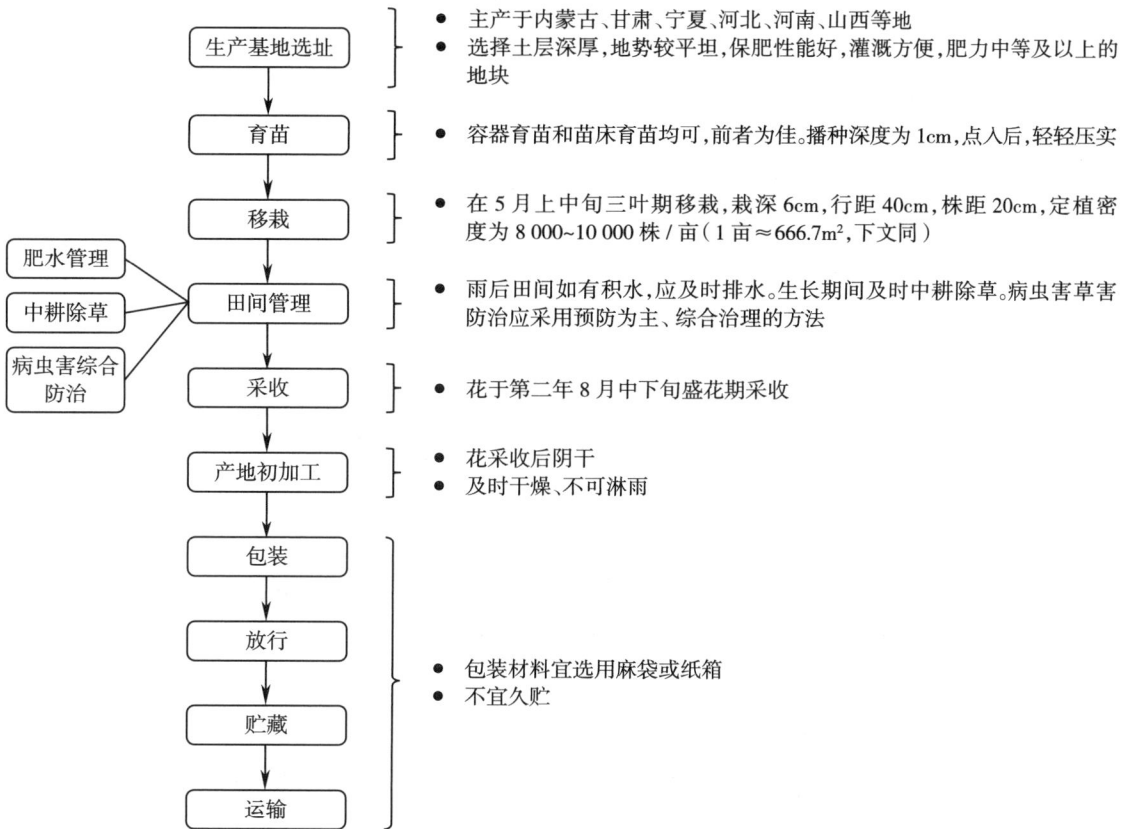

```
┌─────────────┐
│ 生产基地选址 │ ──┐
└─────────────┘   │
       │
┌─────────────┐   │
│    育苗     │ ──┐
└─────────────┘   │
       │
┌─────────────┐   │
│    移栽     │ ──┐
└─────────────┘   │
       │
┌──────────┐  ┌─────────────┐
│ 肥水管理 │→ │    田间管理  │ ──┐
└──────────┘  └─────────────┘
┌──────────┐      │
│ 中耕除草 │→ ┌─────────────┐
└──────────┘  │    采收     │ ──┐
┌──────────┐  └─────────────┘
│ 病虫害综合│→     │
│   防治   │  ┌─────────────┐
└──────────┘  │  产地初加工  │ ──┐
              └─────────────┘
                   │
              ┌─────────────┐
              │    包装     │
              └─────────────┘
                   │
              ┌─────────────┐
              │    放行     │
              └─────────────┘
                   │
              ┌─────────────┐
              │    贮藏     │
              └─────────────┘
                   │
              ┌─────────────┐
              │    运输     │
              └─────────────┘
```

- 主产于内蒙古、甘肃、宁夏、河北、河南、山西等地
- 选择土层深厚，地势较平坦，保肥性能好，灌溉方便，肥力中等及以上的地块

- 容器育苗和苗床育苗均可，前者为佳。播种深度为1cm，点入后，轻轻压实

- 在5月上中旬三叶期移栽，栽深6cm，行距40cm，株距20cm，定植密度为8 000~10 000株/亩（1亩≈666.7m²，下文同）

- 雨后田间如有积水，应及时排水。生长期间及时中耕除草。病虫害草害防治应采用预防为主、综合治理的方法

- 花于第二年8月中下旬盛花期采收

- 花采收后阴干
- 及时干燥、不可淋雨

- 包装材料宜选用麻袋或纸箱
- 不宜久贮

图1 蓝刺头的规范化生产流程图

5 蓝刺头规范化生产技术

5.1 生产基地选址

5.1.1 产地选择

蓝刺头主产于我国内蒙古、甘肃、宁夏、河北、河南、山西、陕西和新疆天山地区。道地产区有内蒙古中部、河南禹州等。

5.1.2 地块选择

选择土层深厚，地势较平坦，保肥性能好，灌溉方便，肥力中等及以上的地块。

5.1.3 环境监测

基地的大气、土壤和水样品的检测可参考 GAP 要求。环境检测大气应符合 GB 3095 规定的要求，土壤应符合 GB 15618 规定的要求，灌溉水质应符合 GB 5084 规定的要求，产地初加工用水应符合 GB 5749 规定的要求。且要保证生长期间持续符合标准。

5.2 种质与种子

5.2.1 种质选择

使用菊科植物蓝刺头 *Echinops latifolius* Tausch.，物种须经过鉴定。

5.2.2 种子质量

应使用上年采收,成熟的种子,发芽率≥90%,净度≥95%,千粒重 16.12~19.73g。经检验符合相应标准。

5.3 种植

5.3.1 育苗

4月上中旬,选用多孔育苗盘,根据普通移栽机的出苗口直径大小,选择苗盘孔径大小,孔穴直径控制在 3~5cm 为宜,单盘穴数规格可选 6×12 穴或相近规格。播种深度为1cm,点入后,轻轻压实。温室温度晚上≥15℃,白天≤30℃。出苗前,每天喷水一次,保持基质湿度100%。7~10 天出苗后,改为 2 天喷水一次。待 20 天后,3~5 片叶时移栽。

5.3.2 移栽

秋收后及时灭茬,深耕 20~30cm,每亩施腐熟的有机肥 2 000~3 000kg。11月下旬土壤封冻时进行冬灌,亩灌水量 80~100m³。第二年春季播前旋耕平地、灌水。在 5月上中旬移栽。栽深 6cm 左右,行距 40cm,株距 20cm,定植密度为 8 000~10 000 株/亩。

5.3.3 田间管理

第一年,当幼苗高至 4~7cm 时,进行第一次浅中耕松土。生育期间根据杂草情况,中耕 3 次左右。第二年 5月新叶出土至封垄前,根据杂草情况,中耕 2~3 次。

雨后田间如有积水,应及时排水,避免涝根。

5.3.4 病虫害草害等防治

贯彻"预防为主、综合防治"的植保方针。以农业防治为基础,提倡生物防治和物理防治,科学应用化学防治技术的原则。

农业防治:排除田间积水,降低田间湿度;发现病株立即拔除,集中烧毁或深埋,并用石灰水灌病窝消毒。

物理防治:在蓝刺头移栽地安装频振式杀虫灯,诱杀蛴螬等害虫。

化学防治:原则上以施用生物源农药为主。农药使用应符合 GB/T 8321.10—2018 规定的要求。主要病虫害防治参考方法见附录 B。

5.4 采收

采花:于第二年 8月中下旬盛花期采收。

5.5 产地初加工

花采收后一般阴干。在晾晒之前切勿大量地堆放,以防发热霉烂。

5.6 包装、放行、贮运

5.6.1 包装

包装前应对每批药材按照国家标准进行质量检验。符合国家标准的药材,采用不影响质量的编织袋等包装,禁止采用包装过肥料、农药等的包装袋包装。包装外贴或挂标签、合格证,标识牌内容应有药材名、基源、产地、批号、规格、重量、采收日期、企业名称等,并有追溯码。

5.6.2 放行

应制定符合企业实际情况的放行制度,有审核批生产、检验等的相关记录。不合格药材

有单独处理制度。

5.6.3 贮运

应贮存于阴凉干燥处,定期检查,防止虫蛀、霉变、腐烂等的发生。仓库控制温度在 20℃以下、相对湿度 75% 以下;不同批次、等级药材分区存放;建有定期检查制度。也可采用现代气调贮藏方法,包装或库内充氮或二氧化碳。

运输应防止发生混淆、污染、异物混入、包装破损、雨雪淋湿等。

附 录 A

（规范性）

禁限用农药名单

A.1 禁止（停止）使用的农药（46 种）

六六六、滴滴涕、毒杀芬、二溴氯丙烷、杀虫脒、二溴乙烷、除草醚、艾氏剂、狄氏剂、汞制剂、砷类、铅类、敌枯双、氟乙酰胺、甘氟、毒鼠强、氟乙酸钠、毒鼠硅、甲胺磷、对硫磷、甲基对硫磷、久效磷、磷胺、苯线磷、地虫硫磷、甲基硫环磷、磷化钙、磷化镁、磷化锌、硫线磷、蝇毒磷、治螟磷、特丁硫磷、氯磺隆、胺苯磺隆、甲磺隆、福美肿、福美甲肿、三氯杀螨醇、林丹、硫丹、溴甲烷、氟虫胺、杀扑磷、百草枯、2, 4- 滴丁酯。

注：氟虫胺自 2020 年 1 月 1 日起禁止使用。百草枯可溶胶剂自 2020 年 9 月 26 日起禁止使用。2, 4-滴丁酯自 2023 年 1 月 29 日起禁止使用。溴甲烷可用于"检疫熏蒸处理"。杀扑磷已无制剂登记。

A.2 在部分范围禁止使用的农药（20 种）

部分范围禁止使用的农药应注意药食同源中药材及来自其他作物的中药材。部分范围禁止使用的农药见表 A.1。

表 A.1 部分范围禁止使用的农药

通用名	禁止使用范围
甲拌磷、甲基异柳磷、克百威、水胺硫磷、氧乐果、灭多威、涕灭威、灭线磷	禁止在蔬菜、瓜果、茶叶、菌类、中草药材上使用,禁止用于防治卫生害虫,禁止用于水生植物的病虫害防治
甲拌磷、甲基异柳磷、克百威	禁止在甘蔗作物上使用
内吸磷、硫环磷、氯唑磷	禁止在蔬菜、瓜果、茶叶、中草药材上使用
乙酰甲胺磷、丁硫克百威、乐果	禁止在蔬菜、瓜果、茶叶、菌类和中草药材上使用
毒死蜱、三唑磷	禁止在蔬菜上使用
丁酰肼（比久）	禁止在花生上使用
氰戊菊酯	禁止在茶叶上使用
氟虫腈	禁止在所有农作物上使用（玉米等部分旱田种子包衣除外）
氟苯虫酰胺	禁止在水稻上使用

A.3 说明

本附录的内容来自 2019 年中华人民共和国农业农村部发布的《禁限用农药名录》（http://www.zzys.moa.gov.cn/gzdt/201911/t20191129_6332604.htm ）。

附 录 B
（资料性）
蓝刺头常见病虫害防治的参考方法

蓝刺头常见病虫害防治的参考方法见表 B.1。

表 B.1 蓝刺头常见病虫害防治的参考方法

病虫害名称	防治时期	推荐防治方法	安全间隔期 /d
根腐病	8—10 月	多菌灵灌根,按照农用标签使用	≥20
		甲基硫菌灵灌根,按照农用标签使用	≥30
		多·硫悬浮剂灌根,按照农用标签使用	≥20
		苦参碱灌根,按照农用标签使用	≥7
白粉病	5—8 月	嘧啶核苷类抗菌素喷施,按照农用标签使用	≥7
		多氧霉素喷施,按照农用标签使用	≥15
		百菌清喷施,按照农用标签使用	≥14
蛴螬	8—10 月	晶体敌百虫液灌,按照农用标签使用	≥7
		阿维菌素乳油液灌,按照农用标签使用	≥14

参考文献

［1］王艳莉,李新荣,赵杰才,等 . 不同环境因素对砂蓝刺头种子萌发及出苗的影响［J］. 兰州大学学报（自然科学版）,2018,54（6）:783-789.

［2］张勇,李文妍,周燕,等 . 蓝刺头生物活性的研究现状［J］. 中国临床药理学杂志,2018,34（16）:2030-2032.

［3］王艳莉,李新荣,赵杰才 . 一年生植物砂蓝刺头种子萌发及幼苗出土对环境变化的响应［C］// 中国草学会 . 2017 中国草学会年会论文集 .［出版者不详］,2017:1.

［4］张雄杰,盛晋华,刘卫东 . 蒙药植物蓝刺头野生变家栽的初步研究［C］// 中国药学会,中国野生植物保护协会,中国中药协会 . 第九届肉苁蓉暨沙生药用植物学术研讨会论文集 .［出版者不详］,2017:162-167.

［5］帕尔哈提·柔孜,哈勒木别克·木哈买提江,波拉提·马卡比力,等 . 我国蓝刺头属植物分布介绍［J］. 中国民族医药杂志,2015,21（4）:35-37.

［6］关雪莲 . 全缘蓝刺头种子萌发特性研究［J］. 中国园艺文摘,2013,29（8）:63-64.

［7］关雪莲,董连新 . 新疆蓝刺头属 2 种植物引种及繁殖方法研究［J］. 中国野生植物资源,2012,31（4）:73-75.

［8］朱海军,俞红强,金迪,等 . 蓝刺头的组织培养和快速繁殖［J］. 植物生理学通讯,2007（2）:313.

［9］么历,程慧珍,杨智 . 中药材规范化种植（养殖）技术指南［M］. 北京:中国农业出版社,2006.

ICS 65.020.20
CCS C 05

团 体 标 准

T/CACM 1374.117—2021

重楼（云南重楼）规范化生产技术规程

Code of practice for good agricultural practice of
Paridis Rhizoma（*Paris polyphylla* var. *yunnanensis*）

2021-10-15 发布 2021-10-15 实施

中华中医药学会 发布

目　　次

前言 ·· 429

引言 ·· 430

1　范围 ··· 431

2　规范性引用文件 ·· 431

3　术语和定义 ·· 431

4　重楼（云南重楼）规范化生产流程图 ·· 431

5　重楼（云南重楼）规范化生产技术 ··· 432

　　5.1　生产基地选址 ··· 432

　　5.2　种质与种子 ··· 433

　　5.3　种植 ··· 433

　　5.4　采收 ··· 434

　　5.5　产地初加工 ··· 434

　　5.6　包装、放行、贮运 ··· 434

附录 A（规范性）　禁限用农药名单 ·· 436

参考文献 ·· 437

前　　言

本文件按照 GB/T 1.1—2020《标准化工作导则　第 1 部分：标准化文件的结构和起草规则》的规定起草。

请注意本文件中的某些内容可能涉及专利。本文件的发布机构不承担识别专利的责任。

本文件由中国医学科学院药用植物研究所和云南农业大学提出。

本文件由中华中医药学会归口。

本文件起草单位：云南农业大学、云南白药集团股份有限公司、云南省农业科学院药用植物研究所、中国医学科学院药用植物研究所、重庆市药物种植研究所。

本文件主要起草人：杨生超、刘涛、杨成金、杨斌、张广辉、范伟、赵艳、陈军文、卢迎春、字淑慧、梁艳丽、魏建和、王文全、王秋玲、杨小玉、辛元尧、王苗苗。

引　言

《中华人民共和国药典》（2020 年版）收载重楼来源于百合科植物云南重楼 *Paris polyphylla* Smith var. *yunnanensis*（Franch.）Hand.-Mazz. 或七叶一枝花 *Paris polyphylla* Smith var. *chinensis*（Franch.）Hara 的干燥根茎。

本规程编写品种为云南重楼。

重楼（云南重楼）规范化生产技术规程

1 范围

本文件确立了重楼（云南重楼）的规范化生产流程，规定了重楼（云南重楼）生产基地选址、种质与种子、种植、采收、产地初加工、包装、放行、贮运等阶段的操作要求。

本文件适用于重楼（云南重楼）的规范化生产。

2 规范性引用文件

下列文件中的内容通过文中的规范性引用而构成本文件必不可少的条款。其中，注明日期的引用文件，仅该日期对应的版本适用于本文件；不注明日期的引用文件，其最新版本（包括所有的修改单）适用于本文件。

GB 3095　环境空气质量标准

GB 5084　农田灌溉水质标准

GB 5749　生活饮用水卫生标准

GB 15618　土壤环境质量　农用地土壤污染风险管控标准（试行）

T/CACM 1374.1—2021　中药材规范化生产技术规程通则　植物药材

3 术语和定义

T/CACM 1374.1—2021 界定的以及下列术语和定义适用于本文件。

3.1　规范化生产　good agricultural practice

按照《中药材生产质量管理规范》（简称中药材 GAP）的要求，实施药材生产，保证中药材优质安全的生产过程。

3.2　技术规程　code of practice

为实现中药材生产顺利、有序进行，保证中药材生产质量，对中药材生产的基地选址、种子种苗、种植或野生抚育、采收与产地初加工以及包装、放行与贮运等，所做的技术规定和要求，是实施中药材规范生产的核心技术要求和实施指南。

3.3　重楼　Paridis Rhizoma

百合科植物云南重楼 *Paris polyphylla* var. *yunnanensis* 的干燥根茎。

4 重楼（云南重楼）规范化生产流程图

重楼（云南重楼）的规范化生产流程见图 1。

重楼（云南重楼）规范化生产流程：　　　　　关键控制点及参数：

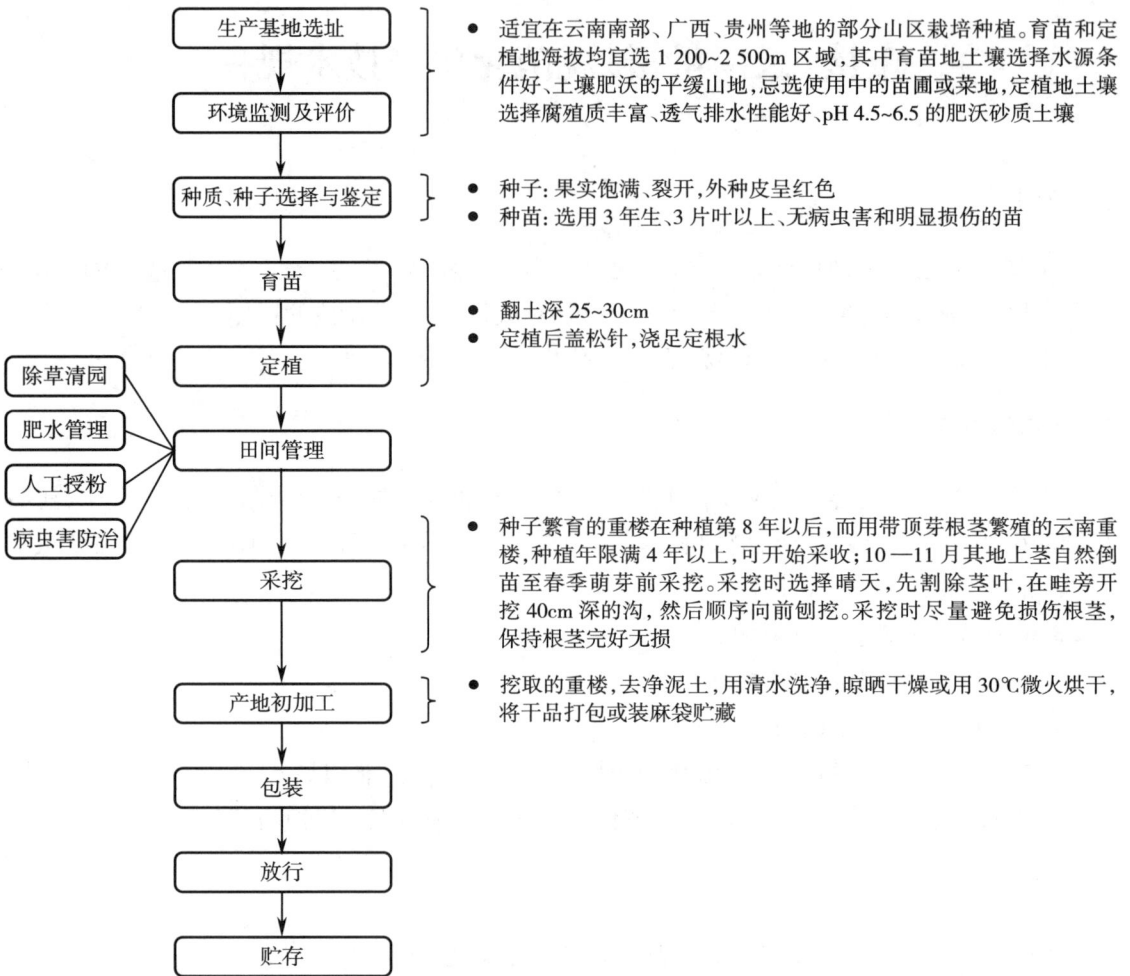

* 适宜在云南南部、广西、贵州等地的部分山区栽培种植。育苗和定植海拔均宜选 1 200~2 500m 区域，其中育苗地土壤选择水源条件好、土壤肥沃的平缓山地，忌选使用中的苗圃或菜地，定植地土壤选择腐殖质丰富、透气排水性能好、pH 4.5~6.5 的肥沃砂质土壤

* 种子：果实饱满、裂开，外种皮呈红色
* 种苗：选用 3 年生、3 片叶以上、无病虫害和明显损伤的苗

* 翻土深 25~30cm
* 定植后盖松针，浇足定根水

* 种子繁育的重楼在种植第 8 年以后，而用带顶芽根茎繁殖的云南重楼，种植年限满 4 年以上，可开始采收；10—11 月其地上茎自然倒苗至春季萌芽前采挖。采挖时选择晴天，先割除茎叶，在畦旁开挖 40cm 深的沟，然后顺序向前刨挖。采挖时尽量避免损伤根茎，保持根茎完好无损

* 挖取的重楼，去净泥土，用清水洗净，晾晒干燥或用 30℃微火烘干，将干品打包或装麻袋贮藏

图 1　重楼（云南重楼）的规范化生产流程图

5　重楼（云南重楼）规范化生产技术

5.1　生产基地选址

5.1.1　产地选择

适宜在云南南部、广西、贵州等地的部分山区栽培种植。云南省为主产区。种植地和育苗地均选择在海拔 1 200~2 500m 的区域。

5.1.2　地块选择

种植地宜选择有机质含量高、透气排水性能好，pH 4.5~6.5 的肥沃砂质土壤；育苗地选择排灌方便，土壤含水量 20%~30%，pH 4.5~5.5 的砂壤土。

育苗地应选择水源条件好、土壤肥沃湿润的平缓山地，忌选使用中的苗圃地或菜地。

良种繁育田和定植地应选腐殖质含量高、排水良好，有林荫、质地疏松且湿润的平缓山谷或溪边的砂壤土、生草灰化土或灰化红黄壤土，贫瘠土和重黏土不宜栽种。种植地荫蔽度

以 50%~60% 为宜,幼龄期荫蔽度以 60%~70% 为宜。

5.1.3 环境监测

生产基地的空气质量应符合 GB 3095 规定的环境空气质量标准,灌溉水质量应符合 GB 5084 规定的农田灌溉水质标准,土壤质量应符合 GB 15618 的规定。

5.2 种质与种子

5.2.1 种质选择

使用百合科植物云南重楼 *Paris polyphylla* Smith var. *yunnanensis*(Franch.)Hand.-Mazz.,物种须经过鉴定。如使用农家品种或选育品种应加以明确。

5.2.2 种子质量

选择果实饱满、裂开,外种皮呈红色的种子。

5.2.3 良种繁育

应使用 7 年生以上,果实饱满、无病虫害、生长旺盛、结实多的母本留种,田间管理同药材生产。

立秋后采收成熟果实,把充分成熟的种子采摘后去除外壳,将种子装入塑料筐,放入冷藏柜 5~8℃低温条件下保存 30~40 天,再按沙:种 =5:1 的比例,一层沙一层种子,贮藏温度为 20℃,室内进行催芽处理,湿度为 30%~40%(用手抓沙子紧握能成团,松开后即散开为宜),待种子露白时(4—5 月)即可播种。种子贮藏层数在 5 层以下,宜薄不宜厚,既要疏松透气,又要保持湿润。

5.3 种植

5.3.1 育苗

生产中一般采用种子或根茎繁殖。

1)种子育苗:须育苗后移栽种植。播种时间在春季 3—4 月。在播种前 2~3 个月整地,生荒地进行全垦,翻土深 25cm 以上,翻耕打碎土块,施足底肥。熟地育苗则在初春翻地一次,播种前进行一次犁耙。每亩(1 亩 ≈ 666.7m²,下文同)施草木灰 200~300kg,或沤熟的有机肥料 1 000~1 500kg,施过磷酸钙 20~25kg,在圃地周围挖排水沟。做高 30cm、宽 120cm 高的床,苗床平整。播种前用多菌灵溶液对土壤进行消毒,或用 50% 的多菌灵可湿性粉剂 1.5g/m³ 拌土。

播种方式采用条播,在畦面上按行距 20cm、深 1.5cm 开沟,条播种子。将处理好的种子均匀地播入沟内,播种后用 1:1:1 的腐殖土、草木灰、细厩粪覆盖种子,再覆上 1~1.5cm 土为宜,再淋浇水,加盖塑料小拱棚(露地苗床加遮阳网),浇透水。

2)根茎繁殖:秋冬季采挖健壮、无病虫害带顶芽约为根茎五分之一作种,用大蒜水浸种,适当晾干,按株行距 20cm×20cm 条栽于苗床,覆盖细厩粪、松毛。在种茎出苗前尽量少浇水或不浇水。

5.3.2 定植

选用 3 年生、3 片叶以上的种苗,无病虫害,无明显机械损伤。选择在 5—7 月进行定植。整地作畦需要清除杂灌、杂草、杂质和残渣,深翻,充分晒垡,消毒,根据地块的坡向进行作畦,畦面宽 120cm,高 25cm,畦沟和围沟宽 30cm,使沟相通,并有出水口,沟内细土待下种后铺在畦面上。在畦面横向开沟,沟深 4~6cm,随挖随栽,株距 15cm,行距 20cm,每亩定植 20 000~22 000 苗。定植时,松土覆盖,不可压实。每穴栽苗 1 株,加盖松针,浇足定根水。

5.3.3 田间管理

幼龄期:及时补苗,每年中耕除草在夏、冬两季各进行 1 次,结合中耕除草、培土施肥 1~2 次。干旱季节要引水灌溉,雨季应开沟排涝。

成株期:每年在夏、冬两季中耕除草各 1 次,除草时若发现须根露出地面须进行培土,秋季收果后进行 1 次追肥,追肥可采用环状施肥法。第 2 次追肥在始花期,为提高坐花坐果率,每亩用硼砂 100g 兑水 50kg 在开花前进行叶面喷雾。

生长过程中将荫蔽度控制在 50%~60%,土壤保水性能差的种植地荫蔽度控制在 70% 左右。

保护产地周边彩带蜂、排蜂、小酸蜂、熊蜂等传粉昆虫;不应人为毁坏蜂巢取蜜,避免使用杀虫剂;在栽培园或周边地段栽培一些蜜源植物;在开花前及开花期叶面喷施适量浓度的硼酸水溶液,或采用蜂蜜、白糖溶液喷雾,诱导昆虫进行授粉。

5.3.4 病虫害防治

常见病害有灰霉病、软腐病、立枯病、叶斑病、根腐病等,虫害主要有地老虎、蓟马、蛤蚧等。

应采用预防为主、综合防治的方法:播种前进行土壤消毒;种植区选择好的水源;沟边种植要加大株行距;选用无病害感染、无机械损伤、侧根少、表皮光滑的优质种苗,禁用带病苗;及时清沟排水;发现病株及时拔除,集中销毁,撒入石灰粉进行局部消毒;及时清除幼虫、茧、蛹等,每年秋冬季及时清园。生产基地安装太阳能杀虫灯,诱杀成虫;悬挂黄蓝板诱杀蚜虫、飞虱、蓟马等害虫;地下害虫选用甲氨基阿维菌素苯甲酸盐制毒饵诱杀。

采用化学防治时,应当符合国家有关规定;优先选用高效、低毒的生物农药;尽量避免使用除草剂、杀虫剂和杀菌剂等化学农药;不使用禁限用农药。

5.4 采收

种子繁育的重楼在种植第 8 年以后,视其价格行情陆续采收,而用带顶芽的根茎繁殖,种植年限满 4 年以上,可开始采收,生产上以种子苗繁育为主。10—11 月其地上茎自然倒苗至春季萌芽前采挖。采挖时选择晴天,先割除茎叶,在畦旁开挖 40cm 深的沟,然后顺序向前刨挖。采挖时尽量避免损伤根茎。

5.5 产地初加工

挖取的根及根茎,去净泥土,除去须根,用清水洗净,晾晒干燥或用 30℃微火烘干。清洗用水按照 GB 5749 要求执行。

5.6 包装、放行、贮运

5.6.1 包装

包装前应对每批药材按照国家标准进行质量检验。符合国家标准的药材,采用不影响质量的编织袋或麻袋等包装,禁止采用包装过肥料、农药等的包装袋包装。包装外贴或挂标签、合格证,标识牌内容应有药材名、基源、产地、批号、规格、重量、采收日期、企业名称等,并有追溯码。

5.6.2 放行

应制定符合企业实际情况的放行制度,有审核批生产、检验等的相关记录。不合格药材有单独处理制度。

5.6.3 贮运

应贮存于清洁、阴凉、干燥处,定期检查,防止虫蛀、霉变、腐烂等的发生。仓库周围无污染且控制温度在20℃以下、相对湿度75%以下;不同批次、等级药材分区存放;建有定期检查制度。

运输工具应清洁、干燥、无异味、无污染;运输时应防潮,防雨雪,防暴晒,防止发生混淆、污染、异物混入、包装破损等。

附　录　A

（规范性）

禁限用农药名单

A.1　禁止（停止）使用的农药（46 种）

六六六、滴滴涕、毒杀芬、二溴氯丙烷、杀虫脒、二溴乙烷、除草醚、艾氏剂、狄氏剂、汞制剂、砷类、铅类、敌枯双、氟乙酰胺、甘氟、毒鼠强、氟乙酸钠、毒鼠硅、甲胺磷、对硫磷、甲基对硫磷、久效磷、磷胺、苯线磷、地虫硫磷、甲基硫环磷、磷化钙、磷化镁、磷化锌、硫线磷、蝇毒磷、治螟磷、特丁硫磷、氯磺隆、胺苯磺隆、甲磺隆、福美肿、福美甲肿、三氯杀螨醇、林丹、硫丹、溴甲烷、氟虫胺、杀扑磷、百草枯、2,4- 滴丁酯。

注：氟虫胺自 2020 年 1 月 1 日起禁止使用。百草枯可溶胶剂自 2020 年 9 月 26 日起禁止使用。2,4-滴丁酯自 2023 年 1 月 29 日起禁止使用。溴甲烷可用于"检疫熏蒸处理"。杀扑磷已无制剂登记。

A.2　在部分范围禁止使用的农药（20 种）

部分范围禁止使用的农药应注意药食同源中药材及来自其他作物的中药材。部分范围禁止使用的农药见表 A.1。

表 A.1　部分范围禁止使用的农药

通用名	禁止使用范围
甲拌磷、甲基异柳磷、克百威、水胺硫磷、氧乐果、灭多威、涕灭威、灭线磷	禁止在蔬菜、瓜果、茶叶、菌类、中草药材上使用,禁止用于防治卫生害虫,禁止用于水生植物的病虫害防治
甲拌磷、甲基异柳磷、克百威	禁止在甘蔗作物上使用
内吸磷、硫环磷、氯唑磷	禁止在蔬菜、瓜果、茶叶、中草药材上使用
乙酰甲胺磷、丁硫克百威、乐果	禁止在蔬菜、瓜果、茶叶、菌类和中草药材上使用
毒死蜱、三唑磷	禁止在蔬菜上使用
丁酰肼（比久）	禁止在花生上使用
氰戊菊酯	禁止在茶叶上使用
氟虫腈	禁止在所有农作物上使用（玉米等部分旱田种子包衣除外）
氟苯虫酰胺	禁止在水稻上使用

A.3　说明

本附录的内容来自 2019 年中华人民共和国农业农村部发布的《禁限用农药名录》（http://www.zzys.moa.gov.cn/gzdt/201911/t20191129_6332604.htm）。

参考文献

［1］WU X，WANG L，WANG G C，et al. Triterpenoid saponins from rhizomes of *Paris polyphylla* var. *yunnanensis* ［J］. Carbohydrate Research，2013，368：1-7.

［2］QIN X J，SUN D J，NI W，et al. Steroidal saponins with antimicrobial activity from stems and leaves of *Paris polyphylla* var. *yunnanensis*［J］. Steroids，2012，77（12）：1242-1248.

［3］Xu-Jie Qin，Chang-Xiang Chen，Wei Ni，et al. C_{22}-steroidal lactone glycosides from stems and leaves of *Paris polyphylla* var. *yunnanensis*［J］. Fitoterapia，2013，84：248-251.

［4］卜伟，赵君，沈志强. 滇重楼地上部分与地下部分总皂苷止血、镇痛、抗炎作用比较［J］. 天然产物研究与开发，2009，21（B10）：370-372.

［5］国家药典委员会. 中华人民共和国药典：2020年版一部［M］. 北京：中国医药科技出版社，2020.

［6］李恒. 重楼属植物［M］. 北京：科学出版社，1998.

［7］杨斌，李绍平，严世武，等. 滇重楼资源现状及可持续利用研究［J］. 中药材，2012，35（10）：1698-1700.

［8］武珊珊，高文远，段宏泉，等. 重楼化学成分和药理作用研究进展［J］. 中草药，2004（3）：110-113.

［9］杨斌，严世武，李绍平，等. 栽培滇重楼种子采收期研究［J］. 云南中医学院学报，2013，36（3）：25-27.

ICS 65.020.20
CCS C 05

团 体 标 准

T/CACM 1374.118—2021

独活规范化生产技术规程

Code of practice for good agricultural practice of
Angelicae Pubescentis Radix

2021-10-15 发布

2021-10-15 实施

中华中医药学会 发布

目　　次

前言 …………………………………………………………………………………………… 440

引言 …………………………………………………………………………………………… 441

1　范围 ………………………………………………………………………………………… 442

2　规范性引用文件 …………………………………………………………………………… 442

3　术语和定义 ………………………………………………………………………………… 442

4　独活规范化生产流程图 …………………………………………………………………… 442

5　独活规范化生产技术 ……………………………………………………………………… 443

　　5.1　生产基地选址 ……………………………………………………………………… 443

　　5.2　种质与种子 ………………………………………………………………………… 444

　　5.3　种子生产 …………………………………………………………………………… 444

　　5.4　育苗 ………………………………………………………………………………… 444

　　5.5　定植 ………………………………………………………………………………… 445

　　5.6　田间管理 …………………………………………………………………………… 445

　　5.7　采收 ………………………………………………………………………………… 446

　　5.8　产地初加工 ………………………………………………………………………… 446

　　5.9　质量检验 …………………………………………………………………………… 446

　　5.10　包装、放行、贮运 ………………………………………………………………… 446

附录 A（规范性）　禁限用农药名单 ………………………………………………………… 447

附录 B（资料性）　独活常见病虫害防治的参考方法 ……………………………………… 448

参考文献 ……………………………………………………………………………………… 449

前　言

本文件按照 GB/T 1.1—2020《标准化工作导则　第 1 部分：标准化文件的结构和起草规则》的规定起草。

请注意本文件中的某些内容可能涉及专利。本文件的发布机构不承担识别专利的责任。

本文件由中国医学科学院药用植物研究所和湖北省农业科学院中药材研究所提出。

本文件由中华中医药学会归口。

本文件起草单位：湖北省农业科学院中药材研究所、重庆市药物种植研究所、五峰土家族自治县中药材发展中心、恩施九州通中药发展有限公司、巴东县今大药业有限公司、五峰天翊中药材专业合作社、中国医学科学院药用植物研究所、重庆市药物种植研究所。

本文件主要起草人：郭晓亮、郭杰、穆森、胡开治、黄晓斌、段媛媛、游景茂、罗倩、蒲盛才、覃冬玖、谭海、王业洪、阮芝艳、魏建和、王文全、王秋玲、杨小玉、辛元尧、王苗苗。

引　言

独活具祛风除湿、通痹止痛之功效,被收载于《中华人民共和国药典》(简称《中国药典》)。我国独活人工种植区可分为两个部分,北部产区以甘肃省为主,含宁夏固原市、陕西宝鸡市;南部产区以湖北省为主,含陕西安康市,重庆市巫山县、巫溪县等地。人工种植独活南部产区已有300多年历史,北部产区仅有60余年历史。

南部产区与北部产区在气候方面存在巨大差别。南部产区属亚热带季风气候,为湿润地区,年平均日照1 350小时以下,年降水量1 000mm以上,无霜期170~233天,相对湿度82%以上;北部产区属冷温带大陆性气候,亚湿润区,日照时数1 981小时,年降水量约500mm,无霜期163天,相对湿度70%左右。两个产区的土壤类型也不同,南部产区土壤多为红壤、黄壤、黄棕壤,北部产区多为黄绵土、黑垆土。独活在两个产区不同气候环境、不同类型土壤中,生长规律也不同,种植技术也存在着一定的区别。如南部产区降水较多,独活水分管理重在排水,独活多种植在垄上,而北部山区降水较少,独活水分管理重在旱季保墒,独活多为平地种植;如南部产区独活需要烘干,而北部产区独活多为晒干。

鉴于南北两个产区存在的巨大差异,同时考虑到起草单位对独活的研究与应用基础,本标准只适用于南部产区,即湖北宜昌、恩施、十堰、神农架,重庆巫山、巫溪,陕西安康等产区,而不适用于北部产区。

独活规范化生产技术规程

1 范围

本文件确立了独活的规范化生产流程,规定了独活生产基地选址、种质与种子、种苗繁育、种植、采收、产地初加工、包装、放行、贮运等阶段的操作要求。

本文件适用于独活的规范化生产。

2 规范性引用文件

下列文件中的内容通过文中的规范性引用而构成本文件必不可少的条款。其中,注明日期的引用文件,仅该日期对应的版本适用于本文件。不注明日期的引用文件,其最新版本(包括所有的修改单)适用于本标准。

GB 3095 环境空气质量标准

GB/T 3543 农作物种子检验规程

GB 5084 农田灌溉水质标准

GB 15618 土壤环境质量 农用地土壤污染风险管控标准(试行)

T/CACM 1374.1—2021 中药材规范化生产技术规程通则 植物药材

3 术语和定义

T/CACM 1374.1—2021 界定的以及下列术语和定义适用于本文件。

3.1 规范化生产 good agricultural practice

按照《中药材生产质量管理规范》(简称中药材 GAP)的要求,实施药材生产,保证中药材优质安全的生产过程。

3.2 技术规程 code of practice

为实现中药材生产顺利、有序进行,保证中药材生产质量,对中药材生产的基地选址、种子种苗、种植或野生抚育、采收与产地初加工以及包装、放行与贮运等,所做的技术规定和要求,是实施中药材规范生产的核心技术要求和实施指南。

3.3 独活 Angelicae Pubescentis Radix

伞形科植物重齿毛当归 *Angelica pubescens* Maxim. f. *biserrata* Shan et Yuan 的干燥根。

4 独活规范化生产流程图

独活的规范化生产流程图见图 1。

独活规范化生产流程：　　　　　　　　　关键控制点及参数：

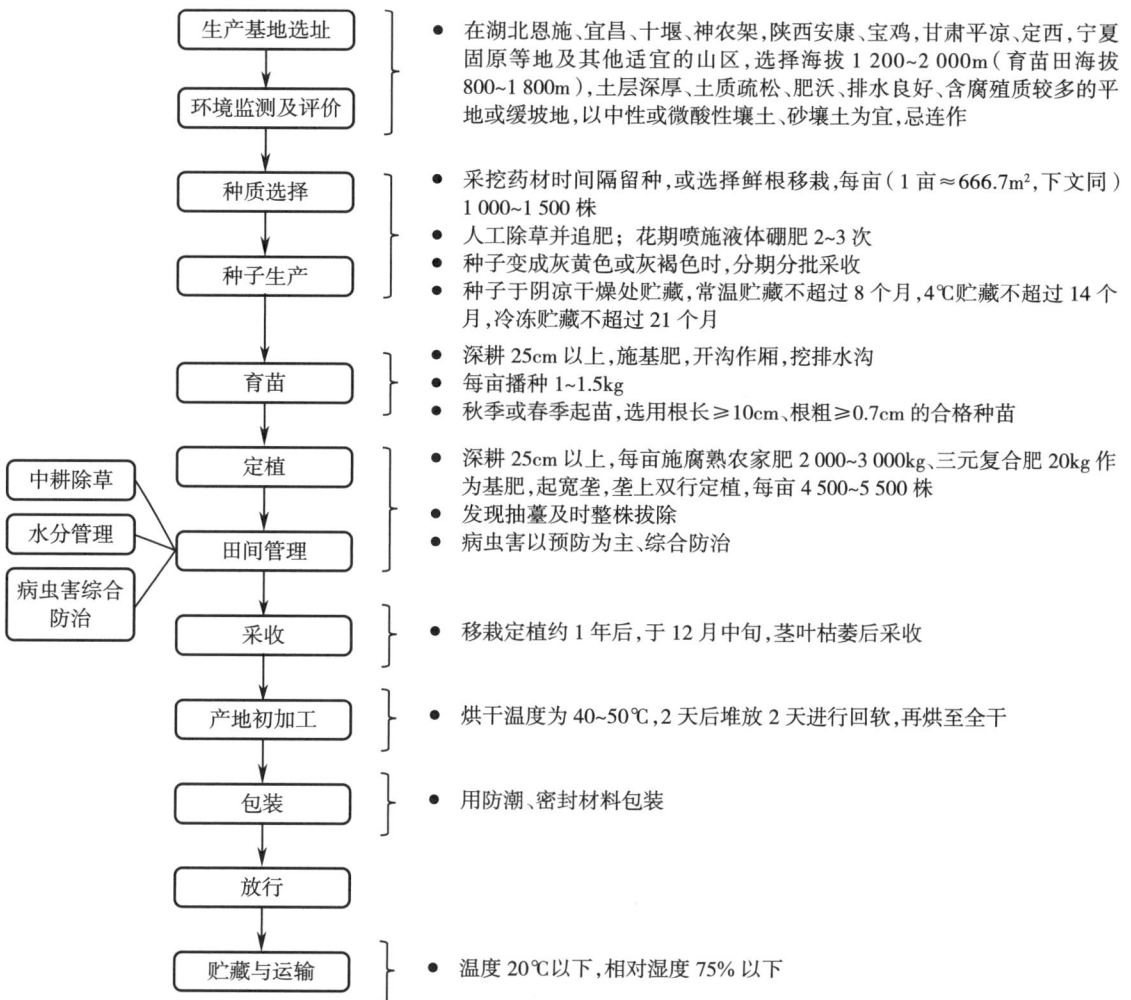

```
┌─────────────────┐
│   生产基地选址    │ ┐
└─────────────────┘ │
        ↓            │
┌─────────────────┐ │
│  环境监测及评价   │ ┘
└─────────────────┘
        ↓
┌─────────────────┐ ┐
│    种质选择      │ │
└─────────────────┘ │
        ↓            │
┌─────────────────┐ │
│    种子生产      │ ┘
└─────────────────┘
        ↓
┌─────────────────┐ ┐
│      育苗        │ │
└─────────────────┘ ┘
        ↓
┌─────────────────┐ ┐
│      定植        │ │
└─────────────────┘ │
        ↓            │
┌─────────────────┐ │
│    田间管理      │ ┘
└─────────────────┘
        ↓
┌─────────────────┐ ┐
│      采收        │ ┘
└─────────────────┘
        ↓
┌─────────────────┐
│   产地初加工     │ ┐
└─────────────────┘ ┘
        ↓
┌─────────────────┐
│      包装        │ ┐
└─────────────────┘ ┘
        ↓
┌─────────────────┐
│      放行        │
└─────────────────┘
        ↓
┌─────────────────┐
│   贮藏与运输     │ ┐
└─────────────────┘ ┘
```

左侧分支框：中耕除草、水分管理、病虫害综合防治（指向田间管理）

- 在湖北恩施、宜昌、十堰、神农架,陕西安康、宝鸡,甘肃平凉、定西,宁夏固原等地及其他适宜的山区,选择海拔 1 200~2 000m（育苗田海拔 800~1 800m）,土层深厚、土质疏松、肥沃、排水良好、含腐殖质较多的平地或缓坡地,以中性或微酸性壤土、砂壤土为宜,忌连作

- 采挖药材时间隔留种,或选择鲜根移栽,每亩（1 亩≈666.7m²,下文同）1 000~1 500 株
- 人工除草并追肥；花期喷施液体硼肥 2~3 次
- 种子变成灰黄色或灰褐色时,分期分批采收
- 种子于阴凉干燥处贮藏,常温贮藏不超过 8 个月,4℃贮藏不超过 14 个月,冷冻贮藏不超过 21 个月

- 深耕 25cm 以上,施基肥,开沟作厢,挖排水沟
- 每亩播种 1~1.5kg
- 秋季或春季起苗,选用根长≥10cm、根粗≥0.7cm 的合格种苗

- 深耕 25cm 以上,每亩施腐熟农家肥 2 000~3 000kg、三元复合肥 20kg 作为基肥,起宽垄,垄上双行定植,每亩 4 500~5 500 株
- 发现抽薹及时整株拔除
- 病虫害以预防为主、综合防治

- 移栽定植约 1 年后,于 12 月中旬,茎叶枯萎后采收

- 烘干温度为 40~50℃,2 天后堆放 2 天进行回软,再烘至全干

- 用防潮、密封材料包装

- 温度 20℃以下,相对湿度 75% 以下

图 1　独活的规范化生产流程图

5　独活规范化生产技术

5.1　生产基地选址

5.1.1　产地选择

主产区在湖北西部、陕西南部、重庆东部及其周边地区,道地产区在湖北西部。种植地海拔 1 200~2 000m,育苗地海拔 800~1 800m。

5.1.2　地块选择

良种繁育田、育苗田和定植地一般选择土层深厚、土质疏松、肥沃、排水良好、含腐殖质较多的平地或坡度小于 25° 的坡地,以中性或微酸性壤土、砂壤土为宜。前茬作物以马铃薯、豆类、小麦、玉米为好,忌连作。

5.1.3　环境监测

生产基地的大气、土壤和水样品的检测按照 GAP 要求,应符合相应国家标准,并保证生长期间持续符合标准。空气质量应符合 GB 3095 的规定,土壤质量应符合 GB 15618 的规定,灌溉水质量应符合 GB 5084 的规定。

5.2 种质与种子

5.2.1 种质选择

使用伞形科植物重齿毛当归 Angelica pubescens Maxim. f. biserrata Shan et Yuan,须经过鉴定。

使用农家品种或选育品种应加以明确。

5.2.2 种子质量

按照 GB/T 3543 规定的农作物种子检验规程的要求进行扦样、测定,发芽率≥22%,千粒重≥3.1g,净度≥90%。

5.3 种子生产

5.3.1 留种或栽种

可在 10 月下旬—11 月中旬在独活定植地采挖独活药材时,采用间隔采挖的方法,每亩 1 000~1 500 株,须选择健壮、无病虫害的二年生植株,次年植株开花时留种。

也可采挖独活药材后,挑选无破损、头大根直、无病虫害的独活鲜根作种,每亩 1 000~1 500 株,移栽至良种繁育田中,穴栽,每穴 1 株,芽头向上,覆土 3~4cm。

5.3.2 中耕除草

视田间杂草情况进行除草,人工除草 2~3 次。第 1 次于 4 月中旬茎叶出土后,第 2 次于 6 月上旬株高 35~40cm 时,第 3 次在株高 50~80cm 时。

5.3.3 施肥

根据药材的生长、土壤肥力等情况,结合除草进行追肥,第 1 次除草后,施充分腐熟的人畜粪尿 1 500~2 000kg/亩或腐熟饼肥 50kg/亩;第 2 次除草后,施入三元复合肥 10~20kg/亩,还可喷施液体硼肥(5~7 天喷施 1 次,喷施 2~3 次),促果实饱满。

5.3.4 水分管理

保持地块四周排水良好,遇干旱天气及时浇水。

5.3.5 采收与贮藏

次年秋,果实成熟,待种子变成灰黄色或灰褐色时,分期分批采收,分批包装贮藏。采收时,剪下整个果序,置阴凉通风处晾干,避免暴晒。从果序上采收种子,并通过风选、过筛等,去除种子中的杂质与干瘪种子,保留饱满种子,装入种子袋于阴凉干燥处贮藏,常温贮藏不超过 8 个月,4℃贮藏不超过 14 个月,冷冻贮藏不超过 21 个月。

5.4 育苗

5.4.1 整地

清除地上杂物,耙出树根和草根,深翻土地 25cm 以上,根据土壤肥力随整地施入基肥,施用腐熟的农家肥 2 000~3 000kg/亩、三元复合肥 10~15kg/亩。施入基肥后,深耕细耙一次,再开沟作厢,厢宽 1~1.2m,沟深 10~15cm,沟宽 20cm,四周开好排水沟,厢面平整。

5.4.2 播种时间

种子可秋播也可春播。秋播在种子采收当年,宜早不宜晚,最晚不过 10 月中旬;春播稍晚,在种子采收次年 3 月下旬以后(5cm 地温稳定通过 15℃时)播种。

5.4.3 播种量

播种 1~1.5kg/ 亩;也可根据种子的发芽率,以每亩育苗 10 万株为目标,合理确定播种量。

5.4.4 浸种

将独活种子在清水中浸泡 8~12 小时,将种子沥干,于温暖向阳处保湿催芽 5~6 天即可播种。

5.4.5 播种

将种子均匀撒在畦面,覆细土或腐殖土 0.2~0.5cm。

5.4.6 苗期管理

出苗后及时除草。根据药材的生长、土壤肥力等进行施肥,第一次追肥,在 5 月苗高 10cm 时,追施 20%~30% 的充分腐熟稀人畜粪尿约 1 000kg/ 亩,或氮肥 3kg/ 亩;第二次追肥,在 6 月,追施三元复合肥 10~15kg/ 亩,或氮肥 5kg/ 亩。去弱留强,株距以不小于 5cm 为宜。

5.4.7 起苗

秋播育苗的,在次年秋季或第三年春季起苗;春播育苗的,在当年秋季或次年春季起苗。起苗后将种苗分级,选用根长≥10cm、根粗≥0.7cm 的合格种苗,弃用弱苗。

5.5 定植

5.5.1 整地

深耕 25cm 以上,随整地施入基肥,以有机肥为主,化学肥料为辅。农家肥应充分腐熟。根据药材的生长、土壤肥力等进行施肥,撒施腐熟农家肥 2 000~3 000kg/ 亩和三元复合肥 20kg/ 亩。按垄宽 50cm、垄高 15cm、沟宽 50cm 起垄。

5.5.2 移栽

在垄上双行定植,穴栽或条栽,株距 25~30cm。

5.6 田间管理

5.6.1 补苗除草

返青活苗后及时补苗、除草,切勿伤根。6 月中旬,进行第二次除草。7 月下旬,进行第三次除草,并同时提土壅根。

5.6.2 施肥

5 月上旬追肥 1 次,施用氮肥 3kg/ 亩,6 月中旬、7 月下旬、8 月下旬各追肥 1 次,每次施用氮肥 5~7kg/ 亩,在垄顶部穴施或沟施,施用后覆土。发现抽薹应及时整株拔除。

禁止使用壮根灵、膨大素等生长调节剂。

5.6.3 水分管理

田间应提前挖好排水沟,防止雨后积水引起烂根;干旱时要及时灌溉,保持田间土壤湿润。

5.6.4 病虫害防治

独活常见病害有根腐病、褐斑病等,虫害主要有胡萝卜微管蚜、红蜘蛛等。

应采用预防为主、综合防治的方法:避免连作,实行轮作;有机肥必须充分腐熟;选用无病害感染、无机械损伤的优质种苗,禁用带病苗;适当增施磷、钾肥;及时清沟排水;发现病株及时拔除,集中销毁,每穴撒入生石灰 200~300g,进行局部消毒;每年秋季独活采收后及时清园。

采用化学防治时,应当符合国家有关规定;优先选用高效、低毒的生物农药;尽量避免使用除草剂、杀虫剂和杀菌剂等化学农药;不使用禁限用农药。禁限用农药名单见附录 A。主要病虫害防治参考方法见附录 B。

5.7 采收

秋季移栽的,在次年12月中旬采挖;春季移栽的,在当年12月中旬采挖。独活茎叶枯萎时,将茎叶割除,再将独活根从土中挖出,抖去部分泥沙等杂质,摊晾在田间,不宜堆积。几天后,待表层泥土发白,除去残留的茎叶,翻打抖去大部分泥沙。

5.8 产地初加工

采用间接加热空气作为干燥介质烘干。将鲜独活根头部朝下、须根向上均匀摊放于干净烘炕架上,保持炕房温度在40~50℃之间烘炕;约2天后,独活根烘至半干时,将独活根取出堆放在一起,用塑料膜将其覆盖,堆放2天进行回软;回软后将独活捋顺、头部朝下、须根向上均匀摆放入炕房内,保持炕房内温度在40~50℃之间,烘炕至全干,断面呈乳白色。

5.9 质量检验

应符合相关标准。

5.10 包装、放行、贮运

5.10.1 包装

包装前应对每批药材按照相应标准进行质量检验。符合国家标准的药材,采用能满足防潮性、气密性、阻隔性要求的包装袋包装,禁止采用包装过肥料、农药等的包装袋包装。包装外贴或挂标签、质量合格证,标识牌内容应有产品名称、基源、产地、采收(初加工)日期、批号、规格、重量、企业名称等信息。

5.10.2 放行

放行应制定符合企业实际情况的放行制度,有审核、批准、生产、检验等的相关记录。不合格药材有单独处理制度。

5.10.3 贮运

独活药材贮藏条件应符合以下条件:仓库清洁无异味;通风、干燥、避光、无直射光;远离有毒、有异味、有污染的物品;配备温湿度监测与调控装置,保持温度20℃以下,相对湿度75%以下,具有防鼠、虫、禽畜措施。

不同批次、等级药材分区存放在货架上,货架与墙壁保持30~40cm,与地面保持10~15cm,定期检查,发现变质,及时剔除。也可采用现代气调贮藏方法,包装或库内充氮或二氧化碳。

运输应防止发生混淆、污染、异物混入、包装破损、雨雪淋湿等。

附 录 A
（规范性）
禁限用农药名单

A.1 禁止（停止）使用的农药（46 种）

六六六、滴滴涕、毒杀芬、二溴氯丙烷、杀虫脒、二溴乙烷、除草醚、艾氏剂、狄氏剂、汞制剂、砷类、铅类、敌枯双、氟乙酰胺、甘氟、毒鼠强、氟乙酸钠、毒鼠硅、甲胺磷、对硫磷、甲基对硫磷、久效磷、磷胺、苯线磷、地虫硫磷、甲基硫环磷、磷化钙、磷化镁、磷化锌、硫线磷、蝇毒磷、治螟磷、特丁硫磷、氯磺隆、胺苯磺隆、甲磺隆、福美肿、福美甲肿、三氯杀螨醇、林丹、硫丹、溴甲烷、氟虫胺、杀扑磷、百草枯、2,4-滴丁酯。

注：氟虫胺自 2020 年 1 月 1 日起禁止使用。百草枯可溶胶剂自 2020 年 9 月 26 日起禁止使用。2,4-滴丁酯自 2023 年 1 月 29 日起禁止使用。溴甲烷可用于"检疫熏蒸处理"。杀扑磷已无制剂登记。

A.2 在部分范围禁止使用的农药（20 种）

部分范围禁止使用的农药应注意药食同源中药材及来自其他作物的中药材。部分范围禁止使用的农药见表 A.1。

表 A.1 部分范围禁止使用的农药

通用名	禁止使用范围
甲拌磷、甲基异柳磷、克百威、水胺硫磷、氧乐果、灭多威、涕灭威、灭线磷	禁止在蔬菜、瓜果、茶叶、菌类、中草药材上使用，禁止用于防治卫生害虫，禁止用于水生植物的病虫害防治
甲拌磷、甲基异柳磷、克百威	禁止在甘蔗作物上使用
内吸磷、硫环磷、氯唑磷	禁止在蔬菜、瓜果、茶叶、中草药材上使用
乙酰甲胺磷、丁硫克百威、乐果	禁止在蔬菜、瓜果、茶叶、菌类和中草药材上使用
毒死蜱、三唑磷	禁止在蔬菜上使用
丁酰肼（比久）	禁止在花生上使用
氰戊菊酯	禁止在茶叶上使用
氟虫腈	禁止在所有农作物上使用（玉米等部分旱田种子包衣除外）
氟苯虫酰胺	禁止在水稻上使用

A.3 说明

本附录的内容来自 2019 年中华人民共和国农业农村部发布的《禁限用农药名录》（http://www.zzys.moa.gov.cn/gzdt/201911/t20191129_6332604.htm）。

附　录　B

（资料性）

独活常见病虫害防治的参考方法

独活常见病虫害防治的参考方法见表 B.1。

表 B.1　独活常见病虫害防治的参考方法

病虫害名称	防治时期	推荐防治方法	安全间隔期 /d
根腐病	6—8 月	异菌脲、多菌灵、甲霜·噁霉灵灌根，按照农药标签使用	≥20
褐斑病	6—8 月	多菌灵、三唑酮喷雾，按照农药标签使用	≥20
胡萝卜微管蚜	5—7 月	喷施吡虫啉，按照农药标签使用	≥10
红蜘蛛	5—7 月	喷施阿维菌素、哒螨灵，按照农药标签使用	≥10
注：如有新的适合独活生产的高效、低毒、低残留生物农药应优先选用			

参考文献

［1］郭晓亮,林先明,郭杰,等.巴东独活种苗分级标准与干物质积累研究［J］.时珍国医国药,2017,28（4）：966-968.

［2］周成河,郭晓亮,谢玲玲,等.环境条件对巴东独活种子萌发率的影响［J］.作物杂志,2017（3）：166-170.

［3］钟淑梅,郭晓亮,郭杰,等.独活种子生活力测定的四唑染色法及其与发芽率的相关性研究［J］.中国现代中药,2017,19（12）：1732-1734.

［4］林先明,郭晓亮,郭杰,等.独活种子质量标准研究［J］.安徽农业科学,2015,43（33）：184-185.

［5］罗倩,郭晓亮,王澳炎,等.不同采收部位对独活种子质量的影响［J］.安徽农业科学,2018,46（34）：37-38.

［6］罗倩,郭晓亮,王澳炎,等.不同贮藏条件对独活种子萌发率的影响［J］.中国现代中药,2019,21（8）：1080-1083.

［7］穆森.巴东独活高效育苗技术［J］.现代农业科技,2017（2）：67.

［8］王显安,马超,胡榜文,等.不同浸种方法对独活种子的影响研究［J］.安徽农学通报,2017,23（10）：58-59.

［9］喻大昭,王少南,杨小军,等.独活枯斑病的鉴定及其防治研究［J］.湖北农业科学,2003（4）：74-75.

［10］严宜昌,艾大祥.独活种植密度试验研究［J］.亚太传统医药,2009,5（8）：23-24.

［11］严宜昌,廖玮,李晓莉,等.独活栽培中的主要因素及种植方案优选试验研究［J］.湖北中医杂志,2012,34（2）：64-66.

［12］王康才,陈暄,唐晓清,等.独活种子发芽特性研究［J］.中草药,2005（4）：595-597.

［13］邹宗成,谭慧芳,郑刚,等.巴东独活规范化生产标准操作规程［J］.中国现代中药,2016,18（10）：1309-1311.

ICS 65.020.20
CCS C 05

团 体 标 准

T/CACM 1374.119—2021

姜黄规范化生产技术规程

Code of practice for good agricultural practice of
Curcumae Longae Rhizoma

2021–10–15 发布

2021–10–15 实施

中华中医药学会　发布

目　　次

前言 ··· 452

1 范围 ··· 453

2 规范性引用文件 ·· 453

3 术语和定义 ·· 453

4 姜黄规范化生产流程图 ·· 454

5 姜黄规范化生产技术 ··· 454

  5.1 生产基地选址 ··· 454

  5.2 种质与种子 ··· 455

  5.3 良种繁育 ·· 455

  5.4 种植 ·· 455

  5.5 采收与产地初加工 ·· 456

  5.6 包装、放行和贮运 ·· 456

附录 A（资料性）　姜黄常见病虫害防治的参考方法 ································ 457

附录 B（规范性）　禁限用农药名单 ·· 458

参考文献 ·· 459

前　　言

本文件按照 GB/T 1.1—2020《标准化工作导则　第 1 部分：标准化文件的结构和起草规则》的规定起草。

请注意本文件中的某些内容可能涉及专利。本文件的发布机构不承担识别专利的责任。

本文件由中国医学科学院药用植物研究所和四川省中医药科学院提出。

本文件由中华中医药学会归口。

本文件起草单位：四川省中医药科学院、成都中医药大学、重庆市中药研究院、中药材品质及创新中药研究四川省重点实验室、沐川县富民农产品投资有限责任公司、四川智佳成生物科技有限公司、中国医学科学院药用植物研究所、重庆市药物种植研究所。

本文件主要起草人：李青苗、赵军宁、吴萍、李敏、李隆云、魏建和、王文全、郭俊霞、王晓宇、张松林、华桦、张美、周先建、罗冰、李继明、李莉、何刚、陈洁、黄潇、王秋玲、杨小玉、辛元尧、王苗苗。

姜黄规范化生产技术规程

1 范围

本文件确立了姜黄的规范化生产流程,规定了姜黄生产基地选址、种质与种子、良种繁育、种植、采收、产地初加工、包装、放行、贮运等阶段的操作要求。

本文件适用于姜黄的规范化生产。

2 规范性引用文件

下列文件中的内容通过文中的规范性引用而构成本文件必不可少的条款。其中,注明日期的引用文件,仅该日期对应的版本适用于本文件;不注明日期的引用文件,其最新版本(包括所有的修改单)适用于本文件。

GB 3095 环境空气质量标准

GB 5084 农田灌溉水质标准

GB 5749 生活饮用水卫生标准

GB 15618 土壤环境质量 农用地土壤污染风险管控标准(试行)

SB/T 11182—2017 中药材包装技术规范

T/CACM 1374.1—2021 中药材规范化生产技术规程通则 植物药材

3 术语和定义

T/CACM 1374.1—2021 界定的以及下列术语和定义适用于本文件。

3.1 规范化生产 good agricultural practice

按照《中药材生产质量管理规范》(简称中药材 GAP)的要求,实施药材生产,保证中药材优质安全的生产过程。

3.2 技术规程 code of practice

为实现中药材生产顺利、有序进行,保证中药材生产质量,对中药材生产的基地选址、种子种苗、种植或野生抚育、采收与产地初加工以及包装、放行与贮运等,所做的技术规定和要求,是实施中药材规范生产的核心技术要求和实施指南。

3.3 姜黄 Curcumae Longae Rhizoma

姜科姜黄属植物姜黄 *Curcuma longa* L. 的干燥根茎。

3.4 种姜 Curcumae Longae Rhizoma seed

姜黄植株的健壮膨大根茎,分为侧根茎(子姜)与主根茎(母姜)。

3.5 母姜 top rhizoma

姜黄植株基部健壮膨大的呈卵圆形或纺锤形的主根茎。

3.6 子姜 lateral rhizoma

着生于主根茎上的呈指状或圆柱形的侧根茎。

4 姜黄规范化生产流程图

姜黄的规范化生产流程见图1。

姜黄规范化生产流程：

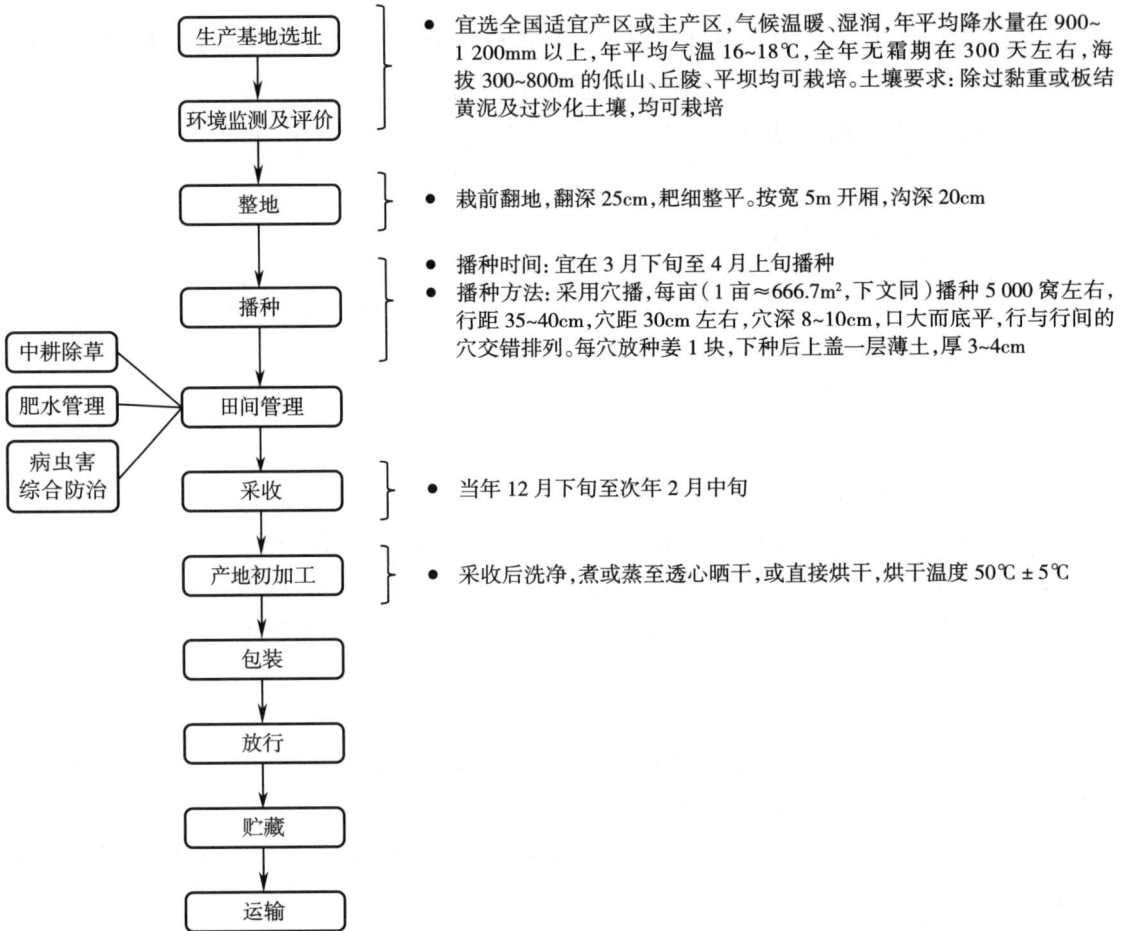

关键控制点及参数：

- 宜选全国适宜产区或主产区,气候温暖、湿润,年平均降水量在900~1 200mm以上,年平均气温16~18℃,全年无霜期在300天左右,海拔300~800m的低山、丘陵、平坝均可栽培。土壤要求:除过黏重或板结黄泥及过沙化土壤,均可栽培

- 栽前翻地,翻深25cm,耙细整平。按宽5m开厢,沟深20cm

- 播种时间: 宜在3月下旬至4月上旬播种
- 播种方法: 采用穴播,每亩(1亩≈666.7m²,下文同)播种5 000窝左右,行距35~40cm,穴距30cm左右,穴深8~10cm,口大而底平,行与行间的穴交错排列。每穴放种姜1块,下种后上盖一层薄土,厚3~4cm

- 当年12月下旬至次年2月中旬

- 采收后洗净,煮或蒸至透心晒干,或直接烘干,烘干温度50℃±5℃

图1 姜黄的规范化生产流程图

5 姜黄规范化生产技术

5.1 生产基地选址

5.1.1 产地选择

宜选四川犍为、沐川、宜宾及周边地区,云南屏边、河口等地。喜温暖、湿润气候,年平均降水量在900~1 200mm以上,年平均气温16~18℃,全年无霜期在300天左右。海拔300~800m的低山、丘陵、平坝均可栽培。

5.1.2 地块选择

选择地势较高、向阳、土层深厚,土壤疏松肥沃,灌溉排水条件良好,有机质含量丰富,中性或微酸性的砂质壤土。过黏重或板结黄泥及过沙化土壤不宜栽培。

5.1.3 环境监测

生产基地的空气质量应符合 GB 3095 规定的环境空气质量标准,灌溉水质量应符合 GB 5084 规定的农田灌溉水质标准,土壤质量应符合 GB 15618 的规定。

5.2 种质与种子

5.2.1 种质选择

使用姜科植物姜黄 *Curcuma longa* L. 为物种来源,其物种须经过鉴定。如使用农家品种或选育品种应加以明确。

5.2.2 质量要求

种姜呈卵圆形、纺锤形或圆柱形,略弯曲,常具短分叉,表面黄棕色,有退化的膜质叶鞘和须根痕,有明显环节,每个节上有 1 个芽苞,芽苞淡黄色。无病虫害、腐烂和机械损伤。经检验符合相应标准。

5.3 良种繁育

姜黄种姜主要来源生产过程中的留种,质量应符合上文"5.2.2 质量要求"的要求。贮藏:宜选择通风良好、避免太阳直晒或雨淋的地方贮藏,贮藏期间定期检查,发现腐烂种姜及时拣出。

5.4 种植

5.4.1 整地

栽前翻地,翻深 25cm,耙细整平。依地形而定开厢,一般厢宽 1.5~2.0m,厢沟宽 20~30cm。每亩施腐熟人畜粪水 2 500~3 000kg、过磷酸钙($P_2O_5 \geqslant 16.0\%$)30~45kg、菜籽油枯 50kg 或复合肥($N+P_2O_5+K_2O \geqslant 45.0\%$, 14-16-15)50~100kg 作为基肥。

5.4.2 播种

5.4.2.1 播种时间

宜在 3 月下旬至 4 月上旬播种。

5.4.2.2 播种方法

采用穴播。选健康、顶芽和侧芽完整、未萌发的母姜或个头粗壮、完整无损的子姜作种,行距 35~40cm,穴距 30cm 左右,穴深 8~10cm,口大而底平,行与行间的穴交错排列。每穴放种姜 1 块,下种后上盖一层薄土,厚 3~4cm。每亩播种 5 000 窝左右,用种量 150~200kg。

5.4.3 田间管理

5.4.3.1 中耕除草

齐苗后及时中耕除草,中耕宜浅,浅松表土 3~4cm。植株封行后,杂草生长过旺应及时进行人工拔草。

5.4.3.2 追肥

结合中耕除草一般分三次进行。

第一次 6 月上旬,每亩施清粪水 1 500~2 000kg 或尿素(总氮 $\geqslant 46.0\%$)20~40kg 兑水 1 000kg。

第二次 7 月上旬,每亩施清粪水 2 000~2 500kg 或尿素(总氮≥46.0%)10~15kg 加钾肥(K$_2$O ≥62.0%)8~12kg 兑水 1 000kg 或复合肥(N+P$_2$O$_5$+K$_2$O ≥45.0%,14:16:15)70~90kg 兑水 1 000kg。

第三次 8 月上中旬,每亩施清粪水 1 500~2 000kg 或尿素(总氮≥46.0%)10~15kg 加钾肥(K$_2$O ≥62.0%)8~12kg 兑水 1 000kg 或复合肥(N+P$_2$O$_5$+K$_2$O ≥45.0%,14:16:15)70~90kg 兑水 1 000kg。

5.4.3.3 灌溉与排水

生长季节视情况及时浇水。灌溉用水应符合 GB 5749 的规定。雨季应及时排水。

5.4.4 病虫害防治

应贯彻"预防为主,综合防治"的植保方针。姜黄常见病害有根腐病、炭疽病等,虫害主要有地老虎和蛴螬等。发现病株应及时拔出,集中销毁。姜黄常见病虫害防治的参考方法见附录 A。禁限用农药名单应符合附录 B 的规定。

采用化学防治时,应当符合国家有关规定:优先选用高效低毒的生物农药;尽量避免使用除草剂、杀虫剂和杀菌剂的等化学农药;不使用禁限用农药。

5.5 采收与产地初加工

5.5.1 采收

5.5.1.1 采收期

当年 12 月下旬至次年 2 月中旬采收。

5.5.1.2 采收方式

选晴天,割去地上部分,挖出整个地下部分,摘除块根,去除根茎上附着的泥土和须根。采收完毕后及时清洁田园,将枯叶、杂草等清理干净。

5.5.2 初加工

洗净,煮或蒸至透心晒干,或直接烘干,烘干温度 50℃ ± 5℃。加工干燥过程保证场地、工具洁净、不受雨淋。用水应符合 GB 5749《生活饮用水卫生标准》的要求。

5.6 包装、放行和贮运

5.6.1 包装

包装前应对每批药材按照国家标准进行质量检验。包装材料可参考 SB/T 11182—2017 的要求。包装外贴或挂标签、合格证,标识牌内容应有品种、基源、产地、批号、规格、重量、采收日期、企业名称等,并有追溯码。

5.6.2 放行

应制定符合企业实际情况的放行制度,有审核批生产、检验等的相关记录。不合格药材有单独处理制度。

5.6.3 贮运

应存放在清洁、干燥、阴凉、通风、无异味的仓库中。建有定期检查制度,防止虫蛀、霉变、腐烂、泛油等发生。不同批次、等级药材分区存放。

运输应防止发生混淆、污染、异物混入、包装破损、雨雪淋湿等。

附 录 A

（资料性）

姜黄常见病虫害防治的参考方法

姜黄常见病虫害防治的参考方法见表 A.1。

表 A.1 姜黄常见病虫害防治的参考方法

病虫害名称	防治时期	推荐防治方法	安全间隔期 /d
根腐病	6—8 月	福·福锌灌根,按照农药标签使用	≥15
炭疽病	5—8 月	多·硫悬浮剂灌根,按照农药标签使用	≥10
		苯菌灵可湿性粉剂灌根,按照农药标签使用	≥10
蛴螬	4—7 月	晶体敌百虫,按照农药标签使用	≥7
		阿维菌素,按照农药标签使用	≥14
地老虎	4—7 月	敌百虫粉剂,按照农药标签使用	≥10
		晶体敌百虫,按照农药标签使用	≥10

附　录　B
（规范性）
禁限用农药名单

B.1 禁止（停止）使用的农药（46 种）

六六六、滴滴涕、毒杀芬、二溴氯丙烷、杀虫脒、二溴乙烷、除草醚、艾氏剂、狄氏剂、汞制剂、砷类、铅类、敌枯双、氟乙酰胺、甘氟、毒鼠强、氟乙酸钠、毒鼠硅、甲胺磷、对硫磷、甲基对硫磷、久效磷、磷胺、苯线磷、地虫硫磷、甲基硫环磷、磷化钙、磷化镁、磷化锌、硫线磷、蝇毒磷、治螟磷、特丁硫磷、氯磺隆、胺苯磺隆、甲磺隆、福美胂、福美甲胂、三氯杀螨醇、林丹、硫丹、溴甲烷、氟虫胺、杀扑磷、百草枯、2,4- 滴丁酯

注：氟虫胺自 2020 年 1 月 1 日起禁止使用。百草枯可溶胶剂自 2020 年 9 月 26 日起禁止使用。2,4- 滴丁酯自 2023 年 1 月 29 日起禁止使用。溴甲烷可用于"检疫熏蒸处理"。杀扑磷已无制剂登记。

B.2 在部分范围禁止使用的农药（20 种）

部分范围禁止使用的农药应注意药食同源中药材及来自其他作物的中药材。部分范围禁止使用的农药见表 B.1。

表 B.1 部分范围禁止使用的农药

通用名	禁止使用范围
甲拌磷、甲基异柳磷、克百威、水胺硫磷、氧乐果、灭多威、涕灭威、灭线磷	禁止在蔬菜、瓜果、茶叶、菌类、中草药材上使用,禁止用于防治卫生害虫,禁止用于水生植物的病虫害防治
甲拌磷、甲基异柳磷、克百威	禁止在甘蔗作物上使用
内吸磷、硫环磷、氯唑磷	禁止在蔬菜、瓜果、茶叶、中草药材上使用
乙酰甲胺磷、丁硫克百威、乐果	禁止在蔬菜、瓜果、茶叶、菌类和中草药材上使用
毒死蜱、三唑磷	禁止在蔬菜上使用
丁酰肼（比久）	禁止在花生上使用
氰戊菊酯	禁止在茶叶上使用
氟虫腈	禁止在所有农作物上使用（玉米等部分旱田种子包衣除外）
氟苯虫酰胺	禁止在水稻上使用

B.3 有关说明

本附录来自 2019 年中华人民共和国农业农村部官方发布的《禁限用农药名录》（http://www.zzys.moa.gov.cn/gzdt/201911/t20191129_6332604.htm）。

参考文献

［1］万德光,彭成,赵军宁.四川道地中药材志［M］.成都:四川科学技术出版社,2005.

［2］吴萍,郭俊霞,王晓宇,等.环境因子对姜黄产量及品质相关成分的影响［J］.中药材,2019,42（9）:
1969-1972.

［3］赵军宁,李青苗.姜黄生产加工适宜技术［M］.北京:中国医药科技出版社,2018.

［4］张兴国,程方叙,郭文杰,等.姜黄优质高产栽培及病虫害防治技术［J］.特种经济动植物,2005（7）:
26-27.

［5］吴红,李隆云,陈善墉.姜黄高产栽培技术的研究［J］.资源开发与保护,1992（2）:103-105.

［6］宋玉丹,王书林,余弦.犍为姜黄规范化种植规程（SOP）［J］.成都中医药大学学报,2015,38（1）:
41-43.

［7］黄锦媛,庞新华,周全光,等.姜黄的规范化种植［J］.广西热带农业,2007（3）:37-38.

［8］李隆云,张艳.栽培措施对姜黄产量和品质的影响［J］.中国中药杂志,1999（9）:19-21.

［9］李志芳,张正学.姜黄优质栽培技术［J］.农技服务,2007（6）:106.

———————————————

ICS 65.020.20
CCS C 05

团 体 标 准

T/CACM 1374.120—2021

前胡规范化生产技术规程

Code of practice for good agricultural practice of
Peucedani Radix

2021-10-15 发布
2021-10-15 实施

中华中医药学会　发布

目　次

前言···462

1　范围···463

2　规范性引用文件···463

3　术语和定义···463

4　前胡规范化生产流程图···464

5　前胡规范化生产技术··464

　5.1　生产基地选址···464

　5.2　种质与种子··465

　5.3　种植···466

　5.4　采收···468

　5.5　产地初加工··468

　5.6　包装、放行、贮运···468

附录A（规范性）　禁限用农药名单··469

附录B（资料性）　前胡常见病虫害防治的参考方法·································470

参考文献···471

前　言

本文件按照 GB/T 1.1—2020《标准化工作导则　第 1 部分：标准化文件的结构和起草规则》的规定起草。

请注意本文件中的某些内容可能涉及专利。本文件的发布机构不承担识别专利的责任。

本文件由中国医学科学院药用植物研究所提出。

本文件由中华中医药学会归口。

本文件起草单位：重庆太极实业（集团）股份有限公司、重庆太极中药材种植开发有限公司、杭州千岛湖鹤岭家庭农场有限公司、浙江省农业技术推广中心、浙江省中药研究所有限公司、浙江中医药大学、安徽省农业科学院园艺研究所、安徽中医药大学、重庆市农业科学院、重庆市石柱土家族自治县武陵山研究院、重庆市药物种植研究所、中国医学科学院药用植物研究所。

本文件主要起草人：孙燕玲、付昌奎、郑平汉、邹隆益、汪丽萍、刘守金、胡晔、陈颖君、汪利梅、孙健、睢宁、李卫文、董玲、张珂、柯剑鸿、王长生、李燕、唐鑫、邓才富、魏建和、王文全、王秋玲、杨小玉、辛元尧、王苗苗。

前胡规范化生产技术规程

1 范围

本标准确立了前胡的规范化生产流程,规定了前胡生产基地选址、种质要求、种苗繁育、种植、采收、产地初加工、包装、放行、贮运等阶段的操作要求。

本文件适用于前胡的规范化生产。

2 规范性引用文件

下列文件中的内容通过文中的规范性引用而构成本文件必不可少的条款。其中,注明日期的引用文件,仅该日期对应的版本适用于本文件;不注明日期的引用文件,其最新版本(包括所有的修改单)适用于本文件。

GB 3095 环境空气质量标准

GB 5084 农田灌溉水质标准

GB 15618 土壤环境质量 农用地土壤污染风险管控标准(试行)

GB/T 3543 农作物种子检验规程

GB 5749 生活饮用水卫生标准

NY/T 496 肥料合理使用准则 通则

NY 525 有机肥料

SB/T 11182 中药材包装技术规范

GB/T 191 包装储运图示标志

T/CACM 1374.1—2021 中药材规范化生产技术规程通则 植物药材

3 术语和定义

T/CACM 1374.1—2021 界定的以及下列术语和定义适用于本文件。

3.1 规范化生产 good agricultural practice

按照《中药材生产质量管理规范》(简称中药材 GAP)的要求,实施药材生产,保证中药材优质安全的生产过程。

3.2 技术规程 code of practice

为实现中药材生产顺利、有序进行,保证中药材生产质量,对中药材生产的基地选址、种子种苗、种植或野生抚育、采收与产地初加工以及包装、放行与贮运等,所做的技术规定和要求,是实施中药材规范生产的核心技术要求和实施指南。

3.3 标准操作规程 standard operating procedure

也称标准作业程序,指依据技术规程将某一生产操作的步骤和标准,以统一的格式描述出来,用以指导日常的生产工作。

4 前胡规范化生产流程图

前胡的规范化生产流程见图1。

前胡规范化生产流程:

关键控制点及技术参数:

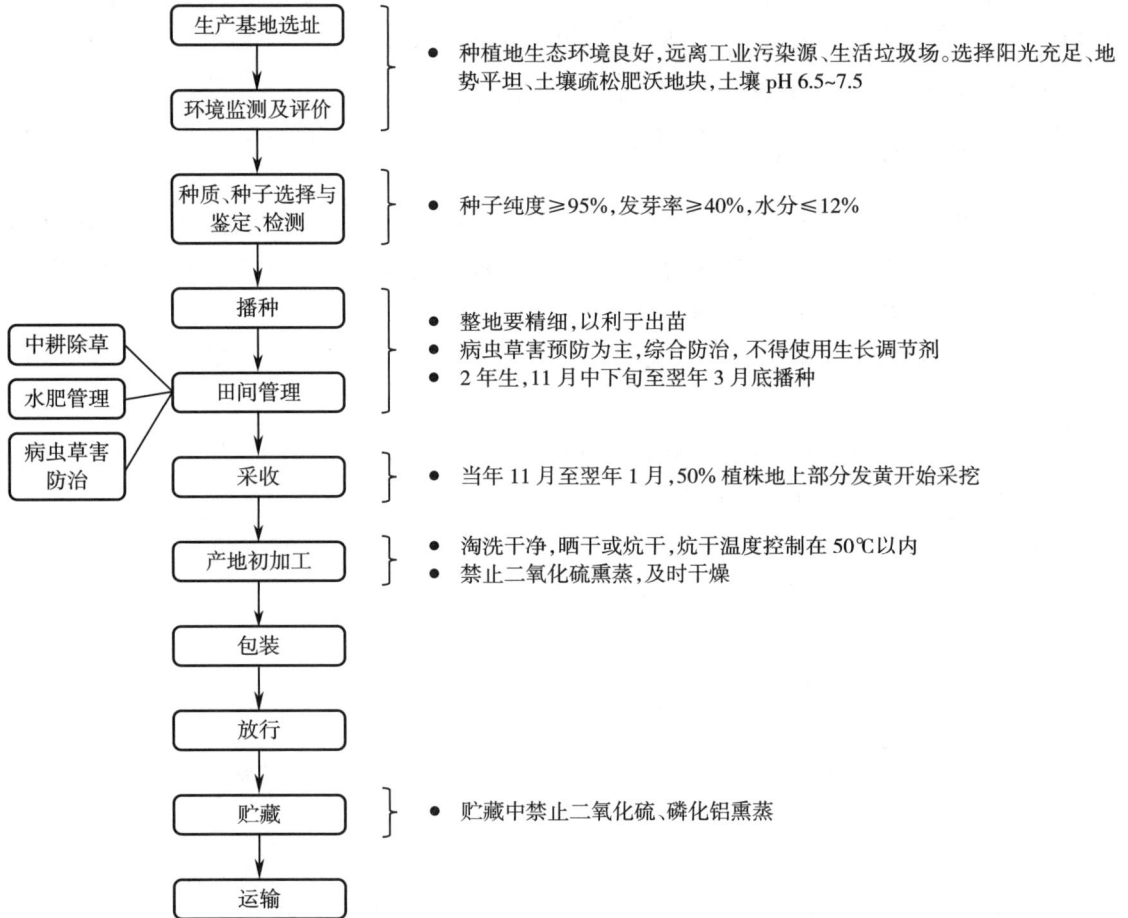

图 1 前胡的规范化生产流程图

5 前胡规范化生产技术

5.1 生产基地选址

5.1.1 产地选择

前胡适宜在气候温暖、光照充足、年均温度小于 30℃、降水量 1 000~1 500mm 的温带季风气候和亚热带季风气候地区种植。主产于安徽、浙江、重庆、江苏、四川、湖北、湖南、贵州、广西、河南、江西、福建(武夷山)等地。

5.1.2 地块选择

产地应选择生态环境良好、远离工业污染源、生活垃圾场,且地形开阔、阳光充足、地势平坦、土壤疏松肥沃、土壤 pH 6.5~7.5、土层深厚、排灌良好、能成片种植的砂壤土地区。安徽、浙江、江苏等东部地区选择海拔 100~1 100m,较低海拔地区宜采取遮阳措施。重庆、四川、贵州、湖北等西部地区选择海拔 600~1 200m。

前胡育种不宜连作,选择平缓、土层深厚肥沃、排水良好、坡度不超过 25° 的阳山或半阴半阳的地块,pH 6.5~7.5 的壤土或砂壤土地块为宜。地势低洼、排水不畅的地块不宜作育种地。适宜海拔 400~750m。1km 以内无栽培前胡。

5.1.3 环境监测

生产基地的空气质量应符合 GB 3095 规定的环境空气质量标准,灌溉水质量应符合 GB 5084 规定的农田灌溉水质标准,土壤质量应符合 GB 15618 的规定。

5.2 种质与种子

5.2.1 种质选择

使用伞形科植物白花前胡 *Peucedanum praeruptorum* Dunn,物种须经过鉴定,以 2 年生以上为宜。如使用农家品种或选育品种应加以明确。

5.2.2 种子质量要求

按照 GB/T 3543 规定的农作物种子检验规程的要求,前胡种子要求净度≥95%,千粒重≥2.5g,发芽率≥40%,水分≤12%。

5.2.3 良种繁育

选择健壮、大小适中、侧根少、无损伤、无病虫害、无抽薹、根条芦头完整、顺直、主根上部直径 2~3cm、根长 20cm 左右的鲜白花前胡根作种根。

5.2.3.1 栽种时间及移栽方法

12 月下旬至翌年 1 月中旬。地块挖好排水沟,深度不低于 25cm,按穴行距 1m×1m 打穴,每穴栽种一株种根,深度根据种根长度而定,芦头露出土面。

5.2.3.2 种根用量及种根处理

种根用量 60~90kg/ 亩(1 亩≈666.7m^2,下文同)。用噻虫嗪加嘧菌酯进行浸种根处理 30 分钟。

5.2.3.3 施肥

根据前胡的生长、土壤肥力等进行施肥,可考虑在 4 月下旬,苗高 30~40cm(抽薹初期)时追肥一次,穴施 45%(15∶15∶15)复合肥 30kg/ 亩。7 月下旬,现蕾初期喷施 98% 磷酸二氢钾 75~100g/ 亩。

5.2.3.4 培土

结合中耕除草进行培土,培土厚度 5~6cm,防止倒伏。

5.2.3.5 打顶

在苗高 30~40cm 时把主茎的茎尖掐断,促进侧枝生长。

5.2.3.6 种子采收

10 月下旬至 11 月中下旬。双悬果初变为紫褐色时,开始采收。前胡种子分批成熟,成熟一批采收一批。用剪刀剪下成熟的前胡种蓬,置于通风的室内后熟 10~15 天。将阴干的种蓬擦打,脱出种子,收集保管。采收、运输、阴干和脱粒过程中,严防机械损伤。

5.2.3.7 种子质量与检验

种子颗粒饱满,按上文"5.2.2 种子质量要求"进行检验,质量检验按 GB/T 3543《农作物种子检验规程》规定执行。

5.2.3.8 种子包装

阴干后的种子用透气的麻袋或布袋按 15kg/ 袋定量包装。

5.2.3.9 种子贮存

入库前,整理种子仓库,备好储存架等用具。入库后,专人检查管理。贮存期间保持室内干燥,防止混杂和虫蛀、鼠害、霉变等情况发生,发现水分超标及时摊晾。

5.3 种植

5.3.1 整地及基肥

栽种前清除田间石块、残茬和草根,每亩施用腐熟有机肥 1 000kg、45%(15∶15∶15)硫酸钾复合肥 10kg,均匀撒施后旋耕,整细耙平。

5.3.2 播种

5.3.2.1 播种时间

11 月中下旬至翌年 3 月底。

5.3.2.2 用种量

穴播和条播种子用量 1~2kg/ 亩。撒播种子用量 2~3kg/ 亩。

5.3.2.3 种子处理

直接播种或春播种子用 40~50℃温水浸泡,12 小时后取出,置温室内催芽,待大部分种子露白时播种。冬播种子在 4℃贮藏 2 周以上,播种前先用温水淋湿,然后将种子与有机肥、细土(1∶1∶1)混匀待用。

5.3.2.4 播种方法

播种方法分穴播、撒播、条播。

穴播:按宽 130cm、高 15cm 作厢(若与玉米套种,则厢宽 160cm,厢面中间留 40cm 种植玉米),再按穴距 30cm × 30cm 打穴,穴深 3cm,穴大底平,每穴撒播 20~30 粒种子。丢少量草木灰、地皮灰、糠壳或腐熟有机肥撒盖种子(以不见种子为宜)。

撒播:按宽 100cm、高 15cm 作厢,均匀撒上种子,播种后用腐熟草木灰、地皮灰、糠壳或有机肥覆盖,以不见种子为宜,或者用竹枝或扫帚轻轻拂动,使种子与土壤充分接触。

条播:在整好地的畦面上以行距 15~20cm 浅开播种沟,沟深 1~2cm,然后将种子均匀撒在沟内,用竹枝或扫帚轻轻拂平,稍压实,浇水保湿。

5.3.3 追肥

5.3.3.1 施肥原则

根据前胡种子的养分需求特点和土壤肥力状况科学配方施肥,应符合 NY/T 496《肥料合理使用准则 通则》的规定。施用肥料要求不对环境和产品造成污染,选用肥料种类以有机肥为主,有机肥应符合 NY 525《有机肥料》的规定,适量施用无机肥。禁止施用城市生活垃圾、工业垃圾、医院垃圾,禁止使用抗生素超标的农家肥。禁止使用壮根灵、膨大素等生长调节剂。

5.3.3.2 允许使用的肥料种类及质量

叶面肥等商品肥料应在农业农村部登记注册。有机肥、堆肥必须经过 50℃ 以上高温发酵 10 天以上。沼气肥应密封贮存 30 天以上。

5.3.3.3 施肥时期与用量

施肥以钾肥为主,追肥前控后促,幼苗期至 7 月底不宜追肥,8 月上旬第一次追肥,8 月下旬至 9 月上旬第二次追肥,每次施 45%(15∶15∶15)复合肥 10~15kg/ 亩。

5.3.4 定苗

前胡生长过程中,发现抽薹苗随时拔除。

穴播:8 月底每窝定苗 3 株,呈三角形分布。

撒播和条播:保持株行距 15~20cm。

5.3.5 除草

除草坚持"除小、除早、除了"的原则,除草时间和次数根据地块杂草情况而定。除草要浅锄,以划破地皮为宜,防止伤根或土块压伤幼苗。

5.3.6 水分管理

5.3.6.1 抗旱

前胡种子发芽期间,极怕干旱。生长期如遇长时间高温干旱,应及时浇水保持土壤湿润,至有效降雨后停止。

5.3.6.2 排涝

雨季应注意排水防涝,时常清理厢沟,保证排水通畅,避免积水。

5.3.7 病虫草害防治

根据病虫害发生规律和预报,遵循"预防为主,综合防治"的植保方针,优先采用农业、物理、生物等防治技术,合理使用高效低毒低残留的化学农药,将有害生物危害控制在经济允许阈值内。前胡生产地病虫害较少,病害偶发,主要有根腐病和白粉病等;虫害偶发,主要有蚜虫、蓟马、绿叶蝉、金凤蝶幼虫等,基本无须防治。

5.3.7.1 农业防治

加强管理,培育壮苗;科学肥水管理,严防积水,提倡使用饼肥、商品有机肥或经充分腐熟的农家肥等有机肥,减少化肥用量;及时清理田间杂草和病株,带出田外,集中处理。

5.3.7.2 物理防治

根据害虫的不同性质,在田间安装频振式杀虫灯或悬挂黄色粘虫板等。杀虫灯按 GB/T 24689.2 执行,挂灯时间为 5 月初至 10 月下旬,雷雨天不开灯。黄色粘虫板(规格 20cm × 25cm 或 25cm × 30cm),悬挂量 40~60 张 / 亩。

5.3.7.3 生物防治

保护和利用天敌,控制虫害的发生和为害。应用有益微生物及其代谢产物防治病虫。

5.3.7.4 化学防治

采用化学防治时,药剂选择及使用应当符合国家有关规定;优先选用高效、低毒的生物农药;尽量避免使用除草剂、杀虫剂和杀菌剂等化学农药;不使用禁限用农药。

5.4 采收

11月至翌年1月,前胡叶片50%发黄时开始采挖。除去茎叶,挖出前胡,抖尽泥沙,去除杂质,割去芦头,运回加工场。

5.5 产地初加工

可采用晒干法、炕干法。

晒干法:将挖回的前胡淘洗干净,集中晾晒,平铺在竹席或水泥地上,日晒,遇阴雨天平铺于室内通风干燥处。晾晒过程中注意上下翻动,晾晒至完全干燥,装袋。

炕干法:将挖回的前胡淘洗干净,平铺在炕床上,厚度10~20cm,温度先控制在50℃以内炕干表面水汽,再降至40℃左右低温烘炕,干后待温度降至常温,下炕装袋。淘洗水源应符合GB 5749《生活饮用水卫生标准》的规定。

5.6 包装、放行、贮运
5.6.1 包装

包装前应对每批药材按照国家标准进行质量检验。符合国家标准的药材,按照SB/T 11182《中药材包装技术规范》及GB/T 191《包装储运图示标志》进行包装。包装时采用不影响质量的编织袋包装,禁止采用包装过肥料、农药等的包装袋包装。包装外贴或挂标签、合格证,标识牌内容应有药材名、基源、产地、批号、规格、重量、采收日期、企业名称等,并有追溯码。

检验合格后,按批次依次包装,防止不同批次产品混淆。包装人员称重40kg干燥加工合格的前胡进行定量包装。将定量好的前胡产品封包,挂贴标签后入库。

每批次前胡包装完毕后,应及时清理场地,清洁所有的包装设施、设备、工器具以及剩余包材,贮存以备下班次或批次产品生产使用。并根据实际操作,如实填写前胡包装记录。

5.6.2 放行

应制定符合企业实际情况的放行制度,有审核批生产、检验等的相关记录。不合格药材按不合格药材处理制度进行处理。

5.6.3 贮运

应贮存于阴凉干燥处,定期检查,防止虫蛀、霉变、腐烂等的发生。仓库控制温度在20℃以下、相对湿度75%以下;所有前胡产品都不能直接接触地面和墙面;不同批次等级药材分区存放;建有定期检查制度。禁止磷化铝和二氧化硫熏蒸。也可采用现代气调贮藏方法,包装或库内充氮或二氧化碳。

运输应防止发生混淆、污染、异物混入、包装破损、雨雪淋湿等。

附　录　A

（规范性）

禁限用农药名单

A.1　禁止（停止）使用的农药（46 种）

六六六、滴滴涕、毒杀芬、二溴氯丙烷、杀虫脒、二溴乙烷、除草醚、艾氏剂、狄氏剂、汞制剂、砷类、铅类、敌枯双、氟乙酰胺、甘氟、毒鼠强、氟乙酸钠、毒鼠硅、甲胺磷、对硫磷、甲基对硫磷、久效磷、磷胺、苯线磷、地虫硫磷、甲基硫环磷、磷化钙、磷化镁、磷化锌、硫线磷、蝇毒磷、治螟磷、特丁硫磷、氯磺隆、胺苯磺隆、甲磺隆、福美胂、福美甲胂、三氯杀螨醇、林丹、硫丹、溴甲烷、氟虫胺、杀扑磷、百草枯、2,4- 滴丁酯。

注：氟虫胺自 2020 年 1 月 1 日起禁止使用。百草枯可溶胶剂自 2020 年 9 月 26 日起禁止使用。2,4-滴丁酯自 2023 年 1 月 29 日起禁止使用。溴甲烷可用于"检疫熏蒸处理"。杀扑磷已无制剂登记。

A.2　在部分范围禁止使用的农药（20 种）

部分范围禁止使用的农药应注意药食同源中药材及来自其他作物的中药材。部分范围禁止使用的农药见表 A.1。

表 A.1　部分范围禁止使用的农药

通用名	禁止使用范围
甲拌磷、甲基异柳磷、克百威、水胺硫磷、氧乐果、灭多威、涕灭威、灭线磷	禁止在蔬菜、瓜果、茶叶、菌类、中草药材上使用,禁止用于防治卫生害虫,禁止用于水生植物的病虫害防治
甲拌磷、甲基异柳磷、克百威	禁止在甘蔗作物上使用
内吸磷、硫环磷、氯唑磷	禁止在蔬菜、瓜果、茶叶、中草药材上使用
乙酰甲胺磷、丁硫克百威、乐果	禁止在蔬菜、瓜果、茶叶、菌类和中草药材上使用
毒死蜱、三唑磷	禁止在蔬菜上使用
丁酰肼（比久）	禁止在花生上使用
氰戊菊酯	禁止在茶叶上使用
氟虫腈	禁止在所有农作物上使用（玉米等部分旱田种子包衣除外）
氟苯虫酰胺	禁止在水稻上使用

A.3　说明

本附录的内容来自 2019 年中华人民共和国农业农村部发布的《禁限用农药名录》（http://www.zzys.moa.gov.cn/gzdt/201911/t20191129_6332604.htm）。

附 录 B

（资料性）

前胡常见病虫害防治的参考方法

前胡常见病虫害防治的参考方法参见表 B.1。

表 B.1 前胡常见病虫害防治的参考方法

类别	通用名	作用对象	使用方法（栽种）	使用量（浓度）	安全隔离期 /d
杀菌剂	嘧菌酯	根腐病等	浸种根，1 次	按说明书推荐用量	30
杀虫剂	噻虫嗪	地下害虫	浸种根，1 次	按说明书推荐用量	30
注：以上是国家目前允许使用的农药品种，新农药必须经有关技术部门试验并经过农业农村部批准在前胡药材上登记后才能使用					

参考文献

［1］向继仁.宁前胡仿野生栽培技术研究［J］.现代中药研究与实践,2006(4):18-20.

［2］张玉方,王祖文,卢进,等.白花前胡主要栽培技术研究(Ⅰ)［J］.中国中药杂志,2007(2):147-148.

［3］王祖文,张玉方,卢进,等.白花前胡主要生物学特性及生长发育规律研究［J］.中国中药杂志,2007(2):145-146.

［4］韩邦兴,王德群.白花前胡生物学特性初步研究［J］.中国野生植物资源,2008(4):42-45.

［5］田振华.白花前胡种子的发芽特性研究［J］.种子,2011,30(2):92-93.

［6］何伶俐,易休,杨旻,等.四唑染色法测定白花前胡种子生活力方法研究［J］.湖北农业科学,2011,50(18):3775-3777.

［7］李健.宁国市新造林地宁前胡套种技术［J］.现代农业科技,2012(24):109.

［8］熊永兴,陈科力,刘义梅,等.药用植物白花前胡资源调查［J］.时珍国医国药,2013,24(11):2786-2789.

［9］李青风,金吉芬,白志川,等.不同处理方式对白花前胡种子萌发的影响［J］.种子,2013,32(11):77-79.

［10］李翠芬,张久胜.前胡仿野生栽培技术探讨［J］.亚太传统医药,2014,10(3):41-42.

［11］冯协和,何伶俐,陈科力,等.白花前胡种子发芽试验研究［J］.北方园艺,2015(14):159-162.

［12］王啟苗.“宁前胡”人工栽培优质高产关键技术［J］.农业科技通讯,2015(1):137-139.

［13］孙开照.白花前胡种子发芽特性及贮藏技术研究［J］.安徽农学通报,2015,21(14):144-145.

［14］曾晓璇,冯协和,陈科力,等.湖北省前胡种子质量分级标准研究［J］.北方园艺,2016,(15):147-150.

［15］陈星.宁前胡生物学特征及人工栽培技术研究［J］.安徽农学通报,2017,23(15):116-118.

ICS 65.020.20
CCS C 05

团 体 标 准

T/CACM 1374.121—2021

穿心莲规范化生产技术规程

Code of practice for good agricultural practice of Andrographis Herba

2021-10-15 发布

2021-10-15 实施

中华中医药学会　发布

目　次

前言 474
1 范围 475
2 规范性引用文件 475
3 术语和定义 475
4 穿心莲规范化生产流程图 475
5 穿心莲规范化生产技术 476
　5.1 生产基地选址 476
　5.2 种质与种子 477
　5.3 种植 477
　5.4 采收 478
　5.5 产地初加工 478
　5.6 包装、放行、贮运 478
附录 A（规范性） 禁限用农药名单 479
附录 B（资料性） 穿心莲常见病虫害防治的参考方法 480
参考文献 481

前　言

本文件按照 GB/T 1.1—2020《标准化工作导则　第 1 部分：标准化文件的结构和起草规则》的规定起草。

请注意本文件中的某些内容可能涉及专利。本文件的发布机构不承担识别专利的责任。

本文件由中国医学科学院药用植物研究所和河北省农林科学院经济作物研究所提出。

本文件由中华中医药学会归口。

本文件起草单位：河北省农林科学院经济作物研究所、广西壮族自治区药用植物园、广东省农业科学院作物研究所、广西农业科学院植物保护研究所、广东药科大学、广东省中药研究所、中国医学科学院药用植物研究所、重庆市药物种植研究所。

本文件主要起草人：温春秀、韦坤华、刘灵娣、齐琳琳、张占江、林伟、贾东升、贾凯旋、梁莹、钟楚、朱艳霞、田伟、刘铭、姜涛、欧阳艳飞、卢瑞克、刘丽辉、黄浩、蒋妮、王继华、蔡时可、梅瑜、周芳、曾庆钱、邓乔华、黄勇、魏建和、王文全、王秋玲、杨小玉、辛元尧、王苗苗。

穿心莲规范化生产技术规程

1 范围

本文件确立了穿心莲的规范化生产流程,规定了穿心莲生产基地选址、种质要求、种苗繁育、种植、采收、产地初加工、包装、放行、贮运等阶段的操作要求。

本文件适用于穿心莲的规范化生产。

2 规范性引用文件

下列文件中的内容通过文中的规范性引用而构成本文件必不可少的条款。其中,注明日期的引用文件,仅该日期对应的版本适用于本文件;不注明日期的引用文件,其最新版本(包括所有的修改单)适用于本文件。

GB 3095 环境空气质量标准

GB 5084 农田灌溉水质标准

GB 5749 生活饮用水卫生标准

GB 15618 土壤环境质量 农用地土壤污染风险管控标准(试行)

T/CACM 1374.1—2021 中药材规范化生产技术规程通则 植物药材

3 术语和定义

T/CACM 1374.1—2021 界定的以及下列术语和定义适用于本文件。

3.1 规范化生产 good agricultural practice

按照《中药材生产质量管理规范》(简称中药材 GAP)的要求,实施药材生产,保证中药材优质安全的生产过程。

3.2 技术规程 code of practice

为实现中药材生产顺利、有序进行,保证中药材生产质量,对中药材生产的基地选址、种子种苗、种植或野生抚育、采收与产地初加工以及包装、放行与贮运等,所做的技术规定和要求,是实施中药材规范生产的核心技术要求和实施指南。

3.3 穿心莲 Andrographis Herba

爵床科植物穿心莲 *Andrographis paniculata* (Burm. f.) Nees 的干燥地上部分。

4 穿心莲规范化生产流程图

穿心莲规范化生产流程见图 1。

穿心莲规范化生产流程：　　　　　　　　　　关键控制点及技术参数：

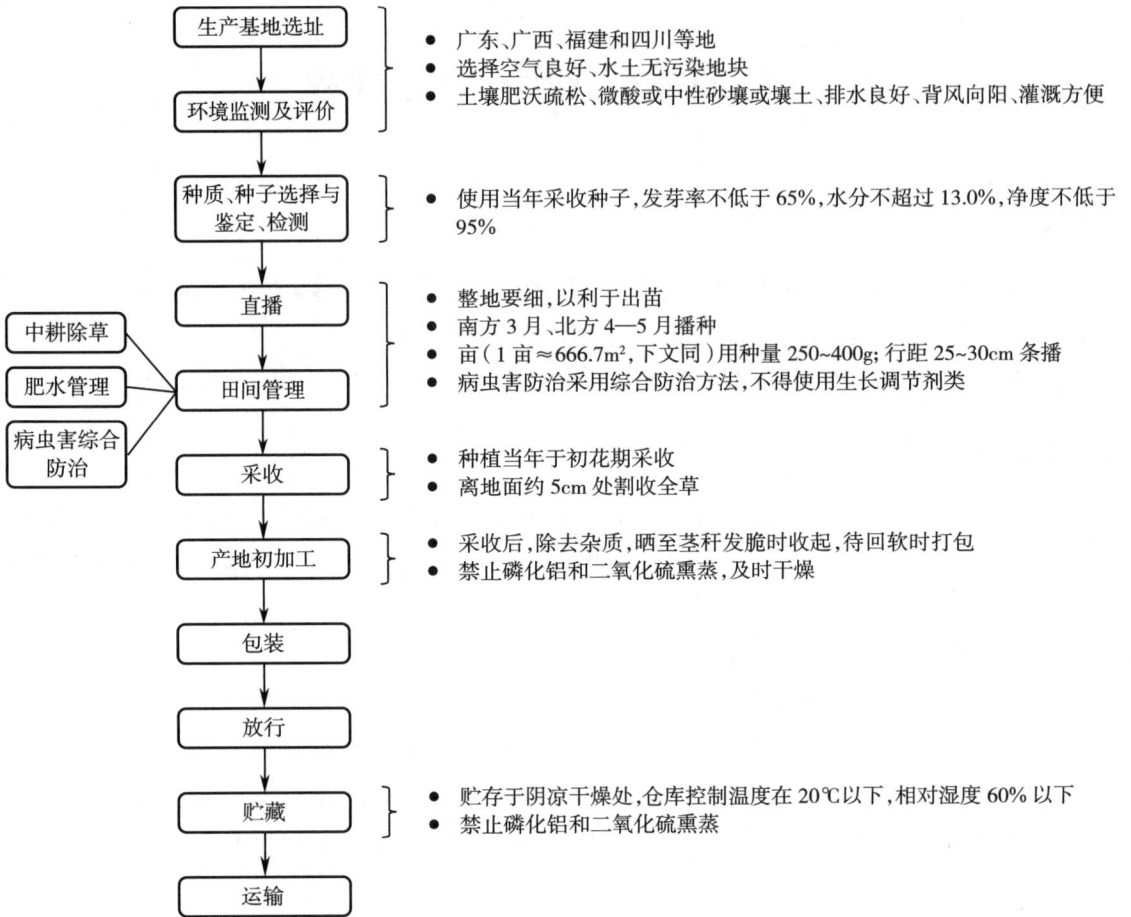

图1 穿心莲规范化生产流程图

5 穿心莲规范化生产技术

5.1 生产基地选址

5.1.1 产地选择

主要种植于我国广东省湛江市、广西壮族自治区贵港市、福建省漳浦县和四川省等地，华中、华北及西北地区也可种植。

5.1.2 地块选择

选择空气良好、水土无污染地块，土壤肥沃疏松、微酸或中性砂壤或壤土、排水良好、背风向阳、灌溉方便的地方；栽种地可选择地势平坦、土壤肥沃的平地、缓坡地或荒山地，可与玉米、木薯等套种；不宜在荫蔽或低洼积水的地块及干旱地、盐碱地种植，忌与茄科作物轮作。

5.1.3 环境监测

生产基地的空气质量应符合 GB 3095 规定的环境空气质量标准，灌溉水质量应符合GB 5084 规定的农田灌溉水质标准，土壤质量应符合 GB 15618 的规定，且要保证生长期间持续符合标准。

5.2 种质与种子

5.2.1 种质选择

选择爵床科植物穿心莲 *Andrographis paniculata*（Burm. f.）Nees 为物种来源，其物种须经过鉴定。如使用农家品种或选育品种应加以明确。

5.2.2 种子质量

选择籽粒饱满、无病虫害、贮藏时间不超过 2 年的种子，发芽率不低于 65%，水分不超过 13.0%，净度不低于 95%。经检验符合相应标准。

5.2.3 良种繁育

选择生长健壮、无病虫害、整齐一致的穿心莲作为留种田块，加强水肥管理，适当少施氮肥，增施磷钾肥，促进其开花结实。种子田以行距 45~60cm、株距 30~45cm 为宜。

果壳由青绿色变为黄色，部分变紫色时分期分批采收，采回的果荚放通风、阴凉处后熟，待果荚全部裂开后，除去果壳及杂质，净度不低于 95%。将种子晒干，水分不超 13.0%，再除去嫩白种子，种子定量装于透气的种子袋内，贮藏于常温或低温、防潮、避光、通风的仓库内，贮藏时间不宜超过 6 个月。

5.3 种植

5.3.1 整地

选择有灌溉条件的土地，秋收后进行深翻风化或与冬种作物轮作。整地时要充分整平耙细，作畦，畦面宽 1.3m，畦沟宽深各 20cm。根据药材的生长、土壤肥力等进行施肥，可考虑播前结合整地每亩施腐熟有机肥 1 500kg、钙镁磷肥 20~30kg 作基肥。然后耙平做 100~120cm 宽、20cm 左右高的畦，四周开 30cm 深的边沟，以便排灌。

5.3.2 直播

南方省份在 3 月、北方省份在 4—5 月进行播种。将种子与 1~2 倍干净的细沙混匀，反复摩擦揉搓，至种皮失去光泽，蜡质层部分磨损后播种，可以穴播或开沟条播。穴播时，穴行株距为 30cm × 25cm，将种子播于穴内；开沟条播时，按行距 25~30cm 开浅沟，然后将种子均匀撒入沟内。亩用种量 250~400g。在苗高 7~10cm 时，进行间苗、补苗，每穴留壮苗 2~3 株。

5.3.3 育苗

温床育苗于 3 月中、下旬，冷床育苗于 4 月上、中旬播种，播前种子用温水浸种 12 小时，灌溉用水应符合 GB 5749 的规定。选择肥沃、平坦、灌溉方便、疏松的壤土、光照充足的土地；播前先翻耕土壤，再在畦面上撒施腐熟的有机肥，将土、肥混合后整平畦面，然后将种子与草木灰或细沙按 1∶3 的比例拌匀，均匀地撒入畦面。亩用种量 2.5kg 左右。播后浇透水，注意保持苗床湿润，当苗长出 2 对真叶时，追施 1 次稀薄水溶肥，促使幼苗生长健壮。

5.3.4 移栽定植

育苗 45 天左右，苗高 8~12cm、长出 4~5 对真叶时，可起苗移栽。移栽前一天，苗床要浇透水，以便于起苗，带土移栽成活率高。选择健壮无病虫害的幼苗进行移栽，移栽选择阴雨天或傍晚进行，按行距 25~30cm、株距 15~25cm 移栽于大田，栽后如不下雨应及时浇透定根水。

5.3.5 田间管理

根据药材的生长、土壤肥力等进行施肥,可考虑以氮肥为主,适时追肥;定植20天后施第一次肥,以后每20~25天撒施1次氮肥,亩施尿素4~5kg。施肥后及时浇水,如无灌溉条件,施肥宜在阴雨天进行。

灌溉排水:穿心莲生长期内宜保持土壤湿润。土壤干燥时宜在早上或傍晚灌溉,雨天要注意排水。

中耕除草:移栽的幼苗成活后,应进行第1次中耕除草,中耕宜浅,避免伤根,以后每隔15~20天中耕除草1次,穿心莲前期生长较慢,要及时进行中耕除草,封行后基本上不用除草。

5.3.6 病虫害防治

穿心莲常见病害有猝倒病和枯萎病等,虫害主要有地老虎和蝼蛄等。

应采用预防为主、综合防治的方法:保持合理的种植密度,做好防旱防涝工作;有机肥必须充分腐熟;通过加强田间管理,及时清除杂草及枯枝落叶;发现病株及时拔除,集中销毁。

采用化学防治时,应当符合国家有关规定;优先选用高效、低毒的生物农药;尽量避免使用除草剂、杀虫剂和杀菌剂等化学农药;不使用禁限用农药。

5.4 采收

种植当年收获,在9月中下旬初花期,选择晴天采收,在离地面约5cm处用镰刀割取地上部分。

5.5 产地初加工

采收的穿心莲运至晾晒场晾晒,及时翻动,当穿心莲晒至茎秆发脆时收起,待回软时打包,或将穿心莲进行加工,茎叶分离,分别打包。或将穿心莲切成5cm长的小段晒干,其中叶片不得少于30%。

5.6 包装、放行、贮运

5.6.1 包装

包装前应对每批药材按照国家标准进行质量检验。符合国家标准的药材,采用不影响质量的干净编织袋等包装,禁止采用包装过肥料、农药等的包装袋包装。包装外贴或挂标签、合格证,标识牌内容应有药材名、基源、产地、批号、规格、重量、采收日期、企业名称等,并有追溯码。

5.6.2 放行

应制定符合企业实际情况的放行制度,有审核、批准、生产、检验等的相关记录。不合格药材有单独处理制度。

5.6.3 贮运

应贮存于阴凉干燥处,定期检查,防止虫蛀、霉变、腐烂、泛油等的发生。仓库控制温度在20℃以下、相对湿度60%以下;不同批次、等级药材分区存放;建有定期检查制度。禁止磷化铝和二氧化硫熏蒸。也可采用现代气调贮藏方法,包装或库内充氮或二氧化碳。

运输应防止发生混淆、污染、异物混入、包装破损、雨雪淋湿等。

附　录　A
（规范性）
禁限用农药名单

A.1　禁止（停止）使用的农药（46 种）

六六六、滴滴涕、毒杀芬、二溴氯丙烷、杀虫脒、二溴乙烷、除草醚、艾氏剂、狄氏剂、汞制剂、砷类、铅类、敌枯双、氟乙酰胺、甘氟、毒鼠强、氟乙酸钠、毒鼠硅、甲胺磷、对硫磷、甲基对硫磷、久效磷、磷胺、苯线磷、地虫硫磷、甲基硫环磷、磷化钙、磷化镁、磷化锌、硫线磷、蝇毒磷、治螟磷、特丁硫磷、氯磺隆、胺苯磺隆、甲磺隆、福美胂、福美甲胂、三氯杀螨醇、林丹、硫丹、溴甲烷、氟虫胺、杀扑磷、百草枯、2,4- 滴丁酯。

注：氟虫胺自 2020 年 1 月 1 日起禁止使用。百草枯可溶胶剂自 2020 年 9 月 26 日起禁止使用。2,4-滴丁酯自 2023 年 1 月 29 日起禁止使用。溴甲烷可用于"检疫熏蒸处理"。杀扑磷已无制剂登记。

A.2　在部分范围禁止使用的农药（20 种）

部分范围禁止使用的农药应注意药食同源中药材及来自其他作物的中药材。部分范围禁止使用的农药见表 A.1。

表 A.1　部分范围禁止使用的农药

通用名	禁止使用范围
甲拌磷、甲基异柳磷、克百威、水胺硫磷、氧乐果、灭多威、涕灭威、灭线磷	禁止在蔬菜、瓜果、茶叶、菌类、中草药材上使用,禁止用于防治卫生害虫,禁止用于水生植物的病虫害防治
甲拌磷、甲基异柳磷、克百威	禁止在甘蔗作物上使用
内吸磷、硫环磷、氯唑磷	禁止在蔬菜、瓜果、茶叶、中草药材上使用
乙酰甲胺磷、丁硫克百威、乐果	禁止在蔬菜、瓜果、茶叶、菌类和中草药材上使用
毒死蜱、三唑磷	禁止在蔬菜上使用
丁酰肼（比久）	禁止在花生上使用
氰戊菊酯	禁止在茶叶上使用
氟虫腈	禁止在所有农作物上使用（玉米等部分旱田种子包衣除外）
氟苯虫酰胺	禁止在水稻上使用

A.3　说明

本附录的内容来自 2019 年中华人民共和国农业农村部发布的《禁限用农药名录》（http://www.zzys.moa.gov.cn/gzdt/201911/t20191129_6332604.htm）。

附　录　B

（资料性）

穿心莲常见病虫害防治的参考方法

穿心莲常见病虫害防治的参考方法参见表 B.1。

表 B.1　穿心莲常见病虫害防治的参考方法

病虫害名称	防治时期	推荐防治方法
猝倒病	2~3 对真叶	控制温度,注意通风,加强苗床管理
枯萎病	7—8 月	多菌灵防治
棉铃虫	10—11 月	用棉铃宝、灭铃灵、新光 1 号等 生物农药,如 Bt 制剂防治
地老虎 蝼蛄	幼苗期	用充分腐熟的农家肥 用灯光诱杀成虫 辛硫磷乳油拌种 田间发生时可用敌百虫浇灌杀除 用毒饵诱杀或人工捕捉

参考文献

［1］黄辰昊,薛建平,王振,等.南药大品种穿心莲无公害栽培技术体系探讨［J］.世界科学技术 - 中医药现代化,2018,20(11):2095-2100.

［2］王振,周鹏,王章伟,等.不同播种期对穿心莲产量及质量的影响研究［J］.江西中医药,2018,49(10):62-64.

［3］蒋庆民,蒋学杰.穿心莲标准化种植技术［J］.特种经济动植物,2017,20(12):26.

［4］雷俊勇.玉米套种穿心莲栽培管理技术［J］.现代农业科技,2016(12):40-41.

［5］刘丹,孙雪芳,陈鑫,等.牡丹江地区穿心莲药用价值与栽培管理技术［J］.甘肃农业科技,2016(4):71-73.

［6］孙长艳.穿心莲无公害栽培技术［J］.吉林蔬菜,2014(6):4.

［7］刘丽敏,唐宝志.穿心莲栽培管理［J］.特种经济动植物,2013,16(7):44-45.

［8］朱玉宝.药用植物穿心莲栽培技术［J］.中国林副特产,2012(3):60-61.

［9］李俊.穿心莲无公害栽培技术［J］.中国园艺文摘,2012,28(1):189-190.

［10］杨雪宁,王明秋,陈宝国.穿心莲种植技术［J］.农民致富之友,2008(5):12.

［11］王登林,张敬君.提高穿心莲品质的对策［J］.现代农业科技,2008(9):48.

［12］张敬君.穿心莲栽培管理技术［J］.现代农业科技,2007(17):45.

［13］农训学.穿心莲种子繁殖方法［J］.农村新技术,2007(4):8-9.

［14］聂自强,周萍.穿心莲优质高产栽培技术［J］.四川农业科技,2007(6):38.

［15］黄璐琦.道地药材品质保障技术研究［M］.上海:上海科学技术出版社,2018.

ICS 65.020.20
CCS C 05

团 体 标 准

T/CACM 1374.122—2021

绞股蓝规范化生产技术规程

Code of practice for good agricultural practice of
Gynostemma pentaphyllum（Thunb.）Makino

2021-10-15 发布

2021-10-15 实施

中华中医药学会　发布

目　次

前言·· 484

1　范围·· 485

2　规范性引用文件·· 485

3　术语和定义·· 485

4　绞股蓝规范化生产流程图·· 486

5　绞股蓝规范化生产技术··· 486

　　5.1　生产基地选址·· 486

　　5.2　种质与种子··· 487

　　5.3　种植·· 487

　　5.4　采收·· 489

　　5.5　产地初加工··· 489

　　5.6　包装、放行、贮运·· 489

附录 A（规范性）　禁限用农药名单··· 490

附录 B（资料性）　绞股蓝种子分级标准··· 491

附录 C（资料性）　绞股蓝常见病虫害防治的参考方法·························· 492

参考文献·· 493

前　言

本文件按照 GB/T 1.1—2020《标准化工作导则　第 1 部分：标准化文件的结构和起草规则》的规定起草。

请注意本文件中的某些内容可能涉及专利。本文件的发布机构不承担识别专利的责任。

本文件由中国医学科学院药用植物研究所和陕西师范大学提出。

本文件由中华中医药学会归口。

本文件起草单位：陕西师范大学、安康北医大制药股份有限公司、平利县神草园茶业有限公司、山西省医药与生命科学研究院、陕西国际商贸学院医药学院、中国医学科学院药用植物研究所、重庆市药物种植研究所。

本文件主要起草人：牛俊峰、肖娅萍、王喆之、殷刚、徐家振、徐世民、王布雷、王攀、陈利军、史美荣、赵光明、吕鼎豪、王世强、刘帅、米泽媛、魏建和、王文全、王秋玲、杨小玉、辛元尧、王苗苗。

绞股蓝规范化生产技术规程

1 范围

本文件确立了绞股蓝的规范化生产流程,规定了绞股蓝生产基地选址、种质与种子、种苗繁育、种植、采收、产地初加工、包装、放行、贮运等阶段的操作要求。

本文件适用于绞股蓝的规范化生产。

2 规范性引用文件

下列文件中的内容通过文中的规范性引用而构成本文件必不可少的条款。其中,注明日期的引用文件,仅该日期对应的版本适用于本文件;不注明日期的引用文件,其最新版本(包括所有的修改单)适用于本文件。

GB 3095　环境空气质量标准

GB/T 3543　农作物种子检验规程

GB 5084　农田灌溉水质标准

GB 5749　生活饮用水卫生标准

GB 15618　土壤环境质量　农用地土壤污染风险管控标准(试行)

SB/T 11094—2014　中药材仓储管理规范

SB/T 11182—2017　中药材包装技术规范

DB61/T 931.2—2014　绞股蓝种子

T/CACM 1374.1—2021　中药材规范化生产技术规程通则　植物药材

3 术语和定义

T/CACM 1374.1—2021 界定的以及下列术语和定义适用于本文件。

3.1 规范化生产　good agricultural practice

按照《中药材生产质量管理规范》(简称中药材 GAP)的要求,实施药材生产,保证中药材优质安全的生产过程。

3.2 技术规程　code of practice

为实现中药材生产顺利、有序进行,保证中药材生产质量,对中药材生产的基地选址、种子种苗、种植或野生抚育、采收与产地初加工以及包装、放行与贮运等,所做的技术规定和要求,是实施中药材规范生产的核心技术要求和实施指南。

4 绞股蓝规范化生产流程图

绞股蓝的规范化生产流程见图 1。

绞股蓝规范化生产流程：

关键控制点及技术参数：

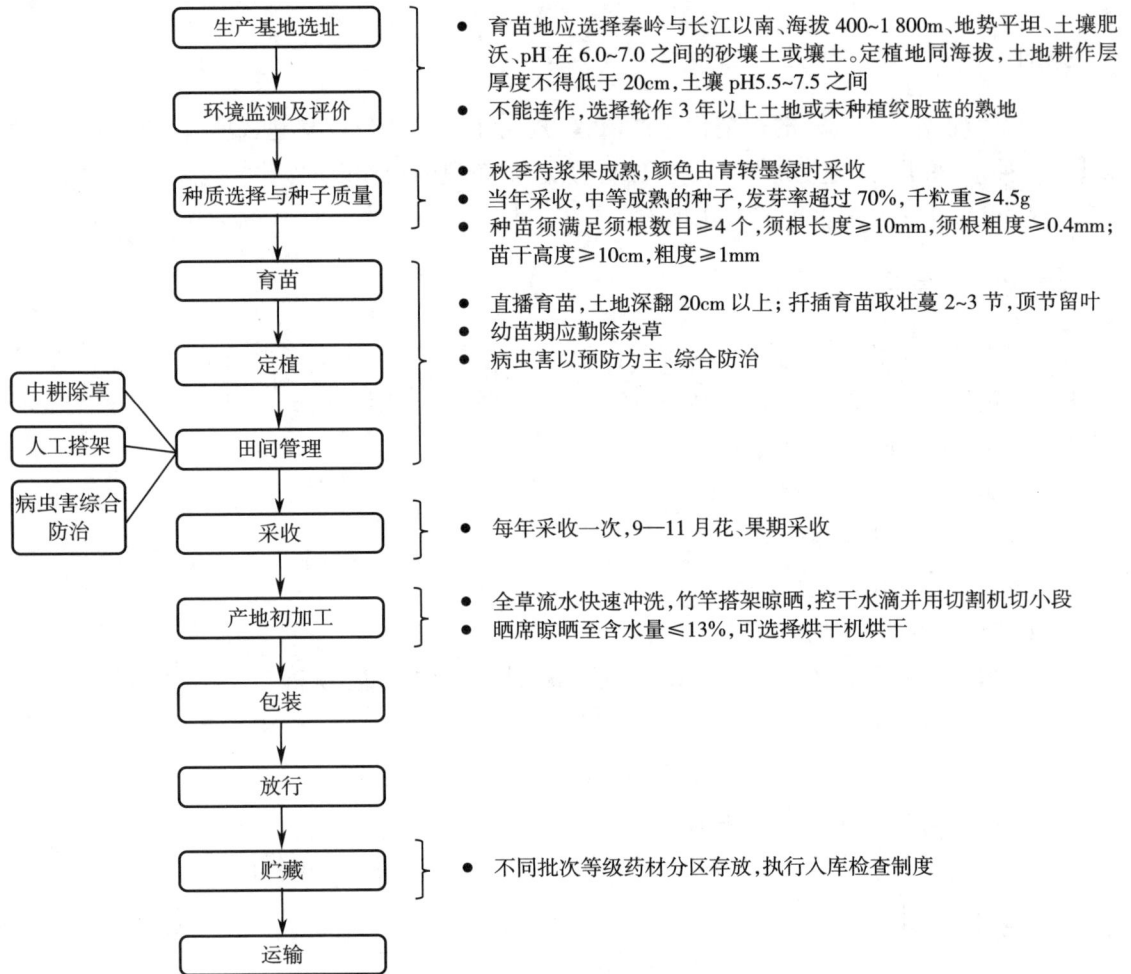

- 育苗地应选择秦岭与长江以南、海拔 400~1 800m、地势平坦、土壤肥沃、pH 在 6.0~7.0 之间的砂壤土或壤土。定植地同海拔，土地耕作层厚度不得低于 20cm，土壤 pH5.5~7.5 之间
- 不能连作，选择轮作 3 年以上土地或未种植绞股蓝的熟地

- 秋季待浆果成熟，颜色由青转墨绿时采收
- 当年采收，中等成熟的种子，发芽率超过 70%，千粒重≥4.5g
- 种苗须满足须根数目≥4 个，须根长度≥10mm，须根粗度≥0.4mm；苗干高度≥10cm，粗度≥1mm

- 直播育苗，土地深翻 20cm 以上；扦插育苗取壮蔓 2~3 节，顶节留叶
- 幼苗期应勤除杂草
- 病虫害以预防为主、综合防治

- 每年采收一次，9—11 月花、果期采收

- 全草流水快速冲洗，竹竿搭架晾晒，控干水滴并用切割机切小段
- 晒席晾晒至含水量≤13%，可选择烘干机烘干

- 不同批次等级药材分区存放，执行入库检查制度

图 1 绞股蓝的规范化生产流程图

5 绞股蓝规范化生产技术

5.1 生产基地选址

5.1.1 产地选择

适宜在我国秦岭及长江以南地区种植，宜选择海拔为 400~1 800m 之间的中高山区和部分低山丘陵区；育苗地选择在同样地区；种子田隔离应在 500m 以上，大田生产距公路主干道 150m 以上。

5.1.2 地块选择

不宜选用前茬为烤烟、大蒜、蓖麻等作物的地块。不能连作，须选择轮作 3 年以上的土地。

育苗地应选择地势平坦,排灌便利,土层深厚,土壤肥沃,有机质含量大于 2.0%,pH 在 6.0~7.0 之间的砂壤土或壤土。

良种繁育田和定植地应选择坡度小于 12°,年平均温度 10~15℃,年平均日照 5 小时左右,平均降雨量 900mm,无霜期 >250 天,耕作层厚度不低于 20cm,土壤 pH 5.5~7.5,有机质含量不低于 10g/kg,速效钾含量不低于 80mg/kg,速效磷含量不低于 5mg/kg 的地块。

5.1.3 环境监测

基地的空气质量应符合 GB 3095 规定的环境空气质量标准中的二类区要求;土壤质量应符合 GB 15618 的规定,灌溉水质量应符合 GB 5084 规定的农田灌溉水质标准中的二级标准;产地初加工用水质量应符合 GB 5749 规范的生活饮用水卫生标准,且要保证生长期间持续符合标准。

5.2 种质与种子

5.2.1 种质选择

使用葫芦科植物绞股蓝 *Gynostemma pentaphyllum*(Thunb.)Makino,物种须经过鉴定。如使用农家品种或选育品种应加以明确。

5.2.2 种子质量

使用当年采收,成熟的优质种子,种子首先应满足 GB/T 3543 规定的农作物种子检验规程的要求,同时可参考 DB61/T 931.2—2014 的要求。

5.2.3 良种繁育

选择播种苗、扦插苗或组培苗进行繁种。种苗须满足以下条件。

(1)根:须根数目≥4 个,须根长度≥10mm,须根粗度≥0.4mm。

(2)苗:苗干高度≥10cm,粗度≥1mm,苗干直立,不倾斜,无弯曲,无伤痕。

(3)合格率:待检植株中 95% 以上个体达到以上指标为合格。

(4)病斑:不得检出。满足以上要求者为合格苗。

秋季待浆果成熟,颜色由青转墨绿时采收,果实球形,直径 5~9mm,成熟时黑色,内有种子 2~3 粒,种子阔卵形,表面有小突起。采种时将整个果序采回放在阴凉通风处,一周后再采下果实,置于竹席上晾晒风干,不可烘干。

5.3 种植

5.3.1 育苗

5.3.1.1 直播育苗

直播育苗播种时间应选择每年 2 月,选成熟种子用流水冲洗 3 天,晾干后与 5~10 倍的细沙混匀。育苗地以背风向阳、腐殖质肥厚的砂质坡地膀平地为宜,土层厚度应在 40cm 以上,且每亩(1 亩≈666.7m²,下文同)施用经过充分腐熟的沼气肥 3 000kg,深翻 20cm 以上。做成宽 1.3m 的畦,畦间开挖宽 30cm、深 25cm 的排水沟,苗床要整平耙细,灌足水后,撒种,每畦播 3~4 行,行距 20~25cm,可在苗床上划沟播种,要求沟深 3~4cm,沟宽 6~8cm,种子在播沟内相距 1~2cm,盖 1~2cm 细圈粪,覆土 1~2cm,并稍加镇压后浇透水一次。

苗期应及时用稻草、秸秆覆盖或用薄膜覆盖,大约 20% 幼苗出土时揭去部分覆盖物,当

1/3 种子出苗后（幼苗长出 1~2 片真叶）揭去全部覆盖物。幼苗期应及时拔除杂草,当苗高 10cm 以上时,可进行中耕除草。苗期可间施磷酸二铵和磷酸二氢钾。适当浇水以保持苗床湿润为宜。

5.3.1.2 扦插育苗

扦插育苗步骤包括:地上枝条应选取生长健壮的枝条,取壮蔓 2~3 节,顶节留叶,下 2 节或 1 节去叶斜插入沙土中。按行距 10~15cm、株距 1.5~2.0cm、沟深 7~10cm 开沟,然后插入枝条压紧泥土,保湿,覆膜或搭荫棚。10~20 天即可生根。

地下茎（根茎）:当年 4 月上旬,挖取越冬的地下根茎,选粗壮、节比较密的根茎,截成含 3 个节的小段,在畦面上按行距 10~15cm、株距 1.5~2.0cm、沟深 7~10cm 开沟,将根茎形态学上端留 1 个节在外面,覆盖细肥土,上覆地膜或草苫,保湿保温,发芽出苗后及时揭去地膜或盖草。

5.3.2 定植

根据适生性原则,移栽应选择土层深厚、土质疏松、土壤中有机质含量较高的园地。每亩地选择沼气肥、厩肥或堆肥 3 000kg 作基肥。作畦起垄,田块做边沟,边沟宽 40cm,深 30cm。起畦高 30cm,宽 130cm。在畦上按行距 40cm,开深 15cm、宽 10cm 的沟。在育苗地里挖取小苗（实生苗及扦插苗）,在垄上按照 25cm×40cm 的株行距挖坑定植,每亩宜栽植 5 000 株左右。移栽后应及时浇水,1 周后可施磷酸二铵、磷酸二氢钾,促使苗肥、根系发达。

5.3.3 田间管理

田间管理要求如下。

（1）中耕除草:定植后结合中耕锄草一次;旺盛生长期及开花结果期对高秆杂草进行人工拔除。

（2）搭架:当苗高 20~30cm 或封行前时,选用直径为 1~1.5cm 粗的竹竿搭成三角架,架高 1.8m,每四根或六根为一组,搭设"人"字形支架,引导藤蔓缠绕生长,以利通风透光。

5.3.4 病虫害防治

绞股蓝常见病害有白绢病、白粉病和叶斑病等,虫害主要有三星叶甲、小地老虎、蛴螬和蜗牛等。其中,白绢病、根腐病病株病叶率达 5% 时为防治适期。地老虎每平方米平均有虫 0.5 头;三星叶甲和蛞蝓在苗期每平方米地上部分达 1 头,快速生长期地上部分达 10 头,开花结果期地上部分达 15 头为防治适期。

贯彻"预防为主,综合防治"的植保方针。以农业防治为基础,提倡生物防治与物理防治,科学合理应用化学防治技术的原则,将有害生物危害控制在允许范围以内。

（1）农业措施防治:选用无病虫、霉变的健康种子;土壤处理;种子田和药用绞股蓝生产实施搭架栽培,加强田间管理,促进空气流通,增强光合作用,提高植株抗逆性和抗病能力;及时处理发病中心控制病害蔓延;实施轮作倒茬;秋后将园和附近的枯叶及时进行清除,减少病虫基数。

（2）物理措施防治:采用人工捕杀或田间放置黑光杀虫灯的方式,防治三星叶甲、小地老虎、蛴螬和蜗牛等害虫。

（3）生物药剂防治：原则上以施用高效、低毒生物农药为主。尽量避免使用除草剂、杀虫剂和杀菌剂等化学农药，不使用禁限用农药。具体病虫害种类参见附录 C 表 C.1。

5.4 采收

绞股蓝一年采收一次，根据皂苷含量随生育期的变化，选择最佳采收期。每年从 9 月中旬开始采收，最晚不超过 11 月下旬。采收时从根茎部将绞股蓝挖出，绞股蓝全草采收后，除病枝、杂草、腐烂变质等杂质，在大田内用竹竿搭架，将绞股蓝全草搭放在架上进行自然晾晒，待绞股蓝全草半干后，在地面铺上复合塑料编织布，将绞股蓝全草捆扎（每捆 50~60kg）后运往加工场所。

5.5 产地初加工

绞股蓝产地初加工法包括净选、清洗、切割和干燥。

绞股蓝全草运用流水快速冲洗 5 分钟，控干水滴并用切割机切成 2~7cm 小段。

干燥有传统晾晒和烘干两种方法。

传统晾晒：将淋净切段后的绞股蓝依次摊放于晒席上，堆放厚度小于 5cm。每隔 2 小时翻动一次，风干至含水量≤13% 为止，也可风干至半干时用烘干机干燥。

翻板式烘干机烘干：干燥温度≤90℃，将烘干机转速调至不高于 400r/min。开启烘干机进行干燥，加速通风排温，烘至符合要求为宜。

初加工环境应干燥、清洁、无污染、无虫鼠害和禽畜。

5.6 包装、放行、贮运

5.6.1 包装

中药材包装可参考 SB/T 11182—2017 规定的标准。包装前应对每批药材进行质量检测。对加工合格的药材在包装前包装工必须再次检查挑选药材中有无劣质品和异物，使用的包装材料应无污染、清洁、干燥、无破损并经检验合格。每个包装件外面应附有产品名称、重量、产地、采收时间、生产单位、生产批号、生产日期、质量合格等标志以及企业名称等，并有追溯码。

5.6.2 放行

应制定符合企业实际情况的放行制度和程序，有审核、批准、生产、检验等相关记录。不合格药材应有单独处理制度和程序。

5.6.3 贮运

绞股蓝贮存可参考 SB/T 11094—2014 规定的标准。药材应贮存于阴凉干燥处，定期检查，防止虫蛀、霉变、腐烂、泛油等。仓库控制温度在 20℃ 以下、相对湿度 75% 以下；不同批次、等级药材分区存放；执行入库检验，在库监督，定期检查与养护。禁止磷化铝和二氧化硫熏蒸，可采用现代气调贮藏方法，包装内或库内充氮或二氧化碳。

运输过程中不应与其他有毒有害易串味物质混装，同时应避免雨淋，运输工具必须有防雨设施。

附 录 A
（规范性）
禁限用农药名单

A.1 禁止（停止）使用的农药（46种）

六六六、滴滴涕、毒杀芬、二溴氯丙烷、杀虫脒、二溴乙烷、除草醚、艾氏剂、狄氏剂、汞制剂、砷类、铅类、敌枯双、氟乙酰胺、甘氟、毒鼠强、氟乙酸钠、毒鼠硅、甲胺磷、对硫磷、甲基对硫磷、久效磷、磷胺、苯线磷、地虫硫磷、甲基硫环磷、磷化钙、磷化镁、磷化锌、硫线磷、蝇毒磷、治螟磷、特丁硫磷、氯磺隆、胺苯磺隆、甲磺隆、福美胂、福美甲胂、三氯杀螨醇、林丹、硫丹、溴甲烷、氟虫胺、杀扑磷、百草枯、2,4-滴丁酯。

注：氟虫胺自2020年1月1日起禁止使用。百草枯可溶胶剂自2020年9月26日起禁止使用。2,4-滴丁酯自2023年1月29日起禁止使用。溴甲烷可用于"检疫熏蒸处理"。杀扑磷已无制剂登记。

A.2 在部分范围禁止使用的农药（20种）

部分范围禁止使用的农药应注意药食同源中药材及来自其他作物的中药材。部分范围禁止使用的农药见表A.1。

表A.1 部分范围禁止使用的农药

通用名	禁止使用范围
甲拌磷、甲基异柳磷、克百威、水胺硫磷、氧乐果、灭多威、涕灭威、灭线磷	禁止在蔬菜、瓜果、茶叶、菌类、中草药材上使用,禁止用于防治卫生害虫,禁止用于水生植物的病虫害防治
甲拌磷、甲基异柳磷、克百威	禁止在甘蔗作物上使用
内吸磷、硫环磷、氯唑磷	禁止在蔬菜、瓜果、茶叶、中草药材上使用
乙酰甲胺磷、丁硫克百威、乐果	禁止在蔬菜、瓜果、茶叶、菌类和中草药材上使用
毒死蜱、三唑磷	禁止在蔬菜上使用
丁酰肼（比久）	禁止在花生上使用
氰戊菊酯	禁止在茶叶上使用
氟虫腈	禁止在所有农作物上使用（玉米等部分旱田种子包衣除外）
氟苯虫酰胺	禁止在水稻上使用

A.3 说明

本附录的内容来自2019年中华人民共和国农业农村部发布的《禁限用农药名录》（http://www.zzys.moa.gov.cn/gzdt/201911/t20191129_6332604.htm）。

附　录　B

（资料性）

绞股蓝种子分级标准

绞股蓝种子质量分级标准见表 B.1。

表 B.1　绞股蓝种子质量分级标准

项目	等级		
	一级	二级	三级
纯度 /%	100	100	100
发芽率 /%	≥80	≥70	≥60
净度 /%	≥98	≥95	≥90
千粒重 /g	4.5~9.8		
含水量 /%	9~10		
外观	新鲜、气味纯、黄褐色、无霉变、无虫蛀		
备注：千粒重和外观因品种不同各有差异			

附　录　C
（资料性）
绞股蓝常见病虫害防治的参考方法

绞股蓝常见病虫害防治的参考方法参见表 C.1。

表 C.1　绞股蓝常见病虫害防治的参考方法

病虫害名称	防治时期	推荐防治方法	用药时期
白绢病	7—9 月	百菌清喷雾,按照农药标签使用	间隔 7~10d
白粉病	7—9 月	甲基硫菌灵喷雾,按照农药标签使用	1 个生长季一次
		托布津喷雾,按照农药标签使用	连喷两次
		粉锈宁喷雾,按照农药标签使用	≥14d
叶斑病	7—9 月	多菌灵喷雾,按照农药标签使用	每隔 10~14d 喷洒 1 次,连续 2~3 次
三星叶甲	5—8 月	辛硫磷灌根,按照农药标签使用	1~2 次
		瓢甲敌喷雾,按照农药标签使用	2~3 次
小地老虎	3—5 月	辛硫磷灌根,按照农药标签使用	苗期幼虫发生期
蛴螬	4—6 月	辛硫磷灌根,按照农药标签使用	虫害发生时
蜗牛	4—6 月	石灰水喷雾,按照农药标签使用	虫害发生时
		茶籽饼撒施	虫害发生时
注:在绞股蓝的采收前 30 天严禁施用农药			

参考文献

［1］王佩香 . 药用植物绞股蓝 Gynostemma pentaphyllum（Thunb.）Makino 的 GAP 相关技术研究［D］. 西安：陕西师范大学，2005.

［2］章黎黎 . 黔江野生绞股蓝 GAP 相关栽培技术研究［J］. 林业科技通讯，2017（12）：56-58.

［3］张涛，袁弟顺 . 中国绞股蓝种质资源研究进展［J］. 云南农业大学学报，2009，24（3）：459-461.

［4］庞敏 . 药用植物绞股蓝种质资源研究［D］. 西安：陕西师范大学，2006.

［5］张涛 . 绞股蓝种质资源库的建立及其主要活性成分的研究［D］. 福州：福建农林大学，2009.

［6］李华 . 绞股蓝种质资源圃的建立及遗传多样性研究［D］. 西安：陕西师范大学，2016.

［7］金亭亭 . 中药绞股蓝有效部位质量控制方法研究［D］. 哈尔滨：哈尔滨商业大学，2015.

［8］王佩香，肖娅萍，赵瑜，等 . 不同浸种处理对绞股蓝种子萌发及幼苗生长的影响［J］. 西安文理学院学报（自然科学版），2005（3）：17-21.

［9］李小兰 . 绞股蓝优质高效栽培技术［J］. 农业与技术，2019，39（15）：113-114.

［10］吴永朋，肖娅萍，原雅玲，等 . 不同处理对绞股蓝生根的影响［J］. 陕西林业科技，2009（5）：1-4.

［11］李科明 . 安康地区绞股蓝主要害虫发生及防治技术研究［D］. 咸阳：西北农林科技大学，2007.

［12］郭晓思 . 秦巴山区绞股蓝规范化栽培技术措施的研究［D］. 咸阳：西北农林科技大学，2005.

［13］潘春柳，邓志军，黄燕芬，等 . 绞股蓝种子休眠机理及其破除方法研究［J］. 西北植物学报，2013，33（8）：1658-1664.

［14］李华，史美荣，肖娅萍 . 绞股蓝种质资源遗传多样性及亲缘关系的 ISSR 分析［J］. 中草药，2015，46（11）：1666-1672.

［15］周婷婷，梁建丽，韦丽富，等 . 绞股蓝药材质量评价研究现状［J］. 亚太传统医药，2016，12（1）：73-77.

ICS 65.020.20
CCS C 05

团 体 标 准

T/CACM 1374.123—2021

秦艽规范化生产技术规程

Code of practice for good agricultural practice of
Gentianae Macrophyllae Radix

2021−10−15 发布　　　　　　　　　　　　　2021−10−15 实施

中华中医药学会　发布

目　次

前言 496
1 范围 497
2 规范性引用文件 497
3 术语和定义 497
4 秦艽规范化生产流程图 498
5 秦艽规范化生产技术 498
　5.1 生产基地选址 498
　5.2 种质与种子 499
　5.3 种植 499
　5.4 采收 500
　5.5 产地初加工 500
　5.6 包装、放行和贮运 501
附录 A（规范性） 禁限用农药名单 502
参考文献 503

前　　言

本文件按照 GB/T 1.1—2020《标准化工作导则　第 1 部分：标准化文件的结构和起草规则》的规定起草。

请注意本文件中的某些内容可能涉及专利。本文件的发布机构不承担识别专利的责任。

本文件由中国医学科学院药用植物研究所和重庆市农业科学院提出。

本文件由中华中医药学会归口。

本文件起草单位：重庆市农业科学院、西南民族大学、内蒙古医科大学、甘肃省农业科学院、重庆市石柱土家族自治县武陵山研究院、宁夏西北药材科技有限公司、丽江可宝生物科技有限公司、中国医学科学院药用植物研究所。

本文件主要起草人：柯剑鸿、曾锐、王晓琴、杜伦静、蔡子平、王长生、解娟芳、杨杰武、李燕、薛培凤、焦大春、周见、杨波华、唐鑫、傅童成、彭艳、魏建和、王文全、王秋玲、杨小玉、辛元尧、王苗苗。

秦艽规范化生产技术规程

1 范围

本文件确立了秦艽的规范化生产流程,规定了秦艽生产基地选址,环境监测与评价,种质,种苗选择与鉴定、检测,育苗移栽,田间管理,采收与初加工,包装,贮藏和运输等阶段的技术要求。

本文件适用于秦艽的规范化生产。

2 规范性引用文件

下列文件中的内容通过文中的规范性引用而构成本文件必不可少的条款。其中,注明日期的引用文件,仅该日期对应的版本适用于本文件。不注明日期的引用文件,其最新版本(包括所有的修改单)适用于本文件。

GB 3905　环境空气质量标准

GB 5084　农田灌溉水质标准

GB 5479　生活饮用水卫生标准

GB 15168　土壤环境质量　农用地土壤污染风险管控标准(试行)

T/CACM 1374.1—2021　中药材规范化生产技术规程通则　植物药材

3 术语和定义

T/CACM 1374.1—2021界定的以及下列术语和定义适用于本文件。

3.1 规范化生产　good agricultural practice

按照《中药材生产质量管理规范》(简称中药材GAP)的要求,实施药材生产,保证中药材优质安全的生产过程。

3.2 技术规程　code of practice

为实现中药材生产顺利、有序进行,保证中药材生产质量,对中药材生产的基地选址、种子种苗、种植或野生抚育、采收与产地初加工以及包装、放行与贮运等,所做的技术规定和要求,是实施中药材规范生产的核心技术要求和实施指南。

3.3 秦艽　Gentianae Macrophyllae Radix

龙胆科植物秦艽 *Gentiana macrophylla* Pall.、粗茎秦艽 *Gentiana crassicaulis* Duthie ex Burk.、麻花艽 *Gentiana straminea* Maxim. 或小秦艽 *Gentiana dahurica* Fisch. 的干燥根。

4 秦艽规范化生产流程图

秦艽的规范化生产流程见图1。

秦艽规范化生产流程：

关键控制点及参数：

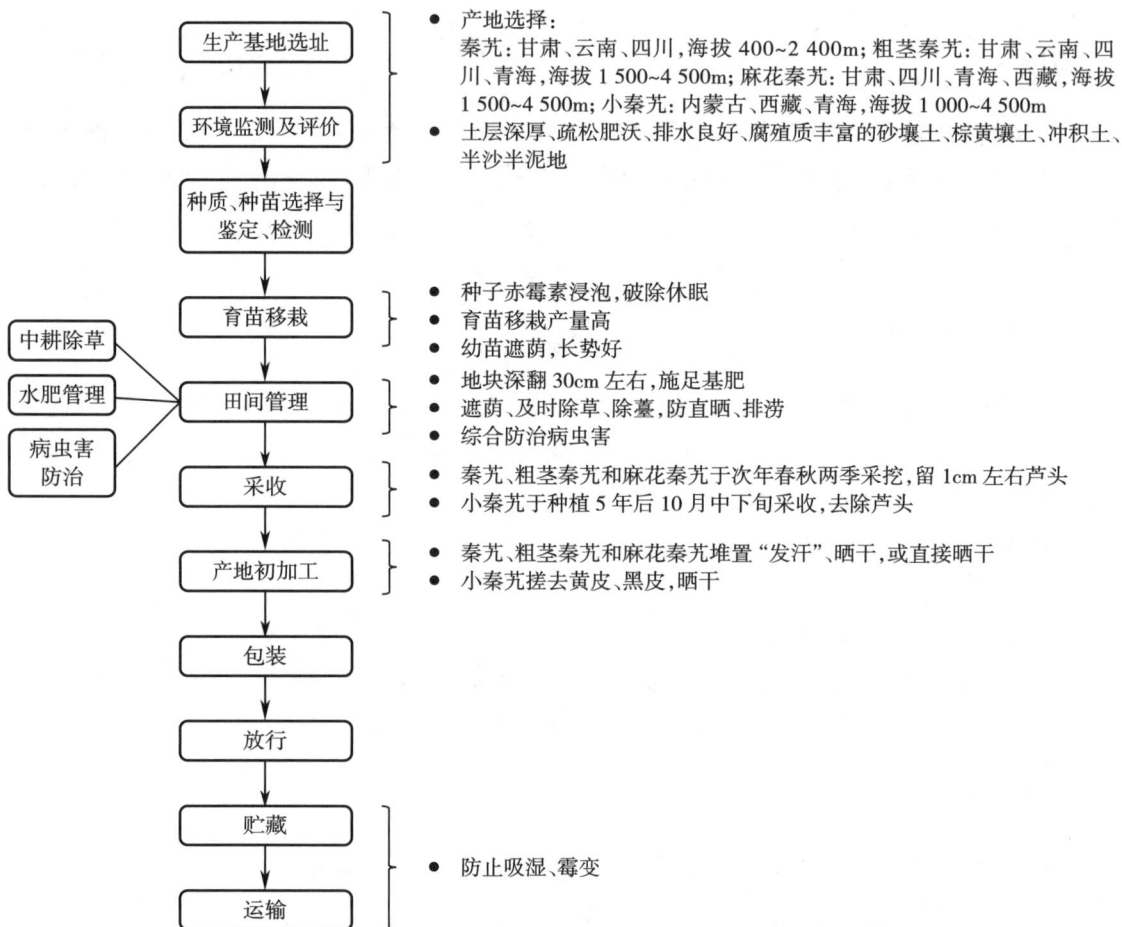

- 产地选择：
  秦艽：甘肃、云南、四川，海拔400~2 400m；粗茎秦艽：甘肃、云南、四川、青海，海拔1 500~4 500m；麻花秦艽：甘肃、四川、青海、西藏，海拔1 500~4 500m；小秦艽：内蒙古、西藏、青海，海拔1 000~4 500m
- 土层深厚、疏松肥沃、排水良好、腐殖质丰富的砂壤土、棕黄壤土、冲积土、半沙半泥地

- 种子赤霉素浸泡，破除休眠
- 育苗移栽产量高
- 幼苗遮荫，长势好

- 地块深翻30cm左右，施足基肥
- 遮荫、及时除草、除薹，防直晒，排涝
- 综合防治病虫害

- 秦艽、粗茎秦艽和麻花秦艽于次年春秋两季采挖，留1cm左右芦头
- 小秦艽于种植5年后10月中下旬采收，去除芦头

- 秦艽、粗茎秦艽和麻花秦艽堆置"发汗"、晒干，或直接晒干
- 小秦艽搓去黄皮、黑皮，晒干

- 防止吸湿、霉变

图1 秦艽规范化生产流程图

5 秦艽规范化生产技术

5.1 生产基地选址

5.1.1 产地选择

秦艽主要分布于甘肃、四川、云南等地，海拔400~2 400m；粗茎秦艽主要分布于云南、四川、青海、甘肃等地，海拔1 500~4 500m；麻花秦艽主要分布于甘肃、四川、青海、西藏等地，海拔1 500~4 500m；小秦艽主要分布于内蒙古、西藏、青海等地，海拔1 000~4 500m。以土地肥沃、排灌良好为宜。

5.1.2 地块选择

不宜连作。喜湿润、凉爽气候，耐寒，怕积水，忌强光。以土层深厚、排水良好、含有丰富腐殖质的砂壤土或棕黄壤土最好。前茬以种植过小麦、玉米等禾本科作物的地块为宜；积水涝洼盐碱地不宜栽培。

5.1.3 环境监测

生产基地的空气质量应符合 GB 3905 规定的环境空气质量标准、灌溉水质量应符合 GB 5084 规定的农田灌溉水质标准，土壤质量应符合 GB 15168 的规定。

5.2 种质与种子

5.2.1 种质选择

使用龙胆科植物秦艽 *Gentiana macrophylla* Pall.、粗茎秦艽 *Gentiana crassicaulis* Duthie ex Burk.、麻花秦艽 *Gentiana straminea* Maxim. 或小秦艽 *Gentiana dahurica* Fisch.，物种须经过鉴定。如使用农家品种或选育品种应加以明确。

5.2.2 种苗质量

种子要求 选择成熟、饱满的新种子，要求种子净度不低于 90%，发芽率不低于 80%。

种苗要求 选择粗壮、无病虫害感染的新鲜种苗。要求种苗存活率不低于 85%、净度不低于 90%、根粗不低于 0.3cm、根长不低于 8cm。

5.2.3 良种繁育技术

选择大田无病虫害的健苗植株，生长期保留花葶，并每亩（1 亩≈666.7m²，下文同）施入复合肥（氮：磷：钾 =15：15：15）50kg，于秋冬季大部分蒴果变黄，其中的种子成褐色或棕色时，用剪刀将果穗剪下，放通风阴凉处后熟 7~8 天，脱粒，晒干，低温干燥贮藏。

5.3 种植

5.3.1 整地

整地深翻 30cm 左右，结合耕地，每亩施入腐熟的农家肥 1 500~2 000kg 或复合肥（氮：磷：钾 =15：15：15）50kg 作为基肥，耙平，整细，做成 1.2~1.5m 宽、高 20~30cm 的平畦。

5.3.2 种植

秦艽 使用秦艽新种子，春、秋两季育苗。选择地势平坦的地块，每亩施腐熟有机肥 1 000~1 500kg、磷酸二铵 50~80kg，深耕 20~25cm，做成 1.0~1.5m 宽的苗床，耙平整细。在 30℃下，采用 500mg/L 赤霉素溶液浸泡种子 12 小时，清水冲洗干净，种子表皮晾干后播种。按行距 10cm，沟深 1cm，用开沟器开沟，进行河沙拌种条播。育苗田在苗长出 3~4 片真叶时按 2cm 株距进行间苗，间苗后适当浇水；苗高 4~6cm 时按间距 5cm 定苗。幼苗生长一年后移栽，分春栽和秋栽，春栽在 4 月中下旬移栽，秋栽在 8 月底至 9 月中旬前移栽，秋季移栽存活率高。按行距 20cm、株距 15cm 移栽，移植时苗子边起边栽，移栽深度以根头和地表相平为宜，定植后及时灌水。

粗茎秦艽 使用粗茎秦艽新种子，春、秋两季育苗。选择地势平坦的地块，每亩施复合肥（氮：磷：钾 =15：15：15）30kg，深耕 20~25cm，做成 1.0~1.5m 宽的苗床，耙平整细。在 30℃下，采用 500mg/L 赤霉素溶液浸泡种子 12 小时，沥干，拌 30 倍的草木灰均匀撒入苗床上，覆盖细土 0.5cm，拱厢盖膜。秦艽幼苗不耐高温和烈日暴晒，揭膜后用遮阳网遮阳，防止烧伤幼苗。秋季育苗于第二年 3 月揭膜，春季育苗于播种当年 5 月揭膜。待幼苗长出 2~4

片叶时,按株距 2cm 间苗,去弱留强,最终按株距 4cm 定苗再间苗。种苗返青至 2~4 片真叶、茎长不低于 8cm 时,即可带土起苗移栽。一般采用穴播。按行距 20cm、株距 20cm 移栽,每穴 1~2 株幼苗,压实。移栽后浇足定根水,用遮阳网遮阴,待幼苗定根成活后撤掉遮阳网。亩栽苗 16 000~20 000 株。

麻花秦艽 将阴干的麻花秦艽种子置于温度为 −10~10℃冰箱保存 10~150 天,或在 −5~20℃的室温干燥保存。播种前采用浓度为 500mg/L 的赤霉素浸泡 12 小时,沥干,进行直播或育苗栽培。直播在春季或秋季进行,将处理的种子以条播或撒播的方式,直接播种于水浇大田或适宜旱耕地,每亩播种量为 0.15~4.00kg,播种深度为 0.1~2.0cm。育苗移栽,以条播点播或撒播的方式,播种于苗床或育苗盘育苗,每亩播种量为 0.25~6.00kg。行距为 30cm,株距为 20cm,移栽深度为顶芽距地表 0~3cm。

小秦艽 土壤结冻前,选择排水良好、背阴处挖 1m 深坑,把种子、细沙与雪按体积比 1∶10∶20 混拌均匀装入草袋,放置坑内,上层覆盖 30~50cm 厚土,盖上秸秆或遮阳网,于播种时取出。6 月中旬至 7 月初,选择饱满、无虫蛀小秦艽种子进行育苗,将小秦艽种子掺入 10~20 倍体积细沙,拌匀,均匀撒播于平畦上,表面覆细沙土,及时浇透水,在苗床面上覆草帘或者遮阳网,小苗出土后去除草帘或遮阳网,每亩播种量 1.5~2kg;播种后,保持苗床润湿。当苗 6~8 片复叶时进行间苗和定苗,苗行间距 10cm,株间距 6~8cm。移栽于 3—4 月进行,选择根长 8cm 以上、粗 3mm 以上健壮苗,选择晴天进行分批移栽。

5.3.3 田间管理

移栽出苗后适时间苗、补苗、除草,及时排灌。每年结合中耕除草 2~3 次,在苗期、生长盛期、根部增重期追肥,以有机肥为主,辅施菌肥及中药材专用肥。除留种秦艽外,其余花蕾应及时摘掉;雨季要注意排水,防止烂根。

禁止使用壮根灵、膨大素等生长调节剂。

5.3.4 病虫害防治技术

秦艽常见病害有锈病和根腐病,虫害有钻心虫、蛴螬、地老虎等。

应采用预防为主、综合防治的方法:实行轮作;选用粗壮、无病害感染的优质种苗,禁用带病苗;及时清沟排水;发现病株及时拔除,集中销毁,进行局部消毒。

优先选用物理方法防治。采用化学防治时,应当符合国家有关规定;选用高效、低毒的生物农药;避免使用杀虫剂和杀菌剂等化学农药;不使用禁限用农药。

5.4 采收

秦艽、粗茎秦艽、麻花秦艽移栽后采收随长势情况决定,一般第二年即可采收,长势差、气候恶劣地区第三、四年采收。春、秋二季采挖,除去泥沙。小秦艽生长缓慢,须种植 5 年后才能采收,于 10 月中下旬,地上部分枯萎时或翌年清明前后进行采挖。

5.5 产地初加工

秦艽、粗茎秦艽、麻花秦艽采挖后,留 1cm 左右芦头,理顺根条。秦艽和麻花秦艽晒软,堆置"发汗"至表面呈红黄色或灰黄色时,摊开晒干,或不经"发汗"直接晒干;小秦艽趁鲜去芦头,进行撞皮。除去表皮上的黄皮、黑皮等,露出乳白色,捆成小捆,晒干即可。

5.6 包装、放行和贮运

5.6.1 包装

包装前应对每批药材按照国家标准进行质量检验。符合国家标准的药材,采用不影响质量的编织袋等包装,禁止采用包装过肥料、农药等的包装袋包装。包装外贴或挂标签、合格证,标识牌内容应有药材名、基源、产地、批号、规格、重量、采收日期、企业名称等,并有追溯码。

5.6.2 放行

应制定符合企业实际情况的放行制度,有审核批生产、检验等的相关记录。不合格药材有单独处理制度。

5.6.3 贮运

应贮存于阴凉干燥处,定期检查,防止虫蛀、霉变、腐烂等的发生。仓库控制温度在 20℃以下、相对湿度 75% 以下;不同批次等级药材分区存放;建有定期检查制度。可采用现代气调贮藏方法,包装或库内充氮或二氧化碳。

运输应防止发生混淆、污染、异物混入、包装破损、雨雪淋湿等。

附　录　A

（规范性）

禁限用农药名单

A.1　禁止（停止）使用的农药（46 种）

六六六、滴滴涕、毒杀芬、二溴氯丙烷、杀虫脒、二溴乙烷、除草醚、艾氏剂、狄氏剂、汞制剂、砷类、铅类、敌枯双、氟乙酰胺、甘氟、毒鼠强、氟乙酸钠、毒鼠硅、甲胺磷、对硫磷、甲基对硫磷、久效磷、磷胺、苯线磷、地虫硫磷、甲基硫环磷、磷化钙、磷化镁、磷化锌、硫线磷、蝇毒磷、治螟磷、特丁硫磷、氯磺隆、胺苯磺隆、甲磺隆、福美胂、福美甲胂、三氯杀螨醇、林丹、硫丹、溴甲烷、氟虫胺、杀扑磷、百草枯、2, 4- 滴丁酯。

注：氟虫胺自 2020 年 1 月 1 日起禁止使用。百草枯可溶胶剂自 2020 年 9 月 26 日起禁止使用。2, 4-滴丁酯自 2023 年 1 月 29 日起禁止使用。溴甲烷可用于"检疫熏蒸处理"。杀扑磷已无制剂登记。

A.2　在部分范围禁止使用的农药（20 种）

部分范围禁止使用的农药应注意药食同源中药材及来自其他作物的中药材。部分范围禁止使用的农药见表 A.1。

表 A.1　部分范围禁止使用的农药

通用名	禁止使用范围
甲拌磷、甲基异柳磷、克百威、水胺硫磷、氧乐果、灭多威、涕灭威、灭线磷	禁止在蔬菜、瓜果、茶叶、菌类、中草药材上使用,禁止用于防治卫生害虫,禁止用于水生植物的病虫害防治
甲拌磷、甲基异柳磷、克百威	禁止在甘蔗作物上使用
内吸磷、硫环磷、氯唑磷	禁止在蔬菜、瓜果、茶叶、中草药材上使用
乙酰甲胺磷、丁硫克百威、乐果	禁止在蔬菜、瓜果、茶叶、菌类和中草药材上使用
毒死蜱、三唑磷	禁止在蔬菜上使用
丁酰肼（比久）	禁止在花生上使用
氰戊菊酯	禁止在茶叶上使用
氟虫腈	禁止在所有农作物上使用（玉米等部分旱田种子包衣除外）
氟苯虫酰胺	禁止在水稻上使用

A.3　说明

本附录的内容来自 2019 年中华人民共和国农业农村部发布的《禁限用农药名录》（http://www.zzys.moa.gov.cn/gzdt/201911/t20191129_6332604.htm）。

参考文献

［1］国家药典委员会.中华人民共和国药典：2020年版一部［M］.北京：中国医药科技出版社，2020.

［2］郭巧生.药用植物栽培学［M］.北京：高等教育出版社，2009.

［3］王祖训，李福安.秦艽规范化种植技术［J］.青海农技推广，2006（4）：35-36.

［4］李焘，张志勤，王喆之.中药秦艽资源的开发利用与规范化种植研究［J］.陕西农业科学，2006（6）：36-38.

［5］李兵兵.秦艽种子休眠机理和破除技术及其抗氧化能力研究［D］.兰州：甘肃农业大学，2012.

［6］杨晓，胡尚钦，童文，等.秦艽低海拔种苗繁育技术研究［J］.现代农业科技，2015（5）：102.

［7］蔡子平，漆燕玲，王宏霞，等.秦艽温室育苗技术［J］.甘肃农业科技，2012（4）：54-55.

［8］郭文芳，李旻辉，伊乐泰，等.内蒙古地区小秦艽栽培技术规程［J］.特种经济动植物，2019，22（2）：33-35.

［9］杨继刚.丽江秦艽规范化栽培技术［J］.农业科技通讯，2016（12）：240.

［10］中国科学院西北高原生物研究所.麻花秦艽植物的引种栽培方法：03134966.8［P/OL］.2005-03-20［2024-01-19］.https://pss-system.cponline.cnipa.gov.cn/documents/detail?prevPageTit=changgui.

［11］林丽，陈红刚，杨韬.光照和浸种方式对秦艽种子发芽的影响试验简报［J］.甘肃农业科技，2007（2）：17-18.

［12］和顺荣，和朝元.秦艽种植密度对产量的影响［J］.农民致富之友，2015（14）：154.

［13］王秀芬，冷晓红，李静，等.秦艽不同加工品中有效成分含量与色度的相关性［J］.浙江农业科学，2017，58（6）：976-980.

ICS 65.020.20
CCS C 05

团 体 标 准

T/CACM 1374.124—2021

莱菔子规范化生产技术规程

Code of practice for good agricultural practice of
Raphani Semen

2021-10-15 发布 2021-10-15 实施

中华中医药学会 发布

目　次

前言 ·· 506
1　范围 ··· 507
2　规范性引用文件 ··· 507
3　术语和定义 ··· 507
4　莱菔子规范化生产流程图 ··· 508
5　莱菔子规范化生产技术 ·· 508
　5.1　生产基地选址与种质选择 ·· 508
　5.2　良种繁育 ··· 509
　5.3　种植 ··· 509
　5.4　田间管理 ··· 510
　5.5　病虫害防治 ··· 510
　5.6　采收 ··· 510
　5.7　干燥 ··· 511
　5.8　包装、放行、贮运 ·· 511
附录A（规范性）　禁限用农药名单 ··· 512
附录B（资料性）　萝卜常见病虫害防治的参考方法 ·· 513
参考文献 ··· 514

前　言

本文件按照 GB/T 1.1—2020《标准化工作导则　第 1 部分：标准化文件的结构和起草规则》的规定起草。

请注意本文件中的某些内容可能涉及专利。本文件的发布机构不承担识别专利的责任。

本文件由中国医学科学院药用植物研究所提出。

本文件由中华中医药学会归口。

本文件起草单位：贵州大学中药材研究所、国药集团同济堂（贵州）制药有限公司、昌昊金煌（贵州）中药有限公司、贵州省药用植物繁育与种植重点实验室、中国医学科学院药用植物研究所、重庆市药物种植研究所。

本文件主要起草人：罗夫来、赵致、王华磊、李金玲、杨相波、兰才武、陈松树、罗春丽、刘红昌、黄明进、李丹丹、魏建和、王文全、王秋玲、杨小玉、辛元尧、王苗苗。

莱菔子规范化生产技术规程

1 范围

本文件确立了莱菔子的规范化生产流程,规定了莱菔子生产选地、施肥、播种、田间管理、病虫害防治、采收、干燥、包装、贮运等阶段的操作要求。

本文件适用于莱菔子的规范化生产。

2 规范性引用文件

下列文件中的内容通过文中的规范性引用而构成本文件必不可少的条款。其中,注明日期的引用文件,仅该日期对应的版本适用于本文件;不注明日期的引用文件,其最新版本(包括所有的修改单)适用于本文件。

GB 3095 环境空气质量标准

GB/T 3543 农作物种子检验规程

GB 5084 农田灌溉水质标准

GB 5749 生活饮用水卫生标准

GB/T 8321.10—2018 农药合理使用准则(十)

GB 15618 土壤环境质量 农用地土壤污染风险管控标准(试行)

T/CACM 1374.1—2021 中药材规范化生产技术规程通则 植物药材

3 术语和定义

T/CACM 1374.1—2021 界定的以及下列术语和定义适用于本文件。

3.1 规范化生产 good agricultural practice

按照《中药材生产质量管理规范》(简称中药材 GAP)的要求,实施药材生产,保证中药材优质安全的生产过程。

3.2 技术规程 code of practice

为实现中药材生产顺利、有序进行,保证中药材生产质量,对中药材生产的基地选址、种子种苗、种植或野生抚育、采收与产地初加工以及包装、放行与贮运等,所做的技术规定和要求,是实施中药材规范生产的核心技术要求和实施指南。

3.3 莱菔子 Raphani Semen

十字花科植物萝卜 *Raphanus sativus* L. 的干燥成熟种子。

3.4 种子 seed

莱菔子药材生产时播种的种子,来源于十字花科植物萝卜 *Raphanus sativus* L. 的干燥成熟种子。

3.5 摘花薹 picking flowers and bolting

萝卜花薹刚抽出时,摘去顶端,促进花薹分枝。

3.6 摘花顶 picking flower top

萝卜花薹抽生至 5~6 个分枝时,摘除花苔顶端,促发二次分枝。

4 莱菔子规范化生产流程图

莱菔子的规范化生产流程见图 1。

莱菔子规范化生产流程: 关键控制点及参数:

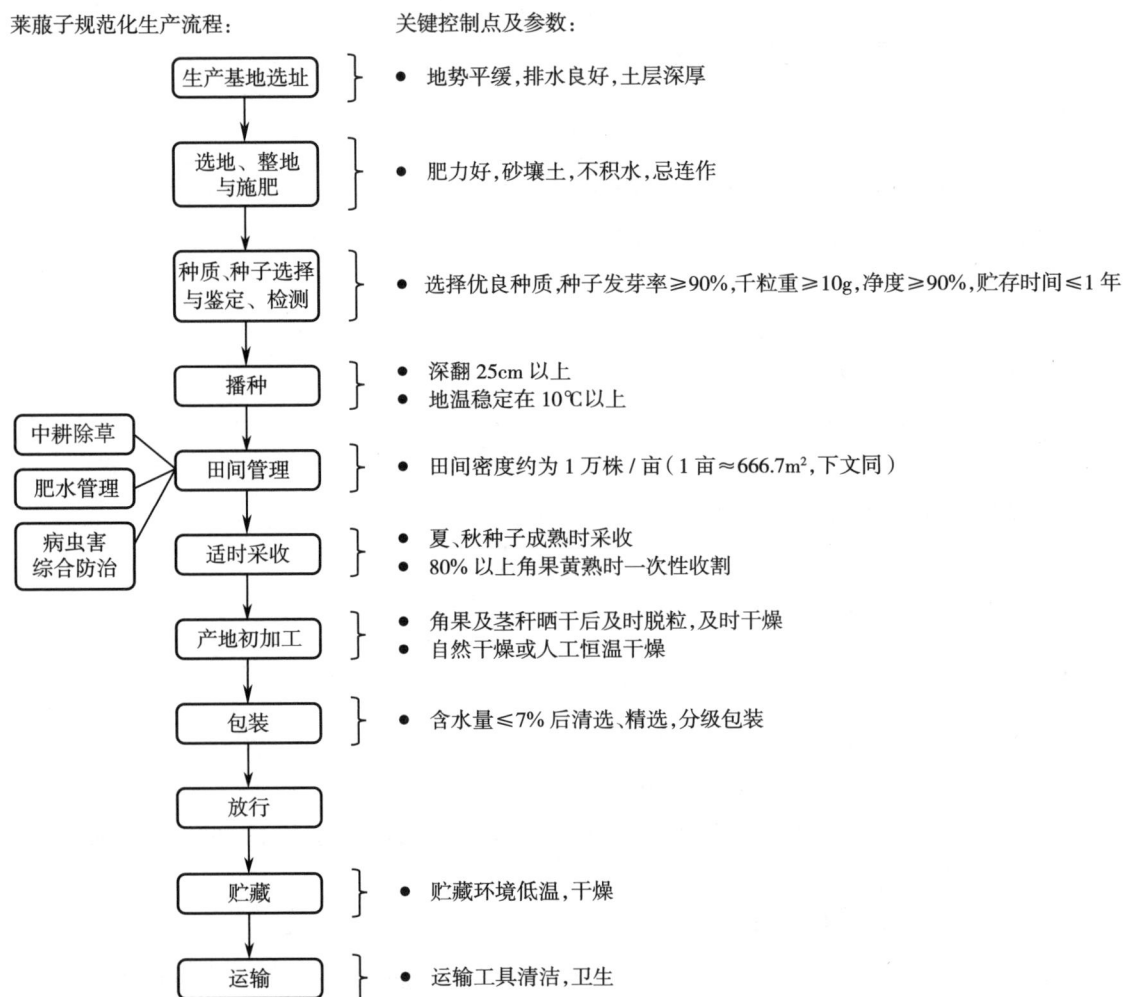

流程	关键控制点及参数
生产基地选址	● 地势平缓,排水良好,土层深厚
选地、整地与施肥	● 肥力好,砂壤土,不积水,忌连作
种质、种子选择与鉴定、检测	● 选择优良种质,种子发芽率≥90%,千粒重≥10g,净度≥90%,贮存时间≤1 年
播种	● 深翻 25cm 以上 ● 地温稳定在 10℃以上
田间管理（中耕除草、肥水管理、病虫害综合防治）	● 田间密度约为 1 万株/亩（1 亩≈666.7m²,下文同）
适时采收	● 夏、秋种子成熟时采收 ● 80% 以上角果黄熟时一次性收割
产地初加工	● 角果及茎秆晒干后及时脱粒,及时干燥 ● 自然干燥或人工恒温干燥
包装	● 含水量≤7% 后清选、精选,分级包装
放行	
贮藏	● 贮藏环境低温,干燥
运输	● 运输工具清洁,卫生

图 1 莱菔子的规范化生产流程图

5 莱菔子规范化生产技术

5.1 生产基地选址与种质选择

5.1.1 基地环境

基地环境符合《中药材生产质量管理规范》的要求。空气质量达到 GB 3095《环境空气质量标准》规定的二级以上大气质量标准,灌溉水达到 GB 5084《农田灌溉水质标准》规定的二级以上农田灌溉水标准,土壤质量达到 GB 15618《土壤环境质量 农用地土壤污染风险管控标准(试行)》规定的二级以上土壤质量标准,基地饮用水达到 GB 5749《生活饮用水卫生标准》。

5.1.2 选地

全国各地均可种植。

选择土层深厚、土壤肥沃、有机质丰富、灌溉方便、通风良好、光照充足的地块作栽培基地。前茬以瓜类、茄果类、豆类、禾本科作物为宜,避免十字花科蔬菜为前茬。不同萝卜品种间,或与其他十字花科作物间的有效隔离区在 1 000m 以上。

5.1.3 种质与种子质量

使用十字花科植物萝卜 *Raphanus sativus* L.,物种须经过鉴定。种子千粒重 ≥10g、净度 ≥90%、发芽率 ≥90%、贮存时间 ≤1 年。莱菔子种子检验规程参照 GB/T 3543 的相关要求。如使用农家品种或选育品种应加以明确。

5.2 良种繁育

建立莱菔子种质资源圃,选育(培育)出抗性强、适应性广、质量优、产量稳的莱菔子优良植株,培育良种,采用良种扩繁种子。

当 80% 以上角果黄熟时收割。收获的角果晾晒 5~10 天,使种子充分成熟、果荚干燥。角果及茎秆晒干后及时脱粒。选择籽粒大、饱满、无病害的种子作种,置于阴凉环境,低温干燥贮藏,贮藏时间不超过一年。

5.3 种植

5.3.1 整地做畦

前茬作物收获后,及时深耕 30cm 以上,精细整地,平整土地,起垄作畦,畦宽 1m,高 20~30cm,畦间距 20~30cm。

5.3.2 施肥

结合整地,每亩施腐熟农家肥 3 000~5 000kg、复合肥(氮:磷:钾 =15:15:15)20kg。

5.3.3 种子处理

当 10cm 土层温度达到 8~10℃时,为适宜播期。播种前,按 GB/T 3543《农作物种子检验规程》进行种子检验,并进行精选,要求种子净度不小于 98%。播种前选晴天晾晒 2~3 天。

5.3.4 播种方法与播种量

播种方法用撒播、条播或穴播,播种量 500~1 200g/亩,播种量大小依次为撒播 > 条播 > 穴播。

5.3.4.1 覆膜穴播

3 月中下旬覆黑色薄膜,覆膜 8~10 天后播种,破膜点播,品字形打穴,每穴播 2~3 粒种子,播种深度 1.5~2cm,播后盖细土 1cm 左右,封严穴口,株距 25~35cm、行距 40~50cm,一畦两行,播种量 400~500g/亩。

5.3.4.2 撒播

将种子均匀撒入畦面,播种量 600~1 200g/亩。用耧扒耧 2~3 次,耧平耙细即可。

5.3.4.3 条播

在畦面开深3~5cm浅沟,行距40cm,一畦两行,将种子均匀撒入,覆土耧平,播种量500~1 000g/亩。

5.4 田间管理

5.4.1 间苗、定苗

播种后及时查看出苗情况,若出现缺苗、断垄现象,要及时催芽补种,保证田间苗全苗齐。待幼苗长到3~4片真叶时间苗,去除病苗、畸形苗、弱小苗;穴播的每穴留2~4株,撒播或条播的株距8~10cm;长出5~6片真叶时定苗,穴播的每穴留苗2株,撒播或条播的按株距30~35cm、行距40~50cm定苗,每穴留苗2株。

5.4.2 中耕除草与摘花薹

及时中耕锄草,保持土壤疏松没有杂草。中耕除草宜浅不宜深,以免伤根。

播种出苗后,滋生杂草要及时清除,一般苗期中耕锄草2~3次。生长期间,对破膜而出的杂草要及时拔除,并将破膜处用细土覆盖严实。莱菔子生长期要进行多次中耕除草,疏松土壤,促进根系发育。初出花薹时尽早打头,促进侧枝发育提高单株产量。花薹抽生至5~6个分枝时,摘除花苔顶端,促发二次分枝,提高结荚密度,实现增产。

5.4.3 灌水施肥

播种后土壤含水量保持在80%以上,苗期适当蹲苗,一般不灌水,本着"不干不浇"原则,进行水分管理。田间50%植株开始抽薹时,视土壤墒情浇水一次,同时追肥一次,每亩追施15~20kg尿素或硝铵,深施。花期喷施硼肥2次,每次每亩使用硼酸或持力硼100~150g兑水100kg喷雾,两次间隔10~15天。萝卜开花末期视土壤墒情再浇水一次,结合浇水,施用速溶性磷钾肥随水冲施,亩施10kg,以促进籽粒饱满。从初花期到角果开始黄熟,视土壤墒情适时灌水,进入角果黄熟期后,严禁灌水,避免植株返青或贪青晚熟,影响莱菔子产量和品质。

5.4.4 植物生长调节剂和叶面喷肥

在萝卜始花期、盛花期、终花期及角果绿熟期,可单独或结合硼肥交替喷施芸苔素内酯、0.2%磷酸二氢钾溶液2~3次,促进生殖生长、促花、提高受粉率、促进果实发育、降低空壳率、提高品质。

5.5 病虫害防治

萝卜常见病害有霜霉病、菌核病、软腐病和病毒病等,虫害主要有蚜虫、菜青虫、小菜蛾、潜叶蝇和跳甲等。

应遵循"预防为主,综合防治"原则,采取农业防治、物理防治结合化学防治的方法进行防治。采用化学防治时,应当符合GB/T 8321.10—2018《农药合理使用准则(十)》相关规定;优先选用高效、低毒生物农药;不使用禁限用农药。具体病虫害防治方法见附录B.2。

5.6 采收

莱菔子于夏、秋种子成熟时采收,当80%以上角果黄熟时,及时一次性收割。一般7月下旬到8月上中旬,当角果由绿变黄时,从花薹基部割下果穗(勿带根带土)。收获的角果晾晒

5~10天,使莱菔子充分成熟、果荚干燥,其间要严防雨淋霉变。角果及茎秆晒干后及时脱粒。

5.7 干燥

收获后的莱菔子要自然干燥或人工恒温干燥。

自然干燥法:将脱粒的莱菔子铺放在晒场上直接晒干。

人工恒温干燥法:也可利用炕干、烘干、红外干燥等方法干燥莱菔子。干燥后药材水分含量不高于7%。

5.8 包装、放行、贮运

5.8.1 包装

包装前应对每批药材按照国家标准进行质量检验。符合国家标准的药材,采用不影响质量的编织袋等包装,禁止采用包装过肥料、农药等的包装袋包装。包装外贴或挂标签、合格证,标识牌内容应有药材名、基源、产地、批号、规格、重量、采收日期、企业名称等,并有追溯码。

5.8.2 放行

应制定符合企业实际情况的放行制度,有审核批生产、检验等的相关记录。不合格药材有单独处理制度。

5.8.3 贮运

应贮存于低温干燥环境,定期检查,防止虫蛀、霉变、腐烂、泛油等发生。仓库控制温度在20℃以下、相对湿度75%以下;不同批次、等级药材分区存放;建有定期检查制度。也可采用现代气调贮藏方法,包装或库内充氮或二氧化碳。

运输应防止发生混淆、污染、异物混入、包装破损、雨雪淋湿等。

附 录 A

（规范性）

禁限用农药名单

A.1 禁止（停止）使用的农药（46 种）

六六六、滴滴涕、毒杀芬、二溴氯丙烷、杀虫脒、二溴乙烷、除草醚、艾氏剂、狄氏剂、汞制剂、砷类、铅类、敌枯双、氟乙酰胺、甘氟、毒鼠强、氟乙酸钠、毒鼠硅、甲胺磷、对硫磷、甲基对硫磷、久效磷、磷胺、苯线磷、地虫硫磷、甲基硫环磷、磷化钙、磷化镁、磷化锌、硫线磷、蝇毒磷、治螟磷、特丁硫磷、氯磺隆、胺苯磺隆、甲磺隆、福美胂、福美甲胂、三氯杀螨醇、林丹、硫丹、溴甲烷、氟虫胺、杀扑磷、百草枯、2,4-滴丁酯。

注：氟虫胺自 2020 年 1 月 1 日起禁止使用。百草枯可溶胶剂自 2020 年 9 月 26 日起禁止使用。2,4-滴丁酯自 2023 年 1 月 29 日起禁止使用。溴甲烷可用于"检疫熏蒸处理"。杀扑磷已无制剂登记。

A.2 在部分范围禁止使用的农药（20 种）

部分范围禁止使用的农药应注意药食同源中药材及来自其他作物的中药材。部分范围禁止使用的农药见表 A.1。

表 A.1　部分范围禁止使用的农药

通用名	禁止使用范围
甲拌磷、甲基异柳磷、克百威、水胺硫磷、氧乐果、灭多威、涕灭威、灭线磷	禁止在蔬菜、瓜果、茶叶、菌类、中草药材上使用,禁止用于防治卫生害虫,禁止用于水生植物的病虫害防治
甲拌磷、甲基异柳磷、克百威	禁止在甘蔗作物上使用
内吸磷、硫环磷、氯唑磷	禁止在蔬菜、瓜果、茶叶、中草药材上使用
乙酰甲胺磷、丁硫克百威、乐果	禁止在蔬菜、瓜果、茶叶、菌类和中草药材上使用
毒死蜱、三唑磷	禁止在蔬菜上使用
丁酰肼（比久）	禁止在花生上使用
氰戊菊酯	禁止在茶叶上使用
氟虫腈	禁止在所有农作物上使用（玉米等部分旱田种子包衣除外）
氟苯虫酰胺	禁止在水稻上使用

A.3 说明

本附录的内容来自 2019 年中华人民共和国农业农村部发布的《禁限用农药名录》（http://www.zzys.moa.gov.cn/gzdt/201911/t20191129_6332604.htm）。

附 录 B

（资料性）

萝卜常见病虫害防治的参考方法

B.1 萝卜上登记使用的农药

1 杀虫剂

苏云金杆菌、金龟子绿僵菌 CQMa421、啶虫脒、吡虫啉、哒螨灵、氯化胆碱、阿维·吡虫啉、吡虫·辛硫磷、氟啶脲、辛硫磷。

2 杀菌剂

百菌清、三乙膦酸铝、甲基硫菌灵、代森锌、苦参碱、苏云金杆菌。

B.2 萝卜病虫害防治参考方法

1 病害

莱菔子病害主要有霜霉病、菌核病、软腐病和病毒病等。要以预防为主，当病害发生时，选用喷雾防治。

1.1 霜霉病

嘧啶核苷类抗菌素，或甲霜·锰锌，或噁霜·锰锌，或甲霜灵，喷雾，按照农药标签使用。

1.2 软腐病

农用链霉素浸种或灌根；或菜丰宁喷雾；或代森锰锌喷雾；或可杀得喷雾，按照农药标签使用。

1.3 黑根病

百菌清喷雾或灌根；或霜霉威盐酸盐喷雾或灌根，按照农药标签使用。

2 虫害

虫害主要是蚜虫、菜青虫、小菜蛾、潜叶蝇和跳甲等。当发生虫害时，用药剂防治。杀灭菊酯，或敌百虫，或辛硫磷，或氰戊辛硫磷乳油，或净叶宝，或田卫士，喷雾防治，按照农药标签使用。

2.1 蚜虫

吡虫啉，或除虫菊素喷雾防治，按照农药标签使用。

2.2 菜青虫

杀灭菊酯，或辛硫磷，或氰戊辛硫磷乳油，或虫螨腈，喷雾防治，交替用药，按照农药标签使用。

2.3 黄曲条跳甲

定植或播种时，用敌百虫配成毒土撒施地表。生长期间用敌百虫，或辛硫磷喷施叶面或灌根，按照农药标签使用。

2.4 小菜蛾

用苏芸金杆菌，或辛硫磷，或氰戊辛硫磷乳油在低龄幼虫高峰期喷施，按照农药标签使用。

参考文献

[1] 国家药典委员会.中华人民共和国药典:2020年版一部[M].北京:中药医药科技出版社,2020.

[2] 王进,李星成,程红玉,等.河西走廊绿洲灌区莱菔子高产优质生产技术[J].特种经济动植物,2019,20(6):28-29.

[3] 储庆龙,习根亮.莱菔子不同地区品种、不同种植方式及不同施肥量试验研究[J].北京农业,2016(3):64-65.

[4] 张朝辉,海瑞明,王兵,等."南畔洲"白萝卜高产制种技术[J].新疆农业科技,2007(2):23.

[5] 范宏伟,陈光禄.河西走廊萝卜制种技术要点[J].甘肃农业科技,2009(6):72.

[6] 金海强,修景润,徐炯达,等.萝卜小株制种的育苗技术[J].吉林蔬菜,2019(2):19.

[7] 郜玉珍,陈玉泉.萝卜制种示范技术总结[J].新疆农业科技,2001(5):17.

[8] 姜国霞,高产,赵秀琴,等.平青一号萝卜制种技术[J].农业科技通讯,2017(8):326-327.

[9] 张同化,杜绍印,李建军,等.日本干理想萝卜育苗制种高产技术[J].种子科技,2000(2):57-58.

[10] 杨发兰,马昭远.张掖地区萝卜制种技术要点[J].甘肃农业科技,2001(11):40.

[11] 包正,刘辰,徐文玲,等.不同施肥处理对萝卜莱菔子素含量的影响[J].山东农业科学,2019,51(5):94-97.

[12] 李媛.不同品种莱菔子生药学研究[D].济南:山东中医药大学,2016.

ICS 65.020.20
CCS C 05

团 体 标 准

T/CACM 1374.125—2021

莪术规范化生产技术规程

Code of practice for good agricultural practice of
Curcumae Rhizoma

2021-10-15 发布

2021-10-15 实施

中华中医药学会   发布

目　　次

前言 ··· 517

1　范围 ··· 518

2　规范性引用文件 ··· 518

3　术语和定义 ·· 518

4　莪术规范化生产流程图 ·· 519

5　莪术规范化生产技术 ·· 519

　5.1　种质选择 ··· 519

　5.2　生产基地选址 ·· 520

　5.3　种茎或种苗生产 ··· 520

　5.4　组培苗生产 ·· 521

　5.5　园地规划与整理 ··· 523

　5.6　园地准备 ··· 524

　5.7　定植 ·· 524

　5.8　管理 ·· 525

　5.9　病虫害防治 ·· 526

　5.10　采收 ··· 526

　5.11　产地初加工 ··· 527

　5.12　运输 ··· 528

　5.13　贮存 ··· 528

附录A（资料性）　莪术常见病虫害防治的参考方法 ····························· 529

附录B（资料性）　禁限用农药名单 ·· 530

参考文献 ·· 531

前　言

本文件按照 GB/T 1.12020《标准化工作导则　第1部分：标准化文件的结构和起草规则》的规定起草。

请注意本文件中的某些内容可能涉及专利。本文件的发布机构不承担识别专利的责任。

本文件由中国医学科学院药用植物研究所和中国医学科学院药用植物研究所海南分所提出。

本文件由中华中医药学会归口。

本文件起草单位：中国医学科学院药用植物研究所海南分所、中国医学科学院药用植物研究所、广西壮族自治区药用植物园、浙江省亚热带作物研究所、西南大学农学与生物科技学院、海南碧凯药业有限公司、瑞安市通明温郁金专业合作社、广东至纯南药科技有限公司、重庆市药物种植研究所。

本文件主要起草人：王德立、魏建和、王文全、王秋玲、张占江、陶正明、张兴翠、黄娴、金自学、郑福勃、肖庆强、杨小玉、辛元尧、王苗苗。

莪术规范化生产技术规程

1 范围

本文件确立了莪术的规范化生产流程,规定了莪术种质选择、生产基地选址、种茎或种苗生产、组培苗生产、园地规划与整理、园地准备、定植、管理、病虫害防治、采收、产地初加工、运输和贮存等阶段的技术要求。

本文件适用于温郁金、广西莪术或蓬莪术的规范化生产。

2 规范性引用文件

下列文件中的内容通过文中的规范性引用而构成本文件必不可少的条款。其中,注明日期的引用文件,仅该日期对应的版本适用于本文件;不注明日期的引用文件,其最新版本(包括所有的修改单)适用于本文件。

GB 3095 环境空气质量标准

GB 5084 农田灌溉水质标准

GB 15618—2018 土壤环境质量 农用地土壤污染风险管控标准(试行)

NY/T 394 绿色食品 肥料使用准则

NY/T 5010 无公害农产品 种植业产地环境条件

DB33/T 654 温郁金生产技术规程

T/CACM 1374.1—2021 中药材规范化生产技术规程通则 植物药材

《中药材生产质量管理规范》(国家药品监督管理局令第 32 号)

3 术语和定义

T/CACM 1374.1—2021、DB33/T 654 界定的以及下列术语和定义适用于本文件。

3.1 规范化生产 good agricultural practice

按照《中药材生产质量管理规范》(简称中药材 GAP)的要求,实施药材生产,保证中药材优质安全的生产过程。

3.2 技术规程 code of practice

为实现中药材生产顺利、有序进行,保证中药材生产质量,对中药材生产的基地选址、种苗培育、种植或野生抚育、采收与产地初加工以及包装、放行与贮运等所做的技术规定和要求,是实施中药材规范生产的核心技术要求和实施指南。

3.3 组培苗 tissue culture seedling

采用组织培养技术将莪术外植体在培养基中培养成生根苗,并经炼苗及苗圃培养形成可用于田间种植的种苗。

4 莪术规范化生产流程图

莪术的规范化生产流程见图1。

莪术规范化生产流程：　　　　　　　　关键控制点及技术参数：

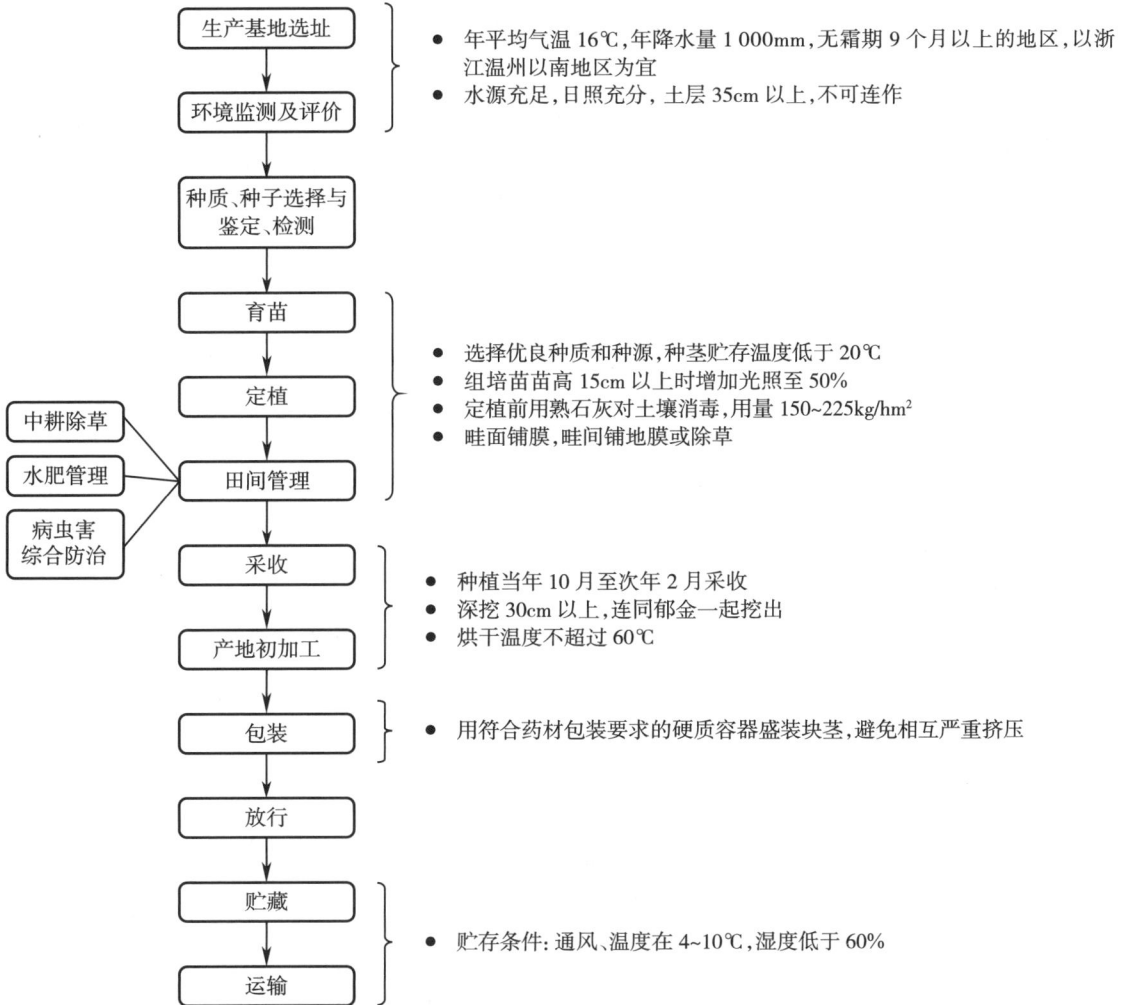

* 年平均气温16℃,年降水量1 000mm,无霜期9个月以上的地区,以浙江温州以南地区为宜
* 水源充足,日照充分,土层35cm以上,不可连作

* 选择优良种质和种源,种茎贮存温度低于20℃
* 组培苗苗高15cm以上时增加光照至50%
* 定植前用熟石灰对土壤消毒,用量150~225kg/hm²
* 畦面铺膜,畦间铺地膜或除草

* 种植当年10月至次年2月采收
* 深挖30cm以上,连同郁金一起挖出
* 烘干温度不超过60℃

* 用符合药材包装要求的硬质容器盛装块茎,避免相互严重挤压

* 贮存条件:通风、温度在4~10℃,湿度低于60%

图1　莪术规范化生产流程图

5 莪术规范化生产技术

5.1 种质选择

根据环境条件和种植习惯选择温郁金（*Curcuma wenyujin* Y. H. Chen et C. Ling）、广西莪术（*Curcuma kwangsiensis* S. G. Lee et C. F. Liang）或蓬莪术（*Curcuma phaeocaulis* Val.）,并挑选品质优良、高产、高抗的种质或植株作为繁殖材料。

5.2 生产基地选址

5.2.1 气候条件

根据物种选择适宜的气候条件：

温郁金和蓬莪术：温暖湿润，无霜期 9 个月以上，年降水量 1 100mm 以上，年平均气温 16℃ 以上，最低温不低于 –3℃。

广西莪术：年平均气温 21℃ 以上，1 月份平均气温 10℃ 以上，霜期不大于 3 天。年降水量低于 1 000mm，降水分布极度不均，且灌溉水严重缺乏的地方不宜种植。

5.2.2 区域选择

根据物种及其传统种植习惯选择相应的适宜种植区：

温郁金：浙江温州瑞安市陶山镇及其周边地区，海南琼中黎族苗族自治县以北区域。

广西莪术：广西玉林、钦州及广西中部和南部地区。

蓬莪术：四川成都双流、锦江、新津、温江及周边地区。

5.2.3 地块选择

选择水源充足，排灌方便，向阳、日照充分或少量遮荫，灾害性天气较少，无污染源，平地或缓坡地块。

5.2.4 土壤

土层深度 35cm 以上，以富含腐殖质的砂壤或壤土为佳，砂土、红壤、黄壤土亦可。土质疏松，土壤 pH 5.0~7.5，土壤质量应符合 GB 15618—2018 的规定。

5.2.5 水分

水源为河水、湖水、山水等地表水或地下水，地表水水源距种植地块较近，引水方便；地下水源充足。水质应符合 GB 5084 的规定。

5.2.6 空气

应远离空气污染区，选择空气质量良好的区域种植。

5.2.7 光照

选向阳地块，光照充足或稍有遮荫，平均日照率 40% 以上。荫蔽度超过 40% 的林地或日照率较低的阴坡地不宜种植。

5.2.8 前茬作物

莪术不宜连作，若连作须对土壤用熟石灰或其他土壤消毒剂进行消毒，且选异地优良种源或组培苗，当地所产种茎不可原地种植。前茬以油菜、玉米或其他禾本科作物为宜，不宜是马铃薯、红薯等块根、块茎类作物。

5.3 种茎或种苗生产

5.3.1 种茎采集、处理与贮运

5.3.1.1 优良母株选择

在种植地内选择生长旺盛、健壮、无检疫性病虫害的植株，或选择植株生长健壮的地块，做好种源标记。

5.3.1.2 种茎采收

5.3.1.2.1 采收时期

10月至次年2月,地上部分全部枯萎后采收,采收期不应超过2个月。

5.3.1.2.2 茎叶处理

若机器采收则需在采收前先将枯萎的茎叶清除干净,若人工采收则无需清除。清除枯叶时可用机械将茎叶收集在一起,也可人工耙除,对难以清除的茎叶应拔掉或从基部砍断。将茎叶集中放置在不影响种植的地方或做其他无害化处理。

5.3.1.2.3 采收

晴天或阴天均可采收,用采收机沿种植行采收,深度不应低于25cm。若人工采收则从距种植穴30~40cm处深挖25~30cm,避免损伤块茎,且尽量挖出全部块茎和郁金。

5.3.1.3 种茎存放

块茎挖出后应尽快清洗、加工,如不能及时处理,且气温为5~20℃,则可按下列方式处理:

a)原地放置:挖出后可原地放置7~10天。

b)装筐放置:轻轻抖掉附着在块茎上的泥土、枯叶等,剪去根系及郁金,将块茎放置在体积约0.06m³的筐中,摆放于遮光、通风的室内或棚下,可放置30~45天。

5.3.2 种茎处理

5.3.2.1 根系处理

在紧挨块茎处剪掉所有生长在块茎上的根系,残留根长度不应超过1.0cm。

5.3.2.2 块茎筛选

拣出受伤、折断、霉变和有病虫害的块茎,挑选体积大、含水量高的块茎。

5.3.2.3 种茎处理

将二头从大头上掰下或切下,分别放置。若三头较大,可将此从二头上掰下或切下,与二头、大头分开放置。大头、二头、三头均可作种茎,以大头、二头为佳。按照农药使用标签,将种茎放置在百菌清或多菌灵溶液中浸泡10分钟,取出,晾干表面水分。

5.3.2.4 贮藏

处理好的种茎最好马上种植,若需长期存放则置于阴凉通风处晾干表面水分后,装入可盛30~40kg莪术的硬质、通风筐中,将种茎按不同级别分别存放在环境温度<20℃,湿度约60%的阴凉、通风的贮藏室内。每7天抽检1次。

5.3.3 运输

可用卡车、拖拉机等工具运输种茎,根据贮存地点与种植地的距离选择合适的运输工具,运输时宜避免冻害、日晒、雨淋及机械损伤等,若温度较高或种茎水分蒸发较快可适当洒水保湿。

5.4 组培苗生产

5.4.1 外植体采集

5.4.1.1 外植体种源选择与培养

挑选当年收获的个体大、生长健壮、无病虫害、无畸形的完整莪术块茎作为种源。将种源清洗干净,按农药使用标签在多菌灵溶液中浸泡 10 分钟后晾干,单层平放在托盘中,表层覆盖经消毒的湿润椰糠,置于温度 23~27℃、湿度约 80% 的遮荫、通风环境中催芽,并始终保持椰糠湿润。

5.4.1.2 外植体采集

芽长 2~3cm 时选健壮单芽,从母体取下用自来水将芽表面清洗干净。

5.4.2 组培苗培养

5.4.2.1 芽分化

用芽分化培养基在无菌条件下培养外植体,形成新的无菌诱导芽。

5.4.2.2 继代芽培养

将诱导芽在超净工作台上用消毒过的刀片和镊子切下,转接到配制好的无菌增殖培养基中,在培养室内培养会形成丛芽,即继代芽。

5.4.2.3 无菌苗培养

将继代芽转接到增殖培养基中,在培养室内继续无菌培养,形成继代苗。

5.4.2.4 生根苗培养

以继代苗为外植体接种到生根培养基中,在无菌条件下继续培养,形成生根苗。

5.4.3 炼苗

5.4.3.1 炼苗要求

无菌苗叶片舒展,颜色呈深绿色,叶片数量 4 片以上,苗高 2.5~3.0cm,根系发育良好,无污染即可在荫棚内炼苗。

5.4.3.2 生根苗处理

将无菌生根苗从培养瓶中取出,用清水冲洗干净培养基,按照农药使用标签,将种苗根部浸泡在多菌灵或甲基硫菌灵溶液中 5~8 分钟,取出,整齐摆放于硬质、通风筐或盘中,于湿润、避光条件下尽快运至苗圃,运输过程不应损伤种苗。

5.4.4 组培苗生产

5.4.4.1 苗圃地选择

选择地势平坦、排灌方便、阳光充足、避风的地块作苗圃地,苗圃地灌溉水、土壤、空气应符合 NY/T 5010 的要求。

5.4.4.2 苗圃地规划

苗圃地包括道路、排灌设施、催芽区、育苗区等。根据地块情况确定育苗畦的走向和长度。育苗区起宽约 100cm、高约 10cm 的畦,两畦间留约 40cm 的操作通道。

5.4.4.3 苗圃地建设

以钢管或水泥柱为支架,搭设荫棚,荫蔽度 75%,并安装水肥一体化系统。

5.4.4.4 育苗基质

通常采用泥炭土∶谷壳∶椰糠为 1∶1∶2 均匀混合的基质,也可用其他疏松、保水的育苗基质,将基质装满育苗容器(通常为育苗袋、育苗盘),并将容器整齐排列于育苗畦面上。

5.4.4.5 种苗移栽

将生根苗栽种于容器中,每个容器 1 株,栽后轻轻压实基质,浇透水。

5.4.4.6 管理

查苗与补苗:移栽后 15 天内每天检查种苗成活情况,及时拔除病苗和死苗,并补种新苗。

水分:保持基质湿润,天气干旱时每天喷水 2 次,早晚各 1 次。雨水较多时及时排水,避免积水。

光照:同批次苗中大部分苗高低于 15cm 以下时保持荫蔽度 75% 左右,苗高 15cm 以上时可适当增加光照强度至 50%。

肥料:以水肥为主,可喷施 0.5% 的复合肥,水肥浓度不应超过 1%,每 3 天淋 1 次,也可在每个育苗容器中放 3~5 粒缓释复合肥。

除草:应及时拔除穴盘内的杂草,拔草时不应带出或损伤莪术种苗,操作通道和地头等可用锄头清除,不应喷施除草剂,应始终保持苗圃地整洁、干净。

5.4.4.7 病虫害防治

防治原则:坚持"预防为主、综合防治"的原则,以农业防治为主,辅以生物、物理防治,尽量减少施用化学农药,优先使用生物农药,遵循最低有效剂量原则。

农业防治:对苗圃内土壤、基质充分消毒,适当增加通风和光照,改善苗圃内环境。

化学防治:苗移栽至容器后,2 天内应及时叶面喷施甲基硫菌灵或百菌清。常见病虫害防治方法见附录 A。

5.4.4.8 出圃

炼苗:60% 以上种苗高 15cm 时可分时段打开遮阳网,宜在 17:00 后或阴天进行。开网后 5 天内,应加强淋叶面水,尤其是中午太阳较大时要增加淋水次数。

取苗:苗高 20cm 时即可出圃,出圃时将种苗连同基质一起按相同生长方向摆放于筐内。运送到种植地,运输过程中不应光照,并保持环境湿润与通风。

5.5 园地规划与整理

5.5.1 规划设计

园地包括种植区、排灌系统、道路及其他配套设施等,根据园地情况合理规划。

5.5.2 排水系统

排水系统由主排水沟、园内纵沟和垄沟组成。主排水沟宽 50cm,深 30~50cm,贯穿整个园地。园内每隔 30~40m 开一条垂直于垄面的纵沟,沟宽 40cm,深 20~30cm,与主排水沟相连。垄沟和纵沟或主排水相连。若整个种植地排水良好,如缓坡地,可不挖排水沟。

5.5.3 水肥一体化系统

较为干旱或降雨时期不均的地方须在种植地安装水肥一体化系统,其他种植地尽量安装。将水肥池建在地块较高处或地块中央,200m³ 可辐射灌溉面积 200 亩(1 亩 ≈ 666.7m²,下文同)。喷灌(或滴灌)主管道垂直于垄沟,喷带与主管相连,紧挨种植行铺设。

5.5.4 道路

修建主道、次道和田间作业道。主道宽 4m 左右,贯穿整个种植地;次道宽 2~3m,将种植地分成不同种植区域,并与主道相连;田间作业道根据种植规格确定,通常宽约60cm,与次道相连。

5.6 园地准备

5.6.1 整地

种植前1~2个月清除种植地内树木、杂草及其他杂物等;深翻土壤30~40cm,日晒风化7天后,细耙,清除树头、杂草等。

5.6.2 施基肥

1t腐熟的农家肥或有机肥均匀混合钙镁磷肥及氯化钾各50kg,在土地深耕前均匀撒施在田间,用量25~30t/hm²。

5.6.3 土壤消毒

新种植地块,可对土壤消毒,均匀撒施熟石灰450~750kg/hm²。重茬种植地块应做好土壤消毒,在田间撒施熟石灰150~225kg/hm²,并用旋耕机或翻耕机将地块深翻25~30cm,往返耙地2~3次,以均匀混合且没有较大土块为宜。

5.6.4 防护

若种植地周围有道路或农用地块,应在周边种植高秆作物、灌木或乔木,做成高2m以上、宽约5m的隔离带。

5.7 定植

5.7.1 种茎定植

5.7.1.1 定植适期

2月下旬至5月下旬,选择雨后或者土壤较为湿润的时段种植。

5.7.1.2 种茎选择

选择饱满、大小适中、无病虫害,具有两个或两个以上芽点的二头、三头作种茎。

5.7.1.3 种茎处理

按照农药标签,用多菌灵浸泡种茎5~10分钟,取出置阴凉处晾干表面水分后定植。

5.7.1.4 定植方法和规格

将大块的块茎切成适宜大小的种茎,放于播种机箱斗中,用播种机种植。播种机可自动起畦,畦面宽80cm,两畦间沟宽60cm,沟深20~30cm。露出地表的种茎,应人工覆土厚3~5cm。

若人工种植,可用起垄机或人工先起上述规格的畦,按行距30cm、株距约30cm规格在畦面挖穴,将种茎播种于穴内,覆土厚约5cm,轻轻踩实。

5.7.2 组培苗定植

5.7.2.1 起高畦

用起垄机或人工起高20~30cm、宽80cm的畦,将畦面整平,耙细,两畦间操作通道宽60cm。

5.7.2.2 种苗处理

将种苗根系连同基质在多菌灵溶液中浸泡10秒,取出。

5.7.2.3 种植方法及规格

在畦面挖深、宽均约 10cm 的穴,将处理后的种苗栽种于穴内,覆土盖住根系,轻轻压实,并浇透水。

5.7.3 安装水带与覆膜

若种植组培苗,则先在畦面安装与畦等长的水带,一端与供水管相连,另一端封闭,在种植穴处扎 2~3 个出水孔。可在畦面覆膜,薄膜四周用土压实,将水带覆盖在膜下。

播种种茎地块一般不铺膜,只安装水带,水带在种植穴处留孔。

5.8 管理

5.8.1 除草

栽种后 3 个月内,应及时清除畦面和操作道内杂草。植株封畦后,可仅除操作道内的杂草,可用割草机或小型旋耕机清除,也可覆盖黑色防草地膜,覆盖防草地膜时应将膜周边固定。畦上杂草应拔除或铲除,除草时不应伤及植株,禁止使用除草剂,整个生长期应保持田间整洁、无较大杂草。

5.8.2 查苗与补苗

组培苗定植后 1 个月内每 5 天检测 1 次种苗成活情况,及时拔除病苗和死苗,并补种新苗。

5.8.3 松土与培土

松土结合除草进行,通常在叶丛期松土与培土,用锄头松畦表层土,深度不超过 5cm。并对植株基部培土高约 10cm,以根茎不外露为宜。

5.8.4 水分管理

苗期和叶丛期,即 9 月份之前,植株需水量较大,若该时期出现干旱则应早晚各灌水 1 次;9—11 月为根茎膨大期,需水量较小,减少灌水次数和灌水量;11 月份后成熟期,停止灌水。雨水较多时应及时排水,避免田间长时间积水。

5.8.5 施肥管理

5.8.5.1 施肥原则

贯彻施足基肥,勤施、薄施追肥,以有机肥为主,化肥为辅的原则。使用的有机肥和化肥应符合 NY/T 394 的要求。

5.8.5.2 苗期施肥

80% 的植株长出第 6 片叶后,施高氮复合肥,每亩 50~70kg,穴施在离植株基部 3~6cm 处,施后盖土。

5.8.5.3 叶丛期施肥

5—7 月,追施高氮复合肥,每亩 50~75kg,穴施在离植株基部 25~30cm 处,施后盖土。

5.8.5.4 根茎膨大期施肥

8—10 月,施高钾复合肥,每亩 50~70kg,穴施在离植株基部 35~40cm 处,施后盖土。禁止喷施膨大剂、壮根灵等激素类物质。

5.8.5.5 施水肥

在整个生长期,结合灌溉施水肥,以 0.5% 的复合肥水肥为佳,复合肥类型也可根据菜术不同生长阶段选择,苗期选择含 N 较高的复合肥,膨大期选择含 P、K 较高的复合肥。

5.8.6 查苗补苗

播种或栽种后,对种植种茎的地块每 7 天检测 1 次种苗出苗情况,若无大面积缺苗则无需补种;对栽种组培苗地块,每 3 天检查 1 次种苗成活情况,及时拔除病株、死株,并补种新苗。

5.8.7 防倒伏

旺盛生长期多施含磷钾肥较高的肥料。对倒伏的植株,应及时将其扶正,并在基部培土,踩实,应及时清除折断的植株。

5.9 病虫害防治

5.9.1 防治原则

坚持"预防为主、综合治理"的方针,以农业防治为主,辅以生物、物理防治,尽量减少化学农药防治,优先使用生物农药。化学农药宜选用高效低毒低残留的农药种类,遵循最低有效剂量原则。国家禁限用农药名单应符合附录 B 的规定。

5.9.2 农业防治

加强田间水肥管理,搞好田间卫生,做好土壤消毒,如暴晒或水旱轮作等。不宜连作,发现根腐病株及时清除并在周围撒上熟石灰;病害发病季节及时摘除病叶或拔除病株,并集中烧毁。

5.9.3 物理防治

整地时若发现地下害虫应及时捕杀。在生长期可用灯光诱杀三化螟成虫,人工捕杀害虫幼虫或成虫。

5.9.4 生物防治

对某些病虫害可喷施生物制剂,如苏云金杆菌(Bt)制剂、阿维菌素、白僵菌或性诱剂等。

5.9.5 化学防治

常见病虫害防治方法见附录 A。

5.10 采收

5.10.1 采收时期

当年即可采收,采收期不超过 2 个月。通常 10 月下旬至次年 2 月下旬,茎叶完全枯萎后采收。选择晴天或阴天,尽量避免雨天采收。

5.10.2 茎叶收集与处理

根据实际情况确定茎叶收集方式:

(1)人工收集:用耙直接将枯萎的茎叶聚集在田间或地头,根茎难以脱落时可拔掉或用镰刀割掉。

(2)机械收集:车轮尽量避开种植行,先将茎叶放置在地头。

将收集的茎叶放置在指定地方集中沤制成肥或做其他处理,既不可影响药材生产又不可污染环境。

5.10.3 采收方法

5.10.3.1 人工采收

种植地面积较小或机械操作不便的地块可人工采收。沿种植行在距根茎约 40cm 处深挖 25~30cm,将根茎、郁金连同土壤一起翻起,用锄头轻轻敲碎根茎上附带的土块,尽量避免损伤块茎。

5.10.3.2 机械采收

用采收机械沿种植行采收,深度以可挖出整个根茎及郁金为宜,不可将较多的郁金留在土壤中,车轮不应碾压已挖出的根茎。人工轻轻敲打附在根茎上的土壤,抖掉大部分土壤、杂草,除掉茎叶。

5.11 产地初加工

5.11.1 初加工场地

根据药材数量确定初加工场地面积,应选择平坦、无污染、便于运输的地方。场地干净、整洁,设备、工具、用品等摆放合理,并做好防鼠、防虫、防牲畜及家禽等。

5.11.2 块茎收集与处理

根茎挖出后应尽量及时收集与处理,若不能及时收集且气温在 5~20℃之间,可在田间放置 10 天左右。先在田间清除掉附着在块茎上的土壤、枯叶等杂物,剪下郁金,将块茎大头、二头、三头分别放置。并去除患病、腐烂和机械损伤较为严重的块茎。在初加工场地进一步加工。

5.11.3 清洗

5.11.3.1 水质及器械要求

河水、湖水或井水,水质应符合 GB 5084 的规定;器械应专门用于清洗莪术,表面干净,无其他污染物。

5.11.3.2 人工清洗

将块茎在清水中浸泡 10~15 分钟,用刷子刷掉表面土壤,除去枯枝,再次剪掉多余的根系与郁金,根系长度不应超过 0.5cm。用清水冲洗 1~2 次后将块茎装于透气的塑料筐或竹筐内,每筐盛放莪术 30~40kg。

5.11.3.3 机械清洗

将莪术块茎轻轻平摊在传送带上,从上部持续喷清水,控制合理的传送速度及水流,清洗过程中应不停翻动块茎。在传送带末端放置筐,用于盛装清洗好的块茎。

5.11.4 记录

将药材采集、加工、存放等情况做好记录。

5.11.5 包装

若块茎需要运输或需要长时间存放,则将块茎装于透气良好的硬质塑料筐中,每筐承重量不应超过 40kg,不可将块茎置于透气差的塑料袋、塑料箱或木箱中。在包装箱贴上标签,注明产地、采收日期、批次、重量等信息。

5.11.6 临时存放

将装有块茎的筐放置在阴凉、通风的干净场地晾干块茎表面水分,场地内不应混放其他药材、工具或材料等,不应存放有毒物质。按不同采收时期、不同级别分别放置。

5.12 运输

根据距离远近确定合适的运输工具,卡车、拖拉机、装卸车等均可。不同级别、不同产地和不同时期采收的药材应分别运输,若同批运输则应做好标记,以防混淆。运输过程中宜避免块茎相互严重挤压而造成机械损伤,不可雨淋,避免长时间光照及其他污染。

5.13 贮存

5.13.1 仓库

水泥房、砖房或钢构房均可,层高 3m 以上,根据实际情况确定仓库面积,顶部以不透光材质修建,仓库能较好地防晒、保温、防雨,且应便于装卸和管理。仓库内安装换气、照明、制冷、消防、除湿、监控等设备。

5.13.2 仓储

将装满块茎的筐放置在仓库内指定位置,放置高度根据筐的承载能力而定,通常分为几个区域,每个区域放置不同的材料。若材料较多,将材料按采收时期、级别分别存放,分成不同数量的堆放区域,多筐叠放,但不可相互严重挤压损伤块茎。

5.13.3 仓储条件

环境温度 4~10℃,湿度 <60%,每 3 天通风换气 1 次,换气时间不低于 30 分钟。也可根据实际情况确定环境温湿度,但应保证药材新鲜,不失水。贮存期间不应使用保鲜剂和防腐剂等保鲜类的化学药剂。

5.13.4 管理

5.13.4.1 仓库管理

药材入库前对仓库喷施防鼠、防虫药物,并用紫外线灯或其他消毒剂消毒。仓储过程中,每 3 个月应检测 1 次虫害、鼠害情况,虫害发生时应及时防治,以物理防治为主,难以物理防治时可采用农药防治,但不可污染药材。每个月应检查 1 次漏水、漏电及各种设备运行情况。对出现问题的厂房、设备、设施、材料等应及时维修或更换。

5.13.4.2 药材管理

对每批药材进出做好记录,不同产地、不同采收时期、不同等级药材应分别放置,分别记录。每 15 天应检查 1 次霉变、发芽、虫害、鼠害及干瘪等发生情况。

5.13.4.3 药材放行

根据放行审批单,对指定药材放行。放行时记录药材批次、产地、数量、级别及放行人等。不应放行不合格药材。

附　录　A

（资料性）

莪术常见病虫害防治的参考方法

莪术常见病虫害防治的参考方法见表 A.1。

表 A.1　莪术常见病虫害防治的参考方法

	名称	推荐使用药剂及浓度	使用方法	注意事项
病害	叶斑病	丙环唑或吡唑醚菌酯叶面喷施,按农药标签使用	使用推荐药剂一种或两种混合进行喷雾,隔 10d 喷雾 1 次,共喷雾 2 次	采收前 15d 内不应喷药;病害防治农药和虫害防治农药不应混合使用;喷施农药时做好安全防护
	叶枯病			
	根腐病	噁霉灵 + 多菌灵（1∶1）或多抗霉素叶面喷施,按农药标签使用	使用推荐的药剂一种或两种混合进行喷雾,隔 10d 喷雾 1 次,共喷雾 2 次	
	白绢病	多菌灵或井冈霉素叶面喷施,按农药标签使用	使用推荐的药剂一种或两种混合隔 10d 喷雾 1 次,共喷雾 2~3 次	
虫害	台湾大蓑蛾	溴氰菊酯或敌百虫叶面喷施,按农药标签使用	使用推荐的药剂任意一种每隔 10d 喷雾 1 次,共喷雾 2 次	
	地老虎	辛硫磷或敌百虫灌根,按农药标签使用	使用推荐的药剂任意一种浇灌 1 次	
	三化螟	溴氰菊酯或敌百虫叶面喷施或灌根,按农药标签使用	使用推荐的药剂任意一种,每隔 10d 喷雾或灌根 1 次,共 2 次	

附　录　B
（资料性）
禁限用农药名单

B.1　禁止（停止）使用的农药（46 种）

六六六、滴滴涕、毒杀芬、二溴氯丙烷、杀虫脒、二溴乙烷、除草醚、艾氏剂、狄氏剂、汞制剂、砷类、铅类、敌枯双、氟乙酰胺、甘氟、毒鼠强、氟乙酸钠、毒鼠硅、甲胺磷、对硫磷、甲基对硫磷、久效磷、磷胺、苯线磷、地虫硫磷、甲基硫环磷、磷化钙、磷化镁、磷化锌、硫线磷、蝇毒磷、治螟磷、特丁硫磷、氯磺隆、胺苯磺隆、甲磺隆、福美胂、福美甲胂、三氯杀螨醇、林丹、硫丹、溴甲烷、氟虫胺、杀扑磷、百草枯、2,4- 滴丁酯。

注：氟虫胺自 2020 年 1 月 1 日起禁止使用。百草枯可溶胶剂自 2020 年 9 月 26 日起禁止使用。2,4- 滴丁酯自 2023 年 1 月 29 日起禁止使用。溴甲烷可用于"检疫熏蒸处理"。杀扑磷已无制剂登记。

B.2　部分范围禁止使用的农药（20 种）

部分范围禁止使用的农药应注意药食同源中药材及来自其他作物的中药材。部分范围禁止使用的农药见表 B.1。

表 B.1　部分范围禁止使用的农药

通用名	禁止使用范围
甲拌磷、甲基异柳磷、克百威、水胺硫磷、氧乐果、灭多威、涕灭威、灭线磷	禁止在蔬菜、瓜果、茶叶、菌类、中草药材上使用,禁止用于防治卫生害虫,禁止用于水生植物的病虫害防治
甲拌磷、甲基异柳磷、克百威	禁止在甘蔗作物上使用
内吸磷、硫环磷、氯唑磷	禁止在蔬菜、瓜果、茶叶、中草药材上使用
乙酰甲胺磷、丁硫克百威、乐果	禁止在蔬菜、瓜果、茶叶、菌类和中草药材上使用
毒死蜱、三唑磷	禁止在蔬菜上使用
丁酰肼（比久）	禁止在花生上使用
氰戊菊酯	禁止在茶叶上使用
氟虫腈	禁止在所有农作物上使用（玉米等部分旱田种子包衣除外）
氟苯虫酰胺	禁止在水稻上使用

B.3　说明

本附录的内容来自 2019 年中华人民共和国农业农村部发布的《禁限用农药名录》（http://www.zzys.moa.gov.cn/gzdt/201911/t20191129_6332604.htm）。

参考文献

海南省质量技术监督局 . 温郁金种茎：DB46/T 388—2016 [S/OL].[2024-01-24]. https：//std.samr.gov.cn/db/search/stdDBDetailed？id=91D99E4D566F2E24E05397BE0A0A3A10.

ICS 65.020.20
CCS C 05

团 体 标 准

T/CACM 1374.126—2021

桔梗规范化生产技术规程

Code of practice for good agricultural practice of
Platycodonis Radix

2021–10–15 发布

2021–10–15 实施

中华中医药学会   发布

目　次

前言 ··· 534

1　范围 ··· 535

2　规范性引用文件 ·· 535

3　术语和定义 ·· 535

4　桔梗规范化生产流程图 ·· 536

5　桔梗规范化生产技术 ··· 536

　　5.1　生产基地选址 ·· 536

　　5.2　种质与种子 ··· 537

　　5.3　种植 ··· 537

　　5.4　采收 ··· 539

　　5.5　产地初加工 ··· 539

　　5.6　包装、放行和贮运 ·· 539

附录 A（规范性）　禁限用农药名单 ·· 540

附录 B（资料性）　桔梗常见病虫害防治的参考方法 ·································· 541

参考文献 ·· 542

前　　言

本文件按照 GB/T 1.1—2020《标准化工作导则　第 1 部分：标准化文件的结构和起草规则》的规定起草。

请注意本文件中的某些内容可能涉及专利。本文件的发布机构不承担识别专利的责任。

本文件标准由中国医学科学院药用植物研究所提出。

本文件由中华中医药学会归口。

本文件起草单位：中国医学科学院药用植物研究所、山东农业大学、山东省农业科学院药用植物研究中心、山东省农业科学院农产品研究所、安徽省农业科学院园艺研究所、重庆市药物种植研究所。

本文件主要起草人：魏建和、纪宏亮、王建华、王志芬、单成钢、董玲、王文全、王秋玲、李卫文、韩金龙、王宪昌、张教洪、杨小玉、辛元尧、王苗苗。

桔梗规范化生产技术规程

1 范围

本文件确立了桔梗的规范化生产流程,规定了桔梗生产基地选址、种质与种子、种植、采收、产地初加工、包装、放行和贮运等阶段的操作要求。

本文件适用于桔梗的规范化生产。

2 规范性引用文件

下列文件中的内容通过文中的规范性引用而构成本文件必不可少的条款。其中,注明日期的引用文件,仅该日期对应的版本适用于本文件;不注明日期的引用文件,其最新版本(包括所有的修改单)适用于本文件。

GB 3095　环境空气质量标准

GB/T 3543　农作物种子检验规程

GB 5084　农田灌溉水质标准

GB 5749　生活饮用水卫生标准

GB 15618　土壤环境质量　农用地土壤污染风险管控标准(试行)

DB15/T 1297　桔梗种子质量分级

T/CACM 1374.1—2021　中药材规范化生产技术规程通则　植物药材

3 术语和定义

T/CACM 1374.1—2021 界定的以及下列术语和定义适用于本文件。

3.1 规范化生产　good agricultural practice

按照《中药材生产质量管理规范》(简称中药材 GAP)的要求,实施药材生产,保证中药材优质安全的生产过程。

3.2 技术规程　code of practice

为实现中药材生产顺利、有序进行,保证中药材生产质量,对中药材生产的基地选址、种子种苗、种植或野生抚育、采收与产地初加工以及包装、放行与贮运等,所做的技术规定和要求,是实施中药材规范生产的核心技术要求和实施指南。

3.3 桔梗　Platycodonis Radix

桔梗科(Campanulaceae)多年生草本植物桔梗 *Platycodon grandiflorus* (Jacq.) A. DC. 的干燥根。

4 桔梗规范化生产流程图

桔梗规范化生产流程见图1。

桔梗规范化生产流程：

关键控制点及技术参数：

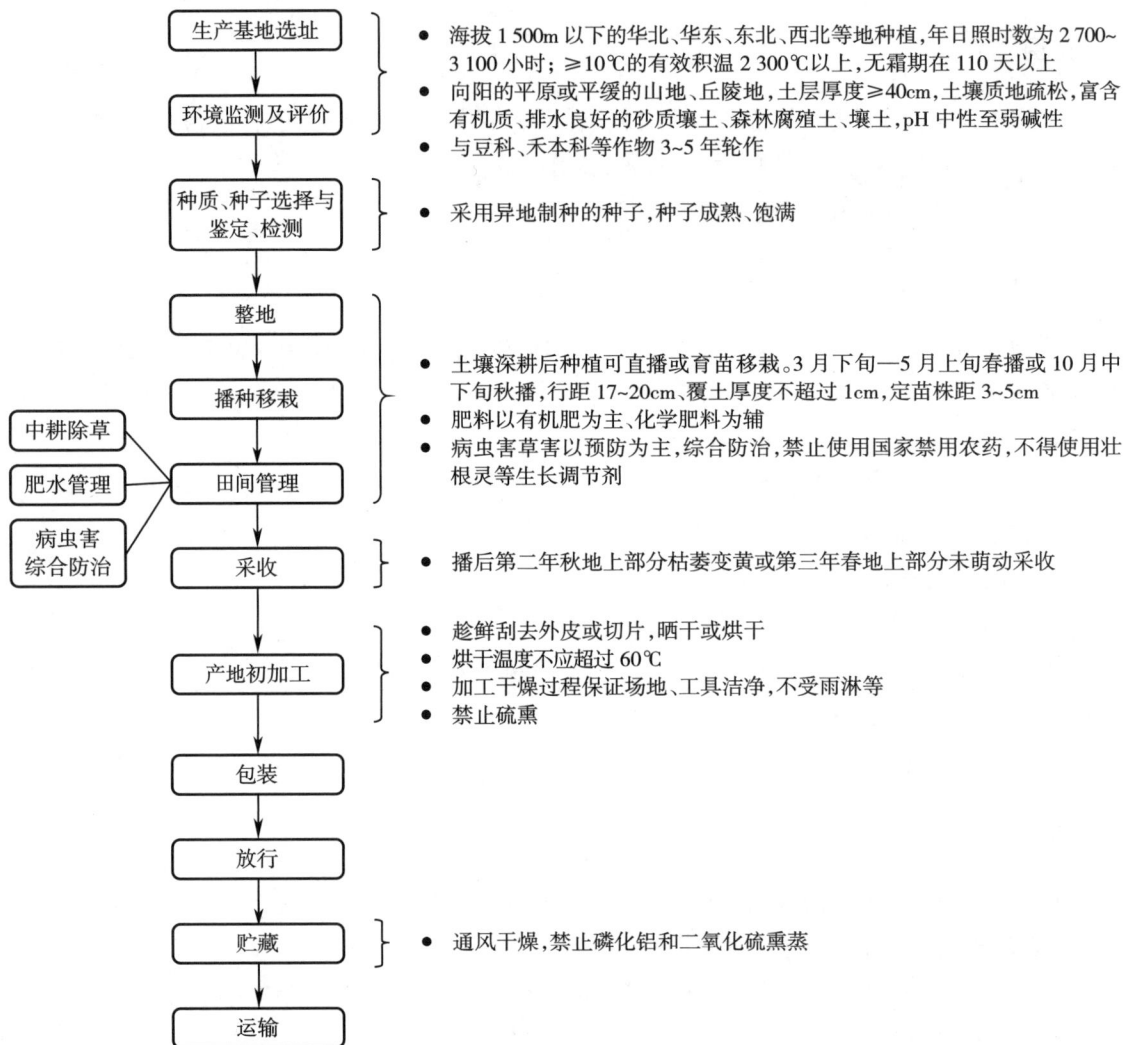

```
生产基地选址
    ↓
环境监测及评价
    ↓
种质、种子选择与
鉴定、检测
    ↓
整地
    ↓
播种移栽
    ↓
中耕除草 ┐
肥水管理 ┼→ 田间管理
病虫害    ┘
综合防治
    ↓
采收
    ↓
产地初加工
    ↓
包装
    ↓
放行
    ↓
贮藏
    ↓
运输
```

- 海拔1 500m以下的华北、华东、东北、西北等地种植，年日照时数为2 700~3 100 小时；≥10℃的有效积温2 300℃以上，无霜期在110天以上
- 向阳的平原或平缓的山地、丘陵地，土层厚度≥40cm，土壤质地疏松，富含有机质、排水良好的砂质壤土、森林腐殖土、壤土，pH中性至弱碱性
- 与豆科、禾本科等作物3~5年轮作

- 采用异地制种的种子，种子成熟、饱满

- 土壤深耕后种植可直播或育苗移栽。3月下旬—5月上旬春播或10月中下旬秋播，行距17~20cm，覆土厚度不超过1cm，定苗株距3~5cm
- 肥料以有机肥为主，化学肥料为辅
- 病虫害草害以预防为主，综合防治，禁止使用国家禁用农药，不得使用壮根灵等生长调节剂

- 播后第二年秋地上部分枯萎变黄或第三年春地上部分未萌动采收

- 趁鲜刮去外皮或切片，晒干或烘干
- 烘干温度不应超过60℃
- 加工干燥过程保证场地、工具洁净，不受雨淋等
- 禁止硫熏

- 通风干燥，禁止磷化铝和二氧化硫熏蒸

图1 桔梗规范化生产流程图

5 桔梗规范化生产技术

5.1 生产基地选址

5.1.1 产地选择

适宜海拔1 500m以下，年降水量400mm以上，年日照时数为2 700~3 100 小时，≥10℃的有效积温2 300℃以上，无霜期110天以上的地区种植。可在华北、华东、东北、西北（山东、安徽、内蒙古、吉林、辽宁、浙江、湖北）等地种植。

5.1.2 地块选择

选择地势向阳的平原或坡面平缓的山地、丘陵地,土层厚度≥40cm,土壤质地疏松,富含有机质、排水良好（雨季无积水）的砂质壤土、森林腐殖土、壤土。pH 中性至弱碱性。黏土、沼泽地、盐碱地均不宜种植。可与豆科、禾本科等作物 3~5 年轮作,忌连作。

5.1.3 环境监测

大气、土壤和水按照 GAP 要求检测,参考相应指南,保证生长期间持续符合要求。环境检测应符合 GB 3095、GB 15618、GB 5084 的规定。

5.2 种质与种子

5.2.1 种质选择

使用桔梗科植物桔梗 *Platycodon grandiflorus*（Jacq.）A.DC.,物种须经过鉴定。如使用常规品种或杂交品种应加以明确。

5.2.2 种子质量

种子成熟度好,保存期不超过一年,质量检测可参考 GB/T 3543《农作物种子检验规程》操作,质量等级按照 DB15/T 1297 的规定。

5.2.3 良种繁育技术

5.2.3.1 地块选择要求

良种繁育田与生产田之间设隔离带,周围 3km 以内禁止种植桔梗。生产田留种繁育同样要避免种质间混杂。

5.2.3.2 苗田管理

适时播种,及时间苗,每亩（1 亩≈666.7m²,下文同）留苗 4 万 ~5 万株,苗期、拔节后和开花前,分期将杂株和劣株全部拔除。及时除草、浇水、施肥。

5.2.3.3 采种与保存

二年生及以上植株留种。8 月上中旬剪去弱小的侧枝及顶端较嫩的花序,使营养集中在中部果实。蒴果变黄时带果梗割下,放通风干燥的室内后熟 2~3 天,晒干脱粒,去除杂质和干瘪种子,包装后放阴凉干燥处。注意在运输、晾晒、脱粒等过程中,防止机械混杂。

5.3 种植

5.3.1 整地

根据播种时间适时整地。春播产区可进行秋翻,每亩施腐熟农家肥 3~5t（无机肥料、有机肥料、生物肥料配合施用）,深翻 40cm 以上,次年解冻后播种前结合整地再施入适量肥料。秋播产区可一次性施入肥料并深翻整地。施肥后犁耙 1 次,整细耙平,做 1.5m 宽平畦。四周留排水沟。

5.3.2 播种移栽

5.3.2.1 种子直播

种子直播的方式:

a）播种时期:春播、秋播或冬播,不同地区播种时期不同。一般春播在 3 月下旬—5 月上旬;秋播在 10 月中旬前;冬播在土壤临近封冻前。

b）种子处理:秋播、冬播不催芽,春播催芽,播种前 4~5 天对种子进行催芽。催芽前筛选出茎叶、瘪种等杂质,播种量为每亩 1.5~2.5kg。将种子置于约 50℃温水中,搅拌至水凉后浸泡 8 小时,取出装入布袋,置 25~30℃处,覆盖保湿,每天早晚用温水冲洗 1 次,常翻动防止内部温度过高,4~5 天,待种子萌动后及时播种。

c) 播种方法:采用条播或撒播两种方式。有条件地区播种前先将整理好的畦浇透水,待土地不沾时播种,没有浇水条件地区选择土壤墒情较好时期播种。条播按行距 17~20cm 开沟,沟深 2cm 左右,播幅宽 5cm。撒播将种子均匀撒播在畦面。播种后覆土不超过 1cm,并进行镇压。或畦上覆盖秸秆、遮阳网等保墒。

5.3.2.2 育苗移栽

育苗移栽的方式如下:

a) 育苗:方法同直播,用种量每亩 3~4kg。一般播种于当年秋季茎叶枯萎至次年春萌芽前采挖移栽。

b) 移栽:将种根小心挖出,勿伤根系,按大、中、小分级栽植。行距 20~25cm,沟深 20~30cm,株距 5~6cm,将根垂直舒展地栽入沟内,覆土略高于根头,稍压即可,浇足定根水。

5.3.3 田间管理

5.3.3.1 灌溉管理

出苗前或子叶期忌大水漫灌;雨季注意及时排水;定苗后可浇水 1 次,生长期根据墒情进行浇水。上冻前浇透水,春季浇返青水。收获前约 15 天可浇透水。

5.3.3.2 定苗管理

苗高 3~5cm 时除去小苗弱苗;苗高 10~12cm 时定苗,按株距 3~5cm 留壮苗 1 株。缺苗多,选择阴雨天进行补苗。

5.3.3.3 中耕除草

及时除草,宜在土壤干湿适中条件下进行。桔梗封垄后,不宜中耕除草。

5.3.3.4 肥料管理

以有机肥为主,化学肥料限度使用。农家肥应充分腐熟;禁止使用城市生活垃圾、工业垃圾、医院垃圾和粪便。鼓励使用经国家批准的菌肥及中药材专用肥。禁止使用壮根灵、膨大素等生长调节剂增大桔梗根部。

一年生桔梗上足基肥后,不再追肥。二年生桔梗在返青前,每亩施入 2~4t 的腐熟农家肥。6月上旬、7月上旬生长旺季可各施肥 1 次,以磷、钾肥为主。

5.3.3.5 摘蕾打顶

二年生桔梗可在盛花期集中进行一次顶端花序切除,切除植株 1/3 左右的高度,切除的花枝及时清除出田。良种繁育田或留种田只摘除弱小的侧枝及顶端较嫩的花序。

5.3.4 病虫害草害等防治

桔梗生长期间主要病虫害有根腐病、轮纹病、斑枯病和地下害虫(蛴螬、地老虎)等。

预防为主,综合防治,选用异地繁育种源、科学施肥、加强田间管理,综合利用农业防治、物理防治、生物防治,配合科学合理的化学防治,将有害生物控制在允许范围内。禁止使用高毒、高残留和"三致"农药。注意农药安全使用间隔期,没有标明农药安全间隔期的农药,收获前 30 天停止使用,执行其中残留量最大的有效成分的安全间隔区。

主要防治方法如下:

a)农业防治:与禾本科作物轮作 2~3 年;合理配方施肥,适当增施有机肥和磷钾肥;及早拔除病株,用石灰穴位消毒;清洁田园,减少菌源;精耕细耙、深耕深翻、使用充分腐熟的有机肥;选用异地制种种子。及时排水。

b)物理防治:成虫发生期,可采用灯光诱杀。

c)化学防治:应当符合国家有关规定;优先选用高效、低毒的生物农药,不使用禁限用农药;尽量避免使用除草剂、杀虫剂和杀菌剂等化学农药。

禁限用农药名单应符合附录 A 的规定。常见病虫害防治的参考方法见附录 B。

5.4 采收

5.4.1 采收时间

种子直播后第二年秋或育苗移栽当年,地上部分枯萎变黄或翌年春季地上部分未萌动时采挖。也可根据需要三年以上采挖。

5.4.2 采收方法

先割去地上茎叶,挖出完整根部,避免破损和断根,抖去泥土,去除残茎,挑除病根。采挖后及时加工。

5.5 产地初加工

挖出的桔梗用清水冲净泥土,清洗用水应符合 GB 5749 的规定;按根的长度、粗度分级。除去须根,趁鲜刮去外皮或不去皮,晒干或烘干。

a)晒干:将刮去外皮的或不去皮的桔梗,置于干燥通风处晾晒至内外失水干燥。

b)烘干:烘干温度不应超过 60℃。

c)加工干燥过程保证场地、工具洁净,不受雨淋等。禁止硫熏。

5.6 包装、放行和贮运

5.6.1 包装

包装前应对每批药材参照国家标准进行质量检验。符合国家标准的药材,采用不影响质量的编织袋等包装,禁止采用包装过肥料、农药等的包装袋包装。包装外贴或挂标签、合格证,标识牌内容应有药材名、基源、产地、批号、规格、重量、采收日期、企业名称等,并有追溯码。

5.6.2 放行

应制定符合企业实际情况的放行制度,有审核批生产、检验等的相关记录。不合格药材有单独处理制度。

5.6.3 贮运

置通风干燥处,定期检查,防止虫蛀、霉变、腐烂、泛油等。

不同批次、等级药材分区存放;定期检查;禁止磷化铝和二氧化硫熏蒸。可采用现代气调贮藏方法,包装或库内充氮或二氧化碳。

运输应防止发生混淆、污染、异物混入、包装破损、雨雪淋湿等。

附　录　A
（规范性）
禁限用农药名单

A.1　禁止（停止）使用的农药（46 种）

六六六、滴滴涕、毒杀芬、二溴氯丙烷、杀虫脒、二溴乙烷、除草醚、艾氏剂、狄氏剂、汞制剂、砷类、铅类、敌枯双、氟乙酰胺、甘氟、毒鼠强、氟乙酸钠、毒鼠硅、甲胺磷、对硫磷、甲基对硫磷、久效磷、磷胺、苯线磷、地虫硫磷、甲基硫环磷、磷化钙、磷化镁、磷化锌、硫线磷、蝇毒磷、治螟磷、特丁硫磷、氯磺隆、胺苯磺隆、甲磺隆、福美肿、福美甲肿、三氯杀螨醇、林丹、硫丹、溴甲烷、氟虫胺、杀扑磷、百草枯、2,4- 滴丁酯。

注：氟虫胺自 2020 年 1 月 1 日起禁止使用。百草枯可溶胶剂自 2020 年 9 月 26 日起禁止使用。2,4-滴丁酯自 2023 年 1 月 29 日起禁止使用。溴甲烷可用于"检疫熏蒸处理"。杀扑磷已无制剂登记。

A.2　部分范围禁止使用的农药（20 种）

部分范围禁止使用的农药应注意药食同源中药材及来自其他作物的中药材。部分范围禁止使用的农药见表 A.1。

表 A.1　部分范围禁止使用的农药

通用名	禁止使用范围
甲拌磷、甲基异柳磷、克百威、水胺硫磷、氧乐果、灭多威、涕灭威、灭线磷	禁止在蔬菜、瓜果、茶叶、菌类、中草药材上使用,禁止用于防治卫生害虫,禁止用于水生植物的病虫害防治
甲拌磷、甲基异柳磷、克百威	禁止在甘蔗作物上使用
内吸磷、硫环磷、氯唑磷	禁止在蔬菜、瓜果、茶叶、中草药材上使用
乙酰甲胺磷、丁硫克百威、乐果	禁止在蔬菜、瓜果、茶叶、菌类和中草药材上使用
毒死蜱、三唑磷	禁止在蔬菜上使用
丁酰肼（比久）	禁止在花生上使用
氰戊菊酯	禁止在茶叶上使用
氟虫腈	禁止在所有农作物上使用（玉米等部分旱田种子包衣除外）
氟苯虫酰胺	禁止在水稻上使用

A.3　有关说明

本附录来自 2019 年中华人民共和国农业农村部官方发布的《禁限用农药名录》（http://www.zzys.moa.gov.cn/gzdt/201911/t20191129_6332604.htm）。

附 录 B

（资料性）

桔梗常见病虫害防治的参考方法

桔梗常见病虫害防治的参考方法见表 B.1。

表 B.1　桔梗常见病虫害防治的参考方法

病虫害名称	危害部位	推荐防治方法	安全间隔期 /d
根腐病、轮纹病	根	多菌灵灌根，按照农药标签使用	≥20
		甲基硫菌灵灌根，按照农药标签使用	≥30
		多·硫悬浮剂灌根，按照农药标签使用	≥20
		苦参碱灌根，按照农药标签使用	≥7
斑枯病	叶片	1∶1∶100 波尔多液叶面喷施，按照农药标签使用	≥15
		甲基硫菌灵叶面喷施，按照农药标签使用	≥30
蛴螬、地老虎	根	晶体敌百虫灌根，按照农药标签使用	≥7
		阿维菌素乳油灌根，按照农药标签使用	≥14
蚜虫、红蜘蛛	叶片	阿维菌素乳油喷施，按照农药标签使用	≥21
		哒螨灵喷施，按照农药标签使用	≥21

参考文献

［1］国家药典委员会.中华人民共和国药典:2020年版一部［M］.北京:中国医药科技出版社,2020.

［2］杨成民,张争,魏建和,等.桔梗种子质量分级标准研究［J］.中药材,2012,35（5）:679-682.

［3］雷福成,王荣献,张凯.桔梗标准化栽培技术［J］.信阳农业高等专科学校学报,2004（4）:88-89.

［4］郭巧生,赵荣梅,刘丽,等.桔梗种子品质检验及质量标准研究［J］.中国中药杂志,2007（5）:377-381.

［5］朱飞,冯继承.桔梗规范化生产标准操作规程［J］.中国林副特产,2007（4）:59-60.

［6］尤海涛.桔梗规范化生产（GAP）的关键栽培技术研究［D］.长春:吉林农业大学,2008.

［7］薛小玲.商洛桔梗规范化生产技术标准操作规程［J］.中国现代中药,2008,10（12）:18-19.

［8］李小玲,华智锐.商洛桔梗种子品质检验与质量标准［J］.湖北农业科学,2014,53（9）:2075-2078.

［9］叶胜兰.种植年限对桔梗土壤肥力和生物学活性的影响［J］.农业与技术,2017,37（21）:37-41.

［10］崔月曦.英山桔梗种子分级、药材采收、加工与包材的研究［D］.武汉:湖北中医药大学,2016.

ICS 65.020.20
CCS C 05

团 体 标 准

T/CACM 1374.127—2021

核桃仁规范化生产技术规程

Code of practice for good agricultural practice of
Juglandis Semen

2021-10-15 发布

2021-10-15 实施

中华中医药学会　发布

目　次

前言……………………………………………………………………………………………… 545

1 范围 ……………………………………………………………………………………………… 546

2 规范性引用文件 ………………………………………………………………………………… 546

3 术语和定义 ……………………………………………………………………………………… 546

4 核桃仁规范化生产流程图 ……………………………………………………………………… 547

5 核桃仁规范化生产技术 ………………………………………………………………………… 548

　　5.1 生产基地选址 ……………………………………………………………………………… 548

　　5.2 种质与种子 ………………………………………………………………………………… 548

　　5.3 苗木繁育 …………………………………………………………………………………… 548

　　5.4 种植 ………………………………………………………………………………………… 549

　　5.5 整形修剪 …………………………………………………………………………………… 550

　　5.6 田间管理 …………………………………………………………………………………… 551

　　5.7 采收 ………………………………………………………………………………………… 552

　　5.8 初加工 ……………………………………………………………………………………… 552

　　5.9 包装、放行、贮藏和运输 ………………………………………………………………… 552

附录 A（资料性）　核桃嫁接苗质量等级分级标准 ……………………………………………… 554

附录 B（规范性）　禁限用农药名单 ……………………………………………………………… 555

附录 C（资料性）　核桃主要病害防治的参考方法 ……………………………………………… 556

附录 D（资料性）　核桃主要虫害防治的参考方法 ……………………………………………… 557

附录 E（资料性）　核桃仁分级感官指标和理化指标 …………………………………………… 559

参考文献………………………………………………………………………………………… 561

前　言

本文件按照 GB/T 1.1—2020《标准化工作导则　第 1 部分：标准化文件的结构和起草规则》的规定起草。

请注意本文件中的某些内容可能涉及专利。本文件的发布机构不承担识别专利的责任。

本文件由中国医学科学院药用植物研究所和山西农业大学提出。

本文件由中华中医药学会归口。

本文件起草单位：山西农业大学、山西省林业科学研究所、山西省农业科学院果树研究所、贵州省核桃研究所、山西省农业科学院园艺研究所、乡宁县林业局、乡宁县生产力促进中心、中国医学科学院药用植物研究所、重庆市药物种植研究所。

本文件主要起草人：牛铁泉、张海军、杨凯、续海红、杨小红、张鹏飞、刘亚令、杨俊强、温鹏飞、梁长梅、李晓悦、李朝、赵秀萍、荆明明、魏建和、王文全、王秋玲、杨小玉、辛元尧、王苗苗。

核桃仁规范化生产技术规程

1 范围

本文件确立了核桃仁的规范化生产流程,规定了核桃仁生产基地选址、种质与种子、种苗繁育、种植、采收、产地初加工、包装、放行、贮运等阶段的操作要求。

本文件适用于核桃仁的规范化生产。

2 规范性引用文件

下列文件中的内容通过文中的规范性引用而构成本文件必不可少的条款。其中,注明日期的引用文件,仅该日期对应的版本适用于本文件;不注明日期的引用文件,其最新版本(包括所有的修改单)适用于本文件。

GB 2763 食品安全国家标准 食品中农药最大残留限量

GB 3095 环境空气质量标准

GB 5009.3 食品安全国家标准 食品中水分的测定

GB 5009.5 食品安全国家标准 食品中蛋白质的测定

GB 5009.6 食品安全国家标准 食品中脂肪的测定

GB 5009.22 食品安全国家标准 食品中黄曲霉毒素 B 族和 G 族的测定

GB 5009.34 食品安全国家标准 食品中二氧化硫的测定

GB 5009.227 食品安全国家标准 食品中过氧化值的测定

GB 5009.229 食品安全国家标准 食品中酸价的测定

GB 5084 农田灌溉水质标准

GB 5749 生活饮用水卫生标准

GB 15618 土壤环境质量 农用地土壤污染风险管控标准(试行)

LY/T 1922 核桃仁

LY/T 3004.3 核桃 第 3 部分:核桃嫁接苗培育和分级标准

NY/T 393 绿色食品 农药使用准则

NY/T 394 绿色食品 肥料使用准则

NY/T 1276 农药安全使用规范 总则

T/CACM 1374.1—2021 中药材规范化生产技术规程通则 植物药材

3 术语和定义

T/CACM 1374.1—2021 界定的以及下列术语和定义适用于本文件。

3.1 规范化生产 good agricultural practice

按照《中药材生产质量管理规范》(简称中药材 GAP)的要求,实施药材生产,保证中药材优质安全的生产过程。

3.2 技术规程 code of practice

为实现中药材生产顺利、有序进行,保证中药材生产质量,对中药材生产的基地选址、种子种苗、种植或野生抚育、采收与产地初加工以及包装、放行与贮运等,所做的技术规定和要求,是实施中药材规范生产的核心技术要求和实施指南。

3.3 核桃仁 Juglandis Semen

胡桃科植物胡桃 *Juglans regia* L. 的干燥成熟种子。

3.4 半仁 half kernels

核桃仁的整半颗粒(一半子叶);如仁粒缺损,短缺部分不足整半颗粒 1/4 的仍为半仁。

3.5 大三角仁 obtuse angle kernels

半仁短缺部分约达整半颗粒 1/4 以上,而未超过 3/8 的仁粒。

3.6 四分仁 quarter kernels

纵分的半仁,如仁粒缺损,余下部分不小于纵分半仁粒 3/4 的仍作为四分仁。

3.7 碎仁 cracking kernels

小于或不符合四分仁,而又不能通过孔径 10mm 圆孔筛的核桃仁。

3.8 不完善仁 imperfect kernels

包括不熟仁、虫蛀仁和污染仁。

3.9 异色仁 heterochrosis kernels

各色核桃仁允许混有其他色泽的仁粒。

4 核桃仁规范化生产流程图

核桃仁规范化生产流程见图 1。

核桃仁规范化生产流程:　　　　　　　　　关键控制点及参数:

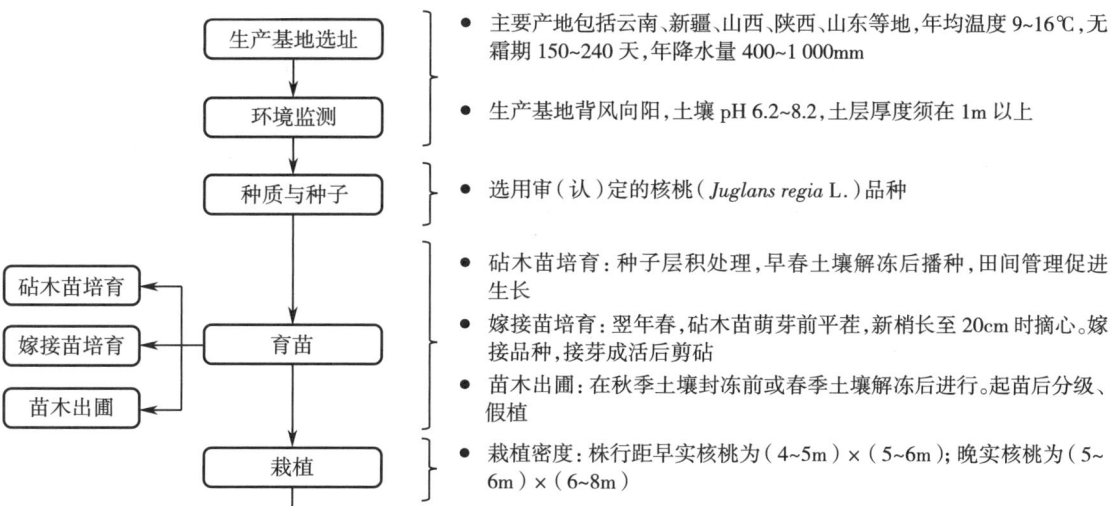

- 主要产地包括云南、新疆、山西、陕西、山东等地,年均温度 9~16℃,无霜期 150~240 天,年降水量 400~1 000mm

- 生产基地背风向阳,土壤 pH 6.2~8.2,土层厚度须在 1m 以上

- 选用审(认)定的核桃(*Juglans regia* L.)品种

- 砧木苗培育:种子层积处理,早春土壤解冻后播种,田间管理促进生长
- 嫁接苗培育:翌年春,砧木苗萌芽前平茬,新梢长至 20cm 时摘心。嫁接品种,接芽成活后剪砧
- 苗木出圃:在秋季土壤封冻前或春季土壤解冻后进行。起苗后分级、假植

- 栽植密度:株行距早实核桃为(4~5m)×(5~6m);晚实核桃为(5~6m)×(6~8m)

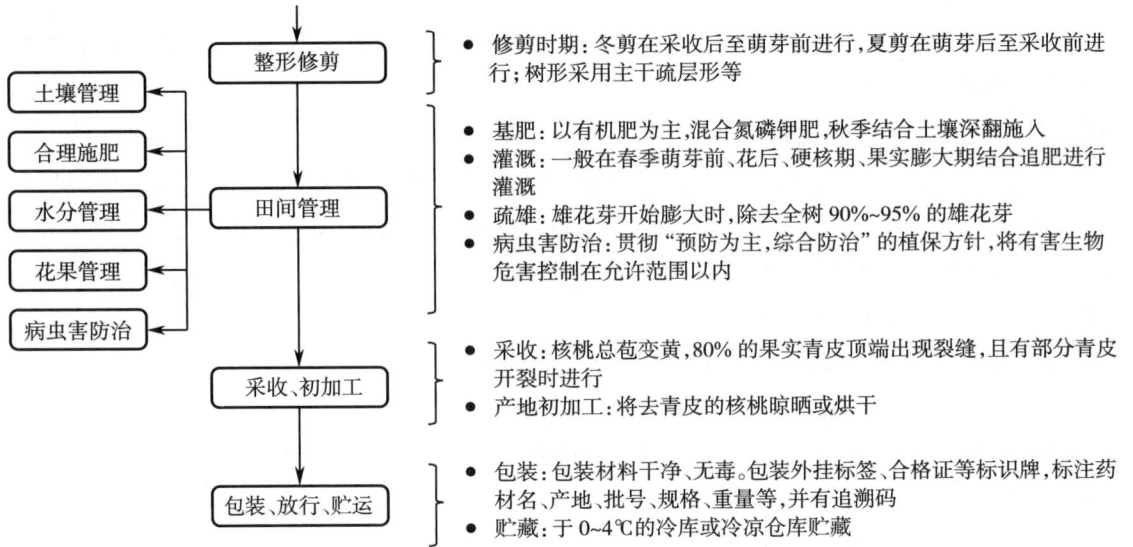

图 1 核桃仁规范化生产流程图

5 核桃仁规范化生产技术

5.1 生产基地选址

5.1.1 产地选择

要求产地年均温度 9~16 ℃,绝对最低温度 ≥-25 ℃,无霜期 150~240 天,年降水量 400~1 000mm。主要产区包括云南、新疆、山西、陕西、山东、河北、河南、四川、北京、天津等地。

5.1.2 地块选择

选择光照充足,空气流畅,土壤 pH 6.2~8.2 的地块,以砂壤土最为适宜。土层厚度须在 1m 以上。

5.1.3 环境监测

产地的大气、土壤和水样品的检测按照 GAP 要求,应符合相应国家标准,并保证生长期间持续符合标准。环境检测按照 GB 3095、GB 15618、GB 5084 的规定执行。

5.2 种质与种子

5.2.1 种质选择

选用经省级以上林木良种审定委员会审(认)定通过,并公布的核桃品种。

5.2.2 种子质量

选择生长健壮、无病虫害、坚果种仁饱满的盛果期树作为采种母树。在坚果充分成熟后采收。

5.3 苗木繁育

5.3.1 砧木苗培育

播种前,做沙藏层积处理,即在土壤封冻前将种子与相对含水量为 50% 的河沙(用量为种子的 3~5 倍) 混合均匀, 置于 2~7℃环境中 60 天以上。层积期间, 注意定期翻动检查, 控制温度, 调节湿度, 防止霉烂。早春土壤解冻后, 趁墒整地、深翻、施肥、浇水、做 1m 左右宽的畦, 每畦播种两行, 行距约 60cm、株距约 15cm, 播种深度为种子直径的 3~5 倍, 每亩播种量 150~175kg。播种后立即覆膜; 幼苗出土后, 及时打孔放风; 苗木出齐后, 结合灌水追施氮肥或稀薄人粪尿 1~2 次。

5.3.2　嫁接苗培育

5.3.2.1　砧木苗平茬

翌年春萌芽前, 对砧木苗平茬, 待其顶端新梢长至约 5cm 时, 除去多余萌芽, 约 20cm 高时摘心。

5.3.2.2　接穗

芽接所用接穗随采随用, 接穗采下后, 立即去掉复叶, 留约 1.0cm 长的叶柄; 异地嫁接时, 接穗宜用湿布包裹, 低温运输、保存, 严防高温与失水。

5.3.2.3　嫁接时期与方法

嫁接时间为 5 月下旬至 6 月下旬。嫁接方法采用方块芽接。

5.3.2.4　嫁接管理

嫁接后 20 天左右检查成活; 未成活的, 须及时补接。接芽成活后, 在其上方 1~2cm 处剪砧。嫁接苗新梢长到 10cm 以上时, 及时中耕、施肥、灌水。新梢长 40~50cm 时解除绑缚, 抹除砧木萌蘖。风大地区, 须在苗旁立支柱, 对新梢做绑缚支撑。8 月下旬至 9 月上旬对嫁接苗摘心。立秋后控制水和氮肥的供应。

5.3.3　苗木出圃

5.3.3.1　起苗

冬季严寒风大地区, 一般在秋季土壤封冻前起苗; 冬季温暖且湿润的地区, 可在春季土壤解冻后起苗, 起苗前一周灌一次透水, 起苗后要及时分级、假植。

5.3.3.2　苗木分级

核桃嫁接苗质量等级分级标准按照 LY/T 3004.3 的规定执行。见附录 A。

5.3.3.3　苗木假植

选择地势平坦、避风、排水良好、交通方便处, 挖深约 1m、宽 1.5m 与主风方向垂直的假植沟, 将苗木向南按 30°~45° 角倾斜放入, 填入湿土, 使湿土与苗木根系密接, 培土深度应达到苗高的 3/4 以上。土壤干燥时及时洒水, 假植完毕后用土埋住苗顶。冬季严寒地区, 苗顶以上土层须加厚到 30~40cm, 并使其高出地面 10~15cm。天气转暖后及时检查, 防止霉烂。短期假植可挖浅沟, 用湿土将根系填实埋严, 一般不超过 10 天。

5.4　种植

5.4.1　建园整地

山坡地建园须在水土保持和整地改土工程完成后进行。定植前, 须对园地进行平整、深翻和施肥。

5.4.2 栽植

5.4.2.1 苗木选择和品种配置

栽植苗木质量要达到Ⅰ级以上（见附录A）。每个园宜配置1个主栽品种。同时选用1~2个雌雄花期能互补，且亲和力强、优质丰产的授粉品种。主栽树与授粉树的比例一般为（5~8）∶1。

5.4.2.2 栽植时间

春栽在土壤解冻后至萌芽前进行。秋栽在落叶后到土壤结冻前进行，宜适当早栽。冬季严寒、早春风大地区，秋栽后须埋土防寒。

5.4.2.3 栽植密度

早实品种株行距为（4~5m）×（5~6m），晚实品种株行距为（5~6m）×（6~8m）。

5.4.2.4 挖穴定植

挖深、宽各1.0m左右的定植穴，每穴施腐熟有机肥约30kg。栽植时，舒展根系、分层覆土踏实，定植完成后，根颈部要高于地面5~10cm。栽后及时定干、套塑料袋，浇足定根水，并覆膜保墒。

5.4.2.5 栽后管理

幼树萌芽后按树形要求，尽早刻芽促枝；及时中耕、施肥和灌水。追肥前期以氮肥为主，后期以磷、钾肥为主。秋季结合控水和摘心控制旺长。及时喷药防治病虫害。入冬前灌封冻水，对幼树进行涂白、培土或埋土防寒。

5.5 整形修剪

5.5.1 树形

生产上主要采用的树形有主干疏层形、自然开心形和圆头形三种树形。

5.5.1.1 主干疏层形

干高，早实品种1~1.2m，晚实品种1.2~1.5m。第一层主枝3个，层内枝距0.3~0.4m；第二层主枝2个，层内枝距约0.2m；第三层主枝1个。第一、第二层主枝间距1~1.5m，第二、第三层主枝间距0.6~1m。第一层主枝配备侧枝3个，第二、三层主枝配备侧枝2个。

5.5.1.2 自然开心形

干高约1m，主枝3~4个，不留中心干，树冠呈浅碗状，每个主枝留侧枝2~3个。

5.5.1.3 圆头形

干高约1m；主枝5~7个，呈螺旋状均匀排列在中心干上；主枝间距0.4~1m。

5.5.2 修剪时间

白露后至萌芽前，避开伤流高峰期进行。

5.5.3 修剪方法

幼树期至结果初期，着重培养树体骨架，促进树冠迅速扩大，控制顶端优势，充分利用空间培养结果枝组，控制背后枝，促其早果、丰产；对于盛果期树应注重改善通风透光条件，及时更新结果枝组，疏除并生、下垂、干枯、细弱、交叉和有病虫害的枝条，采取短截、回缩等方法，使树体内膛不空，外围不挤，枝条配置合理；老树以更新为主，疏、截、缩、放相结合，逐年去除老枝,恢复树势。

5.6 田间管理

5.6.1 土壤管理

5.6.1.1 翻耕

每年春、秋季进行全园浅翻 1~2 次,深度 20~30cm。秋季果实采收后至落叶前,沿着根部大量须根分布区边缘外侧深翻,深度为 60cm 左右。

5.6.1.2 除草

每年除草 3~4 次。

5.6.2 施肥

5.6.2.1 根部施肥

基肥一般在秋季施入,以腐熟农家肥为主。施入量一般为幼树期每株 25~50kg,初果期树每株 50~100kg,盛果期树每株 200~250kg;追肥分别在萌芽前、开花后、硬核期和果实膨大期进行,每株施入量一般为尿素 200~300g、过磷酸钙 150~300g、硫酸钾 50~100g。可采用沟施、穴施等施肥法进行。施肥后及时浇水。所施肥料应符合 NY/T 394 的要求。

5.6.2.2 叶面喷肥

花期,喷施 0.2%~0.3% 的硼砂溶液。5—7 月,喷施尿素、氨基酸等叶面肥 2~3 次。8—9月,喷施 0.2% 磷酸二氢钾 2~3 次。

5.6.3 水分管理

一般在春季萌芽前、花后、硬核期、果实膨大期结合追肥进行灌溉。秋施基肥后和土壤上冻前须各浇水一次。此外,遇大雨、暴雨时要及时排水。

5.6.4 花果管理

5.6.4.1 人工去雄

雄花芽开始膨大时,除去全树 90%~95% 的雄花芽。

5.6.4.2 人工辅助授粉

从健壮的成年树上采集将要散粉的雄花序,置于 20~25℃ 的环境中,促其干燥。收集散出的花粉并装瓶,放在 2~5℃ 冰箱中备用,待雌花柱头呈倒八字张开,并分泌出黏液时,进行人工辅助授粉。

5.6.5 病虫害防治

5.6.5.1 防治原则

贯彻"预防为主,综合防治"的植保方针,通过严格检疫外购苗木、加强栽培管理、科学施肥等措施,综合采用农业防治、物理防治、生物防治,配合科学合理地使用化学防治,将有害生物危害控制在允许范围以内。采用化学防治时,使用的药剂应符合 NY/T 1276 和 NY/T 393 的要求。不使用禁限用农药。禁限用农药参见附录 B。

5.6.5.2 主要病虫害防治

参照附录 C 和附录 D 进行。

5.7 采收

5.7.1 采收时间

核桃果实总苞由绿变黄、开裂,当80%果实青皮顶端出现裂缝,且有部分青皮开裂,为核桃采收适期。核桃采收年限为一年一收。

5.7.2 采收方法

采收前,将地面落果、树枝等捡拾干净。用长杆由上而下、由内而外顺枝击落果实;也可在采收前10~20天,向树上喷施500~2 000mg/kg乙烯利催熟,然后用机械振动树干进行采收。

5.8 初加工

5.8.1 脱皮

有自然脱皮法、堆沤脱皮法、药剂脱皮法和机械脱皮法。

5.8.1.1 自然脱皮法

待果实自然成熟,青皮自然开裂,坚果脱落,收集坚果。

5.8.1.2 堆沤脱皮法

采收后,将青皮果按50cm左右的高度堆成堆,果堆上加盖一层塑料薄膜,或10cm左右的干草或树叶,堆沤3天后,用木棍敲击脱皮。未脱皮的核桃青果可再堆沤数日,直到全部脱皮。

5.8.1.3 药剂脱皮法

采收后,将青皮果用3 000~5 000mg/kg的乙烯利溶液浸蘸半分钟,再将蘸有乙烯利的青皮果堆成约50cm厚的果堆,覆盖后经过3天左右,一般可完成脱皮。

5.8.2 清洗

清洗用水应符合GB 5749的要求。清洗时,既可用专用清洗机也可用手工进行,切忌泡洗时间过长,导致污水进入壳内污染种仁。

5.8.3 坚果干燥、取仁与分级

5.8.3.1 坚果干燥

及时将清洗后的坚果放在通风处,待大部分坚果表皮干燥无水时,再移至阴凉通风处摊放,每日翻动2~3次,一般经过5~7天即可晾干;晾晒时,地面温度不宜超过43℃;若遇阴天或晾晒场地不足时,可进行烘干。干燥后的坚果含水量应≤5.0%。

5.8.3.2 取仁与分级

干燥后的坚果,采用人工或专用机械取仁,尽量取整仁,除去杂质及不完善仁。核桃仁分级参照附录E进行。

5.9 包装、放行、贮藏和运输

5.9.1 包装

包装前应对每批核桃仁进行质量检验,使其符合国家药材标准的要求。采用干净、无毒,且不影响质量的包装材料进行包装,包装外贴挂标签、合格证等,标识牌应标注药材名、产地、批号、规格、重量、采收日期、企业名称等,并有追溯码。

5.9.2 放行

应制定符合企业实际情况的放行制度,有审核、批准、生产、检验等的相关记录。不合格药材有单独处理制度。

5.9.3 贮藏

将干燥的坚果装入纸箱或麻袋中,置于通风、干燥、阴凉的库房内,须定期检查以防变质。长期贮存时,应贮存于 0~4℃的冷库中。贮藏期间,注意预防鼠虫危害。严禁与花椒、大葱、汽油、酒等带有异味及有毒物质等物品放在一起。

5.9.4 运输

运输过程中轻拿轻放,防止日晒、雨淋、潮湿、污染和剧烈碰撞,不应与有毒、有污染的物品混装运输。

附 录 A

（资料性）

核桃嫁接苗质量等级分级标准

核桃嫁接苗质量等级分级标准见表 A.1。

表 A.1 核桃嫁接苗质量等级分级标准

项目	特级	Ⅰ级
嫁接部位以上高度 /cm	≥120	≥90
嫁接口上方直径 /cm	≥1.5	≥1.0
主根长度 /cm	≥25	≥20
>10cm 长的Ⅰ级侧根条数 / 条	≥15	≥10

附　录　B
（规范性）
禁限用农药名单

B.1　禁止（停止）使用的农药（46种）

六六六、滴滴涕、毒杀芬、二溴氯丙烷、杀虫脒、二溴乙烷、除草醚、艾氏剂、狄氏剂、汞制剂、砷类、铅类、敌枯双、氟乙酰胺、甘氟、毒鼠强、氟乙酸钠、毒鼠硅、甲胺磷、对硫磷、甲基对硫磷、久效磷、磷胺、苯线磷、地虫硫磷、甲基硫环磷、磷化钙、磷化镁、磷化锌、硫线磷、蝇毒磷、治螟磷、特丁硫磷、氯磺隆、胺苯磺隆、甲磺隆、福美胂、福美甲胂、三氯杀螨醇、林丹、硫丹、溴甲烷、氟虫胺、杀扑磷、百草枯、2,4-滴丁酯。

注：氟虫胺自2020年1月1日起禁止使用。百草枯可溶胶剂自2020年9月26日起禁止使用。2,4-滴丁酯自2023年1月29日起禁止使用。溴甲烷可用于"检疫熏蒸处理"。杀扑磷已无制剂登记。

B.2　在部分范围禁止使用的农药（20种）

部分范围禁止使用的农药应注意药食同源中药材及来自其他作物的中药材。部分范围禁止使用的农药见表B.1。

表 B.1　部分范围禁止使用的农药

通用名	禁止使用范围
甲拌磷、甲基异柳磷、克百威、水胺硫磷、氧乐果、灭多威、涕灭威、灭线磷	禁止在蔬菜、瓜果、茶叶、菌类、中草药材上使用,禁止用于防治卫生害虫,禁止用于水生植物的病虫害防治
甲拌磷、甲基异柳磷、克百威	禁止在甘蔗作物上使用
内吸磷、硫环磷、氯唑磷	禁止在蔬菜、瓜果、茶叶、中草药材上使用
乙酰甲胺磷、丁硫克百威、乐果	禁止在蔬菜、瓜果、茶叶、菌类和中草药材上使用
毒死蜱、三唑磷	禁止在蔬菜上使用
丁酰肼（比久）	禁止在花生上使用
氰戊菊酯	禁止在茶叶上使用
氟虫腈	禁止在所有农作物上使用（玉米等部分旱田种子包衣除外）
氟苯虫酰胺	禁止在水稻上使用

B.3　说明

本附录来自2019年中华人民共和国农业农村部官方发布的《禁限用农药名录》http://www.zzys.moa.gov.cn/gzdt/201911/t20191129_6332604.htm。

附　录　C

（资料性）

核桃主要病害防治的参考方法

核桃主要病害防治的参考方法见表 C.1。

表 C.1　核桃主要病害防治的参考方法

防治对象	防治时期	使用药剂	其他防治方法
核桃炭疽病	6—8 月	1. 树上交替喷洒保护性杀菌剂波尔多液,农药的使用按其标签进行 2. 咪鲜胺,农药的使用按其标签进行 3. 甲基硫菌灵可湿性粉剂,农药的使用按其标签进行	1. 选栽抗病良种 2. 加强栽培管理,及时除草松土和剪除枯枝、病枝及僵果,集中烧毁,保持园内通风透光,改善园内的环境条件
核桃黑斑病	发芽前;生长期	1. 发芽前喷石硫合剂,农药的使用按其标签进行 2. 生长期喷 1~3 次波尔多液,按照农药标签使用;甲基硫菌灵(雌花开花前、开花后及果期各 1 次),农药的使用按其标签进行 3. 坐果后喷一次中生菌素,农药的使用按其标签进行	1. 选育抗病良种,加强科学管理,提高抗病能力 2. 结合采后修剪,清除病叶、病枝、病果,集中烧毁 3. 及时防治举肢蛾、核桃蚜虫、长足象等果实害虫,减少伤口和传播媒介
核桃褐斑病	6 月上、中旬或 7 月上旬	1. 波尔多液,农药的使用按其标签进行 2. 甲基硫菌灵可湿性粉剂,农药的使用按其标签进行	及时清除病枝、病叶、病果,深埋或烧毁
核桃枝枯病	雨季到来前	用代森锰锌、过氧乙酸,按照农药标签使用,连续喷 3 次	1. 加强园地管理,及时剪除病枝并集中烧毁 2. 增施有机肥,增强树势,提高抗病力 3. 冬季树干涂白,防冻、防旱、防虫,以减少衰弱枝及各种伤口,防病菌侵入

附 录 D

（资料性）

核桃主要虫害防治的参考方法

核桃主要虫害防治的参考方法见表 D.1。

表 D.1 核桃主要虫害防治的参考方法

名称	危害症状	活动习性	防治方法
草履蚧	若虫上树为害,爬到嫩枝、幼芽处刺吸汁液	1年发生1代,以卵在树干基部土中越冬。1月份孵化,2月初开始上树,虫体呈草鞋状。雌成虫5月下旬开始下树,在石块下或5~7cm深的土缝中分泌白色絮状卵囊并产卵,以卵越夏越冬	1. 人工防治 在2月若虫孵化出土前,用塑料膜在树干基部缠绕一周。剪除拖地枝条,并于5月中、下旬雌成虫下树产卵前,在树干周围挖深15cm、半径1m的浅坑,放置树叶、杂草等,诱集成虫产卵,然后集中销毁 2. 生物防治 选择生物农药,及保护红环瓢虫、黑缘瓢虫等自然天敌 3. 药剂防治 若虫孵化盛期喷施机油乳剂,农药的使用按其标签进行
云斑天牛	成虫啃食新枝嫩皮,幼虫蛀食韧皮部和木质部。受害树因输导组织被破坏,水分和养分无法传导而逐渐干枯死亡	2年1代。5月成虫大量出现,6月为产卵盛期,卵期10~15d。幼虫在韧皮部蛀食,被害处可见树皮胀裂,流出树液,有虫粪排出;大约25d后,虫体蛀入木质部,并不断向上蛀食。幼虫期长达14个月。成虫羽化孔多在上部,呈一个大圆孔	1. 人工捕杀 晚上用灯光引诱捕杀。白天在树叶嫩枝等被咬食器官附近可以观察并捕捉到成虫。成虫产卵期,刮除树干上月牙形产卵槽中的虫卵,发现排粪孔可用细铁丝钩杀幼虫 2. 药剂防治 成虫产卵期前树干涂白(涂白剂配方为硫黄粉1份,石灰10份,水40份拌成浆)。幼虫为害期,用棉花蘸敌敌畏原药少许,堵塞蛀孔。农药的使用按其标签进行
核桃举肢蛾	幼虫危害果实,在果皮内纵横串食。蛀入孔处出现水渍状果胶,果皮变黑,逐渐下陷、干缩,引起早期落果。蛀食空的果实变成黑色,或脱落,或干缩在树枝上	1年发生1~2代,以老熟幼虫在土壤中结茧越冬,成虫喜生活于阴坡地带。主要以幼虫取食危害,1年发生1代的地区,幼虫大量蛀食致使种仁皱缩,形成"核桃黑"。1年发生2代的地区,第1代幼虫主要蛀食核桃的内果皮,第2代幼虫危害时核桃已趋近成熟	1. 及时采、拾被害果,将被害果集中烧毁或深埋,直接消灭越冬虫源,减少下年虫口密度 2. 早春或晚秋翻耕园地或刨树盘,清除园地落叶杂草,捡拾土中虫茧,进行集中消灭 3. 成虫出前(5月上旬),在翻耕或刨过的树盘内,喷施辛硫磷,毒杀出土幼虫。农药的使用按其标签进行 4. 成虫羽化前(6月上旬至7月中旬),地面喷洒高效氯氰菊酯乳。农药的使用按其标签进行

名称	危害症状	活动习性	防治方法
金龟子	成虫,咬食嫩叶、新梢和花穗,被害叶片形成不规则的缺刻和空洞;幼虫俗称"蛴螬",危害地下的根	成虫昼伏夜出,黄昏后飞出取食,有趋光性和假死性,对黑光灯趋光性很强,受惊扰或摇动树枝时,会跌落地上装死。一般1年发生1代,幼虫在土壤中越冬,翌年3—4月气温回升时爬上浅土层中化蛹,然后羽化为成虫,4—7月是成虫活动的高峰期,8—9月成虫产卵于疏松且腐殖质丰富的泥土,或堆积的厩肥,或腐烂的杂草落叶中	1. 利用诱集植物防治 可于3月上旬采用品字形结构,在地埂种植蓖麻,行距1.5~2m 2. 诱杀 设置诱虫灯诱杀
刺蛾类	以黄刺蛾和褐边绿刺蛾为主。以幼虫取食叶片为害,影响树势和结果	1年发生1代,8月上旬至9月上旬以老熟幼虫结茧在树枝分叉处越冬。越冬幼虫于5月下旬至6月上旬化蛹,7月上旬至8月下旬取食为害。褐边绿刺蛾成虫具趋光性,黄刺蛾趋光性不强	设置诱虫灯诱杀成虫:将黑光灯或频振式杀虫灯架设在距地面1.5m高处,4月中下旬到9月底,在灯下放置滴入少量煤油的水盆或悬挂接虫袋,进行诱杀
大青叶蝉	刺吸危害嫩叶、幼茎;雌虫危害枝干皮层,外观呈月牙形伤口。造成被害枝条遍体鳞伤,导致大量失水,甚至枯死	食性较杂,主要以成虫产卵危害,幼树被害较重。雌成虫产卵在核桃树或其他树枝条的皮下,形成月牙形卵痕。若虫孵化后,刺吸叶片汁液。成虫有较强的趋光性	1. 清园 彻底清除园内杂草 2. 树干涂白 10月中旬,在大青叶蝉向果园迁移前,将树干涂白 3. 物理防治 田间发现产卵部位,立即人工挤压,消灭越冬卵 4. 化学防治 在发生为害期,树上喷洒高效氯氰菊酯或吡虫啉药液。农药的使用按其标签进行

附　录　E

（资料性）

核桃仁分级感官指标和理化指标

核桃仁分级感官指标见表 E.1。

表 E.1　核桃仁分级感官指标

项目	特级	一级	二级	检验方法	禁止使用范围
气味		核桃仁固有气味			
外观	半仁,饱满,无虫蛀、无霉变、无异味	四分仁,较饱满,无虫蛀、无霉变、无异味	碎仁,无虫蛀、无霉变、无异味	目测法、嗅觉鉴别法	禁止在甘蔗作物上使用 禁止在蔬菜、瓜果、茶叶、中草药材上使用
色泽	淡黄、浅琥珀、紫		淡黄、琥珀、紫		
滋味	涩味淡	稍涩	涩	味觉鉴别法	

核桃仁分级理化指标见表 E.2。

表 E.2　核桃仁分级理化指标

项目	特级	一级	二级	三级	检测方法
不完善仁 /[g·(100g)$^{-1}$]	≤0.5	≤1.0	≤2.0	≤3.0	LY/T 1922
杂质 /[g·(100g)$^{-1}$]	≤0.05		≤0.20		
不符合本等级仁允许量 /[g·(100g)$^{-1}$]	≤5(其中碎仁≤1)	大三角仁及碎仁总量≤30,其中碎仁≤5	ϕ10mm 圆孔筛下仁总量≤30,其中ϕ8mm圆孔筛下仁≤3、四分仁≤5	ϕ8mm 圆孔筛上仁≤5,ϕ2mm 圆孔筛下仁≤3	
异色仁允许量 /%	≤10.0		≤15.0	—	
含水率 /[g·(100g)$^{-1}$]	≤5.0				GB 5009.3
脂肪含量 /[g·(100g)$^{-1}$]	≥62.0	≥59.0	≥56.0		GB 5009.6
蛋白质含量 /[g·(100g)$^{-1}$]	≥9.0	≥8.0	≥6.0		GB 5009.5
酸价（以脂肪计）(EOH)/(mg·g^{-1})	≤3.0				GB 5009.229

559

续表

项目	特级	一级	二级	三级	检测方法
过氧化值 /[g·(100g)$^{-1}$]	≤0.03				GB 5009.227
黄曲霉毒素 B$_1$（μg·kg^{-1}）	≤5.0				GB 5009.22
二氧化硫	不得检出				GB 5009.34
其他	农药限量应符合 GB 2763 的规定				

参考文献

［1］国家药典委员会.中华人民共和国药典:2020年版 一部［M］.北京:中国医药科技出版社,2020.

［2］纪成刚.核桃适宜在什么环境条件下生长［J］.山西果树,2012(1):55-56.

［3］韦燕妮.核桃栽培技术应用浅折［J］.现代园艺,2018(14):31.

［4］种伟.我国核桃主要产区优势良种分布及其生产利用［J］.林业科技通讯,2018(9):60-63.

［5］梁玉英,李小娟,赵名花,等.核桃苗木繁育关键技术［J］.山西果树,2015(2):42-43.

［6］王博.陇南地区两个早实核桃品种在三种栽植密度下光合特性及产量品质差异研究［D］.兰州:甘肃农业大学,2018.

［7］张玉星.果树栽培学各论:北方本［M］.3版.北京:中国农业出版社,2003:307-319.

［8］彭晓梦.核桃的栽培管理技术［J］.果农之友,2017(2):18-19.

［9］于洪新,马保瑞,曹永强.核桃栽培管理技术［J］.河北果树,2017(2):27-29.

［10］胡平均.秦岭北麓核桃树形调整与控冠修剪技术［J］.现代农业科技,2014(1):146-148.

［11］高见,高福贵,闫海冰,等.施肥及不同采收时间对核桃经济性状的影响［J］.山西农业科学,2019,47(2):208-211.

［12］王静璞.核桃采收与采后加工处理技术［J］.河北果树,2015(5):39.

［13］张粉先.核桃的采收及脱皮加工技术［J］.北方果树,2014(1):36.

———————————————

ICS 65.020.20
CCS C 05

团 体 标 准

T/CACM 1374.128—2021

柴胡规范化生产技术规程

Code of practice for good agricultural
practice of Bupleuri Radix

2021–10–15 发布   2021–10–15 实施

中华中医药学会　发布

目　次

前言····················564
1　范围····················565
2　规范性引用文件····················565
3　术语和定义····················565
4　柴胡规范化生产流程图····················565
5　柴胡规范化生产技术····················566
　5.1　生产基地选址····················566
　5.2　种质与种子····················567
　5.3　良种繁育····················567
　5.4　种植····················567
　5.5　采挖····················568
　5.6　产地初加工····················568
　5.7　包装、放行和贮运····················568
附录A（资料性）　柴胡常见病虫害防治的参考方法····················569
附录B（规范性）　禁限用农药名单····················571
参考文献····················572

前　言

本文件按照 GB/T 1.1—2020《标准化工作导则　第 1 部分：标准化文件的结构和起草规则》的规定起草。

请注意本文件中的某些内容可能涉及专利。本文件的发布机构不承担识别专利的责任。

本文件由中国医学科学院药用植物研究所提出。

本文件由中华中医药学会归口。

本文件起草单位：中国医学科学院药用植物研究所、北京振东光明药物研究院有限公司、山西振东道地药材开发有限公司、黑龙江葵花药材基地有限公司、西南科技大学、山东步长制药股份有限公司、承德恒德本草农业科技有限公司、河北旅游职业学院、华润三九医药股份有限公司、河北省农林科学院经济作物研究所、山西大学中医药现代研究中心、南京农业大学、河北省邯郸市涉县农业农村局、重庆市药物种植研究所。

本文件主要起草人：隋春、魏建和、秦文杰、雷振宏、王玉龙、王栋、胡冰、刘海军、金钺、纪宏亮、余马、马存德、苏建、李世、魏民、谢晓亮、秦雪梅、朱再标、李建领、徐娇、韩文静、温春秀、刘灵娣、贺献林、王文全、王秋玲、杨小玉、辛元尧、王苗苗。

柴胡规范化生产技术规程

1 范围

本文件确立了柴胡的规范化生产流程,规定了柴胡生产基地选址、种质与种子、良种繁育、种植、采收、产地初加工、包装、放行和贮运等阶段的技术要求。

本文件适用于柴胡规范化生产。

2 规范性引用文件

下列文件中的内容通过文中的规范性引用而构成本文件必不可少的条款。其中,注明日期的引用文件,仅该日期对应的版本适用于本文件;不注明日期的引用文件,其最新版本(包括所有的修改单)适用于本文件。

GB 3095 环境空气质量标准

GB 5084 农田灌溉水质标准

GB 5749 生活饮用水卫生标准

GB 15618—2018 土壤环境质量 农用地土壤污染风险管控标准(试行)

T/CACM 1374.1—2021 中药材规范化生产技术规程通则 植物药材

3 术语和定义

T/CACM 1374.1—2021 界定的以及下列术语和定义适用于本文件。

3.1 规范化生产 good agricultural practice

按照《中药材生产质量管理规范》(简称中药材 GAP)的要求,实施药材生产,保证中药材优质安全的生产过程。

3.2 技术规程 code of practice

为实现中药材生产顺利、有序进行,保证中药材生产质量,对中药材生产的基地选址、种子种苗、种植或野生抚育、采收与产地初加工以及包装、放行与贮运等,所做的技术规定和要求,是实施中药材规范生产的核心技术要求和实施指南。

3.3 柴胡 Bupleuri Radix

《中华人民共和国药典》一部中规定的柴胡 *Bupleurum chinense* DC. 和狭叶柴胡 *Bupleurum scorzonerifolium* Willd. 的干燥根,分别习称"北柴胡"和"南柴胡"。

4 柴胡规范化生产流程图

柴胡规范化生产流程见图 1。

柴胡规范化生产流程：

关键控制点及技术参数：

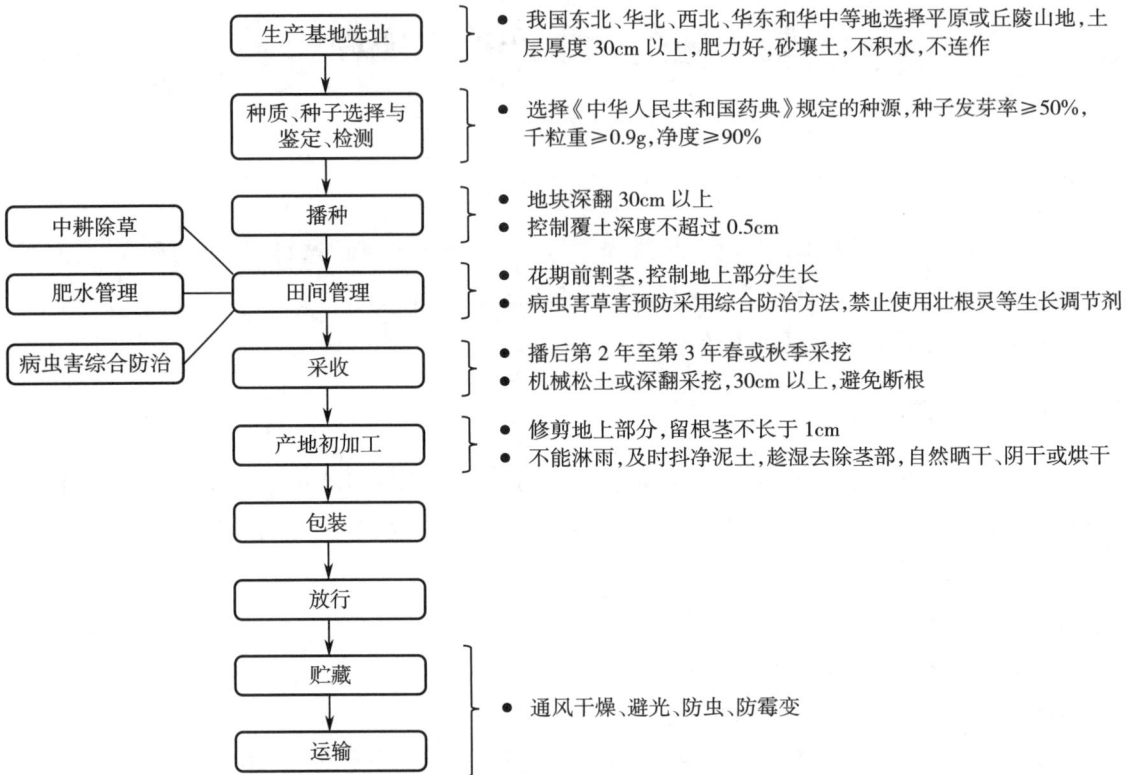

图1 柴胡规范化生产流程图

5 柴胡规范化生产技术

5.1 生产基地选址

5.1.1 产地选择

柴胡具耐寒、耐旱、忌涝习性,适应性广,适宜在我国东北、华北、西北、华东和华中等各地种植,包括内蒙古、甘肃、河北、北京、黑龙江、吉林、辽宁、山西、陕西、山东、湖北、河南、江苏、四川等省份。

5.1.2 地块选择

不能连作,轮作 1 年以上土地适宜种植。土壤类型以黄棕壤、褐土、棕壤、栗钙土等为主。土壤以土质疏松、腐殖质较丰富、微酸性的砂质壤土为宜,黏重土壤或低洼积水地不宜种植。选择土层深厚、排水渗水良好、疏松肥沃、阳光充足、中性或近中性的壤土、砂壤土地块作为良种繁育田。为了避免种子混杂,保持优良种性,良种繁育田方圆 1km 内不宜种植其他品种或其他基源的柴胡。

5.1.3 环境监测

按照 GAP 要求,基地的大气质量应符合 GB 3095 的规定、土壤质量应符合 GB 15618—2018 的规定、灌溉水质应符合 GB 5084 的规定、冲洗用水应符合 GB 5749 的规定,并保证生长期间持续符合标准的要求。

5.2 种质与种子

5.2.1 种质选择

使用伞形科植物柴胡 *B. chinense* DC. 和狭叶柴胡 *B. scorzonerifolium* Willd.，物种须经过鉴定。如使用农家品种或选育品种应加以明确说明。

5.2.2 种子质量

使用近 1 年内收获的成熟种子，发芽率≥50%，千粒重≥0.9g，净度≥90%。经检验符合相应标准。

5.3 良种繁育

选择通过评审的良种或其他符合《中华人民共和国药典》规定基源的种质进行繁育，防混杂。选择生长健壮、无病虫害的 1~3 年生植株为留种母株，去除田间病株、弱株及混杂植株，不宜过密，每亩（1 亩≈666.7m²，下文同）2 万株左右为宜，加强管理，增施磷、钾肥，促其果实充分发育，籽粒饱满。花期和果期注意防蚜虫、茴香凤蝶和赤条蝽。于 9—11 月果实由青绿转变为褐色时，将地上部分割回，置通风干燥处，后熟数日。然后晒干、脱粒、精选，贮藏于干燥凉爽处备用。种子切忌暴晒。

5.4 种植

5.4.1 整地

播种前一年，土壤结冻前耕翻土地 30cm 左右，随整地施入基肥，耙平耙细，造好底墒。基肥以腐熟农家肥、高效生物有机肥为主，也可用适量氮磷钾复合肥。

5.4.2 播种时间

春播、夏播和秋播均可。春季 10cm 土层地温稳定在 10℃以上时即可播种，20~40 天出苗。夏播多与其他农作物如玉米、小麦等套作。在生长期短的寒冷地区选用玉米等高秆作物套种时，高秆作物须适当稀植或选用较早熟的品种，使后期有一定透光性，保证柴胡入冬前达 6 叶期以上，能够安全越冬。秋播宜在早霜前 40 天完成，秋播种子翌年春季出苗。

5.4.3 播种方法和密度

可撒播、条播。播种量 2~3kg/亩，覆土厚度不超过 0.5cm，镇压。条播每亩株数 5 万株左右。

5.4.4 中耕除草

春播苗期重点控制杂草，防草害，浅锄。第二年及以后每年春季返青后，中耕除草。随后生长季拔出大草。

5.4.5 割茎方法

花期前割茎，保留 20cm 左右高度；有些地区二次开花，可进行二次割茎处理。割茎应避开下雨天，防止雨水从茎伤口进入导致烂根问题。

5.4.6 施肥

套种作物期间使用的化肥要符合 GAP 要求。

第二年及以后每年春季返青后，结合中耕除草施肥 1~2 次，在返青后至苗期、割茎促进根部迅速增重期追肥。以有机肥为主,化学肥料有限度使用,鼓励使用经国家批准的菌肥及中药材专用肥。

禁止使用壮根灵、膨大素等生长调节剂用于增大柴胡根。

5.4.7 病虫害防治

套种作物期间使用的农药要符合 GAP 要求。

柴胡常见病害有根腐病、猝倒病、立枯病等,虫害主要有蚜虫、茴香凤蝶和赤条蝽等。常见病虫害防治参考方法见附录 A。

应采用预防为主、综合防治的方法:轮作 1 年以上;有机肥必须充分腐熟;注意雨季排水;发现病株及时拔除,集中销毁,每穴撒入草木灰 100g 或生石灰 200~300g,进行局部消毒;每年秋冬季及时清园。

采用化学防治时,应当符合国家有关规定;优先选用高效、低毒的生物农药;尽量避免使用除草剂、杀虫剂和杀菌剂等化学农药;农药施用量及施用时间应遵循药品使用说明及中药材GAP 规范;不使用禁限用农药。禁限用农药名单应符合附录 B 的规定。

5.5 采挖

春季、秋季均可采挖,春季在返青前采挖,秋季在地上茎叶近干枯时采挖。春播柴胡在第二年秋季或是第三年的春、秋季采挖;夏秋播柴胡于第三年、第四年的春、秋季采挖。割除地上部分,采用根类药材采挖机、单铧犁或人工刨挖,运回加工。

5.6 产地初加工

柴胡采挖后及时抖净泥土,趁湿去除茎部,自然晒干、阴干或烘干。加工干燥过程保证场地、工具洁净,不受雨淋等。

5.7 包装、放行和贮运

5.7.1 包装

包装前应对每批药材按照国家标准进行质量检验。符合国家标准的药材,采用不影响质量的编织袋等包装,禁止采用包装过肥料、农药等的包装袋包装。包装外贴或挂标签、合格证,标识牌内容应有药材名、基源、产地、批号、规格、重量、采收日期、企业名称等,并有追溯码。

5.7.2 放行

应制定符合企业实际情况的放行制度,有审核、批准、生产、检验等的相关记录。不合格药材有单独处理制度。

5.7.3 贮运

应贮存于阴凉干燥处,定期检查,防止虫蛀、霉变、腐烂等发生。仓库控制温度在 20℃以下、相对湿度 60%~70%;不同批次、等级药材分区存放;建有定期检查制度。也可采用现代气调贮藏方法,包装或库内充氮或二氧化碳。

运输应防止发生混淆、污染、异物混入、包装破损、雨雪淋湿等。

附 录 A

（资料性）
柴胡常见病虫害防治的参考方法

A.1　根腐病

一般在7—9月发病。防治措施：

选择未被污染的土地种植，种植前进行土壤消毒，施用充分腐熟的农家肥，在发病时用甲基硫菌灵可湿性粉剂或甲霜·锰锌灌根，按照农药标签使用。清除病株。7—8月增施磷、钾肥，增强其抗病能力，雨季注意做好排水工作，防止积水。

A.2　猝倒病

为害幼苗茎基部，多春季发生。防治措施：

a）选择排水良好的疏松壤土地作育苗地，并要保证适宜种植密度。

b）及时发现田间中心病区并用硫酸铜浇灌，按照农药标签使用；发病期用乙磷铝或多菌灵浇灌，按照农药标签使用。

A.3　立枯病

尚未出土的柴胡幼芽、小苗及移栽苗均能受害，造成烂芽、烂种和死苗。多春季发生。防治措施：

a）秋季深翻土壤，将病残体翻入土壤下层，并与禾本科作物轮作3年以上；适期播种，缩短易感病期，播后多雨时及时开沟除湿。

b）播种和移栽前用多菌灵或用木霉制剂处理土壤，按照农药标签使用；播前用多菌灵拌种，按照农药标签使用。

c）出苗后用代森锰锌或甲基硫菌灵喷雾，按照农药标签使用。

A.4　茴香凤蝶（黄凤蝶）

多发生在5—8月。防治方法：

a）结合田间管理人工捕杀幼虫。

b）发生严重年份于低龄期喷洒敌百虫、菊马乳油或增效氰马乳油，按照农药标签使用。

A.5　赤条蝽

防治方法：

a）冬季清除田间残株、落叶和杂草，破坏其越冬场所，减少越冬虫源。

b）若在虫期或成虫刚迁入药材田时防治，可选用杀灭菊酯或溴氰菊酯喷雾，按照农药标签使用。

A.6　蚜虫

多在6—8月发生。防治措施：

发生期可采用吡虫啉等防治,按照农药标签使用。

A.7 蛴螬

6—7月侵害严重,主要危害根部。防治措施:

粪土消毒。多数地方使用的粪肥为未腐熟粪肥,是蛴螬寄生场所,因此,在施用前先用敌百虫可湿性粉剂或用辛硫磷乳油喷洒拌匀,按照农药标签使用;毒饵诱杀,用敌百虫可湿性粉剂、麦麸或其他饵料,按照农药标签使用。

附　录　B
（规范性）
禁限用农药名单

B.1　禁止（停止）使用的农药（46 种）

六六六、滴滴涕、毒杀芬、二溴氯丙烷、杀虫脒、二溴乙烷、除草醚、艾氏剂、狄氏剂、汞制剂、砷类、铅类、敌枯双、氟乙酰胺、甘氟、毒鼠强、氟乙酸钠、毒鼠硅、甲胺磷、对硫磷、甲基对硫磷、久效磷、磷胺、苯线磷、地虫硫磷、甲基硫环磷、磷化钙、磷化镁、磷化锌、硫线磷、蝇毒磷、治螟磷、特丁硫磷、氯磺隆、胺苯磺隆、甲磺隆、福美胂、福美甲胂、三氯杀螨醇、林丹、硫丹、溴甲烷、氟虫胺、杀扑磷、百草枯、2,4-滴丁酯。

注：氟虫胺自 2020 年 1 月 1 日起禁止使用。百草枯可溶胶剂自 2020 年 9 月 26 日起禁止使用。2,4-滴丁酯自 2023 年 1 月 29 日起禁止使用。溴甲烷可用于"检疫熏蒸处理"。杀扑磷已无制剂登记。

B.2　部分范围禁止使用的农药（20 种）

部分范围禁止使用的农药应注意药食同源中药材及来自其他作物的中药材。部分范围禁止使用的农药见表 B.1。

表 B.1　部分范围禁止使用的农药

通用名	禁止使用范围
甲拌磷、甲基异柳磷、克百威、水胺硫磷、氧乐果、灭多威、涕灭威、灭线磷	禁止在蔬菜、瓜果、茶叶、菌类、中草药材上使用,禁止用于防治卫生害虫,禁止用于水生植物的病虫害防治
甲拌磷、甲基异柳磷、克百威	禁止在甘蔗作物上使用
内吸磷、硫环磷、氯唑磷	禁止在蔬菜、瓜果、茶叶、中草药材上使用
乙酰甲胺磷、丁硫克百威、乐果	禁止在蔬菜、瓜果、茶叶、菌类和中草药材上使用
毒死蜱、三唑磷	禁止在蔬菜上使用
丁酰肼（比久）	禁止在花生上使用
氰戊菊酯	禁止在茶叶上使用
氟虫腈	禁止在所有农作物上使用（玉米等部分旱田种子包衣除外）
氟苯虫酰胺	禁止在水稻上使用

B.3　有关说明

本附录来自 2019 年中华人民共和国农业农村部官方发布的《禁限用农药名录》（http：//www.zzys.moa.gov.cn/gzdt/201911/t20191129_6332604.htm）。

参考文献

[1] 么历,程慧珍,杨智.中药材规范化种植(养殖)技术指南[M].北京:中国农业出版社,2006.

[2] 李钱钱,雷振宏,关扎根,等.北柴胡种子发芽特性研究[J].山西农业科学,2018,46(3):375-377.

[3] 关扎根,李安平,雷振宏,等.旱地柴胡速生高产栽培技术[J].现代农业科技,2017(21):89.

[4] 周海,周锐锋.陇西县柴胡栽培技术[J].甘肃农业科技,2016(6):85-87.

[5] 杨婷婷.晋产柴胡规范化栽培技术研究[D].太原:山西农业大学,2016.

[6] 唐青萍,李凤庆,陈玉花,等.甘南高寒阴湿区柴胡高产栽培技术[J].甘肃农业科技,2016(2):86-87.

[7] 曹爱农.影响柴胡质量与产量的关键因素研究[D].兰州:甘肃农业大学,2016.

[8] 苏东涛,吴昌娟,郭淑红,等.不同栽培密度对柴胡生长的影响[J].现代农业科技,2017(1):53-54.

[9] 余马,左文松,刘茹,等.产地及基因型对柴胡产量和有效成分含量的影响和研究[J].四川农业大学学报,2017,35(3):317-321.

[10] 张金文,王鑫.柴胡有机-无机复混配方肥肥效试验研究[J].农业科技与信息,2018(7):53-55.

[11] 张东霞,贺春娟.柴胡主要病虫害绿色防控技术[J].农业技术与装备,2018(5):54-55.

[12] 沈铁恒,康勋.小麦套种柴胡栽培技术[J].种子世界,2018(6):69.

[13] 丁海文.康乐县蚕豆套种柴胡丰产栽培技术[J].农业科技与信息,2018(12):20-21.

[14] 封海东,张泽志,张振,等.北柴胡与玉米套种技术[J].湖北农业科学,2018,57(15):61-62.

[15] 王鑫,张玉云,张金文.柴胡施用活性有机肥效果试验[J].中兽医医药杂志,2018,37(6):8-11.

ICS 65.020.20
CCS C 05

团 体 标 准

T/CACM 1374.129—2021

党参（川党参）规范化生产技术规程

Code of practice for good agricultural practice of Codonopsis Radix
(*Codonopsis tangshen*)

2021-10-15 发布

2021-10-15 实施

中华中医药学会　发布

目　次

前言 575

1 范围 576

2 规范性引用文件 576

3 术语和定义 576

4 党参(川党参)规范化生产流程图 577

5 党参(川党参)规范化生产技术 577

　5.1 生产基地选址 577

　5.2 种质与种子 578

　5.3 种植 578

　5.4 采收 580

　5.5 产地初加工 580

　5.6 包装、放行、贮运 580

附录 A(规范性) 禁限用农药名单 581

附录 B(资料性) 川党参主要病虫害防治的参考方法 582

前　言

本文件按照 GB/T 1.1—2020《标准化工作导则　第 1 部分：标准化文件的结构和起草规则》的规定起草。

请注意本文件中的某些内容可能涉及专利。本文件的发布机构不承担识别专利的责任。

本文件由中国医学科学院药用植物研究所和重庆市中药研究院提出。

本文件由中华中医药学会归口。

本文件起草单位：重庆市中药研究院、重庆鼎立元药业有限公司、中国医学科学院药用植物研究所、重庆市药物种植研究所。

本文件主要起草人：李隆云、丁刚、宋旭红、梅鹏颖、刘启会、赵申平、魏建和、王文全、王秋玲、杨小玉、辛元尧、王苗苗。

党参(川党参)规范化生产技术规程

1 范围

本文件确立了党参(川党参)的规范化生产流程,规定了党参(川党参)生产基地选址、种质与种子、种苗繁育、种植、采收、产地初加工、包装、放行、贮运等阶段的操作要求。

本文件适用于党参(川党参)的规范化生产。

2 规范性引用文件

下列文件中的内容通过文中的规范性引用而构成本文件必不可少的条款。其中,注明日期的引用文件,仅该日期对应的版本适用于本文件;不注明日期的引用文件,其最新版本(包括所有的修改单)适用于本文件。

GB 3095 环境空气质量标准

GB 5084 农田灌溉水质标准

GB 15618 土壤环境质量 农用地土壤污染风险管控标准(试行)

GB/T 3543 农作物种子检验规程

GB/T 7414 主要农作物种子包装

GB/T 7415 农作物种子贮藏

GB 20464 农作物种子标签通则

T/CACM 1374.1—2021 中药材规范化生产技术规程通则 植物药材

3 术语和定义

T/CACM 1374.1—2021 界定的以及下列术语和定义适用于本文件。

3.1 芦头 strumae of junctional part in stem base and rhizomes

川党参的根和茎结合部的瘤状突起。

3.2 规范化生产 good agricultural practice

按照《中药材生产质量管理规范》(简称中药材GAP)的要求,实施药材生产,保证中药材优质安全的生产过程。

3.3 技术规程 code of practice

为实现中药材生产顺利、有序进行,保证中药材生产质量,对中药材生产的基地选址、种子种苗、种植或野生抚育、采收与产地初加工以及包装、放行与贮运等,所做的技术规定和要求,是实施中药材规范生产的核心技术要求和实施指南。

4 党参(川党参)规范化生产流程图

党参(川党参)规范化生产流程见图1。

党参(川党参)规范化生产流程：

关键控制点及参数：

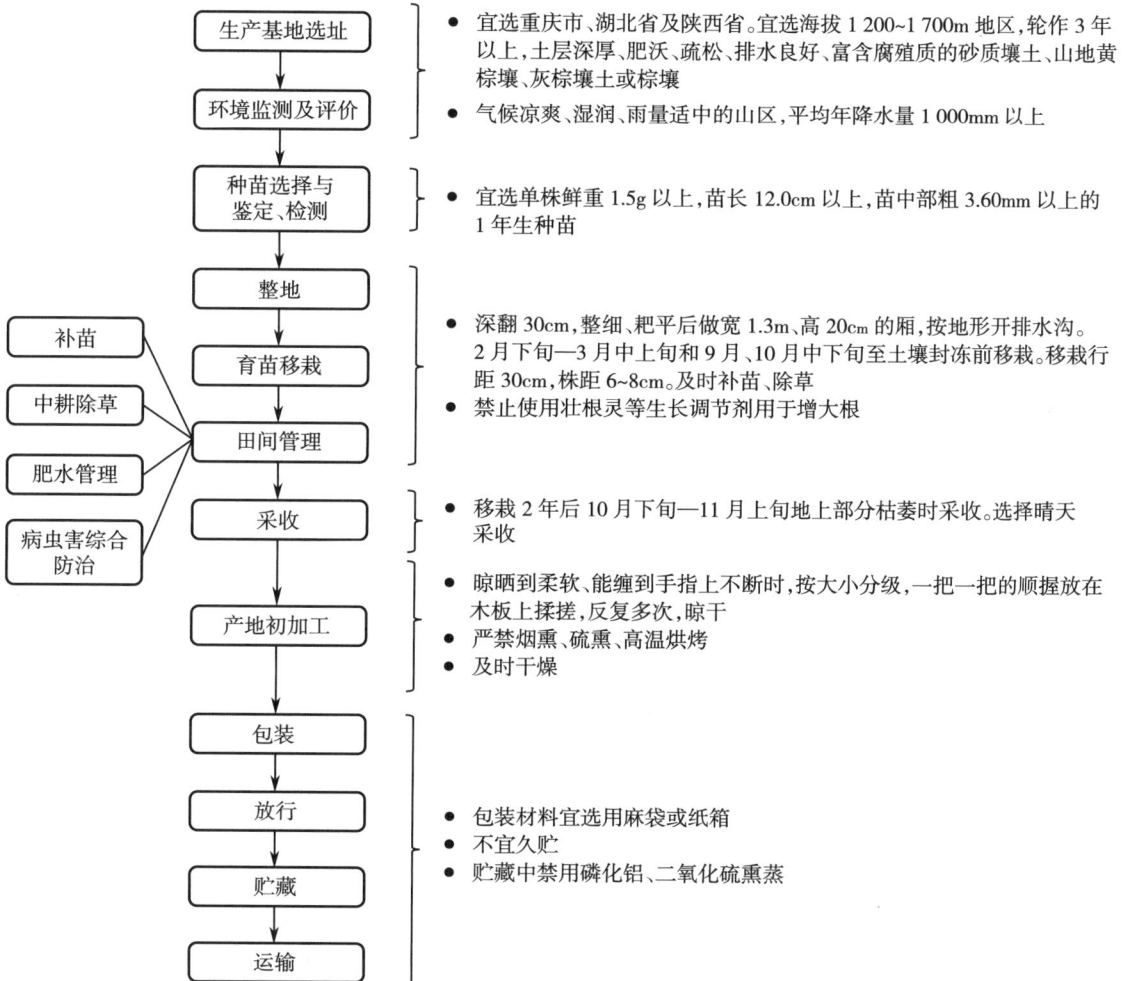

```
生产基地选址
      ↓
环境监测及评价
      ↓
种苗选择与
鉴定、检测
      ↓
   整地
      ↓
  育苗移栽
      ↓
  田间管理
      ↓
   采收
      ↓
 产地初加工
      ↓
   包装
      ↓
   放行
      ↓
   贮藏
      ↓
   运输
```

补苗
中耕除草
肥水管理
病虫害综合防治

- 宜选重庆市、湖北省及陕西省。宜选海拔1 200~1 700m地区,轮作3年以上,土层深厚、肥沃、疏松、排水良好、富含腐殖质的砂质壤土、山地黄棕壤、灰棕壤土或棕壤
- 气候凉爽、湿润、雨量适中的山区,平均年降水量1 000mm以上

- 宜选单株鲜重1.5g以上,苗长12.0cm以上,苗中部粗3.60mm以上的1年生种苗

- 深翻30cm,整细、耙平后做宽1.3m、高20cm的厢,按地形开排水沟。2月下旬—3月中上旬和9月、10月中下旬至土壤封冻前移栽。移栽行距30cm,株距6~8cm。及时补苗、除草
- 禁止使用壮根灵等生长调节剂用于增大根

- 移栽2年后10月下旬—11月上旬地上部分枯萎时采收。选择晴天采收

- 晾晒到柔软、能缠到手指上不断时,按大小分级,一把一把的顺握放在木板上揉搓,反复多次,晾干
- 严禁烟熏、硫熏、高温烘烤
- 及时干燥

- 包装材料宜选用麻袋或纸箱
- 不宜久贮
- 贮藏中禁用磷化铝、二氧化硫熏蒸

图1 党参(川党参)规范化生产流程图

5 党参(川党参)规范化生产技术

5.1 生产基地选址

5.1.1 产地选择

川党参主产于重庆、湖北、陕西交界地区。喜冷凉气候,忌高温,具较强的抗寒能力,在–30℃的低温下能够在土壤中安全越冬,适应性较强。川党参生长于海拔1 000~2 300m,多种植于海拔1 200m以上,主产区海拔为1 400~1 700m,年降水量为1 300~1 900mm。

5.1.2 地块选择

川党参是深根系植物,适宜山地黄棕壤或棕壤种植,以土层深厚、肥沃、疏松、排水良好、富含腐殖质的砂质壤土、灰棕壤土栽培为佳,pH 5.5~7.0。川党参忌连作,一般轮作 3~4 年,以豆科、禾本科植物为理想前作。育苗地海拔宜在 1 000~1 400m。

5.1.3 环境监测

生产基地的空气质量应符合 GB 3095 规定的环境空气质量标准,灌溉水质量应符合 GB 5084 规定的农田灌溉水质标准,土壤质量应符合 GB 15618 的规定。

5.2 种质与种子

5.2.1 种质选择

使用桔梗科植物川党参 *Codonopsis tangshen* Oliv.,物种须经过鉴定。如使用农家品种或选育品种应加以明确。

5.2.2 种子质量要求

应使用当年采收、成熟的种子,种子净度≥90.0%,发芽率≥75.0%,千粒重≥0.25g,含水量≤7.0%,检验符合 GB/T 3543《农作物种子检验规程》。种子包装、贮藏应符合 GB/T 7414《主要农作物种子包装》、B/T 7415《农作物种子贮藏》和 GB 20464《农作物种子标签通则》的规定。

川党参 1 年生种苗单株鲜重 1.5g 以上,苗长度 12.0cm 以上,苗头粗 5.10mm,苗中部粗 3.60mm 以上。高产种植选用单株鲜重 4.0g 以上,苗长度 20.0cm 以上,苗头粗 5.00mm,苗中部粗 4.00mm 以上的种苗。

5.2.3 良种繁育

9—10 月当果实呈黄白色、种子浅褐色时,即可采种。干燥后置于通风阴凉处保存,防烟熏、潮湿。以移栽后第 1 年、第 2 年植株所结种子为宜,一般以移栽 2 年的党参收子较多而质量好。自然干燥后挂藏,或脱粒,装入纸袋或布袋内,贮藏于干燥凉爽处。

5.3 种植

5.3.1 育苗

育苗地应选择海拔 1 000~1 500m,山坡底部或谷地半阴半阳坡,地势较平坦、灌溉方便、土质肥沃、排水良好、无宿根杂草及地下害虫的砂质壤土,以 1 000~1 200m 育苗为佳。深翻土地 25~30cm,清除草根、石块,清除残株茎叶,用多菌灵对育苗地进行消毒处理。整地时每亩(1 亩≈666.7m²,下文同)施用充分腐熟、达到无害化卫生标准的农家肥(如厩肥、堆肥等)3 000kg,加入过磷酸钙 50kg 充分混匀,耙细整平,做成 1.3m 宽、高 25~30cm 的厢。山坡地一般不做厢,顺坡向整平,开数条排水沟即可。选饱满、色泽鲜亮、颜色为黄褐色、健康无病害的种子,千粒重不低于 0.30g,发芽率不低于 70%。当年秋季所采的种子在白露前后秋播,发芽率可达 85% 左右,隔年陈种发芽率极低,不宜用作育苗。

春播于 3 月下旬至 4 月上、中旬;秋播于 9 月中旬至 10 月中旬土壤冻结前进行。穴播按穴距 30cm×15cm 开穴,播后覆土 2~3cm 为度,穴播亩播种量为 0.75~1.0kg。或条播,在整好的厢面上按行距 20~30cm 横向开浅沟,沟深 3~5cm,播幅宽 10cm,将种子均匀地撒入沟内,覆盖细土或用过筛的有机肥和旱田细土 1:2 比例混合进行覆土,厚 1cm,再轻轻压土,使种子和土壤充分接触。播种后,上面盖一层薄土(3~5cm),然后用稻草、玉米秆或干草覆盖厢面,以后适当浇水,保持土壤湿润。开始出苗时及时撤掉覆盖物。条播,每亩用种量 1.5~2kg;撒播 2.0~2.5kg。以条播为好。

幼苗出土后选择阴雨天气或傍晚逐渐揭去盖草,不可一次揭完,以防烈日晒死幼苗。出苗后,应及时清除杂草。当苗高约 5cm 时逐渐揭去覆盖物并开始间苗,间苗坚持"去弱留强、间密存稀"的原则。苗高约 10cm 时,结合除草进行间苗,去弱留强,每隔 3~5cm 留苗 1 株。前期可用松针或作物枯秆保湿,出苗后可用遮阳网搭棚,以降低地面温度。5 月和 6 月分别浇灌腐熟的稀粪水 1 次,每次亩用量 1 000~1 500kg。7 月份,选晴天亩施尿素 10kg、磷肥 20~50kg、硫酸钾 50kg,撒施后用竹枝将茎叶上的肥料轻轻赶下。寒冷的地区种植川党参要在秋末地上部枯萎后盖上防寒土,以防冻害,第二年春季党参越冬萌芽前撤除。

川党参苗期主要病虫害有根腐病、锈病、蚜虫、蛴螬等,危害较为严重的是苗期根腐病。防治方法参照附录 B。

5.3.2 定植

整地前除净地表杂草,结合整地亩施入堆肥或土杂肥 1 000~1 500kg 和过磷酸钙 50~80kg,深翻 30cm,整细、耙平后做宽 1.3m、高 20cm 的厢,四周开好排水沟,山坡地应选阳坡处,整地须做到坡面平整,按地形开排水沟。生荒地应先铲除杂草,然后深翻,整平耙细。

选生长健壮、苗根均匀、头梢完整、无分权、无虫蛀、无发霉、1 年生或 2 年生参苗作种苗。一般亩用种 80~100kg(苗重 2.0g 左右)。平栽,亩用种量 150kg(苗重 3g 左右),一等率达 60%~70%。移栽时最好做到随挖苗随移栽。秋季或春季幼苗萌芽前移栽,移栽时最好做到随挖苗随移栽。秋季于 9 月、10 月中下旬至土壤封冻前移栽,春季在土壤解冻后(2 月下旬—3 月中上旬)。移栽行距 20cm,株距 6~8cm,需种苗约 3.5 万 ~4.5 万株。一般采用密度 30cm×(6~7cm),亩栽植 4 万株种苗。

5.3.3 田间管理

移栽后及时补苗、除草,及时排灌。秋末盖上防寒土,第 2 年春季越冬芽萌动前撤土。一般定植后第一年除草 2~3 次,第一次(4 月底—5 月初)在株高 7~10cm,第二次(5 月中下旬)在株高 20~30cm;第三次在 6 月中下旬。移栽 2 年以上者,在每年早春出苗后除草一次即可。追肥分 2 次。在 4 月中下旬、5 月中下旬至 6 月初封行前进行。第一次亩施尿素 20~30kg;第二次亩施尿素 40~60kg,亩施钾肥 40kg。或底肥用 45% 复合肥 30~50kg,第一次追肥亩施 45% 复合肥 40~50kg 和尿素 20~30kg,第二次追肥亩施 45% 复合肥 60~80kg。7 月下旬或 8 月上旬初花后用磷酸二氢钾 0.4kg/ 亩兑水 50kg 叶面喷施。以花蕾未开放前摘除为好。雨季来临时要注意排水,以防积水烂根。当苗高 30cm 时,可用竹竿或树枝等搭"人"字架或三角架。禁止使用壮根灵、膨大素等生长调节剂增大川党参根。

5.3.4 病虫害防治

常见病害有锈病、根腐病等,虫害主要有地老虎、蛴螬等。

应采用预防为主、综合防治的方法:轮作 3 年以上;有机肥必须充分腐熟;选用无病害感染、无机械损伤、侧根少的优质种苗,禁用带病苗;及时清沟排水;发现病株及时拔除,集中销毁,每穴撒入草木灰 100g 或生石灰 200~300g,进行局部消毒;每年秋冬季及时清园。

采用化学防治时,应当符合国家有关规定;优先选用高效、低毒的生物农药;尽量避免使用除草剂、杀虫剂和杀菌剂等化学农药;不使用禁限用农药(附录 A)。病虫害的防治参照附录 B。

5.4 采收

移栽后生长 2 年采收,在秋后除去藤蔓,小心挖起根部。以川党参地上部分枯萎至结冻前为采收期。适当迟收可提高产量和品质,一般以 10 月下旬至 11 月上旬霜降后、土壤封冬前收挖为佳。遭受旱灾后的川党参可提前到 9 月上旬—10 月收获。

收获前,先割去地上茎叶,再收挖川党参。要求收挖时不伤根皮,不要造成断根,收挖的川党参以根条完整为佳。

5.5 产地初加工

川党参收挖后,在田间及时取掉泥土运回,然后放在室外晾晒,晚上收回。晾晒到柔软、能缠到手指上不断时,按大小分级,一把一把的顺握放在木板上揉搓,使根条韧皮部与木质部紧贴、根条饱满而柔软;揉搓后再晾晒,晒后再揉搓,反复 3~5 次后串扎,并继续晾晒干。干后放在通风透气、距地面 50cm 的木板或支架上存放,存放期间勤查看,以防返潮霉烂。加工干燥过程保证场地、工具洁净,不受雨淋等。严禁烟熏、硫熏、高温烘烤,以免降低品质和药效。

5.6 包装、放行、贮运

5.6.1 包装

包装前应对每批药材按照国家标准进行质量检验。符合国家标准的药材,采用不影响质量的编织袋等包装,禁止采用包装过肥料、农药等的包装袋包装。包装外贴或挂标签、合格证,标识牌内容应有药材名、基源、产地、批号、规格、重量、采收日期、企业名称等,并有追溯码。

5.6.2 放行

应制定符合企业实际情况的放行制度,有审核批生产、检验等的相关记录。不合格药材有单独处理制度。

5.6.3 贮运

应贮存于阴凉干燥处,定期检查,防止虫蛀、霉变、腐烂、泛油等发生。仓库控制温度在 20℃以下、相对湿度 75% 以下;不同批次、等级药材分区存放;建有定期检查制度。禁止磷化铝和二氧化硫熏蒸。也可采用现代气调贮藏方法,包装或库内充氮或二氧化碳。

运输应防止发生混淆、污染、异物混入、包装破损、雨雪淋湿等。

附 录 A

（规范性）

禁限用农药名单

A.1 禁止（停止）使用的农药（46 种）

六六六、滴滴涕、毒杀芬、二溴氯丙烷、杀虫脒、二溴乙烷、除草醚、艾氏剂、狄氏剂、汞制剂、砷类、铅类、敌枯双、氟乙酰胺、甘氟、毒鼠强、氟乙酸钠、毒鼠硅、甲胺磷、对硫磷、甲基对硫磷、久效磷、磷胺、苯线磷、地虫硫磷、甲基硫环磷、磷化钙、磷化镁、磷化锌、硫线磷、蝇毒磷、治螟磷、特丁硫磷、氯磺隆、胺苯磺隆、甲磺隆、福美肿、福美甲肿、三氯杀螨醇、林丹、硫丹、溴甲烷、氟虫胺、杀扑磷、百草枯、2,4-滴丁酯。

注：氟虫胺自 2020 年 1 月 1 日起禁止使用。百草枯可溶胶剂自 2020 年 9 月 26 日起禁止使用。2,4-滴丁酯自 2023 年 1 月 29 日起禁止使用。溴甲烷可用于"检疫熏蒸处理"。杀扑磷已无制剂登记。

A.2 在部分范围禁止使用的农药（20 种）

部分范围禁止使用的农药应注意药食同源中药材及来自其他作物的中药材。部分范围禁止使用的农药见表 A.1。

表 A.1 部分范围禁止使用的农药

通用名	禁止使用范围
甲拌磷、甲基异柳磷、克百威、水胺硫磷、氧乐果、灭多威、涕灭威、灭线磷	禁止在蔬菜、瓜果、茶叶、菌类、中草药材上使用,禁止用于防治卫生害虫,禁止用于水生植物的病虫害防治
甲拌磷、甲基异柳磷、克百威	禁止在甘蔗作物上使用
内吸磷、硫环磷、氯唑磷	禁止在蔬菜、瓜果、茶叶、中草药材上使用
乙酰甲胺磷、丁硫克百威、乐果	禁止在蔬菜、瓜果、茶叶、菌类和中草药材上使用
毒死蜱、三唑磷	禁止在蔬菜上使用
丁酰肼（比久）	禁止在花生上使用
氰戊菊酯	禁止在茶叶上使用
氟虫腈	禁止在所有农作物上使用（玉米等部分旱田种子包衣除外）
氟苯虫酰胺	禁止在水稻上使用

A.3 说明

本附录的内容来自 2019 年中华人民共和国农业农村部发布的《禁限用农药名录》（http://www.zzys.moa.gov.cn/gzdt/201911/t20191129_6332604.htm）。

附　录　B

（资料性）

川党参主要病虫害防治的参考方法

川党参主要病虫害防治的参考方法见表 B.1。

表 B.1　川党参主要病虫害防治的参考方法

序号	防治对象	推荐药剂及使用时期、方法	其他防治方法
1	锈病	种根移栽前,用多菌灵胶悬剂浸种处理。发病期可用多菌灵、霜疫灵、粉锈宁（三唑酮）或百菌清喷雾。按照农药标签使用	注意排水、调节荫蔽度。发现病株后应及时挖除,并在病穴内撒石灰消毒
2	根腐病	发病初期,对所有的植株灌根,可选用苯醚甲环唑水分散粒剂或甲霜·锰锌可湿性粉剂、噁霜灵可湿性粉剂等药剂灌根防治。按照农药标签使用	及时清除病残落叶。开沟排湿
3	蛴螬	施肥前可使用辛硫磷喷拌。或整地时,每亩用辛硫磷乳油或辛硫磷缓释剂撒施后翻地。按照农药标签使用	冬季清除杂草,消灭越冬虫卵。施用腐熟的厩肥、堆肥
4	小地老虎	可用溴氰菊酯乳油、氰戊菊酯乳油、辛硫磷乳油、晶体敌百虫喷洒。按照农药标签使用	早春铲除地头、地边、田埂路旁的杂草,并带到田外及时处理或沤肥,能消灭一部分卵或幼虫。利用黑光灯、杀虫灯诱杀成虫。可进行人工捕杀

ICS 65.020.20
CCS C 05

团 体 标 准

T/CACM 1374.130—2021

党参（党参）规范化生产技术规程

Code of practice for good agricultural practice of Codonopsis Radix
(*Codonopsis pilosula*)

2021-10-15 发布

2021-10-15 实施

中华中医药学会　发布

目　次

前言……………………………………………………………………………………………………… 585

1　范围 ……………………………………………………………………………………………… 586

2　规范性引用文件 ………………………………………………………………………………… 586

3　术语和定义 ……………………………………………………………………………………… 586

4　党参（党参）规范化生产流程图………………………………………………………………… 587

5　党参（党参）规范化生产技术…………………………………………………………………… 587

　　5.1　生产基地选址 …………………………………………………………………………… 587

　　5.2　种质与种子 ……………………………………………………………………………… 588

　　5.3　种植 ……………………………………………………………………………………… 588

　　5.4　田间管理 ………………………………………………………………………………… 589

　　5.5　病虫草害等防治 ………………………………………………………………………… 590

　　5.6　采挖 ……………………………………………………………………………………… 590

　　5.7　产地初加工 ……………………………………………………………………………… 590

　　5.8　包装、贮藏及运输 ……………………………………………………………………… 591

附录 A（规范性）　禁限用农药名单 …………………………………………………………… 592

参考文献…………………………………………………………………………………………… 593

前　　言

本文件按照 GB/T 1.1—2020《标准化工作导则　第 1 部分：标准化文件的结构和起草规则》的规定起草。

请注意本文件中的某些内容可能涉及专利。本文件的发布机构不承担识别专利的责任。

本文件由中国医学科学院药用植物研究所提出。

本文件由中华中医药学会归口。

本文件起草单位：甘肃农业大学、上海市药材有限公司、甘肃中天药业有限责任公司、兰州大学、中国医学科学院药用植物研究所、上药（宁夏）中药资源有限公司、重庆市药物种植研究所。

本文件主要起草人：陈垣、郭凤霞、邱黛玉、李琦、朱光明、胡芳弟、杨豆豆、梁伟、李欠、赵锐明、李红艳、姜侃、白德涛、金建琴、陈永中、焦旭升、王红燕、魏建和、王文全、王秋玲、杨小玉、辛元尧、王苗苗。

党参（党参）规范化生产技术规程

1 范围

本文件确立了党参（党参）的规范化生产流程,规定了党参（党参）生产基地选址、种质要求、种苗繁育、种植、采收、产地初加工、包装、放行、贮运等阶段的操作要求。

本文件适用于党参（党参）的规范化生产。

2 规范性引用文件

下列文件中的内容通过文中的规范性引用而构成本文件必不可少的条款。其中,注明日期的引用文件,仅该日期对应的版本适用于本文件。不注明日期的引用文件,其最新版本（包括所有的修改单）适用于本文件。

GB 3095　环境空气质量标准

GB 5084　农田灌溉水质标准

GB 15618　土壤环境质量　农用地土壤污染风险管控标准（试行）

GB/T 3543　农作物种子检验规程

NY/T 1276　农药安全使用规范总则

NY/T 496　肥料合理使用准则　通则

DB62/T 2001—2010　中药材种子　党参

DB62/T 2816—2017　中药材种苗　党参

DB62/T 2239—2017　党参种苗繁育技术规程

DB62/T 824—2017　党参栽培技术规程

T/CACM 1374.1—2021　中药材规范化生产技术规程通则　植物药材

3 术语和定义

T/CACM 1374.1—2021界定的以及下列术语和定义适用于本文件。

3.1 规范化生产　good agricultural practice

按照《中药材生产质量管理规范》（简称中药材GAP）的要求,实施药材生产,保证中药材优质安全的生产过程。

3.2 技术规程　code of practice

为实现中药材生产顺利、有序进行,保证中药材生产质量,对中药材生产的基地选址、种子种苗、种植或野生抚育、采收与产地初加工以及包装、放行与贮运等,所做的技术规定和要求,是实施中药材规范生产的核心技术要求和实施指南。

3.3 党参 Codonopsis Radix

桔梗科植物党参 *Codonopsis pilosula*（Franch.）Nannf. 的干燥根。

3.4 打顶 pinching

党参生长过旺时割去茎藤顶部的操作过程,以改善透光条件,控制徒长,也称剪茎或割茎。

4 党参（党参）规范化生产流程图

党参（党参）规范化生产流程见图 1。

党参（党参）规范化生产流程 关键控制点及参数:

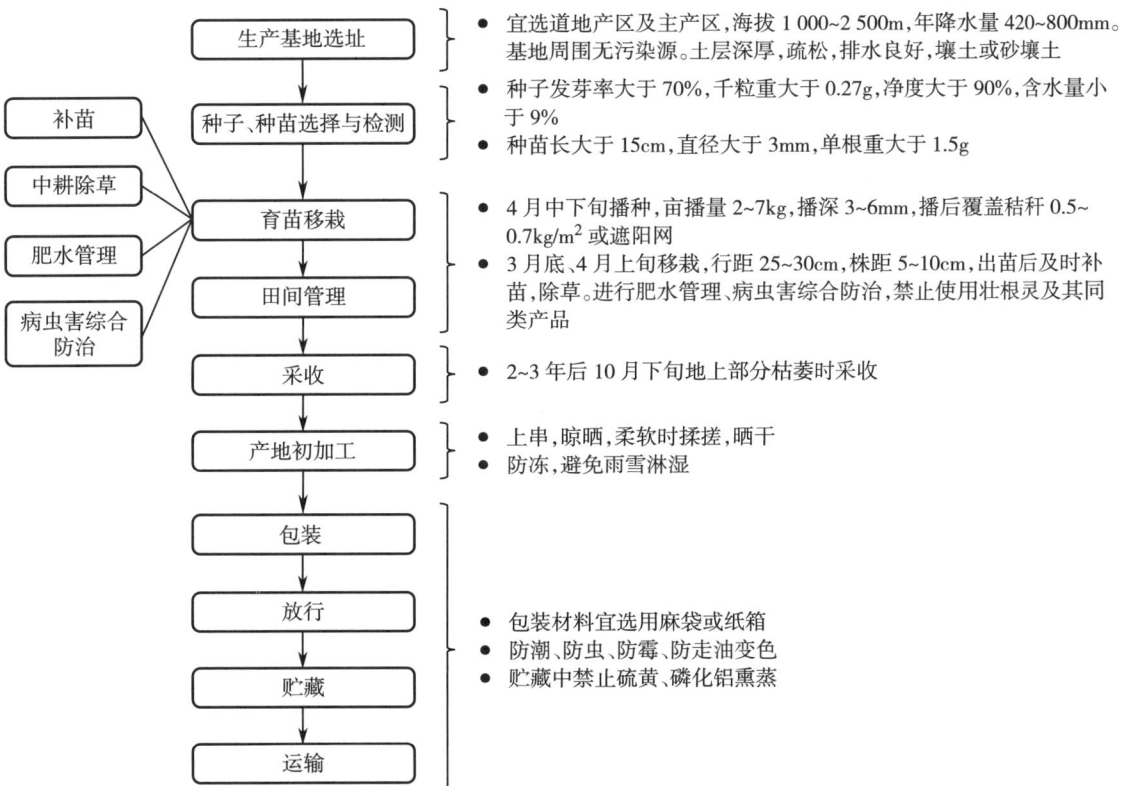

- 宜选道地产区及主产区,海拔 1 000~2 500m,年降水量 420~800mm。基地周围无污染源。土层深厚,疏松,排水良好,壤土或砂壤土
- 种子发芽率大于 70%,千粒重大于 0.27g,净度大于 90%,含水量小于 9%
- 种苗长大于 15cm,直径大于 3mm,单根重大于 1.5g
- 4 月中下旬播种,亩播量 2~7kg,播深 3~6mm,播后覆盖秸秆 0.5~0.7kg/m² 或遮阳网
- 3 月底、4 月上旬移栽,行距 25~30cm,株距 5~10cm,出苗后及时补苗,除草。进行肥水管理、病虫害综合防治,禁止使用壮根灵及其同类产品
- 2~3 年后 10 月下旬地上部分枯萎时采收
- 上串,晾晒,柔软时揉搓,晒干
- 防冻,避免雨雪淋湿
- 包装材料宜选用麻袋或纸箱
- 防潮、防虫、防霉、防走油变色
- 贮藏中禁止硫黄、磷化铝熏蒸

图 1 党参（党参）规范化生产流程图

5 党参（党参）规范化生产技术

5.1 生产基地选址

5.1.1 产地选择

适宜在甘肃、山西党参道地产区海拔高度在 1 000~2 500m 的地带选择种植基地。

5.1.2 地块选择

应选排水良好、有机质丰富、土层深厚、肥沃疏松的壤土,不宜选低洼地、盐碱地种植。前茬以豆类、薯类、油菜、禾谷类等作物为好,不可连作,轮作周期要 4 年以上。

5.1.3 环境监测

基地的大气、土壤和水的检测按照 GAP 要求,应符合相应国家标准。环境监测参照 GB 3095《环境空气质量标准》、GB 15618《土壤环境质量 农用地土壤污染风险管控标准(试行)》、GB 5084《农田灌溉水质标准》。

5.2 种质与种子

5.2.1 种质选择

桔梗科植物党参 *Codonopsis pilosula*(Franch.)Nannf.,须经过鉴定。如使用农家品种或选育品种应明确。

5.2.2 种子质量

选用当年采收的优质新种子,种子质量可参考 DB62/T 2001 执行。种子检验可参考 GB/T 3543 执行。

5.3 种植

5.3.1 育苗

参照 DB62/T 2239。整地:深翻土地 30cm 打破犁底层,打碎土块,清除草根、石块,耙平。随翻地施入腐熟厩肥约 1t/ 亩(1 亩 ≈ 666.7m², 下文同)。结合播前翻地施入化肥,氮磷钾养分合计施用量 10kg/ 亩,氮、磷、钾养分配比为 2.5∶1.9∶1。结合播前翻地施入 2~3kg 3% 辛硫磷颗粒剂。耕翻后糖平保墒。

育苗种子:选择当年采收的新种子,清除杂质和瘪粒,将种子均匀摊放在干净的苫布上在太阳下日晒 1~2 天。

播种时间:3 月下旬至 4 月下旬,春播宜早不宜迟,土壤解冻初期墒情好,日均气温达到 5℃以上时即可播种。

播种量:地膜穴播每亩 2~3kg,撒播每亩 6~7kg,墒情较差的地块可适当增加播量。

播种方法:地膜穴播:覆盖 0.012mm 厚黑色地膜,播后膜面上少量压土防止地膜被风吹起。

采用鸭嘴滚轮式播种器点播:行距 10cm,穴距 10cm,每穴播种子 8~12 粒。

撒播:用细砂拌匀并均匀撒在地表,耙糖 1 次,轻轻镇压使种子和土壤充分接触,然后用秸秆保湿,或遮阳网遮荫。播种后根据土壤墒情及时浇水,保持地面湿润,以利出苗。平均播深 0.3~0.6cm。

苗田管理:党参苗期应及时拔除杂草,党参出苗后,在幼苗长到 2 片真叶时除草。如果秸秆覆盖较厚,党参苗不易透出,选阴雨天揭去表层一部分秸秆,留少部分起抗旱保湿作用。在出苗后覆盖遮阳网必须将遮阳网搭架使其离地面 50cm 左右,6 月上中旬视土壤墒情随时揭去遮阳网。根据苗情进行追肥,可用尿素 5kg/ 亩。过稠密的幼苗适当间苗,保持苗床湿润。遇到大雨天气,应及时注意排水。

种苗采收:次年 3 月中旬土壤解冻后采收种苗,用叉子挖出种苗,淘汰 DB62/T 2816 规定的二级以下种苗。带土扎把,随采收随移栽。

5.3.2 移栽

5.3.2.1 种苗筛选

移栽前,将腐烂,发霉,苗体有病斑、虫伤、割伤、擦伤、折断的伤病苗除去;小老苗、分叉苗及根茎粗 1mm 以下的特小苗均应除去。选择健壮,根长 15~25cm,"百苗"鲜重 40~80g 的优质种苗。种苗可参考 DB62/T 2816 规定的二级以上标准。

5.3.2.2 整地施肥

深翻土地 30cm 打破犁底层,打碎土块,清除草根、石块,耙平。施肥可参考 NY/T 496 执行。党参施肥要以优质的农家肥为主,符合无害化卫生标准。随翻地施入厩肥约 2 000kg/ 亩。结合播前翻地施入化肥,氮磷钾养分合计施用量 25kg/ 亩,化肥氮、磷、钾养分配比为 2.5 : 1.9 : 1。结合播前翻地施入 2~3kg 3% 辛硫磷颗粒剂。

5.3.2.3 地膜

选用幅宽 40cm,厚度 0.012mm,高海拔区用普通白色农用地膜,低海拔区用黑色农用地膜。

5.3.2.4 移栽方法

3 月中旬至 4 月中旬之间土壤解冻后移栽。

沟栽:按沟距 25~30cm,深 25cm 开沟,大中小苗相间按 5~12cm 株距顺沟斜放于沟旁一侧,苗头低于地面 2cm,再用开第二个沟的土将前一个沟覆土,苗头覆土厚度 2~3cm,然后适当镇压。

地膜覆盖露头栽培:按垄宽 45cm,以南北向沿地埂放线,将地面整平,按株距 5~10cm 摆苗,将种苗苗头朝垄的两边(即苗头朝外,尾对尾相间)平行摆放,将湿润土壤均匀覆盖于摆放的种苗上,覆土厚 4~6cm,然后在垄沟上将 40cm 宽地膜一头埋入土中压实,一边拉地膜一边在膜两边及苗头部位压土 2~3cm,使地膜两边与挂线相齐(苗头正好在地膜外 1~2cm),完成第 1 垄移栽后,留 15cm 垄沟,开始移栽第 2 垄,以此类推。地膜上每隔 2.5~3m 压一条土腰带。膜面加垄沟带宽 60cm,两行,平均行距 30cm。也可以采用 30cm 幅宽的地膜,按带宽 30cm 放线,膜下只摆一排苗,其他操作同上,行距 30cm。

5.3.2.5 密度

移栽密度有两种方案:种苗较大时,株距 10cm,行距 30cm 定植,苗数为 22 000 株 / 亩;种苗较小时株距 5cm,行距 30cm 定植,苗数为 37 000 株 / 亩,前者具有抗旱功能,适合生产大条货,后者适合雨水充足的年份,大条货较少,但产量高。不覆盖地膜露地移栽也可以采用行距 25cm,株距 5~12cm,苗数为 22 000~53 000 株 / 亩,小苗密度大,大苗密度小。降水量大的地区适当减小密度。

5.4 田间管理

5.4.1 除草

移栽定植后至封垄前勤除草。当苗高 6~9cm 时进行第 1 次锄草,苗高 15~18cm 时进行第 2 次锄草。以后随时除草,保持田间无杂草。

5.4.2 打顶

党参移栽定植后如果地上部分生长过旺,要进行打顶。第一次打顶:6月下旬,当定植缓苗后的参苗高约15cm时,将茎藤尖端约5cm的蔓割(剪)掉。第二次打顶:在距第一次打顶后约1个月时,7月下旬,将茎蔓尖端约10cm剪除。每次打顶割下的枝蔓应带出田间。如果天气干旱,党参地上部分生长弱,则视具体情况少割或不割茎。由于割茎会抑制开花结实,留种田不宜进行割茎。

5.4.3 补苗

移栽时在地块边角集中栽植少量苗子以备补苗用,出苗期检查发现缺苗断垄的情况及时进行补苗。

5.4.4 追肥

追肥以速效肥料为主,叶面喷施以便及时供应不足的养分。党参追肥以氮肥为主,6月下旬至8月下旬期间根据生长情况,出现缺乏症状趁下雨追肥。也可以用水配成0.2%硫酸钾复合肥溶液或0.2%磷酸二氢钾溶液喷洒叶面,隔10天喷1次,连喷3~4次。缺其他微肥时可随时配液喷洒补充。

5.5 病虫草害等防治

党参主要病虫害种类有根腐病、灰霉病、锈病、蚜虫、地下害虫。农药安全使用可参考NY/T 1276执行。

5.5.1 移栽期防治

党参浸苗处理对党参根腐病、地下害虫等可起到有效防控。移栽前用10kg清水,先将30%琥胶肥酸铜30ml加入其中,充分搅匀,再加入5%香芹酚水剂35ml或6%寡糖·链蛋白可湿性粉剂15g,再次搅匀,然后加入30%噻虫嗪悬浮剂15ml和3%恶·甲水剂30ml,将准备移栽的党参苗去土后抖干净,芽头朝上根系浸泡在药液中浸苗5分钟,捞出后放置在阴凉处,边浸苗边晾,边晾边移栽。至药液下降至2/3处时,加水至原位,各种药剂各加入一半的量。

5.5.2 苗期防治(5月下旬至6月上旬)

以根腐病为主要防治对象,田间发现病株应及时拔除,病穴用生石灰消毒。并全田喷淋香芹酚水剂、多抗霉素或寡糖·链蛋白可湿性粉剂,按农药标签使用。出苗后及时人工除草。

5.5.3 中后期防治(6月下旬至9月上旬)

以灰霉病、锈病等为主要防治对象。在灰霉病、锈病初发期(6月下旬至7月上旬)可选用5%香芹酚水剂500倍液进行防治,间隔7~10天,2~3次;发生较重时,可用香芹酚水剂、苯甲·嘧菌酯悬浮剂或吡唑嘧菌酯悬浮剂,按农药标签使用。整枝打尖,清洁田园。及时除草,防止杂草种子落到田间。

5.6 采挖

党参收获约在10月中下旬,地上部分枯萎后开始采挖,不可过早采挖。机械收获挖深35cm。尽可能避免挖伤党参根体。

5.7 产地初加工

采挖的党参先将表面泥土用水冲洗干净,按粗细大小分等级,用细线串成1m长的串,摊放在干燥通风透光处的竹箔上或干燥平坦的地面、石板、水泥地上，晾晒数日，使水分蒸发，晾晒 10 天左右后，根系变柔软时，将党参串卷成圆柱状，外包麻包用脚轻轻揉搓，一般揉搓 1~2 次即可，使皮部与木质部贴紧、皮肉紧实。晒干或烘干至含水量在 16% 以下，干后的党参须放在通风干燥处。严禁用硫黄及同类产品熏蒸。

5.8 包装、贮藏及运输

5.8.1 包装及贮藏

在包装前应检查是否充分干燥、有无杂质及其他异物，并在每件包装上注明品名、规格、产地、批号、执行标准、生产单位、生产日期等，并附有质量合格的标志。置于干燥、通风良好的专用贮藏库内贮藏，并注意防虫、防鼠、防潮，贮藏期间要勤检查、勤翻动，经常通风，夏季应将转入阴凉库贮藏。

5.8.2 运输

运输工具或容器应具有良好的通气性，以保持干燥，并应有防潮措施，尽可能地缩短运输时间；不应与其他有毒、有害及易串味的物质混装。

附　录　A

（规范性）

禁限用农药名单

A.1　禁止（停止）使用的农药（46 种）

六六六、滴滴涕、毒杀芬、二溴氯丙烷、杀虫脒、二溴乙烷、除草醚、艾氏剂、狄氏剂、汞制剂、砷类、铅类、敌枯双、氟乙酰胺、甘氟、毒鼠强、氟乙酸钠、毒鼠硅、甲胺磷、对硫磷、甲基对硫磷、久效磷、磷胺、苯线磷、地虫硫磷、甲基硫环磷、磷化钙、磷化镁、磷化锌、硫线磷、蝇毒磷、治螟磷、特丁硫磷、氯磺隆、胺苯磺隆、甲磺隆、福美胂、福美甲胂、三氯杀螨醇、林丹、硫丹、溴甲烷、氟虫胺、杀扑磷、百草枯、2,4- 滴丁酯。

注：氟虫胺自 2020 年 1 月 1 日起禁止使用。百草枯可溶胶剂自 2020 年 9 月 26 日起禁止使用。2,4-滴丁酯自 2023 年 1 月 29 日起禁止使用。溴甲烷可用于"检疫熏蒸处理"。杀扑磷已无制剂登记。

A.2　在部分范围禁止使用的农药（20 种）

部分范围禁止使用的农药应注意药食同源中药材及来自其他作物的中药材。部分范围禁止使用的农药见表 A.1。

表 A.1　部分范围禁止使用的农药

通用名	禁止使用范围
甲拌磷、甲基异柳磷、克百威、水胺硫磷、氧乐果、灭多威、涕灭威、灭线磷	禁止在蔬菜、瓜果、茶叶、菌类、中草药材上使用,禁止用于防治卫生害虫,禁止用于水生植物的病虫害防治
甲拌磷、甲基异柳磷、克百威	禁止在甘蔗作物上使用
内吸磷、硫环磷、氯唑磷	禁止在蔬菜、瓜果、茶叶、中草药材上使用
乙酰甲胺磷、丁硫克百威、乐果	禁止在蔬菜、瓜果、茶叶、菌类和中草药材上使用
毒死蜱、三唑磷	禁止在蔬菜上使用
丁酰肼（比久）	禁止在花生上使用
氰戊菊酯	禁止在茶叶上使用
氟虫腈	禁止在所有农作物上使用（玉米等部分旱田种子包衣除外）
氟苯虫酰胺	禁止在水稻上使用

A.3　说明

本附录的内容来自 2019 年中华人民共和国农业农村部发布的《禁限用农药名录》（http://www.zzys.moa.gov.cn/gzdt/201911/t20191129_6332604.htm）。

参考文献

［1］国家药典委员会.中华人民共和国药典：2020年版一部［M］.北京：中国医药科技出版社，2020.

［2］许爱霞，毛正云.陇西道地药材白条党参栽培技术［J］.农业科技与信息，2019（14）：11-12，14.

［3］高淑萍，管青霞，李城德.白条党参50cm地膜露头栽培技术规程［J］.农业科技与信息，2019（11）：16-18.

［4］纪瑛，漆琚涛，蔡伟，等.不同密度和栽培方式对党参种子产量及其构成的影响［J］.中药材，2015，38（12）：2473-2475.

［5］胡佳栋.栽培措施对党参生长和有效成分含量影响研究［D］.咸阳：西北农林科技大学，2019.

［6］赵苟代.甘肃哈达铺镇党参栽培技术要点［J］.农业工程技术，2019，39（20）：72.

［7］代立兰，王崶德，张怀山，等.甘肃中部干旱山区党参覆膜栽培技术研究［J］.中兽医医药杂志，2016，35（6）：52-55.

ICS 65.020.20
CCS C 05

团 体 标 准

T/CACM 1374.131—2021

铁皮石斛规范化生产技术规程

Code of practice for good agricultural practice of
Dendrobii Officinalis Caulis

2021-10-15 发布

2021-10-15 实施

中华中医药学会　发布

目　次

前言 ··· 596

1　范围 ·· 597

2　规范性引用文件 ·· 597

3　术语和定义 ··· 597

4　铁皮石斛规范化生产流程图 ·· 598

5　铁皮石斛规范化生产技术 ··· 599

　　5.1　生产基地选址 ·· 599

　　5.2　种质与种子 ·· 599

　　5.3　种苗繁育 ··· 599

　　5.4　种植 ·· 601

　　5.5　采收 ·· 603

　　5.6　产地初加工 ·· 603

　　5.7　包装、放行、贮运 ·· 604

附录A（规范性）　禁限用农药名单 ··· 605

附录B（资料性）　铁皮石斛常见病虫害防治的参考方法 ································· 606

附录C（资料性）　铁皮石斛生产允许使用的化学农药的种类及其使用方法 ········ 607

参考文献 ·· 608

前　言

本文件按照 GB/T 1.1—2020《标准化工作导则　第 1 部分：标准化文件的结构和起草规则》的规定起草。

请注意本文件中的某些内容可能涉及专利。本文件的发布机构不承担识别专利的责任。

本文件由中国医学科学院药用植物研究所和浙江农林大学提出。

本文件由中华中医药学会归口。

本文件起草单位：浙江农林大学、浙江森宇有限公司、浙江铁枫堂生物科技股份有限公司、中国医学科学院药用植物研究所、云南农业大学、江西林业科学院、贵州省林业科学研究院、龙陵县石斛研究所、贵州贵枫堂农业开发有限公司、江西珍草苑农业开发有限公司、上海市药材有限公司、杭州震亨生物科技有限公司、浙江聚优品生物科技股份有限公司、安徽牧龙山生态旅游开发股份有限公司、重庆市药物种植研究所。

本文件主要起草人：斯金平、俞巧仙、朱玉球、郭顺星、刘京晶、宋仙水、杨生超、罗在柴、朱培林、赵菊润、姚本进、赵明、张新凤、吴令上、陈东红、石艳、蒋正剑、诸燕、黄炳荣、朱光明、秦朗、魏建和、王文全、王秋玲、杨小玉、辛元尧、王苗苗。

铁皮石斛规范化生产技术规程

1 范围

本文件确立了铁皮石斛的规范化生产流程、关键控制点及技术参数、铁皮石斛规范化生产各环节的技术规程。

本文件适用于按照《中药材生产质量管理规范》实施规范化生产铁皮石斛。

2 规范性引用文件

下列文件对于本文件的应用是必不可少的。凡是注明日期的引用文件,仅所注明日期的版本适用于本文件。凡是不注明日期的引用文件,其最新版本(包括所有的修改版本)适用于本文件。

GB 3095 环境空气质量标准

GB/T 8321 农药合理使用准则

GB/T 3543 农作物种子检验规程

GB 5749 生活饮用水卫生标准

GB 5084 农田灌溉水质标准

GB 7718 食品安全国家标准 预包装食品标签通则

GB 15569 农业植物调运检疫规程

GB 15618 土壤环境质量 农用地土壤污染风险管控标准(试行)

NY/T 496 肥料合理使用准则 通则

T/CACM 1374.1—2021 中药材规范化生产技术规程通则 植物药材

3 术语和定义

T/CACM 1374.1—2021 界定的以及下列术语和定义适用于本文件。

3.1 规范化生产 good agricultural practice

按照《中药材生产质量管理规范》(简称中药材 GAP)的要求,实施药材生产,保证中药材优质安全的生产过程。

3.2 技术规程 code of practice

为实现中药材生产顺利、有序进行,保证中药材生产质量,对中药材生产的基地选址、种子种苗、种植或野生抚育、采收与产地初加工以及包装、放行与贮运等,所做的技术规定和要求,是实施中药材规范生产的核心技术要求和实施指南。

3.3 设施栽培 facility cultivation

铁皮石斛种植于配备遮阳网、喷雾或灌溉设施的玻璃温室或塑料大棚等设施内。

3.4 近野生栽培 near wild cultivation

铁皮石斛种植在自然环境下，不用农药、不用肥料的一种种植方法，即通过选择适宜的岩壁坡度或调整树冠郁闭度调控光照和温度，人工辅助给水调控湿度，将铁皮石斛附生于岩壁或树干、树枝上，生产过程中不施肥料、不用农药。

3.5 铁皮枫斗 tiepifengdou

铁皮石斛鲜茎采收后，除去叶和部分须根、杂质，洗净晾干剪成 6~10cm 长的茎段（炮制加工"龙头凤尾"枫斗除外），用炭火或电炉烘软，经搓、扭旋、卷曲并定型后，再烘干而成的加工品。

4 铁皮石斛规范化生产流程图

铁皮石斛规范化生产流程见图 1。

铁皮石斛规范化生产流程：　　　　　　　　关键控制点及参数：

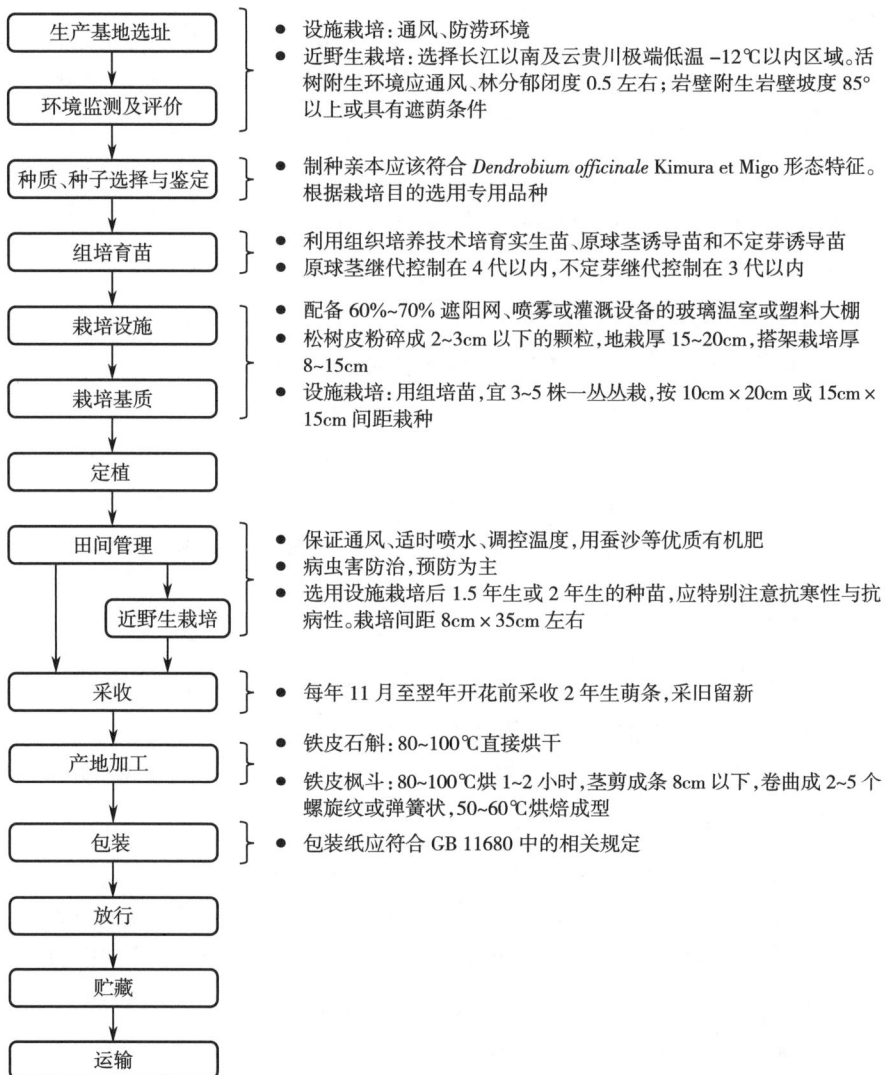

生产流程	关键控制点及参数
生产基地选址 环境监测及评价	• 设施栽培：通风、防涝环境 • 近野生栽培：选择长江以南及云贵川极端低温 −12℃以内区域。活树附生环境应通风，林分郁闭度 0.5 左右；岩壁附生岩壁坡度 85°以上或具有遮荫条件
种质、种子选择与鉴定	• 制种亲本应该符合 *Dendrobium officinale* Kimura et Migo 形态特征。根据栽培目的选用专用品种
组培育苗	• 利用组织培养技术培育实生苗、原球茎诱导苗和不定芽诱导苗 • 原球茎继代控制在 4 代以内，不定芽继代控制在 3 代以内
栽培设施 栽培基质	• 配备 60%~70% 遮阳网、喷雾或灌溉设备的玻璃温室或塑料大棚 • 松树皮粉碎成 2~3cm 以下的颗粒，地栽厚 15~20cm，搭架栽培厚 8~15cm • 设施栽培：用组培苗，宜 3~5 株一丛丛栽，按 10cm × 20cm 或 15cm × 15cm 间距栽种
定植	
田间管理 近野生栽培	• 保证通风、适时喷水、调控温度，用蚕沙等优质有机肥 • 病虫害防治，预防为主 • 选用设施栽培后 1.5 年生或 2 年生的种苗，应特别注意抗寒性与抗病性。栽培间距 8cm × 35cm 左右
采收	• 每年 11 月至翌年开花前采收 2 年生萌条，采旧留新
产地加工	• 铁皮石斛：80~100℃直接烘干 • 铁皮枫斗：80~100℃烘 1~2 小时，茎剪成条 8cm 以下，卷曲成 2~5 个螺旋纹或弹簧状，50~60℃烘焙成型
包装	• 包装纸应符合 GB 11680 中的相关规定
放行	
贮藏	
运输	

图 1 铁皮石斛规范化生产流程图

5 铁皮石斛规范化生产技术

5.1 生产基地选址

5.1.1 产地选择

宜在长江流域设施栽培,长江以南及云贵川极端低温 −12℃以内区域可近野生栽培。

5.1.2 地块选择

设施栽培基地应选择生态环境良好,不受污染源影响或污染源限量控制在允许范围内,并具有可持续生产能力的生产区域,应特别注意通风和防涝。

近野生栽培应选择在森林生态条件好的地区,周围 5km 内应没有对产地环境可能造成污染的污染源,离公路、铁路等交通干线 100m 以上,以产地为中心,半径为 1.5km 范围内森林覆盖率达到 60% 以上。

5.1.3 环境监测

基地的大气、土壤和水样品的检测按照 GAP 要求,应符合相应国家标准,并保证生长期间持续符合标准。环境监测参照 GB 3095《环境空气质量标准》、GB 15618《土壤环境质量 农用地土壤污染风险管控标准(试行)》、GB 5084《农田灌溉水质标准》。

5.2 种质与种子

5.2.1 种质选择

使用兰科植物铁皮石斛(*Dendrobium officinale* Kimura et Migo),须经过鉴定。如使用农家品种或选育品种应加以明确。

5.2.2 种子生产

在 6 月份铁皮石斛盛花期,选择品质优良、生长健壮、抗逆境力强的亲本,进行人工授粉,在母本上及时挂标志牌,标明授粉母本与父本种名(或编号)、授粉时间。授粉当年 10—11 月种子成熟,当蒴果由青绿色转为淡黄绿色时,选择饱满的果实连果柄一起采收。果实清理杂质后保存在 4℃冰箱中,保存期约 3 个月。

5.3 种苗繁育

5.3.1 设施栽培种苗

5.3.1.1 组培育苗

利用植物组织培养技术培育实生苗、原球茎诱导苗和不定芽诱导苗。原球茎继代控制在 4 代以内,不定芽继代控制在 3 代以内。

5.3.1.2 种苗质量

种苗应该为非污染,无烂茎、烂根、黄叶,叶色嫩绿或翠绿;根数 2 条以上,叶片 4 片以上,苗高≥3.5cm,苗粗≥0.2cm;优质苗根数 3~5 条,叶片 6 片以上,苗高≥5.0cm,苗粗≥0.3cm。

5.3.1.3 出苗

组培苗从组培瓶中取出,尽量不伤根、伤叶,用清水洗净根部的培养基,用 0.15% 高锰酸钾溶液泡根 5~10 分钟,取出沥干表面水分,不滴水即可装箱。

5.3.1.4 包装

种苗在经过处理后,单层直立放置在塑料筐或纸箱中,也可横放,但厚度不能超过25cm,装箱过程中不能挤压,包装箱应该结实牢固并设有透气孔,装箱后贴上标签。

5.3.1.5 标签

每批苗应挂有标签,标明品种、生产单位、苗龄、等级、数量、出苗日期、苗木检验证等。

5.3.1.6 交收检验

每批种苗交收前,生产单位都要进行交收检验。交收检验内容包括苗的质量、标志和包装。检验合格并附合格证后方可验收。

同一生产单位、同一品种、同一包装日期的种苗作为一个检验批次。

5.3.1.7 判定规则

若检验结果符合本文件5.3.1.2指标要求,则判该批种苗为合格苗或优质苗。若检验结果不符合本文件5.3.1.2指标要求的,允许对不合格项目重新取样复测,复测仍有一项不合格的,则判该批产品为不合格。

5.3.1.8 检疫检验

按 GB 15569 规定进行检验,跨县级行政区域调运铁皮石斛苗应按有关规定办理出运手续,并应附有植物检疫证书。

5.3.1.9 运输

装运的车厢应该有空调,温度宜控制在10~25℃。运到目的地后,及时拆箱,把种苗平摊在室内的地面上(地砖或水泥地),厚度控制在5cm左右。

5.3.2 近野生栽培种苗

5.3.2.1 种苗质量

选择经设施栽培的1.5~2年驯化苗,选择品种纯正、生长健壮、抗逆境和抗病虫害强的种苗。培育方法见5.3.1。

5.3.2.2 标签、包装

每批苗包装后,应贴有标签,标明品种、生产单位、苗龄、实生苗或原球茎诱导苗、等级、数量、出苗日期、批号、标准号,包装箱应该结实牢固并设有透气孔。

5.3.2.3 交收检验

每批产品交收前,生产单位都要进行交收检验。交收检验内容包括苗的质量、标志和包装。同一生产单位、同一品种、同一包装日期的种苗作为一个检验批次,抽样执行GB/T 3543《农作物种子检验规程》。

5.3.2.4 检疫、运输

按 GB 15569 规定进行检验,跨县级行政区域调运种苗应按有关规定办理出运手续,并应附有植物检疫证书。

装运的车厢应该有空调,温度宜控制在10~25℃。运到目的地后,及时拆箱,把种苗平摊在室内的地面上(地砖或水泥地),厚度控制在5cm左右。

5.3.2.5 假植

出苗后 3 天内不能立即外运或栽植的,要进行假植。假植设施要满足石斛正常生长需要的遮荫保湿要求,冬季应配备必要的防冻加温保护设备。不得堆压,防止发热烧苗。

5.4 种植

5.4.1 设施栽培

5.4.1.1 设施

建设配备遮阳网、保温、喷雾或灌溉设备的玻璃温室或塑料大棚等设施。宜选用 GLP832 连栋薄膜大棚,GP832、GP625 等标准大棚。

5.4.1.2 基质选择

可选择松树皮、木屑、木炭、木块、碎石作为基质,以松树皮粉碎成 2~3cm 以下颗粒为宜。基质在使用前应经堆制、浸泡或蒸煮等处理。

5.4.1.3 基质铺设

将基质铺在畦面上或架子上,地栽厚度 10~15cm 为宜,搭架栽培厚度 8~10cm 为宜,基质中可接种共生菌。

5.4.1.4 栽植种苗

栽植种苗为组培苗,种苗质量参见 5.3.2,待组培苗根部发白,即可栽植,同一批次种苗尽量在 3 天内栽完。

5.4.1.5 栽种时间

应在气温 10~25℃时移植,长江流域宜在 2—5 月,夏季移植应在能降温的设施环境,冬季移植应在能增温的设施环境。

5.4.1.6 栽种方式

宜 3~5 株一丛丛栽的方式栽种,按 10cm × 20cm 或 15cm × 15cm 间距栽种,用苗量 8 万 ~ 10 万株 / 亩(1 亩 ≈ 666.7m^2,下文同)为宜。

5.4.1.7 光照调控

设施栽培遮阳度控制在 60%~70% 为宜。

5.4.1.8 温度调控

设施内最高温度应低于 45℃,最低温度应视品种抗低温能力定,适宜温度为 15~28℃。

5.4.1.9 水分调控

栽种后当天不宜浇水,第一次浇水时间视栽培基质湿度和种苗状态而定。如遇伏天干旱,可在早晚喷水,切勿在阳光暴晒下喷水。地栽多雨地区和雨季,要加深畦沟和排水沟,及时排水。

5.4.1.10 通风

春、夏、秋三季都要确保良好通风,冬季气温在 0℃以上要适时进行通风。

5.4.1.11 施肥

宜用蚕沙、羊粪等优质有机肥,控制化肥使用。追肥进行两次,萌芽前施肥一次,生长期再施肥一次。每亩用肥量为 200~400kg。肥料使用参照 NY/T 496《肥料合理使用准

则 通则》。

5.4.1.12 除草

人工除草,禁止使用化学除草剂除草。

5.4.1.13 越冬管理

保温、防冻,适度通风,降低湿度。每隔半个月左右喷 1 次水,应在气温 0℃以上进行。

5.4.2 活树附生种植
5.4.2.1 林地环境

宜选择温暖、湿润、通风、透气的森林环境,林分郁闭度 0.5 左右,供水方便的林地,不宜在山坳种植。

5.4.2.2 附生树种

针叶与阔叶、常绿与落叶、树皮光滑与粗糙的乔木均可。宜优先选择梨树等落叶树,不宜选择树皮会自然脱落的树种。

5.4.2.3 林地清理

栽培前,清除林下的杂草和灌木;清除枯枝、细枝、过密枝、藤蔓和树干的苔藓、地衣植物等,常绿树种为主的林分郁闭度调整至 0.5 左右,落叶树种为主的林分郁闭度调整至 0.6 左右。

5.4.2.4 栽种方式

用无纺布、麻绳、稻草绳或用板皮小木片等在树干上按丛分层固定,每丛 5~10 株,层间距 35cm 左右,层内丛距 8cm 左右。固定时应露出茎基。

5.4.2.5 喷灌系统

喷水管道要架在种植层的上方,宜在喷水口上方(20m 落差)引水或建贮水池,达到自然喷灌的要求;若贮水池在林地的下方,要根据喷水量和喷水高度计算好增压泵扬程。

5.4.2.6 栽植苗

种苗质量要求参见 5.3.2.1。

5.4.2.7 栽培时间

在长江流域,宜在 3—4 月栽培,迟至 5 月下旬,华南、云南等地可提早至最低气温达 10℃时进行。

5.4.2.8 栽后管理

种植后晴天每天喷雾 1 小时左右,保持树皮湿润,进入冬季后减少或停止喷水。不使用肥料。

5.4.3 岩壁附生种植
5.4.3.1 岩壁选择

宜选择坡度 85° 以上的岩壁;若坡度小于 85°,应进行适当遮荫。

5.4.3.2 岩壁清理

栽培前,清除岩壁的杂草和灌木;清除枯枝、细枝、过密枝、藤蔓和岩壁的泥土、苔藓、地衣植物等。

5.4.3.3 栽植种苗

种苗质量要求参见 5.3.2.1。

5.4.3.4 种植方法

在岩壁上间隔 35cm 种植一层,种植 1.5~2 年生丛苗,丛距 8cm 左右,用水泥钉固定或用其他方法固定。固定时靠近茎基的根系,露出茎基。

5.4.3.5 喷灌系统、种苗选择、栽培时间、栽后管理

同 5.4.2.5、5.4.2.6、5.4.2.7、5.4.2.8。

5.4.4 有害生物防治

坚持"预防为主、科学防控、依法治理、促进健康"的方针,利用生态系统的自我调节功能,根据有害生物与环境之间的相互关系,充分发挥自然控制因素的作用,将有害生物控制在可承受经济水平以下。

近野生栽培应通过构建稳定的森林生态系统或物理、生物的方法控制病虫害。常见的病虫害及危害特征见附录 B。

采用化学防治时,应当符合国家有关规定;优先选用高效、低毒的生物农药;尽量避免使用除草剂、杀虫剂和杀菌剂等化学农药;不使用禁限用农药。农药使用参照 GB/T 8321《农药合理使用准则》。

5.5 采收

每年 11 月至翌年开花前采收,宜采收 2 年生萌条。

5.6 产地初加工

铁皮石斛产地初加工方法包括烘干法及制作成铁皮枫斗,加工干燥过程保证场地、工具洁净,不受雨淋等。

5.6.1 烘干法

可采用各种烘干设施,直接烘干清洗干净的鲜品,80~100℃烘干。

5.6.2 铁皮枫斗加工方法

5.6.2.1 初加工前处理

鲜品茎条除去须根、杂质、花梗残基,剔除病株、霉株,洗净沥干表面水分,80~100℃烘1~2 小时,备用。用水参照 GB 5749《生活饮用水卫生标准》。

5.6.2.2 剪段

茎条 8cm 以下分为一档,较长的茎条须剪成 8cm 左右的短茎,以便加工。专用于炮制"龙头凤尾"者留部分须根,不切段而是用完整的茎条炮制。

5.6.2.3 烘焙

取剪好的茎条均匀平铺于筛面上,置于木炭火或电炉上进行烘焙,温度控制在 50~60℃,烘至手捏柔软、无硬心,以便于卷曲成螺旋状或弹簧状。

5.6.2.4 卷曲造型

烘软的茎条进行加工,剪段鲜茎卷曲成 2~5 个螺旋纹或弹簧状,加工成"龙头凤尾"者宜手工扭卷成 2~4 个螺旋纹或弹簧状。用棉纸条加箍至紧密,不致散开,形态美观,均匀一

致,加工枫斗的包装纸应符合 GB 11680 中的相关规定。最后置木炭火或电炉上烘焙至六成干,取出放置阴凉干燥处 2~3 天。

5.6.2.5 定型

取已造型的枫斗,再次放置于木炭火或电炉上进行烘焙至软,然后解开棉纸条,把初步造型好的枫斗再次卷紧整型,再次用棉纸条加箍至紧。最后置木炭火或电炉上烘干,成品表面油亮并呈黄绿色。

5.7 包装、放行、贮运

5.7.1 包装

包装前应对每批药材按照国家标准进行质量检验。符合国家标准的药材,采用不影响质量的编织袋等包装,禁止采用包装过肥料、农药等的包装袋包装。包装外贴或挂标签、合格证,标识牌内容应有药材名、基源、产地、批号、规格、重量、采收日期、企业名称等,并有追溯码。参照 GB 7718《食品安全国家标准 预包装食品标签通则》。

5.7.2 放行

应制定符合企业实际情况的放行制度,有审核批生产、检验等的相关记录。不合格药材有单独处理制度。

5.7.3 贮运

贮藏仓库应通风、干燥、避光,并具有防鼠、虫、禽畜措施。地面应整洁、无缝隙。成品应存放在货架上,与墙壁保持足够距离,防止虫蛀、霉变、腐烂等发生;建有定期检查制度。禁止磷化铝和二氧化硫熏蒸。也可采用现代气调贮藏方法,包装或库内充氮或二氧化碳。

运输应防止发生混淆、污染、异物混入、包装破损、雨雪淋湿等。

附 录 A

（规范性）

禁限用农药名单

A.1 禁止（停止）使用的农药（46 种）

六六六、滴滴涕、毒杀芬、二溴氯丙烷、杀虫脒、二溴乙烷、除草醚、艾氏剂、狄氏剂、汞制剂、砷类、铅类、敌枯双、氟乙酰胺、甘氟、毒鼠强、氟乙酸钠、毒鼠硅、甲胺磷、对硫磷、甲基对硫磷、久效磷、磷胺、苯线磷、地虫硫磷、甲基硫环磷、磷化钙、磷化镁、磷化锌、硫线磷、蝇毒磷、治螟磷、特丁硫磷、氯磺隆、胺苯磺隆、甲磺隆、福美胂、福美甲胂、三氯杀螨醇、林丹、硫丹、溴甲烷、氟虫胺、杀扑磷、百草枯、2,4- 滴丁酯。

注：氟虫胺自 2020 年 1 月 1 日起禁止使用。百草枯可溶胶剂自 2020 年 9 月 26 日起禁止使用。2,4- 滴丁酯自 2023 年 1 月 29 日起禁止使用。溴甲烷可用于"检疫熏蒸处理"。杀扑磷已无制剂登记。

A.2 在部分范围禁止使用的农药（20 种）

部分范围禁止使用的农药应注意药食同源中药材及来自其他作物的中药材。部分范围禁止使用的农药见表 A.1。

表 A.1 部分范围禁止使用的农药

通用名	禁止使用范围
甲拌磷、甲基异柳磷、克百威、水胺硫磷、氧乐果、灭多威、涕灭威、灭线磷	禁止在蔬菜、瓜果、茶叶、菌类、中草药材上使用,禁止用于防治卫生害虫,禁止用于水生植物的病虫害防治
甲拌磷、甲基异柳磷、克百威	禁止在甘蔗作物上使用
内吸磷、硫环磷、氯唑磷	禁止在蔬菜、瓜果、茶叶、中草药材上使用
乙酰甲胺磷、丁硫克百威、乐果	禁止在蔬菜、瓜果、茶叶、菌类和中草药材上使用
毒死蜱、三唑磷	禁止在蔬菜上使用
丁酰肼（比久）	禁止在花生上使用
氰戊菊酯	禁止在茶叶上使用
氟虫腈	禁止在所有农作物上使用（玉米等部分旱田种子包衣除外）
氟苯虫酰胺	禁止在水稻上使用

A.3 说明

本附录的内容来自 2019 年中华人民共和国农业农村部发布的《禁限用农药名录》（http://www.zzys.moa.gov.cn/gzdt/201911/t20191129_6332604.htm）。

附　录　B

（资料性）

铁皮石斛常见病虫害防治的参考方法

表 B.1　铁皮石斛常见病虫害防治的参考方法

病虫害名称	防治时期	推荐防治方法	安全间隔期 /d
白绢病	4—7 月	精高效氯氟氰菊酯可湿性粉剂 2 500~3 000 倍液喷施	≥7
		20%三唑酮乳油 2 000 倍液喷施	≥10
斜纹夜蛾	6—10 月	5.7% 甲氨基阿维菌素苯甲酸盐 1 500~2 000倍喷施	≥3
		1.8% 阿维菌素乳油 2 000~3 000 倍液喷施	≥14
蜗牛、蛞蝓	3—10 月	6% 四聚乙醛颗粒剂撒于种植床上，每亩 500g	≥70
		80% 四聚乙醛可湿性粉剂 1 000~2 000 倍液喷施	≥70

附　录　C
（资料性）
铁皮石斛生产允许使用的化学农药的种类及其使用方法

表 C.1　铁皮石斛生产允许使用的化学农药的种类及其使用方法

通用名	类别	作用对象	使用方法（生长季）	使用量（浓度）	安全隔离期 /d
烯酰吗啉	杀菌剂	霜霉病	喷雾	按说明书推荐用量	28
啶氧菌酯	杀菌剂	叶锈病	喷雾	按说明书推荐用量	28
苯醚·咪鲜胺	杀菌剂	炭疽病	喷雾	按说明书推荐用量	30
井冈·噻呋酰胺	杀菌剂	白绢病	喷雾	按说明书推荐用量	14
咪鲜胺	杀菌剂	黑斑病	喷雾	按说明书推荐用量	28
精甲霜·锰锌	杀菌剂	疫病	喷雾	按说明书推荐用量	21
四聚乙醛	杀虫剂	蜗牛	撒施	按说明书推荐用量	—
吡虫啉	杀虫剂	蚜虫	喷雾	按说明书推荐用量	—
噻森铜	杀菌剂	软腐病	喷雾	按说明书推荐用量	28
咪鲜胺	杀菌剂	炭疽病	喷雾	按说明书推荐用量	—
松脂酸钠	杀虫剂	介壳虫	喷雾	按说明书推荐用量	—

注：以上是国家目前允许使用的农药品种，新农药必须经有关技术部门试验并经过农业农村部批准在铁皮石斛药材上登记后才能使用

参考文献

［1］么历,程慧珍,杨智,等.中药材规范化种植(养殖)技术指南［M］.北京:中国农业出版社,2006.

［2］吴韵琴,斯金平.铁皮石斛产业现状及可持续发展的探讨［J］.中国中药杂志,2010,35(15):2033-2037.

［3］林弋凯,朱玉球,斯金平,等.栽培环境对铁皮石斛生长与代谢成分的影响［J］.中国中药杂志,2017,42(16):3084-3089.

［4］刘秀娟,诸燕,斯金平,等.铁皮石斛悬崖峭壁生长的生态基础［J］.中国中药杂志,2016,41(16):2993-2997.

［5］斯金平,俞巧仙,宋仙水,等.铁皮石斛人工栽培模式［J］.中国中药杂志,2013,38(4):481-484.

［6］王淑媛,吴令上,董洪秀,等.铁皮石斛种质和附生立木对其内生真菌菌群的影响［J］.中国中药杂志,2018,43(8):1588-1595.

［7］郭英英,诸燕,斯金平,等.铁皮石斛附生树种对多糖含量的影响［J］.中国中药杂志,2014,39(21):4222-4224.

［8］斯金平,王琦,刘仲健,等.铁皮石斛产业化关键科学与技术的突破［J］.中国中药杂志,2017,42(12):2223-2227.

［9］斯金平,张媛,罗毅波,等.石斛与铁皮石斛关系的本草考证［J］.中国中药杂志,2017,42(10):2001-2005.

［10］苑鹤,林二培,朱波,等.铁皮石斛人工栽培居群的遗传多样性研究［J］.中草药,2011,42(3):566-569.

［11］斯金平,何伯伟,俞巧仙.铁皮石斛良种选育进展与对策［J］.中国中药杂志,2013,38(4):475-480.

［12］朱波,苑鹤,俞巧仙,等.铁皮石斛花粉活力与种质创制研究［J］.中国中药杂志,2011,36(6):755-757.

［13］诸燕,苑鹤,李国栋,等.铁皮石斛中11种金属元素含量的研究［J］.中国中药杂志,2011,36(3):356-360.

［14］诸燕,斯金平,郭宝林,等.人工栽培铁皮石斛多糖含量变异规律［J］.中国中药杂志,2010,35(4):427-430.

［15］诸燕,张爱莲,何伯伟,等.铁皮石斛总生物碱含量变异规律［J］.中国中药杂志,2010,35(18):2388-2391.

［16］张爱莲,魏涛,斯金平,等.铁皮石斛中基本氨基酸含量变异规律［J］.中国中药杂志,2011,36(19):2632-2635.

［17］刘振鹏,郭英英,刘京晶,等.铁皮石斛品系与部位对氨基酸含量的影响［J］.中国中药杂志,2015,40(8):1468-1472.

［18］章晓玲,斯金平,吴令上,等.铁皮石斛F_1代田间试验与优良家系选择［J］.中国中药杂志,2013,38(22):3861-3865.

［19］章晓玲,刘京晶,吴令上,等.铁皮石斛F_1代多糖和醇溶性浸出物变异规律研究［J］.中国中药杂志,2013,38(21):3687-3690.

［20］刘志高,朱波,斯金平,等.铁皮石斛F_1代苗期农艺性状研究［J］.中国中药杂志,2013,38(4):498-503.

［21］斯金平,陈梓云,刘京晶,等.铁皮石斛悬崖附生栽培技术研究［J］.中国中药杂志,2015,40(12):2289-2292.

［22］斯金平,董洪秀,廖新艳,等.一种铁皮石斛立体栽培方法的研究［J］.中国中药杂志,2014,39(23):4576-4579.

［23］高亭亭,斯金平,朱玉球,等.光质与种质对铁皮石斛种苗生长和有效成分的影响［J］.中国中药杂志,2012,37(2):198-201.

［24］陈秋燕,陈东红,石艳,等.铁皮石斛白绢病发生规律研究［J］.中国中药杂志,2019,44(9):1789-1792.

［25］李娅,刘京晶,张新凤,等.铁皮石斛非淀粉多糖含量测定方法的研究［J］.中国中药杂志,2019,44(15):3221-3225.

［26］俞巧仙,郭英英,斯金平,等.铁皮石斛多糖和醇溶性浸出物动态累积规律研究［J］.中国中药杂志,2014,39(24):4769-4772.

［27］王琦,刘京晶,斯金平,等.恒温条件下采收时机对铁皮石斛多糖的影响［J］.中国中药杂志,2017,42(20):3891-3894.

［28］苑鹤,白燕冰,斯金平,等.柱前衍生HPLC分析铁皮石斛多糖中单糖组成的变异规律［J］.中国中药杂志,2011,36(18):2465-2470.

［29］金小丽,苑鹤,斯金平,等.开花对铁皮石斛多糖质量分数及单糖组成的影响［J］.中国中药杂志,2011,36(16):2176-2178.

［30］刘振鹏,徐翠霞,刘京晶,等.铁皮石斛叶片多糖和醇溶性浸出物动态积累规律研究［J］.中国中药杂志,2015,40(12):2314-2317.

［31］王洋,诸燕,斯金平,等.铁皮石斛2种采收方式的比较［J］.中国中药杂志,2015,40(5):881-884.

［32］李聪,宁丽丹,斯金平,等.铁皮石斛采后加工及提取方法对多糖的影响［J］.中国中药杂志,2013,38(4):524-527.

［33］ZHANG J Y, GUO Y, SI J P, et al. A polysaccharide of *Dendrobium officinale* ameliorates H_2O_2-induced apoptosis in H9c2 cardiomyocytes *via* PI3K/AKT and MAPK pathways［J］. International Journal of Biological Macromolecules, 2017, 104: 1-10.

［34］ZHANG G Q, XU Q, BIAN C, et al. The *Dendrobium catenatum* Lindl. genome sequence provides insights into polysaccharide synthase, floral development and adaptive evolution［J］. Scientific Reports, 2016, 6(19029): 1-10.

ICS 65.020.20
CCS C 05

团 体 标 准

T/CACM 1374.132—2021

徐长卿规范化生产技术规程

Code of practice for good agricultural practice of
Cynanchi Paniculati Radix et Rhizoma

2021-10-15 发布

2021-10-15 实施

中华中医药学会　发布

目　次

前言 ··· 612

1　范围 ··· 613

2　规范性引用文件 ··· 613

3　术语和定义 ·· 613

4　徐长卿规范化生产流程图 ··· 614

5　徐长卿规范化生产技术 ··· 614

　5.1　生产基地选址 ·· 614

　5.2　种质与种子 ··· 615

　5.3　种植 ·· 615

　5.4　采收 ·· 615

　5.5　产地初加工 ··· 616

　5.6　包装、放行和贮运 ·· 616

附录A(规范性)　禁限用农药名单 ·· 617

参考文献 ·· 618

前　言

　　本文件按照 GB/T 1.1—2020《标准化工作导则　第 1 部分：标准化文件的结构和起草规则》的规定起草。

　　请注意本文件中的某些内容可能涉及专利。本文件的发布机构不承担识别专利的责任。

　　本文件中国医学科学院药用植物研究所提出。

　　本文件由中华中医药学会归口。

　　本文件起草单位：中国医学科学院药用植物研究所、山东省农业科学院药用植物研究中心、山东农业大学、山东省中医药研究院、新泰市太平山果树种植专业合作社、平邑县源通中药材科技开发有限公司、重庆市药物种植研究所。

　　本文件主要起草人：徐常青、徐荣、王志芬、王建华、陈君、刘赛、乔海莉、郭昆、类维庆、林慧彬、韩金龙、王宪昌、王晓、魏建和、王文全、王秋玲、杨小玉、辛元尧、王苗苗。

徐长卿规范化生产技术规程

1 范围

本文件确立了徐长卿的规范化生产流程,规定了徐长卿生产基地选址、种质与种子、种植、采收、产地初加工、包装、放行和贮运等阶段的技术要求。

本文件适用于徐长卿的规范化生产。

2 规范性引用文件

下列文件中的内容通过文中的规范性引用而构成本文件必不可少的条款。其中,注明日期的引用文件,仅该日期对应的版本适用于本文件;不注明日期的引用文件,其最新版本(包括所有的修改单)适用于本文件。

GB 3095 环境空气质量标准

GB 5084 农田灌溉水质标准

GB 5749 生活饮用水卫生标准

GB/T 8321 农药合理使用准则

GB 15618 土壤环境质量 农用地土壤污染风险管控标准(试行)

NY/T 1276 农药安全使用规范总则

T/CACM 1374.1—2021 中药材规范化生产技术规程通则 植物药材

3 术语和定义

T/CACM 1374.1—2021 界定的以及下列术语和定义适用于本文件。

3.1 规范化生产 good agricultural practice

按照《中药材生产质量管理规范》(简称中药材 GAP)的要求,实施药材生产,保证中药材优质安全的生产过程。

3.2 技术规程 code of practice

为实现中药材生产顺利、有序进行,保证中药材生产质量,对中药材生产的基地选址、种子种苗、种植或野生抚育、采收与产地初加工以及包装、放行与贮运等,所做的技术规定和要求,是实施中药材规范生产的核心技术要求和实施指南。

3.3 徐长卿 Cynanchi Paniculati Radix Et Rhizoma

萝藦科植物徐长卿[*Cynanchum paniculatum*(Bge.)Kitag.]的干燥根和根茎。

4 徐长卿规范化生产流程图

徐长卿规范化生产流程见图1。

徐长卿规范化生产流程：   关键控制点及参数：

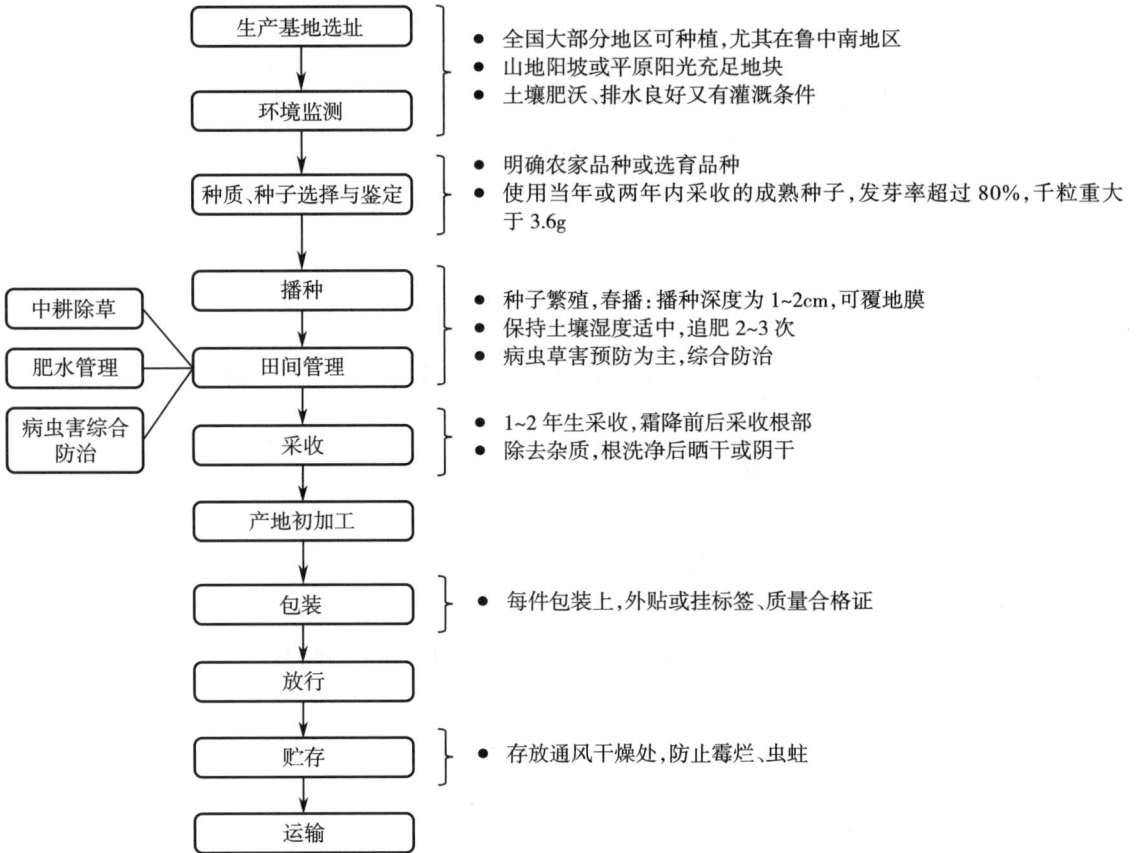

```
┌─────────────────┐
│   生产基地选址    │ ──┐          ● 全国大部分地区可种植,尤其在鲁中南地区
└─────────────────┘   │          ● 山地阳坡或平原阳光充足地块
         ↓            ├──        ● 土壤肥沃、排水良好又有灌溉条件
┌─────────────────┐   │
│    环境监测       │ ──┘
└─────────────────┘
         ↓
┌─────────────────┐   ┐          ● 明确农家品种或选育品种
│ 种质、种子选择与鉴定│ ──┤          ● 使用当年或两年内采收的成熟种子,发芽率超过80%,千粒重大
└─────────────────┘   ┘            于3.6g
         ↓
┌──────────┐  ┌─────────────────┐   ┐          ● 种子繁殖,春播:播种深度为1~2cm,可覆地膜
│ 中耕除草 │→│     播种          │ ──┤          ● 保持土壤湿度适中,追肥2~3次
└──────────┘  └─────────────────┘   │          ● 病虫草害预防为主,综合防治
┌──────────┐         ↓            ──┘
│ 肥水管理 │→┌─────────────────┐
└──────────┘  │    田间管理       │
┌──────────┐  └─────────────────┘
│病虫害综合│→        ↓
│  防治    │  ┌─────────────────┐   ┐          ● 1~2年生采收,霜降前后采收根部
└──────────┘  │    采收          │ ──┤          ● 除去杂质,根洗净后晒干或阴干
              └─────────────────┘   ┘
                     ↓
              ┌─────────────────┐
              │   产地初加工      │
              └─────────────────┘
                     ↓
              ┌─────────────────┐   ┐          ● 每件包装上,外贴或挂标签、质量合格证
              │     包装          │ ──┤
              └─────────────────┘   ┘
                     ↓
              ┌─────────────────┐
              │     放行          │
              └─────────────────┘
                     ↓
              ┌─────────────────┐   ┐          ● 存放通风干燥处,防止霉烂、虫蛀
              │     贮存          │ ──┤
              └─────────────────┘   ┘
                     ↓
              ┌─────────────────┐
              │     运输          │
              └─────────────────┘
```

图1 徐长卿规范化生产流程图

5 徐长卿规范化生产技术

5.1 生产基地选址

5.1.1 产地选择

全国南北大部分地区如黑龙江、辽宁、河北、山东、江苏、安徽、江西、福建、河南、湖北、湖南、广西、广东和贵州等地均可种植。主产于山东新泰、平邑、蒙阴、泗水等地。

5.1.2 地块选择

宜选择山区阳坡和平原阳光充足处,富含腐殖质、土层深厚、水源充足、排灌正常的砂质壤土。忌重茬,宜与禾本科植物轮作。

5.1.3 整地

春耕时每亩(1亩≈666.7m²,下文同)施入充分腐熟的农家肥2 000~3 000kg,可同时施入富含钾元素的三元复合肥 25kg,耕深大于 30cm,整平耙细。

5.1.4 环境监测

按照 GAP 要求,基地的大气质量应符合 GB 3095 的规定、土壤质量应符合 GB 15618 的规定、水质应符合 GB 5084 的规定,并保证生长期间持续符合标准的要求。

5.2 种质与种子

5.2.1 种质选择

使用种子为萝藦科植物徐长卿[*Cynanchum paniculatum*(Bge.)Kitag.],物种须经过鉴定。如使用农家品种或选育品种应加以明确。

5.2.2 种子质量

种子繁殖使用当年或两年内采收的成熟种子,粒大饱满、千粒重在 3.6~6.2g,发芽率在80% 以上。经检验符合相应标准。

5.2.3 良种繁育

开花前期用磷酸二氢钾进行根外追肥,或花期适当喷洒硼肥。选 1~2 年生植株采集种子。9 月下旬至 10 月中下旬分期、分批及时采收成熟果实。将采收的果实暴晒或置阴凉通风处晾干,揉搓,除去果壳和种缨等杂质,选择成熟、饱满、大小均匀、呈褐色或黄褐色的种子继续阴干 1~2 天,置布袋或编织袋内保存,阴凉干燥处贮藏。最好低温库内(0℃)保存。低温下保存的种子可使用 2~3 年。

5.3 种植

5.3.1 育苗

清明前后播种。墒情差时应提前造墒。墒情好时可直接整地开沟条播,行距 25~30cm,沟深 1~2cm,将种子均匀撒入播种沟内,覆土 1~2cm。可覆盖地膜或 2~3cm 麦草。约 80% 幼苗出土时,可于下午时分揭去地膜。一般播种量每亩 5kg 左右。亦可分株繁殖。

5.3.2 田间管理

生长期追肥 2~3 次。苗高 10cm 左右时,每亩可施入高钾三元复合肥约 50kg。苗高约15cm 时,叶面施肥一次。雨季每亩撒施尿素约 10kg。及时中耕除草。生长期遇干旱应及时灌溉;雨季及时清沟排水。

5.3.3 病虫害防治

常见的病虫害主要有根腐病、炭疽病、叶枯病、立枯病、白绢病、蚜虫、线虫和蛴螬等。病虫害的防治应采取预防为主、综合防治的原则;选好前茬作物地种植;深耕并做好排水措施,雨后及时排水;发现病株及时拔除,集中销毁;化学农药仅作为应急措施。生产过程中,尽量避免使用除草剂、杀虫剂和杀菌剂等化学农药;优先选用高效、低毒的生物农药;采用化学防治时,用药应符合 GB/T 8321、NY/T 1276 和国家相关规定;全程不应使用禁限用农药,禁限用农药名单见附录 A。

5.4 采收

用种子繁殖的徐长卿 1~2 年后采收,分株繁殖的可以当年采收。霜降前后,割掉地上茎叶部分,用机械或人工采挖根部。

留作种根的植株,在秋季落叶后或春季立春前将其地上的茎叶部分割掉。

5.5 产地初加工

采收后的根抖掉泥土,或水洗去泥土,拣除地膜和其他杂质,阴干或晒干即可。水洗用水应符合 GB 5749 的规定。

5.6 包装、放行和贮运

5.6.1 包装

包装前应对每批药材按照国家标准进行质量检验。在包装前应再次检查是否充分干燥,并清除劣质品及异物。符合国家标准的药材,采用不影响质量的编织袋等包装,不应采用包装过肥料、农药等的包装袋包装。所使用的包装材料可为编织袋,具体可根据出口或购货商要求而定。每件包装上,外贴或挂标签、质量合格证,包装标识牌应注明药材名、基源、产地、批号、规格、重量、采收日期、包装日期、企业名称等。

5.6.2 放行

应制定符合企业实际情况的放行制度,有审核、批准、生产、检验等的相关记录。不合格的药材应制定单独处理制度。

5.6.3 贮运

干燥的徐长卿装入编织袋或放入仓库中,存放于通风干燥处,防止霉烂、虫蛀。干燥的全草茎叶青绿色或灰绿色,干燥的根茎为白色或黄褐色,茬口白,质地脆,易断。

运输工具或容器应具有较好的透气性,保持干燥,同时不应与其他有毒、有害、易串味物质混装,防止发生混淆、污染、异物混入、包装破损、雨雪淋湿等。

附 录 A
（规范性）
禁限用农药名单

A.1 禁止（停止）使用的农药（46 种）

六六六、滴滴涕、毒杀芬、二溴氯丙烷、杀虫脒、二溴乙烷、除草醚、艾氏剂、狄氏剂、汞制剂、砷类、铅类、敌枯双、氟乙酰胺、甘氟、毒鼠强、氟乙酸钠、毒鼠硅、甲胺磷、对硫磷、甲基对硫磷、久效磷、磷胺、苯线磷、地虫硫磷、甲基硫环磷、磷化钙、磷化镁、磷化锌、硫线磷、蝇毒磷、治螟磷、特丁硫磷、氯磺隆、胺苯磺隆、甲磺隆、福美肿、福美甲肿、三氯杀螨醇、林丹、硫丹、溴甲烷、氟虫胺、杀扑磷、百草枯、2,4- 滴丁酯。

注：氟虫胺自 2020 年 1 月 1 日起禁止使用。百草枯可溶胶剂自 2020 年 9 月 26 日起禁止使用。2,4-滴丁酯自 2023 年 1 月 29 日起禁止使用。溴甲烷可用于"检疫熏蒸处理"。杀扑磷已无制剂登记。

A.2 部分范围禁止使用的农药（20 种）

部分范围禁止使用的农药应注意药食同源中药材及来自其他作物的中药材。部分范围禁止使用的农药见表 A.1。

表 A.1 部分范围禁止使用的农药

通用名	禁止使用范围
甲拌磷、甲基异柳磷、克百威、水胺硫磷、氧乐果、灭多威、涕灭威、灭线磷	禁止在蔬菜、瓜果、茶叶、菌类、中草药材上使用,禁止用于防治卫生害虫,禁止用于水生植物的病虫害防治
甲拌磷、甲基异柳磷、克百威	禁止在甘蔗作物上使用
内吸磷、硫环磷、氯唑磷	禁止在蔬菜、瓜果、茶叶、中草药材上使用
乙酰甲胺磷、丁硫克百威、乐果	禁止在蔬菜、瓜果、茶叶、菌类和中草药材上使用
毒死蜱、三唑磷	禁止在蔬菜上使用
丁酰肼（比久）	禁止在花生上使用
氰戊菊酯	禁止在茶叶上使用
氟虫腈	禁止在所有农作物上使用（玉米等部分旱田种子包衣除外）
氟苯虫酰胺	禁止在水稻上使用

A.3 有关说明

本附录来自 2019 年中华人民共和国农业农村部官方发布的《禁限用农药名录》（http://www.zzys.moa.gov.cn/gzdt/201911/t20191129_6332604.htm）。

参考文献

[1]国家药典委员会.中华人民共和国药典:2020年版.一部[M].北京:中国医药科技出版社,2020.

[2]丁文静,陈香艳.徐长卿种植技术[J].现代农业科技,2016(5):109.

[3]林慧彬,林建群,林建强,等.徐长卿不同发育阶段产量和质量的相关性研究[C]//中国商品学会.第一届全国中药商品学术大会论文集[C].[出版者不详],2008:5.

[4]林慧彬,林建群,罗腾月,等.播种期和种植密度对徐长卿产量和质量的影响[J].时珍国医国药,2007(12):2901-2902.

[5]林慧彬,林建群,涂晓珑,等.徐长卿种子质量的比较研究[J].时珍国医国药,2007(11):2693-2694.

[6]林慧彬,林建群,李岩,等.徐长卿基肥的施用初探[J].时珍国医国药,2006(11):2128-2129.

[7]张永清,李萍,王建成.不同生长年限徐长卿药材产量与质量的比较[J].中国中药杂志,2006(16):1367-1369.

[8]阳新玲.徐长卿野生变家种栽培试验[J].中国野生植物,1989(1):7-8.

[9]滕雪梅.徐长卿人工栽培技术[J].北京农业,2009(19):17.

[10]林慧彬,安芸,孙建明,等.不同追肥方法对徐长卿产量和质量的影响[J].现代中药研究与实践,2009,23(1):12-14.

[11]范仲学,王志芬,闫树林.徐长卿的高产栽培技术[J].特种经济动植物,2003(11):28-29.

[12]牛秀香,徐同印.徐长卿的栽培技术[J].时珍国医国药,2003(10):647.

ICS 65.020.20
CCS C 05

团 体 标 准

T/CACM 1374.133—2021

高良姜规范化生产技术规程

Code of practice for good agricultural practice of
Alpiniae Officinarum Rhizoma

2021-10-15 发布　　　　　　　　　　　　　　　　2021-10-15 实施

中华中医药学会　发布

目　次

前言 ……………………………………………………………………………………………… 621

1 范围 …………………………………………………………………………………………… 622

2 规范性引用文件 ……………………………………………………………………………… 622

3 术语和定义 …………………………………………………………………………………… 622

4 高良姜规范化生产流程图 …………………………………………………………………… 623

5 高良姜规范化生产技术 ……………………………………………………………………… 623

　　5.1 生产基地选址 ………………………………………………………………………… 623

　　5.2 种苗繁育 ……………………………………………………………………………… 624

　　5.3 种植 …………………………………………………………………………………… 625

　　5.4 采收 …………………………………………………………………………………… 626

　　5.5 产地初加工 …………………………………………………………………………… 626

　　5.6 包装、放行和贮运 …………………………………………………………………… 626

附录 A（规范性）　禁限用农药名单 ………………………………………………………… 627

参考文献 ………………………………………………………………………………………… 628

前　　言

本文件按照 GB/T 1.1—2020《标准化工作导则　第 1 部分：标准化文件的结构和起草规则》的规定起草。

请注意本文件中的某些内容可能涉及专利。本文件的发布机构不承担识别专利的责任。

本文件由中国医学科学院药用植物研究所和广东药科大学提出。

本文件由中华中医药学会归口。

本文件起草单位：广东药科大学、康美药业股份有限公司、海南海药本草生物科技有限公司、广东丰硒良姜有限公司、中国医学科学院药用植物研究所、重庆市药物种植研究所。

本文件主要起草人：张春荣、杨全、潘利明、许冬瑾、乐智勇、黄亮舞、魏建和、王文全、王秋玲、杨小玉、辛元尧、王苗苗。

高良姜规范化生产技术规程

1 范围

本文件确立了高良姜的规范化生产流程,规定了高良姜生产基地选址、种质与种子、种苗繁育、种植、采收、产地初加工、包装、放行、贮运等阶段的操作要求。

本文件适用于高良姜的规范化生产。

2 规范性引用文件

下列文件中的内容通过文中的规范性引用而构成本文件必不可少的条款。其中,注明日期的引用文件,仅该日期对应的版本适用于本文件;不注明日期的引用文件,其最新版本(包括所有的修改单)适用于本文件。

GB 15618　土壤环境质量　农用地土壤污染风险管控标准(试行)

GB 3095　环境空气质量标准

GB 5084　农田灌溉水质标准

GB 5749　生活饮用水卫生标准

GB/T 3543　农作物种子检验规程

SB/T 11095—2014　中药材仓库技术规范

SB/T 11182—2017　中药材包装技术规范

SB/T 11183—2017　中药材产地加工技术规范

T/CACM 1374.1—2021　中药材规范化生产技术规程通则　植物药材

3 术语和定义

T/CACM 1374.1—2021界定的以及下列术语和定义适用于本文件。

3.1 规范化生产 good agricultural practice

按照《中药材生产质量管理规范》(简称中药材GAP)的要求,实施药材生产,保证中药材优质安全的生产过程。

3.2 技术规程 code of practice

为实现中药材生产顺利、有序进行,保证中药材生产质量,对中药材生产的基地选址、种子种苗、种植或野生抚育、采收与产地初加工以及包装、放行与贮运等,所做的技术规定和要求,是实施中药材规范生产的核心技术要求和实施指南。

3.3 高良姜 Alpiniae Officinarum Rhizoma

姜科植物高良姜(*Alpinia officinarum* Hance)的干燥根茎。

3.4 高良姜种苗 alpinia officinarum seedlings

用于繁殖的高良姜（*Alpinia officinarum* Hance）植株的新鲜根茎。

4 高良姜规范化生产流程图

高良姜规范化生产流程见图1。

高良姜规范化生产流程：   关键控制点及参数：

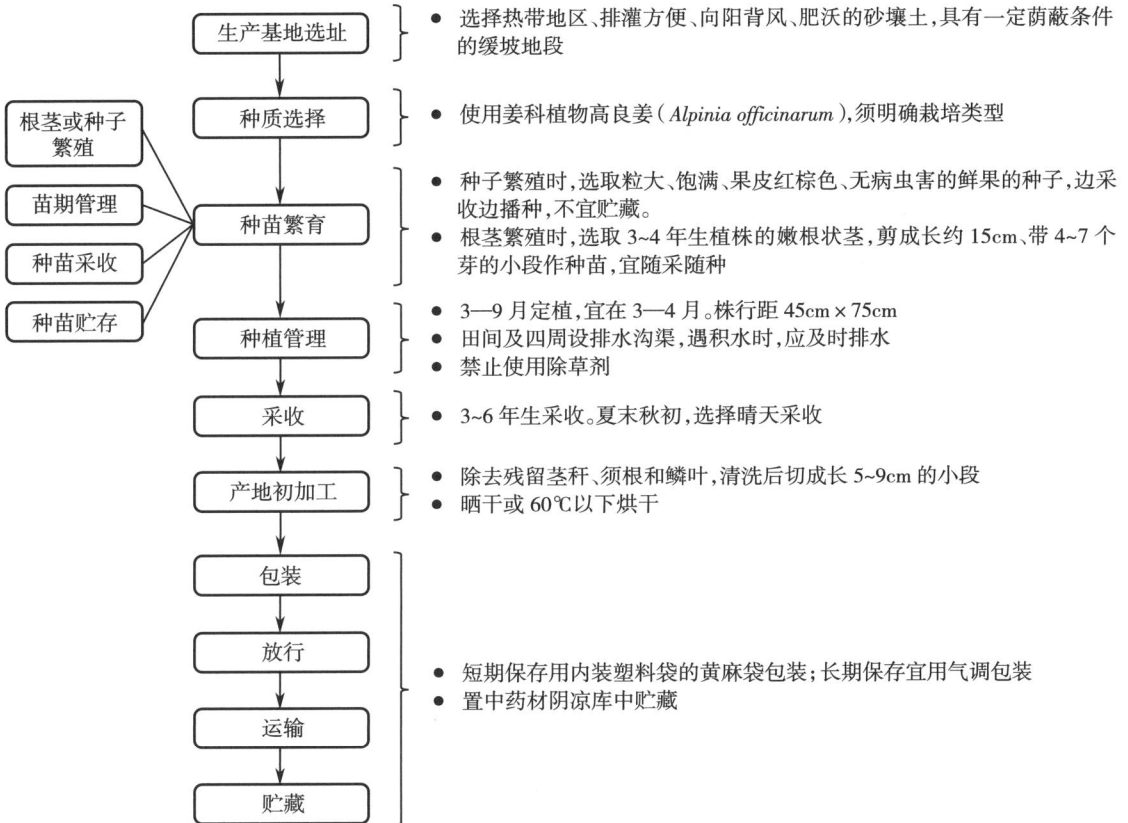

图1 高良姜规范化生产流程图

5 高良姜规范化生产技术

5.1 生产基地选址

5.1.1 产地选择

可在广东省雷州半岛和海南省等热带地区种植。宜在道地产区广东省徐闻县龙塘镇、曲界镇、城北乡、南山镇、海安镇、锦和镇、下洋镇、前山镇等乡镇种植。

5.1.2 地块选择

育苗地和定植地应选择排灌方便、向阳背风、肥沃的砂壤土,具有一定荫蔽条件的缓坡地段。

5.1.3 环境监测

基地的环境空气质量应遵守 GB 3095 规定的环境空气污染物二级浓度限值的要求;土

壤中污染物含量应等于或低于 GB 15618 规定的风险筛选值；农田灌溉水质应遵守 GB 5084 农田灌溉水质的要求。

5.2 种苗繁育

5.2.1 种质选择

使用姜科植物高良姜（*Alpinia officinarum* Hance），物种须经过鉴定，并明确所用栽培类型。不同栽培类型不可混种。

5.2.2 整地

深翻 40~50cm，再经两犁两耙将泥土充分细碎，每亩（1 亩 ≈ 666.7m²，下文同）施入 2~2.5t 经腐熟的有机肥与表土混匀整平，做高 15cm、宽 120~150cm 的畦。

5.2.3 育苗方法

高良姜可用种子和根茎繁殖。

5.2.3.1 种子繁殖

5.2.3.1.1 种子采集与处理

7—10 月种子成熟期，选取粒大、饱满、果皮呈红棕色、无病虫害的成熟鲜果，剥去果皮，混入等量的细沙揉搓至种子与果瓤分开。用清水漂洗，去除细沙和果瓤。晾干种子表面水分，不可暴晒。

种子宜边采收边分批播种，不宜贮藏。如需贮藏，可在剥去果皮前，混在潮湿的细沙中，置通风、避光、15~20℃环境中。贮藏期宜缩短，不宜超过 11 天。

5.2.3.1.2 播种

5.2.3.1.2.1 播种时间

7—10 月，种子成熟期随采随播种。

5.2.3.1.2.2 播种方法

在整好的苗床上，以 10cm 的行距开浅沟，深约 2cm，宽 6cm，将处理好的种子均匀撒于沟内，覆土略高于畦面。晴天浇水保湿，盖草遮荫。

5.2.3.1.3 苗期管理

约 20 天种子发芽后，揭去盖草，搭荫棚。根据天气情况适当灌溉，保持土壤湿润。田块内及四周要有排水系统，遇连阴雨天和台风降雨，应及时排水。

幼苗出土后约 1 个月，可施尿素肥料。入冬前可施腐熟的有机肥。

当苗高 3~6cm 时，去弱留强，使株间距约 4cm。

5.2.3.1.4 移栽定植

幼苗生长半年后移栽。宜在 3—4 月的晴天早晨或阴雨天进行。每亩施入 2~2.5t 经腐熟的有机肥作基肥。不需作畦，按株行距 30cm×70cm 开穴，穴的规格为 40cm×40cm×30cm。当幼苗高 10cm 以上时出圃定植，每穴种 2 株幼苗，覆土压实，再覆细土 5~6cm 厚。

5.2.3.2 根茎繁殖

5.2.3.2.1 根茎选择

选 3~4 年生的嫩根状茎，剪成长约 15cm、带 4~7 个芽的小段作种苗。

5.2.3.2.2 根茎定植

种苗宜随采随种。在整好的育苗地上,按株行距 30cm×25cm 开穴,每穴种 1~2 段,覆土后稍压实,浇水。

5.2.3.2.3 苗期管理

参照 5.2.3.1.3 的要求进行灌溉、排水、施肥等田间管理。

5.2.4 种苗采收

5.2.4.1 采收时间

种苗定植半年后,结合种植时间采收。宜在 3—4 月进行。

5.2.4.2 采收方法

5.2.4.2.1 准备

选择晴天,在远离根茎约 8cm 的地上茎处割除植株地上部分。将茎叶捆成捆,集中堆放到田边指定位置。

5.2.4.2.2 起苗

采用人工或机械采挖。挖掘深度 30cm 以上,用犁深翻,保持根茎完整,把根茎逐一挖起,集中放到指定位置,统一运到库房保存。

5.2.4.2.3 分拣

去除夹杂的杂草,除去破损、虫害、腐烂变质的根茎。

5.2.5 种苗贮存

种苗宜边采挖边栽植。短期可贮存于阴凉通风的湿砂中,贮存时间不宜超过 1 周。

5.2.6 种苗质量

种苗应品种一致、等级一致、无其他植物混入;质地充实,无萎蔫,表皮有光泽,无损伤、霉烂和病斑点;芽饱满、无破损;无检疫性病虫害。

5.3 种植

5.3.1 定植

清除田间灌木、杂草等杂物,土壤深耕熟化,种植前耙平,每公顷可施入 30~40t 腐熟的有机肥作基肥。

按 5.2.6 的要求选取优质种苗,3—9 月均可定植,宜在 3—4 月。按株行距 45cm×75cm 开穴,穴的规格为 40cm×40cm×30cm。每穴放 1 株种苗,芽尖向上,覆土后稍压实。

5.3.2 田间管理

定植初期盖草遮荫,种苗发芽后及时揭去盖草。幼苗生长期宜搭遮阳棚。

定植、追肥和干旱时需灌溉,保持土壤湿润。田地内及四周设置排水沟渠,遇积水时,应及时排水。定植后约 50 天,可施加 2% 尿素。封行后每公顷可施入 450kg 复合肥。秋末冬初结合培土每公顷可施加 45t 腐熟的有机肥。

人工及时清除杂草。不得使用除草剂。结合除草进行中耕松土。定植后的第 2 年,在植株周围开沟松土,同时在植株基部培土。

5.3.3 病虫害防治

高良姜常见病虫害主要有根腐病、卷叶虫、卷心虫等,但发病率较低。主要采用农业防治、物理防治、生物防治控制高良姜病虫害。加强田间管理,做好通风、透光、排水、除草等措施。如遇病株,及时清除和销毁,并用生石灰对病株部位土壤消毒。

5.4 采收

高良姜采收年限为3~6年,宜4年。夏末秋初,选择晴天,将高良姜地上部分割除,用犁深翻,把根茎逐一挖出,保持根茎完整,表皮无破损。挑除夹杂的地上茎叶、杂草,去除破损、虫害、腐烂变质的根茎。

可参考 SB/T 11182—2017 的要求,将高良姜根茎摆放在塑料中转箱中,称重,拴挂追溯标签,注明品名、产地、种植户、采收日期等信息。使用封闭式车厢运输。装卸时轻拿轻放,整齐摆放于通风、遮雨的厂房,并尽快加工、干燥。

5.5 产地初加工

5.5.1 场地环境

加工场地应清洁、通风,具有遮阳、防雨和防鼠、虫及禽畜的设施。

5.5.2 修剪和清洗

用刀、剪等工具去除高良姜根茎上残留的茎秆、须根及鳞叶。用清水高压淋洗,去除泥土等杂质。清洗用水应符合 GB 5749 的要求。不得将根茎长时间浸泡在水中。

5.5.3 切制和干燥

将根茎切成 5~9cm 的小段,置于通风向阳的晾晒场晾晒至干燥。也可将药材烘干,烘干温度不应超过 60℃。

5.6 包装、放行和贮运

5.6.1 包装

可参考 SB/T 11182—2017 给出的要求选择包装容器和规格。短期保存先用内装塑料袋包装,再用黄麻袋包装;长期保存宜使用气调包装。

包装容器应粘贴追溯标签或拴挂追溯吊牌。每批包装应记录以下内容:品名、基源物种、产地、品种、级别、批号、净重、包装工号、包装日期。每件药材包装应记录以下内容:品名、基源物种、产地、品种、级别、批号、净重、包装日期、生产单位、质量合格标志。

5.6.2 放行

高良姜生产企业应制定并执行高良姜药材放行制度,对每批药材进行质量评价,审核批生产、检验、产地初加工等相关记录;由质量管理负责人签名批准放行。不合格药材不得放行。

5.6.3 运输

使用封闭式车厢运输。车厢应清洁、干燥、无异味、无污染。不得与有害、有毒或其他可能污染药材品质的货物混装运输。

装卸时轻拿轻放,整齐摆放。运输中应防雨、防潮、防晒、防污染、防损坏。

5.6.4 贮藏

可参考 SB/T 11095—2014 对中药材仓库的基本要求,设置中药材阴凉库,配置通风换气设施及防鼠、虫、禽畜的措施。

药材应存放在货架上,与墙壁保持足够距离。有专业人员定期检查和养护,防止药材虫蛀、霉变、腐烂。

附　录　A
（规范性）
禁限用农药名单

A.1　禁止（停止）使用的农药（46 种）

六六六、滴滴涕、毒杀芬、二溴氯丙烷、杀虫脒、二溴乙烷、除草醚、艾氏剂、狄氏剂、汞制剂、砷类、铅类、敌枯双、氟乙酰胺、甘氟、毒鼠强、氟乙酸钠、毒鼠硅、甲胺磷、对硫磷、甲基对硫磷、久效磷、磷胺、苯线磷、地虫硫磷、甲基硫环磷、磷化钙、磷化镁、磷化锌、硫线磷、蝇毒磷、治螟磷、特丁硫磷、氯磺隆、胺苯磺隆、甲磺隆、福美胂、福美甲胂、三氯杀螨醇、林丹、硫丹、溴甲烷、氟虫胺、杀扑磷、百草枯、2,4-滴丁酯。

注：氟虫胺自 2020 年 1 月 1 日起禁止使用。百草枯可溶胶剂自 2020 年 9 月 26 日起禁止使用。2,4-滴丁酯自 2023 年 1 月 29 日起禁止使用。溴甲烷可用于"检疫熏蒸处理"。杀扑磷已无制剂登记。

A.2　在部分范围禁止使用的农药（20 种）

部分范围禁止使用的农药应注意药食同源中药材及来自其他作物的中药材。部分范围禁止使用的农药见表 A.1。

表 A.1　部分范围禁止使用的农药

通用名	禁止使用范围
甲拌磷、甲基异柳磷、克百威、水胺硫磷、氧乐果、灭多威、涕灭威、灭线磷	禁止在蔬菜、瓜果、茶叶、菌类、中草药材上使用，禁止用于防治卫生害虫，禁止用于水生植物的病虫害防治
甲拌磷、甲基异柳磷、克百威	禁止在甘蔗作物上使用
内吸磷、硫环磷、氯唑磷	禁止在蔬菜、瓜果、茶叶、中草药材上使用
乙酰甲胺磷、丁硫克百威、乐果	禁止在蔬菜、瓜果、茶叶、菌类和中草药材上使用
毒死蜱、三唑磷	禁止在蔬菜上使用
丁酰肼（比久）	禁止在花生上使用
氰戊菊酯	禁止在茶叶上使用
氟虫腈	禁止在所有农作物上使用（玉米等部分旱田种子包衣除外）
氟苯虫酰胺	禁止在水稻上使用

A.3　说明

本附录的内容来自 2019 年中华人民共和国农业农村部发布的《禁限用农药名录》（http：//www.zzys.moa.gov.cn/gzdt/201911/t20191129_6332604.htm）。

参考文献

［1］国家质量监督检验检疫总局.关于批准对徐闻良姜实施地理标志产品保护的公告［EB/OL］.［2024-01-29］. https://baike.baidu.com/item/%E5%9B%BD%E5%AE%B6%E8%B4%A8%E9%87%8F%E7%9B%91%E7%9D%A3%E6%A3%80%E9%AA%8C%E6%A3%80%E7%96%AB%E6%80%BB%E5%B1%80%E5%85%AC%E5%91%8A2006%E5%B9%B4%E7%AC%AC117%E5%8F%B7/22626938?fr=ge_ala.

［2］莫定鸣,冯恩友.高良姜的光合特性研究［J］.农业技术与装备,2015（12）:6-7.

［3］阮薇儒,蒋林,陈昌胜,等.高良姜规范化生产标准操作规程（试行）［J］.中国现代中药,2008（5）:10-12.

［4］谭业华,陈珍.高良姜种子不同贮藏时间的发芽试验［J］.安徽农业科学,2015,43（7）:10.

［5］谭业华,陈珍.南药高良姜生产调查、问题分析及发展对策［J］.海南师范大学学报（自然科学版）,2014,27（3）:293-296.

［6］吴开芬,李汝凯,胡伟民.高良姜规范化种植技术探讨［J］.南方农业,2017,11（30）:5-6.

［7］徐雪荣.高良姜规范化种植技术［J］.中国热带农业,2014（6）:66-68.

［8］杨福顺,赵胜德,黄培彪,等.高良姜种子繁殖方法［J］.中药材,1990（2）:10.

［9］杨全,严寒静,庞玉新,等.南药高良姜药用植物资源调查研究［J］.广东药学院学报,2012,28（4）:382-386.

［10］詹若挺,黄海波,潘超美,等.高良姜规范化生产标准操作规程（SOP）（试行）［J］.现代中药研究与实践,2008,22（6）:3-5.

［11］赵胜德,杨福顺,陆善旦,等.高良姜高产栽培技术研究［J］.中国林副特产,1993（2）:21-22.

ICS 65.020.20
CCS C 05

团 体 标 准

T/CACM 1374.134—2021

粉葛规范化生产技术规程

Code of practice for good agricultural practice of
Puerariae Thomsonii Radix

2021-10-15 发布　　　　　　　　　　　　　2021-10-15 实施

中华中医药学会　　发布

目　　次

前言 ··· 631

1 范围 ··· 632

2 规范性引用文件 ··· 632

3 术语和定义 ·· 632

4 粉葛规范化生产流程图 ·· 632

5 粉葛规范化生产技术 ··· 633

  5.1 生产基地选址 ·· 633

  5.2 种质与种子 ··· 634

  5.3 育苗 ·· 634

  5.4 定植 ·· 634

  5.5 田间管理 ·· 634

  5.6 采收 ·· 635

  5.7 初加工 ··· 636

  5.8 包装、放行、贮运 ·· 636

附录 A（规范性） 禁限用农药名单 ··· 637

附录 B（资料性） 粉葛常见病虫害防治的参考方法 ·· 638

参考文献 ·· 639

前　言

本文件按照 GB/T 1.1—2020《标准化工作导则　第 1 部分：标准化文件的结构和起草规则》的规定起草。

请注意本文件中的某些内容可能涉及专利。本文件的发布机构不承担识别专利的责任。

本文件由中国医学科学院药用植物研究所和广西农业科学院经济作物研究所提出。

本文件由中华中医药学会归口。

本文件起草单位：广西农业科学院经济作物研究所、广西大学、广西贵港市华宇葛业有限公司、藤县联友粉葛种植专业合作社、中国医学科学院药用植物研究所、重庆市药物种植研究所。

本文件主要起草人：严华兵、黄荣韶、曹升、李良波、尚小红、欧昆鹏、王颖、肖亮、王艳、曾文丹、陆柳英、谢向誉、李长锐、吴广徐、魏建和、王文全、王秋玲、杨小玉、辛元尧、王苗苗。

粉葛规范化生产技术规程

1 范围

本文件确立了粉葛的规范化生产流程,规定了粉葛生产基地选址、种质与种子、育苗、定植、田间管理、采收、初加工、包装、放行、贮运等阶段的操作要求。

本文件适用于粉葛的规范化生产。

2 规范性引用文件

下列文件中的内容通过文中的规范性引用而构成本文件必不可少的条款。其中,注明日期的引用文件,仅该日期对应的版本适用于本文件;不注明日期的引用文件,其最新版本(包括所有的修改单)适用于本文件。

GB 3095 环境空气质量标准

GB 5084 农田灌溉水质标准

GB 5749 生活饮用水卫生标准

GB 15618 土壤环境质量 农用地土壤污染风险管控标准(试行)

NY/T 1276—2007 农药安全使用规范总则

T/CACM 1374.1—2021 中药材规范化生产技术规程通则 植物药材

3 术语和定义

T/CACM 1374.1—2021 界定的以及下列术语和定义适用于本文件。

3.1 规范化生产 good agricultural practice

按照《中药材生产质量管理规范》(简称中药材 GAP)的要求,实施药材生产,保证中药材优质安全的生产过程。

3.2 技术规程 code of practice

为实现中药材生产顺利、有序进行,保证中药材生产质量,对中药材生产的基地选址、种子种苗、种植或野生抚育、采收与产地初加工以及包装、放行与贮运等,所做的技术规定和要求,是实施中药材规范生产的核心技术要求和实施指南。

3.3 粉葛 Puerariae Thomsonii Radix

本品为豆科植物甘葛藤 *Pueraria thomsonii* Benth. 的干燥根。

4 粉葛规范化生产流程图

粉葛规范化生产流程见图 1。

粉葛规范化生产流程：　　　　　　　　　　　关键控制点及技术参数：

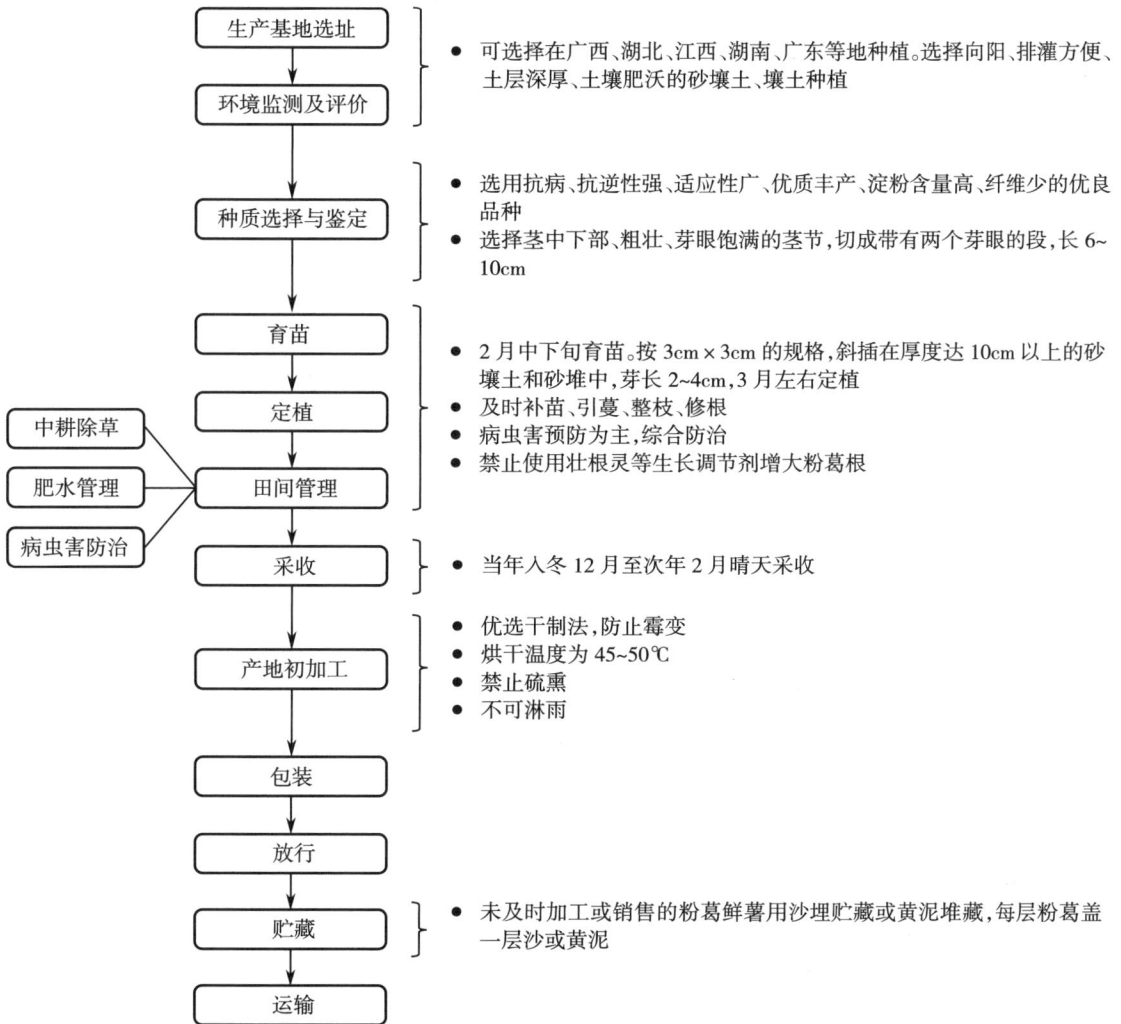

图1　粉葛规范化生产流程图

流程图节点（上到下）：
生产基地选址 → 环境监测及评价 → 种质选择与鉴定 → 育苗 → 定植 → 田间管理 → 采收 → 产地初加工 → 包装 → 放行 → 贮藏 → 运输

田间管理左侧：中耕除草、肥水管理、病虫害防治

关键控制点及技术参数：

- 可选择在广西、湖北、江西、湖南、广东等地种植。选择向阳、排灌方便、土层深厚、土壤肥沃的砂壤土、壤土种植

- 选用抗病、抗逆性强、适应性广、优质丰产、淀粉含量高、纤维少的优良品种
- 选择茎中下部、粗壮、芽眼饱满的茎节，切成带有两个芽眼的段，长6~10cm

- 2月中下旬育苗。按3cm×3cm的规格，斜插在厚度达10cm以上的砂壤土和砂堆中，芽长2~4cm，3月左右定植
- 及时补苗、引蔓、整枝、修根
- 病虫害预防为主，综合防治
- 禁止使用壮根灵等生长调节剂增大粉葛根

- 当年入冬12月至次年2月晴天采收

- 优选干制法，防止霉变
- 烘干温度为45~50℃
- 禁止硫熏
- 不可淋雨

- 未及时加工或销售的粉葛鲜薯用沙埋贮藏或黄泥堆藏，每层粉葛盖一层沙或黄泥

5　粉葛规范化生产技术

5.1　生产基地选址

5.1.1　产地选择

粉葛具有较强的广适性，在海拔300~1 500m均可生长。主产在广西梧州、广西桂林、广西南宁、湖北钟祥、江西德兴、江西上饶、江西横峰、湖南张家界、湖南怀化、广东韶关、广东茂名、广东湛江、重庆等地。

5.1.2　地块选择

粉葛生产地忌连作，宜水旱轮作。

选择地势较高、向阳、土层深厚，土壤疏松肥沃，灌溉排水条件良好，有机质含量丰富，中性或微酸性的砂质壤土。选择前1~2年没有种植过豆科作物的地块，以减少病虫危害。

5.1.3 环境监测

生产基地的空气质量应符合 GB 3095 规定的环境空气质量标准,土壤应符合 GB 15168 的规定,灌溉水质量应符合 GB 5084 规定的农田灌溉水质标准,产地初加工用水应符合 GB 5749 规定的生活饮用水卫生标准。

5.2 种质与种子

5.2.1 品种选择

选用抗病、抗逆性强、适应性广、优质丰产的优良品种。如赣葛 1 号、湘葛 1 号、火山粉葛、桂粉葛 1 号等。

5.2.2 采集种茎主要经济指标

每亩（1 亩≈ 666.7m^2,下文同）粉葛产量≥2 500kg,单个重≥0.5kg。

5.3 育苗

5.3.1 种苗采集

选择茎中下部、粗壮、芽眼饱满的茎节,切成带有 2 个芽眼的段,长 6~10cm,放在阴凉湿润处 2~3 天后,即可扦插。

5.3.2 扦插育苗

育苗可按 3cm×3cm 的规格,斜插在厚度达 10cm 以上的砂壤土和砂堆中,腋芽向上,用砂壤土或泥土盖过茎节腋芽,再用稻草覆盖或用薄膜保温。

保持苗床湿润,发现有腐烂的扦条要立即剔除。待芽长 2~4cm 时,定植到大田。

5.4 定植

5.4.1 墩植

深耕 40~60cm,待土壤干爽后,按畦宽 200cm、沟宽 40cm、畦高 50cm 的规格起畦。根据粉葛的生长、土壤肥力等进行施肥,可考虑每亩施有机肥 2 500~3 000kg,并加沤熟的麸肥 40kg、钙镁磷肥 40kg,均匀撒在畦面,再起墩,墩高 15~20cm。

5.4.2 沟植

挖宽 30cm、沟距 120cm 的种植沟,按上文 5.4.1 施肥量将肥料和细土混合于种植沟内并起畦,畦高 30~50cm、畦宽 90cm。

5.4.3 种植规格

1—3 月均可种植。双行墩植:行距（包沟）120cm,株距 80cm;单行种植:行距 120cm,株距 50cm。种植后盖上地膜或稻草保温。

5.5 田间管理

5.5.1 补苗

发现死苗及时补栽。

5.5.2 留蔓、引蔓

苗长至 20cm 左右时,每株选留一根壮苗培育成主蔓,将其余的侧蔓除去。在主蔓旁插一条长 1.8~2.0m 以上的竹竿或木杆,并引蔓向其攀附。

5.5.3 留葛

6月初,当地下块根长至2~3cm时,选择晴天早上或傍晚进行修根。方法:小心扒开根部表土,选择形状好的两条葛根留下,其余用锋利洁净的小刀割除,同时将留下的两条葛根的侧根除去,然后覆土。7月中旬再进行一次,割除块根上的须根和增生的块根。

5.5.4 整枝

主蔓长至1.5m之前,将侧蔓侧芽摘除;主蔓超过2.0m后,摘除顶芽,促进分枝。

5.5.5 施肥

5.5.5.1 原则

以有机肥为主,无机肥配合,基肥与追肥结合,不偏施氮肥,实行平衡施肥。

5.5.5.2 追肥

苗高20cm时开始追肥,并进行浅锄松土,以稀释腐熟的粪水或沼气液为主,5~7天施一次,共浇3~4次。苗上架后,根据粉葛的生长、土壤肥力等进行追肥,可考虑每亩施复合肥20kg,加麸肥20kg,每隔25天施一次。施肥点与植株根部距离30~35cm,收获前30天停止施肥。

5.5.6 水分管理

全期保持土壤湿润,雨后及时排除渍水,秋冬季注意防旱。

5.5.7 病虫害防治

粉葛常见病害有根腐病、炭疽病、霜霉病、锈病等,虫害主要有红蜘蛛、蚜虫、斜纹夜蛾等。

5.5.7.1 原则

贯彻"预防为主,综合防治"的植保方针,优先采用农业、物理、生物等防治方法,合理使用化学防治。

5.5.7.2 农业防治

选用抗病品种,实行轮作。

5.5.7.3 物理防治

用人工捕捉或用糖醋液诱杀。

5.5.7.4 生物防治

选用Bt(苏云金芽孢杆菌)等生物农药。

5.5.7.5 化学防治

采用化学防治时,农药的使用应符合NY/T 1276—2007《农药安全使用规范　总则》的规定,禁止或限制使用农药种类参见附录A。合理混用、轮换交替使用不同作用机制的药剂,对发病较重的田块应在1周后再补防一次。优先选用高效、低毒的生物农药,不使用禁限用农药。粉葛规范化生产的化学防治方法可参照附录B。

5.6 采收

粉葛可一年采收或两年采收。入冬后,当叶片逐渐见黄,块根膨大成熟时,选晴天采收,采收时去净泥沙和须根,小心轻放,不弄破块根表皮。

5.7 初加工

选择新采收的、粗细均匀的粉葛块根,将其洗净、去皮,然后横切成 2~4mm 厚片,放置于 45~50℃烘箱中烘 24 小时,筛去碎屑即可。

5.8 包装、放行、贮运

5.8.1 包装

包装前应对每批产品按照国家标准进行质量检验。符合国家标准的,采用不影响质量的包装袋、包装箱等包装,不得采用包装过肥料、农药等的材料包装。包装外贴或挂标签、合格证,标识牌内容应有名称、基源、产地、批号、规格、重量、采收日期、企业名称等,并有追溯码。

5.8.2 放行

应制定符合企业实际情况的放行制度,有审核生产、检验等的相关记录。不合格材料须有单独处理制度。

5.8.3 贮运

采收的块根应及时加工,不能及时加工的,应沙藏或使用黄泥堆藏保存在通风透光的环境中,切忌用水冲洗;表皮有损伤的块根,应用草木灰或干黄泥涂抹伤口。也可采用现代气调贮藏方法,包装或库内充氮或二氧化碳。

运输应防止发生混淆、污染、异物混入、包装破损、雨雪淋湿等。

附　录　A

（规范性）

禁限用农药名单

A.1　禁止（停止）使用的农药（46 种）

六六六、滴滴涕、毒杀芬、二溴氯丙烷、杀虫脒、二溴乙烷、除草醚、艾氏剂、狄氏剂、汞制剂、砷类、铅类、敌枯双、氟乙酰胺、甘氟、毒鼠强、氟乙酸钠、毒鼠硅、甲胺磷、对硫磷、甲基对硫磷、久效磷、磷胺、苯线磷、地虫硫磷、甲基硫环磷、磷化钙、磷化镁、磷化锌、硫线磷、蝇毒磷、治螟磷、特丁硫磷、氯磺隆、胺苯磺隆、甲磺隆、福美胂、福美甲胂、三氯杀螨醇、林丹、硫丹、溴甲烷、氟虫胺、杀扑磷、百草枯、2,4- 滴丁酯。

注：氟虫胺自 2020 年 1 月 1 日起禁止使用。百草枯可溶胶剂自 2020 年 9 月 26 日起禁止使用。2,4-滴丁酯自 2023 年 1 月 29 日起禁止使用。溴甲烷可用于"检疫熏蒸处理"。杀扑磷已无制剂登记。

A.2　在部分范围禁止使用的农药（20 种）

部分范围禁止使用的农药应注意药食同源中药材及来自其他作物的中药材。部分范围禁止使用的农药见表 A.1。

表 A.1　部分范围禁止使用的农药

通用名	禁止使用范围
甲拌磷、甲基异柳磷、克百威、水胺硫磷、氧乐果、灭多威、涕灭威、灭线磷	禁止在蔬菜、瓜果、茶叶、菌类、中草药材上使用,禁止用于防治卫生害虫,禁止用于水生植物的病虫害防治
甲拌磷、甲基异柳磷、克百威	禁止在甘蔗作物上使用
内吸磷、硫环磷、氯唑磷	禁止在蔬菜、瓜果、茶叶、中草药材上使用
乙酰甲胺磷、丁硫克百威、乐果	禁止在蔬菜、瓜果、茶叶、菌类和中草药材上使用
毒死蜱、三唑磷	禁止在蔬菜上使用
丁酰肼（比久）	禁止在花生上使用
氰戊菊酯	禁止在茶叶上使用
氟虫腈	禁止在所有农作物上使用（玉米等部分旱田种子包衣除外）
氟苯虫酰胺	禁止在水稻上使用

A.3　说明

本附录的内容来自 2019 年中华人民共和国农业农村部发布的《禁限用农药名录》（http://www.zzys.moa.gov.cn/gzdt/201911/t20191129_6332604.htm）。

附 录 B

（资料性）

粉葛常见病虫害防治的参考方法

粉葛常见病虫害的防治方法见表 B.1。

表 B.1　粉葛常见病虫害防治的参考方法

病虫害名称	推荐防治方法
根腐病	多菌灵可湿性粉剂、甲基硫菌灵可湿性粉剂或苦参碱等药剂按照农药标签交替灌根使用
炭疽病	百菌清可湿性粉剂、甲基硫菌灵可湿性粉剂、噁霉灵水剂、多菌灵可湿性粉剂等药剂按照农药标签交替喷雾防治
霜霉病	代森锰锌可湿性粉剂、霜脲·锰锌可湿性粉剂、烯酰吗啉可湿性粉剂、霜霉威盐酸盐水剂等药剂按照农药标签交替喷雾防治
锈病	三唑酮粉剂结合己唑醇可湿性粉剂，或者使用苯醚菌酯悬浮剂等药剂按照农药标签交替喷雾防治
红蜘蛛	阿维菌素乳油或乐果乳油等药剂按照农药标签交替喷雾防治
蚜虫	阿维菌素乳油或高效氯氰菊酯乳油等药剂按照农药标签交替喷雾防治
斜纹夜蛾	阿维菌素乳油、啶虫脒可湿性粉剂等药剂按照农药标签交替喷雾防治

参考文献

［1］么历,程慧珍,杨智.中药材规范化种植（养殖）技术指南［M］.北京:中国农业出版社,2006.

［2］欧景莉,郑文武,叶维雁,等.小叶粉葛在广西马山县的生长表现及其栽培管理技术初探［J］.农业研究与应用,2019,32（2）:18-22.

［3］梁杰.粉葛无公害高产栽培相关问题探析［J］.现代农业科技,2017（20）:99.

［4］聂荣.广西高产粉葛的栽培管理技术［J］.江西农业,2017（5）:29.

［5］卢运富.藤县粉葛生产现状及发展对策［J］.南方园艺,2016,27（3）:23-25.

［6］乐建刚.有机粉葛的栽培技术［J］.南方园艺,2018,29（5）:50-51.

［7］谭德光,谢东升.粉葛高产栽培技术要点与效益［J］.农家参谋,2019（12）:76.

［8］谢冬娣,岳君,区兑鹏,等.葛根微粉的制备工艺及品质特性研究［J］.食品研究与开发,2019,40（1）:76-84.

［9］黄鸿华,黄日盛.粉葛栽培技术研究与应用［J］.农技服务,2017,34（5）:4-5.

［10］吴喜春.优质粉葛高产栽培技术［J］.农村经济与科技,2017,28（4）:23.

［11］刘胜男.富含纤维低聚糖葛根全粉的制备工艺研究［D］.合肥:安徽农业大学,2011.

［12］吴琼.葛根全粉制备工艺及品质研究［D］.重庆:西南大学,2017.

［13］陈泊韬,张典典,卢剑娴.粉葛深加工技术研究及开发［J］.农产品加工（学刊）,2013（20）:57-59.

———————————————

ICS 65.020.20
CCS C 05

团 体 标 准

T/CACM 1374.135—2021

益母草规范化生产技术规程

Code of practice for good agricultural
practice of Leonuri Herba

2021-10-15 发布

2021-10-15 实施

中华中医药学会　发布

目　次

前言 ·· 642

1　范围 ·· 643

2　规范性引用文件 ·· 643

3　术语和定义 ·· 643

4　益母草规范化生产流程图 ··· 643

5　益母草规范化生产技术 ·· 644

　5.1　生产基地选址 ··· 644

　5.2　种质与种子 ··· 644

　5.3　种子繁育 ·· 645

　5.4　种植 ··· 645

　5.5　产地初加工 ··· 646

　5.6　包装、放行、贮运 ··· 647

附录 A（规范性）　禁限用农药名单 ··· 648

附录 B（资料性）　益母草常见病虫害防治的参考方法 ····················· 649

参考文献 ·· 650

前　　言

本文件按照 GB/T 1.1—2020《标准化工作导则　第 1 部分：标准化文件的结构和起草规则》的规定起草。

请注意本文件中的某些内容可能涉及专利。本文件的发布机构不承担识别专利的责任。

本文件由中国医学科学院药用植物研究所和北京同仁堂河北中药材科技开发有限公司提出。

本文件由中华中医药学会归口。

本文件起草单位：北京同仁堂河北中药材科技开发有限公司、北京同仁堂科技发展股份有限公司、北京同仁堂天然药物（唐山）有限公司、河北省农林科学院经济作物研究所、中国医学科学院药用植物研究所、成都中医药大学、四川智佳成生物科技有限公司、重庆市药物种植研究所。

本文件主要起草人：曹庆伟、刘庆海、张海仙、孙洪伟、王一平、李健、史静、罗小伟、轩凤国、李青、寇志稳、刘爽、张金玲、胡炳义、林余霖、李葆莉、刘灵娣、温春秀、李敏、何刚、罗远鸿、罗玉林、张德林、闫滨滨、戴维、康晋梅、魏建和、王文全、王秋玲、杨小玉、辛元尧、王苗苗。

益母草规范化生产技术规程

1 范围

本文件确立了益母草规范化生产流程,规定了益母草生产基地选址、种质要求、种苗繁育、种植、采收、产地初加工、包装、放行、贮运等阶段的操作要求。

本文件适用于益母草的规范化生产。

2 规范性引用文件

下列文件中的内容通过文中的规范性引用而构成本文件必不可少的条款。其中,注明日期的引用文件,仅该日期对应的版本适用于本文件;不注明日期的引用文件,其最新版本(包括所有的修改单)适用于本文件。

GB 3095 环境空气质量标准

GB/T 3543 农作物种子检验规程

GB 5084 农田灌溉水质标准

GB 5749 生活饮用水卫生标准

GB 15618 土壤环境质量 农用地土壤污染风险管控标准(试行)

T/CACM 1374.1—2021 中药材规范化生产技术规程通则 植物药材

3 术语和定义

T/CACM 1374.1—2021 界定的以及下列术语和定义适用于本文件。

3.1 规范化生产 good agricultural practice

按照《中药材生产质量管理规范》(简称中药材 GAP)的要求,实施药材生产,保证中药材优质安全的生产过程。

3.2 技术规程 code of practice

为实现中药材生产顺利、有序进行,保证中药材生产质量,对中药材生产的基地选址、种子种苗、种植或野生抚育、采收与产地初加工以及包装、放行与贮运等,所做的技术规定和要求,是实施中药材规范生产的核心技术要求和实施指南。

3.3 益母草 Leonuri Herba

唇形科植物益母草 *Leonurus japonicus* Houtt. 的新鲜或干燥地上部分。

4 益母草规范化生产流程图

益母草规范化生产流程见图 1。

益母草规范化生产流程:

关键控制点及参数:

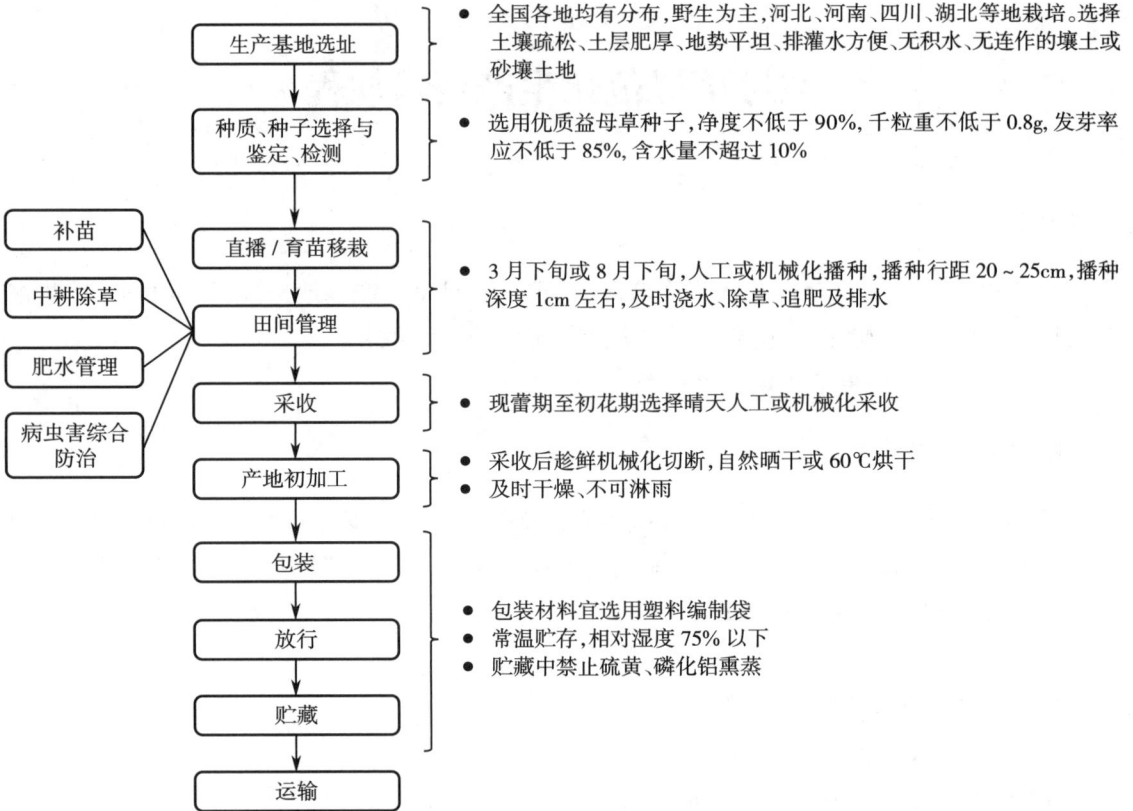

- 全国各地均有分布,野生为主,河北、河南、四川、湖北等地栽培。选择土壤疏松、土层肥厚、地势平坦、排灌水方便、无积水、无连作的壤土或砂壤土地

- 选用优质益母草种子,净度不低于90%,千粒重不低于0.8g,发芽率应不低于85%,含水量不超过10%

- 3月下旬或8月下旬,人工或机械化播种,播种行距20~25cm,播种深度1cm左右,及时浇水、除草、追肥及排水

- 现蕾期至初花期选择晴天人工或机械化采收

- 采收后趁鲜机械化切断,自然晒干或60℃烘干
- 及时干燥、不可淋雨

- 包装材料宜选用塑料编制袋
- 常温贮存,相对湿度75%以下
- 贮藏中禁止硫黄、磷化铝熏蒸

图 1 益母草规范化生产流程图

5 益母草规范化生产技术

5.1 生产基地选址

5.1.1 产地选择

全国各地均有分布,野生为主,适宜种植在气候温暖湿润、阳光充足、海拔1 000m以下的壤土、砂壤土地区。即河北、河南、四川、湖北等地区。不适宜种植在严寒、易积水地块。

种植地宜选择生态环境良好,远离污染源,并具有可持续生产能力的生产区域。

5.1.2 选地整地

生产基地的空气质量应符合GB 3095规定的环境空气质量标准,灌溉水质量应符合GB 5084规定的农田灌溉水质标准,土壤质量应符合GB 15618的规定。选择土层深厚、地势平坦、排灌水方便、土壤疏松的壤土或砂壤土地,整平耙细,施入适量有机肥及化肥。不能连作,前茬以禾本科作物为好。

5.2 种质与种子

5.2.1 种质选择

使用唇形科植物益母草 *Leonurus japonicus* Houtt. 为物种来源,其物种须经过鉴定。如使用农家品种或选育品种应加以明确。

5.2.2 种子质量

应使用当年采收的成熟种子,籽粒饱满,净度不低于90%,发芽率应不低于85%,千粒重不低于0.8g,含水量不超过10%的益母草种子。按照GB/T 3543《农作物种子检验规程》要求进行检验。

5.3 种子繁育

5.3.1 选种

选当年生长健壮无病虫害的植株作留种母株,如发现患病植株要随时拔掉。

5.3.2 整地

在选好的益母草种子繁育田上,整地前每亩(1亩≈666.7m²,下文同)施入已经发酵好的有机肥1 800~2 000kg,用旋耕犁深翻混合均匀,耕地深达20~25cm。

5.3.3 播种

选择完全符合种子质量要求的益母草种子,3月中下旬或8月中下旬人工或机械化播种,播种量为0.5kg/亩,开宽10cm、深1cm的沟,覆土深度1cm,行距30~35cm。

5.3.4 田间管理

播种后出苗前保证土壤湿润,立冬前后浇灌冻水,次年春季浇灌返青水,拔节期遇干旱天气及时浇水。

苗高10cm左右时进行田间定苗,苗间距30~35cm,苗期结合定苗人工拔除田间杂草。

5.3.5 病虫害管理

贯彻"预防为主,综合防治"的植保方针。以农业防治为基础,提倡生物防治和物理防治,科学应用化学防治技术。

农业防治:排除田间积水,降低田间湿度;发现病株立即拔除,集中烧毁或深埋,并用5%石灰水灌病穴杀菌。

化学防治:原则上以施用生物源农药为主。主要病虫害防治的参考方法见附录B.1。

5.3.6 采收与贮运

当年或次年9月底—10月初,在田间选择植株生长旺盛,无病虫害的地块,开花前去除杂株。待益母草花落尽,种子变成深褐色,用收割机采收地上部分,运至晾晒场所,人工或机械脱粒,采用风选、机选、色选等方法去杂去劣,晒干后装编织袋或麻袋,置于通风干燥处或常温库保存。

5.4 种植

5.4.1 有机肥的准备、整地

应选择水质、大气、土壤环境无污染的平整地域,田块集中成片,交通运输方便,远离城镇、医院、工矿企业、垃圾及废弃物堆积场等污染源。距离公路80m以外。

有机肥选择当地易于解决的猪、牛、羊、鸡等畜禽的粪便,必须经过充分腐熟。禁用城市生活垃圾、工业垃圾、医院垃圾及粪便。

用旋耕拖拉机整地,整地前每亩施入已发酵好的有机肥1 500~2 000kg,用旋耕犁深翻混合均匀,深度应达到25cm以上,整平耙细。

5.4.2 播种时间

春播：3 月中下旬。

秋播：8 月中下旬，不晚于 9 月 20 日。

5.4.3 播种方法

人工播种：播种前，在播种地块内每亩施入氮肥 40kg、磷肥 20kg 作底肥，采用宽沟条播，行距 25cm，播种幅宽 10cm，沟深 1cm 左右，人工将种子均匀撒入沟内，覆土 1cm 左右踩实，播种后立即浇水，苗期保持土壤湿润。

穴播，按间距 20cm×20cm 开穴，将种子均匀撒入穴内，播种深度不超过 1cm，播种后镇压并及时浇水，苗期保持湿润。

机械化播种：用播种机按畦宽 120cm，行距 25cm，播种幅宽 10cm，沟深 1cm 进行播种并每亩施入 20kg 磷肥做底肥，播种深度不超过 1cm，播种后及时浇水，苗期保持湿润。

5.4.4 播种量

播种量为每亩 1~1.5kg。

5.4.5 田间管理

苗期应加强人工除草，天旱时，及时浇水；雨后及时排水防止田间积水；于 11 月中旬入冬前浇一次冻水；冬季作好清园工作，将枯枝落叶及时清理干净；翌年春季返青时，根据益母草的长势，结合浇返青水每亩追施尿素 40kg；拔节期遇干旱天气及时浇水。

5.4.6 病虫害防治

益母草生长过程中几乎没有病害发生，常见的虫害主要有蚜虫，每年 7 月上中旬发生。为了预防益母草病害及虫害的发生，特制定以下病虫害防治措施。

应采用预防为主、综合防治的方法：轮作 1 年以上；有机肥必须充分腐熟；及时清沟排水；每年地上部分枯萎后及时清园。

采用化学防治时，应当符合国家有关规定；优先选用高效、低毒的生物农药；尽量避免使用除草剂、杀虫剂和杀菌剂等化学农药；不使用禁限用农药。具体病虫害参见附录 B 表 B.1。

5.4.7 采收

益母草在播种后当年或第二年现蕾期至初花期采收，盛花期前采收完毕。

选择晴天上午露水干后，人工用镰刀割取全草或用收割机由畦的一端开始收割全草，用尼龙绳将割倒的益母草打成小捆，装入干净清洁的运输工具集中运至晾晒场。采收后的益母草必须交叉码垛堆放，不能在田间过夜。

5.5 产地初加工

益母草产地初加工采用晒干法或烘干机 60℃ 烘干法。

益母草运回晾晒场地后趁鲜用切段机器对整株进行加工切段，长度 1~3cm，及时集中晾晒，将切段的益母草平铺于水泥地上晾晒，晾晒过程中，结合翻晒再次清除杂草及枯叶等杂质。傍晚或遇下雨天气应及时将药材收起并苫好，防止露水打湿或雨淋。

加工干燥过程保证场地、工具洁净，严禁雨淋等。

5.6 包装、放行、贮运

5.6.1 包装

益母草晒干后,选用清洁无污染的麻袋或塑料编织袋定量包装,防潮。包装应有标签记录品名、批号、规格、重量、产地采收日期,并附有质量合格标志。

5.6.2 放行

应制定符合企业实际情况的放行制度,有审核批生产、检验等的相关记录。不合格药材有单独处理制度。

5.6.3 贮运

应贮存于阴凉干燥处,定期检查,防止虫蛀、霉变、腐烂、泛油等的发生。常温库贮存,相对湿度 75% 以下;不同批次、等级药材分区存放;建有定期检查制度。禁用磷化铝。

运输应防止发生混淆、污染、异物混入、包装破损、雨雪淋湿等。

附　录　A

（规范性）

禁限用农药名单

A.1　禁止（停止）使用的农药（46 种）

六六六、滴滴涕、毒杀芬、二溴氯丙烷、杀虫脒、二溴乙烷、除草醚、艾氏剂、狄氏剂、汞制剂、砷类、铅类、敌枯双、氟乙酰胺、甘氟、毒鼠强、氟乙酸钠、毒鼠硅、甲胺磷、对硫磷、甲基对硫磷、久效磷、磷胺、苯线磷、地虫硫磷、甲基硫环磷、磷化钙、磷化镁、磷化锌、硫线磷、蝇毒磷、治螟磷、特丁硫磷、氯磺隆、胺苯磺隆、甲磺隆、福美胂、福美甲胂、三氯杀螨醇、林丹、硫丹、溴甲烷、氟虫胺、杀扑磷、百草枯、2,4-滴丁酯。

注：氟虫胺自 2020 年 1 月 1 日起禁止使用。百草枯可溶胶剂自 2020 年 9 月 26 日起禁止使用。2,4-滴丁酯自 2023 年 1 月 29 日起禁止使用。溴甲烷可用于"检疫熏蒸处理"。杀扑磷已无制剂登记。

A.2　在部分范围禁止使用的农药（20 种）

部分范围禁止使用的农药应注意药食同源中药材及来自其他作物的中药材。部分范围禁止使用的农药见表 A.1。

表 A.1　部分范围禁止使用的农药

通用名	禁止使用范围
甲拌磷、甲基异柳磷、克百威、水胺硫磷、氧乐果、灭多威、涕灭威、灭线磷	禁止在蔬菜、瓜果、茶叶、菌类、中草药材上使用，禁止用于防治卫生害虫，禁止用于水生植物的病虫害防治
甲拌磷、甲基异柳磷、克百威	禁止在甘蔗作物上使用
内吸磷、硫环磷、氯唑磷	禁止在蔬菜、瓜果、茶叶、中草药材上使用
乙酰甲胺磷、丁硫克百威、乐果	禁止在蔬菜、瓜果、茶叶、菌类和中草药材上使用
毒死蜱、三唑磷	禁止在蔬菜上使用
丁酰肼（比久）	禁止在花生上使用
氰戊菊酯	禁止在茶叶上使用
氟虫腈	禁止在所有农作物上使用（玉米等部分旱田种子包衣除外）
氟苯虫酰胺	禁止在水稻上使用

A.3　说明

本附录的内容来自 2019 年中华人民共和国农业农村部发布的《禁限用农药名录》（http://www.zzys.moa.gov.cn/gzdt/201911/t20191129_6332604.htm）。

附　录　B

（资料性）

益母草常见病虫害防治的参考方法

益母草常见病虫害防治的参考方法见表 B.1。

表 B.1　益母草常见病虫害防治的参考方法

类别	通用名	防治对象	使用方法（生长季）	使用量	安全间隔期 /d
杀虫剂	联苯菊酯	蚜虫	喷施	按说明书推荐用量	14
杀虫剂	吡虫啉	蚜虫	喷施	按说明书推荐用量	14

参考文献

［1］国家药典委员会．中华人民共和国药典：2020 年版一部［M］．北京：中国医药科技出版社，2020．

［2］罗远鸿．川产益母草规范化栽培关键技术研究［D］．成都：成都中医药大学，2015．

［3］胡璇，李卫东，李欧，等．益母草种子质量分级标准研究［J］．种子，2011，30（4）：83-85．

［4］蒋品，高言明，杨玉琴，等．黔产益母草野生品和人工种植品中几种微量元素含量变化研究［J］．微量元素与健康研究，2011，28（1）：15-16．

［5］芦站根，周文杰，孙世卫，等．光照、温度和 NaCl 对益母草种子萌发的影响［J］．北方园艺，2010（20）：181-183．

［6］申利红，王胜利．益母草的研究进展［J］．安徽农业科学，2010，38（8）：4414-4416．

［7］崔张新，尚金星，雷慧，等．益母草文献考证［J］．现代中西医结合杂志，2010，19（5）：627-630．

［8］余琪，沈晓霞，沈宇峰，等．益母草种质资源遗传多样性的 AFLP 分析［J］．中草药，2009，40（8）：1296-1299．

［9］姜华年．19 个种源地益母草生物学特性观测分析［D］．武汉：华中农业大学，2009．

［10］徐建中，王志安，俞旭平，等．不同来源地的益母草种源种植比较试验［J］．时珍国医国药，2006（11）：2030-2131．

［11］徐建中，王志安，俞旭平，等．益母草 GAP 栽培技术研究［J］．现代中药研究与实践，2006（4）：8-11．

［12］王文博，虞锦义，徐建中．播种期对益母草生长的影响［J］．现代中药研究与实践，2005（3）：13-15．

［13］徐建中，盛束军，姚金富，等．微肥对益母草生长和总生物碱积累的调控效应［J］．中国中药杂志，2000（1）：22-24．

_____

ICS 65.020.20
CCS C 05

团 体 标 准

T/CACM 1374.136—2021

益智规范化生产技术规程

Code of practice for good agricultural practice of
Alpiniae Oxyphyllae Fructus

2021-10-15 发布

2021-10-15 实施

中华中医药学会　发布

目　次

前言 ………………………………………………………………………………………………… 653

1　范围 …………………………………………………………………………………………… 654

2　规范性引用文件 ……………………………………………………………………………… 654

3　术语和定义 …………………………………………………………………………………… 654

4　益智规范化生产流程图 ……………………………………………………………………… 655

5　益智规范化生产技术 ………………………………………………………………………… 655

　　5.1　生产基地选址 ………………………………………………………………………… 655

　　5.2　种质选择与育苗 ……………………………………………………………………… 656

　　5.3　种植 …………………………………………………………………………………… 656

　　5.4　病虫害防治 …………………………………………………………………………… 657

　　5.5　采收与初加工 ………………………………………………………………………… 657

　　5.6　包装、放行与贮运 …………………………………………………………………… 658

附录 A（规范性）　禁限用农药名单 …………………………………………………………… 659

附录 B（资料性）　益智主要病虫害防治的参考方法 ………………………………………… 660

附录 C（资料性）　抽检信息记录表 …………………………………………………………… 661

前　言

本文件按照 GB/T 1.1—2020《标准化工作导则　第 1 部分：标准化文件的结构和起草规则》的规定起草。

请注意本文件中的某些内容可能涉及专利。本文件的发布机构不承担识别专利的责任。

本文件由中国医学科学院药用植物研究所提出。

本文件由中华中医药学会归口。

本文件起草单位：中国医学科学院药用植物研究所海南分所、中国医学科学院药用植物研究所、中国热带农业科学院热带作物品种资源研究所、广东至纯南药科技有限公司、广州白云山中一药业有限公司、重庆市药物种植研究所。

本文件主要起草人：王德立、魏建和、王文全、王秋玲、于福来、肖庆强、伍秀珠、杨小玉、辛元尧、王苗苗。

益智规范化生产技术规程

1 范围

本文件规定了益智生产过程中生产基地选择、种质选择与育苗、种植、采收与初加工及包装、放行与贮运等技术要求。

本文件适用于按照《中药材生产质量管理规范》的要求进行生产益智。

2 规范性引用文件

下列文件对于本文件的应用是必不可少的。凡是注明日期的引用文件,仅所注明日期的版本适用于本文件。凡是不注日期的引用文件,其最新版本(包括所有的修改单)适用于本文件。

GB/T 3543　农作物种子检验规程

GB 3905　环境空气质量标准

GB 5084　农田灌溉水质标准

GB 15168　土壤环境质量　农用地土壤污染风险管控标准(试行)

NY/T 1474—2007　益智　种苗

DB46/T 324—2015　益智林下栽培技术规程

DB46/T 355—2016　益智种苗繁育技术规程

DB46/T 389—2014　中药材种子　益智

T/CACM 1374.1—2021　中药材规范化生产技术规程通则　植物药材

3 术语和定义

T/CACM 1374.1—2021界定的以及下列术语和定义适用于本文件。

3.1 规范化生产　good agricultural practice

按照《中药材生产质量管理规范》(简称中药材GAP)的要求,实施药材生产,保证中药材优质安全的生产过程。

3.2 技术规程　code of practice

为实现中药材生产顺利、有序进行,保证中药材生产质量,对中药材生产的基地选址、种子种苗、种植或野生抚育、采收与产地初加工以及包装、放行与贮运等,所做的技术规定和要求,是实施中药材规范生产的核心技术要求和实施指南。

4 益智规范化生产流程图

益智规范化生产流程见图 1。

益智规范化生产流程：　　　　　　　　　关键控制点及技术参数：

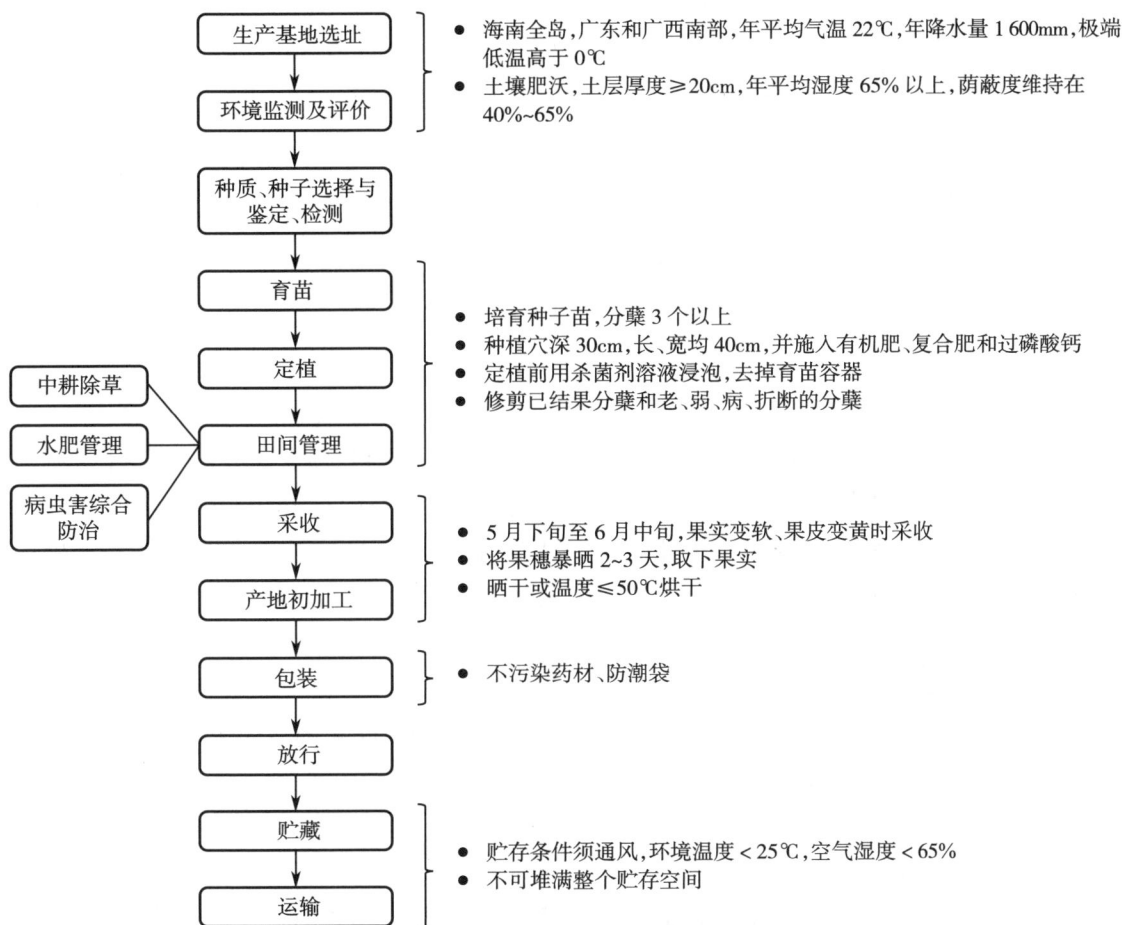

图 1　益智规范化生产流程图

5 益智规范化生产技术

5.1 生产基地选址

5.1.1 气候条件

选择年平均气温 22℃以上,年降水量 1 600mm 以上,极端低温高于 0℃的区域。

5.1.2 种植区域选择

海南全岛,广东湛江、茂名等南部地区,以及广西北海等地适宜种植。

5.1.3 地块选择

选择土壤肥沃、雨水充足或便于灌溉、荫蔽度 40%~60%、坡度不大于 25°的经济林或次生林地,以需水肥较弱的林地类型为宜,如槟榔林、松树林或次生林等。土壤环境质量符合

GB 15168《土壤环境质量 农用地土壤污染风险管控标准（试行）》二级标准的规定,灌溉水质符合 GB 5084《农田灌溉水质标准》的规定,环境空气质量符合 GB 3905《环境空气质量标准》的规定。

5.2 种质选择与育苗

5.2.1 种质选择与种子采集和处理

选择姜科山姜属植物益智 *Alpinia oxyphylla* Miq. 高产、高抗的优良种质。种子采集与种子质量可参照 DB46/T 389—2014 的规定执行,种子检验按照 GB/T 3543 的规定执行。

5.2.2 育苗地建设与育苗

可参照 DB46/T 355—2016 的规定执行。

5.2.3 种苗质量

可参照 NY/T 1474—2007 的规定执行。

5.3 种植

5.3.1 种植地整理

5.3.1.1 林地规划与整理

选择不积水、荫蔽度适宜的地块。较规则林地可保留原道路、排水或灌溉设施,不规则林地选择荫蔽度适宜的地块,通常酌情修建道路,不挖排水渠,有条件的地方可安装灌溉系统。

种植前 2~3 个月,把林地下层的小灌木及杂草清除干净,并适当修剪或栽种乔木,确保合适荫蔽度。根据林地情况确定种植穴位置,种植穴与乔木基部距离不低于 2m,根据林地规划情况确定益智种植株距、行距。

5.3.1.2 土壤整理与施基肥

在适宜位置挖深约 30cm,长、宽均约 40cm 的种植穴,每穴施入有机肥 5kg、复合肥 100g、过磷酸钙 1kg,与少量土均匀混合平铺于穴内,后将土回填。

5.3.2 定植

5.3.2.1 定植时期

有灌溉条件的地方于 3—5 月定植;无灌溉条件的选择雨季或 10 月之后定植。

5.3.2.2 定植规格

株距 2~3m,行距按下列情况设立:

行距 4m 的槟榔林或其他经济林,每行种植益智 1 行。

行距 6m 的橡胶林或其他长速较快的经济林,每行种植益智 1~2 行。

次生林,视乔木分布情况而定,可没有明显的株、行距,但应保证株距 2m 以上,且益智与乔木距离 2~3m。

5.3.2.3 定植方法

按下列方法定植:

块茎定植:将根茎分切成带有 3~5 个芽的块茎,将块茎用 50% 多菌灵可湿性粉剂 500 倍液浸泡 2 分钟,在穴中央挖深约 10cm 的小穴,大小依块茎尺寸而定,覆土,轻轻压实,并浇透水。

容器苗定植：先从基部剪掉折断、较细小或长度超过 40cm 的枝条，将容器连同基质和种苗在 50% 多菌灵可湿性粉剂 500 倍液中浸泡 2 分钟，取出，去掉育苗容器栽植于穴中央，深度以略深于育苗容器为宜。覆土，轻轻压实，浇透水。

5.3.3　田间管理

5.3.3.1　灌溉与排水

应保持土壤湿润，干旱季节要及时适量淋水，尤其花果期不可缺水。根据实际情况确定合理的灌溉方式，可喷灌、滴灌，以浇透水为标准。若遇大雨，出现积水则应及时排水。

5.3.3.2　除草与松土

幼苗期应经常除草，确保植株周围无较大杂草。成株每年 6—7 月果实采收后及 11—12 月花芽分化、孕穗期，浅除或拔除植丛周围的杂草，其他地方的杂草可深挖清除。松土可与除草同时进行，宜浅，且距植丛 10cm 左右外进行。

5.3.3.3　修剪割苗

果实采收后应及时从分蘖基部 5cm 处割除已结果分蘖，老、弱、病、残分蘖及过密分蘖。11 月上旬至 12 月下旬，再修剪一次生长不良或过密的分蘖。

5.3.3.4　培土与施肥

种植后第 1 年应多施氮肥，第 2 年以磷钾含量较高的复合肥为主。进入结果期的植株，每年施肥 2 次：6—7 月采果后，每丛植株周围土施低氮复合肥 100g；11—12 月，孕穗期每丛施有机肥 3kg 和复合肥 100g。施肥后对植丛基部适当培土。

5.3.3.5　保花保果

1—3 月对即将开花或开花的植株叶面喷施 0.4% 的磷酸二氢钾；花期，于下午或傍晚喷施 0.5% 硼酸或 3% 过磷酸钙溶液。

5.4　病虫害防治

5.4.1　防治原则

贯彻"预防为主，综合防治"的植保方针，坚持"农业防治、物理防治、生物防治为主，化学防治为辅"的防治原则。合理使用化学药剂防治，国家规定的禁用和部分禁用农药见附录 A。

5.4.2　病虫害种类及防治方法

主要病虫害种类和防治方法见附录 B。其他病虫害及防治方法可参照 DB46/T 324—2015 的规定实施。

5.5　采收与初加工

5.5.1　采收

种植 2~3 年后开始结果，以后每年产果，采收期为 5 月下旬至 7 月下旬，果实变软、表皮变黄时采收。采收时可从果穗基部折断摘下果穗，也可用剪刀剪下果穗，将果穗放在无污染的布袋、塑料袋中。

5.5.2　初加工

选择阳光充足、无污染、无积水、便于运输的平地建设初加工场地，面积根据益智数量确定。将果穗平摊在场地上暴晒 2~3 天后，从果梗上取下果实，将果实继续晒干或不高于 50℃

烘干,果实含水量不高于 10%。初加工过程应确保场地、用具等清洁,避免雨淋,家禽、牲畜等进入,做好防护。

5.6 包装、放行与贮运

5.6.1 包装

包装前应对每批药材按照国家标准进行质量检验。符合国家标准的药材,采用不影响质量的编织袋等包装,禁止采用包装过肥料、农药等的包装袋包装。包装外贴或挂标签、合格证,标识牌内容应有药材名、基源、产地、批号、规格、重量、采收日期、企业名称等,并有追溯码。

5.6.2 放行

放行前填写出库申请,根据申请确定放行批次、数量、申请日期、申请人等信息。放行前应提供检验证书、检测药材包装完好程度和药材是否发霉等情况,将抽检信息填入抽检信息记录表(表 C.1)。确定信息正确、药材完好后放行。

5.6.3 贮运

应贮存于通风、环境温度低于 25℃的室内,避免光照,室内应配备换气设施、消防设备,有条件的地方可安装降温设备。包装好的益智可逐层摆放整齐,底部应有木架,并留出宽1.5m 左右的通道,不可将室内堆满,且应有良好的通风便于抽样检查。

附 录 A
（规范性）
禁限用农药名单

A.1 禁止（停止）使用的农药（46 种）

六六六、滴滴涕、毒杀芬、二溴氯丙烷、杀虫脒、二溴乙烷、除草醚、艾氏剂、狄氏剂、汞制剂、砷类、铅类、敌枯双、氟乙酰胺、甘氟、毒鼠强、氟乙酸钠、毒鼠硅、甲胺磷、对硫磷、甲基对硫磷、久效磷、磷胺、苯线磷、地虫硫磷、甲基硫环磷、磷化钙、磷化镁、磷化锌、硫线磷、蝇毒磷、治螟磷、特丁硫磷、氯磺隆、胺苯磺隆、甲磺隆、福美胂、福美甲胂、三氯杀螨醇、林丹、硫丹、溴甲烷、氟虫胺、杀扑磷、百草枯、2,4-滴丁酯。

注：氟虫胺自 2020 年 1 月 1 日起禁止使用。百草枯可溶胶剂自 2020 年 9 月 26 日起禁止使用。2,4-滴丁酯自 2023 年 1 月 29 日起禁止使用。溴甲烷可用于"检疫熏蒸处理"。杀扑磷已无制剂登记。

A.2 在部分范围禁止使用的农药（20 种）

部分范围禁止使用的农药应注意药食同源中药材及来自其他作物的中药材。部分范围禁止使用的农药见表 A.1。

表 A.1 部分范围禁止使用的农药

通用名	禁止使用范围
甲拌磷、甲基异柳磷、克百威、水胺硫磷、氧乐果、灭多威、涕灭威、灭线磷	禁止在蔬菜、瓜果、茶叶、菌类、中草药材上使用，禁止用于防治卫生害虫，禁止用于水生植物的病虫害防治
甲拌磷、甲基异柳磷、克百威	禁止在甘蔗作物上使用
内吸磷、硫环磷、氯唑磷	禁止在蔬菜、瓜果、茶叶、中草药材上使用
乙酰甲胺磷、丁硫克百威、乐果	禁止在蔬菜、瓜果、茶叶、菌类和中草药材上使用
毒死蜱、三唑磷	禁止在蔬菜上使用
丁酰肼（比久）	禁止在花生上使用
氰戊菊酯	禁止在茶叶上使用
氟虫腈	禁止在所有农作物上使用（玉米等部分旱田种子包衣除外）
氟苯虫酰胺	禁止在水稻上使用

A.3 说明

本附录的内容来自 2019 年中华人民共和国农业农村部发布的《禁限用农药名录》（http://www.zzys.moa.gov.cn/gzdt/201911/t20191129_6332604.htm）。

附　录　B

（资料性）

益智主要病虫害防治的参考方法

益智主要病虫害防治的参考方法见表 B.1。

表 B.1　益智主要病虫害防治的参考方法

病虫害名称	危害部位	发病或危害症状	防治方法
立枯病	叶片及植株	幼苗叶片或叶鞘初期出现红褐色近圆形小斑点,继而病斑不断扩大形成不规则形的褐色大斑块,斑块背面略呈灰绿色云纹状,最后,病斑蔓延及全叶及所有叶片,直至整株变褐枯死,枯叶下垂呈立枯症状;高湿条件下,枯叶上产生很多颗粒状小菌核,菌核初为白色,后变褐色,并与周围菌丝相连	避免苗圃积水,适当透光,培育壮苗,及时拔除患病植株。叶枯唑叶面喷施,按农药标签使用。最后一次喷施距采收期不少于 5d
根腐病	根茎	根茎基部腐烂	改善通风透光条件,及时开沟排水,适当增加光照;发病初期,拔除病株,撒上石灰消毒杀菌。硫酸铜液进行土壤消毒,叶面喷1:1:100 波尔多液;甲霜灵或多菌灵叶面喷施,按农药标签使用。最后一次喷施距采收期不少于 5d
根结线虫病	根	形成很多大小不等、形状不规则的瘤状虫瘿(根瘤)。虫瘿初为白色,后变浅褐色,单生或连接成串珠状。剖开虫瘿,肉眼可见到乳白色小颗粒(即雌虫)。重病株矮小,叶色褪绿,叶缘卷曲,无光泽,呈失水缺肥状态,终至死亡	基质暴晒 2~3d,施足基肥;合理使用肥料,培育壮苗。施噻唑膦或阿维菌素叶面喷施,按农药标签使用。最后一次喷施距采收期不少于 5d
姜弄蝶(苞叶虫)	叶	受害叶呈缺刻或孔洞状,或 1/3 处断落,严重的仅留叶柄	清除枯叶残株,集中烧毁;及时摘除虫苞并杀死虫体;保护天敌赤眼蜂。敌百虫、爱卡士乳油或杀灭菊酯乳剂,叶面喷施,按农药标签使用。最后一次喷施距采收期不少于 5d
桃柱螟	果、茎	啃食果实,进入果实内部危害果肉,化蛹时进入茎秆	可在田间放置桃柱螟性诱导剂,及时清除害虫。敌百虫、阿维菌素乳剂叶面喷施,按农药标签使用。最后一次喷施距采收期不少于 5d

附　录　C

（资料性）

抽检信息记录表

抽检信息记录表见表 C.1。

表 C.1　抽检信息记录表

抽检人：　　　　　　　　　　　　　　　　　　　日期：

指标	批次	数量	结果	备注
包装破损				
药材破损率 /%				
霉变				
回潮				

ICS 65.020.20
CCS C 05

团 体 标 准

T/CACM 1374.137—2021

浙贝母规范化生产技术规程

Code of practice for good agricultural practice of
Fritillariae Thunbergii Bulbus

2021-10-15 发布

2021-10-15 实施

中华中医药学会 发布

目　次

前言 ·· 664
1 范围 ··· 665
2 规范性引用文件 ··· 665
3 术语和定义 ·· 665
4 浙贝母规范化生产流程图 ································ 666
5 浙贝母规范化生产技术 ··································· 666
　5.1 生产基地选址 ··· 666
　5.2 种质与鳞茎 ··· 667
　5.3 种植 ·· 667
　5.4 采挖 ·· 669
　5.5 产地初加工 ··· 669
　5.6 包装、放行、贮运 ···································· 669
　5.7 良种繁育 ·· 669
附录 A（规范性） 禁限用农药名单 ··············· 671
附录 B（资料性） 浙贝母常见病虫害防治的参考方法 ··· 672
参考文献 ·· 674

前　言

本文件按照 GB/T 1.1—2020《标准化工作导则　第 1 部分：标准化文件的结构和起草规则》的规定起草。

请注意本文件中的某些内容可能涉及专利。本文件的发布机构不承担识别专利的责任。

本文件由浙江省中药研究所有限公司和中国医学科学院药用植物研究所提出。

本文件由中华中医药学会归口。

本文件起草单位：浙江省中药研究所有限公司、中国医学科学院药用植物研究所、磐安县中药材研究所、宁波市海曙富农浙贝母专业合作社、浙江万里学院、浙江卿枫峡中药材有限公司、重庆市药物种植研究所。

本文件主要起草人：王志安、江建铭、孙乙铭、沈宇峰、孙健、沈晓霞、高微微、宗侃侃、邵将炜、王忠华、霍亚珍、魏建和、王文全、王秋玲、杨小玉、辛元尧、王苗苗。

浙贝母规范化生产技术规程

1 范围

本文件确立了浙贝母规范化生产流程,规定了浙贝母生产基地选址、种质与种子、种苗繁育、种植、采收、产地初加工、包装、放行、贮运等阶段的操作要求。

本文件适用于浙贝母的规范化生产。

2 规范性引用文件

下列文件的内容通过文中的规范性引用而构成本文件必不可少的条款。凡是注明日期的引用文件,仅所注明日期对应的版本适用于本文件。凡是不注明日期的引用文件,其最新版本(包括所有的修改单版本)适用于本文件。

GB 3095 环境空气质量标准

GB 5084 农田灌溉水质标准

GB 15618 土壤环境质量 农用地土壤污染风险管控标准(试行)

T/CACM 1020.90—2018 道地药材浙贝母团体标准

T/CACM 1056.117—2019 中药材种子种苗 浙贝母种鳞茎

T/CACM 1374.1—2021 中药材规范化生产技术规程通则 植物药材

DB33/T 532—2014 浙贝母生产技术规程

DB3307/T 92—2018 浙贝母产地初加工技术规范

T/ZJZYC 001—2018 浙贝母主要病虫害防治用药建议

T/ZNZ 005—2018 浙贝母病虫害综合防治规范

3 术语和定义

T/CACM 1374.1—2021《中药材规范化生产技术规程通则 植物药材》界定的以及下列术语和定义适用于本文件。

3.1 规范化生产 good agricultural practice

按照《中药材生产质量管理规范》(简称中药材 GAP)的要求,实施药材生产,保证中药材优质安全的生产过程。

3.2 技术规程 code of practice

为实现中药材生产顺利、有序进行,保证中药材生产质量,对中药材生产的基地选址、种子种苗、种植或野生抚育、采收与产地初加工以及包装、放行与贮运等,所做的技术规定和要求,是实施中药材规范生产的核心技术要求和实施指南。

3.3 浙贝母 Fritillariae Thunbergii Bulbus

百合科植物浙贝母 *Fritillaria thunbergii* Miq. 的干燥鳞茎。

3.4 鳞茎 bulbs

地下变态茎的一种,非常短缩,呈盘状,其上着生肥厚多肉的鳞叶。

3.5 种鳞茎 seed bulbs

用于繁殖的浙贝母地下鳞茎。

4 浙贝母规范化生产流程图

浙贝母的规范化生产流程见图1。

浙贝母规范化生产流程:　　　　　　　　　关键控制点及参数:

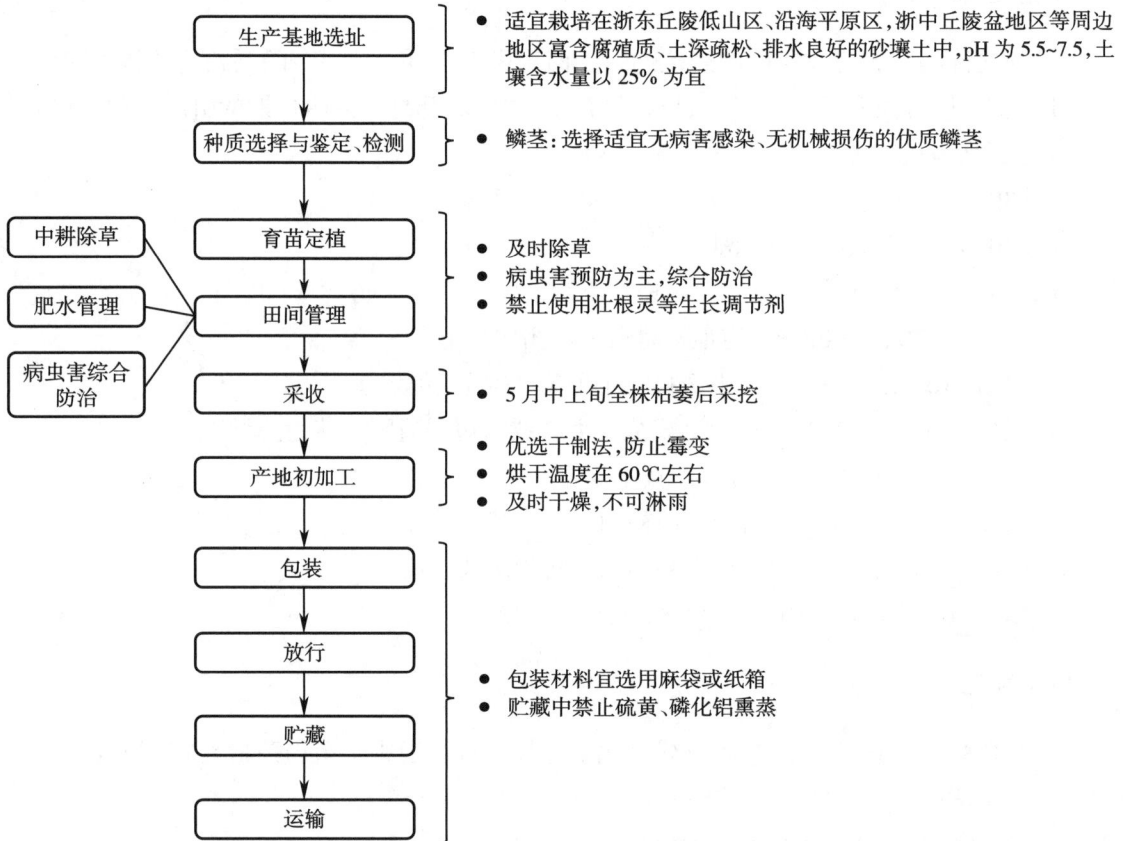

图1 浙贝母规范化生产流程图

5 浙贝母规范化生产技术

5.1 生产基地选址

5.1.1 产地选择

适宜种植在浙江省宁波市［海曙区（原鄞州区）、象山县］、金华市（磐安县、东阳市、武

义县),核心区域包括浙东丘陵低山区、浙东沿海平原区、浙中丘陵盆地区等周边地区。种植地及育苗地选择在气候条件温暖湿润、光照充足、雨量充沛、生态环境良好的农业生产区域。

5.1.2　地块选择

浙贝母对土壤要求较严,以水旱轮作为宜,要求土壤湿润,忌干旱又怕涝,适宜栽培在富含腐殖质、土深疏松、排水良好、微酸或微碱性的砂壤土中,pH 为 5.5~7.5。土壤含水量 10%~30%,以 25% 左右为宜,低于 10% 不能发根,低于 6% 不能生长。越夏鳞茎的土壤含水量要控制在 20% 以下。

5.1.3　环境监测

生产基地的空气质量应符合 GB 3095 规定的环境空气质量标准,灌溉水质量应符合 GB 5084 规定的农田灌溉水质标准,土壤质量应符合 GB 15618 的规定。选择砂质壤土,整平耙细,施入适量有机肥及化肥。

5.2　种质与鳞茎

5.2.1　种质选择

使用百合科植物浙贝母 *Fritillaria thunbergii* Miq. 的鳞茎。物种须经过鉴定。如使用农家品种或选育品种应加以明确。

5.2.2　种鳞茎的质量

供繁育的鳞茎应选重量约为 40~80 个 /kg,直径 2~6cm 之间,新鲜无病斑破损,完整的种鳞茎。如种源紧张,其他规格 (大小) 鳞茎也可用于种植。所有鳞茎均须经检验符合相应标准。

5.3　种植

5.3.1　整地

深翻土地 25~30cm,碎土耙平,作龟背形畦。畦宽连沟 100~120cm,沟宽 20~25cm;或做成稍凸状畦面,畦宽连沟 100~120cm。

5.3.2　鳞茎起土、选择、处理

田间过夏的种茎,9—10 月上旬种子田鳞茎起土,按要求筛选、分级,作种鳞茎,用于销售或自用。一般销售宜早起土,自用以 "随起随用" 为宜。

起土前先清理套种作物和田间杂草。为避免挖破种茎,可先在畦边试挖,种耙要落在两行之间,且与地面成直角,这样不易挖破种茎。

为提高其质量和产量,对浙贝母常见病害进行播前防治,采用浸种的方法对鳞茎进行播前处理。即播种前,鳞茎用乙蒜素乳油或咯菌腈浸种,药液以浸没种鳞茎为度。待鳞茎稍干后再播种。

5.3.3　种鳞茎分类与栽种密度

不同大小的种鳞茎需不同的种植密度和深度,具体见表 1。留种田种植深度可略深。

表 1 不同大小的种鳞茎需不同的种植密度和深度

种鳞茎大小 /（个·kg⁻¹）	行距 /cm	株距 /cm	深度 /cm
≥40	18~20	14~20	5~10
40~80	15~18	12~14	4~5
80~120	10~15	5~12	3~4
>120	散播		3~4

5.3.4 栽种

根据种鳞茎大小,在畦面上按"适宜行距"开沟,并按"适宜行距"排放种鳞茎,要求芽头朝上,较小的种鳞茎放畦边,排种后按"适宜深度"将泥土覆盖其上。

5.3.5 施肥

施肥原则:施足基肥、重施腊肥(冬肥)、巧施苗肥、适施花肥、清明断肥。

①基肥:栽种时施迟效性肥料,亩(1 亩≈666.7m²,下文同)施 1 000~1 500kg 厩肥或 300~400kg 有机肥、250~500kg 灰肥,铺施畦面,然后翻入土中。②冬肥:浙贝母栽培中最重要且用肥量最大的一次施肥,以迟效性肥料为主,适当配施速效肥料,如尿素等。12 月 20 日前后施,方法是用三角耙在畦面开浅沟,深 3~4cm,沟间距约 20cm,每亩施尿素 10~15kg,再施入饼肥 200~300kg,用土盖没沟,再在畦面上铺厩肥,每亩约 2 000kg。③苗肥:在 2 月上、中旬苗基本出齐时施。以速效氮肥为主,亩施尿素或硫酸铵 10~15kg。分两次施,第一次施后,相隔 10~15 天再施。并第一次施肥后,相隔 2~3 天,每亩施 150~200kg 草木灰。④花肥:在 3 月下旬摘花后施,种类和数量与苗肥相似(草木灰不施),施用时视土壤肥力和浙贝母生长情况而定。生长后期,用 0.2%~0.3% 磷酸二氢钾液根外追肥,亩用量 60kg。

禁止使用壮根灵、膨大素等生长调节剂增大浙贝母鳞茎。

5.3.6 中耕除草

下种后,12 月中下旬施冬肥前,田间如有杂草应及时除去。2 月上旬苗出齐后进行第一次中耕除草,3 月、4 月各进行一次;5 月中、下旬植株枯萎后,清除茎叶时再施肥一次。浙贝母鳞茎在田间过夏,其地面上套种作物(玉米、大豆等)也应进行良好的田间管理。

5.3.7 摘花和打顶

3 月下旬浙贝母植株已开花 2~3 朵,顶部还有 3~4 朵未开花时,将花连同 6~10cm 长的顶梢一起摘除。摘花打顶应选晴天进行。

5.3.8 水分管理

如干旱进行灌溉时,土壤被水湿透后要立即排水。雨后要及时排除积水,雷阵雨后尤其应及时检查,开通排水沟,排除积水。

5.3.9 病虫害防治

贯彻"预防为主,综合防治"的植保方针。以农业防治为基础,提倡生物防治和物理防治,科学应用化学防治技术。

农业防治:排除田间积水,降低田间湿度;发现病株立即拔除,集中烧毁或深埋,并用 5%

石灰水灌病窝消毒。

物理防治：在种植地安装频振式杀虫灯，诱杀金龟子和地老虎等害虫。

化学防治：原则上以施用生物源农药为主。主要病虫害防治参考方法见附录 B。

5.4 采挖

浙贝母应于栽后次年的初夏即 5 月上、中旬植株地上部分枯萎时选晴天采挖。从栽培地一端开始小心采挖，尽量不要伤及鳞茎，再把鳞茎上的泥土抖净，去掉须根或残茎叶，按大小分开。

5.5 产地初加工

将大贝、珠贝、贝芯均匀平铺于筛面上，单层铺设，置于烘干机内进行烘焙，温度控制在 $60℃±5℃$，保持 20~30 小时；将烘箱内烘筛移至箱外，回潮 12~24 小时；再将烘筛置入烘干机内，温度控制在 $60℃±5℃$，保持 12~18 小时，至干燥（含水量≤18%）。

取直径 30mm 及以上的鲜鳞茎，鲜切成厚度为 5~7mm 的浙贝母片，然后将浙贝母片均匀平铺于筛面上，厚度 30~50mm，置于烘干机内进行烘焙，温度控制在 $60℃±5℃$，保持 16~24 小时，烘至干燥（含水量≤18%）。

加工干燥过程保证场地、工具洁净，不受雨淋等。

5.6 包装、放行、贮运

5.6.1 包装

包装前应对每批药材按照相应标准进行质量检验。符合国家标准的药材，采用不影响质量的麻袋、纸箱等包装，禁止采用包装过肥料、农药等的包装袋包装。包装外贴或挂标签、合格证，标识牌内容应有品种、基源、产地、批号、规格、重量、采收日期、企业名称等，并有追溯码。

5.6.2 放行

应制定符合企业实际情况的放行制度，有审核、批准、生产、检验等的相关记录。不合格药材有单独处理制度。

5.6.3 贮运

应贮存于阴凉干燥处，定期检查，防止虫蛀、霉变、腐烂、泛油等发生。仓库控制温度在 20℃以下、相对湿度 75% 以下；不同批次、等级药材分区存放；建有定期检查制度。禁用磷化铝。也可采用现代气调贮藏方法，包装或库内充氮或二氧化碳。

运输应防止发生混淆、污染、异物混入、包装破损、雨雪淋湿等。

5.7 良种繁育

5.7.1 选地整地

应选择水质、大气、土壤环境无污染的平坝地域，田块集中成片，交通运输方便，远离城镇、医院、工矿企业、垃圾及废弃物堆积场等污染源。距离公路 80m 以外。

宜选前作无公害栽培的早稻田，深翻土地 25~30cm，碎土耙平，作龟背形畦。畦宽连沟 100~120cm，沟宽 20~25cm。

5.7.2 种鳞茎的选择与处理

应选择外观新鲜，表皮无病斑、无破损，外形球形或扁球形，心芽完整，内质白色的直径在 2~6cm 之间的种鳞茎。

5.7.3 栽种时间

9 月中旬至 10 月上旬栽种。

5.7.4 栽种密度

宜比商品田种植稍密,稍深。一般行距 15~18cm,株距 12~14cm,深度 8~10cm。

5.7.5 栽种方法

在畦面上开沟,沟底摆放鳞茎,芽头朝上,将泥土覆盖其上。播种后畦面覆盖稻草等,保持土壤湿润,做好排水工作。

5.7.6 中耕除草

及时除草,除草时宜结合中耕、清沟等农事操作。

5.7.7 施肥

浙贝母繁育苗应严格控制氮肥用量,增加草木灰等磷、钾肥的使用。

翻地时亩施入充分腐熟栏肥 1 000~1 500kg,或有机肥 200~300kg 作为基肥。播种前或播种后覆土前,亩施钙镁磷肥 50~75g。12 月中下旬将腐熟农家肥或三元复合肥施入畦面,用量为农家肥 1 000kg 或三元复合肥(15:15:15)40~50kg。齐苗后,亩施三元复合肥(15:15:15)8~12kg,间隔 10~15 天,分两次施用。同时,在第一次苗肥施后 2~3 天施草木灰 400~500kg。生长后期用 0.2%~0.3% 磷酸二氢钾液根外追肥,亩用量 60kg。

5.7.8 病虫害防治

浙贝母常见病害有灰霉病、黑斑病等,虫害主要有蛴螬等。

应采用预防为主、综合防治的方法:有机肥必须充分腐熟;选用无病害感染、无机械损伤的优质种苗,禁用带病苗;合理密植及时清沟排水;发现病株及时拔除。

采用化学防治时,应当符合国家有关规定;优先选用高效、低毒的生物农药;尽量避免使用除草剂、杀虫剂和杀菌剂等化学农药;不使用禁限用农药。

浙贝母原则上不推荐使用多菌灵、甲基硫菌灵、稻瘟灵、三唑酮、福美双、氯氟氰菊酯、二嗪磷。植物生长调节剂类农药不推荐在浙贝母上使用。

5.7.9 越夏

浙贝母种鳞茎繁育地植株地上部分 5 月上、中旬全株枯黄,一般种鳞茎不采挖;要到 9 月至 10 月上旬销售或栽种前采挖。为了安全度过高温炎热的夏天,目前越夏留种的方法主要有三种。①室内过夏:植株枯萎后,将鳞茎起土,去掉破损和有病虫的鳞茎。在室内晾 2~3 天,然后一层沙一层鳞茎堆放在阴凉通风处。贮存期间定时检查鳞茎干湿度,过干时适量淋水,保持细沙土 15%~20% 的水分,同时要有防止鼠害的措施。②移地过夏:把挖出的鳞茎集中贮存,贮存地应选地势高、排水好、阴凉的地方,一层鳞茎一层土,铺至 3~4 层,最上层盖土 15~20cm。此法适合种鳞茎较多时采用,同时可减轻蛴螬的危害。③田间过夏:大量的种鳞茎不便于采用室内过夏和移地过夏时,可采用不采挖过夏。植株枯萎后,把残株清除干净,开好排水沟,把清沟的土加在畦面上。

附　录　A

（规范性）

禁限用农药名单

A.1　禁止（停止）使用的农药（46 种）

六六六、滴滴涕、毒杀芬、二溴氯丙烷、杀虫脒、二溴乙烷、除草醚、艾氏剂、狄氏剂、汞制剂、砷类、铅类、敌枯双、氟乙酰胺、甘氟、毒鼠强、氟乙酸钠、毒鼠硅、甲胺磷、对硫磷、甲基对硫磷、久效磷、磷胺、苯线磷、地虫硫磷、甲基硫环磷、磷化钙、磷化镁、磷化锌、硫线磷、蝇毒磷、治螟磷、特丁硫磷、氯磺隆、胺苯磺隆、甲磺隆、福美肿、福美甲肿、三氯杀螨醇、林丹、硫丹、溴甲烷、氟虫胺、杀扑磷、百草枯、2,4- 滴丁酯。

注：氟虫胺自 2020 年 1 月 1 日起禁止使用。百草枯可溶胶剂自 2020 年 9 月 26 日起禁止使用。2,4-滴丁酯自 2023 年 1 月 29 日起禁止使用。溴甲烷可用于"检疫熏蒸处理"。杀扑磷已无制剂登记。

A.2　在部分范围禁止使用的农药（20 种）

部分范围禁止使用的农药应注意药食同源中药材及来自其他作物的中药材。部分范围禁止使用的农药见表 A.1。

表 A.1　部分范围禁止使用的农药

通用名	禁止使用范围
甲拌磷、甲基异柳磷、克百威、水胺硫磷、氧乐果、灭多威、涕灭威、灭线磷	禁止在蔬菜、瓜果、茶叶、菌类、中草药材上使用,禁止用于防治卫生害虫,禁止用于水生植物的病虫害防治
甲拌磷、甲基异柳磷、克百威	禁止在甘蔗作物上使用
内吸磷、硫环磷、氯唑磷	禁止在蔬菜、瓜果、茶叶、中草药材上使用
乙酰甲胺磷、丁硫克百威、乐果	禁止在蔬菜、瓜果、茶叶、菌类和中草药材上使用
毒死蜱、三唑磷	禁止在蔬菜上使用
丁酰肼（比久）	禁止在花生上使用
氰戊菊酯	禁止在茶叶上使用
氟虫腈	禁止在所有农作物上使用（玉米等部分旱田种子包衣除外）
氟苯虫酰胺	禁止在水稻上使用

A.3　说明

本附录的内容来自 2019 年中华人民共和国农业农村部发布的《禁限用农药名录》（http://www.zzys.moa.gov.cn/gzdt/201911/t20191129_6332604.htm）。

附　录　B
（资料性）
浙贝母常见病虫害防治的参考方法

浙贝母常见病虫害防治的参考方法见表 B.1。

表 B.1　浙贝母常见病虫害防治的参考方法

病虫害名称	防治时期	推荐防治方法	安全间隔期 /d
灰霉病	3—5 月	水旱轮作 清理田园,处理病残体 选择向阳干燥的生地,控制好田间湿度 喷施异菌脲,按照农药标签使用 喷施啶酰菌胺,按照农药标签使用	 ≥15 ≥15
黑斑病	4—5 月	2 年以上轮作 清洁田园 开沟排水,降低田间湿度 增施有机肥,配施磷、钾肥 喷施异菌脲,按照农药标签使用 喷施啶酰菌胺,按照农药标签使用	 ≥15 ≥15
干腐病	3—5 月	利用深耕、轮作、淹水等栽培条件减少土壤病原物 利用夏季高温,采用地膜覆盖 20 天左右,以杀死土壤中线虫、地下害虫及病菌 喷施嘧啶核苷类抗菌素,按照农药标签使用 喷施噻啉铜,按照农药标签使用	 ≥15 ≥15
软腐病	3—5 月	喷施农用链霉素,按照农药标签使用 喷施噻唑锌,按照农药标签使用 乙蒜素乳油灌根,按照农药标签使用	≥10 ≥15
蛴螬	5—7 月	冬耕杀虫 调节土壤含水量 合理施肥 灯光诱杀成虫 撒施辛硫磷,按照农药标签使用	 ≥30
种传或土传病害	栽种时	咯菌腈拌种,按照农药标签使用	

浙贝母生产允许使用的化学农药的种类及其参考使用方法见表 B.2。

表 B.2   浙贝母生产允许使用的化学农药的种类及其参考使用方法

类别	通用名	作用对象	使用方法 （生长季）	使用量（浓度）	安全隔离期 /d
杀虫剂	阿维·吡虫啉	蛴螬	药土法	按说明书推荐用量	30
注：以上是国家目前允许使用的农药品种,新农药必须经有关技术部门试验并经过农业农村部批准在浙贝母药材上登记后才能使用						

参考文献

［1］国家药典委员会.中华人民共和国药典:2020年版一部［M］.北京:中国医药科技出版社,2020.

［2］么历,程慧珍,杨智,.中药材规范化种植(养殖)技术指南［M］.北京:中国农业出版社,2006.

［3］何伯伟,周书军,陈爱良,等.浙贝母浙贝1号特征特性及栽培加工技术［J］.浙江农业科学,2014(6):833-835.

［4］卫莹芳.中药材采收加工及贮运技术［M］.北京:中国医药科技出版社,2007.

［5］黄璐琦,陈敏,李先恩.中药材种子种苗标准研究［M］.北京:中国医药科技出版社,2019.

［6］陆中华,姜娟萍,陈爱良,等.浙贝母优质高产关键技术试验［J］.浙江农业科学,2015,56(8):1193-1195.

［7］金进海,吴建克.浙贝母在浙南规范化种植操作规程［J］.现代农业科学,2009,16(5):76-77.

［8］浙江省质量技术监督局.浙贝母生产技术规程:DB33/T 532-2014［S/OL］.［2024-01-30］.https://std.samr.gov.cn/db/search/stdDBDetailed?id=91D99E4DA0F62E24E05397BE0A0A3A10.

［9］金华市市场监督管理局.浙贝母产地初加工技术规范:DB3307/T 92—2018［S/OL］.［2024-01-30］.https://std.samr.gov.cn/db/search/stdDBDetailed?id=A67351FE76F55D8FE05397BE0A0AE9C4.

［10］浙江省农产品质量安全学会.浙贝母病虫害综合防治规范:T/ZNZ 005—2018［S/OL］.［2024-01-30］.http://zaqsap.org.cn/shownews.asp?id=1111.

［11］宗侃侃,石红静,陈淑淑,等.浙贝母灰霉病发生流行因子分析及综合防治技术［J］.浙江农业科学,2018,59(9):1547-1549.

［12］浙江省中药材产业协会.浙贝母主要病虫害防治用药建议:T/ZJZYC 001—2018［S/OL］.［2024-01-30］.http://www.zjcmmia.com/article/86800.html.

ICS 65.020.20
CCS C 05

团 体 标 准

T/CACM 1374.138—2021

黄芩规范化生产技术规程

Code of practice for good agricultural
practice of Scutellariae Radix

2021-10-15 发布
2021-10-15 实施

中华中医药学会　发布

目　次

前言 ………………………………………………………………………………………… 677

1　范围 ………………………………………………………………………………………… 678

2　规范性引用文件 …………………………………………………………………………… 678

3　术语和定义 ………………………………………………………………………………… 678

4　黄芩规范化生产流程图 …………………………………………………………………… 679

5　黄芩规范化生产技术 ……………………………………………………………………… 679

　　5.1　生产基地选址 ……………………………………………………………………… 679

　　5.2　种质与种子 ………………………………………………………………………… 680

　　5.3　种植 ………………………………………………………………………………… 680

　　5.4　采收 ………………………………………………………………………………… 681

　　5.5　产地初加工 ………………………………………………………………………… 681

　　5.6　包装、放行、贮运 ………………………………………………………………… 681

附录 A（规范性）　禁限用农药名单 ……………………………………………………… 682

参考文献 ……………………………………………………………………………………… 683

前　　言

本文件按照 GB/T 1.1—2020《标准化工作导则　第 1 部分：标准化文件的结构和起草规则》的规定起草。

请注意本文件中的某些内容可能涉及专利。本文件的发布机构不承担识别专利的责任。

本文件由中国医学科学院药用植物研究所提出。

本文件由中华中医药学会归口。

本文件起草单位：山东省农业科学院经济作物研究所、中国中药有限公司、国药种业有限公司、河北省农林科学院药用植物研究中心、山东省中医药研究院、山东农业大学、山西大学分子科学研究所、山西农业大学、陕西师范大学西北濒危药材资源开发国家工程实验室、扬子江药业集团、中国医学科学院药用植物研究所、重庆市药物种植研究所。

本文件主要起草人：王志芬、王宪昌、韩金龙、曾燕、李进瞳、王继永、谢晓亮、林慧彬、王建华、张立伟、乔永刚、白成科、徐荣、王胜升、魏建和、王文全、王秋玲、杨小玉、辛元尧、王苗苗。

黄芩规范化生产技术规程

1 范围

本文件确立了黄芩的规范化生产流程,规定了金莲花生产基地选址、种质要求、种苗繁育、种植、采收、产地初加工、包装、放行、贮运等阶段的操作要求。

本文件适用于黄芩的规范化生产。

2 规范性引用文件

下列文件中的内容通过文中的规范性引用而构成本文件必不可少的条款。其中,注明日期的引用文件,仅该日期对应的版本适用于本文件;不注明日期的引用文件,其最新版本(包括所有的修改单)适用于本文件。

GB 3095　环境空气质量标准

GB/T 3543　农作物种子检验规程

GB 5084　农田灌溉水质标准

GB 5749　生活饮用水卫生标准

GB 15618　土壤环境质量　农用地土壤污染风险管控标准(试行)

T/CACM 1374.1—2021　中药材规范化生产技术规程通则　植物药材

3 术语和定义

T/CACM 1374.1—2021界定的以及下列术语和定义适用于本文件。

3.1 规范化生产　good agricultural practice

按照《中药材生产质量管理规范》(简称中药材 GAP)的要求,实施药材生产,保证中药材优质安全的生产过程。

3.2 技术规程　code of practice

为实现中药材生产顺利、有序进行,保证中药材生产质量,对中药材生产的基地选址、种子种苗、种植或野生抚育、采收与产地初加工以及包装、放行与贮运等,所做的技术规定和要求,是实施中药材规范生产的核心技术要求和实施指南。

3.3 黄芩　Scutellariae Radix

唇形科植物黄芩 *Scutellaria baicalensis* Georgi 的干燥根。

3.4 黄芩芦头　basal part stem of Scutellariae Radix

是指黄芩根与茎相接处的部分。

4 黄芩规范化生产流程图

黄芩规范化生产流程见图 1。

黄芩规范化生产流程：

关键控制点及技术参数：

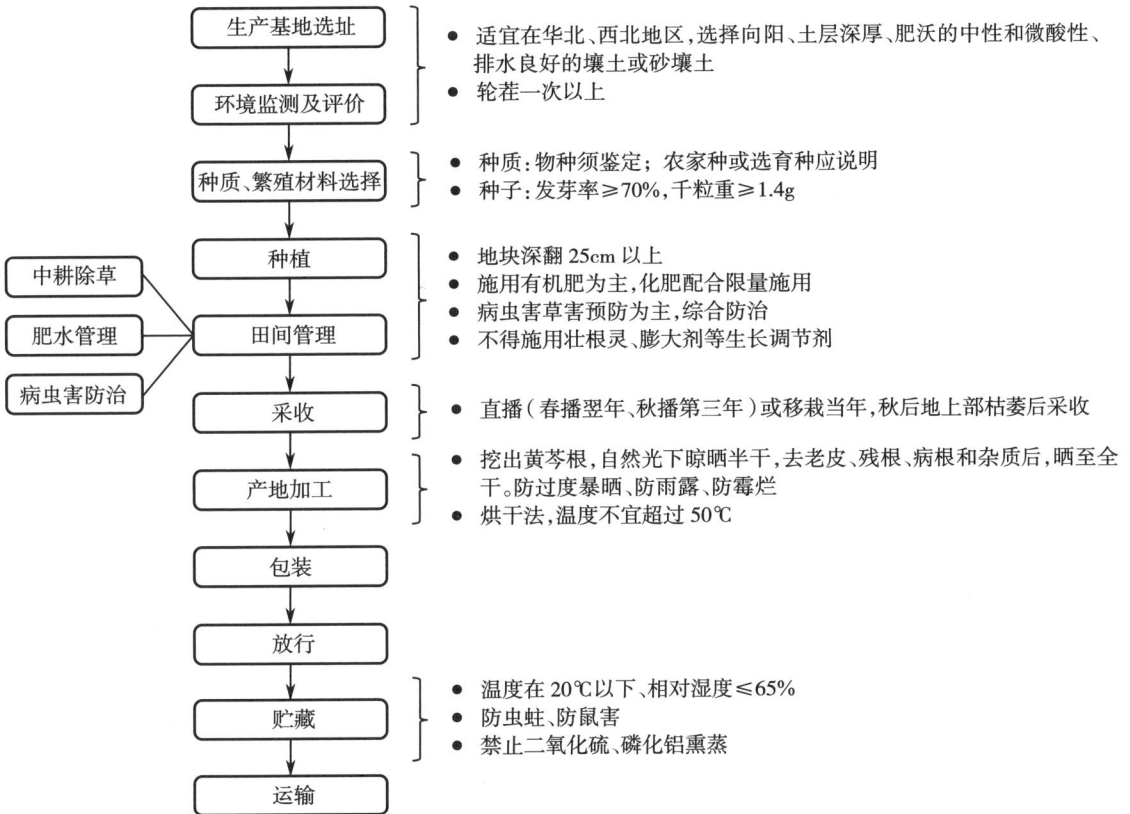

```
┌──────────────┐
│  生产基地选址  │
└──────────────┘
      │
┌──────────────┐
│  环境监测及评价 │
└──────────────┘
      │
┌──────────────┐
│ 种质、繁殖材料选择 │
└──────────────┘
      │
┌──────────────┐
│    种植      │
└──────────────┘
      │
┌──────────────┐
│   田间管理    │
└──────────────┘
      │
┌──────────────┐
│    采收      │
└──────────────┘
      │
┌──────────────┐
│   产地加工    │
└──────────────┘
      │
┌──────────────┐
│    包装      │
└──────────────┘
      │
┌──────────────┐
│    放行      │
└──────────────┘
      │
┌──────────────┐
│    贮藏      │
└──────────────┘
      │
┌──────────────┐
│    运输      │
└──────────────┘
```

中耕除草 ┐
肥水管理 ├→ 田间管理
病虫害防治 ┘

- 适宜在华北、西北地区,选择向阳、土层深厚、肥沃的中性和微酸性、排水良好的壤土或砂壤土
- 轮茬一次以上

- 种质:物种须鉴定;农家种或选育种应说明
- 种子:发芽率≥70%,千粒重≥1.4g

- 地块深翻 25cm 以上
- 施用有机肥为主,化肥配合限量施用
- 病虫害草害预防为主,综合防治
- 不得施用壮根灵、膨大剂等生长调节剂

- 直播(春播翌年、秋播第三年)或移栽当年,秋后地上部枯萎后采收

- 挖出黄芩根,自然光下晾晒半干,去老皮、残根、病根和杂质后,晒至全干。防过度暴晒、防雨露、防霉烂
- 烘干法,温度不宜超过 50℃

- 温度在 20℃以下、相对湿度≤65%
- 防虫蛀、防鼠害
- 禁止二氧化硫、磷化铝熏蒸

图 1 黄芩规范化生产流程图

5 黄芩规范化生产技术

5.1 生产基地选址

5.1.1 产地选择

黄芩主要分布在北纬 34°~47°,东经 104°~130°,海拔 50~1 670m 的地域内,主产于山东、河北、山西、陕西、甘肃、河南、内蒙古、辽宁、吉林、宁夏等地。

5.1.2 地块选择

种植地宜选择生态环境良好,远离污染源,并具有可持续生产能力的生产区域。

选择向阳、土层深厚、肥沃的中性和微碱性壤土或砂壤土。

忌连作,轮作 2 年以上地块方可使用。

5.1.3 环境监测

生产基地的空气质量应符合 GB 3095 规定的环境空气质量标准,灌溉水质量应符合

GB 5084 规定的农田灌溉水质标准,土壤质量应符合 GB 15618 的规定。

5.2 种质与种子

5.2.1 种质选择

使用唇形科植物黄芩 *Scutellaria baicalensis* Georgi,物种须经过鉴定。如使用农家品种或选育品种应加以明确。

5.2.2 种子质量

应使用当年采收的成熟种子,发芽率超过 70%,千粒重不低于 1.4g,净度不低于 90%。参照 GB/T 3543《农作物种子检验规程》,经检验符合相应种子质量标准。

5.2.3 良种繁育

选择生长健壮、无病虫害的 2~4 年生植株采种。种子一般于 8—9 月开始成熟,至果实呈淡棕色时,分期分批,随熟随采。采收时将整个果穗剪下晾干或晒干,脱粒,清选,置于阴凉干燥处贮藏。

5.3 种植

种子繁殖。种子直播,或育苗移栽。

5.3.1 种子直播

直播前,每亩（1 亩≈666.7m²,下文同）施无害化处理的农家肥 3 000kg、三元复合肥（N：P₂O₅：K₂O=15：15：15）20kg 作基肥,深翻 25cm 以上,整平耙细。

春播或秋播种。早春播种可在土壤解冻后,以 3 月下旬至 5 月初为宜;秋播种以 8 月下旬至土壤封冻前为宜。也可在雨季（6 月初至 7 月初）播种。

精选优质种子经浸种催芽,每亩用种 1.0~2.0kg,用 3~4 倍的湿沙拌匀,按照垄宽高 60cm×30cm 起垄,垄上双行,按行距 25~30cm 开 1cm 浅沟,或直接按行距 30~40cm 开约 1cm 浅沟,将种子均匀撒入沟内,覆土约 0.5~1.0cm,保持土壤湿润。

苗高约 5cm 时,及时间掉过密和瘦弱的小苗,按株距 10cm 左右留壮苗。缺苗及时补全苗。

5.3.2 育苗移栽

苗床选择及准备:苗床应选择背风向阳地块,按畦宽 130~150cm 做育苗床。每亩施无害化处理的农家肥 2 000kg、尿素 30kg,深翻 20cm,整平耙细。

育苗:春播、秋播均可,秋播宜早,以利形成壮苗。播前按照每亩用种 4~5kg 浸种催芽,约 40℃温水浸泡 5~6 小时,随后沥出,并置于 20~25℃条件下保温保湿催芽,待种子大部分裂口露白时播种。播前畦内要浇足水,水渗后把催芽的种子均匀地撒播于畦面。然后撒盖 0.5cm 厚的过筛堆肥土或松软土,再覆以 2cm 左右厚的麦草保墒。

移栽:育苗翌年 3 月下旬至 5 月初土壤解冻后,黄芩未萌动前尽快移栽（移栽前整地同上文种子直播技术规程部分）,按照垄宽高 60cm×30cm 起垄,垄上双行,平作时行距 30~40cm,按株行距 8~10cm 移栽;移栽时开深 12~15cm 的沟,选择健壮无病虫为害、无机械损伤的苗栽,斜插于沟内,覆土压实浇定根水。

5.3.3 田间管理

出苗或移栽后及时补苗,及时除草,及时中耕,中耕要浅,避免伤根;雨季要及时排水,以免涝害烂根。封垄前中耕除草 1~2 次。

禁止使用壮根灵、膨大素等生长调节剂。

5.3.4 病虫害草害等防治

黄芩常见病害有叶枯病、根腐病、白粉病等,虫害主要有黄芩舞蛾等。

应采用预防为主、综合防治的方法:轮茬 1 次以上;有机肥必须充分腐熟;选用优质种苗,禁用带病苗;及时清沟排水;每年秋冬季及时清园。

采用化学防治时,应当符合国家有关规定;优先选用高效、低毒的生物农药;尽量避免使用除草剂、杀虫剂和杀菌剂等化学农药;不使用禁限用农药,参见附录 A。

5.4 采收

采收时间:直播(春播翌年、秋播第三年)或移栽当年 10 月下旬至 11 月上旬,茎叶枯萎时采挖。采挖时,选择晴日,割除地上部分,完整挖出根部,去除泥土,剪除残茎,挑除病根及杂质。尽量避免伤根、断根,注意防止冻害。

5.5 产地初加工

黄芩产地初加工方法包括自然干燥或烘干。

自然干燥:将挖出的鲜黄芩根,在自然阳光下晾晒至半干,撞去老皮,去残根、病根和杂质,根呈棕黄色,然后晒至全干。晾晒过程中,避免暴晒过度,使根条发红;防止雨淋、露打或水泡,使根条变绿发黑。

烘干法:可采用各种设施,烘干温度不超过 50℃。

加工干燥过程保证场地、工具洁净,不受雨淋等。

5.6 包装、放行、贮运

5.6.1 包装技术规程

包装前应对每批药材按照国家标准进行质量检验。符合国家标准的药材,采用不影响质量、通风透气的编织袋、麻袋等包装,禁止采用包装过肥料、农药等的包装袋包装。包装外贴或挂标签、合格证,标识牌内容应有药材名、基原、产地、批号、规格、重量、采收日期、企业名称等,并有追溯码。

5.6.2 放行

应制定符合企业实际情况的放行制度,有审核批生产、检验等的相关记录。不合格药材有单独处理制度。

5.6.3 贮运技术规程

应贮存于阴凉干燥处,定期检查,防止虫蛀、鼠害、霉变、腐烂等发生。仓库控制温度在 20℃以下、相对湿度低于 75%;不同批次、等级药材分区存放;建有定期检查制度。禁止磷化铝和二氧化硫熏蒸。也可采用现代气调贮藏方法,包装或库内充氮或二氧化碳。

运输应防止发生混淆、污染、异物混入、包装破损、雨雪淋湿等。

附 录 A

（规范性）

禁限用农药名单

A.1 禁止（停止）使用的农药（46 种）

六六六、滴滴涕、毒杀芬、二溴氯丙烷、杀虫脒、二溴乙烷、除草醚、艾氏剂、狄氏剂、汞制剂、砷类、铅类、敌枯双、氟乙酰胺、甘氟、毒鼠强、氟乙酸钠、毒鼠硅、甲胺磷、对硫磷、甲基对硫磷、久效磷、磷胺、苯线磷、地虫硫磷、甲基硫环磷、磷化钙、磷化镁、磷化锌、硫线磷、蝇毒磷、治螟磷、特丁硫磷、氯磺隆、胺苯磺隆、甲磺隆、福美胂、福美甲胂、三氯杀螨醇、林丹、硫丹、溴甲烷、氟虫胺、杀扑磷、百草枯、2,4-滴丁酯。

注：氟虫胺自 2020 年 1 月 1 日起禁止使用。百草枯可溶胶剂自 2020 年 9 月 26 日起禁止使用。2,4-滴丁酯自 2023 年 1 月 29 日起禁止使用。溴甲烷可用于"检疫熏蒸处理"。杀扑磷已无制剂登记。

A.2 在部分范围禁止使用的农药（20 种）

部分范围禁止使用的农药应注意药食同源中药材及来自其他作物的中药材。部分范围禁止使用的农药见表 A.1。

表 A.1 部分范围禁止使用的农药

通用名	禁止使用范围
甲拌磷、甲基异柳磷、克百威、水胺硫磷、氧乐果、灭多威、涕灭威、灭线磷	禁止在蔬菜、瓜果、茶叶、菌类、中草药材上使用,禁止用于防治卫生害虫,禁止用于水生植物的病虫害防治
甲拌磷、甲基异柳磷、克百威	禁止在甘蔗作物上使用
内吸磷、硫环磷、氯唑磷	禁止在蔬菜、瓜果、茶叶、中草药材上使用
乙酰甲胺磷、丁硫克百威、乐果	禁止在蔬菜、瓜果、茶叶、菌类和中草药材上使用
毒死蜱、三唑磷	禁止在蔬菜上使用
丁酰肼（比久）	禁止在花生上使用
氰戊菊酯	禁止在茶叶上使用
氟虫腈	禁止在所有农作物上使用（玉米等部分旱田种子包衣除外）
氟苯虫酰胺	禁止在水稻上使用

A.3 说明

本附录的内容来自 2019 年中华人民共和国农业农村部发布的《禁限用农药名录》（http：//www.zzys.moa.gov.cn/gzdt/201911/t20191129_6332604.htm）。

参考文献

［1］谷婧,黄玮,张文生.黄芩野生与栽培资源分布调查研究［J］.中国中医药信息杂志.2013,20（12）:42-45.

［2］于晶,陈君,朱兴华,等.不同产地黄芩种子质量及物候期研究［J］.中药研究与信息,2004（10）:17-19.

［3］陈君,杨世林,丁万隆,等.不同来源黄芩种子的质量比较［J］.中药材,2002（9）:617-619.

［4］葛人杰,李璐含,李柳柳,等.黄芩种子质量的分级标准［J］.安徽农业大学学报,2019,46（3）:504-509.

［5］管仁伟,王英震,周建永,等.黄芩的种质产地与其质量的相关性研究［J］.时珍国医国药,2015,26（2）:451-452.

［6］谢晓亮,温春秀,吴志明,等.黄芩 GAP 栽培技术标准操作规程（草案）［J］.现代中药研究与实践,2003（4）:35-37.

［7］罗明亮.黄芩的生物学特性及规范化栽培技术［J］.现代农业科技,2018（16）:75.

［8］刘淼,李西文,张元科,等.黄芩无公害栽培生产体系研究［J］.世界中医药,2018,13（12）:2969-2974.

［9］李欣,魏朔南.黄芩的生物学研究进展［J］.中国野生植物资源,2006（6）:11-15.

［10］庞力贤,张文岭,吕维红.黄芩药材质量影响因素的研究进展［J］.山东中医药大学学报,2015,39（2）:195-197.

［11］李帅,韩梅,杨利民.黄芩种子成熟过程及最佳采收期研究［J］.中药材,2011,34（9）:1328-1330.

［12］陈庆亮,倪大鹏,王维婷,等.黄芩无公害生产技术规程［J］.山东农业科学,2011（8）:106-107.

［13］林红梅,王立平,张永刚,等.不同种质黄芩生长动态及药材质量研究［J］.吉林农业大学学报,2013,35（5）:558-562.

［14］文苗苗,李桂双,张龙进,等.黄芩种质资源 ISSR 遗传多样性的分析及评价［J］.植物研究,2012,32（1）:32-37.

［15］国家药典委员会.中华人民共和国药典:2020 年版一部［M］.北京:中国医药科技出版社,2020.

————————————————

ICS 65.020.20
CCS C 05

团 体 标 准

T/CACM 1374.139—2021

黄芩仿野生规范化生产技术规程

Code of practice for good agricultural practice of
Scutellariae Radix in imitating wild condition

2021-10-15 发布　　　　　　　　　　　　　　　2021-10-15 实施

中华中医药学会　发布

目　次

前言……………………………………………………………………………………………… 686

1　范围 ………………………………………………………………………………………… 687

2　规范性引用文件 …………………………………………………………………………… 687

3　术语和定义 ………………………………………………………………………………… 687

4　黄芩仿野生规范化生产流程图 …………………………………………………………… 688

5　黄芩仿野生规范化生产技术 ……………………………………………………………… 688

　　5.1　生产基地选址 ……………………………………………………………………… 688

　　5.2　种质与种子 ………………………………………………………………………… 689

　　5.3　种植 ………………………………………………………………………………… 689

　　5.4　采收 ………………………………………………………………………………… 690

　　5.5　产地初加工 ………………………………………………………………………… 690

　　5.6　包装、放行、贮运 ………………………………………………………………… 690

附录A（规范性）　禁限用农药名单 ………………………………………………………… 692

附录B（资料性）　黄芩常见病虫害防治的参考方法 ……………………………………… 693

参考文献………………………………………………………………………………………… 694

前　言

本文件按照 GB/T 1.1—2020《标准化工作导则　第 1 部分：标准化文件的结构和起草规则》的规则起草。

请注意本文件中的某些内容可能涉及专利。本文件的发布机构不承担识别专利的责任。

本文件由中国医学科学院药用植物研究所和承德市老科学技术工作者协会提出。

本文件由中华中医药学会归口。

本文件起草单位：承德市老科学技术工作者协会、河北旅游职业学院、北京中医药大学、国药集团承德药材有限公司、宽城满族自治县农业农村局、宽城满族自治县供销合作社联合社、中国医学科学院药用植物研究所、重庆市药物种植研究所。

本文件主要起草人：李世、苏淑欣、孙志蓉、包雪英、杜丽君、李小丽、宋国虎、姚明辉、张春喜、张悦、魏建和、王文全、王秋玲、杨小玉、辛元尧、王苗苗。

黄芩仿野生规范化生产技术规程

1 范围

本文件规定了黄芩的仿野生规范化生产流程、关键控制点及技术参数、黄芩仿野生规范化生产各环节的技术规程。

本文件适用于黄芩的仿野生规范化生产。

2 规范性引用文件

下列文件对于本标准的应用是必不可少的。凡是注明日期的引用文件,仅所注明日期的版本适用于本标准。凡是不注明日期的引用文件,其最新版本(包括所有的修改版本)适用于本标准。

GB 3095　环境空气质量标准

GB 5084　农田灌溉水质标准

GB 15618　土壤环境质量　农用地土壤污染风险管控标准(试行)

T/CACM 1374.1—2021　中药材规范化生产技术规程通则　植物药材

3 术语和定义

T/CACM 1374.1—2021界定的以及下列术语和定义适用于本文件。

3.1 规范化生产 good agricultural practice

按照《中药材生产质量管理规范》(简称中药材 GAP)的要求,实施药材生产,保证中药材优质安全的生产过程。

3.2 技术规程 code of practice

为实现中药材生产顺利、有序进行,保证中药材生产质量,对中药材生产的基地选址、种子种苗、种植或野生抚育、采收与产地初加工以及包装、放行与贮运等,所做的技术规定和要求,是实施中药材规范生产的核心技术要求和实施指南。

3.3 黄芩 Scutellariae Radix

常用中药材,2020 年版《中华人民共和国药典》一部界定为唇形科植物黄芩 *Scutellaria baicalensis* Georgi 的干燥根。

3.4 黄芩仿野生栽培 imitating wild cultivation of Scutellariae Radix

选择野生黄芩的适生环境,如荒坡梯田或退耕还林地的幼树行间等非农用耕地,经过常规整地,采用雨季松土撒播的种植方式和简化间苗、除草、施肥及病虫害防治等田间管理的生产方式。

3.5 活动积温 active accumulated temperature

高于生物学下限温度(通常为 0℃、5℃或 10℃等)的日平均温度之和。

3.6 无霜期 frost-free season

指一年中终霜后至初霜前的一整段时间。即一年中连续无霜的时间段的天数。

3.7 发芽率 germination percentage

指在20℃条件下，10天内黄芩种子发芽粒数占试验种子总粒数的百分数。

3.8 发芽势 germinative force

指在20℃条件下，5天内黄芩种子发芽粒数占试验种子总粒数的百分数。

4 黄芩仿野生规范化生产流程图

黄芩仿野生规范化生产流程见图1。

黄芩仿野生规范化生产流程：　　　　　　　　关键控制点及参数：

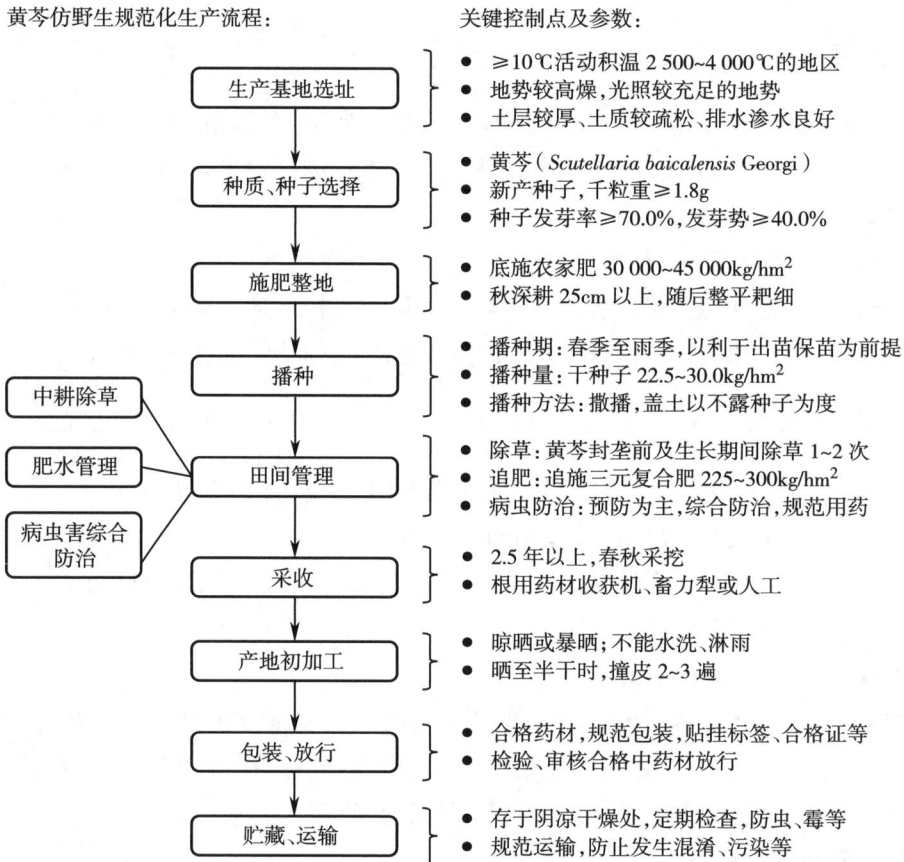

图1 黄芩仿野生规范化生产流程图

5 黄芩仿野生规范化生产技术

5.1 生产基地选址

5.1.1 产地选择

适宜在≥10℃的年活动积温2 500~4 000℃、无霜期120~180天的北方山区，及其他生态相近地区种植。主要包括河北、北京、内蒙古、山西、陕西、辽宁、吉林、黑龙江、山东、河南、甘肃等地。

5.1.2 地块选择

选择野生黄芩的适生环境,如荒坡梯田或退耕还林地的幼树行间等非农用耕地。要求地势较高、光照较充足的阳坡、半阳坡的缓坡地及梯田或平地,土层较厚、土质较疏松、肥力中等及以下、排水渗水良好中性或近中性的砂壤土或壤土地块。对前茬要求不严格。

5.1.3 环境监测

基地的空气质量应符合 GB 3095 的规定要求,土壤应符合 GB 15168 的规定要求,灌溉水质应符合 GB 5084 的规定要求,且要保证生长期间持续符合标准。

5.2 种质与种子

5.2.1 种质选择

使用唇形科黄芩属的多年生草本植物黄芩(*Scutellaria baicalensis* Georgi),物种须经过鉴定。如有适宜的新审定的优良品种可优先选择。

5.2.2 种子质量

应使用新近采收,成熟良好,经检验发芽率≥70.0%,发芽势≥40.0%,千粒重≥1.8g 的种子。

5.2.3 良种繁育

黄芩可单独建立留种田,也可与药材生产结合进行留种采种。单独留种田应适当加大行株距(建议行距 60cm 左右,株距 20cm 左右),并适当增加氮磷肥的使用。黄芩采种应随熟随采,分批采收,一般于花枝中下部宿萼变为黑褐色、上部宿萼呈黄色时,手捋或将整个花枝剪下;或于种子集中成熟期用机械一次性采收。收后稍晾晒,随后脱粒清选,放阴凉通风干燥处备用。

5.3 种植

5.3.1 施肥整地

秋季于缓坡地上,或幼龄果树行间,或种植前茬作物的地块,及时灭茬除草,尤其是将多年生的宿根性杂草彻底清除,然后均匀撒施腐熟的骡马粪等农家肥 30 000~45 000kg/hm²;无有机肥使用条件的亦可施入磷酸二铵或氮磷钾复合肥 225~300kg/hm²。结合施肥,适时深耕25cm 以上,随后整平耙细,去除石块、杂草和根茬,达到地面平整、土壤松碎。

5.3.2 播种

5.3.2.1 播种期

黄芩春夏秋均可播种,但北方山区春季风多雨少、春旱严重。因此,无水浇条件的旱地,以 6—7 月,雨季即将到来之前播种最为适宜;有灌水条件的果园及山坡梯田,亦可晚秋上冻前或其他季节播种,但晚秋播种的,播后于上冻前应及时浇好冻水。

5.3.2.2 播种量

干种子 22.5~30.0kg/hm²,或相当于该种子重量的催芽种子。

5.3.2.3 播种方法

播前先松土除净草,然后按 50~100cm 带距宽带撒播种子,或在前作物行间撒播,播后用耙子推划土覆盖种子,以不露种子为度,覆土后适当踩压。

5.3.3 田间管理

5.3.3.1 除草

第一年,雨季播种且播前除草的,不必再除草。第二年以后,每年春季黄芩封垄前及生长期间中耕除草或人工拔除大草 1~2 遍。

5.3.3.2 疏苗

在黄芩齐苗后,将过密处按 3~5cm 株距疏苗,其他部位自然留苗。

5.3.3.3 追肥

每年晚秋,追施腐熟骡马粪或厩肥等有机肥 30 000kg/hm² 左右;或于第二年以后,每年于春季返青后至封垄前追施氮磷钾三元复合肥 225~300kg/hm²,开沟条施,施后覆土盖肥,或在雨前撒施。

5.3.3.4 灌水与排水

幼苗初期保持土壤湿润,有浇水条件的遇旱时灌小水。其他季节或年度,遇严重干旱或追肥时土壤水分不足,应适时灌水。平缓地块雨季降雨过多时应排水防涝。

5.3.3.5 病虫害防治

北方山区黄芩主要病害有根腐病、灰霉病、白粉病、菟丝子等,在雨季高温高湿季节发病严重。防治病害要坚持预防和农业防治为主的原则,及时中耕除草,排除田间积水,改善田间通风透光条件;清除越冬枯枝落叶,消灭越冬病源;及时挖除病株集中处理和病穴用 5% 石灰水消毒等。

黄芩虫害主要有地老虎、苹斑芫菁、银纹夜蛾、黄翅菜叶蜂等。发生轻时不必防治。

黄芩病虫草害的药物防治,应优先选用高效、低毒的生物农药;尽量避免使用化学除草剂、杀虫剂和杀菌剂;不使用国家禁限用农药(附录 A)。如必须使用化学农药时,应在符合国家有关规定的条件下,参考附录 B。

5.4 采收

生长在北方冷凉山区的仿野生黄芩,以生长 2.5 年以上采挖根部为宜。采挖季节,以晚秋或早春季节为宜,且以干燥的晴天采挖为好。采挖方法,依种植规模、地块情况及地区习惯而异,常用的有根用药材收获机、畜力犁或人工镐刨等方法;选用收获机、畜力犁收获时,应先割除地上茎枝部分,然后收获地下根部,应尽量避免主根伤断;人工收获的,可带秧收获,收获后,及时去掉茎叶;随后抖净泥土,运至晒场晾晒。

5.5 产地初加工

将收获的黄芩根部,按大、中、小分开,选择向阳、通风、高燥处晾晒或暴晒。晒至半干时,每隔 3~5 天,用药用撞皮机或人工用铁丝筛、竹筐等撞去泥土和老皮,连撞 2~3 遍,至黄芩根形体光滑、外皮黄白色或黄色时为宜。撞下的根尖及细侧根单独收藏。晾晒过程中应避免水洗和雨淋,否则,使根变绿变黑,丧失药用价值。

5.6 包装、放行、贮运

5.6.1 包装

包装前应对每批药材按照国家或企业标准进行质量检验。符合国家或企业标准的药材,采用不影响质量的编织袋或麻袋等包装,禁止采用包装过肥料、农药等的包装袋包装。包装外贴或挂标签、合格证,标识牌内容应有药材名、基源、产地、批号、规格、重量、采收日期、企业名称等,并有追溯码。

5.6.2　放行

应制定符合企业实际情况的放行制度,有审核批生产、检验等的相关记录。不合格药材有单独处理制度。合格中药材方可放行。

5.6.3　贮运

黄芩应贮存于阴凉干燥处,定期检查,防止虫蛀、霉变、腐烂、泛油等发生。仓库应具备一定的通风除湿设备及条件,黄芩商品应放在货架上,不宜直接与墙壁和地面接触。仓库温度≤30℃,相对湿度≤75%,商品含水量≤12.0%。不同批次、等级药材分区存放;建有定期检查制度。禁止磷化铝和二氧化硫熏蒸。

运输应防止发生混淆、污染、异物混入、包装破损、雨雪淋湿等。运输工具应清洁、干燥、无异味、无污染,具有较好的通气性,保持干燥,防晒、防潮、防雨淋。

附 录 A

（规范性）

禁限用农药名单

A.1 禁止（停止）使用的农药（46种）

六六六、滴滴涕、毒杀芬、二溴氯丙烷、杀虫脒、二溴乙烷、除草醚、艾氏剂、狄氏剂、汞制剂、砷类、铅类、敌枯双、氟乙酰胺、甘氟、毒鼠强、氟乙酸钠、毒鼠硅、甲胺磷、对硫磷、甲基对硫磷、久效磷、磷胺、苯线磷、地虫硫磷、甲基硫环磷、磷化钙、磷化镁、磷化锌、硫线磷、蝇毒磷、治螟磷、特丁硫磷、氯磺隆、胺苯磺隆、甲磺隆、福美胂、福美甲胂、三氯杀螨醇、林丹、硫丹、溴甲烷、氟虫胺、杀扑磷、百草枯、2,4-滴丁酯。

注：氟虫胺自2020年1月1日起禁止使用。百草枯可溶胶剂自2020年9月26日起禁止使用。2,4-滴丁酯自2023年1月29日起禁止使用。溴甲烷可用于"检疫熏蒸处理"。杀扑磷已无制剂登记。

A.2 在部分范围禁止使用的农药（20种）

部分范围禁止使用的农药应注意药食同源中药材及来自其他作物的中药材。部分范围禁止使用的农药见表A.1。

表A.1 部分范围禁止使用的农药

通用名	禁止使用范围
甲拌磷、甲基异柳磷、克百威、水胺硫磷、氧乐果、灭多威、涕灭威、灭线磷	禁止在蔬菜、瓜果、茶叶、菌类、中草药材上使用，禁止用于防治卫生害虫，禁止用于水生植物的病虫害防治
甲拌磷、甲基异柳磷、克百威	禁止在甘蔗作物上使用
内吸磷、硫环磷、氯唑磷	禁止在蔬菜、瓜果、茶叶、中草药材上使用
乙酰甲胺磷、丁硫克百威、乐果	禁止在蔬菜、瓜果、茶叶、菌类和中草药材上使用
毒死蜱、三唑磷	禁止在蔬菜上使用
丁酰肼（比久）	禁止在花生上使用
氰戊菊酯	禁止在茶叶上使用
氟虫腈	禁止在所有农作物上使用（玉米等部分旱田种子包衣除外）
氟苯虫酰胺	禁止在水稻上使用

A.3 说明

本附录的内容来自2019年中华人民共和国农业农村部发布的《禁限用农药名录》（http://www.zzys.moa.gov.cn/gzdt/201911/t20191129_6332604.htm）。

附　录　B

（资料性）

黄芩常见病虫害防治的参考方法

表 B.1　黄芩常见病虫害防治的参考方法

病虫害名称	农药通用名	施用剂量、方法	防治指标	防治适期
黄芩根腐病	代森锰锌 五硝·多菌灵 噁霉·福美双 烯酰吗啉 甲基硫菌灵 农用链霉素	按照农药标签施用	枯枝率达到 1%	5 月上中旬
黄芩灰霉病	嘧霉胺、福美双复配剂 福美双、异菌脲复配剂 嘧胺·乙霉威 代森锰锌	按照农药标签施用	普通型：田间病情指数达 2.5 茎基腐烂型：枯枝率达到 1%	5 月上旬黄芩返青后
黄芩白粉病	氟硅唑 烯唑醇 三唑醇 醚菌酯	按照农药标签施用	田间病情指数达 2~3	6 月上中旬
黄翅菜叶蜂	甲维盐高氯晶体敌百虫 苦参碱 溴氰菊酯	按照农药标签施用	成虫出现	6 月中旬
斑须蝽			虫口密度 3 只 /m²	6 月上中旬
苜蓿夜蛾			虫口密度 1 只 /m²	6 月中旬、8 月下旬

参考文献

[1] 么历,程慧珍,杨智.中药材规范化种植(养殖)技术指南[M].北京:中国农业出版社,2006.

[2] 郭巧生.药用植物栽培学[M].北京:高等教育出版社,2009.

[3] 谢晓亮,杨太新.中药材栽培实用技术500问[M].北京:中国医药科技出版社,2015.

[4] 李世,苏淑欣,黄荣利.黄芩施肥试验报告[J].中国中药杂志,1993(3):142-145.

[5] 苏淑欣,李世,黄荣利,等.施肥对黄芩根部黄芩甙含量的影响[J].中国中药杂志,1996(6):23.

[6] 苏淑欣,李世,刘海光,等.黄芩病虫害调查报告[J].承德职业学院学报,2005(4):82-85.

[7] 李世,苏淑欣,姜淑霞,等.一年生黄芩地上地下干物质积累与分配规律研究[J].承德职业学院学报,2007(2):146-148.

[8] 刘海光,李世,苏淑欣,等.黄芩黄翅菜叶蜂的发生规律及防治研究初探[J].安徽农业科学,2009,37(25):12183-12184.

[9] 张新燕,刘海光,李世,等.黄芩白粉病发生规律及防治研究[J].安徽农业科学,2010,38(9):4544-4545.

[10] 刘海光,张新燕,李世,等.黄芩上苜蓿夜蛾发生规律观察及药剂防治试验[J].中国植保导刊,2010,30(7):30-31.

[11] 张新燕,刘海光,赵淑珍,等.黄芩灰霉病发生规律及药效试验[J].北方园艺,2010(13):209-211.

[12] 李世,苏淑欣,姜淑霞,等.黄芩干物质积累与分配规律研究[J].安徽农业科学,2010,38(28):15542-15544.

[13] 苏淑欣,李世,崔海明,等.半野生黄芩规范化生产技术规程[Z].承德:河北旅游职业学院,2012.

[14] 李世,张新燕,苏淑欣,等.黄芩主要病虫害绿色防控技术规程:DB1308/T 177—2011[Z].承德:河北旅游职业学院,2012.

ICS 65.020.20
CCS C 05

团 体 标 准

T/CACM 1374.140—2021

黄芪规范化生产技术规程

Code of practice for good agricultural practice of Astragali Radix

2021-10-15 发布 2021-10-15 实施

中华中医药学会 发布

目　次

前言 ·· 697
1　范围 ··· 698
2　规范性引用文件 ··· 698
3　术语和定义 ··· 698
4　黄芪规范化生产流程图 ··· 699
5　黄芪规范化生产技术 ··· 699
　5.1　生产基地选址和土地选用 ··· 699
　5.2　种质与种子 ··· 700
　5.3　育苗 ··· 700
　5.4　种植 ··· 701
　5.5　采收 ··· 702
　5.6　产地初加工 ··· 702
　5.7　包装、放行和贮运 ··· 702
附录 A（资料性）　黄芪种子和种苗质量标准 ··· 703
附录 B（规范性）　禁限用农药名单 ··· 704
附录 C（资料性）　黄芪主要病虫害防治的参考方法 ··································· 705
附录 D（资料性）　蒙古黄芪药材商品规格等级标准 ··································· 706
参考文献 ·· 707

前　言

本文件按照 GB/T 1.1—2020《标准化工作导则　第 1 部分：标准化文件的结构和起草规则》的规定起草。

请注意本文件中的某些内容可能涉及专利。本文件的发布机构不承担识别专利的责任。

本文件由中国医学科学院药用植物研究所提出。本文件由中华中医药学会归口。

本文件起草单位：中国医学科学院药用植物研究所、内蒙古大学、陕西中医药大学、宁夏大学、安国工业和信息化局、内蒙古天创药业科技有限公司、内蒙古农业大学、甘肃农业大学、山西省农业科学院经济作物研究所、陕西步长制药有限公司、甘肃中天药业有限责任公司、固阳县正北芪协会、赤峰荣兴堂药业有限责任公司、中国中药有限公司、通辽市瑞泰药材种植有限公司、陕西国际商贸学院、重庆市药物种植研究所。

本文件主要起草人：王文全、陈贵林、王昌利、史娟、叩根来、公剑、王俊杰、郭凤霞、贺超、田洪岭、马存德、陈杰、范文宏、于荣、尚兴朴、孙淑英、陈垣、徐兆玉、颜永刚、刘峰、魏建和、王秋玲、杨小玉、辛元尧、王苗苗。

黄芪规范化生产技术规程

1 范围

本文件确立了黄芪的规范化生产流程,规定了黄芪生产基地选址和土地选用、种质与种子、育苗、种植、采收、产地初加工、包装、放行和贮运等阶段的技术要求。

本文件适用于蒙古黄芪和膜荚黄芪的规范化生产。

2 规范性引用文件

下列文件中的内容通过文中的规范性引用而构成本文件必不可少的条款。其中,注明日期的引用文件,仅该日期对应的版本适用于本文件;不注明日期的引用文件,其最新版本(包括所有的修改单)适用于本文件。

GB 3095   环境空气质量标准

GB 5084   农田灌溉水质标准

GB 5749   生活饮用水卫生标准

GB 15618—2018   土壤环境质量   农用地土壤污染风险管控标准(试行)

GB/T 3543   农作物种子检验规程

GB/T 17980.43   农药   田间药效试验准则(一)除草剂防治叶菜类作物地杂草

NY/T 1276   农药安全使用规范   总则

T/CACM 1374.1—2021   中药材规范化生产技术规程通则   植物药材

3 术语和定义

T/CACM 1374.1—2021界定的以及下列术语和定义适用于本文件。

3.1 规范化生产 good agricultural practice

按照《中药材生产质量管理规范》(简称中药材GAP)的要求,实施药材生产,保证中药材优质安全的生产过程。

3.2 技术规程 code of practice

为实现中药材生产顺利、有序进行,保证中药材生产质量,对中药材生产的基地选址、种子种苗、种植或野生抚育、采收与产地初加工以及包装、放行与贮运等,所做的技术规定和要求,是实施中药材规范生产的核心技术要求和实施指南。

3.3 黄芪 Astragali Radix

豆科植物蒙古黄芪[*Astragalus membranaceus*(Fisch.)Bge. var. *mongholicus*(Bge.)Hsiao]或膜荚黄芪[*Astragalus membranaceus*(Fisch.)Bge.]的干燥根。

3.4 种质 germplasm

植物亲代传递给子代的遗传物质,它往往存在于特定品种之中。

注:如古老的地方品种、新培育的推广品种、重要遗传材料以及野生近缘植物,都属于种质资源的范围。

4 黄芪规范化生产流程图

黄芪规范化生产流程见图1。

黄芪规范化生产流程:

关键控制点及技术参数:

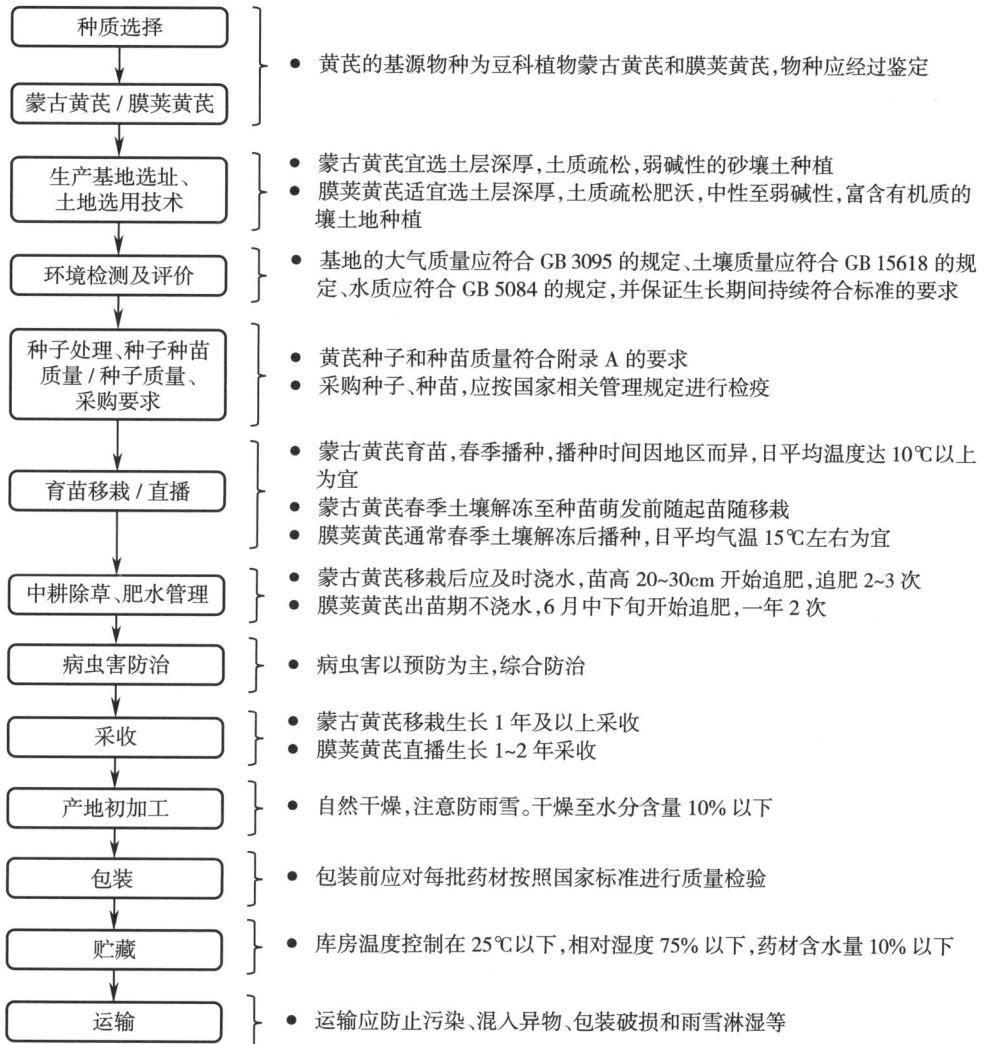

图 1　黄芪规范化生产流程图

流程框图文字与关键控制点:

- 种质选择 → 蒙古黄芪 / 膜荚黄芪
  - 黄芪的基源物种为豆科植物蒙古黄芪和膜荚黄芪,物种应经过鉴定
- 生产基地选址、土地选用技术
  - 蒙古黄芪宜选土层深厚,土质疏松,弱碱性的砂壤土种植
  - 膜荚黄芪适宜选土层深厚,土质疏松肥沃,中性至弱碱性,富含有机质的壤土地种植
- 环境检测及评价
  - 基地的大气质量应符合 GB 3095 的规定、土壤质量应符合 GB 15618 的规定、水质应符合 GB 5084 的规定,并保证生长期间持续符合标准的要求
- 种子处理、种子种苗质量 / 种子质量、采购要求
  - 黄芪种子和种苗质量符合附录 A 的要求
  - 采购种子、种苗,应按国家相关管理规定进行检疫
- 育苗移栽 / 直播
  - 蒙古黄芪育苗,春季播种,播种时间因地区而异,日平均温度达 10℃ 以上为宜
  - 蒙古黄芪春季土壤解冻至种苗萌发前随起苗随移栽
  - 膜荚黄芪通常春季土壤解冻后播种,日平均气温 15℃ 左右为宜
- 中耕除草、肥水管理
  - 蒙古黄芪移栽后应及时浇水,苗高 20~30cm 开始追肥,追肥 2~3 次
  - 膜荚黄芪出苗期不浇水,6 月中下旬开始追肥,一年 2 次
- 病虫害防治
  - 病虫害以预防为主,综合防治
- 采收
  - 蒙古黄芪移栽生长 1 年及以上采收
  - 膜荚黄芪直播生长 1~2 年采收
- 产地初加工
  - 自然干燥,注意防雨雪。干燥至水分含量 10% 以下
- 包装
  - 包装前应对每批药材按照国家标准进行质量检验
- 贮藏
  - 库房温度控制在 25℃ 以下,相对湿度 75% 以下,药材含水量 10% 以下
- 运输
  - 运输应防止污染、混入异物、包装破损和雨雪淋湿等

5 黄芪规范化生产技术

5.1 生产基地选址和土地选用

5.1.1 种植区域

蒙古黄芪:适宜在海拔 500~2 000m,年平均气温 4~8℃,年降水量 300~500mm 的干旱、

半干旱地区栽培。适宜种植区域包括内蒙古中南及东南部、河北、山西、陕西北部、宁夏南部和甘肃东南部等地区。

膜荚黄芪：适宜在海拔1 000m以下，年平均气温4~12℃，年降水量400~700mm半干旱和半湿润地区栽培。适宜种植区域包括山东、河北以及东北地区。

5.1.2　土地条件

蒙古黄芪种植，宜选土层深厚，土质疏松，弱碱性至碱性（pH宜为7~8）的砂壤、轻壤或中壤土地，土层厚度最好在0.5m以上。播种育苗，应选择地势平坦，灌溉排水条件良好的轻壤或中壤土地。

膜荚黄芪种植，宜选土层深厚，土质疏松肥沃，中性至弱碱性（pH宜为6.5~7.5），富含有机质的壤土地。

黄芪种植不应连作，前茬作物不宜为豆科植物。

5.1.3　基地环境

种植基地应远离污染源，如居住区、养殖场、医院、工矿企业、垃圾及废弃物堆积处理场等。按照GAP要求，基地的大气质量应符合GB 3095的规定、土壤质量应符合GB 15618—2018的规定、水质应符合GB 5084的规定，并保证生长期间持续符合标准的要求。

5.2　种质与种子

5.2.1　种质选择

黄芪的基源物种为豆科植物蒙古黄芪[*Astragalus membranaceus*（Fisch.）Bge.var.*mongholicus*（Bge.）Hsiao]和膜荚黄芪[*Astragalus membranaceus*（Fisch.）Bge]。应明确基源物种及其品种或品系，并进行物种鉴定。

5.2.2　种子处理与质量

蒙古黄芪种皮透水透气性差，播种前应进行处理，通常采用机械擦伤种皮表层的处理方法，可用老式的碾米机碾磨1~2遍，以擦伤不碾破种皮为度。经过处理后的种子应符合附录A中表A.1的要求。

膜荚黄芪一般不进行种子研磨处理，播种种子应符合附录A中表A.2的要求。种子质量检测方法，应符合GB/T 3543的规定。

5.2.3　种子采购调运

从外地（县及以上行政区域）采购种子，应按GB/T 3543进行检疫。

5.3　育苗

5.3.1　整地与施基肥

整地在秋季土壤封冻以前或春季土壤解冻后进行，深翻50cm以上；起垄、做床与否可根据土地状况、灌溉排水要求、地下水深度以及当地气候条件和耕作习惯而定。基肥以腐熟的有机肥为主，可适量配施长效复合化学肥料，施肥量因土地肥力情况而异。提倡测土配方施肥，鼓励使用微生物肥和专用肥。

5.3.2　播种

蒙古黄芪育苗，通常春季播种，适宜播种时间因地区而异，以日平均温度达10℃以上为宜。

采用机械条播或人工撒播,条播行距 7~10cm,播种深度 1~1.5cm。播种量每亩(1 亩≈ 666.7m²,下文同)7~10kg。

5.3.3 田间管理

灌溉:若采用喷灌,出苗前喷灌 1 次;若采用漫灌,播种前浇透水,出苗前不灌水。生长期间,干旱时及时灌水。

追肥:苗高 20cm 左右时第一次追肥,追施 2~3 次,最后一次追肥在 8 月下旬到 9 月初。肥料种类宜使用多种营养元素复合配方的叶面肥。

除草:根据杂草危害情况及时人工或机械除草,若使用化学除草剂,应遵照 GB/T 17980.43 的相关规定。

禁止使用植物生长调节剂促进根系生长。

5.3.4 种苗采收与保存

播种育苗一个生长季即可起收,通常在播种第二年春季萌芽前,土壤解冻深度达 40cm 以上时采挖。使用专用采收机具采挖,挖掘深度 35~45cm。种苗起收后应及时移栽,否则应放入冷库或贮存窖保存,保存温度 1~5℃,保存期不超过 30 天。

5.4 种植

5.4.1 整地与施基肥

蒙古黄芪:移栽前整地,深翻 30~35cm,施入基肥,旋耕机旋地,灌透水,地表 3~5cm 见干时整平耙细。基肥以施用腐熟的有机肥为主,可适量配施长效复合化学肥料,施肥量因土地肥力情况而异。建议测土配方施肥,并使用微生物肥和专用肥。

膜荚黄芪:播种前整地,深翻 40cm,基肥施用及其他整地措施同蒙古黄芪。

5.4.2 种植期与种苗质量

蒙古黄芪:春季土壤解冻至种苗萌发前随起苗随移栽,低温贮存的种苗可适当延长移栽期。种苗应符合附录 A 中表 A.3 的要求。若从外地(县及以上行政区域)采购种苗,须按国家种苗管理相关规定进行检疫。

膜荚黄芪:通常春季土壤解冻后播种,最适宜播种期为日平均气温 15℃左右。

5.4.3 移栽或播种方法

蒙古黄芪:移栽行距 25~30cm,株距 10~15cm,覆土厚 10cm 左右,每亩用种苗 15 000~20 000 株。人工或机械移栽。若土壤干旱,移栽后应浇透水。

膜荚黄芪:条播或撒播,条播行距 20~30cm,覆土厚 1~1.5cm。播种量每亩 6kg。人工或机械播种。若土壤干旱,播种前应浇透水。

5.4.4 田间管理

灌溉:蒙古黄芪移栽出苗期应维持根层土壤湿润,遇干旱应及时浇水;膜荚黄芪出苗期不浇水。生长期,若遇干旱两者均应及时灌水,灌溉时间和灌溉量视干旱程度和降水情况而定。

追肥:在生长旺盛期进行追肥,施肥时间、次数和数量,依据土地肥力和植株生长状况而定。蒙古黄芪一般在苗高 20~30cm 开始追肥,追施 2~3 次,最后一次追肥在 8 月下旬到 9 月上旬。以叶面追肥为主,也可根部追肥。膜荚黄芪通常于 6 月中下旬开始追肥,一年 2 次。

以叶面追肥为主,也可开沟根部追肥。

除草:根据杂草危害情况及时进行人工或机械除草,若使用化学除草剂,应遵照 GB/T 17980.43 的相关规定使用,并保证不产生对药材质量有影响的残留。

禁止使用植物生长调节剂促进根系生长。

5.4.5 病虫害防治

坚持预防为主,综合防治,优先使用农业防治措施,综合协调使用物理防治、生物防治,关键期使用化学药剂的防治原则。禁止使用禁限用农药,禁限用农药名单应符合附录 B 的规定。药剂选择和使用应符合 NY/T 1276 的规定。

黄芪主要病虫害发生规律及防治方法见附录 C。

5.5 采收

蒙古黄芪:一般育苗一年,移栽生长一年及以上采收;膜荚黄芪:播种生长 1~2 年采收。秋季地上部分枯黄后开始采挖,也可在春季土壤解冻至出苗前采挖。

割除地上部分,人工或机械采挖,避免损伤根体。除掉泥土杂物,运至加工厂区,防止雨雪淋湿。

5.6 产地初加工

黄芪采收后应及时加工处理,防止堆积发热发霉。清除泥土异物,去除芦头剪去支根,放置晾晒台或支起的木板上码垛晾晒,垛高一般不超过 1m,垛间留 30~50cm 通风道。干燥至水分含量 10% 以下。建议建太阳能干燥房(棚)和晾晒架干燥。晒干后包装入库,避免长期风吹日晒。加工用水应符合 GB 5749 的规定。

5.7 包装、放行和贮运

5.7.1 包装

加工干燥后的黄芪,根据市场需求分类分级包装。包装前应对每批药材按照国家标准进行质量检验,符合要求的药材才能包装。可采用打捆或使用符合相关规定的包装袋(箱)包装,禁止使用包装过肥料、

农药等有害物品的包装器物包装。包装外贴或挂标签、合格证,标识内容应有种类、基源、产地、批号、规格、等级、重量、采收时间和企业名称等,并有溯源码。

蒙古黄芪分为统货和选货两种品规,选货依据根条的粗细长短划分等级。选货的商品规格等级划分见附录 D。

5.7.2 放行

应制定符合企业实际情况的放行制度,有审核批生产、检验等的相关记录。不合格的药材应制定单独处理制度。

5.7.3 贮运

黄芪包装后应在通风干燥环境下贮存,常温库贮存温度应控制在 25℃ 以下,相对湿度在 75% 以下,药材含水量在 10% 以下。不同规格、等级、批次的药材应分区存放,码垛于台板上,距离墙 30cm,垛间留 60cm 通道。库房应专人管理,配置防鼠、防虫、除湿、控温设施,定期检查药材质量。

运输应防止发生污染、混入异物、包装破损和雨雪淋湿等。

附　录　A

（资料性）

黄芪种子和种苗质量标准

蒙古黄芪种子质量标准见表 A.1。

表 A.1　蒙古黄芪种子质量标准

分级指标	划分等级		
	一级	二级	合格
净度 /%	≥95	≥90	≥85
发芽率 /%	≥80	≥70	≥60
含水量 /%	<10		

膜荚黄芪种子质量标准见表 A.2。

表 A.2　膜荚黄芪种子质量标准

分级指标	划分等级		
	一级	二级	合格
净度 /%	≥95	≥90	≥85
发芽率 /%	≥70	≥60	≥50
含水量 /%	<10		

黄芪种苗质量标准见表 A.3。

表 A.3　黄芪种苗质量标准

分级指标	划分等级		
	一级	二级	合格
主根长度 /cm	≥35	≥30	≥25
主根粗度 /mm	≥5	≥4	≥3

附　录　B

（规范性）

禁限用农药名单

B.1　禁止（停止）使用的农药（46种）

六六六、滴滴涕、毒杀芬、二溴氯丙烷、杀虫脒、二溴乙烷、除草醚、艾氏剂、狄氏剂、汞制剂、砷类、铅类、敌枯双、氟乙酰胺、甘氟、毒鼠强、氟乙酸钠、毒鼠硅、甲胺磷、对硫磷、甲基对硫磷、久效磷、磷胺、苯线磷、地虫硫磷、甲基硫环磷、磷化钙、磷化镁、磷化锌、硫线磷、蝇毒磷、治螟磷、特丁硫磷、氯磺隆、胺苯磺隆、甲磺隆、福美胂、福美甲胂、三氯杀螨醇、林丹、硫丹、溴甲烷、氟虫胺、杀扑磷、百草枯、2,4-滴丁酯。

注：氟虫胺自2020年1月1日起禁止使用。百草枯可溶胶剂自2020年9月26日起禁止使用。2,4-滴丁酯自2023年1月29日起禁止使用。溴甲烷可用于"检疫熏蒸处理"。杀扑磷已无制剂登记。

B.2　在部分范围禁止使用的农药（20种）

部分范围禁止使用的农药应注意药食同源中药材及来自其他作物的中药材。部分范围禁止使用的农药见表B.1。

表B.1　部分范围禁止使用的农药

通用名	禁止使用范围
甲拌磷、甲基异柳磷、克百威、水胺硫磷、氧乐果、灭多威、涕灭威、灭线磷	禁止在蔬菜、瓜果、茶叶、菌类、中草药材上使用，禁止用于防治卫生害虫，禁止用于水生植物的病虫害防治
甲拌磷、甲基异柳磷、克百威	禁止在甘蔗作物上使用
内吸磷、硫环磷、氯唑磷	禁止在蔬菜、瓜果、茶叶、中草药材上使用
乙酰甲胺磷、丁硫克百威、乐果	禁止在蔬菜、瓜果、茶叶、菌类和中草药材上使用
毒死蜱、三唑磷	禁止在蔬菜上使用
丁酰肼（比久）	禁止在花生上使用
氰戊菊酯	禁止在茶叶上使用
氟虫腈	禁止在所有农作物上使用（玉米等部分旱田种子包衣除外）
氟苯虫酰胺	禁止在水稻上使用

B.3　说明

本附录的内容来自2019年中华人民共和国农业农村部发布的《禁限用农药名录》（http：//www.zzys.moa.gov.cn/gzdt/201911/t20191129_6332604.htm）。

附　录　C

（资料性）

黄芪主要病虫害防治的参考方法

黄芪主要病虫害防治的参考方法见表 C.1。

表 C.1　黄芪主要病虫害防治的参考方法

病虫害名称	受害部位及症状	防治方法
根腐病	主要危害黄芪根部,根尖或侧根先发病,并向内蔓延至主根,植株叶片变黄枯萎。病株极易自土中拔起	实行 3 年以上轮作;雨后及时排水;合理密植;甲基硫菌灵浇或百菌清喷茎基部,或用石灰水灌根,按照农药标签使用
锈病	被害叶片背面生有大量锈菌孢子堆。锈菌孢子堆周围红褐色至暗褐色。叶面有黄色的病斑,后期布满全叶,最后叶片枯死	选择向阳、土层深厚、排水良好的砂壤土地种植;实行轮作;合理密植;清除田间病株残体;发病初期喷代森锰锌或敌锈钠,喷洒硫制剂或粉锈宁防治,按照农药标签使用
白粉病	主要危害黄芪叶片,初期叶两面生白色粉状斑;严重时,整个叶片被覆一层白粉,叶柄和茎部也有白粉。被害植株往往早期落叶。荚果和茎秆也可受害	宜选新茬地种植;合理密植;保持通风透光;施有机肥为主,避免偏施氮肥;粉锈宁或多菌灵喷雾,丙环唑加三唑酮喷雾,按照农药标签使用
蚜虫	多集中危害枝头幼嫩部分及花穗等,多在 6—8 月发生。植株虫害率可高达 80%~90%,致使植株生长不良,造成落花、空荚等	清除田间残株、杂草,减少虫源;在田间释放饲养草蛉或七星瓢虫;发生期于叶片正、背面均匀喷洒药剂,可用苦参碱防治,按照农药标签使用
黄芪籽蜂	主要危害黄芪种子和果荚	冬季清田,处理残株和枯枝落叶,减少越冬虫源;播种前清除有虫种子,减少籽蜂传播;杀死正在羽化或尚未羽化的籽蜂,种子采收前可喷西纳粉;田间药剂防治,盛花期和青果期各喷施乐果乳油 1 次,按照农药标签使用

附　录　D

（资料性）

蒙古黄芪药材商品规格等级标准

蒙古黄芪药材商品规格等级标准见表 D.1。

表 D.1　蒙古黄芪药材商品规格等级标准

等级划分	性状	分级指标
特级干货	呈圆柱形的单条,切去芦头,顶端间有空心。表面灰白色或淡褐色,质硬而韧。断面外层白色,中部淡黄色或黄色,有粉性,无根须、老皮、虫蛀、霉变	长 70cm 以上,上中部直径 2cm 以上,末端直径不小于 0.6cm
一级干货	呈圆柱形的单条,切去芦头,顶端间有空心。表面灰白色或淡褐色,质硬而韧。断面外层白色,中部淡黄色或黄色,有粉性。味甘,有生豆气。无根须、老皮、虫蛀和霉变	长 50cm 以上,上中部直径 1.5cm 以上,末端直径不小于 0.5cm
二级干货	呈圆柱形的单条,切去芦头,顶端间有空心。表面灰白色或淡褐色,质硬而韧。断面外层白色,中部淡黄色或黄色,有粉性。味甘,有生豆气。间有老皮,无根须和霉变	长 40cm 以上,上中部直径 1cm 以上,末端直径不小于 0.4cm
三级干货	呈圆柱形的单条,切去芦头,顶端间有空心。表面灰白色或淡褐色,有粉性。味甘,有生豆气。无根径、虫蛀和霉变	不分长短,上中部直径 0.7cm,末端直径不小于 0.3cm

参考文献

[1] 赵永华,俞敏倩,张丽萍.药用动植物种养加工技术:黄芪[M].北京:中国中医药出版社,2001.

[2] 杨春清,张丽萍,孙明舒,等.中药材黄芪GAP标准操作规程[J].中国中药杂志,2006(3):191-194.

[3] 孙玉平,龚苏晓,曹煌,等.不同加工方法的蒙古黄芪药材中毛蕊异黄酮苷和芒柄花素定量分析[J].中草药,2015,46(11):1678-1681.

[4] 郑司浩,尚兴朴,曾燕,等.蒙古黄芪与膜荚黄芪特异性分子标记鉴别研究[J].中国现代中药,2019,21(3):307-311.

[5] 辛博,谢景,王文全.不同生长年限黄芪药材中总多糖和总黄酮含量的测定[J].中医药信息,2015,32(5):31-34.

[6] 辛博,马生军,谢景,等.生长年限对黄芪药材中黄酮及皂苷类成分含量积累的影响[J].中药材,2015,38(7):1366-1369.

[7] 宋庆燕,杨相,王秋玲,等.氮磷钾元素对黄芪生长和干物质积累的影响[J].中国现代中药,2017,19(8):1157-1161.

[8] LIU Y, ZHANG P, ZHANG R, et al.Analysis on genetic diversity of radix astragali by ISSR markers[J]. Advances in Bioscience and Biotechnology, 2016,7(10):381-391.

[9] 杨相,宋庆燕,崔洁,等.黄芪叶片营养吸收特点与专用叶面肥研究进展[J].辽宁中医药大学学报,2018,20(4):144-146.

[10] 杨相,张豆豆,罗琳,等.锰、钼、硼三种微量元素对黄芪生长指标、总多糖含量及生理特性的影响[J].中国现代中药,2018,20(2):184-188.

[11] 宋庆燕,杨相,张鲁,等.响应面法优化黄芪总多糖超声提取工艺[J].辽宁中医药大学学报,2018,20(2):44-47.

[12] 刘凤波,侯俊玲,王文全,等.不同来源黄芪中黄芪总皂苷含量比较研究[J].中国现代中药,2013,15(8):650-654.

ICS 65.020.20
CCS C 05

团 体 标 准

T/CACM 1374.141—2021

黄芪仿野生规范化生产技术规程

Code of practice for good agricultural practice of
Astragali Radix in imitating wild condition

2021-10-15 发布

2021-10-15 实施

中华中医药学会 发布

目　次

前言 710
1 范围 711
2 规范性引用文件 711
3 术语和定义 711
4 黄芪仿野生规范化生产流程图 712
5 黄芪仿野生规范化生产技术 713
　5.1 生产基地选址 713
　5.2 种质与种子 714
　5.3 仿野生种植 714
　5.4 采收 715
　5.5 产地初加工 715
　5.6 包装、放行、贮运 716
附录 A（规范性） 禁限用农药名单 717
附录 B（资料性） 蒙古黄芪种子质量分级标准 718
附录 C（资料性） 黄芪商品规格等级标准 719
参考文献 720

前　言

本文件按照 GB/T 1.1—2020《标准化工作导则　第 1 部分：标准化文件的结构和起草规则》的规定起草。

请注意本文件中的某些内容可能涉及专利。本文件的发布机构不承担识别专利的责任。

本文件由中国医学科学院药用植物研究所和山西大学提出。

本文件由中华中医药学会归口。

本文件起草单位：山西大学、中国医学科学院药用植物研究所、浑源县中药材发展中心、陕西中医药大学、大同丽珠芪源药材有限公司、山西北岳神耆生物科技有限公司、五寨县道地中药材农民专业合作社、陕西国际商贸学院、黑龙江中医药大学、内蒙古恒光大药业股份有限公司、应县乾宝黄芪种植专业合作社、上药（宁夏）中药资源有限公司、内蒙古农业大学、宁夏大学农学院、内蒙古天际绿洲特色生物资源研发中心、山西医科大学药学院、万恒中药材种植有限公司、山西省农业科学院、山西恒广北芪生物科技股份有限公司、山西农业大学、上海市药材有限公司、重庆市药物种植研究所。

本文件主要起草人：秦雪梅、王文全、李爱平、侯美利、唐志书、姜利江、赵贵富、刘俊希、宋忠兴、马伟、郭蔚冰、刘仲秀、陈孟龙、盛晋华、史娟、张雄杰、梁泰刚、段成士、王慧杰、孙合、刘亚令、朱光明、魏建和、王秋玲、杨小玉、辛元尧、王苗苗。

黄芪仿野生规范化生产技术规程

1 范围

本文件确立了黄芪仿野生的规范化生产流程,规定了黄芪仿野生生产基地选址、种质要求、种植、采收、产地初加工、包装、放行、贮运等阶段的操作要求。

本文件适用于黄芪仿野生规范化生产。

2 规范性引用文件

下列文件中的内容通过文中的规范性引用而构成本文件必不可少的条款。其中,注明日期的引用文件,仅该日期对应的版本适用于本文件;不注明日期的引用文件,其最新版本(包括所有的修改单)适用于本文件。

DB14/T 865—2014 地理标志保护产品 恒山黄芪

DB15/T 1298—2017 蒙古黄芪种子质量分级

GB 3905 环境空气质量标准

GB 5084 农田灌溉水质标准

GB 15168—2018 土壤环境质量 农用地土壤污染风险管控标准(试行)

T/CACM 1021.4—2018 中药材商品规格等级 黄芪

T/CACM 1374.1—2021 中药材规范化生产技术规程通则 植物药材

《中华人民共和国药典》

3 术语和定义

T/CACM 1374.1—2021 界定的以及下列术语和定义适用于本文件。

3.1 仿野生黄芪 Astragali Radix in imitating wild condition

在黄芪适宜生长区,采用种子直播种植方式,自然生长年限 4 年以上(移栽芪生长年限不超过 3 年,否则烂根死亡,区别于育苗横栽的移栽芪)的豆科植物蒙古黄芪 *Astragalus membranaceus*(Fisch.)Bge. var. *mongholicus*(Bge.)Hsiao 或膜荚黄芪 *Astragalus membranaceus*(Fisch.)Bge. 的干燥根。其中,蒙古黄芪适宜生长在山西恒山及吕梁山北部区域、内蒙古阴山中部区域、陕西榆林黄土塬区。膜荚黄芪适宜生长在黑龙江省西北部、大兴安岭山脉的东南坡加格达奇地区区域、大兴安岭东麓余脉碾子山地区、黑龙江省东南部牡丹江区域。

3.2 规范化生产 good agricultural practice

按照《中药材生产质量管理规范》(简称中药材 GAP)的要求,实施药材生产,保证中药材优质安全的生产过程。

3.3　技术规程　code of practice

为实现中药材生产顺利、有序进行,保证中药材生产质量,对中药材生产的基地选址、种子种苗、种植或野生抚育、采收与产地初加工以及包装、放行与贮运等,所做的技术规定和要求,是实施中药材规范生产的核心技术要求和实施指南。

3.4　芦头　fibrous root

指根类药材近地面处残留的根茎凸起部分。

3.5　二刀头　the second cut section of Astragali Radix

黄芪切掉芦头,空心部分占比大于 1/3,继续进行剪切,切掉段称为二刀头。

3.6　剪口　cross-section of Astragali Radix

黄芪切掉芦头、二刀头或侧根留下的横断面。

3.7　芪节　sections of Astragali Radix

黄芪加工中剩余的黄芪短节,长 9~18cm。

3.8　芪毛　hair roots and fine roots of Astragali Radix

黄芪毛根、细根。

3.9　伴生植物　associated plants

伴生植物是指在黄芪野生分布区域,普遍常见的豆科黄芪属以外的其他植物群落,它们与黄芪相伴而生,同黄芪既存在竞争抑制,又协同进化。黄芪的伴生植物常见的有蒿子类、禾本科杂草以及灌木类沙棘和胡枝子等。

4　黄芪仿野生规范化生产流程图

黄芪仿野生规范化生产流程见图 1。

黄芪仿野生规范化生产流程：

关键控制点及参数：

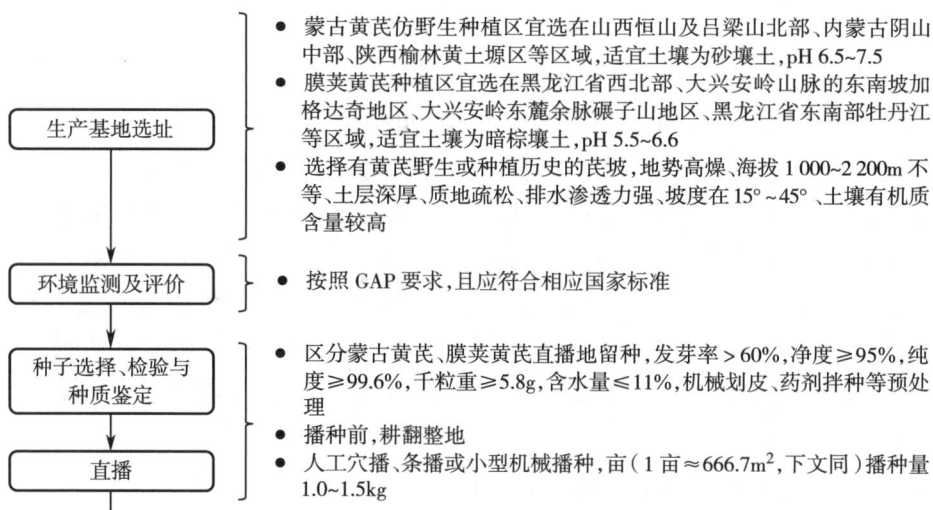

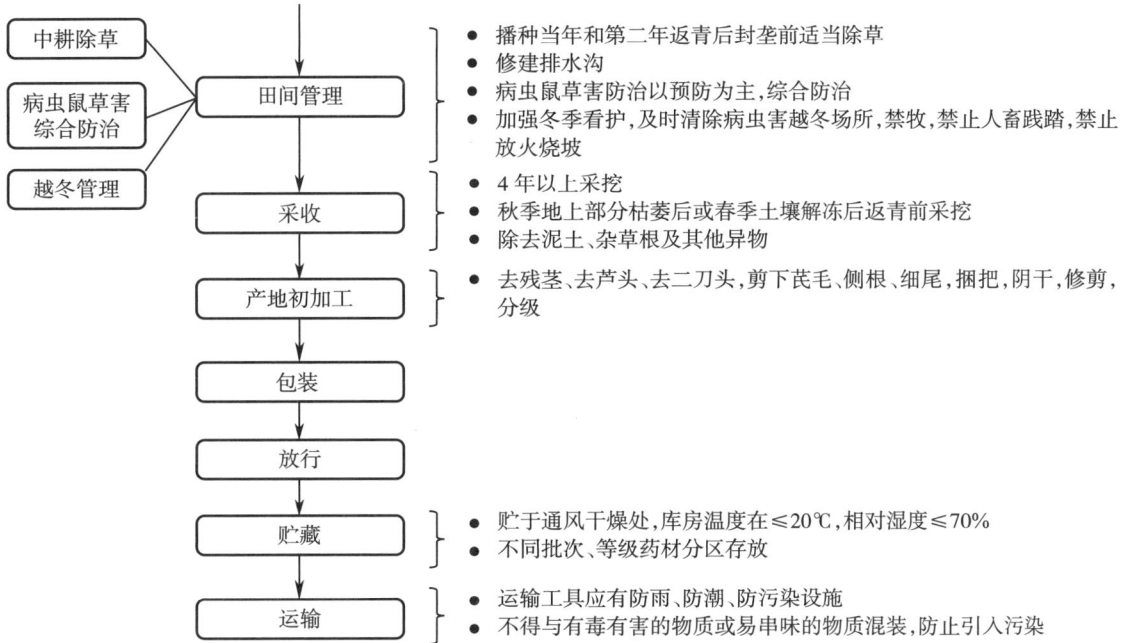

图1 黄芪仿野生规范化生产流程图

5 黄芪仿野生规范化生产技术

5.1 生产基地选址

5.1.1 产地选择

蒙古黄芪仿野生种植区宜选在山西恒山及吕梁山北部、内蒙古阴山中部、陕西榆林黄土塬区等区域。膜荚黄芪种植区宜选在黑龙江省西北部、大兴安岭山脉的东南坡加格达奇地区、大兴安岭东麓余脉碾子山地区、黑龙江省东南部牡丹江等区域。

5.1.2 地块选择

选择有黄芪野生或种植历史的芪坡,地势高,气候干燥,海拔1 000~2 200m不等(恒山区域海拔1 200~1 800m,吕梁山北部区域和陕西榆林黄土塬区海拔1 000~2 000m,内蒙古阴山中部区域海拔1 500~2 200m;膜荚黄芪种植区海拔1 200~1 800m),年平均降水量350~500mm(一般不超过500mm),土层深厚、质地疏松、有机质含量高、排水渗透力强。蒙古黄芪适宜土壤为砂壤土,一般砂质占比65%以上,可有效预防高原鼢鼠等危害,pH 6.5~7.5,若在陕西榆林地区,以黄绵土为主,土层深厚(≥2.0m);而膜荚黄芪适宜土壤为暗棕壤土,pH 5.5~6.6。同时,周围无任何污染源,大气、水质、土壤环境质量符合有关国家标准。远离居民区,距公路主干道500m以上,交通运输方便,利于生产管理的地块。

5.1.3 环境监测

基地的大气、土壤和水样品的检测按照GAP要求,应符合相应国家标准,且要保证生长期间持续符合标准。环境检测可参考GB 3095、GB 5084、GB 15618和DB14/T 865—2014。

5.2 种质与种子

5.2.1 种质选择

以《中华人民共和国药典》收载的豆科植物蒙古黄芪 [*Astragalus membranaceus*（Fisch.）Bge. var. *mongholicus*（Bge.）Hsiao] 或膜荚黄芪 [*Astragalus membranaceus*（Fisch.）Bge.] 作为黄芪药材的种源。物种必须经过鉴定。

5.2.2 种子质量

黄芪种子选择当地人工直播仿野生种植或野生繁殖、生长年限为第 3~6 年的植株成熟种子，籽粒饱满、种皮黄褐色或棕黑色，发芽率 >60%，净度 ≥95%，纯度 ≥99.6%，千粒重 ≥5.8g，含水量 ≤11%，经检验符合标准（可参考 DB15/T 1298—2017，见附录 B.1）的优良种子。

5.2.3 良种繁育

选取无病、无虫蛀，生长健壮，生长年限为第 3~6 年的植株采种。采种时期为 8 月上、中旬，当荚果下垂变为黄色、种皮变为半透明、种子变为褐色时采收。选晴天、露水晒干后进行。

果实采回后，及时摊在晾晒场上晒干，脱离出种子，在晒场上摊开晒干即可，使种子含水量降至 10% 以下。将种子精选，除去不饱满粒、虫蛀粒、破碎粒、杂质，装入纸袋或布袋内，贮藏于干燥凉爽处，贮藏年限一般不超过 2 年。

5.3 仿野生种植

5.3.1 直播

（1）种子前处理：上年或当年采收的合格种子，播种前进行机械划破种皮、药剂拌种以提高发芽率、预防苗期病虫害。

（2）播种时间：黄芪春、夏、后秋三季均可播种，上半年可于 4 月上旬清明节前后及 6—7 月雨季播种，一般不超过 7 月 20 日。下半年可于后秋地冻前大约 10 月下旬播种。

（3）播种方法：播种前，依据不同地形、地势等进行耕翻整地。播种地块面积较小时，主要采用人工穴播或条播方式，株行距因地势而定，不宜过密，开 5cm 深的浅沟，将种子均匀撒入沟内，覆土厚度 1cm，稍加镇压；大面积仿野生种植采用小型机械播种。亩播种量 1.0~1.5kg，可依据不同土质、坡向、降水量等进行适当调整。

5.3.2 田间管理

（1）查苗补苗：播种后 20~25 天，应及时进行查苗补苗，对于缺苗断垄的地块进行补种。补种时在缺苗处开浅沟，将种子撒于沟内，覆少量湿土盖住种子即可。补种时间不得晚于 7 月中旬。

（2）中耕除草：播种当年适当除草，第二年可以于黄芪返青后封垄前进行适当中耕锄草，之后不进行除草。

（3）蓄水、排水：坡度较大地块整地时，每隔 3~6m 沿等高线砌畦埂，以防止下雨时水土流失。根据地形整好排水沟渠，使田间积水能够顺利排出。每年雨季及时清理排水沟，避免田间积水，引起烂根。

（4）越冬管理：10月上旬，黄芪茎叶变黄，将茎叶离地5~10cm以上部分连同杂草割除收贮，作为牲畜饲草。进入冬季，要及时清除残枝枯叶，除去田间地埂杂草，集中堆沤，消除病虫害的越冬场所，以减少病虫害的越冬基数。另外，加强冬季看护，禁牧，禁止人畜践踏，禁止放火烧坡。

5.3.3 病虫鼠草害等防治

黄芪主要病虫鼠害种类：根腐病、白粉病等病害；芫菁科、蚜虫、蝽科、豆荚螟等虫害；中华鼢鼠、北方田鼠等鼠害。

草害：黄芪为深根植物，通常出苗期和第二年形成草害，须适当除草。

黄芪病虫害防治原则：贯彻"预防为主，综合防治"方针，以农业防治为主：合理密植，保持通风；排除田间积水，降低田间湿度；发现病株及时拔除，集中销毁；有机肥必须充分腐熟，避免病虫害滋生和传播。另外，保护伴生植物也可起到防治病虫害的目的。

鼠害防治方法：采用人工灭鼠、器械灭鼠、毒饵诱杀、生物灭鼠等。注意保护鼠类的天敌猫头鹰、蛇类等，发挥天敌的灭鼠作用。

采用化学防治时，应当符合国家有关规定；优先选用高效、低毒的生物农药；尽量避免使用化学农药；不使用除草剂、禁限用农药。

5.4 采收

仿野生黄芪生长4年可采挖，若根的直径较细，则在6年或以上采挖（综合考虑指标成分含量、成材率以及经济效益等因素）。采收时间选择在秋季（10—11月）地上部分枯萎后开始采挖。也可以在春季土壤解冻后、返青前采挖（但时间不易掌控）。

采挖时先割去地上茎叶，然后在地块边顺垄开挖60~80cm深的沟，依次向前刨挖，将黄芪根部挖出（深挖缓拔）。或者采大留小，选择地上部分粗壮的植株进行采挖，将采坑回填，挖出的小苗回栽坑中。

黄芪根挖出后，除去泥土、杂草根及其他异物，将头尾对齐，用草绳捆成10kg左右的小捆，以方便运输。

5.5 产地初加工

（1）去残茎、芦头：采收后的鲜黄芪运回初加工厂，放置在晒坪上，除去芦头上残余茎及腐烂、空心的老根。切下的芦头和二刀头另外阴干，芪根进入下一道加工工序。

（2）剪去芪毛、侧根、细尾：将去芦头后的黄芪用剪刀剪去芪毛、侧根、细尾，有破损处从破处剪断，剪成芪节。放置阴棚晾晒至半干，根条萎蔫变软不易折断。其他剪下部分置于晾晒场地进行干燥。

（3）捆把：将上一工序的芪料理顺，以10~15根为一把用绳子进行捆把。

（4）晾晒：将扎成的小把放在阴凉棚内干燥，棚内垫有地台板的晒坪上，地台板离地面大于10cm，垒成1m见方的垛，垛成≤80cm高的垛，垛与垛之间留60cm的走道，四面通风，经常翻垛（前1个月内每3天翻1次），直至根条变硬且顺直。

（5）松把和修剪：将半成品把松开，剪去腐烂空心部、尾梢、虫蛀、破损等部分，剪口要平滑而整齐。

（6）分等、包装：可参考中华中医药学会团体标准 T/CACM 1021.4—2018（见附录 B.2）进行分等，之后装箱打包。

5.6 包装、放行、贮运

5.6.1 包装

包装前应对每批药材按照国家标准进行质量检验。符合国家标准的黄芪药材按各个等级分别包装，包装材料选用不易破损、干燥、清洁无异味、无污染的包装袋和纸箱。包装外贴或挂标签、合格证，标识牌内容应有药材名、基源、产地、批号、规格、重量、采收日期、企业名称等，并有追溯码等。

5.6.2 放行

应制定符合企业实际情况的放行制度，有审核批生产、检验等的相关记录。不合格药材有单独处理制度。

5.6.3 贮运

黄芪易遭虫蛀、发霉，因此，一定要贮于通风干燥处，库房温度在 ≤ 20 ℃，相对湿度 ≤70%，商品黄芪安全水分 <12%。不同批次、等级药材分区存放。存放时，下边衬地垫板，离墙 30cm，垛与垛之间间隔 60cm，便于通风和定期检查。另外，在码垛好的黄芪垛旁，放置适量粘鼠板。

运输应防止发生混淆、污染、异物混入、包装破损、雨雪淋湿等。

附 录 A

（规范性）

禁限用农药名单

A.1 禁止（停止）使用的农药（46 种）

六六六、滴滴涕、毒杀芬、二溴氯丙烷、杀虫脒、二溴乙烷、除草醚、艾氏剂、狄氏剂、汞制剂、砷类、铅类、敌枯双、氟乙酰胺、甘氟、毒鼠强、氟乙酸钠、毒鼠硅、甲胺磷、对硫磷、甲基对硫磷、久效磷、磷胺、苯线磷、地虫硫磷、甲基硫环磷、磷化钙、磷化镁、磷化锌、硫线磷、蝇毒磷、治螟磷、特丁硫磷、氯磺隆、胺苯磺隆、甲磺隆、福美胂、福美甲胂、三氯杀螨醇、林丹、硫丹、溴甲烷、氟虫胺、杀扑磷、百草枯、2,4-滴丁酯。

注：氟虫胺自 2020 年 1 月 1 日起禁止使用。百草枯可溶胶剂自 2020 年 9 月 26 日起禁止使用。2,4-滴丁酯自 2023 年 1 月 29 日起禁止使用。溴甲烷可用于"检疫熏蒸处理"。杀扑磷已无制剂登记。

A.2 在部分范围禁止使用的农药（20 种）

部分范围禁止使用的农药应注意药食同源中药材及来自其他作物的中药材。部分范围禁止使用的农药见表 A.1。

表 A.1 部分范围禁止使用的农药

通用名	禁止使用范围
甲拌磷、甲基异柳磷、克百威、水胺硫磷、氧乐果、灭多威、涕灭威、灭线磷	禁止在蔬菜、瓜果、茶叶、菌类、中草药材上使用,禁止用于防治卫生害虫,禁止用于水生植物的病虫害防治
甲拌磷、甲基异柳磷、克百威	禁止在甘蔗作物上使用
内吸磷、硫环磷、氯唑磷	禁止在蔬菜、瓜果、茶叶、中草药材上使用
乙酰甲胺磷、丁硫克百威、乐果	禁止在蔬菜、瓜果、茶叶、菌类和中草药材上使用
毒死蜱、三唑磷	禁止在蔬菜上使用
丁酰肼（比久）	禁止在花生上使用
氰戊菊酯	禁止在茶叶上使用
氟虫腈	禁止在所有农作物上使用（玉米等部分旱田种子包衣除外）
氟苯虫酰胺	禁止在水稻上使用

A.3 说明

本附录的内容来自 2019 年中华人民共和国农业农村部发布的《禁限用农药名录》（http://www.zzys.moa.gov.cn/gzdt/201911/t20191129_6332604.htm）。

附　录　B

（资料性）

蒙古黄芪种子质量分级标准

蒙古黄芪种子质量分级标准见表 B.1。

表 B.1　蒙古黄芪种子质量分级标准

级别	纯度 /%	净度 /%	含水量 /%	发芽率 /%	千粒重 /g	种用价值 /%
一级	≥99.9	≥95	≤11	≥90	≥7.5	≥85.5
二级	≥99.8	≥90	≤11	≥80	≥7.0	≥72.0
三级	≥99.6	≥85	≤11	≥60	≥5.0	≥51.0

附 录 C

（资料性）

黄芪商品规格等级标准

黄芪商品规格等级标准见表 C.1。

表 C.1　黄芪商品规格等级标准

规格	等级	性状描述	
		共同点	不同点
仿野生黄芪	特等	呈圆柱形，有的有分枝，上端较粗，表面淡棕黄色或棕褐色，有不整齐的纵皱纹或纵沟。质硬而韧，不易折断，断面纤维性强，并显粉性，皮部黄白色，木部淡黄色有放射状纹理。气微，味微甜，嚼之微有豆腥味。表皮粗糙，根皮绵韧，断面皮部有裂隙，木心黄，质地松泡，老根中心有的呈枯朽状，黑褐色或呈空洞	长≥40cm，头部斩口下 3.5cm 处直径≥1.8cm
	一等		长≥45cm，头部斩口下 3.5cm 处直径 1.4~1.7cm
	二等		长≥45cm，头部斩口下 3.5cm 处直径 1.2~1.4cm
	三等		长≥30cm，头部斩口下 3.5cm 处直径 1.0~1.2cm

参考文献

［1］幺历,程慧珍,杨智.中药材规范化种植(养殖)技术指南［M］.北京:中国农业出版社,2006.

［2］黄正清,焦劼,梁宗锁,等.蒙古黄芪种子发芽特性的研究［J］.西北农业学报,2012,21(6):151-155.

［3］赵月春.北岳恒山黄芪的栽培技术及药用价值［J］.内蒙古农业科技,2008(6):115.

［4］汪玉红.黄芪无公害标准化栽培技术探究［J］.农业开发与装备,2018(3):172.

［5］张强,程滨,董云中,等.北岳恒山地道黄芪营养特征及产地土壤理化性状研究［J］.水土保持学报,2005(6):28-30.

［6］马世震,陈志国,张鼎新,等.陇西地区蒙古黄芪不同密度栽培试验研究［J］.安徽农业科学,2004(1):118-119.

［7］陈志国,马世震,陈桂琛,等.甘肃陇西道地药材蒙古黄芪规范化栽培技术规程初步研究［J］.中草药,2004(11):93-97.

［8］范瑞红,栾连航,刘邦,等.黄芪栽培技术［J］.中国林副特产,2010(2):44-46.

［9］石建芳.黄芪无公害优质高效栽培技术［J］.吉林农业,2010(7):115.

［10］胡明勋,郭宝林,周然,等.山西浑源仿野生栽培蒙古黄芪的质量研究［J］.中草药,2012,43(9):1829-1834.

［11］白彩霞.浑源县黄芪栽培技术与病虫害防治研究［J］.农业技术与装备,2017(4):43-44.

［12］郭先龙,冯津,王君杰,等.77份山西恒山野生蒙古黄芪种子萌发特性研究［J］.种子,2018,37(10):64-67.

［13］刘爱军.不同定植密度对黄芪种子产量和质量的影响［J］.农业科技与信息,2014(8):56-57.

［14］岳智岫,张德贤.基于旋翼无人机技术的仿野生黄芪种植技术研究综述［J］.福建电脑,2017,33(8):90-91.

［15］辛博.产地气候、土壤因子及生长年限对黄芪药材质量的影响研究［D］.北京:北京中医药大学,2015.

ICS 65.020.20
CCS C 05

团 体 标 准

T/CACM 1374.142—2021

黄连（黄连）规范化生产技术规程

Code of practice for good agricultural practice of
Coptidis Rhizoma（ *Coptis chinensis* ）

2021-10-15 发布　　　　　　　　　　　　　　　2021-10-15 实施

中华中医药学会　发布

目　次

前言 ··· 723

1　范围 ·· 724

2　规范性引用文件 ·· 724

3　术语和定义 ··· 724

4　黄连（黄连）规范化生产流程图 ·· 725

5　黄连（黄连）规范化生产技术 ··· 725

　　5.1　生产基地选址 ··· 725

　　5.2　种质与种子 ··· 726

　　5.3　种植 ·· 727

　　5.4　采收 ·· 729

　　5.5　产地初加工 ··· 729

　　5.6　包装、放行、贮运 ··· 730

附录 A（资料性）　追肥时间、种类、用量与追肥方法 ······································· 731

附录 B（规范性）　禁限用农药名单 ·· 732

附录 C（资料性）　黄连常见病虫害防治的参考方法 ··· 733

前　言

本文件按照 GB/T 1.1—2020《标准化工作导则　第 1 部分:标准化文件的结构和起草规则》的规定起草。

请注意本文件中的某些内容可能涉及专利。本文件的发布机构不承担识别专利的责任。

本文件由中国医学科学院药用植物研究所和重庆市中药研究院提出。

本文件由中华中医药学会归口。

本文件起草单位:重庆市中药研究院、湖北省农业科学院中药材研究所、中国医学科学院药用植物研究所、重庆市药物种植研究所。

本文件主要起草人:李隆云、王钰、宋旭红、谭均、林先明、梅鹏颖、魏建和、王文全、王秋玲、杨小玉、辛元尧、王苗苗。

黄连(黄连)规范化生产技术规程

1 范围

本文件确立了黄连(黄连)的规范化生产流程,规定了黄连(黄连)生产基地选址、种质与种子、种苗繁育、种植、采收、产地初加工、包装、放行、贮运等阶段的操作要求。

本文件适用于黄连(黄连)的规范化生产。

2 规范性引用文件

下列文件中的内容通过文中的规范性引用而构成本文件必不可少的条款。其中,注明日期的引用文件,仅该日期对应的版本适用于本文件;不注明日期的引用文件,其最新版本(包括所有的修改单)适用于本文件。

GB 3095　环境空气质量标准

GB 5084　农田灌溉水质标准

GB 15618　土壤环境质量　农用地土壤污染风险管控标准(试行)

GB/T 3543　农作物种子检验规程

GB/T 7414　主要农作物种子包装

GB/T 7415　农作物种子贮藏

GB 20464　农作物种子标签通则

T/CACM 1374.1—2021　中药材规范化生产技术规程通则　植物药材

DB50/T 599—2015　黄连规范化种植技术规程

3 术语和定义

T/CACM 1374.1—2021 界定的以及下列术语和定义适用于本文件。

3.1 规范化生产　good agricultural practice

按照《中药材生产质量管理规范》(简称中药材 GAP)的要求,实施药材生产,保证中药材优质安全的生产过程。

3.2 技术规程　code of practice

为实现中药材生产顺利、有序进行,保证中药材生产质量,对中药材生产的基地选址、种子种苗、种植或野生抚育、采收与产地初加工以及包装、放行与贮运等,所做的技术规定和要求,是实施中药材规范生产的核心技术要求和实施指南。

3.3 搭棚遮阴　scaffolding shade

利用木桩、水泥桩、木棍、竹竿、铁丝、树枝、竹条、秸秆、遮阳网等材料搭建黄连荫蔽棚。

3.4 面泥 humus soi or fertile soil

面泥是指将腐殖土或细肥土铺于厢面作为供黄连生长的土壤。

4 黄连（黄连）规范化生产流程图

黄连（黄连）规范化生产流程见图1。

黄连（黄连）规范化生产流程：

关键控制点及参数：

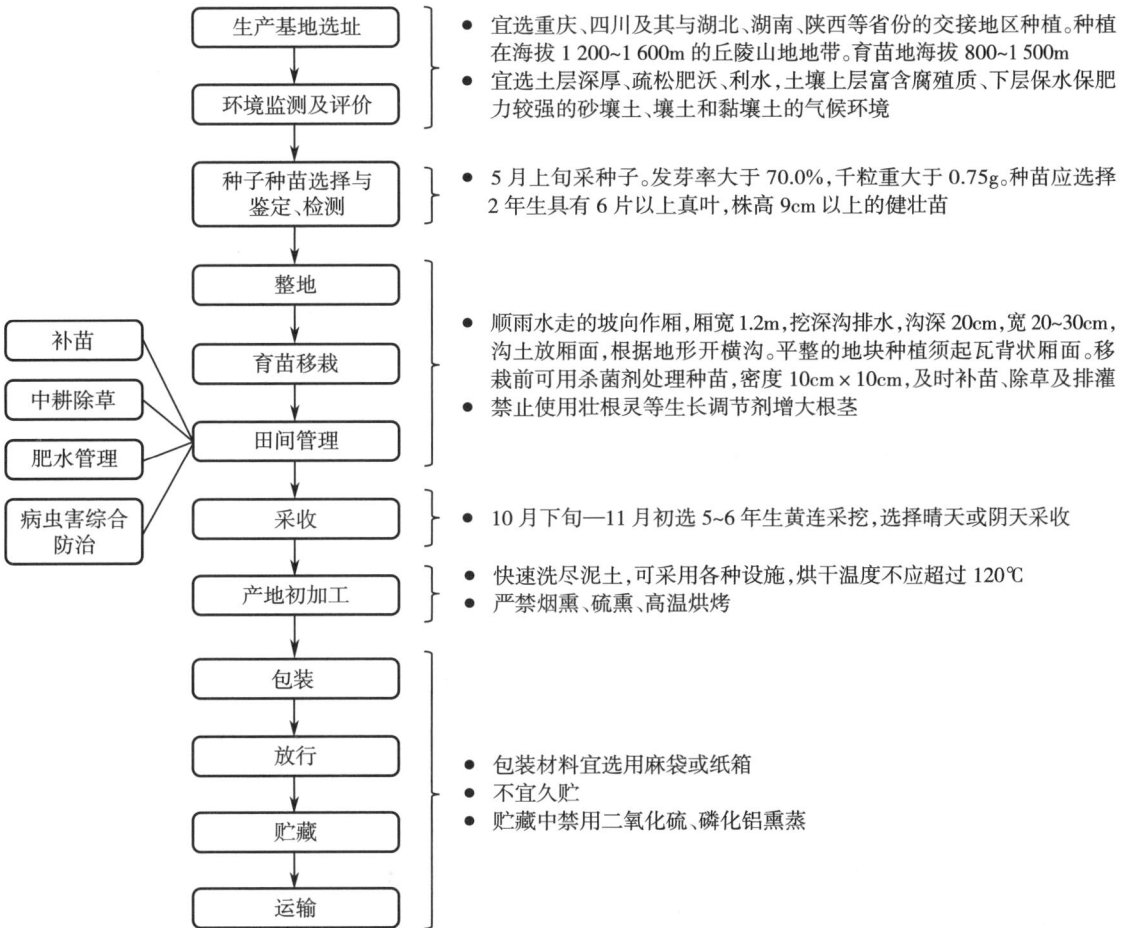

```
┌─────────────┐
│ 生产基地选址  │┐
└─────────────┘│
┌─────────────┐│
│ 环境监测及评价 │┘
└─────────────┘
```
- 宜选重庆、四川及其与湖北、湖南、陕西等省份的交接地区种植。种植在海拔1 200~1 600m的丘陵山地地带。育苗地海拔800~1 500m
- 宜选土层深厚、疏松肥沃、利水，土壤上层富含腐殖质、下层保水保肥力较强的砂壤土、壤土和黏壤土的气候环境

```
┌─────────────┐
│ 种子种苗选择与 │
│ 鉴定、检测    │
└─────────────┘
```
- 5月上旬采种子。发芽率大于70.0%，千粒重大于0.75g。种苗应选择2年生具有6片以上真叶，株高9cm以上的健壮苗

```
┌─────────────┐
│    整地      │┐
└─────────────┘│
┌─────────────┐│
│  育苗移栽     │┤
└─────────────┘│
┌─────────────┐│
│  田间管理     │┘
└─────────────┘
```
左侧：补苗、中耕除草、肥水管理、病虫害综合防治

- 顺雨水走的坡向作厢，厢宽1.2m，挖深沟排水，沟深20cm，宽20~30cm，沟土放厢面，根据地形开横沟。平整的地块种植须起瓦背状厢面。移栽前可用杀菌剂处理种苗，密度10cm×10cm，及时补苗、除草及排灌
- 禁止使用壮根灵等生长调节剂增大根茎

```
┌─────────────┐
│    采收      │
└─────────────┘
```
- 10月下旬—11月初选5~6年生黄连采挖，选择晴天或阴天采收

```
┌─────────────┐
│  产地初加工   │
└─────────────┘
```
- 快速洗尽泥土，可采用各种设施，烘干温度不应超过120℃
- 严禁烟熏、硫熏、高温烘烤

```
┌─────────────┐
│    包装      │
└─────────────┘
┌─────────────┐
│    放行      │
└─────────────┘
┌─────────────┐
│    贮藏      │
└─────────────┘
┌─────────────┐
│    运输      │
└─────────────┘
```
- 包装材料宜选用麻袋或纸箱
- 不宜久贮
- 贮藏中禁用二氧化硫、磷化铝熏蒸

图1 黄连（黄连）规范化生产流程图

5 黄连（黄连）规范化生产技术

5.1 生产基地选址

5.1.1 产地选择

适宜在重庆、四川及其与湖北、湖南、陕西等省份的交接地区种植。多种植在海拔1 200~1 600m的丘陵山地地带，主产于重庆市石柱县、湖北省利川市。黄连性喜冷凉阴湿，年均温在10℃左右，年有效积温3 000~3 500℃；7月份绝对最高气温不超过31℃，7月平均气温21℃左右；1月份绝对最低气温–18℃左右，1月平均气温在–3~4℃。年降水量

1 200~1 700mm,大气相对湿度 80%~90%;年日照 1 100 小时以上。

5.1.2 地块选择

适宜生长在土层深厚、疏松肥沃、利水,土壤上层富含腐殖质、下层保水保肥力较强的砂壤土、壤土和黏壤土,常选土壤为黄棕壤、黄壤,其有机质 1% 以上,全氮、全钾含量高,有效微量元素中等,pH 6.0~7.0,坡度 10°~20°。育苗地海拔 800~1 500m。

5.1.3 环境监测

生产基地的空气质量应符合 GB 3095 规定的环境空气质量标准,灌溉水质量应符合 GB 5084 规定的农田灌溉水质标准,土壤质量应符合 GB 15618 的规定。

5.2 种质与种子

5.2.1 种质选择

使用毛茛科植物黄连 *Coptis chinensis* Franch.,物种须经过鉴定。如使用农家品种或选育品种应加以明确。

5.2.2 种子质量

育苗用种子,以移栽后第四、五年植株作为采种植株。采集时间在 5 月上旬。种子净度大于 90.0%,发芽率大于 70.0%,千粒重大于 0.75g。种子检验、包装、贮藏应符合 GB/T 3543《农作物种子检验规程》、GB/T 7414《主要农作物种子包装》、B/T 7415《农作物种子贮藏》和 GB 20464《农作物种子标签通则》的规定。

黄连种苗应选择 2~3 年生(2 年生为主),具有 6 片以上真叶,株高 9cm 以上的健壮苗作为移栽苗。

5.2.3 良种繁育

5.2.3.1 选地、整地

宜选择土壤肥沃、腐殖质层深厚、排水良好、避风的阴山或半阳山的生荒地和油沙土。海拔 1 000~1 500m,坡度≤20° 为宜。10—11 月整地,翻土深度 20~25cm。整地后按宽 120cm、深 10~12cm 开沟作厢,沟宽 15cm。厢长依地势而定,以不超过 10m 为宜。选阴天用齿耙梳去厢面的草根、石块和粗土块。现梳现栽,当天的梳土没有栽完,第 2 天栽秧苗前应重新梳土。梳土后,亩(1 亩 ≈ 666.7m²,下文同)施用磷肥 100kg 或打碎的厩肥 400~500kg 均匀撒在厢面上。半月后,用锄头浅挖一遍后整细表土,或再盖厚 3cm 左右的细土,或按上述方法施肥后覆 10cm 的细土。搭棚遮阴。

5.2.3.2 播种、田间管理

11—12 月初播种。亩用种量 2.5kg 左右。黄连种子拌 10~20 倍细腐殖质土或砂土,混合均匀后撒于厢面。播后用木板稍压平整,并撒盖一层牛粪干粉,厢面覆盖厚 3~5cm 的稻草或松针。4—5 月、6—7 月、9—10 月各除草 1 次。若杂草较多,应增加除草次数。

播种后的第二年追肥 3 次:4—5 月亩施尿素 5~8kg;6—7 月亩施尿素 15kg 左右;10—11 月撒施腐熟的厩肥 150kg。播种后的第三年春季,亩施尿素 5~8kg 和过磷酸钙 20kg。撒施肥料应注意选择晴天,黄连叶片上无露水时进行,撒后用小树枝轻轻将粘在叶片上的肥料颗粒扫落。幼苗长出 1~2 片真叶时,拔除病苗和畸形苗。幼苗时应拔除部分弱苗,使株距保

持 1cm 左右。施肥后,立即均匀撒施面泥。

5.2.3.3 移栽及田间管理

选地:常选土壤为黄棕壤、黄壤,其有机质 1.0% 以上,全氮、全钾含量高,有效微量元素中等,pH 5.0~7.0,坡度 10°~20°。

整地:多在 11 月整地,整地方法同 5.2.3.1。底肥亩施腐熟的厩肥 2 500kg 和过磷酸钙 150kg。将厩肥捣碎与过磷酸钙混合,均匀铺于厢面,然后用锄头浅挖,拌匀肥料与表土。若厩肥不足也可拌施沤肥、堆肥和其他土杂肥。根据地势开沟作厢。

搭棚荫蔽:宜在 3—6 月移栽,尽量早栽。3 月移栽应注意防止倒春寒。栽植密度为株行距(12~14cm)×(12~14cm),每窝栽 1 株。

移栽后的第一、二年内,每年至少除草 4~5 次。第三、四年,应在春季、夏季采种后及秋季各除草一次。第五年后,一般不必除草。采种当年应增施高氮和高钾的复混肥。追肥培土依据 DB50/T 599—2015 的规定进行。

5.2.3.4 采收种子

以移栽后第四、五年植株作为采种植株。采集时间在 5 月上旬。将果实堆放在室内阴凉处的竹席晾 2~3 天。待果实全部裂开时抖出种子,簸去空果序、果壳及杂质。种子放在室内摊晾 7~10 天,厚度为 0.5~1.0cm。每天翻晾 3~4 遍,以防烂种。

5.3 种植

5.3.1 育苗

5.3.1.1 选地、整地

苗床宜选择在避风的阴山或日晒时间短的半阳山,选择土壤肥沃、腐殖质层深厚、排水良好的山腰、山脚和槽地的属油沙、灰泡土的轮作地作苗床地。坡度一般以不大于 20° 为宜。海拔在 1 000~1 500m(以 1 000~1 200m 较佳)。

在每年 10 月份进行整地,先清除地上杂物,挖出树根和草根,然后粗挖翻土。翻土深度以 20~23cm 为宜,并拣去树根、草根、石块等物,再进行细挖,一方面拣净树根、草根、石块,另一方面将土块打碎以备开厢。

作厢:土整平后在播种前按厢宽 120cm,沟宽 15cm,深 10~12cm 开沟作厢,厢长依势而定,以不超过 10m 为宜,厢面泥块务求打细平整。厢做好后施基肥,每亩施打碎的厩肥 400~500kg,或 100kg 磷肥,均匀铺于厢面,与表土拌匀后再盖上 3cm 左右厚的细土或腐殖土,整好后即可播种。

5.3.1.2 遮荫

搭棚荫蔽:首先在待播种的育苗土上实行一厢一棚。在厢的两边墩坚固的木杈和砍好碗口的木桩,在树杈和碗口上搁檩子,再在檩子上搁横杆,然后盖上竹木枝条或者秸秆。盖材以柳杉枝条最好,因它干燥后不落叶,能始终保持其荫蔽度。也可以用树条、竹子编织成笆,作活动棚盖。

塑料网覆盖蔽荫:用竹条或冷拉丝(铁丝)在已撒播黄连种子的厢上插成拱形,上覆盖 85% 的塑料荫蔽网,四周用石块或土块将网缘压紧。

5.3.1.3 播种

每年 11—12 月播种,每亩用种量 2.5kg 左右。播种时,由于黄连种子细小,可拌 20~30 倍细腐殖质土或砂土,混合均匀后撒于厢面。撒后再覆盖一层松针,也可薄撒稻谷壳草或者油菜籽壳,以减少因雨水冲刷而引起泥土的深埋。

5.3.1.4 田间管理

一般在播后的 4—5 月除第一次草,6—7 月除第二次草,9—10 月除第三次草。除草时操作必须小心细致,拔草时,应一手按住连苗根,一手将草拔起,避免把幼苗带起来。发现苗被带起,应及时栽入土中并加紧土壤。

追肥:播种后的翌年应追三次肥。追肥可在每次拔草后进行,第一次追肥,在 4—5 月,幼苗长出 1~2 片真叶时,每亩施尿素肥 8~10kg;第二次追肥,在 6—7 月,亩施尿素肥 12kg;10—11 月,亩施腐熟的厩肥 150kg 撒于苗床,使幼苗稳根,以备越冬。也可用腐殖质土500kg 或用腐熟人粪尿数担拌有机肥 500g 施之。在撒施肥料时,应注意选择晴天,连苗叶上无露水时进行,撒后用小竹木枝轻轻扫一下,使粘在连苗叶上的化肥颗粒掉落厢面,以免烧苗。到第三年春季,再施尿素 5kg 加磷肥 20kg。

间苗:在苗长出 1~2 片真叶时间苗,使株距保持 1cm 左右。夏季干旱炎热,应及时将细腐殖质土或厢沟土撒于厢面。

5.3.1.5 起苗

在生产上基本选用二年生苗移栽。选择晴天进行(雨天起苗带泥过多,又不耐贮藏)起苗。起苗时,选取健壮、茂盛的大苗逐株轻柔拔起,抖去泥土,一株株整齐地拿在手上,根茎对齐,每 100 株左右捆绑成把,用竹筐盛装,以备检验。

5.3.1.6 黄连种苗病虫害防治

黄连苗期常见的虫害主要有干枯病、白粉病、炭疽病、蛴螬等病虫害,防治方法同大田。

5.3.2 定植

选地整地:适宜生长在土层深厚、疏松肥沃、利水,土壤上层富含腐殖质、下层保水保肥力较强的砂壤土、壤土和黏壤土,常选土壤为黄棕壤、黄壤,其有机质 1% 以上,全氮、全钾含量高,有效微量元素中等,pH 6.0~7.0,坡度 10°~20°。早晚阳山荒地或撂荒地。确需连作地种植,需轮作 2 年以上,且撂荒一年以上的土地。粗挖翻土,翻土深度 20~25cm。顺雨水走的坡向作厢,厢宽 1.2m,挖深沟排水,沟深 20cm,宽 20~30cm,沟土放厢面,根据地形开横沟。平整的地块种植须起瓦背状厢面,防止厢面积水。亩种苗用量为 60 000~70 000 株。

定植:先剪去黄连秧苗部分须根,保留须根长 1.5~2.0cm,再用水把秧苗根上的泥土淘洗干净,用多菌灵水浸 0.5 小时后栽植。一年四季皆可移栽黄连苗,宜 3—6 月阴天移栽,尽量早栽,3 月移栽者要注意防止倒春寒。选阴天用齿耙梳去厢面草根石块,现梳现栽,当天的梳土没有栽完,第 2 天栽秧苗前应再行梳地一次才能移栽。通常上午扯秧子,下午栽种,应当天栽完。当天未栽完的秧苗,应摊放阴湿处,次日栽时应再次浸根。适宜栽植密度为 10cm 的方窝。肥沃土壤可采用 10cm×12cm 的株行距。每窝一株苗,栽后压紧。右手从左手中取 1 株秧苗,用拇指、食指、中指拿住苗的上部,将铁铲或一端削尖的小竹片垂直插入土中,深

4~6cm，并向胸前平拉 2~3cm，使其成一个小穴，把秧苗端正地插入穴中，立刻取出小铲，推土向前掩好穴口，用铲背压紧秧苗。再在孔边斜插 1 刀培土，将苗压紧，一般以土表刚好盖过根茎处为度。

5.3.3 田间管理

在移栽当年的秋季补苗一次，次年的春季补苗一次。拦棚边：栽秧苗后，立即用竹子、树枝插于棚周，或者用编好的篱笆拦在四周。依棚的大小和进出方便，须留 1~4 个门。补棚与亮棚：在黄连栽后的 1~4 年中，对掉落的棚架棚盖，应检查补修一次。被风吹折，或水滴过大之处，亦应修补、调整。第四年秋后，须拆去棚上盖材。移栽后的第 1、2 年内，每年除草 4~5 次以上，保持厢面上无杂草；第 3、4 年后，每年只需在春季、夏季采种后及秋季各除草一次；第 5 年以后，一般不必除草。从移栽后第 2 年起，每年的 1 月底 2 月上中旬及时摘除花薹。整地时亩施腐殖土或腐熟的厩肥 2 000~3 000kg 或商品有机肥 400kg、磷肥 100kg，均匀撒施于厢面，与表土拌匀后再盖厚 3cm 左右的细土。施肥后，及时均匀撒施面泥。第 2、3 年上面泥厚约 1cm；第 4 年上面泥厚约 2cm。

追肥时间、种类、用量与追肥方法见附录 A。第 5 年若不收获，追肥、培土的方法同第 4 年；若为收获的当年，则只施春肥（3 月），不必施秋肥（9 月），秋肥宜早。

禁止使用壮根灵、膨大素等生长调节剂增大黄连根茎。

5.3.4 病虫害防治

黄连的主要病害有炭疽病等，虫害有潜叶蛾、红蜘蛛、介壳虫等。

应采用预防为主、综合防治的方法：有机肥必须充分腐熟；选用无病害感染、无机械损伤优质种苗，禁用带病苗；及时清沟排水；发现病株及时拔除，集中销毁，每穴撒入草木灰 100g 或生石灰 200~300g，进行局部消毒；每年秋冬季及时清园。

采用化学防治时，应当符合国家有关规定；优先选用高效、低毒的生物农药；尽量避免使用除草剂、杀虫剂和杀菌剂等化学农药；不使用禁限用农药（附表 B）。黄连主要病虫害防治方法见附表 C、DB50/T 599—2015《黄连规范化种植技术规程》。

5.4 采收

10 月下旬—11 月初，采收移栽后 5~6 年生（即种子播后 7~8 年）的黄连植株（参照 DB50/T 599—2015《黄连规范化种植技术规程》）。选择晴天或阴天，人工逐株采挖，抖去泥沙，剪除须根和叶柄。

5.5 产地初加工

烘干法：可采用各种设施，烘干温度不应超过 120℃。

采用加温干燥法进行初炕，在加温的 1 小时之内，温度保持在 50~65℃ 之间；在 1~2 小时内逐渐加温至 100℃；在 2~3 小时内温度基本保持在 100℃ 左右。勤翻动，每隔 10~20 分钟用木造板翻动一次，待水气干时，用山耙捶打搓动抖掉泥土。待炕至根茎表面颜色发白或者小的根茎已干时便停火下炕。

初干燥的毛坨子，按其根茎大小及干湿程度分别再炕。在加温的 2 小时内，温度保持在 60~80℃ 之间；在 2~4 小时内，温度保持在 80~100℃ 之间；在 4~5.5 小时之间，温度保持在

100~110℃之间。在黄连整个细炕过程中,在高温阶段,要做到不停地翻动,直至黄连外皮呈暗红色,内肉呈甘草色(淡黄色),即停火出炕。

5.6 包装、放行、贮运

5.6.1 包装

包装前应对每批药材按照国家标准进行质量检验。符合国家标准的药材,采用不影响质量的编织袋等包装,禁止采用包装过肥料、农药等的包装袋包装。包装外贴或挂标签、合格证,标识牌内容应有药材名、基源、产地、批号、规格、重量、采收日期、企业名称等,并有追溯码。

5.6.2 放行

应制定符合企业实际情况的放行制度,有审核批生产、检验等的相关记录。不合格药材有单独处理制度。

5.6.3 贮运

应贮存于阴凉干燥处,定期检查,防止虫蛀、霉变、腐烂等的发生。仓库控制温度在25℃以下、相对湿度75%以下;不同批次等级药材分区存放;建有定期检查制度。禁止磷化铝和二氧化硫熏蒸。也可采用现代气调贮藏方法,包装或库内充氮或二氧化碳。

运输应防止发生混淆、污染、异物混入、包装破损、雨雪淋湿等。

附　录　A

（资料性）

追肥时间、种类、用量与追肥方法

追肥时间、种类、用量与追肥方法见表 A.1。

表 A.1　追肥时间、种类、用量与追肥方法

移栽年限	追肥时间	追肥种类、用量与追肥方法
第一年	移栽后 7d 内	亩施腐熟的厩肥 1 000kg 或商品有机肥 300kg,均匀撒于厢面
	移栽后 1 个月	亩施尿素 8~10kg,拌细土在晴天无露水时撒施,撒肥后用竹子或细树枝在厢面上轻扫一次,将肥料颗粒扫落土里
	8—9 月	亩施尿素 10~15kg,均匀撒于厢面
	10—11 月	亩施用捣碎的厩肥 1 000kg 或商品有机肥 500kg 拌过磷酸钙 120kg 及生石灰 100kg、尿素 10~15kg 均匀撒于厢面
第二年	3—4 月	亩施尿素 10~15kg、硫酸钾 5kg 拌细土或有机肥 500kg 撒施
	5—6 月	亩施捣碎腐熟的厩肥 1 500kg 或商品有机肥 700kg
	9 月 11 月	9 月亩施尿素 10~15kg、硫酸钾 5kg,拌细土撒施 11 月可亩施厩肥 2 000kg 或商品有机肥 1 000kg 拌过磷酸钙 150kg 及生石灰 100kg 撒施厢面,或单施过磷酸钙 150kg 后培土 1cm 左右厚
第三、四年	3—4 月	亩施尿素 10~15kg、硫酸钾 10kg 拌腐熟厩肥 3 000kg 或商品有机肥 1 000kg,拌石灰 100kg
	9—10 月	亩施熟厩肥 3 000kg 或商品有机肥 1 000kg,拌过磷酸钙 150kg、尿素 10~15kg、硫酸钾 10kg
第五年	3—4 月	亩施尿素 15~20kg、硫酸钾 15kg 拌腐熟厩肥 3 000kg 或商品有机肥 1 000kg,拌石灰 100kg
	9 月	亩施尿素 10~15kg、硫酸钾 10kg 拌腐熟厩肥 3 000kg 或商品有机肥 1 000kg

附 录 B

（规范性）

禁限用农药名单

B.1 禁止（停止）使用的农药（46种）

六六六、滴滴涕、毒杀芬、二溴氯丙烷、杀虫脒、二溴乙烷、除草醚、艾氏剂、狄氏剂、汞制剂、砷类、铅类、敌枯双、氟乙酰胺、甘氟、毒鼠强、氟乙酸钠、毒鼠硅、甲胺磷、对硫磷、甲基对硫磷、久效磷、磷胺、苯线磷、地虫硫磷、甲基硫环磷、磷化钙、磷化镁、磷化锌、硫线磷、蝇毒磷、治螟磷、特丁硫磷、氯磺隆、胺苯磺隆、甲磺隆、福美肿、福美甲肿、三氯杀螨醇、林丹、硫丹、溴甲烷、氟虫胺、杀扑磷、百草枯、2,4-滴丁酯。

注：氟虫胺自2020年1月1日起禁止使用。百草枯可溶胶剂自2020年9月26日起禁止使用。2,4-滴丁酯自2023年1月29日起禁止使用。溴甲烷可用于"检疫熏蒸处理"。杀扑磷已无制剂登记。

B.2 在部分范围禁止使用的农药（20种）

部分范围禁止使用的农药应注意药食同源中药材及来自其他作物的中药材。部分范围禁止使用的农药见表B.1。

表 B.1 部分范围禁止使用的农药

通用名	禁止使用范围
甲拌磷、甲基异柳磷、克百威、水胺硫磷、氧乐果、灭多威、涕灭威、灭线磷	禁止在蔬菜、瓜果、茶叶、菌类、中草药材上使用,禁止用于防治卫生害虫,禁止用于水生植物的病虫害防治
甲拌磷、甲基异柳磷、克百威	禁止在甘蔗作物上使用
内吸磷、硫环磷、氯唑磷	禁止在蔬菜、瓜果、茶叶、中草药材上使用
乙酰甲胺磷、丁硫克百威、乐果	禁止在蔬菜、瓜果、茶叶、菌类和中草药材上使用
毒死蜱、三唑磷	禁止在蔬菜上使用
丁酰肼（比久）	禁止在花生上使用
氰戊菊酯	禁止在茶叶上使用
氟虫腈	禁止在所有农作物上使用（玉米等部分旱田种子包衣除外）
氟苯虫酰胺	禁止在水稻上使用

B.3 说明

本附录来自2019年中华人民共和国农业农村部官方发布的《禁限用农药名录》（http://www.zzys.moa.gov.cn/gzdt/201911/t20191129_6332604.htm）。

附 录 C

（资料性）

黄连常见病虫害防治的参考方法

黄连常见病虫害的防治方法见表 C.1。

表 C.1 黄连常见病虫害防治的参考方法

防治对象	症状	推荐药剂及使用方法	其他防治方法
白绢病	发病初期无明显症状,后期菌丝密布于根茎及四周的土表,根茎和近土表面有茶褐色油菜籽大小的菌核。被害株顶梢凋萎,最后整株枯死	用多菌灵可湿性粉剂或甲基硫菌灵可湿粉剂,在有白绢病发生病史的园区,4月上旬—9月上旬喷洒根际和土壤。按照农药标签使用	合理轮作,带病地与豆科、禾本科作物轮作。增施有机肥、磷钾肥。发现病株,及时拔除烧毁或深埋,并在病株周围土壤中撒入石灰消毒
白粉病	叶背面呈现红黄不规则病斑,直径为 2~2.5mm。叶表面病斑褐色,有一层白色粉状物,后期病斑上可见黑色颗粒状	用代森锰锌可湿性粉剂,或晶体石硫合剂,或戊唑醇水分散粒剂,或嘧菌酯水分散粒剂,在 5—9 月,发病株率20% 以上,喷雾防治,每隔 7d 1 次,连续 2~3 次。按照农药标签使用	调节荫蔽度,适当增加光照;理沟排水。发病初期及时将病株移出棚外烧毁。增施有机肥
炭疽病	发病初期叶脉上有褐色略下陷的小斑,病斑扩大后呈黑褐色,并有不规则的轮纹,上面着生小黑点。叶柄茎部出现深褐色水渍状病斑,枯柄落叶。天气潮湿时病部可产生粉红色黏状物	用咪鲜胺可湿性粉剂或甲基硫菌灵可湿性粉剂,在 3—9 月,发病率 5% 以上,喷雾防治,每隔 7d 1 次,连续 2~3 次。按照农药标签使用	清除枯枝落叶、病枝,集中烧毁
根腐病	发病初,地上部分无明显症状,地下须根呈黑褐色;发病时,叶缘变紫红色,逐渐出现暗紫红色不规则病斑;枝叶呈萎蔫状。病株易从土中拔起	用多菌灵可湿性粉剂或甲基硫菌灵可湿性粉剂,在有根腐病发生病史的园区,4—8月喷雾或灌根。按照农药标签使用	合理轮作,带病地可与豆科、禾本科作物轮作。及时排水,降低土壤湿度;发病初期销毁病株

防治对象	症状	推荐药剂及使用方法	其他防治方法
紫纹羽病	发病地块黄连兜分布稀疏。感病植株生长势弱。感病初期,须根发黑,主根内部中空。主根和须根根系表面常有白色至紫色的绒状菌丝层;后期形成膜状菌丝块或网络状菌索	用甲基硫菌灵悬浮剂或多菌灵可湿性粉剂,在有紫纹羽病发生病史的园区,4—8月喷雾或灌根	选择无病田种植,勿从病区调入种苗。与禾本科作物实行5年以上轮作。施石灰中和土壤酸性,改善土壤环境。发病黄连应尽量提前收获,以减少田间损失
蛴螬	蛴螬咬食叶柄基部,严重时,成片幼苗被咬断。成虫5月中旬出现,卵散产在较潮湿的土中	用辛硫磷颗粒剂或二嗪磷颗粒剂,4—5月,8月下旬—9月上旬中耕投入土壤中。按照农药标签使用	春季中耕土壤,利用成虫的假死习性捕杀成虫。发生严重的基地可利用黑光灯大量诱杀成虫。避免施用未腐熟的厩肥
小地老虎	小地老虎从地面咬断幼苗,并拖入洞内继续咬食,造成断苗缺株。第1代幼虫4月下旬至5月中旬发生	用辛硫磷颗粒剂或二嗪磷颗粒剂,4—5月中耕投入土壤中。按照农药标签使用	及时清除黄连棚周围杂草和枯枝落叶;发现新被害苗附近土面有小孔,人工捕杀
蛞蝓	蛞蝓取食黄连叶片成孔洞,幼苗、嫩叶受害较重	用四聚乙醛颗粒剂,发生期撒施于裸地表面或作物根系周围。按照农药标签使用	及时铲除杂草、排干积水;发现害虫及时人工捕捉;在沟边、黄连间,于傍晚撒石灰带
蝼蛄	蝼蛄以成若虫食害黄连的根和靠近地面的幼茎,在地表层活动,钻成很多纵横交错的孔道。受害植株枯萎而死	用辛硫磷乳油或敌百虫晶体,进行土壤或肥料处理,消灭成若虫。按照农药标签使用	利用蝼蛄对马粪、灯光的趋性进行诱杀
潜叶蝇	潜叶蝇以幼虫潜居在黄连叶片的上下表皮间,幼虫沿叶缘取食叶肉,形成先细后宽的蛇形弯曲或蛇形盘绕虫道,蛀道端可见一条椭圆形幼虫,黄白色。食痕初期呈灰白色,后期呈棕黄色的干斑块区,叶片变红,严重者干枯死亡	用印楝素乳油,在3—9月,发病株率10%以上,喷雾防治,每隔3d 1次,连续2~3次。按照农药标签使用	田间释放潜蝇茧蜂和潜蝇姬小蜂等天敌

ICS 65.020.20
CCS C 05

团 体 标 准

T/CACM 1374.143—2021

黄草乌规范化生产技术规程

Code of practice for good agricultural practice of
Aconiti Vilmorinianum Radix

2021-10-15 发布

2021-10-15 实施

中华中医药学会　发布

目　次

前言 ……………………………………………………………………………………………… 737

1　范围 ………………………………………………………………………………………… 738

2　规范性引用文件 …………………………………………………………………………… 738

3　术语和定义 ………………………………………………………………………………… 738

4　黄草乌规范化生产流程图 ………………………………………………………………… 738

5　黄草乌规范化生产技术 …………………………………………………………………… 739

　　5.1　生产基地选址 ……………………………………………………………………… 739

　　5.2　种质与种子 ………………………………………………………………………… 740

　　5.3　种植 ………………………………………………………………………………… 740

　　5.4　采挖 ………………………………………………………………………………… 741

　　5.5　产地初加工 ………………………………………………………………………… 741

　　5.6　包装、放行、贮运 ………………………………………………………………… 741

附录 A（规范性）　禁限用农药名单 ……………………………………………………… 742

附录 B（资料性）　黄草乌常见病虫害防治的参考方法 ………………………………… 743

参考文献 ……………………………………………………………………………………… 744

前　言

本文件按照 GB/T 1.1—2020《标准化工作导则　第 1 部分：标准化文件的结构和起草规则》的规定起草。

请注意本文件中的某些内容可能涉及专利。本文件的发布机构不承担识别专利的责任。

本文件由中国医学科学院药用植物研究所和云南省农业科学院药用植物研究所提出。

本文件由中华中医药学会归口。

本文件起草单位：云南省农业科学院药用植物研究所、昆明理工大学、云南省药物研究所、云南中医药大学、云南煜欣农林生物科技有限公司、大理市林韵生物科技开发有限责任公司、中国医学科学院药用植物研究所、重庆市药物种植研究所。

本文件主要起草人：张智慧、石亚娜、董志渊、马聪吉、金鹏程、左智天、杨丽英、苏钛、邱斌、周永利、马清科、李仙兰、魏建和、王文全、王秋玲、杨小玉、辛元尧、王苗苗。

黄草乌规范化生产技术规程

1 范围

本文件确立了黄草乌的规范化生产流程,规定了黄草乌生产基地选址、种质要求、种苗繁育、种植、采收、产地初加工、包装、放行、贮运等阶段的操作要求。

本文件适用于黄草乌的规范化生产。

2 规范性引用文件

下列文件中的内容通过文中的规范性引用而构成本文件必不可少的条款。其中,注明日期的引用文件,仅该日期对应的版本适用于本文件;不注明日期的引用文件,其最新版本(包括所有的修改单)适用于本文件。

GB 3095 环境空气质量标准

GB 5084 农田灌溉水质标准

GB 5749 生活饮用水卫生标准

GB 15618 土壤环境质量 农用地土壤污染风险管控标准(试行)

T/CACM 1374.1—2021 中药材规范化生产技术规程通则 植物药材

3 术语和定义

T/CACM 1374.1—2021 界定的以及下列术语和定义适用于本文件。

3.1 规范化生产 good agricultural practice

按照《中药材生产质量管理规范》(简称中药材 GAP)的要求,实施药材生产,保证中药材优质安全的生产过程。

3.2 技术规程 code of practice

为实现中药材生产顺利、有序进行,保证中药材生产质量,对中药材生产的基地选址、种子种苗、种植或野生抚育、采收与产地初加工以及包装、放行与贮运等,所做的技术规定和要求,是实施中药材规范生产的核心技术要求和实施指南。

3.3 黄草乌 Aconiti Vilmorinianum Radix

毛茛科乌头属植物黄草乌 *Aconitum vilmorinianum* Kom. 本种及其变种的干燥块根。

4 黄草乌规范化生产流程图

黄草乌规范化生产流程见图 1。

黄草乌规范化生产流程：   关键控制点及技术参数：

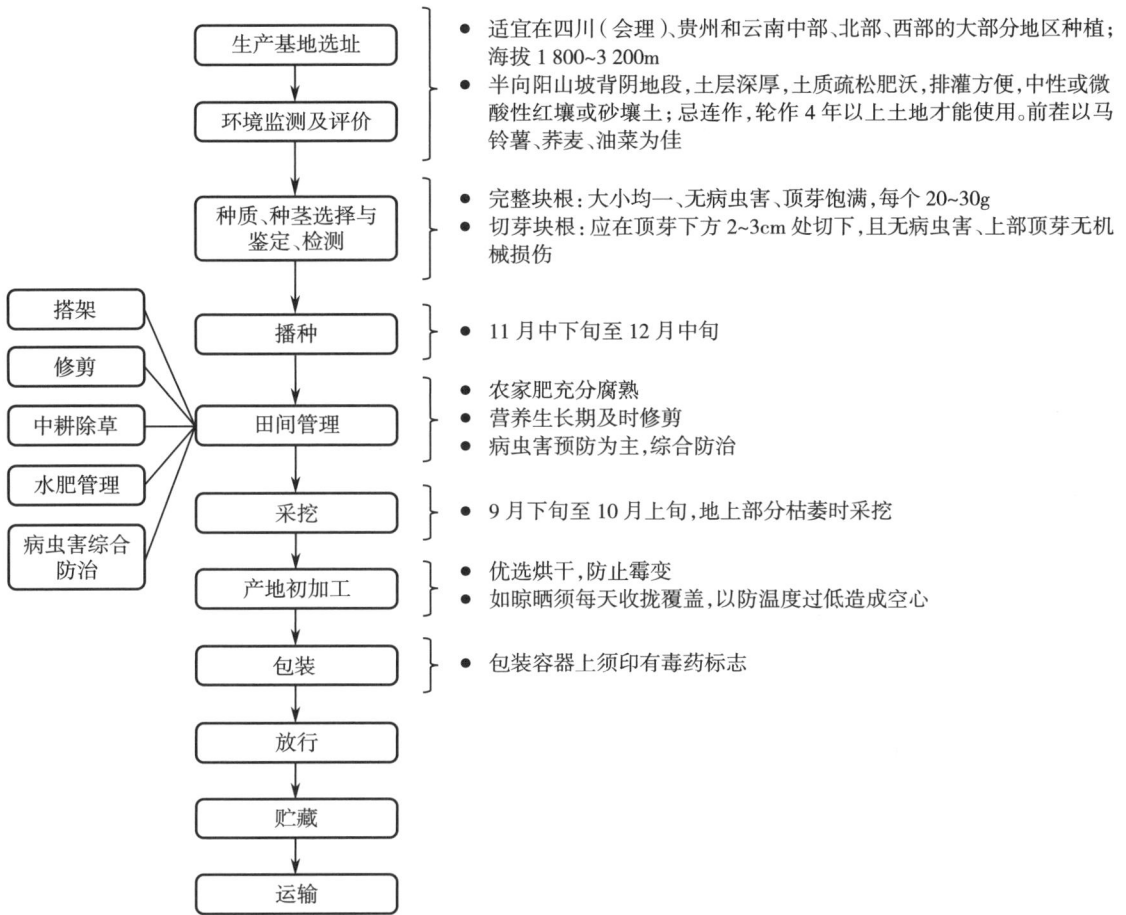

图 1　黄草乌规范化生产流程图

（流程图内容）
生产基地选址
环境监测及评价
- 适宜在四川（会理）、贵州和云南中部、北部、西部的大部分地区种植；海拔 1 800~3 200m
- 半向阳山坡背阴地段，土层深厚，土质疏松肥沃，排灌方便，中性或微酸性红壤或砂壤土；忌连作，轮作 4 年以上土地才能使用。前茬以马铃薯、荞麦、油菜为佳

种质、种茎选择与鉴定、检测
- 完整块根：大小均一、无病虫害、顶芽饱满，每个 20~30g
- 切芽块根：应在顶芽下方 2~3cm 处切下，且无病虫害、上部顶芽无机械损伤

播种
- 11 月中下旬至 12 月中旬

搭架
修剪
中耕除草
水肥管理
病虫害综合防治

田间管理
- 农家肥充分腐熟
- 营养生长期及时修剪
- 病虫害预防为主，综合防治

采挖
- 9 月下旬至 10 月上旬，地上部分枯萎时采挖

产地初加工
- 优选烘干，防止霉变
- 如晾晒须每天收拢覆盖，以防温度过低造成空心

包装
- 包装容器上须印有毒药标志

放行
贮藏
运输

5　黄草乌规范化生产技术

5.1　生产基地选址

5.1.1　产地选择

　　适宜在四川（会理）、贵州和云南中部、北部、西部的大部分地区种植，如昆明、玉溪、马龙、罗平、泸西、巧家、大理、丽江、施甸、武定等地。海拔 1 800~3 200m 的地区。

5.1.2　地块选择

　　忌连作，选择轮作 4 年以上土地。前茬以马铃薯、荞麦、油菜为佳。

　　以半向阳山坡背阴地，土层深厚，土质疏松肥沃，水源方便，能排能灌，坡度小于 25° 的缓坡地，中性或微酸性红壤或砂壤土，盐分低于 10% 的地区为宜。

5.1.3　环境监测

　　基地大气、土壤和水样品的检测按照 GAP 要求，须符合相应国家标准，并保证生长期间持续符合标准。生产基地的空气质量应符合 GB 3095 规定的环境空气质量标准，灌溉水质量应符合 GB 5084 规定的农田灌溉水质标准,土壤质量应符合 GB 15618 的规定。

5.2 种质与种子

5.2.1 种质选择

种质来源于毛茛科乌头属植物黄草乌(*Aconitum vilmorinianum* Kom.)本种及其变种,物种须经过鉴定。如使用农家品种或选育品种应明确。

5.2.2 种根质量

生产上以块根或块根切芽繁殖为主,块根质量要求:完整块根大小均一、无病虫害、顶芽饱满,每个 20~30g;切芽块根应在顶芽下方 2~3cm 处切下,且无病虫害、上部顶芽无机械损伤。

5.2.3 良种(块根)繁育及前处理

选择生长健壮、无病虫害的植株留种,田间管理及收获同药材生产。完整块根留种:选择 20~30g 块根进行留种。切芽块根留种:结合采收,用酒精或草木灰消毒后的刀具,将较大的块根上部顶芽 2~3cm 左右切下作种用,切口撒草木灰表面消毒,晾干表面待下种用。切除的块根下部做商品加工。

5.3 种植

5.3.1 整地

前作收获后,及时深耕翻 30cm 以上,晒土,使土壤充分熟化,增加肥力,减少病虫害。整地按宽 1.2~1.5m、高 15~30cm 的标准理墒,长依地势而定,通常墒与坡向垂直,两墒间留 30~40cm 作业道。随整地施入基肥,以有机肥为主、化学肥料为辅,农家肥应充分腐熟。播种前再翻耕 2 次,清除杂草,暴晒数日后打垡,使土壤充分匀细、疏松。

5.3.2 播种

最佳播种节令为"立冬"和"小雪",以 11 月中下旬至 12 月中旬播种产量较高。株行距 15cm ×(20~25cm)。

5.3.3 田间管理

5.3.3.1 搭架

植株高度 50~60cm 时,须搭架固定茎秆。

5.3.3.2 修剪

6—7 月,修剪封顶植株,防止植株枝叶生长消耗过多营养,促进地下块根膨大。

5.3.3.3 水肥管理

播种后出苗及植株生长前期,一般为干旱季节,为保证黄草乌生长所需水分,应适时灌溉,土壤湿度保持在 40%~60%,进入雨季,注意排涝;6—7 月,植株进入快速生长期和块根膨大期,及时追肥。

5.3.3.4 中耕除草

搭架前进行第一次培土、除草;开花前第二次培土、除草。雨季杂草容易生长蔓延,应及时清除田间杂草。

5.3.4 病虫害防治技术

常见主要病害有霜霉病、白粉病和根腐病等,主要虫害有地老虎等。

采用预防为主、综合防治的方法:合理轮作4年以上;充分腐熟有机肥;选用无病害感染、无机械损伤优质种苗,禁用带病苗;加强中耕除草;及时清沟排水;发现病株及时拔除,集中销毁,每穴撒入草木灰100g或生石灰200~300g,进行局部消毒。

采用化学防治时,应当符合国家相关规定;优先选用高效、低毒的生物农药;尽量避免使用除草剂、杀虫剂和杀菌剂等化学农药;不使用禁限用农药。

5.4 采挖

块根停止生长、重量最大时,即可采收。一般在当年9月下旬至10月上旬,地上部分开始枯萎时进行采挖,除去茎叶和泥土,就地晾晒至微软后运回加工。

5.5 产地初加工

生黄草乌:鲜品除去残茎、须根,洗净,干燥即可。

制黄草乌:鲜品除去残茎、须根,洗净,置沸水中水煮至透心,刮去外皮,切成厚的直片或斜片,干燥。

用水可参照GB 5749。加工干燥过程保证场地、工具洁净,不受雨淋等。

5.6 包装、放行、贮运

5.6.1 包装

包装前应对每批药材按相关标准(可参考《云南省中药材标准》)进行质量检验。黄草乌为毒性中药品种,符合标准的药材,应按《医疗用毒性药品管理办法》包装。采用不影响质量的编织袋等包装,禁止采用包装过肥料、农药等的包装袋包装。包装容器上须印有毒药标志、包装外贴或挂标签、合格证,标识牌内容应有药材名、基源、产地、批号、规格、重量、采收日期、企业名称等,并有追溯码。

5.6.2 放行

按《医疗用毒性药品管理办法》执行,有健全保管、验收、领发、核对等制度;严防收假、发错,严禁与其他药品物品混杂,做到划定仓间或仓位,专柜加锁并由专人保管。

5.6.3 贮运

草乌系毒性中药品种,按《医疗用毒性药品管理办法》贮运。应贮存于阴凉干燥处,定期检查,防止虫蛀、霉变、腐烂等发生。仓库控制温度在20℃以下、相对湿度75%以下;不同批次、等级药材分区存放;建有定期检查制度。运输应防止发生混淆、污染、异物混入、包装破损、雨雪淋湿等。

附　录　A

（规范性）

禁限用农药名单

A.1　禁止（停止）使用的农药（46种）

六六六、滴滴涕、毒杀芬、二溴氯丙烷、杀虫脒、二溴乙烷、除草醚、艾氏剂、狄氏剂、汞制剂、砷类、铅类、敌枯双、氟乙酰胺、甘氟、毒鼠强、氟乙酸钠、毒鼠硅、甲胺磷、对硫磷、甲基对硫磷、久效磷、磷胺、苯线磷、地虫硫磷、甲基硫环磷、磷化钙、磷化镁、磷化锌、硫线磷、蝇毒磷、治螟磷、特丁硫磷、氯磺隆、胺苯磺隆、甲磺隆、福美肿、福美甲肿、三氯杀螨醇、林丹、硫丹、溴甲烷、氟虫胺、杀扑磷、百草枯、2,4-滴丁酯。

注：氟虫胺自2020年1月1日起禁止使用。百草枯可溶胶剂自2020年9月26日起禁止使用。2,4-滴丁酯自2023年1月29日起禁止使用。溴甲烷可用于"检疫熏蒸处理"。杀扑磷已无制剂登记。

A.2　在部分范围禁止使用的农药（20种）

部分范围禁止使用的农药应注意药食同源中药材及来自其他作物的中药材。部分范围禁止使用的农药见表A.1。

表A.1　部分范围禁止使用的农药

通用名	禁止使用范围
甲拌磷、甲基异柳磷、克百威、水胺硫磷、氧乐果、灭多威、涕灭威、灭线磷	禁止在蔬菜、瓜果、茶叶、菌类、中草药材上使用，禁止用于防治卫生害虫，禁止用于水生植物的病虫害防治
甲拌磷、甲基异柳磷、克百威	禁止在甘蔗作物上使用
内吸磷、硫环磷、氯唑磷	禁止在蔬菜、瓜果、茶叶、中草药材上使用
乙酰甲胺磷、丁硫克百威、乐果	禁止在蔬菜、瓜果、茶叶、菌类和中草药材上使用
毒死蜱、三唑磷	禁止在蔬菜上使用
丁酰肼（比久）	禁止在花生上使用
氰戊菊酯	禁止在茶叶上使用
氟虫腈	禁止在所有农作物上使用（玉米等部分旱田种子包衣除外）
氟苯虫酰胺	禁止在水稻上使用

A.3　说明

本附录的内容来自2019年中华人民共和国农业农村部发布的《禁限用农药名录》（http://www.zzys.moa.gov.cn/gzdt/201911/t20191129_6332604.htm）。

附　录　B

（资料性）

黄草乌常见病虫害防治的参考方法

黄草乌常见病虫害防治的参考方法见表 B.1。

表 B.1　黄草乌常见病虫害防治的参考方法

病虫害名称	危害症状	防治措施
根腐病	根部逐渐腐烂,最后可致植株死亡	及时排水;发病时可用多·硫悬浮剂或甲基硫菌灵灌根,按照农药标签使用
白粉病	发病时,植株叶片出现圆形白色绒状霉斑	合理密植,保持通风;发病时可用三唑酮或甲基硫菌灵喷施,按照农药标签使用
霜霉病	发病时,植株叶片背面出现一层霜霉层。霉层初为白色,后变为灰黑色,严重时可致叶片枯黄而死	及时清除田间病株;可用甲基硫菌灵或甲霜·锰锌喷施,按照农药标签使用
地老虎	危害块根	人工捕杀或用毒饵诱杀,按照农药标签使用

参考文献

［1］李雪佩,何俊,贺水莲,等.黄草乌植物的研究进展［J］.西部林业科学,2017,46（6）:1-7.

［2］邓廷丰,李培清.云南野生滇南黄草乌人工驯化栽培技术［J］.农村实用技术,2001（1）:15-19.

［3］李明福.滇中黄草乌资源开发及种植技术［J］.安徽农业科学,2006（1）:11-12.

［4］字淑慧,杨生超,杨子飞,等.云南药用草乌种植发展现状及对策［J］.世界科学技术（中医药现代化）,
2012,14（6）:2222-2226.

［5］云南生卫生厅.云南省药品标准［M］.昆明:云南大学出版社,1996:76.

［6］中国科学院中国植物志编辑委员会.中国植物志［M］.北京:科学出版社,1979:245.

［7］陈明玮,邱斌,郑雷,等.黄草乌采收期及初加工工艺研究［J］.湖南农业科学,2017（8）:75-77.

［8］中华人民共和国国务院.《医疗用毒性药品管理办法》（国务院令第23号）［EB/OL］.（1988-12-27）
［2024-02-05］.https://www.nmpa.gov.cn/xxgk/fgwj/flxzhfg/19881227010101905.html.

ICS 65.020.20
CCS C 05

团 体 标 准

T/CACM 1374.144—2021

黄柏规范化生产技术规程

Code of practice for good agricultural practice of
Phellodendri Chinensis Cortex

2021-10-15 发布

2021-10-15 实施

中华中医药学会　发布

目　次

前言 ··· 747
1　范围 ··· 748
2　规范性引用文件 ··· 748
3　术语和定义 ··· 748
4　黄柏规范化生产流程图 ·· 749
5　黄柏规范化生产技术 ·· 750
　　5.1　生产基地选址 ··· 750
　　5.2　种质与种子 ·· 750
　　5.3　种苗繁育 ··· 750
　　5.4　种植 ··· 752
　　5.5　采收 ··· 753
　　5.6　产地初加工 ·· 753
　　5.7　包装、放行、贮运 ··· 753
附录A（规范性）　禁限用农药名单 ··· 755
附录B（资料性）　黄柏常见病虫害防治的参考方法 ····················· 756
参考文献 ··· 757

前　言

本文件按照 GB/T 1.1—2020《标准化工作导则　第 1 部分：标准化文件的结构和起草规则》的规定起草。

请注意本文件中的某些内容可能涉及专利。本文件的发布机构不承担识别专利的责任。

本文件由中国医学科学院药用植物研究所和扬子江药业集团江苏龙凤堂中药有限公司提出。

本文件由中华中医药学会归口。

本文件起草单位：扬子江药业集团江苏龙凤堂中药有限公司、重庆市中药研究院、荥经县民康中药材专业合作社、龙山县众泰中药材开发有限公司、四川国药药材有限公司、中国医学科学院药用植物研究所、重庆市药物种植研究所。

本文件起草组顾问：叶萌。

本文件主要起草人：李虹、肖生伟、李隆云、卢小雨、李晓菲、卢飞飞、刘佳陇、王胜升、高贵文、周瑞、卢兴松、魏建和、王文全、王秋玲、杨小玉、辛元尧、王苗苗。

黄柏规范化生产技术规程

1 范围

本文件确立了黄柏的规范化生产流程,规定了黄柏生产基地选址、种质与种子、种苗繁育、种植、采收、产地初加工、包装、放行、贮运等阶段的操作要求。

本文件适用于黄柏的规范化生产

2 规范性引用文件

下列文件中的内容通过文中的规范性引用而构成本文件必不可少的条款。其中注明日期的引用文件,仅该日期对应的版本适用于本文件。不注明日期的引用文件,其最新版本(包括所有的修改单)适用于本文件。

GB 3095 环境空气质量标准

GB/T 3543 农作物种子检验规程

GB 5084 农田灌溉水质标准

GB 5749 生活饮用水卫生标准

GB 15618 土壤环境质量 农用地土壤污染风险管控标准(试行)

T/CACM 1374.1—2021 中药材规范化生产技术规程通则 植物药材

3 术语和定义

T/CACM 1374.1—2021 界定的以及下列术语和定义适用于本标准。

3.1 规范化生产 good agricultural practice

按照《中药材生产质量管理规范》(简称中药材 GAP)的要求,实施药材生产,保证中药材优质安全的生产过程。

3.2 技术规程 code of practice

为实现中药材生产顺利、有序进行,保证中药材生产质量,对中药材生产的基地选址、种子种苗、种植或野生抚育、采收与产地初加工以及包装、放行与贮运等,所做的技术规定和要求,是实施中药材规范生产的核心技术要求和实施指南。

3.3 规范化生产流程 standardized production process

指中药材生产的主要过程,一般包括生产基地选址,种质、种子选择与鉴定,育苗(如果需要),直播或定植,田间管理,采收,产地初加工,包装,放行,贮藏,运输。其中田间管理包括中耕除草、肥水管理、病虫害综合防治等。

3.4 关键控制点 critical control point

指规范化生产流程各个主要环节中,对中药材质量和产量有重大影响、需要重点关注和控制的节点。

3.5 技术参数 specification

指生产过程中,主要生产技术和评判标准的量化指标。

3.6 黄柏 Phellodendri Chinensis Cortex

芸香科 Rutaceae 植物黄皮树 *Phellodendron chinense* Schneid. 的干燥树皮。

3.7 种子 seeds

黄柏植株经授粉受精形成的种子。

4 黄柏规范化生产流程图

黄柏规范化生产流程见图 1。

黄柏规范化生产流程:

关键控制点及参数:

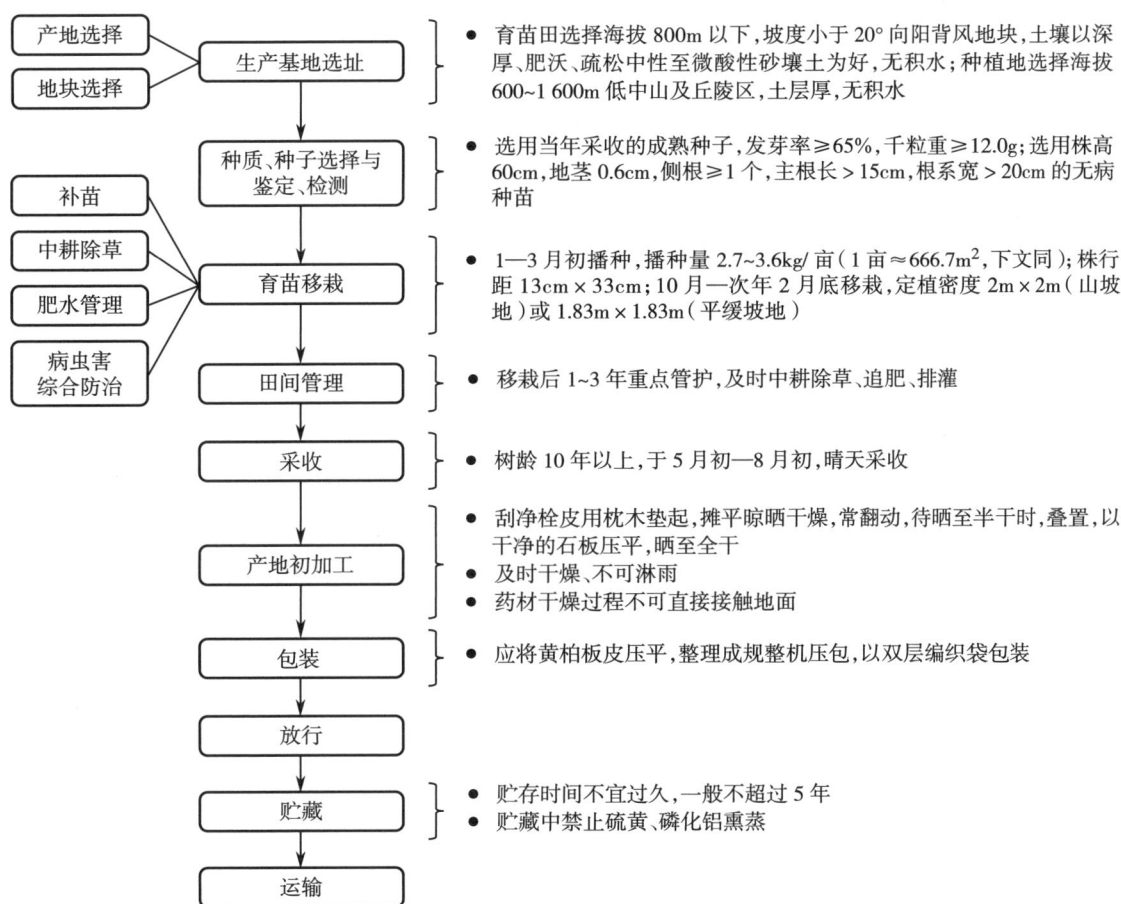

图 1 黄柏规范化生产流程图

5 黄柏规范化生产技术

5.1 生产基地选址

5.1.1 产地选择

适宜种植在四川、湖南、湖北、贵州、江西等省区市,目前主要集中在四川省、重庆市和湖南省,四川省内的雅安、眉山、乐山、洪雅、筠连、泸定、丹棱、宜宾等县(市),重庆市内有南川、武隆、巫山、巫溪、黔江、城口、石柱、酉阳、潼南等县区,湖南省内龙山、湘西、中方、会同、洪江、隆回等县市。种植地选择在海拔600~1 600m的低中山及丘陵区。育苗地选择同样地区,海拔在800m以下,易于田间管护。

5.1.2 地块选择

定植地块选在山坡土层深厚(一般不小于30cm)向阳处,房前屋后、溪边沟坎等,要利于排水,有机质含量丰富,以中性至微酸性砂壤土为宜。

种苗繁育地每年轮换,以减少病虫危害。选择坡度小于20°的向阳背风、排水良好的地块,土壤以深厚、湿润、肥沃、疏松中性至微酸性的砂壤土最好。

5.1.3 环境监测

基地的大气、土壤和水样品的检测按照GAP要求,应符合相应国家标准,并保证生长期间持续符合标准。环境检测参照GB 3095《环境空气质量标准》、GB 15618《土壤环境质量农用地土壤污染风险管控标准(试行)》、GB 5084《农田灌溉水质标准》。

5.2 种质与种子

5.2.1 种质选择

使用芸香科(Rutaceae)黄檗属(*Phellodendron* Rupr.)黄皮树(*P. chinense* Schneid.),物种须经过鉴定。如使用农家品种或选育品种应明确。

5.2.2 种子质量

选用当年采收的成熟种子,发芽率≥65%,千粒重≥12.0g。经检验符合相应标准。

5.2.3 种子繁育

选取树龄10年及以上,生长健壮、无病虫害的优质雌株用于采种;采种时间为10月底—11月中旬。选取紫褐色成熟饱满果实,剪下果子装入桶内,表面覆盖塑料薄膜,待果肉软化,半腐烂时,人工脱出种子,淘洗,阴干。装入纸袋或布袋内,贮藏于干燥凉爽处。

5.2.4 种苗质量

选用株高60cm,地茎0.6cm,侧根1个以上,主根长15cm以上,根系宽大于20cm的无病种苗。

5.3 种苗繁育

5.3.1 整地

选好的种苗繁育地块深翻25~30cm,除去地上杂草和大石块,耙细整平,依地块走向和排水条件作畦,畦高5cm,畦宽70cm。畦间设置30cm走道,便于管护作业。土地四周挖好排水沟,沟深20~25cm。

5.3.2 种子处理

播种前,将种子用 5% 生石灰水浸泡 1 小时消毒,消毒后用 50℃温热水浸泡 3 天至种子破口,便于发芽。

5.3.3 播种

采用畦面开沟条播方式,沟深 3cm,沟内均匀撒入种子,播种后,覆盖细土 1~2cm,均匀覆盖秸秆保温保湿,并使用遮阳网搭建高 1~1.5m 的荫棚,播种量 2.7~3.6kg/ 亩。

5.3.4 匀苗定苗

出苗后待苗齐整,去除覆盖物,并取下遮阳网。

分两次间苗,采用行距不变,调整株距实现,确定密度为:行距 33cm,株距 13cm,每亩出苗 1 万 ~1.2 万株,轻挖轻栽,保护弱根。

第一次间苗:幼苗长出 2~3 片真叶期,去弱留强苗,保证株距 5cm 为宜。

第二次间苗:幼苗长出 7~9 片真叶期,保证株距 10~13cm,留健壮苗 1 株,弱苗移出田块。

5.3.5 施肥

根据当地黄柏的生长、土壤肥力等施肥,可参考使用腐熟农家肥 1 500~3 000kg/ 亩,或过磷酸钙 50~75kg/ 亩,或复合肥(N∶P∶K=15∶15∶15)50~65kg/ 亩作为基肥,随整地施入。

第一次:结合中耕除草,于幼苗 3~5 片真叶期施入,每亩施用尿素 2.5~3kg(按肥∶清水 =1∶2 比例施用),不提倡干施,防止烧苗。

第二次:针对土壤肥力不足、苗木生长欠佳者,于苗高 30cm 左右,每亩撒施尿素 4~5kg。

5.3.6 中耕除草

出苗整齐后,去除覆盖的秸秆以后进行人工除草,至苗木长至 50cm 高,及时除草,避免杂草荫蔽幼苗,杂草集中运出育苗繁育田。

5.3.7 水分管理

保持育苗地块四周排水良好。

幼苗需水敏感时期是 3~10 片真叶期,连续 7 天无降雨,必须考虑灌溉,灌水程度视墒情而定。

5.3.8 病虫害防治

贯彻"预防为主,综合防治"的植保方针。以农业防治为基础,提倡生物防治和物理防治,科学应用化学防治技术。

农业防治:排除田间积水,降低田间湿度;发现病株立即拔除,集中烧毁或深埋,并用 5% 生石灰水灌病窝消毒。

物理防治:在育苗田块周边悬挂太阳能捕虫灯,诱杀凤蝶等;零星发生,数量不多时人工捕捉。

化学防治:原则上以施用生物源农药为主。主要病虫害防治参考方法见附录 B。

5.3.9 采收与贮运

11 月初—次年 2 月底,幼苗萌芽前起苗。采用按行取苗方式,起苗时要少伤根,尽量保留侧根和须根,减少茎干的机械损伤,50株捆成束供移栽,宜现挖现栽。不能及时移栽的苗木,应选取背风阴凉的地方,挖假植沟贮藏,覆土至苗木长度的一半以上,并覆盖秸秆或薄膜保湿,并及时检查土壤干湿情况。

运输工具应干燥、无污染,不应与可能造成污染的货物混装。

5.4 种植

5.4.1 选地整地

选择水质、大气、土壤环境无污染的生荒林地为主或伐后待补栽的林地,运输通道便利,远离城镇、医院、工矿企业、垃圾及废弃物堆积场等污染源。距离公路80m以外。

在宜栽地块开挖定植穴,铲除定植穴1m范围内的杂草,定植穴深40cm,长宽均为50cm。

5.4.2 种苗的选择

选取1年生优质健壮、木质化苗,即株高60cm,地茎0.6cm,侧根1个以上,主根长15cm以上,根系宽大于20cm的无病虫害苗,去除顶芽损伤的苗。

5.4.3 移栽时间

11月初—次年2月底开始移栽。

5.4.4 移栽密度

采用永久行移栽,山坡地为避免株间荫蔽,株行距为2m×2m,亩植167株。平缓坡地,采用株行距为1.83m×1.83m,亩植200株。

5.4.5 移栽方法

移栽时,将基肥与穴壤土充分混合均匀,并回填到穴内,苗须扶正,边提边回填,并踩紧压实,使得根系舒展并与土壤紧密结合,最后垒土高于地面10~15cm,并覆盖一层秸秆,以抵御春旱和提高土温,移栽后浇清水定根。

5.4.6 中耕除草

移栽后前3年,每年结合中耕除草两次,避免杂草荫蔽树苗,第一次除草于4—5月进行;第二次除草为9—10月杂草落种前,减缓来年杂草危害。

除草时避免碰伤树干,影响苗木生长,禁止使用剧毒、高毒、高残留除草剂。

杂草及时运出种植区域。

5.4.7 施肥

根据当地黄柏药材的生长、土壤肥力等进行施肥,可参考每个移栽穴使用过磷酸钙0.2~0.5kg、尿素0.05kg或45%复合肥0.2kg作为基肥,随穴壤土回填穴内。移栽前三年均需要追肥。

移栽后第1年,宜少量多次,第一次施肥于3—5月,第二次施肥于7—8月,每次每株施入尿素0.05kg;第三次施肥于9—10月结合除草进行,每株施入尿素0.05kg和过磷酸钙0.2kg;于树干30cm范围内均匀撒施。

移栽后第2年,第一次施肥于2月进行,第二次施肥于8—9月,每次每株施入尿素0.1kg;第3次施肥于9—10月,每株施入尿素0.1kg和过磷酸钙0.2kg;于树干30cm范围内均匀撒施。

移栽后第 3 年:第一次施肥于 2 月,第二次施肥于 5—6 月,每次每株施入尿素 0.1kg 加过磷酸钙 0.3~0.5kg、氯化钾 0.1kg 或每株施入复合肥 0.3~0.4kg。于树干 50~70cm 范围内均匀撒施。

鼓励使用经国家批准的菌肥及中药材专用肥。

5.4.8　整枝

移栽后第 1 年,修剪枝条,于萌芽后进行,主要针对顶芽损伤缺失。有侧芽长出的苗木,去一留一,保留侧枝复叶,保证主干能够笔直生长。将距地面 1.5m 内主干上的大侧枝去掉,以保证主干通直。

移栽后第 2 年,继续修枝,距地面 1.5m 内大侧枝均去除,以保证主干通直。

移栽后第 3 年,剪除距地面 2m 内主干大侧枝,保证黄柏皮质量。

5.4.9　病虫害防治

黄柏主要病害有锈病等,虫害主要为螨类、蛴螬、蚜虫、凤蝶等

应采用预防为主、综合防治的方法:有机肥必须充分腐熟,育苗圃中拔除患病苗,选择无感病、无机械损伤的优质苗木,禁用带病苗;选择伐林区内树势较弱,有发病迹象的树木,集中销毁,拔除的杂草等均统一运出林区。

采用化学防治时,应当符合国家有关规定;优先选用高效、低毒的生物农药;尽量避免使用除草剂、杀虫剂和杀菌剂等化学农药;不使用禁限用农药。

5.5　采收

定植 10 年以上的黄柏于 5 月初开始,枝条发出新芽时可用于采收,持续至 8 月初树皮紧缩,不易剥落时结束。

基于可持续发展的原则,对生长较密,达采收年限的黄柏实施择伐,并平整土地供补苗移栽。

移栽林区多采用环剥技术。选择薄而锋利的刀具,在欲剥皮处割一个规则的长方形,割深以割断树皮为宜,过深易损伤木质部,割皮时力争一次成功,切勿多次反复,剥皮时用刀具撬起一角,再用手捏住,然后另一只手顺着撬起的皮边缘纵向滑向另一端,慢慢地,完整地剥下来。采剥后的鲜皮及时运输至加工场地进行干燥加工,防止霉变。

5.6　产地初加工

黄柏产地初加工可采用晒干法、炕干法,黄柏"两面黄"需要趁鲜刮除栓皮。

晒干法:采收的鲜黄柏,刮净栓皮用枕木垫起,摊平晾晒干燥,常翻动,待晒至半干时,叠置,以干净的石板压平,晒至全干后,用于贮藏和运输。

加工干燥过程保证场地、工具洁净,不受雨淋等。

5.7　包装、放行、贮运

5.7.1　包装技术规程

包装前应对每批药材按照相应标准进行质量检验。符合国家标准的药材,采用不影响质量的编织袋(经检验合格)等包装,禁止采用包装过肥料、农药等的包装袋包装。包装外

贴或挂标签、合格证,标识牌内容应有品种、基源、产地、批号、规格、重量、采收日期、企业名称等,并有追溯码。

5.7.2 放行

应制定符合企业实际情况的放行制度,有审核、批准、生产、检验等的相关记录。不合格药材有单独处理制度。

5.7.3 贮运技术规程

应贮存于阴凉干燥处,定期检查,防止虫蛀、霉变、腐烂等的发生。仓库控制温度在0~30℃、相对湿度75%以下;不同批次、等级药材分区存放;建有定期检查制度。贮存时间不宜过久,一般不超过5年;使用的熏蒸剂不能带来质量和安全风险,不得使用国家禁用的高毒性熏蒸剂,不使用硫黄熏蒸。

运输应防止发生混淆、污染、异物混入、包装破损、雨雪淋湿等。

附 录 A

（规范性）

禁限用农药名单

A.1 禁止（停止）使用的农药（46 种）

六六六、滴滴涕、毒杀芬、二溴氯丙烷、杀虫脒、二溴乙烷、除草醚、艾氏剂、狄氏剂、汞制剂、砷类、铅类、敌枯双、氟乙酰胺、甘氟、毒鼠强、氟乙酸钠、毒鼠硅、甲胺磷、对硫磷、甲基对硫磷、久效磷、磷胺、苯线磷、地虫硫磷、甲基硫环磷、磷化钙、磷化镁、磷化锌、硫线磷、蝇毒磷、治螟磷、特丁硫磷、氯磺隆、胺苯磺隆、甲磺隆、福美胂、福美甲胂、三氯杀螨醇、林丹、硫丹、溴甲烷、氟虫胺、杀扑磷、百草枯、2,4-滴丁酯。

注：氟虫胺自 2020 年 1 月 1 日起禁止使用。百草枯可溶胶剂自 2020 年 9 月 26 日起禁止使用。2,4-滴丁酯自 2023 年 1 月 29 日起禁止使用。溴甲烷可用于"检疫熏蒸处理"。杀扑磷已无制剂登记。

A.2 在部分范围禁止使用的农药（20 种）

部分范围禁止使用的农药应注意药食同源中药材及来自其他作物的中药材。部分范围禁止使用的农药见表 A.1。

表 A.1 部分范围禁止使用的农药

通用名	禁止使用范围
甲拌磷、甲基异柳磷、克百威、水胺硫磷、氧乐果、灭多威、涕灭威、灭线磷	禁止在蔬菜、瓜果、茶叶、菌类、中草药材上使用,禁止用于防治卫生害虫,禁止用于水生植物的病虫害防治
甲拌磷、甲基异柳磷、克百威	禁止在甘蔗作物上使用
内吸磷、硫环磷、氯唑磷	禁止在蔬菜、瓜果、茶叶、中草药材上使用
乙酰甲胺磷、丁硫克百威、乐果	禁止在蔬菜、瓜果、茶叶、菌类和中草药材上使用
毒死蜱、三唑磷	禁止在蔬菜上使用
丁酰肼（比久）	禁止在花生上使用
氰戊菊酯	禁止在茶叶上使用
氟虫腈	禁止在所有农作物上使用（玉米等部分旱田种子包衣除外）
氟苯虫酰胺	禁止在水稻上使用

A.3 说明

本附录的内容来自 2019 年中华人民共和国农业农村部发布的《禁限用农药名录》（http://www.zzys.moa.gov.cn/gzdt/201911/t20191129_6332604.htm）。

附 录 B

（资料性）

黄柏常见病虫害防治的参考方法

黄柏常见病虫害防治的参考方法见表 B.1。

表 B.1 黄柏常见病虫害防治的参考方法

病虫害名称	防治时期	推荐防治方法	安全间隔期 /d
锈病	6—8 月	粉锈宁（三唑酮）可湿性粉剂喷施，按照农药标签使用	≥3
		敌锈钠喷施，按照农药标签使用	≥15
蛴螬	8—10 月	敌百虫液灌根，按照农药标签使用	≥7
		阿维菌素乳油灌根，按照农药标签使用	≥14
螨类	5—9 月	炔螨特乳油喷施，按照农药标签使用	≥21
蚜虫	5—9 月	溴氰菊酯乳油喷施，按照农药标签使用	≥7

参考文献

［1］国家药典委员会.中华人民共和国药典:2020 年版一部［M］.北京:中国医药科技出版社,2020.

［2］刘钊圻.黄柏采收与加工方法的优化研究［D］.成都:四川农业大学,2007.

［3］冉懋雄.黄柏 GAP 生产示范基地建设实施方案及其 SOP 制订(讨论稿)［J］.中药研究与信息,2003
（2）:20-24.

［4］叶萌,徐义君,秦朝东.黄柏规范化育苗技术［J］.林业科技开发,2005（1）:56-58.

［5］叶萌,徐义君,秦朝东.黄柏规范化种植技术［J］.四川林业科技,2006（1）:89-92.

［6］刘钊圻,叶萌,林海建,等.黄柏加工方法的优化研究［J］.林业实用技术,2007（6）:7-9.

［7］黄慧茵.黄皮树种植地环境及育苗技术研究［D］.长沙:中南林业科技大学,2009.

［8］黄慧茵,王承南,周欢,等.黄皮树种子育苗技术［J］.经济林研究,2009,27（2）:147-149.

［9］叶萌.荥经县川黄柏的产业化发展［J］.四川林业科技,2003（2）:66-69.

［10］么历,程慧珍,杨智.中药材规范化种植(养殖)技术指南［M］.北京:中国农业出版社,2006.

─────────────────────────

ICS 65.020.20
CCS C 05

团 体 标 准

T/CACM 1374.145—2021

黄蜀葵花规范化生产技术规程

Code of practice for good agricultural practice of
Abelmoschi Corolla

2021-10-15 发布

2021-10-15 实施

中华中医药学会　发布

目　次

前言 ·· 760

1 范围 ·· 761

2 规范性引用文件 ··· 761

3 术语和定义 ·· 761

4 黄蜀葵花规范化生产流程图 ·· 761

5 黄蜀葵花规范化生产技术 ··· 762

   5.1 生产基地选址 ·· 762

   5.2 种质与种子 ·· 763

   5.3 种植 ··· 765

   5.4 包装、放行、贮运 ·· 768

附录 A（规范性） 禁限用农药名单 ·· 769

附录 B（资料性） 农业农村部推荐使用农药名单 ·· 770

附录 C（资料性） 黄蜀葵花常见病害防治的参考方法 ··· 771

附录 D（资料性） 黄蜀葵花常见虫害防治的参考方法 ··· 772

参考文献 ·· 773

前　言

本文件按照 GB/T 1.1—2020《标准化工作导则　第 1 部分：标准化文件的结构和起草规则》的规定起草。

请注意本文件中的某些内容可能涉及专利。本文件的发布机构不承担识别专利的责任。

本文件由苏中药业集团股份有限公司、南京中医药大学和中国医学科学院药用植物研究所提出。

本文件由中华中医药学会归口。

本文件起草单位：苏中药业集团股份有限公司、南京中医药大学、中国医学科学院药用植物研究所、重庆市药物种植研究所。

本文件主要起草人：唐仁茂、吴啟南、唐海涛、沈小林、王秀俊、严辉、魏建和、王文全、王秋玲、杨小玉、辛元尧、王苗苗。

黄蜀葵花规范化生产技术规程

1 范围

本文件确立了黄蜀葵花规范化生产流程、关键控制点及技术参数、黄蜀葵花规范化生产各环节的技术规程。

本文件适用于黄蜀葵花的规范化生产。

2 规范性引用文件

下列文件中的内容通过文中的规范性引用而构成本文件必不可少的条款。凡是注明日期的引用文件,仅所注明日期的版本适用于本文件。凡是不注明日期的引用文件,其最新版本(包括所有的修改版本)适用于本文件。

GB 3095　环境空气质量标准

GB/T 3543　农作物种子检验规程

GB 5084　农田灌溉水质标准

GB 5749　生活饮用水卫生标准

GB 15618—2018　土壤环境质量　农用地土壤污染风险管控标准(试行)

T/CACM 1374.1—2021　中药材规范化生产技术规程通则　植物药材

3 术语和定义

T/CACM 1374.1—2021界定的以及下列术语和定义适用于本文件。

3.1　规范化生产　good agricultural practice

按照《中药材生产质量管理规范》(简称中药材 GAP)的要求,实施药材生产,保证中药材优质安全的生产过程。

3.2　技术规程　code of practice

为实现中药材生产顺利、有序进行,保证中药材生产质量,对中药材生产的基地选址、种子种苗、种植或野生抚育、采收与产地初加工以及包装、放行与贮运等,所做的技术规定和要求,是实施中药材规范生产的核心技术要求和实施指南。

4 黄蜀葵花规范化生产流程图

黄蜀葵花的规范化生产流程见图 1。

黄蜀葵花规范化生产流程：   关键控制点及技术参数：

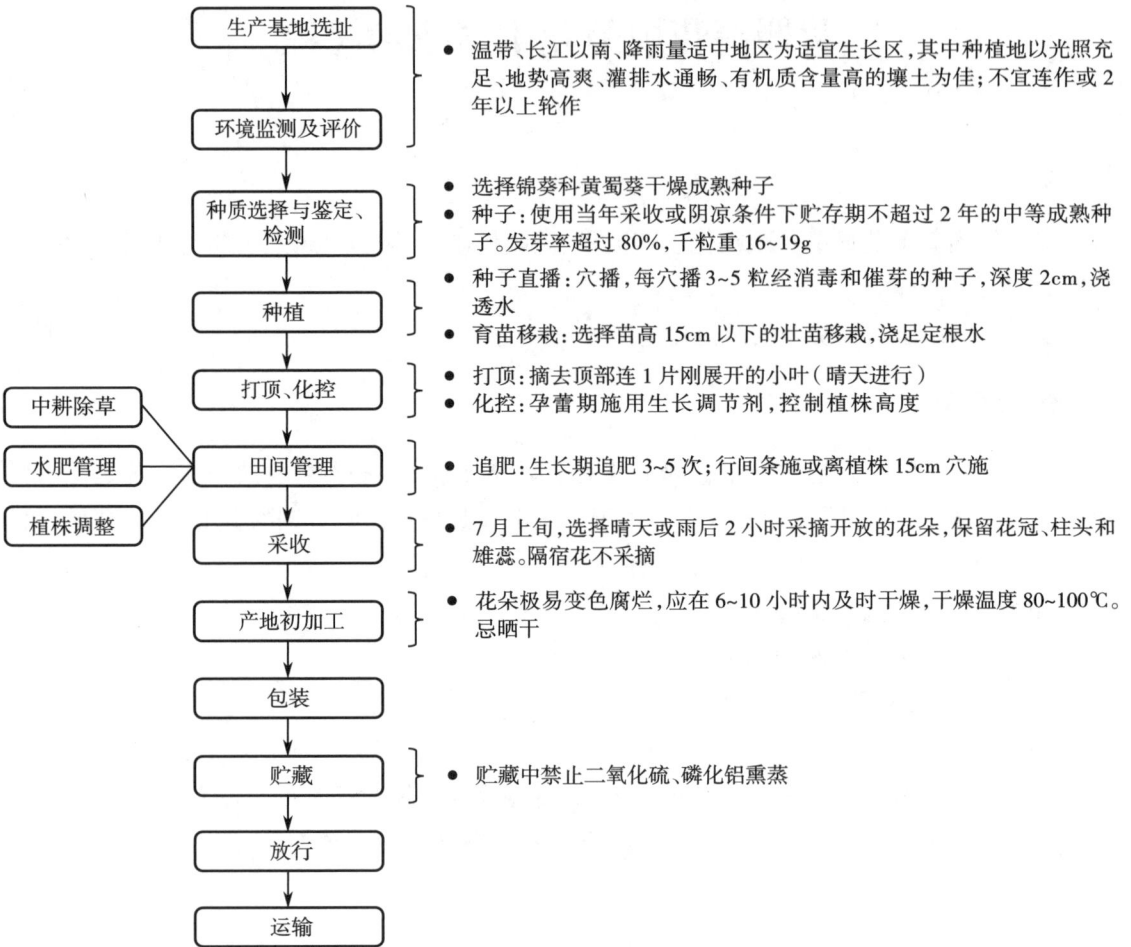

图 1   黄蜀葵花规范化生产流程图

5   黄蜀葵花规范化生产技术

5.1   生产基地选址

5.1.1   选地

黄蜀葵多为一年生直立草本植物,喜温暖、雨量适中气候,怕涝,以光照充足、地势高爽、灌排水畅通、土壤有机质含量较高的壤土种植为宜,植株适应性较强,忌连作。江苏、安徽、湖北、河南为适宜主产地。

选地重点包括以下几个方面。

（1）茬口:空白地、蒜地、大麦茬口较宜,油菜、小麦茬口次之。另外,土壤病、土传病也是茬口调查的一个关注点。

（2）地理位置:宜选阳光充足、无遮荫、地势高,且排灌设施完好的位置。

（3）土质:壤土较宜。有条件的种植单位,可参照土壤环境质量标准 GB/T 15618—

2018,预先检测土壤有机质含量、氮磷钾含量、重金属和农药残留量等,然后根据检测结果,选优去劣。

（4）无严重土壤病、土传病。

（5）便于灌排水。

5.1.2 整地

（1）深翻：深翻不仅可增加通气与透水性,土壤中好氧微生物的活动能力也会变强,加速土壤中有机质与矿物质的转化。另外,深翻也有利于消灭杂草和减轻病虫害。

（2）黄蜀葵种植时,可在清明前 7 天左右深翻 1 次,深度 30cm,如无前茬,可在入冬前深翻,以减少病虫害。

（3）施足基肥：深翻的同时,施足腐熟的有机肥和/或复合肥。黄蜀葵种植时,每亩（1 亩 ≈ 666.7m²,下文同）施农家肥 2 000kg、复合肥 30kg。

（4）灌排设施建设：在整地时,疏通厢沟、腰沟、围沟,做到沟渠相通,有备无患。厢沟的深度,可达 30cm。相对于旱,黄蜀葵更怕涝。

（5）清园：整地时,去除田间的砖块、残茬、草皮等,以消灭病虫害的寄主和杂物,使种田干净。

（6）起垄：地势较低的地方在整地时须起垄,起垄的高度约 20cm,不宜过高。

（7）整地后,土壤应细碎疏松,表土平整,几无残茬、石块、草皮,干湿适度。

5.1.3 环境监测

基地的大气、土壤和水样品的检测按照 GAP 要求,应符合 GB 3095《环境空气质量标准》、GB 5084《农田灌溉水质标准》和 GB 15618—2018《土壤环境质量 农用地土壤污染风险管控标准（试行）》等国家标准,且要保证生长期间持续符合标准。

5.2 种质与种子

5.2.1 种质选择

使用锦葵科植物黄蜀葵 *Abelmoschus manihot*（L.）Medic. 干燥成熟的种子,物种须经过鉴定,如使用选育品种应加以明确。

5.2.2 种子质量

应使用当年采收或阴凉条件下贮存期不超过 2 年成熟的种子,发芽率超过 80%,千粒重 16~19g,经检验符合黄蜀葵种子质量团体标准。

5.2.3 良种繁育

5.2.3.1 种子田的选择

选择土壤肥沃、地势平坦、阳光充足、土质良好、排灌方便的地块,未种植过黄蜀葵。种子田的面积应根据种子的生产计划量来确定。

5.2.3.2 种子田的隔离

黄蜀葵属常异花授粉植物,异交率较高,所以用于良种繁育的地块必须实行隔离。一般空间隔离 200m 以上。在考虑隔离距离时,还应考虑传粉时的风向等。

5.2.3.3 种子田的栽培管理

（1）严把播种关：精细整地,合理整地,适时播种,确保苗全、齐、匀、壮。

（2）加强田间管理：根据黄蜀葵生长情况,合理施用肥水,搞好化控,加强病虫害的综合防治。对于病虫害,重在预防。

（3）种子田种植时的株行距,相对于收花田而言,可适当放宽,如大行行距150cm,小行行距100cm,株距约80cm。

5.2.3.4 去杂去劣、疏花疏果

（1）去杂去劣：去杂去劣必须在熟悉黄蜀葵典型性性状的基础上进行。去杂去劣要做到及早、从严、彻底,并分期完成。对感染病虫害的植株及相邻植株,要及时发现、及时治理、及时清除。

（2）疏花疏果：对于小花、发育不良的花,应及时掐掉；对于小果、发育不良的果,也应及时剪除。

5.2.3.5 留种

（1）根据黄蜀葵的生长特性和种子的发育情况,选择中期所结果实留种。

（2）留种的植株摘除前7天左右的花,以减少植株养分的消耗。

（3）9月中旬以后,气温逐渐降低,所开的花受精后形成的果实不易成熟,所以,在9月下旬应摘除植株顶部尚未开花的花蕾,停止结果,满足已留种所需的营养供给,保证所留种子的质量。种子按GB/T 3543《农作物种子检验规程》检验。

5.2.4 采收与选种

5.2.4.1 采收

（1）9月中旬开始,蒴果表面逐渐变成灰褐色,出现淡灰色稍宽的腹缝线纹、顶部稍有开裂尚未完全开裂时,即可采收。

（2）宜选择晴天露水干后剪下成熟蒴果。应注意做到按果实成熟情况分批采收。

5.2.4.2 干燥

（1）种子收获后,必须及时将种子干燥,将其水分降低到安全包装和安全贮藏的界限,以保持种子旺盛的生命力和活力,提高种子质量,使种子能安全经过从收获到播种的贮藏阶段。

（2）种子干燥的主要方法有自然干燥法和热空气干燥法。

（3）种子干燥时注意：①防止长时间太阳光下的高温地面,尤其是水泥地面灼伤种子；②薄摊勤翻；③不能暴晒。

5.2.4.3 选种

对已收集的种子进行风选、水选,进一步去除杂质和劣质种子,保留颗粒饱满、大小均匀、颜色较深的种子。

5.2.4.4 包装贮存

用透气性较好的麻袋、蛇皮袋等分批进行定量包装、入库,阴凉保存,贮存时间不超过2年。

5.3 种植

5.3.1 种子消毒

（1）黄蜀葵种子消毒常用药剂消毒法，目前所用药剂为多菌灵和咪鲜胺。

（2）多菌灵浸种法：用50%多菌灵可湿性粉剂，按多菌灵可湿性粉剂与种子的重量比例=1：80~1：100拌种均匀。

（3）咪鲜胺法：采用温汤浸种法，即在某一个容器中注水4L，加热，温度上升到55℃停止加热，加入一支咪鲜胺药剂（2ml/支），充分搅拌均匀后，加入2kg种子，50~52℃保温20分钟，其间搅拌2~3次。

5.3.2 种子催芽

（1）黄蜀葵种子常采用水浸催芽的方法。浸种水应符合GB 5749《生活饮用水卫生标准》。

（2）下种前1天，选粒大、饱满、色黑的种子置于30~40℃的温水中，保持水温（中途注意换1~2次温水），浸泡12小时，去除漂浮种子，取出，冷水清洗，用保湿透气的覆盖物闷8~10小时，待种子膨大或外皮破裂露白达50%时，即可播种，静待子叶长出。

（3）催芽后的种子已处于萌发阶段，应尽快播种，防止缺水引起枯死。

（4）用咪鲜胺法消毒过的种子，浸种2~3天。当种子露白率达50%时停止浸种，倒尽浸种液，即可播种。

（5）大田直播时将种子催芽，可在上文（2）中"去除漂浮种子，取出，冷水清洗"后播种。

（6）播种时，土壤墒情应达到70%左右。

5.3.3 种子直播

（1）土壤精细整理后，进行播种。

（2）黄蜀葵通常在日平均气温可稳定在15℃以上播种。

（3）播种使用的种子质量应符合以下要求：净度≥99.0%，千粒重≥16.0g，含水量≤10.0%，发芽率≥80.0%。

（4）黄蜀葵播种采用穴播法，每穴播3~5粒种子，播种深度2cm左右，浇透水。

（5）播种至出苗期应保持土壤湿润，阴有小雨天气播种最好。

（6）播种密度每亩900~1 000株。如株距0.60m、行距1.20m，或株距0.60m、小行距0.9m、大行距1.40m。

5.3.4 育苗移栽

5.3.4.1 育苗

（1）黄蜀葵育苗方式主要有制钵育苗、营养杯及穴盘育苗。

（2）苗床准备：4月5日左右，选背风向阳、地势高亢、便于管理的地块，挖好苗床，深度为10cm左右（营养钵高度），床底铲平夯实，底部及床四周铺垫地膜。苗床不应建在大树底或其他阴凉处。

（3）营养土配制：挖取的苗床土暴晒一周左右后，过筛，按田园土：45%复合肥：草木

灰 =10∶1∶0.5 的重量比例掺入复合肥和草木灰,混合均匀,其中的复合肥,可选 N、P、K 均衡或 P、K 比例略高的复合肥。营养土所含水分以手握成团、落地即散为宜。

（4）制钵:用适当规格的制钵器制钵,如内径 × 高为 6cm×10cm,整齐摆入苗床,浇透水。

（5）播种:每钵放 3~5 粒种子,盖上约 2cm 籽土,并用毒死蜱颗粒或辛硫磷颗粒等均匀撒在盖籽土上,用量为 10~13g/m²,用竹子、绳子、透明塑料膜、木棒等搭好拱棚。

5.3.4.2 苗床管理

（1）温度控制:温度控制在 20~30℃之间,苗出后若中午棚内超过 32℃时要及时通风,傍晚时再封好薄膜。当出苗达 70% 时,应适当降低温度,防止高温"窜苗"。

（2）水分控制:整个苗床管理期间要注意水分的补充,特别是气温比较高的时候,不能让土壤太干。采用底部浇灌的方法,一次浇透,5 天左右浇一次为宜,具体时间根据土壤干湿度而定。

（3）间苗除草:齐苗后,及时间苗除草,去劣留壮。间苗拔草时注意不伤及留苗的根系。

（4）病虫害防治:出真叶后,喷施适量噁霉灵、阿维菌素等对病虫害进行防治,7~10 天喷施一次,苗床期喷 2~3 次,每次用量宜采用该农药的最小有效剂量。

（5）大苗控制:如不能按时移栽,应控制苗的生长速度。可用以下方法:一是控制苗床水分,少浇水或不浇水;二是微量化调,用助壮素 1g 兑水 100kg 后喷雾适量。

（6）栽前管理:在移栽大田前 7 天开始通风炼苗,遇雨或天气寒冷仍须封好薄膜。

5.3.4.3 移栽

（1）移栽时,选壮苗带营养土移栽,要使根系舒展、小苗直立,并及时浇足定根水。

（2）在苗高低于 15cm 时移栽。选壮苗移栽,是丰产的前提。

（3）育苗移栽利于齐苗,利于壮苗。

5.3.5 打顶

（1）打顶宜在晴天上午进行。

（2）通常采用打小顶法,即打去顶尖连 1 片刚展开的小叶。

（3）打顶应与施肥、浇水、化控等配合使用。

5.3.6 化控

化控是通过使用微量植物生长调节剂,调节作物生长的进程,包括种子萌动、生根、发芽、抽枝、展叶、开花等。

5.3.6.1 植物生长调节剂

（1）植物生长调节剂,按作用分为生长促进型和生长延缓型。

（2）黄蜀葵的化控,禁止使用 B9。

5.3.6.2 黄蜀葵控高基本原则

（1）根据长势、肥力、天气状况灵活施药,长势旺、肥水条件好的田地,适当早而重;长势较弱,地薄肥水少的田地,迟而轻或不施。

（2）喷高不喷矮,控大不控小,促进群体平衡,防止大苗欺小苗。

（3）选择关键时期进行化控。如关注黄蜀葵蕾期的化控,刚孕蕾时,对高达 1.2m 以上的植株及时控高。

（4）化控用量,通常是前轻后重、少量多次。不可因担心生长调节剂使用后的效果,而随意提高生长调节剂的用量。

（5）施用生长调节剂,应选在晴天下午 5:00 以后进行,宜喷在叶片的背面,喷后 6 小时左右,遇中等以上降雨应重喷。

（6）生长调节剂不是营养物质,应配合水肥等合理施用,以达到预期效果。

5.3.7 施肥

（1）黄蜀葵种植时,基肥应以有机肥为主,配合缓效性复合肥,在整地时施入土壤。

（2）种肥一般在土壤肥力差、基肥不足时施用,种肥要施于种子侧下方 5cm 左右处,如采用浸种或蘸根的方式,浓度不宜高。

（3）黄蜀葵土壤追肥前期以氮肥为主,后期以磷、钾肥为主。追肥的作用是在基肥肥效减弱时补足对作物的养分供给,更好地满足各生育期对养分的需求。一个生长周期内,黄蜀葵一般追肥 4 次左右,每次施用量可根据追肥总量、次数及需肥特点而定。

（4）叶面喷肥时,肥料使用浓度要适当。一般微肥浓度为 0.1%~0.2%,大量元素肥料浓度为 0.1%~1%,如尿素浓度 0.5%、磷酸二氢钾 0.1%~0.2%、过磷酸钙 0.5%~1%(取上清液)。

5.3.8 田间管理

5.3.8.1 间补苗

（1）黄蜀葵播种量一般为每穴 2~3 粒种子,故出苗后应根据种植密度拔除生长过密、瘦弱和有病虫的幼苗。

（2）间苗宜早,幼苗生长过大,间苗会变困难,并易伤害附近植株。

（3）若有缺株,应从间出的苗中选择生长健壮的幼苗进行补栽。

（4）如间出的苗不够用,则应补种。

5.3.8.2 中耕除草

（1）幼苗阶段及植株封行前,进行中耕。

（2）中耕深度 5cm 左右,中耕时,应注意保护好黄蜀葵的根系。

（3）中耕次数,应参照土壤质地、杂草、植株生长情况及气候而定。

5.3.8.3 追肥

（1）黄蜀葵生长期追肥 3~5 次,如幼苗期轻施一次菌肥,定苗后施一次萌发肥,蕾期施一次蕾肥,花期施 1~2 次花肥。

（2）追肥宜在晴天或阴天,行间条施或离植株 15cm 穴施。

5.3.8.4 化控

（1）苗高 40cm 后,应用植物生长调节剂进行控高。

（2）用量为每亩用助壮素 5~6ml 兑水 20~30L 喷施,或每亩用 15% 多效唑可湿性粉剂 25~30g 兑水 25~30L 喷施。

（3）根据控高效果决定喷施的次数,整个生长期一般控高 3 次左右。

5.3.9 鲜花采收

（1）黄蜀葵7月上旬开始开花，每朵花开放一天，盛花期8月上旬至9月中旬。

（2）晴天，应待露水干后采摘；雨天，应待雨停2小时后采摘，采后应妥善处理。

（3）当天开放的花朵应当天采摘，不得采隔宿花。

（4）应采摘完全开放的花，去掉子房、花萼、副萼、花柄、叶片，只保留花瓣、花柱、柱头及雄蕊。

（5）采花使用的盛具，必须通风透气，一般使用竹筐、条筐或蛇皮袋。

5.3.10 加工

（1）干燥的主要方法是烘干，不宜晒干。

（2）花朵极易变色腐烂，应在6~10小时内及时干燥。

（3）当天采摘的花应及时按顺序烘干，不能立即送入烘房的花应摊开放置于通风干燥处并经常翻动，切忌在太阳下堆积，防止发热腐烂。

（4）烘干后的干花应除去杂质、异物、腐烂变色及未烘干的花。

（5）烘干后的干花晾干后及时装袋。

5.3.11 干花质量

（1）黄蜀葵花药材为锦葵科植物黄蜀葵的干燥花冠，夏秋两季花开时采摘，及时干燥。

（2）2020年版《中华人民共和国药典》收载了黄蜀葵花药材，规定了黄蜀葵干花的性状、水分、含量和总灰分及浸出物等指标。

（3）加工的干花其所有检出指标均应符合质量标准规定。

5.4 包装、放行、贮运

5.4.1 包装

（1）包装前应对每批药材按照国家标准进行质量检验。

（2）符合国家标准的药材，采用不影响质量的编织袋等包装，禁止采用包装过肥料、农药等的包装袋包装。

（3）包装外贴或挂标签、合格证，标识牌内容应有药材名、基源、产地、批号、规格、重量、采收日期、企业名称等，并有追溯码。

5.4.2 放行

（1）制定符合企业实际情况的放行制度，有审核批生产、检验等的相关记录。

（2）每批药材应有检验报告单。

（3）不合格药材有单独处理制度。

5.4.3 贮运

（1）药材贮存于阴凉干燥处，定期检查，防止虫蛀、霉变、腐烂、泛油等的发生。

（2）仓库控制温度在20℃、相对湿度75%以下。

（3）不同批次、等级药材分区存放。

（4）建有定期检查制度。

（5）禁止磷化铝和二氧化硫熏蒸。

（6）运输应防止发生混淆、污染、异物混入、包装破损、雨雪淋湿等。

附 录 A

（规范性）

禁限用农药名单

A.1 禁止（停止）使用的农药（46 种）

六六六、滴滴涕、毒杀芬、二溴氯丙烷、杀虫脒、二溴乙烷、除草醚、艾氏剂、狄氏剂、汞制剂、砷类、铅类、敌枯双、氟乙酰胺、甘氟、毒鼠强、氟乙酸钠、毒鼠硅、甲胺磷、对硫磷、甲基对硫磷、久效磷、磷胺、苯线磷、地虫硫磷、甲基硫环磷、磷化钙、磷化镁、磷化锌、硫线磷、蝇毒磷、治螟磷、特丁硫磷、氯磺隆、胺苯磺隆、甲磺隆、福美胂、福美甲胂、三氯杀螨醇、林丹、硫丹、溴甲烷、氟虫胺、杀扑磷、百草枯、2,4- 滴丁酯。

注：氟虫胺自 2020 年 1 月 1 日起禁止使用。百草枯可溶胶剂自 2020 年 9 月 26 日起禁止使用。2,4- 滴丁酯自 2023 年 1 月 29 日起禁止使用。溴甲烷可用于"检疫熏蒸处理"。杀扑磷已无制剂登记。

A.2 在部分范围禁止使用的农药（20 种）

部分范围禁止使用的农药应注意药食同源中药材及来自其他作物的中药材。部分范围禁止使用的农药见表 A.1。

表 A.1 部分范围禁止使用的农药

通用名	禁止使用范围
甲拌磷、甲基异柳磷、克百威、水胺硫磷、氧乐果、灭多威、涕灭威、灭线磷	禁止在蔬菜、瓜果、茶叶、菌类、中草药材上使用，禁止用于防治卫生害虫，禁止用于水生植物的病虫害防治
甲拌磷、甲基异柳磷、克百威	禁止在甘蔗作物上使用
内吸磷、硫环磷、氯唑磷	禁止在蔬菜、瓜果、茶叶、中草药材上使用
乙酰甲胺磷、丁硫克百威、乐果	禁止在蔬菜、瓜果、茶叶、菌类和中草药材上使用
毒死蜱、三唑磷	禁止在蔬菜上使用
丁酰肼（比久）	禁止在花生上使用
氰戊菊酯	禁止在茶叶上使用
氟虫腈	禁止在所有农作物上使用（玉米等部分旱田种子包衣除外）
氟苯虫酰胺	禁止在水稻上使用

A.3 说明

本附录的内容来自 2019 年中华人民共和国农业农村部发布的《禁限用农药名录》（http://www.zzys.moa.gov.cn/gzdt/201911/t20191129_6332604.htm）。

附 录 B

（资料性）

农业农村部推荐使用农药名单

B.1 杀虫、杀螨剂

B.1.1 生物制剂和天然物质

苏云金杆菌、甜菜夜蛾核多角体病毒、银纹夜蛾核多角体病毒、小菜蛾颗粒体病毒、茶尺蠖核多角体病毒、棉铃虫核多角体病毒、苦参碱、印楝素、烟碱、鱼藤酮、苦皮藤素、阿维菌素、多杀霉素、浏阳霉素、白僵菌、除虫菊素、硫黄悬浮剂。

B.1.2 合成制剂

溴氰菊酯、氟氯氰菊酯、氯氟氰菊酯、氯氰菊酯、联苯菊酯、氰戊菊酯、甲氰菊酯、氟丙菊酯、硫双威、丁硫克百威、抗蚜威、异丙威、速灭威、辛硫磷、毒死蜱、敌百虫、敌敌畏、马拉硫磷、乙酰甲胺磷、乐果、三唑磷、杀螟硫磷、倍硫磷、丙溴磷、二嗪磷、亚胺硫磷、灭幼脲、氟啶脲、氟铃脲、氟虫脲、除虫脲、噻嗪酮、抑食肼、虫酰肼、哒螨灵、四螨嗪、唑螨酯、三唑锡、炔螨特、噻螨酮、苯丁锡、单甲脒、双甲脒、杀虫单、杀虫双、杀螟丹、甲氨基阿维菌素、啶虫脒、吡虫啉、灭蝇胺、氟虫腈、溴虫腈、丁醚脲。

B.2 杀菌剂

B.2.1 无机杀菌剂

碱式硫酸铜、王铜、氢氧化铜、氧化亚铜、石硫合剂。

B.2.2 合成杀菌剂

代森锌、代森锰锌、福美双、乙磷铝、多菌灵、甲基硫菌灵、噻菌灵、百菌清、三唑酮、三唑醇、烯唑醇、戊唑醇、己唑醇、腈菌唑、乙霉威·硫菌灵、腐霉利、异菌脲、霜霉威、烯酰·锰锌、霜脲·锰锌、邻烯丙基苯酚、嘧霉胺、氟吗啉、盐酸吗啉胍、噁霉灵、噻菌铜、咪鲜胺、咪鲜胺锰盐、抑霉唑、氨基寡糖素、甲霜·锰锌、亚胺唑、春·王铜、噁唑烷酮·锰锌、脂肪酸铜、松脂酸铜、腈嘧菌酯。

B.2.3 生物制剂

井冈霉素、农抗120、菇类蛋白多糖、春雷霉素、多抗霉素、宁南霉素、木霉菌、农用链霉素。

附　录　C
（资料性）
黄蜀葵花常见病害防治的参考方法

黄蜀葵花常见病害防治的参考方法见表 C.1。

表 C.1　黄蜀葵花常见病害防治的参考方法

常见病害	危害症状	防治技术
茎腐病	是由多种真菌和细菌单独或复合侵染引起,多发于黄蜀葵苗期和营养生长期,梅雨季节为发病盛期,多发生在近地茎部分,连作、地势低洼、有机肥未腐熟、种植密度过大、播种过早、植株过于细弱等是引起茎腐病的主要原因,茎腐病发生的适宜温度为 23~28℃	a. 合理轮作,轮作可减少土壤中的病原菌,实现水旱轮作效果更好 b. 精选良种、抗病种。选用千粒重较高、带病菌较少的种子,可使幼苗生长健壮,不易生病 c. 拌种或包衣,用甲福包衣或用多菌灵拌种、咪鲜胺浸种 d. 适时播种,避免播种过早,一般以气温持续稳定在 15℃以上播种为宜
根腐病	是地下根部受病菌侵染,先由须根向支根然后再向主根逐渐蔓延,颜色也逐渐变为深褐色。发病后地下根部慢慢腐烂,初期地面茎部没有明显症状,但随时间推移,没有根部供应肥料和水分,茎部就会发生枯萎,枝叶发黄,直到死亡	a. 种子消毒、种子包衣 b. 轮作、土壤消毒 c. 加强田间管理,改善栽培环境。如整地时土壤深翻暴晒,积水时及时开沟排水,发病时及时清除病株、挖除病根等 d. 发病后灌根。用噁霉灵、甲霜·噁霉灵、嘧菌酯、福美双等进行治疗
叶斑病	主要发生在叶片上,严重时叶柄、叶脉和嫩枝也会受害;空气湿度高、多雨、夜间结露多有利于发病,适宜温度 20~28℃,病原物从伤口、气孔、皮孔侵入;病原菌以真菌为主,少数细菌也能引起叶斑病	a. 田间清洁,清除田间的病残落叶,集中销毁 b. 加强田间管理;改善田间通风,缩短植株表面结露时间并及时做好清沟排渍,降低田间湿度 c. 田间喷药保护。可于苗期和营养生长期用百菌清或代森锰锌等喷雾,隔 15~20d 喷雾 1 次,连喷 2~3 次,预防病害发生 d. 发生病害,用叶斑清、复方硫菌灵、肟菌·戊唑醇等进行治疗

附　录　D

（资料性）

黄蜀葵花常见虫害防治的参考方法

黄蜀葵的主要害虫包括斜纹夜蛾、铜绿丽金龟、蝼蛄、小地老虎等,这些害虫往往会导致黄蜀葵出现孔洞、皱缩、萎蔫等。

D.1　斜纹夜蛾

鳞翅目夜蛾科,主要分布在长江流域的江西、湖北、湖南、浙江、江苏、安徽及黄河流域的河南、河北、山东等省份。斜纹夜蛾的防治方法:①收获后翻耕晒土或灌水,以破坏或恶化其化蛹场所,有助于减少虫源;②利用成虫的趋光性和趋化性,主要用黑光灯、糖醋液、杨树枝及甘薯豆饼发酵液诱杀;③采用化学方法,常用的药剂有阿维菌素、苏云金杆菌、氯虫苯甲酰胺、噻虫嗪等,每7~10天喷1次,连喷2~3次,按照标签使用。

D.2　蝼蛄

直翅目蝼蛄科,俗称土狗子。蝼蛄分为华北蝼蛄、东方蝼蛄、欧洲蝼蛄、台湾蝼蛄等。蝼蛄危害盛发期在8—10月。蝼蛄的防治方法:①深翻土壤、精耕细作;②用腐熟的有机肥料;③追施碳酸氢铵等化肥,散出的氨气对蝼蛄有一定驱避作用;④实行水旱轮作,可消灭大量蝼蛄,减轻危害;⑤采用化学方法,常用的药剂有辛硫磷、白僵菌、敌百虫等,按照标签使用。

D.3　地老虎

鳞翅目夜蛾科,主要分为小地老虎、黄地老虎、大地老虎三种,其中小地老虎最为重要;地老虎体长20mm左右,暗褐色。前翅上肾纹、环纹、棒纹均十分明显,各纹周围有黑边。末龄幼虫体长40mm左右,体表极粗糙,密布黑色颗粒。地老虎是主要的地下害虫,主要咬食作物的幼苗,造成缺苗断垄。地老虎生活的适宜温度为18~26℃,高温对其生长不利,温度大于25℃不利其生长,超过30℃幼虫大量死亡、成虫不产卵。地老虎危害盛发期在4—6月。地老虎的防治方法:①加强田间管理,中耕除草,消灭虫卵;②用黑光灯或糖醋毒液诱杀成虫;③用毒谷、毒饵等诱杀;④采用化学方法,常用的药剂有辛硫磷、高效氯氟氢菊酯等,按照标签使用。

参考文献

［1］史刚荣.黄蜀葵茎、叶的解剖学研究［J］.淮北煤师院学报（自然科学版），2003（3）：9-13.

［2］金玉松.值得开发的经济作物：黄蜀葵［J］.农村新技术，2003（1）：66.

［3］吴迷迷. 黄蜀葵胶的分析及应用研究［D］.合肥：安徽大学，2010.

［4］周桂瑜，杜宏彬.植物效益关键期若干技术措施［J］.安徽农学通报（上半月刊），2013，19（5）：17-18.

［5］谈献和，朱华云，张瑾等.黄蜀葵组织培养的初步研究［C］//中国自然资源学会天然药物资源专业委员会，中国药材 GAP 研究促进会，中共贵州省黔东南苗族侗族自治州委员会，等.全国第 8 届天然药物资源学术研讨会论文集.［出版者不详］，2008：4.

［6］王雅男.黄蜀葵生物学特性及秋水仙碱诱变株筛选的初步研究［D］.南京：南京农业大学，2012.

ICS 65.020.20
CCS C 05

团 体 标 准

T/CACM 1374.146—2021

黄精规范化生产技术规程

Code of practice for good agricultural practice of Polygonati Rhizoma

2021-10-15 发布

2021-10-15 实施

中华中医药学会　发布

目　次

前言 …………………………………………………………………………………………………… 776

1 范围 ………………………………………………………………………………………………… 777

2 规范性引用文件 …………………………………………………………………………………… 777

3 术语和定义 ………………………………………………………………………………………… 777

4 黄精规范化生产流程图 …………………………………………………………………………… 778

5 黄精规范化生产技术 ……………………………………………………………………………… 778

　5.1 生产基地选址 ………………………………………………………………………………… 778

　5.2 种质与种子 …………………………………………………………………………………… 779

　5.3 种植 …………………………………………………………………………………………… 779

　5.4 采收 …………………………………………………………………………………………… 780

　5.5 产地初加工 …………………………………………………………………………………… 780

　5.6 包装、放行和贮运 …………………………………………………………………………… 781

附录 A（资料性）　黄精常见病虫害防治的参考方法 ………………………………………… 782

附录 B（规范性）　禁限用农药名单 …………………………………………………………… 783

参考文献 ……………………………………………………………………………………………… 784

前　言

本文件按照 GB/T 1.1—2020《标准化工作导则　第 1 部分：标准化文件的结构和起草规则》的规定起草。

请注意本文件中的某些内容可能涉及专利。本文件的发布机构不承担识别专利的责任。

本文件由中国医学科学院药用植物研究所、浙江农林大学和云南中医药大学提出。

本文件由中华中医药学会归口。

本文件起草单位：中国医学科学院药用植物研究所、陕西步长制药有限公司、浙江农林大学、云南中医药大学、浙江森宇有限公司、龙山县中药材产业服务中心、重庆市药物种植研究所。

本文件主要起草人：祁建军、马存德、斯金平、季鹏章、俞巧仙、刘京晶、朱光明、傅飞龙、魏建和、王秋玲、王文全、杨小玉、辛元尧、王苗苗。

黄精规范化生产技术规程

1 范围

本文件确立了黄精的规范化生产流程,规定了黄精生产基地选址、种质与种子、种植、采收、产地初加工、包装、放行和贮运等阶段的技术要求。

本文件适用于黄精、多花黄精和滇黄精的规范化生产。

2 规范性引用文件

下列文件中的内容通过文中的规范性引用而构成本文件必不可少的条款。其中,注明日期的引用文件,仅该日期对应的版本适用于本文件;不注明日期的引用文件,其最新版本(包括所有的修改单)适用于本文件。

GB 3095　环境空气质量标准

GB/T 3543　农作物种子检验规程

GB 5084　农田灌溉水质标准

GB 5749　生活饮用水卫生标准

GB 15618—2018　土壤环境质量　农用地土壤污染风险管控标准(试行)

T/CACM 1374.1—2021　中药材规范化生产技术规程通则　植物药材

3 术语和定义

T/CACM 1374.1—2021 界定的以及下列术语和定义适用于本文件。

3.1 规范化生产　good agricultural practice

按照《中药材生产质量管理规范》(简称中药材 GAP)的要求,实施药材生产,保证中药材优质安全的生产过程。

3.2 技术规程　code of practice

为实现中药材生产顺利、有序进行,保证中药材生产质量,对中药材生产的基地选址、种子种苗、种植或野生抚育、采收与产地初加工以及包装、放行与贮运等,所做的技术规定和要求,是实施中药材规范生产的核心技术要求和实施指南。

3.3 黄精　Polygonati Rhizoma

黄精(*Polygonatum sibiricum* Red.)、多花黄精(*P. cyrtonema* Hua)与滇黄精(*P. kingianum* Coll. et Hemsl.)的干燥根茎。

4 黄精规范化生产流程图

黄精规范化生产流程见图1。

黄精规范化生产流程:

关键控制点及参数:

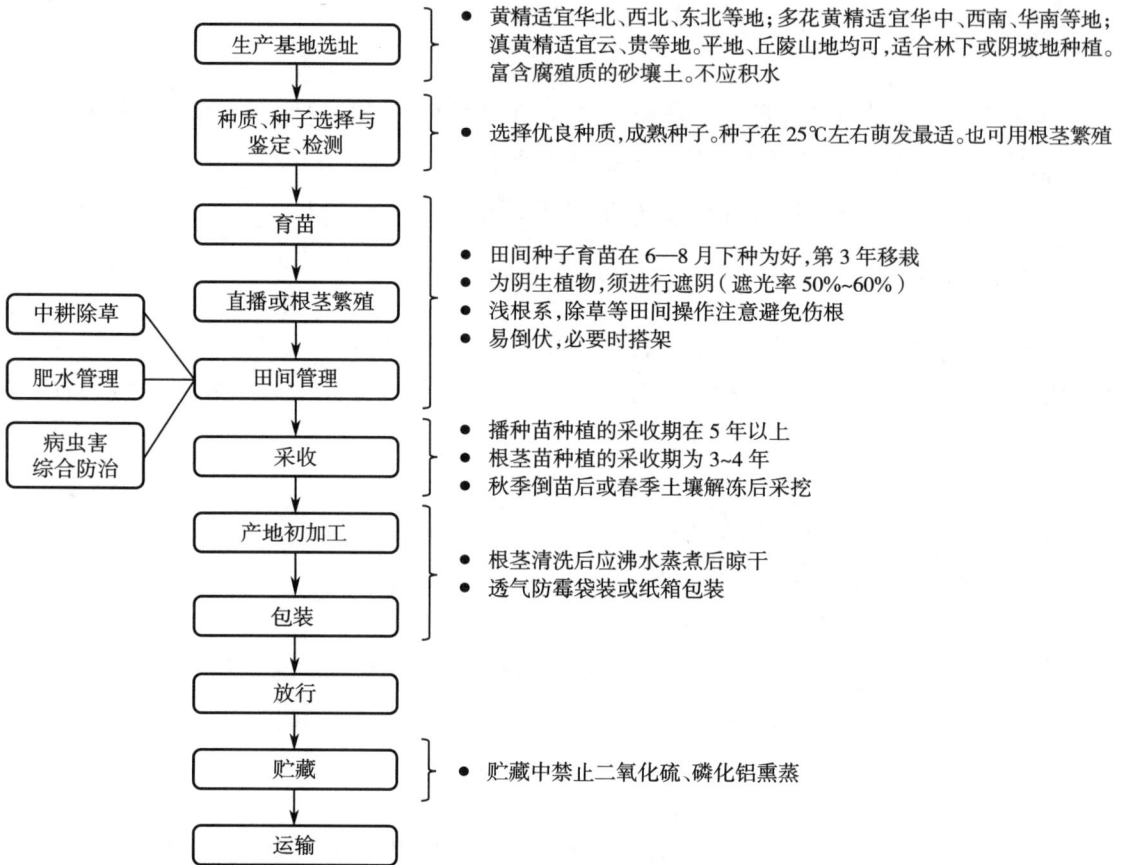

- 生产基地选址
  - 黄精适宜华北、西北、东北等地;多花黄精适宜华中、西南、华南等地;滇黄精适宜云、贵等地。平地、丘陵山地均可,适合林下或阴坡地种植。富含腐殖质的砂壤土。不应积水

- 种质、种子选择与鉴定、检测
  - 选择优良种质,成熟种子。种子在25℃左右萌发最适。也可用根茎繁殖

- 育苗
- 直播或根茎繁殖
- 田间管理
  - 中耕除草
  - 肥水管理
  - 病虫害综合防治
  - 田间种子育苗在6—8月下种为好,第3年移栽
  - 为阴生植物,须进行遮阴(遮光率50%~60%)
  - 浅根系,除草等田间操作注意避免伤根
  - 易倒伏,必要时搭架

- 采收
  - 播种苗种植的采收期在5年以上
  - 根茎苗种植的采收期为3~4年
  - 秋季倒苗后或春季土壤解冻后采挖

- 产地初加工
- 包装
  - 根茎清洗后应沸水蒸煮后晾干
  - 透气防霉袋装或纸箱包装

- 放行

- 贮藏
  - 贮藏中禁止二氧化硫、磷化铝熏蒸

- 运输

图1 黄精规范化生产流程图

5 黄精规范化生产技术

5.1 生产基地选址

5.1.1 产地选择

黄精药材来源于三种植物,黄精、多花黄精和滇黄精,分别适合在不同产地种植。黄精适合在中国的东北、华北、西北(陕西、甘肃、宁夏等地)、淮河以北及云贵高原部分地区种植;多花黄精适合在淮河以南到华南北部的长江流域、四川、重庆、贵州等地种植;滇黄精适合在云南及与云南接壤的贵州、四川部分地区种植。黄精与多花黄精一般种植在海拔2 000m以下,滇黄精种植在海拔700~3 000m。

5.1.2 地块选择

平地、山地均可种植,适合腐殖质深厚的林下、阴坡地种植。土壤以肥沃砂壤土为宜,不

应连作。

育苗地应选择阴坡,坡度为 15°~30° 的荒地或熟地,土层疏松肥沃,无积水。需要时可搭建遮阴设施,遮光率 50%~60%。

黄精、多花黄精和滇黄精适合种植的土壤环境差异较大,应按照"5.1.1"在适合的道地产区选择种植地块。

5.1.3 环境监测

按照 GAP 要求,基地的大气质量应符合 GB 3095 的规定、土壤质量应符合 GB 15618—2018 的规定、水质应符合 GB 5084 的规定,生活饮用水应符合 GB 5749 的规定,并保证生长期间持续符合标准的要求。

5.2 种质与种子

5.2.1 种质选择

使用百合科植物黄精(*Polygonatum sibiricum* Red.)、多花黄精(*P. cyrtonema* Hua)与滇黄精(*P. kingianum* Coll. et Hemsl.),物种应经过鉴定。如使用农家品种或选育品种应加以明确。

5.2.2 种子质量

黄精种子千粒重大于 30g,多花黄精与滇黄精种子千粒重大于 32g。种子净度 98% 以上,发芽率不低于 90%。成熟的黄精种子在自然阴干后可在室内通风条件下保存。种子质量应符合 GB/T 3543 的规定。

5.2.3 良种繁育

生长 4 年以上,进入盛花期的植株种子产量高、质量好,可以采集种子。每年的 9 月底—10 月初,果实由硬变软时可采集。滇黄精种子采集一般在 10—11 月。采集的果实立即除去果皮果肉,清水冲洗干净后阴干保存;新鲜种子也可以立即沙藏处理。

5.3 种植

5.3.1 育苗

黄精种胚发育不全,具有休眠特性,种子一般需要处理后再播种。当年收获的种子可以立即处理,也可以第二年夏秋季节处理。在地面挖深 40cm 的坑,种子与河沙按照 1:3 的比例混合后埋入坑中,表面覆盖 5~10cm 的土。河沙的含水量在 20% 左右。种子处理的季节应保证地表以下 5cm 保持在 20℃ 左右达到 60 天以上。可随种子拌适量杀菌剂以防止霉变。做好排水措施,防止积水。第二年春季土壤解冻时,南方地区在春节后,即可挖出种子进行播种。此时可以看到种子已经萌发,并形成芽和多个须根,注意不要碰掉芽。

处理好的种子在苗床上按照 5cm×10cm 的株行距播种,注意拔草和灌溉,两年后待长出真叶后移栽。多花黄精与滇黄精种子可以在收获当年的秋季直接在苗床育苗,第三年移栽。

5.3.2 移栽

5.3.2.1 整地

清除地面和大田四周杂草,土地深耕 30cm 以上,晾晒 3~5 天后开始旋耕耙细。整地前对土壤进行杀虫、消毒处理。同时在大田四周挖好排水渠。随整地施入基肥,以有机肥为主,化学肥料为辅。农家肥应充分腐熟。整细、耙平、作畦,畦宽120cm,畦高15cm,畦间距60cm。

5.3.2.2 移栽

10月中旬至翌年3月出苗前均可移栽。

种子苗的移栽:应小心挖出种子培育的幼小根茎,注意不要碰掉芽。根茎的移栽:在采挖黄精时,选择近1~2年形成的粗壮、白嫩部分,带有2个或3个芽的根茎为1个种根茎,伤口稍加晾干或用草木灰涂抹后稍晾,即可栽种。移栽前在整好的畦面上开沟,将小根茎或挑选过出的黄精种根茎依次摆放在开好的沟内,摆放时尽量避免损害黄精的芽头,芽头须朝上,行距25~30cm,株距20~25cm。待种根茎摆放完毕,将细土搂入沟内,覆土至平。在需要种植高秆作物遮阴的地块,行距可以酌情增加。

5.3.2.3 遮阴、搭架

每年4月下旬至5月上旬在畦沟内播种玉米或搭遮阳网,在夏、秋季为黄精遮阴。当年9月下旬玉米收获后,秸秆粉碎还田,覆在畦面上。黄精和滇黄精植株高大易倒伏,栽植后根据茎秆高度,可用铁丝或尼龙网搭架,防止倒伏。不采种子的可以打尖、疏花,抑制地上部分生长。

5.3.3 田间管理

黄精出苗早,一般每年3月底—4月初即可出苗,要注意及时遮阴。黄精属于浅根系植物,在除草、施肥时应避免伤及根系,结合中耕除草施肥1~2次。黄精和滇黄精植株高,田间应搭架防止植株倒伏。在药材生产田,可以摘除花,以促进高产。

禁止使用壮根灵、膨大素等生长调节剂增大黄精根茎。

5.3.4 病虫害防治

贯彻"预防为主,综合防治"的植保方针。以农业防治为基础,提倡生物防治和物理防治,科学应用化学防治技术。

农业防治:排除田间积水,降低田间湿度;发现病株立即拔除,集中烧毁或深埋,并用5%石灰水灌病窝消毒。

物理防治:在种植地安装频振式杀虫灯,诱杀金龟子和地老虎等害虫。

化学防治:原则上以施用生物源农药为主。常见病虫害防治方法见附录A。

用化学防治时,应符合国家有关规定;优先选用高效、低毒的生物农药;尽量避免使用除草剂、杀虫剂和杀菌剂等化学农药;不应使用禁限用农药,禁限用农药名单应符合附录B的规定。

5.4 采收

黄精为多年生植物,种子繁育苗移栽后一般生长5年以上才具有经济和药用价值。用根茎移栽的生长3~4年即可采挖。秋季地上部分枯萎时即可采挖。完整挖出根部,抖去泥土,去除残茎,挑除病根。采挖过程避免破伤外皮,注意防止冻害。

5.5 产地初加工

除去须根、洗净,置蒸锅或蒸汽中蒸透后晒干或烘干。烘干温度不超过60℃。

加工干燥过程应保证场地、工具洁净,不受雨淋等。

　　黄精在烘干过程中不应一次烘干,否则折干率低、色泽较差,而且不易干透。第一次烘至全部表面皱缩时,取出放凉,用滚筒搓揉机搓揉 3~5 分钟,去掉须根。再入烘室烘 8~10 小时,取出放凉,再用滚筒搓揉机搓揉 5~10 分钟,第三次入烘室烘干。如此反复 3~4 次,至全干。

5.6　包装、放行和贮运

5.6.1　包装

　　包装前应对每批药材按照国家标准进行质量检验。符合要求的药材,采用不影响质量的编织袋等包装,禁止采用包装过肥料、农药等的包装袋包装。包装外贴或挂标签、合格证,标识牌内容应有药材名、基源、产地、批号、规格、重量、采收日期和企业名称等,并有追溯码。

5.6.2　放行

　　应制定符合企业实际情况的放行制度,有审核批生产、检验等的相关记录。不合格的药材应制定单独处理制度。

5.6.3　贮运

　　应贮存于阴凉干燥处,定期检查,防止虫蛀和霉变等发生。仓库温度应控制在 20℃以下,相对湿度 75% 以下;不同批次、等级药材分区存放;建有定期检查制度。

　　禁止磷化铝和二氧化硫熏蒸。可采用现代气调贮藏方法,包装或库内充氮或二氧化碳。运输应防止发生混淆、污染、异物混入、包装破损和雨雪淋湿等。

附 录 A

（资料性）

黄精常见病虫害防治的参考方法

黄精常见病虫害防治的参考方法见表 A.1。

表 A.1 黄精常见病虫害防治的参考方法

病虫害名称	防治时期	推荐防治方法	安全间隔期 /d
叶斑病	6—8 月	1：1：100 倍波尔多液，或 65% 代森锌可湿性粉剂 500~600 倍液喷洒	7
黑斑病	6—8 月	奥力克速净液，或波尔多液，或 50% 福·福锌液，喷洒，每周 1 次，连续 4 次	7
地老虎、蛴螬（金龟子幼虫）	5—8 月	a. 每亩（1 亩 ≈ 666.7m^2）用 2.5% 敌百虫粉剂 2~2.5kg，加细土 75kg 拌匀后，沿黄精行开沟撒入，防治蛴螬 b. 地老虎防治方法同上，但用量加大 2~2.5kg，配细土 20kg；亦可用敌百虫混入香饵里，于傍晚在地里每隔 1m 投放一小堆诱杀 c. 在幼虫期用 40% 辛硫磷乳油，灌根枪灌根防治	≥30

附　录　B
（规范性）
禁限用农药名单

B.1　禁止（停止）使用的农药（46种）

六六六、滴滴涕、毒杀芬、二溴氯丙烷、杀虫脒、二溴乙烷、除草醚、艾氏剂、狄氏剂、汞制剂、砷类、铅类、敌枯双、氟乙酰胺、甘氟、毒鼠强、氟乙酸钠、毒鼠硅、甲胺磷、对硫磷、甲基对硫磷、久效磷、磷胺、苯线磷、地虫硫磷、甲基硫环磷、磷化钙、磷化镁、磷化锌、硫线磷、蝇毒磷、治螟磷、特丁硫磷、氯磺隆、胺苯磺隆、甲磺隆、福美胂、福美甲胂、三氯杀螨醇、林丹、硫丹、溴甲烷、氟虫胺、杀扑磷、百草枯、2,4-滴丁酯。

注：氟虫胺自2020年1月1日起禁止使用。百草枯可溶胶剂自2020年9月26日起禁止使用。2,4-滴丁酯自2023年1月29日起禁止使用。溴甲烷可用于"检疫熏蒸处理"。杀扑磷已无制剂登记。

B.2　在部分范围禁止使用的农药（20种）

部分范围禁止使用的农药应注意药食同源中药材及来自其他作物的中药材。部分范围禁止使用的农药见表B.1。

表B.1　部分范围禁止使用的农药

通用名	禁止使用范围
甲拌磷、甲基异柳磷、克百威、水胺硫磷、氧乐果、灭多威、涕灭威、灭线磷	禁止在蔬菜、瓜果、茶叶、菌类、中草药材上使用,禁止用于防治卫生害虫,禁止用于水生植物的病虫害防治
甲拌磷、甲基异柳磷、克百威	禁止在甘蔗作物上使用
内吸磷、硫环磷、氯唑磷	禁止在蔬菜、瓜果、茶叶、中草药材上使用
乙酰甲胺磷、丁硫克百威、乐果	禁止在蔬菜、瓜果、茶叶、菌类和中草药材上使用
毒死蜱、三唑磷	禁止在蔬菜上使用
丁酰肼（比久）	禁止在花生上使用
氰戊菊酯	禁止在茶叶上使用
氟虫腈	禁止在所有农作物上使用（玉米等部分旱田种子包衣除外）
氟苯虫酰胺	禁止在水稻上使用

B.3　说明

本附录的内容来自2019年中华人民共和国农业农村部发布的《禁限用农药名录》（http://www.zzys.moa.gov.cn/gzdt/201911/t20191129_6332604.htm）。

参考文献

[1] 么历,程慧珍,杨智.中药材规范化种植(养殖)技术指南[M].北京:中国农业出版社,2006.

[2] 陈世林.中国药材产地生态适宜性区划[M].北京:科学出版社,2011:71-73.

[3] 刘塔斯,肖冰梅,余惠旻.药用动植物种养加工技术:玉竹 黄精[M].北京:中国中医药出版社,2001:76.

[4] 冯英,田源红,汪毅,等.综合评分法优化黄精产地加工工艺[J].贵州医药,2009,33(12):1101-1103.

[5] 庞玉新,赵致,袁媛.贵州产黄精生产操作规程初步研究[J].现代中药研究与实践,2004(3):16-19.

[6] 田启建,赵致,谷甫刚.中药黄精套作玉米立体栽培模式研究初报[J].安徽农业科学,2007(36):11881-11882.

[7] 欧亚丽,李磊.遮阴对黄精光合特性和蒸腾速率的影响[J].安徽农业科学,2008(24):10326-10327.

[8] 傅飞龙,丁自勉,马存德,等.黄精种子萌发及出苗特点研究[J].中国现代中药,2017,19(8):1151-1156.

[9] 刘晓珏.种植密度对黄精生长发育及干物质积累的影响[D].咸阳:西北农林科技大学,2017.

[10] 高兴.黄精炮制前后差异性成分的分离与纯化[D].杭州:浙江大学,2018.

[11] 杨琳.黄精的产地初加工工艺研究[D].咸阳:西北农林科技大学,2015.

ICS 65.020.20
CCS C 05

团 体 标 准

T/CACM 1374.147—2021

菊花规范化生产技术规程

Code of practice for good agricultural practice of
Chrysanthemi Flos

2021-10-15 发布　　　　　　　　　　　2021-10-15 实施

中华中医药学会　发布

目　　次

前言··787

1　范围···788

2　规范性引用文件···788

3　术语和定义···788

4　菊花规范化生产流程图···789

5　菊花规范化生产技术···789

　　5.1　生产基地选址··789

　　5.2　种质与种苗··790

　　5.3　种苗繁育··790

　　5.4　种植···791

　　5.5　采收···793

　　5.6　产地初加工··793

　　5.7　包装、放行、贮运···793

附录A（资料性）　菊花常见病虫害防治的参考方法···795

附录B（规范性）　禁限用农药名单··796

参考文献···797

前　　言

本文件按照 GB/T 1.1—2020《标准化工作导则　第 1 部分：标准化文件的结构和起草规则》的规定起草。

请注意本文件中的某些内容可能涉及专利。本文件的发布机构不承担识别专利的责任。

本文件由中国医学科学院药用植物研究所和南京农业大学提出。

本文件由中华中医药学会归口。

本文件起草单位：南京农业大学、桐乡市农业技术推广服务中心、河北省农林科学院、安徽省农业科学院、中国医学科学院药用植物研究所、重庆市药物种植研究所。

本文件主要起草人：郭巧生、汪涛、沈学根、谢晓亮、李卫文、刘丽、朱再标、邹庆军、杨锋、毛鹏飞、马常念、周建松、魏建和、王文全、王秋玲、杨小玉、辛元尧、王苗苗。

菊花规范化生产技术规程

1 范围

本文件确立了菊花的规范化生产流程,规定了菊花生产基地选址、种质与种子、种苗繁育、种植、采收、产地初加工、包装、放行、贮运等阶段的操作要求。

本文件适用于菊花的规范化生产。

2 规范性引用文件

下列文件中的内容通过文中的规范性引用而构成本文件必不可少的条款。其中,注明日期的引用文件,仅该日期对应的版本适用于本文件;不注明日期的引用文件,其最新版本(包括所有的修改单)适用于本文件。

GB 3095 环境空气质量标准

GB 5084 农田灌溉水质标准

GB 5749 生活饮用水卫生标准

GB 15618 土壤环境质量 农用地土壤污染风险管控标准(试行)

T/CACM 1374.1—2021 中药材规范化生产技术规程通则 植物药材

3 术语和定义

T/CACM 1374.1—2021界定的以及下列术语和定义适用于本文件。

3.1 规范化生产 good agricultural practice

按照《中药材生产质量管理规范》(简称中药材GAP)的要求,实施药材生产,保证中药材优质安全的生产过程。

3.2 技术规程 code of practice

为实现中药材生产顺利、有序进行,保证中药材生产质量,对中药材生产的基地选址、种子种苗、种植或野生抚育、采收与产地初加工以及包装、放行与贮运等,所做的技术规定和要求,是实施中药材规范生产的核心技术要求和实施指南。

3.3 菊花 Chrysanthemi Flos

菊科植物菊 *Chrysanthemum morifolium* Ramat. 的干燥头状花序。

3.4 种株 propagation material

当年菊花收获后,选择的无病、无虫口、健壮、具本选育品种或农家品种特性的可为次年生产提供分株苗或扦插苗的植株。

3.5 分株苗 offshoot seedling

健康种株越冬后发出新苗,经分株后获得的种苗。

3.6 扦插苗 cutting seedling

健康种株上提供的分枝,经扦插生根后获得的种苗。

4 菊花规范化生产流程图

菊花的规范化生产流程见图1。

菊花规范化生产流程:

关键控制点及参数:

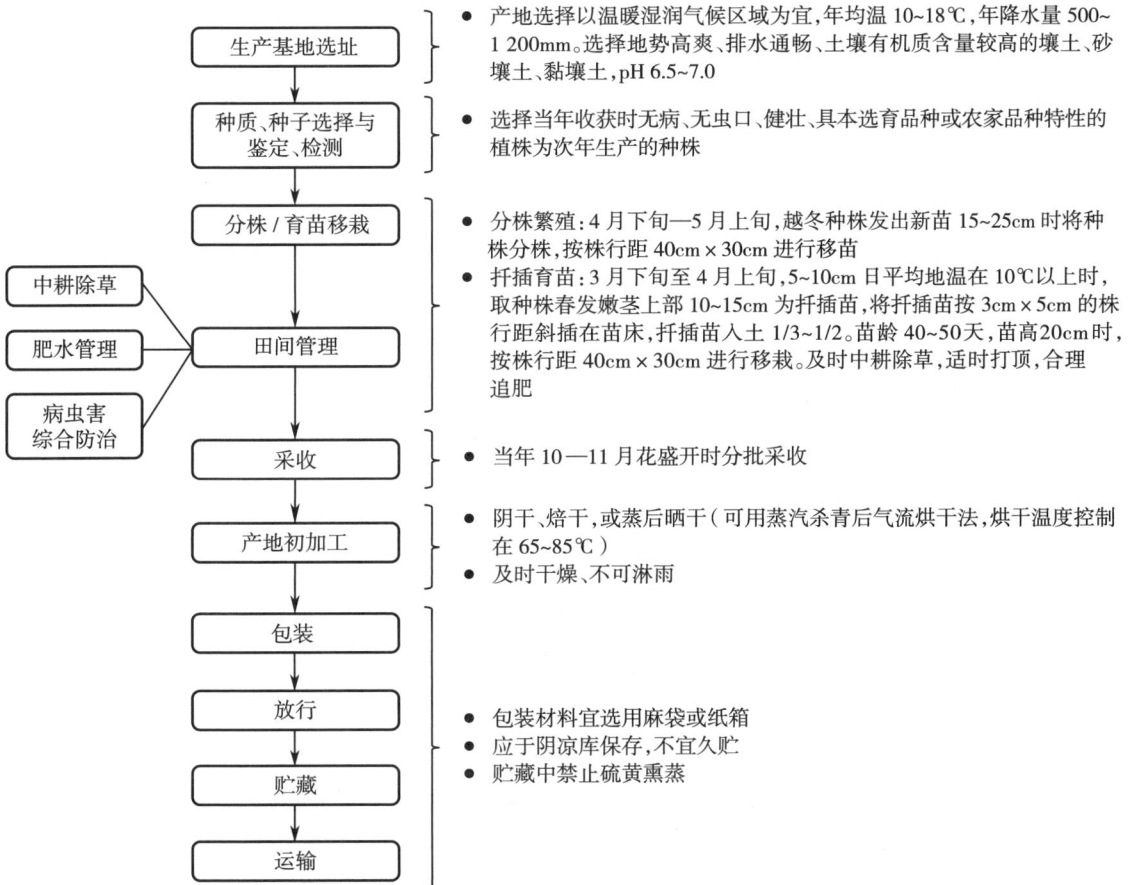

- 产地选择以温暖湿润气候区域为宜,年均温 10~18℃,年降水量 500~1 200mm。选择地势高爽、排水通畅、土壤有机质含量较高的壤土、砂壤土、黏壤土,pH 6.5~7.0
- 选择当年收获时无病、无虫口、健壮、具本选育品种或农家品种特性的植株为次年生产的种株
- 分株繁殖:4月下旬—5月上旬,越冬种株发出新苗 15~25cm 时将种株分株,按株行距 40cm×30cm 进行移苗
- 扦插育苗:3月下旬至4月上旬,5~10cm 日平均地温在 10℃ 以上时,取种株春发嫩茎上部 10~15cm 为扦插苗,将扦插苗按 3cm×5cm 的株行距斜插在苗床,扦插苗入土 1/3~1/2。苗龄 40~50天,苗高20cm时,按株行距 40cm×30cm 进行移栽。及时中耕除草,适时打顶,合理追肥
- 当年 10—11 月花盛开时分批采收
- 阴干、焙干,或蒸后晒干(可用蒸汽杀青后气流烘干法,烘干温度控制在 65~85℃)
- 及时干燥、不可淋雨
- 包装材料宜选用麻袋或纸箱
- 应于阴凉库保存,不宜久贮
- 贮藏中禁止硫黄熏蒸

图 1 菊花规范化生产流程图

5 菊花规范化生产技术

5.1 生产基地选址

5.1.1 产地选择

菊花因栽培历史悠久,栽培地区广泛,产地选择以温暖湿润气候区域为宜,迄今在我国已分化成较为稳定的具明显地方特色的栽培类型,根据产地和加工方法不同,分为"杭

菊"毫菊""滁菊""贡菊""怀菊",华东、华北和华中均可栽培。

5.1.2 地块选择

选取地势高爽、排水畅通、土壤有机质含量较高的壤土、砂壤土、黏壤土,pH 6.5~7.0 为宜。选地如是冬闲地,则冬前应进行耕翻,耕深在 20cm 以上,保证立垡过冬。

5.1.3 环境监测

基地的大气、土壤和水样品的检测按照 GAP 要求,应符合相应国家标准,并保证生长期间持续符合标准。空气质量应符合 GB 3095 规定的环境空气质量标准,灌溉水质量应符合 GB 5084 规定的农田灌溉水质标准,土壤质量应符合 GB 15618 的规定,生活饮用水应符合 GB 5749 的规定等。

5.2 种质与种苗

5.2.1 种质选择

使用菊科植物菊 *Chrysanthemum morifolium* Ramat.,须经过鉴定。如使用农家品种或选育品种应明确。

5.2.2 种苗质量

选择当年收获时无病、无虫口、健壮、具本选育品种或农家品种特性的植株为次年生产的种株。

5.2.2.1 分株苗

越冬种株发出新苗 15~25cm 时,将种株进行分株,获得分株苗。

5.2.2.2 扦插苗

取种株春发嫩茎上部 10~15cm 为扦插苗。

5.3 种苗繁育

扦插育苗:3月下旬至4月上旬,5~10cm 日平均地温在 10℃ 以上时进行。

5.3.1 苗床准备

苗床应选择向阳地,于12月深翻冻垡,施充分腐熟厩肥 3 000~4 000kg/ 亩(1 亩 ≈ 666.7m²,下文同)作基肥,深翻 25cm。育苗前,细耙整平,按宽 1.5~1.8m、长 4~10m 作平畦。

5.3.2 扦插方法

选择无病斑、无虫口、无破伤、无冻害、壮实、直径在 0.3~0.4cm 粗的春发嫩茎(萌蘖枝)作为种茎。将所选种茎切上部 10~15cm 长,去除下部 1/2 的叶片,同时保证上部留有 4~6 片叶子的嫩茎作为扦插枝,随切随插。将种茎按 3cm×5cm 的株行距以 75°~85° 的向北夹角斜插在准备好的苗床上,扦插枝入土 1/3~1/2,插后立即浇足水分。

5.3.3 苗期管理

扦插后,在苗床上应搭建 40cm 高的荫棚用以白天遮阳。荫棚材料可就地取材,常用芦帘,透光度控制在 0.3~0.4。正常情况下即晴天上午 8:00—9:00 至下午 4:00—5:00 遮荫,其他时间包括晚上和阴雨天应撤去遮荫物。育苗期间要保持苗床土壤湿润,浇水宜用喷淋。10~15 天后待插枝生根后即可拆去荫棚,以利壮苗。

5.3.4 病虫害防治

贯彻"预防为主,综合防治"的植保方针。以农业防治为基础,提倡生物防治和物理防治,科学应用化学防治技术。

农业防治:排除田间积水,降低田间湿度;发现病株立即拔除,集中烧毁或深埋,并用5%石灰水灌病窝消毒。

物理防治:在苗床地安装频振式杀虫灯,诱杀害虫。

化学防治:原则上以施用生物源农药为主。

5.3.5 起挖

一般苗龄控制在40~50天后即可起挖。选阴天或晴天进行。将菊苗挖出,轻轻震落泥土。去除有病虫害和发育不良的植株,然后将菊苗每200株捆成一捆。

5.3.6 包装、贮藏与运输

5.3.6.1 包装

为了种苗的根系在运输过程中不至于失水和折断,并保护种苗的植株免受机械损伤,对种苗加以保护,必要时进行包装。为了维持种苗水分平衡,在包装前可用种苗蘸根剂、保水剂处理根系,也可以通过喷施蒸腾抑制剂处理种苗,以减少水分蒸发。所使用的包装材料有编织袋、草包、麻袋等。包装时注意避免种苗数量过多,压得过实会导致种苗腐烂发热。包装好的种苗都要挂以标签,注明种苗品种、种类和苗龄、等级、株数、苗圃名称和出圃日期。

5.3.6.2 贮藏

将种苗用湿润的土壤进行暂时的埋植或置于可控制温度和湿度的低温环境中,温度以5~10℃为宜,空气湿度不低于85%,保持通风。

5.3.6.3 运输

可用汽车、火车等运输工具,包装运输种苗。运输环境与低温贮藏条件近似,即温度5~10℃,空气相对湿度90%~95%。可选用冷藏车厢或者冰块降温的办法。

在运输期间,要定期翻动苗包,经常检查包内的温度和湿度,防止种苗发热霉烂。如包内温度过高,要打开适当通风,必要时更换湿润物。如到达目的地时种苗失水严重,要先用水将根部浸泡一夜再进行定植。

5.4 种植

5.4.1 选地整地

应选择水质、大气、土壤环境无污染的平地或坡地,田块集中成片,交通运输方便,远离城镇、医院、工矿企业、垃圾及废弃物堆积场等污染源。距离公路80m以上。

菊对土壤要求不严,一般排水良好的农田均可栽培。但以地势高爽、排水畅通、土壤有机质含量较高的壤土、砂壤土、黏壤土种植为宜。在茬口选择上,以种植水稻3年以上的绿肥翻耕地、休闲地作上茬最为适宜。如需要套作则以油菜、大麦及蚕豆为前茬为宜。选地如是冬闲地,则冬前应进行耕翻,耕深在20cm以上,保证立垡过冬。

移栽前施入充分腐熟的厩肥2 000~3 000kg/亩,并加过磷酸钙300kg作基肥,耕翻20cm深,耙平,整地要因地制宜,南方栽培要作高畦,并按南北向制成高30cm、宽1.2~2m的宽畦,沟深 20cm。整个田块沟系要求做到三沟配套,即应有畦沟、腰沟和田头沟,保证地下水位离畦面 0.6m 以下。北方则多作平畦。

5.4.2 种苗选择及移栽

主要选用分株苗和扦插苗。

分株苗:4 月下旬至 5 月上旬,越冬种株发出新苗 15~25cm 时将种株分株,即可作为移栽的分株苗。将分株苗按株行距 40cm×30cm 进行移栽定植。

扦插苗:3 月下旬—4 月上旬,5~10cm 日平均地温在 10℃以上时,取种株春发嫩茎上部 10~15cm 为扦插苗,将扦插苗按 3cm×5cm 的株行距斜插在苗床,扦插苗入土 1/3~1/2。苗龄 40~50 天,苗高 20cm 时,即可作为种苗移栽。将扦插苗按株行距 40cm×30cm 进行移栽定植。

5.4.3 中耕除草

移栽后经 7~10 天的缓苗期,即可进入正常生长。此时应及时中耕除草,中耕不宜过深,只宜浅松表土 3~5cm,使表土干松,底下稍湿润,促使根向下扎,并控制水肥,使地上部分生长缓慢,俗称 "蹲苗",利于菊苗生长。一般中耕 2~3 次,第一次在移植后 10 天左右;第二次在 7 月下旬;第三次在 9 月上旬。此外,每次大雨后,为防止土壤板结,可适当进行一次浅中耕。

5.4.4 施肥

应注重平衡施肥,前期氮肥不宜过多,以防徒长和后期容易染病而减产。肥料应集中在中期用,促使发根,增加花枝。合理增施磷肥可使菊早现蕾,早开花,结蕾多。具体操作时应实行氮、磷、钾肥相结合,农家肥与化肥相结合的原则。

追肥主要分三个时期,分别称促根肥、发棵肥和促花肥。

(1)促根肥:移栽 20 天、缓苗后 10 天左右,追施第一次肥,以利发根,肥源以氮肥为主。用量为尿素和 42% 的硫酸钾复合肥各 10kg/ 亩,施肥方法为穴施,穴深 5~6cm。

(2)发棵肥:时间在 7 月中旬第一次打顶后,为促进植株发棵分枝,应追施第二次肥,肥源以氮肥和有机肥为主。用量为尿素 10kg/ 亩,选阴雨天撒施;同时用农家肥 1 000kg/ 亩,选晴天施用。

(3)促花肥:时间在 9 月中旬现蕾前,追施第三次肥,以便促进植株现蕾开花,肥源以磷、钾肥为主。用量为 42% 以上的复合肥 20~25kg/ 亩,于阴雨天撒施。同时,每隔 7 天用 2% 磷酸二氢钾溶液喷施,进行根外追肥,每次 250kg/ 亩,连续 3~4 次。此法对多开花和开大花效果十分明显。

5.4.5 打顶

在菊生长过程中,除移栽时要打一次顶外,在大田生长阶段一般要打三次顶。第一次在 5 月下旬—6 月中旬,应重打,用手摘或用镰刀打去主干和主侧枝 7~10cm,留 30cm 高;第二次在 6 月下旬—7 月上旬,第三次应控制在 8 月 20 日前,第二次和第三次则应轻打,摘去分枝顶芽 3~5cm。过迟打顶则会影响花蕾形成。打顶宜在晴天植株上露水干后进行。此外,还要摘除徒长枝条。每次打顶或摘除的菊头应集中后带到田外处理。

5.4.6 培土

在菊生长过程中,一般在第一次打顶后,结合中耕除草,在根际培土 15~18cm,促使植株多生根,抗倒伏。

5.4.7 抗旱排涝

扦插或移栽时,应合理灌溉以保证幼苗成活;缓苗后要少浇水,6月下旬后天旱要多浇水,追肥后也要及时浇水。蕾期干旱应注意浇水,雨季应及时清沟排水,防止积水烂根。

5.4.8 病虫害防治

菊花常见病害有斑枯病、根腐病、霜霉病、花叶病毒等,虫害主要有蛴螬、菊小长管蚜、菊花瘿蚊等。

应采用预防为主、综合防治的方法:水旱轮作;有机肥必须充分腐熟;选用健康种株作为种苗繁育的材料,禁用带病苗;发现病株及时拔除,集中销毁,每穴撒入草木灰 100g 或生石灰 200~300g,进行局部消毒。

采用化学防治时,应当符合国家有关规定;优先选用高效、低毒的生物农药;尽量避免使用除草剂、杀虫剂和杀菌剂等化学农药;不使用禁限用农药。应注意,在菊花由营养生长进入生殖生长后,尤其是进入花期后,应尽量避免化学药剂施用,以免对药材安全造成影响。

5.5 采收

菊花为当年采收,因产地较广,不同产区采收时间在 10—11 月花盛开时分批采收。采收标准为头状花序开放 70% 左右为宜。

5.6 产地初加工

菊花采收后应及时加工处理。产地初加工法有阴干或焙干方法但较少应用,目前主要有传统的蒸后晒干和现代的蒸汽杀青——气流烘干法。

蒸后晒干法:为便于加工,保证商品质量,鲜花采收后首先进行分级,并将分好的花在芦帘或竹帘上摊晾 2~3 小时,散去花头表面水分,特别是露水花或雨水花一定要晾干后再加工。首先是上笼,将已散去表面水分的花头放入直径 30cm 左右的小蒸笼内,花心向外,拣去枝、叶等杂质;厚度一般以 4 朵花厚 3~4cm 为宜。然后进行杀青,上笼后即放在蒸汽炉上蒸煮,保持笼内温度 90℃ 左右。蒸 1~2 分钟后将蒸笼一起取出。最后是晾晒。将已蒸煮杀青过的菊花立即倒在竹帘或芦席上晾晒,保持色泽清白,形状完整。日晒 1~2 天后翻花 1 次,3~5 天后至七成干时置通风的室内摊晾。经 2~3 天后再置室外晒至干燥即成。

蒸汽杀青——气流烘干法:通过蒸汽杀青 1~3 分钟,热气流二次烘制干燥(注:须烟道与烘道分离),烘制温度控制在 65~85℃,时间在 6~8 小时,即成。

加工好的药材,即干燥菊花头状花序,以气清香、身干、花朵完整、无杂质者为佳。加工干燥过程保证场地、工具洁净,不受雨淋等。

5.7 包装、放行、贮运

5.7.1 包装

菊花在包装前应再次检查是否已充分干燥,并清除劣质品及异物;同时应对每批药材按照相应标准进行质量检验。符合国家标准的药材,采用不影响质量的麻袋、纸箱等包装,禁止采用包装过肥料、农药等的包装袋包装。包装外贴或挂标签、合格证,标识牌内容应有品种、基源、产地、批号、规格、重量、采收日期、企业名称等,并有追溯码。

5.7.2 放行

应制定符合企业实际情况的放行制度,有审核、批准、生产、检验等的相关记录。不合格药材有单独处理制度。

5.7.3 贮运

应贮存于阴凉干燥处,仓库控制温度在20℃以下、相对湿度75%以下,并定期检查,防止虫蛀、霉变、腐烂等的发生。正常情况下,从冬季至春季可安全贮藏3~4个月。但进入次年5月后菊花应转入具低温条件的地方贮藏,一般在4~10℃的贮藏条件下可安全越夏。不同批次、等级药材分区存放;建有定期检查制度。禁用硫黄熏蒸。也可采用现代气调贮藏方法,包装或库内充氮或二氧化碳。但应注意不宜久贮。

运输应防止发生混淆、污染、异物混入、包装破损、雨雪淋湿等。应尽可能地缩短运输时间;同时不应与其他有毒、有害、易串味物品混装。

附　录　A

（资料性）

菊花常见病虫害防治的参考方法

菊花常见病虫害防治的参考方法参见表 A.1。

表 A.1　菊花常见病虫害防治的参考方法

病虫害名称	防治时期	推荐防治方法	安全间隔期 /d
斑枯病	4—9 月	波尔多液喷施,按照农药标签使用	≥15
霜霉病	3—6 月	种苗栽种前,疫霜灵浸种,按照农药标签使用	≥14
	10 月	疫霜灵喷施,按照农药标签使用	≥14
根腐病	6—9 月	多菌灵灌根,按照农药标签使用	≥20
花叶病毒	4—11 月	菌毒清喷施,按照农药标签使用	≥10
		20% 盐酸吗啉胍铜喷施,按照农药标签使用	≥14
蛴螬	4—6 月	阿维菌素乳油灌根,按照农药标签使用	≥14
菊小长管蚜	9—10 月	晶体敌百虫喷施,按照农药标签使用	≥14
夜蛾类	8—9 月	甲氨基阿维菌素苯甲酸盐喷施,按照农药标签使用	≥14

附 录 B
（规范性）
禁限用农药名单

B.1 禁止（停止）使用的农药（46 种）

六六六、滴滴涕、毒杀芬、二溴氯丙烷、杀虫脒、二溴乙烷、除草醚、艾氏剂、狄氏剂、汞制剂、砷类、铅类、敌枯双、氟乙酰胺、甘氟、毒鼠强、氟乙酸钠、毒鼠硅、甲胺磷、对硫磷、甲基对硫磷、久效磷、磷胺、苯线磷、地虫硫磷、甲基硫环磷、磷化钙、磷化镁、磷化锌、硫线磷、蝇毒磷、治螟磷、特丁硫磷、氯磺隆、胺苯磺隆、甲磺隆、福美胂、福美甲胂、三氯杀螨醇、林丹、硫丹、溴甲烷、氟虫胺、杀扑磷、百草枯、2,4- 滴丁酯。

注：氟虫胺自 2020 年 1 月 1 日起禁止使用。百草枯可溶胶剂自 2020 年 9 月 26 日起禁止使用。2,4- 滴丁酯自 2023 年 1 月 29 日起禁止使用。溴甲烷可用于 "检疫熏蒸处理"。杀扑磷已无制剂登记。

B.2 在部分范围禁止使用的农药（20 种）

部分范围禁止使用的农药应注意药食同源中药材及来自其他作物的中药材。部分范围禁止使用的农药见表 B.1。

表 B.1 部分范围禁止使用的农药

通用名	禁止使用范围
甲拌磷、甲基异柳磷、克百威、水胺硫磷、氧乐果、灭多威、涕灭威、灭线磷	禁止在蔬菜、瓜果、茶叶、菌类、中草药材上使用,禁止用于防治卫生害虫,禁止用于水生植物的病虫害防治
甲拌磷、甲基异柳磷、克百威	禁止在甘蔗作物上使用
内吸磷、硫环磷、氯唑磷	禁止在蔬菜、瓜果、茶叶、中草药材上使用
乙酰甲胺磷、丁硫克百威、乐果	禁止在蔬菜、瓜果、茶叶、菌类和中草药材上使用
毒死蜱、三唑磷	禁止在蔬菜上使用
丁酰肼（比久）	禁止在花生上使用
氰戊菊酯	禁止在茶叶上使用
氟虫腈	禁止在所有农作物上使用（玉米等部分旱田种子包衣除外）
氟苯虫酰胺	禁止在水稻上使用

B.3 有关说明

本附录来自 2019 年中华人民共和国农业农村部官方发布的《禁限用农药名录》（http://www.zzys.moa.gov.cn/gzdt/201911/t20191129_6332604.htm）。

参考文献

［1］国家药典委员会.中华人民共和国药典:2020年版一部［M］.北京:中国医药科技出版社,2020.

［2］么历,程慧珍,杨智.中药材规范化种植(养殖)技术指南［M］.北京:中国农业出版社,2006.

［3］郭巧生,刘丽,刘德辉,等.药用菊花种植基地土壤肥力变化和菊花专用肥的研究［J］.中国中药杂志,2003(2):30-34.

［4］梁迎暖,郭巧生,张重义,等.不同加工方法对怀菊品质的影响［J］.中国中药杂志,2007,(21):2314-2316.

［5］吴仁海,刘红彦,尹新明,等.药用菊花对菊花瘿蚊的抗性研究［J］.华北农学报,2008(2):185-187.

［6］毛鹏飞,汪涛,郭巧生,等.不同级别药用菊花种苗与植株生长及药材产量和品质关系研究［J］.中国中药杂志,2012,37(13):1922-1927.

［7］毛鹏飞,郭巧生,汪涛,等.药用菊花种苗计算机快速鉴别研究［J］.中国中药杂志,2012,37(8):1143-1147.

［8］汪涛,沈学根,郭巧生,等.药用菊花叶片主要活性成分比较［J］.中国中药杂志,2015,40(9):1670-1675.

［9］SHAO Q S, GUO Q S, DENG Y M, et al. A comparative analysis of genetic diversity in medicinal Chrysanthemum morifolium based on morphology, ISSR and SRAP markers［J］. Biochemical Systematics and Ecology, 2010, 38(6): 1160-1169.

［10］WANG T, GUO Q S, MAO P F. Flavonoid accumulation during florescence in three *Chrysanthemum morifolium* Ramat cv '*Hangju*' genotypes［J］. Biochemical Systematics and Ecology, 2014, 55: 79-83.

［11］郭巧生,赵敏.药用植物繁育学［M］.北京:中国林业出版社,2008.

［12］黄璐琦,陈敏,李先恩.中药材种子种苗标准研究［M］.北京:中国医药科技出版社,2019.

［13］郭巧生.药用植物资源学［M］.北京:高等教育出版社,2007.

［14］郭巧生.药用植物栽培学［M］.北京:高等教育出版社,2019.

ICS 65.020.20
CCS C 05

团 体 标 准

T/CACM 1374.148—2021

野菊花规范化生产技术规程

Code of practice for good agricultural practice of
Chrysanthemi Indici Flos

2021-10-15 发布 2021-10-15 实施

中华中医药学会 发布

目　　次

前言·· 800

1　范围·· 801

2　规范性引用文件·· 801

3　术语和定义··· 801

4　野菊花规范化生产流程图·· 801

5　野菊花规范化生产技术··· 802

　5.1　生产基地选址··· 802

　5.2　种质与种子·· 803

　5.3　种苗繁育·· 803

　5.4　种植·· 803

　5.5　采收·· 804

　5.6　初加工··· 804

　5.7　包装、贮运·· 804

附录 A（资料性）　野菊花常见病虫害防治的参考方法····································· 805

附录 B（规范性）　禁限用农药名单··· 806

参考文献·· 807

前　　言

本文件按照 GB/T 1.1—2020《标准化工作导则　第 1 部分：标准化文件的结构和起草规则》的规定起草。

请注意本文件中的某些内容可能涉及专利。本文件的发布机构不承担识别专利的责任。

本文件由中国医学科学院药用植物研究所和华润三九医药股份有限公司提出。

本文件由中华中医药学会归口。

本文件起草单位：华润三九医药股份有限公司、南京农业大学、湖北金鹰农业发展有限公司、中国医学科学院药用植物研究所、重庆市药物种植研究所。

本文件主要起草人：刘晖晖、魏民、许雷、李建领、魏伟锋、池莲锋、马庆、曾烨、王信宏、黄煜权、谢文波、张洪胜、周威、陈波、刘三波、韩正洲、郭巧生、朱再标、魏建和、王文全、王秋玲、杨小玉、辛元尧、王苗苗。

野菊花规范化生产技术规程

1 范围

本文件确立了野菊花的规范化生产流程,规定了野菊花生产基地选址、种质与种子、种苗繁育、种植、采收与初加工、包装、贮藏和运输等阶段的技术要求。

本文件适用于野菊花规范化生产。

2 规范性引用文件

下列文件中的内容通过文中的规范性引用而构成本文件必不可少的条款。其中,注明日期的引用文件,仅该日期对应的版本适用于本文件;不注明日期的引用文件,其最新版本(包括所有的修改单)适用于本文件。

GB 3095　环境空气质量标准

GB 5084　农田灌溉水质标准

GB/T 8321.9　农药合理使用准则(九)

GB 15618　土壤环境质量　农用地土壤污染风险管控标准(试行)

T/CACM 1374.1—2021　中药材规范化生产技术规程通则　植物药材

《中华人民共和国药典》(2020 年版)

3 术语和定义

T/CACM 1374.1—2021 界定的以及下列术语和定义适用于本标准。

3.1 规范化生产 good agricultural practice

按照《中药材生产质量管理规范》(简称中药材 GAP)的要求,实施药材生产,保证中药材优质安全的生产过程。

3.2 技术规程 code of practice

为实现中药材生产顺利、有序进行,保证中药材生产质量,对中药材生产的基地选址、种子种苗、种植或野生抚育、采收与产地初加工以及包装、放行与贮运等,所做的技术规定和要求,是实施中药材规范生产的核心技术要求和实施指南。

3.3 野菊花 Chrysanthemi Indici Flos

菊科植物野菊 *Chrysanthemum indicum* L. 的干燥头状花序。

4 野菊花规范化生产流程图

野菊花规范化生产流程见图 1。

野菊花规范化生产流程：

关键控制点及参数：

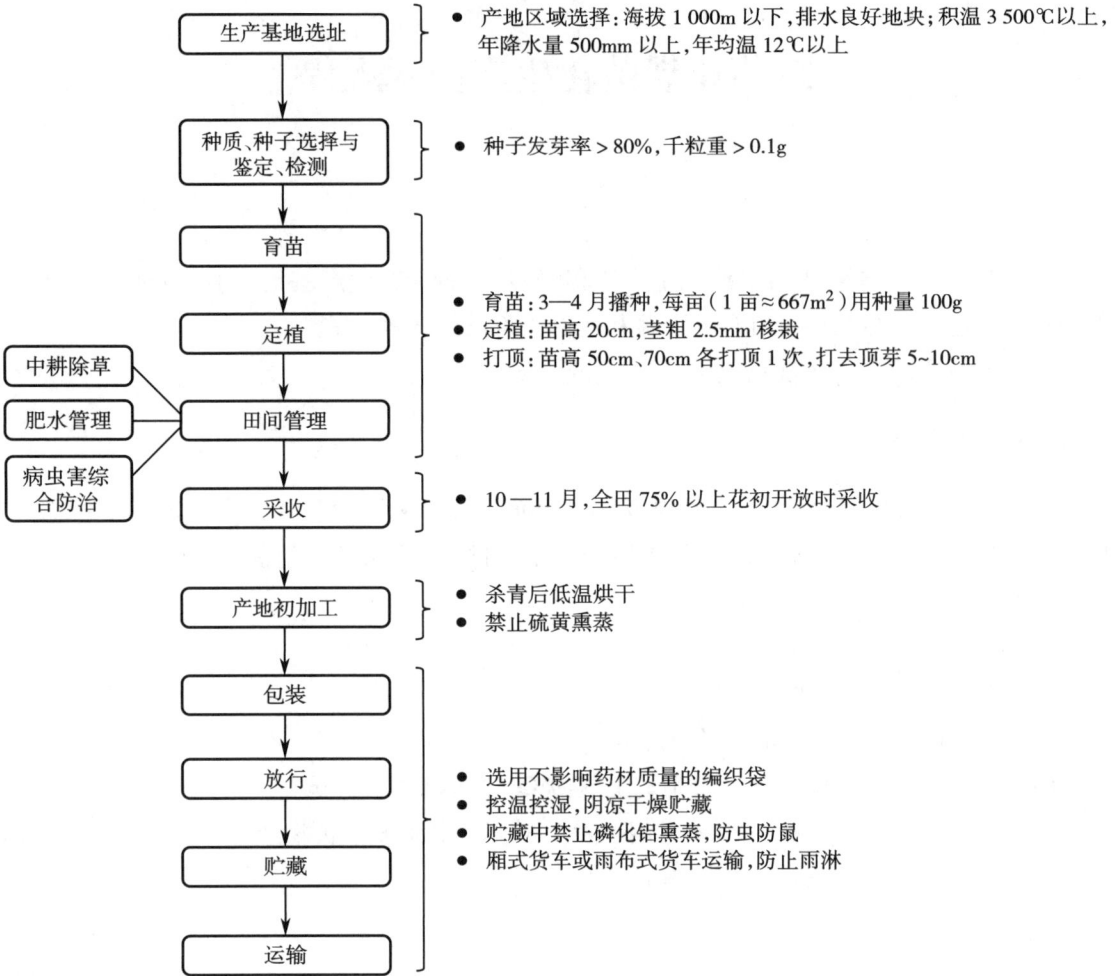

```
┌──────────────────┐
│   生产基地选址    │ ┐
└──────────────────┘ │   ● 产地区域选择：海拔 1 000m 以下，排水良好地块；积温 3 500℃以上，
         │           ┘     年降水量 500mm 以上，年均温 12℃以上
         ▼
┌──────────────────┐
│ 种质、种子选择与  │ ┐  ● 种子发芽率 >80%，千粒重 >0.1g
│   鉴定、检测      │ ┘
└──────────────────┘
         │
         ▼
┌──────────────────┐ ┐
│      育苗         │ │
└──────────────────┘ │
         │           │  ● 育苗：3—4 月播种，每亩（1 亩≈667m²）用种量 100g
         ▼           │  ● 定植：苗高 20cm，茎粗 2.5mm 移栽
┌──────────────────┐ │  ● 打顶：苗高 50cm、70cm 各打顶 1 次，打去顶芽 5~10cm
│      定植         │ │
└──────────────────┘ │
┌─────────┐    │
│中耕除草 │──┐ │
└─────────┘  │ ▼
┌─────────┐  ┌──────────────────┐ ┘
│肥水管理 │──│     田间管理      │
└─────────┘  └──────────────────┘
┌─────────┐  │         │
│病虫害综 │──┘         ▼
│合防治   │    ┌──────────────────┐ ┐ ● 10—11 月，全田 75% 以上花初开放时采收
└─────────┘    │      采收         │ ┘
               └──────────────────┘
                       │
                       ▼
               ┌──────────────────┐    ● 杀青后低温烘干
               │   产地初加工      │    ● 禁止硫黄熏蒸
               └──────────────────┘
                       │
                       ▼
               ┌──────────────────┐ ┐
               │      包装         │ │
               └──────────────────┘ │
                       │            │  ● 选用不影响药材质量的编织袋
                       ▼            │  ● 控温控湿，阴凉干燥贮藏
               ┌──────────────────┐ │  ● 贮藏中禁止磷化铝熏蒸，防虫防鼠
               │      放行         │ │  ● 厢式货车或雨布式货车运输，防止雨淋
               └──────────────────┘ │
                       │            │
                       ▼            │
               ┌──────────────────┐ │
               │      贮藏         │ │
               └──────────────────┘ │
                       │            │
                       ▼            │
               ┌──────────────────┐ ┘
               │      运输         │
               └──────────────────┘
```

图 1　野菊花规范化生产流程图

5　野菊花规范化生产技术

5.1　生产基地选址

5.1.1　产地选择

野菊为广布种，湖北、安徽、河南、陕西等地均有种植，以大别山地区为道地药材产区。气候要求：年积温 3 500℃以上，降水量 500mm 以上，年均气温 12℃以上。地形要求：海拔 1 000m 以下，阳光充足、排水良好的向阳坡地或平地。环境要求：符合 GB 3095、GB 15618、GB 5084 的规定。

5.1.2　地块选择

远离交通主干道，周围无污染源，砂壤土或壤土，周围有可灌溉水源，无明显病虫草害，前茬作物不宜为菊科植物。

5.2 种质与种子

5.2.1 种质选择

使用菊科植物野菊 *Chrysanthemum indicum* L. 为物种来源,其物种须经过鉴定。如使用农家品种或选育品种应加以明确。

5.2.2 种子质量

新采收成熟种子,发芽率 >80%,千粒重 >0.1g。

5.3 种苗繁育

5.3.1 采种

采种时间:12 月,全田 75% 以上头状花序种子呈黑褐色时采收种子。

5.3.2 整地

每亩撒施有机肥 300kg、复合肥 40kg,旋耕后起垄,垄宽 1m,高 20cm,垄间距 40cm。

5.3.3 播种

播种方式:条播。

播种时间:3—4 月。

播种方法:露天或温室育苗,种子按 1∶100 重量比与蛭石混匀,每亩播种 100g,播后保持土壤湿润,严禁覆土,严禁喷施芽前除草剂。

5.3.4 育苗管理

育苗期每 5~7 天浇水 1 次,保证苗期水分供应;野菊株高 5cm 后开展 1~2 次人工除草,苗期较少发生病虫害,注意观察及时防治;育苗周期约 2 个月。

5.3.5 起苗

4 月下旬至 6 月上旬出苗。以株高 20cm、基茎 2.5mm 以上为合格苗,种苗打顶后及时移栽,未能及时移栽种苗须置于阴凉处保存,保持根部湿润。

5.4 种植

5.4.1 整地

3—4 月每亩撒施有机肥 300kg、复合肥 40kg,旋耕后开沟起垄,垄高 20cm,宽 1m,垄间距 40cm,边沟及中沟宽 50cm,深 50cm。

5.4.2 栽种

4—6 月雨前或雨后移栽,每亩种植 2 000~3 000 株,如无雨移栽应灌定根水。

5.4.3 田间管理

①补苗:栽种 15 天后检查成活率,剔除弱苗、死苗、病苗,进行补苗;②除草:第 1 次在栽种后 1 个月进行,浅锄,此后根据田间杂草和野菊生长开展第 2、3 次除草;③追肥:7 月穴施复合肥,每穴施肥约 20g;④打顶:分别于株高 50cm、70cm 各打顶 1 次,打去分枝顶芽 5~10cm。

5.4.4 病虫害防治

野菊主要虫害为叶蝉、盲蝽、蓟马、菊天牛,主要病害为根腐病。

在病虫害防治过程中,遵循"预防为主,综合防治"的植保方针,通过合理轮作、打顶、土壤消毒、水肥管理,结合化学防治措施,保证野菊健康生长。农药使用符合 GB/T 8321.9 标准。

叶蝉、蓟马:6—10 月为害,叶片正面出现白色斑点;田间悬挂黄色、绿色粘虫板诱杀叶蝉,蓝色粘虫板诱杀蓟马,必要时喷施低毒内吸性杀虫剂进行防治。

盲蝽:6—10 月为害,幼叶受害出现褐色斑点,叶片成熟后形成不规则穿孔,叶片常畸形;必要时喷施低毒内吸性杀虫剂进行防治。

菊天牛:5—6 月发生,野菊植株顶梢萎蔫;发现后,人工打顶去除受害枝条。

根腐病:7—9 月多雨季田间积水、土壤过湿时易发。积水时及时开沟排水、疏松土壤进行防控。

5.5 采收

采收期:移栽当年 10—11 月全田 75% 以上花初开放时采收。

采收方法:人工或机械采摘。

5.6 初加工

野菊花初加工分拣选、杀青、干燥等几个环节;①拣选:剔除叶片、枝条等非药用部位;②杀青:蒸汽杀青或滚筒式杀青;③干燥:55~60℃干燥,干燥后水分不得过 14.0%。加工后野菊花应符合《中华人民共和国药典》标准。

5.7 包装、贮运

5.7.1 包装

包装前应对每批药材进行质量检验。符合标准的药材,采用不影响质量的编织袋等包装,不应采用包装过肥料、农药等包装材料包装。包装外贴或悬挂标签、合格证,标识牌内容应有药材名、基源、产地、批号、规格、重量、采收日期、包装日期、企业名称等,并有追溯码。

5.7.2 贮运

贮存于阴凉干燥处,相对湿度 75% 以下,定期检查,防止虫蛀、霉变、腐烂等发生。不同批次、药材分区存放,禁止磷化铝和二氧化硫熏蒸。运输应防止发生混淆、污染、异物混入、破损、雨雪淋湿等。

附　录　A

（资料性）

野菊花常见病虫害防治的参考方法

野菊花常见病虫害防治的参考方法见表 A.1。

表 A.1　野菊花常见病虫害防治的参考方法

病虫害名称	防治时期	推荐防治方法
根腐病	7—9 月	症状：根部发黑腐烂，7—9 月多雨季易发病 防治：合理密植，保持通风透光，防止积水；疏松土壤进行防治
菊天牛	5—6 月	症状：植株顶梢萎蔫，有上下咬合虫口 防治：及时清园，降低虫口密度；结合打顶消灭茎梢内卵和幼虫
叶蝉、蓟马	6—10 月	症状：叶片正面出现白色斑点 防治：田间悬挂绿色、蓝色粘虫板诱杀，必要时喷施低毒内吸性杀虫剂进行防治
盲蝽	6—10 月	症状：幼叶受害出现褐色斑点，叶片成熟后形成不规则穿孔，叶片常畸形 防治：喷施低毒内吸性杀虫剂进行防治

附 录 B

（规范性）

禁限用农药名单

B.1 禁止（停止）使用的农药（46 种）

六六六、滴滴涕、毒杀芬、二溴氯丙烷、杀虫脒、二溴乙烷、除草醚、艾氏剂、狄氏剂、汞制剂、砷类、铅类、敌枯双、氟乙酰胺、甘氟、毒鼠强、氟乙酸钠、毒鼠硅、甲胺磷、对硫磷、甲基对硫磷、久效磷、磷胺、苯线磷、地虫硫磷、甲基硫环磷、磷化钙、磷化镁、磷化锌、硫线磷、蝇毒磷、治螟磷、特丁硫磷、氯磺隆、胺苯磺隆、甲磺隆、福美胂、福美甲胂、三氯杀螨醇、林丹、硫丹、溴甲烷、氟虫胺、杀扑磷、百草枯、2,4- 滴丁酯。

注：氟虫胺自 2020 年 1 月 1 日起禁止使用。百草枯可溶胶剂自 2020 年 9 月 26 日起禁止使用。2,4-滴丁酯自 2023 年 1 月 29 日起禁止使用。溴甲烷可用于"检疫熏蒸处理"。杀扑磷已无制剂登记。

B.2 部分范围禁止使用的农药（20 种）

部分范围禁止使用的农药应注意药食同源中药材及来自其他作物的中药材。部分范围禁止使用的农药见表 B.1。

表 B.1 部分范围禁止使用的农药

通用名	禁止使用范围
甲拌磷、甲基异柳磷、克百威、水胺硫磷、氧乐果、灭多威、涕灭威、灭线磷	禁止在蔬菜、瓜果、茶叶、菌类、中草药材上使用,禁止用于防治卫生害虫,禁止用于水生植物的病虫害防治
甲拌磷、甲基异柳磷、克百威	禁止在甘蔗作物上使用
内吸磷、硫环磷、氯唑磷	禁止在蔬菜、瓜果、茶叶、中草药材上使用
乙酰甲胺磷、丁硫克百威、乐果	禁止在蔬菜、瓜果、茶叶、菌类和中草药材上使用
毒死蜱、三唑磷	禁止在蔬菜上使用
丁酰肼（比久）	禁止在花生上使用
氰戊菊酯	禁止在茶叶上使用
氟虫腈	禁止在所有农作物上使用（玉米等部分旱田种子包衣除外）
氟苯虫酰胺	禁止在水稻上使用

B.3 有关说明

本附录来自 2019 年中华人民共和国农业农村部官方发布的《禁限用农药名录》（http://www.zzys.moa.gov.cn/gzdt/201911/t20191129_6332604.htm）。

参考文献

［1］国家药典委员会.中华人民共和国药典:2020年版一部［M］.北京:中国医药科技出版社,2020.
［2］张建海,冯彬彬,徐晓玉.氮磷钾配合施用对野菊花内在品质的影响［J］.河南农业科学,2013,42（8）:92-97.
［3］张亚静,汪涛,郭巧生,等.不同产地野菊花及土壤中重金属元素含量比较研究［J］.中国中药杂志,2018,43（14）:2908-2917.
［4］李小勇,夏祥华,陶进科,等.不同施氮水平对套种野菊花生长和产量的影响［J］.广东农业科学,2019,46（4）:15-20.
［5］魏民,韩正洲,马庆,等.基于超高效液相色谱技术确定野菊花适宜采收期［J］.广州中医药大学学报,2018,35（03）:519-524.
［6］郑继标,杨红梅,黄春华,等.野菊花不同部位蒙花苷含量测定及HPLC指纹图谱研究［J］.亚太传统医药,2019,15（6）:39-41.
［7］虞放,汪涛,郭巧生,等.野菊野生抚育研究［J］.中国中药杂志,2019,44（4）:636-640.
［8］陈彩英,邓翀,赵雁翎,等.野菊花的本草源流考证［J］.湖南中医药大学学报,2015,35（5）:69-72.
［9］韩正洲,杨勇,贾红梅,等.基于植物代谢组学的栽培型与野生型野菊花的化学成分比较及定量分析［J］.药物分析杂志,2017,37（7）:1196-1206.

ICS 65.020.20
CCS C 05

团 体 标 准

T/CACM 1374.149—2021

猪苓规范化生产技术规程

Code of practice for good agricultural practice of Polyporus

2021-10-15 发布　　　　　　　　　　　　2021-10-15 实施

中华中医药学会　发布

目　　次

前言·· 810

1　范围·· 811

2　规范性引用文件·· 811

3　术语和定义·· 811

4　猪苓规范化生产流程图·· 812

5　猪苓规范化生产技术·· 813

　　5.1　生产基地选址··· 813

　　5.2　蜜环菌·· 813

　　5.3　蜜环菌菌枝··· 815

　　5.4　蜜环菌菌材··· 815

　　5.5　猪苓种苓·· 815

　　5.6　栽培··· 816

　　5.7　有害生物防治·· 817

　　5.8　采收··· 817

　　5.9　产地初加工··· 818

　　5.10　包装、放行和贮运··· 818

附录 A（规范性）　禁限用农药名单··· 819

参考文献·· 820

前　　言

本文件按照 GB/T 1.1—2020《标准化工作导则　第 1 部分：标准化文件的结构和起草规则》的规定起草。

请注意本文件中的某些内容可能涉及专利。本文件的发布机构不承担识别专利的责任。

本文件由中国医学科学院药用植物研究所提出。

本文件由中华中医药学会归口。

本文件起草单位：中国医学科学院药用植物研究所、中国科学院微生物研究所、中国医学科学院药用植物研究所云南分所、重庆市药物种植研究所。

本文件主要起草人：郭顺星、李兵、张集慧、王云强、魏建和、王文全、王秋玲、杨小玉、辛元尧、王苗苗。

猪苓规范化生产技术规程

1 范围

本文件确立了猪苓的规范化生产流程,规定了猪苓生产基地选址、蜜环菌、蜜环菌菌枝、蜜环菌菌材、猪苓种苓、栽培、有害生物防治、采收、产地初加工、包装、放行和贮运等阶段的技术要求。

本文件适用于猪苓的规范化生产。

2 规范性引用文件

下列文件中的内容通过文中的规范性引用而构成本文件必不可少的条款。其中,注明日期的引用文件,仅该日期对应的版本适用于本文件;不注明日期的引用文件,其最新版本(包括所有的修改单)适用于本文件。

GB/T 3543.2 农作物种子检验规程 扦样

GB 3095 环境空气质量标准

GB 5084 农田灌溉水质标准

GB/T 8321 农药合理使用准则

GB 15168 土壤环境质量 农用地土壤污染风险管控标准(试行)

GB 20287—2006 农用微生物菌剂

LY/T 1276 割灌机 声功率级的测定

LY/T 1678 森林食品产地环境通用要求

T/CACM 1374.1—2021 中药材规范化生产技术规程通则 植物药材

《中国大型菌物资源图鉴》(2016版) 中原农民出版社

《中国药用真菌图志》(2013版) 东北林业大学出版社

3 术语和定义

T/CACM 1374.1—2021界定的以及下列术语和定义适用于本文件。

3.1 规范化生产 good agricultural practice

按照《中药材生产质量管理规范》(简称中药材 GAP)的要求,实施药材生产,保证中药材优质安全的生产过程。

3.2 技术规程 code of practice

为实现中药材生产顺利、有序进行,保证中药材生产质量,对中药材生产的基地选址、种子种苗、种植或野生抚育、采收与产地初加工以及包装、放行与贮运等,所做的技术规定和要求,是实施中药材规范生产的核心技术要求和实施指南。

3.3 菌材伴栽 infested wood stick cultivation

以蜜环菌侵染的壳斗科木椴作为营养源进行的猪苓栽培。菌材伴栽中的"菌材"为广义菌材,包括生产菌种直接作为菌材(下文5.2.5)、菌枝为菌材(下文5.3)和椴木培养的菌材(下文5.4)等三种形式。狭义的菌材特指下文5.4中的蜜环菌菌材。

3.4 半野生栽培 near wild cultivation

半野生栽培是将菌材、猪苓种苓伴栽于适宜于蜜环菌生长的灌木旁,蜜环菌与灌木须根建立共生关系,并从中吸取营养成分,供自身和猪苓菌核的生长发育,以实现降成本而增加产量的猪苓栽培方法。

4 猪苓规范化生产流程图

猪苓的规范化生产流程见图1。

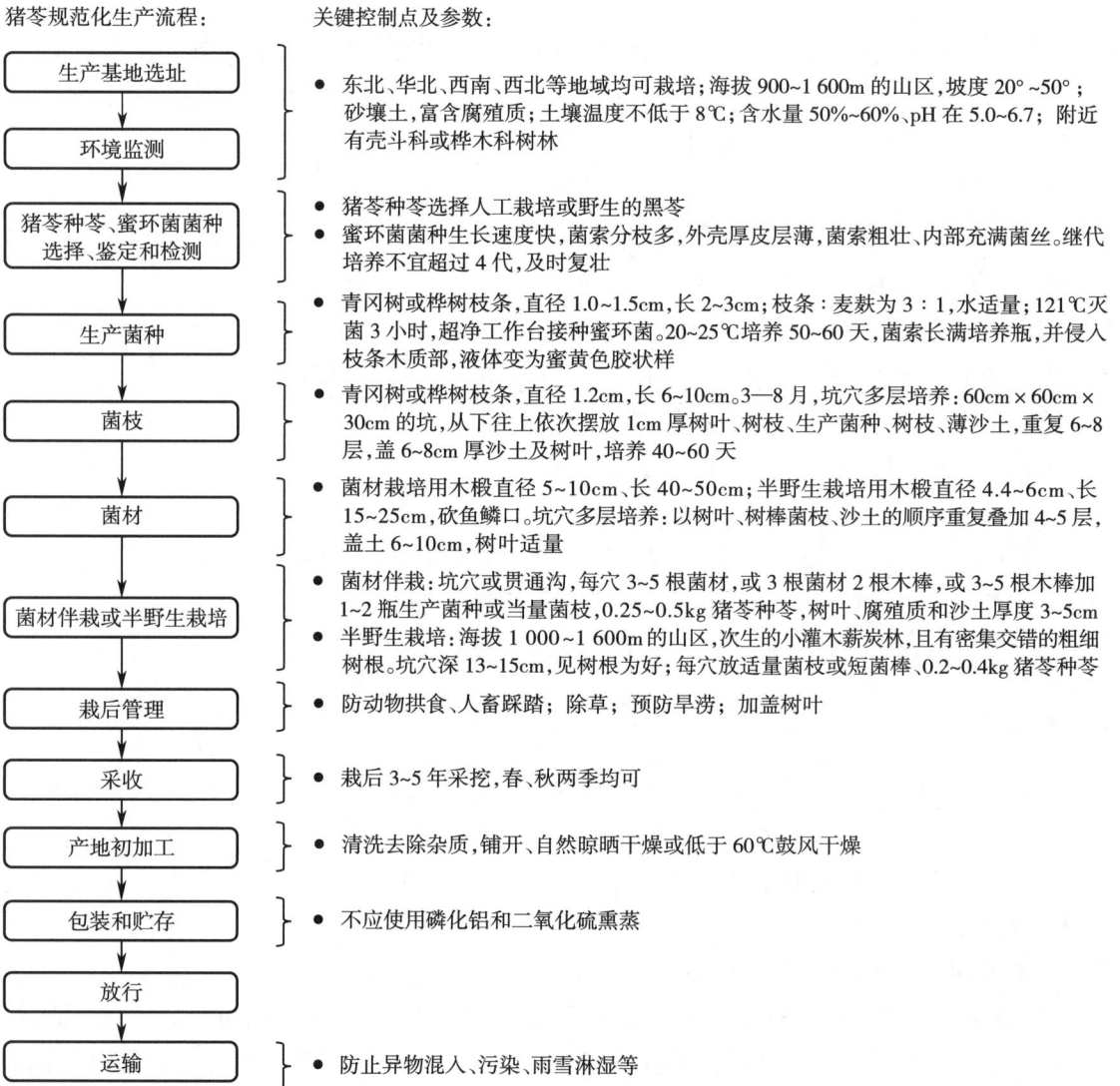

猪苓规范化生产流程: 关键控制点及参数:

| 生产基地选址 |
| 环境监测 |

- 东北、华北、西南、西北等地域均可栽培;海拔 900~1 600m 的山区,坡度 20°~50°;砂壤土,富含腐殖质;土壤温度不低于 8℃;含水量 50%~60%、pH 在 5.0~6.7;附近有壳斗科或桦木科树林

| 猪苓种苓、蜜环菌菌种选择、鉴定和检测 |

- 猪苓种苓选择人工栽培或野生的黑苓
- 蜜环菌菌种生长速度快,菌索分枝多,外壳厚皮层薄,菌索粗壮、内部充满菌丝。继代培养不宜超过 4 代,及时复壮

| 生产菌种 |

- 青冈树或桦树枝条,直径 1.0~1.5cm,长 2~3cm;枝条:麦麸为 3:1,水适量;121℃灭菌 3 小时,超净工作台接种蜜环菌。20~25℃培养 50~60 天,菌索长满培养瓶,并侵入枝条木质部,液体变为蜜黄色胶状样

| 菌枝 |

- 青冈树或桦树枝条,直径 1.2cm,长 6~10cm。3—8 月,坑穴多层培养:60cm×60cm×30cm 的坑,从下往上依次摆放 1cm 厚树叶、树枝、生产菌种、树枝、薄沙土,重复 6~8 层,盖 6~8cm 厚沙土及树叶,培养 40~60 天

| 菌材 |

- 菌材栽培用木椴直径 5~10cm、长 40~50cm;半野生栽培用木椴直径 4.4~6cm、长 15~25cm,砍鱼鳞口。坑穴多层培养:以树叶、树棒菌枝、沙土的顺序重复叠加 4~5 层,盖土 6~10cm,树叶适量

| 菌材伴栽或半野生栽培 |

- 菌材伴栽:坑穴或贯通沟,每穴 3~5 根菌材,或 3 根菌材 2 根木棒,或 3~5 根木棒加 1~2 瓶生产菌种或当量菌枝,0.25~0.5kg 猪苓种苓,树叶、腐殖质和沙土厚度 3~5cm
- 半野生栽培:海拔 1 000~1 600m 的山区,次生的小灌木薪炭林,且有密集交错的粗细树根。坑穴深 13~15cm,见树根为好;每穴放适量菌枝或短菌棒,0.2~0.4kg 猪苓种苓

| 栽后管理 |

- 防动物拱食、人畜踩踏;除草;预防旱涝;加盖树叶

| 采收 |

- 栽后 3~5 年采挖,春、秋两季均可

| 产地初加工 |

- 清洗去除杂质,铺开、自然晾晒干燥或低于 60℃鼓风干燥

| 包装和贮存 |

- 不应使用磷化铝和二氧化硫熏蒸

| 放行 |

| 运输 |

- 防止异物混入、污染、雨雪淋湿等

图1 猪苓规范化生产流程图

5 猪苓规范化生产技术

5.1 生产基地选址

5.1.1 产地选择

猪苓适宜栽培的地域较广,东北、华北、西南、西北等地均可栽培。

5.1.2 地块选择

应符合以下要求。

a)地块应综合考虑生态环境、海拔、坡度、提供有机质的植物、土壤、温度、湿度、光照等因素。

b)栽培基地应选择生态环境良好,不受污染源影响或污染源限量控制在允许范围内,并具有可持续生产能力的生产区域。

c)海拔 900~1 600m 的半阴半阳的二阳坡或海拔 1 700~3 500m 的偏阳坡范围内的山区均可,尤以海拔 1 200~1 600m 的山区栽培最为适宜。

d)适宜选择半阴半阳的二阳坡地,坡度在 20°~50° 之间。

e)半野生栽培的林地树种以壳斗科和桦木科树种最适宜。

f)栽培地土壤以砂壤土最适合。

g)土壤温度 8~9℃(距地面 5cm)时,新苓开始生长;当地温达到 12℃以上时,菌核生长旺盛,若温度继续上升,生长也随之加快;秋末冬初低温低于 8℃,则生长基本停止,猪苓进入休眠期。

h)相对水含量在 50%~60%、pH 在 5.0~6.7 之间适合猪苓生长。

5.1.3 环境监测

按照 GAP 要求,基地的大气质量应符合 GB 3095 的规定、土壤质量应符合 GB 15618 的规定、水质应符合 GB 5084 的规定,环境通用要求应符合 LY/T 1678 的规定,生长期间应持续符合标准的要求。

5.2 蜜环菌

5.2.1 菌种选择

可选用与猪苓共生的蜜环菌类群,如蜜环菌[*Armillaria mellea*(Vahl)P. Kumm.)]、高卢蜜环菌(*A. gallica*)和奥氏蜜环菌(*A. ostoyae*)等,应与《中国大型菌物资源图鉴》和《中国药用真菌图志》收载的形态特征一致。如使用农家品种或选育品种应经过鉴定,其品质应符合下文 5.2.2 的要求。

5.2.2 菌种质量

合格的蜜环菌菌种应具备以下特性:蜜环菌菌丝、菌索生长速度快;菌索分枝多,生长势强;菌索的外壳较厚而皮层较薄;菌索粗壮且髓部疏松菌丝丰富;荧光较强。

5.2.3 菌种的保藏

(1)生产中采用斜面菌种胶塞低温保藏法,即在无菌条件下,以马铃薯葡萄糖琼脂培养基(potato dextrose agar, PDA)斜面试管(棉塞)培养蜜环菌菌种,再将棉塞换成灭菌的胶塞,用蜡封口,置 4℃冰箱中保藏,一般不超过 6~8 年。

(2)无条件的地方可以采用"发棒"的方式保藏,即下文 5.4 的菌材培养方式,可将蜜环菌菌种延续 1~2 年。继代应控制在 4 代内。

5.2.4 菌种退化与复壮

(1)蜜环菌经数代无性繁殖后易退化,表现为:菌索外壳极薄而皮层厚,失去弹性,易碎;中心髓部菌丝极少,有的菌索呈空壳;培养获得率降低;荧光减弱。

(2)最优的复壮方法是培养优良蜜环菌菌株的子实体,分离组织或孢子,选择生长旺盛、发光度强、生长快、发酵培养得率高的菌株更换退化的菌株。复壮的菌种应符合上文 5.2.1 和 5.2.2 的要求。

5.2.5 生产菌种

5.2.5.1 生产菌种培养方法

选壳斗科的青岗树或桦科的桦树的枝条,直径 1~1.5cm,切成长 2~3cm 的小节,枝条水洗至无杂质,装瓶,加净水至稍过枝条,121℃灭菌 3 小时;冷却至室温后,无菌条件下接入蜜环菌种(应符合上文 5.2.2 的要求)。25℃室温、避光培养。

5.2.5.2 生产菌种质量

生产菌种无污染;蜜环菌菌索已从瓶口生长至瓶底,菌索粗壮、分枝多且生长旺盛,蜜环菌菌索全部长满枝条,即菌索侵入枝条木质部,瓶中液体变为黄或褐色胶样状。

5.2.5.3 标签、包装

(1)每批生产菌种应挂有标签,标明品种、生产单位、菌龄、等级、数量、生产日期、批号、标准号、检验证书号等。

(2)单层直立放置在塑料麻袋或纸箱中,包装(袋)箱应该结实牢固并设有透气孔,最小规格包装及外包装应符合 GB 20287—2006 的相关规定。

5.2.5.4 检验方法

目测法进行外观检验。比对法进行质量检验。

5.2.5.5 检验规则

每批产品交收前,生产单位都要进行交收检验。交收检验内容包括生产菌种的质量、标志和包装。检验合格并附合格证后方可验收。

同一生产单位、同一品种、同一包装日期的生产菌种作为一个检验批次,抽样应符合 GB/T 3543.2 的规定。

5.2.5.6 判定规则

若检验结果符合上文 5.2.2 的要求,则判该批生产菌种为合格。若检验结果不符合上文 5.2.2 的要求,允许对不合格项目重新取样复测,复测仍有一项不合格,则判该批产品为不合格。

5.2.5.7 检疫、运输

按照 GB 20287—2006 规定进行检验,跨县级行政区域调运种苗应按有关规定办理出运手续,并应附有农用微生物菌剂检疫证书。

运输过程应防止雨淋、日晒及高温。气温不宜低于 8℃。向上放置,轻装轻放,避免培养瓶倒置和破损。不应与对生产菌种有毒、有害的其他物品混装、混运。

5.2.5.8 贮存

生产菌种应贮存在阴凉、干燥、通风的环境,防止日晒雨淋,避免不良条件的影响。

5.3 蜜环菌菌枝

5.3.1 菌枝培养时间

每年的 3—8 月为最佳的蜜环菌菌枝培养和生长时期。北方 4 月至 6 月初适宜培养菌枝,南方培养菌枝的时间可提早至 3 月初进行。

5.3.2 菌枝培养方法

青冈树或桦树枝条,直径 1.2cm,长度 6~10cm。3—8 月,坑穴多层培养:60cm×60cm×30cm 的坑,从下往上依次摆放 1cm 厚湿树叶、树枝、蜜环菌种、树枝、薄沙土,重复 6~8 层,顶部盖 6~8cm 厚沙土及树叶,培养至枝条全部被蜜环菌侵染。

5.3.3 菌枝质量

优良菌枝的标准:无杂菌污染;菌枝表面附着有蜜环菌索,剥去树皮也应有蜜环菌丝生长,以菌枝两头长出有白色或黄色顶尖、幼嫩毛刷状菌索的菌枝质量最佳。短时培养出现上述特征者,更佳。

5.4 蜜环菌菌材

5.4.1 木材

栽培用菌材的木椴:木椴直径 5~10cm、长度 40~50cm;半野生栽培用,木椴直径 4.4~6.0cm、长度 15~25cm。砍鱼鳞口。

5.4.2 菌材培养场地

(1)场地应靠近树木资源丰富和适宜半野生栽培猪苓的沟槽地,坡度 <30°。高海拔山区应选择向阳山坡,低海拔山区应选择阴山或遮阴及靠水源的地方,中等海拔的山区应选择半阴半阳的山坡。

(2)培菌坑应选择土层深厚的地方,上层为砂壤土,下层为轻黏壤土。培养蜜环菌材窖土壤的含水量要高于栽培猪苓穴的含水量,场地应考虑土壤保水和灌溉水源的条件。

(3)种过庄稼的熟地和撂荒地均不宜选用。

5.4.3 菌材培养方法

坑穴多层培养:按树叶、树棒、蜜环菌菌枝、沙土的顺序重复叠加 4~5 层,顶部盖土 6~10cm,树叶适量。

5.5 猪苓种苓

猪苓栽培用种苓以 3~4 年生的黑苓较适宜。种苓应无啃食、无腐烂、无蛀虫。种苓来源可以为栽培采挖的黑苓,也可以为野生猪苓的黑苓。黑苓弹性好,断面白色、少蜜环菌侵染的为佳。

5.6 栽培

5.6.1 菌材伴栽法

5.6.1.1 栽培场地

菌材伴栽猪苓场地应符合上文 5.1.1、5.1.2 和 5.1.3 对地域、地块和环境检测的要求。

5.6.1.2 基质和木椴

（1）基质应符合上文 5.1.2 的相应要求。以树叶为基质，可用作猪苓栽培穴的填充物和覆盖物，使用前应撒水，使其浸润充分；也可选用林下半降解的枯枝、树叶和腐殖质。

（2）木椴应符合上文 5.4.1 的相应要求。木椴直径 5~10cm、长度 40~50cm；半野生栽培用，木椴直径 4.4~6.0cm、长度 15~25cm。砍鱼鳞口。

5.6.1.3 栽培时间

猪苓栽培宜在春季或秋季进行。北方 4—6 月，南方开春后即可。气温和湿度过高，容易滋生霉菌，使猪苓腐烂。气温过低，蜜环菌生长缓慢甚至被冻死。

5.6.1.4 栽种方式

采用穴栽法进行猪苓菌材伴栽。因广义上"菌材"的不同，可细分为三种栽培模式，各地应根据实际情况，科学合理地选择和实施。三种栽培模式如下：

a）模式一：挖 35cm 深，长、宽均是 40~50cm 的穴，垫 3~5cm 厚的湿树叶，放入 3~5 根较粗蜜环菌材，相距 2~3cm。放猪苓菌核 0.25~0.5kg，撒一层薄薄的砂壤土。再放一层 3~5cm 厚的湿树叶。盖上一层砂壤土，厚度 5~8cm，压实。最后，穴顶盖一层树叶以保持水分。也可以挖成无隔的贯通沟，将蜜环菌菌材平行摆放于沟中，菌材平行间隔及顶端间隔为 2~3cm，其余同上。

b）模式二：挖 35cm 深，长、宽均是 40~50cm 的穴，垫 3~5cm 厚的湿树叶，放入 3 根木椴，间隔摆放 2 根蜜环菌菌材，棒相距 2~3cm。放猪苓菌核 0.25~0.5kg，撒一层薄薄的砂壤土。再放一层 3~5cm 厚的湿树叶。盖上一层砂壤土，厚度 5~8cm，压实。最后，穴顶盖一层树叶以保持水分。也可以挖成无隔的贯通沟，照上述木椴 3 根和蜜环菌菌材 2 根的摆放方法，平行地摆放于沟中，棒平行间隔及顶端间隔为 2~3cm，其余同上。

c）模式三：挖 35cm 深，长、宽均是 40~50cm 的穴，垫 3~5cm 厚的湿树叶，放入 3~5 根木椴，相距 2~3cm。每穴使用 1~2 瓶生产菌种或相当量的蜜环菌菌枝，将菌枝摆放于木椴鱼鳞口及顶端周围。放猪苓菌核 0.25~0.5kg，撒一层薄薄的砂壤土。再放一层 3~5cm 厚的湿树叶。盖上一层砂壤土，厚度 5~8cm，压实。最后，穴顶盖一层树叶以保持水分。也可以挖成无隔的贯通沟，将木椴平行摆放于沟中，其平行间隔及顶端间隔为 2~3cm，其余同上。

5.6.1.5 栽后管理

猪苓抗逆性强，极端环境会影响产量，不会影响存活，栽后管理主要包含以下几个方面。

a）野外条件下的菌材栽培应预防动物拱食，宜加装防护围栏；也应防止人畜踩踏。

b）春夏季节应人工除草，不应使用化学除草剂。

c）猪苓一般靠自然雨水浇灌，旱季可人工灌溉，雨季应提前做好排涝预防工作。

d）秋季和春季可重新覆盖一层枯枝落叶,以起到防旱、抗冻、提高土壤肥力和增产的效果。

5.6.2 半野生栽培

5.6.2.1 场地选择

应符合上文 5.1.1、5.1.2 和 5.1.3 的要求。最适宜于海拔 1 000~1 600m 的山区。

5.6.2.2 植被环境

以小灌木次生林最适宜半野生栽种猪苓,其林地土壤中有密集交错的粗细树根,落叶也可以为蜜环菌提供营养物质。

5.6.2.3 栽培时间

3—10 月均可半野生栽培。在适宜海拔的山区,暖春和初秋较好。

5.6.2.4 半野生栽培

灌木树丛旁挖 13~15cm 深的小坑,以能见到直径为 4~5cm 粗细的树根及纵横交错的须根为准。坑底铺一层潮湿的树叶和树枝,按坑的大小平放入 2~5 根菌材,放入猪苓种苓 0.2~0.4kg。猪苓菌核夹在树根与菌材之间,再覆盖一层树叶,沙土填平、压实,穴顶再较厚盖一层树叶。

5.6.2.5 栽后管理

主要含以下方面:

a）应预防动物拱食,宜加装防护围栏;也应防止人畜踩踏。

b）栽培地的林木覆盖度以 50%~70% 为宜,过低应加盖遮阳滤网;此外,也应及时清除地面杂草。

c）雨涝季节应加强基地的排水工作,土壤湿度低于 30% 则应及时浇水。

d）仿野生栽培,不应使用化学及生物农药。

e）每年冬季或春季在穴顶加盖一层厚的枯枝树叶。

5.7 有害生物防治

5.7.1 病虫害的预防

选用健壮、抗病性好、抗逆性强、适应性好的蜜环菌菌种和猪苓种苓。按照上文 5.1 的要求严格选择栽培场地,若有病虫害威胁可以喷洒适量的 5%~20% 浓度的澄清石灰水。

5.7.2 虫害的治理

（1）猪苓虫害可通过物理及化学防治方法防治,蛴螬、蝼蛄、白蚁等是常见的虫害,整地、栽培及采收环节中人工清理幼虫时可人为捡出;也可以利用黑光灯、频振式杀虫灯诱杀成虫。

（2）采用化学防治时,应符合 GB/T 8321 与 NY/T 1276 的规定;优先选用高效、低毒的生物农药;不应使用除草剂、杀虫剂和杀菌剂等化学农药;不使用禁限用农药,禁限用农药名单见附录 A。半野生栽培不宜使用任何农药。

5.8 采收

猪苓菌核每年春、秋两季均可采挖。栽后第 3 年秋季检查,若白苓或新苓萌发很少、猪苓散架,即可采挖或次年春季采收。菌材栽培的猪苓一般 3~5 年收获,半野生栽培可适当延长生长年限。

5.9 产地初加工

挑选猪苓菌核中的老苓,及时清洗去除泥沙、石子、残留木屑等,自然晾晒干燥或低于 60℃鼓风干燥。

5.10 包装、放行和贮运

5.10.1 包装

包装前应对每批药材按照相应标准进行质量检验。符合要求的药材,采用不影响质量的麻袋、纸箱、洁净编织袋等包装,不应采用包装过肥料、农药等的包装袋包装。包装外贴或挂标签、合格证,标识牌内容应有品种、基源、产地、批号、规格、重量、采收日期、企业名称等,并有追溯码。

5.10.2 放行

应制定符合企业实际情况的放行制度,有审核、批准、生产、检验等的相关记录。不合格的药材应制定单独处理制度。

5.10.3 贮运

(1)贮藏仓库应通风、干燥、避光,并具有防鼠、虫、禽畜措施。地面应整洁、无缝隙。成品应存放在货架上,与墙壁保持足够距离,防止虫蛀、霉变、腐烂等发生;建有定期检查制度。不应使用磷化铝和二氧化硫熏蒸。

(2)运输应防止发生混淆、污染、异物混入、包装破损、雨雪淋湿等。

附　录　A

（规范性）

禁限用农药名单

A.1　禁止（停止）使用的农药（46 种）

六六六、滴滴涕、毒杀芬、二溴氯丙烷、杀虫脒、二溴乙烷、除草醚、艾氏剂、狄氏剂、汞制剂、砷类、铅类、敌枯双、氟乙酰胺、甘氟、毒鼠强、氟乙酸钠、毒鼠硅、甲胺磷、对硫磷、甲基对硫磷、久效磷、磷胺、苯线磷、地虫硫磷、甲基硫环磷、磷化钙、磷化镁、磷化锌、硫线磷、蝇毒磷、治螟磷、特丁硫磷、氯磺隆、胺苯磺隆、甲磺隆、福美肿、福美甲肿、三氯杀螨醇、林丹、硫丹、溴甲烷、氟虫胺、杀扑磷、百草枯、2，4- 滴丁酯。

注：氟虫胺自 2020 年 1 月 1 日起禁止使用。百草枯可溶胶剂自 2020 年 9 月 26 日起禁止使用。2，4- 滴丁酯自 2023 年 1 月 29 日起禁止使用。溴甲烷可用于"检疫熏蒸处理"。杀扑磷已无制剂登记。

A.2　部分范围禁止使用的农药（20 种）

部分范围禁止使用的农药应注意药食同源中药材及来自其他作物的中药材。部分范围禁止使用的农药见表 A.1。

表A.1　部分范围禁止使用的农药

通用名	禁止使用范围
甲拌磷、甲基异柳磷、克百威、水胺硫磷、氧乐果、灭多威、涕灭威、灭线磷	禁止在蔬菜、瓜果、茶叶、菌类、中草药材上使用,禁止用于防治卫生害虫,禁止用于水生植物的病虫害防治
甲拌磷、甲基异柳磷、克百威	禁止在甘蔗作物上使用
内吸磷、硫环磷、氯唑磷	禁止在蔬菜、瓜果、茶叶、中草药材上使用
乙酰甲胺磷、丁硫克百威、乐果	禁止在蔬菜、瓜果、茶叶、菌类和中草药材上使用
毒死蜱、三唑磷	禁止在蔬菜上使用
丁酰肼（比久）	禁止在花生上使用
氰戊菊酯	禁止在茶叶上使用
氟虫腈	禁止在所有农作物上使用（玉米等部分旱田种子包衣除外）
氟苯虫酰胺	禁止在水稻上使用

A.3　有关说明

本附录的内容来自 2019 年中华人民共和国农业农村部发布的《禁限用农药名录》（http：//www.zzys.moa.gov.cn/gzdt/201911/t20191129_6332604.htm）。

参考文献

[1] 徐锦堂,郭顺星.猪苓与蜜环菌的关系[J].真菌学报,1992(2):142-145.

[2] 郭顺星,徐锦堂,肖培根.猪苓生物学特性的研究进展[J].中国中药杂志,1996(9):3-5.

[3] 郭顺星,徐锦堂.猪苓菌核的营养来源及其与蜜环菌的关系[J].Journal of Integrative Plant Biology,1992(8):576-580.

[4] 李梁,罗英,熊东红,等.野生猪苓及其生态环境理化特性的分析研究[J].中国中医药信息杂志,2001(7):32-33.

[5] 郭顺星,徐锦堂.蜜环菌索发育的研究[J].真菌学报,1992(4):308-313.

[6] 王秋颖 徐锦堂,郭顺星,等.猪苓与蜜环菌营养关系的初步探讨[J].中国中药杂志,2000(8):24-25

[7] 郭顺星,徐锦堂.猪苓菌核结晶及厚壁细胞的起源与发育[J].真菌学报,1992(1):49-54.

[8] 郭顺星,徐锦堂.猪苓菌核的解剖及发育学研究[J].中国菌物学会学术会议,1993,论文集:138.

[9] 田茂林,蒋金池.猪苓栽培技术[J].中国食用菌,1998(1):22.

[10] 徐锦堂,郭顺星,李灵玉,等.猪苓菌核生长发育规律观察[J].中国药学杂志,1991(12):714-716.

[11] 刘蒙蒙,邢咏梅,郭顺星.药用真菌猪苓共生的蜜环菌种类研究[J].中国药学杂志,2015,50(5):390-393.

[12] 李喜范,李军,战庆福,等.蜜环菌的培养Ⅰ.菌种培养[J].食用菌,2002(2):35-36.

[13] 刘蒙蒙,邢咏梅,郭顺星.基于Maxent生态位模型预测药用真菌猪苓在中国潜在适生区[J].中国中药杂志,2015,40(14):2792-2795.

[14] 程显好,王春兰,郭顺星.蜜环菌不同特化菌体的HPLC-DAD图谱比较[J].食用菌学报,2006(4):39-43.

[15] 郭顺星,徐锦堂.猪苓菌核结构及其与蜜环菌关系的超微结构研究[J].北京医科大学中国协和医科大学联合出版社,1994,科学年会专集,78.

[16] 李喜范,李军,战庆福,等.蜜环菌的培养Ⅱ菌枝、菌材、子实体的培养[J].食用菌,2002(3):35-36.

[17] 郭顺星,曹文琴,王秋颖,等.与蜜环菌共生过程中猪苓菌核不同部位糖类成分的含量研究[J].中国药学杂志,2002(7):13-15.

[18] 任思竹,陈青君,程继鸿.蜜环菌对15种不同树种枝条的侵染效果[J].中国农学通报,2014,30(22):69-73.

[19] 郭顺星,徐锦堂,肖培根.猪苓子实体发育的细胞学研究[J].中国医学科学院学报,1998,20(1):58-63.

[20] 郭顺星,王秋颖,张集慧,等.猪苓菌丝形成菌核栽培方法的研究[J].中国药学杂志,2001(10):11-13.

[21] 刘国库,杨太新,吴和平,等.蜜环菌菌材高效培养体系的建立[J].中药材,2016,39(9):1952-1955.

[22] 郭顺星,徐锦堂,肖培根,等.蜜环菌的化学成分及应用研究[J].微生物学通报 1996(4):239-241.

[23] 陈晓梅,郭顺星,王秋颖,等.蜜环菌不同发育阶段多糖成分的研究[J].中国中药杂志,2001(6):21-24.

[24] 郭顺星.猪苓栽培和产品开发中关键问题探讨[C]//中国菌物学会,易菇网.2015第二届全国猪苓会议资料汇编.[出版者不详],2015:1.

[25] 郭巧生.药用植物栽培学[M].北京:高等教育出版社,2009.

[26] 郭顺星,徐锦堂,肖培根.蜜环菌隔膜发育的超微结构研究[J].中国医学科学院学报,1996(5):363-369.

[27] 河南省质量技术监督局.猪苓林下栽培技术规程:DB41/T 1578—2018[S/OL].[2024-02-21].https://std.samr.gov.cn/db/search/stdDBDetailed?id=91D99E4D97812E24E05397BE0A0A3A10.

［28］程显好,郭顺星.蜜环菌子实体的诱导和发生条件［J］.菌物学报,2006（2）:302-307.

［29］郭顺星,徐锦堂.蜜环菌侵染猪苓菌核的细胞学研究［J］.Journal of Integrative Plant Biology,1993（1）:44-50.

［30］程显好,郭顺星.蜜环菌固体培养特性［J］.中国医学科学院学报,2006（4）:553-557.

［31］郭顺星,徐锦堂,王春兰,等.不同年龄的野生与家种猪苓菌核糖类等成分的含量测定［J］.中国中药杂志,1992（2）:77-80.

［32］陕西省质量技术监督局.秦岭猪苓栽培技术规程:DB61/T 509.5—2011［S/OL］.［2024-02-21］.https://std.samr.gov.cn/db/search/stdDBDetailed?id=91D99E4D2F7C2E24E05397BE0A0A3A10.

［33］辽宁省质量技术监督局.猪苓林地栽培技术规程:DB21/T 2199—2013［S/OL］.［2024-02-21］.https://std.samr.gov.cn/db/search/stdDBDetailed?id=91D99E4D722C2E24E05397BE0A0A3A10.

［34］郭顺星,徐锦堂.猪苓菌核结构性质的研究［J］.真菌学报,1991（4）:312-317.

［35］张志刚,杨权社,杨金梅.陇南猪苓规范化栽培技术［J］.食用菌,2011,33（2）:42.

［36］郭顺星,徐锦堂,王春兰,等.不同年龄的野生与家种猪苓菌核氨基酸及微量元素分析［J］.中国中药杂志,1993（4）:204-206.

［37］王弘,晁建平,陈文举,等.猪苓药材的质量评价标准研究［J］.中草药,2009,40（6）:971-974.

［38］郭顺星,徐锦堂.蜜环菌侵染后猪苓菌核防御结构的发生及功能［J］.真菌学报,1993（4）:283-288.

［39］李雯瑞,梁宗锁,陈德育,等.不同发育阶段猪苓菌核显微结构和成分含量的比较［J］.西北林学院学报,2013,28（4）:116-121.

ICS 65.020.20
CCS C 05

团 体 标 准

T/CACM 1374.150—2021

续断规范化生产技术规程

Code of practice for good agricultural practice of Dipsaci Radix

2021-10-15 发布

2021-10-15 实施

中华中医药学会　发布

目　次

前言 ··· 824

1　范围 ··· 825

2　规范性引用文件 ·· 825

3　术语和定义 ·· 825

4　续断规范化生产流程图 ·· 825

5　续断规范化生产技术 ··· 826

　5.1　生产基地选址 ··· 826

　5.2　种质与种子 ·· 827

　5.3　种子繁育 ·· 827

　5.4　种植 ·· 827

　5.5　采收与初加工 ··· 829

　5.6　包装、放行、贮运 ·· 829

附录A（规范性）　续断种子分级质量标准 ·· 831

附录B（规范性）　禁限用农药名单 ··· 832

附录C（资料性）　续断常见病虫害防治的参考方法 ····································· 833

参考文献 ··· 834

前　言

本文件按照 GB/T 1.1—2020《标准化工作导则　第 1 部分：标准化文件的结构和起草规则》的规定起草。

请注意本文件中的某些内容可能涉及专利。本文件的发布机构不承担识别专利的责任。

本文件由中国医学科学院药用植物研究所提出。

本文件由中华中医药学会归口。

本文件起草单位：贵州中医药大学、中国医学科学院药用植物研究所、国药集团同济堂（贵州）制药有限公司、贵州同济堂中药材种植有限公司、湖北省农业科学院中药材研究所、云南农业大学、省部共建药用植物功效与利用国家重点实验室、贵阳道生健康产业有限公司、重庆市药物种植研究所。

本文件主要起草人：王新村、杨相波、严福林、李玮、曾令祥、魏建和、王文全、王秋玲、王苗苗、杨小生、周宁、冯中宝、胡敏、危必路、艾伦强、杨生超、任得强、梁艳丽、杨小玉、辛元尧。

续断规范化生产技术规程

1 范围

本文件确立了续断的规范化生产流程,规定了续断生产基地选址、种质与种子、种苗繁育、种植、采收、产地初加工、包装、放行、贮运等阶段的操作要求。

本文件适用于续断的规范化生产。

2 规范性引用文件

下列文件中的内容通过文中的规范性引用而构成本文件必不可少的条款。其中,注明日期的引用文件,仅该日期对应的版本适用于本文件;不注明日期的引用文件,其最新版本(包括所有的修改单)适用于本文件。

GB 3095　环境空气质量标准

GB/T 3543　农作物种子检验规程

GB 5084　农田灌溉水质标准

GB 5749　生活饮用水卫生标准

GB 15618　土壤环境质量　农用地土壤污染风险管控标准(试行)

T/CACM 1374.1—2021　中药材规范化生产技术规程通则　植物药材

3 术语和定义

T/CACM 1374.1—2021 界定的以及下列术语和定义适用于本文件。

3.1 规范化生产　good agricultural practice

按照《中药材生产质量管理规范》(简称中药材 GAP)的要求,实施药材生产,保证中药材优质安全的生产过程。

3.2 技术规程　code of practice

为实现中药材生产顺利、有序进行,保证中药材生产质量,对中药材生产的基地选址、种子种苗、种植或野生抚育、采收与产地初加工以及包装、放行与贮运等,所做的技术规定和要求,是实施中药材规范生产的核心技术要求和实施指南。

3.3 续断　Dipsaci Radix

为川续断科植物川续断 *Dipsacus asper* Wall. ex Henry 的干燥根。

4 续断规范化生产流程图

续断规范化生产流程见图 1。

续断规范化生产流程：

关键控制点及参数：

```
┌─────────────────┐
│   生产基地选址   │ ─────────── • 海拔 400~2 200m,土层深厚,土壤疏松肥沃,忌干旱或
└─────────────────┘                积水
         │                       • 未种植过续断,不宜用水稻田
         ▼
┌─────────────────┐
│  种质与种子选择  │ ─────────── • 选择优良种质、当年采收的成熟种子,发芽率≥75%
└─────────────────┘
```

图 1 续断规范化生产流程图

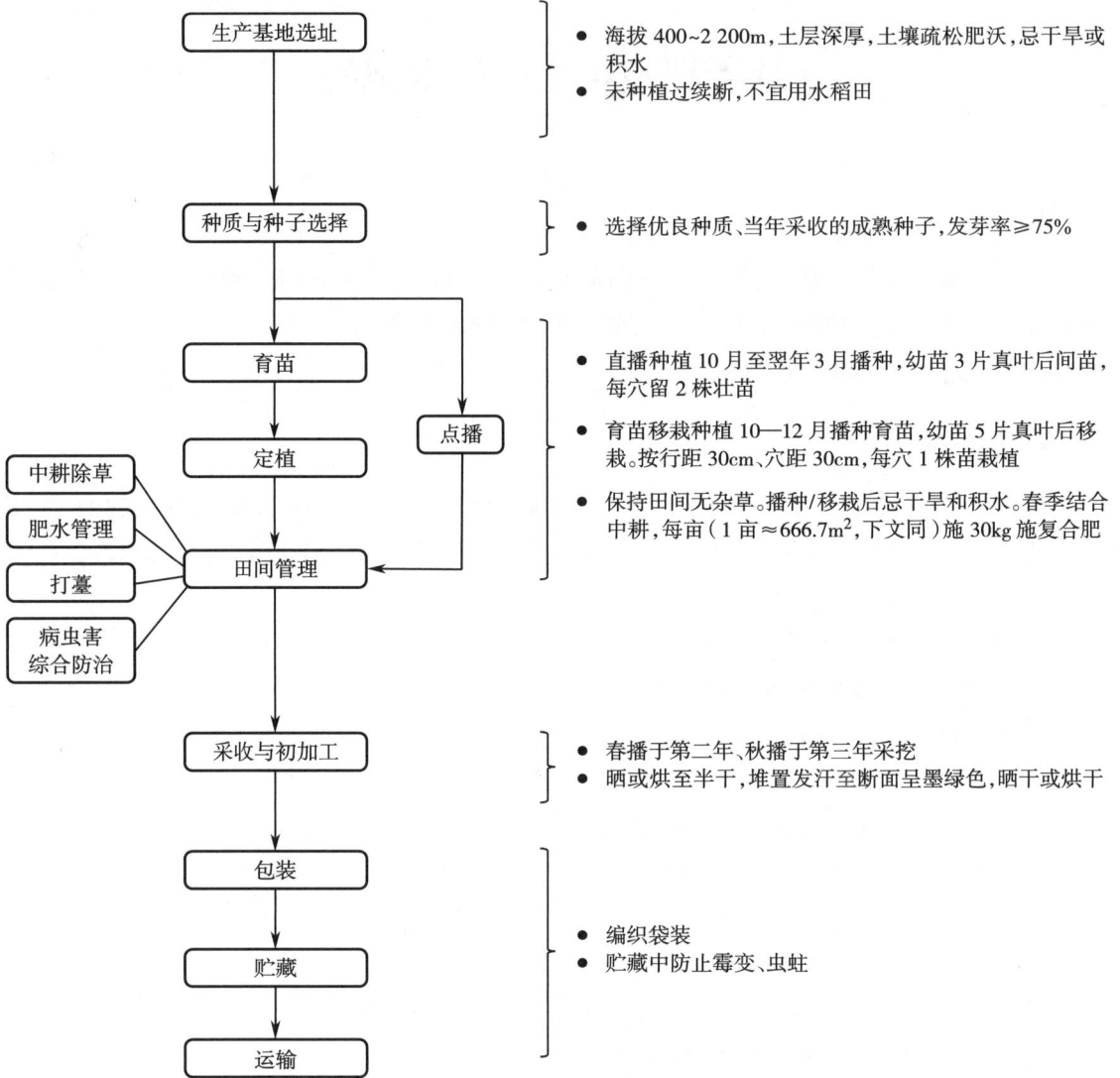

- 直播种植 10 月至翌年 3 月播种,幼苗 3 片真叶后间苗,每穴留 2 株壮苗
- 育苗移栽种植 10—12 月播种育苗,幼苗 5 片真叶后移栽。按行距 30cm、穴距 30cm,每穴 1 株苗栽植
- 保持田间无杂草。播种/移栽后忌干旱和积水。春季结合中耕,每亩(1 亩≈666.7m²,下文同)施 30kg 施复合肥

- 春播于第二年、秋播于第三年采挖
- 晒或烘至半干,堆置发汗至断面呈墨绿色,晒干或烘干

- 编织袋装
- 贮藏中防止霉变、虫蛀

流程框：生产基地选址 → 种质与种子选择 → 育苗 / 点播 → 定植 → 田间管理（中耕除草、肥水管理、打薹、病虫害综合防治）→ 采收与初加工 → 包装 → 贮藏 → 运输

5 续断规范化生产技术

5.1 生产基地选址

5.1.1 产地选择

适宜选择海拔 400~2 200m,年平均气温 12~15℃,1 月平均温度在 3~8℃,年平均日照 1 100~1 500 小时,年平均降水量 800~1 300mm,生长期相对湿度在 70%~90% 的地区。

种植地宜选择生态环境良好,远离污染源的生产区域。

5.1.2 选地整地

选择地势向阳、未栽种过续断的熟地,前茬以禾本科为佳,不宜用水稻田。土壤肥沃疏松、富含有机质、pH 5.5~7.0,黄壤、黄棕壤、石灰土、黄色石灰土、夹砂土为宜。翻土深度 30cm

以上,整平耙细。

采种田要求地块相对独立,周围 3km 范围内不得有续断种植地及野生续断,以防杂交。

5.1.3 环境监测

生产基地的空气质量应符合 GB 3095 规定的环境空气质量标准,灌溉水质量应符合 GB 5084 规定的农田灌溉水质标准,土壤质量应符合 GB 15618 的规定。

5.2 种质与种子

5.2.1 种质选择

使用川续断科植物川续断 *Dipsacus asper* Wall. ex Henry 为物种来源,物种须经过鉴定。如使用农家品种或选育品种应加以明确。

5.2.2 种子质量

应使用当年采收的成熟种子,依据种子发芽率、净度、千粒重、含水量等指标进行分级,按照 GB/T 3543 规定的农作物种子检验规程的要求,种子质量等级应符合附录 A 表 A.1 的规定。

5.3 种子繁育

5.3.1 选种

选 2~3 年生生长健壮无病虫的植株作留种母株,如发现患病植株要随时拔掉。

5.3.2 种子采收与处理

5.3.2.1 种子采收

9 月中旬开始果序(果球)由绿转黄褐色或褐色,掰开苞片观察到种子呈黄褐色、褐色时即可采收,分批剪取成熟的果实。

5.3.2.2 种子处理

果实置通风、干燥处摊晾 3~5 天,拍打出种子,除去杂质,分装于编织袋,置阴凉、干燥、通风处存放,注意防潮、防鼠、防虫。

5.4 种植

续断采用种子直播种植或种子育苗移栽种植。

5.4.1 直播种植

10 月至翌年 3 月。做宽 1m、高 10cm 的畦,按株距 30cm、穴距 30cm 点播于大田。播种前先穴施约 1 500kg/ 亩腐熟的农家肥或复合肥 40kg/ 亩作底肥,覆薄土,每穴播种 5~7 粒,盖 0.5~1cm 厚细土。

当幼苗长出 3~5 片真叶时,结合除草进行间苗、补苗,每穴留 2 株健壮苗。

5.4.2 育苗移栽种植

5.4.2.1 育苗

10—12 月,结合整地每亩撒施约 1 500kg 腐熟的牛厩肥(或总养分量≥45% 的复合肥 20kg)作基肥,做宽 1m、高 10cm 的畦。将种子与 100 倍细土拌匀撒播,播种后盖 0.5~1cm 厚的细土,浇湿畦面,覆盖地膜。播种量每亩约 5kg。

当 80% 以上种子出苗时,揭去覆盖畦面的地膜。保持畦面无杂草、土壤湿润。当幼苗长出 3 片真叶,间苗,去弱留强苗,苗间密度 4cm×4cm 为宜。

5.4.2.2 移栽

4—5月移栽,拔取带 5 片以上真叶、主根长≥5cm,根系发达完整的健壮无病虫害种苗,随起随栽,种苗不得放置过夜。

结合整地每亩施约 1 500kg 腐熟农家肥或 40kg 复合肥(N∶P∶K=15∶15∶15),做宽1m、高 10cm 的畦。按株距 30cm、穴距 30cm 定植于大田,每穴 1 株。

5.4.3 田间管理

5.4.3.1 补苗

发现死苗、弱苗、病苗及不正常苗,及时拔除,选择雨后或阴天补苗;病苗须用生石灰消毒穴土后再补苗。

5.4.3.2 中耕除草

幼苗生长前期应常除草松土,保持畦内无杂草。次年 3—4 月,需要再进行一次除草、松土。夏季植株基本封垄后不再松土。

5.4.3.3 防旱防涝

生长季节视情况及时浇水。灌溉用水应符合 GB 5749 的规定。雨季应及时排水,防止地内积水。

5.4.3.4 打薹

4月下旬—7月下旬,续断陆续抽出花薹时,割去花薹,留存基生叶。

5.4.3.5 追肥

种子直播种植,第一次追肥时间为播种次年的 4—5 月,第二次追肥时间为第三年的3—4 月;育苗移栽种植,栽种当年的 6—7 月,第二次追肥时间为栽种次年的 3—4 月。

结合除草松土,每亩穴施复合肥(总养分量≥45%)约 30kg。

5.4.4 病虫害防治

5.4.4.1 常见病虫害种类

a)主要病害:续断根腐病 *Rhizoctonia solali* Kühn、续断根结线虫病 *Meloidogyne* sp.、续断叶褐(黑)斑病 *Alternaria* sp、续断白粉病 *Erysiphe epimedii*(Tai)Zheng & Chen、续断病毒病等

b)主要虫害:小地老虎 *Agrotis ypsilon* Rottemberg、蚜虫、钻心虫、蛴螬 *Anomala carpulenta*、油葫芦 *Gryllus testaceus* 等。

5.4.4.2 防治原则

病虫害防治坚持以"预防为主,综合防治"的原则。优先采用物理防治、生物防治,合理使用高效低毒低残留化学农药。

轮作 3 年以上,不宜与茄科等易感根腐病的作物轮作,可与豆科、禾本科作物轮作倒茬;有机肥、农家肥必须充分腐熟;选用无病害感染、健壮的优质种苗,禁用带病苗;防止种植地积水;发现病株及时拔除,集中销毁,每穴撒入草木灰 100g 或生石灰约 300g,进行局部消毒;每年秋冬季及时清园。

采用化学防治时,严格执行 NY/T 393—2013 生产绿色食品的农药使用准则;根据 GB/T 8321 农药合理使用准则合理使用农药,严格执行《农药管理条例》。推广使用高效、低毒、低残留农药。提倡科学、合理、安全用药。合理混用、轮换交替使用不同作用机制或具有负交互抗性的药剂,防止病虫害抗药性的产生。

严格禁止使用国家规定的剧毒、高毒、高残留或者具有三致(致癌、致畸、致突变)农药品种,其他高毒高残留农药,以及砷、铅类农药。

5.4.4.3 物理防治

利用杀虫灯或诱虫灯对害虫进行捕杀。

5.4.4.4 化学防治

农药使用要严格按照 GB/T 8321(所有部分)和 NY/T 393—2013 的规定执行。严禁使用国家禁止使用的高毒、高残农药,优先使用生物源、矿物源农药。选用几种不同的农药品种进行交替使用,避免长期使用单一农药品种。

禁止或限制使用农药种类参见附录 B,常见病虫害化学防治方法参见附录 C。

5.5 采收与初加工

5.5.1 采收

春播于第二年,秋播于第三年,11 月至翌年 3 月采挖。采挖前 20 天禁止施用任何农药,采挖前 10 天停止灌溉。割除地上部分,挖取地下根茎,抖去泥土,除去须根、芦头。采挖出的根忌淋雨和防止冻害。

5.5.2 初加工

采挖后按根粗细程度分级拣选,分级初加工。晒干或在 60~80℃烘干,根干至皱缩、变软时,集中堆置,盖上麻袋或稻草等保持温度 40~50℃,使其"发汗"变软,发汗至断面呈墨绿色。再晾晒或在 60~80℃烘干至脆性、易折断。

5.6 包装、放行、贮运

5.6.1 包装

包装材料须符合相应的食品包装材料国家卫生标准。禁止使用接触过禁用物质的包装材料或容器。包装材料应易回收、易降解,一般用编织袋包装。包装前应对每批药材按照《中华人民共和国药典》(2020 年版)标准进行质量检验,清除异物及劣质品。包装外贴或挂标签、合格证,标识牌内容应有药材名、基源、产地、批号、规格、重量、采收日期、企业名称等。包装上应有追溯码,以满足防伪查询、溯源查询、仓储管理、物流配送等环节的管理要求。

5.6.2 放行

应制定符合企业实际情况的放行制度,有审核批生产、检验等的相关记录。不合格药材有单独处理制度。

5.6.3 贮运

贮存于阴凉干燥处,定期检查,防止霉变、虫蛀等。仓库控制相对湿度≤60%、温度≤30℃;不同批次、等级药材分区存放;堆放于地面铺垫有约 10cm 厚的木垫板上,距离墙壁不小于 30cm。

  运载车辆及容器应清洁无污染、干燥防潮，不与其他有毒、有害、易串味的物质混装、混运。运输应防止发生混淆、污染、异物混入、包装破损、雨雪淋湿等。

  运输单有运输号码、品名、发货件数、到达站、收货单位、发货单位、始发站。

附 录 A

（规范性）

续断种子分级质量标准

续断种子分级质量标准见表 A.1。

表 A.1 续断种子分级质量标准

级别	纯度 /%	净度 /%	千粒重 /g	水分 /%	发芽率 /%	外观
一级	≥99	≥95.0	≥4.300	9.0≤x≤12.0	≥85	黄褐色、褐色或黑褐色,通过肉眼观察,整批种子色泽均匀、有光泽、饱满、无破损、无病害、无虫蛀、无霉变
二级	≥99	85.0≤x<95.0	3.500≤x<4.000	9.0≤x≤12.0	80≤x<85	
三级	≥99	75.0≤x<85.0	3.000≤x<3.500	9.0≤x≤12.0	75≤x<80	

注：①表中各列 x 指代对应的列指标；②以上各级指标为划分续断种子质量级别的依据,检测结果有一项指标不能达到要求,则降为下一级别,达不到三级标准的种子即为不合格种子；③禁止使用不合格种子播种。

附　录　B
（规范性）
禁限用农药名单

B.1　禁止（停止）使用的农药（46 种）

六六六、滴滴涕、毒杀芬、二溴氯丙烷、杀虫脒、二溴乙烷、除草醚、艾氏剂、狄氏剂、汞制剂、砷类、铅类、敌枯双、氟乙酰胺、甘氟、毒鼠强、氟乙酸钠、毒鼠硅、甲胺磷、对硫磷、甲基对硫磷、久效磷、磷胺、苯线磷、地虫硫磷、甲基硫环磷、磷化钙、磷化镁、磷化锌、硫线磷、蝇毒磷、治螟磷、特丁硫磷、氯磺隆、胺苯磺隆、甲磺隆、福美胂、福美甲胂、三氯杀螨醇、林丹、硫丹、溴甲烷、氟虫胺、杀扑磷、百草枯、2,4- 滴丁酯。

注：氟虫胺自 2020 年 1 月 1 日起禁止使用。百草枯可溶胶剂自 2020 年 9 月 26 日起禁止使用。2,4- 滴丁酯自 2023 年 1 月 29 日起禁止使用。溴甲烷可用于"检疫熏蒸处理"。杀扑磷已无制剂登记。

B.2　在部分范围禁止使用的农药（20 种）

部分范围禁止使用的农药应注意药食同源中药材及来自其他作物的中药材。部分范围禁止使用的农药见表 B.1。

表 B.1　部分范围禁止使用的农药

通用名	禁止使用范围
甲拌磷、甲基异柳磷、克百威、水胺硫磷、氧乐果、灭多威、涕灭威、灭线磷	禁止在蔬菜、瓜果、茶叶、菌类、中草药材上使用,禁止用于防治卫生害虫,禁止用于水生植物的病虫害防治
甲拌磷、甲基异柳磷、克百威	禁止在甘蔗作物上使用
内吸磷、硫环磷、氯唑磷	禁止在蔬菜、瓜果、茶叶、中草药材上使用
乙酰甲胺磷、丁硫克百威、乐果	禁止在蔬菜、瓜果、茶叶、菌类和中草药材上使用
毒死蜱、三唑磷	禁止在蔬菜上使用
丁酰肼（比久）	禁止在花生上使用
氰戊菊酯	禁止在茶叶上使用
氟虫腈	禁止在所有农作物上使用（玉米等部分旱田种子包衣除外）
氟苯虫酰胺	禁止在水稻上使用

B.3　说明

本附录的内容来自 2019 年中华人民共和国农业农村部发布的《禁限用农药名录》（http://www.zzys.moa.gov.cn/gzdt/201911/t20191129_6332604.htm）。

附　录　C

（资料性）

续断常见病虫害防治的参考方法

续断常见病虫害防治的参考方法见表 C.1。

表 C.1　续断常见病虫害防治的参考方法

农药名称	剂型	防治对象	常用药量	施药方法
多菌灵	50% 粉剂	续断根腐病	500 倍液	灌穴
阿维菌素	1.8% 乳油	续断根结线虫病	300~400 倍液	灌穴
代森锰锌	75% 粉剂	续断叶褐点斑病	500 倍液	喷雾
百菌清	75% 粉剂		500~600 倍液	喷雾
甲氰菊酯	20% 乳油	小地老虎	1 500 倍液	喷雾
敌百虫	90% 粉剂	蛴螬	1 000 倍液	灌穴
灭蚜松（灭蚜灵）	70% 粉剂	蚜虫	1 500 倍液	喷雾
敌百虫	90% 粉剂	钻心虫	500 倍液	喷雾

参考文献

[1] 么历,程慧珍,杨智.中药材规范化种植(养殖)技术指南[M].北京:中国农业出版社,2006.

[2] 魏升华,王新村,冉懋雄.地道特色药材—续断[M].贵阳:贵州科技出版社,2014.

[3] 曾令祥,杨琳,陈娅娅,等.续断主要病害的识别与防治[J].农技服务,2012,29(8):942-945.

————————————

ICS 65.020.20
CCS C 05

团 体 标 准

T/CACM 1374.151—2021

款冬花规范化生产技术规程

Code of practice for good agricultural practice of Farfarae Flos

2021-10-15 发布

2021-10-15 实施

中华中医药学会　发布

目　次

前言……………………………………………………………………………………………… 837

1 范围 ……………………………………………………………………………………………… 838

2 规范性引用文件 ………………………………………………………………………………… 838

3 术语和定义 ……………………………………………………………………………………… 838

4 款冬花规范化生产流程图 ……………………………………………………………………… 839

5 款冬花规范化生产技术 ………………………………………………………………………… 839

　5.1 基地选址 …………………………………………………………………………………… 839

　5.2 种质与种茎 ………………………………………………………………………………… 840

　5.3 种植 ………………………………………………………………………………………… 840

　5.4 采收 ………………………………………………………………………………………… 841

　5.5 产地加工 …………………………………………………………………………………… 841

　5.6 包装、放行、贮运 ………………………………………………………………………… 841

附录A（规范性） 禁限用农药名单 …………………………………………………………… 843

附录B（资料性） 款冬花常见病虫害防治的参考方法 ……………………………………… 844

参考文献…………………………………………………………………………………………… 845

前　言

本文件按照 GB/T 1.1—2020《标准化工作导则　第 1 部分：标准化文件的结构和起草规则》的规定起草。

请注意本文件中的某些内容可能涉及专利。本文件的发布机构不承担识别专利的责任。

本文件由中国医学科学院药用植物研究所和山西大学提出。

本文件由中华中医药学会归口。

本文件起草单位：山西大学、山西省医药与生命科学研究院、山西振东道地药材开发有限公司、山西药科职业学院、中国医学科学院药用植物研究所、重庆市药物种植研究所。

本文件主要起草人：李震宇、李香串、吕鼎豪、蔡翠芳、王旭峰、肖淑贤、卢紫娟、魏建和、王文全、王秋玲、杨小玉、辛元尧、王苗苗。

款冬花规范化生产技术规程

1 范围

本文件确立了款冬花规范化生产流程,规定了款冬花基地选址、种质与种栽、种植技术、采收技术、产地加工、包装、放行、贮运等阶段的操作要求。

本文件适用于款冬花的规范化生产。

2 规范性引用文件

下列文件中的内容通过文中的规范性引用而构成本文件必不可少的条款。其中,注明日期的引用文件,仅该日期对应的版本适用于本文件;不注明日期的引用文件,其最新版本(包括所有的修改单)适用于本文件。

GB 3095 环境空气质量标准

GB 5084 农田灌溉水质标准

GB 5749 生活饮用水卫生标准

GB 15618 土壤环境质量 农用地土壤污染风险管控标准(试行)

SB/T 11094—2014 中药材仓储管理规范

SB/T 11182—2017 中药材包装技术规范

T/CACM 1374.1—2021 中药材规范化生产技术规程通则 植物药材

3 术语和定义

T/CACM 1374.1—2021 界定的以及下列术语和定义适用于本文件。

3.1 规范化生产 good agricultural practice

按照《中药材生产质量管理规范》(简称中药材 GAP)的要求,实施药材生产,保证中药材优质安全的生产过程。

3.2 技术规程 code of practice

为实现中药材生产顺利、有序进行,保证中药材生产质量,对中药材生产的基地选址、种子种苗、种植或野生抚育、采收与产地初加工以及包装、放行与贮运等,所做的技术规定和要求,是实施中药材规范生产的核心技术要求和实施指南。

3.3 款冬花 Farfarae Flos

为菊科植物款冬(*Tussilago farfara* L.)的干燥花蕾。

3.4 种栽 seedling

款冬地下部分用于繁殖的新鲜根茎。

4 款冬花规范化生产流程图

款冬花的规范化生产流程见图 1。

款冬花规范化生产流程：

关键控制点及技术参数：

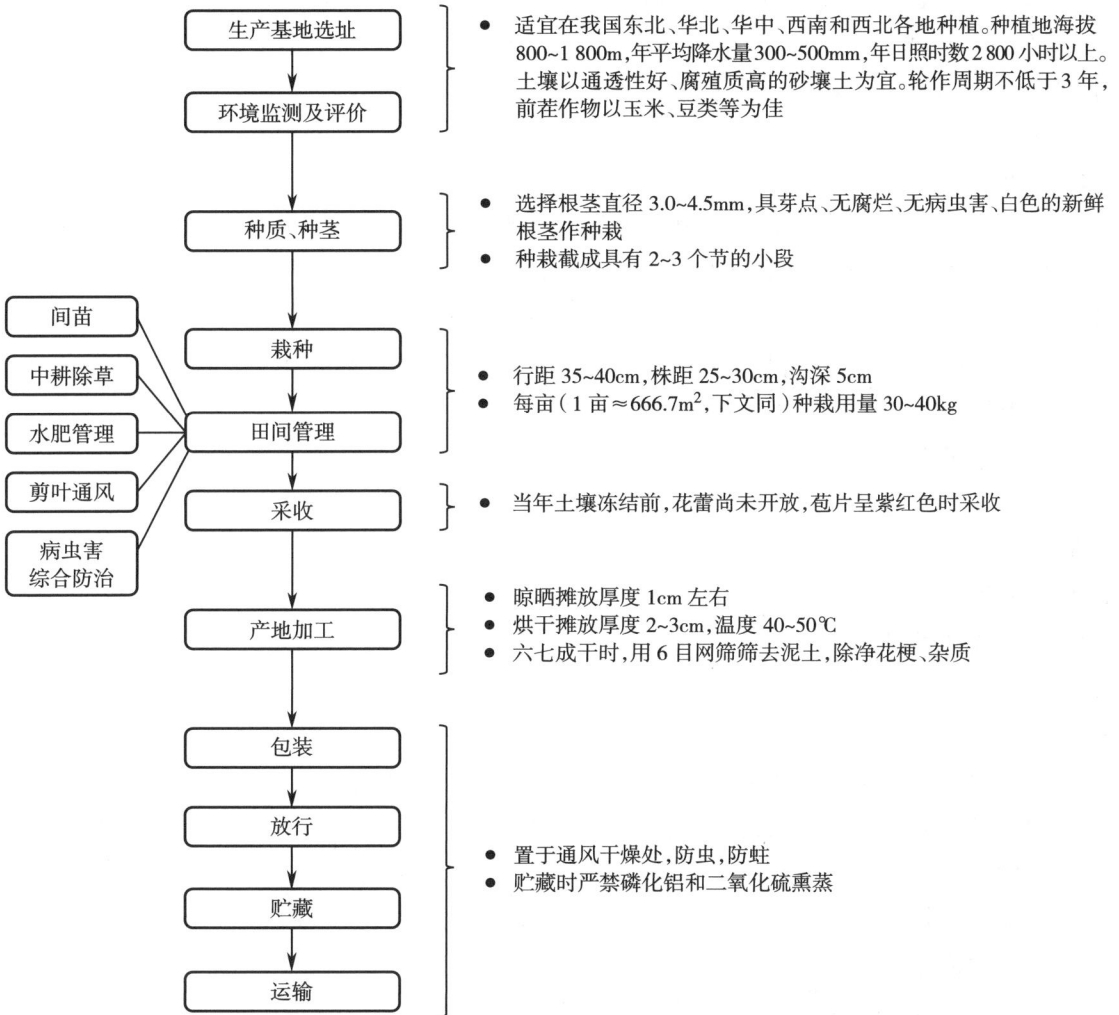

```
生产基地选址
    ↓
环境监测及评价
```

- 适宜在我国东北、华北、华中、西南和西北各地种植。种植地海拔 800~1 800m，年平均降水量 300~500mm，年日照时数 2 800 小时以上。土壤以通透性好、腐殖质高的砂壤土为宜。轮作周期不低于 3 年，前茬作物以玉米、豆类等为佳

```
种质、种茎
```

- 选择根茎直径 3.0~4.5mm，具芽点、无腐烂、无病虫害、白色的新鲜根茎作种栽
- 种栽截成具有 2~3 个节的小段

```
间苗
中耕除草
水肥管理
剪叶通风
病虫害
综合防治
```

```
栽种
    ↓
田间管理
```

- 行距 35~40cm，株距 25~30cm，沟深 5cm
- 每亩（1 亩 ≈ 666.7m², 下文同）种栽用量 30~40kg

```
采收
```

- 当年土壤冻结前，花蕾尚未开放，苞片呈紫红色时采收

```
产地加工
```

- 晾晒摊放厚度 1cm 左右
- 烘干摊放厚度 2~3cm，温度 40~50℃
- 六七成干时，用 6 目网筛筛去泥土，除净花梗、杂质

```
包装
    ↓
放行
    ↓
贮藏
    ↓
运输
```

- 置于通风干燥处，防虫，防蛀
- 贮藏时严禁磷化铝和二氧化硫熏蒸

图 1　款冬花规范化生产流程图

5 款冬花规范化生产技术

5.1 基地选址

5.1.1 产地选择

款冬适应性广，分布于全国各地。适宜在我国东北、华北、华中、西南和西北各地种植，主要包括甘肃、山西、河北、陕西、内蒙古、河南、四川、湖北等地。

5.1.2 地块选择

宜栽培于海拔 800~1 800m，年平均降水量 300~500mm，年日照时数 2 800 小时以上，环

境相对湿度 75%~80% 的平地、山谷湿地、林下、河边沙地或其他具有相应条件的适宜地区。选择土质疏松肥沃、排灌方便、通透性好的弱酸性砂壤土为宜。忌连作,轮作周期不低于3 年,前茬作物以玉米、豆类等为佳。

5.1.3 环境要求

基地的空气环境质量应符合 GB 3095 中的二类区要求;土壤环境质量应符合 GB 15618 中的二级标准,灌溉水质量应符合 GB 5084 中的二级标准;产地加工用水质量应符合 GB 5749 中的规定,且要保证生长期间持续符合标准。

5.2 种质与种茎

5.2.1 种质选择

选择《中华人民共和国药典》规定的菊科植物款冬(*Tussilago farfara* L.)的新鲜根茎。如使用农家品种或选育品种应加以明确。

5.2.2 根茎种栽

秋末冬初季节,选择粗壮多花、无病虫害、颜色较白、直径为 3.0~4.5mm 的根茎作种栽。播前将根茎截成 6~9cm 长的小段,每段上有 2~3 个节。

5.2.3 种茎贮藏

根茎可于温度 1~5℃,相对湿度 85%~90% 条件下湿砂层积窖藏。

5.3 种植

5.3.1 栽种

5.3.1.1 栽种时间

春季土壤解冻后即可栽种。

5.3.1.2 栽种方法

栽种前一年深翻土壤 20~25cm,结合整地施入腐熟无害化的农家肥。栽种前行表土作业,按行距 35~40cm 开 5cm 深的浅沟,按株距 25~30cm 将种栽平放入沟内,覆土压实。每亩种栽用量 30~40kg。

5.3.2 田间管理

5.3.2.1 间苗补苗

出苗展叶后按株距 25~30cm 进行间苗补苗。

5.3.2.2 中耕除草

整个生长期间视情况进行 2~3 次中耕除草。第一次在出苗展叶后结合补苗进行,以后依据杂草危害情况以及土壤状况及时中耕除草。

5.3.2.3 追肥

在款冬生长后期(9—10 月)采用株旁开沟或叶面喷施的方式追肥 1~2 次,以有机肥为主,化学肥料有限度使用。

5.3.2.4 排灌

干旱时及时灌溉,雨季及时排涝。

5.3.2.5 修剪

对生长势偏旺、叶片过密的田块,于晴天正午时剪去烂叶、老叶,清理重叠叶片。

5.3.3 病虫草害防治

5.3.3.1 概述

贯彻"预防为主,综合防治"的植保方针。以农业防治为基础,提倡生物防治与物理防治,科学合理应用化学防治技术,将有害生物危害控制在允许范围以内。

5.3.3.2 农业防治

轮作周期不低于 3 年;移栽地块深耕多耙;施用经充分腐熟的有机肥;禁用带病种茎;雨季及时排水;夏季及时疏叶;发现病株立即拔除,并集中销毁,用生石灰对病穴消毒;地上部分枯萎后及时清园。

5.3.3.3 物理防治

田间放置黄板和黑光杀虫灯,分别诱杀蚜虫和金龟子等害虫。

5.3.3.4 化学防治

原则上以施用高效、低毒生物农药为主。尽量避免使用除草剂、杀虫剂和杀菌剂等化学农药,不使用禁限用农药。主要病虫害防治方法见附录 B。

5.4 采收

于栽种当年土壤冻结前,花蕾尚未开放,苞片呈紫红色时采收。采收时将植株与地下根茎全部刨出,抖去泥土,窖藏新生根茎,及时摘取茎基部的花蕾,其间避免花蕾重压、水洗及水淋。

5.5 产地加工

款冬花采用晾晒法和烘干法进行产地加工,干燥后的水分不得过 13%。

晾晒法:将采收后的花蕾及时摊开晾晒,摊放厚度 1cm 左右,待花蕾六七成干时,用 6 目网筛筛去泥土,除净花梗、杂质等非药用部分,再晾至全干即可。干燥过程中要少翻动,以免破损外层苞片,影响药材质量。

烘干法:可采用烘制设备,温度控制在 40~50℃之间,将采收后的花蕾摊放在烘床上,厚度 2~3cm,烘至六七成干时,用 6 目网筛筛去泥土,除净花梗、杂质等非药用部分,再晾至全干即可。干燥过程中要少翻动,以免破损外层苞片,影响药材质量。

5.6 包装、放行、贮运

5.6.1 包装

按照 SB/T 11182—2017 的规定,将检验合格的款冬花装在衬有塑料袋的瓦楞纸箱内。包装外贴或挂标签、合格证,标识牌内容应有药材名、基源、产地、批号、规格、重量、采收日期、生产单位、地址、贮存条件等,并附有追溯码和质量合格标志。

5.6.2 放行

应制定符合企业实际情况的放行制度和程序,有审核、批准、生产、检验等相关记录。不合格药材应有不合格品处理制度和程序。

5.6.3 贮运

可参考 SB/T 11094—2014 的规定执行。应贮存于清洁卫生、阴凉、干燥、通风、防潮、防虫蛀、防鼠、防鸟、无异味的仓库中。仓库温度控制在 20℃以下、相对湿度在 75% 以下；不同批次、等级药材分区存放；执行入库检验，在库监督，定期检查与养护，防止虫蛀、霉变、腐烂、泛油等发生。禁止磷化铝和二氧化硫熏蒸，可采用现代气调贮藏方法，包装内或库内充氮或二氧化碳。

运输时应防止发生混淆、污染、异物混入、包装破损、雨雪淋湿等。

附　录　A

（规范性）

禁限用农药名单

A.1 禁止（停止）使用的农药（46 种）

六六六、滴滴涕、毒杀芬、二溴氯丙烷、杀虫脒、二溴乙烷、除草醚、艾氏剂、狄氏剂、汞制剂、砷类、铅类、敌枯双、氟乙酰胺、甘氟、毒鼠强、氟乙酸钠、毒鼠硅、甲胺磷、对硫磷、甲基对硫磷、久效磷、磷胺、苯线磷、地虫硫磷、甲基硫环磷、磷化钙、磷化镁、磷化锌、硫线磷、蝇毒磷、治螟磷、特丁硫磷、氯磺隆、胺苯磺隆、甲磺隆、福美胂、福美甲胂、三氯杀螨醇、林丹、硫丹、溴甲烷、氟虫胺、杀扑磷、百草枯、2, 4- 滴丁酯。

注：氟虫胺自 2020 年 1 月 1 日起禁止使用。百草枯可溶胶剂自 2020 年 9 月 26 日起禁止使用。2, 4-滴丁酯自 2023 年 1 月 29 日起禁止使用。溴甲烷可用于"检疫熏蒸处理"。杀扑磷已无制剂登记。

A.2 在部分范围禁止使用的农药（20 种）

部分范围禁止使用的农药应注意药食同源中药材及来自其他作物的中药材。部分范围禁止使用的农药见表 A.1。

表 A.1　部分范围禁止使用的农药

通用名	禁止使用范围
甲拌磷、甲基异柳磷、克百威、水胺硫磷、氧乐果、灭多威、涕灭威、灭线磷	禁止在蔬菜、瓜果、茶叶、菌类、中草药材上使用,禁止用于防治卫生害虫,禁止用于水生植物的病虫害防治
甲拌磷、甲基异柳磷、克百威	禁止在甘蔗作物上使用
内吸磷、硫环磷、氯唑磷	禁止在蔬菜、瓜果、茶叶、中草药材上使用
乙酰甲胺磷、丁硫克百威、乐果	禁止在蔬菜、瓜果、茶叶、菌类和中草药材上使用
毒死蜱、三唑磷	禁止在蔬菜上使用
丁酰肼（比久）	禁止在花生上使用
氰戊菊酯	禁止在茶叶上使用
氟虫腈	禁止在所有农作物上使用（玉米等部分旱田种子包衣除外）
氟苯虫酰胺	禁止在水稻上使用

A.3　说明

本附录的内容来自 2019 年中华人民共和国农业农村部发布的《禁限用农药名录》（http://www.zzys.moa.gov.cn/gzdt/201911/t20191129_6332604.htm）。

附　录　B

（资料性）

款冬花常见病虫害防治的参考方法

款冬花常见病虫害防治的参考方法参见表 B.1。

表 B.1　款冬花常见病虫害防治的参考方法

防治对象	防治时期	推荐防治方法
褐斑病	6—7 月	1. 每 10~15d 喷洒 1 次多菌灵, 连续喷治 2~3 次, 按照农药标签使用 2. 每 10~15d 喷洒 1 次甲基硫菌灵, 连续喷治 2~3次, 按照农药标签使用 3. 每 10~15d 喷洒 1 次醚菌酯, 连续喷治 2~3 次, 按照农药标签使用
根腐病	全年	1. 甲基硫菌灵灌根, 按照农药标签使用 2. 甲霜·噁霉灵灌根, 按照农药标签使用 3. 苯噻氰乳油灌根, 按照农药标签使用
蚜虫	6—7 月	吡虫啉, 或啶虫脒乳油, 或联苯菊酯乳油, 或高效氯氰菊酯乳油, 或抗蚜威, 按照农药标签使用, 交替喷雾防治
蛴螬	7—10 月	1. 辛硫磷混细沙土后制成毒土, 在播种前或栽植时均匀撒施田间后浇水, 按照农药标签使用 2. 敌百虫晶体, 或辛硫磷乳油等药剂灌根处理, 按照农药标签使用

参考文献

［1］郭兰萍,黄璐琦,谢晓亮.道地药材特色栽培及产地加工技术规范［M］.上海:上海科学技术出版社,2016.

［2］中国医学科学院药物研究所.中草药栽培技术［M］.北京:人民卫生出版社,1979.

［3］侯本祥,杜弢.款冬花生产加工适宜技术［M］.北京:中国医药科技出版社,2018.

［4］王玉庆.北方中药材栽培［M］.太原:山西经济出版社,2012.

［5］刘毅.款冬花规范化种植及质量标准的系统研究［D］.成都:成都中医药大学,2008.

［6］车树理,杨文玺,武睿.不同栽培方式对款冬花产量的影响［J］.现代农业,2017(9):83-84.

［7］吕培霖,李成义,郑明霞.甘肃款冬花资源调查报告［J］.中国现代中药,2008(4):42-43.

［8］张兴俊.氮磷肥施用量对款冬花的影响［J］.甘肃农业科技,2013(8):33-35.

［9］厉姐,张静,梁鹂,等.不同产地、不同采收期款冬花的质量评价［J］.中药材,2015,38(4):720-722.

［10］冯亭亭,罗飞,王晓远,等.HPLC测定不同时期款冬花中芦丁、槲皮素的含量［J］.北方药学,2015,12(8):3.

［11］张争争,田栋,邢婕,等.基于UPLC多指标测定比较不同来源款冬花药材的质量［J］.中草药,2015,46(15):2296-2302.

［12］王晓远,张明柱,冯亭亭,等.河北蔚县款冬花药材主要成分含量的分析研究［J］.时珍国医国药,2016,27(6):1494-1496.

［13］熊飞.款冬花种植及其采收加工技术［J］.四川农业科技,2013(10):50-51.

［14］陈永春.不同施肥处理对款冬花生物量分配和产量的影响［J］.南方农业,2009,3(1):55-56.

［15］李慧.栽培方式及施肥对款冬产量品质的影响［D］.兰州:甘肃农业大学,2018.

［16］肖淑贤,李震宇,秦文杰,等.忻州地区款冬花适宜采收期及初加工研究［J］.黑龙江农业科学,2021(4):108-111.

ICS 65.020.20
CCS C 05

团 体 标 准

T/CACM 1374.152—2021

紫苏规范化生产技术规程

Code of practice for good agricultural practice of Perillae

2021-10-15 发布

2021-10-15 实施

中华中医药学会　发布

目　次

前言 ·· 848

1　范围 ·· 849

2　规范性引用文件 ··· 849

3　术语和定义 ··· 849

4　紫苏规范化生产流程图 ·· 850

5　紫苏规范化生产技术 ··· 850

　5.1　生产基地选址 ·· 850

　5.2　种质与种子 ··· 851

　5.3　种植 ·· 851

　5.4　采收 ·· 852

　5.5　产地初加工 ··· 852

　5.6　包装、放行、贮运 ··· 853

附录 A（规范性）　禁限用农药名单 ·· 854

附录 B（资料性）　紫苏常见病虫害防治的参考方法 ··· 855

参考文献 ·· 856

前　言

本文件按照 GB/T 1.1—2020《标准化工作导则　第 1 部分：标准化文件的结构和起草规则》的规定起草。

请注意本文件中的某些内容可能涉及专利。本文件的发布机构不承担识别专利的责任。

本文件由中国医学科学院药用植物研究所和河北省农林科学院经济作物研究所提出。

本标准由中华中医药学会归口。

本标准起草单位：河北省农林科学院经济作物研究所、扬子江药业集团、重庆太极实业（集团）股份有限公司、广州白云山中一药业有限公司、南京农业大学、重庆太极中药材种植开发有限公司、中国医学科学院药用植物研究所、重庆市药物种植研究所。

本标准主要起草人：温春秀、刘灵娣、贾东升、齐琳琳、刘佳陇、向增旭、汪丽萍、伍秀珠、朱再标、姜涛、贾凯旋、王胜升、孙燕玲、邹隆益、何山、付昌奎、魏建和、王文全、王秋玲、杨小玉、辛元尧、王苗苗。

紫苏规范化生产技术规程

1 范围

本文件确立了紫苏的规范化生产流程，规定了紫苏生产基地选址、种质与种子、种苗繁育、种植、采收、产地初加工、包装、放行、贮运等阶段的操作要求。

本文件适用于紫苏的规范化生产。

2 规范性引用文件

下列文件中的内容通过文中的规范性引用而构成本文件必不可少的条款。其中，注明日期的引用文件，仅该日期对应的版本适用于本文件；不注明日期的引用文件，其最新版本（包括所有的修改单）适用于本文件。

GB 3095　环境空气质量标准

GB 5084　农田灌溉水质标准

GB 15618　土壤环境质量　农用地土壤污染风险管控标准（试行）

T/CACM 1374.1—2021　中药材规范化生产技术规程通则　植物药材

3 术语和定义

T/CACM 1374.1—2021 界定的以及下列术语和定义适用于本文件。

3.1 规范化生产 good agricultural practice

按照《中药材生产质量管理规范》（简称中药材 GAP）的要求，实施药材生产，保证中药材优质安全的生产过程。

3.2 技术规程 code of practice

为实现中药材生产顺利、有序进行，保证中药材生产质量，对中药材生产的基地选址、种子种苗、种植或野生抚育、采收与产地初加工以及包装、放行与贮运等，所做的技术规定和要求，是实施中药材规范生产的核心技术要求和实施指南。

3.3 紫苏子 Perillae Fructus

唇形科植物紫苏 *Perilla frutescens*（L.）Britt. 的干燥成熟果实。

3.4 紫苏叶 Perillae Folium

唇形科植物紫苏 *Perilla frutescens*（L.）Britt. 的干燥叶（或带嫩枝）。

3.5 紫苏梗 Perillae caulis

唇形科植物紫苏 *Perilla frutescens*（L.）Britt. 的干燥茎。

849

4 紫苏规范化生产流程图

紫苏的规范化生产流程见图 1。

紫苏规范化生产流程：

关键控制点及参数：

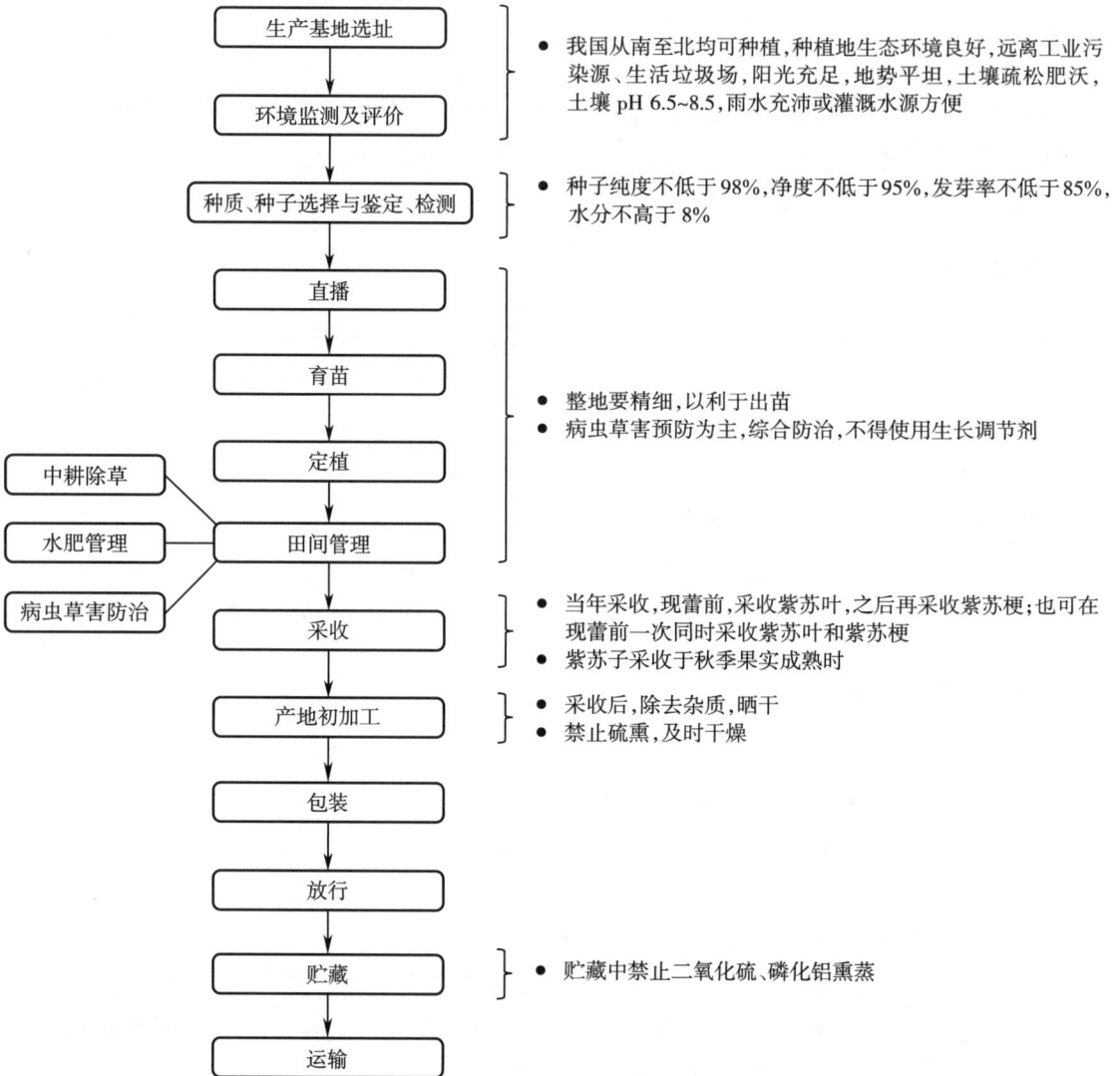

```
┌─────────────────┐
│  生产基地选址     │
└─────────────────┘
        ↓
┌─────────────────┐
│  环境监测及评价   │
└─────────────────┘
```

● 我国从南至北均可种植,种植地生态环境良好,远离工业污染源、生活垃圾场,阳光充足,地势平坦,土壤疏松肥沃,土壤 pH 6.5~8.5,雨水充沛或灌溉水源方便

```
┌─────────────────────────┐
│ 种质、种子选择与鉴定、检测 │
└─────────────────────────┘
```

● 种子纯度不低于98%,净度不低于95%,发芽率不低于85%,水分不高于 8%

```
┌─────────────────┐
│      直播        │
└─────────────────┘
        ↓
┌─────────────────┐
│      育苗        │
└─────────────────┘
        ↓
┌─────────────────┐
│      定植        │
└─────────────────┘
```

● 整地要精细,以利于出苗
● 病虫草害预防为主,综合防治,不得使用生长调节剂

```
┌──────────┐
│ 中耕除草  │──┐
└──────────┘  │
┌──────────┐  │  ┌─────────────────┐
│ 水肥管理  │──┼──│    田间管理      │
└──────────┘  │  └─────────────────┘
┌──────────┐  │
│病虫草害防治│──┘
└──────────┘
        ↓
┌─────────────────┐
│      采收        │
└─────────────────┘
```

● 当年采收,现蕾前,采收紫苏叶,之后再采收紫苏梗;也可在现蕾前一次同时采收紫苏叶和紫苏梗
● 紫苏子采收于秋季果实成熟时

```
┌─────────────────┐
│   产地初加工      │
└─────────────────┘
```

● 采收后,除去杂质,晒干
● 禁止硫熏,及时干燥

```
┌─────────────────┐
│      包装        │
└─────────────────┘
        ↓
┌─────────────────┐
│      放行        │
└─────────────────┘
        ↓
┌─────────────────┐
│      贮藏        │
└─────────────────┘
```

● 贮藏中禁止二氧化硫、磷化铝熏蒸

```
┌─────────────────┐
│      运输        │
└─────────────────┘
```

图 1 紫苏规范化生产流程图

5 紫苏规范化生产技术

5.1 生产基地选址

5.1.1 产地选择

我国从南至北均可种植。主要在河南、安徽、河北、广东、浙江、云南及重庆等地种植。

5.1.2 地块选择

选择生态环境良好,远离工业污染源、生活垃圾场,地形开阔,阳光充足,地势平坦,土壤疏松肥沃,土壤 pH 6.5~8.5,灌溉水源方便的地块种植。

5.1.3 环境监测

生产基地的空气质量应符合 GB 3095 规定的环境空气质量标准,灌溉水质量应符合 GB 5084 规定的农田灌溉水质标准,土壤质量应符合 GB 15618 的规定,且要保证生长期间持续符合标准。

5.2 种质与种子

5.2.1 种质选择

选择唇形科植物紫苏 *Perilla frutescens*(L.)Britt. 为物种来源,其物种须经过鉴定。如使用农家品种或选育品种应加以明确。

5.2.2 种子质量

选择籽粒饱满、无病虫害的种子,种子纯度不低于98%,净度不低于95%,发芽率不低于85%,水分不高于8%。

5.2.3 良种繁育

种子田管理:选择无病、生长健壮且整齐一致的紫苏作为留种田块,收获种子作为一级种,第二年种植收获二级种子用作良种。种子田应加强肥水管理,要求适当少施氮肥,增施磷钾肥,现蕾时亩(1 亩≈666.7m²,下文同)追施复合肥,促进其开花结实。采种田种植密度为株行距(60~80cm)×(60~80cm)。

种子采收:通常在 10 月上旬至 11 月初,当种子大部分成熟,果实呈灰棕色或褐色时,人工或机械收割果穗,于早晨露珠消散后一次性收割转运至场地晒干,脱粒净选扬净,去除瘪子及其他杂质,净选后的种子净度要求不低于95%,种子保存在阴凉干燥的地方。种子含水率不高于 8%。

5.2.4 种子采收

一般在 9 月下旬—10 月中旬,当紫苏的枝叶和花枯萎后,果实呈灰棕色或褐色时便可采收,使用镰刀采割紫苏,将割下的紫苏整株扎成捆运回,堆放在通风背阴处,晾干后脱下紫苏子晒干、装包。种子精选贮藏:将采收下来的种果放置于室内干燥通风处,晾晒,待种子晒干后,人工进行风选,去除瘪子及其他杂质。净选后的种子净度要求不低于95%,自然含水率不超过 8%。种子贮藏应把水分降至 8% 以下,装入透气编织袋,存放在防潮、避光、通风的仓库内。

5.3 种植

5.3.1 选地整地

选择有灌溉条件的砂质壤土,在种植前 10~15 天进行深耕晒垡,结合整地每亩施腐熟有机肥 1 500~2 000kg。整平耙细作畦。

5.3.2 直播

长江流域露地播种期为 3—4 月,黄淮流域等北方地区宜 4—5 月播种。以行距为 40cm

进行机播,播种深度 0.5~1.5cm,播后镇压,每亩用种子 0.5~1kg,播后灌水,苗期期间保持田间土壤湿润。当苗高 10~20cm 时,以株距 25~30cm 定苗。

5.3.3 育苗

选择阳光充足、排灌方便、土壤肥沃的砂质壤土作苗床;根据紫苏的生长、土壤肥力等进行施肥,可考虑结合育苗田整地,施入腐熟的有机肥 1 500~2 000kg,三元复合肥 50kg,整平耙细播种,播种量每亩 2kg,出苗期间保持土壤湿润,苗高 10~20cm 即可移栽。

5.3.4 移栽种植

选择苗高 10~20cm 的健壮无病虫害的紫苏苗进行移栽,移栽选择阴雨天或午后进行,按株行距 30cm×40cm 移栽于大田,栽后及时灌水。

5.3.5 田间管理

水肥管理:在紫苏旺盛生长期和开花期,注意及时灌水;根据紫苏的生长、土壤肥力等进行施肥,可考虑结合灌水追施氮肥 20~30kg/ 亩,生长后期适当补充磷、钾肥,提高产量,改善品质;雨季注意排水。

中耕除草:紫苏苗定植成活后,前期生长缓慢,注意中耕除草,松土保墒。前期杂草生长旺盛,可采取人工拔除或小型机械除草,雨后注意及时中耕,保持田间无杂草。

5.3.6 病虫害防治

紫苏常见虫害主要是菜青虫,病害很少发生。

应采用预防为主、综合防治的方法:通过轮作换茬,苗期加强中耕,雨后及时排水;合理密植;发现病株及时拔除,集中销毁,在病窝撒入草木灰或者生石灰消毒;采取选用抗性较强的品种、培育壮苗、加强栽培管理及科学施肥等措施;综合采用农业防治、生物防治,配合科学合理地使用化学防治,将有害生物危害控制在允许范围以内。

采用化学防治时,应当符合国家有关规定;优先选用高效、低毒的生物农药;尽量避免使用除草剂、杀虫剂和杀菌剂等化学农药;不使用禁限用农药。

5.4 采收

5.4.1 紫苏叶、紫苏梗采收

种植当年采收,夏季枝叶茂盛现蕾前采收紫苏叶,人工或机械采收,紫苏叶一般采收 2~3 次,之后再采收紫苏梗;也可在现蕾前一次同时采收紫苏叶和紫苏梗。多次采收一般人工采摘叶片;一次性采收多采用机械,整株割下。

5.4.2 紫苏子采收

种植当年采收,秋季果实成熟,果实变成灰棕色或褐色时,人工或机械收割果穗。

5.5 产地初加工

5.5.1 紫苏叶加工

紫苏叶均匀地摊在地上晾晒,厚度小于 2cm,同时每隔 3 小时左右翻动一次,晚上要归拢覆盖,直至晾干。水分不超过 12.0%。

5.5.2 紫苏梗加工

将摘掉叶子的茎秆切成 2~5mm 的厚片,运至晾晒场晾晒,厚度小于 10cm,同时每隔 3 小时左右翻动一次,晚上要归拢覆盖,直至晾干。水分不超过 9.0%。

5.5.3 紫苏子加工

直接割掉紫苏地上部分,扎成捆运回,晾晒至果穗干燥,抖下种子。水分不超过 8.0%。

5.6 包装、放行、贮运

5.6.1 包装

包装前应对每批药材按照国家标准进行质量检验。符合国家标准的药材,采用不影响质量的编织袋等包装,禁止采用包装过肥料、农药等的包装袋包装。包装外贴或挂标签、合格证,标识牌内容应有药材名、基源、产地、批号、规格、重量、采收日期、企业名称等,并有追溯码。

5.6.2 放行

应制定符合企业实际情况的放行制度,有审核、批准、生产、检验等的相关记录。不合格药材有单独处理制度。

5.6.3 贮运

应贮存于阴凉干燥处,定期检查,防止虫蛀、霉变、腐烂、泛油等。仓库控制温度在 20℃以下、相对湿度 60% 以下;不同批次、等级药材分区存放;建有定期检查制度。禁止磷化铝和二氧化硫熏蒸。也可采用现代气调贮藏方法,包装或库内充氮或二氧化碳。

运输应防止发生混淆、污染、异物混入、包装破损、雨雪淋湿等。

附　录　A
（规范性）
禁限用农药名单

A.1　禁止（停止）使用的农药（46 种）

六六六、滴滴涕、毒杀芬、二溴氯丙烷、杀虫脒、二溴乙烷、除草醚、艾氏剂、狄氏剂、汞制剂、砷类、铅类、敌枯双、氟乙酰胺、甘氟、毒鼠强、氟乙酸钠、毒鼠硅、甲胺磷、对硫磷、甲基对硫磷、久效磷、磷胺、苯线磷、地虫硫磷、甲基硫环磷、磷化钙、磷化镁、磷化锌、硫线磷、蝇毒磷、治螟磷、特丁硫磷、氯磺隆、胺苯磺隆、甲磺隆、福美胂、福美甲胂、三氯杀螨醇、林丹、硫丹、溴甲烷、氟虫胺、杀扑磷、百草枯、2,4- 滴丁酯。

注：氟虫胺自 2020 年 1 月 1 日起禁止使用。百草枯可溶胶剂自 2020 年 9 月 26 日起禁止使用。2,4-滴丁酯自 2023 年 1 月 29 日起禁止使用。溴甲烷可用于"检疫熏蒸处理"。杀扑磷已无制剂登记。

A.2　在部分范围禁止使用的农药（20 种）

部分范围禁止使用的农药应注意药食同源中药材及来自其他作物的中药材。部分范围禁止使用的农药见表 A.1。

表 A.1　部分范围禁止使用的农药

通用名	禁止使用范围
甲拌磷、甲基异柳磷、克百威、水胺硫磷、氧乐果、灭多威、涕灭威、灭线磷	禁止在蔬菜、瓜果、茶叶、菌类、中草药材上使用，禁止用于防治卫生害虫，禁止用于水生植物的病虫害防治
甲拌磷、甲基异柳磷、克百威	禁止在甘蔗作物上使用
内吸磷、硫环磷、氯唑磷	禁止在蔬菜、瓜果、茶叶、中草药材上使用
乙酰甲胺磷、丁硫克百威、乐果	禁止在蔬菜、瓜果、茶叶、菌类和中草药材上使用
毒死蜱、三唑磷	禁止在蔬菜上使用
丁酰肼（比久）	禁止在花生上使用
氰戊菊酯	禁止在茶叶上使用
氟虫腈	禁止在所有农作物上使用（玉米等部分旱田种子包衣除外）
氟苯虫酰胺	禁止在水稻上使用

A.3　说明

本附录的内容来自 2019 年中华人民共和国农业农村部发布的《禁限用农药名录》（http://www.zzys.moa.gov.cn/gzdt/201911/t20191129_6332604.htm）。

附　录　B

（资料性）

紫苏常见病虫害防治的参考方法

紫苏常见病虫害防治的参考方法参见表 B.1。

表 B.1　紫苏常见病虫害防治的参考方法

病虫害名称	防治时期	推荐防治方法
菜青虫	5—10 月	BT 乳剂、杀虫剂乳油或阿维菌素乳油等喷雾

参考文献

[1] 于淑玲,李海燕.紫苏的开发和综合利用[J].北方园艺,2006(5):98-99.

[2] 韦保耀,黄丽,滕建文.紫苏属植物的研究进展[J].食品科学,2005(4):274-277.

[3] 韩丽,李福臣,刘洪富,等.紫苏的综合开发利用[J].食品研究与开发,2004(3):24-26.

[4] 王素君,张毅功.紫苏的栽培及开发利用[J].河北农业大学学报,2003(S1):122-124.

[5] 王修堂,王晓明.紫苏的生物学特征特性及科学培育技术[J].农村科技开发,2000(7):17.

[6] 刘月秀,张卫明,王红,等.紫苏属植物生物学特性及栽培技术[J].中国野生植物资源,1997(4):36-38.

[7] 洪森辉.紫苏特征特性及丰产栽培技术[J].江西农业科技,2004(8):22-23.

[8] 韩学俭.紫苏及其栽培技术[J].农村实用技术,2002(3):36-37.

[9] 赵静,于淑玲.药用紫苏的资源开发[J].资源开发与市场,2006(6):549-551.

[10] 夏志颖.紫苏栽培管理技术[J].天津农林科技,2012(4):22-23.

[11] 李鹏,朱建飞,唐春红.紫苏的研究动态[J].重庆工商大学学报(自然科学版),2010,27(3):271-275.

[12] 谭美莲,严明芳,汪磊,等.国内外紫苏研究进展概述[J].中国油料作物学报,2012,34(2):225-231.

[13] 刘月秀,张卫明.紫苏属植物的分类及资源分布[J].中国野生植物资源,1998(3):3-6.

[14] 王佛生,盖琼辉.紫苏属植物分类刍议[J].甘肃农业科技,2010(10):50-52.

[15] 温春秀,刘灵娣.紫苏生产加工适宜技术[M].北京:中国医药科技出版社,2018.

ICS 65.020.20
CCS C 05

团 体 标 准

T/CACM 1374.153—2021

紫菀规范化生产技术规程

Code of practice for good agricultural practice of
Asteris Radix Et Rhizoma

2021-10-15 发布

2021-10-15 实施

中华中医药学会　发布

目　次

前言 ·· 859

1 范围 ·· 860

2 规范性引用文件 ··· 860

3 术语和定义 ··· 860

4 紫菀规范化生产流程图 ·· 861

5 紫菀规范化生产技术 ··· 861

　5.1 生产基地选址 ·· 861

　5.2 种质与种苗 ·· 862

　5.3 种植 ·· 862

　5.4 采收 ·· 863

　5.5 产地初加工 ·· 863

　5.6 包装、放行和贮运 ··· 863

附录 A（规范性） 禁限用农药名单 ··· 864

附录 B（资料性） 紫菀常见病虫害防治的参考方法 ·· 865

参考文献 ·· 866

前　　言

本文件按照 GB/T 1.1—2020《标准化工作导则　第 1 部分：标准化文件的结构和起草规则》的规定起草。

请注意本文件中的某些内容可能涉及专利。本文件的发布机构不承担识别专利的责任。

本文件由中国医学科学院药用植物研究所提出。

本文件由中华中医药学会归口。

本文件起草单位：河北农业大学、河北省农林科学院经济作物研究所、保定药材综合试验推广站、重庆市农业科学院、安徽省农业科学院、安国圣山药业有限公司、石柱土家族自治县武陵山研究院、河北省农业广播电视学校承德市分校、中国医学科学院药用植物研究所、重庆市药物种植研究所。

本文件主要起草人：葛淑俊、孟义江、杨太新、温春秀、刘灵娣、田伟、谢晓亮、李树强、柯剑鸿、董玲、王长生、李燕、李卫文、刁景超、杨江华、唐鑫、李瑞来、魏建和、王文全、王秋玲、杨小玉、辛元尧、王苗苗。

紫菀规范化生产技术规程

1 范围

本文件确立了紫菀的规范化生产流程,规定了紫菀生产基地选址、种质与种苗、种植、采收、产地初加工、包装、放行与贮运等阶段的操作要求。

本文件适用于实施紫菀的规范化生产。

2 规范性引用文件

下列文件中的内容通过文中的规范性引用而构成本文件必不可少的条款。其中,注明日期的引用文件,仅该日期对应的版本适用于本文件;不注明日期的引用文件,其最新版本(包括所有的修改单)适用于本文件。

GB 3095 环境空气质量标准

GB/T 3543 农作物种子检验规程

GB 5084 农田灌溉水质标准

GB 5749 生活饮用水卫生标准

GB 15168 土壤环境质量 农用地土壤污染风险管控标准(试行)

T/CACM 1374.1—2021 中药材规范化生产技术规程通则 植物药材

《中华人民共和国药典》2020 年版

3 术语和定义

T/CACM 1374.1—2021 界定的以及下列术语和定义适用于本文件。

3.1 规范化生产 good agricultural practice

按照《中药材生产质量管理规范》(简称中药材 GAP)的要求,实施药材生产,保证中药材优质安全的生产过程。

3.2 技术规程 code of practice

为实现中药材生产顺利、有序进行,保证中药材生产质量,对中药材生产的基地选址、种子种苗、种植或野生抚育、采收与产地初加工以及包装、放行与贮运等,所做的技术规定和要求,是实施中药材规范生产的核心技术要求和实施指南。

3.3 紫菀 Asteris Radix Et Rhizoma

菊科植物紫菀 *Aster tataricus* L. f. 的干燥根及根茎。

4 紫菀规范化生产流程图

紫菀规范化生产流程见图1。

紫菀规范化生产流程：   关键控制点及技术参数：

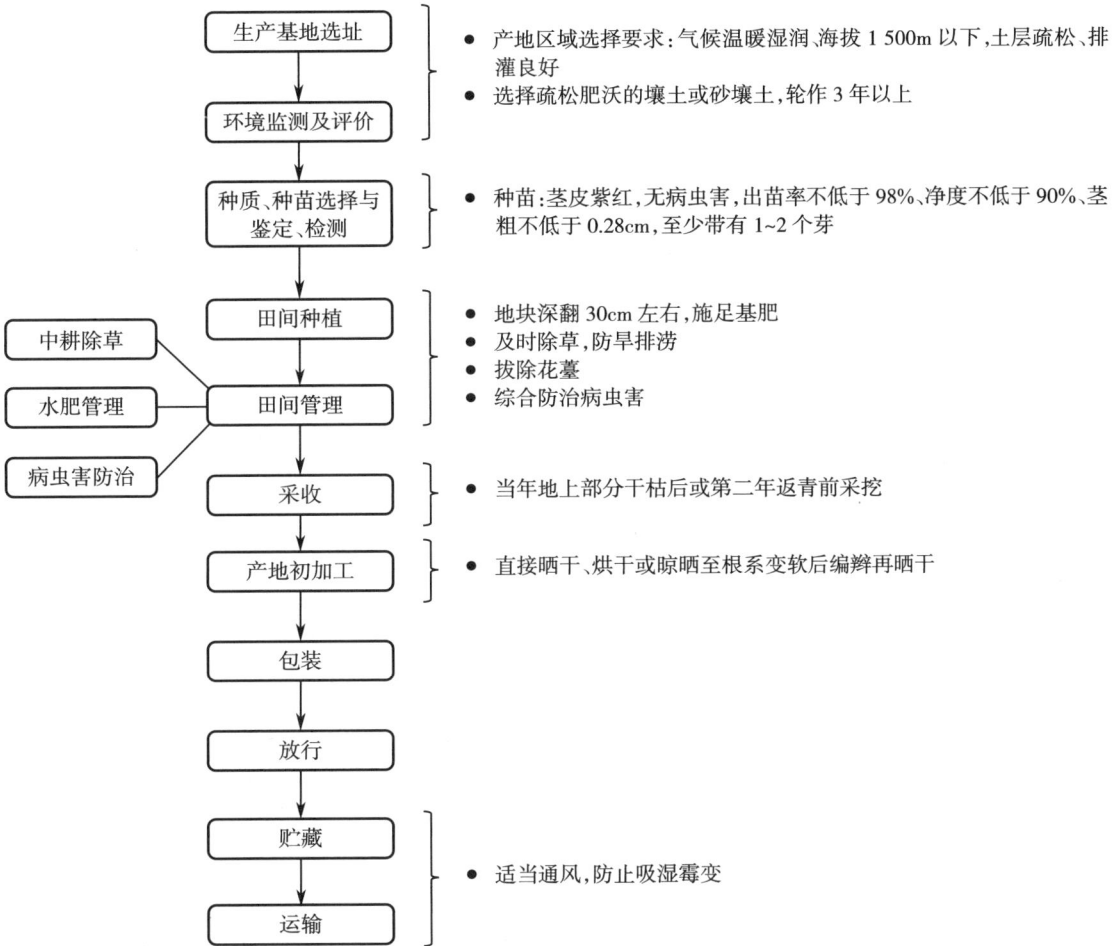

图1 紫菀规范化生产流程图

5 紫菀规范化生产技术

5.1 生产基地选址

5.1.1 产地选择

紫菀适应广泛,对土壤气候等条件要求不严,在全国大部分区域均有分布。适宜在温暖湿润、海拔1 500m以下种植,主产区集中在河北省和安徽省。

5.1.2 地块选择

选择疏松肥沃、排灌良好的壤土或砂壤土。

紫菀不能连作,轮作至少3年,前茬以禾谷类作物为佳。

5.1.3 环境监测

生产基地的环境空气、农田灌溉水和土壤样品的检测按照 GAP 要求执行，环境空气应符合 GB 3905 二级标准，农田灌溉水质应符合 GB 5084 标准，土壤环境应符合 GB 15168 二级标准，且要保证生长期间持续符合标准。

5.2 种质与种苗

5.2.1 种质选择

使用菊科植物紫菀 Aster tataricus L. f.，物种须经过鉴定。如使用农家品种或选育品种应加以明确。

5.2.2 种苗质量

选择茎皮紫红色、没有病虫害感染的新鲜紫菀种苗。要求种苗出苗率不低于 98%、净度不低于 90%、茎粗不低于 0.28cm，至少带有 1~2 个芽，种苗扦样和检验可参考 GB/T 3543《农作物种子检验规程》。

5.2.3 种苗繁育

紫菀种苗繁育和药材种植同步进行，但要加强前期水肥管理，以利于根茎形成和伸长，一般在幼苗生长至 6~7 叶龄时每亩（1 亩≈666.7m^2，下文同）施用复合肥 8~10kg，其他管理同药材生产。种苗和药材收获亦同步进行。利用人工或根茎药材收获机将根挖出，取下横生根茎即为种苗，可随收随种。不能及时种植时要用湿土掩埋进行安全贮存，防止发热、失水萎蔫和腐烂。

5.3 种植

5.3.1 整地

结合耕地，每亩施充分腐熟的农家肥 1 500~2 000kg 或氮磷钾复合肥 50kg 作为基肥，深翻 30cm 左右，耙平，做成 1.2m 宽的平畦，在雨水较多的地区可起高 20~30cm 的垄。

5.3.2 种植

紫菀种植可在秋季和春季进行。秋季种植在 10 月中旬至 11 月初进行，春季在地表 5cm 地温稳定在 8~10℃进行。

按行距 25~30cm 开 6~7cm 深沟，把种苗按穴距 20~25cm 平放于沟内，每穴摆放 3~4 个节段，每个节段至少带 2 个芽。盖土后轻压，每亩用种苗 30~35kg。

5.3.3 田间管理

春季出苗后，根据土壤墒情，及时适量浇水，适时间苗、补苗；及时浅耕除草，保持田间无杂草，促进植株分蘖。在紫菀分蘖高峰期至封垄期，结合中耕每亩追施氮磷钾复合肥 20~30kg。遇干旱时适当浇水，雨季注意排水，防止烂根。在 7—8 月紫菀快速生长期，定期检查有无抽薹发生，如发现应及时拔除。

5.3.4 病虫害草害等防治

紫菀常见病害有叶斑病、根腐病等，虫害主要有地老虎、蛴螬等。

应采用预防为主、综合防治的方法。轮作 3 年以上；有机肥必须充分腐熟；选用无病害感染、无机械损伤、表皮紫红的优质种苗，禁用带病苗；及时清沟排水；发现病株及时拔除，集中销毁,每穴撒入草木灰 100g 或生石灰 200~300g,进行局部消毒;每年收获后及时清园。

优先选用物理方法防治;采用化学防治时,应当符合国家有关规定,选用高效、低毒的生物农药;尽量避免使用除草剂、杀虫剂和杀菌剂等化学农药;不使用禁限用农药。

紫菀常见病虫害化学防治方法参见资料性附录 B。

5.4 采收

紫菀采挖可在种植当年秋季或第二年春季发新芽前进行。当年 10 月下旬至 11 月上中旬,紫菀叶片变黄枯萎后割除地上部分,稍晾晒后采挖;春季采挖时除去地上干枯茎叶后采挖。紫菀可以人工采挖或利用根茎药材收获机收获。收获时挖出根部,抖去泥土,去除残茎,剔除病根。采挖过程避免破伤外皮和断根。冬前采挖注意防止冻害。

5.5 产地初加工

采收的新鲜紫菀去除泥沙等杂质后,采用直接晒干法、烘干法和传统干燥方法等加工。加工过程中如需淋洗,用水要求参照 GB 5749。

直接晒干法:整形抒顺,晾干。

烘干法:烘干温度不应超过 50℃。

传统干燥法:放置 1~2 天变软后编成小辫状,摊晾。

加工过程保证场地、工具洁净,不受雨淋等。

5.6 包装、放行和贮运

5.6.1 包装

包装前应对每批药材按照国家标准进行质量检验。符合国家标准的药材,采用不影响质量的编织袋等包装,禁止采用包装过肥料、农药等有毒有害物质的包装袋包装。包装外贴或挂标签、合格证,标识牌内容应有药材名、基源、产地、批号、规格、重量、采收日期、企业名称等,并有追溯码。

5.6.2 放行

应制定符合企业实际情况的放行制度,有审核批生产、检验等的相关记录。不合格药材有单独处理制度。

5.6.3 贮运

应贮存于阴凉干燥处,定期检查,防止虫蛀、霉变、腐烂等发生。仓库控制温度在 20℃以下、相对湿度 75% 以下;不同批次、不同等级药材分区存放;建有定期检查制度。可采用现代气调贮藏方法,包装或库内充氮或二氧化碳。

运输应防止发生混淆、污染、异物混入、包装破损、雨雪淋湿等。

附 录 A
（规范性）
禁限用农药名单

A.1 禁止（停止）使用的农药（46种）

六六六、滴滴涕、毒杀芬、二溴氯丙烷、杀虫脒、二溴乙烷、除草醚、艾氏剂、狄氏剂、汞制剂、砷类、铅类、敌枯双、氟乙酰胺、甘氟、毒鼠强、氟乙酸钠、毒鼠硅、甲胺磷、对硫磷、甲基对硫磷、久效磷、磷胺、苯线磷、地虫硫磷、甲基硫环磷、磷化钙、磷化镁、磷化锌、硫线磷、蝇毒磷、治螟磷、特丁硫磷、氯磺隆、胺苯磺隆、甲磺隆、福美胂、福美甲胂、三氯杀螨醇、林丹、硫丹、溴甲烷、氟虫胺、杀扑磷、百草枯、2,4-滴丁酯。

注：氟虫胺自2020年1月1日起禁止使用。百草枯可溶胶剂自2020年9月26日起禁止使用。2,4-滴丁酯自2023年1月29日起禁止使用。溴甲烷可用于"检疫熏蒸处理"。杀扑磷已无制剂登记。

A.2 在部分范围禁止使用的农药（20种）

部分范围禁止使用的农药应注意药食同源中药材及来自其他作物的中药材。部分范围禁止使用的农药见表A.1。

表 A.1　部分范围禁止使用的农药

通用名	禁止使用范围
甲拌磷、甲基异柳磷、克百威、水胺硫磷、氧乐果、灭多威、涕灭威、灭线磷	禁止在蔬菜、瓜果、茶叶、菌类、中草药材上使用,禁止用于防治卫生害虫,禁止用于水生植物的病虫害防治
甲拌磷、甲基异柳磷、克百威	禁止在甘蔗作物上使用
内吸磷、硫环磷、氯唑磷	禁止在蔬菜、瓜果、茶叶、中草药材上使用
乙酰甲胺磷、丁硫克百威、乐果	禁止在蔬菜、瓜果、茶叶、菌类和中草药材上使用
毒死蜱、三唑磷	禁止在蔬菜上使用
丁酰肼（比久）	禁止在花生上使用
氰戊菊酯	禁止在茶叶上使用
氟虫腈	禁止在所有农作物上使用（玉米等部分旱田种子包衣除外）
氟苯虫酰胺	禁止在水稻上使用

A.3 说明

本附录的内容来自2019年中华人民共和国农业农村部发布的《禁限用农药名录》（http：//www.zzys.moa.gov.cn/gzdt/201911/t20191129_6332604.htm）。

附 录 B

（资料性）

紫菀常见病虫害防治的参考方法

紫菀常见病虫害防治的参考方法见表 B.1。

表 B.1 紫菀常见病虫害防治的参考方法

病虫害名称	防治时期	推荐防治方法	安全间隔期 /d
叶斑病	7—9 月	波尔多液叶面喷施	≥7
根腐病	8—10 月	多菌灵可湿性粉剂灌根	≥20
		甲基硫菌灵灌根	≥30
		多·硫悬浮剂灌根	≥20
		噁霉灵可溶粉剂土壤浇灌	≥35
		枯草芽孢杆菌可湿性粉剂浇灌	
地老虎	8—10 月	敌百虫晶体或配成毒饵诱杀	≥7
		氯虫苯甲酰胺悬浮剂喷雾	≥150
蛴螬	8—10 月	辛硫磷颗粒剂,播种时开沟撒施	生长期仅用 1 次
		噻虫啉悬浮剂灌根	≥20
草害	栽种后	二甲戊灵,播种后出苗前表土喷雾	土壤持效期 45~60d

注：表中农药的浓度及倍数按照农药标签使用。

参考文献

［1］国家药典委员会.中华人民共和国药典:2020年版一部［M］.北京:中国医药科技出版社,2020.

［2］郭巧生.药用植物栽培学［M］.北京:高等教育出版社,2009.

［3］郭伟娜,程磊,牛倩.中药紫菀的本草沿革及现代资源研究现状［J］.安徽农业科学,2013,41（24）: 9943-9944.

［4］田汝美,孟义江,李文燕,等.紫菀种质资源的评价与分析［J］.植物遗传资源学报,2012,13（6）:984- 991.

［5］田汝美,孟义江,葛淑俊.祁紫菀种苗质量分级标准的初步研究［J］.河北农业大学学报,2011,34（4）: 16-20.

［6］魏书琴,宋宇鹏,张焕柱,等.不同磷肥施用量对紫菀产量及有效成分含量的影响［J］.北方园艺,2015 （23）:153-155.

［7］谢晓亮,杨太新.中药材栽培实用技术500问［M］.北京:中国医药科技出版社,2015.

［8］杨太新,谢晓亮.河北省30种大宗道地药材栽培技术［M］.北京:中国医药科技出版社,2017.

［9］张智勇.紫菀高产栽培技术［J］.特种经济动植物,2015,18（1）:35-36.

［10］蒋学杰,卢世恒.紫菀标准化种植［J］.特种经济动植物,2011,14（1）:37.

ICS 65.020.20
CCS C 05

团 体 标 准

T/CACM 1374.154—2021

黑种草子规范化生产技术规程

Code of practice for good agricultural practice of Nigellae Semen

2021-10-15 发布

2021-10-15 实施

中华中医药学会　发布

目　次

前言 ………………………………………………………………………………………………… 869

1　范围 …………………………………………………………………………………………… 870

2　规范性引用文件 ……………………………………………………………………………… 870

3　术语和定义 …………………………………………………………………………………… 870

4　黑种草子规范化生产流程图 ………………………………………………………………… 870

5　黑种草子规范化生产技术 …………………………………………………………………… 871

　　5.1　生产基地选址 ………………………………………………………………………… 871

　　5.2　种质及种子 …………………………………………………………………………… 872

　　5.3　种植 …………………………………………………………………………………… 872

　　5.4　采收 …………………………………………………………………………………… 873

　　5.5　产地初加工 …………………………………………………………………………… 873

　　5.6　包装、放行、贮运 …………………………………………………………………… 873

附录 A（规范性）　禁限用农药名单 …………………………………………………………… 874

参考文献 ………………………………………………………………………………………… 875

前　　言

本文件按照 GB/T 1.1—2020《标准化工作导则　第 1 部分：标准化文件的结构和起草规则》的规定起草。

请注意本文件中的某些内容可能涉及专利。本文件的发布机构不承担识别专利的责任。

本文件由中国医学科学院药用植物研究所和新疆维吾尔自治区中药民族药研究所提出。

本文件由中华中医药学会归口。

本文件起草单位：新疆维吾尔自治区中药民族药研究所、新疆维吾尔医学专科学校、阜康市农业技术推广中心、伊犁同德药业有限公司、中国医学科学院药用植物研究所、重庆市药物种植研究所。

本文件主要起草人：李晓瑾、张际昭、石明辉、樊丛照、邱远金、买买提·努尔艾合提、赵亚琴、李鸿亮、徐芳、魏建和、王文全、王秋玲、杨小玉、辛元尧、王苗苗。

黑种草子规范化生产技术规程

1 范围

本文件规定了黑种草子的规范化生产流程,规定了黑种草子生产基地选择、种质及种子、种植、采收、产地初加工、包装、放行、贮运等阶段的操作要求。

本文件适用于黑种草子的规范化生产。

2 规范性引用文件

下列文件中的内容通过文中的规范性引用而构成本文件必不可少的条款。其中,注明日期的引用文件,仅该日期的版本适用于本文件;不注日期的引用文件,其最新版本(包括所有的修改单)适用于本文件。

GB 3095 环境空气质量标准

GB/T 3543 农作物种子检验规程

GB 5084 农田灌溉水质标准

GB 15618 土壤环境质量 农用地土壤污染风险管控标准(试行)

T/CACM 1374.1—2021 中药材规范化生产技术规程通则 植物药材

3 术语和定义

T/CACM 1374.1—2021 界定的以及下列术语和定义适用于本文件。

3.1 规范化生产 good agricultural practice

按照《中药材生产质量管理规范》(简称中药材 GAP)的要求,实施药材生产,保证中药材优质安全的生产过程。

3.2 技术规程 code of practice

为实现中药材生产顺利、有序进行,保证中药材生产质量,对中药材生产的基地选址、种子种苗、种植或野生抚育、采收与产地初加工以及包装、放行与贮运等,所做的技术规定和要求,是实施中药材规范生产的核心技术要求和实施指南。

3.3 黑种草子 Nigellae Semen

为毛茛科植物腺毛黑种草 *Nigella glandulifera* Freyn et Sint. 的干燥成熟种子。

4 黑种草子规范化生产流程图

黑种草子的规范化生产流程见图 1。

黑种草子规范化生产流程：　　　　　　　　关键控制点及技术参数：

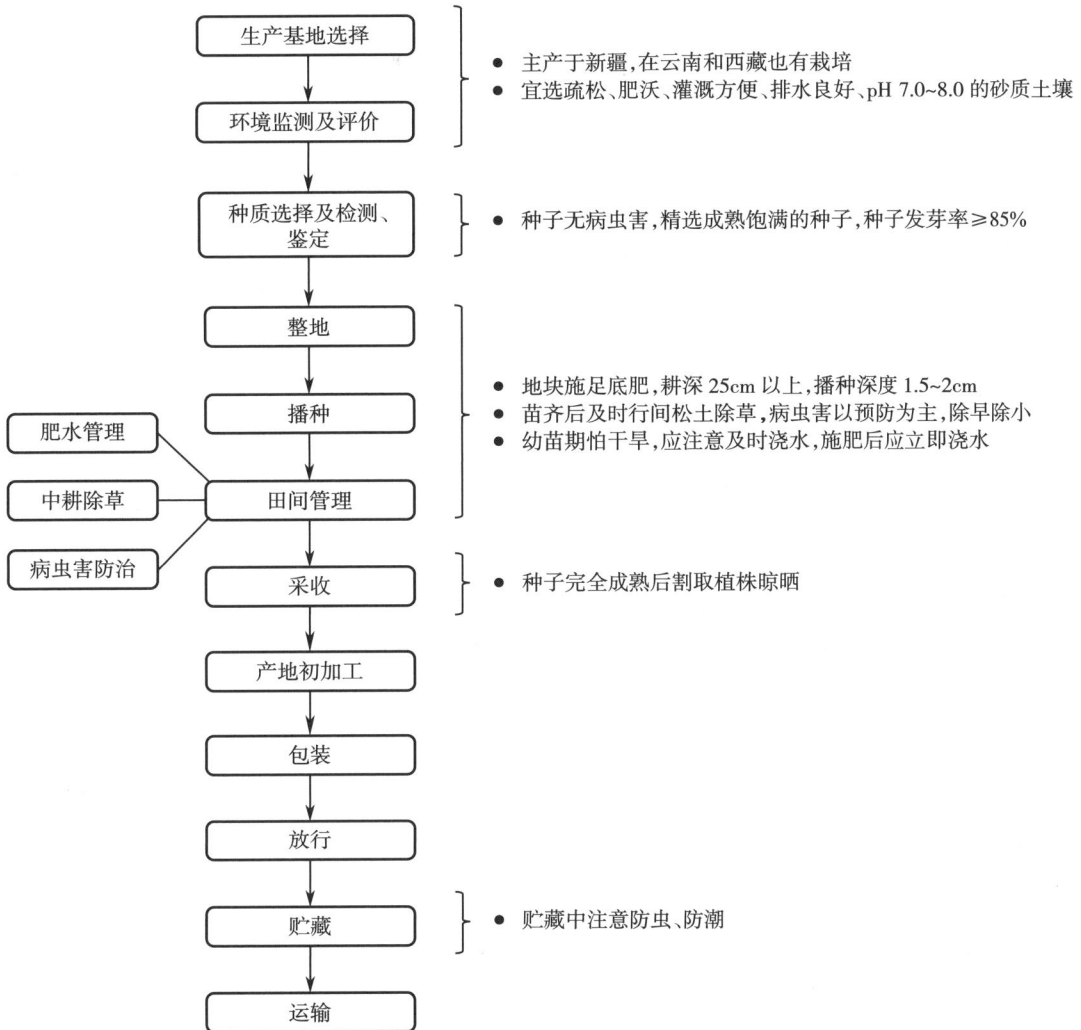

```
┌──────────────┐
│  生产基地选择  │ ┐
└──────┬───────┘ │  ● 主产于新疆，在云南和西藏也有栽培
       ▼         ├  ● 宜选疏松、肥沃、灌溉方便、排水良好、pH 7.0~8.0 的砂质土壤
┌──────────────┐ │
│  环境监测及评价 │ ┘
└──────┬───────┘
       ▼
┌──────────────┐
│ 种质选择及检测、│ ┐ ● 种子无病虫害，精选成熟饱满的种子，种子发芽率≥85%
│     鉴定      │ ┘
└──────┬───────┘
       ▼
┌──────────────┐
│     整地      │ ┐
└──────┬───────┘ │ ● 地块施足底肥，耕深 25cm 以上，播种深度 1.5~2cm
       ▼         │ ● 苗齐后及时行间松土除草，病虫害以预防为主，除早除小
┌──────────────┐ │ ● 幼苗期怕干旱，应注意及时浇水，施肥后应立即浇水
│     播种      │ ┘
└──────┬───────┘
       ▼
┌──────────────┐
│ 肥水管理 │─┐
└──────────┘ │
┌──────────┐ │ ┌──────────────┐
│ 中耕除草 │─┼─│   田间管理     │
└──────────┘ │ └──────┬───────┘
┌──────────┐ │        ▼
│ 病虫害防治│─┘ ┌──────────────┐
└──────────┘   │     采收      │ ┐ ● 种子完全成熟后割取植株晾晒
               └──────┬───────┘ ┘
                      ▼
               ┌──────────────┐
               │  产地初加工    │
               └──────┬───────┘
                      ▼
               ┌──────────────┐
               │     包装      │
               └──────┬───────┘
                      ▼
               ┌──────────────┐
               │     放行      │
               └──────┬───────┘
                      ▼
               ┌──────────────┐
               │     贮藏      │ ● 贮藏中注意防虫、防潮
               └──────┬───────┘
                      ▼
               ┌──────────────┐
               │     运输      │
               └──────────────┘
```

图 1　黑种草子规范化生产流程图

5　黑种草子规范化生产技术

5.1　生产基地选址

5.1.1　产地选择

黑种草子主产新疆。规范化、规模化种植适宜选择新疆南疆地区。

5.1.2　环境条件

黑种草子生产基地应选择大气、水质、土壤无污染的地区，基地应远离交通干道，周围2km 内不得有"三废"及厂矿、垃圾场等污染源。空气质量应符合 GB 3095 规定的二级标准，农田灌溉水质量应符合 GB 5084 规定的标准；土壤环境质量应符合 GB 15618 规定的二级标准。基地的大气、土壤和水样品的检测按照中药材 GAP 要求，应符合相应国家标准，且要保证生长期间持续符合标准。

5.1.3 土壤条件

宜选疏松、肥沃、灌溉方便、排水良好的砂质土壤。土壤黏重、荫蔽、高盐碱及低洼积水地不适宜种植。适宜在 pH 7.0~8.0 的土壤中进行人工种植。土壤农药残留量"六六六"<0.05mg/kg、"滴滴涕"<0.05mg/kg。重金属含量应符合 GB 15618 的要求。

5.1.4 光照、温度

黑种草喜温暖气候,在光照充足的地区,黑种草生长茂盛。

5.2 种质及种子

5.2.1 种质选择

品种来源为毛茛科植物腺毛黑种草 Nigella glandulifera Freyn et Sint.。

5.2.2 种子质量

种子应选用采至无病虫害产区,或传统野生药材产区,精选成熟饱满、扁三棱形、黑色的种子,种子发芽率≥85%,纯度≥97%,净度≥92%,按 GB/T 3543 检验符合相应标准。

5.3 种植

5.3.1 整地

施足基肥:基肥以农家肥为主,2 000~3 000kg/亩(1 亩≈666.7m²,下文同),整地前撒匀。

深耕细耙:地选好后应进行精细整地,要施足基肥,深耕达 25cm 以上,将基肥翻入土中,耕翻时施二胺 8~12kg/亩作底肥。然后反复整细耙平,务使土块细碎,土面平整。播种前用钉齿耙或圆盘耙整地,深度 6~8cm,地一定要整平,上虚下实。

作畦:综合灌溉设计能力和土地坡度的走向等地形因素划分地块,形成条田,滴灌田可不作畦,以利土地整平、灌溉等操作。

5.3.2 播种

种子处理:播种前晒种 1~2 天,可提高生活力。

播种时间:4 月上旬—5 月上旬。

播种方式:分条播和机播。条播是在整好的种植地上按行距 30cm 开横沟,沟深 1.5~2cm,将种子与河沙按 1:5 拌匀,均匀撒入沟内覆土,然后镇压。用种量 1.5~2.0kg/亩。机播是用小麦播种机播种,播种盘调成 30cm 等行距。采用 1.8m 小畦播,每畦播 6 行,深度 1.5~2cm,播种机后带镇压轮。

5.3.3 田间管理

中耕除草:播后 10 天左右开始出苗,苗齐后及时行间松土除草 1~2 次,松土时注意勿铲苗、埋苗。

灌溉:根据生长条件宜每月浇水 1 次,不得积水,特别是施肥后应立即浇水。幼苗期可适当增加浇水 1~2 次。

施肥:适时追有机肥 2 次,每次用量 <500kg/亩。

5.3.4 病虫害草害防控

黑种草病虫害很少,主要是菟丝子危害严重。防治:净选种子,清除菟丝子种子;苗期及时人工摘除,危害严重时,必须在菟丝子未开花前,连同寄主苗一起割除,并清除出田。

5.4 采收

采收时间：黑种草种子成熟时即可收获。

采收方法：种子成熟果荚微开裂时，割取全株拉运到晒场，摊开晾晒，干后打下种子晒干后放置干燥处保管。也可机械收获，用联合收割机，待田间种子完全成熟、种壳干燥后即可采收。

5.5 产地初加工

5.5.1 加工场所

加工场所符合国家中药材 GAP 规定的卫生要求，场地、工具干净整洁，远离交通干道和污染源，要与生活区严格分开，防止生活污染。

5.5.2 加工方法

黑种草全株置晒场上晾晒干燥后，拍打出种子，清除茎叶等杂质，晒干（含水量≤10%）后入库待检验后包装。

5.6 包装、放行、贮运

5.6.1 包装

包装前应对每批药材按照国家标准进行质量检验。符合国家标准的药材，采用清洁的编织袋等包装，禁止采用包装过肥料、农药等的包装袋包装。包装外贴或挂标签、合格证，标识牌内容应有药材名、基源、产地、批号、规格、重量、采收日期、企业名称等，并有追溯码。

5.6.2 放行

应制定符合企业实际情况的放行制度，有审核批生产、检验等的相关记录。不合格药材有单独处理制度。

5.6.3 贮运

黑种草子应贮存于阴凉干燥通风的常温库中，定期检查，注意防潮、防虫，长期贮存尤其注意防虫。

运输应防止发生混淆、污染、异物混入、包装破损、雨雪淋湿等。

附 录 A
（规范性）
禁限用农药名单

A.1 禁止（停止）使用的农药（46种）

六六六、滴滴涕、毒杀芬、二溴氯丙烷、杀虫脒、二溴乙烷、除草醚、艾氏剂、狄氏剂、汞制剂、砷类、铅类、敌枯双、氟乙酰胺、甘氟、毒鼠强、氟乙酸钠、毒鼠硅、甲胺磷、对硫磷、甲基对硫磷、久效磷、磷胺、苯线磷、地虫硫磷、甲基硫环磷、磷化钙、磷化镁、磷化锌、硫线磷、蝇毒磷、治螟磷、特丁硫磷、氯磺隆、胺苯磺隆、甲磺隆、福美胂、福美甲胂、三氯杀螨醇、林丹、硫丹、溴甲烷、氟虫胺、杀扑磷、百草枯、2,4-滴丁酯。

注：氟虫胺自2020年1月1日起禁止使用。百草枯可溶胶剂自2020年9月26日起禁止使用。2,4-滴丁酯自2023年1月29日起禁止使用。溴甲烷可用于"检疫熏蒸处理"。杀扑磷已无制剂登记。

A.2 在部分范围禁止使用的农药（20种）

部分范围禁止使用的农药应注意药食同源中药材及来自其他作物的中药材。部分范围禁止使用的农药见表A.1。

表 A.1 部分范围禁止使用的农药

通用名	禁止使用范围
甲拌磷、甲基异柳磷、克百威、水胺硫磷、氧乐果、灭多威、涕灭威、灭线磷	禁止在蔬菜、瓜果、茶叶、菌类、中草药材上使用,禁止用于防治卫生害虫,禁止用于水生植物的病虫害防治
甲拌磷、甲基异柳磷、克百威	禁止在甘蔗作物上使用
内吸磷、硫环磷、氯唑磷	禁止在蔬菜、瓜果、茶叶、中草药材上使用
乙酰甲胺磷、丁硫克百威、乐果	禁止在蔬菜、瓜果、茶叶、菌类和中草药材上使用
毒死蜱、三唑磷	禁止在蔬菜上使用
丁酰肼（比久）	禁止在花生上使用
氰戊菊酯	禁止在茶叶上使用
氟虫腈	禁止在所有农作物上使用（玉米等部分旱田种子包衣除外）
氟苯虫酰胺	禁止在水稻上使用

A.3 说明

本附录的内容来自2019年中华人民共和国农业农村部发布的《禁限用农药名录》（http://www.zzys.moa.gov.cn/gzdt/201911/t20191129_6332604.htm）。

参考文献

［1］新疆维吾尔自治区质量技术监督局.黑种草子生产技术规程:DB65/T 2298—2011［S/OL］.［2024-02-22］.https://std.samr.gov.cn/db/search/stdDBDetailed?id=91D99E4D40012E24E05397BE0A0A3A10.

［2］国家药典委员会.中华人民共和国药典:2020年版一部［M］.北京:中国医药科技出版社,2020.

————————————————

ICS 65.020.20
CCS C 05

团 体 标 准

T/CACM 1374.155—2021

湖北贝母规范化生产技术规程

Code of practice for good agricultural practice of
Fritillariae Hupehensis Bulbus

2021-10-15 发布

2021-10-15 实施

中华中医药学会　发布

目　次

前言······878

1 范围······879

2 规范性引用文件······879

3 术语和定义······879

4 湖北贝母规范化生产流程图······879

5 湖北贝母规范化生产技术······880

   5.1 生产基地选址······880

   5.2 种质与种苗······880

   5.3 种植技术······881

   5.4 采收······881

   5.5 产地初加工······882

   5.6 包装、放行、贮运······882

附录 A（规范性）　湖北贝母常见病虫害防治的参考方法······883

附录 B（规范性）　禁限用农药名单······884

参考文献······885

前　言

本文件按照 GB/T 1.1—2020《标准化工作导则　第 1 部分：标准化文件的结构和起草规则》的规定起草。

请注意本文件中的某些内容可能涉及专利。本文件的发布机构不承担识别专利的责任。

本文件由中国医学科学院药用植物研究所提出。

本文件由中华中医药学会归口。

本文件起草单位：湖北省农业科学院中药材研究所、重庆市中药研究院、建始县药山坡药材种植专业合作社、宣恩县龚家坡中药材种植专业合作社、恩施程丰农业综合开发有限公司、中国医学科学院药用植物研究所、重庆市药物种植研究所。

本文件主要起草人：郭坤元、王华、李隆云、刘翠君、林先明、张美德、何银生、周武先、郭杰、游景茂、郭晓亮、艾伦强、穆森、冯瑛、龚开贵、程天周、魏建和、王文全、王秋玲、杨小玉、辛元尧、王苗苗。

湖北贝母规范化生产技术规程

1 范围

本文件确立了湖北贝母的规范化生产流程,规定了湖北贝母生产基地选址、种质与种子、种苗繁育、种植、采收、产地初加工、包装、放行、贮运等阶段的操作要求。

本文件适用于湖北贝母的规范化生产。

2 规范性引用文件

下列文件中的内容通过文中的规范性引用而构成本文件必不可少的条款。其中,注明日期的引用文件,仅该日期对应的版本适用于本文件;不注明日期的引用文件,其最新版本(包括所有的修改单)适用于本文件。

GB 3095 环境空气质量标准

GB 5084 农田灌溉水质标准

GB 15618 土壤环境质量 农用地土壤污染风险管控标准(试行)

T/CACM 1374.1—2021 中药材规范化生产技术规程通则 植物药材

3 术语和定义

T/CACM 1374.1—2021 界定的以及下列术语和定义适用于本文件。

3.1 规范化生产 good agricultural practice

按照《中药材生产质量管理规范》(简称中药材 GAP)的要求,实施药材生产,保证中药材优质安全的生产过程。

3.2 技术规程 code of practice

为实现中药材生产顺利、有序进行,保证中药材生产质量,对中药材生产的基地选址、种子种苗、种植或野生抚育、采收与产地初加工以及包装、放行与贮运等,所做的技术规定和要求,是实施中药材规范生产的核心技术要求和实施指南。

3.3 湖北贝母 Fritillariae Hupehensis Bulbus

为百合科植物湖北贝母 *Fritillaria hupehensis* Hsiao et K. C. Hsia 的干燥鳞茎。

4 湖北贝母规范化生产流程图

湖北贝母规范化生产流程见图 1。

湖北贝母规范化生产流程：　　　　　　　　　　关键控制点及参数：

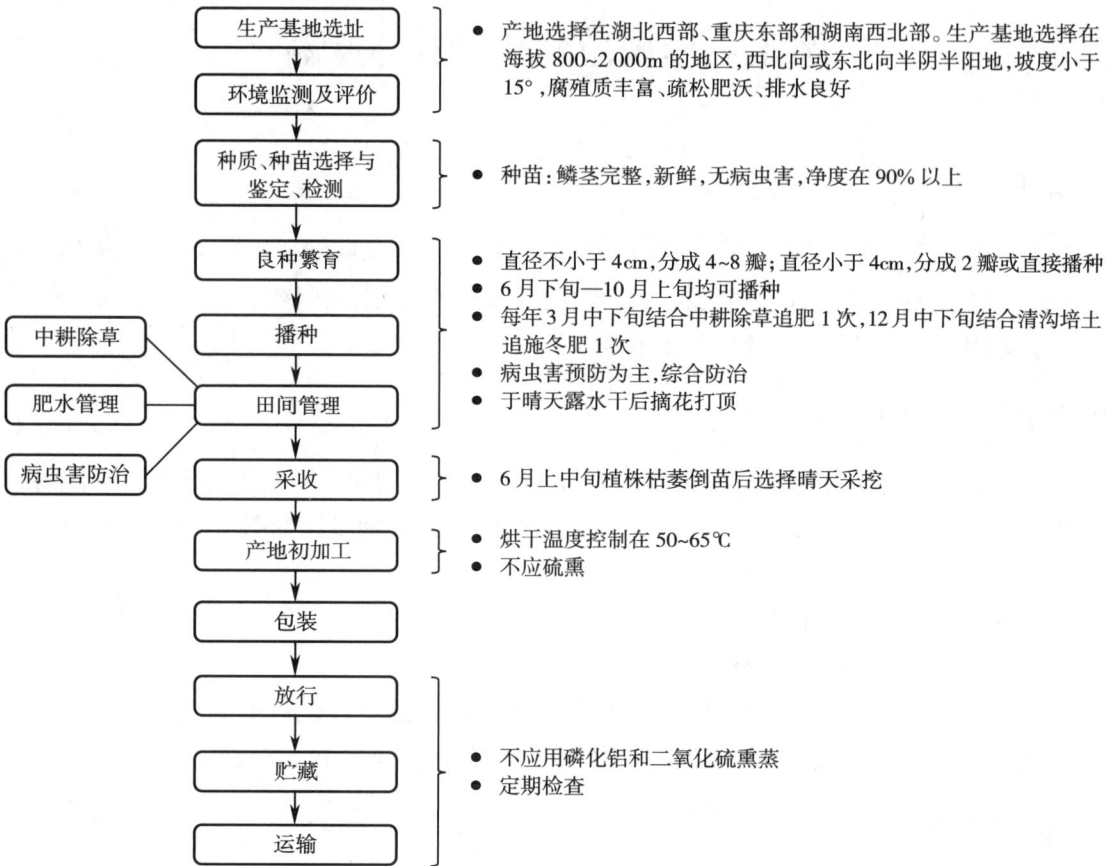

图 1　湖北贝母规范化生产流程图

5　湖北贝母规范化生产技术

5.1　生产基地选址

5.1.1　产地选择

主产区在湖北西部、重庆东部和湖南西北部,道地产区是湖北西部。种植地海拔 800~2 000m。

5.1.2　地块选择

良种繁育和生产地应选西北向或东北向半阴半阳地,坡度小于 15°,含腐殖质丰富、疏松肥沃、排水良好的砂土或砂壤土为佳,pH 中性至弱碱性。

5.1.3　环境监测

基地的大气、水和土壤应符合 GB 3095、GB 5084 和 GB 15618 的规定。

5.2　种质与种苗

5.2.1　种质选择

使用百合科植物湖北贝母 *Fritillaria hupehensis* Hsiao et K. C. Hsia,物种应经过鉴定,如使

用农家品种或选育品种应加以明确。

5.2.2　种苗质量

鳞茎完整,新鲜,无病虫斑,净度在 90% 以上。

5.2.3　良种繁育技术

选择 5—9 月遮荫度大的作物套种于湖北贝母种植地,套种作物应少施化肥,或者在畦面铺一层稻草、玉米秸秆等,或利用田间自然生长的杂草树木遮荫。及时清沟排渍。6 月中旬—7 月上旬,待湖北贝母全部枯苗,茎秆与鳞茎分开,且根部干枯后,将湖北贝母起土。选择抱合紧密,新鲜、无破损、无病虫斑的鳞茎,将直径不小于 4cm 的鳞茎分成 4~8 瓣,用多菌灵稀释液浸种 1 小时,沥干,播种;若鳞茎直径小于 4cm,可分成 2 瓣或直接播种。田间管理同药材生产。若室内贮藏,应贮存在阴凉、通风、泥土地面的室内,用水分 15%~20% 的细砂土分层贮存,最上层盖细砂土 10cm,沙堆不易过大。贮存期间,定期检查,发现有霉烂者立即剔除,防止鼠害,细砂土含水量保持在 15%~20%。

5.3　种植技术

5.3.1　播种技术

湖北贝母直播种植。6 月下旬—10 月上旬均可种植。在畦面上按行距 15~20cm 开沟,芽头朝上,按株距 10~15cm 摆放,再将泥土覆盖其上。播种以后,用腐熟的农家肥、废秸秆等覆盖畦面。

5.3.2　田间管理

播种后及时追肥、除草和排灌。每年 3 月中下旬结合中耕除草追肥 1 次,12 月中下旬结合清沟培土追施冬肥 1 次,宜使用农家肥和商品有机肥,根据土壤状况和目标产量,确定合理使用化肥量。当植株有 1~2 朵花开放时,选晴天露水干后摘花打顶。

不应使用壮根灵、膨大素等生长调节剂。

5.3.3　病虫害防治技术

5.3.3.1　常见病害和虫害种类

常见病害和虫害种类如下。

a）主要病害:菌核病、锈病等。

b）主要虫害:线虫、尾足螨等。

具体防治方法参见附录 A。

5.3.3.2　防治原则

预防为主,综合防治。应以农业防治为前提,优先采用生物防治和物理防治。有机肥必须充分腐熟。选用无病害感染、无机械损伤的优质种苗,禁用带病苗。及时清沟排渍。采用化学防治时,应当符合国家有关规定。优先选用高效、低毒的生物农药,尽量避免使用除草剂、杀虫剂和杀菌剂等化学农药,不使用禁限用农药。遵循最低有效剂量的原则。禁止或限制使用农药种类参见附录 B。

5.4　采收

栽植 2~3 年后,6 月上中旬植株枯萎倒苗后选择晴天采挖。从畦面一端顺次挖取地下部分,清除泥土、茎、叶等杂物,避免损伤。

5.5　产地初加工

挖起的湖北贝母于干净的库房摊开,防止腐烂,然后放入竹筐或塑料筐里,置清水中洗去泥沙,除去杂质,沥干水,晒干或在 50~65℃下烘干。不应硫熏。

5.6　包装、放行、贮运

5.6.1　包装

包装前应对每批药材按照国家标准进行质量检验。符合国家标准的药材,采用不影响质量的编织袋等包装,不应采用包装过肥料、农药等的包装袋包装。包装外贴或挂标签、合格证,标识牌内容应有药材名、基源、产地、批号、规格、重量、采收日期、企业名称等,并有追溯码。

5.6.2　放行

应制定符合企业实际情况的放行制度,有审核批生产、检验等的相关记录。不合格药材有单独处理制度。

5.6.3　贮运

应贮存于阴凉干燥处,定期检查,防止虫蛀、霉变、腐烂、泛油等的发生。仓库控制在温度 20℃以下、相对湿度 75% 以下;不同批次、等级药材分区存放;建有定期检查制度。不应用磷化铝和二氧化硫熏蒸。也可采用现代气调贮藏方法,包装或库内充氮或二氧化碳。

运输应防止发生混淆、污染、异物混入、包装破损、雨雪淋湿等。

附　录　A

（规范性）

湖北贝母常见病虫害防治的参考方法

湖北贝母常见病虫害防治的参考方法见表 A.1。

表 A.1　湖北贝母常见病虫害防治的参考方法

病害名称	为害症状	防治方法
菌核病	地下部分鳞茎出现红色小斑点,后产生黑斑,病斑下组织变灰色,严重时整个鳞茎变黑腐烂,鳞茎表皮下形成米粒大小的黑色菌粒。发病地块常出现大面积缺苗	（1）重病田要实行 2~3 年轮作,施足腐熟的有机肥或农家肥,提高植株抗病能力。 （2）合理密植,科学浇水,防止大水漫灌。 （3）发病初期,选用 50% 多菌灵或 50% 甲基硫菌灵 800~1 000 倍液灌根防治,每次间隔 15d
锈病	主要危害地上部分茎叶、叶背,出现黄色圆形病斑,形成孢子群,成熟后随风传播,并可多次浸染。患病植株影响光合作用,严重者地上部分植株提前枯萎死亡,影响地下鳞茎产量。病原孢子在病株残体上潜伏越冬,第 2 年可继续传染危害	（1）入冬严格做好清理田园工作。 （2）生长期做好除草工作。 （3）发病初期,选用 2% 嘧啶核苷类抗菌素水剂 200~300 倍液或 1.26% 辛菌胺醋酸盐水剂 300~400 倍液喷雾 2~3 次,每次间隔 7~10d
线虫	湖北贝母出苗后,危害鳞茎茎盘处,收获至栽植前贮藏期间最为猖獗,严重者鳞茎腐烂,感染较轻者,栽植后继续危害,次春不能发芽,严重时发病率达 80% 以上	（1）严格做好清理田园工作。 （2）做好除草工作,合理密植。 （3）栽种时用 50% 多菌灵可湿性粉剂 500 倍液或 70% 甲基硫菌灵可湿性粉剂 500 倍液泡种 30~40min
尾足螨	主要危害鳞茎,严重时引起鳞茎腐烂,减少贝母产量	（1）冬春清除杂草枯枝。 （2）深耕细耙,适时浇水,不施用未腐熟的农家肥。 （3）栽种时用 50% 多菌灵可湿性粉剂 500 倍液或 70% 甲基硫菌灵可湿性粉剂 500 倍液泡种 30~40min

附　录　B

（规范性）

禁限用农药名单

B.1　禁止（停止）使用的农药（46种）

六六六、滴滴涕、毒杀芬、二溴氯丙烷、杀虫脒、二溴乙烷、除草醚、艾氏剂、狄氏剂、汞制剂、砷类、铅类、敌枯双、氟乙酰胺、甘氟、毒鼠强、氟乙酸钠、毒鼠硅、甲胺磷、对硫磷、甲基对硫磷、久效磷、磷胺、苯线磷、地虫硫磷、甲基硫环磷、磷化钙、磷化镁、磷化锌、硫线磷、蝇毒磷、治螟磷、特丁硫磷、氯磺隆、胺苯磺隆、甲磺隆、福美胂、福美甲胂、三氯杀螨醇、林丹、硫丹、溴甲烷、氟虫胺、杀扑磷、百草枯、2,4-滴丁酯。

注：氟虫胺自2020年1月1日起禁止使用。百草枯可溶胶剂自2020年9月26日起禁止使用。2,4-滴丁酯自2023年1月29日起禁止使用。溴甲烷可用于"检疫熏蒸处理"。杀扑磷已无制剂登记。

B.2　在部分范围禁止使用的农药（20种）

部分范围禁止使用的农药应注意药食同源中药材及来自其他作物的中药材。部分范围禁止使用的农药见表B.1。

表 B.1　部分范围禁止使用的农药

通用名	禁止使用范围
甲拌磷、甲基异柳磷、克百威、水胺硫磷、氧乐果、灭多威、涕灭威、灭线磷	禁止在蔬菜、瓜果、茶叶、菌类、中草药材上使用,禁止用于防治卫生害虫,禁止用于水生植物的病虫害防治
甲拌磷、甲基异柳磷、克百威	禁止在甘蔗作物上使用
内吸磷、硫环磷、氯唑磷	禁止在蔬菜、瓜果、茶叶、中草药材上使用
乙酰甲胺磷、丁硫克百威、乐果	禁止在蔬菜、瓜果、茶叶、菌类和中草药材上使用
毒死蜱、三唑磷	禁止在蔬菜上使用
丁酰肼（比久）	禁止在花生上使用
氰戊菊酯	禁止在茶叶上使用
氟虫腈	禁止在所有农作物上使用（玉米等部分旱田种子包衣除外）
氟苯虫酰胺	禁止在水稻上使用

B.3　说明

本附录的内容来自2019年中华人民共和国农业农村部发布的《禁限用农药名录》（http://www.zzys.moa.gov.cn/gzdt/201911/t20191129_6332604.htm）。

参考文献

［1］文乐然.湖北贝母栽培方法［J］.中药通报,1957（4）:35.

［2］鲁鸿钜,谷守礼,杨传英,等.湖北贝母烂种防治的初步研究［J］.植物病理学报,1989（3）:24.

［3］周茂繁,鲁鸿钜,杨东,等.湖北贝母烂种原因和防治方法的研究［J］.华中农业大学学报,1989（1）:23-28.

［4］翟琨.湖北贝母种植基地土壤质量评价［J］.湖北民族学院学报（自然科学版）,2011,29（2）:235-236.

［5］翟琨.湖北贝母种植土壤和药材中有机农药及重金属残留分析［J］.土壤通报,2011,42（4）:976-979.

［6］谭学超.湖北贝母的常见病害及其综合防治措施研究［J］.南方农业,2018,12（32）:7-8.

［7］向东山.湖北贝母几种主要病害及综合防治［J］.湖北农业科学,2010,49（5）:1109-1111.

［8］甘国菊,余启高,杨永康,等.湖北贝母主要病虫害的防治［J］.农技服务,2009,26（5）:82.

［9］王鹏程,李云,裴锋,等.鳞茎繁育湖北贝母生长发育规律观察［J］.浙江农业科学,2018,59（6）:959-961.

ICS 65.020.20
CCS C 05

团 体 标 准

T/CACM 1374.156—2021

蒲公英规范化生产技术规程

Code of practice for good agricultural practice of Taraxaci Herba

2021-10-15 发布

2021-10-15 实施

中华中医药学会　发布

目　次

前言·· 888

1 范围 ··· 889

2 规范性引用文件 ·· 889

3 术语和定义 ·· 889

4 蒲公英规范化生产流程图 ·· 890

5 蒲公英规范化生产技术 ··· 890

　5.1 生产基地选址 ·· 890

　5.2 种质与种子 ··· 891

　5.3 种植 ··· 891

　5.4 采收 ··· 892

　5.5 产地初加工 ··· 892

　5.6 包装、放行与贮运 ·· 892

附录A（规范性） 禁限用农药名单 ·· 894

附录B（资料性） 蒲公英常见病虫害防治的参考方法 ··· 895

参考文献·· 896

前　　言

本文件按照 GB/T 1.1—2020《标准化工作导则　第 1 部分：标准化文件的结构和起草规则》的规定起草。

请注意本文件中的某些内容可能涉及专利。本文件的发布机构不承担识别专利的责任。

本文件由中国医学科学院药用植物研究所和山西农业大学提出。

本文件由中华中医药学会归口。

本文件起草单位：山西农业大学、贵州大学、河北省农林科学院经济作物研究所、山西省医药与生命科学研究院、山西农业大学（山西省农业科学院）经济作物研究所、山西振东道地药材开发有限公司、山西国新晋药集团道地药材经营有限公司、中国医学科学院药用植物研究所、重庆市药物种植研究所。

本文件主要起草人：乔永刚、罗夫来、牛颜冰、温春秀、李香串、田洪岭、宋芸、刘亚令、王玉龙、张志鹏、魏建和、王文全、王秋玲、杨小玉、辛元尧、王苗苗。

蒲公英规范化生产技术规程

1 范围

本文件确立了蒲公英的规范化生产流程,规定了蒲公英生产基地选址、种质与种子、种植、采收、产地初加工、包装、放行、贮运等阶段的操作要求。

本文件适用于蒲公英的规范化生产。

2 规范性引用文件

下列文件中的内容通过文中的规范性引用而构成本文件必不可少的条款。其中,注明日期的引用文件,仅该日期对应的版本适用于本文件;不注明日期的引用文件,其最新版本(包括所有的修改单)适用于本文件。

GB 3095 环境空气质量标准

GB 5084 农田灌溉水质标准

GB 5749 生活饮用水卫生标准

GB 15618 土壤环境质量 农用地土壤污染风险管控标准(试行)

NY/T 525 有机肥料

NY/T 1276—2007 农药安全使用规范总则

SB/T 11094—2014 中药材仓储管理规范

SB/T 11182—2017 中药材包装技术规范

T/CACM 1374.1—2021 中药材规范化生产技术规程通则 植物药材

3 术语和定义

T/CACM 1374.1—2021 界定的以及下列术语和定义适用于本文件。

3.1 规范化生产 good agricultural practice

按照《中药材生产质量管理规范》(简称中药材 GAP)的要求,实施药材生产,保证中药材优质安全的生产过程。

3.2 技术规程 code of practice

为实现中药材生产顺利、有序进行,保证中药材生产质量,对中药材生产的基地选址、种子种苗、种植或野生抚育、采收与产地初加工以及包装、放行与贮运等,所做的技术规定和要求,是实施中药材规范生产的核心技术要求和实施指南。

3.3 蒲公英 Taraxaci Herba

为菊科植物蒲公英 *Taraxacum mongolicum* Hand.-Mazz.、碱地蒲公英 *Taraxacum borealisinense*

Kitam. 或同属数种植物的干燥全草。

4 蒲公英规范化生产流程图

蒲公英规范化生产流程见图 1。

蒲公英规范化生产流程:　　　　　　　　关键控制点及参数:

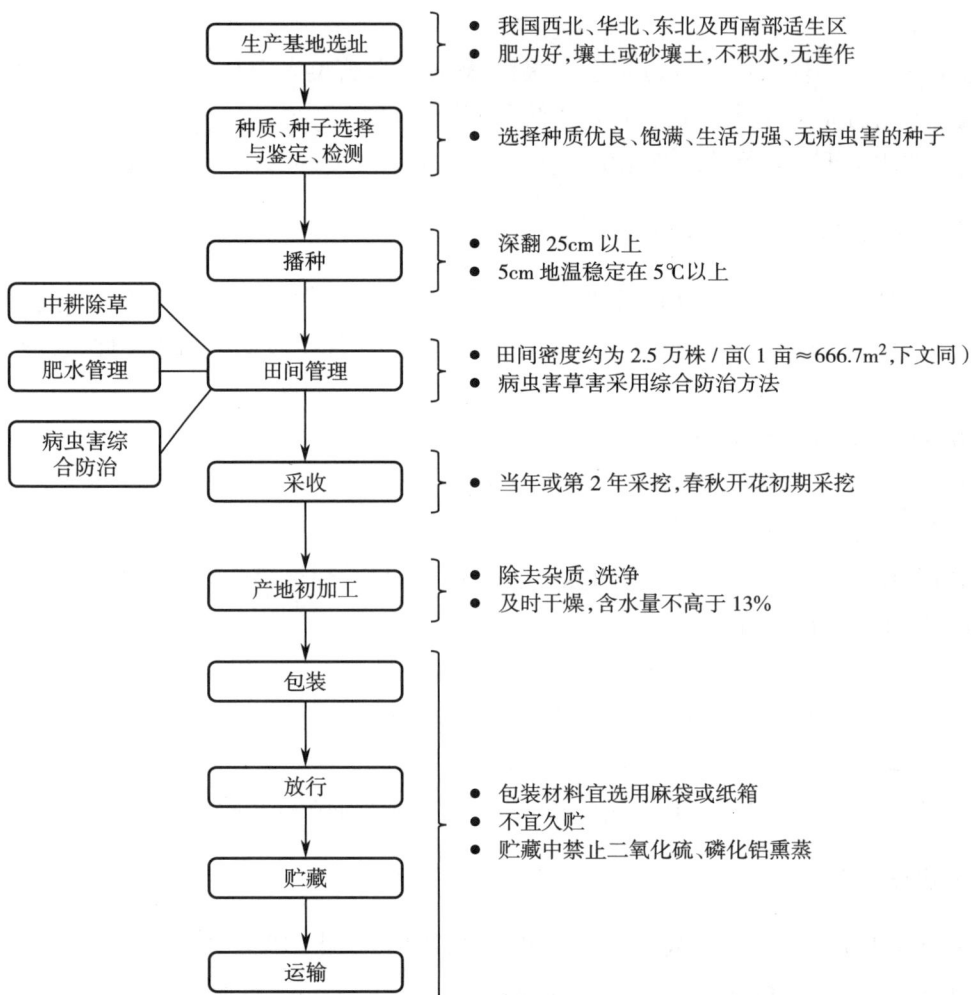

```
┌─────────────┐        ● 我国西北、华北、东北及西南部适生区
│  生产基地选址  │   ]    ● 肥力好,壤土或砂壤土,不积水,无连作
└─────────────┘
       ↓
┌─────────────┐
│ 种质、种子选择 │   ]    ● 选择种质优良、饱满、生活力强、无病虫害的种子
│ 与鉴定、检测   │
└─────────────┘
       ↓
┌─────────────┐        ● 深翻 25cm 以上
│    播种      │   ]    ● 5cm 地温稳定在 5℃以上
└─────────────┘
┌────────┐
│ 中耕除草 │─┐   ↓
└────────┘ │┌─────────────┐       ● 田间密度约为 2.5 万株/亩(1 亩≈666.7m²,下文同)
┌────────┐ └│  田间管理    │  ]    ● 病虫害草害采用综合防治方法
│ 肥水管理 │──│             │
└────────┘ ┌│             │
┌────────┐ │└─────────────┘
│病虫害综 │─┘
│合防治   │        ↓
└────────┘ ┌─────────────┐
           │    采收      │  ]    ● 当年或第 2 年采挖,春秋开花初期采挖
           └─────────────┘
                  ↓
           ┌─────────────┐       ● 除去杂质,洗净
           │  产地初加工   │  ]    ● 及时干燥,含水量不高于 13%
           └─────────────┘
                  ↓
           ┌─────────────┐
           │    包装      │  ┐
           └─────────────┘  │
                  ↓          │
           ┌─────────────┐  │    ● 包装材料宜选用麻袋或纸箱
           │    放行      │  ├    ● 不宜久贮
           └─────────────┘  │    ● 贮藏中禁止二氧化硫、磷化铝熏蒸
                  ↓          │
           ┌─────────────┐  │
           │    贮藏      │  │
           └─────────────┘  │
                  ↓          ┘
           ┌─────────────┐
           │    运输      │
           └─────────────┘
```

图 1　蒲公英规范化生产流程图

5 蒲公英规范化生产技术

5.1 生产基地选址

5.1.1 产地选择

适宜在我国西北、华北、东北及西南部省份栽培。蒲公英主要生态因子范围:≥10℃积温 800~4 000℃;年平均气温 8.0~25℃;年平均日照时数 1 500~2 800 小时;年平均降水量 300~1 800mm。

5.1.2 地块选择

选择土层深厚、疏松肥沃、排灌方便、向阳、地势平坦的壤土与砂壤土。生产田忌连作，轮作 2 年以上，前茬作物以禾本科植物为宜。

5.1.3 环境监测

基地的大气、土壤和水样品的检测按照《中药材生产质量管理规范》要求，应符合相应国家标准，并保证生长期间持续符合标准。环境检测应符合 GB 3095《环境空气质量标准》、GB 15618《土壤环境质量　农用地土壤污染风险管控标准（试行）》、GB 5084《农田灌溉水质标准》。

5.2 种质与种子

5.2.1 种质选择

种质来源为菊科蒲公英属植物蒲公英（*Taraxacum mongolicum* Hand.-Mazz.）、碱地蒲公英（*Taraxacum borealisinense* Kitam.）或同属数种植物其中的一种，物种须经过鉴定，一个地块只能使用一个物种，不能混种。如使用农家品种或选育品种应加以明确。

5.2.2 种子质量

选用饱满、无病虫害、生活力强的种子作为生产用种。

5.2.3 良种繁育

5.2.3.1 采种母株

选择生长健壮、无病虫害的 2 年生及 2 年以上植株作采种母株。

5.2.3.2 采种田管理

采种母株和采种田管理同药材生产。

5.2.3.3 采种

春季开花后 13~15 天种子成熟，花托由绿变黄，花序完全散开，冠毛散开种子由白变褐后及时采收，大面积制种采种可用吸尘器采收，将种子和冠毛一起采收，搓掉冠毛，除去杂质。

5.2.3.4 种子贮藏

自然干燥后将种子装入纸袋或布袋内，贮藏于干燥凉爽处。

5.3 种植

5.3.1 播种

5.3.1.1 整地

播种前，整地施肥，每亩用腐熟有机肥 1 000kg 作底肥，有机肥质量符合 NY/T 525《有机肥料》相关要求。深翻 25cm 以上，起垄，整平耙细。

5.3.1.2 播种时间

春季至秋季均可播种。春播，要求 5cm 地温稳定在 5℃以上。夏播可遮荫或覆盖降低地温促进出苗。秋播应在早霜前 40 天完成。

5.3.1.3 播种

按行距 25~30cm 开 1cm 浅沟，条播，覆土厚度 0.2~0.5cm，耙平地面，轻镇压。每亩播种量 0.5~1kg。

5.3.2 田间管理

幼苗现第 4 片真叶时,按株距 5~6cm 间苗,现第 6 片真叶时按株距 10~12cm 定苗。遇缺苗时及时移栽补苗。田间密度约为 2.5 万株 / 亩。

出苗当年结合间苗与定苗中耕除草 2 次,以后每 10~15 天中耕除草 1 次,直到封垄为止。封垄后及时拔除大草。出苗后第 2 年起,蒲公英返青后及时除草,封垄后不再中耕除草,及时拔除田间大草。

出苗当年,每亩追施尿素 10kg。出苗后第 2 年,在春季开花之前,每亩追施尿素 10kg。

出苗当年,有灌溉条件的地块定苗后每月浇水多次。雨涝时注意及时排水,防止地面积水。出苗后第 2 年起,蒲公英封垄后每月浇水 1 次。

5.3.3 病虫害草害等防治

蒲公英常见病害有叶斑病、斑枯病等;虫害主要有地老虎等。

病虫害防治原则为"预防为主,综合防治",以农业防治为基础,辅以生物防治与理化防治。

采用化学防治时,应当符合国家有关规定,执行 NY/T 1276—2007《农药安全使用规范总则》;优先选用高效、低毒的生物农药;不使用禁限用农药,禁限用农药见附录 A,常用化学防治方法参考附录 B。

5.4 采收

采收时间为当年秋季或第 2 年春秋季开花初期采挖。采收时,挖出根部,抖去泥土,去除残叶,挑除病根,避免破伤外皮和断根。

5.5 产地初加工

全株采收后除去非药用部位等杂质,趁鲜水洗,及时干燥。用水参照 GB 5749《生活饮用水卫生标准》。

自然干燥法:将洗净的蒲公英全草铺放在晒场或晒架上直接晒干。

人工加温干燥法:也可利用炕干、烘干、红外干燥等方法干燥蒲公英全草,温度不超过50℃。

干燥后药材水分含量不高于 13%。

5.6 包装、放行与贮运

5.6.1 包装

执行 SB/T 11182—2017 的规定。包装前应对每批药材按照国家标准进行质量检验。符合国家标准的药材,采用不影响质量的编织袋等包装,禁止采用包装过肥料、农药等的包装袋包装。包装外贴或挂标签、合格证,标识牌内容应有药材名、基源、产地、批号、规格、重量、采收日期、企业名称等,并有追溯码。

5.6.2 放行

应制定符合企业实际情况的放行制度,有审核批生产、检验等的相关记录。不合格药材有单独处理制度。

5.6.3 贮运

执行 SB/T 11094—2014 的规定。应贮存于阴凉干燥处,定期检查,防止虫蛀、霉变等的发生。仓库控制温度在 20℃ 以下、相对湿度 75% 以下;不同批次、等级药材分区存放;建有定期检查制度。禁止磷化铝和二氧化硫熏蒸。也可采用现代气调贮藏方法,包装或库内充氮或二氧化碳。

运输应防止发生混淆、污染、异物混入、包装破损、雨雪淋湿等。

<h1 style="text-align:center">附　录　A</h1>
（规范性）
禁限用农药名单

A.1　禁止（停止）使用的农药（46 种）

六六六、滴滴涕、毒杀芬、二溴氯丙烷、杀虫脒、二溴乙烷、除草醚、艾氏剂、狄氏剂、汞制剂、砷类、铅类、敌枯双、氟乙酰胺、甘氟、毒鼠强、氟乙酸钠、毒鼠硅、甲胺磷、对硫磷、甲基对硫磷、久效磷、磷胺、苯线磷、地虫硫磷、甲基硫环磷、磷化钙、磷化镁、磷化锌、硫线磷、蝇毒磷、治螟磷、特丁硫磷、氯磺隆、胺苯磺隆、甲磺隆、福美胂、福美甲胂、三氯杀螨醇、林丹、硫丹、溴甲烷、氟虫胺、杀扑磷、百草枯、2,4-滴丁酯。

注：氟虫胺自 2020 年 1 月 1 日起禁止使用。百草枯可溶胶剂自 2020 年 9 月 26 日起禁止使用。2,4-滴丁酯自 2023 年 1 月 29 日起禁止使用。溴甲烷可用于"检疫熏蒸处理"。杀扑磷已无制剂登记。

A.2　在部分范围禁止使用的农药（20 种）

部分范围禁止使用的农药应注意药食同源中药材及来自其他作物的中药材。部分范围禁止使用的农药见表 A.1。

表 A.1　部分范围禁止使用的农药

通用名	禁止使用范围
甲拌磷、甲基异柳磷、克百威、水胺硫磷、氧乐果、灭多威、涕灭威、灭线磷	禁止在蔬菜、瓜果、茶叶、菌类、中草药材上使用,禁止用于防治卫生害虫,禁止用于水生植物的病虫害防治
甲拌磷、甲基异柳磷、克百威	禁止在甘蔗作物上使用
内吸磷、硫环磷、氯唑磷	禁止在蔬菜、瓜果、茶叶、中草药材上使用
乙酰甲胺磷、丁硫克百威、乐果	禁止在蔬菜、瓜果、茶叶、菌类和中草药材上使用
毒死蜱、三唑磷	禁止在蔬菜上使用
丁酰肼（比久）	禁止在花生上使用
氰戊菊酯	禁止在茶叶上使用
氟虫腈	禁止在所有农作物上使用（玉米等部分旱田种子包衣除外）
氟苯虫酰胺	禁止在水稻上使用

A.3　说明

本附录的内容来自 2019 年中华人民共和国农业农村部发布的《禁限用农药名录》（http://www.zzys.moa.gov.cn/gzdt/201911/t20191129_6332604.htm）。

附 录 B

（资料性）

蒲公英常见病虫害防治的参考方法

蒲公英常见病虫害防治的参考方法见表 B.1。

表 B.1　蒲公英常见病虫害防治的参考方法

病虫害名称	防治时期	推荐防治方法
叶斑病	5—8 月	多硫悬浮剂喷施,按照农药标签使用
		百菌清喷施,按照农药标签使用
		甲基硫菌灵喷施,按照农药标签使用
斑枯病	6—9 月	甲基硫菌灵喷施,按照农药标签使用
		百菌清喷施,按照农药标签使用
		苯菌灵喷施,按照农药标签使用
地老虎	5—9 月	糖醋液诱杀成虫
		豆饼、麦麸、秕谷等与敌百虫拌毒饵诱杀,按照农药标签使用

参考文献

［1］国家药典委员会.中华人民共和国药典：2020年版一部［M］.北京：中药医药科技出版社，2020.

［2］乔永刚，刘根喜.蒲公英生产加工适宜技术［M］.北京：中药医药科技出版社，2018.

［3］宋秀英，乔永刚.药食观赏兼用巨大型蒲公英栽培技术［J］.北方园艺，2004（2）：26-27.

［4］王振学，高秋美，孟庆峰，等.蒲公英高产种植技术［J］.中国农技推广，2019，35（4）：57-58.

［5］周琦，陈德仁，吕昕，等.蒲公英优质高产栽培技术［J］.人参研究，2015，27（4）：53-54.

［6］李春龙.蒲公英常见病虫害防治及其采收加工［J］.四川农业科技，2012（10）：48-49.

［7］宋芸，乔永刚.特莱蒲公英采种新技术［J］.中国种业，2002（8）：24.

［8］乔永刚，宋芸.特莱蒲公英黄化绿化交替栽培技术［J］.北方园艺，2005（1）：24.

［9］张建.蒲公英属植物繁殖生物学研究［D］.沈阳：沈阳农业大学，2013.

［10］徐志恒.施氮肥对蒲公英养分吸收及产量品质的影响［D］.乌鲁木齐：新疆农业大学，2016.

［11］秦亚强.冀南丘陵区蒲公英人工栽培与有效成分含量研究［D］.邯郸：河北工程大学，2018.

［12］陈国东.蒲公英优质高产栽培技术［J］.农民致富之友，2019（11）：23.

ICS 65.020.20
CCS C 05

团 体 标 准

T/CACM 1374.157—2021

槐花规范化生产技术规程

Code of practice for good agricultural
practice of Sophorae Flos

2021-10-15 发布

2021-10-15 实施

中华中医药学会   发布

目　　次

前言·· 899

1　范围·· 900

2　规范性引用文件··· 900

3　术语和定义··· 900

4　槐花规范化生产流程图··· 901

5　槐花规范化生产技术··· 902

　5.1　生产基地选址··· 902

　5.2　种质与种子·· 902

　5.3　种植·· 903

　5.4　采收·· 907

　5.5　产地初加工·· 907

　5.6　包装、放行、贮运·· 907

附录A（规范性）　禁限用农药名单··· 909

附录B（资料性）　槐花常见病虫害防治的参考方法···················· 910

前　　言

本文件按照 GB/T 1.1—2020《标准化工作导则　第 1 部分：标准化文件的结构和起草规则》的规定起草。

请注意本文件中的某些内容可能涉及专利。本文件的发布机构不承担识别专利的责任。

本文件由中国医学科学院药用植物研究所和重庆市中药研究院提出。

本文件由中华中医药学会归口。

本文件起草单位：重庆市中药研究院、贵州大学、重庆恒林农业开发有限公司、中国医学科学院药用植物研究所、重庆市药物种植研究所。

本文件主要起草人：李隆云、刘金亮、宋旭红、王计瑞、徐进、梅鹏颖、廖尚强、魏建和、王秋玲、王文全、杨小玉、辛元尧、王苗苗。

槐花规范化生产技术规程

1 范围

本文件确立了槐花的规范化生产流程,规定了槐花生产基地选址、种质与种子、种苗繁育、种植、采收、产地初加工、包装、放行、贮运等阶段的操作要求。

本文件适用于槐花的规范化生产。

2 规范性引用文件

下列文件中的内容通过文中的规范性引用而构成本文件必不可少的条款。其中,注明日期的引用文件,仅该日期对应的版本适用于本文件;不注明日期的引用文件,其最新版本(包括所有的修改单)适用于本文件。

GB 3095　环境空气质量标准

GB 5084　农田灌溉水质标准

GB 6000—1999　主要造林树种苗木质量分级

GB 7908—1999　林木种子质量分级

GB 15618　土壤环境质量　农用地土壤污染风险管控标准(试行)

GB/T 3543　农作物种子检验规程

GB/T 7414　主要农作物种子包装

GB/T 7415　农作物种子贮藏

GB 20464　农作物种子标签通则

T/CACM 1374.1—2021　中药材规范化生产技术规程通则　植物药材

3 术语和定义

T/CACM 1374.1—2021 界定的以及下列术语和定义适用于本文件。

3.1　金槐　gold yellow Buds of *Sophora japonica* L.

通过南方国槐选育获得的一个新品种,具有当年嫁接、当年成花、三年丰产的优良特性,所产槐米芦丁含量较高,具备良好的经济、医药价值。采收槐米经过蒸汽杀青干燥后药材呈金黄色。产于广西、重庆及其邻近地区。

3.2　规范化生产　good agricultural practice

按照《中药材生产质量管理规范》(简称中药材 GAP)的要求,实施药材生产,保证中药材优质安全的生产过程。

3.3 技术规程 code of practice

为实现中药材生产顺利、有序进行,保证中药材生产质量,对中药材生产的基地选址、种子种苗、种植或野生抚育、采收与产地初加工以及包装、放行与贮运等,所做的技术规定和要求,是实施中药材规范生产的核心技术要求和实施指南。

4 槐花规范化生产流程图

槐花规范化生产流程见图 1。

槐花规范化生产流程:　　　　　　　　关键控制点及参数:

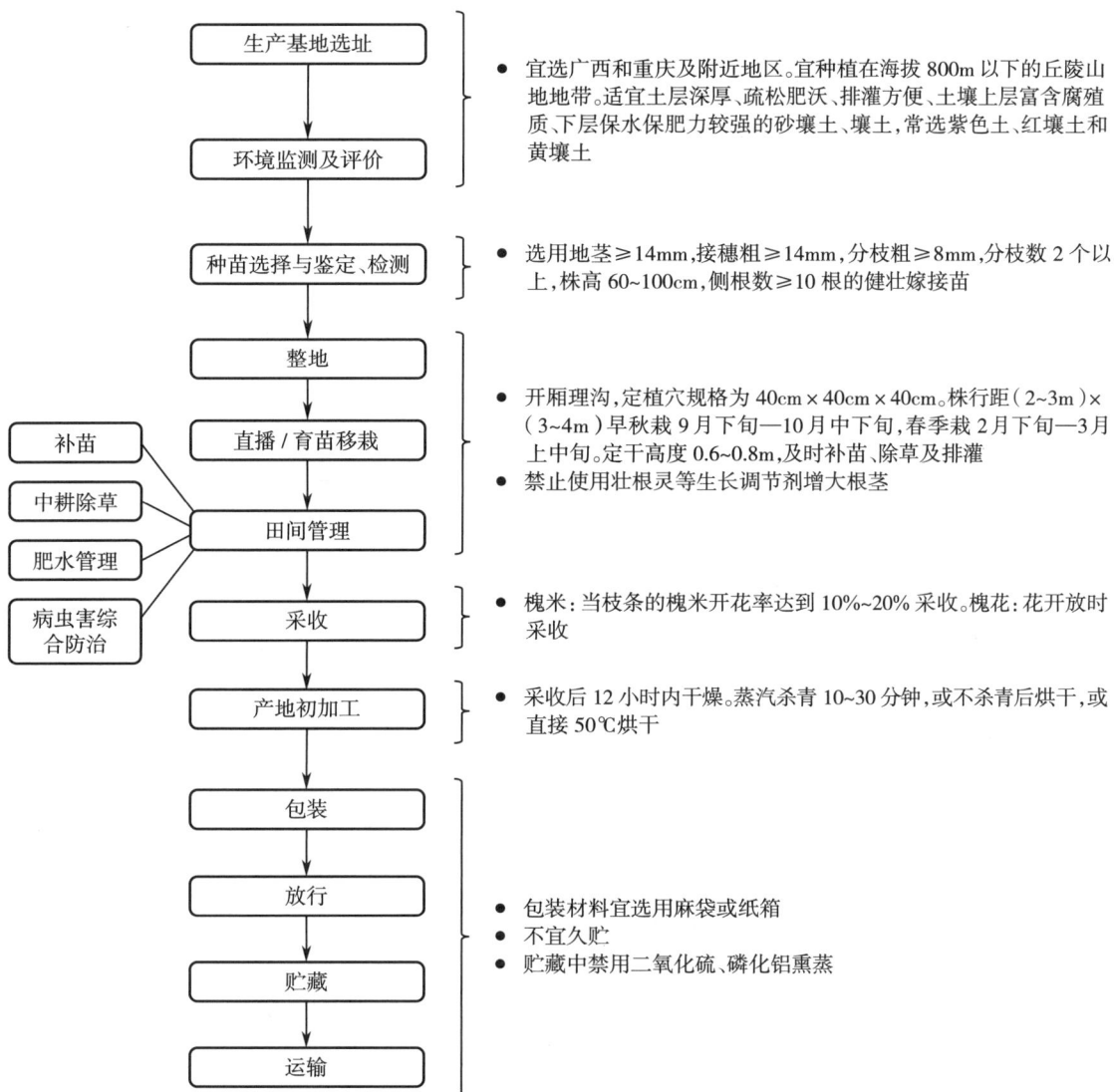

图 1　槐花规范化生产流程图

5 槐花规范化生产技术

5.1 生产基地选址

5.1.1 产地选择

中国南北地区均可种植。生产芦丁含量高的原料药材,适宜在武陵山区和广西东北部、湖南等地。

5.1.2 地块选择

适宜生长在土层深厚、疏松肥沃、土壤上层富含腐殖质、下层保水保肥力较强的砂壤土、壤土和黏壤土,土类以紫色土、红壤土和黄壤土为主,pH 中性或偏酸性,pH 5.0~7.0,坡度 20°以下。海拔在海拔 800m 以下为宜。

5.1.3 环境监测

生产基地的空气质量应符合 GB 3095 规定的环境空气质量标准,灌溉水质量应符合 GB 5084 规定的农田灌溉水质标准,土壤质量应符合 GB 15618 的规定。

5.2 种质与种子

5.2.1 种质选择

使用豆科植物槐 Sophora japonica L.,物种须经过鉴定。如使用农家品种或选育品种应加以明确。南方推荐选用金槐良种,北方选用"双季米国槐"。

5.2.2 种子、种苗质量

应使用当年采收、成熟的种子,净度 90% 以上,千粒重 125g 以上。种子检验、包装、贮藏应符合 GB/T 3543《农作物种子检验规程》、GB/T 7414《主要农作物种子包装》、GB/T 7415《农作物种子贮藏》和 GB 20464《农作物种子标签通则》的规定。

选用嫁接 1 年生种苗:地茎≥14mm,接穗粗≥14mm,分枝粗≥8mm,分枝数 2 个以上,株高 60~100cm,侧根数≥10 根的健壮苗作为移栽苗。经检验符合相应标准。

5.2.3 良种繁育

5.2.3.1 选地、整地

良种繁育田和定植地应选土层深厚、地势平缓、排灌方便、土壤疏松、腐殖质含量高的地块,pH 中性至弱碱性。

5.2.3.2 嫁接

在育苗地选择 1 年生普通国槐,苗高不低于 1m 的砧木苗。砧木一般在 0.6~0.8m 处截定高。

选用品种纯正,成年良种高产嫁接树的无病虫害、生长健壮的金槐枝径 0.8cm 1 年生枝条作接穗。接穗长 10~12cm,粗 0.4~0.6cm,每接穗保留 3~4 个芽,进行蜡封处理,即将接穗在含 10%~20% 动物油脂的 60~80℃溶解的石蜡中速蘸,使整个接穗表面蒙上一层薄蜡膜,蘸蜡后贮藏备用。

春季使用的接穗,结合冬剪采集,或于萌芽前 2 周采下,放入地窖中,用湿沙埋好。沙含水量约 60%,沙的湿度以手捏成团、手展即散为好。一般埋到 2/3 高度,上面用塑料布盖好。

秋季嫁接所用的接穗,随采随接。采后立即去叶片,只留一小段叶柄。注意保湿,带到田间的接穗要用湿布包好。

嫁接时间和方法:嫁接可在春、秋季进行。春季嫁接在平均气温达到18℃以上、苗木发芽前为最佳时段,一般春季嫁接最适期在3月中旬—4月中旬,春季视情况用枝接或芽接。春季芽接时,可用木质嵌芽接或"T"字形芽接等方式。在早春嫁接或者有倒春寒地区,在平均气温低于13℃的情况下,对嫁接部位或者整株苗木用塑料薄膜套袋实施保温处理。秋季以芽接最佳,可用"T"字形芽接方式。

5.2.3.3　嫁接后的管理

春季嫁接20~30天后检查成活率,在伤口全面愈合情况下,及时解除包扎物,愈合期一般为4周左右。秋季嫁接穗一般于来年春季萌芽前解绑。如果解绑过早,易风折分腿,而且易使接芽周围皮层干缩、翘起影响成活。当新梢长到30cm时,应在接枝对面绑缚支棍,以防折断。待新梢长至70~80cm完全木质化时,再去掉支棍。嫁接后的砧木要及时除掉萌蘖。对嫁接未成活植株,宜留1~2枝萌蘖作补接用。5月初,当新萌发枝条长到50cm左右时进行修剪,保留15~20cm长度,促进枝条二次萌发。

田间管理:4—6月要加强水肥管理,土壤追肥或叶面喷肥(以氮肥为主),7月份以后控制肥水。并每隔10~15天喷一次0.3%~0.5%磷酸二氢钾溶液,以促使苗木充实健壮。生长期间注意防止尺蠖和蚜虫。

5.2.3.4　苗木出圃

在秋季苗木生长停止或春季苗木萌动前进行起苗。起苗时,少伤侧根、须根,保持根系完整和不折断苗干。除生长季带冠移植需带土球起苗外,其他时间段可裸根起苗。土球直径、根幅应大于干径8~10倍。出苗前10天,修剪枝条长度保留20cm左右。可按GB 6000—1999《主要造林树种苗木质量分级》普通国槐苗木标准进行分级。分级过程中,剔除病苗、废苗,修剪过长主根和侧根受伤部分。

假植:不能立即栽植时,应在封冻前选地势高、背风、排水良好的地方挖沟假植越冬。假植沟宽1.0~1.2m,深60~70cm,长度不限。假植苗要剪去伤根,用多菌灵、百菌清等消毒处理,以防霉烂。

假植时要将苗梢向南或向西,顺沟斜放,每层苗木都要在根部覆湿润碎土,根土密接,以免失水。气温≤0℃时,上层以谷草覆盖,再用湿润碎土密封根部越冬。有条件可浇1次水。假植后要经常检查,防止苗木风干、霉烂等。

5.3　种植

5.3.1　育苗

5.3.1.1　选地、整地

种子采集与处理:金槐嫁接苗培育以国槐为砧木。国槐种子10月份成熟后,选择树势强、干形好、无病虫害的优良母树采集果实。采种期最晚可延长至12月份。种子采集后去除杂质,用清水浸泡10天左右,碾除果皮,水分晾干即为净种,净度达90%以上,千粒重125g以上。

苗圃地选择：苗圃地应选择地势平坦、交通方便、背风向阳、易灌易排、土壤深厚肥沃的砂壤土或壤土，pH 6.5~7.5。

土壤消毒：每平方米用 3% 硫酸亚铁溶液 0.5kg 处理土壤，播种前 7 天均匀地浇淋土壤，以防止病虫害。

整地：秋季深耕 20~30cm，耕后不耙，翌春冻融后施入腐熟有机肥，整地前亩（1 亩≈666.7m²，下文同）施腐熟农家肥 2 000~4 000kg 和复合肥 40~50kg 或鸡屎肥 500~1 000kg 和复合肥 30~40kg，用旋耕机整地 1~2 次，耕翻深度 20cm 左右，整至土块细碎、土质松软、平整，然后开厢，厢宽 1.0~1.2m，沟宽 30~35cm，沟深 20~25cm，四周开好排水沟。

5.3.1.2 播种

宜选用纯正、饱满的种子，质量应符合 GB 7908 中Ⅱ级标准以上要求。

种子催芽：催芽前用 0.5% 高锰酸钾溶液浸泡净种 2 小时，捞出后密封半小时，用清水冲洗干净即可。2 月上旬用 60~80℃热水浸种 24 小时，然后将已膨胀的种子捞出，混沙层积催芽。沙与种子的体积比为 3∶1，沙含水量 60%，手握成团，触之即散。混沙时，掺拌要均匀，在室内用容器或在地势较高、排水良好处挖 30cm 深的坑层积，上面覆以湿透的棕包片或麻袋片。沙藏期间要倒翻 1~2 次，并保持湿润，种子 50% 发芽时即可播种。

播种：采用条播方法。2 月下旬—4 月上旬播种，行距 20~25cm，播幅宽 13~17cm，株距 6~8cm，亩播种量 5~7.5kg，将种子均匀撒播于播种沟沟底。播种后覆过筛细土，覆土厚度是种子厚度的 1~2 倍，宜为 2~3cm，厚薄一致。覆土后镇压。

也可直播，条播行距 60cm，出苗后间苗至 50cm 左右株距，不进行移栽，待嫁接位置茎粗达 1.5cm 左右时，可嫁接时直接嫁接。

5.3.1.3 苗圃管理

幼苗出土前不宜浇水，视土壤墒情及天气情况可少量喷水，保持垄面湿润，防止土壤板结和通气不良。幼苗长至株高 10cm 后，灌一次小水稳苗，控制浇水量，避免发生立枯病。速生期需水增多，根据天气和土壤墒情保证水分供应，间苗或追肥后及时灌水，浇匀浇透，土壤浸湿深度应达到主根分布层。灌水宜在早晨和傍晚进行，避免在气温最高的中午灌水。8 月下旬苗木生长后期，停止灌溉。育苗地发现积水，应立即排水，做到内水不积、外水不淹。

速生期应根据生长情况适时追肥，以施氮肥为主。5 月中旬、6 月中旬、7 月上中旬分三次追施尿素，依次增加施肥量，每次亩追肥量为 8~20kg，均匀撒施。施肥后及时浇水，或根据天气情况，结合下雨及时撒施。

生长后期应停施氮肥，适量追施钾肥。8 月中下旬叶面喷施 1 次 0.3%~0.5% 磷酸二氢钾，早晚或阴天叶面喷施，以叶面均匀着肥为宜。

苗高 5~7cm 时宜进行第一次间苗，苗高 10~15cm 时宜进行第二次间苗。间苗宜早不宜迟。间苗不能一次定苗，应经过 2~3 次间苗才按 10~15cm 定苗。间过密、受病虫危害、生长势弱、机械损伤的幼苗，保留健壮幼苗，并使其保持一定株距。每平方米保留幼苗数量 60~100 株，达到计划产苗量 1.2~1.3 倍（计划亩产苗量 15 000~20 000 株）。1 年生苗地径可达到 1cm 以上,高 1.5m 以上。

雨季前杂草较少,着重松土。降雨或灌水后,土壤易板结,及时松土。第一次松土深度为 1~2cm,以后逐渐加深至 2~4cm。松土时,不伤苗、不压苗。雨季杂草增多,及时除草。以"除早、除小、除了"为原则,避免带苗或伤根。

5.3.2 定植

适宜在海拔 800m 以下、坡度 20° 以下地区。造林尽量避开低洼积水处。适宜生长在土层深厚、疏松肥沃土壤。土壤上层富含腐殖质、下层保水保肥力较强的砂壤土、壤土和黏壤土,土类以紫色土、红壤土和黄壤土为宜,pH 5.0~7.0。

在栽植前 1 个月整地,干旱地区应在栽植前 3 个月整地,秋冬或早春均可整地。整地方式一般为穴状整地,树穴规格以 40cm×40cm×40cm 为宜。挖穴时应将表土和生土分别堆放。土层较薄、重黏土、砂砾土地区,应采取培土或换熟土的方法,以利于苗木健康生长。

在水肥条件较好的平地、山丘地,初植株行距以 3m×4m 为宜;在肥水条件较差的山丘地,初植以 2m×3m 为宜。随弯就势栽植。按设计规定的位置放线。首尾用皮尺水平量距确定行位,再按株距水平量出株位。株位中心用铁锹铲出一个小坑,撒上白灰,作出定位标记。

造林季节一般分为春季栽、早秋栽、晚秋栽。北方春栽在土壤解冻后树苗发芽前进行;南方在立春后即可栽植。早秋栽在 9 月下旬—10 月中下旬趁雨抢墒带叶栽植;秋栽在土壤结冻前进行栽植。

栽植前,应将苗木的伤根予以剪除。将修剪过的苗木用 1%~2% 的过磷酸钙液浸泡 24 小时,这样有利于栽后新根的产生。栽植时株施磷酸二氢铵 0.2kg,将搅混均匀的表土、肥料填至离地面 20~30cm,然后将苗木根系舒展放入坑内,最后将其撒到根上。一般以苗圃地苗木根颈处与地面平行或者根颈处低于地面 2cm 左右为宜。

在干旱缺水、无灌溉条件下可采用节水栽植。具体方法为:将苗根附近土壤踏得轻一些,以土壤和根系密切接触为度,而坑周围的土壤则要用力踏实,并使栽植坑呈漏斗形,每株浇水 15kg,使水分浸渗到根系周围土壤中,而不会流失到坑的边缘,然后在灌水后的漏斗坑上再覆上地膜,大小 1m 见方,将地膜剪个缺口,套在苗干周围。5 月份以后地膜下温度高于 30℃时,可用秸秆、麦草覆盖地膜,以降低土温,保持根系生长最佳环境,还可抑制杂草生长。

5.3.3 田间管理

5.3.3.1 补苗

幼树发芽展叶后,要检查成活情况。如发现上部有抽干的,可以剪去抽干部分,促其重新发枝,如发现死苗,要及时补齐。

5.3.3.2 定干

定干高度 0.6~0.8m。幼苗栽植后要及时定干,可减少地上部分的水分消耗,以利苗木成活。春季发芽前,需要在苗干的适当部位进行刻伤,刺激多抽枝,以满足整形需要。

5.3.3.3 刻芽

第一年定株栽植,第二年春季3月中下旬刻芽。刻芽方法:萌芽前,在芽或枝的上方刻伤,但不要伤及芽体,下刀用力要均匀,稍微刻入木质部,向上输送的养分和水分被阻挡在伤口下的芽或枝处,促使其多分枝、多抽穗。

5.3.3.4 补水保墒

对栽后未覆盖地膜的树,在特别干旱地方要适当浇水。春季及时修整树盘,接纳雨水。

5.3.3.5 施肥

幼树期:春季以速效肥为主,秋季以底肥、农家肥为主。即每年4月初到5月中下旬之间,每棵树施用尿素50g、45%复合肥150g,一次性薄土施肥(在树根部20~30cm范围内,铲掉一层表土放入肥料,再盖上土,以免伤害树根的毛细根)。9月底每棵树施用45%复合肥500g或农家肥10~20kg,一次性施肥于根部。

盛产期:春季施堆肥或农家肥,并与无机肥混合使用,夏季穴施化肥,秋季结合浇水施腐熟的人粪尿或复合肥;由于豆科植物具有固氮作用,所以可少施氮肥。3月、5月或3月、6月,按照40%、60%分2次追肥,一般以复合肥为主,土壤肥沃者,增加磷、钾肥;土质差者,增施尿素。看树大小来确定施肥量,8年生以上植株,每株施用尿素1.5~2kg、过磷酸钙1.5kg和氯化钾0.9kg。10年生以上的树酌情增加施肥量。采收槐米后可再施1次肥料。

冬季扩坑施基肥:冬季施肥与幼年树的扩坑施肥相同,直到株行距扩通相连为止。

叶面追肥:有条件的还可以进行叶面追肥2~3次,与各次施肥交错进行,以尿素、磷酸二氢钾、氯化钾为主,浓度0.1%~0.5%,喷至叶面湿透为止。

5.3.4 整形修剪

5.3.4.1 树形

树形宜用疏散分层形。其树体结构是:有中央领导枝,其上着生6~8个主枝,分为3~4层;第一层3个主枝,每个主枝上着生3个左右侧枝,层间距1m以上;第二层2个主枝,每个主枝上2个侧枝,层间距80cm左右;第三层留1~2个主枝,无明显侧枝。主枝开张角度保持在70°左右,树高2.0~3.0m左右。当树体高度达3m以上时,逐步落头。

5.3.4.2 枝组培养

采取中、短截的方法培养枝组,要求多而不密,分布合理。每株树的枝组量应下层多于上层,外围多于内膛,每个主枝应前后部小枝组多,中部大中枝组多,背上以小枝组为主,两侧以大中枝组为主。

5.3.4.3 整形修剪

最佳修剪时期为每年的12月,短截时留4~5个芽,15~20cm长较为合适。第一年冬剪,选顶端强枝作中央领导枝,根据枝条强弱剪留50~70cm,竞争枝一般疏去,在竞争枝之下可选邻枝或邻近枝作为主枝,剪留50~70cm。如果选不出第三个主枝,在下一年选出。

第二年冬剪时,将中央领导枝头剪留60~70cm。如果头一年三个主枝都选出,则第二年不留主枝。其上分枝均作为输养枝,对于重叠枝,可酌情疏去其中一个。如果第一年只选出两个主枝,第二年可在中央领导枝下部选方向、角度合适的枝作第三主枝,距第一主枝50cm

左右,构成第一层。3 个主枝间水平夹角 120°,各主枝剪留 60~70cm,剪口芽用外芽,对竞争枝一般少疏除,其余枝可压低角度,使其弱小于各主枝。

第三年冬剪时,将中央领导枝头和 3 个主枝头在饱满芽处剪。在中央领导枝上如果第一层层间距达到 100cm,可选第二层主枝。如果达不到 100cm,这年则不留主枝,其上分枝均作输养枝,拥挤重叠者可疏除。在第一、二、三主枝上选一条背余侧枝,距基部 70cm 左右,剪留 50~60cm,其余枝在不影响主、侧枝时,尽量多留,主枝开张角度 70° 左右。

第四至第六年冬剪,在领导干上选强枝当头,并选出第二层主枝,插在基部 3 条主枝的空档处,同时在基部主枝上选 1~2 个侧枝。到第六年,骨架基本可形成。

5.3.5 病虫害防治

槐的主要病害有炭疽病等,虫害有潜叶蛾、红蜘蛛、介壳虫等。

应采用预防为主、综合防治的方法:有机肥必须充分腐熟;选用无病害感染、无机械损伤优质种苗,禁用带病苗;及时清沟排水;发现病株及时拔除,集中销毁,每穴撒入草木灰 100g 或生石灰 200~300g,进行局部消毒;每年秋冬季及时清园。

采用化学防治时,应当符合国家有关规定;优先选用高效、低毒的生物农药;尽量避免使用除草剂、杀虫剂和杀菌剂等化学农药;不使用禁限用农药(附录 A)。病虫害防治方法参照附录 B。

5.4 采收

槐花采收:7 月中旬—7 月下旬花已开放时采收。

槐米采收:7 月中旬—7 月下旬,当枝条的槐米开花率达到 10%~20% 时,即可立即采收。在晴天的上午将结有槐米的枝条用枝剪剪下,除去枝条上的槐叶,放入背筐。槐米采后放置时间一般不超过 2 小时,最晚不能超过 12 小时,最好是采后及时进行产地初加工。

5.5 产地初加工

把采收的槐花(鲜槐米或带槐米枝条)放入蒸笼,用沸腾的水蒸大约 10~30 分钟,直到槐米颜色变为金黄色为止,然后置于水泥地上或竹席上在阳光下晾晒,每 1 小时左右翻晒一次;如遇阴雨天,可烘干,温度约 50℃。

待槐树枝条上的槐米晒干后,抖落槐米,除去枝条,用筛子筛去短枝梗,装入麻袋或有内膜的编织袋。

鼓励采用新型初加工机械干燥、筛分槐米。

5.6 包装、放行、贮运

5.6.1 包装

包装前应对每批药材按照国家标准进行质量检验。符合国家标准的药材,采用不影响质量的编织袋等包装,禁止采用包装过肥料、农药等的包装袋包装。包装外贴或挂标签、合格证,标识牌内容应有药材名、基源、产地、批号、规格、重量、采收日期、企业名称等,并有追溯码。

5.6.2 放行

应制定符合企业实际情况的放行制度,有审核批生产、检验等的相关记录。不合格药材

有单独处理制度。

5.6.3 贮运

应贮存于阴凉干燥处,定期检查,防止虫蛀、霉变、腐烂、泛油等发生。仓库控制温度在20℃以下、相对湿度75%以下;不同批次、等级药材分区存放;建有定期检查制度。禁止磷化铝和二氧化硫熏蒸。也可采用现代气调贮藏方法,包装或库内充氮或二氧化碳。

运输应防止发生混淆、污染、异物混入、包装破损、雨雪淋湿等。

附　录　A

（规范性）

禁限用农药名单

A.1　禁止（停止）使用的农药（46 种）

六六六、滴滴涕、毒杀芬、二溴氯丙烷、杀虫脒、二溴乙烷、除草醚、艾氏剂、狄氏剂、汞制剂、砷类、铅类、敌枯双、氟乙酰胺、甘氟、毒鼠强、氟乙酸钠、毒鼠硅、甲胺磷、对硫磷、甲基对硫磷、久效磷、磷胺、苯线磷、地虫硫磷、甲基硫环磷、磷化钙、磷化镁、磷化锌、硫线磷、蝇毒磷、治螟磷、特丁硫磷、氯磺隆、胺苯磺隆、甲磺隆、福美胂、福美甲胂、三氯杀螨醇、林丹、硫丹、溴甲烷、氟虫胺、杀扑磷、百草枯、2,4-滴丁酯。

注：氟虫胺自 2020 年 1 月 1 日起禁止使用。百草枯可溶胶剂自 2020 年 9 月 26 日起禁止使用。2,4-滴丁酯自 2023 年 1 月 29 日起禁止使用。溴甲烷可用于"检疫熏蒸处理"。杀扑磷已无制剂登记。

A.2　在部分范围禁止使用的农药（20 种）

部分范围禁止使用的农药应注意药食同源中药材及来自其他作物的中药材。部分范围禁止使用的农药见表 A.1。

表 A.1　部分范围禁止使用的农药

通用名	禁止使用范围
甲拌磷、甲基异柳磷、克百威、水胺硫磷、氧乐果、灭多威、涕灭威、灭线磷	禁止在蔬菜、瓜果、茶叶、菌类、中草药材上使用,禁止用于防治卫生害虫,禁止用于水生植物的病虫害防治
甲拌磷、甲基异柳磷、克百威	禁止在甘蔗作物上使用
内吸磷、硫环磷、氯唑磷	禁止在蔬菜、瓜果、茶叶、中草药材上使用
乙酰甲胺磷、丁硫克百威、乐果	禁止在蔬菜、瓜果、茶叶、菌类和中草药材上使用
毒死蜱、三唑磷	禁止在蔬菜上使用
丁酰肼（比久）	禁止在花生上使用
氰戊菊酯	禁止在茶叶上使用
氟虫腈	禁止在所有农作物上使用（玉米等部分旱田种子包衣除外）
氟苯虫酰胺	禁止在水稻上使用

A.3　说明

本附录的内容来自 2019 年中华人民共和国农业农村部发布的《禁限用农药名录》（http://www.zzys.moa.gov.cn/gzdt/201911/t20191129_6332604.htm）。

附 录 B

（资料性）

槐花常见病虫害防治的参考方法

槐花常见病虫害防治的参考方法见表 B.1。

表 B.1 槐花常见病虫害防治的参考方法

序号	防治对象	推荐药剂及使用时期、方法	其他防治方法
1	溃疡病	对已发病的枝干,可刮去病斑,露出木质部,然后在刮皮处用甲基硫菌灵或多菌灵可湿性粉剂均匀涂抹病部,以上操作对治愈病斑有较好的效果。农药按照农药标签使用	该病主要危害枝干皮层,病斑初期呈黄褐色水渍状圆形斑,后期下陷,皮层软腐。防治方法:①加强管理。增强树势,提高树体抗病力,同时避免苗圃地积水。②树干涂白,防止冻害和日灼。涂白剂配方是:生石灰 12~13kg、石硫合剂原液(2°波美度左右)2kg、食盐 2kg、清水 10kg。防治时间为 3月初。③保护伤口。修剪伤口可涂 5°波美石硫合剂保护
2	蚜虫	蚜虫发生量大时,可喷吡虫啉、溴氰菊酯乳油防治。按照农药标签使用	蚜虫危害嫩梢及米穗。秋冬喷石硫合剂,消灭越冬卵
3	槐尺蠖	防治最佳时期在 5 月中旬及 6 月中下旬,重点做好第一、二代幼虫的防治工作。可用于槐尺蠖幼虫防治的药剂:溴氰菊酯微乳剂、虫螨·茚虫威悬浮剂、高氯·马乳油、苦参碱水剂、阿维菌素微乳剂、印楝素乳油、强效苏云金杆菌可湿性粉剂。生物防治可用苏云金杆菌乳剂。按照农药标签使用	落叶后至发芽前在树冠下及周围松土中挖蛹,消灭越冬蛹
4	小木蠹蛾	喷雾防治初孵幼虫。可用溴氰菊酯、氰戊菊酯喷雾毒杀。对已蛀入干内的中、老龄幼虫,可用氰戊菊酯乳油注入虫孔。按照农药标签使用	
5	国槐小卷蛾	第 1 代幼虫初孵期在 5 月中下旬至 6月上旬,第 2 代幼虫危害期在 6 月下旬至 7 月下旬,这两个时期均为药剂防治幼虫的合理时间,此时用药可有效控制钻蛀危害的幼虫数量。幼虫为害期喷施菊杀乳油,或吡虫啉水分散粒剂防治,并兼治蚜和螨类。推荐使用吡虫啉水分散粒剂和鱼藤酮乳油,印楝素乳油、苦参碱水剂的复配使用。按照农药标签使用	①使用国槐小卷蛾诱芯,在小卷蛾防治区域内,成虫扬飞前,将国槐小卷蛾性信息素诱芯及配套诱捕器悬挂于树干阴面枝条稀少处,悬挂高度在树冠的 1/2 以上处最佳。②消灭虫源,结合秋冬季田园管理,剪打槐豆荚,以减少虫源。7月中旬修剪被害小枝,对第二代的发生有一定控制作用。③消灭成虫,成虫期用黑光灯诱杀成虫,或将国槐小卷蛾性诱捕器悬挂在树冠向阳面外围,诱杀成虫

ICS 65.020.20
CCS C 05

团 体 标 准

T/CACM 1374.158—2021

雷公藤规范化生产技术规程

Code of practice for good agricultural
practice of Triptergii Radix

2021-10-15 发布

2021-10-15 实施

中华中医药学会　发布

目　次

前言 ……………………………………………………………………………………………… 913

1 范围 …………………………………………………………………………………………… 914

2 规范性引用文件 ……………………………………………………………………………… 914

3 术语和定义 …………………………………………………………………………………… 914

4 雷公藤规范化生产流程图 …………………………………………………………………… 915

5 雷公藤规范化生产技术 ……………………………………………………………………… 916

　5.1 生产基地选址 …………………………………………………………………………… 916

　5.2 种质与种子 ……………………………………………………………………………… 916

　5.3 种植 ……………………………………………………………………………………… 916

　5.4 采收 ……………………………………………………………………………………… 917

　5.5 产地初加工 ……………………………………………………………………………… 917

　5.6 包装、放行、贮运 ……………………………………………………………………… 918

附录 A（资料性）　雷公藤常见病虫害防治的参考方法 …………………………………… 919

附录 B（规范性）　禁限用农药名单 ………………………………………………………… 920

参考文献 ………………………………………………………………………………………… 921

前　言

本文件按照 GB/T 1.1—2020《标准化工作导则　第 1 部分：标准文件的结构和起草规则》的规定起草。

请注意本文件中的某些内容可能涉及专利。本文件的发布机构不承担识别专利的责任。

本文件由中国医学科学院药用植物研究所和华润三九（黄石）药业有限公司提出。

本文件由中华中医药学会归口。

本文件起草单位：华润三九（黄石）药业有限公司、华润三九医药股份有限公司、深圳市中药制造业创新中心有限公司、华中农业大学、中国医学科学院药用植物研究所、重庆市药物种植研究所。

本文件主要起草人：刘三波、魏民、李建领、韩正洲、周奇、郭盛合、俞能高、陈友丽、龚达林、王学奎、舒少华、严甜、王永聪、魏建和、王文全、王秋玲、杨小玉、辛元尧、王苗苗。

雷公藤规范化生产技术规程

1 范围

本文件确立了雷公藤的规范化生产流程,规定了雷公藤生产基地选址、种质与种子、良种繁育、种植、采收与初加工、包装、贮藏和运输等阶段的技术要求。

本文件适用于雷公藤的规范化生产。

2 规范性引用文件

下列文件中的内容通过文中的规范性引用而构成本文件必不可少的条款。其中,注明日期的引用文件,仅该日期对应的版本适用于本文件;不注明日期的引用文件,其最新版本(包括所有的修改单)适用于本文件。

GB 3095 环境空气质量标准

GB/T 3543 农作物种子检验规程

GB 5084 农田灌溉水质标准

GB 15618 土壤环境质量 农用地土壤污染风险管控标准(试行)

NY/T 1276 农药安全使用规范 总则

T/CACM 1374.1—2021 中药材规范化生产技术规程通则 植物药材

3 术语和定义

T/CACM 1374.1—2021 界定的以及下列术语和定义适用于本文件。

3.1 规范化生产 good agricultural practice

按照《中药材生产质量管理规范》(简称中药材 GAP)的要求,实施药材生产,保证中药材优质安全的生产过程。

3.2 技术规程 code of practice

为实现中药材生产顺利、有序进行,保证中药材生产质量,对中药材生产的基地选址、种子种苗、种植或野生抚育、采收与产地初加工以及包装、放行与贮运等,所做的技术规定和要求,是实施中药材规范生产的核心技术要求和实施指南。

3.3 插穗 shoot for cutting

用于扦插繁殖的雷公藤枝条。

3.4 根条 root strip

用于扦插繁殖的雷公藤根。

3.5 扦插苗 cuttings

以扦插繁殖的方式获得的种苗。

3.6 种子苗 seed seedling

以种子繁殖的方式获得的种苗。

4 雷公藤规范化生产流程图

雷公藤规范化生产流程见图 1。

雷公藤规范化生产流程： 关键控制点及参数：

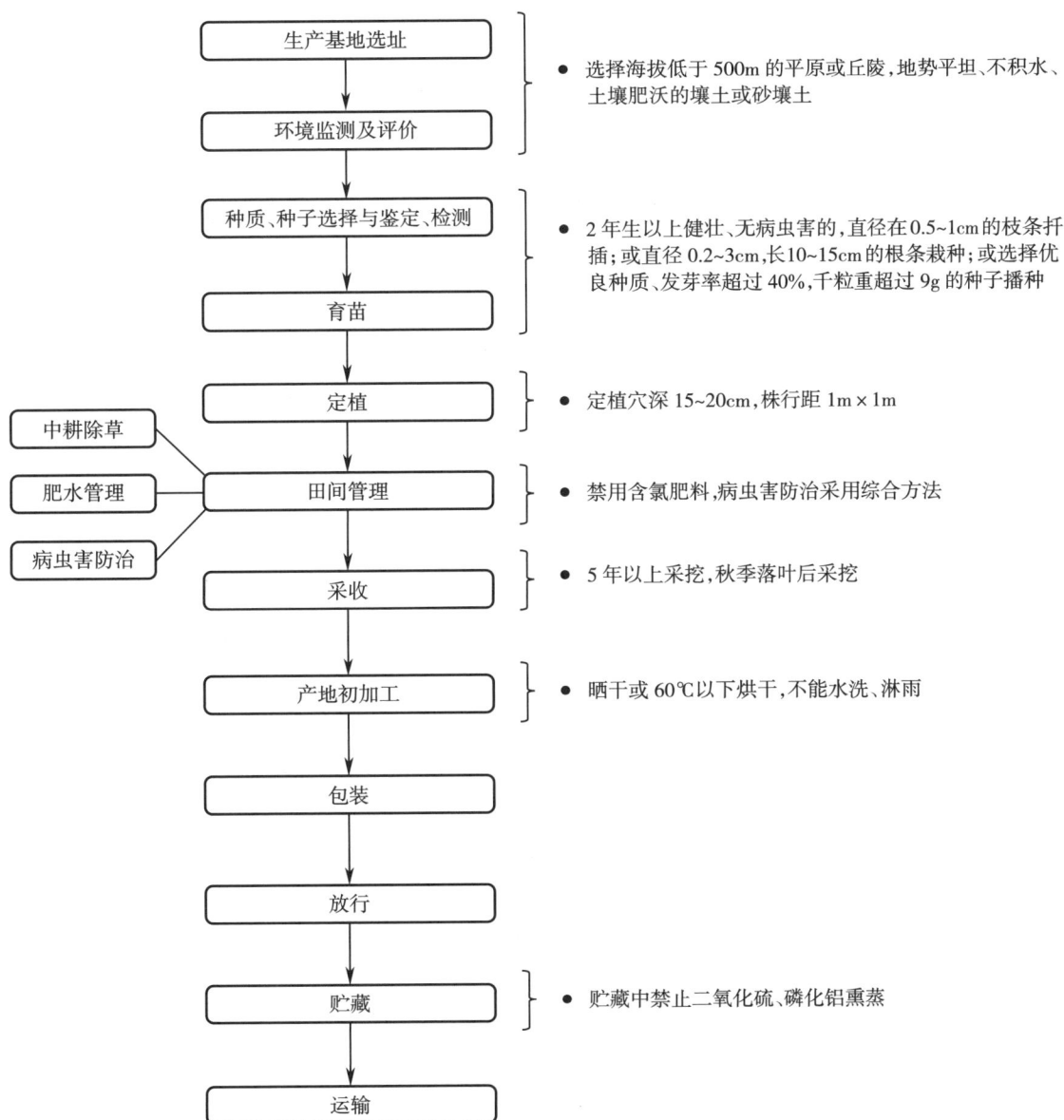

```
        ┌─────────────────┐
        │   生产基地选址    │
        └────────┬────────┘
                 ↓
        ┌─────────────────┐
        │  环境监测及评价   │
        └─────────────────┘
```
● 选择海拔低于 500m 的平原或丘陵，地势平坦、不积水、土壤肥沃的壤土或砂壤土

```
        ┌─────────────────┐
        │种质、种子选择与鉴定、检测│
        └────────┬────────┘
                 ↓
        ┌─────────────────┐
        │      育苗       │
        └─────────────────┘
```
● 2 年生以上健壮、无病虫害的，直径在 0.5~1cm 的枝条扦插；或直径 0.2~3cm，长 10~15cm 的根条栽种；或选择优良种质、发芽率超过 40%，千粒重超过 9g 的种子播种

```
        ┌─────────────────┐
        │      定植       │
        └─────────────────┘
```
● 定植穴深 15~20cm，株行距 1m×1m

```
┌────────┐
│ 中耕除草 │───┐
└────────┘   │
┌────────┐   │  ┌─────────────────┐
│ 肥水管理 │───┼──│      田间管理     │
└────────┘   │  └─────────────────┘
┌────────┐   │
│病虫害防治│───┘
└────────┘
```
● 禁用含氯肥料，病虫害防治采用综合方法

```
        ┌─────────────────┐
        │      采收       │
        └─────────────────┘
```
● 5 年以上采挖，秋季落叶后采挖

```
        ┌─────────────────┐
        │    产地初加工     │
        └─────────────────┘
```
● 晒干或 60℃以下烘干，不能水洗、淋雨

```
        ┌─────────────────┐
        │      包装       │
        └─────────────────┘
                 ↓
        ┌─────────────────┐
        │      放行       │
        └─────────────────┘
                 ↓
        ┌─────────────────┐
        │      贮藏       │
        └─────────────────┘
```
● 贮藏中禁止二氧化硫、磷化铝熏蒸

```
        ┌─────────────────┐
        │      运输       │
        └─────────────────┘
```

图 1 雷公藤规范化生产流程图

5 雷公藤规范化生产技术

5.1 生产基地选址

5.1.1 产地选择

适宜在长江以南地区种植,主要在湖北、湖南、浙江、福建、江西、广西等地。种植地选择在海拔 500m 以下的平原或丘陵;育苗地选择在同样地区。

5.1.2 地块选择

育苗地应选择地势平坦、不积水、背风向阳、土壤肥沃的壤土或砂壤土为宜。

良种繁育田和定植地应选地势平缓、排水良好、土层深厚的壤土或砂壤土,pH 中性至弱碱性,海拔在 100~500m。

5.1.3 环境监测

基地的大气、土壤和水样品的检测按照 GAP 要求,应符合相应国家标准,并保证生长期间持续符合标准。环境检测参照 GB 3095、GB 5084、GB 15618。

5.2 种质与种子

5.2.1 种质选择

应使用卫矛科植物雷公藤 *Tripterygium wilfordii* Hook. f., 物种须经过鉴定。如使用农家品种或选育品种应加以明确。

5.2.2 种子质量

应使用当年采收的成熟种子,发芽率超过 40%,千粒重超过 9g,种子检验参照 GB/T 3543 执行。

5.2.3 良种繁育

雷公藤常用繁育方式有扦插繁殖和种子繁殖。

雷公藤扦插育苗,根据所用部位不同,可分为茎部扦插和根部扦插。选取 2 年生以上生长健壮、无病虫害的雷公藤植株,剪取直径 0.5~1cm 的完全木质化的枝条,剪成 15cm 左右的插穗进行茎部扦插;或挖取根部,选取直径 0.2~3cm 的根剪成 10~15cm 的根条进行根部扦插。

雷公藤果实在每年的 10—11 月成熟,种子由绿色转为棕黄色即可采收。选取生长健壮、无病虫害的雷公藤植株采收,晒干,置于干燥凉爽处保存。播种前取出果实,搓去果皮,保证种子外皮不受机械损伤,温水浸泡 12~24 小时后,沥干,播种。

5.3 种植

5.3.1 扦插育苗

育苗时,深翻土地 30~40cm,随整地施入基肥,每亩(1 亩 ≈ 666.7m², 下文同)施用有机肥 200~300kg,开沟作畦,畦宽 1.5~2m,畦高 20~25cm。茎部扦插时,将插穗按照 5cm × 20cm 的株行距扦插于苗床,将插穗的下切口插入土中,插入深度以插穗的 1/2~2/3 为宜,插穗插入地下部分与土壤紧密结合,压实,浇透水;根部扦插时,将根条按照 20cm × 20cm 的株行距开穴,穴深 15cm,每穴放入 1 条到 2 条剪好的根条,覆土压实,浇透水。

扦插苗发新芽需要 7~10 天,地下部分生根需要 60~90 天,在此期间要保证扦插苗水分供应,适当遮阴,避免阳光直射。当扦插苗发芽一周后,可喷施少量叶面肥,根据实际情况可以使用 0.2% 浓度的磷酸二氢钾与 0.1% 浓度的尿素搭配喷施,间隔 15 天喷施一次,连续喷施 2~3 次。扦插苗长出新根即为成活,挖取生长健壮、无病虫害的植株移栽至大田。如不能及时栽种,可进行假植。

5.3.2 种子育苗

育苗时,深翻土地 30~40cm,随整地施入基肥,每亩施用有机肥 200~300kg,开沟作畦,畦宽 1.5~2m,畦高 20~25cm。雷公藤播种于每年 2—3 月进行。播种前将种子浸泡在温水中,去除上层漂浮种子及杂物,使种子充分吸收水分,捞出种子沥干水分。播种可采用条播或撒播的方式,条播行距 15~20cm,开深 2~3cm 的沟;撒播时将种子与细沙混合后,均匀撒在苗床上,然后覆盖一层 2~3cm 的细土或沙土,喷施适量的水,保证种子的水分。

种子苗发芽需要 25~30 天,出苗后应及时松土除草、控制浇水,促进根的生长。在苗高 10cm 左右时进行间苗,去弱留强,株距 10cm 左右、苗高 15cm 左右时进行定苗,株行距以 10cm×15cm 为宜,春季挖取生长健壮、无病虫害的植株移栽至大田,如不能及时栽种,可进行假植。

5.3.3 定植

应选择春天的阴天或雨后进行移栽定植,土地深耕 30cm 以上,随整地施入基肥,以有机肥为主,化学肥料为辅,每亩施用有机肥 200~300kg。选用生长健壮、无病害感染、无机械损伤的优质种苗于 2—3 月移栽,穴深 15~20cm,株行距 1m×1m,定植时将种苗的根系全部展开,保持种苗直立,覆土压实,浇定根水。

5.3.4 田间管理

移栽后及时补苗、除草,及时排灌。每年结合中耕除草施肥 2~3 次,在雷公藤茎叶生长盛期、根部迅速增重期追肥 2~3 次。以有机肥为主,化学肥料有限度使用,所有肥料忌含氯,鼓励使用经国家批准的菌肥及中药材专用肥。每年花期,除留种地外,其余雷公藤均摘除花蕾,避免在雨前或雨中进行。

5.3.5 病虫害草害防治

雷公藤常见病害有角斑病、炭疽病、根腐病等,虫害主要有双斑锦天牛、蛴螬、红蜘蛛等。

应采用预防为主、综合防治的方法:有机肥必须充分腐熟;选用无病害感染、无机械损伤、侧根少、表皮光滑的优质种苗,禁用带病苗;及时清沟排水;发现病株及时拔除,集中销毁,并进行局部消毒;每年秋冬季及时清园。

采用化学防治时,应当符合 NY/T 1276;优先选用高效、低毒的生物农药;尽量避免使用除草剂、杀虫剂和杀菌剂等化学农药;不使用禁限用农药。

5.4 采收

雷公藤种植 5 年以上即可采挖,在秋冬季节,叶片凋落后采挖根部。

5.5 产地初加工

雷公藤采挖后去除根部上的泥沙等杂质,勿水洗,切段,晒干或 60℃ 以下烘干,加工干燥过程保证场地、工具洁净,不受雨淋等。

雷公藤药材以根条粗大皮厚,外表黄色或橙黄色,断面皮部红棕色,质坚硬,无霉病虫蛀、无杂质者为最佳。

5.6 包装、放行、贮运

5.6.1 包装

包装前应对每批药材按照国家标准进行质量检验。符合国家标准的药材,采用不影响质量的编织袋等包装,禁止采用包装过肥料、农药等的包装袋包装。包装外贴或挂标签、合格证,标识牌内容应有药材名、基源、产地、批号、规格、重量、采收日期、企业名称等,鼓励赋追溯码。

5.6.2 放行

应制定符合企业实际情况的放行制度,有审核批生产、检验等的相关记录。不合格药材有单独处理制度。

5.6.3 贮运

应贮存于阴凉干燥处,定期检查,防止虫蛀、霉变、腐烂等的发生。仓库控制温度在20℃以下、相对湿度75%以下;不同批次、等级药材分区存放;建有定期检查制度。禁止磷化铝和二氧化硫熏蒸。也可采用现代气调贮藏方法,包装或库内充氮或二氧化碳。

运输应防止发生混淆、污染、异物混入、包装破损、雨雪淋湿等。

附 录 A

（资料性）

雷公藤常见病虫害防治的参考方法

雷公藤常见病虫害防治的参考方法见表 A.1。

表 A.1 雷公藤常见病虫害防治的参考方法

病虫害名称	防治时期	推荐防治方法	安全间隔期 /d
角斑病	8—10 月	多菌灵喷施	≥20
		代森锌喷施	≥15
		百菌清喷施	≥7
		甲基硫菌灵喷施	≥7
炭疽病	6—10 月	炭疽福美喷施	≥10
		多菌灵喷施	≥20
		百菌清喷施	≥7
		代森锌喷施	≥15
		甲基硫菌灵喷施	≥7
根腐病	6—8 月	代森锌灌根	≥15
		甲基硫菌灵灌根	≥7
		多菌灵灌根	≥20
		高锰酸钾灌根	≥7
丽长角巢蛾	5—8 月	敌敌畏喷施	≥6
		敌百虫喷施	≥7
		溴氰菊酯乳油喷施	≥2
		乙基多杀菌素喷施	≥7
双斑锦天牛	5—8 月	敌敌畏喷施	≥6

附 录 B

（规范性）

禁限用农药名单

B.1 禁止（停止）使用的农药（46 种）

六六六、滴滴涕、毒杀芬、二溴氯丙烷、杀虫脒、二溴乙烷、除草醚、艾氏剂、狄氏剂、汞制剂、砷类、铅类、敌枯双、氟乙酰胺、甘氟、毒鼠强、氟乙酸钠、毒鼠硅、甲胺磷、对硫磷、甲基对硫磷、久效磷、磷胺、苯线磷、地虫硫磷、甲基硫环磷、磷化钙、磷化镁、磷化锌、硫线磷、蝇毒磷、治螟磷、特丁硫磷、氯磺隆、胺苯磺隆、甲磺隆、福美肿、福美甲肿、三氯杀螨醇、林丹、硫丹、溴甲烷、氟虫胺、杀扑磷、百草枯、2,4-滴丁酯。

注：氟虫胺自 2020 年 1 月 1 日起禁止使用。百草枯可溶胶剂自 2020 年 9 月 26 日起禁止使用。2,4-滴丁酯自 2023 年 1 月 29 日起禁止使用。溴甲烷可用于"检疫熏蒸处理"。杀扑磷已无制剂登记。

B.2 在部分范围禁止使用的农药（20 种）

部分范围禁止使用的农药应注意药食同源中药材及来自其他作物的中药材。部分范围禁止使用的农药见表 B.1。

表 B.1 部分范围禁止使用的农药

通用名	禁止使用范围
甲拌磷、甲基异柳磷、克百威、水胺硫磷、氧乐果、灭多威、涕灭威、灭线磷	禁止在蔬菜、瓜果、茶叶、菌类、中草药材上使用,禁止用于防治卫生害虫,禁止用于水生植物的病虫害防治
甲拌磷、甲基异柳磷、克百威	禁止在甘蔗作物上使用
内吸磷、硫环磷、氯唑磷	禁止在蔬菜、瓜果、茶叶、中草药材上使用
乙酰甲胺磷、丁硫克百威、乐果	禁止在蔬菜、瓜果、茶叶、菌类和中草药材上使用
毒死蜱、三唑磷	禁止在蔬菜上使用
丁酰肼（比久）	禁止在花生上使用
氰戊菊酯	禁止在茶叶上使用
氟虫腈	禁止在所有农作物上使用（玉米等部分旱田种子包衣除外）
氟苯虫酰胺	禁止在水稻上使用

B.3 有关说明

本附录来自 2019 年中华人民共和国农业农村部官方发布的《禁限用农药名录》（http://www.zzys.moa.gov.cn/gzdt/201911/t20191129_6332604.htm）。

参考文献

［1］涂育合,许可明,姜建国,等.雷公藤栽培与利用［M］.北京:中国农业出版社,2006.

［2］刘三波,龚达林,魏民,等.雷公藤种子发芽特性研究［J］.湖北农业科学,2018,57(S2):143-145.

［3］秦万章.雷公藤研究［M］.北京:科学出版社,2019.

［4］许元科,刘饶,何盛林,等.扦插时间与雷公藤苗木质量关系初步研究［J］.安徽农业科学,2007(18):5472.

［5］苏钛,杨红英,郑雷,等.昆明山海棠种子检验规程研究［J］.现代中药研究与实践,2017,31(2):9-11.

［6］杨细明.雷公藤(*Tripterygium wilfordii* Hook. f.)优良无性系选育技术的研究［D］.福州:福建农林大学,2008.

［7］郑俊仙,梁红光,郑郁善.雷公藤叶部病虫害的发生现状、成因及对策［J］.亚热带农业研究,2012,8(1):31-36.

［8］徐雯,瞿印权,沈露,等.雷公藤人工栽培研究进展［J］.江苏林业科技,2017,44(1):45-50.

［9］阮秀春,斯金平,吴健,等.雷公藤属植物生物学特性与生态适应性的初步研究［J］.浙江林学院学报,2006(5):595-598.

［10］黄宇.雷公藤GAP关键技术研究［D］.福州:福建农林大学,2012.

［11］陈全助.雷公藤炭疽病病原鉴定及其流行规律［J］.亚热带农业研究,2013,9(3):177-182.

［12］苏良玉.雷公藤角斑病的研究［D］.福州:福建农林大学,2008.

［13］高伟,刘梦婷,程琪庆,等.雷公藤的本草考证［J］.世界中医药,2012,7(6):560-562.

ICS 65.020.20
CCS C 05

团 体 标 准

T/CACM 1374.159—2021

槟榔规范化生产技术规程

Code of practice for good agricultural practice of Arecae Semen

2021–10–15 发布

2021–10–15 实施

中华中医药学会　发布

目　次

前言 ……………………………………………………………………………………………… 924
1　范围 …………………………………………………………………………………………… 925
2　规范性引用文件 ……………………………………………………………………………… 925
3　术语和定义 …………………………………………………………………………………… 925
4　槟榔规范化生产流程图 ……………………………………………………………………… 925
5　槟榔规范化生产技术 ………………………………………………………………………… 926
　　5.1　生产基地选址 ………………………………………………………………………… 926
　　5.2　种质与种子 …………………………………………………………………………… 927
　　5.3　种植 …………………………………………………………………………………… 927
　　5.4　采收 …………………………………………………………………………………… 928
　　5.5　产地初加工 …………………………………………………………………………… 928
　　5.6　包装、放行和贮运 …………………………………………………………………… 928
附录 A（规范性）　禁限用农药名单 ………………………………………………………… 929
参考文献 ………………………………………………………………………………………… 930

前　言

本文件按照 GB/T 1.1—2020《标准化工作导则　第 1 部分：标准化文件的结构和起草规则》的规定起草。

请注意本文件中的某些内容可能涉及专利。本文件的发布机构不承担识别专利的责任。

本文件中国医学科学院药用植物研究所和中国医学科学院药用植物研究所海南分所提出

本文件由中华中医药学会归口。

本文件起草单位：中国医学科学院药用植物研究所海南分所、中国医学科学院药用植物研究所、重庆市药物种植研究所。

本文件主要起草人：周亚奎、卢丽兰、甘炳春、魏建和、王文全、王秋玲、杨小玉、辛元尧、王苗苗。

槟榔规范化生产技术规程

1 范围

本文件确立了槟榔的规范化生产流程,规定了槟榔生产基地选址、种质与种子、种植、采收、产地初加工、包装、放行和贮运等阶段的技术要求。

本文件适用于槟榔的规范化生产。

2 规范性引用文件

下列文件中的内容通过文中的规范性引用而构成本文件必不可少的条款。其中,注明日期的引用文件,仅该日期对应的版本适用于本文件;不注明日期的引用文件,其最新版本(包括所有的修改单)适用于本文件。

DB46/T 77—2007 槟榔生产技术规程

DB46/T 386—2016 槟榔育苗技术规程

GB 3095 环境空气质量标准

GB/T 3543 农作物种子检验规程

GB 5084 农田灌溉水质标准

GB 5749 生活饮用水卫生标准

GB 15618—2018 土壤环境质量 农用地土壤污染风险管控标准(试行)

T/CACM 1374.1—2021 中药材规范化生产技术规程通则 植物药材

3 术语和定义

T/CACM 1374.1—2021 界定的以及下列术语和定义适用于本文件。

3.1 规范化生产 good agricultural practice

按照《中药材生产质量管理规范》(简称中药材 GAP)的要求,实施药材生产,保证中药材优质安全的生产过程。

3.2 技术规程 code of practice

为实现中药材生产顺利、有序进行,保证中药材生产质量,对中药材生产的基地选址、种子种苗、种植或野生抚育、采收与产地初加工以及包装、放行与贮运等,所做的技术规定和要求,是实施中药材规范生产的核心技术要求和实施指南。

4 槟榔规范化生产流程图

槟榔的规范化生产流程图见图 1。

槟榔规范化生产流程：   关键控制点及参数：

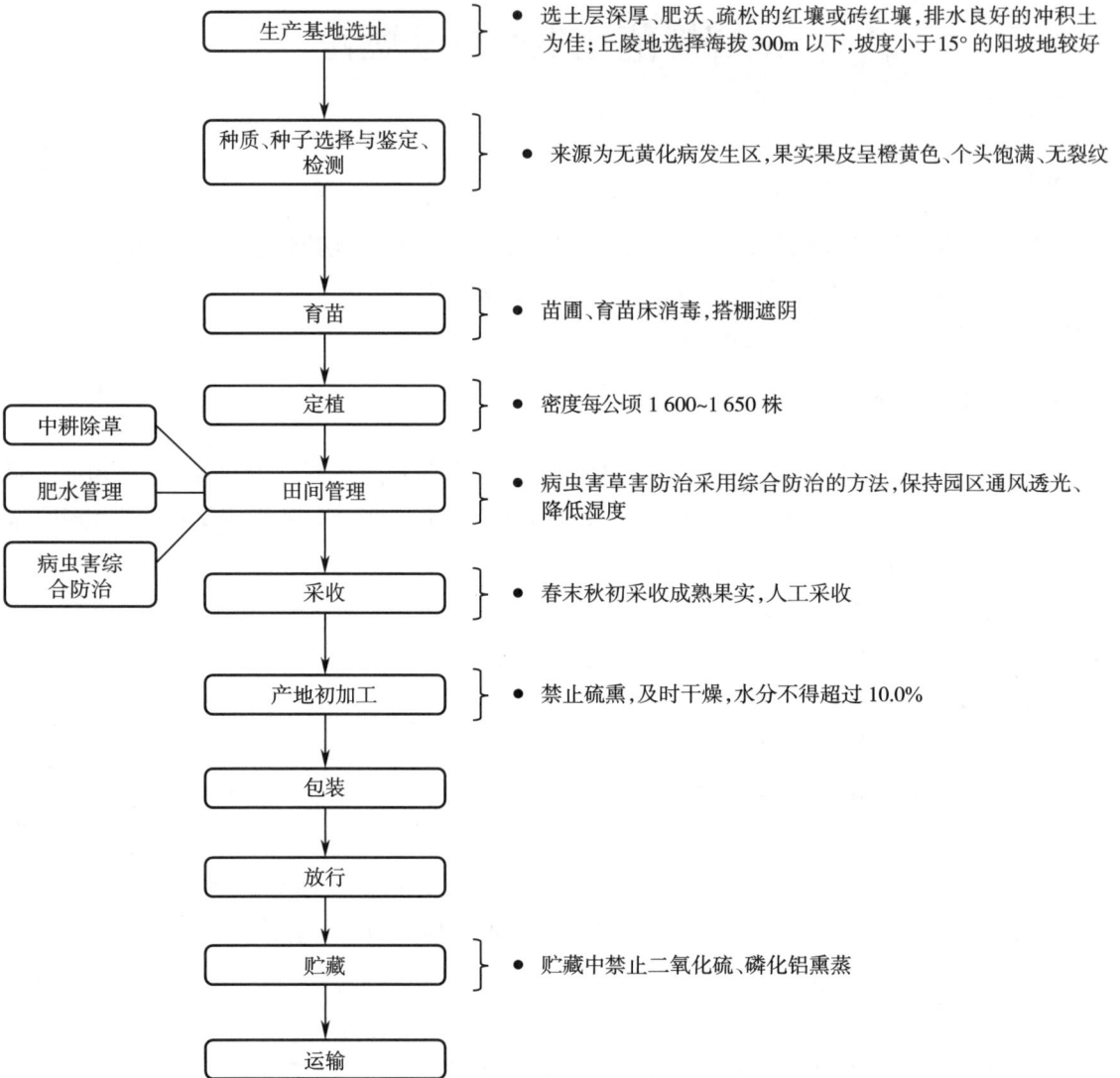

图1　槟榔规范化生产流程图

5　槟榔规范化生产技术

5.1　生产基地选址

5.1.1　产地选择

　　海南省全省均可种植,以中东部地区的文昌、琼海、万宁、陵水、保亭、五指山、定安、琼中、三亚等降水量充沛地区较好,西部适宜灌溉、雨水充足地区也可较好地种植。

5.1.2　地块选择

　　育苗地应选择水源充足、灌溉方便的地方,搭建荫棚以增加荫蔽度。

　　定植地应选土层深厚、肥沃、疏松的红壤或砖红壤,排水良好的冲积土为佳;丘陵地选择海拔 300m 以下,坡度小于 15° 的阳坡地较好。

5.1.3 环境监测

按照 GAP 要求,基地的大气质量应符合 GB 3095 的规定、土壤质量应符合 GB 15618—2018 的规定、灌溉水质应符合 GB 5084 的规定,并保证生长期间持续符合标准的要求。

5.2 种质与种子

5.2.1 种质选择

使用棕榈科植物槟榔 *Areca catechu* L.,物种须经过鉴定。

5.2.2 种子质量

来源于无黄化病发生区,果实果皮呈橙黄色、个头饱满、无裂纹。果形为鸡蛋形及近椭圆形为佳。种子检验按 GB/T 3543 执行。

5.2.3 良种繁育

应选择 20~30 年树龄,叶青绿而稍下垂,带有 9 片叶以上,茎节均匀,每年有 3 个以上花序结果,产量稳定的作为留种母株,且留种区域未发生过黄化病。采种时要待果实充分成熟后摘下,选择果大、色金黄、无斑点的作种,果形为鸡蛋形及近椭圆形为佳。槟榔种子随采随用,常温、阴凉、通风可保存 7 天,低温 4℃时,可保存 20 天。

5.3 种植

5.3.1 育苗

槟榔须先育苗,选择排灌方便、土壤肥沃的地块,清除苗圃内杂草,周围挖沟排水,作畦后用福尔马林溶液喷洒消毒,晾晒 3~4 天。搭建遮阳荫棚,遮光度 50%,作为催芽床和育苗床区。置备喷灌系统。将选好的种果,用多菌灵可湿性粉剂浸果 2 小时,清洗干净,铺开晾干。在苗圃平地铺一层河沙,点播消毒后的种子,再铺一层河沙,然后盖一层薄草,或用透气的遮阳网覆盖。催芽期间保持芽床湿润。

营养土为腐熟的有机肥和壤土 1∶3 比例的混合土。营养土用多菌灵可湿性粉剂搅拌。将消毒后的营养土装 2/3 袋后,把芽苗移进袋内,继续填营养土至盖过种子,压实营养土。用小铲在装好的营养土上挖一个略大于槟榔种果的穴,把芽种移进去,埋土,露出芽点。槟榔育苗可参考 DB46/T 386—2016。

5.3.2 定植

选苗:选择茎粗、具有 6 片叶、高 60~100cm、1~2 年壮苗、心叶刚抽出、叶未展开的苗较好。

种植密度:依据气候、土壤条件和抚育管理水平而定,一般株距 2~2.5m,行距 2.5~3m,1 600~1 650 株/hm²。

定植时选阴天将表层肥土填入坑内,并施用基肥,去掉营养袋,将种苗放进穴内,距地表面 6cm,覆土后浇定根水,土壤和苗紧贴,再盖稻草,以减少水分蒸发。每天适当浇水,至成活长出新叶可减少浇水次数。生产可参考 DB46/T 77—2007。

5.3.3 田间管理

移栽后及时补苗、除草,及时排灌。每年应除草 3~4 次(人工除草),将除下的草覆盖根系;成龄园每年除草 2~3 次,并结合松土和培土。无自然遮阴条件的幼苗地块,应搭棚遮阴,以渐减荫蔽度。施肥分幼龄期和成龄期两个阶段。定植 2 年后至开花前,每年每株施青肥 15~20kg,或施堆肥等有机肥 5~10kg,混合过磷酸钙 0.2~0.3kg,结合扩穴或在树冠外沿挖 30~40cm 深的半月形沟施肥。成龄期根据生长规律,每年施肥 3 次。第一次为花前肥,在 2 月花开放以前施下,以钾肥为主;第二次为青果期肥,在 6—9 月施下,以氮肥为主;第三次为入冬肥,在 11 月中旬施下,以钾肥为主。

5.3.4 病虫害草害等防治

槟榔常见病害有黄化病、炭疽病和细菌性条斑病等。虫害有红脉穗螟、椰心叶甲等。

应采用"预防为主、综合防治"的方法:选用无病种苗,合理施肥,保持树势,加强槟榔园管理,通风透光,降低湿度,保护天敌,可释放一定量的寄生蜂来控制虫害的发生。发现黄化病时要及时清理,避免扩散。

采用化学防治时,应当符合国家有关规定;优先选用高效、低毒的生物农药;尽量避免使用除草剂、杀虫剂和杀菌剂等化学农药;不使用禁限用农药。禁限用农药名单应符合附录 A 的规定。

5.4 采收

移植后 7~8 年开始结果,槟榔(椰玉)每年春末至秋初果实黄熟时即可采收。冬季至次春采收未成熟的果实,煮后干燥,纵剖两瓣,剥取果皮,为大腹皮。

用水应符合 GB 5749 的规定。

5.5 产地初加工

大腹皮:青果采摘后,水煮后干燥,纵剖两半,剥取果皮即得。

槟榔:成熟果实用水煮后,干燥,除去果皮,取出种子,干燥即可。

5.6 包装、放行和贮运

5.6.1 包装

包装前应对每批药材按照国家标准进行质量检验。符合国家标准的药材,采用不影响质量的编织袋等包装,禁止采用包装过肥料、农药等的包装袋包装。包装外贴或挂标签、合格证,标识牌内容应有药材名、基源、产地、批号、规格、重量、采收日期、企业名称等,并有追溯码。

5.6.2 放行

应制定符合企业实际情况的放行制度,有审核批生产、检验等的相关记录。不合格药材有单独处理制度。

5.6.3 贮运

应贮存于阴凉干燥处,定期检查,防止虫蛀、霉变、腐烂、泛油等发生。仓库控制温度在 20℃以下、相对湿度 75% 以下;不同批次、等级药材分区存放;建有定期检查制度。禁止磷化铝和二氧化硫熏蒸。也可采用现代气调贮藏方法,包装或库内充氮或二氧化碳。

运输应防止发生混淆、污染、异物混入、包装破损、雨雪淋湿等。

附 录 A
（规范性）
禁限用农药名单

A.1 禁止（停止）使用的农药（46 种）

六六六、滴滴涕、毒杀芬、二溴氯丙烷、杀虫脒、二溴乙烷、除草醚、艾氏剂、狄氏剂、汞制剂、砷类、铅类、敌枯双、氟乙酰胺、甘氟、毒鼠强、氟乙酸钠、毒鼠硅、甲胺磷、对硫磷、甲基对硫磷、久效磷、磷胺、苯线磷、地虫硫磷、甲基硫环磷、磷化钙、磷化镁、磷化锌、硫线磷、蝇毒磷、治螟磷、特丁硫磷、氯磺隆、胺苯磺隆、甲磺隆、福美肿、福美甲肿、三氯杀螨醇、林丹、硫丹、溴甲烷、氟虫胺、杀扑磷、百草枯、2,4- 滴丁酯。

注：氟虫胺自 2020 年 1 月 1 日起禁止使用。百草枯可溶胶剂自 2020 年 9 月 26 日起禁止使用。2,4- 滴丁酯自 2023 年 1 月 29 日起禁止使用。溴甲烷可用于"检疫熏蒸处理"。杀扑磷已无制剂登记。

A.2 部分范围禁止使用的农药（20 种）

部分范围禁止使用的农药应注意药食同源中药材及来自其他作物的中药材。部分范围禁止使用的农药见表 A.1。

表 A.1 部分范围禁止使用的农药（20 种）

通用名	禁止使用范围
甲拌磷、甲基异柳磷、克百威、水胺硫磷、氧乐果、灭多威、涕灭威、灭线磷	禁止在蔬菜、瓜果、茶叶、菌类、中草药材上使用,禁止用于防治卫生害虫,禁止用于水生植物的病虫害防治
甲拌磷、甲基异柳磷、克百威	禁止在甘蔗作物上使用
内吸磷、硫环磷、氯唑磷	禁止在蔬菜、瓜果、茶叶、中草药材上使用
乙酰甲胺磷、丁硫克百威、乐果	禁止在蔬菜、瓜果、茶叶、菌类和中草药材上使用
毒死蜱、三唑磷	禁止在蔬菜上使用
丁酰肼（比久）	禁止在花生上使用
氰戊菊酯	禁止在茶叶上使用
氟虫腈	禁止在所有农作物上使用（玉米等部分旱田种子包衣除外）
氟苯虫酰胺	禁止在水稻上使用

A.3 有关说明

本附录来自 2019 年中华人民共和国农业农村部官方发布的《禁限用农药名录》（http://www.zzys.moa.gov.cn/gzdt/201911/t20191129_6332604.htm）。

参考文献

［1］海南省质量技术监督局.槟榔生产技术规程:DB46/T 77—2007［S/OL］.［2024-02-26］.https：//std.samr. gov.cn/db/search/stdDBDetailed?id=91D99E4D5FF02E24E05397BE0A0A3A10.

［2］海南省质量技术监督局.槟榔育苗技术规程:DB46/T 386—2016［S/OL］.［2024-02-26］.https：//std.samr. gov.cn/db/search/stdDBDetailed?id=91D99E4D4D9C2E24E05397BE0A0A3A10.

［3］么历,程慧珍,杨智.中药材规范化种植(养殖)技术指南［M］.北京:中国农业出版社,2006.

［4］甘炳春,李榕涛.影响海南槟榔单产的原因和对策［J］.耕作与栽培,2004(4):57-66.

［5］谭业华,魏建和,陈珍,等.海南槟榔园土壤重金属含量分布与评价［J］.中国环境科学,2011,31(5): 815-819.

［6］杜道林,甘炳春,王有生,等.槟榔规范化种植与保护抚育标准操作规程的研究［J］.现代中药研究与实 践,2005(3):18-22.

［7］卢丽兰,甘炳春,许明会.海南槟榔土壤养分与其养分特征及作用研究进展［J］.中国农学通报,2010,26 (9):372-376.

［8］中华人民共和国农业部.槟榔 种苗:NY/T 1398-2007［S/OL］.［2024-02-26］.https：//std.samr.gov.cn/hb/ search/stdHBDetailed?id=B19D62FAEB14D9B8E05397BE0A0A01A2.

［9］GAN B C, LU L L, WEI J H, et al. Effects of two artificial diets on the development and reproduction of Tirathaba rufivena (Walker)(Lepidoptera:Pyralidae). Biocontrol Science & Technology, 2011, 21(5/6): 563-572.

_____

ICS 65.020.20
CCS C 05

团 体 标 准

T/CACM 1374.161—2021

薏苡仁规范化生产技术规程

Code of practice for good agricultural
practice of Coicis Semen

2021-10-15 发布

2021-10-15 实施

中华中医药学会 发布

目　次

前言·· 933

1 范围 ·· 934

2 规范性引用文件 ··· 934

3 术语和定义 ··· 934

4 薏苡仁规范化生产流程图 ··· 934

5 薏苡仁规范化生产技术 ·· 936

　　5.1 生产基地选址 ··· 936

　　5.2 种质与种子 ·· 936

　　5.3 种植 ·· 936

　　5.4 收获 ·· 937

　　5.5 产地初加工 ·· 937

　　5.6 包装、放行、贮运 ··· 937

附录 A（规范性） 禁限用农药名单 ··· 938

附录 B（资料性） 薏苡仁常见病虫害防治的参考方法 ······················ 939

附录 C（资料性） 薏苡仁种子质量等级分级标准 ···························· 940

参考文献··· 941

前　言

本文件按照 GB/T 1.1—2020《标准化工作导则　第 1 部分:标准化文件的结构和起草规则》的规定起草。

请注意本文件中的某些内容可能涉及专利。本文件的发布机构不承担识别专利的责任。

本文件由中国医学科学院药用植物研究所提出。

本文件由中华中医药学会归口。

本文件起草单位:浙江省中药研究所有限公司、中国医学科学院药用植物研究所、福建省农业科学院农业生态研究所、福建省农业科学院农业生物资源研究所、福建省农业科学院植物保护研究所、福建天人药业股份有限公司、仙芝科技(福建)股份有限公司、重庆市药物种植研究所。

本文件主要起草人:沈晓霞、沈宇峰、王志安、孙健、高微微、李艾莲、毕艳孟、林忠宁、陈菁瑛、余德亿、江慧容、吴长辉、谢世勇、魏建和、王文全、王秋玲、杨小玉、辛元尧、王苗苗。

薏苡仁规范化生产技术规程

1 范围

本文件确立了薏苡仁的规范化生产流程,规定了薏苡仁生产基地选址、种质与种子、种苗繁育、种植、采收、产地初加工、包装、放行、贮运等阶段的操作要求。

本文件适用于按照《中药材生产质量管理规范》实施规范化生产薏苡仁。

2 规范性引用文件

下列文件中的内容通过文中的规范性引用而构成本文件必不可少的条款。其中,注明日期的引用文件,仅该日期对应的版本适用于本文件;不注明日期的引用文件,其最新版本(包括所有的修改)适用于本文件。

GB 3095 环境空气质量标准

GB/T 3543 农作物种子检验规程

GB 5084 农田灌溉水质标准

GB 15618 土壤环境质量 农用地土壤污染风险管控标准(试行)

NY/T 1276 农药安全使用规范 总则

T/CACM 1374.1—2021 中药材规范化生产技术规程通则 植物药材

3 术语和定义

T/CACM 1374.1—2021 界定的以及下列术语和定义适用于本文件。

3.1 规范化生产 good agricultural practice

按照《中药材生产质量管理规范》(简称中药材 GAP)的要求,实施药材生产,保证中药材优质安全的生产过程。

3.2 技术规程 code of practice

为实现中药材生产顺利、有序进行,保证中药材生产质量,对中药材生产的基地选址、种子种苗、种植或野生抚育、采收与产地初加工以及包装、放行与贮运等,所做的技术规定和要求,是实施中药材规范生产的核心技术要求和实施指南。

3.3 薏苡仁 Coicis Semen

禾本科植物薏米 *Coix lacryma-jobi* L. var. *ma-yuen*(Roman.)Stapf 的干燥成熟种仁。

4 薏苡仁规范化生产流程图

薏苡仁规范化生产流程见图 1。

薏苡仁规范化生产流程：

关键控制点及参数：

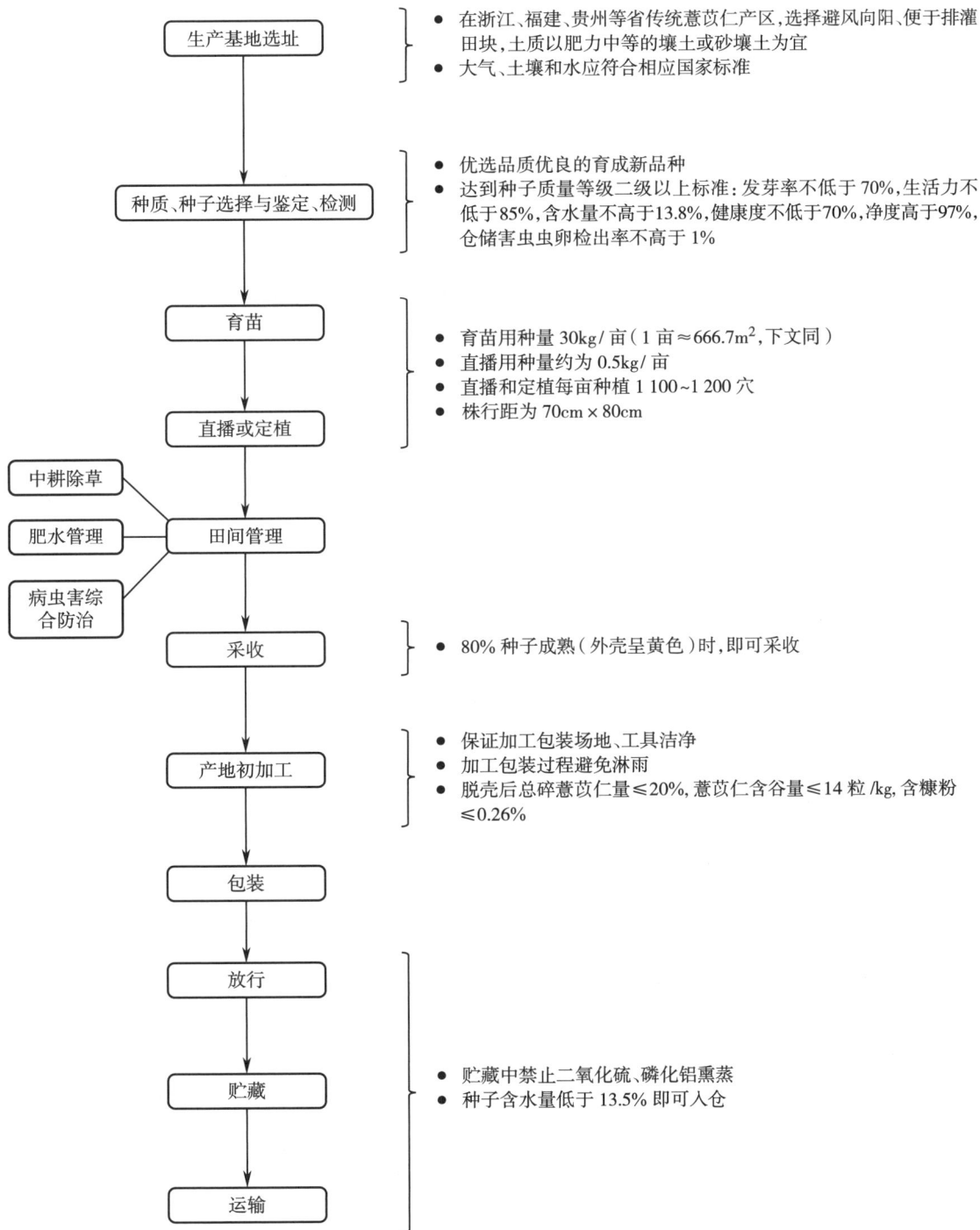

```
┌──────────────┐
│  生产基地选址  │
└──────────────┘
```
- 在浙江、福建、贵州等省传统薏苡仁产区，选择避风向阳、便于排灌田块，土质以肥力中等的壤土或砂壤土为宜
- 大气、土壤和水应符合相应国家标准

```
┌────────────────────────┐
│ 种质、种子选择与鉴定、检测 │
└────────────────────────┘
```
- 优选品质优良的育成新品种
- 达到种子质量等级二级以上标准：发芽率不低于 70%，生活力不低于 85%，含水量不高于 13.8%，健康度不低于 70%，净度高于 97%，仓储害虫虫卵检出率不高于 1%

```
┌──────────┐
│   育苗    │
└──────────┘
```
- 育苗用种量 30kg/ 亩（1 亩≈666.7m²，下文同）
- 直播用种量约为 0.5kg/ 亩
- 直播和定植每亩种植 1 100~1 200 穴
- 株行距为 70cm × 80cm

```
┌──────────────┐
│  直播或定植    │
└──────────────┘
```

```
┌──────────┐
│  中耕除草  │
└──────────┘
┌──────────┐           ┌──────────────┐
│  肥水管理  │──────────│   田间管理    │
└──────────┘           └──────────────┘
┌──────────┐
│  病虫害综  │
│  合防治   │
└──────────┘
```

```
┌──────────┐
│   采收    │
└──────────┘
```
- 80% 种子成熟（外壳呈黄色）时，即可采收

```
┌──────────────┐
│  产地初加工    │
└──────────────┘
```
- 保证加工包装场地、工具洁净
- 加工包装过程避免淋雨
- 脱壳后总碎薏苡仁量≤20%，薏苡仁含谷量≤14 粒 /kg，含糠粉 ≤0.26%

```
┌──────────┐
│   包装    │
└──────────┘
```

```
┌──────────┐
│   放行    │
└──────────┘
```

```
┌──────────┐
│   贮藏    │
└──────────┘
```
- 贮藏中禁止二氧化硫、磷化铝熏蒸
- 种子含水量低于 13.5% 即可入仓

```
┌──────────┐
│   运输    │
└──────────┘
```

图 1　薏苡仁规范化生产流程图

5 薏苡仁规范化生产技术

5.1 生产基地选址

5.1.1 产地选择

浙江、山东、河北、广西、贵州等大部分省区市的传统产区都适宜种植薏苡仁。选择生态条件良好、气候适宜、远离污染源的农业区域。

5.1.2 地块选择

选择避风向阳、排灌方便的地块,土壤肥力中等的壤土或砂壤土为宜。前茬以麦类、油菜为佳。

5.1.3 环境监测

基地的大气、土壤和水样品的检测按照 GAP 要求,应符合相应国家标准,并保证生长期间持续符合标准。环境监测参照 GB 3095、GB 15618、GB 5084。

5.2 种质与种子

5.2.1 种质选择

使用禾本科植物薏米 *Coix lacryma-jobi* L. var. *ma-yuen* (Roman.)Stapf,物种须经过鉴定。如使用农家品种或选育品种应加以明确。

5.2.2 种子质量

按照 GB/T 3543 规定的农作物种子检验规程的要求,薏苡仁种子质量等级应符合附录 C 的规定。

5.2.3 良种繁育

采用三圃法或二圃法生产的薏苡仁种子,繁育薏苡仁良种。

脱粒后将薏苡仁种子置于完整塑料薄膜上晾晒,太阳下山前原地收起密存,翌日露水干后摊开晾晒,直至籽粒含水量降至 13.5% 以下,即可进仓保存。

5.3 种植

5.3.1 种子直播

种子直播时间为 5 月 20 日—6 月 5 日,株行距为 70cm × 80cm,每亩种植 1 100~1 200 穴。穴深 3cm,每穴播 3~4 粒种子,用种量约为 0.5kg/ 亩,播种后覆土。

当直播苗长出 3~5 片真叶时,进行间苗补苗,每穴留 2 株苗。

5.3.2 育苗和定植

做宽 100~120cm、高 15cm 的畦,5 月上旬播种,采用整畦撒播法,播种量 30kg/ 亩,播后施 1 500kg/ 亩焦泥灰并覆土。苗高 5~7cm、叶龄 6~8 叶时进行除草,除草后每亩施尿素 4~5kg。拔去小苗弱苗,每平方米保持 400 株左右基本苗。

播种 35 天后,当苗高 25~30cm、叶龄 9~11 叶时,进行移栽定植。移栽株行距为 70cm × 80cm,每穴栽 2 株。

5.3.3 田间管理

在苗高 30cm 时进行第 1 次除草;苗高 60cm 时进行第 2 次除草。苗期、穗期、花期和灌浆期应有足够的水分,遇干旱应在傍晚及时灌水,保持土壤湿润,雨后或沟灌后应排除畦沟积水。7月下旬—8月初,拔节停止后,摘除第1分枝下脚叶和无效分蘖。开花期选择晴天上午10:00—12:00,每隔3~4天人工授粉。

5.3.4 施肥

用三元复合肥(N:P:K=15:15:15)10~15kg/亩作为基肥;叶龄为6~8片叶时,结合锄草、培土追施硫酸铵10kg/亩苗肥;叶龄为10~11片叶时,结合最后一次培土施入穗肥,每亩追施10~15kg硫酸铵、15kg过磷酸钙、10kg硫酸钾或氯化钾。

5.3.5 病虫害草害等防治

薏苡仁常见病虫害有黑穗病、叶枯病、叶斑病、玉米螟、粘虫、蚜虫等。

薏苡仁病虫草害防治应认真执行"预防为主,综合防治"的植保方针,树立"公共植保,绿色植保"理念。以农业和物理防治为基础,提倡生物防治,根据病虫草害的发生规律科学合理使用化学农药;农药使用应严格按照NY/T 1276的规定执行,做到对症下药、适期用药,并注重药剂的轮换使用和合理混用。对农药使用情况应进行严谨、准确地记录。

5.4 收获

当年11月上中旬,成熟薏苡仁种子达到80%时收割,可采用机器收割或人工收割,人工收割后可将薏苡仁植株后熟3~4天,再进行脱粒。

5.5 产地初加工

脱粒后的薏苡仁经5~10个晴天晾晒,待籽粒含水量降至13.5%以下,去除杂质后即可脱壳加工或入仓,含杂总量不得超过0.3%。

在产地初加工(脱壳)过程中,应保证场地、工具洁净,避免雨淋、受潮等不良影响。脱壳后总碎薏苡仁量≤20%,薏苡仁含谷量≤14粒/kg,含糠粉≤0.26%。

5.6 包装、放行、贮运

5.6.1 包装

包装前应对每批药材按照国家标准进行质量检验。符合国家标准的药材,采用不影响质量的编织袋等包装,禁止采用包装过肥料、农药等的包装袋包装。包装外贴或挂标签、合格证,标识牌内容应有药材名、基源、产地、批号、规格、重量、采收日期、企业名称等,并有追溯码。

5.6.2 放行

应制定符合企业实际情况的放行制度,有审核批生产、检验等的相关记录。不合格药材有单独处理制度。

5.6.3 贮运

应贮存于阴凉干燥处,定期检查,防止虫蛀、霉变、腐烂、泛油等发生。仓库温度控制在25℃以下、相对湿度75%以下;不同批次、等级药材分区存放;建有定期检查制度。禁止磷化铝和二氧化硫熏蒸。也可采用现代气调贮藏方法,包装或库内充氮或二氧化碳。

运输过程应防止发生混淆、污染、异物混入、包装破损、雨雪淋湿等。

附　录　A

（规范性）

禁限用农药名单

A.1　禁止（停止）使用的农药（46 种）

六六六、滴滴涕、毒杀芬、二溴氯丙烷、杀虫脒、二溴乙烷、除草醚、艾氏剂、狄氏剂、汞制剂、砷类、铅类、敌枯双、氟乙酰胺、甘氟、毒鼠强、氟乙酸钠、毒鼠硅、甲胺磷、对硫磷、甲基对硫磷、久效磷、磷胺、苯线磷、地虫硫磷、甲基硫环磷、磷化钙、磷化镁、磷化锌、硫线磷、蝇毒磷、治螟磷、特丁硫磷、氯磺隆、胺苯磺隆、甲磺隆、福美胂、福美甲胂、三氯杀螨醇、林丹、硫丹、溴甲烷、氟虫胺、杀扑磷、百草枯、2,4- 滴丁酯。

注：氟虫胺自 2020 年 1 月 1 日起禁止使用。百草枯可溶胶剂自 2020 年 9 月 26 日起禁止使用。2,4-滴丁酯自 2023 年 1 月 29 日起禁止使用。溴甲烷可用于"检疫熏蒸处理"。杀扑磷已无制剂登记。

A.2　在部分范围禁止使用的农药（20 种）

部分范围禁止使用的农药应注意药食同源中药材及来自其他作物的中药材。部分范围禁止使用的农药见表 A.1。

表 A.1　部分范围禁止使用的农药

通用名	禁止使用范围
甲拌磷、甲基异柳磷、克百威、水胺硫磷、氧乐果、灭多威、涕灭威、灭线磷	禁止在蔬菜、瓜果、茶叶、菌类、中草药材上使用,禁止用于防治卫生害虫,禁止用于水生植物的病虫害防治
甲拌磷、甲基异柳磷、克百威	禁止在甘蔗作物上使用
内吸磷、硫环磷、氯唑磷	禁止在蔬菜、瓜果、茶叶、中草药材上使用
乙酰甲胺磷、丁硫克百威、乐果	禁止在蔬菜、瓜果、茶叶、菌类和中草药材上使用
毒死蜱、三唑磷	禁止在蔬菜上使用
丁酰肼（比久）	禁止在花生上使用
氰戊菊酯	禁止在茶叶上使用
氟虫腈	禁止在所有农作物上使用（玉米等部分旱田种子包衣除外）
氟苯虫酰胺	禁止在水稻上使用

A.3　说明

本附录的内容来自 2019 年中华人民共和国农业农村部发布的《禁限用农药名录》（http://www.zzys.moa.gov.cn/gzdt/201911/t20191129_6332604.htm）。

附 录 B

（资料性）

薏苡仁常见病虫害防治的参考方法

表 B.1　薏苡仁常见病虫害防治的参考方法

防治种类	药剂名称	注意事项	安全间隔期 /d	每年最多使用次数 / 次
叶枯病	丙森锌	发生初期喷雾,按照农药标签使用	7	3
	嘧霉胺	发生初期喷雾,按照农药标签使用	7	2
玉米螟	杀虫单	发生初期喷雾和灌心,按照农药标签使用	28	2
	苏云金杆菌	发生初期灌心,按照农药标签使用	7	2
粘虫	氯虫苯甲酰胺	发生初期喷雾,按照农药标签使用	7	2
	灭幼脲	发生初期喷雾,按照农药标签使用	21	2
黑穗病	无	播种前用刚煮沸的水浸种 8~10s 后,迅速放入常温水中冷却	无	无

附　录　C
（资料性）
薏苡仁种子质量等级分级标准

表 C.1　薏苡仁种子质量等级分级标准

等级	净度 /%	发芽率 /%	生活力 /%	含水量 /%	健康度 /%	仓储害虫虫卵检出率 /%
一	≥99.0	≥80.0	≥90.0	≤12.90	≥80.0	
二	≥97.0	≥70.0	≥85.0	≤13.80	≥70.0	≤1.0
三	≥95.0	≥50.0	≥80.0	≤14.50	≥60.0	

注：净度不符合标准可进行筛选或风选。

参考文献

［1］么历,程慧珍,杨智.中药材规范化种植(养殖)技术指南［M］.北京:中国农业出版社,2006.

［2］沈宇峰,沈晓霞,俞旭平,等.薏苡新品种"浙薏1号"的特征及栽培技术［J］.时珍国医国药,2013,24(3):738-739.

［3］沈晓霞,沈宇峰,江建铭.薏苡浙薏2号特征特性及栽培技术［J］.浙江农业科学,2015,56(11):1825-1826.

［4］福建省质量技术监督局.地理标志产品　浦城薏米:DB35/T 942—2009［S/OL］.［2024-02-26］.https://std.samr.gov.cn/db/search/stdDBDetailed?id=91D99E4D8B6A2E24E05397BE0A0A3A10.

［5］中华人民共和国农业部.中华人民共和国农业部公告　第2567号［EB/OL］.［2024-02-26］.http://www.moa.gov.cn/nybgb/2017/dsq/201802/t20180201_6136189.htm.

［6］中华人民共和国农业部.中华人民共和国农业部公告　第199号［EB/OL］.［2024-02-26］.http://www.moa.gov.cn/ztzl/ncpzxzz/flfg/200709/t20070919_893058.htm.

［7］中华人民共和国农业部.中华人民共和国农业部公告　第2552号.农业部［EB/OL］.［2024-02-26］.http://www.moa.gov.cn/nybgb/2017/dbq/201801/t20180103_6133997.htm.

［8］中华人民共和国农业部,中华人民共和国最高人民法院,中华人民共和国最高人民检察院,等.农业部等十部委关于打击违法制售禁限用高毒农药 规范农药使用行为的通知［EB/OL］.［2024-02-26］.http://www.moa.gov.cn/gk/tzgg_1/tz/201004/t20100423_1472446.htm.

［9］中华人民共和国农业部,中华人民共和国工业和信息化部,中华人民共和国环境保护部.中华人民共和国农业部公告　第1157号［EB/OL］.［2024-02-26］.http://www.moa.gov.cn/gk/tzgg_1/gg/200902/t20090227_1226994.htm.

ICS 65.020.20
CCS C 05

团 体 标 准

T/CACM 1374.162—2021

薄荷规范化生产技术规程

Code of practice for good agricultural practice of
Menthae Haplocalycis Herba

2021-10-15 发布

2021-10-15 实施

中华中医药学会　发布

目　　次

前言…………………………………………………………………………………………………… 944
1　范围 …………………………………………………………………………………………………… 945
2　规范性引用文件 ……………………………………………………………………………………… 945
3　术语和定义 …………………………………………………………………………………………… 945
4　薄荷规范化生产流程图 ……………………………………………………………………………… 945
5　薄荷规范化生产技术 ………………………………………………………………………………… 946
　　5.1　生产基地选址 ………………………………………………………………………………… 946
　　5.2　种质 …………………………………………………………………………………………… 947
　　5.3　种植 …………………………………………………………………………………………… 947
　　5.4　采收 …………………………………………………………………………………………… 948
　　5.5　产地初加工 …………………………………………………………………………………… 948
　　5.6　包装、贮藏、放行和运输 ……………………………………………………………………… 948
附录A（规范性）　禁限用农药名单 …………………………………………………………………… 950
参考文献………………………………………………………………………………………………… 951

前　　言

本文件按照 GB/T 1.1—2020《标准化工作导则　第 1 部分：标准化文件的结构和起草规则》的规定起草。

请注意本文件中的某些内容可能涉及专利。本文件的发布机构不承担识别专利的责任。

本文件由南京中医药大学和中国医学科学院药用植物研究所提出。

本文件由中华中医药学会归口。

本文件起草单位：南京中医药大学、江苏省中国科学院植物研究所、江苏省中医药研究院、江苏省中西医结合医院、山东省农业科学院、中国医学科学院药用植物研究所、重庆市药物种植研究所。

本文件主要起草人：吴启南、谷巍、梁呈元、钱士辉、韩金龙、严辉、王宪昌、魏建和、王文全、王秋玲、杨小玉、辛元尧、王苗苗。

薄荷规范化生产技术规程

1 范围

本文件确立了薄荷的规范化生产流程,规定了薄荷生产基地选址、种质、种苗繁育、种植、采收、产地初加工、包装、放行、贮运等阶段的操作要求

本文件适用于薄荷的规范化生产。

2 规范性引用文件

下列文件中的内容通过文中的规范性引用而构成本文件必不可少的条款。其中注日期的引用文件,仅该日期对应的版本适用于本文件;不注明日期的引用文件,其最新版本(包括所有的修改单)适用于本文件。

GB 3095　环境空气质量标准

GB 5084　农田灌溉水质标准

GB 15618　土壤环境质量　农用地土壤污染风险管控标准(试行)

DB34/T 2780—2016　薄荷栽培技术规程

T/CACM 1374.1—2021　中药材规范化生产技术规程通则　植物药材

3 术语和定义

T/CACM 1374.1—2021 界定的以及下列术语和定义适用于本文件。

3.1 规范化生产　good agricultural practice

按照《中药材生产质量管理规范》(简称中药材 GAP)的要求,实施药材生产,保证中药材优质安全的生产过程。

3.2 技术规程　code of practice

为实现中药材生产顺利、有序进行,保证中药材生产质量,对中药材生产的基地选址、种子种苗、种植或野生抚育、采收与产地初加工以及包装、放行与贮运等,所做的技术规定和要求,是实施中药材规范生产的核心技术要求和实施指南。

4 薄荷规范化生产流程图

薄荷规范化生产流程见图 1。

薄荷规范化生产流程：

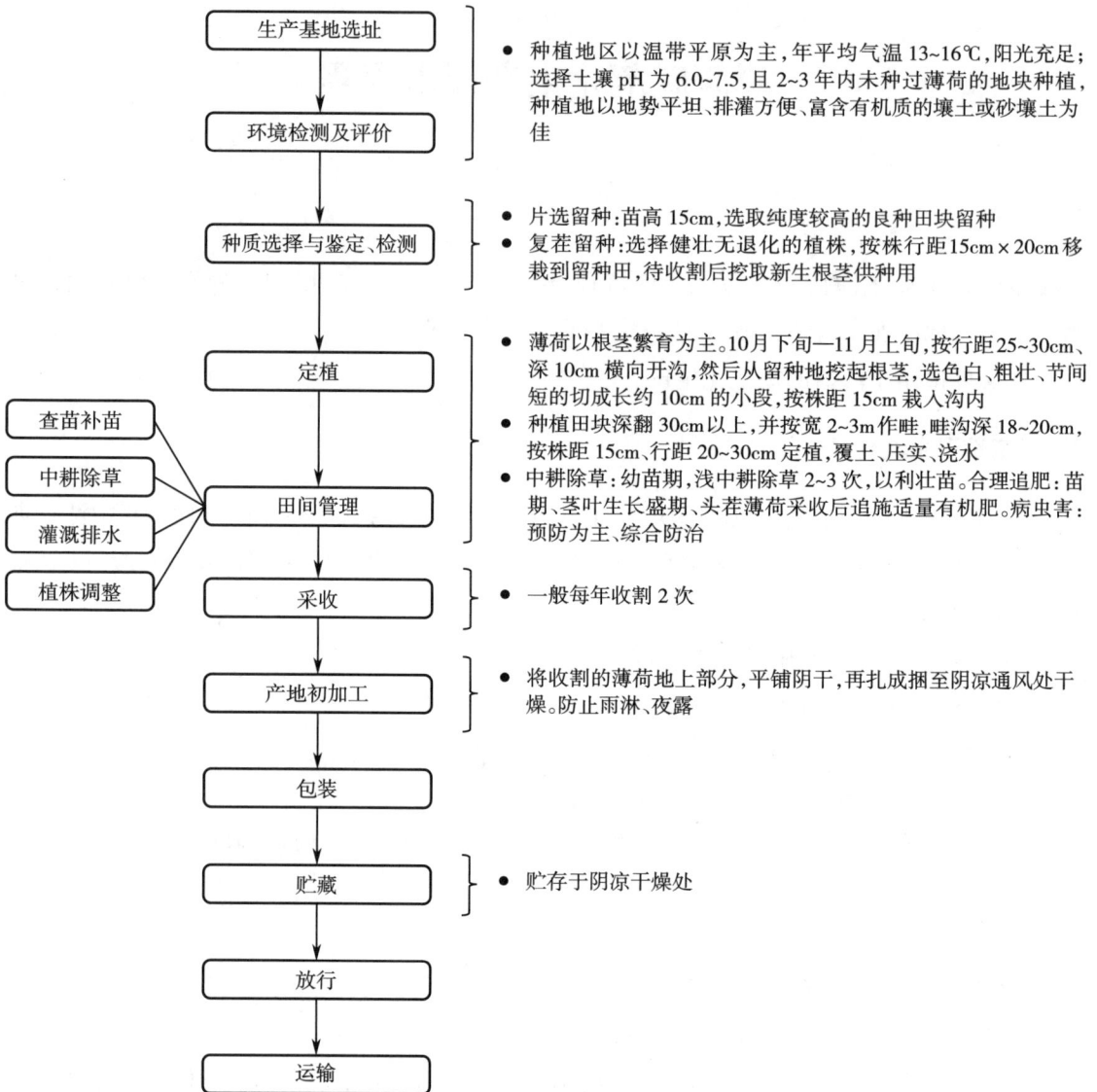

关键控制点及技术参数：

- 种植地区以温带平原为主，年平均气温 13~16℃，阳光充足；选择土壤 pH 为 6.0~7.5，且 2~3 年内未种过薄荷的地块种植，种植地以地势平坦、排灌方便、富含有机质的壤土或砂壤土为佳

- 片选留种：苗高 15cm，选取纯度较高的良种田块留种
- 复茬留种：选择健壮无退化的植株，按株行距15cm×20cm移栽到留种田，待收割后挖取新生根茎供种用

- 薄荷以根茎繁育为主。10月下旬—11月上旬，按行距25~30cm、深 10cm 横向开沟，然后从留种地挖起根茎，选色白、粗壮、节间短的切成长约 10cm 的小段，按株距 15cm 栽入沟内
- 种植田块深翻30cm以上，并按宽 2~3m 作畦，畦沟深 18~20cm，按株距 15cm、行距 20~30cm 定植，覆土、压实、浇水
- 中耕除草：幼苗期，浅中耕除草 2~3 次，以利壮苗。合理追肥：苗期、茎叶生长盛期、头茬薄荷采收后追施适量有机肥。病虫害：预防为主，综合防治

- 一般每年收割 2 次

- 将收割的薄荷地上部分，平铺阴干，再扎成捆至阴凉通风处干燥。防止雨淋、夜露

- 贮存于阴凉干燥处

图 1 薄荷规范化生产流程图

5 薄荷规范化生产技术

5.1 生产基地选址

5.1.1 产地选择

薄荷为长日照植物，喜阳光，生长最适宜的温度为 25~30℃。薄荷适应强，广泛分布于北半球的温带地区，在我国广布于南北各省份。主产区为江苏、安徽、湖北、浙江等地。道地产区为江苏南通及苏州。

5.1.2 地块选择

不能连作，轮作 2~3 年以上土地才能使用。

留种地、定植地选择疏松肥沃、地势平坦、排灌方便、阳光充足、富含有机质、pH 为 6.0~7.5、2~3 年内未种过薄荷的壤土或砂壤土。过酸或过碱性土壤和瘠薄的砂土以及日光不足、易旱易涝的土地均不宜种植。

5.1.3　环境监测

基地的大气、土壤和水样品的检测按照 GAP 要求,且应符合 GB 3095 规定的环境空气质量标准、GB 5084 规定的农田灌溉水质标准、GB 15618—2018 规定的农用地土壤污染风险管控标准,且要保证生长期间持续符合标准。

5.2　种质

5.2.1　种质选择

使用唇形科植物薄荷 *Mentha haplocalyx* Briq.,物种须经过鉴定。如使用农家品种或选育品种应加以明确。

5.2.2　良种繁育

薄荷易退化、混杂,宜做好留种、选种工作,常用方法有片选留种、复茬留种。

片选留种:在 4 月下旬头茬薄荷苗高 15cm 左右时,或 8 月下旬二茬薄荷高 15cm 左右时,选择纯度较高的良种田块,严格去杂后作为留种田(去杂时须连根拔除野生种或其他混杂种,及可能存在的劣苗、病苗)。

复茬留种:4 月下旬或 8 月下旬,在薄荷田块中选择生长健壮而无退化的薄荷植株,按株行距 15cm×20cm 移栽到留种田,加强管理。待初冬收割地上茎叶后培起挖得白色新根茎,即可供种用。

5.3　种植

5.3.1　育苗

薄荷有种子、扦插、根茎、秧苗四种繁殖方式(种子繁殖易引起薄荷混杂退化,一般不选择)。

(1)种子繁殖:薄荷种子比较小,出芽率低,种子繁殖时要求育苗床土壤疏松透气,春季 3—4 月或秋季 9—10 月,将薄荷种子进行撒播,覆土 1~2cm,覆盖稻草,播后浇水,14~21 天即可出苗。

(2)扦插繁殖:3—10 月扦插,以 4 月进行最佳,将母株的地上茎分节切断(每小株留 2~3 个茎节)进行扦插育苗,待插条生根发芽后移植到大田培育。

(3)根茎繁殖:10 月下旬—11 月上旬,按行距 25~30cm、深 10cm 横向开沟,然后从留种地挖起根茎,选色白、粗壮、间节短的切成长约 10cm 的小段,按株距 15cm 栽入沟内。

(4)秧苗繁殖:翌年 4—5 月间,当留种地苗高 15cm 时带土移栽,移植地按行距 20cm、株距 15cm 挖穴(移栽以"清明"前进行为宜)。

5.3.2　定植

薄荷应选择排灌方便、肥力较高的田块,结合深耕施入基肥,打碎土块,耙平,并按宽 2~3m 作畦,畦沟深 18~20cm(基肥以有机肥为主,化学肥料为辅。农家肥应充分腐熟)。

薄荷株距 15cm,行距 20~30cm。定植后覆土、镇压、浇施定根水。

5.3.3　田间管理

（1）查苗、补苗：待薄荷定植成活后及时查苗补苗，保证株距15cm左右。

（2）中耕除草：3—4月，中耕除草2~3次，防除杂草；头茬薄荷采收后再中耕除草1次（中耕宜浅不宜深）。

（3）合理追肥：合理追肥，确保植株壮而不旺。在苗期、茎叶生长盛期、头茬薄荷采收后适量追肥。以有机肥为主，化学肥料有限度使用，鼓励使用经国家批准的菌肥及中药材专用肥。

（4）灌溉排水：薄荷生长发育前中期对水分需求较多，生长后期适量轻浇，防止植株茎叶徒长，出现倒伏及下部叶片脱落，产量降低。收割前20~25天停止浇水。7—8月出现高温干燥以及伏旱天气，要及时灌溉抗旱。在春季多雨及夏季梅雨季节，应疏通排水沟，及时排除积水。

（5）植株调整：5月份薄荷进入旺盛生长期，要及时摘除顶芽，促进侧枝茎叶生长；及时清除下部的枯叶，远距离销毁或就地深埋。

5.3.4　病虫害防治

在国内，薄荷主要病害有锈病、黑茎病、薄荷斑枯病、薄荷白粉病；主要虫害有地老虎、蚜虫、棉铃虫等。

应采用"预防为主、综合防治"的方法。轮作2~3年以上；有机肥必须充分腐熟；选用无病害感染、无机械损伤、侧根少、表皮光滑的优质种苗，禁用带病苗；合理密植，保持田间通风透光；加强田间管理，薄荷生长期间及时拔除病株，并带离种植田；大雨过后及时排水；头茬薄荷收获后，及时清除病残体，远距离销毁或者近距离深埋。

采用化学防治时，应当符合国家有关规定；优先选用高效、低毒的生物农药；尽量避免使用除草剂、杀虫剂和杀菌剂等化学农药；不使用禁限用农药。

5.4　采收

薄荷一般每年可收割2次。头茬在6月下旬—7月上旬，但不得迟于7月中旬，以现蕾盛期至始花期为宜；二茬在10月上旬至10月下旬，以初花期至盛花期为宜。薄荷采收宜选择晴天，特别是连续一周晴天后，无大风、高温、光照充足的中午11：00—下午2：00进行最为适宜。早、晚不宜收割，雨后2~3天不宜收割。每次采收时须齐地面将上部茎叶割下，地表以上不留根茬，否则会影响新苗的生长。

5.5　产地初加工

有条件的地方，采取机械收割。收割后的薄荷，摊放在无直射光的地面上阴干至七八成，再扎成小把置阴凉通风处继续干燥。晒时须经常翻动，防止雨淋、夜露，以防止发霉变质。

加工干燥过程保证场地、工具洁净，不受雨淋等。

5.6　包装、贮藏、放行和运输

5.6.1　包装

包装前应对每批药材按照国家标准进行质量检验。符合国家标准的药材，选用包材拉伸聚丙烯/聚乙烯(OPP/PE,Oriented polypropylene/Polyethylene)进行包装,禁止采用包装过肥料、农药等的包装袋包装。包装外贴或挂标签、合格证,标识牌内容应有药材名、基源、产地、批号、规格、重量、采收日期、企业名称等,并有追溯码。

5.6.2 贮藏

应贮存于阴凉干燥处,定期检查,防止虫蛀、霉变、腐烂、泛油等发生。仓库控制温度在20℃以下、相对湿度75%以下;不同批次、等级药材分区存放;建有定期检查制度。也可采用现代气调贮藏方法,包装或库内充氮或二氧化碳。

5.6.3 放行和运输

应制定符合企业实际情况的放行制度,有审核批生产、检验等的相关记录。不合格药材有单独处理制度。

运输应防止发生混淆、污染、异物混入、包装破损、雨雪淋湿等。

附 录 A
（规范性）
禁限用农药名单

A.1 禁止（停止）使用的农药（46 种）

六六六、滴滴涕、毒杀芬、二溴氯丙烷、杀虫脒、二溴乙烷、除草醚、艾氏剂、狄氏剂、汞制剂、砷类、铅类、敌枯双、氟乙酰胺、甘氟、毒鼠强、氟乙酸钠、毒鼠硅、甲胺磷、对硫磷、甲基对硫磷、久效磷、磷胺、苯线磷、地虫硫磷、甲基硫环磷、磷化钙、磷化镁、磷化锌、硫线磷、蝇毒磷、治螟磷、特丁硫磷、氯磺隆、胺苯磺隆、甲磺隆、福美胂、福美甲胂、三氯杀螨醇、林丹、硫丹、溴甲烷、氟虫胺、杀扑磷、百草枯、2,4-滴丁酯。

注：氟虫胺自 2020 年 1 月 1 日起禁止使用。百草枯可溶胶剂自 2020 年 9 月 26 日起禁止使用。2,4-滴丁酯自 2023 年 1 月 29 日起禁止使用。溴甲烷可用于"检疫熏蒸处理"。杀扑磷已无制剂登记。

A.2 在部分范围禁止使用的农药（20 种）

部分范围禁止使用的农药应注意药食同源中药材及来自其他作物的中药材。部分范围禁止使用的农药见表 A.1。

表 A.1 部分范围禁止使用的农药

通用名	禁止使用范围
甲拌磷、甲基异柳磷、克百威、水胺硫磷、氧乐果、灭多威、涕灭威、灭线磷	禁止在蔬菜、瓜果、茶叶、菌类、中草药材上使用,禁止用于防治卫生害虫,禁止用于水生植物的病虫害防治
甲拌磷、甲基异柳磷、克百威	禁止在甘蔗作物上使用
内吸磷、硫环磷、氯唑磷	禁止在蔬菜、瓜果、茶叶、中草药材上使用
乙酰甲胺磷、丁硫克百威、乐果	禁止在蔬菜、瓜果、茶叶、菌类和中草药材上使用
毒死蜱、三唑磷	禁止在蔬菜上使用
丁酰肼（比久）	禁止在花生上使用
氰戊菊酯	禁止在茶叶上使用
氟虫腈	禁止在所有农作物上使用（玉米等部分旱田种子包衣除外）
氟苯虫酰胺	禁止在水稻上使用

A.3 说明

本附录的内容来自 2019 年中华人民共和国农业农村部发布的《禁限用农药名录》（http://www.zzys.moa.gov.cn/gzdt/201911/t20191129_6332604.htm）。

参考文献

［1］李秋菊.薄荷高效种植技术［J］.广西园艺,2006（2）:40.

［2］平英华,彭卓敏,刘香美.苏北薄荷生产机械化水平及产地加工调查报告［J］.中国农机化,2005（5）:21-23.

［3］国家中医药管理局,《中华本草》编委会.中华本草［M］.上海上海科学技术出版社,1999.

［4］吴雯雯,陆兵.南通薄荷产业现状调查及发展对策与建议［J］.上海蔬菜,2016（5）:15-16.

［5］王奎武.薄荷高效种植技术［J］.乡村科技,2015（13）:26.

［6］李旭平.薄荷种植技术要点［J］.现代园艺,2012（3）:54.

［7］杨莉.苏薄荷采收,初加工及贮藏过程中关键技术的研究［D］.南京:南京中医药大学,2009.

［8］国文.无公害薄荷种植与收割技术［J］.农村实用科技信息,2007（5）:17.

［9］路艳娇.薄荷科学种植新技术［J］.中国农村小康科技,2005（10）:39-41.

［10］汪.薄荷种植技术［J］.农村实用技术与信息,1996（10）:26-27.

［11］李济舫.江苏薄荷的种植和加工方法［J］.中药通报,1957（4）:38-39.

［12］李德智.薄荷采收与加工［J］.农村实用技术,2016（8）:46.

［13］王文凯,贾静,张正,等.中药薄荷品种、采收加工和包装贮藏研究概况［C］//中华中医药学会中药炮制分会.中华中医药学会中药炮制分会2011年学术年会论文集.［出版者不详］,2011:4.

［14］陈为民.薄荷栽培及其加工［J］.口腔护理用品工业,2011,21（6）:45-46.

［15］徐晶晶,徐超,刘斌.不同采收期薄荷中4个黄酮苷的含量测定［J］.药物分析杂志,2013,33（12）:2077-2081.

［16］顾海林.晴、雨天不同时刻采割薄荷中薄荷油含量比较［J］.吉林中医药,2004（7）:55.

［17］杨娟英,马久太,郑伶俐,等.薄荷饮片不同材料包装稳定性研究［J］.陕西中医,2010,31（11）:1525-1527.

ICS 65.020.20
CCS C 05

团 体 标 准

T/CACM 1374.163—2021

藁本（辽藁本）规范化生产技术规程

Code of practice for good agricultural practice of
Ligustici Rhizoma Et Radix（*Ligusticum jeholense*）

2021-10-15 发布

2021-10-15 实施

中华中医药学会　发布

目　次

前言 ……………………………………………………………………………………………… 954

1　范围 …………………………………………………………………………………………… 955

2　规范性引用文件 ……………………………………………………………………………… 955

3　术语和定义 …………………………………………………………………………………… 955

4　藁本（辽藁本）规范化生产流程图 ………………………………………………………… 955

5　藁本（辽藁本）规范化生产技术 …………………………………………………………… 956

　　5.1　生产基地选址 ………………………………………………………………………… 956

　　5.2　种质与种子 …………………………………………………………………………… 957

　　5.3　藁本（辽藁本）繁育 ………………………………………………………………… 957

　　5.4　采收 …………………………………………………………………………………… 959

　　5.5　产地初加工 …………………………………………………………………………… 959

　　5.6　包装、放行、贮运 …………………………………………………………………… 959

附录A（规范性）　禁限用农药名单 ………………………………………………………… 960

附录B（资料性）　藁本（辽藁本）常见病虫害防治的参考方法 ………………………… 961

参考文献 ………………………………………………………………………………………… 962

前　　言

本文件按照 GB/T 1.1—2020《标准化工作导则　第 1 部分：标准化文件的结构和起草规则》的规定起草。

请注意本文件中的某些内容可能涉及专利。本文件的发布机构不承担识别专利的责任。

本文件由中国医学科学院药用植物研究所和辽宁省经济作物研究所提出。

本文件由中华中医药学会归口。

本文件起草单位：辽宁省经济作物研究所、辽宁光太药业有限公司、清原满族自治县农盛中药材种植专业合作社、中国医学科学院药用植物研究所、重庆市药物种植研究所。

本文件主要起草人：孙文松、李玲、温健、杨正书、李晓丽、刘莹、曾浩、李旭、刘亚男、汪歧禹、林森、季忠英、魏建和、王文全、王秋玲、杨小玉、辛元尧、王苗苗。

藁本（辽藁本）规范化生产技术规程

1 范围

本文件确立了藁本（辽藁本）的规范化生产流程，规定了藁本（辽藁本）生产基地选址、种质、种苗繁育、种植、采收、产地初加工、包装、放行、贮运等阶段的操作要求。

本文件适用于按照《中药材生产质量管理规范》实施藁本（辽藁本）的规范化生产。

2 规范性引用文件

下列文件中的内容通过文中的规范性引用而构成本文件必不可少的条款。其中，注明日期的引用文件，仅该日期对应的版本适用于本文件。不注明日期的引用文件，其最新版本（包括所有的修改单）适用于本文件。

GB 3095　环境空气质量标准

GB/T 3543　农作物种子检验规程

GB 5084　农田灌溉水质标准

GB 5749　生活饮用水卫生标准

GB 15618　土壤环境质量　农用地土壤污染风险管控标准（试行）

T/CACM 1374.1—2021　中药材规范化生产技术规程通则　植物药材

3 术语和定义

T/CACM 1374.1—2021 界定的以及下列术语和定义适用于本文件。

3.1 规范化生产　good agricultural practice

按照《中药材生产质量管理规范》（简称中药材 GAP）的要求，实施药材生产，保证中药材优质安全的生产过程。

3.2 技术规程　code of practice

为实现中药材生产顺利、有序进行，保证中药材生产质量，对中药材生产的基地选址、种子种苗、种植或野生抚育、采收与产地初加工以及包装、放行与贮运等，所做的技术规定和要求，是实施中药材规范生产的核心技术要求和实施指南。

3.3 藁本　Ligustici Rhizoma Et Radix

伞形科植物辽藁本 *Ligusticum jeholense* Nakai et Kitag. 的干燥根茎和根。

4 藁本（辽藁本）规范化生产流程图

藁本（辽藁本）规范化生产流程见图 1。

藁本（辽藁本）规范化生产流程：　　　　　　　　关键控制点及参数：

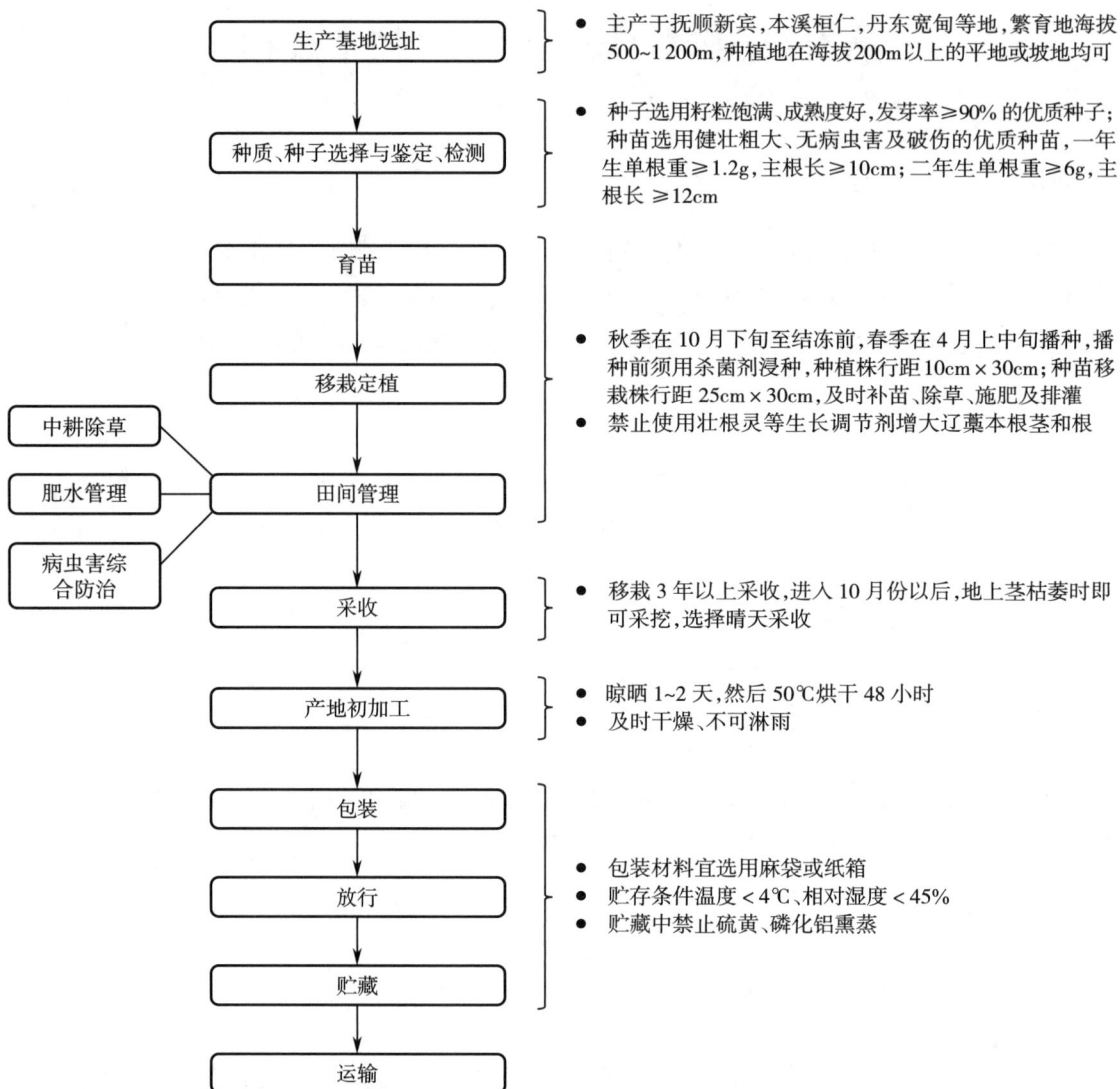

图1　藁本（辽藁本）规范化生产流程图

5　藁本（辽藁本）规范化生产技术

5.1　生产基地选址

5.1.1　产地选择

适宜种植在辽宁东部、北部山区，主要在抚顺新宾，本溪桓仁，丹东宽甸等地。种植地选择在海拔200m以上的平地或坡地均可。

5.1.2　地块选择

药材生产地不能连作，须轮作。

选择地势较高、向阳、土层深厚、土壤疏松肥沃、灌溉排水条件良好、有机质含量丰富、中性或微酸性的砂壤土。

5.1.3　环境监测

基地的大气、土壤和水样品的检测可参考 GAP 要求，应符合相应国家标准，并保证生长期间持续符合标准。环境监测可参考 GB 3095《环境空气质量标准》、GB 15618《土壤环境质量　农用地土壤污染风险管控标准（试行）》、GB 5084《农田灌溉水质标准》。

5.2　种质与种子

5.2.1　种质选择

使用伞形科植物辽藁本 *Ligusticum jeholense* Nakai et Kitag.，须经过鉴定。如使用农家品种或选育品种应明确。

5.2.2　种苗质量

选用优质健壮粗大的种苗，即一年生单根重≥1.2g，主根长≥10cm，二年生单根重≥6g，主根长≥12cm 的种苗。同时去除遭病虫害的没有芽嘴的或已发芽的劣质种苗。

5.3　藁本（辽藁本）繁育

5.3.1　整地

选地后，清除杂草、树根、石头等杂物，深翻 30cm，结合深翻整地施入腐熟农家肥作为基肥，用量为 1 000~1 500kg/ 亩（1 亩≈666.7m²，下文同），使土肥混合均匀。再把细整平做成床，床宽 130cm，床高 20cm，床长依地形而定，床间留 50cm 作业道，床两端挖好排水沟。

5.3.2　种子繁殖

秋季在 10 月下旬至结冻前，春季在 4 月上中旬播种，以秋季播种出苗快、苗全。播种时先在畦面上按行距 30~35cm 开深 3cm 沟，将种子均匀撒在沟内，盖土 2~3cm，稍加镇压，每 667m² 播种量 1~1.5kg，搂平畦面，在床面上覆盖 1cm 厚的松针。一般播后 7~10 天即可出苗，幼苗出土前要保持床面湿润。当幼苗长到 10cm 时，按株距 15cm 定苗，如果作为种苗则按株距 10cm 进行定苗。

5.3.3　根芽繁殖

5.3.3.1　种苗起挖、选择、处理

4 月上旬萌发前或 10 月下旬地上部分枯萎后。从藁本（辽藁本）种苗繁育地起挖生长健壮符合种苗质量要求的植株，去掉地上部分及根茎上的须根、泥土，装入编织袋或纸箱中，运往繁育地栽种。

5.3.3.2　种苗分类与栽种密度

移栽时应对种苗进行分级移栽，藁本（辽藁本）种苗应健康，无烧须、无病虫害及破伤。依单根重、主根长二项指标分类，各等级种苗应分别栽植。

一年生一等苗：单根重≥1.2g，主根长≥10cm，株行距 20cm×30cm。

一年生二等苗：单根重≥1.0g，主根长≥8cm，株行距 16cm×30cm。

二年生一等苗：单根重≥8g，主根长≥14cm，株行距 30cm×30cm。

二年生二等苗：单根重≥6g，主根长≥12cm，株行距 25cm×30cm。

5.3.3.3 栽种

按种苗不同栽种规格挖深 10~15cm 的穴,每穴放置 1~2 个种栽,将种栽芽苞向上放入穴内,覆土厚度以盖过顶芽 3~4cm 为宜。秋季栽培以 4~5cm 为宜,以利越冬。

5.3.3.4 补苗

栽种后于 5 月上中旬及时补苗,补苗时带土移栽,补苗后及时浇水定根,补苗工作应在 6 月初完成。

5.3.4 中耕除草

移栽后第一、二年,每年要除草 4~5 次,宜人工用手拔除杂草或浅锄,浅松表土,避免损伤根茎及幼根,保持畦面无杂草。除草应本着"除早、除小、除净"的原则。

5.3.5 追肥

以有机肥为主,化学肥料有限度使用,鼓励使用经国家批准的菌肥及中药材专用肥。追肥进行 2 次,第一次每年 6 月中旬—7 月下旬结合中耕除草施入充分腐熟的粪肥、复合肥等,施肥时先用锄头或机械在两行间开施肥沟,深度以不伤根为宜,肥料不应与根系接触。将肥料施入沟中,每亩追施农家肥 1 500~2 000kg,或追施磷钾肥 15~20kg,覆土盖平。第二次 11 月份追施腐熟的有机肥 1 500~2 000kg/ 亩,均匀撒于床面。

禁止使用壮根灵、膨大素等生长调节剂增大藁本(辽藁本)根茎和根。

5.3.6 灌溉与排水

在干旱半干旱地区,藁本(辽藁本)在移栽后每 7~10 天应及时浇水 1 次,保持土壤水分在 25% 左右,直至雨季来临。多雨季节,及时排水防涝,作业道和排水沟要经常清理,防止堵塞,以利排水,防止积水烂根。进入花期以后,干旱严重的地块浇水 2~3 次。

5.3.7 去薹去蕾

5.3.7.1 去薹

移栽后第二年开始,每年 5 月末—6 月初藁本(辽藁本)开始出薹,除留种田外,其他地块均需去薹,距薹根部 1~2cm 掐掉薹即可,去薹可以增加根重,提高产量。

5.3.7.2 去蕾

7 月下旬是藁本(辽藁本)孕蕾期,8 月上旬—9 月上旬为开花期,藁本(辽藁本)花期长,只要环境条件适宜,开花持续不断,为了保证种子质量、增加种子成熟度,病弱花、散生花及 8 月下旬以后开的花须全部疏掉。

5.3.8 病虫害草害等防治技术

藁本(辽藁本)常见病害有根腐病、白粉病等,常见虫害有蚜虫等。

应采用"预防为主、综合防治"的方法:水旱轮作;有机肥必须充分腐熟;选用无病害感染、无机械损伤、优质健壮粗大的种苗,禁用带病苗;发现病株及时拔除,集中销毁,每穴撒入草木灰 100g 或生石灰 200~300g,进行局部消毒。

采用化学防治时,应当符合国家有关规定;优先选用高效、低毒的生物农药;尽量避免使用除草剂、杀虫剂和杀菌剂等化学农药;不使用禁限用农药。

5.4 采收

5.4.1 采种

10月中旬种子开始成熟。藁本（辽藁本）种子不是同一时期成熟，要随熟随采，防止果瓣自然开裂使种子落地。采摘时要将整个花序摘下，采收后晾晒 1~2 天，用人工或机械将种子抖落，清除秸秆、杂草等杂物，放在阴凉、通风、干燥处保存。

5.4.2 采挖技术

藁本（辽藁本）一般移栽 3 年后采挖，进入 10 月份以后，地上茎枯萎时即可进行。收获前用人工或机械割去地上部分，然后从床头开始，朝另一方向按顺序起获。采挖时应防止伤根断须，保证根部完好无损。机械损伤或病根必须单独存放。

5.5 产地初加工

藁本（辽藁本）产地初加工常采用烘干法。

产地趁鲜加工：将采挖的新鲜藁本（辽藁本）人工或机械去除须根和泥沙杂质，用清水洗净，淋干，晾晒 1~2 天，放进烘干窑，50℃烘干约 48 小时即可。用水可参考 GB 5749《生活饮用水卫生标准》。

5.6 包装、放行、贮运

5.6.1 包装

包装前应对每批药材参考相应标准进行质量检验。符合国家标准的药材，采用不影响质量的麻袋、纸箱等包装，禁止采用包装过肥料、农药等的包装袋包装。包装外贴或挂标签、合格证，标识牌内容应有品种、基源、产地、批号、规格、重量、采收日期、企业名称等，并有追溯码。

5.6.2 放行

应制定符合企业实际情况的放行制度，有审核、批准、生产、检验等的相关记录。不合格药材有单独处理制度。

5.6.3 贮运

应贮存于阴凉干燥处，定期检查，防止虫蛀、霉变、腐烂、泛油等发生。仓库控制温度在20℃以下、相对湿度 75% 以下；不同批次、等级药材分区存放；建有定期检查制度。禁用磷化铝。也可采用现代气调贮藏方法，包装或库内充氮或二氧化碳。但应注意藁本（辽藁本）不宜久贮。

运输应防止发生混淆、污染、异物混入、包装破损、雨雪淋湿等。

附 录 A

（规范性）

禁限用农药名单

A.1 禁止（停止）使用的农药（46 种）

六六六、滴滴涕、毒杀芬、二溴氯丙烷、杀虫脒、二溴乙烷、除草醚、艾氏剂、狄氏剂、汞制剂、砷类、铅类、敌枯双、氟乙酰胺、甘氟、毒鼠强、氟乙酸钠、毒鼠硅、甲胺磷、对硫磷、甲基对硫磷、久效磷、磷胺、苯线磷、地虫硫磷、甲基硫环磷、磷化钙、磷化镁、磷化锌、硫线磷、蝇毒磷、治螟磷、特丁硫磷、氯磺隆、胺苯磺隆、甲磺隆、福美胂、福美甲胂、三氯杀螨醇、林丹、硫丹、溴甲烷、氟虫胺、杀扑磷、百草枯、2,4- 滴丁酯。

注：氟虫胺自 2020 年 1 月 1 日起禁止使用。百草枯可溶胶剂自 2020 年 9 月 26 日起禁止使用。2,4-滴丁酯自 2023 年 1 月 29 日起禁止使用。溴甲烷可用于"检疫熏蒸处理"。杀扑磷已无制剂登记。

A.2 在部分范围禁止使用的农药（20 种）

部分范围禁止使用的农药应注意药食同源中药材及来自其他作物的中药材。部分范围禁止使用的农药见表 A.1。

表 A.1 部分范围禁止使用的农药

通用名	禁止使用范围
甲拌磷、甲基异柳磷、克百威、水胺硫磷、氧乐果、灭多威、涕灭威、灭线磷	禁止在蔬菜、瓜果、茶叶、菌类、中草药材上使用,禁止用于防治卫生害虫,禁止用于水生植物的病虫害防治
甲拌磷、甲基异柳磷、克百威	禁止在甘蔗作物上使用
内吸磷、硫环磷、氯唑磷	禁止在蔬菜、瓜果、茶叶、中草药材上使用
乙酰甲胺磷、丁硫克百威、乐果	禁止在蔬菜、瓜果、茶叶、菌类和中草药材上使用
毒死蜱、三唑磷	禁止在蔬菜上使用
丁酰肼（比久）	禁止在花生上使用
氰戊菊酯	禁止在茶叶上使用
氟虫腈	禁止在所有农作物上使用（玉米等部分旱田种子包衣除外）
氟苯虫酰胺	禁止在水稻上使用

A.3 说明

本附录的内容来自 2019 年中华人民共和国农业农村部发布的《禁限用农药名录》（http://www.zzys.moa.gov.cn/gzdt/201911/t20191129_6332604.htm）。

附 录 B

（资料性）

藁本（辽藁本）常见病虫害防治的参考方法

藁本（辽藁本）常见病虫害防治的参考方法见表 B.1。

表 B.1 藁本（辽藁本）常见病虫害防治的参考方法

病虫害名称	防治时期	推荐防治方法	安全间隔期 /d
根腐病	6—8 月	种苗栽种前使用质量分数为 50% 的多菌灵 500 倍液浸种 20min	≥20
		多菌灵灌根，可参考农药标签使用	≥20
		甲基硫菌灵灌根，可参考农药标签使用	≥30
		多·硫悬浮剂灌根，可参考农药标签使用	≥20
		苦参碱灌根，可参考农药标签使用	≥7
白粉病	6—8 月	嘧啶核苷类抗菌素水剂喷施，可参考农药标签使用	≥7
		多抗霉素可湿性粉剂喷施，可参考农药标签使用	≥15
		百菌清可湿性粉剂喷施，可参考农药标签使用	≥14
蚜虫	5—8 月	吡虫啉可湿性粉剂喷雾，可参考农药标签使用	≥7
		抗蚜威可湿性粉剂喷雾，可参考农药标签使用	≥14

参考文献

[1] 鞠文鹏.辽藁本人工栽培技术[J].中国林副特产,2015(3):56-57.

[2] 赵伟.辽藁本栽培技术研究[D].长春:吉林农业大学,2007.

[3] 曹亮,徐瑞,谢进,等.玉竹根腐病防治杀菌剂筛选[J].中药材,2018,41(5):1031-1034.

[4] 张国锋,宋宇鹏,奚广生.吉林地区玉竹栽培密度的研究[J].北方园艺,2012(18):61-62.

[5] 贾秀梅.玉竹常见病害的发生及综合防治[J].特种经济动植物,2011,14(10):51-52.

[6] 张健夫,赵忠伟.玉竹高产栽培技术的研究[J].长春大学学报,2014,24(4):473-475.

[7] 王艳玲,谭起娇.不同品系及不同生长年限关玉竹的品质比较[J].贵州农业科学,2012,40(5):157-158.

[8] 崔蕾,刘塔斯,龚力民,等.玉竹根腐病病原菌鉴定及抑菌剂筛选试验研究[J].中国农学通报,2013,29(31):159-162.

[9] 孟祥才,马伟,李明.北方主要地道中药材规范化栽培[M].北京:中国医药科技出版社,2005.

———————————

ICS 65.020.20
CCS C 05

团 体 标 准

T/CACM 1374.164—2021

覆盆子规范化生产技术规程

Code of practice for good agricultural practice of Rubi Fructus

2021-10-15 发布

2021-10-15 实施

中华中医药学会　发布

目　次

前言·· 965

1　范围 ·· 966

2　规范性引用文件 ··· 966

3　术语和定义 ·· 966

4　覆盆子规范化生产流程图 ··· 967

5　覆盆子规范化生产技术 ··· 968

　5.1　生产基地选址建园 ·· 968

　5.2　种源与种子 ·· 968

　5.3　育苗 ·· 968

　5.4　苗木标准 ··· 969

　5.5　种植 ·· 969

　5.6　培管 ·· 969

　5.7　采收与产地初加工 ·· 971

　5.8　包装、贮藏与运输 ·· 971

附录 A（规范性）　禁限用农药名单 ·· 972

附录 B（资料性）　覆盆子有机栽培技术模式 ·· 973

附录 C（资料性）　覆盆子种苗分级 ··· 974

参考文献·· 975

前　言

《覆盆子规范化生产技术规程》（以下简称"本文件"）按照 GB/T 1.1—2020《标准化工作导则　第 1 部分：标准化文件的结构和起草规则》给出的规则起草。

本文件由中国医学科学院药用植物研究所和杭州千岛湖鹤岭家庭农场有限公司提出。

本文件由中华中医药学会归口。

本文件起草单位：杭州千岛湖鹤岭家庭农场有限公司、淳安县临岐镇农业服务中心、浙江省农业技术推广中心、浙江省中药研究所有限公司、浙江中医药大学、浙江省农业科学院、浙江理工大学、杭州市农业科学研究院、淳安县临岐中药材产业协会、中国医学科学院药用植物研究所、重庆市药物种植研究所。

本文件主要起草人：郑平汉、何伯伟、沈晓霞、柴卫国、孙健、任江剑、孙彩霞、陈颖君、潘振球、孙延芳、孙乙铭、睢宁、李红俊、汪利梅、俞云林、何荷根、商朋杰、徐明星、姜玲、王晓玲、方玉仙、魏建和、王文全、王秋玲、杨小玉、辛元尧、王苗苗。

覆盆子规范化生产技术规程

1 范围

本文件确立了覆盆子规范化生产流程、关键控制点及技术参数,规范化覆盆子生产各环节的技术规程。

本文件适用于按照《中药材生产质量管理规范》实施规范化生产覆盆子。

2 规范性引用文件

下列文件对于本文件的应用是必不可少的。凡是注明日期的引用文件,仅所注明日期的版本适用于本文件。凡是不注明日期的引用文件,其最新版本(包括所有的修改版本)适用于本文件。

GB 3095 环境空气质量标准

GB 5084 农田灌溉水质标准

GB 5749 生活饮用水卫生标准

GB 15618 土壤环境质量 农用地土壤污染风险管控标准(试行)

GB/T 19630 有机产品国家标准

GB/T 33129—2016 新鲜水果、蔬菜包装和冷链运输通用操作规程

DB33/T2076—2017 掌叶覆盆子有机栽培技术规程

DB3301/T1086—2017 掌叶覆盆子有机栽培技术规程

DB330127/T080—2016 掌叶覆盆子有机栽培技术规程

DB330127/T086—2017 掌叶覆盆子有机栽培技术规程

LY/T 1684 森林食品 总则

NY/T 393 绿色食品 农药使用准则

NY/T 394 绿色食品 肥料使用准则

NY/T 391 绿色食品 产地环境质量

NY/T 525 有机肥料

SB/T 11182 中药材包装技术规范

《中华人民共和国药典》2020 版

T/CACM 1374.1—2021 中药材规范化生产技术规程通则 植物药材

3 术语和定义

T/CACM 1374.1—2021 界定的以及下列术语和定义适用于本文件。

3.1 规范化生产 good agricultural practice

按照《中药材生产质量管理规范》（简称中药材 GAP）的要求，实施药材生产，保证中药材优质安全的生产过程。

3.2 技术规程 code of practice

为实现中药材生产顺利、有序进行，保证中药材生产质量，对中药材生产的基地选址、种子种苗、种植或野生抚育、采收与产地初加工以及包装、放行与贮运等，所做的技术规定和要求，是实施中药材规范生产的核心技术要求和实施指南。

4 覆盆子规范化生产流程图

覆盆子规范化生产流程见图 1。

覆盆子规范化生产流程：

关键控制点及参数：

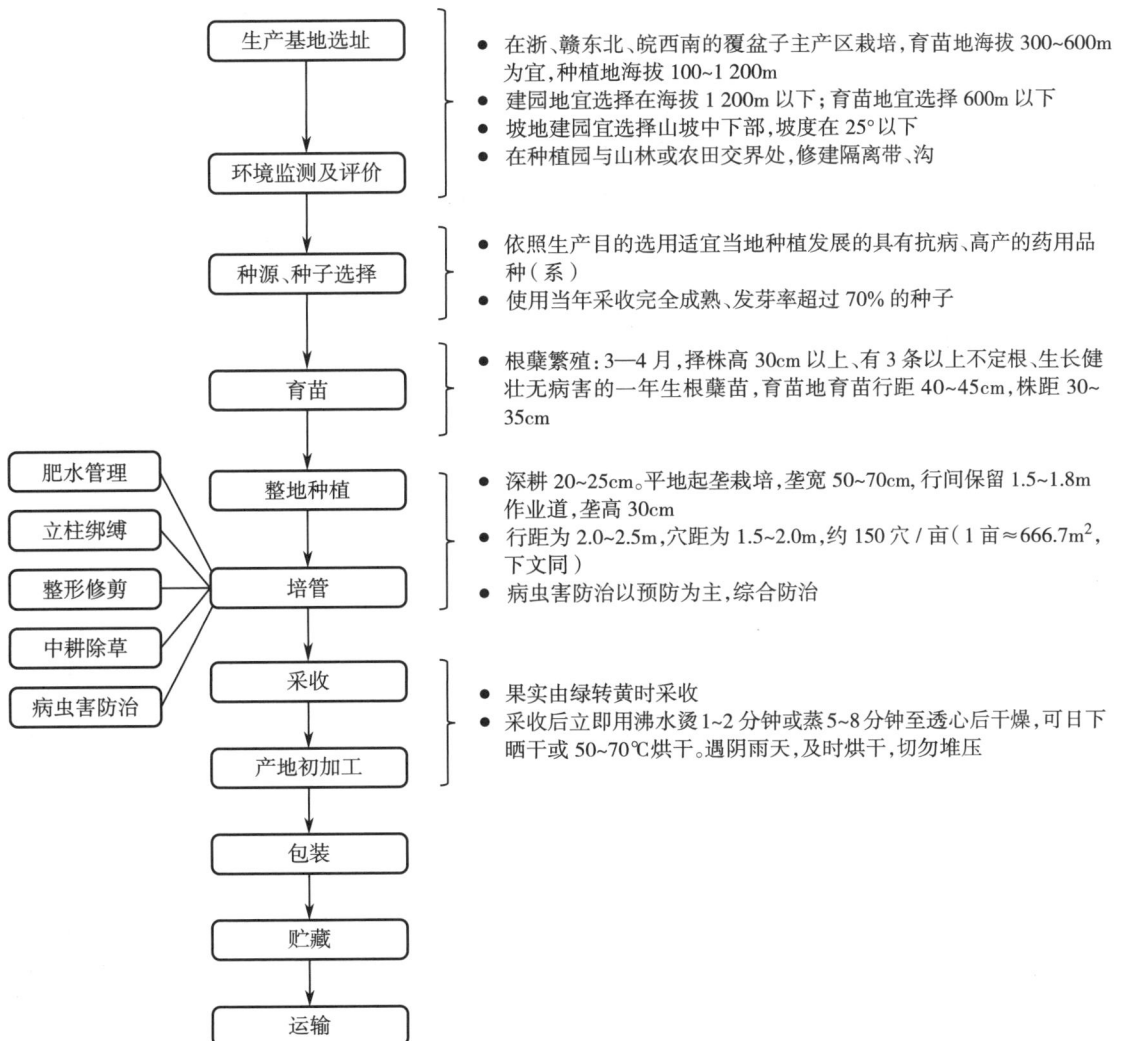

生产基地选址
- 在浙、赣东北、皖西南的覆盆子主产区栽培，育苗地海拔 300~600m 为宜，种植地海拔 100~1 200m
- 建园地宜选择在海拔 1 200m 以下；育苗地宜选择 600m 以下
- 坡地建园宜选择山坡中下部，坡度在 25°以下
- 在种植园与山林或农田交界处，修建隔离带、沟

环境监测及评价

种源、种子选择
- 依照生产目的选用适宜当地种植发展的具有抗病、高产的药用品种（系）
- 使用当年采收完全成熟、发芽率超过 70% 的种子

育苗
- 根蘖繁殖：3—4 月，择株高 30cm 以上、有 3 条以上不定根、生长健壮无病害的一年生根蘖苗，育苗地育苗行距 40~45cm，株距 30~35cm

肥水管理 立柱绑缚 整形修剪 中耕除草 病虫害防治

整地种植
- 深耕 20~25cm。平地起垄栽培，垄宽 50~70cm，行间保留 1.5~1.8m 作业道，垄高 30cm

培管
- 行距为 2.0~2.5m，穴距为 1.5~2.0m，约 150 穴／亩（1 亩≈666.7m²，下文同）
- 病虫害防治以预防为主，综合防治

采收
- 果实由绿转黄时采收
- 采收后立即用沸水烫 1~2 分钟或蒸 5~8 分钟至透心后干燥，可日下晒干或 50~70℃烘干。遇阴雨天，及时烘干，切勿堆压

产地初加工

包装

贮藏

运输

图 1 覆盆子规范化生产流程图

5 覆盆子规范化生产技术

5.1 生产基地选址建园

5.1.1 产地选择

适宜在我国华南、华东大部分地区栽培,包括江苏、安徽等及其以南地区,和四川、贵州、广西等地及以东的亚热带季风气候地理地区种植,药用果产区以浙江、安徽、江西等地为佳。建园地宜选择在海拔 1 200m 以下;育苗地宜选择 600m 以下。

5.1.2 地块选择

建园地块应交通便利,远离污染源,土壤疏松、中性或微酸性,排灌方便,东坡或东南坡向的地块为宜。

5.1.3 环境监测

空气环境质量应符合 GB 3095 中的二级标准要求,灌溉水质应符合 GB 5084 的要求,土壤环境质量应符合 GB 15618 的要求,产地环境质量应符合 NY/T 391 的要求。

5.1.4 建园要求

根据基地规模、坡向和坡度进行作业区的划分。坡地建园宜选择山坡中下部,坡度宜在 25° 以下;坡度在 15° 以上 25° 以下时,筑等高水平带,梯面宽在 1.5m 以上。根据地形和地貌等条件,设置合理的道路系统和水利系统。在种植园与山林或农田交界的地段,宜修建隔离带、沟。园地开垦时应注意水土保持,在 30~40cm 内有明显障碍层(如硬塥层或犁底层)的土壤应破除障碍层,清除土层内的竹鞭、芒萁及茅草根等。

5.2 种源与种子

5.2.1 种源选择

应选用适宜当地种植发展的具有抗病、高产、有效成分符合《中华人民共和国药典》(2020 年版)的优良种源或品种。

5.2.2 种子质量

应使用当年采收完全成熟、发芽率超过 70% 的种子。

5.3 育苗

有根蘖繁殖、种子繁殖、扦插繁殖、压条繁殖、组培繁殖等,一般宜采用根蘖繁殖、种子繁殖为主。

5.3.1 根蘖繁殖

3—4 月,选择株高 30cm 以上、有 3 条以上不定根、生长健壮无病害的一年生根蘖苗作为育苗繁殖材料,根蘖苗与母株分离后,及时移栽到育苗地,苗行距 40~45cm,株距 30~35cm。

5.3.2 种子繁殖

在 5 月下旬至 6 月上旬,选择完全成熟的果实去除果肉,阴干后将种子装入纸皮袋内放在低温干燥的房间里贮藏。翌年 2 月份,于播种前 10 天将种子铺于纱布,保持种子湿润并置于光下催芽。播种时将种子与湿沙按体积比 1∶3 的比例充分混合,用筛子均匀地撒在苗床上,在苗床内育苗。

5.3.3 组培繁殖

取优质、高产、抗性强的覆盆子植株的当年生嫩枝条,将其带芽茎段作为外植体,经诱导、增殖、生根、炼苗、移栽等环节,即可生产出大量性状整齐一致的组培苗,可周年生产,但以春、秋两季最为适宜。

5.4 苗木标准

苗高 30cm 以上,茎粗 0.5cm 以上,无病虫害、根系健壮,主根长度 15cm 以上,鲜活的侧根数 6 条以上,带有毛细根(具体见附录 C)。

5.5 种植

5.5.1 整地

彻底清除树根、杂草、秸秆等杂物,平整地面,深耕 20~25cm。平地起垄栽培,垄宽50~70cm,垄高 30cm,行间保留 1.5~1.8m 作业路。采用带状栽植,宜南北行;坡地挖穴栽培,行向应与等高线平行。

5.5.2 底肥

每穴施有机肥 1~2kg,把表土与上述肥料混合均匀填入穴里,再用熟化的土壤填平定植穴,间隔 7 天后种植。有机肥的施用应符合 NY/T 525 的要求。

5.5.3 种植时间

11 月中下旬至次年 3 月上旬,苗木完全成熟木质化后移栽。

5.5.4 种植方法

种苗从地里起出后尽快栽植。按株行距划线挖定植穴,定植穴直径 30cm,深 40cm。把苗放在定植穴正中间,根系舒展,埋土深度以埋过根际 3~5cm 为宜,回填土用手轻轻压实。沿定植穴外圈做土埂,形成浇水盘。浇足定根水,然后在上面覆盖一层土。

5.5.5 种植密度

行距为 2.0~2.5m,穴距为 1.5~2.0m,控制在 150 穴 / 亩左右。

5.5.6 栽后补苗

种植后,对植株进行短截,保留 2~3 片叶或芽,株高 20cm 左右;保持土壤湿润,土壤水分不足时须及时浇水,雨季时防止栽植穴内积水;栽后定期检查成活情况,发现缺株,及时补苗。

5.6 培管

5.6.1 扩穴深翻

结合秋季施基肥进行扩穴深翻 25~30cm。

5.6.2 施肥

5.6.2.1 基肥

以有机肥为主,10 月下旬—11 月中旬,在植株一侧,距株丛 20cm 处,挖 15cm 左右深的施肥沟,将肥料撒施在沟内,每亩施 300kg 经腐熟的有机肥,隔年交替进行。

5.6.2.2 追肥

追肥施用应符合 NY/T 394 的要求。一般以每年施三次肥较合适:第一次在 2 月下旬萌芽前结合返青水,以氮肥为主,如发酵的饼肥施 100~150kg/ 亩等;第二次在 3 月中旬花前 1 周追施富含钾肥的肥料,如草木灰或硫酸钾施 10~15kg/ 亩;第三次在 4 月初坐果后,追施富含钙的肥料,如施骨粉类或钙镁磷肥 5~10kg/ 亩。

5.6.3 水分管理

雨季注意田间排水。萌芽期、孕花期、坐果期、果实迅速膨大期注意补水,埋土防寒前补充封冻水。

5.6.4 立柱绑缚

可用木柱或水泥柱设架。木柱:可选用坚硬耐腐的树木,直径 3~5cm 为宜,长 1.8m。水泥柱:直径为 10cm,长 1.8m。用 1.8mm 镀锌钢线作横拉线。在栽植行一侧,距株丛基部 45cm 左右埋设立柱,埋入地下深度 50cm。木柱一般每隔 3~5m 设立柱,水泥柱每隔 5~8m 设立柱。横拉线固定在立柱上,高度距离地面为 1.3m 左右。在 6 月中旬左右,以 1~2 个枝条为一组,用细绳绑在钢线上,外留 20~30cm,枝条在架线上分布均匀。也可以用木、竹柱直接距株丛基部 10cm 左右埋设立柱,地面高度 1.5m,然后以 1~2 个枝条为一组,用细绳绑在木柱、竹柱上。

5.6.5 整形修剪

5.6.5.1 修剪原则

除病株、去伤枝、短截枝梢。

5.6.5.2 春季修剪

春季花芽萌发前修剪,剪去干枯、细弱枝条,保持树冠形状,促进结果率。

5.6.5.3 夏季修剪

初夏果实采收后,剪去全部的当年老枝,每丛保留当年新萌主枝 2~3 枝,约 500 枝 / 亩。将绑缚好的枝条梢部进行短截,留 170cm 高即可,主枝 70cm 以下侧枝予以修剪,修剪后使得每丛保留 12~15 个均匀分布的健壮侧枝。

5.6.5.4 秋季修剪

秋季或初冬,剪去枯枝、病枝、弱枝,疏剪密枝,每侧枝上保留三级枝 10 枝左右。

5.6.6 除草

每年进行中耕除草,提倡人工除草,根际周围宜浅,远处稍深,切勿伤根。禁止使用除草剂或有机合成的植物生长调节剂。

5.6.7 病虫害防治

5.6.7.1 主要病虫害

主要病害有褐斑病、根腐病;主要虫害有蚜虫、蛴螬和螨类。

5.6.7.2 防治原则

遵循"预防为主,综合防治"的植保方针,优先采用农业防治、物理防治、生物防治,合理使用高效低毒低残留化学农药,将有害生物危害控制在经济允许阈值内。

5.6.7.3 农业防治

选用优良抗病种源和无病种苗,按本标准生产。加强生产场地管理,清洁田园。合理密植与修剪,科学施肥与排灌。发病季节及时清除病株,集中销毁;冬季加强清园。

5.6.7.4 物理防治

采用杀虫灯或黑光灯、粘虫板、糖醋液等诱杀害虫。整地时发现蛴螬等,及时灭杀。

5.6.7.5 生物防治

保护和利用天敌,控制虫害的发生和为害。应用有益微生物及其代谢产物防治病虫。

5.6.7.6 化学防治

农药使用按 NY/T 393 的规定执行。根据防治对象,适期用药,最大限度减少化学农药施用;合理选用已登记的农药或经农业、林业等研究或技术推广部门试验后推荐的高效、低毒、低残留的农药品种,轮换用药;优先使用植物源农药、矿物源农药及生物源农药。准确掌握用药剂量和施药次数,选择适宜药械和施药方法,严格执行安全间隔期,禁止使用除草剂及高毒、高残留农药。

5.7 采收与产地初加工

5.7.1 采收

种植后第二年有少量挂果,以后慢慢转入盛产期,一般 4 月下旬待果实饱满,由绿变绿黄时,将覆盆子枝条翻转过来进行采摘,不宜整株割枝采摘。

5.7.2 产地初加工

除净梗叶,用沸水烫 1~2 分钟或蒸 5~8 分钟至透心后干燥,可日下晒干或 50~70℃烘干,筛去灰屑,拣净杂物即可。遇阴雨天,则应及时烘干,切勿堆压。加工用水满足 GB 5749 要求。

5.8 包装、贮藏与运输

5.8.1 包装

药材包装符合 SB/T 11182 的要求,鲜食红果包装和运输按 GB/T 33129—2016 执行。包装材料和其他处理设备应要求清洁、无毒、无异味、无污染。

5.8.2 贮藏

干燥后的果实置清洁、通风、阴凉、干燥处贮藏,避免受高温及强光照射。有条件的宜采用低温冷藏法,温度控制在 5℃以下。

5.8.3 运输

鲜果适宜冷藏车运输,装卸时轻拿轻放,运输工具要清洁卫生,不得与有毒有害物质混装。

附 录 A

（规范性）

禁限用农药名单

A.1 禁止（停止）使用的农药（46 种）

六六六、滴滴涕、毒杀芬、二溴氯丙烷、杀虫脒、二溴乙烷、除草醚、艾氏剂、狄氏剂、汞制剂、砷类、铅类、敌枯双、氟乙酰胺、甘氟、毒鼠强、氟乙酸钠、毒鼠硅、甲胺磷、对硫磷、甲基对硫磷、久效磷、磷胺、苯线磷、地虫硫磷、甲基硫环磷、磷化钙、磷化镁、磷化锌、硫线磷、蝇毒磷、治螟磷、特丁硫磷、氯磺隆、胺苯磺隆、甲磺隆、福美胂、福美甲胂、三氯杀螨醇、林丹、硫丹、溴甲烷、氟虫胺、杀扑磷、百草枯、2,4- 滴丁酯。

注：氟虫胺自 2020 年 1 月 1 日起禁止使用。百草枯可溶胶剂自 2020 年 9 月 26 日起禁止使用。2,4- 滴丁酯自 2023 年 1 月 29 日起禁止使用。溴甲烷可用于"检疫熏蒸处理"。杀扑磷已无制剂登记。

A.2 在部分范围禁止使用的农药（20 种）

部分范围禁止使用的农药应注意药食同源中药材及来自其他作物的中药材。部分范围禁止使用的农药见表 A.1。

表 A.1 部分范围禁止使用的农药

通用名	禁止使用范围
甲拌磷、甲基异柳磷、克百威、水胺硫磷、氧乐果、灭多威、涕灭威、灭线磷	禁止在蔬菜、瓜果、茶叶、菌类、中草药材上使用,禁止用于防治卫生害虫,禁止用于水生植物的病虫害防治
甲拌磷、甲基异柳磷、克百威	禁止在甘蔗作物上使用
内吸磷、硫环磷、氯唑磷	禁止在蔬菜、瓜果、茶叶、中草药材上使用
乙酰甲胺磷、丁硫克百威、乐果	禁止在蔬菜、瓜果、茶叶、菌类和中草药材上使用
毒死蜱、三唑磷	禁止在蔬菜上使用
丁酰肼（比久）	禁止在花生上使用
氰戊菊酯	禁止在茶叶上使用
氟虫腈	禁止在所有农作物上使用（玉米等部分旱田种子包衣除外）
氟苯虫酰胺	禁止在水稻上使用

A.3 说明

本附录来自 2019 年中华人民共和国农业农村部官方发布的《禁限用农药名录》（http://www.zzys.moa.gov.cn/gzdt/201911/t20191129_6332604.htm）。

附 录 B
（资料性）

覆盆子有机栽培技术模式

覆盆子有机栽培技术模式见表 B.1。

表 B.1 覆盆子有机栽培技术模式

群体产量与结构指标	时间	11月下旬—2月中旬 休眠期	3月下旬 萌芽、开花期	4月 谢花、坐果期	5月 采摘期	6月—11月上旬 采收后管理期	11月中旬 落叶期
目标产量	60kg/亩						
栽培密度	行距：2.5~3m；穴距：1.0~1.5m；每亩控制在150穴左右						
园地选择	阳光充足、土层深厚、土质疏松、灌排便利，pH为中性或微酸性。丘陵地或山坡地坡度宜在25°以下						
主要生产操作要点		整形修剪；清理排水沟；秋冬季移栽	追肥；勿积水，注意排水	新枝修剪	分批采摘；采收后果实处理和销售	注意雨间排水；中耕除草；老枝修剪；枝条绑缚；采收后施肥	施基肥，清园防冻
防治原则	预防为主，科学使用药物防治						
主要病虫害防治	褐斑病	发生幼期时，喷雾使用多抗霉素，嘧啶核苷类抗菌素等					
	根菌病		雨季前使用枯草芽孢杆菌或哈茨木霉				
	叶螨					低龄幼虫期或卵孵化盛期，喷雾使用藜芦碱或阿维菌素	
	金龟子					做好虫害预测，适时使用杀虫灯或使用糖醋液诱杀，结合绿僵菌与印楝素防治	
质量安全控制点及运期要求	采摘和贮运期间严禁使用防腐剂，保鲜剂。覆盆子鲜果保鲜期短，常温3天左右，低温保险期延长4天，冷冻保存期12个月						
药剂使用及安全	药剂使用有机标准GB/T 19630中规定的植物源，矿物源，微生物农药，如0.5%藜芦碱600~800倍液、0.36%苦参碱800~1000倍液						
肥料使用建议	1. 以有机肥为主，农家肥为辅。施肥时，在距树干20cm以外，挖施肥沟施入。 2. 在2—6月的需肥量相对较大，3—5月是重要的需肥时期，6月之后，树体内养分消耗过大，此时应增施些含氮丰富的有机肥，补充树体内营养						

973

附　录　C
（资料性）
覆盆子种苗分级

覆盆子种苗分级见表 C.1。

表 C.1　覆盆子种苗分级

一级		二级	
根长 /cm	茎粗 /cm	根长 /cm	茎粗 /cm
≥20	≥0.6	≥15	≥0.5

参考文献

［1］曾玉亮.浙南主要中药材生产实用技术［M］.北京:中国农业科学技术出版社,2012.

［2］潘慧锋,何伯伟.浙江中药材［M］.杭州:浙江科学技术出版社,2008.

［3］王健敏.浙江中药材［M］.北京:中国农业出版社,2012.

［4］国家药典委员会.中华人民共和国国药典:2020年版一部［M］.北京:中国医药科技出版社,2020.

［5］孙健,沈晓霞.覆盆子的药用研究进展与鲜食产业分析［J］.科技通报,2017,33(6):82-85.

［6］孙长清,邵小明,祝天才,等.掌叶覆盆子的根插繁殖［J］.中国农业大学学报,2005(2):11-14.

［7］邹国辉,罗光明,孙长清,等.掌叶覆盆子GAP栽培技术研究［J］.现代中药研究与实践,2008(4):3-5.

［8］潘彬荣,张永鑫,岳高红,等.氮肥对掌叶覆盆子植株性状和产量的影响［J］.江西农业学报,2010,22(12):69-71.

［9］潘彬荣,罗天宽,张永鑫.掌叶覆盆子的组织培养技术［J］.浙江农业科学,2010(3):508-510.

［10］施忠辉.华东覆盆子栽培技术［J］.中国土特产,2000(1):19-20.

［11］麻谦仁,戴中华,陈岳庭,等.掌叶覆盆子的特征特性及高产栽培管理技术［J］.温州农业科技,2006(1):37-38.

［12］孙长清.掌叶覆盆子的繁殖生物学及中药GAP研究［D］.北京:中国农业大学,2005.

［13］邬泉楠.掌叶覆盆子山地种植技术［J］.现代农业科技,2016(15):170.

［14］崔国静,刘芳,贺蔷.覆盆子的炮制与功用［J］.首都医药,2012,19(17):43.

ICS 65.020.20
CCS C 05

团 体 标 准

T/CACM 1374.165—2021

麦冬（浙麦冬）规范化生产技术规程

Code of practice for good agricultural practice of
Ophiopogonis Radix（*Ophiopogon japonicus*）

2021-10-15 发布

2021-10-15 实施

中华中医药学会　发布

目　次

前言…………………………………………………………………………………………………… 978

1　范围 ……………………………………………………………………………………………… 979

2　规范性引用文件 ………………………………………………………………………………… 979

3　术语和定义 ……………………………………………………………………………………… 979

4　麦冬(浙麦冬)规范化生产流程图………………………………………………………………… 980

5　麦冬(浙麦冬)规范化生产技术…………………………………………………………………… 981

　　5.1　生产基地选址 …………………………………………………………………………… 981

　　5.2　种质与种苗 ……………………………………………………………………………… 981

　　5.3　种苗繁育 ………………………………………………………………………………… 981

　　5.4　种植 ……………………………………………………………………………………… 982

　　5.5　采收 ……………………………………………………………………………………… 983

　　5.6　产地初加工 ……………………………………………………………………………… 983

　　5.7　包装、放行、贮运技术规程 …………………………………………………………… 983

附录A(规范性)　禁限用农药名单 ……………………………………………………………… 984

附录B(资料性)　麦冬(浙麦冬)常见病虫害防治的参考方法 ………………………………… 985

参考文献…………………………………………………………………………………………… 986

前　　言

本文件按照 GB/T 1.1—2020《标准化工作导则　第 1 部分：标准化文件的结构和起草规则》的规定起草。

请注意本文件中的某些内容可能涉及专利。本文件的发布机构不承担识别专利的责任。

本文件由中国医学科学院药用植物研究所和浙江省中药研究所有限公司提出。

本文件由中华中医药学会归口。

本文件起草单位：浙江省中药研究所有限公司、正大青春宝药业有限公司、宁波金瑞农业发展有限公司、中国医学科学院药用植物研究所、重庆市药物种植研究所、浙江大学宁波科创中心。

本文件主要起草人：徐建中、王志安、俞旭平、李振丰、孙乙铭、沈晓霞、陈建钢、彭昕、魏建和、王文全、王秋玲、杨小玉、辛元尧、王苗苗。

麦冬（浙麦冬）规范化生产技术规程

1　范围

本文件确立了麦冬（浙麦冬）的规范化生产流程,规定了麦冬（浙麦冬）生产基地选址、种质、种苗繁育、种植、采收、产地初加工、包装、放行、贮运等阶段的操作要求。

本文件适用于麦冬（浙麦冬）的规范化生产。

2　规范性引用文件

下列文件中的内容通过文中的规范性引用而构成本文件必不可少的条款。其中,注明日期的引用文件,仅该日期对应的版本适用于本文件;不注明日期的引用文件,其最新版本（包括所有的修改单）适用于本文件。

GB 3095　环境空气质量标准

GB 5084　农田灌溉水质标准

GB 5749　生活饮用水卫生标准

GB 15618　土壤环境质量　农用地土壤污染风险管控标准（试行）

T/CACM 1374.1—2021　中药材规范化生产技术规程通则　植物药材

《中华人民共和国药典》2020 版

3　术语和定义

T/CACM 1374.1—2021 界定的以及下列术语和定义适用于本文件。

3.1　规范化生产　good agricultural practice

按照《中药材生产质量管理规范》（简称中药材 GAP）的要求,实施药材生产,保证中药材优质安全的生产过程。

3.2　技术规程　code of practice

为实现中药材生产顺利、有序进行,保证中药材生产质量,对中药材生产的基地选址、种子种苗、种植或野生抚育、采收与产地初加工以及包装、放行与贮运等,所做的技术规定和要求,是实施中药材规范生产的核心技术要求和实施指南。

3.3　浙麦冬　Ophiopogonis Radix

百合科植物麦冬 *Ophiopogon japonicus*（L. f）Ker-Gawl. 的干燥块根。

产自浙江省适宜生态区的道地药材,生长周期为三年,基源植物为百合科沿阶草属植物麦冬 *Ophiopogon japonicus*（L. f）Ker-Gawl.。药材性状呈纺锤形半透明体,表面黄白色或淡黄色,质柔韧,断面黄白色,半透明,中柱细小。气微香,味甘、微苦。

3.4 叶宽 leaf width

叶片上与主脉垂直方向上的最宽处。

3.5 苗高 seedling height

从苗的叶基至叶端的长度。

3.6 茎粗 stem diameter

茎的最大直径。

3.7 苗基 the base of seedling

指麦冬苗靠近茎部的叶基部分。

3.8 养苗 temporary planting seedling

保养麦冬苗。养苗可分为两种,一种是在种苗未切苗前,在田间垄上挖浅沟,沟宽 30cm,沟深 15cm,将种苗丛置于沟中,周围用沟土覆盖即可;另一种是将切好的种苗竖放在荫蔽处,四周覆土保护进行养苗,以备栽种。

4 麦冬(浙麦冬)规范化生产流程图

麦冬(浙麦冬)规范化生产流程见图 1。

麦冬(浙麦冬)规范化生产流程:　　　　　关键控制点及参数:

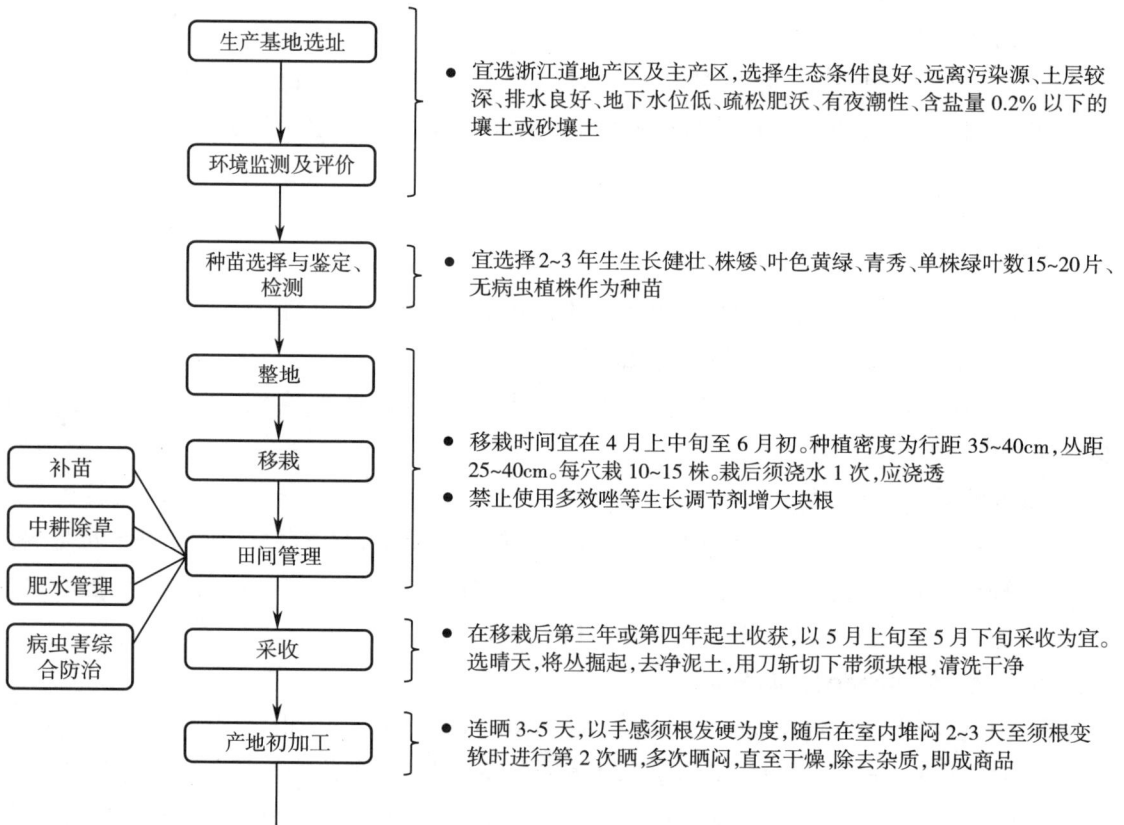

- 宜选浙江道地产区及主产区,选择生态条件良好、远离污染源、土层较深、排水良好、地下水位低、疏松肥沃、有夜潮性、含盐量 0.2% 以下的壤土或砂壤土

- 宜选择 2~3 年生生长健壮、株矮、叶色黄绿、青秀、单株绿叶数 15~20 片、无病虫植株作为种苗

- 移栽时间宜在 4 月上中旬至 6 月初。种植密度为行距 35~40cm,丛距 25~40cm。每穴栽 10~15 株。栽后须浇水 1 次,应浇透
- 禁止使用多效唑等生长调节剂增大块根

- 在移栽后第三年或第四年起土收获,以 5 月上旬至 5 月下旬采收为宜。选晴天,将丛掘起,去净泥土,用刀斩切下带须块根,清洗干净

- 连晒 3~5 天,以手感须根发硬为度,随后在室内堆闷 2~3 天至须根变软时进行第 2 次晒,多次晒闷,直至干燥,除去杂质,即成商品

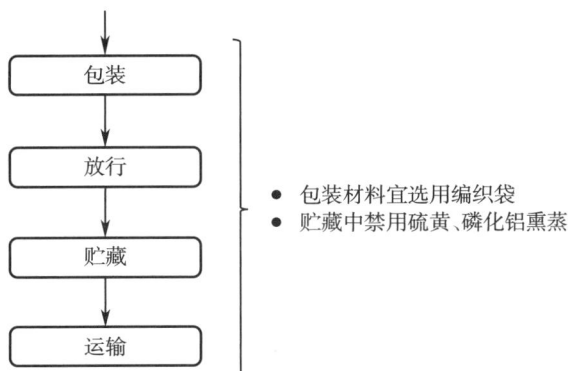

图 1　麦冬（浙麦冬）规范化生产流程图

5　麦冬（浙麦冬）规范化生产技术

5.1　生产基地选址

5.1.1　产地选择

浙麦冬的道地产区在浙江慈溪、余姚等生态适宜区，主产区在慈溪、三门等地。慈溪麦冬地理标志产品（AGI2019-02-2606）生产地在慈溪市所辖崇寿镇、胜山镇、新浦镇、庵东镇、坎墩街道、现代农业开发区，共计 5 个镇（街道）、1 个开发区、44 个行政村。地理坐标为东经 121°10'~121°24'，北纬 30°16'~30°20'。慈溪麦冬生产区域光照较足，年日照时数在 2 100 小时以上，年平均气温 16.3℃，无霜期 243 天，10℃以上活动积温平均为 5 150℃，年平均降水量 1 325mm。

5.1.2　选地整地

选择生态条件良好、远离污染源、土层较深、排水良好、地下水位低、疏松肥沃、有夜潮性、含盐量 0.2% 以下的壤土或砂质壤土。生产基地的空气质量应符合 GB 3095 规定的环境空气质量标准，灌溉水质量应符合 GB 5084 规定的农田灌溉水质标准，土壤质量应符合 GB 15618 的规定。整平耙细，施入适量有机肥及化肥。

5.2　种质与种苗

5.2.1　种质选择

使用百合科植物麦冬 *Ophiopogon japonicus*（L. f）Ker-Gawl.，物种须经过鉴定。如使用农家品种或选育品种应明确。

5.2.2　种苗质量

应选择 2~3 年生生长健壮，株矮，叶色黄绿，青秀，单株绿叶数 15~20 片，根系发达，根茎粗 0.5~0.8cm，块根多而大，饱满的无病虫植株作为留种苗。

将选好的留种苗从基部剪下老根茎基，留下长 2~3cm 的茎基，以根茎断面出现白色放射菊花心、叶片不散开为度，同时将叶片长度剪至 15~20cm，再"十"字或"米"形切开分成（4~6 个）种植小丛，每小丛留苗 10~15 个单株。

5.3　种苗繁育

5.3.1　选种

麦冬种苗以麦冬采收时割去块根的植株作为种苗来源。选取茎粗在 0.60cm 以上、苗基硬且粗壮,中间稍松、苗长在 26cm 以下、单株绿叶数在 15 片以上、叶色深绿的作为备选苗。

5.3.2　切苗

将选好的种苗从基部剪下叶基和老根茎基,留下长 2~3cm 的茎基,以根茎断面出现白色放射菊花心、叶片不散开为度,同时将叶片长度剪至 15~20cm,再 "十" 字或 "米" 形切开分成(4~6 个)种植小丛,每小丛留苗 10~15 个单株。竖放在荫蔽处,四周覆土保护进行养苗,以备栽种。

5.3.3　养苗

如未能及时移栽,必须进行 "养苗"。养苗可分为两种。一种是在种苗未切苗前,在田间垄上挖浅沟,沟宽 30cm,沟深 15cm,将种苗丛置于沟中,周围用沟土覆盖即可。另一种是将切好的种苗竖放在荫蔽处,四周覆土保护进行养苗,以备栽种。

5.4　种植

5.4.1　整地

整平耙细,起沟作畦,阔畦宽 180~200cm,窄畦宽 120~130cm,畦间沟宽 25~30cm,沟深 20~25cm。将厢面整成瓦背形。

5.4.2　移栽时间

移栽时间宜在 4 月上中旬至 6 月初。

5.4.3　栽种密度

种植密度以行距 35~40cm,丛距 25~40cm。

5.4.4　栽种方法

采用边开穴边栽苗的方法,将苗垂直放入穴内 3~5cm 深,然后两边用土踩紧,苗应稳固直立土中,做到地平苗正。每穴栽 10~15 株。栽后须浇水 1 次,应浇透。

5.4.5　补苗

栽种后对于未成活的种苗,于 9 月补苗,补苗后及时浇水定根,补苗工作应在 9 月底之前完成。

5.4.6　中耕除草

结合施肥、松土进行除草,松土深 2~5cm。

5.4.7　水分管理

移栽后及夏秋季、遇干旱天气,及时浇水抗旱。遇多雨季节,立即清沟排除积水。

5.4.8　施肥

根据药材的生长、土壤肥力等进行施肥。结合深耕,每亩(1 亩 ≈ 666.7m² ,下文同)施 1 500~2 000kg 的农家肥和过磷酸钙 50kg 铺施畦面作基肥,深耕 25~35cm,耙细整平。

移栽当年,5 月下旬至 6 月初,每亩浇施尿素 5kg;9 月中下旬,每亩浇施氮磷钾复合肥 20~30kg。

移栽后第二、三年,每年施肥 3 次。第一次在 2 月下旬至 3 月初,每亩浇施尿素 5~7.5kg 加过磷酸钙 20kg。第二次在 8 月下旬,每亩浇施尿素 5~7.5kg 加硫酸钾 10~15kg。第三次在 9 月中下旬,每亩浇施氮磷钾复合肥 30~50kg。

禁止使用多效唑、膨大素等生长调节剂增大麦冬(浙麦冬)块根。

5.4.9 病虫害防治

浙麦冬主要病害有黑斑病、炭疽病和根结线虫病。主要虫害有蛴螬、蝼蛄等。

遵循"预防为主、综合防治"的植保方针,从整个生态系统出发,综合运用各种防治措施,创造不利于病虫害发生和有利于各类天敌繁衍的环境条件,保持生态系统的平衡和生物的多样性,将各类病虫害控制在经济阈值以下,将农药残留降低到规定标准范围内。使用化学农药应严格按照产品说明书,收获前 30 天停止使用。

农业防治:采用与水稻、小麦等轮作模式,及时清沟排水、拔除病株、摘除病叶,人工捕杀地下害虫等。

化学防治:应当符合国家有关规定;优先选用高效、低毒的生物农药;尽量避免使用除草剂、杀虫剂和杀菌剂等化学农药;不使用禁限用农药,主要病虫害防治参考方法见附录 B。

5.5 采收

在移栽后第三年或第四年起土收获,以 5 月上旬至 5 月下旬采收为宜。选晴天,将丛掘起,去净泥土,用刀斩切下带须块根,用水清洗干净。清洗用水应符合 GB 5749《生活饮用水卫生标准》的规定。

5.6 产地初加工

将洗净的块根薄摊在塑料网片或水泥晒场上,在烈日下暴晒,上、下午各翻动 1 次。连晒 3~5 天,以手感须根发硬为度,随后在室内堆闷 2~3 天至须根变软时进行第 2 次晒,连晒 3~4 天,至须根发硬再按上法堆闷待须根再次发软时,进行第 3 次晒,以须根发脆为度,再堆闷至须根再次发软,将两端的须根剪下,留有须根长度不得过 0.5cm,后再复晒 1 次至干燥,除去杂质,即成商品。

加工干燥过程保证场地、工具洁净,不受雨淋等。

5.7 包装、放行、贮运技术规程

5.7.1 包装技术规程

包装前应对每批药材按照相应标准进行质量检验。符合相关标准的药材,采用不影响质量的麻袋、纸箱等包装,禁止采用包装过肥料、农药等的包装袋包装。包装外贴或挂标签、合格证,标识牌内容应有品种、基源、产地、批号、规格、重量、采收日期、企业名称等,并有追溯码。

5.7.2 放行

应制定符合企业实际情况的放行制度,有审核、批准、生产、检验等的相关记录。不合格药材有单独处理制度。

5.7.3 贮运技术规程

应贮存于阴凉干燥处,定期检查,防止虫蛀、霉变、腐烂、泛油等发生。仓库控制温度在 10℃ 以下、相对湿度 75% 以下;不同批次、等级药材分区存放;建有定期检查制度。禁用硫黄、磷化铝熏蒸。也可采用现代气调贮藏方法,包装或库内充氮或二氧化碳。

运输应防止发生混淆、污染、异物混入、包装破损、雨雪淋湿等。

附　录　A

（规范性）

禁限用农药名单

A.1　禁止（停止）使用的农药（46种）

六六六、滴滴涕、毒杀芬、二溴氯丙烷、杀虫脒、二溴乙烷、除草醚、艾氏剂、狄氏剂、汞制剂、砷类、铅类、敌枯双、氟乙酰胺、甘氟、毒鼠强、氟乙酸钠、毒鼠硅、甲胺磷、对硫磷、甲基对硫磷、久效磷、磷胺、苯线磷、地虫硫磷、甲基硫环磷、磷化钙、磷化镁、磷化锌、硫线磷、蝇毒磷、治螟磷、特丁硫磷、氯磺隆、胺苯磺隆、甲磺隆、福美胂、福美甲胂、三氯杀螨醇、林丹、硫丹、溴甲烷、氟虫胺、杀扑磷、百草枯、2,4-滴丁酯。

注：氟虫胺自2020年1月1日起禁止使用。百草枯可溶胶剂自2020年9月26日起禁止使用。2,4-滴丁酯自2023年1月29日起禁止使用。溴甲烷可用于"检疫熏蒸处理"。杀扑磷已无制剂登记。

A.2　在部分范围禁止使用的农药（20种）

部分范围禁止使用的农药应注意药食同源中药材及来自其他作物的中药材。部分范围禁止使用的农药见表A.1。

表A.1　部分范围禁止使用的农药

通用名	禁止使用范围
甲拌磷、甲基异柳磷、克百威、水胺硫磷、氧乐果、灭多威、涕灭威、灭线磷	禁止在蔬菜、瓜果、茶叶、菌类、中草药材上使用,禁止用于防治卫生害虫,禁止用于水生植物的病虫害防治
甲拌磷、甲基异柳磷、克百威	禁止在甘蔗作物上使用
内吸磷、硫环磷、氯唑磷	禁止在蔬菜、瓜果、茶叶、中草药材上使用
乙酰甲胺磷、丁硫克百威、乐果	禁止在蔬菜、瓜果、茶叶、菌类和中草药材上使用
毒死蜱、三唑磷	禁止在蔬菜上使用
丁酰肼（比久）	禁止在花生上使用
氰戊菊酯	禁止在茶叶上使用
氟虫腈	禁止在所有农作物上使用（玉米等部分旱田种子包衣除外）
氟苯虫酰胺	禁止在水稻上使用

A.3　说明

本附录的内容来自2019年中华人民共和国农业农村部发布的《禁限用农药名录》（http://www.zzys.moa.gov.cn/gzdt/201911/t20191129_6332604.htm）。

附 录 B

（资料性）

麦冬（浙麦冬）常见病虫害防治的参考方法

麦冬（浙麦冬）常见病虫害防治的参考方法见表 B.1。

表 B.1　麦冬（浙麦冬）常见病虫害防治的参考方法

病虫害名称	病原或害虫种类	危害症状	推荐防治方法
黑斑病	丛梗孢目，黑色菌科真菌 *Alternaria* sp.	4 月中旬开始发病，发病初期叶尖开始发黄，逐渐向叶基蔓延，并出现青、白、黄等不同颜色的水渍状病斑，后期叶片全部发黄枯死	多菌灵，或代森锰锌，或甲基硫菌灵浇根，按照农药标签使用
炭疽病	*Vermicularia ophiopogonis*	10—11 月发生，叶上发病，病斑近圆形，褐色，几个病斑融合时引起叶片成段枯死。为害根部造成块根腐烂	吡唑醚菌酯乳油灌根，按照农药标签使用
蛴螬	鞘翅目金龟甲总科	8—10 月发生，被害植株叶变黄色，严重的逐渐枯死	最好与水稻、小麦等轮作；晶体敌百虫浇灌或每亩用敌百虫 75~100g 加茶籽饼 4~6kg 诱杀，或用辛硫磷乳油浇灌，按照农药标签使用
东方蝼蛄	*Gryllotalpa africana* Palisot de Beauvois.	成虫和若虫咬苗断根，在土壤中掘隧道（土洞），造成缺苗，被害处常呈麻丝状	最好与水稻、小麦等轮作；晶体敌百虫浇灌，按照农药标签使用

参考文献

[1] 国家药典委员会.中华人民共和国药典:2020年版一部[M].北京:中国医药科技出版社,2020.

[2] 李正,陈勇,马临科,等.浙麦冬质量标准的制定及探讨[J].中国现代应用药学,2016,33(6):795-799.

[3] 徐建中,李振丰,俞旭平,等.浙麦冬不同生长周期及不同采收期研究[J].中国现代中药,2014,16(6):466-468.

[4] 李振丰,徐建中,王治,等.浙麦冬产地加工不同干燥方法研究[J].中国现代中药,2016,18(12):1624-1627.

[5] 李敬安,张兴国,张琨,等.生态环境对麦冬种质资源影响的研究[J].安徽农业科学,2008(19):8129-8130.

[6] 刘玉洋,卢江杰,王慧中,等.浙麦冬主产区种质资源遗传多样性评价[J].浙江农业科学,2017,58(12:2146-2149.

[7] 杨星勇,刘先齐.川麦冬蛴螬优势种生物学特性及危害规律研究[J].中国中药杂志,1999,24(3):143-145.

[8] 陈兴福,刘岁荣,丁德蓉,等.麦冬营养生理研究[J].中国中药杂志,1998(3):14-17.

[9] 韦波,刘先齐,胡周强,等.危害川麦冬的蛴螬种类研究初报[J].中药材,1997(5):222-223.

[10] 韩敏晖,许文东,高长达,等.麦冬二年栽培的适宜密度组合[J].中药材,1995(8):381-383.

[11] 任国兰,时向阳,龚长武,等.麦冬炭疽病菌及其生物学特性研究[J].河南农业大学学报,1995(3):228-233.

[12] 韩敏晖,许文东,张松强,等.麦冬适宜移栽期试验[J].中药材,1994(8):3-5.

[13] 赵训传,许文东,陈建钢.麦冬块根形成过程的研究[J].中药材,1994(3):3-6.

[14] 胡嗣渊,赵训传,陆宏.氮钾肥配施对麦冬产量和养分吸收的影响[J].中药材,1994(5):3-5.

[15] 马国佐.麦冬营养器官的相关关系[J].西南科技大学学报(哲学社会科学版),1993(1):22-24.

附录

一、《中药材生产质量管理规范》
(国家药品监督管理局　2022 年第 22 号)

索引号	FGWJ-2022-191	主题分类	法规文件 / 规范性文件
标题	国家药监局 农业农村部 国家林草局 国家中医药局关于发布《中药材生产质量管理规范》的公告（2022年第22号）		
发布日期	2022-03-17		

请参见国家药品监督管理局官方网站发布的信息。

二、《中药材 GAP 实施技术指导原则》
和《中药材 GAP 检查指南》

请参见国家药品监督管理局食品药品审核查验中心 / 国家疫苗检查中心官方网站发布的信息。

附件：

ICS 13.040.20

Z 50

中华人民共和国国家标准

GB 3095—2012

代替 GB 3095—1996 GB 9137—88

环境空气质量标准

Ambient air quality standards

2012-02-29 发布

2016-01-01 实施

环 境 保 护 部
国家质量监督检验检疫总局 发布

目　次

前言·· 991

1　适用范围·· 992

2　规范性引用文件··· 992

3　术语和定义··· 992

4　环境空气功能区分类和质量要求··· 993

5　监测··· 995

6　数据统计的有效性规定·· 996

7　实施与监督··· 997

附录 A（资料性附录）　环境空气中镉、汞、砷、六价铬和氟化物参考浓度限值·········· 999

前　　言

为贯彻《中华人民共和国环境保护法》和《中华人民共和国大气污染防治法》,保护和改善生活环境、生态环境,保障人体健康,制定本标准。

本标准规定了环境空气功能区分类、标准分级、污染物项目、平均时间及浓度限值、监测方法、数据统计的有效性规定及实施与监督等内容。各省、自治区、直辖市人民政府对本标准中未作规定的污染物项目,可以制定地方环境空气质量标准。

本标准中的污染物浓度均为质量浓度。

本标准首次发布于1982年。1996年第一次修订,2000年第二次修订,本次为第三次修订。本标准将根据国家经济社会发展状况和环境保护要求适时修订。

本次修订的主要内容:

——调整了环境空气功能区分类,将三类区并入二类区。

——增设了颗粒物(粒径小于等于2.5μm)浓度限值和臭氧8小时平均浓度限值。

——调整了颗粒物(粒径小于等于10μm)、二氧化氮、铅和苯并[a]芘等的浓度限值。

——调整了数据统计的有效性规定。

自本标准实施之日起,《环境空气质量标准》(GB 3095—1996)、《〈环境空气质量标准〉(GB 3095—1996)修改单》(环发〔2000〕1号)和《保护农作物的大气污染物最高允许浓度》(GB 9137—88)废止。

本标准附录A为资料性附录,为各省级人民政府制定地方环境空气质量标准提供参考。

本标准由环境保护部科技标准司组织制订。

本标准主要起草单位:中国环境科学研究院、中国环境监测总站。

本标准环境保护部2012年2月29日批准。

本标准由环境保护部解释。

环境空气质量标准

1 适用范围

本标准规定了环境空气功能区分类、标准分级、污染物项目、平均时间及浓度限值、监测方法、数据统计的有效性规定及实施与监督等内容。

本标准适用于环境空气质量评价与管理。

2 规范性引用文件

本标准引用下列文件或其中的条款。凡是不注明日期的引用文件,其最新版本适用于本标准。

GB 8971　空气质量　飘尘中苯并[a]芘的测定　乙酰化滤纸层析荧光分光光度法

GB 9801　空气质量　一氧化碳的测定　非分散红外法

GB/T 15264　环境空气　铅的测定　火焰原子吸收分光光度法

GB/T 15432　环境空气　总悬浮颗粒物的测定　重量法

GB/T 15439　环境空气　苯并[a]芘的测定　高效液相色谱法

HJ 479　环境空气　氮氧化物(一氧化氮和二氧化氮)的测定　盐酸萘乙二胺分光光度法

HJ 482　环境空气　二氧化硫的测定　甲醛吸收-副玫瑰苯胺分光光度法

HJ 483　环境空气　二氧化硫的测定　四氯汞盐吸收-副玫瑰苯胺分光光度法

HJ 504　环境空气　臭氧的测定　靛蓝二磺酸钠分光光度法

HJ 539　环境空气　铅的测定　石墨炉原子吸收分光光度法(暂行)

HJ 590　环境空气　臭氧的测定　紫外光度法

HJ 618　环境空气　PM_{10}和$PM_{2.5}$的测定　重量法

HJ 630　环境监测质量管理技术导则

HJ/T 193　环境空气质量自动监测技术规范

HJ/T 194　环境空气质量手工监测技术规范

《环境空气质量监测规范(试行)》(国家环境保护总局公告　2007年第4号)

《关于推进大气污染联防联控工作改善区域空气质量的指导意见》(国办发〔2010〕33号)

3 术语和定义

下列术语和定义适用于本标准。

3.1　环境空气　ambient air

指人群、植物、动物和建筑物所暴露的室外空气。

3.2　总悬浮颗粒物　total suspended particle（TSP）

指环境空气中空气动力学当量直径小于等于 100μm 的颗粒物。

3.3　颗粒物（粒径小于等于 10μm）　particulate matter（PM_{10}）

指环境空气中空气动力学当量直径小于等于 10μm 的颗粒物，也称可吸入颗粒物。

3.4　颗粒物（粒径小于等于 2.5μm）　particulate matter（$PM_{2.5}$）

指环境空气中空气动力学当量直径小于等于 2.5μm 的颗粒物，也称细颗粒物。

3.5　铅　lead

指存在于总悬浮颗粒物中的铅及其化合物。

3.6　苯并[a]芘　benzo[a]pyrene（BaP）

指存在于颗粒物（粒径小于等于 10μm）中的苯并[a]芘。

3.7　氟化物　fluoride

指以气态和颗粒态形式存在的无机氟化物。

3.8　1 小时平均　1-hour average

指任何 1 小时污染物浓度的算术平均值。

3.9　8 小时平均　8-hour average

指连续 8 小时平均浓度的算术平均值，也称 8 小时滑动平均。

3.10　24 小时平均　24-hour average

指一个自然日 24 小时平均浓度的算术平均值，也称为日平均。

3.11　月平均　monthly average

指一个日历月内各日平均浓度的算术平均值。

3.12　季平均　quarterly average

指一个日历季内各日平均浓度的算术平均值。

3.13　年平均　annual mean

指一个日历年内各日平均浓度的算术平均值。

3.14　标准状态　standard state

指温度为 273K，压力为 101.325kPa 时的状态。本标准中的污染物浓度均为标准状态下的浓度。

4　环境空气功能区分类和质量要求

4.1　环境空气功能区分类

环境空气功能区分为二类：一类区为自然保护区、风景名胜区和其他需要特殊保护的区域；二类区为居住区、商业交通居民混合区、文化区、工业区和农村地区。

4.2 环境空气功能区质量要求

一类区适用一级浓度限值,二类区适用二级浓度限值。一、二类环境空气功能区质量要求见表1和表2。

表 1 环境空气污染物基本项目浓度限值

序号	污染物项目	平均时间	浓度限值		单位
			一级	二级	
1	二氧化硫（SO_2）	年平均	20	60	$\mu g/m^3$
		24 小时平均	50	150	
		1 小时平均	150	500	
2	二氧化氮（NO_2）	年平均	40	40	
		24 小时平均	80	80	
		1 小时平均	200	200	
3	一氧化碳（CO）	24 小时平均	4	4	mg/m^3
		1 小时平均	10	10	
4	臭氧（O_3）	日最大 8 小时平均	100	160	$\mu g/m^3$
		1 小时平均	160	200	
5	颗粒物（粒径小于等于 10μm）	年平均	40	70	
		24 小时平均	50	150	
6	颗粒物（粒径小于等于 2.5μm）	年平均	15	35	
		24 小时平均	35	75	

表 2 环境空气污染物其他项目浓度限值

序号	污染物项目	平均时间	浓度限值		单位
			一级	二级	
1	总悬浮颗粒物（TSP）	年平均	80	200	$\mu g/m^3$
		24 小时平均	120	300	
2	氮氧化物（NO_x）	年平均	50	50	
		24 小时平均	100	100	
		1 小时平均	250	250	

续表

序号	污染物项目	平均时间	浓度限值		单位
			一级	二级	
3	铅（Pb）	年平均	0.5	0.5	μg/m³
		季平均	1	1	
4	苯并［a］芘（BaP）	年平均	0.001	0.001	
		24 小时平均	0.002 5	0.002 5	

4.3 本标准自 2016 年 1 月 1 日起在全国实施。基本项目（表 1）在全国范围内实施；其他项目（表 2）由国务院环境保护行政主管部门或者省级人民政府根据实际情况，确定具体实施方式。

4.4 在全国实施本标准之前，国务院环境保护行政主管部门可根据《关于推进大气污染联防联控工作改善区域空气质量的指导意见》等文件要求指定部分地区提前实施本标准，具体实施方案（包括地域范围、时间等）另行公告；各省级人民政府也可根据实际情况和当地环境保护的需要提前实施本标准。

5 监测

环境空气质量监测工作应按照《环境空气质量监测规范（试行）》等规范性文件的要求进行。

5.1 监测点位布设

表 1 和表 2 中环境空气污染物监测点位的设置，应按照《环境空气质量监测规范（试行）》中的要求执行。

5.2 样品采集

环境空气质量监测中的采样环境、采样高度及采样频率等要求，按 HJ/T 193 或 HJ/T 194 的要求执行。

5.3 分析方法

应按表 3 的要求，采用相应的方法分析各项污染物的浓度。

表 3　各项污染物分析方法

序号	污染物项目	手工分析方法		自动分析方法
		分析方法	标准编号	
1	二氧化硫（SO₂）	环境空气　二氧化硫的测定　甲醛吸收 - 副玫瑰苯胺分光光度法	HJ 482	紫外荧光法、差分吸收光谱分析法
		环境空气　二氧化硫的测定　四氯汞盐吸收 - 副玫瑰苯胺分光光度法	HJ 483	

续表

序号	污染物项目	手工分析方法		自动分析方法
		分析方法	标准编号	
2	二氧化氮（NO₂）	环境空气 氮氧化物（一氧化氮和二氧化氮）的测定 盐酸萘乙二胺分光光度法	HJ 479	化学发光法、差分吸收光谱分析法
3	一氧化碳（CO）	空气质量 一氧化碳的测定 非分散红外法	GB 9801	气体滤波相关红外吸收法、非分散红外吸收法
4	臭氧（O₃）	环境空气 臭氧的测定 靛蓝二磺酸钠分光光度法	HJ 504	紫外荧光法、差分吸收光谱分析法
		环境空气 臭氧的测定 紫外光度法	HJ 590	
5	颗粒物（粒径小于等于10μm）	环境空气 PM₁₀和PM₂.₅的测定 重量法	HJ 618	微量振荡天平法、β射线法
6	颗粒物（粒径小于等于2.5μm）	环境空气 PM₁₀和PM₂.₅的测定 重量法	HJ 618	微量振荡天平法、β射线法
7	总悬浮颗粒物（TSP）	环境空气 总悬浮颗粒物的测定 重量法	GB/T 15432	—
8	氮氧化物（NOₓ）	环境空气 氮氧化物（一氧化氮和二氧化氮）的测定 盐酸萘乙二胺分光光度法	HJ 479	化学发光法、差分吸收光谱分析法
9	铅（Pb）	环境空气 铅的测定 石墨炉原子吸收分光光度法（暂行）	HJ 539	—
		环境空气 铅的测定 火焰原子吸收分光光度法	GB/T 15264	—
10	苯并[a]芘（BaP）	空气质量 飘尘中苯并[a]芘的测定 乙酰化滤纸层析荧光分光光度法	GB 8971	—
		环境空气 苯并[a]芘的测定 高效液相色谱法	GB/T 15439	—

6 数据统计的有效性规定

6.1 应采取措施保证监测数据的准确性、连续性和完整性，确保全面、客观地反映监测结果。

所有有效数据均应参加统计和评价,不得选择性地舍弃不利数据以及人为干预监测和评价结果。

6.2 采用自动监测设备监测时,监测仪器应全年 365 天(闰年 366 天)连续运行。在监测仪器校准、停电和设备故障,以及其他不可抗拒的因素导致不能获得连续监测数据时,应采取有效措施及时恢复。

6.3 异常值的判断和处理应符合 HJ 630 的规定。对于监测过程中缺失和删除的数据均应说明原因,并保留详细的原始数据记录,以备数据审核。

6.4 任何情况下,有效的污染物浓度数据均应符合表 4 中的最低要求,否则应视为无效数据。

表 4 污染物浓度数据有效性的最低要求

污染物项目	平均时间	数据有效性规定
二氧化硫(SO₂)、二氧化氮(NO₂)、颗粒物(粒径小于等于 10μm)、颗粒物(粒径小于等于 2.5μm)、氮氧化物(NOₓ)	年平均	每年至少有 324 个日平均浓度值 每月至少有 27 个日平均浓度值(二月至少有 25 个日平均浓度值)
二氧化硫(SO₂)、二氧化氮(NO₂)、一氧化碳(CO)、颗粒物(粒径小于等于 10μm)、颗粒物(粒径小于等于 2.5μm)、氮氧化物(NOₓ)	24 小时平均	每日至少有 20 个小时平均浓度值或采样时间
臭氧(O₃)	8 小时平均	每 8 小时至少有 6 小时平均浓度值
二氧化硫(SO₂)、二氧化氮(NO₂)、一氧化碳(CO)、臭氧(O₃)、氮氧化物(NOₓ)	1 小时平均	每小时至少有 45 分钟的采样时间
总悬浮颗粒物(TSP)、苯并[a]芘(BaP)、铅(Pb)	年平均	每年至少有分布均匀的 60 个日平均浓度值 每月至少有分布均匀的 5 个日平均浓度值
铅(Pb)	季平均	每季至少有分布均匀的 15 个日平均浓度值 每月至少有分布均匀的 5 个日平均浓度值
总悬浮颗粒物(TSP)、苯并[a]芘(BaP)、铅(Pb)	24 小时平均	每日应有 24 小时的采样时间

7 实施与监督

7.1 本标准由各级环境保护行政主管部门负责监督实施。

7.2 各类环境空气功能区的范围由县级以上(含县级)人民政府环境保护行政主管部门划

分,报本级人民政府批准实施。

7.3　按照《中华人民共和国大气污染防治法》的规定,未达到本标准的大气污染防治重点城市,应当按照国务院或者国务院环境保护行政主管部门规定的期限,达到本标准。该城市人民政府应当制定限期达标规划,并可以根据国务院的授权或者规定,采取更严格的措施,按期实现达标规划。

附 录 A

（资料性附录）
环境空气中镉、汞、砷、六价铬和氟化物参考浓度限值

污染物限值

各省级人民政府可根据当地环境保护的需要，针对环境污染的特点，对本标准中未规定的污染物项目制定并实施地方环境空气质量标准。以下为环境空气中部分污染物参考浓度限值。

表 A.1　环境空气中镉、汞、砷、六价铬和氟化物参考浓度限值

序号	污染物项目	平均时间	浓度（通量）限值		单位
			一级	二级	
1	镉（Cd）	年平均	0.005	0.005	μg/m³
2	汞（Hg）	年平均	0.05	0.05	
3	砷（As）	年平均	0.006	0.006	
4	六价铬［Cr（Ⅵ）］	年平均	0.000 025	0.000 025	
5	氟化物（F）	1 小时平均	20[①]	20[①]	
		24 小时平均	7[①]	7[①]	
		月平均	1.8[②]	3.0[③]	μg/（dm²·d）
		植物生长季平均	1.2[②]	2.0[①]	

注：①适用于城市地区；②适用于牧业区和以牧业为主的半农半牧区，蚕桑区；③适用于农业和林业区

ICS
Z

中华人民共和国国家标准

GB 15618—2018
代替 GB 15618—1995

土壤环境质量
农用地土壤污染风险管控标准
（试行）

Soil environmental quality
—Risk control standard for soil contamination of agricultural land
（发布稿）

2018-06-22 发布

2018-08-01 实施

生 态 环 境 部
国家市场监督管理总局　发布

目　次

前言···1002

1　适用范围··1003

2　规范性引用文件··1003

3　术语和定义···1003

4　农用地土壤污染风险筛选值··1004

5　农用地土壤污染风险管制值··1006

6　农用地土壤污染风险筛选值和管制值的使用·····································1006

7　监测要求··1006

8　实施与监督···1008

前　言

为贯彻落实《中华人民共和国环境保护法》,保护农用地土壤环境,管控农用地土壤污染风险,保障农产品质量安全、农作物正常生长和土壤生态环境,制定本标准。

本标准规定了农用地土壤污染风险筛选值和管制值,以及监测、实施与监督要求。

本标准于 1995 年首次发布,本次为第一次修订。

本次修订的主要内容:

——标准名称由《土壤环境质量标准》调整为《土壤环境质量　农用地土壤污染风险管控标准(试行)》。

——更新了规范性引用文件,增加了标准的术语和定义。

——规定了农用地土壤中镉、汞、砷、铅、铬、铜、镍、锌等基本项目,以及六六六、滴滴涕、苯并[a]芘等其他项目的风险筛选值。

——规定了农用地土壤中镉、汞、砷、铅、铬的风险管制值。

——更新了监测、实施与监督要求。

自本标准实施之日起,《土壤环境质量标准》(GB 15618—1995)废止。

本标准由生态环境部土壤环境管理司、科技标准司组织制订。

本标准主要起草单位:生态环境部南京环境科学研究所、中国科学院南京土壤研究所、中国农业科学院农业资源与农业区划研究所、中国环境科学研究院。

本标准生态环境部 2018 年 5 月 17 日批准。

本标准自 2018 年 8 月 1 日起实施。

本标准由生态环境部解释。

土壤环境质量
农用地土壤污染风险管控标准（试行）

1　适用范围

本标准规定了农用地土壤污染风险筛选值和管制值,以及监测、实施和监督要求。

本标准适用于耕地土壤污染风险筛查和分类。园地和牧草地可参照执行。

2　规范性引用文件

本标准内容引用了下列文件或其中的条款。凡是不注明日期的引用文件,其最新版本适用于本标准。

　　GB/T 14550　　土壤质量　六六六和滴滴涕的测定　气相色谱法

　　GB/T 17136　　土壤质量　总汞的测定　冷原子吸收分光光度法

　　GB/T 17138　　土壤质量　铜、锌的测定　火焰原子吸收分光光度法

　　GB/T 17139　　土壤质量　镍的测定　火焰原子吸收分光光度法

　　GB/T 17141　　土壤质量　铅、镉的测定　石墨炉原子吸收分光光度法

　　GB/T 21010　　土地利用现状分类

　　GB/T 22105　　土壤质量　总汞、总砷、总铅的测定　原子荧光法

　　HJ/T 166　　土壤环境监测技术规范

　　HJ 491　　土壤　总铬的测定　火焰原子吸收分光光度法

　　HJ 680　　土壤和沉积物　汞、砷、硒、铋、锑的测定　微波消解/原子荧光法

　　HJ 780　　土壤和沉积物　无机元素的测定　波长色散 X 射线荧光光谱法

　　HJ 784　　土壤和沉积物　多环芳烃的测定　高效液相色谱法

　　HJ 803　　土壤和沉积物　12 种金属元素的测定　王水提取 - 电感耦合等离子体质谱法

　　HJ 805　　土壤和沉积物　多环芳烃的测定　气相色谱 - 质谱法

　　HJ 834　　土壤和沉积物　半挥发性有机物的测定　气相色谱 - 质谱法

　　HJ 835　　土壤和沉积物　有机氯农药的测定　气相色谱 - 质谱法

　　HJ 921　　土壤和沉积物　有机氯农药的测定　气相色谱法

　　HJ 923　　土壤和沉积物　总汞的测定　催化热解 - 冷原子吸收分光光度法

3　术语和定义

下列术语和定义适用于本标准。

3.1 土壤 soil

指位于陆地表层能够生长植物的疏松多孔物质层及其相关自然地理要素的综合体。

3.2 农用地 agricultural land

指 GB/T 21010 中的 01 耕地（0101 水田、0102 水浇地、0103 旱地）、02 园地（0201 果园、0202 茶园）和 04 草地（0401 天然牧草地、0403 人工牧草地）。

3.3 农用地土壤污染风险 soil contamination risk of agricultural land

指因土壤污染导致食用农产品质量安全、农作物生长或土壤生态环境受到不利影响。

3.4 农用地土壤污染风险筛选值 risk screening values for soil contamination of agricultural land

指农用地土壤中污染物含量等于或者低于该值的，对农产品质量安全、农作物生长或土壤生态环境的风险低，一般情况下可以忽略；超过该值的，对农产品质量安全、农作物生长或土壤生态环境可能存在风险，应当加强土壤环境监测和农产品协同监测，原则上应当采取安全利用措施。

3.5 农用地土壤污染风险管制值 risk intervention values for soil contamination of agricultural land

指农用地土壤中污染物含量超过该值的，食用农产品不符合质量安全标准等农用地土壤污染风险高，原则上应当采取严格管控措施。

4 农用地土壤污染风险筛选值

4.1 基本项目

农用地土壤污染风险筛选值的基本项目为必测项目，包括镉、汞、砷、铅、铬、铜、镍、锌，风险筛选值见表1。

表 1 农用地土壤污染风险筛选值（基本项目）

单位：mg/kg

序号	污染物项目[①②]		风险筛选值			
			pH≤5.5	5.5<pH≤6.5	6.5<pH≤7.5	pH>7.5
1	镉	水田	0.3	0.4	0.6	0.8
		其他	0.3	0.3	0.3	0.6
2	汞	水田	0.5	0.5	0.6	1.0
		其他	1.3	1.8	2.4	3.4
3	砷	水田	30	30	25	20
		其他	40	40	30	25

序号	污染物项目[①②]		风险筛选值			
			pH≤5.5	5.5<pH≤6.5	6.5<pH≤7.5	pH>7.5
4	铅	水田	80	100	l40	240
		其他	70	90	120	170
5	铬	水田	250	250	300	350
		其他	150	150	200	250
6	铜	果园	150	150	200	200
		其他	50	50	100	100
7	镍		60	70	100	190
8	锌		200	200	250	300

注：①重金属和类金属砷均按元素总量计。
②对于水旱轮作地，采用其中较严格的风险筛选值。

4.2 其他项目

4.2.1 农用地土壤污染风险筛选值的其他项目为选测项目，包括六六六、滴滴涕和苯并[a]芘，风险筛选值见表2。

4.2.2 其他项目由地方环境保护主管部门根据本地区土壤污染特点和环境管理需求进行选择。

表2 农用地土壤污染风险筛选值（其他项目）

单位：mg/kg

序号	污染物项目	风险筛选值
1	六六六总量[①]	0.10
2	滴滴涕总量[②]	0.10
3	苯并[a]芘	0.55

注：①六六六总量为 α- 六六六、β- 六六六、γ- 六六六、δ- 六六六四种异构体的含量总和。
②滴滴涕总量为 p,p'- 滴滴伊、p,p'- 滴滴滴、o,p'- 滴滴涕、p,p'- 滴滴涕四种衍生物的含量总和。

5 农用地土壤污染风险管制值

农用地土壤污染风险管制值项目包括镉、汞、砷、铅、铬,风险管制值见表3。

表3 农用地土壤污染风险管制值

单位:mg/kg

序号	污染物项目	风险管制值			
		pH≤5.5	5.5<pH≤6.5	6.5<pH≤7.5	pH>7.5
1	镉	1.5	2.0	3.0	4.0
2	汞	2.0	2.5	4.0	6.0
3	砷	200	150	120	100
4	铅	400	500	700	1 000
5	铬	800	850	1 000	1 300

6 农用地土壤污染风险筛选值和管制值的使用

6.1 当土壤中污染物含量等于或者低于表1和表2规定的风险筛选值时,农用地土壤污染风险低,一般情况下可以忽略;高于表1和表2规定的风险筛选值时,可能存在农用地土壤污染风险,应加强土壤环境监测和农产品协同监测。

6.2 当土壤中镉、汞、砷、铅、铬的含量高于表1规定的风险筛选值、等于或者低于表3规定的风险管制值时,可能存在食用农产品不符合质量安全标准等土壤污染风险,原则上应当采取农艺调控、替代种植等安全利用措施。

6.3 当土壤中镉、汞、砷、铅、铬的含量高于表3规定的风险管制值时,食用农产品不符合质量安全标准等农用地土壤污染风险高,且难以通过安全利用措施降低食用农产品不符合质量安全标准等农用地土壤污染风险,原则上应当采取禁止种植食用农产品、退耕还林等严格管控措施。

6.4 土壤环境质量类别划分应以本标准为基础,结合食用农产品协同监测结果,依据相关技术规定进行划定。

7 监测要求

7.1 监测点位和样品采集

农用地土壤污染调查监测点位布设和样品采集执行 HJ/T 166 等相关技术规定要求。

7.2 土壤污染物分析

土壤污染物分析方法按表4执行。

表 4　土壤污染物分析方法

序号	污染物项目	分析方法	标准编号
1	镉	土壤质量　铅、镉的测定　石墨炉原子吸收分光光度法	GB/T 17141
2	汞	土壤和沉积物　汞、砷、硒、铋、锑的测定　微波消解 / 原子荧光法	HJ 680
		土壤质量　总汞、总砷、总铅的测定　原子荧光法第 1 部分：土壤中总汞的测定	GB/T 22105.1
		土壤质量　总汞的测定　冷原子吸收分光光度法	GB/T 17136
		土壤和沉积物　总汞的测定　催化热解 - 冷原子吸收分光光度法	HJ 923
3	砷	土壤和沉积物　12 种金属元素的测定　王水提取 - 电感耦合等离子体质谱法	HJ 803
		土壤和沉积物　汞、砷、硒、铋、锑的测定　微波消解 / 原子荧光法	HJ 680
		土壤质量　总汞、总砷、总铅的测定　原子荧光法第 2 部分：土壤中总砷的测定	GB/T 22105.2
4	铅	土壤质量　铅、镉的测定　石墨炉原子吸收分光光度法	GB/T 17141
		土壤和沉积物　无机元素的测定　波长色散 X 射线荧光光谱法	HJ 780
5	铬	土壤　总铬的测定　火焰原子吸收分光光度法	HJ 491
		土壤和沉积物　无机元素的测定　波长色散 X 射线荧光光谱法	HJ 780
6	铜	土壤质量　铜、锌的测定　火焰原子吸收分光光度法	GB/T 17138
		土壤和沉积物　无机元素的测定　波长色散 X 射线荧光光谱法	HJ 780
7	镍	土壤质量　镍的测定　火焰原子吸收分光光度法	GB/T 17139
		土壤和沉积物　无机元素的测定　波长色散 X 射线荧光光谱法	HJ 780
8	锌	土壤质量　铜、锌的测定　火焰原子吸收分光光度法	GB/T 17138
		土壤和沉积物　无机元素的测定　波长色散 X 射线荧光光谱法	HJ 780
9	六六六总量	土壤和沉积物　有机氯农药的测定　气相色谱 - 质谱法	HJ 835
		土壤和沉积物　有机氯农药的测定　气相色谱法	HJ 921
		土壤质量　六六六和滴滴涕的测定　气相色谱法	GB/T 14550
10	滴滴涕总量	土壤和沉积物　有机氯农药的测定　气相色谱 - 质谱法	HJ 835
		土壤和沉积物　有机氯农药的测定　气相色谱法	HJ 921
		土壤质量　六六六和滴滴涕的测定　气相色谱法	GB/T 14550

序号	污染物项目	分析方法	标准编号
11	苯并[a]芘	土壤和沉积物　多环芳烃的测定　气相色谱 - 质谱法	HJ 805
		土壤和沉积物　多环芳烃的测定　高效液相色谱法	HJ 784
		土壤和沉积物　半挥发性有机物的测定　气相色谱 - 质谱法	HJ 834
12	pH	土壤 pH 值的测定　电位法	

8　实施与监督

本标准由各级生态环境主管部门会同农业农村等相关主管部门监督实施。

————————————

ISC 13.060.01

Z 51

中华人民共和国国家标准

GB 5084—2021

代替 GB 5084—2005、GB 22573—2008、GB 22574—2008

农田灌溉水质标准

Standard for irrigation water quality

2021-01-20 发布

2021-07-01 实施

生 态 环 境 部
国家市场监督管理总局 发布

目　次

前言……………………………………………………………………………………………… 1011

1　适用范围 ……………………………………………………………………………………… 1012

2　规范性引用文件 ……………………………………………………………………………… 1012

3　术语和定义 …………………………………………………………………………………… 1014

4　农田灌溉水质要求 …………………………………………………………………………… 1014

5　监测与分析方法 ……………………………………………………………………………… 1015

6　实施与监督 …………………………………………………………………………………… 1019

前　言

为贯彻《中华人民共和国环境保护法》《中华人民共和国土壤污染防治法》《中华人民共和国水污染防治法》，加强农田灌溉水质监管，保障耕地、地下水和农产品安全，制定本标准。

本标准规定了农田灌溉水质要求、监测和监督管理要求。

本标准于 1985 年首次发布，1992 年和 2005 年分别进行了 2 次修订，本次为第 3 次修订。本次修订的主要内容：

1. 修改了标准适用范围。

2. 更新了规范性引用文件。

3. 增加了农田灌溉用水、水田作物和旱地作物等术语与定义。

4. 增加了总镍、氯苯、1,2- 二氯苯、1,4- 二氯苯、硝基苯、甲苯、二甲苯、异丙苯、苯胺等 9 项农田灌溉水质选择控制项目限值。

5. 修改了对农田灌溉水质的监测要求。

6. 增加了标准的实施与监督规定。

自本标准实施之日起，《农田灌溉水质标准》（GB 5084—2005）、《灌溉水中氯苯、1,2- 二氯苯、1,4- 二氯苯、硝基苯限量》（GB 22573—2008）、《灌溉水中甲苯、二甲苯、异丙苯、苯酚和苯胺限量》（GB 22574—2008）废止。

本标准是农田灌溉水质的基本要求。省级人民政府对本标准未作规定的项目，可以制定地方农田灌溉水质标准；对本标准已作规定的项目，可以制定严于本标准的地方农田灌溉水质标准。地方农田灌溉水质标准应报国务院生态环境主管部门备案。

本标准由生态环境部土壤生态环境司、法规与标准司组织制订。

本标准主要起草单位：中国环境科学研究院、生态环境部南京环境科学研究所、生态环境部土壤与农业农村生态环境监管技术中心、农业农村部环境保护科研监测所。

本标准生态环境部 2021 年 1 月 9 日批准。

本标准自 2021 年 7 月 1 日起实施。

本标准由生态环境部解释。

农田灌溉水质标准

1 适用范围

本标准规定了农田灌溉水质要求、监测与分析方法和监督管理要求。

本标准适用于以地表水、地下水作为农田灌溉水源的水质监督管理。城镇污水（工业废水和医疗污水除外）以及未综合利用的畜禽养殖废水、农产品加工废水和农村生活污水进入农田灌溉渠道，其下游最近的灌溉取水点的水质按本标准进行监督管理。

2 规范性引用文件

本标准引用了下列文件或其中的条款。凡是注明日期的引用文件，仅注日期的版本适用于本标准。凡是未注日期的引用文件，其最新版本（包括所有的修改单）适用于本标准。

GB 7467　水质　六价铬的测定　二苯碳酰二肼分光光度法

GB 7475　水质　铜、锌、铅、镉的测定　原子吸收分光光度法

GB 7484　水质　氟化物的测定　离子选择电极法

GB 7494　水质　阴离子表面活性剂的测定　亚甲蓝分光光度法

GB 11889　水质　苯胺类化合物的测定 N-（1- 萘基）　乙二胺偶氮分光光度法

GB 11896　水质　氯化物的测定　硝酸银滴定法

GB 11901　水质　悬浮物的测定　重量法

GB 11912　水质　镍的测定　火焰原子吸收分光光度法

GB 13195　水质　水温的测定　温度计或颠倒温度计测定法

GB 20922　城市污水再生利用　农田灌溉用水水质

GB/T 15505　水质　硒的测定　石墨炉原子吸收分光光度法

GB/T 16489　水质　硫化物的测定　亚甲基蓝分光光度法

HJ/T 49　水质　硼的测定　姜黄素分光光度法

HJ/T 50　水质　三氯乙醛的测定　吡唑啉酮分光光度法

HJ/T 51　水质　全盐量的测定　重量法

HJ/T 74　水质　氯苯的测定　气相色谱法

HJ 84　水质　无机阴离子（F^-、Cl^-、NO_2^-、Br^-、NO_3^-、PO_4^{3-}、SO_3^{2-}、SO_4^{2-}）的测定　离子色谱法

HJ/T 200　水质　硫化物的测定　气相分子吸收光谱法

HJ/T 343　水质　氯化物的测定　硝酸汞滴定法（试行）

HJ 347.2　水质　粪大肠菌群的测定　多管发酵法

HJ/T 399　水质　化学需氧量的测定　快速消解分光光度法

HJ 484　水质　氰化物的测定　容量法和分光光度法

HJ 485　水质　铜的测定　二乙基二硫代氨基甲酸钠分光光度法

HJ 486　水质　铜的测定　2,9-二甲基 –1,10 菲啰啉分光光度法

HJ 487　水质　氟化物的测定　茜素磺酸锆目视比色法

HJ 488　水质　氟化物的测定　氟试剂分光光度法

HJ 503　水质　挥发酚的测定　4-氨基安替比林分光光度法

HJ 505　水质　五日生化需氧量（BOD_5）的测定　稀释与接种法

HJ 592　水质　硝基苯类化合物的测定　气相色谱法

HJ 597　水质　总汞的测定　冷原子吸收分光光度法

HJ 621　水质　氯苯类化合物的测定　气相色谱法

HJ 637　水质　石油类和动植物油类的测定　红外分光光度法

HJ 639　水质　挥发性有机物的测定　吹扫捕集 / 气相色谱 - 质谱法

HJ 648　水质　硝基苯类化合物的测定　液液萃取 / 固相萃取 - 气相色谱法

HJ 686　水质　挥发性有机物的测定　吹扫捕集 / 气相色谱法

HJ 694　水质　汞、砷、硒、铋和锑的测定　原子荧光法

HJ 700　水质　65 种元素的测定　电感耦合等离子体质谱法

HJ 716　水质　硝基苯类化合物的测定　气相色谱 - 质谱法

HJ 775　水质　蛔虫卵的测定　沉淀集卵法

HJ 776　水质　32 种元素的测定　电感耦合等离子体发射光谱法

HJ 806　水质　丙烯腈和丙烯醛的测定　吹扫捕集 / 气相色谱法

HJ 810　水质　挥发性有机物的测定　顶空 / 气相色谱 - 质谱法

HJ 811　水质　总硒的测定　3,3′-二氨基联苯胺分光光度法

HJ 822　水质　苯胺类化合物的测定　气相色谱 - 质谱法

HJ 823　水质　氰化物的测定　流动注射 - 分光光度法

HJ 824　水质　硫化物的测定　流动注射 - 亚甲基蓝分光光度法

HJ 825　水质　挥发酚的测定　流动注射 -4-氨基安替比林分光光度法

HJ 826　水质　阴离子表面活性剂的测定　流动注射 - 亚甲基蓝分光光度法

HJ 828　水质　化学需氧量的测定　重铬酸盐法

HJ 908　水质　六价铬的测定　流动注射 - 二苯碳酰二肼光度法

HJ 970　水质　石油类的测定　紫外分光光度法（试行）

HJ 1048　水质　17 种苯胺类化合物的测定　液相色谱 - 三重四极杆质谱法

HJ 1067　水质　苯系物的测定　顶空 / 气相色谱法

HJ 1147　水质　pH 值的测定　电极法

NY/T 396　农用水源环境质量监测技术规范

3 术语和定义

下列术语和定义适用于本标准。

3.1 农田灌溉用水 farmland irrigation water

为满足农作物生长需要，经人为输送，直接或通过渠道、管道供给农田的水。

3.2 水田作物 paddy field crops

适于水田淹水环境生长的农作物，如水稻等。

3.3 旱地作物 dry land crops

适于旱地、水浇地等非淹水环境生长的农作物，如小麦、玉米、棉花等。

4 农田灌溉水质要求

4.1 农田灌溉水质控制项目分为基本控制项目和选择控制项目。

4.1.1 基本控制项目为必测项目，应符合表 1 的规定。

4.1.2 选择控制项目由地方生态环境主管部门会同农业农村、水利等主管部门根据农田灌溉用水类型和作物种类要求选择执行，应符合表 2 的规定。

表 1 农田灌溉水质基本控制项目限值

序号	项目类别		作物种类		
			水田作物	旱地作物	蔬菜
1	pH 值		5.5~8.5		
2	水温 /℃	≤	35		
3	悬浮物 /（mg/L）	≤	80	100	60[a], 15[b]
4	五日生化需氧量（BOD_5）/（mg/L）	≤	60	100	40[a], 15[b]
5	化学需氧量（COD_{cr}）/（mg/L）	≤	150	200	100[a], 60[b]
6	阴离子表面活性剂 /（mg/L）	≤	5	8	5
7	氯化物（以 Cl^- 计）/（mg/L）	≤	350		
8	硫化物（以 S^{2-} 计）/（mg/L）	≤	1		
9	全盐量 /（mg/L）	≤	1 000（非盐碱土地区），2 000（盐碱土地区）		
10	总铅 /（mg/L）	≤	0.2		
11	总镉 /（mg/L）	≤	0.01		
12	铬（六价）/（mg/L）	≤	0.1		
13	总汞 /（mg/L）	≤	0.001		
14	总砷 /（mg/L）	≤	0.05	0.1	0.05
15	粪大肠菌群数 /（MPN/L）	≤	40 000	40 000	20 000[a], 10 000[b]
16	蛔虫卵数 /（个 /10L）	≤	20		20[a], 10[b]

[a] 加工、烹调及去皮蔬菜。
[b] 生食类蔬菜、瓜类和草本水果。

表2　农田灌溉水质选择控制项目限值

序号	项目类别		作物种类		
			水田作物	旱地作物	蔬菜
1	氰化物（以 CN⁻ 计）/（mg/L）	≤	0.5		
2	氟化物（以 F⁻ 计）/（mg/L）	≤	2（一般地区），3（高氟区）		
3	石油类 /（mg/L）	≤	5	10	1
4	挥发酚 /（mg/L）	≤	1		
5	总铜 /（mg/L）	≤	0.5	1	
6	总锌 /（mg/L）	≤	2		
7	总镍 /（mg/L）	≤	0.2		
8	硒 /（mg/L）	≤	0.02		
9	硼 /（mg/L）	≤	1[a], 2[b], 3[c]		
10	苯 /（mg/L）	≤	2.5		
11	甲苯 /（mg/L）	≤	0.7		
12	二甲苯 /（mg/L）	≤	0.5		
13	异丙苯 /（mg/L）	≤	0.25		
14	苯胺 /（mg/L）	≤	0.5		
15	三氯乙醛 /（mg/L）	≤	1	0.5	
16	丙烯醛 /（mg/L）	≤	0.5		
17	氯苯 /（mg/L）	≤	0.3		
18	1,2- 二氯苯 /（mg/L）	≤	1.0		
19	1,4- 二氯苯 /（mg/L）	≤	0.4		
20	硝基苯 /（mg/L）	≤	2.0		

[a] 对硼敏感作物，如黄瓜、豆类、马铃薯、笋瓜、韭菜、洋葱、柑橘等。
[b] 对硼耐受性较强的作物，如小麦、玉米、青椒、小白菜、葱等。
[c] 对硼耐受性强的作物，如水稻、萝卜、油菜、甘蓝等。

4.2　城镇污水处理厂再生水进行农田灌溉，同时应执行 GB 20922 的规定。

4.3　向农田灌溉渠道排放城镇污水以及未综合利用的畜禽养殖废水、农产品加工废水、农村生活污水，应保证其下游最近的灌溉取水点的水质符合本标准的要求。

5　监测与分析方法

5.1　监测

农田灌溉水质基本控制项目和选择控制项目的监测布点和采样方法应符合 NY/T 396 的要求，待农田灌溉水质监测技术规范发布实施后从其规定。

5.2 分析方法

本标准控制项目分析方法按表3执行。本标准发布实施后国家发布的监测标准,如适用性满足要求,同样适用于本标准相应控制项目的测定。

表 3 农田灌溉水质控制项目分析方法

序号	分析项目	标准名称	标准编号
1	pH 值	水质 pH 值的测定 电极法	HJ 1147
2	水温	水质 水温的测定 温度计或颠倒温度计测定法	GB 13195
3	悬浮物	水质 悬浮物的测定 重量法	GB 11901
4	五日生化需氧量（BOD$_5$）	水质 五日生化需氧量（BOD$_5$）的测定 稀释与接种法	HJ 505
5	化学需氧量（COD$_{Cr}$）	水质 化学需氧量的测定 快速消解分光光度法	HJ/T 399
		水质 化学需氧量的测定 重铬酸盐法	HJ 828
6	阴离子表面活性剂	水质 阴离子表面活性剂的测定 亚甲蓝分光光度法	GB 7494
		水质 阴离子表面活性剂的测定 流动注射-亚甲基蓝分光光度法	HJ 826
7	氯化物	水质 氯化物的测定 硝酸银滴定法	GB 11896
		水质 无机阴离子（F$^-$、Cl$^-$、NO$_2^-$、Br$^-$、NO$_3^-$、PO$_4^{3-}$、SO$_3^{2-}$、SO$_4^{2-}$）的测定 离子色谱法	HJ 84
		水质 氯化物的测定 硝酸汞滴定法（试行）	HJ/T 343
8	硫化物	水质 硫化物的测定 亚甲基蓝分光光度法	GB/T 16489
		水质 硫化物的测定 气相分子吸收光谱法	HJ/T 200
		水质 硫化物的测定 流动注射-亚甲基蓝分光光度法	HJ 824
9	全盐量	水质 全盐量的测定 重量法	HJ/T 51
10	总铅	水质 铜、锌、铅、镉的测定 原子吸收分光光度法	GB 7475
		水质 65 种元素的测定 电感耦合等离子体质谱法	HJ 700
		水质 32 种元素的测定 电感耦合等离子体发射光谱法	HJ 776
11	总镉	水质 65 种元素的测定 电感耦合等离子体质谱法	HJ 700
		水质 32 种元素的测定 电感耦合等离子体发射光谱法	HJ 776
12	铬（六价）	水质 六价铬的测定 二苯碳酰二肼分光光度法	GB 7467
		水质 六价铬的测定 流动注射-二苯碳酰二肼光度法	HJ 908

序号	分析项目	标准名称		标准编号
13	总汞	水质 总汞的测定 冷原子吸收分光光度法		HJ 597
		水质 汞、砷、硒、铋和锑的测定 原子荧光法		HJ 694
14	总砷	水质 汞、砷、硒、铋和锑的测定 原子荧光法		HJ 694
		水质 65 种元素的测定 电感耦合等离子体质谱法		HJ 700
15	总镍	水质 镍的测定 火焰原子吸收分光光度法		GB 11912
		水质 65 种元素的测定 电感耦合等离子体质谱法		HJ 700
		水质 32 种元素的测定 电感耦合等离子体发射光谱法		HJ 776
16	粪大肠菌群数	水质 粪大肠菌群的测定 多管发酵法		HJ 347.2
17	蛔虫卵数	水质 蛔虫卵的测定 沉淀集卵法		HJ 775
18	氰化物	水质 氰化物的测定 容量法和分光光度法		HJ 484
		水质 氰化物的测定 流动注射 - 分光光度法		HJ 823
19	氟化物	水质 氟化物的测定 离子选择电极法		GB 7484
		水质 无机阴离子（F^-、Cl^-、NO_2^-、Br^-、NO_3^-、PO_4^{3-}、SO_3^{2-}、SO_4^{2-}）的测定 离子色谱法		HJ 84
		水质 氟化物的测定 茜素磺酸锆目视比色法		HJ 487
		水质 氟化物的测定 氟试剂分光光度法		HJ 488
20	石油类	水质 石油类和动植物油类的测定 红外分光光度法		HJ 637
		水质 石油类的测定 紫外分光光度法（试行）		HJ 970
21	挥发酚	水质 挥发酚的测定 4- 氨基安替比林分光光度法		HJ 503
		水质 挥发酚的测定 流动注射 -4- 氨基安替比林分光光度法		HJ 825
22	硼	水质 硼的测定 姜黄素分光光度法		HJ/T 49
		水质 65 种元素的测定 电感耦合等离子体质谱法		HJ 700
23	总铜	水质 铜、锌、铅、镉的测定 原子吸收分光光度法		GB 7475
		水质 铜的测定 二乙基二硫代氨基甲酸钠分光光度法		HJ 485
		水质 铜的测定 2,9- 二甲基 -1,10 菲啰啉分光光度法		HJ 486
		水质 65 种元素的测定 电感耦合等离子体质谱法		HJ 700
		水质 32 种元素的测定 电感耦合等离子体发射光谱法		HJ 776

序号	分析项目	标准名称	标准编号
24	总锌	水质 铜、锌、铅、镉的测定 原子吸收分光光度法	GB 7475
		水质 65 种元素的测定 电感耦合等离子体质谱法	HJ 700
		水质 32 种元素的测定 电感耦合等离子体发射光谱法	HJ 776
25	硒	水质 硒的测定 石墨炉原子吸收分光光度法	GB/T 15505
		水质 汞、砷、硒、铋和锑的测定 原子荧光法	HJ 694
		水质 65 种元素的测定 电感耦合等离子体质谱法	HJ 700
		水质 总硒的测定 3,3'-二氨基联苯胺分光光度法	HJ 811
26	苯	水质 挥发性有机物的测定 吹扫捕集/气相色谱-质谱法	HJ 639
		水质 挥发性有机物的测定 吹扫捕集/气相色谱法	HJ 686
		水质 挥发性有机物的测定 顶空/气相色谱-质谱法	HJ 810
		水质 苯系物的测定 顶空/气相色谱法	HJ 1067
27	甲苯	水质 挥发性有机物的测定 吹扫捕集/气相色谱-质谱法	HJ 639
		水质 挥发性有机物的测定 吹扫捕集/气相色谱法	HJ 686
		水质 挥发性有机物的测定 顶空/气相色谱-质谱法	HJ 810
		水质 苯系物的测定 顶空/气相色谱法	HJ 1067
28	二甲苯	水质 挥发性有机物的测定 吹扫捕集/气相色谱-质谱法	HJ 639
		水质 挥发性有机物的测定 吹扫捕集/气相色谱法	HJ 686
		水质 挥发性有机物的测定 顶空/气相色谱-质谱法	HJ 810
		水质 苯系物的测定 顶空/气相色谱法	HJ 1067
29	异丙苯	水质 挥发性有机物的测定 吹扫捕集/气相色谱-质谱法	HJ 639
		水质 挥发性有机物的测定 吹扫捕集/气相色谱法	HJ 686
		水质 挥发性有机物的测定 顶空/气相色谱-质谱法	HJ 810
		水质 苯系物的测定 顶空/气相色谱法	HJ 1067
30	苯胺	水质 苯胺类化合物的测定 N-(1-萘基)乙二胺偶氮分光光度法	GB 11889
		水质 苯胺类化合物的测定 气相色谱-质谱法	HJ 822
		水质 17 种苯胺类化合物的测定 液相色谱-三重四极杆质谱法	HJ 1048

序号	分析项目	标准名称	标准编号
31	三氯乙醛	水质 三氯乙醛的测定 吡唑啉酮分光光度法	HJ/T 50
32	丙烯醛	水质 丙烯腈和丙烯醛的测定 吹扫捕集/气相色谱法	HJ 806
33	氯苯	水质 氯苯的测定 气相色谱法	HJ/T 74
		水质 氯苯类化合物的测定 气相色谱法	HJ 621
		水质 挥发性有机物的测定 吹扫捕集/气相色谱-质谱法	HJ 639
		水质 挥发性有机物的测定 顶空/气相色谱-质谱法	HJ 810
34	1,2-二氯苯	水质 氯苯类化合物的测定 气相色谱法	HJ 621
		水质 挥发性有机物的测定 吹扫捕集/气相色谱-质谱法	HJ 639
		水质 挥发性有机物的测定 顶空/气相色谱-质谱法	HJ 810
35	1,4-二氯苯	水质 氯苯类化合物的测定 气相色谱法	HJ 621
		水质 挥发性有机物的测定 气相色谱-质谱法	HJ 639
		水质 挥发性有机物的测定 顶空/气相色谱-质谱法	HJ 810
36	硝基苯	水质 硝基苯类化合物的测定 气相色谱法	HJ 592
		水质 硝基苯类化合物的测定 液液萃取/固相萃取-气相色谱法	HJ 648
		水质 硝基苯类化合物的测定 气相色谱-质谱法	HJ 716

6 实施与监督

本标准由各级人民政府生态环境主管部门会同农业农村、水利等相关主管部门监督与实施。

六、标准起草单位
（以单位首字笔画为序）

九州通集团九信（武汉）中药研究院有限公司

大同丽珠芪源药材有限公司

大兴安岭林格贝寒带生物科技有限公司

大理市林韵生物科技开发有限责任公司

万宁科健南药科技发展有限公司

万恒中药材种植有限公司

上药（宁夏）中药资源有限公司

上药（辽宁）中药资源有限公司

上海上药华宇药业有限公司

上海市药材有限公司

山东中平药业有限公司

山东中医药大学

山东农业大学

山东明源本草生物科技有限公司

山东省中医药研究院

山东省农业科学院

山东省农业科学院农产品研究所

山东省农业科学院经济作物研究所

山东省农业科学院药用植物研究中心

山西三和农产品开发有限公司

山西大学

山西大学中医药现代研究中心

山西大学分子科学研究所

山西北岳神耆生物科技有限公司

山西农业大学

山西农业大学（山西省农业科学院）经济作物研究所

山西医科大学药学院

山西国新晋药集团道地药材经营有限公司

山西药科职业学院

山西省农业科学院

山西省农业科学院园艺研究所

山西省农业科学院果树研究所

山西省农业科学院经济作物研究所

山西省阳泉市林业科学研究所

山西省医药与生命科学研究院

山西恒广北芪生物科技股份有限公司

山西振东道地药材开发有限公司

广东大合生物科技有限公司

广东丰硒良姜有限公司

广东中医药大学

广东至纯南药科技有限公司

广东南领药业有限公司

广东药科大学

广东省中药材种植行业协会

广东省中药研究所

广东省乐昌市运龙农业基地

广东省农业科学院作物研究所

广东省农业科学院植物保护研究所

广东省翁源恒之源农林科技有限公司

广东银田农业科技有限公司

广东粤森生态农业科技有限公司

广西大学

广西广泽健康产业股份有限公司

广西中医药大学

广西中医药研究院

广西玉林市宏禾原生中草药有限公司

广西玉林市樟木镇中药材协会

广西玉林制药集团有限责任公司

广西东胜农牧科技有限公司

广西仕嵘林业科技有限公司

广西壮族自治区中医药研究院

广西壮族自治区中国科学院广西植物研究所

广西壮族自治区农业科学院经济作物研究所

广西壮族自治区花红药业股份有限公司

广西壮族自治区国有高峰林场　　　　　　　五峰天翊中药材专业合作社

广西农业科学院植物保护研究所　　　　　　五寨县道地中药材农民专业合作社

广西作物遗传改良生物技术重点开放实验室　太极集团有限公司

广西南药园投资有限责任公司　　　　　　　太极集团海南南药种植有限公司

广西药用植物园　　　　　　　　　　　　　日照援康药业有限公司

广西贵港市华宇葛业有限公司　　　　　　　中山大学

广西葛洪堂药业有限公司　　　　　　　　　中青（恩施）健康产业发展有限公司

广西藤县联友粉葛种植专业合作社　　　　　中国中医科学院中药研究所

广州中医药大学　　　　　　　　　　　　　中国中医科学院中药资源中心

广州白云山中一药业有限公司　　　　　　　中国中药有限公司

广州白云山奇星药业有限公司　　　　　　　中国中药霍山石斛科技有限公司

广州白云山和记黄埔中药有限公司　　　　　中国农业科学院特产研究所

广州市香雪制药股份有限公司　　　　　　　中国医学科学院药用植物研究所

广州敬修堂（药业）股份有限公司　　　　　中国医学科学院药用植物研究所云南分所

马关县草果研究所　　　　　　　　　　　　中国医学科学院药用植物研究所海南分所

乡宁县生产力促进中心　　　　　　　　　　中国医药健康产业股份有限公司

乡宁县林业局　　　　　　　　　　　　　　中国科学院华南植物园

天台县农业技术推广总站　　　　　　　　　中国科学院微生物研究所

天津天士力现代中药资源有限公司　　　　　中国食品药品检定研究院

云南七丹药业股份有限公司　　　　　　　　中国热带农业科学院品种资源研究所

云南中医药大学　　　　　　　　　　　　　中国热带作物学会南药专业委员会

云南龙陵县石斛研究所　　　　　　　　　　中药材品质及创新中药研究四川省重点实验室

云南白药集团股份有限公司　　　　　　　　内丘县路申王不留行合作社

云南圣火三七药业有限公司　　　　　　　　内蒙古大学

云南曲焕章生物科技有限公司　　　　　　　内蒙古王爷地苁蓉生物有限公司

云南农业大学　　　　　　　　　　　　　　内蒙古天创药业科技股份有限公司

云南农业科学院药用植物研究所　　　　　　内蒙古天际绿洲特色生物资源研发中心

云南红灵生物科技有限公司　　　　　　　　内蒙古天奇药业有限公司

云南省三七研究院　　　　　　　　　　　　内蒙古本土香农产品供应链管理有限公司

云南省农业科学院药用植物研究所　　　　　内蒙古农业大学

云南省药物研究所　　　　　　　　　　　　内蒙古医科大学

云南省德宏热带农业科学研究所　　　　　　内蒙古恒光大药业股份有限公司

云南省彝良县天麻产业开发中心　　　　　　内蒙古鑫奇农业科技发展有限公司

云南恩润生物科技发展有限公司　　　　　　长春中医药大学

云南崔三七药业股份有限公司　　　　　　　文山三七农业种植专业合作社联合社

云南煜欣农林生物科技有限公司　　　　　　巴东县今大药业有限公司

云浮市南领药业有限公司　　　　　　　　　正大青春宝药业有限公司

五峰土家自治县中药材发展中心　　　　　　甘肃中天药业有限责任公司

甘肃农业大学　　　　　　　　　　　　　兰州大学
甘肃金佑康药业科技有限公司　　　　　　宁波市海曙富农浙贝母专业合作社
甘肃省农业工程技术研究院　　　　　　　宁波金瑞农业发展有限公司
甘肃省农业科学院　　　　　　　　　　　宁夏大学
甘肃省农垦永昌农场有限公司　　　　　　宁夏大学农业学院
甘肃省国营八一农场　　　　　　　　　　宁夏大学农学院
甘肃省啤酒大麦原种场　　　　　　　　　宁夏西北药材科技有限公司
甘肃省榆中县农业农村局　　　　　　　　宁夏农林科学院
甘肃菁茂生态农业科技股份有限公司　　　宁强县科技局
龙山县众泰中药材开发有限公司　　　　　辽宁中医药大学
平邑县源通中药材科技开发有限公司　　　辽宁光太药业股份有限公司
平利县神草园茶业有限公司　　　　　　　辽宁省经济作物研究所
平武县涪江源中药材科技开发有限公司　　邢台市中药材综合试验站
平定县生产力促进中心　　　　　　　　　吉林华润和善堂人参有限公司
北京中医药大学　　　　　　　　　　　　吉林农业大学
北京同仁堂天然药物(唐山)有限公司　　　吉林省园艺特产管理站
北京同仁堂安徽中药材有限公司　　　　　扬子江药业集团有限公司
北京同仁堂河北中药材科技开发有限公司　扬子江药业集团江苏龙凤堂中药有限公司
北京同仁堂科技发展股份有限公司　　　　西双版纳仁林生物科技有限公司
北京华宏康中药材种植有限公司　　　　　西双版纳医药有限责任公司
北京振东光明药物研究院有限公司　　　　西双版纳版纳药业有限责任公司
北京康仁堂药业有限公司　　　　　　　　西双版纳金棕生物科技有限公司
四川上药申都中药有限公司　　　　　　　西双版纳神农生物科技有限公司
四川代代为本农业科技有限公司　　　　　西南大学农学与生物科技学院
四川江油中坝附子科技发展有限公司　　　西南民族大学
四川农业大学　　　　　　　　　　　　　西南林业大学林学院
四川国药药材有限公司　　　　　　　　　西南科技大学
四川省中医药科学院　　　　　　　　　　成都大学
四川省中药材有限责任公司　　　　　　　成都中医药大学
四川省内江市农业科学院　　　　　　　　毕节市农业科学研究所
四川省甘孜州德荣县臧巴拉农资有限公司　仲景宛西制药股份有限公司
四川省医药保化品质量管理协会　　　　　任丘市农业农村局
四川省食品药品学校　　　　　　　　　　华中农业大学
四川智佳成生物科技有限公司　　　　　　华中农业大学药用植物研究所
四川新荷花中药饮片股份有限公司　　　　华润三九(黄石)药业有限公司
四川嘉道博文生态科技有限公司　　　　　华润三九医药股份有限公司
仙芝科技(福建)股份有限公司　　　　　　伊犁同德药业有限公司
白山林村中药开发有限公司　　　　　　　江中制药厂

江西中医药大学

江西汇仁制药有限公司

江西阳明山天然植物制品有限公司

江西青春康源中药饮片有限公司

江西林业科学院

江西珍草苑农业开发有限公司

江西省林业科学院

江西省林科院森林药材与食品研究所

江西顺昌中药材有限公司

江西普正制药股份有限公司

江西普正药业有限公司

江西樟树天齐堂中药饮片有限公司

江西鑫康健生态农业开发有限公司

江苏龙凤阁道地药材有限公司

江苏安惠生物科技有限公司

江苏苏中药业集团股份有限公司

江苏省中西医结合研究院

江苏省中国科学院植物研究所

安阳天尊生物工程股份有限公司

安国工业和信息化局

安国市伊康药业有限公司

安国市众瑞白芷农民专业合作社

安国市农业农村局

安国市农业技术推广中心

安国市亨杨种植发展公司

安国市鸿闰射干农民专业合作社

安国圣山药业有限公司

安顺宝林中药饮片科技有限公司

安康北医大制药股份有限公司

安徽井泉中药股份有限公司

安徽天赋生物科技有限公司

安徽中医药大学

安徽协和成药业饮片有限公司

安徽有余跨越瓜蒌食品开发有限公司

安徽牧龙山生态旅游开发股份有限公司

安徽省农业科学研究院园艺研究所

安徽省农业科学院

安徽济人药业有限公司

安徽涡阳义门堂农业发展有限公司

安徽普康中药资源有限公司

好医生药业集团有限公司

红河学院

抚松县参王植保有限责任公司

赤水市信天中药产业开发有限公司

赤峰荣兴堂药业有限责任公司

丽江天露生物科技开发有限公司

丽江可宝生物科技有限公司

时珍堂巴东药业有限公司

利川市勤隆中药材专业合作社

利川市福祥种植专业合作社

应县乾宝黄芪种植专业合作社

沐川县富民农产品投资有限责任公司

张家口崇礼区扶农农业开发有限公司

张家口摩天岭农业开发有限公司

陈杏圃中药材种植有限公司

奉节县金云中药材种植专业合作社

武汉林保莱生物科技有限公司

青海绿康生物开发有限公司

英德祥扬农业有限公司

杭州千岛湖鹤岭家庭农场有限公司

杭州市农业科学院

杭州市林业科学研究院（杭州市林业科技推广总站）

杭州华东医药集团贵州中药发展有限公司

杭州震亨生物科技有限公司

昆明理工大学

国药种业有限公司

国药集团同济堂（贵州）制药有限公司

国药集团承德药材有限公司

昌吉职业技术学院

昌昊金煌（贵州）中药有限公司

固阳县正北芪协会

岭南中药资源教育部重点实验室

京都念慈菴总厂有限公司

河北大学

河北中医学院

河北北方学院

河北农业大学
河北金路农业科技有限公司
河北省中医药科学院
河北省安国市现代中药农业园区
河北省农业广播电视学校承德县分校
河北省农林科学院
河北省农林科学院经济作物研究所
河北省农林科学院药用植物研究中心
河北省农林科学院棉花研究所
河北省邯郸市涉县农业局
河北省宽城满族自治县农业农村局
河北省宽城满族自治县供销合作社
河北旅游职业学院
河南中医药大学
河南师范大学
河南农业大学
河南省中药材生产技术推广中心
河南省农业科学院
河南省济源市济世药业有限公司
宜昌神草生态科技有限公司
建始县药山坡药材种植专业合作社
承德市老科学技术工作者协会
承德沃润农业开发有限公司
承德恒德本草农业科技有限公司
陕西久泰农旅文化发展公司
陕西云岭生态科技有限公司
陕西中医药大学
陕西汉王略阳中药科技有限公司
陕西汉医圣草堂药业有限公司
陕西师范大学
陕西医药控股集团佛坪派昂中药科技有限公司
陕西步长制药有限公司
陕西国际商贸学院
陕西国际商贸学院医药学院
陕西盘龙药业集团股份有限公司
织金县果蔬协会
织金县猫场镇黔织明光皂角米加工基地
珍仁堂（北京）中药科技有限公司

城固县汉江元胡中药材种植专业合作社
城固县兴源中药材种植专业合作社
城固县群利中药材专业合作社
荣兴堂药业
荥经县民康中药材专业合作社
南京中医药大学
南京中医药大学江苏省中药资源产业化过程
　协同创新中心
南京农业大学
柳州两面针股份有限公司
威宁天露生物科技开发有限公司
威海市文登区农业农村局
威海市文登区道地西洋参研究院
威海市文登区道地参业发展有限公司
威海市文登传福参业有限公司
临沧耀阳生物医药科技有限公司
贵州大学
贵州大学中药材研究所
贵州大学石斛研究院
贵州中医药大学
贵州百灵企业集团制药股份有限公司
贵州同济堂中药材种植有限公司
贵州兴黔科技发展有限公司
贵州医科大学省部共建药用植物功效与利用国家重
　点实验室
贵州宜博经贸有限责任公司
贵州威门药业股份有限公司
贵州省台江县伟胜中药材发展有限责任公司
贵州省农业展览馆
贵州省现代中药材研究所
贵州省林业科学研究院
贵州省药用植物繁育与种植重点实验室
贵州省核桃研究所
贵州省植物保护研究所
贵州贵枫堂农业开发有限公司
贵州科学院贵州省山地资源研究所
贵阳药用植物园
贵阳道生健康产业有限公司

重庆三峡医药高等专科学校　　　　　　　高唐县万华中草药种植专业合作社

重庆大湖农林有限公司　　　　　　　　　亳州市沪谯药业有限公司

重庆太极中药材种植开发有限公司　　　　亳州市皖北药业有限责任公司

重庆太极实业（集团）股份有限公司　　　亳州永刚饮片厂有限公司

重庆市中药研究院　　　　　　　　　　　亳州职业技术学院

重庆市石柱土家族自治县武陵山研究院　　浙江大学宁波科创中心

重庆市华阳自然资源有限责任公司　　　　浙江万里学院

重庆市农业科学院　　　　　　　　　　　浙江中医药大学

重庆市药物种植研究所　　　　　　　　　浙江农林大学

重庆市康泽科技开发有限责任公司　　　　浙江红石梁集团天台山乌药有限公司

重庆医科大学　　　　　　　　　　　　　浙江寿仙谷植物药研究院有限公司

重庆和本农业有限公司　　　　　　　　　浙江省中医药研究院

重庆科瑞东和制药有限责任公司　　　　　浙江省中药材产业协会

重庆恒林农业开发有限公司　　　　　　　浙江省中药研究所有限公司

重庆鼎立元药业有限公司　　　　　　　　浙江省亚热带作物研究所

保和堂（焦作）制药有限公司　　　　　　浙江省农业技术推广中心

保定药材综合试验推广站　　　　　　　　浙江省农业科学院

信阳农林学院　　　　　　　　　　　　　浙江省淳安县林业局

泉州东南中药材种植有限公司　　　　　　浙江省淳安县临岐镇农业公共服务中心

施秉县清华中药材农民专业合作社　　　　浙江省磐安县中药材研究所

首都医科大学　　　　　　　　　　　　　浙江铁枫堂生物科技股份有限公司

浑源县中药材产业中心　　　　　　　　　浙江卿枫峡中药材有限公司

宣威市龙津生物科技责任有限公司　　　　浙江理工大学

宣恩县恒瑞药业有限公司　　　　　　　　浙江森宇有限公司

宣恩县龚家坡中药材种植专业合作社　　　浙江聚优品生物科技股份有限公司

泰安力乐生物科技有限公司　　　　　　　海南海药本草生物科技有限公司

莆田天霖中药材种植有限公司　　　　　　海南碧凯药业有限公司

莆田市城厢区农业农村局　　　　　　　　通化长白山药谷集团股份有限公司

桂林吉福思罗汉果有限公司　　　　　　　通化市园艺研究所

桂林亦元生现代生物技术有限公司　　　　通化市特产技术推广站

桐乡市农业技术推广服务中心　　　　　　通化师范学院

恩施九州通中药发展有限公司　　　　　　通辽市泰瑞药材种植有限公司

恩施九信中药有限公司　　　　　　　　　乾宁道地药材（化州）有限公司

恩施土家族苗族自治州农业科学院药物园艺研究所　盛实百草药业有限公司

恩施冬升植物开发有限责任公司　　　　　铜陵禾田中药饮片股份有限公司

恩施济源药业科技开发有限公司　　　　　康美药业股份有限公司

恩施程丰农业综合开发有限公司　　　　　清华德人西安幸福制药有限公司

恩施福硒康农业科技有限公司　　　　　　清原满族自治县龙盛中药材种植专业合作社

淮北师范大学
淳安县临岐中药材产业协会
深圳市中药制造业创新中心有限公司
深圳津村药业有限公司
绵阳市农业科学研究院
黑龙江中医药大学
黑龙江葵花药材基地有限公司
黑龙江鼎恒升药业有限公司
鲁东大学
道地药材产业技术创新中心
遂宁天地网川白芷产业有限公司
遂宁市船山区农业农村局
湖北辰美中药有限公司
湖北金鹰农业发展有限公司
湖北省中医药研究院
湖北省农业科学院中药材研究所
湖南省龙山县中药材产业办
湖南省龙山县农业农村局
湖南省农业环境生态研究所
湖南省农业科学院
湖南省靖州苗族侗族自治县茯苓专业协会
温县农业科学研究所
瑞安市通明温郁金专业合作社
靖江市华丰中药材种植专业合作社
靖江市林业科技推广中心
新昌县种植业技术推广中心
新泰市太平山果树种植专业合作社
新疆农业大学
新疆阜康市农业技术推广站
新疆昭苏农业科技园区
新疆维吾尔自治区中药民族药研究所

新疆维吾尔医学专科学校
福建天人药业股份有限公司
福建中医药大学
福建仙芝楼生物科技有限公司
福建老源兴医药科技有限公司
福建西岸生物科技有限公司
福建农林大学
福建承天农林科技发展有限公司
福建承天药业有限公司
福建省农业科学院农业生态研究所
福建省农业科学院农业生物资源研究所
福建省农业科学院植物保护研究所
福建省农科院药用植物研究中心
福建省建瓯市吉阳镇农业技术推广站
福建省柘荣县农业农村局
福建省柘荣县药业发展局
福建省福鼎市农业农村局
福建省福鼎市栀子产业领导小组
福建省漳州市农业科学研究所
福建润身药业有限公司
蔚县农业农村局
德庆县德鑫农业发展有限公司
磐安县中药产业发展促进中心
磐安县中药材产业协会
磐安县中药材研究所
融安顺为农业科技有限公司
霍山县天下泽雨生物科技发展有限公司
霍山县鸿雁石斛科技有限公司
黔东南州茶叶与中药材技术服务站
黔草堂金煌（贵州）中药材种植有限公司
襄阳职业技术学院

药材名称笔画索引

四画

毛鸡骨草　70

七画

麦冬　976

沉香　14

灵芝　26

附子　47

鸡血藤　59

鸡冠花　82

八画

青蒿　92

苦地丁　105

苦杏仁　116

板蓝根　131

肾茶　141

罗汉果　151

知母　163

金荞麦　174

金莲花　183

金钱草　194

金铁锁　204

金银花　214

肿节风　226

鱼腥草　237

泽泻　248

降香　260

细辛　271，282

九画

荆芥　293

草果　303

茯苓　314

胡椒　333

栀子　346

砂仁　369

钩藤　383

香青兰　395

香橼　404

重楼　427

独活　438

姜黄　450

前胡　460

穿心莲　472

绞股蓝　482

十画

秦艽　494

莱菔子　　504

莪术　　515

桔梗　　532

核桃仁　　543

柴胡　　562

党参　　573，583

铁皮石斛　　594

徐长卿　　610

高良姜　　619

粉葛　　629

益母草　　640

益智　　651

浙贝母　　662

十一画

黄芩　　675

黄芩仿野生　　684

黄芪　　695

黄芪仿野生　　708

黄连　　721

黄草乌　　735

黄柏　　745

黄蜀葵花　　758

黄精　　774

菊花　　785

野菊花　　798

猪苓　　808

续断　　822

十二画

款冬花　　835

紫苏　　846

紫菀　　857

黑种草子　　867

湖北贝母　　876

十三画

蓝刺头　　417

蒲公英　　886

槐花　　897

雷公藤　　911

十四画

槟榔　　922

十六画

薏苡仁　　931

薄荷　　942

十七画

藁本　　952

十八画

覆盆子　　963

06